U0302795

卢嘉锡　总主编

中国科学技术史

矿　冶　卷

韩汝玢　柯　俊　主编

科　学　出　版　社
北　京

内 容 简 介

本书是《中国科学技术史》中的《矿冶卷》。在总结古代文献的基础上，结合冶金考古研究的成果，全面阐述中国古代矿冶技术的产生、发展的历程，涉及金、银、铜、铁、锡、汞、砷等有色金属技术，钢铁技术，古代金属的矿产资源、采矿及选矿技术，金属加工技术等。作者多年与考古工作者密切合作，用现代实验方法对出土金属文物和冶金遗物进行了系统研究，有的还做了模拟试验，这是本书的一个特色。

本书是近 30 余年冶金考古工作者科研工作的总结，有大量的分析数据和图片资料，内容丰富、翔实。适于科技史工作者、考古工作者、冶金工作者，以及相关专业的大学师生、研究生阅读、参考。

审图号：GS（2022）2033号

图书在版编目(CIP)数据

中国科学技术史·矿冶卷/韩汝玢，柯俊主编. —北京：科学出版社，2007

ISBN 978-7-03-017432-1

Ⅰ. 中…　Ⅱ.①韩…②柯…　Ⅲ.①自然科学史-中国②矿业经济-经济史-中国③冶金工业-工业史-中国　Ⅳ. NO92

中国版本图书馆 CIP 数据核字（2006）第 063338 号

责任编辑：孔国平　王日臣 / 责任校对：朱光光
责任印制：徐晓晨 / 封面设计：张　放

科学出版社 出版
北京东黄城根北街 16 号
邮政编码：100717
http://www.sciencep.com

北京厚诚则铭印刷科技有限公司 印刷
科学出版社发行　各地新华书店经销

*

2007 年 5 月第 一 版　开本：787×1092　1/16
2022 年 4 月第四次印刷　印张：54 3/4
字数：1 280 000

定价：288.00 元
（如有印装质量问题，我社负责调换）

《中国科学技术史》的组织机构和人员

总　　序

中国有悠久的历史和灿烂的文化,是世界文明不可或缺的组成部分,为世界文明做出了重要的贡献,这已是世所公认的事实。

科学技术是人类文明的重要组成部分,是支撑文明大厦的主要基干,是推动文明发展的重要动力,古今中外莫不如此。如果说中国古代文明是一棵根深叶茂的参天大树,中国古代的科学技术便是缀满枝头的奇花异果,为中国古代文明增添斑斓的色彩和浓郁的芳香,又为世界科学技术园地增添了盎然生机。这是自上世纪末、本世纪初以来,中外许多学者用现代科学方法进行认真的研究之后,为我们描绘的一幅真切可信的景象。

中国古代科学技术蕴藏在汗牛充栋的典籍之中,凝聚于物化了的、丰富多姿的文物之中,融化在至今仍具有生命力的诸多科学技术活动之中,需要下一番发掘、整理、研究的功夫,才能揭示它的博大精深的真实面貌。为此,中国学者已经发表了数百种专著和万篇以上的论文,从不同学科领域和审视角度,对中国科学技术史作了大量的、精到的阐述。国外学者亦有佳作问世,其中英国李约瑟(J. Needham)博士穷毕生精力编著的《中国科学技术史》(拟出 7 卷 34 册),日本薮内清教授主编的一套中国科学技术史著作,均为宏篇巨著。关于中国科学技术史的研究,已是硕果累累,成为世界瞩目的研究领域。

中国科学技术史的研究,包涵一系列层面:科学技术的辉煌成就及其弱点;科学家、发明家的聪明才智、优秀品德及其局限性;科学技术的内部结构与体系特征;科学思想、科学方法以及科学技术政策、教育与管理的优劣成败;中外科学技术的接触、交流与融合;中外科学技术的比较;科学技术发生、发展的历史过程;科学技术与社会政治、经济、思想、文化之间的有机联系和相互作用;科学技术发展的规律性以及经验与教训,等等。总之,要回答下列一些问题:中国古代有过什么样的科学技术? 其价值、作用与影响如何? 又走过怎样的发展道路? 在世界科学技术史中占有怎样的地位? 为什么会这样,以及给我们什么样的启示? 还要论述中国科学技术的来龙去脉,前因后果,展示一幅真实可靠、有血有肉、发人深思的历史画卷。

据我所知,编著一部系统、完整的中国科学技术史的大型著作,从本世纪 50 年代开始,就是中国科学技术史工作者的愿望与努力目标,但由于各种原因,未能如愿,以致在这一方面显然落后于国外同行。不过,中国学者对祖国科学技术史的研究不仅具有极大的热情与兴趣,而且是作为一项事业与无可推卸的社会责任,代代相承地进行着不懈的工作。他们从业余到专业,从少数人发展到数百人,从分散研究到有组织的活动,从个别学科到科学技术的各领域,逐次发展,日臻成熟,在资料积累、研究准备、人才培养和队伍建设等方面,奠定了深厚而又广大的基础。

20 世纪 80 年代末,中国科学院自然科学史研究所审时度势,正式提出了由中国学者编著《中国科学技术史》的宏大计划,随即得到众多中国著名科学家的热情支持和大力推动,得到中国科学院领导的高度重视。经过充分的论证和筹划,1991 年这项计划被正式列为中国科学院"八五"计划的重点课题,遂使中国学者的宿愿变为现实,指日可待。作为一名科技工作者,我对此感到由衷的高兴,并能为此尽绵薄之力,感到十分荣幸。

《中国科学技术史》计分 30 卷,每卷 60 至 100 万字不等,包括以下三类:

通史类(5 卷):

《通史卷》、《科学思想史卷》、《中外科学技术交流史卷》、《人物卷》、《科学技术教育、机构与管理卷》。

分科专史类(19 卷):

《数学卷》、《物理学卷》、《化学卷》、《天文学卷》、《地学卷》、《生物学卷》、《农学卷》、《医学卷》、《水利卷》、《机械卷》、《建筑卷》、《桥梁技术卷》、《矿冶卷》、《纺织卷》、《陶瓷卷》、《造纸与印刷卷》、《交通卷》、《军事科学技术卷》、《计量科学卷》。

工具书类(6 卷):

《科学技术史词典卷》、《科学技术史典籍概要卷》(一)、(二)、《科学技术史图录卷》、《科学技术年表卷》、《科学技术史论著索引卷》。

这是一项全面系统的、结构合理的重大学术工程。各卷分可独立成书,合可成为一个有机的整体。其中有综合概括的整体论述,有分门别类的纵深描写,有可供检索的基本素材,经纬交错,斐然成章。这是一项基础性的文化建设工程,可以弥补中国文化史研究的不足,具有重要的现实意义。

诚如李约瑟博士在 1988 年所说:"关于中国和中国文化在古代和中世纪科学、技术和医学史上的作用,在过去 30 年间,经历过一场名副其实的新知识和新理解的爆炸"(中译本李约瑟《中国科学技术史》作者序),而 1988 年至今的情形更是如此。在 20 世纪行将结束的时候,对所有这些知识和理解作一次新的归纳、总结与提高,理应是中国科学技术史工作者义不容辞的责任。应该说,我们在启动这项重大学术工程时,是处在很高的起点上,这既是十分有利的基础条件,同时也自然面对更高的社会期望,所以这是一项充满了机遇与挑战的工作。这是中国科学界的一大盛事,有著名科学家组成的顾问团为之出谋献策,有中国科学院自然科学史研究所和全国相关单位的专家通力合作,共襄盛举,同构华章,当不会辜负社会的期望。

中国古代科学技术是祖先留给我们的一份丰厚的科学遗产,它已经表明中国人在研究自然并用于造福人类方面,很早而且在相当长的时间内就已雄居于世界先进民族之林,这当然是值得我们自豪的巨大源泉,而近三百年来,中国科学技术落后于世界科学技术发展的潮流,这也是不可否认的事实,自然是值得我们深省的重大问题。理性地认识这部兴盛与衰落、成功与失败、精华与糟粕共存的中国科学技术发展史,引以为鉴,温故知新,既不陶醉于古代的辉煌,又不沉沦于近代的落伍,克服民族沙文主义和虚无主义,清醒地、满怀热情地弘扬我国优秀的科学技术传统,自觉地和主动地缩短同国际先进科学技术的差距,攀登世界科学技术的高峰,这些就是我们从中国科学技术史全面深入的回顾与反思中引出的正确结论。

许多人曾经预言说,即将来临的 21 世纪是太平洋的世纪。中国是太平洋区域的一个国家,为迎接未来世纪的挑战,中国人应该也有能力再创辉煌,包括在科学技术领域做出更大的贡献。我们真诚地希望这一预言成真,并为此贡献我们的力量。圆满地完成这部《中国科学技术史》的编著任务,正是我们为之尽心尽力的具体工作。

卢嘉锡

1996 年 10 月 20 日

目　　录

第一章 绪 言

人类从其出现开始，为了获得和制备食物、工具及准备衣着和居处，都会利用自然材料，并在此基础上进行加工、制造和改性。人类使用金属从自然金和自然铜开始，经过矿冶技术创造出许多金属合金材料，冶金是人类文明和社会发展的物质基础。矿冶技术史是人类文明史、科学技术史的重要组成部分。中国矿冶技术的产生、发展和历史证明，它对中华民族的生存、统一和发展曾起过重要作用；发掘和论述中国古代矿冶技术成就对研究中华文明起源、发展及其在世界文明史中的地位，弘扬它们使之进入世界文化遗产领域，占据应有位置都是非常必要的。

一 矿冶技术史的研究对象与内容

矿冶技术史以中国古代冶金技术的产生、发展及其演变为研究对象，涉及金、银、铜、铅、锡、汞、锌和作为合金元素的砷、锑等有色合金技术史、钢铁技术史，也包括它们的采矿、选矿技术、矿产资源及其分布，金属加工技术史包括铸造、锻造、热处理及金属表面处理技术等内容。在总结古代文献的基础上，系统而全面地阐明中国自公元前 3000 年开始使用金属起的古代矿冶技术产生、发展的历程，不同时代、不同地域冶金技术和产品的特征，中西相关技术的比较研究，与周边地区矿冶产品的交流及相互影响，剖析冶金技术与矿业发展对中国古代社会建立、巩固和发展，及农业经济的变革和军事技术变化所起的重要作用等。是近 30 年冶金考古工作者科研成果的总和，特别是包括了近期矿冶技术史研究的新进展。

二 矿冶技术史的研究方法

矿冶技术史与科学技术史的其他学科的研究方法具有共同之处，但也有其独特性。本书作者及同行，在其二三十年来的研究工作中，得到全国许多省市考古文物、博物馆工作者的大力支持和指导，以及国际同行的支持和认同，摸索和总结出的研究方法，有以下几个方面。

(一) 文献的收集与整理

1. 古代文献

古代文献是我们祖先留给后人的宝贵财富，记载了历史上的科学技术，对古代文献的收集整理是科学技术史研究必不可少的重要方法之一。

中国古代文献中有关冶金的记载虽然不多，但为了解和研究古代冶金提供了宝贵的资料，《考工记》是先秦古籍中重要的科学技术文献。据清人考证，它是春秋末齐国人关于手工业技术的记录，其中"六齐"规律记载的是青铜中铜锡元素的六种配比。"六齐"规律是世界上最早的合金工艺总结,对古代的这一杰出成就的了解,正是从整理文献中得到的。

东汉《越绝书》记载了战国初期吴越著名冶师欧冶子、干将、莫邪的事绩,近代出土的"越王勾践自作用剑"证实了其铸剑的技术水平。

我国胆铜法的发明,是对冶金技术的重大贡献。胆铜法首见于汉代《淮南万毕术》的记载:"曾青得铁则为铜。"曾青是指天然硫酸铜,色青味苦,称为胆水。当胆水和铁作用时生成铜的沉淀。在某些铜矿山流出的溪水中,投入铁,即可沉淀出纯铜来。这对于具有胆水资源的矿山来说,是一种方便且经济的方法。魏晋南北朝时期,胆铜法被用来在铁器上镀铜。

宋代洪咨夔撰写的《大冶赋》正文 2671 字,以"赋"的文体记载了当时饶州等地的金、银、铜的采、冶技术和铸钱工艺,其中"黄铜"法记述了有关硫化矿石开采、焙烧、冶炼、提银等全部工艺过程,是目前我国所见最早记载硫化铜矿火法冶炼冰铜和铜的文献。《大冶赋》还记载了宋代水法冶铜技术的兴起、发展、传播的过程,其中技术上对"浸铜"、"淋铜"分别作为单独的炼铜技术并列记载,使宋代其他有关水法炼铜文献中的混淆得以澄清。其中有关当时各炼铜场设置及管理机构的记录,是研究冶金手工业发展史的很有价值的史料。

明代宋应星所著《天工开物》,较系统地记载了我国古代各种工艺技术,被誉为"中国 17 世纪的工艺百科全书"。其中有关冶金的记载涉及各种古代金属矿产的开采、冶炼技术,特别是关于炼铁和炒钢两步并联的连续生产工艺、用生铁水灌入熟铁的"灌钢"法等工艺技术的记载,具有一定价值。

但是,古代文献存在着不可避免的历史局限,首先,古代文献只记载了有文字以来的历史,无文字的历史还要靠考古发掘来补充;其次,古代文献是古代读书文人的遗作,像冶金这样的工艺技术,因封建社会被视为"雕虫小技",文人们一般是不屑于记载的。在封建社会里,一些精艺、绝技往往是家庭相传,对外保密,一般不会见诸于文字,常致使失传;第三,由于各种原因,文献严重失传,如宋代张甲所著《浸铜要录》、明代溥浚的《铁冶志》等重要冶金专著,都已佚失。另外,由于文人们没有亲自从事工艺实践,也不会长期深入生产现场调查,所以记载的生产过程和工艺技术往往存在偏差。像宋应星这样热衷于工艺技术的知识分子很少,能够深入实际调查已经不易,但所著《天工开物》中对某些工艺记录的错误和疏漏仍然不少。洪咨夔写《大冶赋》,由于"赋"的体裁限制,所记仅为原则性的工艺流程,而未有重要的技术数据。加之文辞华丽古奥,引经据典,令今人阅读非常困难。

因此,古文献收集整理虽然是冶金史研究不可忽视的重要方法,但由于存在以上种种局限性,单靠古文献是不能系统、全面地了解古代冶金技术的。

2. 近现代矿冶文献

我国近代开始到 20 世纪初的地质矿产调查,多是由受了科学教育的地质、冶金工作者进行的,因此调查报告和资料较之古文献具有较高的科学性,不仅对发展我国的采矿冶金工业具有重要意义,也为今人研究古代冶金提供了宝贵的资料。例如,关于镍白铜的产地、规模和数量,在明清时期的文献中有不少记载,但关于生产技术的描述甚为含糊。如清同治九年刻本《会理县志》中记有"煎获白铜需用青、黄二矿搭配",虽指出冶炼白铜的原料,但未言及冶炼过程,亦不知青、黄二矿为何物。而查阅我国早期的地质资料,就会发现所记内容不仅明确而且多用专业名词,使今人极易读懂。如于锡猷先生于 1940 年写的《西康之矿业》中,对生产镍白铜的矿产、镍白铜的冶炼过程均有较详细的记述,为后人研究古代镍白铜的冶炼工艺提供了清晰的流程。

因此，地质矿产资料的收集整理是文献研究的重要内容，也是矿冶史研究的重要方法之一。

(二) 调查研究方法

1. 矿冶遗址考察

矿冶遗址保留有古代采矿冶金的大量信息，如古矿洞、矿石、采矿工具、残炉壁、炉基、炉渣、风管、坩埚、陶范等遗物，是今人研究古代冶金技术珍贵资料。与考古工作者合作对遗址的年代、性质进行考察、收集冶金遗物作进一步的分析是矿冶技术史研究的又一个重要方法。

例如，通过对云南东川铜矿、个旧锡矿、浙江遂昌银矿、内蒙古林西铜矿等古矿的调查，特别是对湖北大冶铜绿山古矿冶遗址的发掘调查，发现了那里展现了我国古代地下采矿从井巷开掘、支护到矿石运输、提升，直到通风、照明、排水等的一整套技术，是研究古代采矿技术难得的资料。河南郑州古荥镇汉代河南郡第三冶铁作坊遗址，发现的巨大"积铁"实为炼铁炉不顺行的炉缸积铁 (salamander)，它反映了炉缸尺寸、炉容、冶炼技术的发展过程以及汉代时期的冶炼技术和规模。

再如上述关于白铜的冶炼，文献（县志）有"九炼"记载，1984 年经拜访耄耋冶工，得知"九炼"即多次冶炼、出炉，反复氧化，再与硫化矿作用，获得铜镍合金。实地调查使我国古代镍白铜冶炼工艺真相得以大白。

2. 传统工艺调查

我国是一个具有很强传统继承性的国家，许多工艺技术往往是代代相传，经世不绝。因此，调查研究现存在传统工艺对了解古代技术成果有着十分重要的价值。如安徽芜湖铁画、浙江龙泉宝剑、南京金箔和锡箔不仅有着悠久的历史，而且近年来基本还在延续传统方法继续生产。对其进行调查研究，不仅对了解古代精湛的工艺技术，而且使之继续流传、不至于绝迹，利用现代冶金理论和当代检测分析技术进行研究，并加以发展，对弘扬传统文明有着重要意义。

土法冶铸技术在我国一些偏远地区仍在延续，如山西晋城、平定、阳城的坩埚炼铁，贵州赫章、四川会理、湖南常宁的土法炼锌，以及云南鹤庆土法炼铅和山西阳城铸造犁镜（我国两汉之交发明，利用表面观察控制温度，保证产品具有高质量，供出口东南亚）的生产等，调查研究这些古代流传下来的工艺，是了解古代冶金技术的重要方法。

随着岁月流逝，老艺人、老工匠越来越少。传统工艺、土法生产的抢救性保护迫在眉睫，因此，调查研究的方法更加重要。

(三) 检测与实验的方法

1. 样品的检测分析

利用现代分析仪器和方法对古代金属器物的成分、组织和炉渣、炉壁、陶范等冶铸遗物进行分析检测研究，是矿冶史研究的重要方法和特色之一。

古代金属材料的成分、组织在一定程度上反映了当时的工艺技术。通过对金属样品细致观察、分析工艺，有目的、有计划取样，进行科学目的明确的检测分析，运用化学、电化学、冶金学、金属学等方面的知识、原理对分析结果进行研究，可以得到重要的发现。如通过金相研究方法，鉴定了被遗置仓库角落中的江苏六合程桥东周墓出土的铁丸，发现它是一件生铁制品。湖南长沙杨家山楚墓出土的铁鼎，是铸造白生铁。说明我国在公元前6世纪不仅出现生铁，还铸造成实用器。河南洛阳水泥厂出土的铁锛，具有表面为钢、中心为白口铁的组织，说明此时铸铁锛经过脱碳退火处理，产品称为脱碳铸铁。同遗址出土的铁铲，基体为铁素体，有团絮状石墨，证明其为白口铁经过退火处理得到的韧性铸铁制品。通过以上检测，揭示出我国是世界发明生铁最早的国家。韧性铸铁技术的发明，进一步改善了白口铁的脆性，使得铸铁得以大量、广泛应用于农业生产，导致了战国秦汉时期农业的大发展，为我国封建社会的发展、世界上唯有的二千五百年连续不断的中华文明提供了物质基础。二千五百年后的今天，随着社会主义经济建设和改革开放，我国重登世界最大钢铁大国的宝座。

冶金遗物含有重要的古今信息。炼渣是冶炼反应平衡中的一相，在冶炼温度下呈熔融状态，能反映冶炼的过程。炼渣是冶炼过程丢弃物，被排放到炉外冷却凝固后，具有良性的封闭性，能提供比其他冶炼产物更准确的冶金信息。通过研究炼铜渣中的成分、检测渣的物相，根据现代炼铜学的原理分析、对检测结果进行研究，结合环境的作用、变化可以了解渣的性质，判断其冶炼过程。

应当指出的是，检测分析样品的选择应是有目的性的，是为解决所要研究的问题而做分析，而不是样品分析得越多越好；否则，分析出大量数据，说明不出问题、道理，只能是浪费时间和辛苦创造、积累的经费。此外，分析所有仪器设备的选择，也是以解决问题为目的，而不是越先进越好；否则，有杀鸡用牛刀之嫌，造成不必要的浪费。

2. 实验模拟

为了探求古代金属冶炼铸造技术，在理论研究的基础上，有选择地进行必要的模拟实验是冶金史研究的又一重要方法。通过实验有助于了解古代技术的奥秘、解决考古学上有争论的问题。例如对我国山东胶县三里河龙山文化晚期遗址出土的黄铜锥曾引起考古界的关注和争论。因为金属锌的冶炼比较困难，锌的沸点低，只有906℃，氧化锌在950～1000℃才能较快还原成锌。还原温度高于锌的沸点，得到的是锌的蒸气，如果没有特殊的冷凝装置，在还原炉冷却时，锌蒸气被炉气中的 CO_2 再氧化成氧化锌，则得不到金属锌。因此，在四千年前的古代，不可能冶炼出金属锌。那么早期黄铜是怎样得到的呢？为此，进行了实验模拟冶炼试验。通过用木炭还原混合的氧化亚铜（Cu_2O）和氧化锌（ZnO）及还原混合的孔雀石和菱锌矿的模拟实验，分别获得黄铜。孔雀石在较低温度下就可被固态还原生成黄铜。模拟实验表明，在古代炉温不高的原始条件下，用木炭还原铜锌混合矿是可以得到黄铜的。这种冶炼温度在新石器晚期烧陶技术水平下是可以达到的。早期黄铜锥和片是古人炼铜初始阶段，在原始冶炼条件下偶然得到的产物。这一结果原被美国著名冶金学家 John W. Cohn 视为不可能，在了解实验过程及结果后，完全信服。在黑漆古、绿漆古的形成机理研究，三十炼、百炼钢的研究与探讨以及五十炼钢刀的预报和发现，用煤炼铁起源的分析，以及陨铁制器的鉴定等，都通过观察、分析、假说、验证、再观察的过程，配合必要的模拟实验，以减少研究环节中的重复，避免文物的伤损。以上实例说明了模拟实验在冶金史研究中的重要意义。但需要指出的是有时用现代方法模拟某种古代工艺技术的实验成功，并不证明这是古代唯一采用的工艺技术。应从多角度、多种思路考虑问题，才能揭开古代工艺技术的奥秘。

3. 专题研究方法

为了探求古代矿冶技术发展的规律,采用专题研究方法是必要的。上海博物馆、复旦大学、交通大学等单位协作,对古代透光镜的专题研究取得很好的结果。湖北省博物馆和有关铸造单位为复制随县曾侯墓编钟的专题研究有了重大的进展。特别是河南省博物馆李京华同志,通过对河南信阳长台关楚墓出土的整套编钟及其他编钟的长期研究,发现了古代采用锉磨钟的口沿的方法对编钟进行调音和定音,澄清了清代以来把铸造时固定在内外范的支钉孔误认为是调音孔的说法,为编钟的复制做出了贡献。考古研究所等单位对妇好墓出土的大量青铜器进行了系统的化学分析、光谱分析和铸造工艺的专题研究,取得了显著的效果。另外,铜钟、铜鼓、铜镜、响铜等专题研究也取得了深入系统全面的成果。说明专题研究是认识古代矿冶技术发展规律和取得显著成果的重要方法。

(四) 多学科结合的方法

冶金史研究涉及采矿、冶金、材料、历史、考古等多种学科的知识和物理及化学研究手段与方法,因此不仅要求冶金史研究者不断学习,扩大知识面,改进知识结构,同时多学科的结合更是开展冶金史研究的重要途径。例如河南温县烘范窑出土的五百多套汉代叠铸范,反映了汉代精湛的铸造技术。层叠铸造技术既提高了铸造生产率,又可以减少浇铸时金属的损失,是多快好省的铸造工艺。但是,叠铸范的总浇口直径仅 8~10 毫米,分浇口只有 1~2 毫米,这样细小的浇口铁能否流通?器物能否铸成?一系列工艺上的问题难以回答。通过冶金工作者、铸造老工人以及考古工作者的结合,研究古代叠铸的制范、烘范、浇铸工艺等情况,成功地浇铸出一批铜器和铁器,联合写出了发掘和研究报告,受到国内有关部门和国外专家的重视,为提高和推广叠铸技术提供了丰富的资料和有益启示。

矿冶史研究没有考古工作者的支持和配合是不行的,矿冶史研究中发现一些现象、产生的一些设想,往往可以通过发掘物和考古现场得到解释和验证,例如,在进行古代铜镜表面"黑漆古"生成原因和机理的研究中,通过对全国各地铜镜出土情况的调查和对表面"黑漆古"的检测分析,发现"黑漆古"生成原因与埋藏环境密切相关。提出铜镜表面抗腐蚀富锡层的形成是土壤中腐殖酸与铜生成可溶性化合物,流失到土壤中;锡由于不被腐殖酸作用而富集于铜镜表面并被氧化形成耐腐蚀层。曾与湖北鄂州博物馆考古工作者交流,不久前他们在对六朝时期墓葬发掘中发现:与一面"漆古"铜镜接触的土壤上印有铜镜花纹,花纹呈绿色,是铜镜中的铜水流失到土壤以后,经环境作用形成的孔雀石。土壤自然腐蚀的设想得到了证实。矿冶史工作者在配合考古工作者的进一步研究中,即为考古工作者服务,配合解决澄清一些现象,还在服务过程中,为阐明科学技术的发展和进步及其对历史的进程、人类文明的影响做出贡献。

(五) 综合研究与社会发展史结合的方法

科学技术的进步与人类社会的发展密不可分,冶金史研究的一个重要内容,就是剖析我国古代冶金技术产生、发展的社会背景以及对社会发展的影响。

通过综合研究可以更深刻地了解冶金技术创新的背景及历史价值,例如,我国春秋战国时期生铁技术、生铁经退火制造韧性铸铁,以及以生铁为原材料制钢技术的发明,标志着生产力的重大进步,对中国乃至世界社会历史和文明的发展都具有重大影响。

（1）生铁技术使得铁具农具大量生产和广泛使用，促进了战国中晚期农业耕作技术的革命性变革，粮食产量大幅度增长。据战国时期在魏国实施变法的李悝估计：一个农民可耕种田百亩（折合现在 31.2 亩），一亩可生产粟一石半（折合 3 斗），百亩产粟一百五十石（折合三十石），可够五人食用。《战国策》记载耕作的收获量在大约为种子的 10 倍，而欧洲 13 世纪平均只有 3~5 倍，可见我国生铁技术促使了当时农业发达。公元 4 世纪，我国在公元 1 世纪发明的犁镜传到了南部欧洲，对其黏土难耕、效率较低的农业发挥了重大作用。

（2）社会对铁器的大量需求，又促进了冶铁手工业的进一步兴旺。《史记·货殖列传》记载，在邯郸从事冶铁业的大工商奴隶主郭纵，其财富与王者相等；在四川临邛经营冶铁业的大工商奴隶主卓氏和程郑，分别是赵国和齐国人。

农业、手工业的发展促进了商品经济的活跃和城市的发达。《战国策·齐策》和《史记·苏秦列传》中描述齐国都城临淄有七万户人家，人群拥挤，车水马龙，一派热闹、繁荣景象。商品交换、市场经济发展，导致了货币的出现，甚至出现了铁钱。

（3）铁器对上层建筑的变革也产生着重要的影响。农业的发展，使社会有剩余粮食，为那些不直接从事体力生产的知识阶层提供了展示才华的机会，出现百家争鸣的局面，从而推动了古代文化、科技的进步。

正是由于农业的发展，使一家一户为单位的小生产和个体经营为特色的小农阶层有了成为社会基础的可能，土地私有制进程的加快，促使奴隶制生产关系的瓦解和封建制的建立。因此可以说生铁技术的发明是秦统一中国、汉帝国发展强大的重要物质因素。

（4）我国古代冶铁技术从战国起不断向外传播，不仅传至周边国家，甚至中亚、西亚。《史记·大宛列传》记载："自大宛以西至安息……不知铸铁器。及汉使亡卒降，教铸作他兵器。"大宛在帕米尔以北，费尔干纳盆地至塔什干、安息（今伊朗）。公元 1 世纪罗马学者普林尼在他的著作《博物志》中谈到当时欧洲市场"虽然钢铁的种类很多，但没有一种能和中国来的钢相媲美"。当代法国历史学家 A. G. Haudricourt 指出："亚洲的游牧部落之所以能侵入罗马帝国和中世纪的欧洲，原因之一在于中国钢刀的优越。"唐代末期，印度制钢技术已相当进步，它出口至非洲阿比西尼亚的优质钢，当时却声称来自中国。法国历史学家还认为，欧洲 14 世纪以后生铁冶炼技术的出现，源自中国。所以，我国古代冶铁技术对中国乃至世界文明进程的影响是不可低估的。

因此，进行矿冶技术与社会关系的综合研究是矿冶史研究和文明发展研究的不可缺少的重要方面。

三　中国古代矿冶技术成就概述

人类使用金属大约从距今 9000 年的自然金和自然铜开始。古代普遍使用的金属有铜、铁、金、银、铅、锡、汞、锑、锌以及作为合金元素的砷和锑。自然铜的发现是在西亚地区出土的 9000 年前的制品；但由矿物冶铜时代要晚得多，在现伊朗西部的 Zagers 地区，发现了最早的冶铜制品，约距今 6000~7000 年。4000 年前在克里特岛（Crete）的 Mallia 出土了石范，表明当时已有了铸造技术。公元前 3500 年，冶铜技术已见于今南斯拉夫地区，以后迅速向北传播，约距今 3800 年欧洲北部进入青铜时代。

最早的铜合金是由共生矿冶炼成的，在西亚和现今中国西部都使用了含砷铜矿制成合金。中国仰韶文化晚期（距今 5000 年）在黄河下游冶炼铜锌合金，即黄铜，含锌达 27%。但随着冶金技术进步，冶炼温度的提高，锌的挥发和再氧化使这一技术消失。公元前 170 年罗马人利用菱锌矿（碳酸锌矿石）制成黄铜。约在公元 10 世纪以后，中国采用炉甘石或氧化锌加入铜中制成黄铜。

锡青铜最早始于西亚两河流域乌尔王朝（距今 4750 年）和中国甘肃兰州附近的马家窑文化（距今 4740 年）；迄今为止最早的空心铜铸件是仿陶器的铜铃，出土于山西陶寺（4000 年前）；在黄河流域特别是上游，甘肃齐家和其后的四坝文化已出土较多青铜器；辽宁大凌河上游出土粘有炼渣的有孔冶铜炉壁残片，年代为夏家店下层文化（公元前 1900～前 1600）。现有考古资料表明，中国在距今 4000 年已进入青铜时代。经过夏、商、周三代直到公元前 5 世纪，利用加入熟料和草灰控制泥范性能的青铜冶铸技术已达到顶峰，以山西侯马晋国铸坊为代表。以后，铜及其合金主要用于货币及铜镜外，农具、工具、兵器逐渐被钢铁材料所代替。公元 4 世纪起中国在今四川会理一带利用镍铜硫化矿，掺入氧化矿反复冶炼，得到举世闻名的云南白铜，即铜镍锌合金。云南白铜和纯度很高的锌曾大量向欧洲出品。铸铜技术具有代表性的公元 15 世纪初（明永乐年间）制造的、现悬挂于北京觉生寺（俗称大钟寺）的永乐大钟，是世界现存大钟中排序第六，内外有汉、梵文字佛经咒语铭文 23 万多字。

铁矿石在地表广泛存在，但与自然铜不同，除陨铁外，不易识别，冶炼时渣铁分离亦较困难，因此人类对铁的使用要远晚于铜及金银。铁矿常与铜矿共生，在中国古书中亦有记载。科学史家曾设想冶铁的发明与炼铜技术有关。近年来，冶金考古学家在西亚提姆纳（Timna）属于公元前 16 世纪的冶铜遗址中发现了锻造的铁戒指，为上述设想找到了实物证据。

铁的规模生产始于公元前 14 世纪，在现土耳其半岛中部的安纳托利亚（Anatolia）地区，到公元前 1100～前 700 年才开始向外传播。欧洲和埃及于公元前 8 世纪，中国于公元前 5 世纪进入铁器时代。中国最早的人工冶铁出现在河南三门峡市，属于公元前 9 世纪～前 8 世纪之交的虢国墓地，最新研究发现 3 件人工冶铁制品。在此后的近 3 个世纪中，人工冶铁铁器在各地普遍出现，中国在公元前 6 世纪以前，欧洲公元 14 世纪以前，使用的铁器都是将铁矿（氧化铁）还原成炉渣和固态纯铁的混合物（称块炼法），然后经锻造，排除大部分半固半液态的炉渣后而制成的。

中国进入铁器时代至迟于公元前 5 世纪初，发明并推广使用了铸铁，欧洲使用生铁则在公元 14～15 世纪之后。考古发掘结果表明，在战国初期已用生铁在同样模具中铸造以前用青铜制造的生活和生产用具，如带钩、镰刀、工具等。公元前 5 世纪发明将脆硬白口铸铁经退火转变为脱碳铸铁、韧性铸铁。公元前 3 世纪发明用铸铁范制作农具、工具，使得铁铸件迅速推广。铸铁农具引起畜力充分利用，致使农业的深耕、开荒、水利灌溉等得到了进一步的开发。以生铁为原料的制钢技术不断发展，如铸铁脱碳钢、炒钢以及灌钢等，对中国经济、文化、军事的发展起了很大作用。公元前 1 世纪钢铁兵器逐渐取代铜兵器，使兵器扩大使用，有利于步兵代替车战的发展，从而使战争技术和统治阶层人员构成发生了变化。公元前 1 世纪在现渭河平原一带发明了犁镜，提高了农耕的生产效率；公元 4 世纪中，辽西、冀东一带马镫的发明，大大加强了骑兵的战斗力。

生铁和生铁炼钢技术的发明与使用，为中华民族的民族融合统一和国家的巩固、保证文明的连续性，奠定了坚实的物质基础。研究表明，中国在 17 世纪以前，至少有 10 项钢铁技术居世界领先地位（见表 1-1）。

表 1-1　中国古代钢铁技术的十项发明

发明内容	时间（公元世纪）	
	中国	欧洲
生产出白口铁铸成实用器	前 6	14
退火生产出韧性铸铁农、工具	前 5	18
铸铁模成批生产农、工具	前 4～前 3	19
生铁固体脱碳成钢材、条材	前 5	
生铁炒炼成熟铁	前 2	18
百炼钢制造名刀宝剑	1～2	6
水排鼓风用于冶铸	1	16
灌钢法用液态生铁对熟铁渗碳成钢	4	
用煤/焦作炼铁燃料	10/16	17
冶铸用活塞式木风箱鼓风	17	18

（1）铸造技术。继青铜器之后，中国古代广泛使用了铸铁。只是在需要精细的饰物或大型高强度器件（如刀、剑、大锚）的情况下，才使用锻造器件。中国古代的铸师发展了一系列卓越的技术。

① 陶范和铁范。中国和其他国家一样，铸造是从使用石范开始的，以后使用了铜范。商周青铜器大量使用陶范。它可以用母模复制，便于大量生产。模和范经过焙烧，比较坚固，为青铜器的铸造创造了优越的条件。中国铸造技术的先进性还表现在战国时期出现的用金属模制作铁范，然后利用铁范进行大规模生产。这一先进技术实现了产品的规范化和批量生产。

② 叠铸。约在公元前 2200 年，西亚地区发明了一范多型，可以同时铸造若干器件的石范。中国甘肃玉门出土属于火烧沟文化的石范，已能同时铸造两个箭镞。战国时用这种方法铸造钱币，后来进一步发展成多层范片相叠，一次铸造多件的叠铸方法，这是继铸造生产规格化、批量化后，进一步提高工效的重大发展。

③ 大型铸件。竖炉冶炼的强化，提高了液态金属的铸造温度；焙烧工艺的采用，提高了泥范的强度，为大型铸件的生产创造了条件。中国早在商代就铸造出了许多重量在百公斤以上的各种铜器。唐代以后又发展为铸造大型铸铁件。如铁镬（江苏扬州）、当阳铁塔（湖北当阳，分段铸造）、沧州铁狮（河北沧州）、铁人（河南登封、山西太原）等。到了明代出现了重达 46.5 吨的北京永乐大钟，和分段铸成体重重达 76 吨的河北正定铜佛。

（2）金属表面装饰技术。从春秋时期开始，各种金属表面装饰工艺进一步发展。

① 错金与鎏金。春秋中叶以后，开始在青铜器表面嵌镶色泽不同的金属如铜片，后来发展为凿有细纹和艺术化的文字（鸟篆），纹内嵌入金（银）丝的错金（银）技术。战国初期（公元前 5 世纪），中国发明了金（银）汞齐鎏金（银）的技术。在欧洲，这一技术见于公元前半世纪的记载。

② 表面着色和氧化。中国最迟在战国初期，发明了将青铜器表面氧化成墨黑色的技术，或用以防锈或作为纹饰。湖北江陵出土的越王勾践剑，许多地方出土是吴王剑和吴国剑都有黑色花纹。秦汉时期有些箭镞、剑格也使用了这种技术。后来在铜器表面刻槽作画，槽中用鎏金（银）办法"走金"或"走银"；将表面着色制出著名的云南乌铜器。

（3）其他金属及其合金。

① 白铜。原指铜镍合金。东晋常璩所著《华阳国志》记载："螳螂县因而得名，出银、铅、白铜、杂药"。螳螂县在今天云南会泽巧家一带，附近东川产铜，四川会理力马河、青矿山有古镍矿遗址。此后，最迟在明代将金属锌加入铜镍合金得到似银合金。含铜 40%～58%、镍 7.7%～31.6%、锌 25.4%～45% 的合金被称为白铜或中国白铜。白铜出口到欧洲，后来由德国进行仿制，发展成为重要电阻材料，称为"德国银"（铜 25%～50%，镍 5%～35%，锌 10%～35%）。

② 铜砷合金。含砷高的铜砷合金色白，具有较好延性。李时珍（1518～1593 年）、宋应星（1587～?）在著作中都记载用砷冶炼白铜。在此之前宋代已有可以解释为砷白铜的记载。

③ 锌的冶炼。中国在冶金上的另一贡献是金属锌的生产。中国在 16～18 世纪已经向欧洲出口含锌 99% 的锌锭。20 世纪 70 年代，云南、贵州和四川尚有古代流传下来的与《天工开物》所记载相似的炼锌方法的遗址。此方法的基本原理在世界各国一直应用到电解制锌法出现。

④ 胆铜法。汉初已有"曾（白）青得铁化为铜"的记载。即硫酸铜（曾青）与铁反应，可以析出铜。用此原料生产铜的方法称为胆铜法，在北宋得到广泛应用，并且有专著《浸铜要略》（已失传）。这种方法一直到现在还在应用。

⑤ 牙用银膏。在牙科中应用银汞齐是中国古代冶金的又一成就。唐代《新修本草》（公元 659 年）记载银膏（银锡汞合金）可以硬化，并用以补牙。这种合金的制成当与魏晋南北朝炼丹有关。1826 年在法国开始应用补牙合金，1833 年传入美国。

第二章　中国古代采矿技术

本章主要论述了我国古代采矿技术（包括找矿、采矿、选矿）的起源、发展的基本情况及其主要技术成就，并从中探讨它对我国古代文化和社会发展的影响。时间从史前到1840年。

近年来，采矿技术史研究日益受到人们的重视，科技史界、矿山部门和考古界的合作也更为密切，通过多部门、多学科的协作，也使我们的研究取得了更为丰硕的成果。在这种良好的合作环境中，笔者能有机会在多处矿山遗址进行考察，并采用多种研究手段，注意到古代地质探矿、矿山测量、矿井开拓、地下采矿方法、矿井通风、排水、照明、提升运输、矿石分选等技术环节，及其相互关联、相互制约和递变的关系，是一件很值得庆幸的事。根据笔者的考察，中国古代金属矿开采工程技术的历史进程，大体上可分为萌芽期、初步形成期、初步发展期、创新期、充实提高期、全面发展期这六个发展阶段。

（1）萌芽期：或叫史前期，即旧石器和新石器时代，人们选择、采集和制作石质工具的工作虽然十分原始，但其中便孕育了最初的找矿和采矿方法；在新石器时代，采石活动已分出了露天开采和地下开采两种，并开始了最为原始的金属矿开采实践。

（2）初步形成期：夏商时期，已形成多种探矿方法，多种井巷联合开拓技术。地下井巷支护技术已有一定发展，并达到了可以控制采空区地压的要求。井巷支护已有一定规格的"预制"构件，可在井下"装配"。采掘工具已使用铜质专用器。矿山提升采用了滑车等简单的机械。

（3）初步发展期：西周时期。露天开采规模扩大，破岩能力增强。开采坚硬矿脉采用"锤与楔"的方法。有了斧、锛、铲、镢等合范铸造的多种青铜专用采掘器。对地压的认识进一步深化，不断改进井巷支护型式，以提高对地压的控制能力。创造了多种地下采矿方法，特别是水平棚子支柱充填法。创建了比较完善的矿井防水和排水系统。水介质溜槽选矿技术发展到成熟阶段。

（4）创新期：春秋至战国中期，金属找矿方法有了突破性进展。铁矿得到了开采，铁器开始使用，矿业管理水平明显提高，采冶名工名匠不断涌现，凿岩技术有创新，新的井巷支护技术代替了旧的技术，表现出多方面的优越性。多种采矿方法进一步完善，矿山提运机械有了新的发展。

（5）充实提高期：秦汉至元代，采矿技术在三个方面得到了充实提高，一是各项技术使用越来越成熟；二是一些先进技术的使用面越来越广泛；三是矿山规模不断增大。这整个时期大体上是持续发展的，除了魏晋南北朝和五代之外，秦汉、隋唐、宋元三个历史阶段，采矿技术都相当发达。

（6）全面发展期：明清时期，中国古代采矿技术得以全面发展，矿业生产以十几倍的数量增加。明代中叶之后，采矿业中出现了资本主义萌芽，有关典籍记录了许多矿业方面的技术成就。

需要指出的是：从我国整个古代史来看，有关采矿技术的记载十分贫乏，故本章采用考古资料及其研究成果较多，文献记载则相对较少。

第一节　史前期采矿技术

一　关于采矿的技术背景

在人类史前的生产活动中，与采矿业关系较为密切的生产技术大约主要是：石器开采和制作技术、水井开凿技术以及原始的建筑技术等。采矿，就是要将有用的矿物从岩石中分离出来，这三项技术对于矿石的识别和开采、坑道的开凿和支护，在技术上和思想上，都曾产生过许多有益的启示和影响。

（一）旧石器时代的采石活动

人类制造和使用工具的历史大约已有 400 万年的时间，贾兰坡先生认为，根据目前的发现，在距今 400 万年前的上新世地层中找到最早的人类遗骸和最早的工具[①]。目前我国古人类研究中发现的最早实物是安徽繁昌县癞痢山人字洞出土的几十件石制品和十余件骨制品，其石制品的原料主要是铁矿石，距今 200～240 万年[②]。这些石器、骨器便是人类制造工具的明证；也是人类接触岩石、矿石的最早起点。

在中国的南方和北方，都发现过属于或可能属于早更新世的人类化石或石制品。这些地点的年代顺序大致如下：可归于早更新早期的有重庆市巫山县龙骨坡、山西省芮城县西侯度和云南省元谋县上那蚌。巫山龙骨坡约距今 201～204 万年；元谋上那蚌距今 170 万年左右[②]。巫山县龙骨坡发现与"巫山猿人"活动有关的石制品有砸击石锤、凸刃砍砸器等[③]。在距今 100 万年左右，中国南方和北方广大区域范围内，存在着直立人，他们在这些地方制造石器[②]，认识并采用了 13 种矿物和岩石，在利用矿岩打制生产工具时，发明了多种打制石器的制作方法。距今约 80～75 万年之间的蓝田猿人，是用石英岩、脉石英、石英砂岩和黑色燧石打制石器。距今约 50 万年的北京猿人，制造石器仍以石英岩类为主，而且采用的石料质地也胜过蓝田猿人。从现资料看，我国多处几万年乃至几十万年的旧石器时代遗址，其石制品的石料依然是以脉石英和石英岩为主的；这些岩石的化学成分为二氧化硅，硬度较高，容易产生贝壳状断口，是制作石质工具最为理想的原料；这说明人们在长期的生产实践中，对部分岩石的加工和使用性能已逐渐有了一些认识。当时打制生产工具的方法主要是锤击法和砸击法[④]。

中国考古学证明，从"猿人"到"智人"到"新人"，其整个发展过程是一脉相承的，打制石器工具的制法以石锤直接打制兼以单向加工为主，并不断地改进和提高石器的制作和使用技术[⑤]。从单面加工的石质工具发展到复合工具，苏秉琦先生认为，"可能追溯到 20 万年前的北京人文化晚期"，十来万年的进步，"集中表现为石器刃部的细加工和安把到镶嵌装

---

①　贾兰坡，遗址的年代测定说明了什么，中国文物报，1994 年 6 月 12 日第三版。
②　李炎贤，中国最早旧石器时代文化的发现与研究，中国文物报，1999 年 1 月 27 日第三版。
③　王家德、高应勤，长江西陵峡考古学文化遗存的发现与研究，考古，1995，(9)：820～829。
④　周口店新发现的北京猿人化石及文化遗物，古脊椎动物与古人类，1973，11 卷，2 期。
⑤　安金槐，中国考古，上海古籍出版社，1992 年，第 52～53 页；第 72 页。

柄一系列复合工具的出现与发展。"[1]

距今约 2 万年的北京周口店山顶洞人，已从相当远的地方采回赤铁矿，粉碎后作为颜料，将装饰品涂成红色，或者撒在尸首旁边[2]。这是我国最早利用矿物作颜料的资料。

内蒙古呼和浩特市郊发现的两处旧石器制造场，仅大窑村南山一处，面积就达二百万平方米，已具相当规模，是开采燧石并制作石器的早期遗存，这些石料是从原生岩层经人工开采来的燧石[3]。这是我国迄今所见最早的从原生岩采石的资料。

在旧石器时代，人们的采石技术的主要成就是：旧石器时代晚期发明了石器磨光技术和穿孔技术。人类的各种生产知识和技能，都是在漫长的岁月中逐渐积累起来的，这些最为原始的选择、采集和制作石器的实践，尤其是类于大窑南山的采矿实践，对于人们后来识别矿石、开采矿石，都有一定的启发和帮助。

(二) 新石器时代的采石活动

我国南北许多地方都发现过新石器时代的采石遗址，它们都从不同角度反映了不同时代、不同文化的石器制作技术。其中较值得注意的有：山西襄汾大崮堆山史前采石场、山西怀仁县鹅毛口采石场、广东佛山市南海西樵山采石场等，它们反映了新石器时代的采石技术。

山西襄汾大崮堆山史前采石场，其年代上限稍早于仰韶文化，并一直延续到了龙山文化时期。遗存面积 15 万平方米，最大堆积厚度达 4 米。其岩体主要由角页岩构成，岩色黑灰，质硬而韧，硬度在 6.5 度以上[4]。

经过对大崮堆山石器制造场基岩以及大块石料上留下的打击痕迹的观察分析，当时先民用了两种方法采石：

(1) 投击法。系选择基岩上保持的原生棱角部位作台面，用大石块猛力投击，从基岩棱角边沿击下石片。

(2) 楔裂法。系依基岩的节理分布，先将石片薄刃顺裂隙楔入，然后砸撞作为楔子的石片，待石缝显出纹后，再沿石缝楔入第二块石片，继续砸撞，这样，随着裂隙中石片的增多，石缝越来越大，以至能再楔入木棍之类的长物，利用杠杆原理将石片撬下[4]。本章第三、四节将要谈到，内蒙古林西大井西周时期采矿遗址和新疆奴拉赛春秋时期采矿遗址铜矿的开采，其"锤与楔"的凿岩方法，与新石器时代山西大崮堆山采石法，是一脉相承的。

山西怀仁县鹅毛口采石场，是一处谷坡露天采石场，开采的是裸露的三叠纪凝灰岩、煌斑岩夹层。其年代较大崮堆山稍晚一些[5]。

广东南海西樵山采石场。距今约 6000 年。其规模宏大，延续年代久远，为国内所罕见。西樵山赋存着坚硬致密的霏细岩岩层，在霏细岩谷坡上遗留有从原生岩层中开采石料形成的七个洞穴，即原始平硐。最大的洞穴纵深 37 米，其中的虎头岩洞穴口宽 4.3 米，向内逐渐

① 苏秉琦，关于重建中国史前史的思考，考古，1991，(12)：1112。
② 贾兰坡、黄慰文，周口店发掘记，天津科学技术出版社，1984 年，第 62 页。
③ 内蒙古博物馆、内蒙古文物工作队，呼和浩特市郊旧石器时代石器制造场发掘报告，文物，1977，(5)：7～14；胡松涛：略谈我国旧石器时代石器原料的选择与岩性的关系，考古与文物，1992，(2)：40～45。
④ 陶富海，山西襄汾县大崮堆山史前石器制造场材料及其再研究，考古，1991，(1)：1～7。
⑤ 贾兰坡、尤玉柱，山西怀仁鹅毛口石器制造场遗址，考古学报，1973，(2)：13～26。

收缩,基岩底板向外微倾;纵深 8.3 米,反映了比较成熟的平硐开拓技术。开采工具是鹿角、火石镐头、石锤和磨光石斧[1]。从大量考古资料看,珠江三角洲地区的新石器文化有着自身的发展序列,它是直接来源于距今一万年左右的广东地区新石器时代早期洞穴遗址文化的;西樵山采石技术亦是在本土文化中产生出来的;这再一次证明,中华民族文化之起源是多元的[2]。

(三) 原始的水井开凿及其对竖井支护技术的启示

人类向地下开凿的历史始于何时,今已很难了解;它很可能与人们穴地而居和凿地取水的活动有关。《墨子·节用》曰:“因丘陵掘穴而处。”这种“掘穴”,就是一种较早的地下开拓。《吕氏春秋·勿躬篇》说:“伯益作井”。此作井,自然也是一种地下开拓。据《史记·秦本纪》,伯益是虞舜时人,曾协助大禹治水。当然,伯益并非是凿井的发明者。

在现有考古资料中,年代较伯益为早的水井已见多处。如浙江余姚河姆渡遗址第二文化层下(公元前 3710±125 年)发掘出过木构方形水井[3];上海松江汤庙村和江苏吴县澄湖出有崧泽文化的数百口圆形浅井,井壁是用竹箍围撑构筑的[4]。此外,中原地区一些属于龙山文化的村落遗址,如河北邯郸涧沟[5]、河南洛阳矬李[6]、山西襄汾陶寺[7],都发现了保存完好的水井。

中国早期水井的特点首先在于井口截面积较大。河姆渡遗址水井口径已达 2 米,北方地区早期水井口径都在 3 米以上,井深一般在 10 米以上。早期水井井壁均采用木构件或竹席支护,在井筒下段多采用圆木或半圆木架设呈井字形的支架,其形状正是象形文字的“井”字,古文献所称之为“井干”。《周易·井》的卦象就是“木上有水,井。”

河姆渡遗址还采用板桩法凿井,即在松软含水土层中,预先用人力在欲凿井的井筒周边打入四排木桩,组成一个方形的桩木墙,然后在桩板的保护下挖井。为了防止排桩向里倾倒,在排桩内顶套一个方木框[3]。这是一种穿过松软含水土层的特殊凿井法。余姚河姆渡第四文化层(距今 6960±100 年)发现的木构件结构多式多样,代表了中国早期发达的木构技术。中国先秦时期的矿井支护和凿井方法,不仅在形式上同水井一样(即采用“井干”式方框支撑),而且在井干的交接处(即节点结构)乃至井筒护壁方面,都继承了水井的支护方式,可见矿井支护技术源于新石器时代的水井支护技术是无可置疑的。

(四) 原始建筑技术及其对平巷支护技术的启示

在旧石时代,人类主要是居住在自然洞穴中的;新石器时代后,才逐渐地住到了人工构筑工事中。各种建筑物的基本构件是立柱和横梁,是承重和防止侧面的外力;这与矿山中的

①　黄慰文、李春初、王鸿寿等,广东南海县西樵山遗址的复查,考古,1979,(4):289~299;南海西樵山考古取得新进展,中国文物报,1994 年 12 月 11 日头版。
②　吴曾德、叶杨,论新石器时代珠江三角洲区域文化,考古学报,1993,(2):164~165。
③　浙江省文物管理委员会,河姆渡遗址第一期发掘报告,考古学报,1978,(1):49~50。
④　南京博物馆,太湖地区的原始文化,《文物集刊》第 1 期,文物出版社。
⑤　北京大学、河北省文化局邯郸考古发掘队,1957 年邯郸发掘简报,考古,1959 (10):531。
⑥　洛阳博物馆,洛阳矬李遗址试掘简报,考古,1978,(1):5。
⑦　高开麟、张岱海、高炜,陶寺类型的年代与分期,史前研究,1984,(3):22~31。

井巷支护，无疑是相通的。

在我国考古发掘的早期建筑物中，较值得注意的是浙江河姆渡遗址的木构架建筑，包括木材制作的梁、枋、板等。构件上保存有多种类型的榫卯、榫头，有方榫、圆榫、双层榫，卯眼有圆形和方形两种，加工比较细致。其木柱的柱脚和柱头已有榫头，平身柱与梁枋用榫卯交接，受拉杆件（联系梁）采用梢钉孔的榫卯，这些木构件已基本形成了合理的载面构造关系。此外，山东临朐西朱封、山西陶寺、湖北黄冈螺蛳山、青海乐都柳湾等，龙山文化及其与之年代相当的许多遗存也发现了这些结构的建筑①。

大约距今 6000 年前，我国木骨泥墙的建房技术已普遍使用，这在湖北枣阳市雕龙碑原始民族聚落遗址发现"单元式"房屋②、安徽蒙城慰迟寺遗址③、西安半坡遗址、西藏昌都地区澜沧江畔的卡洛遗址都可看到。杨鸿勋认为当时的伐木工具为石斧，加工板材和枋木的工具为石楔。这种楔具开裁木板的技术，直至战国时期有了铁锯之后，广大民间仍然沿用④。

中国早期矿山的木支柱间隔支护，显然是借鉴了房屋建筑中的木构梁柱技术的。在山西石楼县岔沟龙山文化遗址中，发现四千多年前的洞穴式房屋，其顶为穹窿状，房屋中部有木柱直立支撑洞顶，柱顶加楔一条横木，使支撑柱呈 T 字形，其作用是使支柱撑紧并扩大支撑面⑤。而湖南麻阳战国时期的矿房中，就采用了"带帽支柱"法支护⑥。这显然不是一种巧合。

中国早期的矿山井巷支护，常用竹、草编织的席背护井筒和巷道顶棚或两帮，防止围岩下塌。席是以编织技术为基础的。编织技术的出现大约是旧石器时代晚期至中石器时代。席的出现至少不晚于新石器时代早期。目前出土的席类实物以浙江余姚河姆渡遗址为最早，距今约 7000 年。编织工艺已十分高超①。

迄今时代最早的竹编工具出土于浙江吴兴县钱山漾遗址（距今约 5000 年），种类有篓、篮、箩、簸箕等，竹篾多经过刮光，编织方法复杂多样，纹样有一经一纬、二经二纬、多经多纬的人字纹，还有菱花纹、十字形纹。部分已采用梅花眼、辫子口等较为复杂的编织技巧，展示了当时竹编技术的先进工艺①。这些竹编种类和编织方法直到商周时期的矿山生产仍在沿用。

综上所述可以看出，中国早期矿山竖井井筒支护技术是从水井的支护方式中借鉴的；巷道支护技术，即木柱（立柱）→柱上横向梁架（顶梁）→纵向枋（顶棚），是从房屋建筑木结构方式中借鉴的。在建井和筑屋的长期实践中，以木为主的材料和构筑结构、方式，接受了实践的检验，证明有许多优越性，遂成为矿山支护技术的规范，经久不衰。

---

① 李宗山，史前家具的重要发现，《中国文物报》，1994 年 12 月 11 日 第三版。
② 李德喜，湖北先秦建筑考古综述，见：奋发荆楚探索文明，湖北省文物考古研究所编著，湖北科学技术出版社，2000 年，第 221 页。
③ 《中国文物报》，1993 年 1 月 30 日；中国社科院考古研究所等，安徽蒙城县尉迟寺遗址 2003 年发掘的新收获，考古，2004，（3）：1。
④ 杨鸿勋，石斧石楔辨，考古与文物，1982，（1）：67。
⑤ 中国社会科学院考古所山西工作队，山西石楼岔沟原始文化遗存，考古学报，1985，（2）：205。
⑥ 湖南省博物馆、麻阳铜矿，湖南麻阳战国时期古铜矿清理简报，考古，1985，（2）：119。

二　金属矿开采技术的起源

金属矿之开采总是和冶炼紧密相连的，所以，找到了最早的金属制品，也就找到了采矿技术的源头。

（一）我国金属矿采冶技术的起源

迄今所知中国最早的冶铜遗物是属仰韶文化时期，即 1971 年陕西临潼姜寨出土的黄铜片，年代为公元前 4675±135 年[①]。

研究地质资料，我国黄河流域及其他古冶金区域，都蕴藏着一些基本的铜矿资源；而且考古发掘的铜制品的材质，都与该地铜矿的类型相对应；仰韶原始黄铜、原始青铜的矿料，皆可在甘、陕两省，即地质学上称为秦岭褶皱系的礼县（甘）—柞水（陕）华西地槽成矿带内找到。该矿带为铅锌铜成矿带，为层控型矿床，矿石赋存于碳酸盐岩与碎屑岩组成的互层带中，由西向东长几百公里，分布在甘肃的礼县、西和县、成县、康县、徽县和陕西的凤县、太白县、眉县、周至、户县、西安市、蓝田、柞水、镇安、山阳、丹凤、商县（现商州市）、洛南、商南。铜矿体主要产于灰岩中，次为富钙砂岩与富钙泥质岩，脉石为石英[②]。陕西华县、华阳、渭南市、潼关县也有铜矿，周至县、凤县、太白县等地的铜矿规模较大，质量好，易选[③]。《山海经·西山经》也载述了临潼以东的符禺山（渭南）、石胎山（华县）、松果山（华阴）、阳华山（华阴）、盩尾山（洛南），临潼以南的瀚次山（长安）均蕴藏有铜矿[④]。甘肃境内二百多处蕴藏着十种有色金属矿床。甘肃东乡以北的兰州市、皋兰县有铜、锌、铅矿，白银市、景泰县有铜、铅、锌、银、铁矿，以南的积石山地区以德尔尼矿床最为著名，矿体呈似层状、透镜状产于超基性岩体中，主要为块状矿石，较富，除铜外，含有大量钴、锌，伴生金、银[⑤]。所以东乡林家马家窑文化的原始青铜刀含少量铁、银是理所当然的。甘肃永登县也有铜、锌矿。

关于红铜的矿料，张掖、酒泉之南，祁连山北麓各沟谷之砂砾层，含有大块自然铜，普遍皆长三寸，宽二寸。所见之最长者，长一尺余、宽六寸、厚三寸，皆无棱角[⑥]。甘肃发现的自然铜块未见详尽的检验报告，齐家文化所出红铜器也作过成分分析，均含有微量元素，是否是自然铜制品仍有待进一步证实，但是中国的多数铜矿都发现有自然铜，江西铜岭、湖北铜绿山等商周铜矿证实自然铜也是当时开采的对象之一，所以中国早期识别和利用自然铜应该是可能的。

关于锡青铜的矿料，我国除西南部盛产锡矿外，内蒙古等地亦产锡，辽宁建平以西的赤

---

① 半坡博物馆、陕西省考古研究所、临潼县博物馆，姜寨——新石器时代遗址发掘报告，文物出版社，1988 年，第 148 页。

② 王永勤，中国层控型铅锌矿床的分区及其主要矿化特征概述，中国地质，1984，（3）：26。

③ 阎崇年，中国市县大辞典，中共中央党校出版社，1991 年 8 月。

④ 夏湘蓉、李仲均、王根元，中国古代矿业开发史，地质出版社，1980 年，第 34 页。

⑤ 章午生，青海省矿产资源概况，中国地质，1985，（7）：29。

⑥ 原出自甘肃矿业公司甘肃矿产测勘总队，甘肃地质矿产调查报告书，1943 年，第 74～75 页；转引自夏湘蓉等：中国古代矿业开发史，地质出版社，1980 年，第 244 页。

峰地区包括赤峰市、巴林右旗等富产铜矿，并产锡矿。林西大井铜矿西周时期开采鼎盛。建平以东的朝阳、喀喇沁左翼、义县、锦州、锦西（现葫芦岛市）、兴城等都有铜矿[①]。

总之，我国古代金属矿开采技术约发明于仰韶文化时期，当时，在黄河流域等地，是具备了发明出铜矿采冶的各种资源条件、技术条件和社会条件的。至于它的发明是否受到过其他文化和技术的影响，目前尚无确实的证据。

（二）长江流域也是我国史前文化的重要区域

目前在长江流域看到的早期铜器只有 2 起，一起是 1987 年湖北天门出土的残铜片 5 件，属石家河文化二期，依伴出物推测，该地很可能是铸造小型铜器的手工业作坊，距今约 4400 年[②]。另一起是安徽含山县大城墩遗址二期，曾出土过一把铜刀，为锡青铜材质，铸造成形，约相当于龙山文化时期[③]。显然，各地铜矿采冶技术的发明年代有早有晚，发展速度有快有慢；但南方采冶技术，却很可能是独自发明出来的，这也是我国古代一个十分重要的古文化区，《禹贡》"九州"中，扬州、荆州等都是属于南方的。

从 170 万年前到 1 万年前的旧石器时代文化遗址在湖北、湖南、江西、安徽、江苏都有发现[④]。目前在长江流域发现的新石器时代的文化遗址已不下 2200 多处[⑤]，这些文化在长江流域形成了一个以稻作农业、蚕桑纺织业、石器制造业、制陶业、干栏式建筑和习水行舟等为特色，为人类社会向文明时代发展奠定了基础，为冶铜术的产生提供了条件。

在江汉地区，湖南澧县的彭头山遗址和湖北城背溪遗址距今 8000～8500 年前，出土遗迹遗物所反映的生产力水平和经济发展状况，并不比黄河流域落后，反映了江汉地区也是我国最早人类开发的平原地区[⑥]。

长江下游新石器时代晚期，即良渚文化时期，出现了一批聚落群，其中有规模宏大的人工建筑，其周围有祭坛和贵族墓地，已具有早期城邦的性质[④]。

江西万年仙人洞和吊桶环洞发现的人工栽培稻，经[14]C 测定，为公元前 12 000 年[⑦]。新石器时代晚期，长江中下游地区以水稻为主的农业经济已进入到犁耕农业阶段。许多遗址中出土石犁、石斧、耘田器等。

江西万年仙人洞的陶器，距今一万年[⑦]，是迄今中国最早的陶器。江苏溧水神仙洞遗址出土的陶片时代与之相当[⑧]。

由此可见，商代之前，长江中下游地区的高温窑炉技术已经具备较高的水平，并不比黄河流域落后。

在"多元一体"的中华文明中，南方的长江和北方的黄河无疑是中国两大经济、文化中

① 阎崇年，中国市县大辞典，中共中央党校出版社，1991 年 8 月。
② 湖北省文物考古研究所等，湖北石家河罗家柏岭新石器时代遗址，考古学报，1994，2：227～228。
③ 张敬国，含山大城墩遗址第四次发掘的主要收获，文物研究，1988，(4)：107。
④ 张之恒，长江流域也是中国古文明的发祥地，见：长江文化论集（第一辑），湖北教育出版社，1995 年，第62～66 页。
⑤ 梁白泉，不尽长江滚滚来，见：长江文化论集（第一辑），湖北教育出版社，1995 年，第 23 页
⑥ 杨权喜，楚文化与古代长江流域的开发，见：长江文化论集（第一辑），湖北教育出版社，1995 年，第 41 页
⑦ 江西两古遗址考古发掘获重大突破，中国文化报，1996 年 3 月 13 日第二版；江西文物考古研究所：江西考古的世纪回顾及思考，考古，2000，(12)：25。
⑧ 孙淼，我国的陶器起源何时，文物天地，1985，(1)：55。

心，是两支最具代表性和影响力的主体。纵观长江流域新石器时代社会发展状况，铜矿采冶技术在这里产生是完全可能的。

诚然，就采冶技术产生的要素铜矿资源而言，中国最为丰富的铜矿蕴藏是在长江中下游的有色金属矿带内。由于长江的地质地壳曾经发生过多次变动，所以形成长江裂谷及绵亘900多公里的多金属成矿带。湖北鄂州市、黄石市至江西九江市这段，128公里长的大江南岸，散布着30多个大中型铜矿山。九江市至南京市这464公里长的地段，也散布着30个大中型矿山。在江苏、浙江境内，只有霞山等一批中小型矿山了。据统计，湖北、江西、安徽散布着大中型铜矿山122处，小型铜矿山各有200余处。已探明的铜金属储量，占全国总储量的31.9%，位居全国四大产铜区之首。这些铜矿床中，还伴生着金、银、铁、铅、锌、锡等多种元素。

长江中下游铜矿带以其独有的优越性，吸引着我国先民开发利用。该铜矿带大都属于夕卡岩型矿床，矿石品位较高，富矿约占40%[①]。经长期风化作用，次生富集的氧化带厚达数十米至百米。皖南地区已发现的古人开采过的铜矿藏虽多为不具备现代工业采冶价值的小矿点和矿化点，但由于矿石品位高，距地表浅近，恰恰利于古人找矿和采冶。

我国锡矿资源丰富，工业储量居世界首位。广西、云南、湖南、广东、江西的储量占全国总量的85%。其特点是：单一的锡矿少，共生、伴生（即锡、铜、铅、锌等）有用组份多。丰富的矿产资源，给中国青铜文化不断地提供源泉。

随着考古学和金属史研究的新进展，对长江流域早期的矿冶术的认识将会不断深化和有所修正。

第二节　夏商采矿技术

此期矿业的发展大体可分为两个阶段。一是夏至商代早期，这是我国古代金属矿开采技术的兴起期，与之年代相当的多个古文化区都已采铜炼铜，二里头还出土过一件不成器的铅块，说明当时已采铅炼铅。但与此期年代相当的大型采矿遗址目前尚未发现。二是商代中晚期，这是我国古代采矿业的第一个繁荣期，且出现了类于瑞昌铜岭和湖北大冶铜绿山等这样的大型采矿场。铜、锡、铅等金属矿的开采量都明显增加，在技术上较值得注意的事项是：探矿方面已采用了重砂法和工程法；地下开拓方面采用了竖井、斜井、平巷，及其联合开拓法；采掘工具开始使用铜质专门器；井巷支护方面采用了不同形式的"预制"木构件，并开始形成规范的井巷支护技术；矿山提升方面采用了滑车类简单机械；矿井有效地利用了自然通风；井下设置了排水槽、水仓等排水设施。这是我国古代采矿技术的形成期。

一　手工业分工促进矿业发展

（一）夏代的铜矿采冶

夏代的采矿遗址目前尚未看到，目前在考古发掘和文献记载中，只看到过一些夏及其与之年代相当的冶铸遗址和冶铸遗物；遗址之中，最值得注意的是河南偃师二里头铸铜遗址和

① 王道华，长江中下游区域铜、金、铁、硫矿床基本特征及成矿规律，地质专刊——矿床与矿产，第七号。

辽宁牛河梁发现的冶铜遗物。

河南偃师二里头是夏代中晚期都城①。这里发现了多处铸铜遗址，最大的面积在1万平方米以上，规模惊人。

辽宁凌源县与建平县交界处的牛河梁所发现的两处冶铜遗址，原认为属红山文化②。但是，其出土的冶铜坩埚片经北京大学考古系热释光测试为3200±500BP，属夏家店下层文化，约当夏纪年时期③。李延祥考察研究了牛河梁遗址的炼铜技术，证明牛河梁遗址的炼渣是炼铜渣而非熔铜渣，冶炼的产物是红铜，冶炼方法为坩埚内热冶炼氧化矿石。牛河梁遗址虽然未见铜矿石出土，其矿石来源尚不能确定，但其周围有数个铜矿点，遗留有时代不明的旧矿坑（表2-2-1）。

表2-2-1　牛河梁附近铜矿点一览

矿点名称	地理位置
喀左上滴答水铜矿点	凌源城东南21公里
建平马架子铜矿点	老官地乡境内
昭盟（现赤峰市）敖汉旗喇嘛铜矿点	东经120度15分，42度20分
凌源烧锅地铜矿点	凌源城南65公里
凌源八家子铜矿点	凌源西南州家子附近
凌源杨杖子铜矿点	凌源城南80公里
凌源柏杖子铜矿点	凌源城南约80公里

表2-2-1中各铜矿点的地质状况基本相同，赋存高品位的氧化铜矿石，脉石多含蛇纹石等含镁矿物。含镁矿物多呈绿色，与孔雀石、黑铜矿、赤铜矿共生。牛河梁遗址炼铜渣含镁较多，为矿石带入，因此，李延祥认为，牛河梁的矿石来源可能来自这些附近的古矿区④。

除上述两处外，目前出土过矿冶遗物的地方还有山东牟平照格庄、河北唐山小官庄噋神庙、北京昌平雪山、房山琉璃河、天津蓟县张家园、内蒙古宁城小榆树林子、甘肃玉门火烧沟等。

此时南方的青铜技术同样也在发展。南京博物院考古工作者对距今3800年的江苏省江阴市云亭镇花山古文化遗址进行了考古发掘，发现了一块青铜，其时适处于夏纪年之内；这对于此期南方铜矿采冶技术的研究是具有重要价值的⑤。

---

① 有关偃师二里头遗址的报道，参见《考古》，1961，(2)、(4)；1965，(5)；1974，(4)；1975(6)；1976，(4)；1986，(4)；1991，(12)。
② 辽宁省文物考古研究所，辽宁近十年来文物考古新发现，见：文物考古工作十年（1979～1989年），文物出版社，1990年，第61页。
③ 承李延祥1996年元月4日惠告，特此致谢。
④ 承李延祥提供其论文，辽宁凌源牛河梁遗址炼铜技术，特此致谢。
⑤ 孙参，光明日报，1999年4月16日第二版。

文献上也有一些关于夏代用铜的记载，既然用铜，少不得先要采矿和冶铜的①。《墨子·耕柱篇》曰："昔日夏后开（启）使蜚廉折金于山川，而陶铸之于昆吾②。""折金"乃开采铜矿，必然要有擅长"折金"的矿工。濮阳、辉县一带，地处太行东麓，有丰富矿藏，《山海经》早有记载，而且被现代地质勘探所发现。《尚书·禹贡》关于夏纪年时期各地区（九牧）给中原地区提供铜料的记载，参照近年来湖北、江西、安徽等地早期矿冶遗址的发现，也应是言之有据的。当然，夏代中原的铜资源需求不会像商代那样大，故今发现的夏代的青铜器亦远不如商代那样多。

（二）手工业分工促进商代矿业发展

商代前期，各行手工业内部都有了一定分工。到了商代后期，王室贵族所掌握的手工业生产，不仅规模大、种类多，分工也更细一些，见于文献记载的工匠也较多，如陶工、椎工、木工、绳工等，大约他们都是工奴，世守其业。此外自然也还有采冶奴。

金属矿的开采利用，促使商代青铜铸造技术突飞猛进地发展，反过来，青铜器的较好机械性能亦为采矿技术的提高创造了良好的条件。这些工具主要是用于加工坑木的木作具，如青铜凿、斧、锛、钻、锥等；这类青铜工的使用，对于减轻人们的劳动强度、提高木作效率及加强围岩支护和坑井安全，显然具有十分重要的意义。

商代的运输工具已比较发达。陆上运输已有了两轮车，水上运输主要用船。从商代南方铜矿山所处的位置以及湖边发现的古代铜锭来看，矿山都靠近水路，铜料的外运主要通过长江水路③。

早在夏代，河南淮阳平粮台城址已采用陶排水管道④。到了商代，排水系统已经发展到相当成熟阶段，郑州商城具备完整的城市排水系统⑤。这些城市排水技术与商代矿山的排水技术是吻合的，其技术上也是互相借鉴的。

以上虽然简略地列举了商代与采矿技术息息相关的金属器制作、木作和运输工具、排水等手工业技术，但不难看出，这些技术的分工和娴熟，对商代矿业是十分有利的。

二 商代探矿技术

主要依据江西铜岭和湖北铜绿山⑥出土有关遗迹和工具探讨此期的探矿技术。遗迹有竖井和探槽，工具主要是木制淘沙盘等。

淘沙木盘。式样各异，均为整木挖成，壁薄而浅。有的淘沙盘像勺，长 25.5 厘米，宽

---

① 参阅金正耀，晚商中原青铜的矿料来源研究，第 4～14 页，研究生毕业论文。

② 昆吾，一个古老的部族，为祝融后裔。先在许昌，后迁濮阳西北，曾为夏伯，是当时的强大诸侯国，擅长制陶和冶铸，是夏朝最重要的支柱之一。商汤推翻夏朝，伐灭昆吾。

③ 卢本珊、华觉明，铜绿山春秋炼铜竖炉的复原研究，文物，1981，（8）：43。除铜绿山外，江西铜岭、安徽铜岭的商代矿山遗址也靠近水路。

④ 河南省文物研究所等，河南淮阳平粮台龙山文化城址试掘简报，文物，1983，（3）：29。

⑤ 曾晓敏等，郑州商城考古又有重大收获，中国文物报，1995 年 7 月 30 日头版。

⑥ 本节江西铜岭考古资料引自卢本珊、刘诗中，铜岭商周铜矿开采技术初步研究，文物，1993，（7）：33—38；江西省文物考古研究所等，铜岭古铜矿遗址发现与研究，江西科学技术出版社，1997 年；湖北铜绿山考古资料引自黄石市博物馆，铜绿山古矿冶遗址，文物出版社，1999 年。

12.6厘米，高3厘米。盘内加工稍粗糙，便于增加摩擦系数（图2-2-1）。有的淘沙盘像斗，长21.4厘米，盘内底面留有斧凿痕（图2-2-2）。有的淘沙盘像船，长37.2厘米（图2-2-3）。

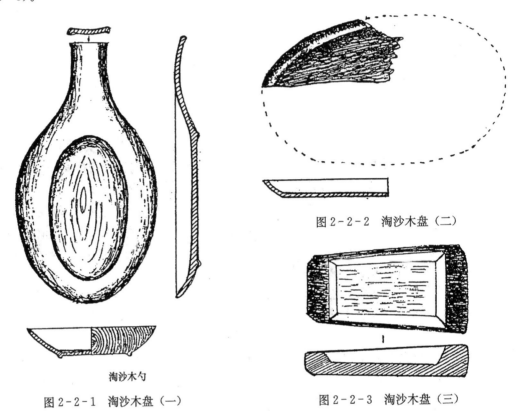

淘沙木勺

图2-2-1   淘沙木盘（一）

图2-2-2   淘沙木盘（二）

图2-2-3   淘沙木盘（三）

探井。用于探矿的竖井，一般比用于矿石提升的井小。铜绿山商代探矿井井口尺寸一般为48厘米×48厘米。

探槽。铜岭发现的探槽，是露天开掘的槽坑，可用于与竖井联合开采，可边探矿边开采。如铜岭探槽C1与竖井J11之联合，具体做法是：先开凿探槽C1，在其探挖过程中，突然发现了富矿，于是打出竖井J11，最后进行竖井开采。槽坑长760厘米，宽140厘米，深56厘米，槽坑两帮打入木桩，作为挡土墙。

可见商代探矿至少有两种方法，第一种为淘沙法，即重砂探矿法；第二种探井和探槽均为探矿工程法。

由于铜岭、铜绿山均赋存着大量粒状孔雀石，即古代称之为"铜绿"，其绿色，是古代工匠寻找铜矿的重要指示。雨水冲刷可以把铜绿显露出来，可能对重砂找矿法的发明有着启发作用。重砂找矿法是利用淘沙盘对软岩层取样，用水淘洗，留取碎屑矿物进行观察，根据其中矿石碎屑的成分及数量多少的变化，追踪要找的矿物来源。它对于寻找由稳定矿物（例如金、锡、铜、铁等）所组成的矿床氧化带、砂矿床等有显著的效果。

浅井探矿可揭露基岩，直接观察到矿化及地质状况。铜岭和铜绿山矿体地表都覆盖着铁帽，其地下的隐伏矿体可以通过探井圈定范围。其优点是可在岩层的横向和纵向勘探，使工程探矿运用自如。

三　商代采矿技术①

至今最有代表性的商代铜矿遗址有三处：即江西瑞昌铜岭、湖北大冶铜绿山、安徽木鱼山。从考古资料看，商代矿山开拓方法分露采、竖井开采和井巷联合开拓。矿工们已能根据较松围岩的地质条件，用木框支护井巷，保证了采矿的顺利进行。凿岩工具则是使用小型锛、凿类铜质工具，这类工具与木柄相配套，成为采掘的复合工具。矿山提升已不是单靠人力，而是使用木制滑轮这种简单的机械装置。商代晚期的采矿炼铜技术已有较大的规模和较高的技术水准；此期出现的以井巷联合开拓法及规范化的井巷支护为特征的地下开采，标志着我国采矿技术已初步形成。

（一）矿山测量技术的发轫

我国是使用原始测量工具较早的国家之一，在长期的治水过程中，我们的祖先很早就创造了自己的测量学。

一般测量都与铅垂测量和水准测量找平有关。今见与此有关的重要实物之一，是新石器时代的纺轮，它显然具备了铅垂的原理。此外更值得注意的是：河姆渡遗址出土一件锥形木制垂球状的遗物，用短木柱的一端削成圆锥形，高约 10 厘米。遗址出土的榫卯木构件，镶合一对榫卯，便可以得到一个直角框架②。充分表明当时已掌握了垂直原理的应用。

从很早的年代起，人们便具备了方位的概念，西安半坡遗址的建筑遗迹，门多向南③，便是个很好的例证。这一方面说明人们早已注意到了风向和阳光的影响，但这也是一种较早的方向测量。《尚书·尧典》中便有了关于东、南、西、北四个方位的记述。从文献记载来看，定方向最早使用的是表，而运动中的定向则以指南为主④。

水准测量术是原始居民认识了自然水平面后产生的。例如生活用的陶容器盛水后，口沿平面与容器里的水平面平行。石锛的一面作直刃，直刃在下，便能在木料上削出平面。

我国古代与水利测量有关的记载至迟可上推到大禹时期。《史记·夏本纪》载："禹乃遂与益、后稷奉帝命，命诸侯百姓兴人徒以傅土，行山表木，定高山大川。……左准绳，右规矩，载四时，以开九州，通九道，陂九泽，度九山。"此"准绳"和"规矩"大概就是今天所说铅垂线、规、矩，这也是我国古代文献中关于测量工具的较早记载之一。其中的"行山表木"，《尚书·益稷》作"随山刊木"。唐司马贞"索隐"："表木，谓刊木立为表记。""定高山大川"，集解引汉马融说："定其差秩"。"表"、"刊"都是指测量的标杆。立了一根标杆，再辅以规矩准绳，方向、高差都可用它来决定。这不但谈到了测量工具，而且谈到了测量方法。年代稍后的文献也谈到过这类测量工具。《诗·大雅·公刘》载："既景乃冈。"是说公元前约 15 世纪周文王的第十二世祖先公刘曾在山冈立表测影，以定方向⑤。商代井巷

①　汪宁生，从原始计量到度量衡制度的形成；另见卢本珊：中国商周采矿技术，中国科技史国际学术讨论会论文集，科学出版社，1992 年，第 139～144 页。

②　浙江省文物管理委员会，河姆渡遗址第一期发掘报告，考古学报，1978，（1）：47。

③　西安半坡博物馆，西安半坡，文物出版社，1963 年，第 10～13 页、第 20～23 页。

④　《周易·说卦》。

⑤　曹婉如，中国古代地图绘制的理论和方法初探，自然科学史研究，1983，2，（3）：246。

分布中，有主副井之分，其主井的东南西北面分布着数个副井，也证实了古人掌握了方位的测定。

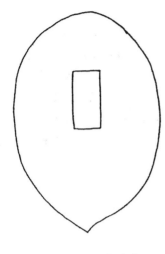

图2 2-4 木垂球

迄今考古发掘中看到的商代测量工具主要有下列两例：①1994年江西德安陈家墩3号、4号商代水井中出土了木垂球和木觇标墩，木垂球上圆下尖，圆平面光滑，中心有一小孔；觇标墩上圆，三足连体呈三角形，圆平面光滑，中心有0.4厘米大的洞窝。经研究和多方验证，这两种器物是挖井时的测量工具：把垂球中心孔用绳等物系住，尖向下，固定在井口圆中心部位，觇标墩置于井中，随井掘进垂球下放，但垂球头始终对准觇标墩小洞窝，以觇标墩小洞为中心划圆[①]。②湖北铜绿山铜矿遗址7号矿体2号点出土过1件木垂球（图2-2-4），整个呈桃形，长7.7厘米，上头圆，下端呈尖锥乳头状。横断面呈椭圆形，长径6厘米，短径5.4厘米。球体上部有一透孔，呈长方形，宽1厘米、高2厘米。一般认为，此当即是测量的木垂球。

矿山测量的主要内容是测定井巷等工程的位置及其有关尺寸，其中亦包括巷道定向及测定各种距离。我国最早测定距离的方法是步测[②]。商代平巷木支架的厢架间距虽然大体一致，但并不等同，这很可能与步测法有关。关于木构件长度的最初测定法，很可能是以人手的一拃为准的。据认为，人手的一拃大约是15厘米左右，也即是最早的一尺[③]。在测量井巷支护木构件长度时发现，不少的测量数据的尾数都是5或者0，看来，这种测量很可能是以人手一拃为准的；这种测量法虽较粗糙，但却十分方便和简单，在古代采矿中，大体上亦能满足人们的要求。

（二）商代铜矿山遗址

中国铜矿资源分布的特点是既广泛而又相对集中。所谓"广"，即全国绝大部分省、市、自治区都有铜矿赋存；所谓"集中"即主要矿山又集中于少数地区，依次为：长江中下游铜矿带、川滇地区铜矿区、山西中条山铜矿区、甘肃白银等铜矿区。湖北铜绿山矿为国内屈指可数的大型富铜矿山之一。它的储量居全国第二，品位居全国之首。但目前经过了考古发掘的商代矿山遗迹主要是湖北铜绿山和江西铜岭两处。

因采矿场较为繁杂，各种采场、巷道较多，为了方便起见，本节编号时，使用了一些统一的符号，即：T（探）——考古探方、J（井）——矿井、X（巷）——巷道、P（棚）——工棚、K（坑）——露采坑、C（槽）——槽坑、W（围）——围栅。

① 于少先等，陈家墩遗址出土一批商代木器，中国文物报，1994年3月27日。
② 王嘉荫，中国地质史料，科学出版社，1963年，第250页。
③ 汪宁生，从原始计量到度量衡制度的形成。

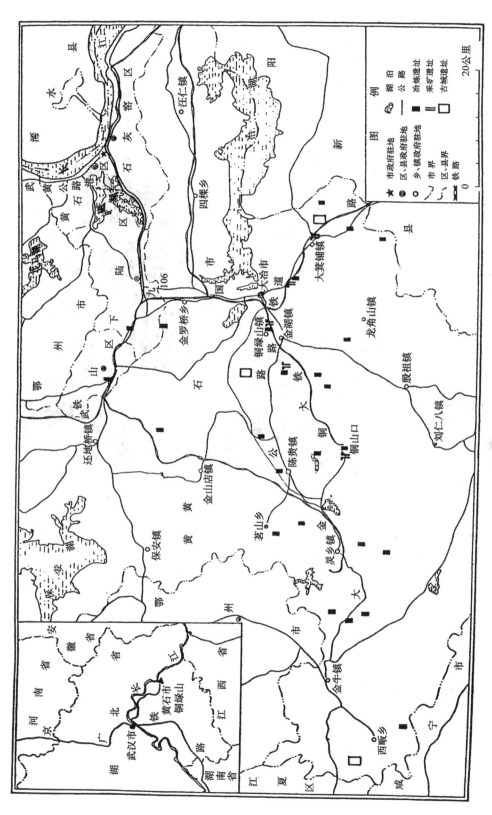

图 2－2－5　铜绿山矿冶遗址位置图

1．湖北大冶铜绿山铜矿遗址①

铜绿山矿冶遗址位于湖北大冶市矿区（图2-2-5），面积约1.2平方公里，其中10个矿体曾在商代晚期至战国时期被古人开采。它是大冶矿区已发现的近40处矿冶遗址中内涵最丰富的。计发现古代采铜矿体10个。1973～1985年，已发掘井巷500余条，出土大量采矿工具、井巷支护构件、炼炉、铜锭等遗物。炼渣堆积达40多万吨。铜绿山商代矿山位于Ⅶ号矿体，矿体长约165米、宽17～65米。走向北35度东，倾向南东，倾角40度。经清理的商代竖井19口，商代平巷10余条（图2-2-6）。

图2-2-6　铜绿山2号点矿井J45X$_{24}$X$_{25}$遗迹

铜绿山矿区的矿体多、储量大、品位高，而且大部分矿体出露或接近地表，大量的自然铜、赤铜矿、孔雀石和蓝铜矿等矿物，在矿体及围岩破碎带内形成氧化富集带，含铜平均品位在6%以上（未经古人选矿的品位），有的地方孔雀石矿脉最厚可达10米。靠近矿体顶板、底板的破碎带和蚀变带都是古人主要的采掘区之一。这些比较松软破碎的地质构造带为古人凿岩提供了有利的条件。铜绿山铜矿石类型有三类，即铜铁矿石、铜矿石、铜硫矿石。由于古人受开采深度的限制，一般的采深都没超过矿体的氧化带，所以其矿石类型一般为前两类。铜的表生矿物以孔雀石为主，其次是自然铜、赤铜矿。值得注意的是，在古人采掘的铜矿石中，虽然氧化矿石占重要地位，但矿石不会是纯净的，有些含硫的混合矿也会被利用，这是在深入研究中值得重视的。

---

① 黄石市博物馆，铜绿山古矿冶遗址，文物出版社，1999年，第一章第二节（卢本珊执笔）。

2. 江西瑞昌铜岭铜矿遗址①

1988 年开始发掘。发现有采坑、矿井、平巷、选矿槽、炼炉、工棚，以及大量竹、木、石、铜质的工具和用具，其中有用于矿山提升的器械木滑车（图 2-2-7）。出土的陶器形制和坑木的 ^{14}C 年代测定数据，证实遗址至迟始于商代中期（公元前约 14 世纪），延续到战国早期（约公元前 5 世纪），为迄今所知中国最早的采铜炼铜遗址。年代如此之早，具有相当规模又保存完好的矿冶遗址是世所罕见的，从而引起学者们的重视。

图 2-2-7　木滑车

铜岭矿区向北几公里可至长江南岸的码头镇，交通便利。湖北省的大冶铜绿山、阳新丰山、港下等铜矿遗址均在铜岭遗址数十公里范围内。铜岭为铜铁共生矿床，赋存于泥质灰岩与粉砂岩之间的破碎带中，全长 480 米。铜铁矿物经风化淋失，次生富集而成。次生铜矿分孔雀石铁质黏土、孔雀石块状褐铁矿两种类型。平均含铜品位超过 10%，高者达 11.73%，如果就单块孔雀石矿石而言，含铜品位可达百分之几十不等。

铜岭古代采区遗址范围为椭圆形，东西长约 385 米，南北约 190 米，集中分布范围约 70 000 平方米。铁山西部主要是古代露天开采。合连山西坡至铁山东北部主要为地下开采。古代炼铜渣有四处。按炼渣的分布面积及堆积厚度估算，古代炼渣约有数十万吨。在发掘区内，已清理出商周竖井 103 口，平巷 19 条（现代地球物理方法还测得平巷 2 条，未统计在内）。由于发掘条件所限，加之古代地下开采较深，发掘区内的深部平巷未能全部揭示。商

　　① 本节江西铜岭考古资料引自卢本珊、刘诗中，铜岭商周铜矿开采技术初步研究，文物，1993，(7)：33～38；江西省文物考古研究所等主编，铜岭古铜矿遗址发现与研究，江西科学技术出版社，1997 年；湖北铜绿山考古资料引自黄石市博物馆：铜绿山古矿冶遗址，文物出版社，1999 年。

代井巷主要分布在发掘区以北,清理出竖井 48 口,平巷 6 条(图 2-2-8 和图 2-2-9)。西周前期的井巷主要分布在发掘区西北。战国早期的井巷分布在发掘区东北部,是发掘区地势最高的井口,高程为 78.36 米。

图 2-2-8

图 2-2-9

(三)露天开采技术

采矿方法区分为露天开采和地下开采两种。人类最早采用的是露天开采,大约在新石器时代及到夏代,我国金属矿开采都是以露采为主的;考古发掘的商代两大采矿场,即铜岭和铜绿山,都使用了这一方法。直到近现代,露采还在使用。

地质勘探资料[①]和现场考古发掘揭示,从铁山南部东西长 250 米,南北宽 110 米的区域内所遗存的古露采情况看,古人的开采方法是实行分区分期露采,重点是开采矿体厚、品位高、覆盖层薄、剥采比较小的区域,其工作线基本是顺铁山矿体走向由东向西分单元开采,垂直矿体走向掘进。从图 2-2-10、图 2-2-11 的 0 线、2 线地质勘探线剖面图看,古露采坑坑底渐深。剥离的废石顺坡排至山下或已采过的废采坑内。图 2-2-11 为古露采坑示意图,可见露采的境界封闭圈在海拔标高 80 米,直径约 25 米左右。由于铁山南坡北高南低,所以封闭圈上部形成山坡露天矿,下部形成较浅的凹陷露天矿,深 8 米,其坑底高程为 72 米,残留有大量人工堆积的废石,即褐铁矿转石。古露天采场的工作帮坡角有缓有陡,0 勘探线为 45 度左右,2 勘探线为 25 度左右。

---

① 赣西北队 502 分队,江西省瑞昌县铜岭铜铁矿区地质普查评价工作总结报告,1968 年 8 月。

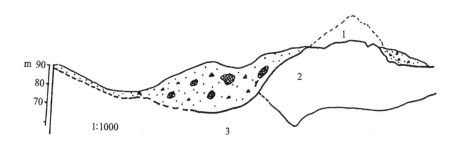

图 2 - 2 - 10　瑞昌铜岭铜矿 0 线地质勘探剖面

1. 古露采点及转石；2. 孔雀石铁质黏土；3. 灰岩

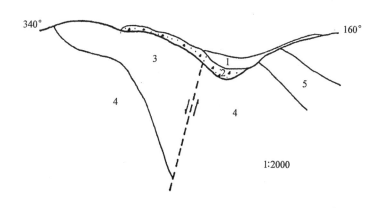

图 2 - 2 - 11　瑞昌铜岭铜矿 2 线地质勘探剖面

1. 后期堆积；2. 古露采坑及转石；3. 铜铁矿；4. 石灰石；5. 石类长石岩脉

从铜绿山古代露天采场的分布范围来看，大都在经氧化的铜矿体露天部分，很少出现在铁帽区域。铜绿山早期露采的规模较小，X1 号矿体古露天坑，封闭圈直径二十余米。

古代露天开采的优点是铜矿资源利用充分，回采率高，贫化率低，但需剥离大量废石。为了减少剥离工作量，有效地采掘地层深部的矿石，古代矿工依据地形和矿体赋存特征，采取以地下开采为主的矿区开发方式，即开凿隆道，进行系统的山地工程。

（四）地下开拓技术的形成

江西铜岭和湖北铜绿山所用矿石是相同的，主要都是孔雀石，呈粒状、块状散布于土状围岩中，或呈皮壳状赋存于矿体底盘的白云质灰岩或大理岩的接触面上。两地开拓方法完全相似，皆从地表向地下开掘许多通达矿体的巷道，形成提升、运输、通风、排水系统，其中有伐木、运输、木材加工、凿岩、测量、支护、回采、通风、排水、提运等作业及管理。铜岭与铜绿山两地相距近百公里，如此相同而成熟的开拓方式，表明商代南方铜矿开采技术颇具特色并达一定的水准。

考古发掘资料表明，商代的地下开拓方法有两种：①单一开拓法，即主要用一种方式，或竖井、或斜井、或平巷来开拓巷道。②联合开拓法，即用两种或两种以上的方式来开拓巷道（图 2 - 2 - 12）。

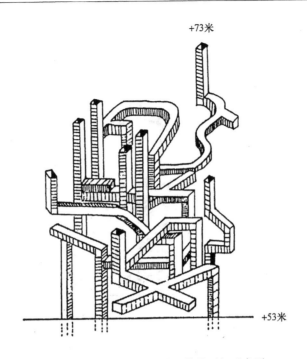

图 2 - 2 - 12　铜绿山早期井巷开拓示意图

　　商代单一开拓法有如下两种方式：

　　(1) 竖井开拓法。其井筒断面一般略呈矩形。以铜岭为例，井净断面面积多为 70 厘米×90 厘米左右，井深只几米，为单一浅井开拓。考古发掘研究证明，这种单一竖井所处的矿石埋藏浅，矿层极薄，孔雀石采完即开拓终了。由此可见，单一竖井开拓法是视矿层赋存状况而定的，浅井并非表明开拓方式简单，而恰恰反映了古人因地制宜的匠心。

　　(2) 斜井开拓法。斜井开拓法主要用于追踪地表露头且倾斜延伸的矿层。

　　商代联合开拓法有如下三种方式：

　　(1) 槽坑与竖井联合开拓法。这是一种边探矿边开拓的有效方法。以铜岭 C1 槽坑与 J11 竖井的开拓过程为例：先在海拔 71 米的山坳地表开挖半地穴式露天槽坑，长 7.6 米、宽 1.4 米、深 0.56 米。为了追踪富矿，继槽坑尾端向下开挖井筒。

　　(2) 竖井→平巷→盲竖井联合开拓法。这种开拓法与上述方法的开拓进程相反。以铜绿山为例，即先凿竖井，然后在井壁一侧开凿很短的独头平巷，在巷端底部再凿盲竖井（图2 - 2 - 13）。

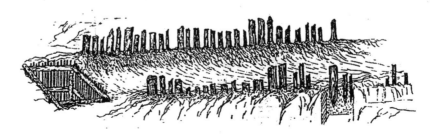

图 2 - 2 - 13　槽坑与竖井联合开拓

（3）竖井→斜巷→平巷联合开拓法。目前铜岭考古揭示的这种方法规模较小，它是依地形和矿体相互关系，从山脚顺矿体至山腰分步实现这一开拓方法的（图2-2-14）。

由竖井底部开拓平巷或斜巷，形成采矿生产系统即井巷联合开拓，其优点是工程量小，运输简易。

（五）趋于规范的商代井巷支护技术[①]

前面谈到，早在河姆渡文化时期，人们对井穴

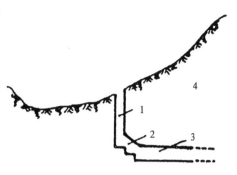

图2-2-14　瑞昌铜岭竖井—斜井—
平巷开采示意图
1. 竖井；2. 斜井；3. 平巷；4. 矿体

挖空后引起的地压变化早有了一定认识。然而像江西铜岭、湖北铜绿山的矿体地处接触破碎带或蚀变带等不良地质条件区，围岩比较松软，井巷地压的管理遂成为地下采矿能否成功的关键。为了控制地层的顶压、侧压、地鼓，维护井筒或巷道围岩稳定，防止采空区坍塌事故，古代矿师摸索出一整套行之有效的支护方法。最简单的井巷支护便是木架支护，它是沿竖井井帮或巷道道帮用木材、竹材、荆芭等构筑成支架和背板的地下结构物。由于自然条件、文化背景和操作习惯的不同，各矿山井巷支护结构亦各具地方特色；各种不同型、式的井巷支护，成为反映不同地区、不同时代的矿山技术的重要标志。

1. 商代的竖井支护方法

（1）同壁碗口接内撑式支护竖井，主要见于江西铜岭商代中期。由四根圆木组合成一副框架，框架间隔支撑于井筒内。框架一般呈正方形，小部分为矩形。框架中，两根直径约8厘米的圆木为横木，另两根直径稍大的圆木两端砍削成碗口状托槽，为内撑木，卡住被撑横木，其特点是有碗口状托槽的内撑木都在同一井壁安装。井筒净断面为85厘米×85厘米左右（图2-2-15）。

（2）同壁碗口接加强内撑式支护竖井（图2-2-16），主要见于江西铜岭商代晚期。此类井框架是在同壁碗口接内撑式结构的基础上，于相对的两根碗口木之间再撑一根对开半圆木制成的碗口木，半圆木的平面朝内，使框架四方都有了支撑点，大大加强了井筒支护的牢固性。这类竖井中J75支护木[14]C测定年代为距今3070±80年。

（3）平头透卯单榫内撑式支护竖井，主要见于湖北铜绿山。由四根板木构件组合成一组方框支架，两根平头板木的两头有卯眼，另两根板木两头为榫。框架与围岩间插木板作为背柴，以护井壁（图2-2-17和图2-2-18）。井口一般为正方形，净断面一般为43厘米×43厘米至50厘米×50厘米之间。

（4）平头榫卯接串联式竖井支护，主要见于湖北铜绿山。每根板木一端为榫头，另一端为有卯眼的平头，四根组成一方框。背柴用木板插塞。井口为正方形，净断面一般为48厘米×48厘米左右（图2-2-19）。也见通长73厘米、宽13厘米、厚3厘米的构件。

① 卢本珊，中国商周采矿技术，中国科技史国际学术讨论会论文集，科学出版社，1992年，第139～144页；另见：汪宁生，从原始计量到度量衡制度的形成。

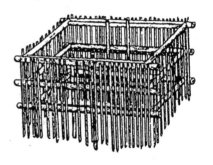

图2-2-16 J94框架结构示意图

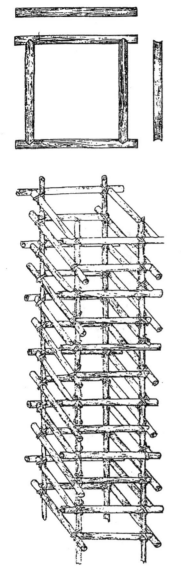

图2-2-15 J11框架结构示意图

图2-2-17 平头透卯单榫内撑式结构

（5）柱卯内撑筒式竖井支护，仅见于湖北铜绿山。井筒四角各有一方木立柱，柱一侧为方口卯，另一侧为槽形卯，其卯与横档的榫相接。背柴为木板，贴在横档与围岩间（图2-2-20和图2-2-21）。井口为正方形，净断面为60厘米×60厘米。

2. 商代的平巷支护方法

商代中期，我国南方矿山的平巷支护采用木构件架成"厢"，即框架式结构。每幅框架断面呈矩形，由一根顶梁、两根立柱和一根地栿四根木构件组成。每幅框架间距约60~80厘米。按构件节点的构造与接合形式，又可分为碗口接框架式支护、开口贯通榫接框架式支护、圆周截肩单榫接框架式支护、叉式柱脚榫接柱头框架式支护等多种。

（1）碗口接半框架式平巷，主要见于江西铜岭商代中期。由两根立柱和一根顶梁组成半

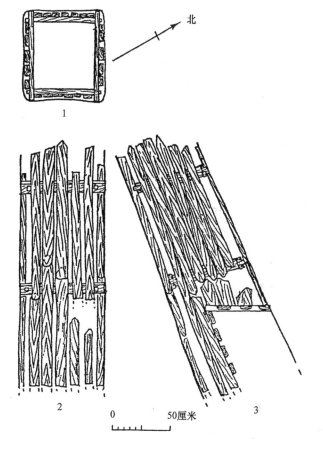

图 2-2-18　Ⅶ（2）J7 支护框架平面图
1. 平面图；2、3. 井壁展示图

框架，无地栿。框架间不能组成厢式。立柱柱头凿有碗口状凹槽，托住顶梁。属一种不完全支护棚子。顶棚和巷帮以小棍、中粗圆木、木板背护（图 2-2-22 和图 2-2-23）。

（2）碗口接框架式平巷，主要见于江西铜岭商代中期至晚期。每副立架，由 4 根圆木组成。立柱柱脚、柱头端均为碗口凹面，卡住顶梁和地栿。顶棚以中粗木棍稀排遮顶，巷帮无背棍（图 2-2-24 和图 2-2-25）。

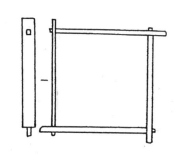

图 2-2-19　平头榫卯串联式竖井
支护结构

（3）开口贯通榫接框架式平巷，主要见于江西铜岭商代晚期。每副框架由 4 根圆木组成。顶梁与立柱为开口贯通式榫穿接，即立柱上部中央剀出宽 2 厘米、深 8 厘米的卯口，顶梁两端削呈梯形单榫嵌入卯口。立柱脚榫与地栿榫卯穿接，从而组成一副长方形框架。由于围岩较松软，为了防止框架晃动，顶梁两侧采用长 20 厘米、宽 5 厘米的斧形木楔打入围岩，使框架更为稳定。框架间隔排列。顶梁之上的棚木以纵向小棍排列，小棍上还铺有树枝叶（图 2-2-26 和图 2-2-27）。

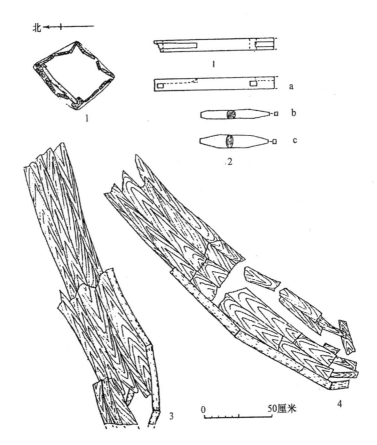

图 2-2-20　Ⅶ（2）J23 支护框架平面图、井壁展视图及立柱、横撑平剖面
1. 支护框架平面图；2. 立柱、横撑平剖图（a立柱，b、c横撑）；3、4. 井壁展视图

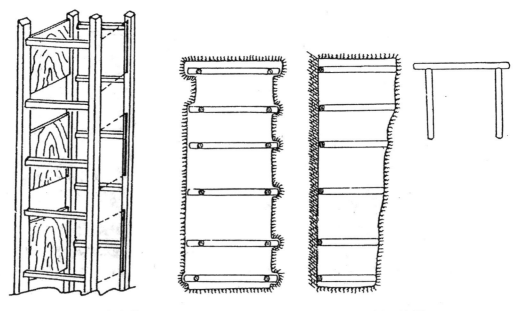

图 2-2-21　筒形框架支护　　　　　　　图 2-2-22　X框架结构平剖图

图 2 - 2 - 23 X框架结构示意图

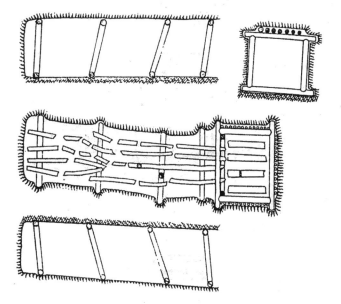

图 2 - 2 - 24 X3框架结构平剖图

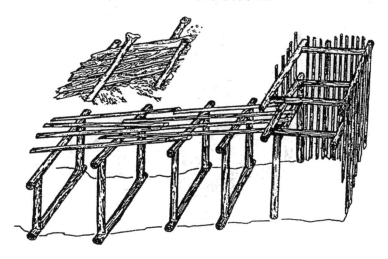

图 2 - 2 - 25 X3框架结构示意图

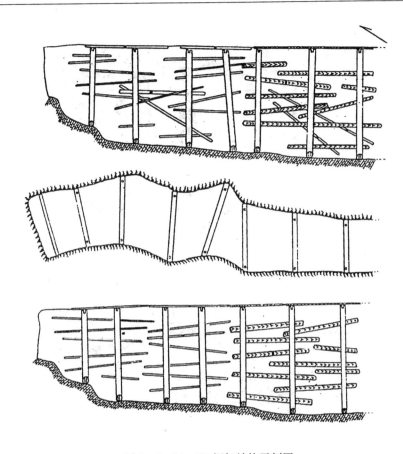

图 2 - 2 - 26　X1 框架结构平剖图

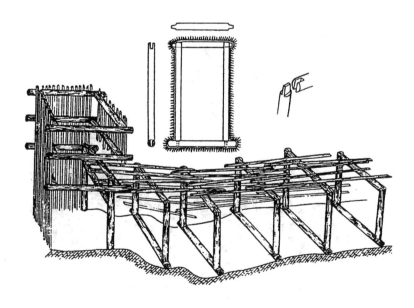

图 2 - 2 - 27　X1 框架结构示意图

（4）圆周截肩单榫接框架式平巷，主要用于湖北铜绿山。圆周截肩单榫接框架式（图2-2-28和图2-2-29）平巷支护是湖北铜绿山延用较长时期的支护形式。框架由四根构件组成。立柱为圆木，柱脚、柱头为单榫。顶梁和地栿加工呈厚板材，其两端为平头并凿有卯眼，与立柱的榫头承接。

（5）叉式柱脚榫接柱头框架式支护平巷，主要见于湖北铜绿山。立柱柱脚为树杈，柱头为榫头，叉形柱脚叉在圆木地栿上，呈鸭嘴式结构与地栿的凹槽吻合，柱头与顶梁卯眼结合。

图2-2-28　圆周截肩单榫透卯框架

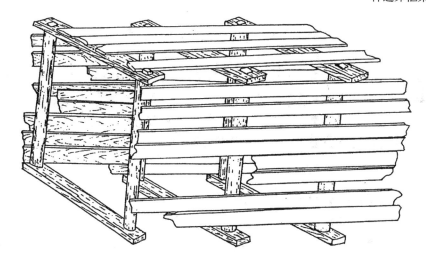

图2-2-29　X3框架支护结构

3. 支护木树种

关于商代井巷支护木所用的树种，经南京林学大学鉴定，铜绿山有豆梨、青冈、化香、紫荆。经西北林学院（现西北农林科技大学林学院）鉴定，铜岭有青冈、香樟、木姜子、钓樟、枣木，背护井巷的树棍树种有油桐[1]。

综上所述，我国商代矿山井巷支护技术主要有如下表现。

（1）支护木已有选材标准。古人采用南方本地的豆梨、青冈等阔叶材，是一些品质较高的木材。其受弯、顺纹受压及承压一般为160kg/cm²，容许力比阔叶材中的柳木、桦木、针叶材中的松木、杉木大1.2～2倍。在用材上，古人还选择了无木节、扭纹缺陷的木材，保证了木材的强度。

（2）从支护木构件的形状和尺寸看，已有统一的规格标准，避免了构件大小参差不一而导致的施工困难，便于统一制作、统一组装。这种设计和施工基于一种"预制"构件和"装配"式的支护工艺。预制工场不受井巷内作业空间的限制，可以投入更多的人力。这种工艺在定型化的框、架前提下，以框架的数量就足以表达井、巷的深度或长度，大大地提高了井巷支护工效。

---

① 江西省文物考古研究所等，铜岭古铜矿遗址发现与研究，江西科学技术出版社，1997年，第91～92页。

（3）井巷支护的方框采用杆件组成，杆件间的榫卯节点或碗口节点的接触面，当被井巷围岩变形所产生挤压时，使节点牢固结合。古代工匠设计的这些节点结构是比较合理的。

当然，碗口接与榫卯接节点结构也有各自的优缺点。碗口接触面积大，抗压强度也大，可增加结构的挤压承载力，能适应较大型井筒支护，杆件结构也简单，易加工省时。但是，如果节点上受到拉力时，节点会被拉开；榫卯杆件，是有一定弹性的节点，在受到巨大外力作用时，构件可以彼此错动而又不会彻底破坏，可防止节点脱开。从出土的榫卯构件支架看，虽然承受了围岩变形产生的垂直压力和剪切力，但是至今保存完好，说明榫卯尺寸的大小设计是合理的。但榫卯件加工比碗口接构件复杂，费工费时。另外，其压应力、支承应力，剪应力都比碗口结构小，所以这种结构的竖井井口都在 1 米见方以下。

（4）常规杆材的长细比控制值为 120～200，而商代巷道立柱、顶梁的长细比，都在常规控制值内，只有 15～20。商代井巷支护工匠已明析作柱或作梁负荷能力的差异，对不同构架采用不同大小的柱径，并未为了过高地强调安全系数，将木构件做得尺寸过大而浪费木材。另外，井巷断面设计合理，其高与宽近于 1∶1，形成了较好的厢内空间。

考古资料证明，商代矿山井巷支护工艺既符合维护采空区地压的功能要求，又注意到安装、施工等方面的便利。反映出对木材的受力状态有着较深的认识。显然，这是古代采矿匠师经历了长期实践，反复分析和比较，最后选择和确认的一种用于松软围岩的、经济合理的井巷支护形式。

（六）采掘装载提运技术[①]

考古发掘资料表明，我国商代矿山井巷作业的主要工序有：破碎矿岩、井筒和巷道支护、人力装载、运输提升等。当然，在露采时，有关作业程序和工具就更简单一些。

1. 采掘工具

我国商代，以青铜生产工具为代表的生产力水平，决定了当时手工业、农业生产中的一系列特点，采矿业也不例外。采掘工具是衡量采矿技术水平和生产规模的标尺之一。

从长江中下游商代矿山中所发现的，专用于采掘作业的青铜工具的器形研究，证明是由农具中演变而来的。青铜采掘工具的应用，使矿山井巷的采掘深度有了新的突破。

江西铜岭商代采掘工具共出土 6 件，有铜锛、铜凿及与之相配套的木柄。铜绿山商代采掘工具共出土 5 件，有铜斤、铜锛等。还有一些商代的采掘青铜工具属采集品，出土地点不明确。

（1）铜锛。体显薄，刃部较宽，锋利，既可用于采掘，也可用来加工木材（图 2-2-30）。今见铜锛计有 5 种式样。

（2）铜凿。长条形，椭圆銎，凿身截面为方形，刃部偏尾端，单斜面刃。

（3）铜斤。出土于铜绿山（图 2-2-31），为椭圆銎直体圆刃式。形图 2-2-30　铜锛　体似钺，树丫加工呈钩状木柄纳入銎中，木柄经 ^{14}C 年代测定为 3140±

① 本节江西铜岭考古资料引自卢本珊、刘诗中，铜岭商周铜矿开采技术初步研究，文物，1993，（7）：33～38；江西省文物考古研究所等，铜岭古铜矿遗址发现与研究，江西科学技术出版社，1997 年；湖北铜绿山考古资料引自黄石市博物馆：铜绿山古矿冶遗址，文物出版社，1999 年。

80 年。

　　早期的矿山，毕竟是粗重的手工业，采掘工具还没有完全废除石器。湖北铜绿山和安徽南陵矿山中都发现石锤。铜绿山石锤为花岗闪长斑岩，椭圆形球体，长径 14 厘米，短径 10 厘米。锤中间有一圈凹槽。

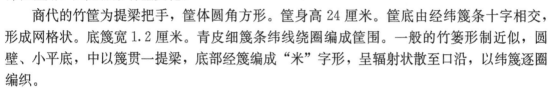

图 2-2-31　铜斤

　　2. 装载工具

　　江西铜岭和湖北铜绿山商代装载工具有用于铲矿的木锨、木铲、木撮瓢和盛矿的竹筐。研究表明，这些工具的种类在中国古代矿山中一直都在应用，只是器形有些变化。

　　商代的竹筐为提梁把手，筐体圆角方形。筐身高 24 厘米。筐底由经纬篾条十字相交，形成网格状。底篾宽 1.2 厘米。青皮细篾条纬线绕圈编成筐围。一般的竹篓形制近似，圆壁、小平底，中以篾贯一提梁，底部经篾编成"米"字形，呈辐射状散至口沿，以纬篾逐圈编织。

　　3. 提运工具①

　　商代铜岭和铜绿山的提运工具略有不同，铜岭主要有木滑车和弓形木两种，铜绿山则有转向滑柱、扶梯、木构等。

　　铜岭木滑车。用大树干加工而成。横长 32 厘米，轴径 25 厘米，轮轴径 5.5 厘米，轴心位于滑轮横向中央，轮中部低平，低于整个轴面 0.6 厘米。

　　该滑车的构造很有特点（图 2-2-7、图 2-2-32 和图 2-2-33），它的轴孔中间部位直径大，直径较小的两端形成了滑动轴承。这种结构减少了轴承与轴的摩擦面及摩擦阻力，与现代滑动轴承的设计原则一致。尤其值得一提的是，滑车两端各有一个径向与轴承相通的侧孔，孔径仅 3 厘米×2.5 厘米。我们认为，这两个孔不适合于装手柄，很可能是用来加注润滑剂（油脂）的，以减少摩擦阻力，延长轴与轴承的使用寿命。从轴承摩擦得油光的痕迹来看，该滑车使用了润滑剂。据《诗经》的记载，春秋早期就用动物油作润滑剂。中国人开始使用润滑剂的时间可能要比《诗经》的记载早得多，这点可从铜岭出土的商代滑车得到印

图 2-2-32　木滑车

---

① 卢本珊、张柏春、刘诗中，铜岭商周矿用桔槔与滑车及其使用方式，中国科技史料，1996，17，(2)：73～80。

证。综上所述，商代滑车已具有灵便、完备的特点，其滑动轴承的设计已达到高水平。

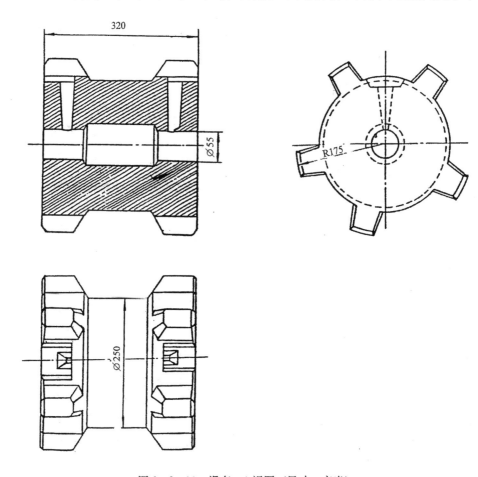

图 2-2-33　滑车：1视图（尺寸：毫米）

关于滑车的使用方式，根据遗迹分析，可以断定如下几点：

（1）据滑车所在地层分析，滑车架在竖井井口上部，即地表上方。

（2）据商代竖井井口遗迹分析，滑车主要用于深井中的主提升井，它比仅凭臂力在浅井井口直接提拉重物便利。

图 2-2-34　木滑车使用示意图

（3）据主井井口的一些残存木件分析，井口上架有工棚，滑车应架在棚内，位置较高，人可以站在井口之上拉动绕在滑车上的一根长绳。据出土的平衡石分析，绳索的一端系筐，另一端系平衡石。井口之上的工作台架站一或两人，利用臂力及体重将矿石提升出井口，井口边有人接应（图2-2-34）。也可利用滑车将井巷支护木放到井下，这样运送安全、效率高。

湖北铜绿山商代提运工具有转向滑柱、扶梯等。

转向滑柱由一立柱与一绳卡木组成。卡木凹口对应滑柱凹槽，用箅捆在一起，组成一孔，以控制绳索在孔内滑动。滑柱的作用与定滑轮相同，仅改变用力方向，便于操作。不同的是，它适用在平巷安装和操作。

铜绿山扶梯形制近似，出土于竖井井壁旁。梯窄，一般内宽仅 15～18 厘米。梯柱细，直径仅 3 厘米。由此推断不是脚蹬式木梯，因为人在井筒内上下可利用间隔井框踏脚，所以，该梯的作用，可能是工匠在井筒内上下运作时，便于攀扶。

（七）排水、通风、照明技术

前面提到，早在新石器时代晚期，地面排水已具备相当成熟的技术，采用了沟渠和陶质管道。这对商代矿山排水无疑积累了许多宝贵的经验。商代矿山地下排水，主要采用提升法，先将井下水汇集于水仓，然后将水吊至地面排走。

商代矿山的排水工具有木水槽和木桶。前者固定于巷道，使汇集的水经水槽流入水仓。后者主要用于在井巷低洼处盛运积水吊至地面。

木水槽。标本甲的槽头宽 29 厘米，板厚 4.8 厘米；槽尾宽 23.4 厘米，厚 2.3 厘米。槽头弧深 3.1 厘米。使用时每节木槽的两端上下叠压，小端压于大端，形成叠落的流水差。

木桶。常与木瓢、弓形木同出。木桶为整木挖凿而成。其中一个桶高 38 厘米、口径 16 厘米。口沿下有对称孔，桶身有三组单篾条箍。

湖北铜绿山出土的商代木桶多件，形制相同。桶为整段圆木凿成，桶底圆形，在距口沿 2 厘米的地方，挖出对称方孔，未见提梁。一件桶直径 20 厘米、深 32 厘米、桶底厚 10 厘米。

商代矿山井巷深度不大，矿井通风方法主要是自然通风，这时的通风技术还比较简单，主要靠多个井口来增加进风量。不同高低井口形成的进风和回风，在有些季节还是能产生自然风压的。

关于商代矿山照明问题。铜绿山井巷中发现一些半剖细竹竿，一端有火烧痕。据竹片的数量统计，应该是一束束竹火把用于井下照明。火把可以移动式，也可以插入巷壁照明掌子面，便于局部作业。在遗址中还发现了竹筒式火把，筒口有火烧的痕迹，另一处发现油脂，可能是竹筒式火把的燃料。江西铜岭提升用的滑车采用过润滑剂，当时史料记载用油脂，可见油脂也是当时井下照明的燃料之一。迄今，商代还未发现有灯具，从甲骨文和古文献中研究得知，当时照明用的是一种"烛"，即用于执持的火把较小，称之为"烛"。

第三节　西周采矿技术

西周时期较值得注意的事项是：①露采、坑采规模都明显扩大。②在开采铜矿的同时，北方一些地方开始采铁，这是具有划时代意义的重大事件。③青铜采掘工具的数量和品种都有了增加，习见有斧、锛、铲、镢等多种；井巷支护方法增多，如创造了水平棚子支柱充填法等，支护能力更强，主井断面已达 259 厘米×178 厘米；不仅能采掘较为松散的地层，而且能开采较为坚硬的矿脉。排水和堵水措施进一步完善起来，出现了专用于地下排水的巷道和暗槽；滑车、桔槔等机械已较广地用到了矿山提运中；采用了生产率较高的地面溜槽选矿法。使我国古代采矿技术得到进一步发展。

一　关于西周的主要产铜地区

从铜器铭文、文献记载和考古资料看，西周铜矿采冶地主要在我国南方，但北方也出现了一些规模较大的采冶场。

西周晚期的铜器铭文较多，其中常有周王室南征的记叙，其中便留下了一些铜矿采冶的史料。如厉王时的禹鼎、翏生盨、宣王时的兮甲盘、驹父盨盖、师寰盘等铭文，其中都存有周王室向四方征取贡纳，或采取武力征伐，以获得"吉金"（铜）的史料。

《遇伯簋》铭曰："遇白（伯）从王伐反楚，孚（俘）金。用乍（作）宗室宝尊。"此铭反映的是西周昭王时，社会经济进入鼎盛阶段；因楚国反叛，贡品遂绝；遇伯随昭王伐楚，将铜作为最重要的战利品。

《翏生盨》（厉王时器）："王征南淮夷，…… 生从，执讯折（斩）首，孚（俘）戎器，孚（俘）金。"

《仲偶父鼎》（厉王时器）铭曰："……伐南淮夷，孚（俘）金，用作宝鼎，其万年子子孙孙永宝用。"

《师寰簋》（宣王时器）。铭曰："……，休既又工（有功），折首执讯，无谋徒驭，欧孚（俘）土、女、羊、牛，孚（俘）吉金。"

《常武》还记载宣王不但命召穆公即召伯虎平淮夷，而且还率师亲征。其后的曾伯霏簋铭更言"克狄淮夷……金道锡行"，即征服淮夷，使人贡金锡的道路畅通。

这是铜器铭文反映周王朝向南方掠取铜料的情况。也在一定程度上反映了南方铜矿开采业的发展。

《诗·鲁颂·泮水》谓："元龟象齿，大赂南金。"此诗是歌颂鲁僖公（公元前659～前627，有的文献又作"釐公"）修泮宫克淮夷的。可见直到春秋时期，江南的铜和其他珍品还源源不断地向中原输送。

《山海经·中次八经》记：荆山，"其阳多赤金"。《国语·楚语下》记王孙圉说：楚国"有薮曰云连徒洲，金、木、竹、箭之所生也。"金即铜。王孙圉这话虽是在春秋末期说的，但云连徒洲产铜年代的上限必定早于此。

从考古资料看，西周时期，南方的铜岭和铜绿山仍在大规模开采，并新增了安徽铜陵木鱼山等地。李学勤研究了江西余干出土的西周初期有"应监作、宝障彝"铭文的青铜甗和陕西扶风沟出土的西周时期有"艾监"铭文的铜饰件，认为"应"在江西北部，"艾"即今江西修水县西，"监"为周王室临时派遣，以加强对这一地带的控制[①]。有趣的是，"应"和"艾"监的所在地都在江西瑞昌周围。瑞昌铜岭铜矿的井巷支护工艺正好印证了不同政权控制不同工艺的现象，铜岭商代、西周末期及至春秋时期，都是采用碗口接点结构木支护井巷技术，仅只是在西周初中期出现榫卯接点结构木支护井巷技术（J20井架^{14}C测定为2830±60年），我们认为，铜岭木支护技术是以本土的碗口接点结构为特色，榫卯接点结构是外来的，是周王室直接引进的。

彭子成等检测陕西宝鸡西周弲国墓地所出剑、戈、簋、斧、铙、铲等青铜器和锡鼎等

---

① 李学勤，应监甗新说，见：李学勤集，黑龙江教育出版社，1989年，第180～184页。

24 个金属样品，所得数据表明有 13 件与铜绿山、盘龙城的矿石铅相近，有 4 个与秦岭多金属矿的潼关、蓝田、旬阳、柞水的矿石铅相近（其中 3 件与铜绿山、盘龙城区重叠），另外 10 件则落在以上两区域之外[1]。由此可见，共属周室的鄂国铜料用于铸造弻国的铜器，只有周王室才有权力予以调节。

西周时期，除南方产铜外，"戎狄"之地的内蒙古赤峰市林西县大井也是重要的铜产地，1974 年，这里发现了西周时期大规模的采铜炼铜遗址。

内蒙古赤峰林西为东胡地。1985 年在赤峰宁城小黑石沟墓葬出的一批青铜礼器，年代不晚于西周中后期，有一件"许季姜簠"属许国某一兄弟的专用礼器，项春松认为，是周厉王时期，中原许国作为友好往来送给东胡民族的礼品[2]。"许季姜簠"的出土告诉了我们这样的信息，许国立国期间，正是东胡民族强盛之时。林西大井的铜料可能也进贡到中原周王室，像宝鸡弻国用湖北铜绿山的铜料一样，许国用外来铜料铸造青铜器，其中的某些作为方国友好往来的礼品。

《周礼·地官司徒》："卝人，中士二人，下士四人，府二人，史二人，胥四人，徒四十人。"徒为采矿最下阶层的苦役开凿者。书中除记载卝人的组织机构外，还谈到卝人的职责："掌金玉锡石之地，而为之厉禁以守之。若以时取之，则物其地图而授之，巡其禁令。"卝人作为管理矿藏的政府官员，开设"厉禁"管理。卝人的任务是勘察各种金属矿石分布情况，当探明其地确有矿石时，由卝人派人看守，并绘制矿山分布图。据《管子·地数》："有动封山者，罪死而不赦；有犯令者，左足人，左足断；右足人，右足断。"《韩非子·右储说上》说楚国的封山"厉禁"，"采金之禁，得而辄幸于市，甚众，雍离其水也"。虽然《管子》是战国时期的著作，是说当时矿山管理严刑峻法，禁止民间对某时期某一种金属矿的私自开采，但是也多少反映了东周前的一些情况。至今，江西铜岭商周铜矿山脚下的村庄仍沿用"禁地"之名。

下对西周时期几个较大的采冶遗址作一简单介绍。其中多属南方，但也有北方的；有的是商代旧矿，有的则是新开采的。

(一) 湖北西周采矿遗址

(1) 铜绿山西周采矿遗址[3]。位于 VII 号矿体和 XI 号矿体内（图 2-3-1 和图 2-3-2）。

XI 号矿体经地质勘探，古采区范围南北宽 80 米、东西长 106 米，呈不规则形，面积约 5600 平方米。XI 号矿体西周矿井井口的海拔高程为 55 米，当时开采深度至少有 60 米。从地质现场剖面看，古代井巷避开了坚固岩层，都在氧化程度高、矿富、裂隙非常发育的破碎带中或泥土状接触带中开采。共发掘清理竖（盲）井 58 个、平巷 10 条、马头门结构 2 个、大草棚遗迹 1 处、小草棚遗迹数处、木砍渣堆积 4 处、灰烬堆积 2 处，出土一批铜、木、竹、骨制生产工具。遗址上部地层中出土了一些西周陶器。

1985 年，卢本珊在 XI 号矿体 4 与 2 勘探线之间，42～45 米高程剖面的局部地段考

① 彭子成等，弻国墓地金属器物铅同位素比值测定，宝鸡弻国墓地（上册），文物出版社，1988 年，第 639～645 页。
② 项春松，"许季姜簠"及其铭文初释，中国文物报，1994 年 6 月 19 日，第 3 版。
③ 黄石市博物馆，铜绿山古矿冶遗址，文物出版社，1999 年，第 23～49、57～103 页；卢本珊参加铜绿山考古发掘、研究工作二十余年，主持铜绿山几个点的采矿冶炼遗址发掘工作。

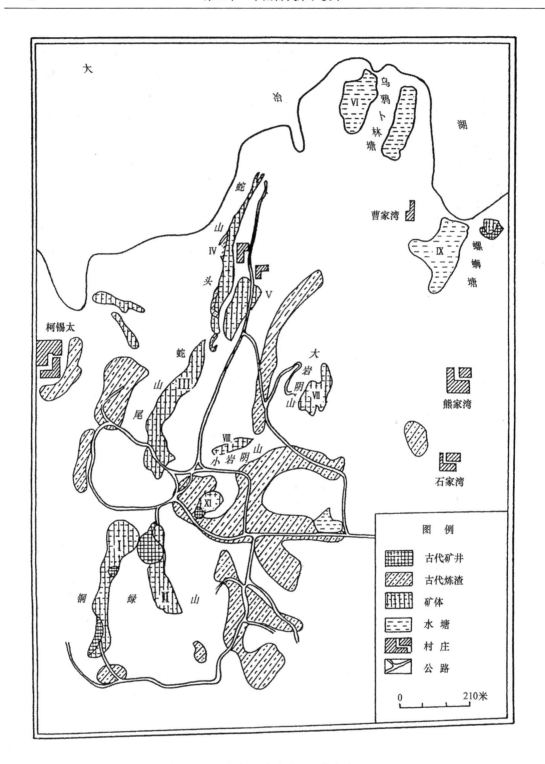

图 2-3-1　铜绿山古矿冶遗址分布范围图

察，见西周井巷分布长约 60 米，采掘的废石堆积坑，有的厚达 10 米。可见其开采规模之巨大。

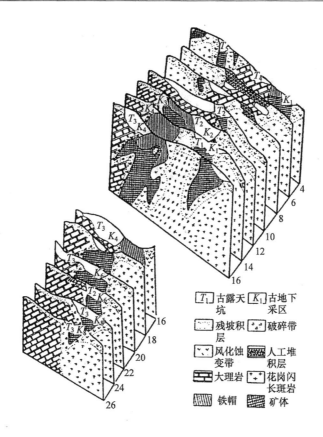

图 2-3-2 古采区在各勘探线分布图

XI 号矿体西周采矿区内的现代地质钻探工程分段平均铜矿石品位如表 2-3-1。

表 2-3-1 铜绿山 XI 号矿体西周矿区铜矿石品位分析

工程编号	组样长度/米	平均品位/%		矿石品级
		Cu	TFe	
CK4602	38.01	1.35	42.65	铜铁矿石
CK4604	6.06	2.62		铜矿石
CK149	49.84	4.14	43.47	铜铁矿石
CK154	75.01	1.72	56.00	铜铁矿石
CK2403	1.10	9.55		富铜矿石
CK2404	6.88	5.37	43.62	铜铁矿石

上述数据为钻孔段平均含铜品位。而西周矿井中所采的硅孔雀石成分分析，含铜量相当高（表 2-3-2）。

铜绿山 Ⅶ 号矿体位于矿区中段，即 7～15 勘探线之间的东部，地名称铜锣山。山顶的海拔高程为 91.9 米。先后发现 3 处西周采矿遗址，分别编为 1 号点、2 号点、3 号点。

表 2-3-2　西周矿井中硅孔雀石成分分析　　　　　　（单位：%）

Cu	Fe₃O₄	Fe	SiO₂	CaO	Al₂O₃	MgO	S
40.40	0.60	2.99	20.00	0.64	4.41	0.37	0.53

化学分析：大冶有色金属公司中心化验室检验。

（2）大冶罗家山铜矿遗址[①]。罗家山西北距铜绿山矿约 4 公里。1973 年在山腰发现 2 个古矿洞，洞口堆积着氧化铜矿石。洞内出土有木锹、木锤、陶鬲。1978 年，在主矿体东南部发现地下采场，距地表以下 36 米，分布长 10 余米。井巷内出土有木锹、拖箩、竹火签、竹篓等。主矿体北面发现矿房法开采，矿房能容十余人。

（3）阳新丰山铜矿遗址[②]。阳新县位于鄂东南长江中游南岸，东南与江西瑞昌交界，西北与大冶为邻。从湖北大冶铜绿山至江西瑞昌铜岭直线距离 70 公里的长轴周围，包括大冶金湖、大箕铺及阳新白沙、潘桥（现划归白沙镇）、富池和瑞昌黄金、夏畈等，分布着许多西周时期的遗址，均发现有炼铜炉渣。丰山矿田位于阳新县境内，是我国重要的夕卡岩型铜矿田之一，共有大小铜矿体数十个，其中 1 号矿体规模最大，含矿也最富，而且埋藏较浅，很适于古人开采。铜矿物主要是黄铜矿和斑铜矿。1973～1978 年，矿山生产时，发现大量铜矿采冶遗存，其中西周遗存十分丰富。井巷深度一般距地表 40 米左右。采用木材支护，方框支架接点结构与江西铜岭一样，为碗口接，有的平巷框架上小下大，呈梯形。

（4）阳新港下铜矿遗址[③]。港下遗址北面与丰山铜矿隔山相背，1985 年，在距地表十多米的深处发现古矿井，考古发掘的总面积约 170 平方米，清理出西周晚期的平巷 4 条、竖井 3 口。

（二）江西铜岭西周采矿遗址[④]

江西瑞昌铜岭古矿场西周时期继续开采，共清理竖井 15 口、平巷 10 条，出土了一批采掘、铲装、提升工具和选矿设备。

（三）安徽铜陵木鱼山遗址[⑤]

铜陵地区有大小铜矿化点近 60 处之多。在南陵江木冲，铜陵凤凰山、木鱼山发现的古铜矿遗址中，起始时间为西周。据 ¹⁴C 测定年代，木鱼山遗址的最早年代为 2882±55 年，树轮校正为 3015 年。上述遗址除发现铜锭等冶炼遗存外，还发现井巷支护木、铜斧等采矿遗存。江木冲 1 号炼铜炉 ¹⁴C 测定距今 2725±115 年，为西周晚期的炼铜炉。

（四）宁芜矿冶遗址

江苏句容、金坛、昆山等处发现西周时期的青铜块数百公斤，铜锭为铅青铜，仅金坛一墓中出土青铜块 230 块，重 70 公斤，其成分与形状特征有显著的地方特色，该墓的 ¹⁴C 测定

---

①　黄石博物馆，大冶上罗村遗址考古调查，江汉考古，1984，（4）。

②　卢本珊 1979 年考古调查及发掘清理。

③　港下古铜矿遗址发掘小组，湖北阳新港下古铜矿井遗址发掘简报，考古，1987，（1）：30。

④　刘诗中、卢本珊，瑞昌市铜岭铜矿遗址发掘报告，见：铜岭古铜矿遗址发现与研究，江西科学技术出版社，1997 年；卢本珊为江西铜岭古铜矿遗址考古发掘领队。

⑤　杨立新，安徽沿江地区的古代铜矿，文物研究，第 8 辑，1993 年 10 月，第 195～196 页。

年代，距今 2820±105 年（公元前 870）[1]。苏南地区自古以来就是铜、铅等金属的著名产地。历代地方志一再记述在江宁、苏州、吴县、溧阳、高淳、宜兴、句容等地多处产铜。考古资料证明，这一带有采铜炼铜的古矿山[1]。建国以来，古代吴地发现了众多西周青铜器，吴地青铜器与邻近地区的浙江、江西、苏北一带出土的青铜器特点显著不同，各有发展的轨道。我们推断，江苏的铜矿西周时期可能开采。

（五）内蒙古赤峰大井铜矿遗址[2]

内蒙古赤峰是"红山文化"、"夏家店文化"的发源地，东胡、契丹等古代北方游牧民族在这里诞生。大井铜矿遗址于 1974 年发现，遗址位于林西县大井村。铜矿类型属裂隙充填式，矿脉走向北西，共有矿脉百余条。矿石主要类型为含锡石、毒砂的黄铁矿——黄铜矿，占全矿区总储量的 95% 以上。古矿区面积约 2.5 平方公里，地表可见古采坑 47 条，足见当时采矿规模之宏大。据 ^{14}C 年代测定，属夏家店上层文化，约当西周中期至春秋早期。近年来在大井周围的内蒙古、辽宁、河北出土了与大井铜矿同期的多件铜器和炼铜遗物，是否反映大井古铜矿在中国北部这些地区夏家店上层青铜文化中起了重要作用？大井是否是其铜矿来源？冶金考古工作者正在系统研究中。

（六）中条山矿冶遗址[3]

中条山铜矿地处晋南豫北，矿田位于垣曲，但周围的闻喜、夏县、运城都有富矿。距中条山不远的洛阳北部等地发现过西周铸铜遗址，中条山附近还出土不少与早商以前炼铜技术有关的遗迹遗物，如夏县东下冯遗址出土的几件铜器及斧范。由此推断中条山铜矿可能较早被开发利用。

二　西周采矿技术的发展

（一）露天开采技术

关于西周时期的找矿探矿技术，根据矿山遗址发现的遗存，仍然是一些木制淘沙盘、探矿竖井、探槽，其找矿方法基本上与商代相当，即淘砂盘重砂找矿法、浅井法及探槽法。但使用得更加广泛和娴熟。

西周时期的露天开采技术已有较大的发展。主要表现是：迄今发现的商代铜矿山，都是在比较松软的矿体内开采氧化铜矿；西周时期，内蒙古林西县大井矿山[2]已是在坚硬的矿体中较大规模地开采铜、锡、砷共生硫化矿石。大井古铜矿中的 47 条古采坑，经地质队清理过的古采坑情况见表 2 - 3 - 3。

①　商志醰，苏南地区青铜器合金成分的特色及相关问题，文物，1990，(9)：48、54；镇江市博物馆等，江苏金坛鳌墩西周墓，考古，1978，(3)：151。

②　李延祥、韩汝玢，林西县大井古铜矿冶遗址冶炼技术研究，自然科学史研究，1990，9，(2)：151～152。

③　李延祥，中条山古铜矿冶遗址初步考察研究，文物季刊，1993，(2)：64～67。

表 2-3-3　主要古采坑长、宽、深度

古采坑编号	长/米	宽/米	深/米	古采坑编号	长/米	宽/米	深/米
1	59	1~11		8	12	2~5	
2	75	4~10		9	90	3~5	
3	22	5		10	53	2~4	
4	130	2~10	7.5~17	11	140	1~5	<20
5	85	2~5		12	75	2~3	
6	53	2~5		13	82	1~25	
7	27	3		14	195	1~4	

大井的岩石破碎方法依然是"锤击楔入"法,即用钎楔入矿岩的节理或裂隙中,用锤来锤打钎、劈裂矿石、然后直接锤击开采工作面(又称掌子面)。古矿坑内出土的采掘工具有 1060 余件,种类较多,主要是石锤和石钎,系用花岗岩和玄武岩的砾石粗打而成。石锤腰部都有一个磨出的凹形槽,以便捆上棍棒,当作把柄。石锤有大、中、小三种。大型石锤长达 30 厘米,重 7.5 公斤,主要与石钎配套使用。小型石锤长不到 10 厘米,重不足 1 公斤,使用方便。石钎有斧形钎、片状钎、凿形钎三种式样。斧形钎呈锲形刃,钎长 30 厘米。凿形钎体窄刃尖,呈四棱或多棱状。虽然生产工具简陋,技术较为原始,然而工匠已经有了娴熟的技艺,掌握了一套追踪富矿的方法,并根据矿岩的物理机械性质,采用"锤与楔"的方法,把坚硬的矿石开采出来。

大井的露天开拓方式采用了凹陷露天矿,露采走向沿矿脉走向采凿。露采封闭圈最长者达 500 余米,最宽者达 25 米。开采深度一般为 7~8 米,最深者达 20 米。由于矿脉急陡,为了减少剥离量,采用了陡坡开拓,以至边坡非常陡峭,最终边坡角为 70 度~90 度。如此陡峭的边坡至今仍存,证明先民们已能分辨围岩的稳定性程度。

在采矿生产工艺方面,大井古矿山采用掘沟与坑采结合,即在露天采场底部进行平硐开拓,这样,既采掘了底部的富矿,又省去了另开废石堑沟工作量的程序。

排土场选择在靠近露天采场附近的废矿坑或露天采矿场两边,在不妨碍矿山生产和边坡稳定前提下,充分利用了废地分散堆置,缩短了运输距离。排土采用填充法或人造山排土法。

(二) 井巷开拓与支护技术的演进

西周地下开拓方式与商代晚期并无太大变化,南方矿区的地下开采系统大致为:地表或露天采场底→竖井或斜井→平巷→盲竖井或斜井→平巷(或组成采场)。竖井如果挖到品位高的含铜矿层,便向旁侧开拓平巷。这些与平巷连接的竖井,它的底部都有"马头门"结构。在平巷的底部,常常发现有向下挖掘的井筒,即盲井。铜绿山的一条不足 10 米长的平巷中就有三口盲井。

铜绿山 VII-2、VII-3 发掘点是西周时期工匠的重点开采区之一。考古钻探和地质雷达探测表明,地下采区的平面范围呈蝌蚪形和鞋底形,总长 85 米,一般宽 22.5~26 米,与矿体走向垂直分布。开拓深度达 36 米,开拓土方约 3 万立方米。VII-2 点仅发掘了一部分,清理出竖井 101 口,平巷、斜巷 36 条,可见井巷布局相当密集。

铜岭西周时期的采区面积较大,约 2000 平方米。但是井巷分布密度比铜绿山小,单个井筒的深度,有的超过了铜绿山,深达十几米。总之,西周时期的开拓系统已初具规模,但是仍还处于井多巷少、井巷还不是很深远、断面还比较狭小的状况。人在巷道中工作只能爬行或蹲坐，因而劳动效率较低，井巷服务时间较短。

在井巷支护方面，西周时期各矿山都有很大的发展，型式不断改进。铜岭型从商代的"同壁碗口接内撑式"支护发展到西周的"透卯榫接支护"、"交替碗口接内撑式"、"碗口接互撑式"支护。铜绿山型从早期的"平头透卯单榫内撑式"，发展到西周的"尖头透卯单榫内撑式"，再到"剑状榫卯串联套接式"。

江西铜岭西周时期还出现采矿主井，如大型日字型竖井，这种竖井采取双层框架紧贴支撑围岩。由于框架工艺的改进，上下运输主井的设立，使西周晚期的采矿技术较商代更为先进。

1. 西周的竖井支护[1]

共有6种竖井支护方式。

（1）尖头透卯榫接内撑式支护竖井，主要用于湖北铜绿山西周时期、江西铜岭西周早

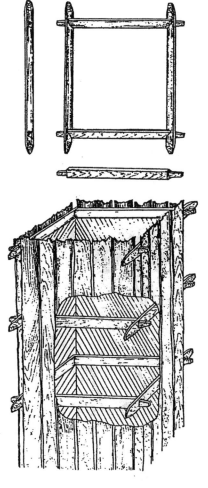

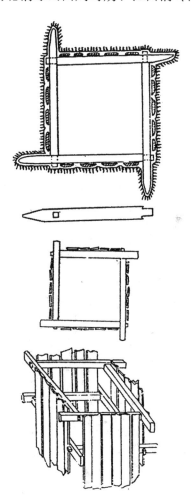

图 2-3-3　J20 框架结构图　　　　　　　图 2-3-4　铜陵西周早期 J13 框架结构图

---

① 黄石市博物馆，铜绿山古矿冶遗址，文物出版社，1999 年，第 23~49、57~103 页；卢本珊参加铜绿山考古发掘、研究工作二十余年，主持铜绿山几个点的采矿冶炼遗址发掘工作；港下古铜矿遗址发掘小组，湖北阳新港下古矿井遗址发掘简报，考古，1987，(1)：30；刘诗中、卢本珊，瑞昌市铜岭铜矿遗址发掘报告，见：铜岭古铜矿遗址发现与研究，江西科学技术出版社，1997 年；卢本珊为江西铜岭古铜矿遗址考古发掘领队。

图 2-3-5　J91框架结构图

中期（图2-3-3）。这类支护型式，以支护背材为区别，铜绿山又分两种：西周早中期的竖井背材采用木棍垂直插塞，井口为正方形，净断面42厘米×42厘米至50厘米×50厘米之间；西周晚期的竖井背材采用木板垂直插塞，井口为正方形，净断面尺寸比早期大一些，为55厘米×55厘米至57厘米×57厘米。

（2）平头单透卯单榫串联套接式支护竖井，主要见于江西铜岭西周早中期。由四根木构件组成一副框架，每根构件的一端为榫头，另一端凿有方形卯眼，四根构件首尾相串套接。以木板作井筒护壁。

如J13、J91。正方形，净断面55厘米×55厘米（图2-3-4和图2-3-5）。

（3）剑状单透卯单榫串联套接式支护竖井，用于湖北铜绿山（图2-3-6）、江西铜岭西周晚期。与平头单透卯单榫串联套接式支护不同处仅是卯眼木由平头改为剑状，更便于楔入围岩，增强框架牢固性。

图 2-3-6

铜绿山与江西铜岭应用这种支护结构的时期正好吻合。江西铜岭竖井J10。净断面边长55厘米，框木长90厘米（图2-3-7）。

（4）交替碗口接内撑式支护竖井，主要用于江西铜岭西周时期。结构与碗口接内撑式相同，仅是每副框架在支护排列方位时交替变化。即当第一副框木的碗口托卡木靠井筒的南北壁时，则第二副就安装在东西壁，如此循环交替，其优点是使碗口接内撑木间隔出现在井筒四壁，使四壁在较短的距离都有支撑点。井筒四壁以板围护。现以竖井J23、J80举例说明。

① J23 。^{14}C测定年代为2810±60年。井口方形，净断面边长80厘米。井筒支护高出地表20厘米，周围填有一层厚3～4厘米的青灰胶泥至井口背板，显然是为了防止地表水渗入井内（图2-3-8）。

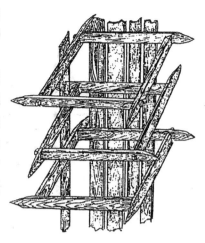

图2-3-7　J10框架结构图

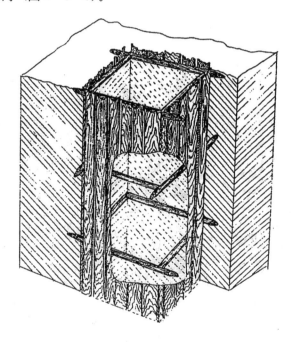

图2-3-8　J23框架结构示意图

② J80。原始井口南北两壁见踏脚木，板上置一木墩，木墩靠井内缘有绳索擦痕。木墩作为提升的滑墩（图2-3-9）。

（5）交替碗口接内撑加强式支护竖井，主要用于江西铜岭、湖北港下西周时期。与上述J23不同之处在于，由两副交替平置的碗口接框架重叠在一起组成加强式框架，每一组框架安装时，与交替碗口接内撑式单框的安装形式一样，交替更换内撑木的方位。这样使支护有多个撑点，大大增强了框架抗压强度。现以江西铜岭竖井J37为例说明。

J37（图2-3-10）井体上部已被破坏，^{14}C测定年代为距今2750±75年。采用激电测深方法，测知该井深约11米，井底与一巷道相通，向北东延伸约15米。井口矩形，井体剖

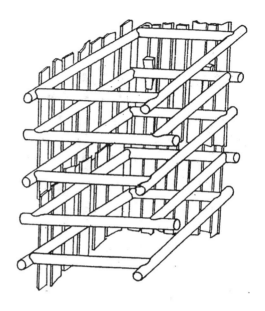

图 2-3-9　J80 框架结构示意图

图 2-3-10

面呈 ﹁ 形。上部井框为曰字形，井口毛断面南北长 259 厘米，东西宽 178 厘米。曰字形井深近 4 米后，下部变成无梯格小井，小井口位于南部，净断面 155 厘米×125 厘米。井框架构筑为双层式卡口内撑，即上层为东西向，下层紧靠上层则为南北向。上层框木径较粗，径约 15 厘米。在井筒南北纵断面约 3/10 处，横架一木，径 12 厘米，东西向搭于每两层一组的框架木上，直接顶住井筒围板，形成梯格，靠梯格横木南侧竖立两根径 9 厘米木柱，形成梯子。两柱间距 86 厘米，梯格间距则为每组框架上下间距，木梯横竖交叉处用约 0.7～0.8 厘米粗的藤条交叉缠绕捆扎。大井口转入小井口工作面北高南低，高差 22 厘米，其北有散乱堆积的竹火签和残破竹筐，竹签大都被火灼。小井口长方形，框架仍为两副紧依为一组，上下卡口方向相反，用材较上部小，框木径为8厘米，四周用木板封闭，板长160～220厘米，宽12～14厘米，下层板压上层板，可见当时背板安装时是先置框架，然后将木板从上而下楔入。该井清至810厘米深时见北东、南东、南西三面有角柱，柱径4～4.5厘米（图2-3-11）。

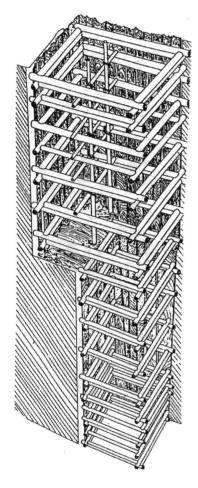

图2-3-11 J37框架结构图

图2-3-12 ⅫJ48藤条圈支护
复原图（比例约为1/20）

（6）藤条圈支护竖井，主要用于铜绿山西周时期。如竖井ⅫJ48井口为椭圆形（图2-3-12），长轴50、短轴30厘米。藤条接头处相互重叠20厘米，用竹篾绕捆，藤条圈框架与竹席间用树杈固定。

2. 西周的平（斜）巷支护[①]

共有3种支护方式。

① 黄石市博物馆，铜绿山古矿冶遗址，文物出版社，1999年，第23～49、57～103页；卢本珊参加铜绿山考古发掘、研究工作二十余年，主持铜绿山几个点的采矿冶炼遗址发掘工作；港下古铜矿遗址发掘小组，湖北阳新港下古矿井遗址发掘简报，考古，1987，（1）：30；刘诗中、卢本珊，瑞昌市铜岭铜矿遗址发掘报告，见：铜岭古铜矿遗址发现与研究，江西科学技术出版社，1997年；卢本珊为江西铜岭古铜矿遗址考古发掘领队。

（1）圆周截肩单榫透卯接框架式平巷，主要用于江西铜岭、湖北铜绿山西周时期。圆周截肩单榫卯架厢式支护平巷的框架由 4 根木构件组成框架。立柱为圆木，柱脚、柱头为单榫，顶梁和地栿为半圆木，其两端为平头，并凿有卯眼，与柱头的榫头交卯。现以江西铜岭平巷 X2 为例说明。

X2。^{14}C 测定年代距今 2950±90 年。巷道倾角 23 度。巷道净断面高 72 厘米，宽 64 厘米。巷帮背板紧靠立柱横排，可看出是先安好巷框，然后分段将背板楔入框架与围岩裂隙间（图 2-3-13 和图 2-3-14）。

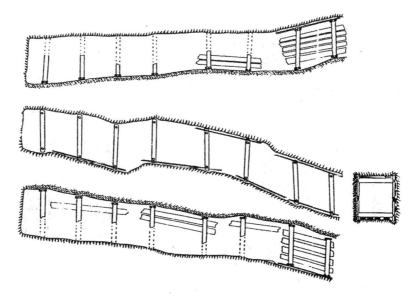

图 2-3-13　X2 框架平剖图

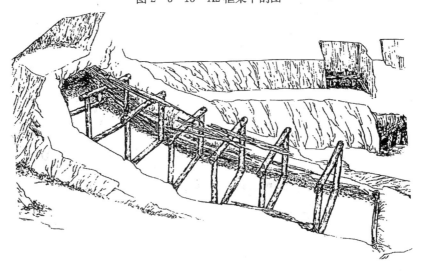

图 2-3-14　X2 框架结构示意图

（2）上榫卯下杈框架式平巷（图 2-3-15），主要用于湖北铜绿山西周时期。框架立柱为上榫下杈构件，通高 100、直径 8 厘米，上榫与顶梁卯接，下杈与圆木地栿吻接。

（3）不完全支护棚子，主要用于湖北港下西周时期。平巷的每一组框架由三根圆木组

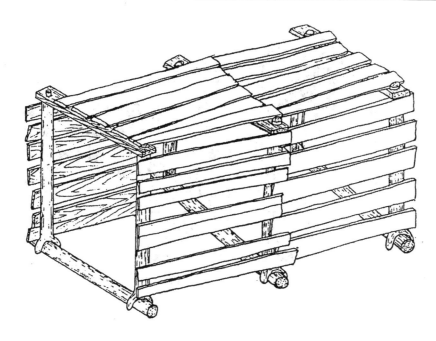

图 2-3-15　上榫卯下杈框架式平巷

成，没有地梁。圆木直径 22～25 厘米之间。平巷底板围岩有柱窝，立柱柱脚平齐，埋入柱窝内。柱窝深浅不一，硬岩处柱窝浅；软岩处柱窝深，最深者达 30 厘米。立柱柱头砍成弧形凹叉，顶住横梁。横梁上敷设木板。木板排列不严密的地方，再敷以藤或竹的编织物。回采巷道较宽，一般在 120～150 厘米之间。巷道两侧只有立柱，立柱外一般不再以背板封护。如果不再向前掘进，巷道的尽端便以木板封闭（图 2-3-16）。

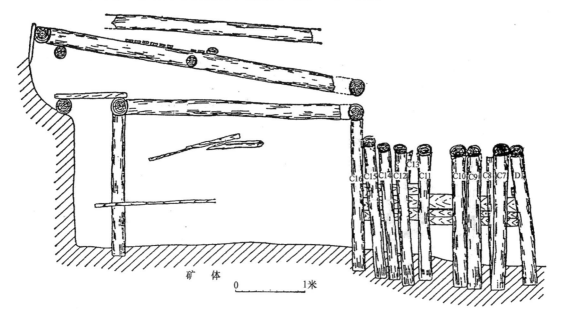

图 2-3-16　井 1 北壁与巷 II 西段北壁剖面图

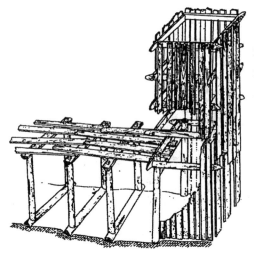

图 2-3-17　铜岭西周 J42、X13 关系图

3. 马头门

马头门见于江西铜岭、湖北铜绿山西周井巷相通处。铜岭竖井 J28 的底部设置马头门，其结构是在竖井底层井框下立两根间隔柱，立柱高 82 厘米、柱间内宽 66 厘米，立柱分别顶住竖井东西边框木，与之相通的 X11 顶板搭于 J28 最底层框架上，使之成为底部平巷的马头门。

J42 框架结构为榫卯式，其底部另立两根中粗圆木于框架两角，中用稍细圆木卡住立柱，横卡木低于井框 5 厘米，X13 的顶板则架于此木上，作为该井通向 X13 的转折处（图 2-3-17）。

4. 西周的井巷组合关系

（1）铜绿山西周早期。如竖井Ⅶ J11 与平巷Ⅶ X1 及盲井Ⅶ盲 J101（图 2-3-18），该组井巷

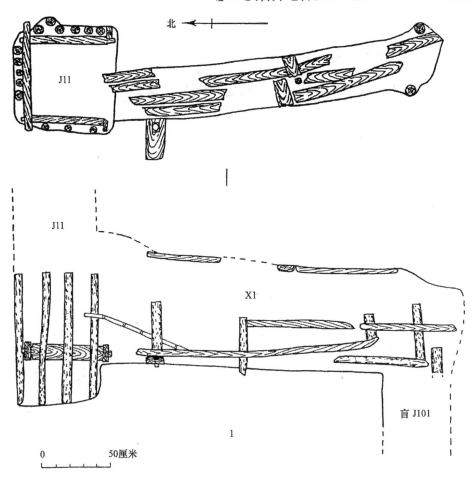

图 2-3-18　Ⅶ（2）X1、Ⅶ（2）J11、Ⅶ（2）盲 J101 平剖面图
上：平面图；下：剖面图

为一组由竖井、平巷、盲井组成的联合开拓巷道。

（2）铜绿山西周晚期。如竖井ⅦJ10 与平巷ⅦX14、ⅦX15、ⅦX16（图 2－3－19）。

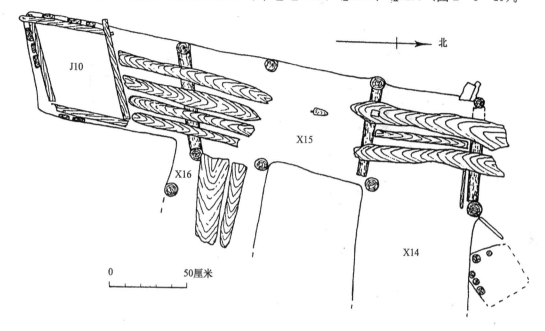

图 2－3－19　Ⅶ（2）X15、Ⅶ（2）J10 平面图

该组井巷由竖井、平巷组成的联合开拓井巷。

图 2－3－20 是竖井ⅦJ31、ⅦJ45 与巷道Ⅶ斜 X24、Ⅶ斜 X25、Ⅶ盲 J71 的Ⅶ（2）一组井巷组合。

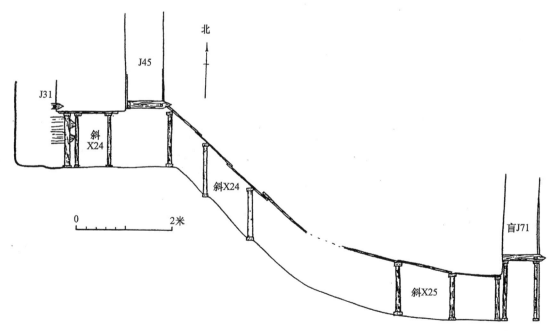

图 2－3－20　Ⅶ（2）的一组井巷组合关系

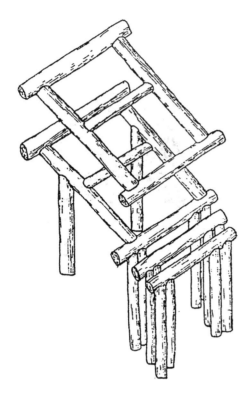

图 2-3-21　井 1 底部马头门结构复原图

（3）湖北港下西周井巷组合。如竖井 J1 与平巷 X1、X2。J1 东壁与 X1、X2 相互连通。J1 打到一定的深度，沿水平方向开拓平巷。井巷交汇处构设马头门结构（图 2-3-21）。

归结起来，西周我国矿山井巷工程支护技术是有了一定发展的，其中较值得注意的事项是：

（1）其井框发展成了壁基式框架，即木框单构件的卯孔端加工成了剑头状，使每组方框的四角呈尖楔状，插入井筒围岩四壁，不至下滑。

（2）平巷的尺寸稍有加大加长。商代平巷净高 56～75 厘米，净宽 50 余厘米；西周平巷断面规格为净高 80～90 厘米，净宽达 65 厘米。巷道断面大了，支护木用材也必然加大，以适应顶压、侧压。内撑加强式支护竖井的采用，大大增强了框架抗压强度。

竖井上下框架之间，以竹索捆扎串联，使井筒内的框架连接成整体，从而增强了框架的牢固性。平巷支护采用榫卯结构，用铰接节点将框架杆件纵横连接成一个整体，同样亦提高了平巷支护的抗压性能。

可见，由商代到西周，人们对地压的认识能力和控制水平都有了提高。

（三）采掘装载技术

1. 西周的采掘工具[①]

西周矿山的采掘工具主要有铜器和木石器两大类。采矿用铜工具始见于商，此期明显增多，在湖北铜绿山、港下，江西铜岭、安徽铜陵等处，采矿专用铜工具有斤、锛、锄、镢、斧等，皆合范浇铸；木工具有锤、锛等，多系用整木削制而成。

（1）铜斤[②]。器形与镬不同，似钺（图 2-3-22），但柄为树丫加工呈钩状木柄纳入直銎中，与甲骨文中斤字作 ↦ 的形象一致。斤有大有小，大者体长 9 厘米，刃宽 9 厘米。

（2）铜锛[②]。铜锛式样较多。有的是圆角方銎（图 2-3-23），銎外沿有一周凸箍，单面平刃，刃两角因磨损为圆弧状，器身一面有近圆形铸孔。其中一件通长 22.5 厘米、刃宽 8.5 厘米，重 1.66 公斤。有的是方銎，长身，宽弧双面刃，合范铸成。

（3）木锛。系用带弯叉的中粗树木加工而成。锛身至刃部两面加工，正面斜直，背面弧

———————

① 卢本珊，铜绿山古代采矿工具的初步研究，农业考古，1991，（3）：175～182。

② 黄石市博物馆，铜绿山古矿冶遗址，文物出版社，1999 年，第 45 页；卢本珊参加铜绿山考古发掘、研究工作二十余年，主持铜绿山几个点的采矿冶炼遗址发掘工作；刘诗中、卢本珊，瑞昌市铜岭铜矿遗址发掘报告，见：铜岭古铜矿遗址发现与研究，江西科学技术出版社，1997 年；卢本珊为江西铜岭古铜矿遗址考古发掘领队。

状，柄与锛身呈 35 度夹角。柄部未作加工，树皮仍包裹树干。

（4）铜锄[①]。六角形，平板状，顶部凸出 1.8 厘米，呈方斗形，厚 0.4 厘米，上部和两肩有一道凸陵。中空 3 厘米×3 厘米用以穿柄。

（5）铜镢[①]。铜镢是西周矿山多见的采矿专用器，有椭圆銎瓦弧刃式（图 2-3-24）、凹形銎瓦体弧刃式等。器身条形、两面拱起。銎下有梢孔，便于插梢固柄。通长 15.3～19.5 厘米，重 400～720 克。

（6）铜斧[①]。一般为长方銎直体弧刃式（图 2-3-25），器身较长，中部束腰，刃部稍宽于銎部或齐宽。銎外沿有一

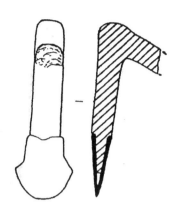

图 2-3-22 铜斤

图 2-3-23

周凸箍。器身有不对称圆形铸孔，弧刃，通长 24.5 厘米、刃宽 14 厘米，重 2.2 公斤。

（7）木槌[②]。木槌一般是用圆木削出细柄，便于手握。槌身为圆柱形。一般通长 32 厘米，槌身长 18.8 厘米、径 7.6 厘米。

上述可见，西周青铜采掘工具皆属中小型采掘器，很适合不足 1 平方米的西周井巷毛断面的回采工作面操作。由于西周采空区较小，工匠只能在工作面前进行屈蹲式作业。从清理的竖井、平巷来看，井筒四壁、巷道四周的围岩均修整呈平壁，以便规格划一的木构件支护。青铜锛为直柄竖装，亦是中型采掘器，用它垂直凿井、切削井巷四壁都较便利。

---

① 黄石市博物馆，铜绿山古矿冶遗址，文物出版社，1999 年，第 164 页；卢本珊参加铜绿山考古发掘、研究工作二十余年，主持铜绿山几个点的采矿冶炼遗址发掘工作；刘诗中、卢本珊，瑞昌市铜岭铜矿遗址发掘报告，见：铜岭古铜矿遗址发现与研究，江西科学技术出版社，1997 年；卢本珊为江西铜岭古铜矿遗址考古发掘领队。

② 黄石市博物馆，铜绿山古矿冶遗址，文物出版社，1999 年，第 181 页；卢本珊参加铜绿山考古发掘、研究工作二十余年，主持铜绿山几个点的采矿冶炼遗址发掘工作。

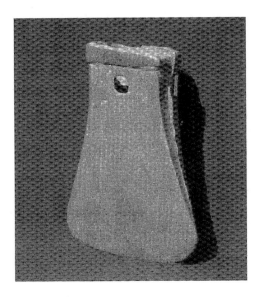

图 2 - 3 - 24　　　　　　　　　　　　　　　　　图 2 - 3 - 25

2. 西周的铲装工具①

这类工具多为木质，器形铲、瓢、锨、耙等。余姚河姆渡新石器时代遗址出土有木耜、木铲等。《逸周书》：神农"作陶冶斧斤，破木为耜，锄……。"正反映了木质和铜质两种工具并存的景况。木质工具取材方便，制作简单、质轻价廉，能适宜于采掘后的矿粒及废石松散体的铲装工作。这也是它在中国古代采矿史上长期采用、经久不衰的原因。西周时期矿山铲矿工具中，木铲和木锨数量最多，形制多样。装矿工具多为竹质，有篓、筐等。

（四）多种地下采矿方法的创立

虽然早在商代，人们便能按矿岩稳固状况对地下采空区进行地压管理。稳固性较好的矿岩采取自然支护，稳固性较差的则采用人工支护，但总体上较为简单、原始的。至西周，支护技术有了较大发展。铜岭、铜绿山、港下，在矿石与围岩均不稳固、矿床技术条件极其恶劣的情况下，将方框支护用到了地下采区地压管理中，形成方框支柱法。废石充填法也有了发展。此两种方法的雏形皆始见于商，西周便发展到较为成熟的阶段。

1. 方框支柱法

其特点是用木质方框的矩形平行六面体来充塞空间。在回采工作面中，随回采的推进而架设方框进行工作。南方许多古井巷虽经受了几千年的地压考验，却至今依然完好，便证明了它的可靠性和牢固性。西周方框支柱法又有如下两种。

（1）单框垂直分条回采方框支柱法（图 2 - 3 - 26）。其方法表现于由地表下掘一个个井筒，边掘边采边支护。视矿体赋存变化，竖井掘到一定深度后开挖平巷，为了追逐富矿，于

---

① 黄石市博物馆，铜绿山古矿冶遗址，文物出版社，1999 年，第 23～49、57～103 页；卢本珊参加铜绿山考古发掘、研究工作二十余年，主持铜绿山几个点的采矿冶炼遗址发掘工作；港下古铜矿遗址发掘小组，湖北阳新港下古矿井遗址发掘简报，考古，1987，(1)：30；刘诗中、卢本珊，瑞昌市铜岭铜矿遗址发掘报告，见：铜岭古铜矿遗址发现与研究，江西科学技术出版社，1997 年；卢本珊为江西铜岭古铜矿遗址考古发掘领队。

一定的部位扩帮，即再下掘一个盲井，形成一个个垂直方框连接的竖分条。用此方案开采蚀变带中松散的孔雀石矿脉，不仅适用，而且灵活，安全[①]。它的缺点是用材量大，支柱工作繁重，整个采区的生产率较低。

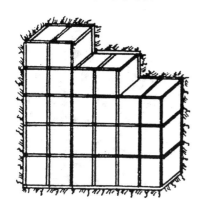

图2-3-26 铜绿山单框竖分条开采示意图

图2-3-27 铜绿山单层小方框开采示意图

（2）单层方框开采法（图2-3-27）。在井底掘进平巷或斜巷，追踪富矿，边掘边采边支护，为独头巷道式开采，由数条巷道并列组成一开采层，属于进路式开采方法。此方案的单采幅即独头巷道的尺寸较小，西周晚期，铜绿山发展到1.2米×1米。因掘进工作量比井筒小，生产能力比单框竖分条要高，适于回采高品位的薄矿脉。

2. 水平分层棚子支柱充填法

如图2-3-28所示。在迄今所见古采矿场中，其采层常分成两个或三个水平分层。铜绿山西周水平分层高约1米，自下而上开采，分层随回采工作的推进而用方框棚子来支撑，支柱与充填配合使用，采空区被用手选出的废石或低品位的铜矿石局部或全部充填。下层棚子的顶梁即上层棚子的底梁。

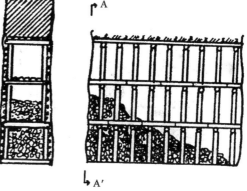

图2-3-28 铜绿山水平分层棚子支柱
充填开采示意图

充填法在西周时期运用得十分广泛，在湖北阳新县港下西周采矿场也可看到。在采掘时，废石和贫矿不必运到地表，便就近充填到废巷内。它的使用，提高了矿石回收率，减少了废石的提升运输量，减弱了采空区的地压，增强了采掘工作的安全性。

（五）矿井防水和排水系统的完善

早在先周时期，周人便掌握了一定的排水技能。《诗经・大雅・绵》载，周文王的祖父古公亶父在率领全族经营周原农业的情景时，"乃疆乃理，乃宣乃亩，自西徂东"。其中所云

---

① 杨永光、李庆元、赵守忠，铜绿山古铜矿开采方法研究，有色金属，1981，33，（1）：82～83。

便是土地整治，并反映了对排灌沟洫布置的要求。西周时期的防水和排水技术较商代又有了较大的发展，并在井田中建立了较为规整的沟洫，从而构成了原始的灌溉系统。

湖北大冶、江西铜岭、安徽沿江地区均位于我国南方，四季分明，雨量充沛，降水季节性相当明显，多集中在春夏两季。本区属长江水系，湖港纵多。地表水和地下水对古人采矿会带来不利因素。地质资料表明[1]，湖北铜绿山地下水位标高为 22.10~30.60 米。古采矿区底部含孔隙潜水，含水层厚 6.24~13.65 米。有些风化的矿体，由于氧化强烈，裂隙发育，其渗透系数可达 6.1487 米/昼夜。据现代采矿计算，开发矿藏时，由于大气降水、地表水、地下水等涌入矿井的水量，通常为采掘量的数倍到数十倍。为了防止矿山水灾，露天和地下开采均须有良好的排水系统。矿山考古资料表明，西周时期矿山防水和排水技术臻于成熟，并形成了地面和地下两个防水排水系统。

1. 地面防水排水

（1）井口防水措施。湖北铜绿山Ⅺ号、Ⅶ号矿体的部分竖井及江西铜岭 J1、J30 等，井口保存较完整，可见井筒支护木的背柴高出地面，一般在 20 厘米左右。在支护背柴与围岩的间隙处，有的用青膏泥密封，有的用土埂充实，使井口四边高于地面，截断地表径流，以防地表水落入井下。

铜绿山Ⅺ号矿体西周矿山地面搭了简易的草棚。草棚有大小之分，主要用途是防雨，阻止和减少雨水直接进入井、巷内，减少井下的排水量，确保井、巷不致因水量过大而坍塌。

（2）疏水沟、槽。沟、槽作为布置地面自流引水系统。疏水沟的构筑是在地表依地势挖沟筑垅，将水汇集于低洼处，并截住流向井口的地表水。铜绿山Ⅺ号矿体发现西周地面排水槽贴地面而设，此槽结构不同于其他整木刳成的木槽，而是槽底及槽壁以木板拼合，两侧打木桩固定，槽内板缝间涂青膏泥。江西铜岭发现的地表木水槽，其下有支架，规格较大，可能是因地貌的原因，需架设渡槽疏水。

2. 地下排水防水[2]

（1）排水设施。西周时期，矿山地下排水已设置专门的排水巷道、水仓、排水木槽、暗槽等，这些可靠而有效的排水设施，为古代工匠成功地进行地下采矿提供了技术前提。

铜绿山西周地下排水巷道有几种构筑形式，即木板拼合式、板壁式和棍壁式。

① 木板拼合式水沟一般用于主水道，即汇水巷道，其宽度几乎占平巷的净宽，水道由三块 2~2.5 厘米厚的木板拼合，横断面呈"H"形（图 2-3-29）。水槽的规格尺寸不等，木槽口宽 18~31.5 厘米，槽深 23~28 厘米不等。木槽置于框架的地栿上，框架立柱将木槽壁板夹紧，槽壁内贴直径为 4 厘米的半圆木桩，以增强木槽的稳固性。为了保护排水槽，于是将一些作业区的槽面整齐地铺盖一层木板，使它成为一条暗槽。

---

① 铜绿山铜铁矿，铜绿山矿志，第 15~16 页，1995 年 10 月编纂。

② 刘诗中、卢本珊，瑞昌市铜岭铜矿遗址发掘报告，见：铜岭古铜矿遗址发现与研究，江西科学技术出版社，1997 年；卢本珊为江西铜岭古铜矿遗址考古发掘领队，第 49~50 页；黄石市博物馆，铜绿山古矿冶遗址，文物出版社，1999 年，第 49 页、第 180 页；卢本珊参加铜绿山考古发掘、研究工作二十余年，主持铜绿山几个点的采矿冶炼遗址发掘工作。

图 2-3-29　平巷排水渠

图 2-3-30　平巷排水结构

② 板壁式排水巷道发现于铜绿山。其结构为，在废弃的平巷内填土，使巷底面呈一坡度便于流水。所见排水巷的坡角为 3°/1000～7°/1000。在填土上沿巷道打支撑桩，桩间铺满 10 厘米厚的青膏泥作水沟垫底。用厚 3 厘米、宽 19 厘米，断面略呈弧形的板作水沟的两壁，板插入青膏泥中并紧靠支撑桩。为了不使水沟渗水，在沟壁板及底面再涂一薄层青膏泥。构成的水沟宽 14 厘米、深 16 厘米（图 2-3-30）。

③ 棍壁式木水沟构筑方法为：挖掘专门的排水平巷，巷较窄。沿平巷设置间隔式框架，靠框架两侧的立柱，贴直径为 3 厘米左右的圆木棍，自地栿向上叠置成水槽的槽壁，并在槽壁内以直径 3 厘米的木棍夹紧。在每节槽的接头处和槽底，都涂抹或铺垫了一层青膏泥。沟口宽 18 厘米，深 43 厘米。

值得注意的是，在同一条排水设施中，有的地段采用棍壁式排水沟，有的地段则采用木板拼合式排水沟。

湖北阳新港下和江西铜岭西周时期的矿山排水木槽是用整木剜成。港下的一节水槽长 3.6 米、宽 0.43 米，槽深约 10 厘米。铜岭的一节木水槽宽约 0.6 米，长都在 3 米以上。

水仓是专门用于储水的竖井或盲竖井，其结构同于一般竖井，其底部为水窝，汇集于水仓的水采用一段提升或分级提升到坑外。

（2）排水系统。根据上述几处采矿遗址井巷的三维分布与排水系统的关系来看，排水沟槽的安装方式有三种：一是沿巷道走向贴地安装；二是沿巷道走向离地支架安装；三是垂直某些巷道走向形成"渡槽"或"飞槽"。

铜绿山西周排水系统中有直接排水、集中排水和分段排水三种。有的平硐出口直通山腰，地下采场的水沿平硐沿沟自流排至地面，一般情况下是井巷的地下水通过上述的排水设施将上采场的水自流到下采场的水仓中，然后再由水仓排至地面。由于西周开采深度大多已达 50 米，这些水仓位于地下不同的采矿中段，需要分段排水，最底层的地下水由下往上，一段段分级接力提升，最后提出地面。

（3）井下防水措施。铜绿山考古发现的井下防水措施有两种，一种是上述已提到的隔水层，即在排水沟槽内涂抹青膏泥防止渗水；二是截水闸墙，即将废弃的平巷或临时不用的平巷设置闸墙截住涌水。

（4）排水工具。

① 木水桶。水仓中发现的排水工具一般都是水桶。铜岭西周时期的木桶为鱼篓形，器

件系整木刳成，复原后口径 29.5 厘米，腹径 32.2 厘米。颈下有对称孔。

铜绿山西周时期的水桶也为整段圆木刳成，桶底圆形，有的也有对称小方孔。水桶有几种式样：一种为平底，通高 41.8 厘米、底径 34.8 厘米；另一种为矮圈足，通高 35.6 厘米、底径 20 厘米。

② 竹浇筒。铜绿山西周矿井还发现打水的浇筒多件。筒底为一竹节，长条形木柄的一端砍削一卡口，插入竹筒卯孔。竹筒高 12 厘米、直径 6.5 厘米，柄长 25.5 厘米。

（六）矿井运输与提升方法的改进①

湖北铜绿山、港下、江西铜岭等地，发现了一些西周时期矿山运输与提升的器械，提升工具包括木手提、木钩、绳索、木滑车等。

（1）木手提。手提是用来提拎矿石的，使用时将木手提两头的卡口分别套进竹篓的两个提梁内，用手提起，作短距离运输。

（2）木滑车。江西铜岭西周时期的木滑车式样，见有一种不同于商代和春秋者。滑车结构简单，长 26 厘米，径 18 厘米，空心轴处呈束腰形，中空径 8 厘米、两端径 9.4 厘米，中厚 5.6～5 厘米、两端厚 5～4 厘米。两端空心处摩擦迹清晰，这种滑车套于定轴盘上，经多次转动，形成轴心两端大于中间部位的状况。

（3）木滑车轴座。出土于铜绿山Ⅶ3 点。为整木挖凿，呈月牙形。座底平，底面有擦痕。座厚 10 厘米，一般厚 8 厘米，宽 6～9 厘米、长 28 厘米。座面有一凹槽，宽 6～7 厘米、深 2 厘米。槽面被摩擦得特别光滑，可能是滑轴在槽内转动摩擦的结果。如果用 2 件轴座对称安装，可呈一圆形。

（4）桔槔。西周晚期选矿场发现一吊杆，长 2.6 米，下段直径 14 厘米，上段直径渐至 10 厘米。杆件自上而下的 1.66 米处有一凹槽。凹口为弧形，正好可用绳系挂在立杆上。

（5）木扁担。长条形，中间宽，截面为椭圆形，两端上翘，两顶端有腊子。通长 197 厘米，厚 2.5 厘米。扁担加工光滑，材质坚硬。

（6）绳索。发现提运的绳索是用多股麻绳搓合而成。单股绳为 3 股麻绞合，粗细均匀，单股绳直径为 0.5 厘米。

（7）梯。形制近似，出土于竖井井壁旁。分木质和竹质两种，与铜绿山商代出土的梯子形制相似。竹梯结构与木梯相同。梯子净宽一般在 15～18 厘米之间，梯档间距不等，在 19～34 厘米之间。梯紧贴井壁支护框木。有的竖井内对应的井壁一面有一架木梯。有梯子的竖井比一般井筒大，可能是主井，梯子便于工匠上下井筒时攀扶。

（8）滑杆。铜绿山井内出土。长 170 厘米，直径 10～12 厘米之间。杆木中部有 5 道凹槽，有明显摩擦得很光的滑痕，是井口的一件提升设备，相当于滑车的功用。

（9）转向滑柱。出土于铜绿山Ⅶ3 点。立轴为木柱，轴上端在两个凹槽，凹槽内有被绳索摩擦的痕迹，其功用是在巷道拐弯处转向起到定滑轮的作用。这与铜绿山商代巷道 X3 出

---

① 刘诗中、卢本珊，瑞昌市铜岭铜矿遗址发掘报告，见：铜岭古铜矿遗址发现与研究，江西科学技术出版社，1997 年；卢本珊为江西铜岭古铜矿遗址考古发掘领队，第 49～50 页；黄石市博物馆，铜绿山古铜冶遗址，文物出版社，1999 年，第 49 页、第 180 页；卢本珊参加铜绿山考古发掘、研究工作二十余年，主持铜绿山几个点的采矿冶炼遗址发掘工作。

土的转向滑柱功用相同。

（10）系绳桩。由圆木加工而成，上头有凹槽，便于系绳；下端为尖状，打入围岩内。

（11）踏脚板。在港下、铜岭竖井内还发现踏脚板，设置在井筒两壁的支护井框木上缘，斜插入井壁围岩内。踏脚板宽约 10 厘米，厚约 3 厘米，便于人员左右两脚下井或登攀。两面的板为错位排列，井框托住踏脚板，显得很牢固。

（12）平衡石锤。湖北铜绿山和安徽南陵、铜陵发现了一些"平衡石锤"，按其形状应该区分为两种功用，其中有一种应是桔槔配件中的坠石。

矿井提升即井筒提升的运输工作，是采矿运输系统中的重要环节。提升设备主要供提升或下放矿石、材料、工具使用，它是地下矿山的咽喉。上述出土实物证明，随着生产技术的发展和矿井深度的增加，提升工具也不断改进和发展。从原始人工使用绳索从井中手提，发展到西周时期，应用简单系列器械——桔槔、滑柱、滑车等。

周代文献中也有了一些关于提升器械的记载。如《庄子·天地》篇载，当时已经使用了"用力甚寡而见功多"的桔槔汲水，取代"凿隧而入井，抱瓮而出灌"的办法来浇灌田园，具有"引之则俯，舍之则仰"，"挈水若抽，数如泆汤"的优点。

（七）矿井通风、照明技术的发展

西周井巷已具有一定深度，井巷通风采用自然风流通风法，即将两个以上的井筒连通，冬天低井口为进风井，夏天高井口为进风井，进出风井在冬夏两季正好作用交换。三四月天气，自然风流平衡，不通风，这时需要用人工制造气温差产生风压。

在铜绿山和铜岭遗址中，有的井底遗留 30 厘米左右厚的竹材燃烧灰烬及残留的竹筐，明显是人工烧火遗存，应该与通风有关。在井底燃竹加热可使井内的空气造成负压，促进空气对流。为了使井下空气流通顺畅，有时也设矿井通风构筑物，遮断风流和控制风量，将新鲜风流导入作业的地点。西周晚期，铜绿山的矿井通风构筑物有风墙、风障。即在废弃的巷道内，用土封堵起来成为风墙。在Ⅶ号遗址，发现用泥模糊封堵后的风障。

值得重视的是，西周时期的井巷，在井筒和巷道周壁间均用竹、木背板隔开，在背柴与围岩间还用竹席或草编密闭，除了防止围岩落土外，还加强了采空区的密闭性，可能还是一个风井。

井下照明采用移动火把式或固定火把式。燃料有两种。多采用干竹篾片呈束点燃。也发现了油脂和竹筒形火把装置。矿工运输时，因为井巷空间太小，推断工匠嘴咬点燃的竹片爬行。

三　西周选矿技术[①]

（一）考古发掘的选矿设备和工具

我国史料中关于选矿工艺的记载较少，并且时间较晚，直到宋朝《萍州可谈》和明朝《天工开物》、《菽园杂记》等，方才提及，但从中仍很难窥探中国古代选矿技术的概貌。近年来，江西瑞昌铜岭及湖北大冶铜绿山、红卫和安徽铜陵等西周矿遗址中发现了许多选矿的

---

① 卢本珊，商周选矿技术及其模拟实验，中国科技史料，1994，15，（4）：55～64。

遗物和遗迹。除手选矿石的遗迹外，主要是些用于重力选矿法（即淘洗选矿法和溜槽选矿法）的工具和设备，这对先秦选矿技术的模拟实验和研究提供了可贵的依据，其意义是不言而喻的。迄今出土的西周时期选矿遗物，按选矿工艺流程，可分为准备工序工具类、选分工序工具或设备类、处理工序设施类。

1. 选矿准备工序工具

准备工序中可分为碎散作业和破碎作业，按不同的矿石结构分别采用不同的工具。例如，铜岭、铜绿山等地的铜矿石（孔雀石、赤铜矿等）均被黏性物料（如铜绿山的云母、长石、蒙脱石、高岭石类和铜岭的铁质黏土等）胶结，使铜矿物颗粒彼此粘连，难以从黏土杂质中解离出来。对于这种矿石，需采用碎散作业，以达到只分离胶结物而维持铜矿石原有的粒度，减少损失率的目的。对于块状铜铁共生矿，要求两者分离并需适宜入炉炼铜的炉料粒度，采用的是破碎作业。

图 2-3-31　古碎散工具

（1）碎散工具。西周碎散工具有木槌、木杵、木臼等（图 2-3-31）。

① 木杵。整圆木加工成棒槌状，通长 70.5 厘米，杵头长 28 厘米，直径 11.5 厘米，柄径 5.6 厘米。杵头有舂捣使用的痕迹。

② 木臼。有两种式样。一种呈船形。厚整木挖凿制成，长 45 厘米，宽 20 厘米，厚 15～20 厘米。中部为臼窝，上大下小，窝径 12 厘米，深 11 厘米。另一种呈圆柱体。圆木凿成，高 35 厘米。臼窝口径 13 厘米，深 11 厘米。

上述遗物多半出土于巷道内，可见为地下作业的选矿工具，即地下采矿后就地选矿。将废石留在井下，以减少提运量。碎散工具采用木制，古人是尤其独具匠心的。木质工具有一定的韧性，可将黏土矿物碎散而不会将具有一定硬度的铜矿石锤碎，以保持矿石原有的粒度，而满足重选时铜矿粒径的要求。

（2）破碎工具。石砧、石球、石锤等石质破碎工具在湖北铜绿山、安徽南陵、内蒙古林西大井、新疆尼勒克等矿冶遗址中均有发现。

① 石砧。质地为花岗闪长岩或其他硬质岩石，平面多呈椭圆形，大小不等。大者长 70 余厘米，宽 40 厘米。小者长、宽、厚均在 20 厘米左右。砧面经长期使用后呈凹面。有的砧面周围筑有 1 平方米尺寸的土质硬面，与砧共同组成碎料台。

② 石球。质料同石砧。球大小相近，直径约 8 厘米。有的石球两侧面有凹窝，适于手握。铜绿山的石球，经考古发掘出的有七十余件，经矿山生产剥离出的有千余件。上述其他遗址中出土的石球也十分丰富。

③ 石锤。多为亚腰形，长 18 厘米，直径 12 厘米左右不等。

2. 重力选分工具和设备

先秦重力选矿法，是在水介质中按矿物岩石粒料的比重差异进行选别的过程。西周矿冶遗址中迄今出土的淘洗选矿法工具有淘洗船、淘洗盘、淘洗筐等，溜槽选矿法设备为溜槽。

（1）淘洗船。有两种式样。一种呈船形（图 2-3-32），斜壁平底，整木挖凿制成。大者通长 36.8 厘米，舱口长 31.5 厘米、宽 6 厘米、深 3 厘米。有的淘船器身作长方形。长 45 厘米、宽 20 厘米，内空长 15 厘米。另一种呈长方形，平底，有环形柄。

（2）淘洗盘。整木凿成，敛口平底。平面呈椭圆形或桃形。有的长径21厘米，短径17厘米，深7厘米。

上述工具主要出土于地下采矿场，说明井下选矿主要采用淘洗法。

（3）淘洗筐。双耳立于口沿，口径43厘米，底径32厘米，高6厘米。淘洗筐一般都出土于古地表坑边。

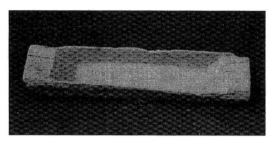

图2-3-32 古淘洗船

溜槽选矿法设备[1]。江西铜岭西周选矿场的平面布局（图2-3-33）有引水沟、木溜槽、尾砂池、滤水台、木栏和选矿棚组成。发掘揭露的选矿场长1260厘米。

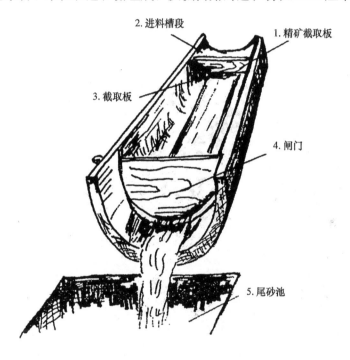

图2-3-33

（1）选矿廊棚。在选矿场的东西两侧各发现一排较整齐的立柱，选场廊棚顶棚为草席。

（2）引水沟。位于选矿场最北端，水沟与木溜槽衔接。沟宽40厘米、深22厘米，水沟上横铺木板或盖树皮，以防止土块落入沟内，妨碍选矿流程。

（3）木溜槽。木溜槽是选矿场的主要设备，也是选矿主要作业区段（图2-3-34和图2-3-35）。木溜槽的材料采用坚硬大圆木刳成，横断面呈弧形，长343厘米，槽面口沿宽34～42厘米，槽深为20厘米，边厚4～5厘米。自槽头至尾的120厘米处设有一挡板，为精矿截取板。该段为进料槽段。板宽10厘米、厚2厘米，板与槽东壁开口榫相嵌，与槽西壁榫卯相接，其结构便于操作。截取板与槽面间距5厘米，形成一个半圆孔，为截取孔，以便矿料流通。自槽头至尾305厘米处设有一门，为启闭槽口的闸门，呈半圆形，宽42厘米、

① 卢本珊，商周选矿技术及其模拟实验，中国科技史料，1994，15（4）：55～64。

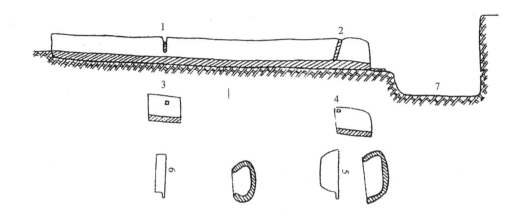

图 2-3-34　木榴槽结构图

1、2. 槽东壁榫；3、4. 槽西壁透榫（外向内视）；5. 槽尾栏板；6. 中段栏条；7. 尾砂池

图 2-3-35　古木溜槽

厚 1.5 厘米，其弧线与槽弧线面紧密吻合。闸板西弧端凸出一榫，与槽壁卯眼相接，便于活动。只要人工将闸门移动，可借助水的冲力启门。木溜槽走向 345 度，倾向东南，倾角 6 度，即槽头高于槽尾。

　　3. 重力选矿处理工序设施

　　江西铜岭西周时期重力选矿处理工序设施有尾砂池、滤水台。

　　(1) 尾砂池。紧靠木溜槽，池底与槽尾呈台阶状相接。池深 76 厘米。

　　(2) 滤水台。距尾砂池南约 92 厘米处，平面形状长方形。构筑法是用板围挡土，四周板外加桩，形成一土台框围。台面长 264 厘米、宽 140 厘米、约 3.70 平方米。滤水台面平整，平铺厚 3 厘米的细泥土，经拍实，台面呈由东向西倾斜 5 度的坡度。土台是所选精矿的脱水设施，即滤水台。滤水台上清理竹筐 6 只。滤水台的作用是将选分出的精矿装筐后放置于台上，利于水分过滤流散，为冶炼提供干燥矿石原料。

(二) 几种选矿方法的模拟实验

　　西周选矿采用的多种重力选矿法，其工具和设备的结构是否合理，选矿技术水平如何？卢本珊等对选矿工具和设备做了复原和模拟实验(图 2-3-36)，相信得出的看法是可

图 2-3-36

靠的[1]。

1. 淘洗选矿法模拟实验

几种淘洗选矿法模拟实验是在铜绿山Ⅶ号矿体西周采矿区进行的。

关于古代淘洗选矿法的工艺流程，明代陆容在《菽园杂记》卷十四叙述周详："（银）矿石不拘多少，采入碓场，舂碓极细，是谓矿末。次以大桶盛水，投矿末于中，搅数百次，谓之搅粘。凡桶中之粘，分三等：浮于面者谓之细粘；桶中者谓之梅砂；沉于底者谓之粗矿肉。若细粘与梅砂，用尖底淘盆，浮于淘池中，且淘且汰，泛扬去粗，留取其精英者。其粗矿肉，则用一木盆，如小舟然。淘汰亦如前法。大率欲淘去石末，存其真矿，以桶盛贮，璀璨星星可现，是谓矿肉"。将这段史料的选矿流程作一归纳，如图所示。

$$矿石 \rightarrow 舂碓 \rightarrow \begin{cases} 磨细物入桶 \\ 盛水渍搅 \end{cases} \rightarrow 分别淘汰 \begin{cases} \rightarrow 淘去石末（尾矿） \\ \rightarrow 存其真矿（矿肉即精矿） \end{cases}$$

按出土遗物的实际情况，结合上述的古代选矿流程，卢本珊等确定了"碎散出泥→淘汰→精矿盛贮"这一方案，并按不同工具，采用了不同操作方法，即淘洗船法、淘洗盘单手旋转、跳筐淘洗法。

上述三种古代淘洗选矿法的模拟实验表明，其选矿分离过程为：分层、分带、分离。基本原理和簸箕簸米相似，所不同的是选矿时的各种外力通过水介质传递给矿粒，使矿粒按自身特点呈规律性移动，按比重产生分带。这种分离现象，宋人已有描述："沙中之金，由积以聚，聚则极而为沉，其沉也重。水中之波，由湛而扬，扬极而为浮，其浮也轻。积轻者所以幻虚也，积重者所以幻有也。"[2] 把矿物轻重的分离现象描述得十分清楚。

2. 溜槽选矿法模拟实验

实验前的准备工作首先是复制铜岭西周时期的木质溜槽及准备一些必要的仪器等。

实验地点选择在铜岭采矿遗址古选矿场西北 100 余米处。复制溜槽按古溜槽的南北走向坐落于山冈北坡坡坎下，槽头接坎沟自然流水，落水距 0.95 米。槽尾连接尾砂池。槽面向北倾斜面，倾角按古代的 6 度设置。根据选矿学原理，影响溜选的因素主要有三个方面，即给矿性质（矿石的粒度、密度、形状）、溜槽的结构、操作因素（槽面倾角、给水量、冲程、冲次）。

模拟实验过程，共分为准备工序、选分工序、产品处理工序等。

（1）准备工序。手工碎散为主要作业，因铁质黏土的胶结作用使铜岭的矿粒成团，所以需要碎散（不是破碎）后才利于选分。

（2）选分工序。分别采用三个模拟方案及实验过程。

（3）产品处理工序。溜槽选矿属湿式选分，选分所得的精矿常含有水分，在冶炼前，必须将产品中的水分脱除。实验按铜岭古代脱水方法，先将精矿装筐，放在斜面台地过滤，使水分自然脱除，然后堆放在竹席上日晒干燥。

综上所述，可将铜岭古代选矿流程作一归纳如下：

---

① 卢本珊，商周选矿技术及其模拟实验，中国科技史料，1994，15（4）：55~64。

② 无名氏，灌畦暇语，说郛，第二十九。

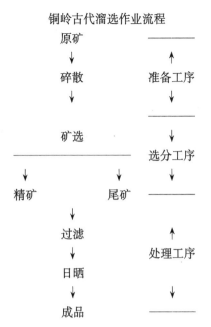

铜岭古代溜选作业流程

通过铜岭古代溜槽模拟实验得出如下答案：

（1）铜岭溜槽结构先进，构件设置合理。溜槽的精矿截取板有两点功用：一是限定木扒翻松矿料的操作范围，保证矿粒有足够的作业线，以利矿石选分；二是如果矿粒出现拉沟或急流现象，可随时堵截矿料，调节水量，保证选分运行正常状态。

溜槽槽口闸门也有两点功用：一是在给水初期关闭闸门，使槽成为一池，便于矿料在水中浸泡后人工搅拌，使泥、矿粒分离，有利于选分；二是精矿如果出现流失至尾砂池，可及时关闸，调节操作因素。

古溜槽设计全长 3.43 米，从模拟实验中观察到的矿料被选别分离后在溜槽各段所处的分布位置看，精矿沉淀于精矿截取板上段区，尾矿排入尾砂池或沉淀于槽尾，这与溜槽的长度及各构件位置的设置比例十分吻合。这反映了古代工匠是按铜岭的矿石性质，通过反复实践而确定的最佳溜槽尺寸。从模拟实验得出的铜岭古代选矿工艺指标看，铜岭古溜槽是一种效率较高的矿粒重选设备。

（2）掌握了较好的选矿操作技艺。古代工匠针对铜岭的矿石性质，摸索出一套简单的选矿流程，面对比较复杂的操作因素，掌握了较好的选矿操作技艺。

模拟实验表明，古代工匠对铜岭矿石中矿物的种类，矿物与脉石、铁质黏土的伴生、密度、比重等相互关系及铜矿石赋存形态有了比较充分认识的基础上，通过实践后正确地采用了溜槽选矿方法，并制定简单的选矿流程。在选矿的操作过程中，总结出一套能提高生产效率的操作规程，主要反映在如下方面：

认识到溜槽倾斜度与给矿浓度（即矿粒的粗细、含流量、比重）有关，是决定选矿效果的主要因素之一。溜槽倾斜坡度 6 度，不仅符合现代要求的 3 度～4 度，最大不超过 16 度这一指数，而且也在实验中证实了它的合理性。坡度过大会造成精矿损失；过小，脉石不易冲走。

古代工匠按溜槽尺寸大小，专门设计以精矿截取板为界，其上段槽体容积为给矿容积，仅以每次流程可放 20 公斤矿量为限，否则通不过截取板下的孔道，显然古人认识到给矿量与选分效果的关系，从而规定了适当的给矿量。

　　溜槽上段允许最大给矿量为 20 公斤，这与选分因素相吻合。量太大，影响选矿质量；量太小，影响工效。

　　从古溜槽东侧出土的精矿含铜量达 20.48% 来看（见表 2-3-4），说明古人成功地进行了溜槽选矿。模拟实验表明，给水量在 500 毫升/秒，冲程为 600 毫米/秒为优良操作工艺，古人的控制量只能在这个值左右波动，较高的回收率，反映了古代铜岭矿山已有相当可观的选矿生产规模。

表 2-3-4　铜岭溜选精矿化学成分　　　　　　　　（单位:%）

Cu	Zn	Pb	Sin	S	SiO$_2$	Fe$_2$O$_3$	FeO	CaO	MgO	Al$_2$O$_3$
20.48	0.212	0.0115	<0.001	0.02	38.71	0.77	0	0.56	0.31	6.91

　　铜岭西周选矿场就近于采矿井巷旁，具有运输距离短，水源方便，作业便利等优点。选矿工棚等配套设施，反映了西周选矿场的完备程度。

　　至于铜岭西周选矿存在缺少筛分分级工序的问题，有它的两面性。矿料不筛分，给矿粒度必然不够均匀，会使分离不够完全，这一缺点已在模拟实验中反映出来；如增加筛分工序，将会增加相当多的人力和时间，这既反映了西周选矿流程不够完备，又反映了古人注重生产效率而不注重节约矿产资源。

　　铜岭古溜槽是迄今中国考古发现的最先进的选矿设备，这类模拟实验在国内尚属首次。实验研究结果证明，远在西周时期，中国的选矿技术已有其鲜明的特点，这进一步证明中国光辉灿烂的青铜文明是土生土长的。

第四节　东周时期的采矿技术

　　东周时期在金属矿开采技术的成就主要表现在下列六个方面：①凿岩技术有了发展。至战国时期，火爆法便应用到了矿山破岩施工中；锛、斧、锄、锤、耙、錾等铁制凿岩工具完全代替了铜制工具；使凿岩效率大为提高，并扩大了地下作业空间。②创制了多种木支护技术和天然护顶技术，不但架设方便，而且抗压强度较高。③新创了多种采矿方法。④木绞车使用得更为广泛，提运机械向大能量、操作方便的方向发展。⑤防水、排水能力有了进一步发展。⑥溜槽选矿法用到了井下，从而减少了废石提运量。东周是我国采矿技术的创新期。

一　东周矿业发展概况

（一）南方三国矿业的发展和交流

　　在东周诸侯国的矿业中，值得注意的是楚、吴、越三国。此三国在东周时期大体包括今长江中下游及上游的部分地区。其矿冶技术的发展，自商代开始，经西周、东周，从未停顿过，同时也在较大程度上反映了我国矿业发展的先进水平。

　　楚自西周初年立国，从熊绎到熊渠，五代六君，历时约一个半世纪。楚国不仅拥有众多的铜矿山，而且拥有一些黄金产地。熊渠在位时，显示了转弱为强的势头。熊渠一面继承先君遗规，小心睦邻；一面整军经武，大胆开疆。《史记·楚世家》说：在周夷王时，王室衰微，诸侯交相攻伐，"熊渠甚得江汉间民和，乃兴兵伐庸、杨粤，至于鄂。熊渠曰：'我蛮夷也，不与中国之号谥'。"杨粤即扬越。熊渠伐扬越，终点是鄂。鄂立国甚早，西周时东迁，都于今湖北鄂州市。鄂国乃以其地多扬子鳄为图腾而得名①。鄂国密迩长江中游的铜矿，得其厚利。楚熊渠不畏长江风涛之险，劳师远出以伐鄂，无疑是受了铜矿的诱惑。伐鄂的胜利使长江中游的铜矿（包括湖南麻阳铜矿）不再是扬越和淮夷的奇货以及周朝的禁脔，而成为楚人得以染指之物，这对楚国的振兴起着莫大的作用①。

楚地产金，这在许多文献上都有记载。《管子·轻重甲篇》记管仲语："使吾得居楚之黄金，吾能令农毋耕而食，女毋织而衣。"春秋中期，楚国在云南楚雄设官置史，管理丽水黄金的开采。《韩非子·内储说上》："荆南之地，丽水之中生金，人多窃采金。采金之禁，得而辄辜磔于市，甚众，壅离其水也，而人窃金不止。"丽水为金沙江。徐南洲研究论证了《山海经》记载的产金之山招摇山是广西兴安县的苗儿山②，属楚国之山。为了垄断黄金，楚国用严刑峻法禁止人民窃采。除丽水等地外，楚国黄金产地还有沮漳河（今鄂西远安、当阳一带）、洞庭（常德、桃源一带）、汉中。《管子·地数》："金起于汝汉之右洿"。《轻重甲》篇说："楚国有汝汉之黄金"。汝河在今河南省境内。楚国是世界上最早使用黄金货币之国，而且金币种类繁多。楚、吴两地为列国最早使用铁器的地区之一。正因为楚国拥有丰富的金属矿产，所以《山海经》以楚为中心，西及巴东及齐，记载众多矿山③。

关于吴、越的矿业，多种先秦都有记载。《考工记》载："炼金以为刃，……郑之刀、宋之斤、鲁之削、吴越之剑，迁乎其地弗能为良，地气然也。……吴越之金锡，此才之美者。"又，《周礼·职方氏》称："东南曰扬州，其川三江，其浸五湖，其利金、锡、竹箭"，荆州"其利丹、锡、齿、革"。此外，年代稍后的《越绝书》、《史记·货殖列传》、李斯《谏逐客书》、《盐铁论·通有》等都多次提到"吴粤之金锡"，"荆扬……左陵扬之金"，"江南金锡"。显然，此吴越之金锡是来自吴越铜矿锡矿的。此外，文献上记载的吴越铸匠也较多。《吴越春秋·阖闾内传》："干将作剑，采五山之铁精，六合之金英。"《越绝书·越绝外传》："欧冶子、干将凿茨山，洩其溪，取铁英，作为铁剑三枚。"这自然也是吴越出产铜铁的一个旁证。

关于吴越产铜的情况在考古发掘中也可看到。浙江永嘉春秋末窖藏出土铜块 50 多公斤④。江苏金坛、安徽贵池等地出土铜锭，等等。考古资料还表明，众多的吴式青铜器，不仅在吴境广泛出土，而且在陕西、山西、山东、河南、湖北、安徽等地都有发现⑤。

中国所产铜、铅、锡等用于青铜生产的金属矿产原料，因各地地质条件不同，在品种和质量方面常有不同。在古代冶铸技术条件下，这种差异常常使各地的青铜产品带有自己的特点。金正耀等对战国时期燕、齐、魏、楚的 42 枚货币及广东的 6 件战国青铜器的铅同位素比值进行了研究⑥，有四点发现：一是各国铸币所用之铅主要来自各自境内，利用的是境内

---

① 张正明，楚史，湖北教育出版社，1995 年，第 42～45 页。

② 徐南洲，试论招摇山的地理位置，见：《山海经》新探（敦煌资料），四川省社会科学院出版社，1986 年，第 44～52 页。

③ 袁珂，山海经全译，贵州人民出版社，1991 年，第 1 页。

④ 徐定水，浙江永嘉出土的一批青铜器简介，文物，1980，(8)。

⑤ 彭邦本，春秋晚期吴文化的北向影响初探，齐鲁学刊，1992，(2)：79。

⑥ 金正耀等，战国古币的铅同位素比值研究，文物，1993，(8)：80～89。

矿产；二是西部和南部地区诸国货币的含铜量普遍较北部（河北）、东部（山东）各国要高，而北、东部古币含铅量高，认为此现象与该地区当时的铜矿资源和铜矿冶的发展水平有密切关系；三是从测定结果看，齐与楚、魏与楚、魏与齐之间可能存在少量矿物物产交流——众所周知，楚晋之间人物交流很频繁，"楚材晋用"是有名的典故；四是广东岭南一部分青铜器可能与内地矿产来源有关。

铜料的交流，史籍中也有记载。《左传·僖公十八年》："郑伯始朝于楚，楚子赐之金，既而悔之，与之盟曰：'无以铸兵'。"到了战国中期，楚王对军用物资的管制相当严格。楚国的江淮大地，许多物品可进入市场交易，唯铜锡、皮革、箭镞等军用物资仍由国家控制，鄂君启节车的铭文规定"毋载金革黾箭"，陆路从事跨国贸易，所以禁止贩运。

南方铜料北输中原，周代铜器铭文常有记载，如春秋初期铜器曾伯霥簠铭文称"克狄淮夷，印燮繁汤，金道锡行"。同期的《晋姜鼎》铭文称"俾贯通曰，征繁汤口（原）取其吉金，用作宝尊鼎"。

郭沫若先生《两周金文辞大系图录考释》云："此簠（指曾伯霥簠）与晋姜鼎同时，彼云：'征繁汤原'，此云'印燮繁汤'，盖晋人与曾同伐淮夷也"，并指出："古者南方多产金锡，'金道锡行'言以金锡入贡或交易之路。"

春秋时，繁阳属楚地，即今河南新蔡县北之三十里汝河北岸，在淮河支流上，水陆交通便利，但历史上繁阳并不产铜，因此，繁阳为楚国与北方邻国铜等物品的交易地是可能的。

南方的铜料外运，水运发挥了重大作用。湖北铜绿山的矿冶遗址区域内，在通长江的大冶湖边发现商周不同时代的红铜锭，说明商周时期该地的铜产品主要靠水路外运。

楚人用船，文献上最早见于公元前10世纪中叶。《帝王世纪》云："昭王德衰，南征，济于汉，船人恶之……。"从西周至战国的几百年间，楚、吴、越诸国的造船技术都有很大发展，专门的运输船，不但船体大、装载多，而且结构复杂。楚境内凡能通航的河道，如江、汉、沮、漳，以及湘、资、源、澧的一部分，几乎都有舟船沟通。进入战国，楚国的领土最南到两广，最东到江浙，楚国的船舶顺着水路，也就到达了这些地方[1]。《鄂君启节·舟节》记载："上江，庚木关，庚郢。"自鄂（今湖北鄂州市）溯江而上，经过木关，可达郢都（江陵）；或者从夏首（今沙市东）顺江而下，可至江西、安徽一带。

春秋时，吴越的水师早已出入于长江。《国语·吴语》记载吴王夫差说："余沿江泝淮，阙沟深水，出于商、鲁之间，以彻于兄弟之国。"

长江上游虽然水流湍急，周代也已通航。《史记·张仪列传》张仪对楚怀王说："秦西有巴蜀，大船积粟，起于汶山。浮江已下，至楚三千余里"。楚国早期主要活动范围在江汉平原，对外交通的国家主要是中原和秦，汉水曾发挥过重大作用。

中国炼铁技术的发明，将中国古代社会生产力推向了一个崭新的高度。至战国时期，由于社会经济制度的变革，社会上对于铁器的需要量增加；使铁矿开采、冶炼和铸造，成为一种关系国计民生的重要手工业。战国时期，铁矿山遍布七国。据《山海经·中山经》和《管子·地数篇》说，这时"出铁之山三千六百九"，此数固不足为凭，但可知这时被发现的铁矿是较多的，规模也较大。如山东临淄齐国故都冶铁遗址的面积达四十余万平方米[2]。河北

---

① 郭德维，楚国的水上交通运输，中华文化论坛，1995，（2）：40。
② 山东省博物馆，山东临淄齐故城试掘简报，考古，1961，（6）：289～291。

易县燕下都城址内有冶铁遗址三处，总面积达三十万平方米①。这时出现了许多著名的冶铁手工业中心，如宛（今河南南阳）、邓（今河南孟县东南）、邯郸等。出现了像魏国的孔氏、赵国的卓氏、齐国的程郑等一批因冶铁致富的大铁商。钢铁的应用使整个人类社会发生变革，也给采矿业注入新的活力，使采掘作业获得前所未有的高效工具，从而大大提高了矿山劳动的生产率。

（二）有关矿业论述的出现

春秋战国之际，百家争鸣，诸子创说，学术空气十分活跃，与矿冶有关的论述亦散见于先秦诸子中，如《考工记》、《管子》、《禹贡》、《山海经》都记述过与矿业有关的一些问题。《管子》一书中提到了山金、山铁、铜、锡、铅、丹砂、银、曾青、赤青、赭、琳、琅玕、礝碔、陵石等，矿产地分布在楚、蜀、晋、齐等，有的距周"七千八百里"。具体产地有汝汉之金、庄山之金、历山之金、紫山之白金、明山之曾青、阴山之礝碔、牛氏（或禹氏）边山之玉、渠展之盐等。《管子》首次记载了我国古代对于成矿关系的认识，反映了当时人们对于矿产的产出特征已积累了相当丰富的经验。《尚书·禹贡》记载了十二种矿产的产地分布情况。《山海经》中记载了七十三种矿物，并且记载了某些矿产在分布上的相互关系。

《管子·海王》篇首次提出了"官山海"的主张，即由国家管理海盐的生产和矿产采冶的政策，这可能是我国最早的"矿产资源法"。如"地数篇"在叙述了金、银、铜、铅、锡等矿产的上下关系之后说："此山之见荣者也，苟山之见荣者，谨封而为禁。有动封山者，罪死不赦。有犯令者，左足入，左足断；右足入，右足断。"看来，当时法律是十分严厉的。

关于《管子》、《山海经·五藏山经》中总结出的金属矿产的共生关系，在古代找矿采矿史上具有特别的指导意义，我们将在下节专门阐述。

二 找 矿 方 法

（一）最早的"矿"字

"金"和"石"字在我国都是出现较早的，其涵义亦颇丰富。东汉许慎《说文解字》："金，五色金也"。"石，山石也"。"金"还是金、银、铜、铁、锡（或铅）五金的统称。"石"泛指一切石类。西周铜器铭文中，金字也是常见的。

矿字源于何时，具体年代已难说清。《殷契粹编》1221片有云："己巳，王𣂈坚囧。"杨遇夫《卜辞求义》中认为，囧之形与阴字异，乃繁简不同，字像窗片牖之形，当即囧之变体。《说文》七篇上囧部："囧，窗牖丽瘘闿明也，象形，读若犷"。"犷"即今之矿字②。春秋时期，中国已有明确记载矿字的本字"卝"，《周礼·地官司徒·卝人》："卝（矿）人掌金（铜）、玉、锡、石之地"。卝为矿的本字，像采矿竖井的井口，二横表示井口地表，两竖表示竖井井筒及木支护背板；而且背板高出井口地表，其象形完全被商周矿井所证实。有学者认为，许多与矿有关的词都源于此，如卯、砑、鈃、磺、礦、錸、砃、碏、屮、鈄等，都

① 河北省文化局文物工作队，河北易县燕下都故城勘察和试掘，考古学报，1965，（1）：95～96。
② 崔云昊、陈云芳，"矿物"词源再考，载中国科技史料，1993，14，（3）：76～84。

是由"卝"衍生而来的异体字，它们已有矿物的初级内涵[①]。

(二) 金属矿找矿方法

在找矿、采矿方法方面的专门记述较少，唯《山海经》等著作中可看到一些相关的记载，所以要了解先秦找矿方法上的成就，还只能采用实物资料为主、文献记载为辅的方式进行研究。

《山海经》是我国现存最古老的地理著作之一，约成书于战国时期。全文共 31 000 字[②]，记述了 550 座山和 300 条水道[③]。这些地名共分成 5 个区域，即南西北东中 5 区，然后又用次一级区域分解为 26 个小区，反映了东周时期区域地理调查的成果。除了地貌状况的空间位置的确定外，书中还特别强调自然资源的蕴藏分布，包括矿物、动物和植物，标志着当时的社会对矿产有了相当的需求。值得注意的是，书中叙述 92 种矿物和岩石[④]，均是以它们的物理性质和外观特征来命名的，由此可见，矿物的鉴定技术是找矿技术的先决条件。

从考古资料和文献记载来看，东周时期的找矿方法约包括两类六种[⑤]：一类是地质找矿法，其中又包括重砂找矿法、共生矿找矿法、利用风化矿找原生矿法；另一类是探矿工程法，其中包括浅坑法、探槽法、浅井法。

1. 地质找矿法

由于矿产赋存部位及围岩常有各种特殊现象，便给工匠们提供了许多重要的线索和依据。

(1) 重砂找矿法。又称重砂测量法。它是利用淘洗盘对松散层（残积、坡积、冲积层）取样淘洗，留取碎屑矿物进行观察，根据其中矿石碎屑的成分，数量多少的变化，追踪所找矿物的来源。它对于寻找由稳定矿物（即不易氧化分解的矿物）所组成的矿床氧化带、砂矿床等有显著的效果，适宜于寻找金、锡、铁、铜等。

江西铜岭、湖北铜绿山、安徽铜陵狮子山铜矿遗址中出土大量木制的重砂法找矿工具木盘（图 2-4-1）、木瓢、是我国早期的找矿工具。

关于它的操作方法，卢本珊等进行了模拟实验。主要是采用淘洗船推拉摇荡法和淘洗盘单手旋转法，以水作介质，利用铜矿物与脉石矿物彼此间比重不同达到分选。在操作过程中，经淘漂除掉泥土及轻矿物杂质后，可见盘底留下的是孔雀石等铜矿粒及铁矿粒，通过目测铜矿物的多少，便可知铜矿体的走向。模拟实验证明，周代，我国的重砂找矿法已相当成熟。

《韩非子·内储》载："荆南之地，丽水之中生金，人多窃采金。"这是我国古代文献中，关于淘金的较早记载。关于沉积分选作用的理论，东汉王充的《论衡·状留篇》中已有较为正确的认识，书中叙述："湍濑之流，沙石转而大石不移，何者？大石重而沙石轻也。沙石转积于大石之上，大石没而不见。"

(2) 利用风化矿找原生矿。如以赭找铁法，这在古籍中不乏记载。《管子·地数》篇载：

---

① 唐嘉弘，江西青铜文化三题，南方文物，1994，(2)。

② 袁珂，山海经全译，贵州人民出版社，1991年，第5页。

③ 张舜徽，中国史学名著题解，中国青年出版社，1984年，第271页。

④ 中国《山海经》学术讨论会，山海经新探，四川省社会科学院出版社，1986年，第254页。

⑤ 卢本珊，中国先秦找矿方法，第四届全国金属史学术会议论文，1993年10月。

图 2 - 4 - 1

"山上有赭者，其下有铁"。《山海经·中山经》载："中有美赭……其阳多金，其阴多铁"。古人以赭找铁的方法是符合地质规律和矿物学理论的。赭，是一种红色土状赤铁矿，常混杂些许黏土。它是因赤铁矿受地表大气、水和生物等外力长期综合作用下风化的产物，所以山上（即地层浅部）的赤铁矿变成赭，其下因风化程度较弱，仍为赤铁。我国以"红"字为首的铁矿山名许多因此而得名。例如清严如煜编《三省边防备览》卷九"山货"条在谈到陕西铁矿时说："红山则山之出铁矿者，矿如石块，色微赤，故称曰红山。"我国河北邯郸和湖北鄂州、大冶及河南舞阳的先秦铁矿遗址中皆有此类铁矿床。是知"山上有赭者，其下有铁"是古代工匠在中国大区域的普查找矿（铁矿）中总结出来的一种行之有效的方法。

（3）共生矿找矿法。多种金属矿物共生在一起构成一综合矿体是我国金属矿床的普遍特征。利用这一特征，可从地表发现的一种矿物来预测地下赋存的另一种矿物。战国时期，我国已认识了许多矿物共生的规律并总结出一套找矿方法，其中，《管子·地数》和《山海经·五藏山经》对不同矿种的上下关系记载得最详细。归纳起来，共生矿找矿法可分为五种：

① 山上有磁石，其下有铜金。这应是铁铜共生。
② 山上有陵石，其下有铅、锡、赤铜。这应是铅、锡、铜共生。
③ 山上有铅，其下有银。这应是铅银共生。
④ 山上有银，其下有丹。这应是银汞共生。
⑤ 山上有丹砂，其下有黄金。这应是汞金共生。

古人总结的上述找矿规律，大体上符合现代矿床的矿物分布理论，被现代地质资料证实基本是正确的。具体论据夏湘蓉等在《中国古代矿业开发史》一书中已阐述，本节不再赘述。

2. 工程探矿法

东周时期，对于覆盖层较厚的隐伏矿体，已知道运用探矿工程找矿法，具体探寻方法如下：

（1）浅坑法。铜岭、铜绿山、南陵铜矿遗址内，分布着许多古代浅坑。它往往与露天开采结合起来，即开拓浅坑探矿，有矿即采，无矿即停。为了减少排除废石的排土量，往往在坑底再掘竖井，与井探相结合。

（2）浅井探矿法。浅井探矿可揭露基岩，直接观察到矿化及地质状况。从上述的几处铜矿遗址看，探矿用的竖井一般比采矿井的断面小，仅容一人上下。探矿工效比现代钻探低得多，但在评价矿床的准确性上有其优点。为了有效地发挥工程探矿的作用，古人往往又将井探与巷探组合在一起。

（3）探槽法。此法至迟始于商代中期，当时，江西铜岭的工匠采用长 7.6 米、宽 1.4米、深约 0.56 米的探槽工程揭露掩盖层，然后用浅井和短巷组成联合探矿工程，随掘进走向支护木构框架。其优点是可在地下按矿脉的可能部位需要进行横向或纵向的勘探，使工程探矿运用自如。

研究了铜陵、铜绿山等地的地质情况和古代采矿遗存后发现，工程探矿法也可以说是就矿采矿法。因为有些矿区铜矿化主要受一些来自地壳深部的浅成小岩体制约，成矿作用特点是垂直区间大，而水平方向的连续性相对较小，因此隐伏矿体的存在机会较多。虽然地表含矿性差，但具有形成盲矿体的地质条件。如果古人在已找到的矿点周围采用工程探矿，可"就矿找矿"，安徽铜陵地区的狮子山、凤凰山、大冶地区的铜绿山、叶花香的盲矿体，都是新中国成立后多次工作后找到的，而盲矿体上却早已留下了古人的井巷。

近几年，我国发现了多处大规模的先秦时期铜矿山，采掘深度距地表六七十米，由此可见《管子·地数》云："凡天下名山五千二百七十，出铜之山四百六十七，……。"的统计规模还是有根据的。

有趣的是，中国地名中保留了许多以金属矿藏命名的古地名，如湖北有铜绿山、铜山口、赤马山、红山、铁山、金湖、金山等，江西有铜岭，安徽有铜陵，湖南有铜官山、铜矿冲、铜矿门、铜坪岭等矿，这些名称在我国沿用了很长一个时期。这些名称，皆较好地反映了古人矿物学知识和找矿实践。

综上所述，中国古代找矿方法，商代还处于经验的积累和感性认识的阶段；周代之后，特别是战国时期，便逐渐形成了一种较为系统的认识，这对当时和后来的探矿实践显然是起到了积极作用的。

三　采矿技术的发展

（一）东周金属矿山遗址的发掘

无论从文献记载、金石资料，还是从考古资料看，东周金属矿山都是以南方居多的。此期矿山的一个重要特点是：规模大、内涵丰富、采矿技术有许多创新。其中较为熟悉的遗址有：湖北大冶矿山遗址、湖北鄂州铜矿、湖北阳新丰山铜矿、江西瑞昌铜岭铜矿、安徽枞阳井边铜矿、安徽繁昌横山铜矿、湖南麻阳铜矿、山西垣曲中条山铜矿、新疆尼勒克铜矿、宁夏中卫县铜矿、河北兴隆金矿等。这些遗址的发掘和研究，为了解当时矿冶技术的发展提供了许多宝贵的资料。

1. 湖北大冶铜矿遗址群

(1) 铜绿山铜矿遗址[①]。铜绿山东周时期的采矿遗址主要选择在Ⅱ号矿体 12 线、24 线及Ⅳ号矿体和Ⅶ号矿体 1 号、2 号、4 号、5 号发掘点进行。

Ⅱ号矿体 12 线采矿遗址，暴露的古支护木距地表深 40 余米。发掘清理了暴露出的 8 个竖井、1 条斜巷。出土的 1 件铜斧，斧銎内木柄经[14]C 测定年代为距今 2485±75 年，树轮校正年代为公元前 761～前 399，从出土的陶片纹饰特点推断Ⅱ号矿体采矿遗址的年代，约在春秋晚期至战国早期。

Ⅳ号矿体采矿遗址（图 2-4-2），地下均遗留春秋时期的竖（盲）井、平（斜）巷等古采矿遗迹。共发掘竖（盲）井 43 个、平（斜）巷 47 条，J437 的支护木的[14]C 测定年代，距今 2545±85 年，属春秋中晚期。

图 2-4-2　铜绿山Ⅳ号矿体采矿遗迹

---

① 卢本珊参加铜绿山考古发掘、研究工作二十余年，主持几个遗址点的考古发掘工作；黄石市博物馆，铜绿山古矿冶遗址，文物出版社，1999 年，第 57～136 页。

　　Ⅶ号矿体位于矿区中段，经地质钻探和地质雷达测探，春秋井巷一般在现在保护下来的地表以下 15 米深的范围内，即高程 55～40 米之间。本节所收录的资料主要是考古发掘资料。因Ⅶ号矿体被列为全国重点文物保护单位，所以井巷都没有清理完，这也是本节所描述的一些遗迹遗物缺乏整体感的原因。

　　Ⅶ号矿体先后发现 5 处采矿遗址，分别编为 1 号点（图 2 - 4 - 3）、2 号点、3 号点、4 号点（图 2 - 4 - 4）、5 号点。属春秋时代的遗存。

图 2 - 4 - 3　铜绿山 Ⅶ 号矿体 1 号点遗迹

　　Ⅰ号矿体 24 号勘探线发掘点位于铜绿山矿露天采矿场南端，距原地表深 58 米，上部已在采矿中被铲毁，现暴露处共发掘 5 个竖井、11 条平（斜）巷，均采用木支护框架结构支护。所用支护木料，都是刚砍下来的树木。24 线古矿井的年代为战国至西汉早期。

　　(2) 石头咀等铜矿遗址[①]。湖北大冶地区矿冶遗址达 55 处，绝大部分属于先秦时期。在现代矿山开采过程中，除铜绿山铜铁矿以外，铜山口铜铁矿、叶花香铜矿、赤马山铜矿、新冶铜矿、石头咀铜铁矿、冯家山铜矿、东角山铜矿等，也都发现了老窿（古矿井）。从采集的支护木构件看，其支护方法多为榫接式方框支护，也有搭接式支护。文化层中的包含物，其器形、种类、陶质、陶色及纹饰风格等，说明这些采矿遗址的时代应为商周时期[②]。

　　① 卢本珊 1979～1993 年期间考古调查。
　　② 卢本珊参加铜绿山考古发掘、研究工作二十余年，主持几个遗址点的考古发掘工作；黄石市博物馆，铜绿山古矿冶遗址，文物出版社，1999 年，第 10 页。

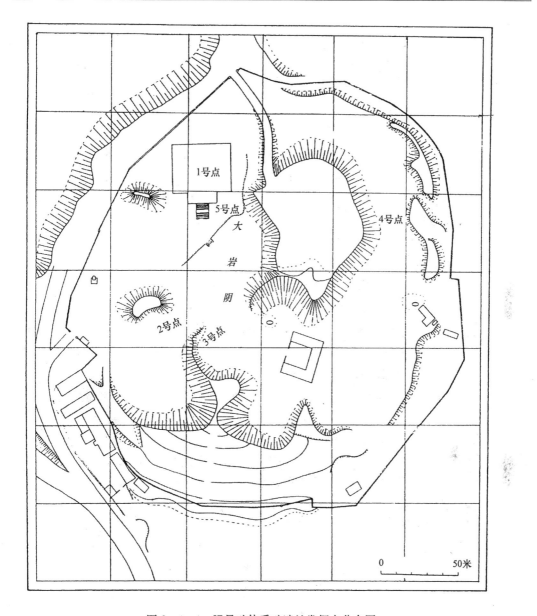

图 2-4-4　Ⅶ号矿体采矿遗址发掘点分布图

2. 湖北阳新铜矿遗址群①

（1）丰山铜矿遗址。丰山洞铜矿位于湖北阳新县境内，建矿以来，在基建中陆续有与采矿和冶炼有关的遗物出土。值得重视的是，东周井巷支架结构不同于当时其他的矿山，即平巷支架虽然像江西瑞昌采用的碗口接，但两根立根呈八字形，使平巷断面上小下大，呈梯形断面，这比其他矿山使用的方框支架抗压强度大，使用年限长。东周时期梯形巷道的出现，表明采矿井巷支护技术又有创新。巷道两帮的护壁，或用木板作背板，或用藤条编的芭子作背板，顶棚多用圆木支护。井巷中出土有木铲、小铜斧、铁锤和铁锄等。

（2）阳新铜垱山铜矿遗址。遗址位于阳新县陶港镇青龙村，离丰山铜矿较近。1990 年发现大量井巷和支护木，巷道内出土战国晚期的铁锤。由于铜垱山古地下采场的面积大，以至造成山岗地表塌陷呈椭圆形凹坑，长150米，宽70米。

（3）阳新港下铜矿遗址。港下西周采矿遗址概况已在第三节讨论过。该铜矿春秋时期都在开采。

3. 汀祖铜矿遗址[①]

湖北鄂州市汀祖镇汀家坳铜铁矿和大红山铜铁矿均属"大冶式"接触交代夕卡岩型矿床，与大冶铜绿山直线距离仅约19公里。汀祖一带发现众多东周露天矿遗址，汀家坳遗址现名仍称"铜坑"，其南的吴家和大红山以东的陈家边遗存大量古代炼铜炉渣，地名为"铜灶"，出土有炼铜炉和一批形如薄砖的铜锭。以东的泽林小铜山和以北的大广山铜铁矿，出土有战国时期的铁锄、孔雀石、古炼炉残壁等，炉壁厚30厘米，由石英砂和耐火土构成。分布的炼渣流动性良好。

4. 瑞昌铜岭铜矿遗址[②]

江西瑞昌铜岭铜矿自商代开采以来，经西周，至春秋战国时期仍在开采。

5. 皖南铜矿遗址群

（1）安徽枞阳井边铜矿遗址[③]。井边铜矿遗址位于安徽枞阳县将军乡井边村狮形山脚，横埠河从山脚下流过经汤河通长江。井边属三官山脉，蕴藏有铜、铁、煤矿产，铜矿属于砂岩裂隙型矿床。古矿井深度已达60余米，年代为东周时期。

（2）铜陵万迎山铜矿遗址。安徽铜陵地区经考古调查，发现众多铜矿遗址，主要分布在万迎山和凤凰山一带。矿冶遗址的年代与宁镇地区土墩墓的年代同时，为东周时期。安徽青阳县十字村土墩墓中出土一批春秋时期青铜器，是南陵、铜陵的产品。[④]

（3）铜山铜矿遗址[⑤]。铜山铜矿遗址位于安徽繁昌县横山镇南4公里的铜山。原遗存许多采矿坑洞，经农民采矿后，大部分所毁，现仅在半山腰遗存一采铜矿洞，山下为炼铜遗址。出土采矿工具铁锤及炼渣、粗铜块、东周时期的印纹硬陶等。还收集到2件铸造铜贝的楚国铜贝范。遗址的年代推断为战国时期。

6. 湖南麻阳铜矿[⑥]

麻阳矿冶遗址位于湘西沅麻盆地的丘陵地带，矿床属于以自然铜为主的砂岩型富铜矿床。1982年考古工作者发掘清理出露天、地下采坑共15处。据13处古矿井现有资料统计，古代开采面积约32 351平方米，共回采铜矿石175 365吨，矿石品位为2‰～12.8‰，平均品位为4.86‰（仅按贫矿即边界品位计算），可产铜8525吨。出土有木质、铁质工具和陶器等，2202号"老窿"中出土的木槌[14]C测定年代，为2730±90年，为战国时期。当时，麻阳铜矿的所在地已纳入楚国的版图，在邻近的辰溪县境内也发现过战国楚墓。楚国的铜矿并非仅此一处，湖北铜绿山和附近地区的铜矿，当时都被楚国垄断。《国语·楚语下》记王

---

① 徐献国，鄂城县发现一处古冶炼遗址，江汉考古，1985，（4）：80

② 卢本珊为江西铜岭铜矿遗址考古发掘领队；刘诗中、卢本珊，瑞昌市铜岭铜矿遗址发掘报告，见：铜岭古铜矿遗址发现与研究，江西科学技术出版社，1997年，第72～73页。

③ 安徽省文物考古研究所等，枞阳县井边东周采铜矿井调查，东南文物，1992，（5）：89～90。

④ 朱献雄，安徽青阳出土的春秋时期青铜器，文物，1990，（8）：93～94。

⑤ 陈衍麟，安徽繁昌拣选的楚铜贝范，考古与文物，1989，（2）。

⑥ 湖南省博物馆、麻阳铜矿，湖南麻阳战国时期古铜矿清理简报，考古，1985，（2）：113～124。

孙圉说：楚国"又有薮曰云连徒洲，金木竹箭之所生也。"云连徒洲在江汉平原，金即铜。

7. 中条山铜矿遗址①

中条山铜矿属散漫型矿床，矿物主要为黄铜矿、斑铜矿，铜矿冶遗址位于山西垣曲县境内。李延祥对铜锅矿区采冶遗址、马蹄沟矿区冶炼遗址、店头矿区采矿遗址进行了考察。

店头遗址位于胡家峪铜矿店头矿区。古矿洞巷道宽大，并有大量呈门字型木支护遗存，一般直径约为 20 厘米，高约 1.5 米。木支护经中国社会科学院考古研究所实验室¹⁴C 测定年代，距今 2315±75 年（公元前 365±75 年），树轮校正年代为 2325±85 年（公元前 375±85 年），属战国中晚期遗存。

铜锅遗址位于铜矿峪铜矿铜锅矿区内。在长达 1 公里的山坡上，分布有大量炉渣，堆积厚达 0.5 米。山坡地表发现数处古矿洞，其中一洞口直径约为 1 米，深不可测。在长约 500 米的现代探矿平巷中，共截断古代采矿巷道十余条。这些古巷道向上爬行数十米，发现有平台及向上伸展的竖井，平台较宽阔，斜巷、竖井仅容一人爬行。所见古巷道皆开掘于坚固围岩之中，四壁遍布开凿痕迹，没发现有木支护。据地质考察，现代探矿平巷之下有几个古代采空区，最大一处如小礼堂，开采的是硫化铜矿石。其内曾发现铁器、陶器等遗物。

马蹄沟遗址位于胡家峪铜矿马蹄沟矿区，山顶遗存一矿洞，洞长约 20 米，高、宽各约 10 米，贯通山顶，开口于两坡。洞内底部有炉渣及陶片等。洞外山坡有几处较小古矿洞。

篦子沟遗址内有大量的古矿洞和废石堆、炉渣。曾在古矿洞内发现有铁器、铜钱、石印、陶罐，还有筐、绳等工具。

根据中条山地区的铜矿地质特点，炼铜工艺以及运城曾发现过有东汉题记开采黄铜矿的古矿洞等事实，李延祥认为中条山地区古代可能长期使用"硫化矿-铜"工艺来炼铜。中条山地处晋南豫北，已在此地区及其附近发现不少与早期炼铜技术有关的遗迹遗物，如夏县东下冯发现的铜凿、铜镞、铜器及面范等铜制品，经鉴定为既有红铜也有青铜，属青铜文化。侯马曾发现大规模东周铸铜遗址，出土陶范三万多块。距中条山不远的洛阳北郊也发现了西周铸铜遗址，出土陶范上万块，并有大量炉壁、炼渣及青铜工具等遗物。属于二里头文化的早期铜器，也分布在这一带。近年在三门峡虢国墓地又出土了大批西周铜器。这些考古资料使我们有理由认为，中条山地区铜矿的开发，绝非仅仅始于战国晚期，它应作为探索中国早期铜矿采冶技术的重点而受到重视。

8. 浙江上虞市银山矿冶遗址②

上虞市长山乡银山位于东周时期越国都城绍兴以东 33 公里。其赤堇山、若耶溪蕴藏着丰富的铜矿、铅矿。1985 年，银山发现冶炼遗物有炉渣、铅块等。出土的生产工具有青铜锄、锸、铲、镢、斧、锛等，其时代为春秋战国时期。

9. 河北兴隆金矿遗址③

兴隆县金属矿产资源主要有金、银、铜、磁铁、铅、锌等。1984 年在西沟庄发现战国时期的采金遗址，距 1956 年发现战国生产工具铸范的地方仅 10 公里。遗存为两处凹陷露天采区，均位于山坡上。两区相距 200 米。采掘带沿金矿床走向布置，而且选择在矿床较宽且

① 李延祥，中条山古铜矿冶遗址初步考察研究，文物季刊，1993，(2)：64~67。

② 章金焕，浙江上虞市银山冶炼遗址调查，考古，1993，(3)：期，第 281~283 页。

③ 王峰，河北兴隆县发现战国金矿遗址，考古，1995，(7)：660。

距地表浅的矿段内开采，仅回采金矿脉，没有开凿基岩。1 采场堑沟东西长约 20 米，南北宽约 0.5～1 米，深约 0.5～3 米，沟帮有坡角。2 采场堑沟未完全揭露，可见长约 30 米，宽约 0.3～0.5 米，深约 2～3 米。由此可见，这么窄的采掘带是需要一定开拓技术的，同时反映了古人经济实用的采掘思想。

采场内出土的遗物有凿岩工具铁锄、铁斧等。装载工具木条簸箕、苇席等。铁锄、铁斧的形制与兴隆 1956 年出土的战国铁范铸造出来的器物相同。

10. 宁夏中卫铜矿遗址[①]

中卫铜矿遗址位于宁夏中卫县东北约 40 公里的照壁山南峰，分布矿冶遗址十多处。据遗物分析，开采的年代始于春秋战国时期。发现竖井和平巷联合开拓。井口直径 1.2～1.5 米，伸入地下约 80 米后转为巷道通向四面，进深约 200 米还未到终点。巷道内壁两侧凿有供照明置灯的壁龛。在山南坡岗地遗存大量炼铜炉渣。

11. 云南古墓群出土青铜器

云南矿产丰富，战国至西汉时期，以晋宁为代表的滇池区域是滇民族活动范围，出土的青铜器达四千余件。新石器时代，晋宁为滇文化发祥地中心。楚顷襄王元年，庄蹻入滇在此建都立国。晋宁周围的安宁、宜良、路南、禄劝、玉溪、华宁、易门、峨山、新平、元江都有铜矿。在滇西地区，楚雄万家坝古墓群曾出土青铜器 898 件，还有禄丰、牟定、大理等地也成批出土青铜器约一千余件。可见云南用铜史之悠久。

12. 新疆奴拉赛铜矿遗址[②]

新疆尼勒克县奴拉赛铜矿遗址与内蒙古大井铜矿遗址都在北纬 43 度左右的同一纬线区域。奴拉赛位于天山北麓的阿吾拉勒山西段，南北近傍伊犁河支流。1957 年地质勘查中发现老窿。嗣后数年，新疆考古工作者曾作过多次考察，发现了坑采和冶炼等遗迹，有坑采支架木、陶片、石锤、矿石、铜锭等。所出支护木经 ^{14}C 测定年代为 2650±170 年，约为春秋时期。1989 年卢本珊领队前往详察和清理，证实有古露天采场 2 处和地下采场 2 处。矿区北坡有古炼铜渣堆积，近处有居住遗址。所采矿石为硫化铜矿，规模之宏大为国内古采铜场所罕见。

（二）矿山测量技术的发展

东周时期，测量技术得到较大的发展，主要表现在地图学上。当时，地图已被应用于社会实践，生产实践的各个领域。在《管子》一书中，有专门的篇章《地图篇》。《汉书》卷三十"艺文志"中讲到"凡兵书五十三家，七百九十篇，图四十三卷"。可见在汉代以前，地图应用非常广泛，有城市建设规划图、疆域田界图、兆域图、土地之图等。1986 年，甘肃省天水市放马滩一号秦墓出土七幅战国晚期的木板地图，其中有秦国所属邦县的地形和经济图，其特点是：按一定方位绘制；图上对河流流向自上游至下游顺序书字；所绘分水岭是山系而不是孤立的山峰；有三幅地图注明了森林分布和树木种类[③]。可见当时的测量技术已达相当水平。

---

① 中卫发现十多处古铜矿遗址，中国文物报，1990 年 12 月 13 日头版。

② 卢本珊、王明哲，尼勒克奴拉赛矿冶遗址初步考察报告，待刊。

③ 何双全，天水放马滩秦间综述，文物，1989，(2)：23～31。

《周礼·天官》载，周王朝还设立了地图管理机构和实行严格的造送制度。设官六卿，即天、地、春、夏、秋、冬六官。天官中的"司书"管理"邦中之版，土地之图"，即"天官"掌全国"版图"；"地官"掌"邦之土地之图"。

除了上述种类的地图外，东周时期还发现了专题地图。在《周礼》一书中，对各种不同用途的地图记载尤为详细，讲到的地图种类起码有六种以上。在夏官中专门设有管理军事地图的官员"职方氏"，在地官中设有掌管土地物产地图的官员"土训"。值得注意的是，在《周礼·地官》中还记载了一种专门地图，即矿藏分布图。"卝人掌金玉锡石之地，而为之厉禁以守之，若以时取之，则物其地，图而授之。"卝人即管理矿藏的官员，其还有勘察、绘制矿体分布图的任务，以供矿工们使用。矿体分布图的出现证明了两点：一是东周时期找矿技术已达相当水平；二是矿山测量技术和矿山规划管理有了新的发展。

虽然矿山测量的遗物迄今发现很少，但是东周时期运用的测量技术，自然也会被矿山生产所采用。

关于利用恒星确定东西南北方位，我国天文学发现得很早。《淮南子·齐俗训》说："夫乘舟而惑者，不知东西，见斗极则寤矣。"这是利用北极星来定南北方向的记载。战国时期，我国已经发现天然磁石吸铁和指示南北的现象，人们利用指示南北的特性，制成了最初的指南针——司南①。

已发现的周代矿冶遗址中，许多矿冶遗存的布置是有方位规律的，例如湖北大冶铜绿山遗址春秋时期的炼铜炉，其金门全部朝南，便于避风和操作。江西铜岭周代井口断面呈正方形，方位较统一，一般正南北向。

周代各矿山同一竖井或巷道木构支架的间距基本上相等，一定有测量单位标准。竖井支架间距可能用尺，周代一尺约合现在的22.5厘米。以足步作标准测量单位可能是测量平巷的长度方法之一。传说大禹治水时测量是以步为单位，可见这种单位用的时间很早。汉代，虽然有许多其他测量方法，但这种测量单位还在使用。孔鲋《小尔雅·广度十一》记载："一举足也"，即跬，是后来说的单步。"倍跬谓之步"即步，是一步五尺的步。东周时期的平巷支护排架，其间距大约相等，没有十分严格的尺寸，很可能是以步为测量单位，直至晚期，地下巷硐仍然以步为测量单位，《滇南新语》记载："洞内五步一火，十步一灯"可证。

周代井巷木构支架均呈直角。而《考工记·匠人》和《周髀》都记载了如何用矩进行测量的问题，矩是由两条互相垂直的直尺做成的曲尺①，这些实用测量方法的发展必然促进采矿技术的发展。

东周时期，采矿平巷留有一定的坡度，便于自动排水。选矿用的溜槽，有严格的倾角，便于分选矿石。这些都说明当时矿山已使用定平和定倾角的测量技术。

《考工记·匠人》写道："匠人建国。水地，以悬置枼以悬，眡其景"。意思是说，工匠施工时，把地整平，立标杆或铅垂线，以观表影。"枼"即"臬"，《说文》："臬，射准的也"，即一种水平瞄准器。从湖北铜绿山和江西德安出土的商代木质垂球来看，东周时期发明测水准的简易仪器是可能的。战国时期，规、矩、准、绳等测量工具广泛使用，这在战国时期的著作《尸子》中有记载："古者，倕为规、矩、准、绳，使天下仿焉。"

上述文献资料和考古发现表明，东周时期，测量技术已经发展到一个新的水准。

① 中国科学院自然科学史研究所，中国古代地理学史，科学出版社，1984年，第23页。

(三) 凿岩工具与凿岩技术的发展

春秋时期,采凿工具以青铜为主,兼有部分木石器,青铜工具的重量较西周明显增加,如斧,西周时不足两公斤,春秋中期达 16.3 公斤;重量提高后便可提高凿岩效率。战国时期,采凿工具中的石器仍在使用,但铁制工具全部代替了铜制工具,而且发明了高强度韧性铸铁件采掘工具。另外,火爆法用于矿山破岩已经达到相当成熟的阶段。

1. 春秋时期的采凿工具[①]

春秋时期的采掘工具有铜器和木石器,并有小量铁器,以铜工具为主。种类有锛、凿、斧、锄等。铜锛、木锛主要见于江西铜岭。铁锛唯见于湖北铜绿山。

(1) 铜锛。常见有两种形式,一种长方形銎口,两侧斜直,舌状刃,合范铸造;另一种为梯形銎口,一般器长 10.2 厘米,束腰。

(2) 铁锛。仅见一例,铸制。长方形直銎,全长 11 厘米、刃宽 5.4 厘米。铁锛木芯纳入銎内,木芯经 ^{14}C 测定为距今 2576±135 年,经树轮校正后为距今 2635±170 年,时代为春秋中期。

(3) 木锛。有的利用弯曲树干制成。某标本器长 45 厘米、柄长 37.5 厘米、柄径 2.4 厘米;有的木锛柄与身榫卯穿接,斧顶方形,双向刃。柄身结合严密。

(4) 铜斧[②]。式样有多种。Ⅰ式(图 2-4-5)为长方銎,弧形体,平刃,刃外侈甚宽。銎部一面或两面有梢孔,便于插梢固柄;长 21~28.5 厘米、刃宽 15~21.5 厘米;重约 3.75 公斤。斧柄系直柄竖装,长约 70~80 厘米。湖北铜绿山古巷道工作面一次便出土 12

图 2-4-5　Ⅰ式铜斧

图 2-4-6　Ⅱ式铜斧

① 卢本珊参加铜绿山考古发掘、研究工作二十余年,主持几个遗址点的考古发掘工作;黄石市博物馆,铜绿山古矿冶遗址,文物出版社,1999 年,第 57~136 页;卢本珊为江西铜岭铜矿遗址考古发掘领队;刘诗中、卢本珊,瑞昌市铜岭铜矿遗址发掘报告,见:铜岭古铜矿遗址发现与研究,江西科学技术出版社,1997 年,第 72~73 页;卢本珊,铜绿山古代采矿工具初步研究,农业考古,1991,(3):175~182。

② 卢本珊参加铜绿山考古发掘、研究工作二十余年,主持几个遗址点的考古发掘工作;黄石市博物馆,铜绿山古矿冶遗址,文物出版社,1999 年,第 57~136 页。

件。Ⅱ式为椭圆銎弧形瓦体弧刃式，弧刃外侈。斧全长 35～38 厘米、刃宽 32.4～33 厘米，重 10～11.52 公斤。最大的一件斧长 47 厘米、刃宽 41 厘米，重 16.3 公斤（图 2-4-6）。铜绿山特大型斧，出有多件。

湖北大冶石头咀、铜山口、阳新郭家垅[①]等遗址计出土几十件铜斧。安徽铜陵所出铜斧为长方銎，有的长 8.3 厘米；刃略为弧形，刃宽 5.9 厘米。铜陵朱村乡出土过铸斧用的石范，斧长 14 厘米，刃宽 4 厘米。

（5）铜凿。主要见于江西铜岭、安徽铜陵。椭圆形銎口，体扁椭，舌状刃，合范铸造。长 6.8～7.9 厘米，銎口径 3.2～2.4 厘米。

（6）铜锄。主要见于铜绿山。銎部凸出呈方斗形，锄脑部宽约 7.5 厘米。在锄脑和两肩有道平行边沿的线。

2. 战国时期的采凿工具

从湖北大冶、阳新和湖南麻阳、河北兴隆战国矿山出土的金属采凿工具看，主要工具皆为铁器，计有斧、钻、锤、耙、锄等[②]（图 2-4-7），器物种类明显增多，这自然是掘凿工

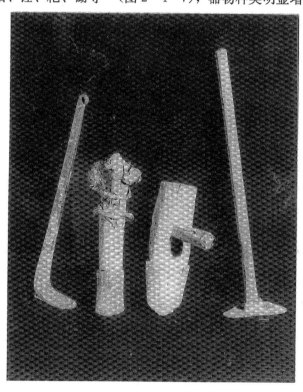

图 2-4-7　铜绿山出土的采凿工具

①　贾晓玲，湖北阳新蔡家祠出土一批铜器，考古，1994，(3)：277～278。
②　湖南省博物馆、麻阳铜矿，湖南麻阳战国时期古铜矿清理简报，考古，1985，(2)：113～124；王峰，河北兴隆县发现战国金矿遗址，考古，1995，(7)：660；卢本珊参加铜绿山考古发掘、研究工作二十余年，主持几个遗址点的考古发掘工作；黄石市博物馆，铜绿山古矿冶遗址，文物出版社，1999 年，第 57～136 页；卢本珊为江西铜岭铜矿遗址考古发掘领队；刘诗中、卢本珊，瑞昌市铜岭铜矿遗址发掘报告，见：铜岭古铜矿遗址发现与研究，江西科学技术出版社，1997 年，第 72～73 页；卢本珊：铜绿山古代采矿工具初步研究，农业考古，1991，(3)：175～182；王善才、费世华，湖北阳新发现一处青铜器窖藏，文物，1993，(8)：75～79。

具发展的表现。木工具，如木撬棍等，皆处于辅助的地位。这些采掘工具绝大多数是在巷道内发现的。

（1）铁斧。主要见于湖北铜绿山、黄牛山和河北兴隆。形制相似，均为铸件。长方形直銎，两侧有铸缝，全长 11 厘米、刃宽 8 厘米、銎深 7 厘米。木柄系直装，全长 47。其形状是斧，但其使用方法却往往如凿如钻；开采时，需用铁锤或木槌打击铁斧的木柄柄端；如是，因长期捶击之故同，木柄上端便产生出"翻毛"状痕迹，且明显地保存着。为了防止在捶击时开裂，木柄上端有四道篾箍保护木柄。

（2）铁钻。主要见于铜绿山，均为锻铁件，形制大体一致，呈四棱尖锥状。某标本全长 22.5 厘米、上端长宽各为 5 厘米，往下逐渐缩小而成尖状。上端亦因长期捶击而外翻呈卷沿状，尖端因长期使用变得钝秃。

（3）铁锤。各矿山都有发现，形制大同小异，总体呈圆柱状，中部横腰有一带状凸起，中穿长方銎，铸制。铜绿山铁锤高 13.7 厘米、最大直径 10 厘米，木柄长 64 厘米，锤重 6 公斤。操作时，一人掌锤，一人握斧（或钻），配合开凿矿石。湖南麻阳的铁锤有大小之分，大者重 7.8 公斤，高 16.4 厘米、径 8～10.4 厘米；小者重 4.65 公斤，高 12.4 厘米、径 8～9.6 厘米。

（4）铁耙。主要见于铜绿山，锻制。四棱长方柄，前端展平再弯成耙。耙板刃部较宽，靠柄的部分略窄，呈等腰梯形。耙全长 50 厘米、板长 12 厘米、刃宽 9.3 厘米、板厚 0.5～2 厘米。

（5）铁锄。主要见于湖北铜绿山、河北兴隆，均为铸铁件。铁锄式样较多，有六角形，锄板平，上部起凸出方斗形銎。

（6）木槌。主要见于铜绿山、麻阳，计约数十件。其中有的作粗圆柱形，有的槌体呈偏圆形。木槌大小相近，全长 20.6 厘米、柄长 12.6 厘米。

（7）铁錾。主要见于湖南麻阳。一种为小铁錾，锻制，形制为四棱尖锥状，全长 14 厘米、上端宽 2 厘米、厚 1.4 厘米。是一种用于采矿凿岩的小型工具。另一种为大铁錾，四棱尖锥状，重 2.35 公斤，全长 29 厘米，宽厚均为 4 厘米。此錾下端尖锥状的大小与采场顶部遗存的开凿印痕相似。

（8）木撬棍。由长木棍加工而成，扁状而不规则。前端偏宽，一面砍成斜刃。柄部较长，宽窄不一，木质坚硬。某标本全长 1.24 米。其用途与现在基建或矿山施工中使用的铁撬棍作用类似。

3. 凿岩工具与凿岩技术的创新

与西周相比，东周凿岩工具的发展是较大的。其中最值得注意的：①是大型铜斧的出现和悬挂式采掘法的使用；②铁工具的使用；③火爆法的发展。

西周采掘工具，如铜斧的重量还不足 2 公斤；铜绿山春秋中期的多件大型青铜斧中，最重者 16.3 公斤。在考察这类大斧时，发现其刃尖一侧皆磨损得特别厉害；这种情况只有斧作弧线运动时，使下侧刃尖撞击岩面以至磨损时才会出现；所以人们推测，该型斧是采用挂式操作，即像传统食油作坊中的打榨工艺，由两人同执斧柄把手，向后拉起大斧，利用斧下落的惯性用力地撞击岩面，这种斧使用起来爆发力强，冲击功大，是一种威力很大的采掘器。这种铜斧的出现和悬挂式使用法，是春秋凿岩技术的一项重要成果。除大型铜斧外，春秋矿场内还使用过许多小型铜斧。铜绿山 12 线春秋遗址曾一次出土了十几件铜斧，件重 3.5 公斤，经分析，某铜斧含锡达 6.25%，并含少量的铁、锌等元素；因铜绿山矿为铜铁共生矿，看来，此铜斧当为本地冶炼的铜所铸成[①]。

如前所云，我国采矿用铁制工具最早是铜绿山长方形直銎铁质锛头。战国时期，铁制工具，如锛、斧、锄、锤、耙、四棱铁錾等，都大量使用起来。铁工具代替铜工具，是划时代的变革，其结束了中国矿山屈蹲式的回采作业方式，出现了一人高的开拓巷道，给工匠在开拓、回采、运输矿石等作业中提供了足够的空间，空场采矿法也随之空前发展。

火爆法发明较早，其始用于采石场中。但在铜矿采凿中的利用，却是在战国遗址中才看到的，这很可能与这些早期矿山，如在铜岭、铜绿山等，均在较软岩层中采取富矿有关，并无火爆法之需。战国时期，人们在开采软质岩层的同时，还开采了部分硬质岩层，火爆法的作用便开始显露出来。人们在考察湖南麻阳战国铜矿遗址时，曾发现了保存较好的火爆法遗存。麻阳属砂岩型铜矿床，矿虽富，但矿岩属中等坚固至相当坚固的岩石，莫氏硬度为 6～7 度，因此，凿岩技术显然比铜岭、铜绿山要求高。据麻阳古矿井壁上留下的大量铁錾开凿痕迹和出土铁器来看，古人主要是用铁錾开凿矿石；火爆法主要用于通风条件好的井巷开初地段。从火烧烟熏痕迹和凿迹看，是先用火爆法使矿层松脆，然后用铁錾开凿，便可收到得心应手的效果。显然，春秋战国之际，铜矿山的凿岩破矿利用火爆法相当成功。

（四）露天开拓方式

此期露天开采的特点是：①规模较大的采坑明显增多。②采掘深度增大，且在坑底两侧转入地下开采。这是前所未有的。这在新疆奴拉赛、湖北铜绿山等处都表现得十分的明显。

新疆奴拉赛 I、II 号主矿脉隐覆在山脊下，两个古露天采场沿山脊开拓，与矿脉走向准确吻合。I 号露采场长 90 米，深约 50 米。为了减少剥离量，古人采用了陡坡开拓，其沟帮坡面角近 90 度。比内蒙古林西大井古露采沟帮又陡了许多，说明古人分辨围岩稳固程度的水平又进了一步。2 号古露采场长 123 米，宽 4～11 米，深不详。为了扩大采场并减少废石的剥离量，古人将露采与坑采结合，即在露采近沟底的东南面沟帮打平硐，形成多个高大的矿房。与 I 号露采场相通的 1 号地下采场距地表 47 米[②]。

铜绿山东周时期的露天采场主要分布在 II 号矿体，仙人座矿体、蛇山矿体、XI 号矿体、VI 号矿体。XI 号矿体古露天坑，在海拔标高 22～27 米以上，遗存大量人工堆积物，约有 20 多万立方米，在端部留有品位 4% 以上的铜矿石。露采挖去了矿体露头部分，采后又将废石回填到露天采场，或排至旁边的排土场。这类现象在铜绿山几处矿体都有发现[③]。

① 冶军，铜绿山古矿井遗址出土铁制及铜制工具的初步鉴定，文物，1975，(2)：19～25。
② 卢本珊、王明哲，尼勒克奴拉赛矿冶遗址初步考察报告，待刊。
③ 杨永光、李庆元、赵守忠，铜绿山古铜矿开采方法研究，有色金属，1980，(4)：87。

(五) 地下采空区支护技术的变革①

春秋时期，我国的铜矿开采业发展到了前所未有高度，许多矿山的开采规模都较大。如铜绿山春秋采区遍及 9 个矿体，与邻近的石头咀矿、黄牛山矿等相连，占地几平方公里；新疆奴拉赛的规模也是同样。春秋后期，铜绿山首创了平口接榫方框密集垛盘支护竖井；战国时期便发展到了江西铜岭；汉代又推广到安徽铜陵等地区。

1. 竖井支护技术的发展

(1) 尖头透卯榫接内撑式木棍背柴支护竖井，主要见于铜绿山。该式竖井与西周时期的相近，不同的是：①竖井方框中的榫木，西周用木板，春秋直接采用带树皮的圆木。②为了增加框架间的牢固性，采用了吊框结构（图 2-4-8）。

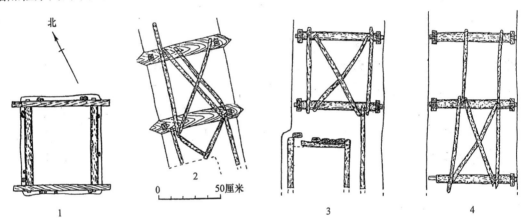

图 2-4-8　Ⅶ (2) J8 支护框架平面图及井壁展视图

1. 平面图；2～4. 井壁展视图

这种框架井口的内径多为 60 厘米左右，框架间距约 40 厘米。框架外侧四壁围岩的表面，常用拌以草茎的青膏泥涂抹，有的还围以竹编织物。使整个竖井成了一个封闭式的井筒。这样既可防止四周围岩塌落，也有利于空气流通。

有些竖井的框架之间，还用竹索挂住。一般是在框架的两根母榫木上，分别吊挂两根竹索。设置竹索的目的，是为了增强竖井内框架的牢固性，使支护竖井的上下框架连接成一个整体。这种做法与近代采矿工艺中的吊框结构（又称悬吊式井框支架）十分相似，功能也应相同。另外，它还能够起到梯子的作用，有助于采掘者上下之便。

这类竖井的井底常设有"马头门"（图 2-4-9），即在四根立柱的上部和下部，用榫接法穿接四根横木所组成的框架。在这种框架的外侧，除了留作门的那一面（假如这个竖井同时连接两条平巷的话，应留出两个门）外，都用直径 3～4 厘米的圆木棍作壁板。这种壁板

① 铜绿山考古发掘队，湖北铜绿山春秋战国古矿井遗址发掘简报，文物，1975，（2）：1～14；卢本珊参加铜绿山考古发掘、研究工作二十余年，主持几个遗址点的考古发掘工作；黄石市博物馆，铜绿山古矿冶遗址，文物出版社，1999 年，第 57～136 页；卢本珊为江西铜岭铜矿遗址考古发掘领队；刘诗中、卢本珊，瑞昌市铜岭铜矿遗址发掘报告，见：铜岭古铜矿遗址发现与研究，江西科学技术出版社，1997 年，第 72～73 页；湖南省博物馆、麻阳铜矿，湖南麻阳战国时期古铜矿清理简报，考古，1985，（2）：113～124；有关铜绿山Ⅶ（1）号发掘点的资料见中国社会科学院考古研究所铜绿山工作队，湖北铜绿山东周铜矿遗址发掘，考古，1981，（1）：19～23。

与上部框架不同，所有木棍都作横向平行排列，比较紧密。马头门框架的高度，则与平巷的高度一致。

图 2 - 4 - 9　马头门

有些井底的结构是上述马头门结构的简化形式（图 2 - 4 - 10）。

Ⅳ号矿体亦发现过该式支护竖（盲）井，经 ^{14}C 年代测定：J403 为 2570±75 年、J404 为 2565±75 年、J458 为 2390±110 年，均为春秋时期。

（2）交替碗口接内撑式支护竖井，主要见于春秋铜岭。

例如 J7。矩形框架，构件节点为碗口结，卡口木径 8 厘米，长 76 厘米，被撑木长 140 厘米，两端嵌入围岩各 22 厘米。框围用板护壁，井框卡口上下方向相反。框架间距 26 厘米。井口的四角各有立柱 1 根，径 28 厘米，应是井口上的井亭立柱或辅助设施杆件。井框内第一层框架上的东部有 2 根长短不一的踏脚木，东向为短木，长 70 厘米；西向为长木，长度 120 厘米（图 2 - 4 - 11）。

J19 。方形井筒，净断面边长 80 厘米。此井清理框架 17 层，已清井深 645 厘米，未及底（图 2 - 4 - 12）。

（3）平口接榫方框密集垛盘式竖井支护。基本特点是：将四根圆木两端砍削出台阶状搭口，四根一组搭接成一个框架，层层叠压，堆砌构成密集垛盘式框架。由于框架层层叠落，无须另加背板封闭（图 2 - 4 - 13）。在铜绿山，其主要见于春秋晚期至战国矿坑，在铜岭则

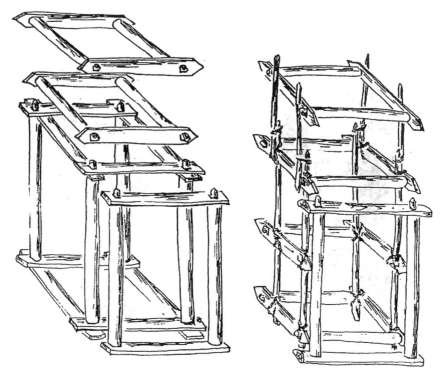

图 2 - 4 - 10

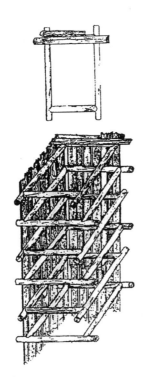

图 2 - 4 - 11　J7 框架结构图

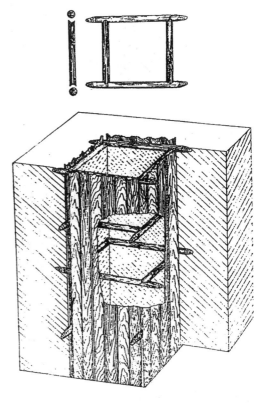

图 2 - 4 - 12　J19 框架结构示意图

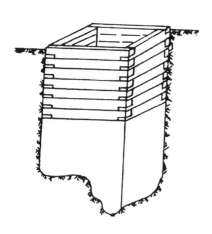

图 2 - 4 - 13　平口接榫方框
密集垛盘支护

图 2 - 4 - 14　安徽铜岭战国矿坑支护遗迹

见于战国矿坑（图 2 - 4 - 14）。

铜绿山 12 线春秋晚期采矿遗址的 50 平方米范围内清理出 8 个竖井和一条斜巷。竖井井口方形，口径一种为 80 厘米×80 厘米，一种为 120 厘米×120 厘米，框木的每根枋木尺寸 10 厘米×10 厘米。出土有铜斧、铜锛 13 件，木锹、木铲、木槌、木瓢、竹篓，盛满孔雀石的竹篮、船形木斗和残陶器等。开采深度至少达 50 余米。

战国早期时，矿山井巷支护结构有了重大改进，同一结构的平口接榫方框密集垛盘式在各矿山，如湖北铜绿山、江西铜岭、安徽铜陵等地都广泛使用起来。井口断面为方形，净断面尺寸分计为四种：90 厘米×90 厘米、105 厘米×105 厘米、120 厘米×120 厘米、230 厘米×230 厘米。支护木构件经精细加工成方木或鼓形木。框与框层层垛叠构成密集式垛盘。出土时仍完整无损，相当稳固。这种构件节点简单，便于制作、架设。各构件节点互相紧抵，受力性能良好。

在铜绿山 24 线，距地表以下 50 余米的地段，仅在 120 平方米的面积内，清理出 5 个垛盘式木竖井、1 条斜巷和 10 条平巷，出土铁、木、藤、竹、陶质器物七十余件。铁器有铁斧、四棱铁钻、铁锤、铁耙、六角形铁锄、凹字形铁锛等，其手工采掘工具的完备和井巷规格的宽阔是前所未有的，完全是以崭新的矿山技术面貌出现在人们的眼前。

春秋与战国时期的平口接榫方框密集垛盘式支护竖井不同处有两点：一是战国竖井较大，竖井开采较深，12 线春秋竖井距地表 50 余米，而 24 线战国竖井距地表 80 余米；二是战国竖井井底皆设有马头门。其具体结构有二：一种是井底四角以圆木做立柱，立柱直径 15～20 厘米，高约 2 米，立柱外以圆木做背板；另一种是四角以方木做立柱，立柱外以木板做背板。

从上述竖井支护技术的发展可以看出，铁工具用于矿山开发后，使采矿技术开始发生变革，井巷扩宽了，需要有大跨度和强荷载能力的支护结构，因此，长期使用的、旧的榫卯接点等形式的竖井支护逐渐退出矿山支护的历史舞台，新的平口接榫方框密集垛盘式竖井支护（以下简称垛盘式）结构应运而生，并在广大地区应用。垛盘式实际上是井干式，是一种古老的结构形式，在我国有悠久的历史。河南安阳殷墟陵墓中，就有井干木椁的遗迹。

垛盘式木支护竖井的优点是：

（1）构件节点简单，便于制作。

（2）便于架设、拆除，能周转使用。

（3）垛盘外侧已不需要背柴护壁，节省了功时，比框架式少占井筒净空，增大了井筒作业断面。

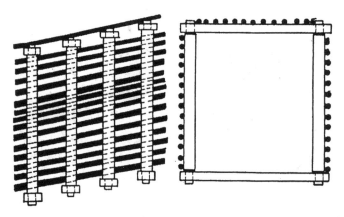

图 2 - 4 - 15　Ⅱ号矿体采矿遗址斜巷框架结构示意图

（4）构件节点接合处紧密吻合，互相抵紧，具有抗压性，剪性应力综合效应。

框架水平叠置呈封闭筒，整体性强，比任何其他的结构稳固，因此，可以堆叠得很深。

垛盘式支护的优点在汉代得到充分应用，后汉张衡《西京赋》中有"井干叠而百层，上飞阁而仰眺"之句。《长安志》曰："开木楼，积木而为楼，若井干之形也。"可见汉代曾通过这种技术而达到建造高层楼阁的目的。云南晋宁石寨山出土汉代铜造建筑模型，展示出井干结构[①]。

2. 平巷斜巷支护技术的发展

虽春秋平巷支护框架较西周变化不大，但在加强巷道框架整体稳固性却上有所创新，主要是出现了链式榫卯套接加强式框架支护巷道。战国时期，巷道支护形式又发生了较大的变化，几种新的支护方法应运而生。

（1）圆周截肩单榫透卯接框架式巷道，主要见于铜绿山春秋时期。

该式巷道支护较西周没有什么新特点，只是巷道断面扩大，支护木用料加大。例如Ⅶ

（2）X10巷道最大净断面120厘米×80厘米，即净宽80、净高120厘米。

铜绿山12线春秋晚期斜巷，其支护形式同上。顶梁上和两侧外面以木棍横向排列作为背板（图2-4-15）。细木棍直径为5厘米左右，均为栗木。

（2）链式榫卯套接加强式框架支护，主要见于铜岭春秋时期。

该式框架虽然仍采用榫卯套接，但为了防止巷道框架滑移、错动，设计出链式框架结构，即将巷道走向上所有竖立的框架分别在其立柱柱头、柱脚纵向榫卯套接木杆件，形成链式（图2-4-16）。

这种结构在铜绿山几处春秋采矿遗址中可见。构件用材较大，立柱直径8~16厘米不等。其顶梁宽约10~18厘米，地栿宽10~20厘米。

（3）碗口接架厢式支护平巷，主要见于铜岭春秋时期。

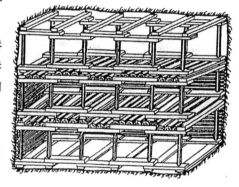

图2-4-16　链式框架支柱法

平巷支护结构基本上与早期的碗口接架厢式相同，所不同的是巷道顶棚及两帮均用木板封闭，增大了抗压强度和采矿安全系数。以X5平巷为例说明。

X5框架净高108厘米、宽88厘米。受底部灰岩影响木框高低不一，西高东低，高差56厘米。框架为排架式，间距58~64厘米。地栿落于灰岩上，不平处则用土垫平。背板纵向排列，板宽12~14厘米、厚2.5厘米、长164~215厘米（图2-4-17）。

（4）鸭嘴亲口排架式平巷支护，主要见于铜绿山战国时期（图2-4-18）。

该式支护的每副排架由五根构件组成，即两根立柱，一根顶梁，一根地栿，一根内撑木。地栿两端砍出平口榫，立柱与平口相接。立柱上端树杈以鸭嘴形结构托撑顶梁。在紧贴顶梁之下的两杈上凿有开口榫，以亲口结构嵌入内撑木，组成鸭嘴与亲口混合结构框架。在顶梁上和立柱外以排列整齐的木棍或杂乱的木板构成背板及顶棚。

斜巷也采用鸭嘴亲口式排架支护（图2-4-19和图2-4-20），但顶棚和背板构筑得更

① 云南省博物馆，云南晋宁石寨山古墓群发掘报告，文物出版社，1959年。

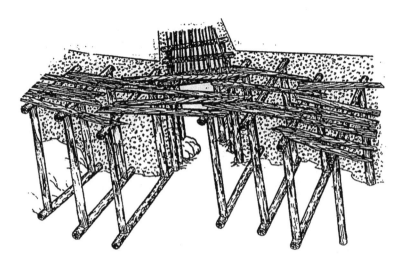

图 2 - 4 - 17　铜岭春秋采矿遗址平巷 X5、X6 关系图

图 2 - 4 - 18　铜绿山战国采矿平巷支护遗迹

加牢固。顶棚由两层构成，下层为细木棍和圆木整齐排列，上层为杂乱的木板。巷两帮的背板外面还堵有一层藤条编织的"席"，封闭严实。

图 2-4-19　铜绿山战国采矿遗址斜巷排架支护

铜绿山 24 线清理战国时期的平（斜）巷共有 11 条，编号 X1~X11，其中斜巷 1 条，平巷 10 条。平巷分上中下三层。X1 是斜巷，巷道从顶部斜穿至矿层底部。平巷均分布在斜巷的南、北、西三面。第一层平巷 6 条，X3、X4、X5 在斜巷 X1 的南面，X7、X8 在斜巷 X1 的北侧，横跨于斜巷 X1 顶棚之上西端的 X6 与南北 5 条平巷相通连。第二层平巷 3 条，X2、X9、X10 分布在斜巷 X1 南面。第三层平巷 1 条，为 X11，分布在 J3 北面，与 X1 底部相通连。

最大的 X2 内高 160 厘米、宽 195 厘米左右，其他巷道的高宽一般在 130~150 厘米左右。研究表明，鸭嘴亲口排架支护整体抗压性能好。地栿为平口榫，其抗侧压的能力比榫卯结构大得多；立柱为托杈，上置横梁稳固性强；托杈下的半卯，以内撑木将两立柱撑牢，不仅增强了排架的抗侧压能力，而且加强了顶梁抗弯能力。鸭嘴式结构排架将几种节点结构的优越性充分结合在一起，集古代井巷支护技术之结晶，成功地革新而抛弃了一切繁文缛节，更加灵活，有利于减少加工程序，支护作业省工省时，提高工作效率，也有利于支护技术的传授推广。使井巷支护技术登上了辉煌时期。

（5）天然护顶支护法。湖南麻阳战国时期地下采场的支护形式主要是"天然护顶法"、"工形矿柱支护法"，并采用"点柱支撑法"相配合。

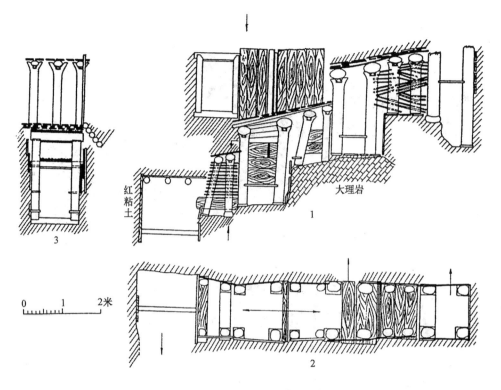

图 2 - 4 - 20　Ⅰ斜 X1 平剖面图
1. 北侧壁；2. 底平面；3. 横剖面

　　麻阳九曲湾铜矿的矿层与紫红色泥质粉砂质岩层呈互层状产出，两者的物理性质有很大的差别。矿层坚固，抗压强度较高。据测定研究，在风干状态下达 300～500 公斤/厘米^2，饱和状态下大于 200 公斤/厘米^2。这对古人来说，虽然会给凿岩工程带来困难，但却为地压管理提供了条件。而泥质粉砂岩的莫氏硬度为 3～5 度，抗压强度在风干状态下达 300～600 公斤/厘米^2，属中等坚固岩石。但饱和状态下，其坚固性显著降低，抗压强度仅达 37～125 公斤/厘米^2，即遇水后属于极不稳固的岩石。古代矿工充分认识到这点，他们的采矿方法是，首先不采至泥质粉砂质红层，留下矿层作巷道或矿房的顶板、底板，然后根据矿层不同部位强度的差异和矿房跨度的大小酌情处理。强度稍差和矿房跨度较大的地方采用天然护顶法或矿柱法。

　　麻阳的天然护顶法以 2202 号斜巷中 113 米至 120 米标高段为代表。在长 13 米，宽 6.2～14 米，采空区高 0.75～1.3 米的空间，其上约 0.4 米厚的矿石不采，靠矿石本身的稳固性当顶板作为天然护顶，维护回采过程中形成的采空区。考古清理时，斜巷的绝大部分仍没发生破顶现象，可见这种采矿方法是成功的。

　　(6) 工形矿柱支护法。矿柱法是在留有天然护顶的基础上，在跨度大的采空区留安全柱或隔墙，其断面形状呈“工”形。粗壮的矿柱支撑采空区，大大增加了顶底板的抗压强度。

　　(7) 点柱支撑法。点柱法是在跨度较大的相邻矿柱之间又辅以单根木支柱或两根并立木支柱支撑（图 2 - 4 - 21）。木支柱直径大者 30 厘米，小者 10 厘米。立柱的支撑方式有两种，一种是在顶板和地板与支柱承接处凿凹形柱窝，将柱两端放在柱窝内，不易滑移。另一种是在支柱的顶端打进木楔或置一长方形木板，即"带帽支柱"（俗称"伞把撑"），以楔紧和增大支柱的受力面积，确保采场安全。其实，"带帽支柱"即现代采矿的"可缩性支撑方法"中的一种，其主要优点是当地层在变形过程中使支撑本身带来微量下沉时，带帽垫块也随之被压缩，以保证支撑木不被损坏。

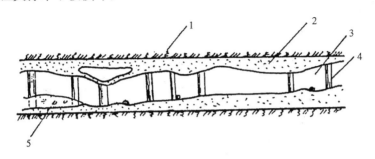

图 2 - 4 - 21　麻阳九曲湾铜矿支护
1. 粉砂岩；2. 含铜灰色砂岩；3. 采空区；4. 木支柱；5. 废石

木支柱一般与巷道底板成 80 度的夹角，即点柱的对山角为 10 度，这样可以改善支撑的受力条件。例如麻阳 Ⅱ 号点柱受顶板压力后改变夹角，变成垂直于顶底板支撑。古代对山角为 10 度，与现代采矿所规定的 5～10 度也相符。反映了古代工匠对斜巷支护已有相当丰富的经验。

东周时期几处矿山的井巷支护木的树种，经鉴定，有黄栎木、白栎木、青岗栎、化香、豆梨，支护背板为牡荆，是品质较高的木材。由此可见，我国古代工匠在长期的实践中，对木材性能的认识积累了丰富的经验，对井巷支护木的选择是有要求的。

（六）初具规模的地下联合开拓[①]

春秋战国时期，原有的地下联合开拓方式：即"露天采场底部→竖井（或斜井）→中段平巷→盲竖井（或盲斜井）→平巷（或采矿场）"的程序虽无变，但井巷开拓方面却发生了较大变化，主要表现在：开拓深度、广度以及井巷断面尺寸等方面有了新的突破，井巷布置更为合理、相互间的联系更为紧密，且发展到了联合开采。

铜绿山春秋采矿场的井巷是纵横交错（图 2 - 4 - 22），层层叠压的，有的地段平巷叠压了三层，其间皆有一个或一个以上的竖井使之相连。利用若干条平巷围绕竖井而成组布置，是该遗址的地下联合开拓特点。古代工匠在掘进过程中，通过几个竖井在矿体中拓展平巷，平巷的底部又开掘盲井，继续向下采掘。今揭露的一组井巷中，不足 60 平方米的范围内，竟发现了 7 个盲井。盲井之间的距离多在 2 米左右，有的几乎是紧挨在一起，反映出古代工

① 铜绿山考古发掘队，湖北铜绿山春秋战国古矿井遗址发掘简报，文物，1975，（2）：1～14；卢本珊参加铜绿山考古发掘、研究工作二十余年，主持几个遗址点的考古发掘工作；黄石市博物馆，铜绿山古矿冶遗址，文物出版社，1999 年，第 57～136 页；卢本珊为江西铜岭铜矿遗址考古发掘领队；刘诗中、卢本珊，瑞昌市铜岭铜矿遗址发掘报告，见，铜岭古铜矿遗址发现与研究，江西科学技术出版社，1997 年，第 72～73 页；湖南省博物馆、麻阳铜矿，湖南麻阳战国时期古铜矿清理简报，考古，1985，（2）：113～124；有关铜绿山Ⅶ（1）号发掘点的资料见中国社会科学院考古研究所铜绿山工作队，湖北铜绿山东周铜矿遗址发掘，考古，1981，（1）：19～23。

匠利用多采幅竖分条（在剖面上）和多条巷道（在平面上），以最大限度地切割矿体。另外，古人还在废巷中充填废石，以减轻采空区的压力，增强采掘工作的安全系数。

图 2-4-22　铜绿山春秋采矿场井巷纵横交错

　　铜绿山 24 线战国时期井巷联合开拓已具相当的规模。在 100 平方米的范围内，就有 5 个竖井和 11 条平（斜）巷。斜巷从上层斜穿至矿层底部（第三层）。平巷均分布在斜巷的南、北、西三面。所以 10 条平巷分上中下三层布置。

　　从 24 线采矿遗存可见，所有竖井，都是分若干井段通向地面的，即从地面往下分数段掘井，每掘筑一段竖井，就挖一层斜巷或平巷，每段竖井口都装有绞车，逐级提运完成上下运输任务。斜巷和平巷的作用不同。开拓斜巷斜穿至底部边采边向下追踪探掘富矿；平巷主要是从发现的矿层向上回采，将已采得的矿石先在井下现场进行初选，把选后的贫矿和废石充填进采空区，将精选出的矿石提运到地面上来。这样，既可以有选择地进行开采，使出窿的矿石品位较高，又可以减少提运量。所以掘井是为了拓巷采矿，井巷必然相通。有的竖井是三面严密封闭，一面与巷道通连。J3 井底为水仓，水仓中发现木水桶 20 余个，第二层的

水槽通过平巷伸进 J3 的马头门内，所以当时已有专门提升排水的副井。图 2 - 4 - 23、图 2 -
4 - 24 所示为铜绿山战国井巷开拓复原图，可知其开采系统已相当完整，地下联合开拓方式
已不再是春秋时期的那种小井短巷，已经发展到相当大的规模。

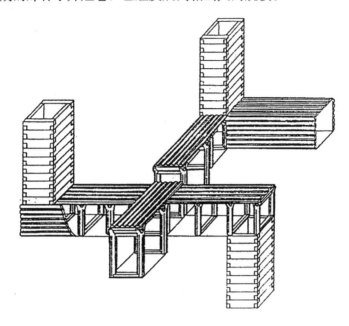

图 2 - 4 - 23　井巷开拓复原图

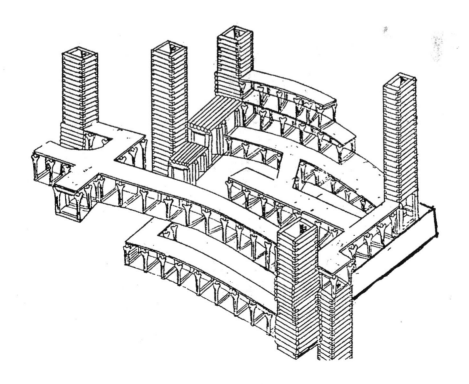

图 2 - 4 - 24　铜绿山 24 线战国矿井开拓系统复原图

　　安徽枞阳县井边发现的东周采矿遗址，其开拓方式同样采用竖井-平巷-斜巷联合开拓法。其方案是，在山坡上开凿竖井，井口近方形，约1米见方。竖井井口以下约7米处和13米处，分别开凿约1米宽、1米多高的平巷，即约地面以下7米分一个中段平巷。井口以下39米深处有一斜巷，高约1.5米，长20余米。斜巷底部堆积废弃的碎石，并有厚约5～10厘米的木炭屑层，陶器、木铲均出自内。可能使用过"火爆法"。围岩坚固的地方采用自然支护；围岩较松的地方采用木框支护[①]。

　　从麻阳古铜矿山来看，古采区14处中，有露天采场一处，其余为地下采场。先秦时期，地下开拓的过程即回采矿石的过程。由于麻阳九曲湾的矿脉倾斜，所以它的开拓斜巷居多，采空区大多数呈"鼠穴式"即长袋状。其中2202号巷斜长140米，倾角36度，最大深度距地表80余米，充分显示了战国时期矿山生产已发展到深部开采的技术水平。麻阳1203号巷道沿矿脉走向开拓，巷长约400米，远远超过了以往矿山巷道的长度。就竖井而言，矩形断面面积为3.2米×1.5米。也大大超过了春秋时期，它是贯通2202号斜巷下段的一个提升井，作为矿石运送提升到地面的通道。据遗迹推测，井口上还搭有工棚。

　　新疆奴拉赛东周铜矿遗存表明[②]，为了扩大采场并减少废石的剥离量，古人将露采与坑采结合，即在50米深的露采近沟底的东南面沟帮打平硐，形成多个高大的矿房。与Ⅰ号露采场相通的1号地下采场F1距地表47米，位于1号矿体东南端。采场似一恐龙形，走向北西，长22.5米，宽1.4～6.9米，采场顶部空间比底面宽，宽度10米左右，即采场西南壁为一大型斜坡。斜坡至顶部有2个开拓巷道与古露采相通。采场北西侧为一宽1米左右、长约8米、高约10余米的陡壁巷道。采场北头有一矿房，南头为一台阶状巷道向南延伸。2号地下采场F2位于1号矿体西北端，距地表深46米，采场似一瓶形，走向北西，长19米，东南段为主矿房，长15.5米，宽5.5～8.8米。中部为一走向北西的矿柱，矿柱走向与F2采场走向相同，位于采场中轴线上，其矿柱东南部已被回采，断面被采掘呈倾向东的斜坡。采场西北端为一切割平巷，长4米、宽0.2～2米，掌子面呈窝状，宽73厘米、高30厘米。3号地下采场F3与F1相距70米。入口为一圆形竖井。竖井东北壁通一斜巷向东南方向延伸，约7米后，斜巷断面变小，呈高50厘米、宽60厘米的拱形断面。再往前延伸为一段阶梯式斜巷，高125厘米、宽80厘米，其4.5米处之上通一盲井，断面呈椭圆形，长径150厘米、短径80厘米。奴拉赛铜矿遗址1号露采深50余米，2号露采封闭圈11米×123米。地下采场高20余米，如此深大的联合开拓规模，说明开采中的凿岩、采装、运输、排水等工艺合理配套，技艺娴熟。

（七）地下采矿方法的创新

　　从大量考古资料及其科学研究看，春秋战国时期的开采方法大体上有7种类型；其中有的虽始创于西周，但在地压管理上又有一些创新；有的则是战国匠人的创造。

　　1. 单框竖井分条开采法[③]

　　基本做法是：单个竖井垂直掘进到一定深度后，便在井下扩帮，继续下掘盲竖井，适用

---

　　①　安徽省文物考古研究所等，枞阳县井边东周采铜矿井调查，东南文物，1992，（5）：89～90。

　　②　卢本珊、王明哲，尼勒克奴拉赛矿冶遗址初步考察报告，待刊。

　　③　杨永光、李庆元、赵守忠，铜绿山古铜矿开采方法研究，有色金属，1980，（4）：87。

于湖北铜绿山和江西铜岭开采氧化富集带中品位高而松软的散粒状孔雀石。

2. 单层方框开采法[①]

基本做法是：在井底开挖水平巷道或倾斜巷道，沿着富矿脉边掘、边采、边支护，形成成组的巷道，单采幅尺寸即单条巷道毛断面的开拓宽度。

此两种方案皆创始于西周时期，此期仍在使用。

3. 链式方框支柱法[①]

此法主要见于铜绿山春秋时期采矿点，它是在前两种方案的基础上演变出来的，其直接由竖井四壁扩帮，以扩大回采工作面；为有效地支护采空区，将框式支架进行系统的架设。因同一水平面上的框架相连形式很像链板，故称链式框架。回采顺序由下而上进行，支架也随着工作面的向前、向上推进而敷设。框架的每分层之间都用凸榫连接，上面铺有木板或圆木，以减少矿石的损失贫化，人站在上面工作，既方便又安全。开采时进行选别回采，有时还留下一定的矿柱；废石和低品位的矿石倒在底部框架内，增加了底部框架的稳固性。其基本回采工艺跟现代的方框支柱法大同小异。

这种开采方法适宜开采较厚的矿脉。在 12 勘探线出土的春秋末期古矿井，孔雀石矿脉厚达 10 米以上，采幅宽度为 1～3 个框架，共 1.2～3.6 米左右。顶板暴露面积可达 50～100 平方米，可以多开辟工作面，同时工作的人数大大增加了，使用的工具也有改进，在 K14 发掘点出土的 13 把重 3.5 公斤的直柄大铜斧，是当时得力的采掘工具。随着矿脉的产状多变，还出现了倾斜分层单方框链式支柱法。其回采工艺同前（图 2-4-25）。

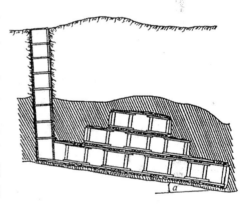

图 2-4-25　倾斜分层单框链式支柱法

4. 横撑支架开采法[①]

这是一种上向式回采方法，最终形成的整个采场像一个峒穴。其顺序是由井底向四周扩大，当上采超过一定高度时，架设一种 TT 型的横撑支架，一方面支撑采空区，一方面在支架上构筑人工落矿平台，人站在平台上用铁钎、铁锛等开采矿石，落矿、装运、提升均在平台上进行，并将少量的废石倒入下部空区。铜绿山古采区Ⅶ·(6)点大体上便属这一类型，经[14]C 年代测定，其距今 2576±135 年，属春秋中晚期。其开采方法是由地表下掘竖井（图 2-4-26），竖井支护为密集垛盘式；整个开拓在比较坚硬的岩层中进行，这与铜绿山其他软岩地带不同。井筒穿过节理裂隙发育的铁帽，进入铜矿石富集的氧化带内。人们在古采场内发现了 3 层平台，由下至上，第一层平面呈不规则长方形，长 5.6 米、最宽处 4.5 米。第二层平面呈亚腰形，东西走向，长 8.6 米，宽 3.6～5.2 米。第一层的横撑支柱最长，达 4.4 米，直径 23 厘米。横撑木上架纵向木，直径分别有 8 厘米，12 厘米两种，上面铺一层竹编物构成平台。平台上发现竹筐 8 个，铁镐 1 把，还有竹篮、竹箕、木桶、木耙及运矿用的木竹两种材料制作的拖板等。峒穴采场最底部发现 1 把四棱铁钻和 1 把木锨。此采矿方法

① 杨永光、李庆元、赵守忠，铜绿山古铜矿开采方法研究，有色金属，1980，(4)：87。

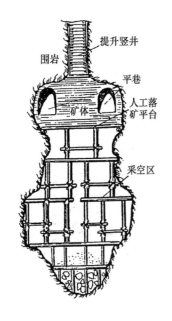

图 2-4-26　横撑支架开采法

的特点是运输距离短，提升距离越采越缩短，人员操作比较方便。

5. 房柱法 [1]

基本操作是：在采拓过程中，留下含矿隔墙作为开采盘区的横矿柱，矿柱作为房间矿柱。这在湖南麻阳战国采矿场等中都可看到。麻阳房柱法是在倾斜度不大于 30 度的矿层中，沿矿层倾向或走向分别用盘区斜巷或平巷作为主要运输巷道掘进，自巷道两侧逐渐扩宽成矿房；巷道采幅（指空间高度）0.8～1.2 米；矿房采幅 3 米，宽 14 米。从贯通于 2202 号"老窿"的提升井来看，2202 号斜巷的下段为上山斜巷，即掘进由下而上逆矿层倾向倾斜布置，这样便于沿斜坡向竖井方向运送矿石。

倾斜分层采矿是将倾斜的矿层分适当高度的若干分层，由上向下或由下向上依次开采。如果采用整层开采法，即一次采全厚，则在回采、支护、顶板管理等技术上，都将发生困难，回采率亦不高。因此，麻阳古代矿工将厚 1.4～1.87 米的矿层分两层依次开采，中间留一层 0.4 米厚的含铜灰白色长石石英细砂岩。上层采幅仅 0.6 米。上下巷道分别以带帽木支柱支撑。这种采矿方法，麻阳俗称"楼板式结构"。据麻阳十三处古矿井现有资料统计，古开采面积约 32 351 平方米，共回采矿石 175 365 吨，矿品位为 2％～12.8％，平均品位为 4.86％（仅按贫矿即边界品位计算），可产铜 8525 吨。

新疆奴拉赛东周铜矿地下开采采用了房柱法和横撑支架开采法相结合 [1]，其遗存在 1 号矿体 F2 地下采场可见。当 50 米深的露天采场采到底后，古人在沟底东南侧采用井巷穿过砂砾岩，进入铜矿石富集的方解石脉状铜矿带内。这也是一种上向式回采方法，最终形式的整个采场像一个巨大的峒穴。其顺序是在多个井巷底以矿体的走向有规律地等分布置 3 条带状采幅，向四周扩大。为了保证分割的采区不坍塌，将中间一条采幅的矿体暂时留下不采，即采场中轴线留矿柱，两边的采幅，其回采作业采用进路式切割平巷，其采幅宽约 2 米。所见 F2 采场被切割成长方形，宽约 7 米的采场等分为三份，两边采幅被切割呈高 20 米左右，长 14 米的矿房。中间的一条矿柱东南段也被采掉。当两边的采幅向上采到一定高度时，以采幅的宽度架设横撑支架，在支架上构筑人工落矿平台，人站在平台上用"锤与楔"的方法开采矿石。落矿、装运、提升均在平台上进行，并将部分废石倒入下部采区。F2 古采场西南部，在其高约 20 米、长 14 米、宽 1.7 米的采幅内，发现横撑木平台沿采场走向布置，横撑木遗存十几根，其长视采幅宽度而定，即 2 米左右，直径 7～8 厘米。横撑木平行间隔排列，间距不等，大者 2.4 米，小者 20 厘米。横撑木所撑的切割平巷两帮略为倾斜，以便撑紧同一水平面的横架木。架木端点的巷帮掌面略凿托窝，使架木相嵌得更稳固。横撑虽然能起到支撑采空区的作用，但作为奴拉赛的坚固性矿岩来说，其功用主要是用于构筑人工落矿平台。这种采矿方法在倾斜急陡的矿

---

① 卢本珊、王明哲，尼勒克奴拉赛矿冶遗址初步考察报告，待刊。

体中采用，是十分合适的。在 F2 中轴西北端，也发现一平巷向西北延伸，在端部的掌子面前构筑有工作平台。两根横撑木近水平排列，一头间距 60 厘米，另一头间距 100 厘米；一根倾斜 3 度，一根倾斜 9 度。

迄今奴拉赛发现的凿岩工具有些与林西大井遗址相似，如石锤、石斧等。出土的骨针，推断是用来缝制装载矿石的羊皮袋的。从地下开采的工作面痕迹分析，采用了与内蒙古大井相同的"锤与楔"凿岩破碎法，并已达娴熟的地步。宏大的露天与地下采场及地表废石场等遗迹，充分反映出奴拉赛古矿山的凿岩、采装、运输、排土等工艺配套的合理性。

6. 方框支柱充填法[①]

此法如图 2-4-27 所示。其特点是：在用方框支柱的同时并充填采场维护采区，回采工作是在等于方框容积大小的分间内进行的，采出矿石后立即架设方框。当采完一个分层后，向上采另一分层时，就把采下的废石（夹石等）和低品位的矿石充入底层。这种采矿法见于铜绿山仙人座古采区和 IV 号矿体，是针对它们处于氧化破碎带这一地质状况采用的。

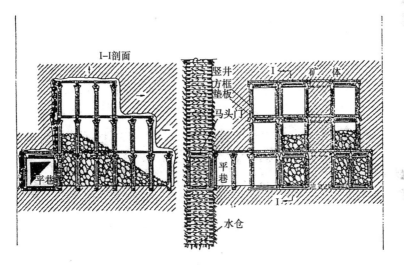

图 2-4-27　方框支柱充填法

7. 护壁小空场法[①]

此法见于铜绿山仙人座古采区 K5 点（图 2-4-28），是用于开采呈水平产状的孔雀石矿脉。矿脉的直接顶板为褐铁矿，比较稳固，无需人工支护。采场高度 1.8～2.4 米，空场面积 20～30 平方米。所发现的两个同类采场，均在巷道的一侧，采空区的另一侧为破碎带，围岩松软且含水，容易片帮，两个采场分别用木板或圆木做成护壁。空区内留有手选后的废石和从其他采场或掘进巷

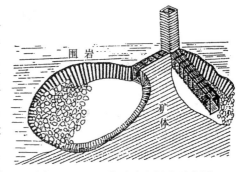

图 2-4-28　护壁小空场法示意图
（上为出土的原貌）

① 杨永光、李庆元、赵守忠，铜绿山古铜矿开采方法研究，有色金属，1980，(4)：87。

道运来的废石，减少了提升废石的工作量。

（八）装载工具①

春秋时期出土的装载工具有木锨、木铲、竹筐、木扁担等（图 2-4-29），以铜绿山、铜岭所出为多，其形制与商周时期没有大的区别。值得注意的是，至战国时期，湖北铜绿山、江西铜岭、湖南麻阳的矿井中再未发现木制铲、锨。铲矿工具改用了铁柄耙、六角形等形状的铁锄。由此可见，铁器出现后，矿山铲矿工具已有质的变化，必然会大大提高劳动工效。

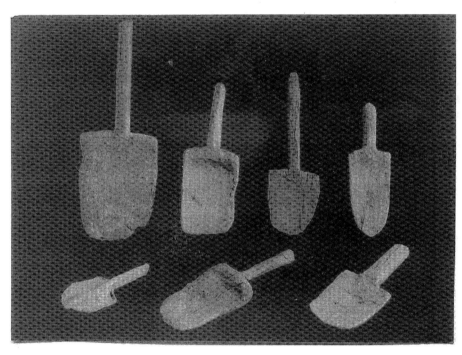

图 2-4-29　出土的装载工具

（九）矿山提运机械的发展②

在春秋战国矿山遗址中，出土了一批保存较好的木制提运机械构件，其中包括绞车、滑车（滑轮）。说明此时我国矿山提运机械已发展到较高水平。滑车始见于商代中晚期，此时一方面制作更为精细，结构发展到齿式轮面，另方面则是使用更广。

---

① 卢本珊参加铜绿山考古发掘、研究工作二十余年，主持几个遗址点的考古发掘工作；黄石市博物馆，铜绿山古矿冶遗址，文物出版社，1999 年，第 57～136 页；卢本珊为江西铜岭铜矿遗址考古发掘领队；刘诗中、卢本珊，瑞昌市铜岭铜矿遗址发掘报告，见：铜岭古铜矿遗址发现与研究，江西科学技术出版社，1997 年，第 72～73 页；卢本珊，铜绿山古代采矿工具初步研究，农业考古，1991，（3）：175～182。

② 卢本珊、张柏春、刘诗中，铜岭商周矿用桔槔与滑车及其使用方式，中国科技史料，1996，17（2）：73～80；卢本珊参加铜绿山考古发掘、研究工作二十余年，主持几个遗址点的考古发掘工作；黄石市博物馆，铜绿山古矿冶遗址，文物出版社，1999 年，第 57～136 页；卢本珊为江西铜岭铜矿遗址考古发掘领队；刘诗中、卢本珊，瑞昌市铜岭铜矿遗址发掘报告，见：铜岭古铜矿遗址发现与研究，江西科学技术出版社，1997 年，第 72～73 页。

1. 滑车

此期滑车依然见于铜岭（图 2 - 4 - 30），计为 2 种 3 件。

图 2 - 4 - 30　铜岭出土木滑车

　　第一种 2 件，一件采用长 16 厘米、直径 22 厘米的圆木（栗树）加工而成。柱面被加工成齿形（图 2 - 4 - 31），共十二齿。齿截面呈梯形，齿高 40 毫米。齿间距不等，即 38～42 毫米之间。齿顶中段有弧形凹槽，槽宽 50 毫米，深 20 毫米。轴孔直径 60 毫米。一件长 12 厘米，直径 16 厘米，齿顶槽深 25 毫米，宽 70 毫米。第二种 1 件，滑车采用长 27 厘米、直径 25 厘米的圆木加工而成。其柱面被加工出九齿，齿高 47 毫米，齿顶中段有凹槽。滑车两端可见火灼的加工痕迹的轴孔（图 2 - 4 - 32）。该式滑车有如下特点：一是齿式轮面可防止绳子与滑车间的相对滑动；二是齿顶微凹的环槽能防止绳子滑脱；三是齿与轮毂之间加工出环形凸台，有利于克服应力集中，使齿不易断裂。经 ^{14}C 年代测定，其为距今 2615±80 年。

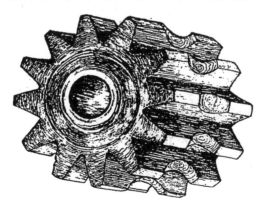

图 2 - 4 - 31　C2 木滑车素描图

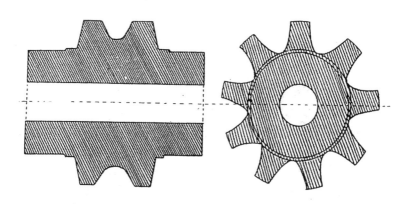

图 2 - 4 - 32　93 采：1 木滑车剖面图

　　铜岭春秋时期的滑车是用于巷道的转弯处，以改变牵引绳方向的。安装滑车的露天槽坑与一平巷相通。滑车是竖立使用，它的下端面与托着它的立轴凸台接触（图 2 - 4 - 33）。

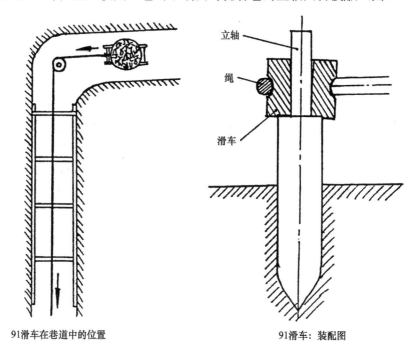

91 滑车在巷道中的位置　　　　　　　　　91 滑车：装配图

图 2 - 4 - 33

　　巷与槽坑的转弯处所置的滑车高度与巷的马口撑高度对应，绳索位置于马口撑上部。巷道段内绳索的端点系有一载筐的拖板，便于拖运矿石。

　　2. 绞车

　　主要见湖北铜绿山、红卫等战国铜矿山。

　　铜绿山发现井下的大型木制绞车 2 件（图 2 - 4 - 34 和图 2 - 4 - 35），绞车轴全长 250 厘米、直径 26 厘米，两端砍出圆形轴颈，其长度分别为 28 厘米和 35 厘米。绞车轴上凿有两圈疏孔和两圈密孔。孔皆长方，半卯孔，密孔靠近两端，中间距离 40～45 厘米。孔长 8 厘米、宽 3 厘米、深 3 厘米、孔间距约 2 厘米。再往中部约 23～25 厘米为两圈疏孔。孔长 8～

9厘米、宽3~4厘米、深6~8厘米、间距8~10厘米，两圈孔交错挖凿，孔中插入长方木条。疏孔较大、较深，装的木条较粗大，间距宽，安装牢固。将绞车轴装上支架，扳动木条，就能起动，进行提升。密孔木条的作用相当于"制动闸"，需要停止提升时，控制棘轮刹车装置，就能控制轴的回转，木条很密，便于绞车轴随时停住，设计是很科学的。已把繁重的体力劳动降低到最低限度。

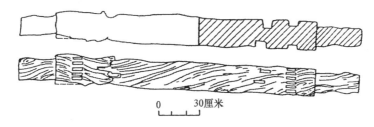

0   30厘米

图 2 - 4 - 34 木绞车轴

图 2 - 4 - 35

红卫铜矿的木绞车与铜绿山相同。

东周滑车的设计和制作都独具匠心，其滑动轴承设计和润滑技术都达到了一定水平。其完全是根据井巷开拓及升运需要而巧妙设置的，既有用于垂直提升的，也有用于改变运输牵引方向的，这表明春秋时期滑车技术已具有一定水平。

此外，考古发掘中，与提运有关联的工具还有木钩、绳索等。

依井筒深度及开拓系统之不同，东周井巷提升方式约可分为两种，即一段提升和分段提升。一段提升即从井底将矿石一次提升到井口；分段提升是多个一段提升的综合作业。铜绿山大型木制绞车发现于地表以下60余米处，这便是矿石分段提升的重要证据之一。因24线老窿战国井深达80余米，木绞车只能安装在地下分中段的盲井井口部。分段提升显然是由于春秋以后，开采深度增加而出现的，其矿体每隔20~30米被分成一个个分段平巷，开展多中段作业，因此相应地出现了分段提升。随着战国时期开采技术的提高，井巷断面增大，

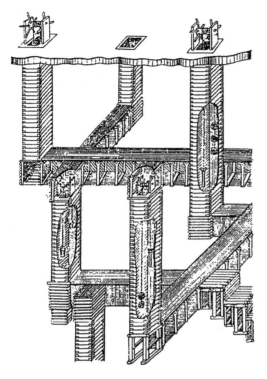

图 2-4-36　分段提升示意图

矿井产量也提高了，多井筒多中段提升的情况越来越多，同时一次提升量也增加到近百公斤，这时再用手直接提拉已不可能，于是出现了木绞车，并配有木勾、绳索和平衡石。提升矿石、提水、下放坑木等，显示出提升工作的繁忙情景（图 2-4-36）。

（十）矿井的治水和通风照明技术

我国先秦地下采矿业得到了很大的发展，这与社会的、技术的多方面因素都有一定关系；在技术方面，除上述诸方面外，还有地下治水、通风、照明技术，也是十分重要的。

1. 治水技术

人们对水的地质作用的认识，随着实践经验的积累而不断地得到了深化。《管子·度地》曾记述了水流的自然规律："夫水之性，以高走下则疾，至于漂石；而下向高，即留而不行。"它还特别强调坡降对水流畅通的重要性，"高其上，领瓴之"，"尺有十分之三，里满四十九者，水可走也。"《考工记》也记有水和地势的关系，指出"两山之间必有川焉；大川之上必有涂焉"，"凡沟必因水势，防必因地势，善沟者水漱之，善防者水淫之。"春秋时期，为适应地下大规模联合开采的需要，人们采取了一整套行之有效的治水措施，其中主要包括排水和堵水（防水），便是人们对水运动规律有了较高认识的反映。

（1）排水。此期水道的形式约有三种：①利用废弃的巷道作排水渠道；②另外开拓较窄的排水平巷，巷底面和沟帮贴有木板拼成木水渠；③沿平巷一侧设置木水槽。排水通道主要有两种，一是排水巷道，二是排水槽。

铜绿山Ⅳ号春秋采矿遗址，在 64 平方米范围内便发现了 3 条专门的排水巷道和 2 条排水槽，其皆与采矿井巷相连，反映了采准、回采工序与排水系统的有机结合。此排水巷道用三块厚 2～2.5 厘米的木板拼合呈"凵"形水槽，口宽 25～31.5 厘米，高 23～28 厘米，槽两边均有立柱，柱下端有榫，水槽底板下有一横撑方木，即巷道地栿，其两端凿有卯与立柱榫卯相接。木槽内皆有木柱支护。排水槽是用一根整木凿成，口宽 24～26 厘米、深 18 厘米、厚 2 厘米，呈"U"形。排水槽的作用是将地下水汇集于水槽端部的水仓，用水桶将水经排水井提运到地面。

铜绿山Ⅶ号春秋采矿遗址，仅在三百平方米发掘区内，就清理出 6 条长 10～15 米的排水巷道和木水槽。有两条水槽按一定高差向北与一竖井水仓汇合。木制水槽主要作为井下的引水槽，沿平巷一侧设置。排水巷道的坡度在 3‰～7‰之内。槽一般采用带树皮的圆木剜成，也有采用树皮的。每节槽长不等，尺寸在 65～260 厘米之间。遗址西区的槽宽 13～16 厘米，深 10～12 厘米。北区的槽宽 24～26 厘米，深 18 厘米。每节槽口之间呈瓦叠式搭接。为了固牢木槽，在槽两侧打有若干小木桩。在槽面敞口部位，间隔放置木棍，盖有竹席，以防他物落入槽内阻障水流畅通。为了防止水槽漏水，所有水槽的接头处和槽底都涂抹或铺垫了一层青膏泥。战国时期，大冶铜绿山铜矿已采到潜水面下28～30米。有的水仓深达3米的，水仓上部有大型集水木槽，平巷内还铺设（或悬挂在顶梁）木水槽和渡槽。

上述排水巷道的分布还有三个较为明显的特点：①水槽并不设于回采运输巷道内，而是设于隔壁的专门排水巷道内；②几条回采巷道交汇处往往设一较浅的盲井，深仅60厘米，使水汇集后流入相接的排水槽，最后汇集到中心排水井；③若干井巷连接在一起形成的排水系统，与采准、回采工序有机地结合在一起。

（2）堵水。堵水之法常有两种：一是使用了方框支柱充填法后，经充填的采场涌水量有明显的减少；二是用坑木和黏土封闭涌水的巷道。

（3）排水工具。春秋采矿遗址内发现的排水工具，与西周区别不大，主要有：桶（图2－4－37～图2－4－39）、葫芦瓢、半圆形水槽、带系撮瓢（图2－4－40）。

图2－4－37　　　　　　　图2－4－38　　　　　　　图2－4－39

2. 矿井通风

东周时期的井下通风与西周并无大的变化，主要还是依靠自然通风。在铜绿山和铜岭，为改善深部采场的通风条件，有些地段的采场采用了人工通风：方法一是人造气温差环境，在井底烧火，造成负压井底，形成空气对流；方法二是构筑屏障，以遮断风流和控制风量，将新鲜风流导入作业点。

3. 井下照明

至迟战国，我国就使用了照明用灯。《楚辞·招魂》："兰膏明烛，华镫错些"。铜绿山24线井下发现油脂1.7公斤，经化验属植物油，是油灯内捻用的油料。这是井下用灯的明证。此外，此期古采矿井内还有另外一种照明用具，即竹签火把，它在许多矿山遗址的竖井和巷道中多有发现。火把是将十余根细竹签的一端扎成一把，散开的一端较齐，有炭黑色的燃烧痕迹。

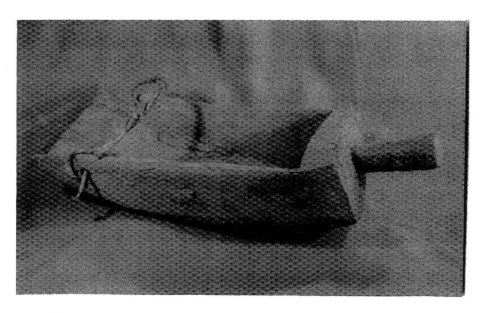

图 2 - 4 - 40

第五节　秦汉魏晋南北朝采矿技术

秦汉是我国古代采矿业全面发展的一个高涨期，在技术上较值得注意的是：采矿方法全国已形成了一套较为成熟的模式；垛盘式竖井支护法得到了广泛的使用；井下采用灯龛等固定式装置。这也是我国古代采矿技术的充实提高期。魏晋南北朝时，矿业仍有一定发展。

一　社会经济的发展和矿业管理的加强

（一）采矿辅助技术和行业的发展

此矿业辅助技术和行业，主要指农业、冶铁、测量、水利交通和木作业；秦汉时期，它们都有了较大的发展，这是整个社会经济技术发展的一种反映，它无疑会对矿业发展产生一定的促进作用。

秦汉时期，实行了一系列的重农政策，把重农思想推向了一个新的高峰①。改进农具，推行"代田法"，创制"耦犁"，普及铁制大型农具，特别是大型掘土器，兴修大型水利。农业的发展，使矿业生产有了最基本的保障。

早在统一全国的过程中，秦国就注意到了铁矿采冶及其在社会生活中的地位。《史记·货殖列传》记载，秦惠文王八年（公元前330）攻魏，迁冶铁富豪孔氏至南阳。秦始皇十九年灭赵后，曾迁徙赵人入蜀地，其中的卓氏知道四川临邛（今四川邛崃）盛产铁矿，又有名为蹲鸱的大芋头可供工匠充饥，便主动要求去那里，"即铁山鼓铸"，"富至僮千人"。同在临邛经营冶铸业、与椎髻之民交易而"富埒卓氏"的程郑，也是"山东迁虏"。秦代采取的这一措施，客观上起到了开发边远地区、进一步发展矿业的作用。

---

① 郭文韬等，中国农业科技发展史略，中国科学技术出版社，1988年，第133页。

与矿业技术有关的测量技术，秦汉时期亦有了惊人的进步。《汉书·律历志》载："以子谷秬黍中者，一黍之广，度之九十分，黄钟之长。一为一分，十分为寸，十寸为尺。"使长有了个统一的标准。准、绳、规、矩是我国古代四种常用的测量工具，虽传说大禹治水时已经使用，但却是到了汉代才见于记载的。《史记·夏本纪》记载：夏禹"陆行乘车，水行乘船，……左准绳，右规矩。"至汉代，弩机已具有测量瞄准作用。西汉时期的一条以长安城为中心的南北超长基线，总长 74 公里。这条建筑基线不仅很长很直，而且与天文学上真子午线之夹角误差仅±11 度，显示了我国汉代高超的测量技术水平[①]。秦汉著作《九章算术》中有测山高和测井深的例题，"今有井径五尺，不知其深。立五尺木于井上，从木末望水岸，入径四寸，间井深几何？"，即利用全等三角形对应边相等，相似三角形对应边成比例的知识作间接测量，即以直接量出的长度推算出深度未知的距离。

1973 年 12 月，湖南长沙马王堆三号汉墓出土的地图，表明了汉初能绘制精详的地形图[②]。图幅所示方位、地质、水系居民地、交通网及比例等十分恰当，特别是山脉用闭合山形线勾出逶迤转曲的山麓轮廓，表示出它的坐落和走向。山形线里，还用较粗的山形线表示山体范围，用涡纹线描绘峰峦簇拥的山势。

在凿岩架木工程技术方面，汉代也有惊人的成就。四川、陕西之间山岭横贯、交通极为不便。秦国首先在崇山峻岭中修建纵穿川陕的栈道，这是一种在深山峡谷的悬崖峭壁上凿石为洞，插木为梁，铺上木板的特殊道路。建宁三年（170），《郙阁颂》说："缘崖凿石，处隐定柱，临深长渊，三百余丈，接木相连，号为万柱"，可见凿岩架木工程的复杂艰巨。关于栈道等工程的开凿方法，东汉采用火爆法。"汉永平二年，汉中太守杨公孟文督修栈道，至鸡头关下乌江两岸的山石阻径，行旅苦于攀援，而石坚不受斧凿，杨公以火煅开通石门"[③]。汉永平九年（66），在世界上最早人工开凿穿山通车隧道，这条名为石门的隧道长 15.75 米、宽 4.15 米、高 3.6 米，隧道的岩壁坚硬平整，几乎没有斧凿痕迹。经专家研究认为，是用火爆法开凿的[④]。

关于渠道开凿和排水工程技术方面，汉武帝太始二年（公元前 95）发明了"井渠法"。汉武帝发卒万人，开凿洛河至重泉（今陕西蒲城县东南四十里）的大型渠道——龙首渠。渠道穿过七里宽的商颜山，不仅从山的两端相对开挖隧洞，而且在渠线中途打一些竖井，加快了施工进度，改善了洞内通风和采光条件。这种令"井下相通行水"的通渠方法和隧洞施工技术是我国古代的一项创举[⑤]。

西汉时期，我国木工工艺已发展到相当水准。1992 年安徽天长县发掘西汉早、中期墓葬 24 座，墓中发现了一套 28 件木工工具，其中包括斧、铲、钻、凿、锯、墨斗及构造奇特的水准仪等[⑥]，这对采矿工具的发展自然是有启发作用的。

---

①　王兆麟，陕西又一重大考古发现—— 一条以汉长安城为中心的南北超长基线，光明日报，1993 年 12 月 13 日，第 2 版。

②　谭其骧，二千一百年前的一幅地图，见：古地图论文集，文物出版社，1975 年，第 13 页。

③　陕西省文物管理委员会、陕西省博物馆，褒斜道连云栈南段调查简报，文物，1964，(11)：44，录"清光绪八年关中潘矩墉题记"。

④　世界最早人工开凿的穿山通车隧道，中国文物报，1993 年 12 月 5 日头版。

⑤　武汉水利电力学院等，中国水利史稿，水利电力出版社，1979 年，第 135 页。

⑥　文纪，一九九二年重要考古新发现综述，文物天地，1993，(2)：48。

(二) 秦汉时期的官营矿冶政策

官营手工业始创于先秦时期，秦汉之后又有了进一步发展，并更加规范和完善起来；在矿冶业中，遂形成了全国性的铁官管理体系。

《汉书·食货志》载，董仲舒曰：秦"田租、口赋、盐铁之利，二十倍于古。"说明当时铁矿的采冶业发达，官府可以征得大量税收。秦国统一中国后，继续在某些产铁的地方设置铁官，掌管铁产品在市上的买卖，并从中征税。掌管官营冶铁业的官叫"主铁官"，如司马靳孙昌，曾"为秦主铁官"[①]。主管开采铁矿的官叫"右采铁"、"左采铁"[②]。

《盐铁论·复古》记载，汉武帝实行盐铁官营前，"豪强大家，得管山海之利。采铁石、鼓铸、煮盐，一家聚众，或至千余人"。《史记·货殖列传》冠以"素封"之家美誉的鲁人曹邴氏"以铁冶起，富至钜万"；西汉中期，商人的经济力量继续膨胀。《汉书·张汤传》记载杜陵货殖家张安石，"家童七百人，皆有手技作事"，"是以能殖其货"。《汉书·货殖传》记载蜀卓氏之后卓王孙，继承祖传冶铁、商贾家业，到汉武帝前后，仍有"僮八百人"。

元狩四年（公元前 119），汉武帝将盐铁税利的巨业，收归官府经营管理，实行了一系列的管理措施，在全国四十九处重要冶铁郡邑设置"铁官"[③]。凡是产铁矿的郡邑和封国，设立大铁官，主管采矿、冶炼和铸造成品。汉武帝还令大冶铁商孔仅、山东大盐商东郭咸阳二人为大农丞，在全国实行盐铁官管专卖[④]。孔仅等还在设盐铁官的地方安排了一批盐铁富商出身的人，担任管理生产的官吏[④]。西汉诸帝用商贾为官，不仅改变了商人被"贱视"的社会地位，而且给矿冶业增强了活力。如南阳等地官营冶铁作坊，大批生产各种铁制工具，并由政府大力组织推广。官营冶铁作坊资金雄厚，管理严格，且集中了一大批技术人才，便在一定程度上促进了钢铁冶铸业和采矿业的发展，采矿凿岩工具的使用性能，也因钢铁技术的发展而大为改善。秦汉矿业政策的制定，对中国封建社会内部的生产技术改造和采矿技术的发展是产生过积极影响的。

官府手工业工人主要包括工、卒、徒、奴隶四种。《盐铁论·水旱篇》载："卒、徒、工匠，以县官日作肥事。"《汉书·食货志》载："大家置工巧奴与从事，为作田器。"工的来源主要是城市自由民和农村破产的农民，多从事技术性工作，有的可能是制造器物的具体技术负责者。"卒"是指向政府服力役的人。按汉制老百姓向政府服役有兵役和力役。"徒"是指判刑的罪人，即刑徒。汉代使用刑徒从事各种劳动，当然也是无偿的。这几种人的地位在汉代是不同的。河南洛阳吉利曾发现过西汉冶铁工匠的墓葬[⑤]。《盐铁论·复古篇》记载桑弘羊曰："卒徒衣食县官，作铸铁器，给用甚众，无妨于民。"《盐铁论·水旱篇》贤良曰："今县官作铁器，多苦恶，用费不省，卒徒烦而力作不尽。……卒徒作不中程，时命助之。"贡禹在元帝即位之初（公元前 48 年即位）曾上书说；当时铸钱的官和"铁官"所使用开铜铁矿的"卒徒"多到十万人[⑥]。各地"铁官"所用的"卒徒"，一般都有几百人。《汉书·贡禹

① 史记，卷一百三十，太史公自序。

② 湖北云梦睡虎地秦墓出土竹简，秦律。

③ 辞海，上海辞书出版社，1979 年，第 3908 页。

④ 史记，第 4 册，中华书局，1982 年，第 1428、1429 页。

⑤ 洛阳市文物工作队：洛阳吉利发现西汉冶铁工匠墓葬，考古与文物，1982，(3)：23。

⑥ 汉书，卷七十二，贡禹传。

传》载，汉元帝时，"攻山取铜铁，一岁攻十万人以上，……凿地数百丈"，可以想见其规模之巨大。然而采冶作业都是在荒山偏僻之地进行，在残酷的奴役下，卒徒必然不断地起来反抗①。

二　采矿技术的提高

（一）汉代主要金属矿山的分布及遗址概况

1. 文献记载汉代矿山

依据《汉书·地理志》和《续汉书·郡国志》及其注，我国汉代铁、铜矿产分布地区见表 2-5-1②。

表 2-5-1　汉代全国铁、铜矿产分布地区表

今省市	铁	铜
北京	渔阳（密云）	
天津	泉州（武清）	
河北	武安、都乡（井径）、涿县、夕阳（滦县）、北平（满城）、蒲吾（平山）	
山西	安邑（运城）、皮氏（河津）、平阳（临汾）、绛（侯马）、大陵（汾县）	运城洞沟（古矿遗址）
辽宁	平郭（盖县）	
山东	山阳（金乡）、千乘（博兴）、东平陵（济南）、历城（济南）、东武（诸城）、嬴（莱芜）、临淄、东牟（牟平）郁秩（平度）、莒（县）、无盐（东平）、鲁（曲阜）	
江苏	下邳（宿迁）、朐（东海）盐渎（盐城）、堂邑（六合）、沛（县）、彭城（徐州）、广陵（扬州）	
安徽	皖（安庆）	丹阳（宣城）
浙江		海盐章山（安吉）
河南	渑池、隆虑（林县）、洛阳、阳城（登封）、西平、宛（南阳）、宜阳、密（县）、巩县铁生沟（古矿遗址）	
湖北	荆山（当阳）	
湖南	郴（县）、耒阳	
陕西	郑（渭南）、蓝田、夏阳（韩城）、雍（风翔）、漆（分县）、沔阳（勉县）、美阳（武功）	
甘肃	陇西（临洮）、弋居（宁县）	
新疆	若羌难兜（叶尔羌）、莎车、姑墨（拜城）、龟兹（库车）	难兜、姑墨
四川	临邛（邛崃）、武阳（彭山）、南安（乐山）、宕渠（渠县）、台登（冕宁）、会无（会理）	邛都（西昌）、灵关（芦山）、国徙（天全）、严道（荥经）、青衣（雅安）
云南	滇池（晋宁）、不韦（保山）、哀牢（保山、永平）	俞元（澄江）、莱唯（文山）、哀牢

注：本表主要依据《汉书·地理志》和《续汉书·郡国志》。

---

① 汉书，卷十，成帝纪。
② 根据夏湘蓉等，中国古代矿业开发史，地质出版社，1980年，第46～47页，略有修改。

　　秦汉是我国封建社会前期金属矿开采极盛的时期,《汉书》及其注记载的矿物种类有铁、铜、金、银、铅、锡等,所述矿物分布于 62 个郡、112 个地点,可见分布之广,正如司马迁在《史记·货殖列传》中所曰:江南出"金、锡、连(铅锌矿)、丹砂……,铜铁则千里往往山出棋置"。

　　《汉书》卷七十二《贡禹传》载贡禹言:"今汉家铸钱,及诸铁官皆置吏卒徒,攻山取铜铁,一岁功十万人已上……凿地数百丈,销阴气之精,地藏空虚,不能含气出云,斩伐林木亡有时禁,水旱之灾未必不繇此也。"这段话虽然是贡禹对西汉成帝时华山等地剥土开矿、伐木烧炭冶炼导致自然植物被毁损和水土大量流失破坏生态平衡的精辟见解,但从另一个侧面反映了当时华山采矿的宏大规模及地下深井开采的状况。

　　在此值得一提的是江南,尤其是丹阳铜矿。《史记·吴王濞列传》载:"吴有豫章郡铜山,濞则招致天下之亡命者盗铸钱……以故无赋,国用富饶。"豫章郡实为鄣郡,以盛产铜矿而闻名于世,且为大量考古资料所证实。汉武帝元狩二年以鄣郡改置丹阳郡。西汉唯一的铜官设在丹阳郡的宛陵(今安徽宣城)。

　　2. 考古调查和发掘的秦汉矿山

　　(1) 河北承德铜矿遗址[①]。1953 年,考古人员对河北承德西汉铜矿遗址调查了四次,发现矿井、大型采矿场、巷道等。其布局为:矿井分布在北山东沟,主井西南约 8 米处为选矿场。沿山冈到西沟,长 200 余米,宽 5 余米为一条西汉时期的运矿大道,路面平坦,直通冶炼场。冶炼场发现 7 块粗铜产品铜饼,其直径约 33 厘米,重 5 至 15 公斤,每块铜饼上都刻有字,或"东六十"、或"东五八"、或"西六十"等。

　　(2) 山西运城铜矿遗址[②]。1958 年在山西运城(旧安邑)的洞沟,发现东汉铜矿遗址。洞沟俗称万人沟,位于中条山的一条沟谷中,两旁山峰耸立。

　　(3) 山东莱芜铁矿遗址[③]。1986 年,考古工作者对山东莱芜西部铁矿遗址进行调查,共发现汉及唐、宋、明时期采矿、冶炼遗址 34 处,其中城子县遗址和铁牛岭遗址为汉代。城子县即汉代的嬴城。《汉书·地理志》有"嬴,有铁官"。城子县遗址达 42 万平方米,有几处冶炼遗址超过 10 万平方米,采矿、冶炼、铸造已形成相当规模的、完整的冶铁体系。从使用的铁矿看,其品位均在 50% 以上,已能较好地鉴别贫矿、富矿。

　　(4) 江苏徐州利国驿铁矿遗址[④]。该遗址汉代至宋代都在开采。采矿竖井井口直径 1.5米,洞口遗存大量铁矿。

　　(5) 河南巩县铁生沟汉代采铁遗址[⑤]。巩县铁生沟村位于城南 20 公里。自县城顺洛水可达洛阳,往东陆路可到荥阳城。铁生沟村附近 3 公里的罗汉寺、金牛山、青龙山都是铁矿山。由于铁生沟汉代采冶铸遗址在中国和世界冶铁史上有重要地位,所以专家们多次对其进行科学发掘和考察。

　　铁生沟铁矿,早在战国时期已被发现,《山海经·五藏山经》中有"少室之山,其下多铁"的记载。北边的青龙山属嵩山余脉,盛产褐铁矿。西南为少室山系,盛产赤铁矿。青龙

①　罗平,河北承德专区汉代矿冶遗址的调查,考古通讯,1957,(1):22~27。
②　安志敏、陈存洗,山西运城洞沟的东汉铜矿和题记,考古,1962,(10):519。
③　泰安市文物考古研究室等,山东省莱芜市古铁矿冶遗址调查,考古,1989,(2):149。
④　南京博物馆,利国驿古代炼铁炉的调查及清理,文物,1960,(4)。
⑤　赵青云等,巩县铁生沟汉代冶铸遗址再探讨,考古学报,1985,(2):157~159。

山南麓的两处汉代采矿场发现竖井和巷道。竖井有圆形和方形两种，方形井口长 1 米，宽 0.9 米。圆形井口直径 1.03 米。巷道内填有废石。还发现采矿者居住的窑洞。在窑洞和巷道内均发现开凿时留下的镶痕。出土的采矿工具有铁镶、铁锤、铁镢、锥形器，用具有铁剪、铁剑、五铢钱等。铁矿石为赤铁矿、褐铁矿，前者最多。赤铁矿含 Fe_2O_3 76%，褐铁矿含 Fe_2O_3 64.48%～65.86%。南山亦有采矿遗址。

（6）河南南阳汉代矿山遗址[①]。南阳盆地处于秦岭东西复合地质构造带，金属矿产资源丰富，有铁、铜、锡、铅等，其中铁矿就有 13 处之多，已发现冶铁遗址十余处，可见汉代南阳冶铁的盛况。经考古调查，南阳地区的南召县杨树沟、红石崖山、桐柏县毛集等地都发现汉代矿山遗址。

南召红石崖山和后摄堂山为采铜遗址，发现一批古矿井，有竖井和斜井。红石崖山古矿洞深 15 米，洞口高 2 米，宽 2 米。在洞壁上可见凿痕。井口发现朽烂木，可能与矿石提升设施有关。

南召杨树沟铁矿含铁量高达 50% 以上，富矿分布区也是古采区的部位，采区规模都很大。424 号古矿洞一般宽 4 米，高约 8 米，长短不等。最长部分达 25 米。矿洞顶板开采是利用矿体的节理面，使其呈人字形顶面，可防止采空区塌落。采场四壁较平整。416 号古矿洞顶部可见铁钻的凿痕和烟熏遗迹。采场内有石台。另一采场内出土铁楔。在东银洞发现竖井，井筒壁上凿有脚窝。西银洞发现斜井。出土的工具有铁镐、铁楔子等。

桐柏毛集铁矿遗址分铁山庙矿第二采场、第三采场。为夕卡岩型铁矿床，主要矿物有磁铁矿、赤铁矿。两个采矿区均为鸡窝矿。第二采场铁矿分布在东西宽 55 米、南北长 120 米范围内。第三采场位于二采场西北 300 米处，隔栗河相望。铁矿分布在东西宽 60、南北长 150 米范围之内。地质钻探古采区的深度，距地表以下 100 米。地下采场洞壁被熏成黑色，发现残存的木炭残块，可能使用了火爆法。第三采场发现很深的矿洞、斜巷、竖井。竖井口直径 2.5 米。出土装有直柄的铁斧采矿工具等。铁斧木柄的 ^{14}C 测定年代，距今 2215±110 年（公元前 265±110 年）。毛集矿石化学成分见表 2-5-2[②]。

表 2-5-2　桐柏毛集矿石化学成分表

矿物种类	采样编号	样品位置/米		品位/%							
磁铁矿	No	自	至	TFe	SFe	S	P	Mn	SiO$_2$	Al$_2$O$_3$	CaO
	1	34.93	38.41	53.60	41.00	0.41	0.08	0.28	4.14	0.44	0.08
	4	42.41	44.41	45.32	44.20	1.32	0.011	0.31	4.10	0.63	1.69
	8	50.41	52.41	45.16	44.15	1.63	0.006	0.24	4.78	0.82	0.81
	12	60.66	62.76	44.45	44.06	0.25	0.009	0.30	2.28	1.11	1.56
	13	5.73	7.73	48.5	46.45	0.08	0.026	0.18	2.44		3.04
	14	7.75	8.87	45.60	42.85	0.10	0.021	0.18	13.96	1.20	2.67
	16	95.85	98.67	45.40	44.90	0.754		0.09	4.46		

①　河南省文物研究所，南阳北关瓦房庄汉代冶铁遗址发掘报告，华夏考古，1991（1）：第 1 页；董全生等，南阳地区古代采冶遗址调查，见：第四届全国金属史学术会议论文，1993 年 10 月。

②　李京华、陈长山，南阳汉代冶铁，中州古籍出版社，1995 年，第 117 页。

桐柏县黄岗乡吴家沟、黄志庄、铁里洞山、宝石崖均发现东汉矿洞多处。在宝石崖矿洞内有大量草木灰烬及木炭、并在洞壁上发现有火烧痕迹,可见当时采用了火爆法开采铁矿。在黄志庄矿洞里发现了铁锤、铁钎、铁条等采矿工具。

(7) 皖南铜矿遗址。前面提到,西汉唯一设有铜官的地方便在皖南,汉丹阳更是以产"嘉铜"、"善铜"名闻遐迩[1]。丹阳郡所辖十七县中,尤其是安徽南部的南陵、铜陵、繁昌、贵池、宣城、当涂、泾县和江苏南部的句容、宜兴、江宁一带自古就产铜,这已被考古调查所证实。繁昌、南陵、铜陵、贵池、青阳等六个市县发现的古代铜矿遗址,总分布范围近二千平方公里,其中以地处南陵、铜陵交界地带的工山、凤凰山、狮子山、铜官山等处最集中[2]。其中较值得注意的遗址是下列二者:

① 金牛洞西汉铜矿遗址[3]。该遗址位于铜陵县凤凰山矿区 VI 号矿体。矿体垂直剖面自上而下依次为铁帽带(地表+70 米至+38 米)、氧化矿带(+38 米至-2 米)、硫化矿三带。考古发现古矿井的部位约在+70 米至+35 米高程之间的范围内,矿物成分以褐铁矿、磁铁矿、赤铁矿和孔雀石为主;次为黄铜矿、黄铁矿、赤铜矿、方解石等。古矿井内采集的废弃矿石,其含铜量多在 1.665%~3.783% 之间,个别高达 8.680%。在金牛洞西南 300~500 米处的药园山、虎形山古代矿井,也出土有西汉时期的铁锤、木铲等采矿工具及炼铜遗物。金牛洞西汉时期的采矿方法为先露采,后坑采。发现的露采坑深 8 米。地下开拓有竖井、斜井、斜巷、平巷等遗迹。

② 繁昌铜山铜矿遗址[4]。遗址位于繁昌县横山乡红星村铜山。发现汉代采铜矿井和巷道。一条巷的口径 80 厘米,残长 8 米。另一条呈"S"形,巷高 1 米,残长 5 米,巷洞壁西侧有灯龛 6 个,龛高 10 厘米、宽 12 厘米、深 8 厘米。巷道内出土有孔雀石铜矿及铁、铜工具,一铁锤重 9 公斤。炼铜遗址在山腰处,铜渣顺坡而下。

(8) 湖北大冶铜矿遗址。其中较值得注意的是:

大冶黄牛山铜矿采矿遗址[5]。其位于湖北大冶铜绿山矿西边。1978~1993 年以来,现代开采过程中经常发现汉代矿井,出土的采矿工具有各式铁锤、铁钻、铁斧、竹筐、木铲、木瓢及井巷支护木等。井巷开掘及支护方式与铜绿山汉代矿井相同。

湖北铜绿山铜矿汉代采矿遗址[6]。由商代晚期至汉代,铜绿山铜矿的开采从未间断。汉代铜矿山,主要分布在 II 号矿体和 VII 号矿体北端。II 号矿体一竖井支护木的 ^{14}C 年代为 2075±80 年,发现一件有"河三"铭文的铁斧,应为河南铁生沟所产,即河南郡铁官所管理的第三号作坊。发现的竖井、斜巷、平巷,反映了汉代井巷联合开拓技术发展到一个新阶段。

(9) 新疆库车铜矿遗址[7]。采铜遗址位于新疆天山南麓的库车县,在乔克玛克,有康

① 裘士京,江南铜材和"金道锡行"初探,中国史研究,1992,(4):4。
② 杨立新,皖南古代铜矿的初步考察与研究,文物研究,1988 年,(2):181~182。
③ 安徽省文物考古研究所等,安徽铜陵金牛洞铜矿古采矿遗址清理简报,考古,1989,(10):910~918。
④ 安徽繁昌县文物普查资料。
⑤ 卢本珊 1977 年至 1985 年期间的考古调查。
⑥ 黄石市博物馆等,铜绿山古矿冶遗址,文物出版社,1999 年;杨永光等,铜绿山古铜矿开采方法研究,有色金属,1981,(1):83~85。
⑦ 李延祥提供其北京科技大学硕士论文,特此致谢。

村、苏康发肯等汉代铜矿遗迹。库车河流域的几个矿山上部是孔雀石、赤铜矿等氧化矿，下部是以铜矿为主的硫化矿。在库车河流域的阿艾铁矿山、咯浦阿其克铁矿亦发现汉代矿冶遗址。

（10）四川西昌市东坪矿山遗址[①]。四川西昌东坪冶铸遗址的调查和发掘，证实了遗址的年代为新莽前后，不会晚至东汉中期。遗址面积约 2 平方公里，发现冶铸遗址约 50 多处。

四川攀西地区为我国典型的岩浆型铁矿床，矿石中除铁、钛外，尚有铜、铅、锌等伴生，局部地段可形成单独的有色金属矿体。例如西昌、甘洛、雷波、会东、会理等都有铜、铅、锌矿。据地质资料反映，在冶铜遗址以东 20 公里处的标水堰一带，发现历代开采后废弃的铜矿矿硐 46 个，该矿体长 600 米、宽 20～40 米（最大宽为 100 米）。所见矿物有斑铜矿、辉铜矿、黄铜矿、孔雀石等。据 20 个样品分析，各元素平均含量为：铜 0.81%、铅 0.97%、锌 0.45%。

西昌古为邛都夷故地，自古以来就是川西地区政治、经济交往中心。这里北连巴蜀、中原，南通滇池、洱海等地，物产丰富，民族杂居，地理位置重要。《汉书·地理志》、《后汉书·郡国志》和《华阳国志·蜀志》记载："邛都，南山出铜。"东坪遗址正值汉邛都县治之南。汉武帝元鼎六年（公元前 111）设越嶲郡，治邛都县。西昌东坪汉代遗址出土的铜锭含铜 76%、铅 8.1%、铁 14.2%，而且在铜锭上有"越"字铭文，即"越嶲郡"。林向先生对东坪遗址的遗迹遗物进行研究，认为当时的居民是内地来的移民，他们带来了传统的技术和生活方式，虽然入境随俗，有所变异，但基本上形成了与周围民族环境不同的社团聚落。带有郡名、编号的铜锭，很可能是向中央或外郡缴输的产品。西昌市黄联关东坪村，发现了汉代采矿、冶炼、铸钱三位一体的大型冶铜铸币遗址。[②]

（11）广西北流铜石岭铜矿山遗址[③]。《太平寰宇记》载："铜陵县本汉临允县，属合浦郡。宋之龙谭县，隋改为铜陵。以界内有铜山。铜山，昔越王赵佗，于此山铸铜。"汉初的临允县即今广东新兴县南七十里，其南部为广东阳江县，西北为广西苍梧县，西为广西贵县、横县。汉代"铜山"的地域应在现今广东阳春与广西贵县（现贵港市）、横县之间的云开大山山区，包括广西北流县。

近些年来，在广西北流县铜石岭、容县西山月镜岭、桂平县罗秀乡均发现炼铜炉渣和铜锭。赵佗在铜山铸铜的时间该是西汉初年，而铜石岭遗址出土物和 [14]C 测定的年代为西汉末年东汉初年，这表明云开大山一带的铜矿在西汉初年至东汉一直被开发利用。

北流铜石岭汉代冶铜遗址方圆约 3 平方公里。发现炼炉 14 座，其他遗物有鼓风管、铜矿石、铜锭、木炭、炼渣等。遗址山坡上曾出土铜锭约 35 公斤。

1966 年，地质队在铜石岭发现了 7 个矿井，井深达 20 余米，井中有木质支架，井口地面有许多孔雀石碎矿，其后，考古工作者又发现了 3 个矿洞，洞口朝西，井巷深入岭腹中。

彭子成等对 16 个北流型铜鼓的样品及北流、北流周围几个县的铅锌矿、锡矿和铜矿的样品分别作化学成分分析，铅同位素比值测定，证明北流型铜鼓的矿料来源于北流铜石岭及

① 刘世旭、张正宁，四川西昌市东坪村汉代炼铜遗址的调查，考古，1990，(12)：1069～1075；四川大学历史系考古专业等，四川西昌东坪汉代冶铸遗址的发掘，文物，1994，(9)：29～40。

② 赵殿增，四川考古的回顾与展望，考古，2004，(10)：9。

③ 广西文物工作队，广西北流铜石岭汉代冶铜遗址的试掘，考古，1985，(5)：404。

容县西山、石头乡一带①。

(12) 云南个旧锡矿山②。1993 年，个旧市冲子皮坡发现东汉时期的冶炼遗址，遗址面积约 200 平方米。冶炼炉长 5.20 米、宽 2.30 米、残高 0.97 米。炉壁上结有炉渣，经化验主要成分为铅与锡。冶炼遗物有铅锭等。个旧锡矿是我国最大的锡矿之一。《汉书·地理志》益州郡记载："贲古（今蒙自、个旧）北采山出锡，西羊山出银、铅，南乌山出锡"。

(13) 广东番禺莲花山汉代采石场③。莲花山位于广州市番禺莲花山镇北部，属低矮丘陵地带，海拔一般在 100 米左右，东临珠江口狮子洋畔，水路交通方便。

莲花山属第三系沉积的碎屑沉积岩，岩石组合大致为：

下部以浅紫红色、紫红色长石石英砂岩、含砾砂岩、砂砾岩为主，夹有不等粒砂岩及薄层状粉砂岩；中部以浅紫红色夹白色、灰红色、浅绿灰色长石石英砂岩和杂砂岩为主，夹有泥质粉砂岩、泥岩；上部为灰褐色、紫红色粉砂岩，风化黄褐色砂砾岩为主。下部和中部岩石整体呈块状，局部为层状，其中长石石英砂岩、杂砂岩多具红白相混之色，为粒级韵律与层理，很少剥离性层理，斜节理不太发育，多见垂直节理，岩石较新鲜，属中等坚固岩石。这些综合性质，既适于作建筑石料，又易于人工凿岩开采，备受古代工匠的重视。而丘陵上部岩石风化程度较深，胶结松散，不适易作建筑石料。

1983 年广州象岗发现西汉南越王文帝赵眜陵墓，其建墓石料，经中国科学院广州地质新技术研究所（现中国科学院广州地球化学研究所）对其进行原产地的鉴定研究，结果是南越王墓的建墓石料与莲花山古采石场几个点取样石料在岩性组合、岩石学特征、风化程度、岩石成因及时代方面极为相似，所以，西汉时期南越王墓的建墓石料主要原产地为番禺莲花山一带。

莲花山古采石场范围为南北长约 3 公里，东西宽约 0.5 公里，由 40 多个山丘组成，国内罕见，是中国大型非金属矿采矿遗址，在中国非金属采矿史上占有重要的地位。古采场范围：南自东门，向北经南天门、莲花岩、燕子岩、百福图、碧莲池、浴仙池、八仙岩、观音岩、狮子石至飞鹰岩，西北至念慈亭，偏东至渔港基地、造纸厂、联围村。其开采的时间，始于西汉，宋、明都有开采。同治《番禺县志》记载："明万历七年（1579）因陈言达私采石料，由邑候沈思孝封禁。"这是第一次见诸史料的"封禁"。嗣后，经历百多年"旋禁旋开"和"旋开旋禁"多番较量，终在清乾隆二十九年（1764）才在莲花山城和番禺学宫两地分别立碑，永远禁止开采。在漫长的开采中，造成莲花山悬崖峭壁，奇岩异洞、钎痕历历、架孔累累，形成无数石景奇观闻名于世。

(二) 矿物识别和找矿技术

早在先秦时期，我国采矿工人便掌握了一定的矿物认别技术和找矿技术，秦汉之后，这些知识和技术都有了一定的增长和发展，这在六朝文献中便可清楚地看到。

(1) 矿物辨别技术。东晋炼丹家葛洪的《抱朴子》一书，列举矿物丹砂（辰砂）、雄黄、雌黄、云母、石英、磁石、白矾等 20 余种。矿物鉴定知识在积累前人经验的基础上，又在

---

① 彭子成、万辅彬、姚舜安，广西北流型古代铜鼓的铅同位素考证，科学通报，1988，(5)：360～364。

② 胡振东，云南发现古冶炼遗址，文物，1994，(5)：73。

③ 西汉南越王墓，文物出版社，第 511 页；卢本珊 1998～1999 年考古调查及测量。

盛行炼丹术的唐代得到空前发展。外丹黄白术用的金石药多为矿物,矿物知识由感性认识提高为理性认识。初唐《金石薄五九数诀》、《九丹诀》,唐陈少微《大洞炼真宝经九还金丹妙诀》、唐独孤滔《丹方鉴源》所记矿物四十余种,或记其产地。这些矿物识别理论的发展,有助于矿山新资源的发现。

(2)指示植物找矿。我国南朝梁(503~556)的著作《地镜图》中,把找矿与地表植物联系起来,应属是一种古老的生物地球化学方法找矿法。《地镜图》中已有"草茎赤秀,下有铅";"草茎黄秀,下有铜器";"山有葱,下有银,光隐隐正白"等记载。到了唐代,这种找矿方法得到巩固和发展,段成式所著《酉阳杂俎》前集卷十六中记载:"山上有葱,下有银;山上有薤,下有金;山上有姜,下有铜锡"等等。新的找矿方法使更多的矿山得到认识和利用。

(三)凿岩技术的提高

1. 铁制采矿工具普遍使用

河南铁生沟、安徽金牛洞、湖北铜绿山、河北承德、山西洞沟等汉代采矿遗址的共同特点是普遍使用铁制采掘工具,改进工具器形,创制大型挖土器,增加采掘工具种类,增加凿岩能力。例如,河南铁生沟采矿巷道内发现有铁镬、铁锤、铁钁、锥形器。在冶铸铁器的作坊中,出土二百余件铁器,其中的锤、锛、锛形器、凿、小锛、锄、镬、铲、双齿镬等近十种是完全适于矿山采掘作业的[①]。这样多种类、多功能、多用途的铁制工具在矿山范围内出土是前所未有的。河南南阳汉代矿冶遗址的情况与铁生沟类似。

秦汉矿山出土的采矿工具主要是铁器,有铁斧、铁锄、铁锤、铁钻、铁钎等。铜制、石制工具极少。

(1)铁斧。安徽金牛洞、湖北黄牛山出土稍多。斧为弧刃,长方形銎。銎口为浇铸口,经过修整比较平整,斧两侧各一道合范凸铸缝。銎口内插有木柄。一般斧身长约12厘米,銎口长约7厘米、宽约4厘米,刃宽8.9厘米左右。

(2)铁锄。安徽金牛洞、湖北黄牛山、河北承德出土稍多。三处矿山的铁锄形制及尺寸大小基本相同。锄身呈六边形,平刃,薄片状,一面平整,背面上部正中有一长方形銎孔,孔中装木柄。合范浇铸。锄上端宽8厘米、刃宽16.6厘米、高11厘米、厚0.5厘米。

(3)铁锤。黄牛山、承德、运城等都有出土,形状各异:①球形。锤径为12.5厘米、15厘米不等。中间穿圆柱形銎,銎径3厘米,銎内装木柄,为合范浇铸,见于黄牛山。②腰鼓形。某标本身长15厘米,直径9厘米,腰直径11厘米。中间穿长方形銎,锤身中部为一周凸棱。锤有一条合范凸铸缝,见于黄牛山、承德、运城。该式锤在汉代普遍使用[②]。③台柱形,某标本身高14厘米,上锤面直径8厘米,下锤面直径12厘米。锤中间穿长方形銎,銎口尺寸为4.5厘米×3厘米,见于黄牛山。

(4)铁钻。黄牛山等都有出土。钻呈方柱尖锥形。断面为长方形,某标本尺寸为7厘米×4.5厘米,钻身长14.5厘米。

(5)锤形铁器。主要见于承德。为铸铁件,某标本长25.6厘米,宽7.4厘米,没有安

① 赵青云等,巩县铁生沟汉代冶铸遗址再探讨,考古学报,1985,(2):157~159。
② 殷涤非,安徽省寿县安丰塘发现汉代闸坝工程遗址,文物,1960,(1)。

柄的孔，只是在中间有一道沟。

（6）铁钎。主要见于运城、承德。钎呈方柱尖锥形，顶端由于敲砸使边缘卷起，尖端较钝，长 20.5 厘米，宽 3 厘米，重 0.7 公斤。

（7）铜棍。主要见于运城。圆柱形，顶端突出一周凸棱，两侧各有一条明显的铸棱。棍身浑圆平整，唯中下部加粗，长 32 厘米、径 4～5.6 厘米，重 3.75 公斤。铜棍出自运城地下采场 2 号洞，其功用，与采掘作业有关。

（8）铜凿。主要见于安徽金牛洞。呈三角形，椭圆形銎口，体宽扁，呈翼状，凿头扁而圆钝。两侧各有一道凸铸缝，为合范浇铸。出土时有柄，柄上端套有一空心铜镦。有的凿头长 9.8 厘米、宽 4 厘米、厚 3.1 厘米。铜凿连柄通体长 39 厘米。有的凿头长 7.8 厘米、宽 3.5 厘米、厚 2.7 厘米。

（9）铜镦。为铜凿柄上的配件。镦呈空心小杯形，口颈下有一周凸棱，两侧有合范凸铸缝。口径 3 厘米、底径 2.6 厘米、高 5 厘米、壁厚 0.3 厘米。

安徽金牛洞汉代采矿工具的物相、成分分析见表 2-5-3。

表 2-5-3[①]　金牛洞古矿井出土金属工具的物相、成分分析

标本名称	主要物相	主要成分
铜凿	α 铜铅合金相为主，含铅夹杂物，α-SiO$_2$ 次之	Cu、Sn、Pb、Zn、S、P、Fe、Mn
铜镦	α 铜锡合金相占主体，少量含铅夹杂物	Cu、Sn、Pb、Al、S、K、Si
铁斧	α-Fe 为主，少 α-SiO$_2$	Fe
铁锄	褐铁矿粉为主，FeCO$_3$ 的数量亦不少	Fe、Si、Al、S、P、Cu、Mn、Zn

注：根据中国科学技术大学结构成分中心实验室 X 射线荧光光谱检测的数据制表。

比较上述几处遗址出土的采矿工具形制可以看出：铁锤、铁锄、铁斧等形制基本相同，安徽金牛洞出土的铜凿，在其他矿山也有发现，证明了秦统一中国后，不但在采矿工艺上，而且在矿山工具和设备上都有了统一的形制或供给。

汉代优质韧性铸铁工具之所以能够广泛使用，与官营冶铁作坊采用成批生产、使用统一规格的铁范来铸造坯件是密切相关的。上述河北承德汉代矿山使用的铁锄，就与河北兴隆汉代铁范铸出的铁锄完全相同。铸铁工具成批生产，既提高了产量，又提高了质量。统一供给，有助于优质韧性铸铁工具的推广。

汉代铁器产品的管理，是由中央和地方各级铁官统管的。在中央九卿之一的水衡都尉及大司农之下，又设置与盐铁有关的下属职官有均输丞令、平准丞令、斡官丞长、铁市等丞长。均输职官，专管铁器、其他物品的供应和调运。根据已定的价格，将铁器等物输于外郡，并将铁器等物品售卖的钱输于官府。铁市职官，是专管设置市场进行铁器买卖的[②]。

汉代，南阳郡是向外郡供输和销售铁器的大郡之一，南阳铁器销售范围之广和销量之大，堪称全国之最。考古资料表明，在豫章郡（今江西省）、右扶风（今陕西省永寿县）均

① 安徽省文物考古研究所等，安徽铜陵金牛洞铜矿古采矿遗址清理简报，考古，1989，(10)：910～918。
② 李京华、陈长山，南阳汉代冶铁，中州古籍出版社，1995 年，第 4、11 页。

出有"阳二"铁锤。河南郡"河三"的产品，在湖北铜绿山汉代矿山采凿中也曾使用[①]。

2. 火爆法矿山开拓技术的普及

前面谈到，汉代水利、交通工程中已较多地使用了火爆法；在矿山开拓方面，火爆法也已相当的普及[②]。如山西运城洞沟汉代铜矿遗址中的第二号洞内，大量木炭和碎石杂在一起，估计当时使用了"加热法"开采矿石，有时加热后还用冷水浇注，促使岩石崩裂，提高工作效率。河北承德汉代铜矿地下采场、河南桐柏毛集铁矿，也发现火爆法的遗存。卢本珊在调查湖北大冶、安徽南陵的一些汉代采矿遗址中，发现不少运用"火爆法"破岩的遗迹，看来运用火爆法进行工程破岩，汉代已经比较普及。

（四）大型联合开拓系统的形成

我国地下联合开拓系统在商代便已出现，但当时因受技术上的限制，只能达到井浅巷短的效果，并且规模不大。自从铁制工具在矿山运用后，矿山开拓发生突破性变化。从战国晚期到西汉时期，矿山开拓的平巷净高由原来的 1 米多，发展到近 2 米，接近于现代民办采矿巷道的高度。巷道的采深，不少地方出现百米以上者。联合开拓系统，已不再是小规模布局，而是多中段的复合联合开拓，即由二至三个以上开拓中段组成，每个中段内都布局着竖井（或盲竖井）→平巷（或斜巷）→采场→盲竖井。回采、运输、排水、通风等技术，也相应变得复杂。下仅以安徽金牛洞、河北承德、山西运城、湖北铜绿山汉代矿山的开拓情况为例做一说明。

1. 安徽铜陵金牛洞联合开拓[③]

矿山开拓采用了竖井、平巷、斜井联合开拓法。井巷支护均采用木质框架式支撑（图 2-5-1）。

一号发掘点。自现代地表至采矿场底盘深 20～22.7 米，长 33 米。古矿井暴露面全长 24 米，最大深度（高度）18.5 米。清理出竖井、斜井、平巷等采矿遗迹和遗物（图 2-5-2），布局于两个水平开采中段。下中段以竖 1、斜 2、竖 2、斜 3 为一组，并依次相通。上中段以平 1、平 2、斜 1、平 3 组成，并依次相通。斜 4 与上中段为同一循环系统。

二号发掘点。矿井上部全毁，仅存底部。平巷立柱呈"门"形，净断面宽 0.8 米，立柱高 2.63 米、直径 18 厘米。此处清理三条斜井，走向分别为北东、北西、南西，三条斜井相通。矿井内有矿石、木炭屑、竹席残迹等。文化遗物有残陶片、铁锄、残工具的木柄等。

2. 河北承德铜矿联合开拓[④]

联合开拓由四个部分组成：矿井、矿井中部的采场、矿井下部的采场、采场四周的坑道。整个井深约 100 余米。据考古资料推算，在矿井约 70 米深处有一大型采矿场，即中部采场。采场东西长，南北短。采场底板北高南低，形成舌状，岩台高 10 米、宽 4 米，较长。场内发现 10 米多高的木梯斜靠掌子面。台面上也发现木梯。据此计算，整个中部采场的最

①　赵青云等，巩县铁生沟汉代冶铸遗址再探讨，考古学报，1985，（2）：157～159。
②　罗平，河北承德专区汉代矿冶遗址的调查，考古通讯，1957，（1）：22～27；安志敏、陈存洗，山西运城洞沟的东汉铜矿和题记，考古，1962，（10）：519；河南省文物研究所：南阳北关瓦房庄汉代冶铁遗址发掘报告，华夏考古，1991，（1）：第 1 页；董全生，南阳地区古代采冶遗址调查，见：第四届全国金属史学术会议论文，1993 年 10 月。
③　安徽省文物考古研究所等，安徽铜陵金牛洞铜矿古采矿遗址清理简报，考古，1989，（10）：910～918。
④　罗平，河北承德专区汉代矿冶遗址的调查，考古通讯，1957，（1）：22～27。

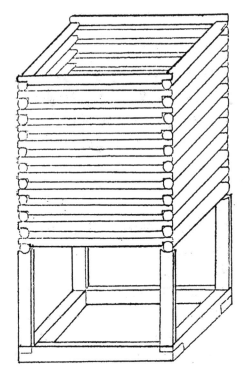

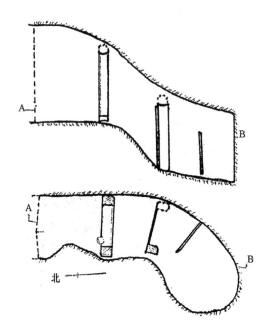

图 2-5-1　二号竖井复原示意图（1/40）　　　图 2-5-2　4 号斜井平面剖面图（约 1/33）

大高度至少有 15 米。台面西北角发现一坑道口，道口高 2 米多，越往内巷道断面越狭小。而采场南部的四周作业面上，至少发现 4 条巷道，巷道高 1 米余，内残存巷道支护木、碎石。采场西头是矿井延伸部分，与下部采场相连。回采的矿石是从坑道开采出来后先运到采矿场，然后从矿井提运出去。

3. 山西运城洞沟联合开拓

山西运城洞沟属我国著名的中条山矿区内的矿点之一。在运城矿洞旁考古发现的摩崖石刻题记主要属于东汉灵帝时期，如"光和二年"（179）。运城洞沟铜矿汉代遗址颇有特色，表现在两个方面：一是当时已开采硫化铜矿，在 7 个古矿洞中，所出的矿石都是黄铜矿（含铜约 5%），而孔雀石只占很少比例。洞沟的第二个特点是地下联合开拓回采的布局方案反映了较高的水平。考古发现的 7 个矿洞，其开凿方向都是沿着铜矿脉的走向，而且整体规模较大，单体矿洞的联合开拓回采各具体系[①]。

运城的二号洞为主采矿洞，规模较大，其开拓由斜洞-矿房-分条幅的支洞-分条幅的叉洞组成。斜洞洞口沿矿体走向向北以 10 度的倾角向内延伸。洞口呈圆形，直径 3 米，延伸至 4 米时，洞身逐大，呈一高 8 米、宽 6 米的矿房，形状不规则。在矿房南边凿有 3 个直径 1 米左右的支洞，各深 3～12 米不等。其中两个支洞还各有两个分叉洞，在矿房东北角也凿有一支洞。二号采场内，发现两把铁锤和铜棍。从联合开拓回采系统的平面布局来看，其回采轴线均呈平行线，与矿体走向一致，已经形成了分条幅由北向南切割矿体的趋向，如此正

规的采场布局，是先秦时期矿山遗址所少见的。

三号斜洞以 50 度的倾角向内延伸。洞口呈圆形，直径 3.4 米、延伸至 15 米时，呈主竖井垂直而下，至 3.3 米处的井壁上凿有 0.97～1.17 米的小洞。进深后又开凿成直径 2.5～3.1 米的竖井，深约 9 米。主竖井井筒左侧也另挖有竖井，直径 1.2～2.5 米，因坑底已塞满碎石，深度不详。三号矿洞与二号矿洞不同的是，二号洞是在矿体内呈平面条幅切割布置，而三号洞是在矿体内呈剖面竖分条切割布置，两者结合，形成典型的古代采矿方法。

其他的一号、四号、五号、六号、七号矿洞，结构相似，规模也相当大。七号矿洞向东，由洞口到洞底约作 45 度的倾角延伸。洞口呈椭圆形，宽 10 米、高 4 米、深 15 米。一号矿洞高达 18 米，宽 22 米，深 18 米。曾发现铁钎一根。四号矿洞洞口宽 2.3 米、高 4 米、深 15.5 米。

4. 湖北铜绿山联合开拓

西汉时期，铜绿山采场达到了其技术上的全盛期，其单体开采的规模有了很大的提高。如 1 号矿体的西汉矿井，其开拓系统与战国时期矿山基本相同，即从地表开挖竖井到一定深度，便向四边掘进中段平巷，在中段巷道的中部或一端，下掘盲井直达采矿场；其在掘进破碎带和围岩蚀变带内的巷道，采用了完全棚子封闭式支架，与现代该地质构造带内采用的钢筋混凝土封底的封闭式支护形式相同，再次证明古人对井巷掘进中出现的地压现象有足够的认识和对策[1]。今将开拓系统示解如下：

$$\left.\begin{array}{l}地表\\露天采场底\end{array}\right\}\rightarrow\left.\begin{array}{l}竖井\\斜井\end{array}\right\}\rightarrow 中段平巷\rightarrow\left.\begin{array}{l}盲竖井\\盲斜井\end{array}\right\}\rightarrow 平巷、采矿场$$

竖井断面大体呈方形，采用经加工的方木或圆木密集垛盘支护，相当稳固，完全可以同现代的木结构井架相媲美。平巷断面大，距离长，支护坚固，人可以直立行走，采掘作业比较方便。一般的掘进断面为 174 厘米×197 厘米～240 厘米×224 厘米，支护断面为 120 厘米×150 厘米～180 厘米×160 厘米。

井底掘有 3 米深的水窝，类似现代的井底水仓。有的井延伸到潜水面以下近 30 米。当时的采深已达 90 余米。

（五）传统采矿方法的确立

先秦矿山使用的一些采矿方法，如水平分层采矿法、方框支护充填采矿法、房柱采矿法、横撑支架采矿法，发展到汉代便达到了相当成熟的阶段，且被最后确定下来，成为后世长期沿用的工艺模式。

1. 水平分层采矿法和方框支柱充填法

水平分层采矿法。此时在铜绿山和安徽金牛洞都有使用。不同处是，铜绿山的井巷稍小，上下分层间距稍近；金牛洞汉代采矿工程至少有两个水平开采层，上层与下层相对高差在 2 米左右，巷内充填着大量的铁矿石和废石，铁品位高达 50%～60% 以上。从金牛洞遗存来看，汉代是先采底层矿石，采空后，再用废矿石或废石充填废弃的井巷，在上层继续采掘。

方框支护充填采矿法。是在木质方框支护的上下水平巷道内，将上层巷道排除的废石，

---

① 杨永光等，铜绿山古铜矿开采方法研究，有色金属，1980，(4)：90～91。

充填到下层经过了回采,后而废弃了的巷道内,以充填下部采空区;这既有利于上层作业的安全,又减少了排土运输量;是一种较为先进的采矿方法。与水平分层采矿法同样,皆始见于铜绿山商代晚期遗存,多用于软层矿体中。汉时在安徽金牛洞、湖北铜绿山和黄牛山等,水平分层和方框支柱充填法皆使用得较为普遍。

2. 房柱法

在汉代诸采矿场中,房柱法在河北承德铜矿表现得最为突出;其一方面因地制宜,以房柱采矿法为主,同时某些地段也采用方框支护法。房柱法采用正台阶工作面掘进,高 15 米左右的矿房(采场)是分层开凿的,上层高约 5 米的掌子面超前推进,台下的掌子面随后推进,因此形成正台阶;上下层台的掘进将向四周扩展,最后台阶随之消失。木梯斜靠台阶,以便作业人员上下。紧靠上平台作业面,整齐地堆放着呈四方形的坑道木木垛,高 2 米多,作为高处凿岩的工作台架。在矿房四周底板至上 1 米多高处,开凿有 4 条 1 米多高的巷道,巷道内残存着支护木。这种遗迹反映了两个问题:一是承德的采矿方法是根据矿体和围岩的坚固程度而定的,即自然支护采矿法中的房柱法和人工木支撑采矿法相结合;二是矿房四周的巷道与矿房底板原应在同一平面上,而考古发现的矿房底板低于房壁四周的巷口 1 米多,是矿房不断向下挖掘形成的,这反映了当时先后开拓回采的循环程序。

广东番禺莲花山古采石场[①]面积为 1.5 平方公里,遗存的采石面峭壁一般高 20 余米,最高达 40 米。有的山丘采平后,继续露天开采,形成 13 米深的采坑,古代称为"塘口",在"金鱼池"遗存的采石面石壁上,还遗存阴刻"塘口土地"四字。

莲花山南区汉代采石采用露天开采法与房柱采矿法联合开拓。开采顺序是先揭去上层风化岩层,后回采中部和下部的新鲜岩层,即长石石英砂岩、粉砂岩、砂砾岩。这与广州西汉南越王墓建筑石料是相似的。露天开采是:根据不同山丘的地形特点,圈定不同的开采深度,开采终了时形成不同的凹陷露天矿和山坡露天矿。例如在丘岗中部所作的开段沟,形成双壁堑沟。在山丘浅部形成的露天竖坑,小者面积约 60 平方米,深七八米至近十米。在单侧山坡开采的矿岩划分成一定厚度的水平分层,由上向下逐层开采,并形成阶梯状。地下开采与金属矿开采不同,多半的遗存是从露天矿转为地下开采,即在地下向四堑扩帮,将红色砂岩划分为若干个矿房,矿房之间留有规则的条带形矿柱。从遗迹分析,回采工作面采用下向分层回采顺序,上部分层超前,形成下向台阶工作。具体方法是:矿房壁上凿脚手架插杆洞眼。洞眼为长方形,尺寸大小不一,有的 17.5 厘米×13.5 厘米×12 厘米(高×宽×深),有的 16 厘米×9.5 厘米×6 厘米,纵横整齐排列,纵向自上而下间距 80~90 厘米,横向间距 63~67 厘米。矿房地面未见立杆的脚窝,可能采用的是马道式脚手架。以脚手架为工作台,在房壁顶线开切割槽。先在水平线上设计若干个间隔排列的切割段,每段长 60 厘米、宽 20 厘米、深 35 厘米,然后再切割剩余段。这种开切割槽的作业顺序,可以让几个工匠同时在一条水平线上作业。在红色砂岩岩面,留有整齐的铁钻钻痕斜线,钻线倾角为 21 度。

莲花山采石靠红色砂岩本身的稳固性或条带形连续矿柱的支撑能力维护回采过程中形成的采空区。其优点是回采工艺简单,采矿准备工作量小,不需穿脉巷道,劳动生产率较高,但采矿强度大。

---

① 西汉南越王墓,文物出版社,第 1 页;卢本珊 1998~1999 年考古调查及测量。

3. 横撑支架采矿法

在铜绿山，其大体上是沿用了东周的操作，即由地表下掘竖井，井筒穿过节理裂隙发育的铁帽，进入铜矿富集的氧化带内，由井底向四周扩大，最大的采幅 4～5 米。当上采超过一定高度时，架设一种 Ⅱ 型的横撑支架，一方面支撑采空区，一方面在支架上构筑人工落矿平台，人站在平台上用铁钎开采矿石，落矿、装运、提升均在平台上进行，并将少量的废石倒入下部空区①。这是一种上向式回采方法，采场像一个峒穴，横撑支柱最长者达 4 米。此法的特点是运输距离短，提升距离越采越缩短，人员操作比较方便。

1930 年，山东滕县宏道院收集了一块汉代画像石，生动地表现了采矿工匠在井下的劳动场面。在地下采场，有的持镐挖矿，有的用锥凿岩。有一个三人合作场面，一人扶锥，两人锤打。矿石采下后，经竖井提运出井口②。这一画像石刻与汉代采矿遗址所反映的情况完全吻合。这是我国迄今发现的最早的采矿作业图像。

（六）地压管理技术的发展

我国古代的地压管理技术始创于先秦时期，不管人工支护的还是自然支护的，汉代都有了一定的发展；这在铜陵金牛洞和大冶铜绿山的汉代井巷支护，承德汉代采矿，以及番禺莲花山汉代采石场上，都表现得较为明显。

1. 人工支护的地压管理

以金牛洞的考古发掘资料为例③。西汉时期金牛洞西段的竖井 1、竖井 2，相距约 6 米，支撑结构基本相同。竖 2 井的筒横断面为长方形，其下为井底（马头门），合计残存高度约 5 米。井筒采用木材支撑，结构形式为"企口接方框密集垛盘"，即将四根圆木的端点（节点）砍成台阶状接口，互相垂直接合呈一方框，接合面紧密牢固。方框与方框层层垛叠，形成"垛盘"。井筒净断面 1.6 米×2.00 米以上。井筒底层方框四角的被支点垛在其下的四根马头门立柱顶端。马头门由四根地梁、四根立柱或二至四根中柱组成。净高 1.6 米、净宽 2.20 米。立柱高 1.6 米，横断面呈方形，尺寸为 25 厘米×25 厘米。马头门地梁长 2.85 米，断面为 40 厘米×40 厘米。地梁两端砍成台阶状平口，与柱脚平口接，马头门净宽 2.20 米。地梁正中凿有一个 30 厘米×33 厘米的矩形浅凹口，即用于加固马头门横梁的中柱脚窝。这是一种加强式马头门结构。

金牛洞计清理出了四条斜巷，编号斜 1～4 号，其中斜 1～3 号为斜坡状，斜 4 号为阶梯状。

金牛洞西汉矿井均采用木支撑结构，竖井井筒采用"企口接方框密集支架"结构（也称"垛盘"），抗压强度大。马头门结构选料粗大，底敷地梁可防止"地鼓"，立柱间加设中柱，能增加横梁的抗压强度。巷道支撑根据围岩的坚固性程度各异而分别采用半框式和框式支架两种，其中 4 号斜巷为梯形方框式支架，立柱与地梁的角度为 85 度，角度合适，抗压力强。其他巷道和马头门内立柱支撑均呈地心方向垂直，支撑方法有四种：第一种是将立柱直接放在围岩上；第二种是先凿一柱脚窝，再立立柱，防止柱脚移动；第三种是在松散的砂石层上

① 杨永光等，铜绿山古铜矿开采方法研究，有色金属，1981，（1）：85。
② 王振铎，汉代冶铁鼓风机的复原，文物，1959，（5）。
③ 安徽省文物考古研究所等，安徽铜陵金牛洞铜矿古采矿遗址清理简报，考古，1989，（10）：910～918。

垫一层木板或一段方木为木础,再立立柱,这可分散柱脚的压力;第四种是利用自然地形,在井巷边帮凸出的围岩上直接立一短柱,支撑横梁。支护立柱的顶端接口有树杈和人工砍凿丫口两种。巷道两侧及顶棚有木棍或木板护帮,有的还用竹席封顶,以防止岩石坍落。综上所述,金牛洞井巷支护因地制宜,结构合理。

综上所述,战国至西汉,"企口接方框密集竖井支架"、"鸭嘴式巷道支护"、马头门、梯形框式支护平巷等人工支护的地压管理技术,在江西铜岭、湖北铜绿山、安徽金牛洞等地使用已相当普及。这种"井干"技术在《汉书·郊祀志》中已有记载:"立神明台,井干楼高五十丈,辇道相属焉"。颜师古注曰:"井干者井上木栏也,其形成四角或八角。"采矿支护,则是四角。可见,这种结构也用于土木建筑中。

2. 自然支护的地压管理技术

用于坚固围岩的采空区地压管理经验,是我国先民在长期实践中取得的。从本节可见,汉代河南南召铁矿 424 号矿洞高约 8 米,长达 25 米,其顶板就是利用矿体的节理面,使其顶面呈人字形而防止开采时自然陷落,其自然支护已有相当的规模。

湖北铜绿山先秦时期的采矿井巷主要采用人工木架支护技术,它是针对矿山的接触带和破碎带这种软岩层而创新的。至汉代,随着矿山氧化带的减少和凿岩技术的进步,利用坚固矿体的自然抗压能力来支护地压管理的技术逐步扩展,而且成功率高。铜绿山汉代铜矿遗址,其采空区由原来的人工木架支护法转为以自然支护法为主,就是一个明显的标志。广东番禺莲花山汉代采石完全采用自然支护法,其规模大、分布广,实属罕见。

苏秉琦先生说:"超百万年的'根系',上万年的文明起步,五千年的古国,两千年大一统实体是我国的基本国情[①]。"这番学术观点,用于总结中国采矿技术发展史也是十分恰当的。中国采矿支护技术,商周时期,突出地显示出多样性的特点,到秦汉时期,则以"大一统"的形式出现,企口搭接结构的木构件广泛用于采矿支护中。

(七) 采矿辅助技术

我国古代的矿山提升运输工具,如竹筐、竹箩之属,几千年来基本上没有什么变化。安徽金牛洞、湖北大冶等地的竹筐仍然是装矿工具。

木制绞车用于矿井提升在江南的铜绿山、石头咀、红卫等矿山均有发现。根据安徽金牛洞西汉采铜的深度和发达的竖井及井底马头门支护技术,把它与湖北铜绿山比较,金牛洞完全有可能应用了绞车提运矿石。河南南召红石崖山汉代采铜井口就发现提升设施的残迹。

河北承德汉代铜矿提运工具,在井口发现小铁车轮,在采矿场发现梯子。小铁车是轴和轮连在一起的,样子和现在手工业煤窑工人拉的四轮小斗车的车轮差不多。对这两件工具的用途,据有经验的工人估计,当年矿工们开矿井是顺着矿脉开的,因此矿井就不是直上直下的,在斜坡的地方,矿石是靠工人顺着梯子背上来的,这就是梯子的用途。在比较平坦的坑道里,还是可以用斗车拉的[②]。

从考古发现的汉画砖和陶井来看,汉代井口使用辘轳已十分普遍了。由此可见,汉代的矿井提运技术较先秦时期有了很大的提高。

---

① 苏秉琦,给中国历史博物馆 80 周年的题词,1992 年 5 月,文物天地,1993,(2):3。

② 罗平,河北承德专区汉代矿冶遗址的调查,考古通讯,1957,(1):22~27。

关于矿山排水技术，安徽金牛洞地区地处坡麓地带，地下水位高于相思河水位 1～1.5 米。古矿井上部为 1.5～4 米厚的黏土及砂质黏土垫层，其透水性极弱，单位涌水量一般在 0.0345 升/秒米，渗透系数一般小于 0.0698 立方米/昼夜（可视为隔水层）。古矿井内的地下水主要是矿层中的裂隙渗透的。当时井下是利用废弃的低凹井巷为水仓，先将积水排到 4 号斜井或硐室内蓄积，然后用桶排水。其他遗址的排水技术，基本上与战国时期相同。

排水工具水桶仍然是木制，也没有质的变化。安徽金牛洞发现的木桶，形制基本相同。据安徽铜陵铜官山矿工程师反映，20 世纪 60 年代开矿中曾发现过竹筒或排水器，这是否为云南清代矿山使用的抽水器（水龙）的始祖，还有待考证。

关于井下照明技术，先秦的巷道都没发现灯龛。安徽繁昌铜山西汉采铜巷道内发现灯龛，这是迄今我国古矿山发现年代最早的井下固定式照明装置。

第六节 隋唐五代采矿技术

隋代矿政的特点是全力发展铜矿。为了增强封建统治政权的经济基础，将铜矿的开采权全部收归国有，采取封建徭役制，征集劳动人民开采。

唐（618～907）承隋制，国力达到了空前的强盛。日趋繁荣的经济生活，使得对金、银、铜、铁的社会需求不断增大，给矿业生产的进一步发展加大了推动力。

"五代"（907～960）短短的 53 年，各种割据势力互相混战，其中只有南方的吴越相对稳定，故采矿技术仍有一些发展。

唐代金属矿以地下开采为主，且规模较大，上下采场分为多层，以井巷连通，采掘深度距地表百余米；巷道布局规整、合理，采准、回采工艺已达较高水平。切割矿柱法、上向式、横撑支柱台架式、充填法等开采法都得到了较为广泛的使用。通风技术有了一定发展，采用了矿柱气孔与通风井巷相结合的井下风穴技术。井下普及了斗车运矿，采用了水车分级排水。隋唐是我国采矿业的持续充实提高期，但技术上并无太多建树。

一 矿业政策的变化和矿业辅助技术的发展

采矿技术的发展，除受本身内在发展规律的制约外，还与多方面的外在因素有关，在隋唐五代，这主要包括两方面：一是矿业管理政策的发展和变化；二是其他辅助性技术的发展，它们都在不同程度上促进了隋唐采矿技术的发展和提高。

（一）开放政策促进矿业发展

唐代以前金属矿产一般多属官营。唐朝采取开放的矿冶政策，除了官营外，也允许民营，官府只管征税。《旧唐书·职官志》："掌冶署，令一人，丞一人，监作四人……凡天下出铜铁州府，听人私采，官收其税。"《唐六典》卷二十二也有同样记载，但"西边，北边诸州，禁人无置铁冶及采矿。"即除西北边境外，一般听由百姓采冶。特别是玄宗时，银矿的私营也较普遍，矿税缴纳订立令式，官府开始向银锡矿征税。安史之乱以后，朝廷财政紧张。元和三年（808），唐宪宗曾一度禁止五岭以北采矿，但不久便撤销了禁令，《册府元龟》卷四百九十三"邦计部·山泽"载，五岭以北的所有银坑"依前百姓开采"。唐代采取开放政策，矿冶允许民营，这种生产关系的改变，无疑促进了矿山的开发利用。我们从开元、天宝的各地矿产的土贡上，可以看出各项矿产分布地点是较多的。有的矿山规模较大。《太平广记》卷一〇四"银山老人"条引《报应记》云："饶州银山，采户逾万，并是草屋。"此饶州银山在今江西境怀玉山北麓之德兴一带，这里是唐代产银最多的矿区之一；民间的开采者达万户以上，足见当时民间采矿业的兴盛和开采大势。宋《太平寰宇记》卷一〇七"饶州"条也谈到了饶州采银和税制管理，其云：德兴县"本饶州乐平之地，有银山，出银及铜。总章二年（669），邓远上列取银之利，上元二年因置场监，令百姓任便采取，官司什二税之。"[①] 显然，这种管理是有利于民营采矿业发展的。

（二）其他辅助性技术的进步

唐代手工业，有官营和私营两类。与采矿技术有关联的手工业、五金业、水利、土木建筑、交通运输，此期都有了较大的发展；这些辅助性技术和工业，对采矿技术的发展都起到了很好的作用。在此尤其值得一提的是排水技术、建筑施工技术、交通运输技术。

（1）排水技术。此期的排水技术达到了相当高的水平。从扬州唐城排水技术来看，已采用规模宏大的砖木结构的水涵洞排水[②]。江苏镇江发现唐代木构下水道遗迹。它采用两侧立板，板内外以桩固定结构，宽约 0.8 米，高约 0.9 米。唐代矿山排水技术的改进也印证了这一点。《隋书·天文志》载，隋代，我国已有专门的水准测量工作者——水工。由此可见，隋唐时期宫廷对水文工作相当重视。

（2）建筑施工技术。隋唐建筑在秦汉以来建筑技术的基础上逐步发展，形成了一个完整的以木结构为主体的建筑体系，对后世产生了较大的影响，其技术水平体现在：规划设计水平空前提高，城市规划结构严谨，区划整齐，规模宏大。单体木构架建筑更为完善。隋朝开始设工部，主管制定有关建筑工程的法令规范，实际管理工程的是将作大监。唐朝设将作监，监下设四署，分管木工、土工、舟车工和砖石材料。唐代已出现在设计施工中按标准工时定额的规定，已有了"都料匠"，即类似近代的建筑师，主持全部工程的设计、指挥、分配、调整各工种的工作。与采矿有关的建筑材料石、铜、铁、矿物颜料已广泛应用。木构件已有一定的模数关系，这对井巷木构件支护技术有了一定的理论指导。

（3）交通运输技术。农业和手工业的迅速发展，必然促进隋唐商业的繁荣和交通的发达。据《唐六典》卷五记载，唐代全国官驿的交通网，大致为三十里一驿，有陆驿、水驿和水陆相兼之驿，共 1639 所。筑桥技术和栈道技术水平有了明显提高。扬州唐城发现的木桥[③]，全长 34 米，水平跨度 30 米。桥墩采用木桩和木板构成"八"字形，木桩最大断面 20 厘米×46 厘米，采用了桩基法。栈道是峡谷中特殊的交通桥梁。唐代的栈道已有四种形式：一为有梁有柱式，即延绵不断的简支梁桥；二为有梁单柱式，即用一根横木，一端嵌入石壁上凿出的石孔中，一端支在立于水中或石壁的柱上，上搁木梁即成；三为有梁无柱式，靠石壁上的孔出挑横木，上搁木梁；四为凿石而成的磴道。考古资料表明，秦汉、隋唐的一些大

---

① 太平寰宇记，第 20 册，卷一〇七"饶州"第 11 页，文渊阁，钦定四库全书，史部，武汉大学出版社电子版 224 碟。

② 扬州城考古队，扬州发现唐代最大地下排水设施，中国文物报，1994 年 9 月 11 日头版；中国文物报，1993 年 8 月 15 日。

③ 秦浩，隋唐考古，南京大学出版社，1996 年，第 435 页。

型地下采场，其横撑支架开采技术，大多借鉴筑桥和栈道技术。

隋唐的交通工具，在用车方面，牛车和马车较为普遍。在用船方面，隋炀帝至江都，舳舻相接，千里不绝，可见当时内河船只之盛。江苏如皋发现的唐代木船长 17.32 米，共分九舱，船身窄长，速度快，隔舱多，容积大。

二　金属矿山的分布概况

隋唐时期，我国金属矿业分布比较广泛。长江中下游地区仍有可供长期采掘的富矿，开发持续不衰。荆楚、吴越故地仍是重要的铜料输出地区。据《新唐书·地理志》记载：扬州、润州（今江苏镇江）、宣州（今安徽南部）、鄂州（今湖北东南部）皆"有铜"。这一时期，中原人口大量南迁，封建统治阶级在此驻守重兵，开驿道、兴水利、挖沟渠，使南方地区的社会经济得到很大发展。黄河流域的中原文化与长江流域的古文化相互影响，互为辐射，共创技术繁荣。

有关唐代金属矿产分布的资料散见于《唐六典》、《通典》、《元和郡县图志》和《新唐书》"地理"、"食货"二志等书中。《新唐书·食货志》载："凡银铜铁锡之冶一百六十八，陕、宣、润、饶、衢、信五州银冶五十八，铜冶九十六，铁山五，锡山一，铅山四，……麟德二年废陕州铜冶四十八。"本条列举并不完备，例如同书《地理志》有铜之地远远超过 96 处，南北各地皆有。像地处长江中游的鄂、岳等州重要金属矿区未记录在内。《新唐书·地理志》记载：武昌产铜和银规模甚大。《李太白全集》卷二十九《武昌宰韩君去思颂碑》载："武昌鼎据，实为帝里"，"其初铜铁曾青，未择地而出，大冶鼓铸，如天降神。既烹且烁，数盈万亿，公私其赖之"。可见产量甚为可观。

表 2-6-1[①]是根据上述古籍编列的隋唐时期全国金属矿重点分布地区表。从表 2-6-2[②]可以看出唐代矿产分布的广泛性和区域性的特点。

表 2-6-1　隋唐时期全国金属矿重点分布地区表

今省份	铁	铜	锡	铅	银	金	汞
河北	临水(磁县)、沙河、内邱、井泾、平山、唐(县)、马城(滦县)、邺(临漳)、涉(县)	飞狐(涞源)、唐(县)	[武安]				
山西	岳阳(安泽)、汾西、翼城、绛(新绛)、吉昌(吉县)、昌宁(乡宁)、温泉(孝义)、孟(县)、交城、绵上(沁源)、玄池(静乐)、秀容(忻县)、五台、阳城、昭义(长治)	绛、曲沃、翼城、平陆、解(县)、闻喜、孟、五台、黎城、阳城	[阳城]		安邑、平陆、五台		

---

① 夏湘蓉、李仲均、王根元，中国古代矿业开发史，地质出版社，1980 年，第 71 页。

② 冻国栋，唐代金属矿业的分布、开采与铸造工艺，中国冶金史料，1989，(4)：80～81。

续表

今省份	铁	铜	锡	铅	银	金	汞
江苏	彭城(徐州)、六合、上元(南京)、溧阳	江都、六合、上无、溧水、句容、溧阳、吴(县)					
安徽	当涂、南陵	全椒、天长、滁州、庐江当涂、南陵、秋浦(贵池)、青阳、虹(泗县)		宣州(宣城)	南陵、宁国、绩溪、秋浦、青阳		
浙江	山阴(绍兴)、临海、黄岩、宁海	武康、长城(长兴)、安吉、余杭 建德遂安、奉化、丽水、金华、安固(瑞安)	[安吉、会稽 (绍兴)]		诸暨、西安 (衢县)、松阳		
江西	乐平、安远、宜春、上饶	洪州(南昌)、浔阳(九江)、彭泽、饶州(波阳)乐平、袁州(宜春)、信州(上饶)、上饶	南康、大余、安远	大余、上饶	浔阳、乐平、弋阳、玉山、临川	乐平、上饶、临川	
河南	朱阳(灵宝)、舞阳、林虑(林县)	伊阳(嵩县)、南阳	[乐安(光山)、长水(卢氏)、伊阳]		伊阳、鲁山	乐安、伊水	
湖北	巴东、广济、蕲水(浠水)、江夏(武昌)、永兴(阳新)、武昌(鄂城)	永兴、武昌			武昌	施州(恩施)	
湖南	湘源(东安)、石门、巴陵(岳阳)、永州(祁阳)、延唐(宁远)、永明(江永)	长沙、平阳(桂阳)、高亭(永兴)、义章(宜章)	长沙、平阳、高亭、江华	义章	永明、义章、邵州	长沙、衡州、叙州(黔阳)、湘源	辰州(沅陵)、麻阳、锦州(麻阳)、溪州(永顺)
广东	琅阳(英德)、桂阳(连县)、阳山、连山	铜陵(阳春)、连山		化蒙(广宁)、阳春	曲江、廉州、阳江、桂阳	连山	连州
广西	怀集、桂岭(贺县)	临贺(贺县)	冯乘、富川	藤县	宣山	邕州	宜州、容州
陕西	韩城、洛南、汧源(陇县)中部(黄陵)宜君、河池(朝邑)、西(勉县)、梁泉(凤县)、顺政(略阳)、长举(略阳)	洛南、商州	[西(勉县)]		梁泉	西城(安康)、洛南、汉阴	兴州(略阳)

续表

今省份	铁	铜	锡	铅	银	金	汞
四川	始建(井研)、隆山(彭山)、南宾(丰都)、绵谷(广元)、山(邻水)、新津、平羌(乐山)、夹江、临邛(邛崃)、临溪(蒲江)、通泉(射洪)、巴西(绵阳)、安县(西昌)、昌明(会延)、魏城(绵阳)、昆明(盐源)、石镜(合川)、巴川(铜梁)、资官(荣县)、永川、峨眉	金泉(金堂)、临邛(邛崃)、阳安(简阳)、金水(金堂)、卢山、荥经、铜山(中江)			巴西	宣汉、巴西、峨眉	溱州(綦江)、茂州
云南						姚州(姚安)	

注：锡矿地名加[ ]号的，表示疑为"黑锡"，即铅。本表依《隋书·地理志》、《旧唐书·地理志》和《新唐书·地理志》整理而成。

表 2 - 6 - 2

分布地区	金属矿产种类						
	铁	铜	金	银	锡	铅	小计
关内道	6	2	1	2			11
河南道	7	5	1	5	2		20
河东道	15	8		2	1		26
陇右道	1	1	1	3			6
江南东道	14	22	7	6	6		55
江南西道	15	15		11		6	47
岭南道	6	3	3	3	2	4	21
河北道	9	1			1		11
山南东道	4	1	3	3	1		12
山南西道	6						6
淮南道	4	5					9
剑南道	17						17
合计	104	63	16	35	13	10	271

注：本表依《新唐书·地理志》整理而成。

表 2 - 6 - 3[①] 反映了唐宪宗、宣宗时期各类金属矿的开采量。

---

① 冻国栋，唐代金属矿业的分布、开采与铸造工艺，中国冶金史料，1989，(4)：80～81。

表 2 - 6 - 3

矿产种类	宪宗元和年间（806~820）	宣宗大中年间（847~860）
铁	2 070 000（斤）	532 000（斤）
铜	260 500（斤）	655 000（斤）
银	12 000（斤）	25 000（两）
锡	50 000（斤）	17 000（斤）
铅	——	114 000（斤）

注：本表依《新唐书·食货志》整理而成。

由上可见，唐代的金属矿产大都分布在南方诸道州的三大区域，即①长江下游的江、浙一带；②长江中游的湘、鄂、赣、闽、皖一带；③西南和华南的粤、桂、云、贵、川一带。北方较少，惟陕南等地。矿产的种类以铁铜矿最为丰富；其次银矿，其主要集中于江南西道、东道和河南道；再次是金、锡，江南东道藏量最大。据《湖南通志·矿厂》载，元和三年，盐铁史李巽上言说："郴州平阳高亭两县界，有平阳冶及马迹、曲木等古铜坑，约二百八十余井"可见当时采矿的规模确实很大。而关内等道金属矿藏相对较少，这表明南方的开发有了新的迈进，工矿业和农业经济一样成为唐政府日益重视的对象。

今发现的隋唐矿山遗址主要有如下 9 处。

1. 山东莱芜矿山遗址①

其位于山东中部，泰山东麓，是汉代以来开矿、冶铁的重要地区之一。1986 年，莱芜西部共发现采矿、冶炼遗址 34 处，其中属唐代的有西温石遗址等。

西温石遗址位于莱芜市西北 4 公里的羊里镇铁矿区内，矿石含铁量 45%~55%。在距地表 25 米深的断面上，可见唐代采矿遗存，为露天采坑，深约 25 米。发现的遗物有朽木、铁镐、木锨、瓷碗、瓷壶、瓷注等。采矿工具木锨由整木砍凿而成。

2. 河北邯邢铁矿遗址

邯邢地区所辖的武安、涉县、沙河三县都蕴藏着一定规模的铁矿资源，称邯邢式铁床，其特点为含矿岩体主要呈复杂的层状体，侵入在以中奥陶系为主的碳酸盐岩地层中。矿石的金属矿物成分以磁铁矿为主。

1977 年，地质队在采矿遗址中发现唐玄宗年间的"开元通宝"，考察了一批唐代开采铁矿的遗迹和遗物，有露天和地下联合采场，还出土采矿工具铁锤、板斧以及刀具、陶罐、瓷碗等生活用具，还发现鸡骨②。

3. 河南荥阳、林县唐宋矿山开采遗址③

河南荥阳县石城山下的桃花峪两崖石壁中，有许多银矿遗址，古今皆称"银峒"。1986 年，发现大小银峒 60 余个。北魏郦道元《水经注》河水汜水条中有一段有关荥阳石城山的记载："（汜）水出石城山，其山复涧重岭，……。有数十畦，畦有声野蔬，岩侧石窟数口，隐迹存焉。而不知谁所，经始也。"荆三林认为"有声野蔬"的石畦，与植物探矿有关。"石窟"即洞穴，按《管子》及《淮南子》等都有"山上有葱者，下有银。"葱是蔬菜，且是作

---

① 泰安市文物考古研究室等，山东省莱芜市古铁矿冶遗址调查，考古，1989，（2）：149。
② 王诚，冀南地区古代铁矿开采技术初探，矿山地质，1986，（1）：50~52。
③ 河南省文物研究所等，河南省五县古代铁矿冶遗址调查，华夏考古，1992 年（1）。

为"声"的。在古银峒中，第 38 号银峒有唐宋遗物。大峒入口分为二峒，进深 30 余米未到底。

据 20 世纪 70 年代中期的调查，地表 10 米以下发现一条长 100 多米的古矿洞，矿洞为南北向，在南半段洞内有 18 个支洞，矿洞断面呈圆角三角形，高 1.8 米，宽 1.5 米，不见支护痕迹。伴出物有黑釉瓷碗、瓷片以及重达 15 公斤的铁锤。

4. 陕西洛南矿山遗址

《旧唐书・食货志》曰："今商州有红崖冶，出铜益多；又有洛源钱监，久废不理。增工凿山以取铜，兴洛源钱监，置千炉铸之"。

霍有光认为红崖山古铜矿在洛南蟒岭南坡灵官庙——官坡地堑式峡谷内。现代地质资料表明，在 30 余平方公里的峡谷内有三处铜矿化，均与花岗岩浆热液成矿及侵入作用有关。赋矿地层主要是黑云母大理岩、白云母石英钙质片岩及绢云母片岩组成[1]。

5. 鄂东南矿山遗址

这包括今湖北省武昌县、鄂州市、大冶市和阳新县一带。《隋书・食货志》、《新唐书・地理志》均记载该地产铜。前面章节阐述过，该区域属长江铜、铁、金等多金属共生成矿带，始自商代，经周代、汉代、隋唐直至今日，一直是我国重要的金属矿产地。

如大冶姜桥背后山金矿遗址[2]。1989 年发现，属唐代初年，计有三处古采金点，均分布在山坡上，间距 10 米左右，一处为竖井（编号 J1），另两处为矿洞（编号分别为 D1、D2），海拔高程分别是：140 米、120 米、113 米。矿山围岩为灰岩。

J1：竖井井口近圆形，直径约 2 米，井内土石填塞，仅能见井深 3 米。井的西北面有两块各约 1.5 米×1.5 米的灰岩巨石，一块平卧井边，石上阴刻"金口"二字，另一块阴刻"口六一七年"。

D1：为一斜洞穴，洞口高 1.3 米；D2：距山坡进深 50 米处发现，为若干个矿房组成，一个矿房长 5 米，最宽处 4 米，高 10 米。其北面有一拱形洞口通另一斜上的矿房。矿房长、宽、高均约 5 米，顶板为弧形，底板见一盲井口，直径约 3 米。在 D2 洞口南边岩壁上阴刻有"大金砂"三字；洞口外坡地上卧有一块 1 米见方的岩石，石上阴刻"淘金坑處"。古矿洞旁另一块石碑阴刻有："阳门金墟，淘金坑处。口年夏口吉日立，水省口，人到山口，丙田口田左"。

D2：矿房内出土遗物有铁钻、铁剪、铁锅、瓷碗等。

6. 赣东北矿山遗址

据《新唐书・地理志》、《元和郡县图志》卷记：唐代，江西洪州（南昌）、袁州（宜春）、抚州临川、江州彭泽、浔阳（九江）、饶州（波阳）、信州（上饶玉山、弋阳）、虔州、吉州等八州都在开采矿产，官府设置的冶炼机构（坑监）有 9 个，标注出有金铜等矿的县为 12 个。矿种有金、银、铜、铁、锡、铅 6 种。在 9 个坑监中，7 个是铜坑，充分证明唐朝政府对铜矿的重视，也反映江西的铜矿生产在唐朝时期兴盛发达[3]。

饶州乐平县银矿是唐代较大的银矿。《元和郡县图志》卷二十八："银山在县东一百四十

① 霍有光，试探洛南红崖山古铜矿采冶地，考古与文物，1993，(1)：94～97。

② 卢本珊 1989 年考古调查。

③ 江西冶金・江西冶金史研究专辑，江西省金属学会发行，1994，(6)：36～37。

里，每岁出银十余万，收税山银七千两"。许怀林计算[1]，乐平银山矿缴纳白银矿 2000 两，相当元和时总额的 58.3％以上、宣宗时总额的 28％。1938 年冬，夏湘蓉、刘辉泗对该矿进行过调查[2]，1975 年卢本珊考察了该遗址；其后，江西学者还作了包括银山在内的江西冶金史专题考察。

江西德兴唐代银山银矿的地下开采，以井巷为主。20 世纪 90 年代发现的 3 处竖井，一处位于山顶，另两处位于山坡。山顶竖井井口直径约 1.5 米，因井下土石填塞，仅见深约 5 米。按其位置及其旁废石堆积，该井可能是提升主井。1975 年卢本珊考察时，曾发现大量井巷支护木。

在江西抚州临川县银矿，也发现唐代矿洞 8 处，多呈斜形浅井。

7. 湖南临武矿山遗址

郴州地区矿藏丰富。《旧唐书·食货志》："李巽上言：得湖南院申，郴州平阳（今桂阳）、高亭（今永兴）两县界有平阳冶及马迹、曲木等古铜坑二百八十余井。差官检覆，实有铜锡。"郴州地区的临武县香花岑铜锡矿，发现大小矿洞 200 余处，其年代有唐、五代、明。古矿洞内的锡矿品位 5％[3]。

8. 皖南地区矿山遗址

宣州在今皖南铜陵、南陵、贵池、青阳、宣城一带。《新唐书·地理志》记载：当涂、南陵利国山（今铜陵县铜官山）、池州秋浦（今贵池县）、青阳都"有铜"，还有梅根、宛陵二监钱官。皖南早在商周就已开采铜矿。到了唐代，皖南的铜铁矿山进一步开发。近些年来，在南陵县破头山、井字山、戴腰山，铜陵县金榔乡（现钟鸣镇）燕子牧、新桥镇（现顺安镇）金牛村、西湖乡（现铜陵市狮子山区）曹山村和朱村镇（现天门镇）高联村、胡村等地以及繁昌、青阳、宣城等县都发现了矿冶遗址。

（1）贵池梅龙，又称梅根、梅埂、梅冶等。据史料记载，早在南北朝时，官冶以梅埂冶和冶唐最为著名，文献中多有著述。1993 年 3 月，考古工作者于梅龙镇郭港村一带山冈发现长 1000 米、宽约 500 米的冶炼遗址，遗物丰富，年代为六朝至唐宋[4]。

（2）南陵县破头山铜矿遗址[5]。该遗址主要分布在南陵县塌里木村破头山西坡和东坡，发现古露天采矿场和古地下采矿场。在山的东脊，可见唐代山坡露天采矿场，呈单壁堑沟陡坡，高约 10 米。在东脊以下的山坡上，发现一群井口。在山西部，也有唐代山坡露天采矿场。采场底部已呈一平台，面积约 200 平方米，底部平面有一竖井，井口直径约 2 米，与地下采场相通。

破头山矿物组合有黄铜矿、磁铁矿。矿物岩石坚硬，围岩稳固，所以地下开采多为自然支护，即无木架支护。在山腰，见大面积群井开采，竖井沿山势排列，间距约 5 米左右。井口直径 1～1.5 米不等。至山脚，见有无支护木的井巷。以一组井巷为例，竖井井口为方形，边长 88 厘米、残深 8 米，井底以独头巷道向北延伸，并通一短斜巷。斜巷长 2 米，顶为弧形，两帮为立面，高 1.2 米，宽 88 厘米。斜巷到头后又通一平巷。所见其他井巷与此组井

---

① 江西冶金·江西冶金史研究专辑，江西省金属学会发行，1994，(6)：36～37。
② 夏湘蓉、刘辉泗，德兴县矿产志，民国 28 年 7 月，江西省地质调查所，地质汇刊第 3 号。
③ 湖南省博物馆吴铭生先生调查后于 1986 年 4 月 10 日惠告，特此致谢。
④ 赵建明，贵池梅龙发现古代冶炼遗址，中国文物报，1993 年 9 月 19 日头版。
⑤ 卢本珊 1987 年 10 月、1988 年、1993 年 3 月考古调查。

巷类似。由于各井的布置间距较近，所以大多数井巷相通。有的巷道内发现废弃的铁矿石和废石，有一处铁矿石达 4 吨之多，有意用来充填废弃的巷道，说明采用了充填采矿法。在巷道底层，还发现运用火爆法开拓的木炭屑。

小破头山发现的采矿工具有铁凿等。还发现葫芦形平衡石，小者重 10 公斤，大的重达 30～40 公斤，这是与辘轳或绞车相配套的工具。

在山西坡，发现唐代大型地下矿房，位于 90 米进深。从遗迹来看，呈弧形顶的两个矿房中间的矿柱已被采掉，形成了一个大采场，在顶板仍留有矿柱的残迹。矿房南北长近 20 米，东西宽约 19 米，高约 10 米，采场的东南角、东北角各通一斜巷。东南角斜巷由低至高，未见尽头，巷口附近遗存有木立柱工作架；东北角斜巷向下倾斜，进深约 3 米。巷帮与采场间的岩墙上，见有气孔，以便巷道通风。在采场内还发现了水车。

（3）南陵县戴腰山铜矿遗址[①]。戴腰山铜矿位于大工山北坡山腰处，海拔高程 300 米左右，断代隋唐。1986 年 4 月对该遗址进行考古清理，发现竖井、斜井、平巷和斜巷等遗迹。竖井和斜井均无支护木。竖井井口断面为矩形，边长 90 厘米左右，深 10 余米。斜井沿矿体走向开拓，倾角约 70 度～80 度，井筒断面为近圆形，直径为 0.9～1 米。平巷连接竖井的西壁，向西南水平延伸。平巷断面近方形，残长 9 米，两帮岩石开凿得平整，残高 1 米以上，并有木支护残迹。斜巷由竖井井底呈 45 度坡延伸，残长 10 余米，端部与平巷底部的水平高差近 8 米。有的斜巷有木支护方框，由立柱、顶梁、地梁四根组成。立柱为圆木，柱顶为丫权，系人工砍凿。柱直径 15～20 厘米、高 150 厘米以上。框架之间用直径 7～10 厘米的松木排成顶棚。斜巷里出土三孔残木屐和瓷碗等生活用具。

（4）繁昌县横山乡（现繁阳镇）铜山狮子头铜矿遗址[②]。铜山海拔 108 米，开凿的矿洞，穴如天窗。在山顶上，发现 3 个竖井。一竖井井口为矩形，为 2.3 米×2.4 米，直通地下采场。山顶竖井周围分布着采矿的废石堆，主要是块状、蜂窝状褐铁矿，大者长 20 厘米左右。在山的南坡，西坡分布着十几个无支护的采矿洞穴，有些洞口分为上下两洞口，形成上下两层采场。采场平面均呈不规则形，大者长 18 米、宽 4 米，洞内所见岩石为花岗闪长斑岩，表面呈白灰色，开采面上见有黄铜矿。洞口外的坡地上，到处堆积着古人排出的废石，夹土带石，其矿物成分与山顶相同，多为褐铁矿。在山北坡发现大量炼渣。

9. 宁镇地区矿山遗址

位于长江中下游夕卡岩型铜矿带的尾部，金属矿产丰富。隋唐时期，属于淮南道的扬州和江南道的昇州（镇江），手工业及物产雄踞全国之冠。1975 年，在扬州槐子桥附近唐代窖藏里出土"开元通宝"及"乾元重宝"铜钱超过 14 万枚[③]。唐代需铜量的激增，促使南方铜矿带的开采迅猛发展。当时长江流域丘陵地带除四川、湖北、江西的铜矿山得以开采外，扬州的江都、六合、天长，庐州的庐江，昇州的江宁、句容、溧水、溧阳，苏州的吴县都有铜矿开采。《元和郡县志》卷二十五："润州（今马鞍山至南京、镇江一带）句容县铜冶山在县北六十五里，出铜铅，历代采铸。"又《新唐书·地理志》：升州江宁郡上元（今南京市）、溧水、溧阳以及苏州的吴郡皆"有铜"。1987 年考古发现的南京九华山唐代铜矿遗址位于江

① 杨立新，皖南古代铜矿初步考察与研究，文物研究，1988，（3）：182。
② 卢本珊 1987 年考古调查。
③ 卞孝萱，唐代扬州手工业与出土文物，文物，1977，（9）。

宁县与句容县交界处，从开采规模看，应是当时一个重要的铜矿区。近些年来，溧水江宁铜井、句容、栖霞山以及浙江淳安铜山乡等地也发现了一些唐代铜矿遗址。淳安铜山乡发现矿洞4个，曾出土木车轮。古矿山分布着大量古炼渣。矿山出土的石刻记载"大唐天宝八年开采取铜"[1]。北京科技大学冶金史室送矿山试样到北京大学加速器测年（AMS），也证实为唐代矿山遗址[2]。

南京九华山铜矿遗址[3]实为宁镇山脉中的伏牛山铜矿古代地下采区的一部分，1985年发现，卢本珊于1987年10月作过实地考察。依^{14}C测定并经树轮校正，遗址距今1320±55年，约相当于初唐；但出土物以青瓷碗为主，属唐代中晚期；看来，从唐代初年到唐代中晚期都曾开采。古矿山所处的南山海拔204米，其东、北、西三面与尚山等群山对峙，其南面为开阔地。属层间构造控矿的中温热液夕卡岩型铜矿床，矿体多呈脉状、透镜状等。矿藏储量大、矿石质量好，主要矿物组合是：黄铜矿、黄铜矿-黄铁矿、黄铁矿-闪锌矿-黄铜矿。局部铜品位达16.7%，平均品位：铜1.101%、硫16.71%、全铁44.77%。地下古采场的黄铜矿取样测定，铜10%、硫20%。围岩为石英闪长斑岩及石英岩，属坚固岩体，硬度为摩氏5度。下面阐述的仅仅是南山东北坡地下采场。

整个地下开采以采场为主（图2-6-1和图2-6-2），采场之间以井巷连通。采场分多层开采，考古调查了4层，总面积约1000平方米。每层采场以3米厚左右的底板间隔，上下采场之间以纵横交错的竖井、斜井、斜巷联通，至上而下的采场，考古编号为1、2、3、4号，各采场大小不等，分布于139～107米高程之内，1号采场顶板标高为139米，地表距1号采场顶板深20米。四个采场共发现10个井和28个巷。编号井J4实为一连通的井巷组合，它以竖井、弯曲的斜井从上至下将四个采场贯通。J3、J5井通地表。

从发现的3个洞口看，皆呈券顶。北坡洞口外堆积着废石，推断为古代运输矿石的出口。无废石堆积的洞口，可能是通风巷道口。

1号采场。平面呈不规则形，东宽西窄。采场长28米，最宽处12.4米，最高处4米。发现5个竖井6条巷道。采场东北部采用两个近1米宽的平巷进行条幅开采。西边平巷进深后形成一近圆形掌子面的小采场，东西径5米、南北径4.8米，穹隆顶。西北部留有二层台，台上有一圆形矿柱支撑顶板，高4米。另一侧残存木结构工作台架。在小采场中央底板上有一盲斜井，倾角70度，深7.5米，井口平面呈梯形，边长分别为1.5米、1米、0.75米。1号采场采用矿房开采，切割矿柱的采矿方法非常明显。

2号采场。平面略呈"T"字形，长13米，最宽处4米，最高处3米。发现4个竖井，4条巷道。采场南部的竖井J4将4号、2号、1号采场连通。东部为较长的平巷。

3号采场。平面呈"8"字长条形，南高北低呈陡坡，采场长22米，最宽处8米，最高处2米。发现盲井1个、巷道口3个。通过盲井可与上部的2号采场相通。

4号采场。在今见采场中属最大者，平面呈圆角方形，面积近500平方米，其东南和西北角还附有2个小采场。南北宽20.6米，东西长23.1米，最高处5米。一般高3米。采场

①　承浙江淳安县文管会鲍绪先生惠告，特此致谢。

②　承北京科技大学冶金史李延祥先生惠告，特此致谢。

③　南京市博物馆、南京博物院、南京九华山铜矿，南京九华山古铜矿遗址调查报告，文物，1991，（5）：66～77；伏牛山铜矿调查小组，南京伏牛山古铜矿遗址，东南文化，1988，（6）：58～63。

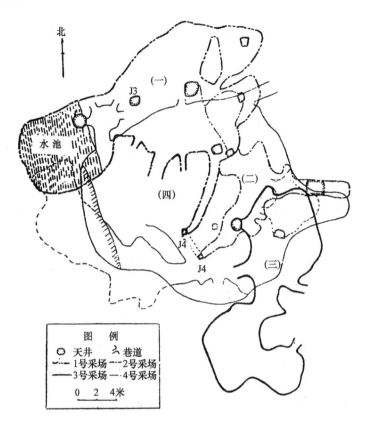

图 2-6-1 南京九华山 1～4 号采空区平面图

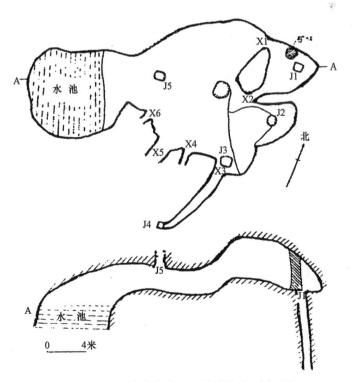

图 2-6-2 南京九华山 1 号采场平、剖面图

高处与低处的高程落差为 13 米。采场顶板呈穹隆状。采场底板高低不平。采场壁及顶部（即掌子面）经人工凿岩后形成多个弧形凹面。采场内发现 3 个竖井,15 个巷道口。采场顶板中央的竖井 J4 向上通 3 号、2 号、1 号采场。采场西北角的北壁近顶板处有一短巷 X18 连通另一小采场。X18 走向南北,券顶长 2 米,宽 1.5 米,高 0.37 米。像 X18 这种空间低矮、位置接近采场顶板的巷道往往是两采场之间的通风巷道。小采场近椭圆形,东西径 3 米,南北径 2.5 米,底板较平,穹隆形顶板,弧形壁。小采场的周壁除通 X18 处,又在北、东、西壁凿有 4 个放射状平巷,其西壁平巷 X19 尾部向上连通盲井 J9。J9 断面为圆形井筒,直径 1.24 米,深 2.75 米。井筒中间有横撑木,显然是工作台架,便于工匠作业。J9 盲井上端南北两侧通平巷,一侧平巷 X24 为平底、券顶、直壁,高 1.05 米、底宽 0.8 米。另一侧平巷 X23 底宽 0.8 米,断面呈等腰三角形,显然是还没完成的开拓巷道。从 X19 的尾部向上通过盲井 J9,在 X19 的上部开拓上层平巷 X23、X24,显然采用了上向式开采方法。

由于现代矿山开采的破坏,4 号古地下采场以东发现的 12 处古代井巷,与 4 号采场的关系不明。这些巷道的走向有西南向、西北向,可见是纵横切割矿体。有一竖井断面呈方形,面积为 0.8 米×1 米。井筒南北两壁通平巷,北壁平巷为券顶,宽 1.44 米、高 1.8 米,平巷被木构件支护。南壁平巷以底板岩层的自然裂隙层为开凿层面,由于裂隙层有斜度,因而巷道一边高 0.75 米,一边高 1.1 米,净宽 0.9 米。其顶板略呈券顶,以不完整木支护棚子支护。棚子由立柱和顶梁组成,柱直径 12 厘米,东柱高 105 厘米,西柱高 70 厘米,立柱顶端为开口贯通榫。横梁直径 12 厘米,与立柱的榫卯连接处以一根木楔楔紧。顶棚以木棍支护。立柱柱脚下的岩石面经过凿钻,略为凹窝,以保立柱不至受力而滑移。

这是迄今所见隋唐时期的 9 处采矿遗址,分属今山东、河北、河南、陕西、湖北、江西、湖南、安徽九省;与文献记载的矿区稍有差距,有待进一步的调查和发掘。

三　采矿技术的进一步提高

战国之后,我国的采矿技术并无太多的建树,基本上是沿用了先秦发明出来的工艺。尤其是露天开采,由商代至唐代,一直是传统的开拓方法此期采矿技术的发展,主要表现在下列三方面:①规模更加增大;②地下开采方法进一步完善;③采矿配套技术不断创新,一些先进技术得到了更为广泛的使用。露天开采的开拓方法无太多的创新,但开拓工具、设施上却有所发展,各项技术使用得更加纯熟。

(一) 矿山开拓规模的扩大

所谓开采规模扩大,至少包含三层意思,即矿区范围增大、露采规模增大、地下采的井深较大。

(1) 范围增大。如邯邢地区,在方圆百余公里的武安、沙河两市境内,有龟山、寺山、坡山、南洼、綦阳脑当、白草岗、矿山村、磁山、团城、固镇等矿体均有铁矿山,采矿点分布面积之广,开采矿体之多是该地古代少见的。磁山、矿山两个矿体是邯邢地区两个最大的矿体,埋藏浅、开采条件优越、储量大、品位较高、交通条件较好,符合“富、浅、近、易”的开发要求。寺山、南洼两矿体,现代勘探时是作为盲矿体圈定,经过大量钻探等工程才发现。而古人在唐代已经在此进行地下开采,说明古人能从地表知道地下有磁性盲矿体,可能运用了"上有赤者，下有铁"的找矿理论。

（2）露天开采规模增大。如河北沙河市綦阳脑当和武安市矿山村矿体露头部分，全部进行了大面积露天开采。綦阳脑当露采面积达 1550 平方米，深度为 30 米[1]，说明唐代能够完全控采露头的矿体。江西德兴银山高约 130～150 米，矿床为低温热液型，矿体多呈扁豆体，薄者 2 米，厚者达 20 米，充填于千枚岩中并交代变质古火山岩，规模大，矿石以闪锌矿、方铅矿、黄铁矿为主，其中含银量特富，矿体上部出露地表，因而被古人充分进行露天开采。露采位于银山西南山坡上，沿矿脉由低往高向山坡直上，开凿一狭长的凹陷露天采场，走向为东西[2]。安徽南陵县井字矸山头上，有多个直径 20～30 米左右的浅圆形露采坑[3]。古人追踪露头矿锲而不舍，大矿体开采成大露天，小矿体开采成群坑。像安徽井字矸这样的鸡窝状小矿体，则形成群坑开采，以减少废石的剥离量。如果矿体处于山脊中部，则形成全封闭凹陷露采坑；如果矿体处于山坡，往往形成单壁堑沟式山坡露天矿。一旦露采达到一定深度后不便深掘，就在露采坑底开拓竖井，深入地下开采。隋唐时期，矿山地下开采深度有了长足的进展，像安徽破头山、南京九华山地下采场已深入到地下近百米，其地表与地下连通井巷布局合理，反映出露天和地下联合开采已发展到相当成熟阶段。

（3）井深较大。如河北沙河市綦阳脑当唐代铁矿的地下开采距地表深 60 余米，采用竖井和水平巷道联合开拓。井巷均设在矿体内部，采掘方向沿矿体走向。南京九华山铜矿唐代采矿遗存分布范围近 3 万平方米，古地下采空区已发现 10 处，地下采场的采掘垂直深度距地表 108 米，4 个采场的高度一般都有 3～5 米，采场面积大，4 号采场长宽都超过 20 米。安徽南陵破头山铜矿唐代地下采场长宽均 20 米，高约 10 米。湖北大冶姜桥唐代金矿的矿房高达 10 米。可见，隋唐的地下采场一般都形成了较大规模。需特别指出的是，南京九华山唐代铜矿，将井巷和采场都设计在矿体内，采空区的布局方法采用宝塔形，即几个叠压的采空区，上面比下面的小。已发现的五个采空区，在平面投影上，由西北往东南方向错位布置，避免完全重叠，在空间上，形成下层采场的围岩成为上层采场底板的矿柱，其布局，反映了唐代工匠对地区管理的认识水平又进了一步。这样设计，有利于地下开拓规模的进一步扩大，使地下开拓，回采工艺达到了新的水平。

（二）地下开采方法的进一步完善

唐代的一些矿山，把井巷布置在矿体内，这在古代的技术条件下是较为合理的采矿方法。例如河北武安矿山村和沙河綦阳脑当均用平巷沿矿体走向开拓，运用选择性回采，即采富弃贫，采易弃难，用块丢粉，将所遗弃的碎矿（一般在 2～3 厘米以下）和粉矿都集中存放在一定场所。这与现代的选矿，高炉吃"精料"的方针有相似之处。可见古人已经比较注重经济效益[4]。

考古资料表明，唐代地下开采方法灵活多样，既适应了矿体地质构造符合安全开采的要求。从南京九华山等唐代矿山遗址可以看出，对于坚固围岩，采空区利用自然支护法，采用

---

① 王诚，冀南地区古代铁矿开采技术初探，矿山地质，1986，（1）：50～52。

② 江西冶金·江西冶金史研究专辑，江西省金属学会发行，1994，（6）：36～37。

③ 杨立新，皖南古代铜矿初步考察与研究，文物研究，1988，（3）：182。

④ 王诚，冀南地区古代铁矿开采技术初探，矿山地质，1986，（1）：50～52。

留柱空场法，即房柱法采矿。而在巷道通过的破碎矿岩地带，则局部采用人工木支护支撑围岩。已能有目的地按巷道采幅的宽度分层切割，一方面最大限度地采尽石英闪长岩与贫矿之间的富矿带，沿着富矿带的走向和倾向，逐步向四周、上下扩大开掘面，形成不规则形状的矿房，另一方面能控制地质构造，采用空场留柱，废石充填的方法，保证采空区的稳固性。例如：2号采场东部平巷 X8，其巷下为另一条巷道，但上下巷之间还留有长 2.4 米、宽 1.1~1.7 米、厚 0.4 米的矿石底板，说明原上层打掉底板后扩大了矿房高度。再例如：4号矿房最大高度 5 米，在空间较高的地方采用了留矿柱法支撑顶板。矿柱宽 1.6~2 米。在南角上，还发现利用裂隙面开凿而形成的斜矿柱。值得注意的是，将平巷逐步向四周扩大开掘面的过程中，会形成台阶状的作业面，如 4 号采场东面和南面的沿壁，留有半周矿体不采，作为作业平台，便于采掘高位的矿体。在 4 号采场西南部下层岩壁上，发现木构作业平台，工作面呈三角形，牢固地搭在一个岩缝中间，平台由横梁、铺板组成。平台上还残留碎石等物。平台上部矿体掌子面开凿成弧形工作面。《江西考古录》[①] 引《稽神录》曰："饶州邓公场（今江西德兴县银山）采银之所。天祐中（904~907）募银夫十余人，凿地道，入数步，空辟明朗，有穴如天窗，柱石皆白银也。采者持斧入，将斫之，俄而山颓，尽压死，自是无敢下者。"即先凿平巷，然后开辟矿房。"有穴如天窗，柱石皆白银"这是唐代地下开采采用空场法和留矿柱法的真实写照。这段记载还告诉我们，有的采夫图方便，将矿柱也并采了，结果"俄而山颓，尽压死"，这是违背采矿方法造成的事故。

（三）采矿配套技术的创新

唐代，与采矿配套的通风、提升、运输、排水，矿山测量等技术都有所创新和发展。

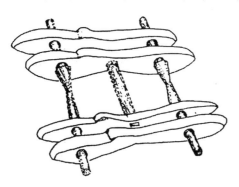

图 2-6-3　复原示意图

在提升运输方面，南京九华山铜矿遗址反映得最明显。当时运矿，已使用拖车（图 2-6-3）。该拖车出土于 4 号采场，为木制长方形构件，由 2 根横轴、两侧各 5 根拖条及中间 1 根撑木共 5 根木料构成。轴长 66 厘米，两端均削出长 20 厘米、直径 4 厘米的榫头。两侧拖木呈狭长的 "8" 字形，长 58 厘米，两端各有 6 厘米的卯眼与轴穿榫。拖板中间的卯眼将两侧的拖板连成一整体。拖条和轴孔部位均被磨损。原考古报告认为该物为提升工具[②]，这种推断值得商榷。浙江淳安铜矿唐代矿洞内发现木车，可见运矿工具有了突破。发现的木钩，虽然还是利用自然树杈砍削而成，但一件木钩上有两个钩说明可钩两筐，使提升量增大。发现的竹筐，纬篾和经篾都较宽，容重能力加大。

关于通风技术方面，利用进风口与出风口之间的高差来进行自然通风的技术，古人早有认识。北魏郦道元《水经注》记载大同煤矿一带的"风穴"时说："井北百余步有东西谷，

---

① 清·金奕、王仁圃著，赋梅书屋刊本。
② 南京市博物馆、南京博物院、南京九华山铜矿，南京九华山古铜矿遗址调查报告，文物，1991，（5）：66~77；伏牛山铜矿调查小组，南京伏牛山古铜矿遗址，东南文化，1988，（6）：58~63。

广十许步。南岸（崖）下有风穴，厥大容人，其深不测。而穴中肃肃，常有微风，虽三伏盛暑，犹须袭裘，寒吹凌人，不可暂停。"南京九华山铜矿唐代的1号、2号采场内，发现J3、J5号天井通地表，作为通风井。3号、4号采场有的井巷构成南北贯通的通风系统通到上面地表[1]。安徽南陵破头山等地下采场中，在矿房之间或矿房与巷道之间的岩墙上都设有通气孔，以便空气对流。

关于排水技术，南京九华山的地下采场面积较大，地下积水也增多，所以古人在分级提水的同时，扩大储水池的容积。九华山深部的4号采场内，在底板凹处设储水池。作为分段提升的上段，必然要有过渡性的储水池，才方便分级排水。这种上梯级储水池，在上部1号采场西南角也有发现，而且水池容量较大，呈不规则四边形，东西长约10米，南北宽约8米，深大于2米。安徽破头山地下采场使用水车排水，说明唐代矿用排水设备有了更新和发展。

唐代的矿山测量技术，在湖北大冶姜桥唐代采金遗址中有重要发现。出土的一块石板上，刻有采场与巷道分布图（图2-6-4）。石板为灰岩，大部分完好，仅周边破损，遗存尺寸约为50厘米×50厘米。从图上看，采场的形状和尺寸均与现在发现的部分遗存相吻合。从巷道分布看，以东西走向的巷道为主，6条巷道平行排列。巷道比较长，按比例计算，最长的约40米。这与现代巷道进深50米后才遇上唐代采区的长度是接近的。这些开拓巷道布局规整、合理。石板图上的南北巷道，许多是作为东西主巷道的联通巷道。有些弯曲的巷道，可能是追踪矿脉形成的。从这块地下开拓平面分布图看，唐代矿山的地下开拓、采准、回采工艺均已发展到相当高的水准[2]。

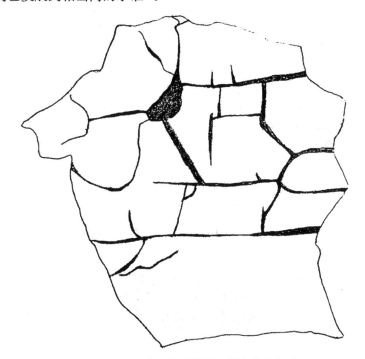

图2-6-4　湖北大冶姜桥石刻井巷分布图

① 南京市博物馆、南京博物院、南京九华山铜矿，南京九华山古铜矿遗址调查报告，文物，1991，（5）：66～77；伏牛山铜矿调查小组，南京伏牛山古铜矿遗址，东南文化，1988，（6）：58～63。

② 卢本珊1989年考古调查。

第七节　宋元采矿技术

两宋矿业技术有较大发展，值得注意的事项是：火爆法采矿及其他辅助采矿技术已有了较为明确的文献；井巷开采规模增大，深度亦明显增加；矿山开拓、采准、回采更为规则，矿房布局亦更为规整；房柱法开采技术已相当娴熟；矿山提运、照明、排水技术，皆进一步完备。

一　坑冶制度的变革和矿物学知识的增长

（一）宋代坑冶制度的变革

宋代手工业，特别是采掘冶炼以及与之相关的铸钱、军工等，都获得巨大进步和发展，在王安石变法时期达到两宋时期发展的高峰。矿冶业之所以获得如此重大的发展，其根本原因是在这些生产部门的内部，生产关系发生了重大的变化，即从劳役制或应役制向招募制发展，与这一发展变化相适应的二八抽分制也代替了课额制。

宋初，采掘冶手工业的硬行指派使冶户应役这一劳役制成为这一生产部门发展的障碍，另一个严重的障碍是课额制。这两种制度使一些经济力量薄弱的冶户"无力起冶"，而富有者也不愿"兴创"铁冶。

劳役制日益暴露残酷压迫性质的同时，如何解决采冶生产内部的矛盾也就提到议事日程上来了。熙宁变法期间，王安石对包括金、银、铜在内的矿冶业一直坚持宽松政策，反对国家干预过多，更反对国家直接经营管理铁冶之类。从北宋初到宋神宗熙宁元丰年间，是采冶生产从劳役制向招募制演变的时期，也是宋代采冶业高度发展的时期。采冶业中的招募制终于在王安石变法时期随着募役法的胜利而确立下来。招募制出自情愿而不是被迫，能够发挥应募者的主动性。应募者首先能够考虑自己有无承担采冶的经济力量，其次应募者还要考虑到如何在这块土地上采冶。在招募制度下，封建国家与冶户之间的产品分配，采用了矿税制亦即矿产品抽分制。

《宋会要辑稿》记载江西信州（上饶）采冶情况曰："常募集十余万人，昼夜采凿，得铜、铅数千万斤，一岁得钱百余万贯。"广东诏州的永通监，也有坑丁十余万[①]。湖北蕲春铸造铁钱的工场，可容三百人。由此可见，在招募制度下，矿冶规模和从业工匠都有了显著的增加。

矿产是宋代财政收入的一重要支柱。煤炭任人采掘，国家不加干预，即使在煤炭产区，国家亦不设置管理机构。金银铜铁铅锡诸矿，允许民户佃山开采，但是官府榷买税外的全部产品。在这些矿产区，宋政府设有特殊的行政机构进行管理，并形成一系列的规章制度，这套规章制度就是坑冶制度[②]。在较大型矿山，宋政府设"监"，与府、州、军是平行的行政机构，但只管理当地的矿冶业，与当地在行政上无任何的联系。在小型矿山，则设置独立的冶或坑、场。这些单独设立的坑、场、务、冶，直属各路提点坑冶公事。提点司，即是提举

① 宋会要稿·食货之三四；金石萃编，卷十四，韶州新置永通监记。
② 漆侠，宋代经济史（下册），上海人民出版社，1988 年第 587 页。

坑冶司，掌收山泽所产及铸造钱货。

监和独立的冶、务、场之内的居民，都是从事采掘冶炼手工业的。他们之间的经济实力极不相同，可以划分不同的阶级和等级。宋代凡是从事采掘冶炼的生产者，称之为冶户或炉户。按有无常产和是否承担国家的赋役这两个基本准则，区分为主户和客户。主户占有土地、房屋、矿山等类生产资料；客户则是无常产、不承担国家赋税而又到处流徙的生产者。冶户的最下层是被称为"浮浪"、"无赖不逞之徒"或"恶少"等客户或冶夫、烹丁。有的"浮浪"已成为与农业脱离的采冶生产者，冶夫、烹丁，很多是光身的流浪汉，在艰苦磨炼下，形成强力鸷忍的特性。再一批劳动生产者是役兵（卒）。所谓役兵，大多数是犯罪刺配来的刑徒，这些"配隶之人"在矿井下承担了最艰苦的采矿劳动，常因"坑巷"崩塌而造成严重伤亡，而且在劳动中还带上刑具[1]。

（二）矿物学知识的增长

宋代是我国封建社会经济与文化高度繁荣的时期，也是科学技术大发展的黄金时期，在众多学科领域都取得辉煌成就，涌现出沈括、秦九韶、苏颂等一大批伟大的科学家，编纂了《梦溪笔谈》、《云林石谱》、《营造法式》、《武经总要》等一批专门的或与科技有关的重要著作，发明了活字印刷，指南针的制作技术和使用技巧臻于成熟等。在矿物学方面，此时也积累了相当丰富的经验，尤其是银矿方面。对矿物形态、产地、分类、品位及其采选，都有了更深的认识。

宋寇宗奭《本草衍义》卷五中，对自然银（古代称生银）的形态鉴定达到较高的理论水平。他说："生银，即是不自矿中出，而特然自生者。"对自然银的产状，现代矿物学中所称的"树枝状"，《本草衍义》称"又谓之老翁须，亦取像而言之耳。"宋苏颂《图经本草》也有同样的记载。现代矿物学中所称的"丝状"，《图经本草》称"今坑中所得及在土石中，渗溜成条，若丝发状。""状如硬锡，文理粗错自然者，真。"《图经本草》还记载了银与铜矿共生的关系，"其银在矿中，则与铜相杂，土人采得之。"

宋人已开始了对银矿石的分类。《太平寰宇记》卷一〇一载"建州"条载："龙焙监。建州建安县（福建建瓯）南乡秦溪里地。以本州地出银矿，皇朝开宝八年（975）置场收铜、银。至太平兴国三年（978）外为龙焙监，凡管七场。"所出银矿石有"黄礁矿、黑牙礁矿、马肝礁矿、桐梅礁矿、黑牙矿、光牙矿。"礁即辉银矿。

二 主要矿山的分布及遗址概况

（一）文献中的主要矿山

一般而言，古代矿业的发展通常要受到两种因素的制约：一是地质地理条件及交通运输条件；二是农业手工业经济的发展状况。从历史上看，我国矿业的发展往往是不平衡的；在宋代，北方常以煤、铁开采为优势，南方则以有色金属独胜一筹，其中铜矿业尤为突出。

北宋初期，全国金属矿场的分布情况，据《宋史·食货志》载："坑冶凡金、银、铜、铁、铅、锡、监、冶、场、务二百有一"至治平（1064～1067）年间，全国各州金属矿的坑

---

① 漆侠，宋代经济史（下册），上海人民出版社，1988 年第 587 页。

冶总数为二百七十一处。宋代金属矿场的分布情况，和唐代比较起来有显著的变化，铁、铜、铅、银等金属矿场集中分布于今江西、福建、广东三省境内，盛极一时，远远超过了唐代。仅江西，开采金矿的有 7 州县，银矿 10 州县，铜矿 8 州县，铁矿 23 州县，锡矿 6 州县，铅矿 3 县。从《宋会要辑稿·食货》和《宋史·食货志》中的详细记载可见，两宋时期，虽然金属矿的坑冶兴废不定，但金属矿冶的分布区域，总的看来变化不大。表 2-7-1[①]为北宋初期全国金属矿监、冶、务、场分布地区表。

表 2-7-1　北宋初期全国金属矿监、冶、务、场分布地区表

今省份	铁	铜	锡	铅	银	金	汞
河北	[务]:磁州						
山西	[务]:晋州(临汾)						
山东	[监]:兖州						
江苏	[监]:徐州						
安徽						歙州	
浙江		[场]:处州(丽水)		[场、务]:越州(绍兴)、衢州	[场]:越州、衢州、处州		
江西	[冶]:袁州(宜春) [务]:虔州(赣县)、吉州(吉安) [场]:信州(上饶)	[场]:饶州(波阳)、信州、南安军(大余)	[场]:南康县、虔州、南安军	[场、务]:南安军	[场]:饶州、信州、虔州、建昌军、南安军	饶州、抚州(临川)、南安军	
福建	[务]:汀州 [场]:建州(建瓯)、南剑州(南平)、邵武军	[场]:建州、汀州、漳州、龙溪、南剑州、邵武军		[场、务]:建州、汀州、漳州、南剑州、邵武军	[监]:建州 [场]:福州、汀州、漳州、南剑州、邵武军		
河南	[监]:相州(安阳) [冶]:河南(洛阳)、虢州(灵宝) [务]:陕州		[场]:[河南]				
湖北	[冶]:蕲州(蕲春)、黄州(黄岗)、兴国军(阳新) [场]:鄂州(鄂城)						
湖南	[务]:澧州、道州		[场]:道州		[监]:桂阳 [场]:道州		
广东	[冶]:英州(英德) [务]:梅州 [场]:连州	[场]:英州	[场]:潮州、循州(龙川)	[场、务]:连州、英州、春州(阳春)、韶州	[场]:韶州、广州、英州、连州、恩州(阳江)、春州		

---

① 夏湘蓉、李仲均、王根元，中国古代矿业开发史，地质出版社，1980年，第87～88、292页。

续表

今省份	铁	铜	锡	铅	银	金	汞
广西			[场]:贺州				[朱砂场]:宜州(宜山)
陕西	[冶]:凤翔、同(大荔) [务]:凤州、耀州、坊州(黄陵)				[监]:凤州 [务]:陇州、兴元(汉中)	商州	[水银场]:商州凤州 [朱砂场]:商州
甘肃	[冶]:仪州(华亭)				[务]:秦州(天水)		[水银场]:秦州、阶州(武都)
四川	[务]:梁州、合州(合川)	[务]:梓州					[朱砂场]:富顺监
	3州有4监,9州1军有12冶,14州有20务,5州1军有25场	8州2军有35场。1州有1务	7州1军有9场,其中[河南]应为黑锡	10州2军有36场、务	3州有3监,17州3军有51场、务。3州有3务	产4州1军	水银:4州有4场 朱砂:2州1监有3场

注:采自《宋史·食货志》。

由上可见,宋代采矿地点较前世明显增多,这也在一定程度上也说明了宋代采矿技术的发展。其中较值得注意的采矿场主要有如下几处。

(1) 广东肇庆端砚采石场。唐宋时代,广东肇庆的端砚开采进入最繁盛的时期。"石匠长年在此凿石,岁久乃成洞穴。因洞中有水,至春冬水涸才能采石。洞口高不逾七尺,广不过五尺。入洞后又复下行十步,达于采石之所,中空如一间屋,每丈许留石柱柱之,如时者凡三四处"①。"盖自唐以来,积工劚凿之所致也。秋尽冬初,排水之后,以枯藁藉足,然(燃)脂油之灯,使烟不灼目。仰而凿石,人日一方"②。可见其采用了"留石柱柱之"的操作法。这不仅可以节省大量木材,而且可以省掉许多运输木料及安装木柱的工序,从而大幅度地降低开采成本。

(2) 广东韶关岑水场铜矿。韶州岑水场铜矿是北宋有名的铜矿产地,宋仁宗时大为兴发,"扇囊大野烘,凿圹重崖断"③,可见铜矿采掘之深,以至重崖为之断裂。(宋)孔平仲《谈苑》卷一记载,岑水场铜矿采至宋哲宗元祐(1086~1094)年间,"韶州岑水场,往岁铜发,掘地二十余丈即见铜。今铜益少,掘地益深,至七八十丈。役夫云,地中变怪至多,有冷烟气,中人即死。役夫掘地而入,必以长竹筒端置火先试之,如火焰青,即是冷烟气也,急避之,勿前,乃免"。孔平仲的记载反映了当时两项技术:一是开拓深度。随着矿床上部采空,很自然地向深部矿床掘进,由初期的二十丈深入到七八十丈(约合二百余米),深度几乎增加了四倍。二是防灾害技术。由于矿井深度增加,井下空气流通必然不畅,出现了有害气体的积贮,危及工匠的生命,解决的办法是先以长竹筒置火其端,伸到矿井口去试验,

① 元·王浑,玉堂嘉话,卷五,端砚石引宋人米端州斧柯山石说。
② 清·曹溶,砚录,学海类编,第二十二函。
③ 余靖,武溪集,卷一,送陈延评谱。

如火焰青，即知有冷烟气，赶快躲避。孔平仲第一次记载了矿井下面有害气体的危害及其防治方法。

（3）福建松溪县瑞应场银矿。南宋赵彦卫《云麓漫钞》卷二在谈到采银法时说："取银之法，每石壁上有黑路，乃银脉，随脉凿穴而入，甫容人身，深至十数丈，烛火自照，坑户为油烛所熏，不类人形"。这里谈到了巷道宽度、深度、照明情况和索矿脉而行的开采法。同书同卷又云："乾道中（1165～1173）人入穴凿山，忽山合，夹死五十余人，血自石缝中流出。"这是关于矿山事故最早的一段记载。

宋代的文献中，记载著名古矿山的还有：①山西中条山铜矿山，即绛州、翼城、稷山、垣曲等地的铜矿[①]。②蜀地的铜矿山，"窟之深者数十百丈"[②]。③信州的貌平矿山，"穿凿极甚，积土成山，循环复用，岁月寝久，兼地势峻倒，不可容众。"[③] 其中谈到了"数十百丈"深，"积土成山"，可见采掘深度和剥离量之大。王称《东都事略》卷七一《胡宿传》还记载了登州、莱州的金矿山，"多聚民以凿山谷"，"以宁地道"。前者可能是开采的露天堑沟，后者是地下井巷开采。

（二）矿山遗址概况

见于考古工发掘的宋元矿山遗址主要有下面一些。

1. 鄂东南矿山遗址[④]

此遗址包括大冶冯家山铜矿遗址、大箕铺石铜井铜矿遗址、曙光马石立铁矿遗址、黄石市铁山铁矿西采场遗址等。

石铜井铜矿遗址。据卢本珊 1989 年 6 月的调查，遗址处于海拔 140 米的山坡上，有竖井和矿洞两种遗迹。其中一个竖井井口断面近圆形，直径约 2 米。竖井直通下面的矿洞。矿洞为平硐，走向北东 40 度，硐内壁上见有黄铜矿、蓝铜矿、斑铜矿和皮壳状孔雀石。在该井以西 200 米处有一古代露天采矿场，采场西北坑帮被凿呈约 8 米高的陡岩，形成一半封闭凹陷露采坑。采场南面的山坡，为古人排土场，可见大小不等的废石。

大冶曙光乡（还地桥镇）马石立铁矿遗址[⑤]。见有宋代开采铁矿的矿井和平硐。井口直径 1 米余，残深达 5 米。竖井连通一平硐，平硐长约 30 余米。在矿井内发现有木铲、装有手柄的生产工具及井下跳板。跳板由整木板加工而成，宽 30 余厘米，残长 3 米余，似洗衣板状，面凿成齿梯状，约 40 厘米为一级。跳板可能类似现代搬运的斜面跳板，便于挑矿工匠上下运矿作业方便，板齿可以防滑。还发现宋代的陶壶、陶罐、碗等生活用具。

大冶冯家山铜矿遗址[⑥]。1958 年开采时发现过老窿，1977 年进行考古调查，发现宋代地下和露天采场。露天采场处于现代矿山编号 103 采场处，西面为被开凿的陡壁，残高约 10 米。整个露天采场的封闭圈为长条形，长 40 米，宽 15 米。东面为古露采台阶，第一层平台高 3 米；第二层平台长 15 米，宽 8 米；坑底长约 20 米，宽 15 米，堆积约 1.5 米厚的废石。

---

① 欧阳文忠公文集，卷一一五，相度铜利牒。

② 王之望，汉滨集，卷八，论铜坑朝礼。

③ 宋会要稿·食货之三四；金石萃编，卷十四，韶州新置永通监记。

④ 卢本珊 1977～1989 年考古调查。

⑤ 大冶县又发现一古矿井遗址，黄石日报，1986 年 3 月 1 日头版。

⑥ 卢本珊 1977 年考古调查。

在104、105号现代采场都遇到宋代采场，出土有木锹、篾篓、淘钵。竖井井口断面2米×2米。平巷断面呈拱形，高2米，宽1.5米，残长20余米，有木架支护。在南采场见宋代地下矿房，高3米，宽5米，由于废石堆阻碍，矿房深度不详。冯家山附近还发现炼铜遗址，曾出土两块铜板，共重50余公斤。

大冶龙角山铜矿遗址。位于大冶有色金属公司龙角山铜矿场内。在现代矿山剥离中，发现大量地下井巷的支护木，年代为南宋。在遗存的岩壁上，见有深5厘米、孔径1.5厘米的铁钎痕迹。还发现井下照明用的陶灯盏。

黄石市铁山西采场采铁遗址。清顾祖禹《读史方舆纪要》卷七十六说："大冶县白雉山，周五十里，……山南出铜矿。晋、宋以来置铜场钱监，后废。今山口墩或谓之铜灶，其遗迹也。"宋代，在铁山设"铁务"，即矿冶税务所。铁山现代开采中，曾出土几十万斤古代开采的井巷支护木。在"铁屎山"及周边，卢本珊曾发掘过几处宋代冶炼遗址，出土大量炼铁地炉和炼渣。铁山包括白雉山，古属武昌大冶。

2. 湖北大悟县仙人洞铜矿遗址

此遗址位于芳畈镇仙人洞。铜矿洞口位于一孤立的小山中间，在小山上还有石寨。矿坑道主巷道为斜巷，走向为南北向，旁有若干支道。坑道口为斜坡式，坑道最宽处10米，最窄处1米。坑道两壁有灯龛。龛宽45厘米、深45厘米、高50厘米，间距5～10米不等[①]。

3. 江西上高县蒙山太子壁银矿遗址[②]

此银矿约始采于南宋庆元年间。《宋会要辑稿·职官》记载：开禧（1205～1207）年间，江西转运使申奏，筠州申上高县银场，"土豪请买，招集恶少，采银山中。又于近山清溪创立市井，贸通有无"。据同治《上高县志》卷载，其在元代还在开采："至元十三年（1276）置提举司，拨袁、临、瑞三路民人三千七百户，粮一万二千五百石办正课五百锭……，大德十一年拨隶徽政院管督，嗣以工本不敷，添拨粮五千五百石……合计每年五万石，课银七百锭，因取矿年久，坑内深险，爰用栈道，把火照入。""三千七百户。"可见其在元代开采规模是较大的。值得重视的是这段记载的后几句清楚地告诉我们：因取矿年久，地下采场已经相当深险了，可以采用木构栈道架设，来解决攀高作业及安全生产问题。

1982年12月，考古和地质工作者联合对上高县蒙山太子壁银矿遗址进行了调查。蒙山银矿床属于夕卡岩型，产于花岗岩与灰岩的接触带内。矿体厚度变化较大，一般为1～2米，矿石的主要成分为方铅矿和闪锌矿，含铅品位很高，含银亦富。据遗痕看，采掘是沿自然银矿带进行的。这与前引《云麓漫钞》卷二记载的"每石壁上有黑路，乃银脉，随脉凿穴而入，深十数丈，烛火自旺"的采银方法完全吻合。蒙山银矿1号矿洞的垂直深度为140米，最宽处为10.5米，最窄处0.5米，洞内平巷还有少量流水。距上高太子壁银洞五华里的鉴里村，尚存炼银遗址，称炉子坪。古炼渣堆积如山，达数十万吨，渣化学成分分析：银10克/吨、铅1.11%、铜0.196%。在1号洞即扁槽洞口石壁上，现尚存一处石刻文字，刻的是封禁矿洞的碑文。内容是宋宁宗庆元六年时开采以后，至宋理宗时宝祐三年，民间奉令封禁矿洞。其间约六十年之久。碑上记录了当时附近各村户长立碑公禁，现查各户长姓氏，如曹、廖、李、晏、简、陈、黄等，均系现在邻近四乡村人之祖先。看来外地迁来蒙山的矿

工，当时可能是亦工亦农的专门村，以采矿为主，种粮自给。繁衍的后代仍然继承矿业技艺。明代，仍有大量工匠继续在蒙山进行大规模地开采，应该是这些传统经验的采矿家族了。

宋代，上高并非大矿山，重要的银矿山有饶州德兴场（今江西德兴）、桂阳监（今湖南桂阳）、秦州太平监（今甘肃天水市）等。秦州银铅矿属于夕卡岩型矿床，其围岩为变质石灰岩，覆盖于角闪花岗岩之上。现在地面还遗存老窿洞口和废石堆，其中可见方铅矿和白铅矿[①]。

　　4. 安徽黄梅山铁矿遗址[②]

马鞍山-当涂属火山岩型铁矿床，矿体以磁铁矿为主。矿石中含金、铜，含金量为26.38～3 克/吨不等。黄梅山铁矿宋代遗址位于马鞍山市九华山西侧的黄梅山矿，发现矿洞口 8 处，分布于山脚和山腰。经测量，矿洞大者高 2.4 米、宽 1.9 米、长 100 多米，小者高1.05 米、宽 1.2 米、长 20 余米。洞内的巷道有的平伸，有的曲折。

　　5. 安徽繁昌县新港铁矿遗址[③]

新港镇（现繁阳镇）有小桃冲西山铁矿和里冲铁矿两处采冶遗迹，年代为宋代。这一带地表浅部为冲积型鸡窝状铁矿，下部为原生铁矿。

小桃冲铁矿遗址分露天开采和地下开采两种。露天开采是结合该地矿体的大小，布置对应大小的小型凹陷露采坑，封闭圈的范围都包括了鸡窝状矿体的直径。在坑窝内，出土了宋代的采矿工具铁锤、铁钯、铁镢、竹簸箕及瓷碗和陶器。地下开采发现竖井和斜巷。竖井内出土有铁锤、竹箩等采矿工具。斜巷为木架支护，从发现的支撑构件看似方框支架完全棚子结构。立柱残，直径 10 厘米，一端留有长方形榫头。顶梁长 65 厘米，直径 10 厘米，两端凿有长方形卯眼。支护木材质均为栗木。

里冲铁矿遗址发现的采矿方法与小桃冲相同。曾出土宋代开矿的铁锤、铁凿、铁铲、铁镢等。铁镢为椎形、方形銎，长 22 厘米。

　　6. 山东莱芜铁矿遗址[④]

1986 年，考古工作者对山东莱芜市的铁矿冶遗址进行了调查，属宋代的采铁遗址至少有 8 处，包括泰安郊区的柴庄遗址、吴桥遗址、吴小庄遗址、双山遗址、矿山遗址等。

双山采铁遗址。位于莱芜市口镇东北 3 公里。双山铁矿为低硫磁铁矿，含铁量 50%～60%。古采区分南北两区。南区为露天开采，北区为地下开采。北区可能是南区露采后又发现富矿，而沿富矿追踪开采形成的。北区古矿洞距地表 24 米，暴露的洞口宽 4 米，高 3.5米。矿洞南北长 34 米，最宽处 14 米，最窄处 2.5 米，呈不规则形。洞口向南约 6 米处的东壁上方有一小斜巷向上延伸，倾角 60 度，进深 8.5 米。

矿山铁山遗址。位于莱芜市西北 3 公里。矿山这一地名因有铁矿而古代得名。铁矿石品位一般为 40%～60%。宋《太平寰宇记》称该地为"矿坑阜"。考古工作者在此发现宋代采矿巷道。

①　夏湘蓉、李仲均、王根元，中国古代矿业开发史，地质出版社，1980 年，第 87～88、292 页。
②　马鞍山市文物管理所，小九华山铁矿遗址调查，见：皖南古文化研讨会第四次年会论文，1990 年，安徽铜陵。
③　繁昌县 1988 年文物普查资料，资料承繁昌县博物馆提供。
④　泰安市文物考古研究室等，山东省莱芜市古铁矿冶遗址调查，考古，1989，(2)：149。

7. 河南南阳、安阳地区矿山遗址[①]

南阳盆地位于秦岭东西复合地质构造带，矿产资源十分丰富。20世纪90年代以来，河南省考古工作者对南阳地区进行古采冶遗址调查，在南召县、镇平县、内乡县及安阳林州市发现宋代采矿遗址二十余处。

（1）龙脖子山采铁遗址，位于南召县太山庙乡。

（2）蜘蛛头山采铁遗址，位于南召县太山庙乡。

（3）杨树沟铁矿遗址，位于南召县，发现矿井、铁锲、镐、锤、剑。

（4）石村铁矿遗址，位于林县（现林州市），发现矿洞、巷道、铁锤。

（5）申家沟铁矿遗址，位于林县（现林州市），发现矿洞、铁锤、权、镢、锅；林县（现林州市）东街铁矿遗址发现矿洞、锲、锤、镢。

（6）楸树湾采铜遗址，位于镇平县老庄镇。采铜矿洞从山脚至山顶成层分布，多达4层。洞里还有竖井、斜井和平巷等。6号洞位于西山山麓，洞口朝北，宽2米左右，进洞之后为一平巷，主平巷两侧各有支洞，右侧的支洞较长，并与一斜巷相通；支洞内有烟熏痕迹和采掘的凿痕，支洞拐角处，有一天井通向山顶。主平巷长约20米多米处有一盲井，井口近圆形，直径1.8米。盲井两侧有斜井，斜井朝深处延伸，其中一条长约50米。

银洞在6号洞对面山坡上，洞口朝东北，宽约1.5米，进洞后为斜巷，长约10米。斜巷端头周围有多个支洞，向上有一天井，井宽约1.8米。传说有72洞，但考古人员调查时洞口被填塞。被调查的古矿洞一般都是弯弯曲曲，呈"鼠穴状"，宽窄不一。

（7）黄楝崖有宋代采金遗址，位于镇平县石佛寺镇。

（8）银洞沟采矿遗址，位于镇平县二龙乡，发现3个古矿洞以及竖井、斜井。

（9）黄靳采铜遗址，位于内乡县夏馆镇，发现的斜巷深度达200米左右。可见宋代采掘的深度大大提高。

8. 黑龙江阿城金代采铁遗址[②]

在阿城东南部与五常毗邻的半山区小岭、五道毗邻一带山岭的缓坡上，广泛分布着金代早期冶铁遗址。遗址分布区的西缘紧濒阿什河滨，已发现古矿洞十余处，古矿井十余处，炼炉群遗迹五十余处。

阿城金代坑洞深约40余米，最浅的也有7米。坑洞是由山上往下旋转开凿的。当下降到45米深时，还陆续发现古洞，这些洞为斜洞，坑道狭窄深长，呈螺旋阶梯式下降。坑道宽约1.5米，高约2米。矿洞开凿方向均依矿体走向，斜坡坑道均有台阶，不甚规整。下降至一定深度后，又分出叉洞。至洞底每隔一定距离便有一个宽敞的采矿作业区。坑道及作业区连接处，均有油烟熏过的黑色痕迹，显然是照明灯火留下的遗迹。作业区呈椭圆袋状，内部由于依矿体的走向取矿，故不规整。据估计，从这些古洞中可能取走了四五十万吨的铁矿石。

金代已有专门访察矿藏苗脉的工匠，称苗脉工匠，矿工称夫匠。《金史·食货志》记载："十六年（1176）三月，遗使分路访察铜矿苗脉"。"而相视苗脉工匠，妄指人之坦屋及寺观

---

① 董全生、梁玉坡、郑金中，南阳地区古代采冶遗址调查，见：第四届全国金属史学术会论文，1993年10月；李京华，中原古代冶金技术研究，中州古籍出版社，1994年，第14页。

② 黑龙江省博物馆，黑龙江阿城县小岭地区金代冶铁遗址，考古，1965，（3）。

谓当开采，因此取贿"。"旧尝以夫匠逾天山北界外采铜"。

9. 河南巩县宋陵采石场[①]

河南巩县宋陵，是宋太祖之父赵弘殷及北宋徽、钦二帝以外七代帝、后的陵墓。据考证，陵墓石料来源于宋陵附近 25 公里的采石场，即今偃师县南青萝山前之南横岭南麓。采石时间为 1022～1113 年。

采石场穿行于山岭之间，布于斜坡状两侧谷壁，长数里。至今还遗存着古采石面和采石坑，可见为切割岩层而凿出的錾窝以及錾刻竖线。采石面既长且宽，采石坑有大有小。有一大采石坑长约 10 余米、宽约 3～4 米、深约 2 米余。采石石质为石灰岩，色青黑而润泽，纯净坚实而细腻。

为了运输，在人工开凿的豁中设有古车道。豁口南北长约 10 余米、宽约 2～3 米，两侧凿为直壁，高约 7～8 米。豁口底盘南段高、北段低，断然分作两组，高差约 2 米余。

修陵采石，是一种限期甚严的繁重劳役，采石量大，用工也多。根据宋陵采石、运石碑记记载的数据来综合计算，修永定陵采石 27 453 段，用工匠 4600 人；修永裕陵采石 22 300余段，修永泰陵采石 27 600 余段，用工匠 9744 人，并募近县夫 500 人。还有修英宗高皇后陵、神宗钦圣宪肃皇后陵、钦慈皇后陵等，即修宋陵共采石 116 453 余段，共用工匠两万余人（募近县夫及兵士不作入计算）。可见用人规模之大。

采石工程通常在 40～60 天内完工，按上述计算每个工匠在此期间的工效要完成采石 4～6 段（其实不止，因据记载，服役的工匠中染病者、死者大有人在，后者占百分之二）。采石工匠来自京师及远近各路，他们既要"梯霞蹑云，沿崖抱栈"（永定陵修奉采记语）以攻采，又要同民夫一起牵挽巨石，工作危险而劳累。劳役期间，上有官吏严督，旁有陪役兵士，戒备十分森严。工匠们住在采石场临时搭起的所谓向阳"密室"（宣仁圣烈皇后山陵采石记语），缺水少医更难免饥饿。采石工匠们以逃跑的方式进行反抗，碑记称为永泰陵采石逃跑五十人，其实远不止此数。

由于我国古矿冶考古专业队伍力量的不足，许多地方的矿山遗址还有待进一步调查或积极配合现代矿山作一定的考古清理工作。还有一些遗址，仅做了冶炼遗址的调查，没有涉及矿山遗址的调查工作。例如陕西陇县娘娘庙铁矿、凤县红花铺铁矿附近的宝鸡县洞坡冶铁遗址，北宋时有一支专司铁冶的王氏家族，人称"铁王"[②]。看来，娘娘庙铁矿和红花铺铁矿及周围宋代矿山遗址还有待发现。

三　采矿技术的持续发展

（一）凿岩技术的提高

1. 铁制采矿工具种类的增加

从考古发掘和文献记载看，坚硬矿体在宋代采矿场中已占相当大的数量，这也在一定程度上说明了宋代采矿技术的提高，这也是凿岩技术开始转型的一个重要标志。在上述宋代矿山遗址中，都普遍使用了铁制采矿工具，如铁锤、凿、铲、锄、镢、四棱铁钎、镐、斧、

---

① 中国社会科学院考古研究所洛阳工作队等，河南巩县宋陵采石场调查记，考古，1984，(11)。

② 王景祥、蒋五宝、高全福，洞坡铁冶遗址与北宋铁钱之关系，宝鸡文博，1996 (1)：44～66。

锲，还有铁棍，达十余种，种类之多是前所未有的。

今以莱芜宋代采冶遗址中的生产工具为例①，对这些工具作一简要介绍。

铁锤。计约两种。一种的圆銎偏于上部，锤径 12 厘米，銎径 3 厘米，锤体长 12.5 厘米，重 5.6 公斤。另一种为长方銎，銎长 2.6 厘米、宽 1.8 厘米，锤体长 16.5 厘米，重 3.15 公斤。

铁锄。形式基本相同。一件通长 16 厘米，锄刃为弧形。另一件长约 18 厘米，刃部已残。采集于矿山铁矿坑遗址。

铁斧。由一长 16.8 厘米、宽 7 厘米的长方形铁板弯折而成。两个短边相叠压，形成主刃和副刃。弯合部位形成圆銎。采集于矿山矿坑遗址。

四棱铁钎。几件铁钎的形制相近，大者长 15.5 厘米，小者长 11.2 厘米，采集于矿山、双山矿坑遗址。

铁镐。呈四棱锥形。一件通长 31 厘米，一件通长 25.5 厘米，均采集于矿山矿坑遗址。

铁棍。长 28.3 厘米、径 1.5 厘米，两端有明显砸击痕，采集于矿山矿坑遗址。

河南巩县宋陵采石场，采石面既长且宽，可见切割岩层而凿出的錾刻竖线。人工开凿的錾口两侧直壁，高约 8 米。采石"梯霞蹑云，沿崖抱栈"是说采石面搭有脚手架工作台，这些技术在广东番禺莲花山宋代采石场②，江西上高县宋代蒙山银矿等金属、非金属矿山也都广泛应用。由此可见，宋代开采技术的提高，是有普遍性的。

2. 火爆法的记载更为明确

火爆法采矿技术发展到宋代，其技巧臻于成熟。宋洪咨夔《大冶赋》载："以至于银城有场，银斜有坑、银玉有坞，银嶂有山。……立岩墙而弗顾，慨徇利以忘安。骹路深入，阁道横蹑。篝灯避风而上照，梁杠插水而下压。庌梏深穿之腹，炮洴骈石之胁，捷跳蛙其不系，碟苍舋而可镊。"这部分描述的是采矿过程，并涉及采矿时的照明、支护、提升、排水、开采等技术和矿物的产出性状。"炮"意为裹物而烧，"洴"意为石依其纹理而裂开，"炮洴骈石之胁"是指用"火爆法"开采矿石。"苍舋"反映的矿物生成状况，有可能指的是辉银矿。《大冶赋》还进一步说："宿炎炀而脆解，纷剒厥而巧斩"，"火爆法"采矿，矿脉要经过一夜的烘烤，使之发脆解理，然后才用工具开采出来③。

宋代开凿硬质岩较多，地下开采的深度和规模有增大，这与火爆法更加成熟是分不开的。安徽黄梅山铁矿，矿洞长达 100 余米。河南内乡县黄靳铜矿和广东韶关岑水场铜矿，其斜巷深达 200 余米。江西蒙山银矿 1 号洞，垂深达 140 米。

（二）采矿方法的不断完善

宋代采矿方法已发展到较为完善的阶段，这在露天开采、地下开采方面都表现得较为明显。

露天开采中采用了阶梯状剥离法。为了便于剥离，今人在露采时，常采用台阶状剥离法，每个台阶大体等高；从考古资料看，宋人也采用了类似的工艺，说明其露天开采的技术

① 泰安市文物考古研究室等，山东省莱芜市古铁矿冶遗址调查，考古，1989，(2)：149。
② 卢本珊，话说番禺宋明采石技术，番禺日报，2000 年元月 1 日。
③ 李延祥，大冶赋中的有色冶金技术，见：中国冶金史论文集（二），第 67～68 页，北京科技大学，1994 年。

思想与近代已相当接近。如湖北大冶冯家山宋代凹陷露天采场，在长方形开段沟两旁建立台阶开采工作线。为了剥掉影响采矿的部分围岩和覆盖岩层，古人把被开采的矿岩划分成 3 米多厚度的水平分层，即 3 米多高度的一个台阶，由上向下逐层开采，形成 10 余米高的阶梯状坡面。河南巩县宋陵采石场底盘南北也有 2 米高的台阶高差。露天开采，对只是一个工作水平来说，掘沟、剥岩和采矿工作是顺次进行的，或剥岩和采矿同时进行。而对宋代已发展到多工作水平（即多台阶）来说，上述各项工作则是同时进行，但它们之间必须保持一定的超前关系。

地下开采中已普遍使用了井巷联合开拓方式。山东莱芜双山铁矿遗址和其他一些矿山遗址的资料都反映了这一点，而且竖井-平巷联合开拓方式已被非金属矿山开采所应用。宋范成大记录苏州一带白栗土的开拓方式时就明确指出："凿山开井，深数十丈，复转为隧道以取之。"

宋代矿山开拓系统方案，其设计思路比前代明确。即依矿体走向合理布置切割巷道，减少地下运输量。例如阿城铁矿，在矿体内布置开拓回采巷道。以阶梯式斜巷为主巷道沿矿体走向布置。巷断面高 2 米，宽 1.5 米，下降一定深度又分出支巷。支巷与矿体走向垂直，比较有规则地纵横切割矿体。至深部采区后，又每隔一定距离布置一个宽敞的采矿作业面。这种矿山开拓系统的设计，表明当时金属矿山开拓、回采设计日趋规范。这种规范布局，也反映在广东肇庆端砚石的开采中。前面曾阐述宋代肇庆端砚石的开采是由开拓巷道进入地下采石场的。开拓巷道的洞口"高不逾七尺，广不过五尺，入洞后又复下行数十步，达于采石之所"。而采石场由若干个矿房组成，显得十分规整。这种壮景，在广东番禺莲花山宋代采石场遗址仍然可见[①]。

关于房柱采矿法，唐代已经发展到成熟期，南京九华山等唐代矿山采空区便曾采用留柱空场法，即房柱法采矿，且规模较大；至宋代，便普遍推广开来。广东肇庆端砚石开采方式主要采用房柱法。宋人形象地描述此法"中空如一间屋，每丈许留石柱柱之"。可见宋代的矿（石）柱间距较均匀，肇庆规划的是"每丈许"；矿房也比较规整，采空后如同房间。考古和文献资料均已表明，我国至宋代，采用房柱法开采金属矿和非金属矿的这项技术已相当娴熟和规范。

宋代矿山照明已经大量采取固定式灯龛照明法，这在矿山照明技术中大大进了一步。湖北大悟仙人洞铜矿地下采场灯龛布置的间距为 5～10 米不等。灯龛已相当大，宽深均为 45 厘米、高 50 厘米。湖北龙角山铜矿场发现宋代陶灯盏。

关于宋代矿山提升技术，迄今发现的宋代金属矿山遗址还未出土提升工具。从宋代四川井盐采用的提卤技术看，已是改进了的辘轳装置，即井口安装辘轳，附近设置车盘，用人力牵引车盘带动辘轳[②]。

这是宋代金属矿开采的情况。此外，由河南鹤壁遗址看，宋代采煤技术亦发展到了相当高的水平[③]，其开拓系统方案是竖井位于矿田中央，使地下运输距离最短，其布局方案相当合理。

① 卢本珊，话说番禺宋明采石技术，番禺日报，2000 年元月 1 日。
② 刘春源等，我国宋代井盐钻凿工艺的重要革新——四川卓筒井，文物，1977，(12)：67。
③ 河南省文化局文物工作队，河南鹤壁市古煤矿遗址调查简报，考古，1960，(3)。

第八节　明清采矿技术

明清两代是我国古代矿业集大成的阶段，不管在管理上，还是开拓方法和开拓技术上都更加完善。矿物鉴定、找矿、采矿方法，及辅助技术方面都有了发展，在不少地方都出现了大量的专用术语；有关记载亦较为详明，关于井巷联合开拓的记载更是图文并茂；采、选、冶的布局更为合理，地下开拓系统的布局较为规范；井下作业分工明确；火药始用于矿山爆破；人们对自然支护、木架支护等古代支护法，开始有了较为理性的认识；开拓技术较此前大为提高，有的巷道长达数千米，深达数百丈；矿井通风、排水、照明设施全面发展；矿产量以十几倍的速度增加。

一　矿业政策与厂矿管理

（一）矿业政策

矿业是封建社会经济的一个重要组成部分。到了明清时期，矿产量成倍增加，到达了中国古代矿业史上的最高水平。但及至清代中期，或说到乾隆四十年（1775）以后，又迅速下滑，并在深重危机中苟延挣扎。

明代统治者对于矿业是既重视又害怕的。由于财政需要，注重开矿征收矿税，尤其是银矿；鉴于前代统治者的教训，官府害怕下层劳动者聚集于山间矿区，酝酿成反抗封建统治的政治势力，所以对矿业时开时禁，变动无常，显得混乱。明朝初年至嘉靖万历以前，官矿在矿业中占优势。明代中期，农业和手工业生产水平有了显著提高，商品经济发展，国内市场扩大，社会生活各个领域对金属制品的需求巨大，这就大大刺激了矿业发展，出现了矿业主和大商人纷纷投资矿业的现象。在民营矿业中，已采用雇佣劳动，出现了拥有四五十名乃至五六千名雇佣工人的手工工场。民营矿业使用雇佣劳力，比之官矿使用劳役劳动的生产效率更高。因此，民营矿业发展迅速，呈现出欣欣向荣的景象。

为了加强封建专制主义的统治，明王朝进一步加强了对民营矿的榨取，大大提高课税的税率。更有甚者，还以征收课税为名，派遣大批宦官担任矿监税使，以更大的规模在各地开矿增课。在"矿税之祸"中，衔命出使的宦官，无不借开矿征税之名，对工商业者包括矿业主进行公开的敲诈勒索，使矿业中的资本主义幼芽受到一次严重的摧残。为了反对明王朝的横征暴敛，人民群众举行了声势浩大的反税使、反矿监的斗争，猛烈地冲击着明王朝对矿业的统制政策，迫使明王朝对矿业政策进行适当调整。首先是改变劳役制剥削形式。嘉靖末年，某些官矿的矿课由征收本色（实物）改成征收折色（货币）；其次，放松对民矿的限制，任何人只要向官府缴纳矿课，均可自由经营矿业，从前严厉的矿禁无形取消。明朝矿业政策的调整，顺应了生产力发展趋势，具有一定的进步意义：第一，官矿的削弱使皇室和国家所需要的矿产品越来越依赖于市场的供应，这就给商品经济的发展带来新的刺激；第二，官矿中劳役制度的瓦解，意味着封建生产关系中人身依附关系的松弛，也促进了雇佣劳动的发展，推动资本主义生产关系的成长；第三，为民营矿业的发展扫除了一大障碍，又为商品经济和资本主义幼芽的进一步发展提供了有利条件。因此，明朝后期的民营矿业发展更加迅速，至崇祯年间，铁场铜坑已"所在有之"，煤炭的采掘也更加发达①。

到了清代，从康熙中叶到乾隆中叶百年之间，即约从公元 17 世纪 80 年代到 18 世纪 70 年代，中国的矿业生产有较大的发展。在清王朝统治集团内部，为了维持统治，寻求财源，围绕着继续禁矿抑或允准并鼓励开矿业为中心，曾进行过历时半个多世纪的政策论战，最高统治者终于采纳了开放矿禁的做法。政府实行招商承办的矿业政策，调动了民间办矿的积极性，商办矿业在此期间有了很大的发展，以铜矿为主干的包括煤、铁、金、银、铅、锡、硫磺、水银、朱砂等各式矿种的生产，都以十倍、二十倍的数量翻番上升，从业人员大量增加，矿产规模不断扩大，矿业在国民经济中所占的地位日益上升；及至乾隆四十年（1775）左右，因后劲不足，便急剧地走向衰败萎缩②。其根由是中国封建经济的相对稳固性，封建极权统治的强化和意识形态等上层建筑对社会进步的破坏作用，禁锢了人们的思想，贻误了工商业和科学技术发展的时机。

在研究明清矿业管理时，还有一个值得注意的事件，即由明末至清代，国家在实行商办矿业的同时，还加强了对矿业的控制和管理，煤炭开采中实行了采矿执照制度③；金属矿开采实行呈报制度，"凡择有可开之地，具报官房，委硐长勘明，距某硐若干丈，并无干碍，给予木牌，方准择日破土。"④ 采矿执照的出现，是我国矿业法规和资源管理上的一大进步。

（二）关于厂矿管理

明代矿山管理的具体资料稍少。从有关记载看，清代矿厂管理机构已较健全，分工也较明确；从上到下，各守其职，各负其责。这对提高生产率起到了一定的作用。

1. 关于厂矿管理机构

现以云南铜厂为例④，以窥全貌：

厂官，为驻厂负责人，由地方行政官派出；只管发放工本，抽收课铜，不过问技术事务。厂官下设"七长"，即镶长、硐长、客长、炉长、炭长、锅头、课长，其中五长与采矿生产管理有关，他们是：

镶长，又称"镶头"，每硐一人，专门的井下开采支护技术人员。其职在"辨察栓引（矿脉露头），视验荒色（矿石品位），调拨槌手，指示所向，松（疏松矿石）则支设镶木（棚），闷亮则安排风柜，有水则指示安龙。""凡初开硐，先招镶头，如得其人，硐必成效。"

硐长，"专司硐内事，凡硐中杂务以及与领硐争尖夺底（左右或上下窿道凿通，两家争夺矿体）等事，均归他入硐察看。"

客长，"司理厂民诉讼，并品评争尖夺底等内类纠纷。"

锅头，"掌全厂人员的伙食供应。"

课长，"掌税课之事。凡支发工本，收运铜斤，一切银钱出纳，均在其手。"

2. 关于厂矿生产的分工

在经营中，有专门登记财簿的人员，其人名"柜书"，"亦曰监班书记，获矿方雇，每硐

① 陈梧桐，略论明朝矿业政策及其对资本主义萌芽的影响，光明日报，1980 年 10 月 28 日第 4 版。
② 中国人民大学清史研究所档案系、中国政治制度史教研室，清代的矿业，中华书局，1983 年，第 1～2 页。
③ 中国古代煤炭开发史编写组，中国古代煤炭开发史，煤炭工业出版社，1986 年，第 140 页。
④ 吴其濬，滇南矿厂图略·滇矿图略。

一人，旺硐或有正副，每日某某买矿若干，其价若干，登记账簿，开呈报单。"①生产分工已十分明确①，劳动组织严密，这也是前所未有的。"凡硐管事管镶头，镶头管领班，领班管众丁，递相约束，人虽众，不乱。"其领班"专督众丁硐中活计，每尖（每一条窝路）每班一人，兼帮镶头支设镶木。"众丁则按采矿技术分工，每一条窝路的尽头，由一名领班督率槌手（专司持槌）、尖子（专掌钻者）、挂尖（轮番运锤，轮到该休息的做挂尖）组成一个工作小组。其人员挑选"年力壮健"者。运输矿石，排除废石的砂丁叫做背垅，每一条窝路"每班无定人，硐浅碤硬，则用人少，硐深矿大，则用人多。"镶长在井下的指挥对象，还有支护工、水工等矿工。井下作业一般分昼夜两班。"弟兄入磻硐曰下班，次第轮流，无论昼夜，视路之长短，分班之多寡。"②"凡山中矿道，纡回数十里，非顽石不可攻，既水泉彪发，动深尺许，人裸行穴中，日夜锤挖不休。"③

二　明清主要金属矿山的分布及遗址概况

文献资料中关于明清两代全国金属矿分布地区的记载，夏湘蓉等编著的《中国古代矿业开发史》中已统计得十分详细（表2-8-1和表2-8-2）。

表2-8-1　明代全国金属矿分布地区表

今省份	铁	铜	锡	铅	银	金	汞	锌(炉甘石)
河北	遵化、卢龙、迁安	渤海守御千户所（昌平东北）	［滦州（滦县）］		蓟镇、永平（卢龙）麻谷山、涞水、房山	迁安	滦州(滦县)	
山西	吉州(吉县)｜太原、泽州(晋城)、潞州(长治)、交城、平阳(临汾)汾西、绛县、怀仁、孝义、高平、阳城	五台、绛州、孟州、垣曲、闻喜、保德州、曲沃、翼城	［交城、平陆、阳城］		夏县	忻州		太原、泽州、阳城、高平、灵丘、平顺
辽宁	辽东都司三万卫(开原封)、辽阳					黑山、双城		
山东	莱芜、登州(蓬莱)、栖霞、莱阳、文登、即墨	莱芜	［兖州（峄县）胶州］	济南、青州、莱州	沂州（临沂）、宝山	沂州宝山、栖霞、莱阳、胶州、招远		
江苏	徐州(彭城)	扬州（江都）、仪真			宝应			

① 吴其濬，滇南矿厂图略·滇矿图略。
② 清·王崧，矿厂采炼篇；清·吴其濬，滇南矿厂图略，上卷之末附。
③ 宋起凤，矿害论，乾隆大同府志，卷二十六，第8～9页，"艺文"；转引自中国人民大学等编，清代的矿业，中华书局，1983年，第3页。

续表

今省份	铁	铜	锡	铅	银	金	汞	锌(炉甘石)
安徽	铜陵	繁昌、南陵、铜陵	[铜陵]	铜陵	宁国、池州（贵池）			
浙江	龙泉、绍兴、台州府（临海、黄岩、仙居、宁海）、永嘉	武康、安吉、长兴、金华、龙泉、平阳、绍兴	[安吉]	龙泉	温州、处州丽水、岩泉山、平阳、青田、景宁（鹤溪镇）、泰顺等七县		余姚（龙泉山）	
江西	进贤、新喻、分宜、丰城、上饶	德兴、铅山、瑞州（高安）		上饶、乐平	安福	乐平、新建		
福建	建宁（建瓯）、延平（南平）、沙县、尤溪、泉州（晋江）、福州（闽清、福清）、光泽、邵武、宁德、上杭、长汀、宁化	长汀、邵武	[长汀]		尤溪银屏山、浦城马鞍山、政和、松溪、南平、宁化、将乐、沙县	长汀、福安、宁德、浦城、马鞍山		
河南	钧州（禹县）、新安、涉县、济源、巩县、宜阳、登封、嵩县、南阳、内乡、汝州（临汝）	涉县、镇平	[武安、淇县、与县、嵩县露宝山、永宁、灵宝、嵩县、临汝、伊阳筛子朵山]		宜阳赵宝山、永宁（洛宁）秋树坡、卢氏高嘴儿、嵩县马槽山	蔡州（汝南）、巩县		
湖北	兴国（阳新）、武昌（鄂城）、大冶、黄梅、蕲水、广济	武昌（鄂城）	[通城、郧县]		德安（安陆）	南漳、宜城、建始		
湖南	茶陵、巴陵、石门、浏阳、攸县、安化、宁乡、醴陵、衡阳、耒阳、常宁、卢溪、辰溪、溆浦、郴州、永兴、宜章、桂阳、零陵、祁阳、江华、永明、宁远	衡州（衡阳）、辰溪、郴州、宜章	衡州、永州（零陵）、江华、宜章、耒阳、常宁	桂阳州、醴陵	桂阳州、郴州、辰州、宜章	武陵（常德）等十二县、辰州宝庆（邵阳）、沅陵、溆浦、全州	安化、沅陵、卢溪、麻阳、永顺、保靖	

续表

今省份	铁	铜	锡	铅	银	金	汞	锌(炉甘石)
广东	阳山、归善(惠阳)、清溪、番禺、清远、连山、程乡、梅县、高要、阳江	阳山、曲江、英德	新会、海阳、程乡、德庆州、泷水(罗定)	番禺、翁源、乐昌、仁化、阳春	连州(连县)、番禺、清远、东莞、阳山、连山、曲江、翁源、乐昌、英德、四会、高要、化州、石城、电白、信宜	廉州府(灵山县林冶山)	连州、高要	
广西	融县宝积山	贺县	临贺(贺县)、南丹、河池、富州	上林、藤县、贵县	庆远府(宜山)南丹、浔州府(桂平、平南、贵县)	宣化(邕宁)	北流县铜石山、容县、博白	融县积宝山
陕西	蓝田、咸宁、周至、长安、勉县、城固	宁羌(宁强)、略阳、蓝田、咸宁、周至、长安		商县凤凰山、蓝田、咸宁、周至、长安	蓝田、咸宁、周至、长安	宁羌、略阳、西乡、兴安州	宁羌、略阳、洵阳	
甘肃	巩昌(陇西)、宁远(武山)				秦州(天水)、山丹大黄山			
四川	龙州(平武)、浦江、井研、合州、盐亭、射洪	梁山(梁平)、会川(会理)	[龙安府(平武)]	嘉州(乐山)、利州(广元)、剑州(剑阁)、雅州	会理密勒山、建昌(西昌)、叙州府(宜宾)	合县、忠县、大足、万县、潼川(三台)、广元、涪陵、巴州(巴中)、龙安府(平武)、保宁府(阆中)、剑州(剑阁)	梁山、彭水、龙安府(平武)	
贵州	贵阳府(贵筑)、思州府(岑巩)|思南府(思南)、石阡府(石阡)、铜仁、省溪、黎平、普安州(盘县)	思南府(岑巩)		思州府(岑巩)	铜仁	铜仁太平溪、省溪、提溪(江口)	万山、思南、石阡、普安、施溪(岑巩)、铜仁、省溪	

续表

今省份	铁	铜	锡	铅	银	金	汞	锌(炉甘石)
云南	昆明县、河西、嵩峨（峨山）、保山、新兴州（玉溪）、蒙化、陆良、会泽、沾益、乌撒	东川、路南、罗次、乌撒（镇雄）、永宁、保山、会泽	大理、楚雄、罗次	新兴(玉溪)	大理、楚雄、永昌（保山）、东川、曲靖、姚安、镇沅、南安州(双柏)	南安长官司（文山）、金沙江、永宁、漾沧江、姚安		宁州（华宁）水角甸山

注：（1）本表主要依《明史·食货志》、《明史稿》、《国榷》、《明会要》、《续文献通考》，并参考了《天工开物》、《本草纲目》、《龙泉县志》（《菽园杂记》引）整理而成。

（2）锡矿地名加"〔　〕"表示疑为铅或锑。

表 2-8-2　明初全国官铁冶年收入量表

明布政司		洪武初年（约公元 1368 年）单位：斤	洪武七年（公元 1374 年）单位：斤
全国总收入量		18 475 026	9 052 987
北平（河北）		351 241	
山西		1 146 917	762 000
	平阳府富国冶		(221 000)
	平阳府丰国冶		(221 000)
	太原府大通冶		(120 000)
	潞州（长治）润国冶		(100 000)
	泽州（晋城）益国冶		(100 000)
山东		3 152 187	720 000
	济南府莱芜冶		(720 000)
浙江		591 686	
江西			3 260 000
	南昌府进贤冶	3 260 000	(1 630 000)
	临江府新喻冶		(815 000)
	袁州府分宜冶		(815 000)
福建		124 336	
河南		718 336	
湖广		6 752 927	2 432 777
	兴国（阳新）冶		(1 148 785)
	蕲州黄梅冶		(1 283 992)
广东		1 896 641	700 000
	广州府阳山冶		(700 000)

续表

明布政司	洪武初年 （约公元 1368 年） 单位：斤	洪武七年 （公元 1374 年） 单位：斤
陕西	12 666	178 210
巩昌（甘肃陇西）冶		(178 210)
四川	468 809	

注：本表依《明会典》卷一九四"冶课"、《明实录·太祖实录》卷八十八整理而成。

关于明代金属矿山的分布，尤以《明一统志》所述最详。在铁、铜、锡、铅、银、汞等七种金属矿产中，官铁年产量达历史最高记录，其中湖广占全国总产额的三分之一强（表 2-8-2）。

明代前期，出现了我国封建社会最后一个采银高潮，主要银场分布在浙、闽、川、滇四省。值得指出的是明代开始采掘锌矿和冶炼金属锌，这是我国古代矿业史上的一项新成就。清代前朝，铜、锡、铅、锌、银等五种金属矿的大矿区多在云南；汞矿仍以贵州为主；新疆、甘肃两地的金矿，开采颇盛。清代铁矿业当不亚于明。

在清代，云南铜矿在我国占有十分重要的地位。其主要分布于三个区域：①滇北区，包括东川、鲁甸、巧家、昭通、大关、永善、宣威、镇雄各州县。其中以原东川府所属各厂为最盛。特别是汤丹、碌碌两厂，其产量足抵全省产量的 70% 以上。②滇西区，包括永北（永胜）、丽江、云龙、永平、保山、顺宁（凤庆）各州县。其中以顺宁产量最盛。③滇中区，包括滇池和抚仙湖周围各州县。乾隆三十七年，即公元 1772 年，云南的铜厂达 46 个，人数"大厂动辄十数万人，小厂亦不下数万，非独本省民穷，凡川湖两粤力作功苦之人，皆来此以求生活。"[①] 年产量高达 934.6370 万斤。

因明清两代的矿山遗迹皆不太完整，看来主要与其或开或停，断断续续地开采有关。今结合文献记载和调查资料看，主要有下列数处。

1. 云南个旧锡矿遗址

个旧锡矿是我国最大的锡矿之一，其开发历史悠久。《汉书·地理志》"益州郡·贲古"条注："北采山出锡，西羊山出银铅，南乌山出锡。"清康熙四十六年（1707 年）开个旧银厂，继又开龙树厂。赵天爵于清道光年间在个旧一带开锡矿，开采的矿工不下数万人。解放后地质工作者对清代开采的巷道进行地质测量，共完成总长度几万米，最大的巷道长度有数千米，自地表向下垂深达 300 余米。古巷道开采的都是易选的氧化矿，其开采的巷道形状基本是矿体的形态[②]。

2. 江西上高蒙山银矿遗址

江西上高县蒙山银矿的开采始于南宋（1197），最盛时民工达 3700 户。明永乐四年（1406 年）重新开采。矿体走向由北向西，与灰岩走向一致。银矿含银量 148.2 克/吨。地质及考古调查表明，蒙山太子壁有矿井遗址 18 处，其中最深最长的为一、二号井巷，扁槽洞垂直深度 140 米，水平长 170 米，最宽 10.5 米，最窄处 0.5 米，一般为 2~3 米。工作面

① 光绪八年云贵总督岑毓英和云南巡抚杜瑞联奏稿，见王文韶，续云南通志稿，卷四十五。
② 郝振林，个旧锡矿开发史和找矿勘探史，矿山地质，1983，(4)：49~51。

上遗留采掘的痕迹,采掘是沿自然银矿脉进行的[1]。

3. 江西新余铁矿遗址

宋应星《天工开物》曾对其土锭铁的露天开采法作了简要说明:"土锭铁……浮者拾之,又乘雨湿之后牛耕起土,拾其数寸土内者。"这种事半功倍的方法体现了古代工匠的聪明才智。宋应星《天工开物》的资料来源,既有全国的,又有江西地方性的。新余市博物馆对宋应星生活地分宜县的凤凰山、贵山铁矿遗址进行调查后认为:"此地的采矿冶铁方式与宋应星《天工开物》所记载的采矿、冶铁方式基本相符"[2]。

4. 河南南阳地区明清矿山遗址

计约 4 处[3]。

(1) 桐柏银洞坡银矿遗址。位于桐柏县朱庄乡,发现古矿洞 21 个,均沿矿体断续分布近千米。其中最大矿洞位于顶峰西部,洞口面积 9 米×4 米,洞深 10 余米。在采场两侧弯曲的壁上,还有分支的采场。洞内发现铁凿等采掘工具。

(2) 桐柏破山银矿遗址。属朱庄乡,共发现古矿坑 12 个,断续分布 900 米。采矿规模较大。位于破山峰顶的露天采坑,长 60 米、宽 10 米、深 7 米。在破山东部发现平巷,沿矿脉走向掘进,时宽时窄,宽处达数米,窄处仅容一人爬行。有的平巷有木架支护。

(3) 桐柏大河铜矿遗址。位于桐柏县大河镇,发现两处古坑道,分别在现今 9 号和 10 号矿体。9 号矿体古坑道呈东西走向分布,全长约 600 米,其中银洞岭坑道规模最大,位于地表下 25～30 米之间,最大深度 40 余米,在坑道西边有竖井,井壁东通巷道,沿山坡延伸 400 米处也发现竖井,该井东面又通斜巷,进深 125 米后,与一口深 35 米的竖井相连,因此,该井巷总长约 500 余米。

(4) 内乡县夏馆镇也有采铜遗址。矿洞深达 30 余米。

5. 秦岭金矿遗址

小秦岭金矿横跨两省三县、市,即陕西的洛南县、潼关县和河南的灵宝市,是我国中原地区主要脉金产地。矿山地势陡峻,海拔在 650～2400 米之间。其矿床有如下特点可作为明显的找矿标志:一是在含金石英脉的尖灭处,常见碎裂岩、糜棱岩;二是含金石英脉越破碎,含金量越高[4]。在小秦岭金矿东矿区陡壁上发现的碑文记有"景泰二年(1451)六月廿日起,开硐三百眼"可见当时脉金的开采规模颇为可观。

在河南灵宝秦岭金矿的考古调查中,还发现一些明清矿洞,遗物有碾金滚、碾金碾、碾金槽[5]。

6. 河南栾川红洞沟铅锌矿遗址[5]

在明清矿洞中发现的遗物有铁钎、铁锤等。

7. 河南荥阳桃花岭银矿遗址

桃花岭银矿唐代已经开采,明代中叶开采最盛,考古调查发现的几十个矿洞中,4 号矿洞深 22 米,入口处宽 3.2 米,高 1 米。8 号矿洞由一些弯曲的矿房连接而成,长约数十米。

① 王庆莘,上高县蒙山银矿遗址,江西历史文物,1983,(4):35～36。
② 江西冶金·江西冶金史研究专辑,1994,(6):56。
③ 董全生、梁王坡、郑金中,南阳地区古代采冶遗址调查,第四届金属史学术会议论文,1993 年 10 月。
④ 栾世伟,小秦岭金矿床地球化学,矿物岩石,1985,(2)。
⑤ 李京华,中原古代冶金技术研究,中州古籍出版社,1994 年,第 13 页。

各洞都有清晰的人工痕迹，如斧痕、镢痕、凿痕，还有炸药痕迹[1]。

8. 湖南临武香花岭锡矿遗址

香花岭锡矿现代品位为 1%，该矿发现 200 多处大小不等的老窿，其中发现两处刻有年代的老窿，一处为明万历年间，另一处为明天启二年元月，其锡矿品位为 5%[2]。

9. 安徽铜陵笠帽顶明代铁矿遗址[3]

位于铜陵县金榔乡（现钟鸣镇）笠帽顶的山顶上，面积约二万平方米。经考察，矿井为斜井，井壁有开凿的痕迹，围岩坚固，无木架支护。井口呈圆形，直径 1.5 米，井深约 30 米。在附近的朱村乡铁矿墩，还发现同时代的铸造遗址。该地的采冶，有如下便利条件：一是矿产资源丰富，铁矿石含铁量高，一般不低于 40%，高的可达 80%，易开采；二是燃料充足，遗址附近产煤；三是原料及产品运输方便，铁砂墩遗址旁的东边河、笠帽顶东侧的荻港都可直通长江。

10. 贵州万山汞矿遗址

遗址内遗留了大量明清时代的采矿空峒，大者高达二三十米，长宽各五六十米。产汞量较大[4]。

11. 广东罗定市婆髻山铁矿遗址[5]

清初屈大均《广东新语·货语·铁》载："铁莫良于广铁"、"诸冶惟罗定大塘基炉铁最良"。考古调查证实，罗定市罗镜镇至分界镇一带的罗镜河湾，明清曾是铁的集散地。分界镇炉下村铁炉遗址是一处明末清初的炼铁遗址，还有旧炉督、鸡公炉、凿石炉与水源炉等六座铁炉。炉下村婆髻山发现的铁矿遗址，当地称铁矿坑为"埂垅头"。附近曾有原始森林可供铁炉用炭之需。甘河上游距铁炉约半公里处，有水碓碎矿的遗址。看来其工艺流程大约是这样的：矿工们在婆髻山"埂垅头"挖出铁矿，送到甘河淘洗，经过水碓舂碎，然后顺山路送到炉场坪储存备用，构成采矿、洗矿、碎矿、炼铁完整的生产过程。

12. 江西浮梁高岭土矿遗址

浮梁县是世界制瓷黏土（高岭土）命名地，我国古代著名的瓷用原料产地。浮梁县高岭土古瓷矿遗址保留了元、明、清三代矿坑、矿井、陶洗坑、尾沙堆积物及附属建筑水碓房、碑亭、水口亭等遗址遗存[6]。

13. 广东蟛塘采石场遗址

番禺莲花山、大岗等地分布着第三系沉积构成的红色长石石英砂岩和杂砂岩，为粒级韵律与层理，多见垂直节理，岩石较新鲜，岩性不太坚硬，人工开凿方便，适于作建筑石料开采，所以长期被古人开采。蟛塘采石场位于番禺大岗镇。据公元 1923 年出版的《香山县志续编与地氏族册》记载，该采石场由河源县的周族、张族和五华、兴宁县的陈族等，于清代乾隆年间（1736～1796 年）由东江到大岗以采石为生。考古调查，该露天采石场长 110 米、宽 65 米、深 23.7 米。采场周帮陡峭，留有钎凿痕迹。采场底部边缘，均分布着矿房，显然

---

① 荆三林，浮戏山丛考，巩县文史资料抽印本，1986 年 10 月，第 24 页。

② 湖南省博物馆吴铭生先生调查后于 1986 年 4 月 10 日来信惠告。

③ 汪景辉、杨立新，铜陵发现古代铁矿井和冶铸遗址，文物研究，1989，(5)：197～198。

④ 朱寿康，汞业发展史概述，全国金属史学术会议论文，1985 年 11 月。

⑤ 广东省博物馆，广东罗定古冶铁炉遗址调查简报，文物，1985，(12)：70。

⑥ 李新才，高岭古瓷矿遗址维修工程竣工，中国文物报，1997 年 2 月 2 日第 2 版。

是先采用下向式开采，然后采用房柱法开采（图 2 - 8 - 1）[①]。

图 2 - 8 - 1

三　集大成的明清采矿技术

(一) 明清时期的采矿名著

明代中叶以后，由于社会生产力的提高和商品经济的发展，使得手工业和商业得到了空前的繁荣。一些先进的知识分子，在一定程度上突破了传统习惯势力的束缚，注重实际，能较好地深入实地考察、研究、总结，著书立说，使明清的科学技术在中国古代历史上发展到了总结性阶段；许多科技著作都具有集大成的性质。明朝后期民营矿业迅速发展，矿业中的资本主义萌芽也有了比较明显的滋长，有关著作以先进生产方式的出现为前提，记录了矿业方面的不少技术成就。

在这些科技著作中，明代较值得注意的有：

李时珍《本草纲目》。成书于 1596 年，载有岩石矿物和化石共 160 多种，并对矿物作了分类，反映了明代丰富的矿物知识。

宋应星《天工开物》。成书于崇祯十年，这是中国古代著名的综合技术著作。全书有十八个门类，其中"冶铸"、"锤锻"和"五金"三卷专门论述矿冶技术；"作咸"、"陶埏"、"燔石"、"丹青"和"珠玉"五类，则全部或部分论述非金属矿产的开采和加工技术。在"五金"中，前所未有地系统介绍了有关铜、铁、金、银、锡、铅、锌七种矿产的矿物种类

---

① 卢本珊，1999 年考察。

开采、洗选和冶炼技术的方法。

　　陆容（1436～1494年）《菽园杂记》，此书内容较为丰富，其卷十四曾引《龙泉县志》，对浙江处州铜矿的开采方法有扼要的记载，并记录了检验银矿品位的过程："五金之矿，生于山川重复高峰峻岭之间。其发之初，唯于顽石中隐见矿脉，微如毫发。有识矿者得之，凿取烹试。其矿色样不同，精粗亦异。矿中得银，多少不定。"

　　明末孙廷铨《颜山杂记》，此书内容较为丰富，书中介绍了煤岩组分、找煤方法和经验、井筒开凿要求、开拓部署、井下支护方法、通风和照明等技术。是我国古代关于煤矿的地质、找矿、开采利用技术最全面的科学总结著作。

　　清代，与采矿有关的技术著作显著增多，记载也比以前详细。较值得注意的有：田雯的《黔书》、屈大均的《广东新语》、张泓的《滇南新语》、吴鼎立的《自流井图说》、王崧的《矿厂采炼篇》、倪慎枢的《采铜炼铜记》、吴其濬的《滇南矿厂图略》，此外，许多方志都增加了矿产内容。这些著作中，虽有的只是部分章节为科技内容，但其在学术上的地位依然是值得肯定的。

　　清代矿业专著中，尤其值得注意的是清吴其濬《滇南矿厂图略》，其出版于道光二十四年（1844），分上下两卷。上卷题《云南矿厂工器图略》，计16篇，分门别类，有条有理地叙述了整个矿山的开发管理及坑采技术，即矿井布置与矿脉的关系、开拓、支护、回采、采场布局及采矿方法、运输、排水、照明等技术问题。其各篇名和内容分别为：①"引"，讲矿苗（也称矿脉）；②"硐"，讲采场内部结构和各种采矿工艺的具体操作；③"硐之器"，讲坑采中使用的工具和器具；④"矿"，讲矿石品位高低；⑤"炉"，讲冶炼；⑥"炉之器"，讲冶炼工具；⑦"罩"，银的冶炼；⑧"用"，讲用品；⑨"丁"，讲矿山人员组成；⑩"役"，讲分工；⑪"规"，讲规章制度；⑫"禁"，讲禁令；⑬"患"，讲矿灾、矿害；⑭"语忌"，讲带有迷信色彩的语言忌讳；⑮"物异"，讲矿井中的怪事；⑯"祭"，讲有关迷信活动。卷首载工器图20面。插图为云南东川知府徐金生绘辑。图文并茂，对采矿技术的一些操作细节也清楚地展现在人们面前。卷末附有几篇与矿业有关的科技著作：如宋应星《天工开物》"五金"卷节录、王崧《矿厂采炼篇》、倪慎枢《采铜炼铜记》、王昶《铜政全书·咨询各厂对》。此外，上卷还记述了康熙、雍正、乾隆、嘉庆四朝云南南部开采铜、锡、金、银、铁、铅金属矿产的分布、矿冶技术、管理制度等。下卷题为《滇南矿厂舆程图略》，计分为13篇，介绍铜厂、银厂、金、锡、铅、铁厂（附白铜），帑，惠（附户部则例），考、运、程（附王昶《铜政全书·筹改寻甸运道移于剥隘议》），舟、耗、节、铸、采（附王大岳《论铜政利病状》）等。卷首载全省图1幅，府、州、厅图20幅。本书记述了滇南铜矿33处、锡厂1处、金厂4处、银厂25处、铅厂4处、铁厂14处，对它们的生产情况介绍甚为详尽。其中有一些矿，如汤丹铜矿、个旧锡矿，是至今仍在继续开采的大矿。该书所附《采铜炼铜记》一文，对"东川式"铜矿的矿石品位、找矿方法、矿体产状和开采技术等均有精辟的论述，总结了前人的经验，反映了18世纪至19世纪初我国有色矿业技术情况，今天仍有参考价值。有些矿石和矿体产状的名称，至今仍在沿用①。

---

① 李仲均，滇南矿厂图略条目，见：中国大百科全书·矿冶，中国大百科全书出版社，1984年，第85页。

（二）矿物识别技术和找矿方法

1. 矿物识别法

我国古代的矿物识别技术发明较早，而且历代都取得过一些不同的成就；明清时期，随着整个科学技术的发展，人们对矿物的认识也有进一步的提高和深化，与现代技术科学的认识也更为接近。矿物识别法较多，但在古代技术条件下，主要是依据其一些直观的物理性能和部分简单的化学性能，如外部形态、颜色、光泽、硬度、延展性以及燃烧性能等。这种识别技术的发展，实际上也是人们对矿物认识上的一种深化和飞跃。这对人们找矿和采矿无疑都提供了有力的帮助。

（1）金矿。宋应星《天工开物》卷十四曾对自然金的形态、颜色、硬度、延展性、比重作了很好的描述，这在一定程度上反映了明代对自然金和黄金的认识水平，也为黄金的鉴定和分类提供了一个较好的标准。

① 关于自然形态。《天工开物》说：其"大者名马蹄金，中者名橄榄金。"此外还有"带胯金"，其状类于腰带上作为装饰品的金粒；有"瓜子金"、"豆粒金"，其呈大小不同的颗粒状；有"麸麦金、糠金、面沙金"，这是形态呈薄片状的细金。这虽是对自然金形态的一种描述，实际上也是一种分类。

② 关于颜色。《天工开物》说："其高下色，分七青、八黄、九紫、十赤。"即是说，随含金量增加，其色由淡黄变成浓深的亮黄。同书在谈到鉴定方法时说："登试金石上，立见分明。"即金在试金石上划出条痕，根据它的颜色就能分辨出它的成色。需要指出的是，金的颜色虽随成色高低而由深而浅，但其都是黄色的，并不显示赤紫、青色等。

③ 关于硬度、刚性和延展性等物理机械性能，《天工开物》说其"咬之柔软。"并说"凡金性又柔，可屈折如枝柳"。"凡金箔，每金七厘造方寸金一千片，粘铺物面，可盖纵横三尺。"

④ 关于比重。《天工开物》说"凡金质玉重，每铜方寸重一两者，银照依其则（方）寸增重三钱；银方寸重一两者，金照依其（方）寸增重二钱"。

（2）银矿。明清时期的多种文献都谈到过银矿的形态、分类和冶炼工艺。其中又以陆容《菽园杂记》和宋应星《天工开物》所述最值得注意。

《天工开物》所述主要是辉银矿，书中对其外部形态、颜色、品位等都作了较好的描述。关于形态，宋应星称"其面分丫若枝形者曰铆"。现代矿物学描述辉银矿常为树枝状、毛发状、网状。可见两者大体上是一致的。关于颜色，宋应星说其"礁砂形如煤炭。"因辉银矿近似黑色，这是相当准确的描述。关于品位，宋应星说"其高下有数等（原注：商民凿穴得砂，先呈官府验辨，然后完税）出土以斗量，付与冶工，高者六七两一斗，中者三四两，最下一二两"。今按每斗重十二斤来推算，矿石的含银品位最高约为百分之四弱，最下约为千分之五强，与现代技术亦大体相符。

陆容《菽园杂记》卷十四曾引《龙泉县志》，对银矿的一些产状作了较好的描述，云其："有地面方发而遽绝者，有深入数丈而绝者，有甚微久而方阔者，有矿脉中绝而凿取不已复见兴盛者，此名为过壁。有方采于此，忽然不现，而忽发于寻丈之间者，谓之虾（蛤）蟆跳"。

（3）铜矿。明清有关描述铜矿的文献亦是较多的，尤以明宋应星在《天工开物》和清倪慎枢《采铜炼铜记》所述最详。两书皆偏重于铜矿的产状，后者还涉及开采方法。

《天工开物》卷十四云："凡出铜山夹土带石，穴凿数丈得之。仍有矿（荒）包其外。矿（荒）状如姜石，而有铜星，亦名铜璞，煎炼仍有铜流出，不似银矿之为弃物。凡铜砂，在矿（荒）内形状不一，或大或小，或光或暗，或如鍮石，或如姜铁，淘洗去土滓，然后入炉煎炼"。这段文字对铜矿及脉石的含铜量记录得既详细又形象。所谓"铜山夹土带石。"是铜矿的一种产状，在热液和接触交代型铜矿床或沉积型铜矿床中都能见到。此"鍮石"即黄铜。此"姜铁"指何种铜矿，学术界尚有不同观点，卢本珊认为它可能是指结核状铜矿石；在矿山的风化接触带或破碎带中，一些包有脉石的铜矿，打碎洗净后，其状如生姜，故谓之"姜铁"。

清倪慎枢《采铜炼铜记》载："谛观山崖石穴之间，有碧色（指孔雀石）如缕或如带，即知其为苗，亦有洞啮山圻矿砂偶露者，乃募丁开采，穴山而入。……浅者以丈计，深者以里计，上下曲折，靡有定址。……亦有随'引'而攻，'引'即矿苗。中荒旁甲，几同复壁者，覆于上者为棚，载于下者为底，横而尖者为闩（凡硐上棚下座分明必旺见久）。大抵矿砂结果聚处，必有石甲包藏之（今称栏门峡），破甲而入，坚者贵于黄绿赭蓝，脆者贵于融化细腻，俗谓之'黄木香'，得此即去矿不远矣。宽大者为堂矿，宽大而凹陷者为搪矿，斯皆可久采者也。若浮露山面，一劚即得，中实无有者为草皮矿。稍掘即得，得亦不多者为鸡爪矿，参差散出，如合如升，或数枚或数十枚，谓之鸡窠矿，是皆不耐久采者也。又有形似鸡爪，屡入屡得之既深乃获成堂大矿者，是为摆堂矿，亦取之不尽者也（凡矿宜于成刷，若孑然一个，别无小矿，决不成器，今谓之个个矿，亦曰独矿，矿虽成个，大小间错，忽断忽续又必成堂。谚云：'十跳九成堂也'）"。这种对矿体产状的真切认识，对人们探矿、找矿和采矿，显然都是很有帮助的。

在此有一点需要指出的是，清吴其濬《滇南矿厂图略》卷上"矿第四"，及倪慎枢《采铜炼铜记》，都提到了一些更为朴素的矿物名称和分类法，而且有的与现代矿物学名称皆相去甚远；这一方面是云南地方习俗的反映，但同时它也是矿石产状的一种真实反映。如书中提到的所谓"自来铜"、"火药酥"和各种"绿矿"，大多数都是产于大型硫化铜矿床的次生富集带中，含铜品位都较高，而且一般位于地下水面以上。书中说到的"黄金箔"一类矿石，属于原生矿石，即黄铜矿，品位虽较低，但储量常比次生富集带大，所以作者称其"最耐久采"；又因其一般在矿体深部，位于地下水面以下，所以作者又说其"容易生水"[①]。

（4）锡矿。我国古代的炼锡技术发明较早，但关于锡矿形态、产状、分类和冶炼工艺的稍见详细的文献记载，却是到了明代才在宋应星《天工开物》卷十四中看到的。

《天工开物》云："凡锡有山锡、水锡两种，山锡中又有锡瓜、锡砂两种"。其中的山锡则"穴土不甚深而得之。""间或土中脉充物"。说明这种锡矿床埋藏较浅，有时呈条带状或层状夹在岩土层中。"致山土自颓（滑坡），恣人拾取者"。说明矿层坡积在缓坡上，矿体厚度随形的变化而变化。从产状可知，此"山锡"显然是指坡积砂锡矿床。

至于水锡，宋应星认为是"南丹河出者（水锡），居民旬前从南淘至北，旬后又从北淘至南，愈经淘取，其砂日长，百年不竭"。"水锡、衡、永出溪中，广西则出南丹州河内。……粉碎如重罗面（细面粉）"。从前一段引文可知，此"水锡"显然是指冲积型砂锡矿

---

①　李仲均，中国古代采矿技术史略，见：科技史文集（第9辑），上海科学技术出版社，1982年，第5页。

床，而且，其在河谷环境下会不断地堆积。从第二段引文可知，同一种类的砂矿颗粒在水的搬运过程也会发生分选的，使大小不同的粒粉分开来，而且，粒级小者比大者搬运的距离远；所以下游的水锡粒级比上游小，一般为 0.12～0.6 毫米。

看来，《天工开物》中描述的"山锡"和"水锡"都是砂锡矿床。

（5）铅矿。我国古代关于铅矿的记载较早，但以明宋应星《天工开物》卷十四所述最为系统和详明。

其云："凡产铅山穴，繁于铜、锡"。"（铅）质有三种：一出银矿中，包孕白银，初炼和银成团，再炼脱银沉底，曰银矿铅。此铅云南为盛。一出铜矿中，入洪炉炼化，铅先出，铜后随，曰铜山铅，此铅贵州为盛。一出单生铅穴，取者穴山石，挟油灯寻脉，曲折如采银矿，取出淘洗煎炼，名曰草节铅，此铅蜀中嘉（乐山）、利（广元）等州为盛。其余雅州（四川雅安）出钓脚铅，形如皂荚子，又如蝌蚪子，生山涧沙中，广信郡上饶、饶郡乐平出杂铜铅，剑州（四川剑阁）出阴平铅，难以枚举。"在此，宋应星对铅矿作了较好的分类，并较好地说明了每一种铅矿的形态。

此"草节铅"即方铅矿。因为该矿物常呈立方体晶形出现，有时呈八面体，具有立方体的完全解理，常常形成阶梯状，断面似草节形，草节铅可能因此得名。

此"银矿铅"应指含银方铅矿，因其包孕白银而名。方铅矿常含少量的银，有时高达5％。"包孕白银"四字，是对这种矿物较为贴切的一种描述。

此"钓脚铅，形如皂荚子。"即指出了钓脚铅的形态、颜色。皂荚为落叶乔木。小叶卵形或长圆形，结荚果，扁平，褐色。宋应星又说，钓脚铅"形如蝌蚪子"，蝌蚪为黑色，呈椭圆形。根据皂荚子、蝌蚪子的上述特征来看，钓脚铅为黑色或褐色，形态呈卵形、长圆形或椭圆形，由此推论，只有自然铅与之吻合[①]。

2. 找矿探矿方法

千百年来，我国人民在探矿、找矿方面积累了丰富的经验；从有关记载看，明清时期人们使用较多的依然主要是矿苗追踪法。为了找矿，古人常采用平硐、群井、巷道来揭露基岩，以了解矿化及地质构造，然后采用重砂测量等方法来预测和追踪富矿脉。这在《天工开物》中得到了很好的反映。如探金，"金多出西南，取者穴山至十余丈，见伴金石，即可见金。"这是穴山寻找"伴金石"法。又如探银，"凡石山硐中有矿砂，其上现磊然小石，微带褐色者，分丫成径路。采者穴土十丈或二十丈，工程不可日月计。寻见土内银苗，然后得礁砂所在。"这是寻找"银苗"，再追踪富矿的方法。

（三）矿井开拓技术

1. 深井开凿与联合开拓技术的全面发展

中国古代矿山开拓技术历经几千年，至清代便发展到较为合理的阶段。从吴其濬《滇南矿厂图略》附图三、四来看，其地面设施，包括水法选矿场、矿石储备场、冶炼场、生活区等的布局，都是较为合理的；其地下开拓系统和采区的布置也比较规范。明末清初孙廷铨《颜山杂记》在谈到采煤时，对井位选择也有了设计要求："凡攻炭，必有井干，虽深百尺而不挠"。井干，即主井筒。虽然主井深百尺，但一定要求垂直，可见当时建井技术已较成熟。

---

① 夏湘蓉、李仲均、王根元，中国古代矿业开发史，地质出版社，1980年，第279、280页。

"视其井之干，欲其确尔而坚也。否，则削"。即要求选择井位要考虑地质条件，以"确"、"坚"为原则。选址要准确无误，要注意下覆岩层的构造，建井必须坚固牢靠，以保安全。如果这两条达不到，井下必然削垮。虽然这里是谈煤矿的井巷开拓，但是金属矿的开拓要求与煤矿相同。张泓《滇南新语》谈到铜矿的开采"厂民穴山而入，曰礍、曰硐，即古之坑……略如采煤之法"。

明清时期，对矿山开拓技术已有了较为系统的知识，并出现了一些相对统一的专有名词。如"井"。《黔书》说"采矿者必验，其影，掘地而下曰井"。《滇南新语》说"矿之深下者，曰井洞"。又如"巷"，《黔书》说："平行而入曰墅（即巷道），直而高者曰天平（即平巷），坠而斜者曰牛吸水（即斜巷）"。《滇南新语》说："平开者，曰城门洞"。

明代陆容《菽园杂记》引《龙泉县志》云："大率坑匠采矿，如虫蠹木。或深数丈，或数百丈，随其浅深，断绝方止"。对于数百丈深的地下开采，只有用联合开拓，才能向地下纵深发展。其实，这种方法在《天工开物》卷十一"煤炭"条中已有记载："或一井而下，炭纵横广有，则随其左右阔取。其上支板，以防崩压耳。"明确指出了井巷联合的关系。

清吴其濬《滇南矿厂图略》上卷"硐第二"篇中在谈到地下开拓时说："凡硐，门谓之礍，得矿于硐"，"中谓之窝路，土曰鬆塴，窝路石曰硬硤，窝路平进曰平推，稍斜曰牛吃水，斜行曰陡腿，直下曰钓井。倚木连步曰摆夷梯，向上曰鑚（钻）篷。左谓之槌手边，右谓之凿手边，上谓之天篷，下谓之底板，槌凿处谓之尖（即掌子面）。本硐曰行尖，有大行尖、二行尖之分。计辨曰客尖，分路曰斯尖，以把计数，自一以至一百。"这把"平巷-竖井-斜巷-盲井-阶梯式斜巷"的联合开拓法说得清清楚楚。更难得的是，这些记载，在书中所绘的矿厂图中作了形象的描绘，从图上看（图2-8-2），地下开采中所有的开拓形式几乎都用上了，并且和各矿房有机地联通成一个开拓回采系统。正如王崧《矿厂采炼篇》（清吴其濬《滇南矿厂图略》上卷之末附）中所讲的："直攻、横攻、仰攻、俯攻、各因其势，依线（矿脉）攻入"，"内分路攻采，谓之尖子（掌子面），计其数曰把，有多至数十把者"。王崧还进一步说，平推"路直则鱼贯而行"，"一往一来者，侧身相让"。这肯定是指平巷；钻天，是"由下而上……后人之顶接接人之踵"，从矿厂图钻天的形状看，只有上向式回采才能形成钻天；钓井，"由上而下"即下向式回采；"作阶梯以便陟降，谓之摆夷楼梯"。吴其濬说阶梯"倚木连步"，可见与湖北大冶铜绿山战国时期的阶梯式斜巷近似，而且有木架支护。

2. 采掘工具的充实与采掘分工的进步

我国古代在机械工程领域取得了光辉的成就，商周时期就发明了一些矿山提升机械。至明清时期，仅见于盐井开发和煤炭开发方面的采矿机械，就会发现其地面开凿、提升等装置，都是此前无可比拟的。清《四川盐法志》上描绘制井盐"汲卤"图，其竖立的钻架，装置的地滚、盘车和天车等，规模宏大。凿井器具达41种。施工已有一套完整规范的程序。

但受到井下作业条件的限制，井下开拓工具却长时期停留在较为原始的基础上。见于清吴其濬《滇南矿厂图略》附图五的专类器物（图2-8-3）有凿岩用的铁凿子、藤柄铁尖、竹柄铁锤、铁锨、铁撞、铁发条；装载用的木锨、木耙子、撮箕、麻布袋；选矿用的簸箕、筛箕；井巷支护用的箱斧、木槌、槛门等。据吴其濬记载，铁槌有两种，一种为铁打的小铁锤，另一种为铁铸的大铁锤。大锤重三四斤至五斤，攒竹为柄，用时一人双手持槌，另一人持尖；尖是铁打的，长四五寸，锐其末，以藤横，箍其梗，以籍手。凿是铁头木柄，各长一

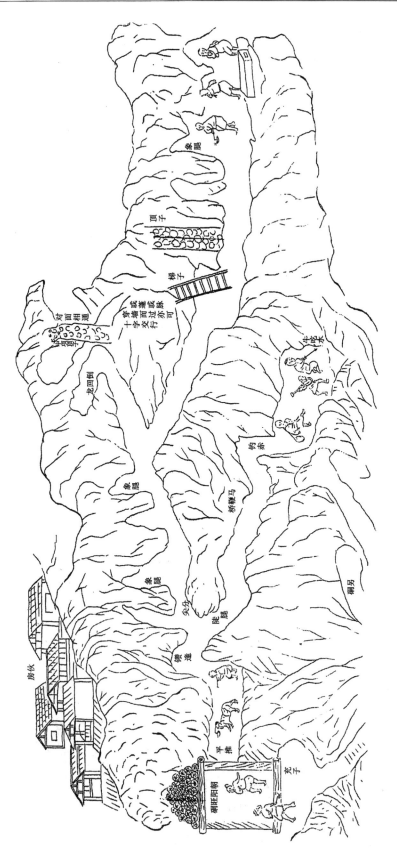

图 2-8-2　《滇南矿厂图略》中描述平硐支护结构及名称图

尺，形似斧撬。河南禹县、北京西山、陕西铜川清末民初的小煤窑用的铁尖，即尖镐，禹县称"鹤咀镐"，与吴其濬所绘的相同，具有携带方便，使用灵活，凿岩有力的特点[①]。

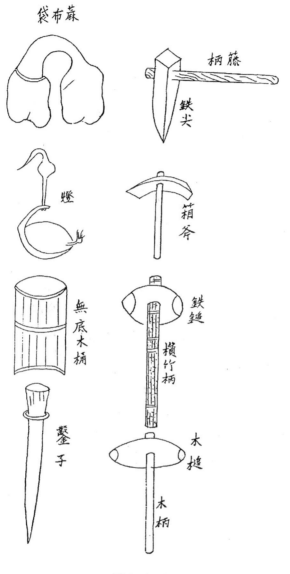

图 2-8-3

　　井下开拓工匠的分工，王崧《矿厂采炼篇》记载甚详："一人掘土凿石，数人负而出之。用锤者曰锤手，用錾者曰錾手，负土石曰背垅，统名砂丁。土内有豆大矿子曰肥荒，捡出方可煎炼。硐之深下者曰井硐，开而平者曰城门硐。硐中石围土沙者曰天生硐，掘硐至深，为积淋所陷，曰浮硐"。"石坚谓之硖硬，以火烧硖，谓之放爆火，矿一片谓之刷矿，长伏硖谓之槛（闩），大矿谓之堂，土石夹杂谓之鬆垅，鬆垅易攻凿，其矿不长久。凡攻凿直硖硬，硬则久，可获大堂"。田雯《黔书》记载井下开拓"畚锸锤斸，斧镢之用，靡不备。焚膏而入，蛇行匍匐。夜以为旦，死生震压之所不计也。石则斧之，过坚则煤之，必达而后止"。

① 李树青，我国煤矿生产传统土法工具设备，见：中国古代技术史学术讨论会论文，1981 年。

由此可见，矿山作业在没有进入到现代化这一步时，总归是非常艰苦的一种劳动。

　　3. 火药在矿山爆破上得到实际应用

　　火药是我国古代炼丹家在炼制丹药时发明的，为我国四大发明之一。唐代已有制造火药方法的记载。宋元时期，火药的配方已经脱离了初始阶段，各种药物成分有了比较合理的定量配比，并且在军事上得到实际应用。

　　明代陆容《菽园杂记》引《龙泉县志》云："旧取矿，携兴铁及铁锤渴力击之，凡数十下仅得一片。今不用锤尖，惟烧爆得矿。"在此最值得注意的是最后两句，其看似为火爆法，其实非也。火爆法是在烧过之后，仍要用锤尖击凿才能得矿的；如果说不用锤尖，只用烧爆就可得矿，只有黑色火药爆破方能实现。光绪三年修河北省《唐县志》记载了明万历二十五年（1597年）各矿所用钻钢、灯油的具体数目。比如小野洞，用钻钢三百斤、灯油两千斤。还说"火爆石裂，鸟惊兽骇，若焰汤火"。鸟兽如此惊骇，必然是炮声所至，如果用火烧岩石是不至于使鸟兽如此惊骇。至于钻钢是用于放炮打眼，还是用于凿岩，则有待考证。按我国黑色火药的发展过程，明万历年间，火药用于矿山爆破是完全可能的。上面阐述过的河南荥阳明代桃花岭银矿，就发现了使用炸药的痕迹。

　　自然，火爆法在明清时期仍然大量使用。明弘治五年（1492），陕西城固县修五门石峡时，应用火爆法的具体操作是："积薪石间，炽火烧之，俟石暴裂，乃以水沃之，石皆融溃。遂督匠悉力椎凿，无不应于崩摧。石且坚，复烧而沃之，如是者数[1]"。陆容《菽园杂记》卷十四引《龙泉县志》云，浙江处州用火爆法采铜，"采铜法，先用大片柴，不计段数，装叠有矿之地，发火烧一夜，令矿脉柔脆，次日火气稍歇，作匠方入身，动锤尖采打。凡一人一日之力，可得矿二十斤，或二十四五斤。"

（四）井巷支护技术

　　古代井巷支护有四种形式，即自然支护（也称无支护）、留石柱支护、木架支护、充填支护。明清时期，这四种支护形式都有使用，且有了明确记载。

　　井巷木架支护在商代铜矿山就已较规范，到了明代，有关记载更为明确，认识上也有了一些提高。明《徐霞客游记》卷十八载：云南永昌玛瑙矿平巷支护"以巨木为桥圈，支架于下，若桥梁之巩，间尺辄支架之"。《黔书》载：巷道支护"皆必支木幕版以为厢，而后可障土"。王崧《矿厂采炼篇》载：巷道支护"撑挂以木，名曰架镶"。"间二尺余支四，曰一箱。硐之远近以箱计"。清张泓《滇南新语》载："虑内陷，支以木"，"间二尺余，支木四，此四木为一厢。洞之远近以厢计，上有石，则无虑，厢亦不设"。这些记载说明了三个问题：①为了防止巷道内的围岩塌落，巷道和硐室须用木材支护；②说明了排架式支撑的结构、间距及以厢计算巷道之近远；③坚固的围岩是无须支护的。

　　《滇南矿厂图略》上卷，具体地描述了平硐的支护结构及其名称："凡硐、门谓之礶，得矿予硐，口竖木如门，有框无扇，曰礶门，叠木门上，如博山形，谓之莲花顶"（图2-8-2）。井巷支护名曰镶木，通到矿体的窿道叫做"窝路"。关于厢架的具体结构和尺寸是"土山窝路，赖以撑柱，上头下脚，横长二、三尺（指宽）。左右两柱，高不过五尺，大必过心（指直径）二寸处，用木四根，谓之一架。隔尺以外曰走马镶，隔尺以内曰寸步镶。"从《滇

---

① 清·王穆，城固县志（卷九），第27页，引郭岜《开五门石峡记》康熙五十六年（1717）刊本。

图 2 - 8 - 4　清《滇南矿厂图略》中的矿山分级排水图

南矿厂图略》(图 2-8-2 和图 2-8-4) 上可见,巷道断面形状有两种:一种是梯形巷道,即支护的立柱呈"八"字形;另一种是矩形巷道,即支护的立柱垂直。碅门断面(图 2-8-2)可容两三个人,说明碅门的尺寸较大。门上的莲花顶叠木有五层,呈博山形,应该相当牢固。

此巷道支护中的所谓"架镶"、"厢"、"寸步镶"、"走马镶",实际上反映了巷道的一种支护方法和计算单位。使用起来较为方便。

(五) 关于采矿方法

我国古代采矿业的露天开采和地下开采长时期并存;发展到明清时期,已经走过了漫长的道路。

1. 露天开采

从文献记载看,明清的露天开采主要有两种方法,一是掘取法。二是垦土法。云南东川铜矿有"草皮矿"或"鸡窝矿",只要把表土或薄层岩层剥除,掘下数尺,即可得矿,即所谓掘取法。宋应星《天工开物》卷十四记载,广西河池山锡"皆穴土不甚深而得之"即是此意。关于垦土法,《天工开物》记载了土锭铁"乘雨湿之后牛耕起土,拾其数寸土内者。"此即垦土法。其事半功倍,体现了古代劳动人民的聪明才智。

2. 地下开采方法

为了采出有用矿物,继开拓之后,必须根据不同的地质条件和生产技术水平,在矿体和围岩中,以一定的布置方式和程序,掘进一系列的采准和切割巷道,并按照一定的工艺过程进行回采工作。这些巷道的布置方式及掘进程序和回采工艺过程的综合即"采矿方法"。

我国的地下开采早在商代采用了支柱及支柱充填法。明代在采煤等技术中都有使用。《天工开物》卷十一载:"凡煤炭取空而后,以土填实其井",即用废石作充填料充填采空区以防止周围岩石塌落。

关于房柱法,早在战国时的麻阳铜矿中就已采用,宋代便发展到较高水平,明清仍在沿用;番禺莲花山和大岗明清采石场,其房柱法开采遗迹保留至今,且规模甚大。清《铜政全书》载:"攻采既久,遇有墙壁坚直进,忽得大矿,其盖如房顶,其底如平地,有三间五间屋之大为堂矿。"说明清代云南采用的房柱法采矿,其规模是相当大的。云南东川铜矿是与海相沉积有关的层状型铜矿床,有些地段矿石与围岩比较稳固,所以适于矿房法回采矿石,其特点是依靠围岩、矿柱来维护采空区。在吴其濬《滇南矿厂图略》附图一、附图三上都画有"象腿",即矿房的矿柱。从图上看(图 2-8-2),矿柱大小相近、间距相当,几个矿房顶板的高度也相近,矿房的布局显得十分规整。

屈大均《广东新语》卷五"石语·端石"条也记载了房柱法,说的是宋代开采端溪砚石采用房柱法。到了清代,由于好的端石不易得,结果把宋代留下来的石柱也都开采罄尽而以木柱代之的情况:"水岩在老坑之内,宋治平(1064~1067)年中,于此采砚。东坡所谓千夫堰水,挽绠汲深,篝火下锤,百夫运斤而得之者","昔人取石留数柱,虞其颓圮。今名为东留柱、西留柱,亦取之,以木柱代矣"。可见在明清时期,房柱法在围岩比较坚固的矿体中是使用得较为普遍的。

（六）采矿辅助工艺发展

矿井通风、排水、照明设施是关系到井下作业成败的重要设施，明清时期均有发展，许多地方都有了自己的专用名词。如在云南，照明设施叫做"亮子"。通风叫做"闷亮"，其设备叫"风柜"，通风道叫"风洞"。矿井水的来源有"阳水"和"阴水"之分。"阳水"即矿外向内的渗水现象，"阴水"即矿硐内地下水的涌水现象。排水的设施有"水龙"等。这些专业名称的出现，一方面说明了这些辅助技术的全面发展，另方面也说明人们在这些方面已积累了相当有经验。

关于井下排水技术，王崧《矿厂采炼篇》说："掘深出泉，穿水窦以洩之。有泉则矿盛，金水相生也。水太多，制水车推送而出，谓之拉龙。拉龙之人，身无寸缕，蹲泥淖中如塗附，望之似土偶而能运动。"卢本珊考察了安徽南陵唐代井下开采铜矿的矿房遗址，曾发现有水车。明清时期，井下排水曾使用水车，确被王崧的上述记载所证实。他还记载了当时的排水方法：若矿硐地位高，窝路平推时，则引水自然外流，此最省力，若矿硐地位低而窝路又向内倾斜，则需要人工排泄。如出水不多，便可用皮囊背出；如出水很多，便需要"水龙"。

关于排水设备"水龙"的结构、使用方法、排水量及其优点等，吴其濬《滇南矿厂图略》记载详细：排水设备"曰龙或竹或木做成，长自八尺以至一丈六尺。虚其中，经四五寸。另有棍或木或铁，如其长，剪皮为垫，缀棍末，用以摄水上行。每龙每班用丁一名，换手一名，计龙一条，每曰三班，共用丁六名。每一龙为一闸，每闸视水多寡，排龙若干，深可五六十闸，横可十三四排，过此则难施。"超过了这个数目则难施用。大矿水多时，用这种水龙抽水需一二百人甚至上千人。常常因用于排水的费用太大而造成矿井封闭。每天每龙需人六名，每排五六十闸、十三四排，至少有 650 根"水龙"，昼夜约需 3000 多人。即使是每排十五六闸、十三四排计算，也要用 200 根水龙，昼夜也得 1200 人排水。可见当时井下排水工程之浩大。

关于这种竹、木水龙的结构和制作方法，1902 年刊行的宋赓平《矿学心要新编》作了更详细介绍：木水龙"其法用圆木一根剖开，挖去其心，内外光滑无滞，用桐油浸透合之，用铁箍包好，长可丈余，大如中碗，头与竹龙同样，亦用掩皮，其出水处亦以龙杆抽挖，于龙杆梢上捆猪皮数缕，一提则出水，一入则收气。此龙妙在竖立取水，下安龙窝。"竹水龙"惟较木龙可长一倍。""其法以头等斑竹过心五六寸者，用龙镈从中透空，竹节务使光滑到底，上下用箍四道，下用杪木长七寸，形如酒提倒续于下，下空而上用活页，外用白蜡木杆六尺，下兜以猪皮倒透入龙杆，上则页开而水进杆，下则页塞而水以上出，如窝有水则出水，窝无水则自叫，甚奇特也。""此龙能长至二丈四尺，故较木龙能深处取水，其力量更大，所以称第一也。"

清代，矿山排水不仅设备有了很大改进，而且技术也有较大提高。吴其濬《滇南矿厂图略》在描述矿山分级排水系统级数的同时，（即"每一龙为一闸"，"深中达五六十闸"），还附有分级排水图（图 2-8-4）。从图中可知，每一级由下而上将水抽入龙塘（即水窝），由最后一级将水排至地表。应该说，康乾盛世，中国矿产翻番上升，是与当时矿山排水技术达到了一个新的高度密不可分的。

古代矿山的浅层开采，井下多采用自然通风，到了春秋季节，因为地下与地表温度接近，所以风流速度很小，甚至接近停止。这就逼迫古人创造了上述章节阐述的通风方法。到了明清时期，已经发展到深井开采，随着掘进深度的增加，一些行之有效的井下通风措施也越来越多，通风方法已经形成了成熟的理论。

王崧《矿厂采炼篇》说："硐中气候极热，群裸而入，入深若闷，掘风洞以疏之，作风箱以扇之。"可见，清代的井下通风，已设有专门的通风风洞并在洞口安有排气风箱。吴其濬《滇南矿厂图略》记载："风柜，形如仓中风米之箱后半截，硐中窝路深远，风不透入，则火不能燃，难以施力。或晴入则太燥，雨久则湿蒸，皆是致此，谓之闷亮。设此可以救急，仍须另开通风。"由此可见，清代的井下通风，并不是仅靠单一的设备，而是由风箱、风柜、气井、气巷综合成井下通风系统，以适应当时深井开采的需要。

《滇南矿厂图略》中还记述了闷亮（即不通风）、水灾、塌方等矿灾、矿害问题以及防治方法。这也是古文献中少见的记载。

关于井下照明的具体方法。张泓《滇南新语》说："洞内五步一火，十步一灯，所费油铁，约居薪米之半"。当时井下照明的燃料有多种，张泓说"以猪脂渍布燃照"和屈大均《广东新语》说"豨膏燃火"，都是用猪油。田雯《黔书》说"松脂照之"。

关于亮子的结构和使用方法，王崧《矿厂采炼篇》记载甚详："硐内虽白昼非灯火不能明"，灯，即"亮子"，"以铁为之，如灯盏碟而大，可盛油半斤。其柄长五六寸，柄有钩，另有铁棍长一尺，末为眼以受盏，钩上仍有钩，可挂于套头上。棉花搓条为捻"。"以巾束首曰套头，挂灯于其上，铁为之柄，直上长尺余，于末作钩，名曰亮子（图2-8-3）。所用油铁约居薪米之半"。"计每丁四五人，用亮子一照"。

关于提升运输技术，《天工开物》中的"南方挖煤"图和"下井采宝"图都画了当时的提升工具绞车。

至于支护木的采伐和运输，明清时已有一套成熟的方法。当时的皇木采办，对巨大的楠木、杉木的采伐、运出已有专门的"斧手"采代。同时有专门的篾子匠造作缆索及助滑竹皮，铁匠打制工具，用绳系在大木首端的鼻孔上多人负杠拖行。拽运时其间免不了要用石匠开采巨石，也利用小溪泄运，并总结出"陆运必于春冬，水运必于夏秋"的经验[①]。古代用于井巷支护的木材，一般就近取用，其伐运方法不会比皇木采办复杂。

关于井下矿石的装载运输，吴其濬《滇南矿厂图略》记载：用麻布袋，即如褡裢，长四五尺，两头为袋、矿碛、矿皆以此盛用。用时一头在肩，另一头在臀。硐中多伏行，故用此为便。还有一些较为先进的井下装运方法，例如拖车、绞车等，明清有关采煤的记载中不乏介绍，可见本卷采煤部分。

也许是不同行业的关系，煤矿的井下通风、照明、提运、排水，比金属矿更为讲究，这在明《本草纲目》、《天工开物》和清初《颜山杂记》中都可看到。

---

① 蓝勇，明清时期的皇木采办，历史研究，1994，(6)：92。

第三章　中国早期铜与铜合金技术

第一节　概　　论

一　铜与原始铜合金是人类最早冶炼的金属

人类开始使用天然铜起始于公元前第七、八千纪，在现在伊朗西部艾利库什（Ali Ko-sh）地区发现最早用天然铜片卷成的铜珠。到公元前第五千纪人类还在继续使用天然铜，在伊朗中部泰佩锡亚勒克（Tepe Sialk）发现有铜针，在克尔曼之南的叶海亚（Yahya）发现有天然铜制成的铜器[①]。人工冶炼的铜目前已知最早要到公元前第四千纪，它的出现标志着人类冶金术的诞生。

追溯人类使用和冶炼铜的历史，可以发现其所处的时间段正是与地质学上全新世中期大致相当。古自然环境的研究表明，在全新世中期整个地球变得气候温和、湿润，湖沼增多、土壤逐渐肥沃，动植物生长茂盛。这就为人类创造文明提供了良好的自然环境。于是在古老世界形成了两河流域、尼罗河流域、黄河流域、印度河流域文明。

文字、城市、冶金术被认为是人类文明的三大要素，而冶金术是从冶炼铜和原始铜合金开始的。在上述人类文明发展最早的几个地区，文字、城市不一定都同时出现，但冶铜技术的出现则是共同的特征。

两河流域文明，在公元前第四千纪奴隶制城邦形成，楔形文字、冶金术出现。考古发现，伊朗苏萨（Susa）遗址早期（公元前 4100～前 3900）出土有人工冶炼的铜器（含砷等多种杂质）；苏萨遗址晚期（公元前 3900～前 3500）出土有砷铜器（含砷平均 5％以上）；Tepe Yahya 遗址发现公元前 3800 的铜刮铲、凿、锥（含少量砷）。叙利亚阿穆克（Amuq）发现公元前 3500 的铜工具（含少量砷、镍）。以色列西奈半岛 Timna 发现公元前 4000～前 3000 冶铜遗址，铜渣中的铜颗粒含砷。Nahal Mishmar 窖藏发现砷铜器 21 件，含砷平均 5.6％。

尼罗河流域文明，在公元前第四千纪后期出现阶级、文字、冶金术，但无通常所说的城市。古埃及发现有约公元前 3500 的铜斧（含少量砷、镍、钴）。

黄河流域文明，在公元前第四千纪末至三千纪早期出现城、陶文和冶金术。中国陕西姜寨仰韶文化晚期遗址（公元前 3500～前 3000）出土有铜片（含铅锡的铜锌合金）。陕西渭南仰韶文化晚期遗址（公元前 3000）出土有铜笄（铜锌合金）。山西榆次源涡仰韶文化晚期类似太原义井遗存出土有铜渣。甘肃东乡林家马家窑文化遗址（公元前 2780）出土有铜刀（铜锡合金）和铜渣。在东北辽宁凌源牛河梁红山文化晚期遗址（公元前 3500～前 3000）出土有大量的炉壁残块上面粘附有炼铜渣。

印度河流域文明，在公元前第三千纪出现阶级、城市国家、冶金术。印度恒河 Ganges

---

① 柯俊，冶金史，见：中国冶金史论文集，北京钢铁学院学报增刊，1986 年，第 1 页。

山谷的彩陶文化（公元前 3000～前 2000）遗址出土大量铜器（含少量砷、镍）。

出现含有砷、镍、锌等杂质的铜的现象表明，人类已经超越使用天然自然铜，进入冶炼金属的阶段。铜中的砷、镍、锌等是在炼铜时铜矿中的共生元素被还原，或铜与含有这些杂质的氧化矿混合共同冶炼时进入铜中的。无论是那种方式，含杂质铜和原始铜合金的出现，都表明了人类进入有意识地利用铜矿物进行金属冶炼阶段。人类在利用和改造自然的能力上向前迈了一大步，标志着人类已经跨进了文明的时代。

二　青铜是人类古代文明的重要标志之一

青铜是人类有意识合金化的最早产物。因为青铜是铜与锡的合金，自然界天然存在的铜锡共生矿不像铜砷共生矿那样普遍，所以锡青铜不像砷铜那样容易由冶炼共生矿获得。特别是含锡量较高的青铜，其中的锡应该是有意加入的。一般含锡 8% 以上的铜锡合金被认为是人为合金化的真正青铜。

目前已知世界最早的锡青铜制品分别发现于西亚两河流域和中国黄河流域。美索不达米亚乌尔（Ur）的罗亚尔墓葬（约公元前 2800）青铜斧含锡 8%～10%。中国甘肃东乡县林家马家窑文化一处遗址（公元前 2780）的灰坑出土的含锡 8%～10% 的铜刀，同遗址房基中还出土有铜渣。

人类自公元前第三千纪开始进入青铜时代，经历了约 2500 多年，直到铁器大量使用，青铜时代才宣告结束。青铜时代前期约从公元前 3000～前 1500，此时期特征是青铜和砷铜共同使用，器物以小件工具、装饰品为主。本章把此阶段以及更早的铜器统称为"早期铜器"。

经分析的近东地区（从今天的土耳其到伊朗，包括伊拉克、叙利亚、黎巴嫩和巴勒斯坦）2000 件铜器，属于公元前 3000～前 2200 的器物中青铜与砷铜比例为 1:2，属于公元前 2200～前 1600 器物中青铜和砷铜的比例为 1:1～3:1。可见随时代推移青铜数量不断增加，而砷铜数量减少。

印度旁遮普和信德发现的 Harappa 文化遗址（公元前 2300～前 1700）也是青铜与砷铜同出。

中国出土的早期铜器 500 余件，已发表经分析检测的有 400 余件，结果汇总于表 3-1-1。其特征不仅是青铜与砷铜共存，青铜不仅是锡青铜，还有铅青铜，而且还有红铜和多元铜合金。如山西襄汾陶寺龙山文化遗址（公元前 2500～前 2000），出土有红铜铃和齿轮形砷铜器；河南偃师二里头夏文化遗址（^{14}C 测定年代公元前 1880～前 1529）以青铜器为主，也存在少量砷铜器；辽宁、河北、内蒙古、山东等各文化遗址（公元前 2100～前 1600）红铜、青铜器为主，但也有少量砷铜；甘肃四坝文化遗址（公元前 1900～前 1600），青铜、砷铜、铜锡砷等多元合金共存，砷铜占 43%；新疆东部史前文化遗址（公元前 2000～前 1500），青铜、砷铜、铜锡砷等多元合金共存，砷铜占 10%。

因此，青铜是人类有意识合金化的最早产物，是古代冶金技术进步的重要标志。青铜器集中体现了人类改造自然能力的提高，标志着青铜时代文明发展的程度。同时铜冶炼技术和高超的青铜器铸造技术，为铁的冶炼提供了技术基础和规模化生产的组织管理经验。

表 3 - 1 - 1　经检验分析的中国早期铜器和冶金遗物统计表

器物名称	件数	材料	出土地点	文化性质	资料来源
铜片	1	黄铜 [（Cu-Zn-(Sn) - (Pb)]	陕西临潼姜寨	仰韶文化	[1]
铜笄	1	黄铜 (Cu-Zn)	陕西渭南北刘	仰韶文化上庙底沟类型	[2]
铜渣	1	红铜 (Cu-Si-Ca-Fe)	山西榆次源涡	龙山文化	[3]
铜铃 T3112 M3296	1	红铜	山西襄汾陶寺	龙山文化	[4]
铜凿 H9：7	1	红铜	山西夏县东下冯	二里头文化	[5]
铜镞 H20：9	1	青铜 (Cu-Sn-Pb)	山西夏县东下冯	二里头文化	[5]
铜镞 T1022：4：12	1	青铜 (Cu-Sn-Pb)	山西夏县东下冯	二里头文化	[5]
容器残片 WT196 H617：14	1	青铜 (Cu-Sn-Pb)	河南登封王城岗	龙山文化	[6]
炉壁内附着物 C13T1	1	青铜 (Cu-Pb)	河南郑州牛砦村	龙山文化	[7]
炉壁内附着物 H28：40	1	红铜	河南临汝县煤山	龙山文化	[7]
铜锥 T4③：3	1	红铜	河南驻马店杨庄	龙山文化	[8]
残片	1	红铜	河南偃师二里头	二里头文化二期	[9]
熔铜块	1	锡青铜 (Cu-Sn)	河南偃师二里头	二里头文化二期	[9]
斧	1	红铜	河南偃师二里头	二里头文化二期	[9]
锥	1	砷铜 (Cu-As)	河南偃师二里头	二里头文化二期	[9]
熔铜块	1	类青铜 [Cu-(Sn) -(Pb)]	河南偃师二里头	二里头文化三期	[9]
环首刀	1	锡青铜 (Cu-Sn)	河南偃师二里头	二里头文化三期	[9]
残片	1	红铜	河南偃师二里头	二里头文化四期	[9]
锥	1	类青铜 [Cu-(Sn) -(Pb)]	河南偃师二里头	二里头文化四期	[9]
残片	1	锡青铜 (Cu-Sn)	河南偃师二里头	二里头文化四期	[9]
圈	1	铅锡青铜 (Cu-Pb-Sn)	河南偃师二里头	二里头文化四期	[9]
斝	1	铅锡青铜 (Cu-Pb-Sn)	河南偃师二里头	二里头文化四期	[9]
盂	1	铅锡青铜 (Cu-Pb-Sn)	河南偃师二里头	二里头文化四期	[9]
斝	1	铅锡青铜 (Cu-Pb-Sn)	河南偃师二里头	二里头文化四期	[9]
刀 IVT24⑥B：9	1	青铜 (Cu-Sn)	河南偃师二里头	二里头文化一期	[10]
渣 V T33D⑩：7	1	纯铜	河南偃师二里头	二里头文化一期	[10]
立刀 IVT21⑤：6	1	青铜 (Cu-Sn)	河南偃师二里头	二里头文化二期	[10]
铅片 IVH76：48	1	铅 (Pb95.90%)	河南偃师二里头	二里头文化三期	[10]
铜器 IVT203⑤：12	1	青铜 (Cu-Sn-Pb)	河南偃师二里头	二里头文化三期	[10]

续表

器物名称	件数	材料	出土地点	文化性质	资料来源
铜器 IVH76：23	1	青铜（Cu-Pb）	河南偃师二里头	二里头文化三期	[10]
铜器 IVH57：45	1	青铜（Cu-Sn）	河南偃师二里头	二里头文化三期	[10]
刀 IVT31③：8	1	青铜（Cu-Sn-Pb）	河南偃师二里头	二里头文化三期	[10]
锛 IVH57：27	1	青铜（Cu-Pb）	河南偃师二里头	二里头文化三期	[10]
刀 IVT6⑤：9	1	青铜（Cu-Sn-Pb）	河南偃师二里头	二里头文化三期	[10]
刀 IVT7④：11	1	青铜（Cu-Sn-Pb）	河南偃师二里头	二里头文化三期	[10]
纺轮 IVH58：1	1	纯铜	河南偃师二里头	二里头文化三期	[10]
镞 VT122③：1	1	青铜（Cu-Sn-Pb）	河南偃师二里头	二里头文化三期	[10]
I式镞 IVT6⑤：54	1	红铜	河南偃师二里头	二里头文化三期	[10]
钩 VH82：9	1	青铜（Cu-Sn-Pb）	河南偃师二里头	二里头文化四期	[10]
III式镞 VH101：6	1	青铜（Cu-Pb）	河南偃师二里头	二里头文化四期	[10]
IV式镞 VT17B⑤：2	1	青铜（Cu-Sn-Pb）	河南偃师二里头	二里头文化四期	[10]
III式镞 VH108：1	1	青铜（Cu-Pb-Sn）	河南偃师二里头	二里头文化四期	[10]
III式镞 VH20：1	1	青铜（Cu-Sn）	河南偃师二里头	二里头文化四期	[10]
III式镞 VT24B④：1	1	青铜（Cu-Sn）	河南偃师二里头	二里头文化四期	[10]
II式镞 IV214③A：14	1	青铜（Cu-Pb-Sn）	河南偃师二里头	二里头文化四期	[10]
II式凿 IVT24④：116	1	青铜（Cu-Pb）	河南偃师二里头	二里头文化四期	[10]
VI式刀 VT26B⑤：13	1	纯铜	河南偃师二里头	二里头文化四期	[10]
III式刀 VT26A⑥：7	1	青铜（Cu-Sn）	河南偃师二里头	二里头文化四期	[10]
铜条 VT119③：6	1	青铜（Cu-Pb-Sn）	河南偃师二里头	二里头文化四期	[10]
铜器 VF3：11	1	青铜（Cu-Pb-Sn）	河南偃师二里头	二里头文化四期	[10]
I式镞 VT12B③：1	1	青铜（Cu-Pb-Sn）	河南偃师二里头	二里头文化四期	[10]
V式刀 VH51：2	1	青铜（Cu-Sn）	河南偃师二里头	二里头文化四期	[10]
V式刀 VT211③B：1	1	青铜（Cu-Pb-Sn）	河南偃师二里头	二里头文化四期	[10]
I式凿 IVT23④：47	1	青铜（Cu-Pb-Sn）	河南偃师二里头	二里头文化四期	[10]
VII式刀 IVT13②：35	1	青铜（Cu-Pb）	河南偃师二里头	二里头文化四期	[10]
锥 IVT24④：59	1	青铜（Cu-Pb）	河南偃师二里头	二里头文化四期	[10]
锥 VH103：3	1	青铜（Cu-Pb-Sn）	河南偃师二里头	二里头文化四期	[10]
斝（采集）	1	青铜（Cu-Sn）	河南偃师二里头	二里头文化	[11]
爵 T22③：6	1	青铜（Cu-Sn）	河南偃师二里头	二里头文化	[12]
爵（采集）	1	青铜（Cu-Pb-Sn）	河南偃师二里头	二里头文化	[13]
锛 IIIT212F2	1	青铜（Cu-Sn）	河南偃师二里头	二里头文化	[13]

续表

器物名称	件数	材料	出土地点	文化性质	资料来源
刀 63YLIVT24④6：135	1	青铜（Cu-Pb-Sn）	河南偃师二里头	二里头文化	[13]
铜条 63 YLIT11③：4	1	青铜（Cu-Sn）	河南偃师二里头	二里头文化	[13]
锛	1	红铜	河南偃师二里头	二里头文化	[14]
铜锥 T110②：11，T21②：1	1	黄铜（Cu-Zn）	山东胶县三里河	龙山文化	[15]
铜锥 79SMZT10H37：29	1	青铜（Cu-Sn）	山东牟平照格庄	岳石文化	[15, 16]
铜削残把	1	青铜（Cu-Pb-Sn）	山东益都郝家庄	岳石文化	[17]
残铜片	1	青铜（Cu-Pb-Sn）	山东益都郝家庄	岳石文化	[17]
刀 79H5：4	1	青铜（Cu-Sn）	山东泗水尹家城	岳石文化	[18]
刀 T221⑦：21	1	青铜（Cu-Sn）	山东泗水尹家城	岳石文化	[18]
刀 T222⑦：25	1	青铜（Cu-Sn）	山东泗水尹家城	岳石文化	[18]
刀 T198⑦：5	1	青铜（Cu-Pb）	山东泗水尹家城	岳石文化	[18]
锥 T258⑦：7	1	青铜（Cu-Sn-Pb）	山东泗水尹家城	岳石文化	[18]
环 T216⑦：27	1	红铜	山东泗水尹家城	岳石文化	[18]
锥 T268⑦：4	1	青铜（Cu-Pb）	山东泗水尹家城	岳石文化	[18]
铜片 H479：1	1	红铜	山东泗水尹家城	岳石文化	[18]
铜片 T211⑦：6	1	红铜	山东泗水尹家城	岳石文化	[18]
铜牌 10②：339	1	红铜	河北唐山大城山	夏家店下层文化	[19]
铜牌 10②：335	1	红铜	河北唐山大城山	夏家店下层文化	[19]
耳环 J：1	1	青铜	河北唐山小棺庄	夏家店下层文化	[15]
耳环	1	红铜	辽宁凌源牛河梁	夏家下层文化?	[20]
炉壁粘附渣	5	炼铜渣	辽宁凌源牛河梁	红山文化	[20, 21]
铜针 T238③：1	1	青铜（Cu-Sn-Pb）	内蒙古伊克昭盟（现鄂尔多斯市）朱开沟	夏代中、晚期	[22]
铜凿 T230③：1	1	青铜（Cu-Sn）	内蒙古伊克昭盟（现鄂尔多斯市）朱开沟	夏代中、晚期	[22]
铜锥 H1044：1	1	红铜	内蒙古伊克昭盟（现鄂尔多斯市）朱开沟	夏代中、晚期	[22]
臂钏 M4007：2	1	红铜	内蒙古伊克昭盟（现鄂尔多斯市）朱开沟	夏代中、晚期	[22]
臂钏 M4035：1	1	红铜	内蒙古伊克昭盟（现鄂尔多斯市）朱开沟	夏代中、晚期	[22]
铜镞 M4040：1	1	青铜（Cu-Sn-Pb）	内蒙古伊克昭盟（现鄂尔多斯市）朱开沟	夏代中、晚期	[22]
指环 M4060：6	1	红铜	内蒙古伊克昭盟（现鄂尔多斯市）朱开沟	夏代中、晚期	[22]
指环 M6011：4	1	红铜	内蒙古伊克昭盟（现鄂尔多斯市）朱开沟	夏代中、晚期	[22]
耳环采集	1	青铜（Cu-Sn-Pb）	内蒙古伊克昭盟（现鄂尔多斯市）朱开沟	夏代中、晚期	[22]
耳环采集	1	青铜（Cu-Sn）	内蒙古伊克昭盟（现鄂尔多斯市）朱开沟	夏代中、晚期	[22]

续表

器物名称	件数	材料	出土地点	文化性质	资料来源
耳环采集	1	青铜（Cu-Sn）	内蒙古伊克昭盟（现鄂尔多斯市）朱开沟	夏代中、晚期	[22]
耳环采集	1	青铜（Cu-Sn）	内蒙古伊克昭盟（现鄂尔多斯市）朱开沟	夏代中、晚期	[22]
耳环采集	1	青铜（Cu-Sn）	内蒙古伊克昭盟（现鄂尔多斯市）朱开沟	夏代中、晚期	[22]
装饰品、工具	41	锡青铜	内蒙古敖汉旗大甸子	夏家店文化下层	[23]
铜碎渣 H54	1	炼铜遗物	甘肃东乡林家	马家窑文化	[24]
铜刀 77DD1T42③	1	青铜（Cu-Sn）	甘肃东乡林家	马家窑文化	[15，24]
铜刀（残）75XDT47③	1	青铜（Cu-Sn）	甘肃永登连城蒋家坪	马厂文化	[15]
铜块	1	红铜	甘肃酒泉高苜蓿地	马厂文化	[24～26]
铜锥	1	红铜	甘肃酒泉照壁滩	马厂文化	[24～26]
铜工具、装饰	13	红铜	甘肃武威皇娘娘台	齐家文化	[24]
铜工具、装饰	7	红铜、青铜	甘肃永靖秦魏家	齐家文化	[24]
残铜片	1	红铜	甘肃永靖大河庄	齐家文化	[24]
铜镜、斧	2	青铜、红铜	甘肃广河齐家坪	齐家文化	[24]
铜镰	1	红铜	甘肃广河西坪	齐家文化	[24]
铜镜 M25	1	青铜（Cu-Sn）	青海贵南尕马台	齐家文化	[27]
装饰、用具、工具、武器	97	红铜、青铜	甘肃玉门火烧沟	四坝文化	[24，28]
工具、装饰	15	砷铜、砷锡青铜	甘肃民乐东灰山	四坝文化	[29]
工具、装饰，镞、日用品	46	红铜、青铜，砷铜及多元铜合金	甘肃酒泉干骨崖	四坝文化	[24，26]
刀、锥、泡、镞	7	青铜（Cu-Sn）	甘肃安西鹰窝树	四坝文化	[24，26]
小铜片	1	红铜	新疆罗布淖尔古墓沟	距今 3800 年前	[30]
小铜卷	2	红铜	新疆罗布淖尔古墓沟	距今 3800 年前	[30]
残铜片	1	红铜	新疆疏附	约公元前 2000 年	[31]
铜条	1	青铜（Cu-Sn）	新疆疏附	约公元前 2000 年	[31]
装饰、用具、工具、武器	108	锡青铜、红铜、砷铜、三元铜合金	新疆哈密天山北路	公元前 2000～1200 年	[32，33]

注：[1] 韩汝玢、柯俊，姜寨第一期文化出土黄铜制品的鉴定报告，见：姜寨——新石器时代遗址发掘报告，西安半坡博物馆等，文物出版社，1988 年，第 148 页。

[2] 样品由陕西巩启明提供，北京科技大学冶金与材料史研究所孙淑云检验，报告待发。

[3] 安志敏，中国早期铜器的几个问题研究，考古学报，1981，(3)：272。

[4] 中国社会科学院考古研究所山西队等，山西襄汾陶寺遗址首次发现铜器，考古，1984，(12)：1069～1071。

[5] 中国社会科学院考古研究所等，夏县东下冯，文物出版社，1988 年，第 208～209 页。

[6] 北京科技大学冶金史研究室，登封王城岗龙山文化四期出土铜器 WT196H617：14 残片检验报告，登封王城岗与阳城，文物出版社，1992 年，第 327～328 页。

[7] 李京华，河南龙山文化冶铜技术，有色金属，1983，35 (3)：65～66。

[8] 北京大学考古系等，驻马店杨庄，科学出版社，1998 年，第 183～186 页。

[9] 金正耀，二里头青铜器的自然科学研究与夏文明探索，文物，2000，(1)：57。

[10] 曲长芝、张日清，二里头遗址出土铜器 X 射线荧光分析，见：偃师二里头，中国社会科学院考古研究所，中国大百科全书出版社，1999 年，第 399 页。

[11] 冯富根等，殷墟出土商代青铜觚铸造工艺的复原研究（附录II），考古，1982，(5)：538。

[12] 中国社会科学院考古研究所二里头工作队，河南偃师二里头遗址三、八区发掘简报，考古，1975，(5)：302。

[13] 李敏生，先秦用铅的历史概况，文物，1984，(10)：85。

[14] 马承源，中国青铜，上海古籍出版社，1988 年，第 508 页。

[15] 北京钢铁学院冶金史组，中国早期铜器的初步研究，考古学报，1981，(3)：267～301。

[16] 中国社会科学院考古所山东队等，山东牟平照格庄遗址，考古学报，1986，(4)：18。

[17] 吴玉喜，岳石文化地方类型初探——从郝家庄岳石遗存的发现谈起，北京大学硕士研究生学位论文，1985 年，指导教师严文明。

[18] 北京科技大学冶金史研究室，山东泗水尹家城遗址出土岳石文化铜器鉴定报告，山东大学历史系考古专业教研室编，泗水尹家城，文物出版社，1990 年，第 353～359 页。

[19] 河北省文物管理委员会，河北唐山市大城山遗址发掘报告，考古学报，1959，(3)：33。

[20] 韩汝玢，北京科技大学冶金考古方面新进展，见：庆祝北京大学赛克勒博物馆成立国际学术会议论文，北京，1993 年，4 月。

[21] 李延祥等，牛河梁冶铜炉壁残片研究，文物，1999，(12)：44～51。

[22] 李秀辉、韩汝玢，朱开沟遗址出土铜器的金相学研究，见：朱开沟——青铜时代早期遗址发掘报告，内蒙古文物考古研究所编，文物出版社，2000 年，第 423～446 页。

[23] 李延祥等，敖汉旗大甸子夏家店下层文化墓葬出土铜器初步研究，有色金属，2002，(4)：123～126。

[24] 孙淑云、韩汝玢，甘肃早期铜器的发现与冶炼、制造技术的研究，文物，1997，(7)：75～84。

[25] 李水城等，酒泉干骨崖墓地，中国考古学年鉴(1987)，文物出版社，1988 年，第 271 页。

[26] 李水城、水涛，四坝文化铜器研究，文物，2000，(3)：36～44。

[27] 李虎侯，齐家文化铜镜的非破坏性鉴定——快中子放射化学分析法，考古，1980，(4)：365～368。

[28] 北京科技大学冶金与材料史研究所等，火烧构四坝文化铜器成分分析及制作技术的研究，文物，2003，(8)：86～96。

[29] 孙淑云，东灰山遗址四坝文化铜器的鉴定与研究，见：民乐东灰山考古——四坝文化的揭示与研究，甘肃省文物考古研究所、吉林大学考古系编，科学出版社，1998 年，第 191～195 页。

[30] 王炳华，新疆地区青铜时代考古文化试析，新疆社会科学，1985，(4)：51，59；其中，铜片样品由北京科技大学冶金史研究室孙淑云分析，确定为红铜，铸造组织；铜卷样品由新疆冶金研究所分析，确定为红铜。

[31] Mei Jianjun et al.，A Metallurgical Study of Early Copper and Bronze Artifacts from Xinjiang, China, Bulletin of the Metals Museum, 1998, 30 (2)：1～22.

[32] 北京科技大学冶金与材料史研究所等，新疆哈密天山北路墓地出土铜器的初步研究，文物，2001，(6)：79～89。

[33] 梅建军等，新疆东部地区出土早期铜器的初步研究，西域研究，2002，(2)：1～10。

第二节　中国早期黄铜器的冶金学研究

中国早期铜器与其他文明发达地区的铜器相比，时间虽晚但具有特殊的特点。如黄铜器，是由含锌 25% 以上的铜锌合金制成，这在两河流域和其他地区所未见。由于金属锌冶炼的困难与复杂性，人们对早期铜锌合金生产的可能性持怀疑态度。为此北京科技大学冶金与材料史研究所在 20 世纪 80 年代对早期黄铜出现的问题进行了实验和冶金物理化学方面的研究，现总结如下。

一　早期黄铜器的检测与模拟实验

目前考古发现的最早黄铜器有 3 件，1 件是残缺成半圆形的薄片，1973 年出土于陕西临潼姜寨仰韶文化遗址。经检验，平均成分铜（Cu）66.5%、锌（Zn）25.6%、铅（Pb）5.9%、锡（Sn）0.87%、铁（Fe）1.1%，铸态组织。[①]

另一件是长条形铜笄，发现于陕西渭南仰韶文化晚期遗址，含锌（Zn）27%～32%，锻造组织[②]（图 3-2-1）。

还有一件是断成两截的铜锥（图 3-2-2），1974 年出土于山东胶县三里河龙山文化遗址（公元前 2300～前 1800）[③]，含锌（Zn）量为 20.2%～26.4%。铸态组织，α 树枝状结晶，δ 相和 PbS。

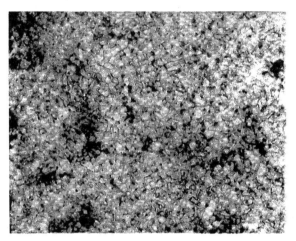

图 3-2-1　陕西渭南出土黄铜笄金相组织
（$NH_4OH \cdot H_2O_2$ 侵蚀）

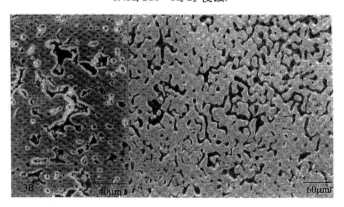

图 3-2-2　山东胶县三里河出土黄铜锥扫描电镜二次电子像

---

①　韩汝玢、柯俊，姜寨第一期文化出土黄铜制品的鉴定报告，见：西安半坡博物馆等，姜寨——新石器时代遗址发掘报告，文物出版社，1988 年，第 148 页。
②　样品由龚启明提供，北京科技大学冶金与材料史研究所孙淑云检验。
③　中国社会科学院考古研究所，胶县三里河，文物出版社，1988 年，第 196～199 页。

　　三件器物含锌都在 20％以上，除黄铜笄为锻造成形外，其余两件都是铸造的，组织不均匀，成分偏析较大，并含有铁、铅、锡、硫等杂质，具有早期铜器的特征。

　　早期黄铜含杂质较多的特点，反映了所用原料是不纯净的，冶炼方法是较原始的。当时不可能像现代黄铜生产那样，用金属锌和金属铜配制而成。因为金属锌的冶炼比较困难，锌的沸点低，只有 906℃，氧化锌在 950～1000℃才能较快还原成锌。还原温度高于锌的沸点，得到的是锌蒸气，如果没有特殊的冷凝装置，在还原炉冷却时，锌蒸气被炉气中的二氧化碳（CO_2）再氧化成氧化锌，则得不到金属锌。因此，在几千年前的古代，不可能冶炼出金属锌。那么早期黄铜是怎样得到的呢？

　　为此，进行了实验室模拟冶炼实验。共 12 炉，1～4 炉用化学纯原料，按 Cu：Zn＝1：1 比例，与过量木炭混合，装入石墨黏土或石墨坩埚中，入炉进行冶炼。5～10 炉用湖北大冶铜绿山孔雀石和云南会泽者海菱锌矿为原料，以矿石中金属含量 Cu：Zn＝1：1，加入过量木炭，装入石墨坩埚中，入炉进行冶炼。由于矿石中含有较多二氧化硅、氧化铁杂质，为了降低渣的黏度，使渣和合金液分离完全，根据 SiO_2-CaO-FeO 三元相图选择了一种熔点较低的渣系，成分按 SiO_2：FeO：CaO＝40：45：15 的比例进行配置。这种渣系的熔点为 1373K。在进行 7～10 炉冶炼时在给定温度下保温后，按上述渣系造渣，升温至 1473K 保温 5～10 分钟降至 1273K 出炉。对第 4 炉炉气分析结果表明，含有 H_2O、CO、CO_2，没有 O_2、N_2，说明碳管炉内为还原气氛，完全可保证还原熔炼的进行。11～12 炉用胶东的铜锌共生矿进行还原熔炼。

　　通过用木炭还原混合的氧化亚铜（Cu_2O）和氧化锌（ZnO）及还原混合的孔雀石和菱锌矿的模拟实验，分别获得黄铜。前者得到无数黄铜珠（图 3-2-3），含锌最高达到 34.3％，此成分的黄铜熔点低于 940℃，故在炉内还原温度（950℃）下已熔化，凝固后呈细小珠状；后者黄铜含锌量最高达 18％，最低的为 4％，此成分的黄铜在还原炉温下没有达到其熔点，故保留原料孔雀石的块状，连原孔雀石纹理都清晰存留（图 3-2-4），说明炉内发生的是气固反应。孔雀石在较低温度下就可被固态还原成铜，当菱锌矿被还原成的气态锌扩散其中时，进行气固反应，从而生成黄铜。模拟实验表明，在古代炉温不高的原始条件下，用木炭还原铜锌混合矿是可以得到黄铜的。11 和 12 炉用铜锌共生氧化矿的还原冶炼，由于所用山东栖霞铜铅锌矿含锌量低，仅有 3.6％，且不纯净，包含较多脉石，故得到的黄铜含锌只有 2％～2.5％，含铅高达 40％。用山东福山含锌 0.34％的铜锌矿冶炼得到的一些黄铜碎片成分分析表明，含锌 14％左右。由于福山矿石不含铅，所以得到的黄铜含锌量高于栖霞铜铅锌矿冶炼的结果。如果矿石为含锌品位高且较纯净的铜锌氧化共生矿，应能获得较高含锌量的黄铜。古代这种矿石在地表应不难找到，古人偶然用这种矿石炼出黄铜的可能性也是存在的。模拟冶炼实验的条件、结果见表 3-2-1。

图 3-2-3　模拟实验得到黄铜珠

图 3-2-4　模拟实验得到固体还原的块状黄铜
（左数 1、2、3 块）与孔雀石块比较

表 3-2-1　早期黄铜模拟冶炼实验条件及结果

炉号	原料	坩埚及炉型	还原温度 /K	保温时间 /分	平均含锌 /%	备注
1	Cu$_2$O＋ZnO（化学纯）	石墨黏土坩埚锻工加热炉	1223	30	34.3	坩埚置加热炉焦炭中，出炉后在空气中冷却
2	Cu$_2$O＋ZnO（化学纯）	石墨黏土坩埚锻工加热炉	1223	15 小时	5.72	坩埚置加热炉焦炭中，随炉冷却
3	Cu$_2$O＋ZnO（化学纯）	石墨坩埚碳管炉	1233	20	15.6	与大气通
4	Cu$_2$O＋ZnO（化学纯）	石墨坩埚碳管炉	1273 1373 1473	10 10 5	12.8	温度降至 1373K 出炉
5	孔雀石＋菱锌矿	石墨坩埚碳管炉	1223	30	4.09	与大气通
6	孔雀石＋菱锌矿	石墨坩埚碳管炉	1273 1573	20 5	15.5	与大气通
7	孔雀石＋菱锌矿	石墨坩埚碳管炉	1193 1473	30 10	6.33	造渣后在 1473K 保温 10 分钟，降至 1273K 出炉
8	孔雀石＋菱锌矿	石墨坩埚碳管炉	1223 1473	30 5	11.7	造渣后在 1473K 保温 5 分钟，降至 1273K 出炉
9	孔雀石＋菱锌矿	石墨坩埚碳管炉	1253 1473	30 10	13.8	造渣后在 1473K 保温 10 分钟，降至 1273K 出炉
10	孔雀石＋菱锌矿	石墨坩埚碳管炉	1323 1473	30 10	18.08	造渣后在 1473K 保温 10 分钟，降至 1273K 出炉
11	山东栖霞铅锌矿	石墨坩埚感应炉	1373	30	2.48	含 Pb 40%
12	山东福山铜锌矿	石墨坩埚碳管炉	1423	60	约 14	少许片状样品

二　冶金物理化学研究

用氧化型铜锌矿冶炼黄铜的过程进行热力学计算[①]。计算结果如下：

1. 氧化锌被碳还原及气相组成

固态（s）、气态（g）、液态（l）、压力（P）、平衡常数（K）。

$$ZnO（s）+CO=Zn（g）+CO_2 \qquad （1）此反应平衡常数 K_{P_1}$$

$$CO_2+C=2CO \qquad （2）此反应平衡常数 K_{P_2}=P_{CO}^2/P_{CO_2} 标$$
$$准自由能为 \Delta F_2^0$$

设反应是在一个密闭容器中进行，在反应开始前，容器中没有任何气体，由于存在着浓度限制条件：

$$P_{Zn}=P_{CO}+2P_{CO_2} \qquad （3）$$

该系统的自由度为1。

取温度为独立变数，则系统的总压及气相组成都是温度的函数，并可导出气相总压 P 满足下列方程的解：

$$4P^3+K_{P_2}P^2-18K_{P_1}K_{P_2}P-K_{P_1}K_{P_2}（27K_{P_1}+4K_{P_2}）=0 \qquad （4）$$

若对这样的系统在指定温度同时，还要任意选择压力的话，由相律可知该系统将不能维持平衡。当所选压力小于该温度下由方程（4）所决定的平衡气相总压 P，又系统内碳过剩时，ZnO 固相将消失。ZnO 固相消失后，化学反应式（1）作为限制条件不再存在，但关系式（3）仍成立，此时系统自由度为2，成为双变量系统。

一个碳过剩的炼锌系统，若其冶炼温度在锌沸点以上，气相总压又始终维持在1个大气压，容器内部与外部几乎没有气体交流时，可以把这系统看作双变量系统。这一系统的气相组成可通过下列计算得到。

化学反应式（2）的标准自由能变化可由 CO 及 CO_2 的标准生成自由能得到：

$$C+1/2O_2=CO \qquad （A） \qquad \Delta F_A^0=-26700-20.95T$$

$$C+O_2=CO_2 \qquad （B） \qquad \Delta F_B^0=-94200-0.2T$$

$$\Delta F_2^0=2\Delta F_A^0-\Delta F_B^0=40800-41.70T \qquad （5）$$

$$K_{P_2}=\exp\left(-\frac{40800-41.70T}{RT}\right) \qquad （6）$$

$$P_{Zn}+P_{CO}+P_{CO_2}=1 \qquad （7）$$

联合方程式（2）（3）（6）（7）可得到不同温度下系统的气相组成，计算结果见表3-2-2。

表3-2-2　ZnO+C（过剩）密闭系统在1个大气压不同温度下的气相组成

温度 K	Zn/%	CO/%	CO₂/%
1223	50.18	49.46	0.36
1273	50.08	49.72	0.19
1323	50.05	49.85	0.10
1373	50.03	49.91	0.06

---

① 叶杏圃、韩汝玢、孙淑云，早期黄铜冶金过程的研究，第一届国际冶金史会议（BUMU-I）论文，1981年10月，北京；此论文得到魏寿昆、柯俊、朱元凯的指导。

由表可知，还原所得锌蒸气约占 50%，随温度变化不大，气相锌分压略高于 0.5 大气压。当初始条件不同时，运用同样计算方法，可以得到该条件下的平衡气相成分。

2. 黄铜的形成及其成分计算

当炼锌系统内存在铜时，还原产生的锌蒸气将会与铜生成黄铜：

$$Zn\ (g) \rightleftharpoons Zn\ (Cu) \tag{8}$$

当反应式两边都以液态锌为标准态时，

$$\Delta F_8^0 = 0$$

$$\Delta F_8 = RT\ln\left(a_{Zn(Cu)}/a_{Zn(g)}\right) \tag{9}$$

式中 $a_{Zn(Cu)}$ 为黄铜中锌的活度，$a_{Zn(g)}$ 为气相中锌的活度。

$$a_{Zn(Cu)} = P_{Zn(Cu)}/P_{Zn(l)}^0 \tag{10}$$

式中 $P_{Zn(Cu)}$ 为该温度时与黄铜平衡的锌蒸气压，$P_{Zn(l)}^0$ 为该温度时纯锌液的蒸气压。

$$a_{Zn(g)} = P_{Zn(g)}/P_{Zn(l)}^0 \tag{11}$$

式中 $P_{Zn(g)}$ 为锌的气相分压。

将 (10)(11) 代入 (9) 得

$$\Delta F_8 = RT\ln P_{Zn(Cu)}/P_{Zn(g)} \tag{12}$$

由式 (12) 可知，当铜和锌蒸气开始接触时，其 $\Delta F < 0$，锌将进入铜中形成黄铜，直到黄铜中锌的浓度达到一定程度，即其平衡蒸气压等于其气相中锌的蒸气分压时，$\Delta F = 0$，反应达到平衡。

为了知道某冶炼温度下，与一定气相锌分压值平衡的黄铜成分，必须知道不同温度下黄铜成分与其平衡锌蒸气压的关系，或固态黄铜及液态黄铜中锌的浓度（N）与活度（a）的关系。

对于 α 黄铜来说，J. Lumsden [1] 根据 A. W. Herbenar 及其合作者们的实验数据[2]得到了如下关系式：

$$Zn_{(l)} = Zn\ (Cu：fcc\ N_{Zn} < 0.38)$$

$$\Delta H = -9510 + 6300 N_{Zn}/N_{Cu} \tag{13}$$

$$\Delta S + R\ln N_{Zn} = -4.2\ cal \cdot deg^{-1}$$

由这些关系式可得到不同温度下 α 黄铜中锌的浓度和活度关系式。若令 a'_{Zn} 表示 α 黄铜中锌的活度，则有：

$$\Delta F = RT\ln a'_{Zn} = \Delta H - T\Delta S = -9510 + 6300 N_{Zn}/N_{Cu} + 4.2T + RT\ln N_{Zn}$$

经整理得：

$$a'_{Zn} = \exp\left\{\left[6300\ N_{Zn}/\ (1 - N_{Zn}) - 9510\right]/\ (RT) + 4.2/R + \ln N_{Zn}\right\} \tag{14}$$

对于液态黄铜，若认为它是规则溶液，则可由某一温度时黄铜中锌的超额偏克分子自由能得到不同温度下液态黄铜中锌的浓度与活度关系。

已知 1300K 液态黄铜中锌的超额偏克分子自由能为[3]：

———————————

　① Lumsden J, Thermodynamics of Alloys, London，1952，p. 269.

　② Herbenar A W, et al.，Trans AIMF，1950，(188)：323.

　③ Hultgren R et al.，Selected Values of Thermodynamic Properties of Metals and Alloys, John Wiley and Sons Inc.，1963，p. 714.

$$\Delta \bar{F}_{Zn}^{xs} = -5150 \ (1-N_{Zn})^2$$
$$= RT\ln a_{Zn}$$

所以　　　　　　$a_{Zn} = \exp\left[-5150\ (1-N_{Zn})^2/\ (RT)\right]$　　　　　　　　(15)

　　由式（14）、式（15）计算得到的 1223K，1273K，1323K 和 1373K 温度时，黄铜中锌的浓度和活度关系分别示于图 3-2-5～图 3-2-8。其中固液相的划分依据 Hultgren R. 的相图[①]。

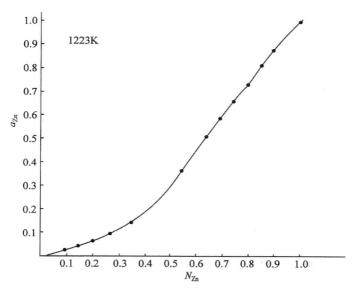

图 3-2-5　1223K 时黄铜中锌的浓度-活度图

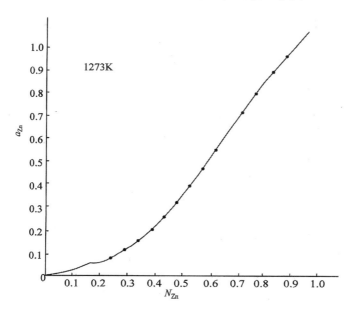

图 3-2-6　1273K 时黄铜中锌的浓度-活度图

　　①　Hultgren R et al., Selected Values of Thermodynamic Properties of Metals and Alloys, American Society for Metals, 1973，p. 812.

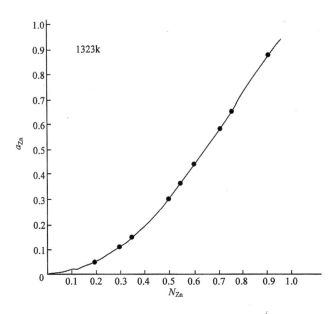

图 3-2-7　1323K 时黄铜中锌的浓度-活度图

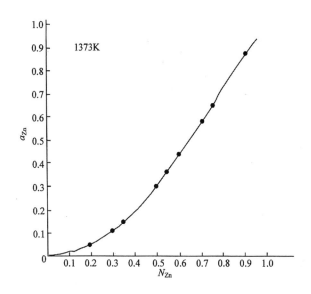

图 3-2-8　1373K 时黄铜中锌的浓度-活度图

由此，如知道一定温度下气相中锌的分压，则可由式（11）得到气相锌的活度。因平衡时气相锌的活度等于黄铜中锌的活度。所以由这活度值可从活度-浓度图中找到相应温度下黄铜中锌的浓度值，从而得到黄铜的平衡成分。

计算气相锌的活度时所用纯液态锌的蒸气压公式如下：

$$\lg P^0_{Zn(l)} = -5970/T + 5.050 \text{（Atm）} \tag{16}$$

式中 $P^0_{Zn(l)}$ 的单位为大气压。

3. 冶炼条件和黄铜成分的关系

冶炼所得黄铜成分主要取决于气相中锌的分压及反应容器内锌和铜的比例。而气相中锌的分压值受多种因素的影响，如矿物组成、产生气体的反应历程、冶炼空间的大小、气相中某些组元和碳的反应等都会影响气相最终组成。此外，影响锌分压的因素还包括原容器内的气体，以及冶炼过程中容器内气体与外界环境气体的交换等。因此，计算黄铜成分是困难的，只能加以估算。举例如下：

例一：用碳还原 Cu_2O+ZnO（$Cu:Zn=1:1$）。

化学纯的 Cu_2O+ZnO 按 $Cu:Zn=1:1$ 配料，加过量碳，混匀入炉。假定反应时其气压始终保持 1 个大气压，反应气体不外溢，则可计算出反应所得黄铜的最高含锌量。如表 3-2-3 所示。

表 3-2-3 还原 Cu_2O+ZnO（$Cu:Zn=1:1$）所得黄铜成分计算值

温度/K	1223	1273	1323	1373
Zn/%	36.9	31.6	26.4	21.6

例二：还原气氛下将菱锌矿加入铜中。

菱锌矿和过量碳一起投入铜中，在锌产生以前，$ZnCO_3$（菱锌矿）已分解成 ZnO，因此反应气相组成将和表 3-2-2 所示相同。由于不断加入菱锌矿，气相锌可源源不断得到补充，保持气相锌的分压不变，可计算出不同温度下所得黄铜成分，即与此气相锌分压平衡的黄铜成分，如表 3-2-4 所示。

表 3-2-4 还原菱锌矿+Cu+C（过量）所得黄铜中最高含锌量计算值

温度/K	1223	1273	1323	1373	1423	1473
N_{Zn}	0.535	0.427	0.340	0.271	0.215	0.170
Zn/%	54.2	43.4	34.6	27.7	22.0	17.4

例三：用碳还原孔雀石和菱锌矿（$Cu:Zn=1:1$）。

假定所用矿石无脉石，矿的铜锌比为1:1（摩尔数）、矿石分解产生的气体及反应生成的 CO 和 Zn 蒸气等气体量与原反应器中的气体量相比很大，因此可忽略原反应器中的气体对平衡的影响，即认为容器内的气相仅由矿物分解及矿物和碳反应的气体所组成。并假定反应器内外气体无交流，体系始终保持 1 个大气压。孔雀石 $CuCO_3·Cu(OH)_2$ 和菱锌矿 $ZnCO_3$ 受热分解分别生成 Cu_2O 和 ZnO，以及 CO_2 和 H_2O。由于配料铜和锌的摩尔数相等，因此矿物受热分解产生的产物有 1 摩尔 Cu_2O，就有 1 摩尔 ZnO、1.5 摩尔 CO_2 和 0.5 摩尔 H_2O 蒸气。由于 H_2O 气将参加平衡，因此除原化学反应方程式（1）（2）外，尚有如下 4 个反应发生：

$$H_2O(g)+Zn(g)=ZnO+H_2 \tag{17}$$
$$H_2O(g)+C=CO+H_2 \tag{18}$$
$$2H_2O(g)+C=CO_2+2H_2 \tag{19}$$
$$H_2+CO_2=CO+H_2O \tag{20}$$

对以上 4 个反应来说，由于还存在反应（1）（2），所以只有 1 个反应是独立的，一般选反应（18）。为了得到反应后黄铜的组成，需知道反应式（18）的平衡常数。反应式（18）可由下列 2 个反应式相减得到：

$$C+1/2 O_2=CO \tag{A}$$
$$H_2+1/2 O_2=H_2O(g) \tag{C}$$

因为　　　　　　　　　　　　　$\Delta f_C^0 = -58900 + 13.1T$[①]

所以　　　　　　　　　　$\Delta f_{(18)}^0 = \Delta f_{(A)}^0 - \Delta f_{(C)}^0 = 32200 - 34.05T$

$$K_{P(18)} = P_{CO} \cdot P_{H_2}/P_{H_2O(g)} = \exp\left[(-32200 + 34.05T)/(RT)\right] \quad (21)$$

又　　　　　　　　　$P_{Zn(g)} + P_{CO} + P_{CO_2} + P_{H_2O(g)} + P_{H_2} = 1 \quad (22)$

　　由方程（21）、（22）、（6）及（14）或（15）依黄铜在该温度下状态而定，再考虑方程（16）和物料平衡方程式，可计算出黄铜的含锌量，如表 3-2-5 所示。

表 3-2-5　在 1 个大气压下用碳还原孔雀石和菱锌矿（Cu∶Zn=1∶1）所得黄铜中含锌量计算值

温度/K	1223	1273	1323	1373
Zn/%	22.1	16.8	15.0	11.5

　　黄铜模拟冶炼实验和热力学计算研究表明，在没有炼出单质锌的条件下，冶炼温度在 950～1200℃用碳还原铜锌混合矿或共生矿都可得到黄铜。这种冶炼温度在新石器晚期烧陶技术水平下是可以达到的。

　　所以早期黄铜器与早期青铜器一样是古人炼铜初始阶段，在原始冶炼条件下偶然得到的产物。随着冶金实践的进行，对矿石识别能力提高，对金属性能的认识不断深入，以及炉温、还原气氛的增高，冶金逐渐进入有意识冶炼红铜、青铜的阶段。中国出土的这 3 件黄铜器，是目前世界上最早的黄铜制品。

第三节　中国公元前 3000 年前后铜器和冶铜渣研究

　　前已提到中国考古发现最早的青铜器是一件锡青铜刀（图 3-3-1），出土于甘肃省东乡林家的一处马家窑文化房基中[②][③]。马家窑文化的分布中心在甘肃省西部和青海省东部。年代在公元前 3100～前 2650。东乡林家铜刀出土的房（F20）中，同出马家窑文化的浅腹彩陶盆及深腹素面盆，^{14}C 测年结果约公元前 2780 年。铜刀经激光光谱分析，含有锡。对刀的柄端和刃部进行表面金相观察，具有 α 固溶体树枝状结晶和少量(α+δ)共析组织，估计含锡量在 6%～10% 之间。在刃口边缘 1～2 毫米宽处可见树枝状晶取向排列（图 3-3-2），说明刃口经过轻微的冷锻或戗磨。此刀脊部的棱呈斜坡状，推断其为两块范闭合浇铸而成，在一块范上刻出刀形，另一块为覆盖其上的平板范。

图 3-3-1　甘肃东乡林家出土青铜刀

　　在甘肃东乡林家出土青铜刀的同一处遗址的灰坑中，考古还发现有"铜碎渣"

　　①　Kubaschewohi O, Alcock C B, Metallurgical Thermochemistry, Oxford, 1979, p380.
　　②　甘肃省博物馆，甘肃文物考古三十年，见：文物考古工作三十年：1949～1979，文物编辑委员会编，文物出版社，1979 年，第 141～142 页。
　　③　张学正等，甘肃出土的早期铜器，见：第一届国际冶金史会议（BUMA-I）交流论文，1981 年，北京。

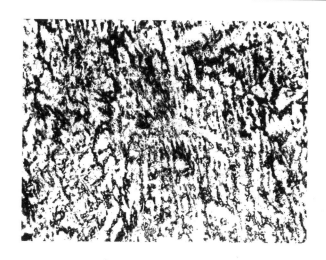

图 3-3-2　铜刀金相组织（经 $FeCl_3 \cdot HCl$ 溶液侵蚀）

（图 3-3-3）。岩相鉴定，小块的由孔雀石组成，大块的主要物相组成为：孔雀石 30%、褐铁矿 40%、赤铁矿 5%、石英 10%，还有金属铜 5% 和铁橄榄石少量。金属铜以不规则形状分散于大块"铜碎渣"心部，孔雀石分布于外部与裂隙间，石英呈无棱角的圆形颗粒。表明此渣是炼铜的产物，推测它应是用铜铁氧化共生矿进行冶炼，但未成功的一件遗物[1]。"铜碎渣"的发现使青铜刀的存在不再是孤证。

图 3-3-3　甘肃东乡林家"铜碎渣"

　　山西榆次源涡于 1942 年发现过一块陶片上附有铜渣，经化验主要成分含铜 47.67%、硅 26.81%、钙 12.59%、铁 8.00%。从过去发表的资料和现存北京大学考古系的部分陶片标本看，源涡遗址文化性质和太原义井遗址基本一致，是仰韶文化晚期分布于晋中地区的一种地方类型，年代当在公元前 3000 年左右[2]。

　　20 世纪 80 年代中期，在辽宁省凌源县与建平县交界处牛河梁一人工堆积成的金字塔转山子顶部和一自然山丘小福山顶部分别发现了炉壁残片。炉壁为草拌泥所制，里面多附黑色炉渣层。经李延祥等研究[3]炉渣为炼铜渣。

　　辽西地区牛梁河早期炼铜炉、炉渣、山西榆次源涡铜渣及甘肃马家窑文化炼铜渣的出现，在中国乃至世界冶金史上都具有重要的意义。它明确表明约在距今 5000 年前后，中国已经开始了炼铜的实践，不仅炼出红铜，还成功铸造了东乡林家马家窑文化的锡青铜刀。中国以外地区最早含锡 8%～10% 的青铜器是发现于两河流域乌尔一座墓中的斧和短剑，年代约公元前

---

①　孙淑云、韩汝玢，甘肃早期铜器的发现与冶炼、制作技术的研究，文物，1997，(7)：75～584。

②　严文明，论中国的铜石并用时代，见：史前考古论集，科学出版社，1998 年，第 36 页。

③　李延祥等，牛河梁冶铜炉壁残片研究，文物，1999，(12)：44～51。

2800年[①]，与前述中国出土的甘肃马家窑文化铜刀几乎同时。这似乎是偶然的现象，但把冶金术的产生放到人类文明起源和早期发展的总进程中考虑，就会发现青铜在世界范围内同时出现并不奇怪，它是人类进化和文明产生、发展到一定阶段的必然结果。作为文明要素之一的冶金术在中国的出现，是中华文明的产生和形成的重要标志之一。

第四节　中国公元前第三千纪后期的铜器

考古发现的属于公元前三千纪后期铜器遗址基本都分布于黄河中上游地区，包括甘肃马厂文化、齐家文化，山西和河南的龙山文化晚期遗址。数量不多，类型以小件工具、装饰品为主，材质主要是红铜和青铜。

一　马厂文化时期的铜器

马厂文化是马家窑文化之遗脉，分布中心与马家窑文化大致相同。年代在公元前2300～前2000。

目前出土于甘肃马厂文化时期的铜器仅有三件。其中一件是青铜刀，出土于甘肃永登蒋家坪（图3-4-1），经激光光谱分析为含锡的青铜。其余两件是红铜块和红铜锥，分别发现于甘肃酒泉高苣蓿地和照壁滩[②]。铜块具红铜铸造组织。铜锥为红铜热锻组织，局部有冷加工产生的滑移带。

图3-4-1　甘肃永登蒋家坪出土残铜刀

马厂文化红铜和青铜器的发现进一步证明在公元前第三千纪中国已经开始冶铜并制作小件青铜工具。出土的红铜块不仅可进一步锻打成器，也可用来与锡或锡矿共同熔炼得到青铜。

二　齐家文化时期的铜器

齐家文化（公元前2200～前1800）的源头大致在陇东及宁夏回族自治区南部一带，后逐渐向西扩展迁徙。出土铜器的地点相当广泛，基本位于洮河以西地区。重要的遗址有：甘肃广河齐家坪、西坪，康乐商罐地，临夏魏家台子，永靖秦魏家、大何庄，岷县杏林，积石山新庄坪，武威皇娘娘台、海藏寺；青海贵南尕马台，互助总寨、同德宗日，西宁沈那等。出土铜器的种类以工具、装饰品为主，有斧、镜、刀、匕首、矛、锥、牌、钻、泡、镯、指环和骨梗铜刀等（图3-4-2、图3-4-3、图3-4-4）。数量较其他早期遗址要多，迄今为止，经统计达130件。经检测分析的甘肃齐家文化的铜器共24件，主要集中于6个重点

　　① Tylecote R F, A History of Metallurgy, Second Edition, 1992, p. 25, The Institute of Materials, Printed in Great Britain by the Bath Press, Avon.

　　② 李水城等，酒泉县丰乐乡照壁滩遗址和高苣蓿地遗址，见：中国考古学年鉴（1987），文物出版社，1988年，第272页。

遗址①。检测结果显示，红铜器为主，其中武威皇娘娘台遗址出土的 13 件铜器全部为红铜器。永靖秦魏家和广河齐家坪铜器中开始出现青铜器，共有 4 件，材质有锡青铜 2 件、铅青铜 1 件、铅锡青铜 1 件。据考古学家研究②，出土青铜器的遗址都是齐家文化中年代偏晚的遗址，而红铜器则集中出土于年代偏早的武威皇娘娘台遗址。

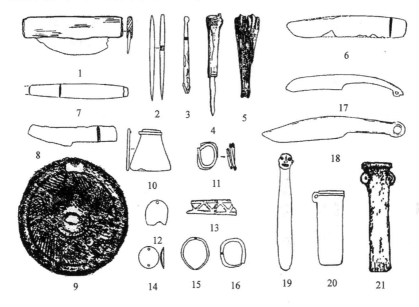

图 3-4-2　齐家文化铜器线条图

（选自：考古学报，2005 年，3 期，图二，李水城文）

图 3-4-3　齐家文化铜锥　　　　　　　　　图 3-4-4　齐家文化铜斧

三　龙山文化晚期的铜器与铜冶铸遗物

现在人们所说的龙山文化，实际上是一个非常庞杂的复合体，其中包含着许多具有自己的特征、文化传统和分布地域的考古学文化，年代大体落在公元前 2600～前 2100 年③。传统定义的龙山文化主要是指分布于黄河中下游一带，继仰韶文化之后兴起的一种文化遗存，在山东境内的龙山文化遗存则与大汶口文化有更密切的关系④。

①　孙淑云、韩汝玢，甘肃早期铜器的发现与冶炼、制造技术的研究，文物，1997，(7)：75～84。
②　张忠培，齐家文化研究（下），考古学报，1987，(2)：173～174。
③　严文明，史前考古论集，科学出版社，1998 年，第 25、31～32 页。
④　安志敏，试论中国的早期铜器，考古，1993，(12)：1111。

山西襄汾陶寺龙山文化晚期遗址出土铜器二件，其中一件为铜铃（图 3-4-5），横断面近似菱形，口部较大，长对角线 6.3 厘米，器高 2.65 厘米，器壁厚约 0.28 厘米，顶部壁厚 0.17 厘米。红铜铸造而成。含铜 97.86%、铅 1.54%、锌 0.16%。由于器物顶部较薄，铸造时范和芯位置稍有偏移就会造成缺陷。此铃顶部存在孔洞缺陷就是此原因造成。红铜铸造性能不太好，能铸成如此薄壁的铸件，说明当时铸造技术已经达到一定水平。该铜铃出土于 T3112M3296 墓的墓主人左侧股骨与耻骨之间[1]。经 ^{14}C 断代，年代约为公元前 2085 年。

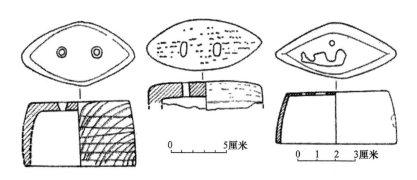

图 3-4-5　山西襄汾陶寺出土红铜铃（右）与陶铃（左）

（选自：考古，1984，（2）：1069）

襄汾陶寺龙山文化晚期遗址另一件出土铜器为齿轮型器，砷青铜铸件[2]，年代为公元前 2300～前 2100 年。

河南登封王城岗龙山文化遗址四期窖穴中出土残铜片 1 件（WT196H617：14），残高 5.7 厘米、残宽 6.5 厘米，具有一定弧度，并有烟熏痕迹，考古学家认为这是一件铜簋腹和腿上部残片。年代约公元前 1900 年。经光谱分析、扫描电镜 X 射线能谱分析和表面金相检测[3]，此铜片为铅锡青铜，具有铸造组织（图 3-4-6）。

河南出土龙山文化冶铸遗物的遗址还发现有 3 处：河南郑州西郊牛砦村河南龙山文化遗址 C13T1 三层中出土残炉壁，炉壁经分析为铜和铅，说明此炉曾用于熔化铜配制铅青铜。

河南临汝县（现汝州市）煤山河南龙山文化遗址第二期的 H28、H40 两个灰坑出土有多块炉壁残块[4]，最大一块长 5.3 厘米、宽 4.1 厘米、厚 2 厘米，上面有 6 层挂渣，每层厚约 0.1 厘米。渣经分析含铜 95%。说明此炉应为熔铜炉，并经多次使用[5]，为河南龙山文化时期冶铜提供了宝贵的资料。

①　中国社会科学院考古研究所山西队等，山西襄汾陶寺遗址首次发现铜器，考古，1984，（12）：1069～1071。

②　中国社会科学院古代文明研究中心通讯，2002，（3）：63。刘豫进行了分析，其论文：山西临汾陶寺龙山文化遗址出土铜齿轮形器分析及研究，待发表。

③　北京科技大学冶金史研究室，登封王城岗龙山文化四期出土铜器 WT196H617：14 残片检验报告，见：登封王城岗与阳城，文物出版社，1992 年，第 327～328 页。

④　中国社会科学院考古研究所河南二队，河南临汝煤山遗址发掘报告，考古学报，1982，（4）：427～475。

⑤　李京华，河南龙山文化冶铜技术，有色金属，1983，（3）：65～66。

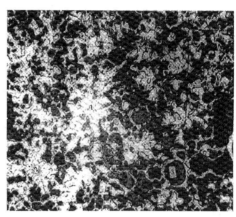

图 3-4-6　河南登封王城岗残铜片及其金相组织

（选自：登封王城岗与阳城，文物出版社，1992 年）

河南淮阳县平粮台龙山文化城址第三期的灰坑（H15）近底部发现铜渣 1 块，呈铜绿色，长 1.3 厘米[1]，断面近正方形。对此灰坑出土木炭进行 ^{14}C 测定年代为距今 4355±175 年（经树轮校正）。

山东龙山文化遗址中发现铜器和铜炼渣共五处[2]：除胶县三里河遗址的黄铜锥外，还有栖霞杨家圈出土残铜锥 1 件；长岛北长山岛店子出土残铜片 1 件；日照王城安尧出土 1 件铜炼渣；山东诸城呈子出土铜片 1 件，在许多探方的龙山层中还发现铜渣和碱式碳酸铜。

综上对公元前第三千纪后期的铜器和铜冶铸遗物的出土情况总结和分析检测表明，在这一时期铜器较为普遍，冶铸遗物较多。炉子已经多次使用，不仅有红铜还有铅锡青铜的生产，可以铸造如铜篦类青铜容器。说明中国铜和青铜冶铸技术已经具有一定的水平。砷铜器首次出现于山西陶寺龙山文化晚期遗址，是由铜砷共生矿冶炼的，还是外部传入的？值得研究。但砷铜不是此时期中国铜与铜合金的主流，不影响中国铜和青铜冶铸技术的起源和早期发展进程。

第五节　中国公元前第二千纪前期的铜器

年代在公元前 2000～前 1500 年的铜器出土数量较多。分布范围广泛，较集中于甘肃、内蒙古、河北、山东、河南、新疆等省区。下面将分地区加以介绍。

---

① 河南省文物研究所等，河南淮阳县平粮台龙山文化城址试掘简报，文物，1983，（3）：21～36。

② 严文明，论中国的铜石并用时代，见：史前考古论集，科学出版社，1998 年，第 38 页。

一　甘　肃

甘肃出土公元前第二千纪前期铜器主要集中于四坝文化遗址中。四坝文化（公元前1950～前1550）是由河西走廊一带的马厂文化演变而来。其分布中心在走廊的西半段。截至目前为止，凡已知的四坝文化遗址均程度不等地发现了铜器，总量接近300件。重要遗址有：玉门火烧沟、沙锅梁，酒泉干骨崖，安西鹰窝树，民乐东灰山、西灰山等。该文化的铜器类型有工具和装饰品，如斧（锛）、刀、锥、矛、匕首、镞、耳环、指环、手镯、扣、泡、牌、连珠饰。此外还发现权杖头。除铜器外，还有少量的金、银装饰品。

四坝文化铜器经检测分析的主要是四处遗址出土的器物。民乐东灰山遗址、玉门火烧沟遗址、酒泉干骨崖遗址和安西鹰窝树遗址。民乐东灰山遗址和玉门火烧沟遗址的年代相对酒泉干骨崖遗址偏早一些，安西鹰窝树遗址年代是四处遗址中最晚的。检测分析的结果表明，铜器的材质多样，青铜器与红铜、砷铜等材质的器物并存，含有较多的杂质元素，制作技术锻、铸皆有，显微组织中有较多夹杂物，铸造缩松，显示出早期铜及铜合金冶炼、制作技术的原始特征。四处遗址的铜器在材质和制作技术上有一定的差别。

（一）民乐东灰山遗址

民乐东灰山遗址于1987年发掘墓葬249座，共出土的16件铜器[①]，器物除2件小铜管外，其余都是刀、锥、耳环（图3-5-1）。孙淑云共分析15件，对一件小铜管和4件锈蚀严重的铜刀进行了扫描电镜观察和X射线能谱分析，结果表明，小铜管为含铅的锡砷青铜，4件铜刀均为砷铜。对11件铜器进行金相检测的结果表明，铜器全部都由热锻成形（图3-5-2）。11件中有8件经原子吸收光谱分析，结果见表3-5-1，表明全部含砷，仅一件耳环为锡砷青铜。综合X射线能谱分析和原子吸收光谱分析结果，13件铜器全部含砷，其中12件为砷铜，1件为砷锡青铜，未见铜锡二元青铜。该遗址经 ^{14}C 测年距今3770±175年。

图 3-5-1　民乐东灰山遗址铜耳环

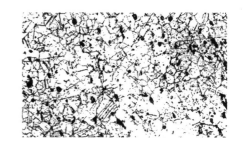

图 3-5-2　民乐东灰山遗址铜刀热锻组织
（经 $NH_4OH \cdot H_2O_2$ 侵蚀）

---

① 甘肃省文物考古研究所、吉林大学考古系，民乐东灰山考古——四坝文化的揭示与研究，科学出版社，1998年，第191～195页。

表 3-5-1 民乐东灰山遗址出土铜器原子吸收光谱分析结果 （单位：%）

样品	铜（Cu）	锡（Sn）	铅（Pb）	铁（Fe）	砷（As）	总和
耳环 T7③	93.2	0.58	0.14	<0.005	4.99	99.0
耳环 M21：1	94.1	<0.05	<0.005	<0.005	2.95	97.5
铜刀 M127：12	92.4	<0.05	<0.005	0.02	3.96	96.4
刀尖 M218：2	91.9	0.74	0.040	0.057	5.11	97.9
耳环 M51：1	93.1	1.76	0.22	0.038	4.67	99.8
耳环 T12②：3	93.8	0.40	0.43	0.007	5.18	99.9
耳环 M79：1	94.3	0.12	0.025	0.005	5.47	99.9
耳环 M34	88.2	7.95	0.11	0.012	2.62	98.9

（二）玉门火烧沟遗址

玉门火烧沟遗址于 1976 年发掘 312 座墓葬，有 106 座出土铜器，共计二百余件[①]。1990 年第二次发掘的 17 座墓葬也有 4 座出土有铜器[②]。墓地年代下限不晚于公元前 1600 年。器物类型较多，装饰品有耳环、鼻环、泡、钏、管饰、镜等，工具有锥、刀、凿、镰、斧、镢，兵器或狩猎工具矛和镞，还发现 1 件铜权杖首（图 3-5-3）。这批铜器出土不久，北京钢铁学院冶金史组（现北京科技大学冶金与材料史研究所）孙淑云等于 20 世纪 80 年代初对其中 65 件进行了表面带锈的定性分析。近期孙淑云、潜伟又对 37 件进行了分析，其中 26 件取样进行了定量分析（表 3-5-2），9 件完整器物表面局部除锈的部位进行了定性分析（表 3-5-3）。两次分析只有 5 件重复。分析结果有共同点：①青铜和红铜并存；②红铜的比例最大，且都用于制作工具和兵器；③青铜作装饰品的比例大于红铜；④器物以铸造成形为主，锻造的铜器很少，两次检测分别发现 4 件和 5 件；⑤铸造技术已达到较高的水平，如铜权杖首采用了分铸法，还出土了铸镞的石范（图 3-5-4）。近期的取样分析还发现了砷铜和锡砷青铜。近期的金相检验样品结果表明，具有热锻组织的 5 件样品都是小件装饰品和工具。它们是耳环（913，76YHM255：9）、耳环（911，76YHM90：6）、刀（892，76YHM252：11）弯尖部、刀（891，76YHM304：15）柄部和斧（900，76YHM50：2）刃部。对这 5 件器物成形方法进行观察，发现斧（900，76YHM50：2）有铸造披缝存在，整体是红铜铸造成形的，仅刃部进行过锻打，故此批取样检验 26 件铜器中，22 件为铸造成形。说明铸造是火烧沟铜器的主要制作工艺。经检验的铸造样品中有 5 件是铸造成形后局部经冷加工的，它们是刀（883，76YHM6：6）、刀（886，76YHM28：6）、锥（905，76YHM185：4）、锥（906，76YHM185：12）和斧（901，76YHM276：11）。冷加工的 2 件刀样品均取自刀背，2 件锥样品取自后端杆部，斧样品取自肩部，说明它们在铸造成

---

① 张学正等，谈马家窑、半山、马厂类型的分期和相对年代，见：中国考古学会第一次年会论文集，文物出版社，1979 年，第 50～71 页。

② 资料由甘肃省考古研究所王辉提供。

形后，局部进行了冷锻修整，可能是工匠为使器型更规整，或在装木柄时为使器物与木柄组装更紧密所为。

图 3-5-3　火烧沟遗址铜权杖首　　　　　图 3-5-4　火烧沟遗址铸镞石范

综合近期对火烧沟 26 件器物铸造披缝的观察、定量分析及金相检验结果，发现较大件的工具如斧都是红铜铸成，而装饰品如耳环、鼻环多不用红铜制作，主要用锡青铜铸造或砷铜、锡砷青铜热锻成形。小件工具如刀、锥所用材质类型较多；其中红铜 6 件，金相鉴定都是铸造成形的，没有经任何冷热加工。砷铜 5 件，也都是铸造成形，其中 4 件经过冷加工。锡青铜 4 件，2 件铸造，2 件热锻。从以上结果可以看到，较大型的工具铜斧，本需要硬度高的铜合金制造，但却用红铜这种硬度较低的材质铸造。耳环之类装饰品并不需要高的硬度，但却用硬度较高的砷铜、锡青铜制作。小件工具如刀、锥也有相当比例的用红铜铸造方法制成，并且没有用锻打方法使之加工硬化。这种现象或反映了火烧沟居民虽认识到铜和铜合金是不同的金属材料，但对二者的机械性能和使用性能之差别没有明确的认识；或反映了在火烧沟四坝文化时期铜合金是比较珍贵的材料，由于其金黄的颜色、耀眼的光泽和优良的性能，受到当时人们的特别偏爱，故用它制作装饰品和随身佩带的日用品小件刀、锥，以满足四坝文化居民的审美要求。

表 3-5-2　火烧沟铜器扫描电镜能谱无标样定量成分分析结果

实验室编号	器物名称原编号	平均成分/%						材质
		Cu	Sn	Pb	As	Sb	其他	
883	铜刀 76YHM6:6	93.3		1.54	3.86			Cu-As (Pb)
		95.2			2.53		有 Fe	
887	铜刀 76YHM18:1	92.1	3.46				有 S, Fe	Cu-Sn
		94.8	3.50					
@888	铜刀 76YHM20:2	90.4	7.88				有 Bi, S	Cu-Sn
886	铜刀 76YHM28:6	94.2			3.61			Cu-As
		93.2			2.37			
907	铜锥 76YHM47:28	95.6	1.79					Cu (Sn)
		94.4	1.71					

续表

实验室编号	器物名称原编号	平均成分/%						材质
		Cu	Sn	Pb	As	Sb	其他	
900	铜斧 76YHM50:2	98.0						Cu (As)
		96.0			1.12			
894	铜牌饰 76YHM56:8	97.3						Cu
		98.7						
898	铜斧 76YHM64:9	96.1						Cu (As)
		98.4			1.22			
911	铜耳环 76YHM90:6	89.3	3.89		2.84			Cu-Sn-As
		91.1	3.60		2.77			
909	铜鼻环 76YHM120:4	92.1	2.84	2.06				Cu-Sn (As, Pb, Sb)
		88.0	3.50	1.37	0.96	1.33	有 S	
884	铜刀 76YHM128:8	97.4						Cu (Sn)
		96.6	1.28					
903	铜锥 76YHM136:10	96.8			1.62			Cu (As)
		97.2			1.00			
@916	铜泡 76YHM170:12	93.1			1.22	4.20	Ag:1.44	Cu-Sb (Ag, As)
		91.1			1.16	5.37	Ag:2.37	
889	铜刀 76YHM176:9	95.6				1.43	有 S	Cu (Sb)
		96.3				1.06		
905	铜锥 76YHM185:4	92.8			2.32		有 S	Cu-As
906	铜锥 76YHM185:12	93.3			4.07			Cu-As
890	铜刀 76YHM196:11	94.7					Fe:1.28	Cu (Fe)
		95.6					Fe:0.91	
896	铜刀 76YHM201:4	92.0	1.97		3.60		有 Fe	Cu-As (Sn)
904	铜锥 76YHM215:4	95.2			1.52		有 Fe	Cu (As)
		96.9						
@892	铜刀 76YHM252:11	89.3	10.7				有 S	Cu-Sn
		89.9	10.1				有 S	
913	铜耳环 76YHM255:9	94.6			4.30		有 Ag	Cu-As
		95.3			3.96			
901	铜斧 76YHM276:11	94.7					有微量 Sn、Sb	Cu
		97.3					微量 Sn、As、Ag	
@910	铜鼻环 76YHM299:21	84.2	15.8					Cu-Sn
@882	铜刀 76YHM304:5	61.7	33.4		3.18	1.67		Cu-Sn-As (Sb)

续表

实验室编号	器物名称原编号	平均成分/%						材质
		Cu	Sn	Pb	As	Sb	其他	
891	铜刀 76YHM304：15	91.4	5.15				有 S	Cu-Sn
		90.2	5.45				有 S	
@899	铜矛采集 A045	84.7	15.3					Cu-Sn

注：@样品为完全锈蚀，将所测锈蚀的元素含量归一化处理，并不反映真实的成分，仅作为定性判断合金材质的依据；其余为未锈蚀或部分锈蚀的，元素含量可作为金属成分。

表 3-5-3　火烧沟铜器表面扫描电镜能谱定性分析结果

实验室编号	器物名称	原编号	成分	材质
893	刀	76YHM278：6	Cu	红铜
897	蝶形带饰	76YHM266：13	Cu	红铜
912	耳环	76YHM84：24	Cu	红铜
885	刀	76YHM170：13	Cu-Sn	锡青铜
908	镜	76YHM20	Cu-Sn	锡青铜
915	泡	76YHM206：12	Cu-Sn	锡青铜
895	泡	76YHM79：14	Cu-Pb-As	铅砷青铜
918	泡	76YHM47：24	Cu-Pb-As	铅砷青铜
917	刀	76YHM254：4	Cu-Sn-Pb (As)	含砷的铅锡青铜

(三) 酒泉干骨崖遗址

酒泉干骨崖遗址年代在公元前 1900～前 1600。1987 年发掘墓葬 105 座，出土铜器 48 件。工具类有刀、削、锥、斧；装饰类有耳环、指环、手镯、扣、泡、圆牌饰、连珠饰等[①]。孙淑云对 46 件取样进行成分分析的结果表明，锡青铜所占比例最大，其次是砷铜，此外有少量锡砷青铜、锡铅青铜和其他三元、四元铜合金。红铜器仅有 3 件，这点与火烧沟铜器完全不同。对 30 件进行金相检验的结果显示，具有热锻组织的 13 件、铸造组织的 17 件。锡青铜热锻的比例较大，砷铜没有热锻的样品存在。不同类型器物的制作方法有所差别，如 7 件耳环中只有 1 件砷铜耳环是铸造而成，其余 6 件都是经热锻成形的青铜耳环。泡、联珠饰、镞都是铸造的。锥和刀锻铸皆有，尖部和刃部冷加工的特点较突出。

(四) 安西鹰窝树遗址

安西鹰窝树遗址在年代上晚于上面三处四坝文化遗址。此遗址发掘墓葬 3 座，获铜器 7

---

① 李水城、水涛，酒泉干骨崖墓地，见：中国考古学年鉴 (1987)，文物出版社，1988，第 271 页。四坝文化铜器研究，文物，2000，(3)；36～38。

件。器物有刀、锥、镞、泡。成分分析 7 件全部为锡青铜。金相检验 4 件，3 件为铸造组织，1 件热锻组织。

以上四处四坝文化遗址出土的铜器被锈蚀得较严重。器物表面覆盖着较厚的腐蚀层，内部金属亦遭到不同程度的腐蚀，部分器物芯部已没有金属残存。在扫描电子显微镜较高倍数下选择内部金属未被锈蚀的部位进行能谱分析，结果表明四坝文化青铜器既有共性也有差异，共性如下：铜器的材质多样，青铜器与红铜、砷铜等材质的器物并存，含锡量多集中在5％～10％，多含有杂质元素铁、硫、砷，有的还含铅、锑、铋等。这些杂质元素应来自于铜矿的共生组分。制作技术锻、铸皆有，显微组织中有较多夹杂物、铸造疏松，显示出早期铜及铜合金冶炼、制作技术的原始特征。四处遗址的铜器在材质和制作技术上差别如下：

（1）干骨崖与火烧沟铜器比较，都有红铜、锡青铜、砷铜和多元铜合金，在材质上有较多相似性。但不同之处也较明显。干骨崖的红铜器数量大为减少，仅有 3 件，而以锡青铜为主，占分析样品的 48％，比例是火烧沟的 2 倍。而红铜则是占火烧沟比例最大的材质。在制作技术上，干骨崖铜器热锻成形的器物占检验样品的 43％，而火烧沟铜器热锻成形的所占比例较小，近期检验的 26 件器物中，热锻成形的器物仅 4 件。火烧沟的较大件器物如斧、四羊权杖首均是铸造成形的，特别是权杖首采用分铸法铸造，表明铸造技术水平的成熟。干骨崖的锡青铜以锻制为主，而砷铜都为铸造的。火烧沟的锡青铜和砷铜都以铸造为主，仅各有一件是锻制成形的，两处遗址在制作工艺上有较大差异。干骨崖没有出现如四羊权杖首那样的复杂铸件，在铸造水平上似乎不及火烧沟遗址。

（2）干骨崖与民乐东灰山铜器材质的比较发现：民乐东灰山四坝文化遗址 13 件铜器成分分析的结果显示全部含砷，砷含量在 2％～6％范围。未发现锡青铜和红铜样品。这一特点与干骨崖不同，干骨崖铜器以锡青铜为主。经金相检验的 11 件民乐东灰山样品均具有锻造组织，表明铜器是热锻成形的。其中 6 件在热锻后又经冷加工。而干骨崖铜砷二元合金样品都是铸造组织，其中 2 件铸造后经冷加工。可见干骨崖和东灰山铜器无论在合金成分上还是制作工艺上都存在着差异。

技术上的差异一般是由时代、人种、资源、社会和经济等多种因素决定的。四处四坝文化遗址年代相近，均分布在甘肃祁连山北麓，地域相近、矿产资源相同。人种学研究表明甘肃河西地区自新石器时代至青铜时代为东亚蒙古人种的分布区，至今尚未见到典型的白种人种分布[1]。所以四处四坝文化遗址居民在人种上没有明显区别。考古学研究[2]表明，上述墓地在墓葬形制、风俗习惯等方面有许多不同。或许是由于不同聚落之间技术传统的不同使得铜器在制作上存在如此的差异。

二　内蒙古自治区和河北、京、津地区

内蒙古自治区出土的早期青铜器主要包括朱开沟文化三、四期青铜器和大甸子夏家店下层文化青铜器。河北省主要是唐山、北京、冀县等夏家店下层文化铜器。

---

① 韩康信、潘其风，古代中国人种成分研究，考古学报，1984，（2）：245～263。

② 李水城，四坝文化研究，见：考古学文化论文集（三），文物出版社，1993 年，第 80～121 页。

（一）朱开沟文化三、四期青铜器

内蒙古自治区伊克昭盟（现鄂尔多斯市）朱开沟遗址是一处自龙山文化晚期到商代早期前后延续 500 年的遗址，共分五期。三、四期在年代上相当于夏代中、晚期，出土和采集铜器 16 件。器物有针、凿、锥、臂钏、指环和耳环（图 3-5-5）。经成分分析 13 件[①]，有 5 件为红铜制品，含铜量大于 98%，其中 2 件含有砷、铋、锑等杂质元素。5 件是含铅量小于 2% 的锡青铜制品，含锡量为 7.5%～9.3%。3 件铅锡青铜制品，含铅量在 2%～2.4%、含锡量在 6.1%～12.5%。经金相检验 11 件，4 件铸造，3 件热锻，3 件热锻后又经冷加工，1 件红铜为铸后经轻微冷加工。朱开沟三、四期铜器与甘肃四坝文化铜器年代相当，都属于公元前第二千纪前期。铜器材质与火烧沟遗址具有很多共同特点，都既有青铜又有红铜，并含有较多杂质元素。加工技术与干骨崖相似，铸锻皆有。

图 3-5-5　朱开沟遗址铜臂钏

（选自：内蒙古自治区文物考古研究所等，朱开沟-青铜时代早期遗址发掘报告，2000 年版，图版三一·4）

（二）内蒙古、辽西夏家店下层文化青铜器

内蒙古东部赤峰市敖汉旗大甸子遗址属夏家店下层文化药王庙类型，1974 年发掘[②]，共清理墓葬 804 座，墓葬的年代分早晚二期，经 ^{14}C 断代为公元前 1735～前 1463 年。有 26 座墓出土金属器，包括铜器、铅器、金器。其中早期墓葬（公元前第二千纪前期）出土的铜器 46 件、铅器 1 件。铜器的类型主要是装饰品，耳环和指环为主，此外有铜帽 1 件、钉 1 件、镦 1 件和铜杖首 1 件（图 3-5-6）。对 41 件进行了成分分析，11 件进行了金相检验[③]。结果表明，锡青铜 27 件，14 件为铅锡青铜，5 件为铸造组织，6 件锻造组织。大甸子出土的铅器含铅量为 85%～90%，其他成分主要是锡，说明夏家店下层文化已有冶炼金属铅的技术，可能所用铅矿中含有共生的锡[③]。辽西地区具有锡矿资源，1981 年翁牛特旗解放营子乡头牌子出土甗、鼎大型铜器，在 2 个鼎中

① 李秀辉、韩汝玢，朱开沟遗址出土铜器的金相学研究，见：朱开沟——青铜时代早期遗址发掘报告，文物出版社，2000 年，第 423～446 页。

② 中国社会科学院考古研究所，大甸子——夏家店下层文化居住址与墓葬发掘报告，科学出版社，1996 年。

③ 李延祥等，敖汉旗大甸子夏家店下层文化墓葬出土铜器初步研究，有色金属，2002，(4)：123～126。

盛满含锡达 50% 的锡砂①，从而说明夏家店居民已经认识并挑选出含锡矿石，作为原料储存起来。因此，夏家店下层文化的青铜器所含的铅应是有意识加入的金属铅，所含的锡有可能是往熔铜炉中加入的锡砂经还原而成。

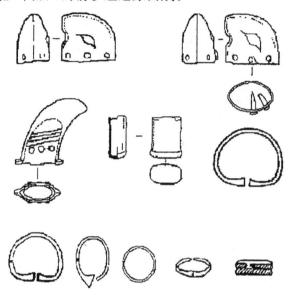

图 3-5-6　大甸子遗址铜器线条图
（选自：中国社会科学院考古研究所，大甸子：夏家店
下层文化居住址与墓葬发掘报告，1996 年，190 页）

内蒙古和辽西地区还有不少夏家店下层文化遗址有零星铜器和冶铜遗物出土，部分经贾海新分析检测②。如赤峰药王庙夏家店居住址出土有铜渣、铜屑；赤峰四分地东山嘴遗址出土有小陶范 1 件；赤峰喀喇沁旗大山前居住遗址出土铜器 9 件：包括残铜套 1 件（96KD1 T407⑤：8），为铜锡铅合金铸造、短粗铜条 1 件（96KD1 F7③：1），为铜锡铅砷合金铸造、铜刀残块 3 段、细锥 2 件（98D1VF55②：4，：6），都是由含铅的铜锡合金热锻后冷加工制成、粗锥（镞）1 件（98KD1VT301H114③：11），为铜锡铅砷合金热锻制成、小短铜条 1 件（98KD1VT301⑦A：1），为铜锡铅合金热锻制成、环首残刀 1 件（98KD1VT301・401③C：4），为铜锡合金热锻后冷加工制成、喇叭状耳饰 1 件，为含铅的铜锡合金；宁城小榆树林子居住址出土有铜刀（T1：29）1 件；宁城三座店居住址出土铜器 3 件，铜锥（87NST1927H63：1）为铜锡铅砷合金，铜饰件（88NST1324⑤：4）为铜锡铅合金，铜锥（88NST1926⑥A：27）为铜锡合金，具有热锻和冷加工组织；锦县水手营子墓葬出土铜柄戈 1 件；阜新平顶山墓葬出土铜耳环 1 件。

（三）河北、京、津地区夏家店下层文化

夏家店下层文化遗址分布范围较广泛，除内蒙古东部及辽宁西部地区外，其南界已到冀

---

① 苏赫，从昭盟发现的大量青铜器试论北方的早期青铜文明，内蒙古文物考古，1981，（2）：1～15。
② 贾海新，夏家店下层文化药王庙类型的铜器初步研究，北京科技大学硕士研究生学位论文，2001 年，指导教师李延祥。

中的拒马河、永定河一线。出土铜器的遗址有唐山大城山红铜牌 2 件（T10②：335、T10②：339）[1]；唐山小官庄青铜铸造耳环 1 件（J：1）（图 3-5-7）[2]；北京昌平雪山出土小

铜刀 1 件、铜镞 1 件，北京房山琉璃河出土铜耳环 1 件（M2：1）、铜指环 1 件（M2：2）[3]；平谷刘家河耳环和镞[4]；蓟县张家园出土铜器 3 件[5]，分别是铜刀（T2④）、铜镞（T2④）、铜耳环（F4）；河北大厂大坨头铜镞 1 件[6]；河北蔚县三关铜耳饰 1 件（M2010）。

图 3-5-7　喇叭形耳环

（选自：安志敏，试论中国的早期铜器线条图 2；考古，1993 年 12 期和本所拍照的相片）

综上所述夏家店下层文化分布较广泛，出土的铜器的遗址较多，但除内蒙古东部赤峰市敖汉旗大甸子遗址较集中外，其他遗址出土数量少，较分散。器物类型主要为小件装饰品，刀、锥和镞较少。分析检测结果显示，铜器材质以青铜为主，有锡青铜、铅锡青铜，还有少数红铜和含砷的多元青铜。铜器制作方法铸造、热锻、冷加工都有。铜器含杂质元素较多。以上特征都属于早期铜器的特点。夏家店下层文化遗址出土有铜渣和陶范等冶铸遗物，反映铜器当地生产的可能性。

三　山东岳石文化青铜器

山东出土的早期铜器集中于岳石文化遗址。岳石文化主要分布于鲁西南和豫东地区，年代为公元前第二千纪前期（公元前 1900～前 1600 年）。20 世纪 70 年代以来，先后在山东发掘了泗水尹家城遗址、牟平照格庄和益都（现青州市）郝家庄遗址。泗水尹家城岳石文化遗迹主要有房基和灰坑 2 类，出土铜器 14 件，器型有刀、镞、锥、环等（图 3-5-8）。孙淑云共检验的 9 件，其中锡青铜 3 件、铅青铜 2 件、铅锡青铜 1 件、红铜 3 件[7]。锡青铜中 2 件含有杂质元素铅，1 件含砷，其组织中存在砷偏析和析出相。锡青铜的制作都是铸造后又经锻打。铅青铜中 1 件含有杂质元素锡，铸造而成，局部经锻打，另 1 件铸造后又经过热锻。红铜中 2 件铸造、1 件锻打。

孙淑云检验牟平照格庄出土岳石文化铜锥 1 件[8]，为锡青铜。益都（现青州市）郝家庄出土铜削残把和残铜片各 1 件[9]，都是铅锡青铜。

以上研究表明，岳石文化铜器均为小件器物，以工具为主。器形简单，多为单面范铸成，反映了铸造技术的原始性。器物在铸后多经锻打。材质以青铜为主，但多含杂质元素，

① 河北省文物管理委员会，河北唐山市大城山遗址发掘报告，考古学报，1959，（3）：33。
② 安志敏，唐山石棺墓及其有关遗物，考古学报，1954，（7）：81。中国早期铜器的几个问题，考古学报，1981，（3）：275。
③ 琉璃河考古工作队，北京琉璃河夏家店下层墓葬，考古，1976，（1）：6。
④ 张先得等，北京平谷刘家河遗址调查，见：北京文物与考古（第三辑），北京市文物研究所编，1992 年，第 56 页。
⑤ 天津市文物管理处，天津蓟县张家园遗址试掘报告，文物资料丛刊，1977，（1）：167～168。
⑥ 天津市文物局考古发掘队，河北大厂回族自治县大坨头遗址发掘简报，考古，1966，（1）：10。
⑦ 山东大学历史系考古专业教研室，泗水尹家城，文物出版社，1990 年，第 353～359 页。
⑧ 中国社会科学院考古所山东队等．山东牟平照格庄遗址．考古学报，1986，（4）：18。
⑨ 吴玉喜，岳石文化地方类型初探——从郝家庄岳石遗存的发现谈起，北京大学硕士研究生学位论文，1985 年，指导教师严文明。

具有早期铜器的共同特点。

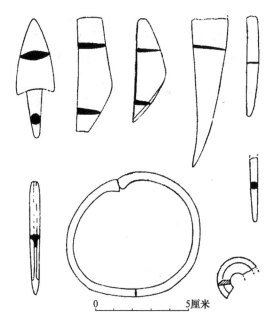

图 3-5-8　泗水尹家城铜器线条图

（选自：山东大学历史系考古专业教研室，泗水尹家城，1990 年
版，203 页）

四　河南、山西二里头文化铜器

（一）河南偃师二里头遗址

河南出土的早期青铜器最重要的遗址是河南偃师二里头遗址。该遗址经 40 多年的考古工作，目前所知其范围在 9 平方千米。遗址文化堆积层主要是二里头文化层。尽管学术界对二里头文化分期有争议，但在二里头文化是夏文化这点上是一致的。夏商周断代工程对二里头遗址一期至四期兽骨样品做[14]C 测定结果表明[1]，一期为公元前 1880～前 1730；二期为公元前 1685～前 1600；三期为公元前 1610～前 1555，四期晚至公元前 1560～前 1529。从所测年代看，二里头文化一至二期相当于历史上的夏代，三至四期的年代已是商代前期，但文化性质在二里头还是属于夏人的文化。从考古发掘看，二里头文化二期是二里头遗址最繁荣的时期，发现的大批大型宫殿基址证明此时期二里头是夏代王都之所在。

二里头遗址夏文化遗存非常丰富。考古发掘出大中小型各类建筑遗迹多处，包括宫殿、陵寝、台坛、各阶层的居室、手工业作坊、地窖、陶窑、水井、道路、灰坑、墓葬等。出土器物以陶器数量最多，复原和完整器达三千余件。以二、三期陶器类型最丰富。玉器多为圭、璋、琮、璜、戚、钺等礼器。生产工具以石器为主，还有骨、蚌制作的铲、刀、镰、鱼钩等。出土和采集的铜器约二百余件。其中铜礼器 20 件左右，有爵（图 3-5-9）、斝（图 3-5-10）、盉

① 夏商周断代工程专家组，夏商周断代工程 1996～2000 年阶段成果报告（简本），世界图书出版公司，2000 年，第 76～77 页。

（图 3-5-11）、鼎、戈、戚等。铜礼器是目前我国出现时代最早的。此外还有形式各异的铜刀、锛、凿、锥、锯、鱼钩等工具和铜铃、镶嵌绿松石铜牌饰（图 3-5-12）、铜泡等器物。铜器主要集中于二里头文化三、四期。铸铜遗址发现多处，其中规模较大的一处，范围约 1 万平方米，延续使用三百余年。铸铜遗物有炉壁、陶范、铜渣等。

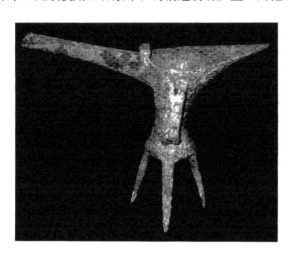

图 3-5-9　二里头铜爵

图 3-5-10　二里头铜斝
（选自：中国文物精华编委会，中国
文物精华，1997 年版，图版四十）

图 3-5-11　二里头铜盉
（选自：中国文物精华编委会，中国文物精华，
1997 年版，图版三九）

图 3-5-12　二里头镶嵌绿松石
铜牌饰

　　金正耀、李敏生、曲长芝等曾对二里头遗址出土铜器 51 件和 1 件铜渣及 1 件铅片进行过成分分析，分析结果统计于表 3-5-4。表中第 14～46 号样品是由 X 射线荧光分析法分析的器物表面成分。

表 3 - 5 - 4　经检验分析的二里头遗址出土铜器和冶金遗物统计表

序号	器物名称	材　质	分　期	资料来源
1	残片	红铜	二期	[1]
2	熔铜块	锡青铜（Cu-Sn）	二期	[1]
3	斧	红铜	二期	[1]
4	锥	砷铜（Cu-As）	二期	[1]
5	熔铜块	类青铜［Cu-（Sn）-（Pb）］	三期	[1]
6	环首刀	锡青铜（Cu-Sn）	三期	[1]
7	残片	红铜	四期	[1]
8	锥	类青铜［Cu-（Sn）-（Pb）］	四期	[1]
9	残片	锡青铜（Cu-Sn）	四期	[1]
10	圈	铅锡青铜（Cu-Pb-Sn）	四期	[1]
11	斝	铅锡青铜（Cu-Pb-Sn）	四期	[1]
12	盉	铅锡青铜（Cu-Pb-Sn）	四期	[1]
13	斝	铅锡青铜（Cu-Pb-Sn）	四期	[2]
14	刀 IVT24⑥B：9	青铜（Cu-Sn）	一期	[2]
15	渣 V T33D⑩：7	纯铜	一期	[2]
16	立刀 IVT21⑤：6	青铜（Cu-Sn）	二期	[2]
17	铅片 IVH76：48	铅（Pb95.90%）	三期	[2]
18	铜器 IVT203⑤：12	青铜（Cu-Sn-Pb）	三期	[2]
19	铜器 IVH76：23	青铜（Cu-Pb）	三期	[2]
20	铜器 IVH57：45	青铜（Cu-Sn）	三期	[2]
21	刀 IVT31③：8	青铜（Cu-Sn-Pb）	三期	[2]
22	锛 IVH57：27	青铜（Cu-Pb）	三期	[2]
23	刀 IVT6⑤：9	青铜（Cu-Sn-Pb）	三期	[2]
24	刀 IVT7④：11	青铜（Cu-Sn-Pb）	三期	[2]
25	纺轮 IVH58：1	纯铜	三期	[2]
26	镞 VT122③：1	青铜（Cu-Sn-Pb）	三期	[2]
27	Ⅰ式镞 IVT6⑤：54	红铜	三期	[2]
28	钩 VH82：9	青铜（Cu-Sn-Pb）	四期	[2]
29	Ⅲ式镞 VH101：6	青铜（Cu-Pb）	四期	[2]
30	Ⅳ式镞 VT17B⑤：2	青铜（Cu-Sn-Pb）	四期	[2]
31	Ⅲ式镞 VH108：1	青铜（Cu-Pb-Sn）	四期	[2]
32	Ⅲ式镞 VH20：1	青铜（Cu-Sn）	四期	[2]
33	Ⅲ式镞 VT24B④：1	青铜（Cu-Sn）	四期	[2]
34	Ⅱ式镞 IV214③A：14	青铜（Cu-Pb-Sn）	四期	[2]
35	Ⅱ式凿 IVT24④：116	青铜（Cu-Pb）	四期	[2]
36	Ⅵ式刀 VT26B⑤：13	红铜	四期	[2]
37	Ⅲ式刀 VT26A⑥：7	青铜（Cu-Sn）	四期	[2]
38	铜条 VT119③：6	青铜（Cu-Pb-Sn）	四期	[2]
39	铜器 VF3：11	青铜（Cu-Pb-Sn）	四期	[2]
40	Ⅰ式镞 VT12B③：1	青铜（Cu-Pb-Sn）	四期	[2]

续表

序号	器物名称	材　质	分　期	资料来源
41	V 式刀 VH51∶2	青铜（Cu-Sn）	四期	[2]
42	V 式刀 VT211③B∶1	青铜（Cu-Pb-Sn）	四期	[2]
43	I 式凿 IVT23④∶47	青铜（Cu-Pb-Sn）	四期	[2]
44	VII 式刀 IVT13②∶35	青铜（Cu-Pb）	四期	[2]
45	锥 IVT24④∶59	青铜（Cu-Pb）	四期	[2]
46	锥 VH103∶3	青铜（Cu-Pb-Sn）	四期	[2]
47	斝（采集）	青铜（Cu-Sn）		[3]
48	爵 T22③∶6	青铜（Cu-Sn）		[4]
49	爵（采集）	青铜（Cu-Pb-Sn）		[5]
50	锛 IIIT212F2	青铜（Cu-Sn）		[5]
51	刀 63YLIVT24④6∶135	青铜（Cu-Pb-Sn）		[5]
52	铜条 63 YLIT11③∶4	青铜（Cu-Sn）		[5]
53	锛	红铜		[6]
54	铜钺	青铜（Cu-Sn）		[7]

注：[1]金正跃，二里头青铜器的自然科学研究与夏文明探索，文物，2000，(1)：57。

[2]曲长芝，张日清，二里头遗址出土铜器 X 射线荧光分析，见：偃师二里头1959年—1978年考古发掘报告，中国大百科全书出版社，1999，399页。

[3]冯富根等，殷墟出土商代青铜觚铸造工艺的复原研究附录II，考古，1982，(5)：538。

[4]中国社会科学院考古研究所二里头工作队，河南偃师二里头遗址三、八区发掘简报，考古，1975，(5)：302。

[5]李敏生，先秦用铅的历史概况，文物，1984，(10)：85。

[6]马承源，中国青铜器，上海古籍出版社，1988，508页。

[7]中国社会科学院考古研究所二里头工作队，河南偃师二里头遗址发现一件青铜钺，考古，2002，(11)：32—35。

近期在中华文明探源预研究当中，梁宏刚、孙淑云、李延祥对尚未公开发表的二里头遗址出土铜器和炉渣等冶金遗物进行了研究。65件铜器采用扫描电子显微镜能谱仪（SEM-EDS）进行了成分分析，其中63件进行了金相检验。其中有18件由赵春燕进行了原子吸收光谱（AAS）分析。谭德睿、廉海萍、梁宏刚、李京华等对部分铜器进行了铸造技术考察。综合检测和考察结果①表明，红铜、青铜、砷铜共存。青铜占有53.3%的比例，青铜类型包括锡青铜、铅青铜和铅锡青铜。锡青铜从二里头文化二期就已出现，铅青铜、铅锡青铜从三期开始出现，四期以后继续增加。砷铜最早的一件是二期的铜锥，平均含砷4.4%。铜爵在三期出现，四期又出现盉、鼎等容器。容器器壁薄而均匀，这种器物欲铸造成功，与合金的流动性、陶范的充型性能、陶范的尺寸稳定性（收缩变形小）、陶范的干燥焙烧工艺、浇注工具的合理与否均有直接关系。二里头遗址出土的锡青铜、铅青铜、铅锡青铜的合金成分具有良好的流动性，合理的陶范成分及其处理技术、块范定位技术的采用，都保证了器壁匀薄青铜容器的铸造成功，说明其铸造技术已经达到了一定高的水平。与其同时期西北地区四坝文化铜器铸造技术相比，后者复杂空心器物较少，合范复杂铸件仅见玉门火烧沟遗址出土的铜权杖首等少数器物，铸造技术明显低于二里头文化。但二里头文化红铜仍占31.6%的比例，

① 梁宏刚，二里头遗址出土铜器的制作技术研究，北京科技大学博士研究生学位论文，2004年，指导教师孙淑云等。

还有砷铜和含砷的铜器存在。材质不够纯净，有硫、铁、锑、铋、银等杂质。二期、三期铜器金相组织中夹杂物与铸造缩松较多。铜器材质与西北地区同时代的甘肃四坝文化遗址、新疆哈密天山北路墓葬出土早期铜器亦有相似之处。工具之类小型器物的制作技术也较类似，锻铸皆有，工艺较简单。但二里头三期以后铅青铜、铅锡青铜比例增加至分析总数的40%。四期以后青铜器金相组织趋于均匀，夹杂物与铸造缩松减少。因此，二里头铜器兼有西北地区早期铜器和中原商文化的技术特征。从总体上看二里头铜器制作技术水平高于西北地区，但低于同时代商代二里岗时期铜器铸造技术。反映出二里头铜冶铸技术尚不具备发达青铜文化特征，可以认为二期属于早期青铜文化，三期以后属于向发达青铜文化过渡的阶段。

对18件二里头铸铜遗址出土的炉渣等遗物进行了矿相、扫描电镜能谱分析、熔点的测定，以及渣、铜中二氧化锡（SnO_2）生成的模拟试验等研究，结果显示，渣层中包裹的金属颗粒有红铜、铜锡、铜砷、铜锡砷、铜锡铅砷等多种类型，与二里头铜器合金类型相对应，说明二里头铜器是当地生产的。渣中二氧化锡（SnO_2）结晶与铜及铜合金颗粒共存的现象，进一步明确揭示了二里头青铜之合金元素锡是有意加入的，青铜合金技术已远远超越用铜锡共生或混合矿冶炼的初级阶段。

对矿料产地文献初步考察的结果显示，中原及其周边地区的矿点众多，如离二里头很近的中条山铜矿今天仍然是中国重要的铜矿产地。嵩山、王屋山、小秦岭等山区皆有数以百计的大小铜矿点。铅锌矿点也很多。且与古籍中记载很多相符。河南省卢氏县南五里川街北西5.5公里发现一处小型砷矿，即小红沟砷矿，矿石为雄黄-雌黄砷矿石。与铜矿相比，河南省没有发现锡矿。但北方地区确有一批锡矿资源。离中原最近的可信度很高的锡矿资源信息出现在山西中南部地区，从文献记载的产量、价格等要素看，临汾等晋中南地区直到抗战爆发前还在产出锡。晋南地区在中国文明起源上的重要意义早已显示出来，而中条山的铜矿和临汾一带的锡矿可能就是晋南早期文明包括二里头青铜文明的物质要素[1]。

（二）山西夏县东下冯遗址

山西夏县东下冯遗址中与二里头遗址同时期的遗存是目前考古学界普遍认为的二里头文化二个主要类型之一，即东下冯类型的代表。年代约公元前1900～前1600遗存中，铜器包括铜镞19件、刀6件、凿2件。对其中5件进行了检测，结果显示[2]铜镞（H20∶9）和铜镞（T1022∶4∶12）分别为锡青铜和铅锡青铜，铜凿（H9∶17）为红铜，其他一件铜镞、一件残铜器都为青铜。说明东下冯铜器以青铜为主，青铜的铅含量低于5%。东下冯遗址还出土石范5件，其中斧范2件、多用范1件，为当地生产铜器提供了证据。

（三）河南驻马店杨庄遗址

河南驻马店杨庄三期遗存中发现铜凿形器1件（T4③∶3）（图3-5-13），年代为二里头二期[3]。孙淑云对此件铜器进行了检测，经扫描电镜能谱分析结果显示：含铜98.6%，其他杂质元素有硫、砷、铋、硒等，总含量低于1.5%。金相检测为铸造红铜树枝晶（图3-5-14），

① 李延祥，北方铜锡古矿文献初步考察，中华文明探源工程预研究报告论文。待发表。
② 中国社会科学院考古研究所等，夏县东下冯，文物出版社，1988年，第208～209页。
③ 北京大学考古系等，驻马店杨庄，科学出版社，1998年，第184～186页。

晶内存在偏析，晶界分布有硫化物夹杂及块状、条状相。条、块状相成分为铜74.1%、铋15.9%、砷4.43%、锑1.99%、硫1.61%、硒1.11%。分析表明铸造此件铜器的铜料未经提纯，其所含硫、砷、铋、硒等均来自铜矿，是在冶炼时进入铜中的杂质。

图3-5-13　驻马店杨庄出土二里头文化二期铜凿形器
（选自：北京大学考古系等编著，驻马店杨庄，185页）

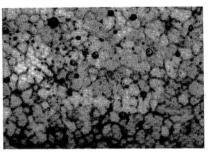

图3-5-14　驻马店杨庄出土二里头
文化二期铜凿形器金相组织
（选自：北京大学考古系等编著，驻马店
杨庄，186页）

五　新疆早期铜器

考古发现表明，至迟在公元2000年前后，新疆开始出现铜器。目前报道年代最早小件铜器出土于帕米尔高原东麓疏附县的苏勒塘巴俄和阿克塔拉遗址[①]。另一处早期遗址是古墓沟墓地（约公元前2000～前1800），古墓沟位于新疆维吾尔自治区巴音郭楞蒙古自治州、孔雀河的下游。1979年，发掘清理墓葬42座，发现少量红铜饰件。孙淑云对其中1件残铜件进行了检测，成分为铜，含微量杂质元素锡、锑。金相观察为红铜铸造组织，微量锡、锑溶入铜中形成α固溶体偏析（图3-5-15、图3-5-16）。据体质人类学家的研究，古墓沟墓主的人种体质与俄罗斯、哈萨克斯坦的阿凡纳谢沃文化、安德罗诺沃文化居民非常接近[②]。

图3-5-15　古墓沟出土铜器

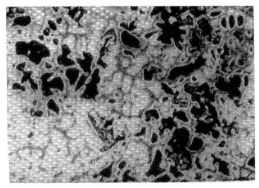

图3-5-16　古墓沟出土铜器金相组织

①　王博，新疆乌帕尔细石器遗址调查报告，新疆文物，1987，(3)：3～15；新疆维吾尔自治区博物馆考古队，新疆疏附县阿克塔拉等新石器时代遗址的调查，考古，1997，(2)：107～110。

②　韩康信，新疆孔雀河古墓沟墓地人骨研究，考古学报，1986，(3)：361。

　　近年来新疆东部哈密地区连续发现了几批属于公元前第二千纪青铜文化墓葬和遗址，其中哈密市天山北路墓地年代较早，属于公元前第二千纪前期。1988～1997 年连续进行了多次发掘，共清理墓葬 700 多座，出土器物三千多件，其中铜器五百多件，是迄今为止中国西北地区单一遗址内出土铜器数量最多的。铜器种类非常丰富，计有：刀、锥、斧（镢）、锛、矛、凿、镜、镰、别针、管、手镯、耳环、扣、泡、牌、联珠饰等（图 3-5-17）。除铜器外，也发现部分金、银装饰品。为进一步探讨新疆早期金属冶炼技术，研究中西文化和技术早期交流，提供了宝贵的实物资料。

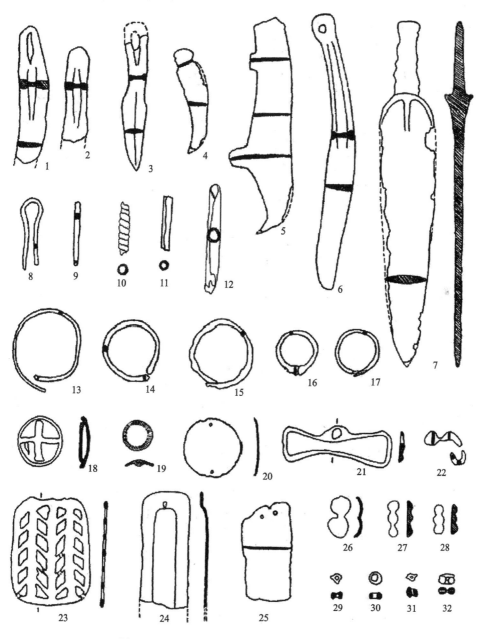

图 3-5-17　新疆哈密天山北路墓地出土铜器

（选自：文物，2006 年，6 期，图一）

　　潜伟等对 89 件铜器进行了分析检测[①]。金相检验结果表明：89 件中有 10 件锈蚀严重，无法进行金相检验。其余 79 件中有 30 件显示铸造组织，5 件为铸造后冷加工成形的铜器制品。铜扣、铜珠和铜手镯多为铸造的（图 3-5-18），铜牌、铜刀部分为铸造的，有的铸造后经冷加工。有 41 件铜器样品金相显示 α 等轴晶和孪晶组织，可以判定是热锻制成的，还有 3 件显示不仅有 α 等轴晶和孪晶组织，还有晶粒变形及滑移线存在，表明是热锻成形后又经冷加工（图 3-5-19）。二者占 79 件鉴定铜器的 56%。铜管、铜耳环、铜锥、铜针多为热锻成形，铜牌和铜刀有部分是热锻成形的。

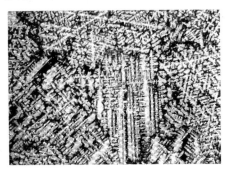

　图 3-5-18　天山北路出土铜器铸造组织　　　　　图 3-5-19　天山北路出土铜器热锻后冷加工组织
　　（选自：文物，2006 年，6 期，图二）　　　　　　（选自：文物，2006 年，6 期，图五）

　　89 件铜器中 40 件样品金属保存完好，25 件部分锈蚀，24 件完全锈蚀。分析采用扫描电子显微镜能谱分析，对于锈蚀样品只能定性测定其成分，虽然如此但对于判断铜器材质仍具有一定意义。分析结果显示，89 件中有 61 件为锡青铜，占经检验铜器样品的 69%；有 11 件红铜和 9 件砷铜，分别占经检验铜器样品的 12% 和 10%。此外有 4 件铜锡砷合金、2 件铜锡锑合金、1 件铜锡铅合金和 1 件铜砷铅合金。从各种合金的杂质元素看，铁、砷、锑是主要杂质元素，铅和铋在部分铜器中有少量分布。总结分析检验结果，可知哈密天山北路墓地出土铜器经检验的样品中锡青铜是主要材质。砷是重要合金元素。此批经检验样品中砷含量超过 2% 的占 16%，砷含量超过 1% 的占 35%。砷铜主要用作装饰品。经检验样品另一重要特点是多种元素并存，铜器样品中除了锡、砷外，还有铁、锑、铅和铋等多种杂质元素存在，此现象应与冶炼共生铜矿有关。

　　梅建军也对哈密天山北路 19 件铜器进行了分析检测[②]，其中 15 件为锡青铜，1 件红铜器，另 3 件是含少量砷和铅的锡青铜，锡含量 4.3%～16.5% 之间。潜伟和梅建军分析结果一致，都表明天山北路墓地所使用的合金材料绝大多数是锡青铜。

　　哈密天山北路墓地出土铜器与周边青铜文化铜器有一定联系。特别与甘肃河西走廊的诸青铜文化关系密切。天山北路墓地出土的铜牌饰、铜扣（泡）、铜管、螺旋形铜饰、铜刀，在四坝文化火烧构类型都有所表现。但天山北路墓地出土的兵器和工具形制相对比较简单，缺乏火烧沟出土的铜斧、铜矛等器物。但同四坝文化相比，天山北路墓地出现了一些新的内容，如铜剑、铜镰刀、铜别针等。从铜器成分和制作工艺上看，天山北路墓地出土铜器与甘肃干骨崖墓地出土四坝文化铜器有较多相近之处。

　①　北京科技大学冶金与材料史研究所等，新疆哈密天山北路墓地出土铜器的初步研究，文物，2006，(6)：79～89。
　②　梅建军等，新疆东部地区出土早期铜器的初步研究，西域研究，2002，(2)：4～5

第六节　铜冶铸技术的产生和早期发展总结

一　中国冶铜技术的起始阶段

就目前资料看，中国冶铜技术起始阶段在公元前3000年左右的新石器末期。陕西姜寨仰韶文化晚期遗址出土的铜片（含铅锡的铜锌合金）、陕西渭南仰韶文化晚期遗址出土的铜笄（铜锌合金）、山西榆次源涡出土的炼铜渣、甘肃东乡林家马家窑文化遗址出土的铜刀（铜锡合金）和冶铜废弃物，以及东北辽宁凌源牛河梁早期遗址出土的大量的炉壁残块及上面粘附的炼铜渣，都说明炼铜实践在黄河流域和辽河流域的广大地区进行着。炼铜原料就地取材，地表铜氧化矿是最先利用的矿物。氧化铜矿多共生有其他矿物，如铜锌共生矿、铜铅锌共生矿、铜铁共生矿，甚至铜铁锡铅锌多金属共生矿，在原始冶炼条件下，还原得到不纯净的黄铜、青铜都不是困难的。这已经被上述黄铜模拟实验和他人青铜模拟实验[1]加以验证。锡的氧化矿锡砂（SnO_2）可以在一些河床中淘洗得到，将其与氧化铜矿一起冶炼，或加入熔化的铜中，得到锡青铜并不困难。因此陕西姜寨、渭南仰韶文化晚期遗址出土的黄铜片和黄铜笄、甘肃东乡林家马家窑文化遗址出土的青铜刀都可能是成功利用共生或混合的氧化矿冶炼的结果。甘肃东乡林家马家窑文化遗址出土的"铜渣"，前已论及有可能是冶炼铜铁共生矿不成功的废弃物。此外，当时人们在矿物知识甚少、选矿水平低下的情况下，开采出的矿石必然含有相当数量的脉石矿物，甚至误把脉石矿物当做铜矿物。冶炼的渣中必然带有脉石的成分，如山西榆次源涡出土的炼铜渣含有硅、钙、铁，辽宁凌源牛河梁炼铜渣含有镁、钙、铁、硅。总之，这些公元前3000年左右的铜器和冶铜遗物是中国冶铜技术起始阶段的标志，此起始阶段的冶铜技术具有探索和不成熟的性质。中国黄河、辽河流域具有丰富的铜矿资源，也有锡矿资源，为先人提供较充足的冶铜物质条件，故中国冶铜技术独立起源的可能性很大。

二　中国铜冶铸技术的早期发展阶段

从公元前3000年左右中国冶铜技术起始，到公元前2000年，是中国冶铜技术缓慢发展阶段。上面已对公元前第三千纪后期的铜器和铜冶铸遗物的出土情况和分析检测结果进行了总结，在这一时期铜器出土数量和种类都大大增加，统计在案的仅齐家文化铜器已达130件。所见器类有斧、镜、刀、匕首、矛、锥、牌、钻、泡、镯、指环和骨梗铜刀等。出土铜器不再像先前起始阶段那样分散，往往一个遗址就集中出土多件，如武威黄娘娘台遗址就出土铜器30件之多。有考古学家从齐家文化部分铜器形制与南西伯利亚塞伊姆-特比诺文化铜器有相似之处，提出齐家文化铜器技术有受北方草原文化影响的可能性，即使如此，也不能改变中国冶金技术的自身发展的历程。理由如下：从现有考古资料可知，黄河中下游地区出土冶铸遗物较多，在中原地区龙山文化的炉子已经多次使用，不仅生产红铜，还有铅锡青铜的生产，说明中国铜和青铜冶铸技术较先前起始阶段有较大发展，而且比西北地区发达。如

① Tylecote R F, A History of Metallurgy, The Metal Society, London, 1976, p.14.

西北甘肃齐家文化铜器装饰品和工具为主，多为实心铸件，铜斧虽然空心，但器壁厚，容易铸造成功。而中原地区器物类型、形制较西北地区复杂。如陶寺铜铃为空心薄壁铸件，由红铜采用合范法铸造，技术难度较齐家铜器要高。登封王城岗残铜片，为铅锡青铜铸件，如果是铜簋类青铜容器的话，那么铸造技术更加高超。从器物制作工艺看，齐家文化铜器锻造成形的占较大比例，而中原地区铸造为主要工艺。加铅的青铜与铸造工艺是中国夏商周时期大量精美青铜器出现的重要技术基础，可见中国的传统的青铜合金及制作技术是从早到晚一脉相承的。

此时期黄铜器仅在黄河下游的山东发现 1 件，其本地共生或混合矿冶炼的可能性在上文已有较多阐述。说明中国铜冶金起始阶段的黄铜生产技术在黄河下游仍在继续。此现象又为中国铜冶金技术具有自身发展轨迹提供了证据。

砷铜器首次出现于山西陶寺龙山文化晚期遗址，是由铜砷共生矿冶炼的，还是与外部交流传入的？值得研究。但砷铜不是此时期中国铜与铜合金的主流，不影响中国铜和青铜冶铸技术的自身发展进程。

三 中国铜冶铸技术迅速发展阶段

中国在公元前第二千纪前期，铜器出土数量极大增多，数量近 800 件。分布范围更加广泛，甘肃、内蒙古、河北、山东、河南、新疆等省区都有集中的较大墓地和遗址出土数量可观的铜器。器物类型进一步增加。铜镞普遍出土于各遗址，形制多样各异。火烧沟遗址还发现有铸造铜镞的石范。许多研究者认为，镞为远射程武器，发射后极难回收，在青铜时代初期，铜属贵重物，不大可能用来制作此类高消耗武器，只有冶铜业发展到一定水平后，才有可能。合金材质复杂、多样化，不仅有锡青铜、铅青铜、铅锡青铜，砷铜数量增加较多，还有锡砷青铜、铅砷青铜、铅砷锡青铜等多种类型。制作工艺锻铸兼有，铸造技术进一步提高，特别是二里头文化出现的采用复合陶范技术铸造的青铜容器，代表着当时中国铜冶铸技术的最高水平，奠定了中国商周时期发达青铜技术的基础。总之与前一阶段铜冶铸技术相比，此阶段发展非常迅速。

应该看到此时期各遗址铜冶铸技术发展很不平衡，如前所述偃师二里头遗址所代表的二里头文化铜冶铸技术水平要高于周边和西北地区，具有承继前一阶段中国铜冶铸自身发展的特点，兼有中原商代发达青铜文化的技术特征，成为当时技术发展的主流。而同时期的西北地区铜器中，有些从形制或合金成分或锻制技术等方面与欧亚草原有相似之处，例如砷铜的问题。砷铜是迄今所知人类利用的第一种合金，西亚地区早在公元前 4000 年开始出现，随后扩展到整个中亚和东欧地区，在古代世界延续使用了 2000 余年。在许多地区有相当长时期是青铜和砷铜并用，近东地区直到青铜时代晚期，砷铜才被青铜基本取代。在二里头文化的周边地区，特别是西北地区在公元前 2000～前 1500 时期青铜和砷铜并用的现象很明显。是否与欧亚草原文化的交流、互动有关值得研究，但目前尚未发现与西亚联系的直接通道。砷铜的出现与砷铜技术被接受，应与当地提供有资源有关，地质矿产资料显示，甘肃地区、新疆哈密地区具有砷铜生产的矿产资源。二里头溶渣中含砷青铜渣，提供了当地生产砷铜的证据。是否砷铜技术独立起源也是值得研究的问题。西北地区火烧沟、干骨崖、鹰窝树遗址的青铜技术可能受着中原文化影响，这种影响波及地理位置接近中亚的新疆天山北路墓地出土的铜器，就整体而言，那里的铜器与甘肃河西走廊地带火烧沟、干骨崖墓地出土的四坝文化铜器有更大的相似之处。因此可以说各文化间的交流和互动是造成此阶段铜器合金材质、制作技术复杂、多样化等特征的原因之一，也是此阶段铜冶铸技术在中国迅速发展的动力之一。

第四章 中国发达的青铜合金技术

中国的铜冶铸技术在经历了前面几个阶段的发展之后，在公元前第二千纪后期至第一千纪达到了成熟阶段。大量商周精美青铜器展示出此阶段青铜合金技术的高超水平，在世界文明史上占有重要的地位。下面将分商代、西周、春秋战国时代分别加以论述。

第一节 中国商代青铜器及合金技术

商代是中国历史上继夏代以后的第二代奴隶制国家，统治时期大约从公元前 16 世纪至公元前 11 世纪。据文献记载和史学家考证，从成汤建立商朝，到商纣王被周武王所灭，前后约 500 年。在这漫长的历史时期，商的都城即统治中心经五次迁移，最后一次是公元前 14 世纪时盘庚迁都于"殷"，即现今河南安阳。史学界将盘庚迁都作为划分商代前期和后期的界限。目前在黄河流域考古发现的商代前期城址有四处：河南偃师商城[①]、河南郑州二里岗商城[②]、山西垣曲商城[③]、山西夏县东下冯遗址[④]。其中偃师商城始建年代最早，距今约 3600 年。郑州二里岗商城年代约为公元前 15 世纪。河南安阳作为商代后期国都，从公元前 14 世纪开始历经近三百年之久，在历史上占有重要地位。从地理位置看，商代重要遗址都集中在河南和山西南部。20 世纪 60 年代开始在湖北黄陂县盘龙城发掘了一处商代前期宫殿和宫城遗址[⑤]，^{14}C 测定城垣的年代约为公元前 1390 年，这是到目前为止商代唯一的一座位于长江流域的大型城址。商城是商代政治、经济、文化的中心，特别是作为王城的偃师商城、郑州商城、安阳殷墟更是当时的文明中心，所以商代城址的发掘及其出土的大量青铜器及冶铸遗物，为研究商代的文明及青铜技术的发展提供了宝贵的资料，是我们研究的重点。

一 商代出土青铜器的分布

商代是中国青铜文化发展和繁荣时期，在这一时期内创造出了大量在造型艺术和工艺技术上都十分精湛的青铜器。郝欣通过对商代青铜器大量考古发掘报告和研究文献的收集、整理，及对出土青铜器的检验分析，特别重点对商代前期郑州二里岗、黄陂盘龙城和晚期安阳

---

① 中国社会科学院考古研究所洛阳汉魏工作队，偃师商城的初步勘探和发掘，考古，1984，(6)：488。
② 河南省文化局文物工作队，郑州二里岗，科学出版社，1959 年。
③ 中国历史博物馆考古部等，垣曲商城——1985~1986 年度勘察报告，科学出版社，1996 年。
④ 中国社会科学院考古研究所，夏县东下冯，文物出版社，1988 年。
⑤ 湖北省文物考古研究所，盘龙城——1963~1994 年考古发掘报告，文物出版社，2001 年。

殷墟出土的青铜器进行的对比研究①，初步阐明了商代前期和后期在青铜合金技术及青铜器种类、型制、纹饰等方面的特点和演变、发展过程。

对全国范围内历年出土青铜器的地点进行初步统计的结果表明，商代青铜器出土地点较夏代的少数遗址增加了数倍。商代前期的青铜器出土地点达 20 余处，分布范围北至辽宁、河北、北京，中到山西、陕西、河南，南抵湖北、湖南、江西。商代后期青铜器出土地点增加到近 70 处，分布的范围进一步扩大，西北至甘肃，东至渤海湾西岸和山东半岛，南抵广西。集中分布在黄河和长江的中下游广大地区。

二　商代青铜器出土种类及数量

在出土青铜器的种类和数量上，商代较夏代剧增。商代前期仅郑州二里岗一处遗址就出土青铜器 22 种，完整器物 120 多件。礼器有鼎、鬲、盂、簋、尊、卣、瓿、爵、盘、斝、罍、盉，装饰品有簪，兵器有镞、刀、戈、钺，工具有钩、钻、镢、锥，此外，还有铜泡。此时期出现了较大型的器物，如郑州张寨南街发现的两件方鼎（图 4 - 1 - 1），分别高 100 厘米、87 厘米，重 86.4 千克、64.25 千克。黄陂盘龙城遗址出土青铜器种类达 36 种，351 件。器物类型和形制除具有中原地区二里岗青铜器的相同特点外，还出现有地方特色的器物，如大铜钺、锛、锸、封口盉、马面饰等（图 4 - 1 - 2，图 4 - 1 - 3，图 4 - 1 - 4）。商代后期青铜器出土种类和数量较前期又有较大的增加，地区间存在较多差别，目前尚未作全面的统计。仅以安阳殷墟为代表，据不完全统计器物种类高达 70 余种，出土数量约 5000 余件。如果把那些大量的传世品也统计进来的话，那数量将是惊人的。殷墟一期青铜器的种类与郑州二里岗期类似。殷墟二期

图 4 - 1 - 1　郑州杜岭一号方鼎
（选自：河南省文物考古研究所等编著，郑州商代铜器窖藏，1999 年版，图版二三）

是种类增加最多的时期，礼器新出现罐形鼎、鬲形鼎、壶形盉、方彝、方爵、斗、觯等器类。商王武丁配偶妇好墓出土的分体甗、汽柱甑形器、偶方彝、鸮尊、透雕瓿、四足觥、大型盂等都是此时期新增加的器物类型（图 4 - 1 - 5，图 4 - 1 - 6）。此时期还出现大量各类车马器。商代后期的著名青铜器当属司母戊大方鼎和四羊方尊，它们陈列于国家博物馆的青铜器展室，吸引着无数中外参观者的注意。司母戊大方鼎重达 832.84 千克，以其厚重、坚实成为古代大型重器之冠。四羊方尊以其复杂逼真的造形成为商代精美铸件的典型（图 4 - 1 - 7）。它们代表着商代青铜铸造技术的高超水平。

---

① 　郝欣，商代早中晚期青铜器的比较研究，北京科技大学硕士研究生学位论文，1997 年，指导教师孙淑云。

图 4-1-2　黄陂盘龙城封口盉

（选自：湖北省文物考古研究所编著，盘龙城，
下册，2001 年版，图版四七）

图 4-1-3　黄陂盘龙城铜钺

（选自：湖北省文物考古研究所编著，盘龙城，
下册，2001 年版，图版九五）

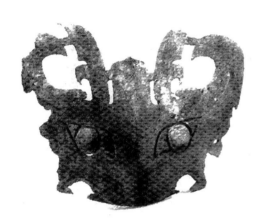

图 4-1-4　黄陂盘龙城马面具

（选自：湖北省文物考古研究所编著，盘龙城，下册，
2001 年版，彩版四七）

图 4-1-5　殷墟妇好墓三联甗

（选自：中国社科院考古所编著，殷墟的发现与研究，
2001 年版，图版二六）

图 4-1-6　殷墟妇好墓鸮尊

（选自：中国社科院考古所编著，殷墟的发现
与研究，2001 年版，彩版七·1）

图 4-1-7　商代四羊方尊

三 商代青铜器的合金成分

对郑州二里岗和山西夏县东下冯、长治等地出土的商代前期（又称二里岗期）青铜器成分分析结果进行了初步的统计（表 4-1-1），可看出所分析的 24 件铜器中无红铜，全部是青铜器。铅锡青铜比例高于锡青铜。个别器物含铅很高，如杜岭方鼎等 5 件器物含铅量达到 17%～26%。

表 4-1-1 商代前期二里岗类型青铜器成分 （单位：%）

样品号	器物名	出土地点	Cu	Sn	Pb
H1:2	大方鼎	郑州向阳回民食品厂	87.7	8.0	0.1
H1:7	素面盘	郑州向阳回民食品厂	86.4	10.9	0.7
H1:4	尊	郑州向阳回民食品厂	91.3	7.1	1.1
Y23	斝	河南郑州	90.9	3.1	6.0
Y24	鼎	河南郑州	85.3	13.4	1.4
E1	鼎腿	河南郑州	80.5	10.7	8.8
杜岭一号	方鼎	郑州张寨南街	75.1	3.5	17.0
	容器残片	河南郑州	91.3	7.1	1.1
H1上:9	簋	郑州南顺城街	79.9	13.1	5.5
H1上:4	鼎	郑州南顺城街	64.3	8.14	25.6
H1上:3	鼎	河南郑州南顺城街	70.9	17.8	10.1
H1上:2	鼎	河南郑州南顺城街	69.5	8.68	19.9
	镞	山西东下冯	78.6	14.4	4.5
	斝	山西长治	69.6	19.4	6.3
	斝		83.6	14.9	0.4
V-108	斝腹		72.8	6.3	19.4
V-319	斝足		95.0	2.2	2.7
V-298	斝腹		91.8	4.5	2.8
V-201	瓮腹		66.9	9.8	21.1
V-59	罍		85.1	8.6	5.3
V-183	盂		75.8	16.4	5.7
V-53	鼎		80.3	10.7	8.3
	鼎		85.4	13.7	0.8
NB6405	爵		86～87	12	1～2

郝欣、孙淑云对盘龙城出土的商代前期 35 件青铜器进行了成分和金相检测[1]。采用扫

---

[1] 郝欣、孙淑云，盘龙城商代青铜器的检验与初步研究，见：盘龙城——1963～1994 年考古发掘报告，文物出版社，2001 年，第 517～538 页。

描电子显微镜 X 射线能谱仪进行了无标样定量分析，另有 8 件样品其他学者也曾作过分析[①]。分析结果（表 4-1-2）显示盘龙城铜器主要是铅锡青铜，锡青铜只有 2 件，未发现红铜器。通过比较盘龙城和二里岗时期青铜器成分的直方图（图 4-1-8，图 4-1-9），可以发现二者在合金主要成分上存在共性：都无红铜器；铅锡青铜的数量多于锡青铜；工具和兵器的含锡量高于容器和礼器，而含铅量低于容器和礼器。但二者也有差别，盘龙城含铅高的铜器（Pb>10%）数量多于二里岗。除主元素铜、锡、铅以外，盘龙城铜器检测到的杂质元素有锌、银、硫、铁、镍、硅、钛，它们的含量一般不超过 0.5%。但有 17 件样品含锌较高，在 0.5%～1.7% 之间。有 13 件样品含银高于 0.5%，个别样品银含量高达 5%。由于未见其他遗址出土二里岗类型青铜器杂质元素的数据，无法在此作比较。但盘龙城青铜器含有较高的锌和银，应是其成分的特征之一。

表 4-1-2　盘龙城遗址出土青铜器成分　　　　　（单位:%）

器物原编号	器物名及取样部位	Cu	Sn	Pb
PYWM3:7	斝残片	64.7	13.0	19.9
PYWZM2:1	弧腹斝残片	71.2	16.7	9.5
PLWM3:3	折腹斝残片	65.3	12.0	21.2
PWZT61[(2)]:2	铜器残片	79.0	4.8	15.2
PWZ:0202	斝足部残片	60.7	11.0	27.1
PWZ:0203	细腰瓿残片	55.7	18.2	24.4
PWZM1:5	瓿残片	57.9	13.1	26.5
PYWM4:1	尊足部	65.5	12.6	20.5
PYWM4:1	尊肩部	66.9	13.4	15.8
PYWM4:1	尊残片	65.6	14.3	18.1
PYWM11:25	尊残片	63.8	13.6	21.0
PYWM11:25	尊口沿	66.9	15.8	14.8
PYWM11:25	尊肩部	64.6	14.7	18.0
PYWM11:25	尊腹部	59.2	15.5	21.3
PYW:0205	斝残片	67.1	15.7	15.5
PLZM1:6	盘残片	84.3	13.1	0.3
PLZM1:1	锥足鼎残片	63.0	10.2	25.5
PLZM2:46	鼎足部	62.8	11.2	23.9
PLZM2:46	鼎残片	62.1	10.4	25.8
PLZ:0206	爵残片	70.3	18.1	10.1
PLZM1:18	残爵口沿	69.0	14.8	8.2
PLZM1:18	残爵流部	66.3	11.9	14.9
PLZM1:18	残爵腹部	69.1	14.0	13.0
PLZM1:18	残爵足部	57.3	10.0	31.1

---

① 湖北省博物馆，盘龙城商代二里岗期的青铜器，文物，1976，（2）：37。

续表

器物原编号	器物名及取样部位	Cu	Sn	Pb
PYW:0208	斝伞柱	64.1	10.4	23.7
P:0209	觚残片	70.0	16.4	11.7
P:0209	觚残片	61.4	15.4	21.2
PYW:0116	凿柄部	75.8	9.8	12.8
PWZ:0201	镞残片	74.9	19.7	2.4
PWZT:79(2):1	铜器（刀）残片	76.0	13.7	7.3
PYZ:0201	镞残片	78.0	11.7	9.4
PJWM1:	铜器（刀）残片	77.5	17.5	2.8
PYW:0207	铜器（刀）残片	69.3	15.6	12.0
PYZT:31(4)	细铜杆残段	71.4	14.2	10.0
PYW:015	马面具残片	69.2	14.1	14.6
采集	爵	67.0	11.5	15.9
采集	鬲足部	78.8	11.5	15.9
采集	锛	80.2	11.3	4.0
采集	鼎残片	72.7	13.6	10.8
PLZM2:55	锥足鼎足部	88.7	5.5	1.4
PLZM1:8	尊圈足	70.8	6.2	21.8
PLZM2:19	弧腹斝足部	81.8	8.4	6.8
PLZM1:12	弧腹斝足部	71.6	3.9	24.5

对盘龙城 36 件青铜器进行金相检验的结果表明，器物全部是经铸造而成的，其中只有两件器物是铸造成形后再经加工的，一件是镞（PWZ:0201），一件是铜器残片（PLWM3）。硫化物夹杂和铅颗粒除个别样品外，普遍存在于样品中。26 件青铜容器的金相观察，组织中铅的分布不均匀，有集中分布的较大呈球状和椭圆球状的铅存在。而六件青铜工具和兵器的金相组织中未见大的球状、椭圆球状铅，三件样品的铅呈不规则状沿枝晶或晶界分布，另三件样品中的铅呈小颗粒状均匀分布。铅在组织中的数量和形态与铅含量有直接关系。青铜容器含铅量高，平均为 19%，而兵器和工具平均在 8% 以下。锡青铜中加入铅可增加铜液的流动性，提高满流率，有利于获得棱角清晰、表面光洁的铸件，适合铸造青铜容器和礼器。但锡青铜随着加入的铅含量增加，硬度和抗拉强度降低，不利于制作用于刺杀、射击和切削之类的兵器和工具。反之，随锡含量增加青铜的硬度和抗拉强度增加，盘龙城和郑州二里岗期青铜工具和兵器锡含量高于容器，而铅含量低于容器。由此可以推断商代前期的工匠们已经掌握了铅、锡含量对器物性能影响的规律，并加以应用。

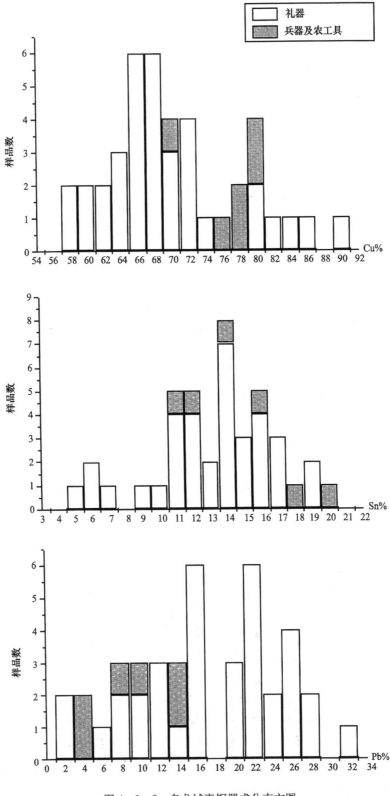

图 4-1-8　盘龙城青铜器成分直方图

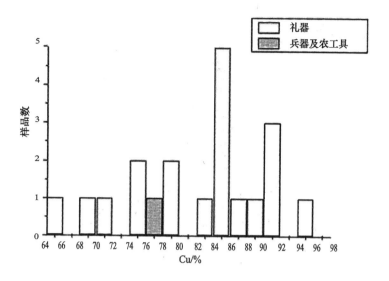

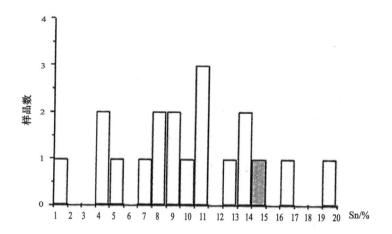

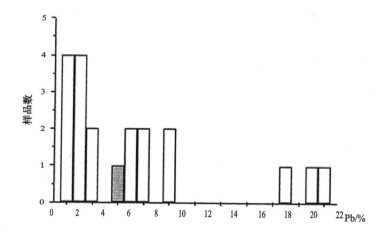

图 4-1-9　二里岗期青铜器成分直方图

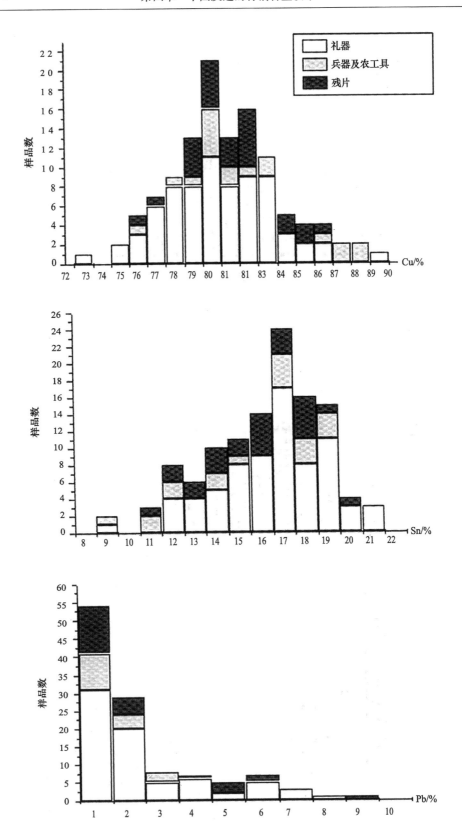

图 4-1-10　殷墟妇好墓青铜器成分直方图

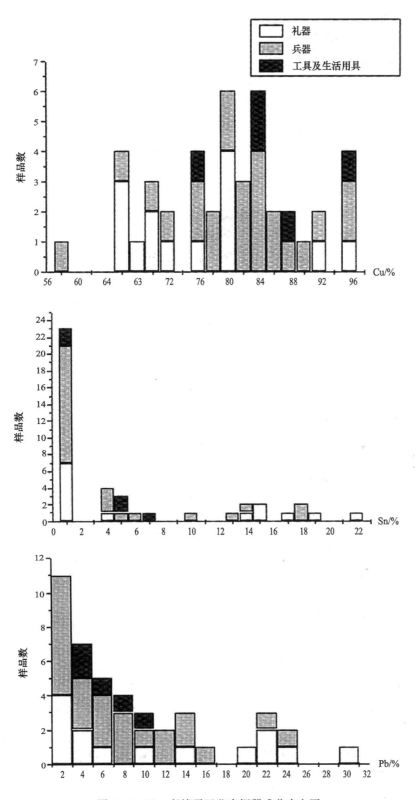

图 4-1-11 殷墟平民墓青铜器成分直方图

　　殷墟出土的商代后期青铜器的成分存在着王室墓和平民墓的差别。经检验的大型王室墓——妇好墓出土的116件铜器[1][2]，锡含量集中在10%～19%，铅含量集中在0.1%～4%。铅锡青铜样品34件，占检验总样品数的29%，其余71%的样品都是锡青铜。殷墟中、小型平民墓出土铜器经检验的43件中[3]，44%的铜器为铅青铜，26%的铜器为铅锡青铜，只有30%的铜器为锡青铜。从青铜器合金成分直方图上（图4-1-10，图4-1-11）可看到王室大型妇好墓与中、小平民墓在锡、铅含量上形成鲜明对照。与商代中期盘龙城青铜器相比（图4-1-8），殷墟无论是王室墓还是平民墓出土青铜器的含铅量趋势都低于盘龙城。造成以上差异的原因，可能与当时锡资源的短缺有关。郑州二里岗和殷墟分别是王都所在地，锡的供应较地方都邑盘龙城当然要优先，而铅的资源丰富，所以盘龙城以铅大量代替锡去铸器。锡在当时较铅要贵重得多，妇好是尊贵的王妃，故器物中不加或少加铅，主要加入贵重的锡。而平民的身份、地位较低，因此随葬器物不可能多加锡。但所分析的平民墓出土青铜器以兵器为主，其使用用途决定它们不可能加太多的铅，故含铅量不如盘龙城容器和礼器那样高。

四　商代青铜合金配制的遗迹

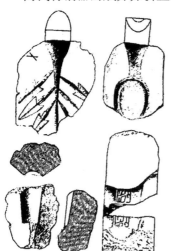

图4-1-12　二里岗铸铜遗址出土陶范

（选自：考古学集刊，1989年6期，河南省文物研究所文）

　　商代青铜器的成分分析显示，合金元素除铜外，主要是锡和铅。青铜合金的配制是在专门的铸造场地或作坊中进行的。考古发现商代重要的青铜器铸造遗址，多分布于商城内外。遗址均出土有熔铜的坩埚或炉子残块、木炭、铜渣。作为配制青铜的铅锭在有的遗址也有发现，但锡锭或锡矿砂目前尚未见出土。

　　河南偃师发现商代较早期的城址，被称为偃师商城。在城东北隅城墙内侧堆积之下，发现3个圆形锅底状灰坑中，有木炭、陶范、铜矿渣儿和铜渣等[4]。灰坑附近发现有红烧土面和椭圆形红烧土坑。此外，在城墙下部夯土中也出土有木炭、铜渣、坩埚和陶范块。据此推测，在修筑这段城墙之前，此地原有一处商代较早时期的青铜铸造作坊。熔铜和配制青铜合金应在此处进行。

　　郑州商城的年代为商代前期，在那里共发现两处铸铜遗址。一处位于商城的南墙外，被称为"南关外商代铸铜遗址"。另一处在商城北墙外，被称为"紫荆山北商代铸铜遗址"[5]。考古发掘的铸铜遗迹和遗物十分丰富。出土有铜渣、木炭屑、坩埚残片和大量陶范。包括镞范、斧范、刀范、凿

　　① 郑州工学院、中国科学院自然科学史研究所，殷墟出土商代青铜觚铸造工艺的复原研究，考古，1982，(5)：538。
　　② 中国社会科学院考古研究所实验室，殷墟金属器物成分的测定报告（一）——妇好墓铜器测定，考古学集刊，1982，(2)：181。
　　③ 李敏生等，殷墟金属器物成分的测定报告（二）——殷墟西区铜器和铅器测定，考古学集刊，1984，(3)：329。
　　④ 中国社会科学院考古研究所河南第二工作队，河南偃师商城东北隅发掘简报，考古，1998，(6)：1～8。
　　⑤ 河南省文物研究所，郑州商代二里岗期铸铜基址，考古学集刊，1989，(6)：100～122。

范等工具范以及镞范、戈范和容器范等（图 4 - 1 - 12）。还发现了铸造场地、熔铜炉底，绿色孔雀石 1 块。最引人注意的发现是 4 件铅块，它们可能是一件铅铸件的碎块，也有可能是铸造青铜器的合金配料。不论其用途怎样，它们的存在说明当时已具备了用金属铅配制青铜合金的条件。

　　安阳殷墟历年考古发掘的青铜器铸造遗址至少有四处，即苗圃北地、孝民屯西地、薛家庄南地和小屯东北地[①]。苗圃北地是一处以生产礼器为主的商代晚期青铜器铸造作坊遗址。可能是一座在殷王室控制下的大型作坊。对遗址西部进行了考古发掘，出土了大量铸铜遗物。熔炉残块 5000 多块，坩埚碎片 90 余块，陶范和陶模约 20 000 多块。特别值得注意的是，出土了 1 件长方形铜块（图 4 - 1 - 13），长 4.1 厘米、厚 0.7 厘米，重 46.7 克，含铜 97.21%、锡 2.71%，有学者推断其是作为铸造青铜器的备用料。其用途究竟是什么，值得探讨。这件铜块是人们有意生产的低锡合金锭？还是浇注锡青铜器时多余金属液的结块？此铜块中的锡是人为有意识加入的，还是冶炼含锡铜矿时带入的？到目前为止，殷墟尚未发现有锡锭，殷墟出土的大量锡青铜是如何合金化的？以上问题都需进一步研究。

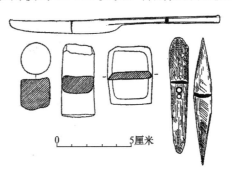

图 4 - 1 - 13　殷墟铸铜遗址出土工具和铜块线条图

（选自：中国社科院考古所编著，殷墟的发现与研究，2001 年版，90 页）

　　殷墟小屯村 E16 坑曾出土有铅锭 2 块。E16 坑年代下限不晚于武乙、文丁时期。2 块锭中的 1 块呈长椭圆体，长约 130 厘米、宽 48 厘米、厚 23 厘米，重 869.5 克。另 1 块近似正方形，长 85 厘米、宽 80 厘米，重 597.5 克。经 XPS 元素半定量分析显示，2 块铅锭的金属部分含高纯量的铅，及微量锌、砷[②]。铅锭的存在说明当时用金属铅配制青铜合金是不成问题的，问题是青铜中锡的加入方式目前没有搞清。为要搞清青铜合金配制的工艺，对殷墟铸铜遗址的进一步科学发掘和对出土的铸铜遗物的多学科深入研究是很有必要的。

五　四川广汉三星堆出土铜器研究

　　四川广汉三星堆遗址大量大型青铜器的重大发现，震动了中国和世界。1986 年在四川广汉三星堆遗址Ⅱ区发现了二个器物坑，1 号坑深 1.46～1.64 米，坑口长 4.5～4.64 米，宽 3.3～3.48 米。出土金器、铜器、玉器、陶器、石器、骨器等 420 余件[③]。铜器有人头像、人面像、罍、尊等大型铜器。2 号坑坑口长 5.3 米、宽 2.2～2.3 米、深 1.4～1.68 米。出土金器、铜器、玉石器、陶器、象牙等遗物 1300 余件。青铜器包括大型立人像、神树、人头像、人面像和罍、尊等[④]（图 4 - 1 - 14）。大部分器物被焚烧和毁坏。对一、二号器物坑的

①　中国社会科学院考古研究所，殷墟的发现与研究，科学出版社，2001 年，第 83～93 页。

②　陈光祖，殷墟出土金属锭之分析及相关问题研究，见：考古与历史文化——庆祝高去寻先生八十大寿论文集（上），台北：中正书局出版，1991 年，第 355～392 页。

③　四川省文物管理委员会，广汉三星堆遗址一号祭祀坑发掘简报，文物，1987（10）：1～14。

④　四川省文物管理委员会，广汉三星堆遗址二号祭祀坑发掘简报，文物，1989（5）：1～20。

年代问题存在分歧，绝大多数学者主张分别为殷墟一期和三、四期，宋治民认为应在西周，徐学书则认为应在春秋[1]。广汉三星堆出土铜器为研究西南地区早期蜀文化铜器制作技术提供了宝贵的资料。

图 4-1-14　三星堆遗址出土金面青铜人头像

孙淑云、蔡荣、曾中懋对四川广汉三星堆 1 号和 2 号祭祀坑出土的 16 件铜器进行了取样分析及研究[2]。取样是在 16 件铜器修复前和修复过程中进行的，均为残片。样品共取 23 件，分别由曾中懋、蔡荣提供。其中从神树上不同部件取样 3 件、全身大立人像不同部位取样 5 件、纵目铜人面具取样 2 件。其余器物各取 1 件。序号 1～6 样品出自 1 号坑，其余样品出自 2 号坑，见表 4-1-3。

表 4-1-3　取样分析的铜器样品编号、名称、出土地点及检测项目

样品序号	实验室编号	铜器名称与原编号	样品
1	1938	铜尊 $K_1$163-1	残片
2	1937	铜尊 $K_1$163-2	残片
3	1936	铜戈 $K_1$289-8	援前端
4	1931	容器 $K_1$135	残片
5	1932	铜箔 $K_1$158	龙虎尊内出土
6	1944	容器 $K_1$130	残片
7	1933	铜方壶 $K_2^{②}$:143	腹部
8	1934	铜罍 $K_2^{②}$:103	腹部
9	1935	中号铜人面具 $K_2^{②}$:14	脸部

①　段渝，三星堆与巴蜀文化研究七十年，见：三星堆与长江文明，郝跃南主编，四川文艺出版社，2005 年，第 18 页。
②　孙淑云等，四川广汉三星堆 1 号和 2 号祭祀坑出土的 16 件铜器成分与金相组织研究，见：三星堆与长江文明，郝跃南主编，四川文艺出版社，2005 年，第 182～190 页。

样品序号	实验室编号	铜器名称与原编号	样品
10	1945	四边形眼形器 $K_2^{③}$:347	残片
11	1946	三角形眼形器 $K_2^{③}$:348	外沿
12	1947	神树 $K_2^{③}$:110-125	枝上立鸟鸟颈
13	1948	神树	果叶长端
14	1949	神树	果托下光环
15	1850	铜尊 $K_2^{②}$:146	残片
16	1851	铜罍 $K_2^{②}$:70	残片
17	1852	纵目铜人面具 $K_2^{②}$:60	颈部
18	1853	纵目铜人面具	耳接铸处
19	1854	全身大立人铜像 $K_2^{②}$:149	腰部
20	1855	全身大立人铜像	腰部
21	1856	全身大立人铜像	腰部套接处
22	1857	全身大立人铜像	底座
23	1858	全身大立人铜像	底座

注：序号1～14号样品由曾中懋先生提供，其余样品由蔡荣女士提供。

（一）分析检测

1. 成分分析检测结果

序号1～14号样品的分析结果是由曾中懋先生提供的（7号除外）。孙淑云对15～23号样品采用扫描电子显微镜能谱仪进行无标样定量成分分析，并对所有23件铜器样品的断面进行金相检验，还在扫描电子显微镜下进行了进一步观察。

总结此次检测的三星堆16件铜器的22件样品成分分析结果，显示其中红铜器1件（1936铜戈 援前端 $K_1$289-8）。铅青铜（含锡）4件样品（1944铜容器残片，1946三角形眼形器，1857和1858全身大立人铜像底座），它们虽然也含锡，但含锡量低（2%左右），故锡不作为合金元素，而铅含量高（12%～15%），因此被列为铅青铜。这4件含锡铅青铜样品的成分如表4-1-4所示。

表4-1-4　铅青铜样品的合金成分　　　　　　　　　　（单位：%）

实验室编号及样品（原编号）	Cu	Sn	Pb
1944铜容器残片（$K_1$130）	84.44	1.56	12.69
1946三角形眼形器外沿（$K2^{③}$:348）	83.92	1.93	13.21
1857全身大立人铜像底座（$K2^{②}$:149）	81.2	2.2	15.2
1858全身大立人铜像底座（$K2^{②}$:149）	82.5	1.9	14.2

铅锡青铜样品17件。铅锡青铜依铅和锡的含量不同可进一步划分类型。本节以10%为标准，可划分四种类型，如表4-1-5所示。

表 4 - 1 - 5　铅锡青铜样品合金成分分类　　　　　（单位：%）

合金成分类型	实验室编号及样品	Cu	Sn	Pb
高铅低锡 （Pb>10%，Sn<10%）	1938 铜尊残片	74.24	8.41	15.64
	1931 铜容器残片	76.54	7.56	12.74
	1935 中号铜人面具 脸部	74.13	5.89	18.19
	1945 四边形眼形器残片	79.27	5.63	13.30
	1948 神树果叶（长端）	70.84	6.37	19.95
	1949 神树枝果托下光环	75.13	4.25	16.96
	1852 大铜人面具 脸部	68.6	7.7	22.6
	1853 大铜人面具 接铸处	70.1	5.5	23.6
	1854 全身大立人铜像 腰部	69.0	8.0	23.6
	1855 全身大立人铜像 腰部	63.1	8.3	27.0
	1856 全身大立人铜像 腰部套接处	69.5	7.9	21.2
高锡低铅 （Sn>10%，Pb<10%）	1937 铜尊残片	80.54	14.85	3.50
高锡铅 （Sn>10%，Pb>10%）	1850 铜尊残片	68.1	15.0	15.5
	1851 铜罍残片	64.2	11.5	22.8
低锡铅 （Sn<10%，Pb<10%）	1932 铜箔（存放于铜尊内）	86.63	6.60	5.44
	1934 铜罍腹部	85.39	4.03	9.16
	1947 神树枝上立鸟鸟颈	80.05	4.60	9.12

从成分分析结果可看到三星堆独特的大型人物造型器物，都含有大量的铅，但含锡量不高。如铜人面具和立人像的身体部位都是用高铅低锡青铜制造的，铅的含量高至 27%，最低也在 14% 以上。而锡含量最高在 8.3%，未有超过 10% 的样品。立人像的底座部位含锡甚至低至 2% 左右，被归为铅青铜之列。

另一些有特色的器物，如眼形器、神树上的部件含锡也不高，多在 4.2%～6.4% 之间，其中 1946 三角形眼形器 K$_2^{③}$：348 为含锡仅有 1.9% 的铅青铜。它们的含铅量最高的在 20.0%，最低为 9.1%，属于高铅类型，但总体上低于铜人面具和立人像的含铅量。

三星堆礼器中铜尊的材料多样化，3 件铜尊有高铅低锡、高锡低铅、高锡铅三种类型青铜，而且它们的含铅量差别很大，高至 17.0%，低至 3.5%，出土于 K₁ 坑的低于 K₂ 坑的。它们的含锡量差别没有含铅量那样大，最高达到 15.0%，最低的也有 8.4%。和铜人面具和立人像相比，明显含锡量高，含锡量最低的也超过立人像最高的（8.3%）。

其他礼器如铜容器（1931）、铜罍（1851、1934）、铜容器（1944），其材质也不相同，分别归为高铅低锡、高铅锡、低铅锡和铅青铜。铅含量在 9.2%～22.8% 之间，和铜尊相似，变化幅度很大。锡含量在 1.6%～11.5% 之间，变化幅度大于铜尊。要解释铜礼器材料多样化问题，必须进一步结合其考古学类型进行探讨，看是否高锡的来自中原、高铅的是本地制作？是否是由于铜器来源不同、制作地点不同而导致合金配料的差异？

2.金相组织检测结果

23件样品金相组织检测结果显示,只有1件为锻造组织,其余均为铸造组织。具有锻造组织的样品为一件铜箔(1932 $K_1$158),出土于一件龙虎尊内,其材质含有较低的锡、铅,使其具有可锻性。显微镜下观察, α 再结晶晶粒及孪晶,晶内存在滑移带,铅及硫化物夹杂分布于晶界(图4-1-15),表明样品经热锻和冷加工。

22件铸造样品,依成分和受热的程度不同,金相组织可分为4种类型(样品经三氯化铁盐酸酒精溶液侵蚀)。

第一类:1936号铜戈为典型的红铜铸造组织(图4-1-16),由于红铜铸造时吸气,组织中有 Cu_2O 存在,当铜液含有0.39%氧时, α 与 Cu_2O 形成共晶,分布于晶界,从而产生热脆性。此件铜戈的机械性能不好。

图4-1-15　$K_1$158铜箔(1932)
金相组织

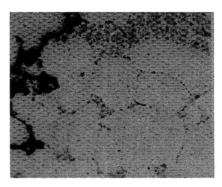

图4-1-16　$K_1$289-8铜戈(1936)
金相组织

第二类:1937号铜尊和1850号铜尊具有明显的铸造枝晶组织,未发现明显被加热均匀化现象。虽然二者含锡量相近,但组织差别较大:1937号为典型的青铜铸造组织,枝晶粗大且偏析非常明显,(α+δ)共析组织较多、形体粗大(图4-1-17)。而1850号 α 树枝晶及(α+δ)共析组织形体非常细小,不像1937号发育得那样粗大,而且不同取向枝晶的晶界明显(图4-1-18)。造成二者组织上差异的原因与含铅量有关,1850号铜尊含铅高达17.0%,而1937号铜尊含铅量仅有3.5%。铅在固态下不溶于铜,以孤立相分布在铜的基体上,铅含量低时,铅以小质点分散于基体,如1937号铜尊组织那样;铅的含量高时,铅

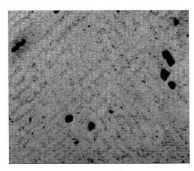

图4-1-17　K163-2铜尊(1937)
金相组织

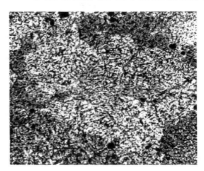

图4-1-18　$K_2$②:146铜尊(1850)
金相组织

以枝晶状和块状、球状出现，对青铜基体割裂作用大。但铅青铜加锡可使铅颗粒变细、分布均匀，1850 号铜尊虽然含铅高，但由于同时含较高的锡，故铅未形成粗大的枝晶状、块状、球状，而是以细枝晶出现。另外，浇注时冷却速度的高低也是产生组织差异的影响因素。1937 号样品冷却速度应低于 1850 号样品，故前者 α 枝晶发育得较后者粗大。

第三类：1851 号铜罍、1852 号和 1853 号纵目铜人面具及耳部接铸处、1856 号立人铜像腰

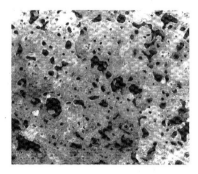

图 4-1-19　K₂②:60 纵目铜人面具（1852）金相组织

部、1935 号中号铜人面具脸部，这 5 件样品的金相组织特点是铸造青铜 α 树枝晶仍存在，不同取向的枝晶间有分界，形成大晶粒状，晶界分布有连续的颗粒状、条状和多角状铅（图 4-1-19）。晶内枝晶偏析虽然存在，但不像 1937 号或 1850 号样品那样明显，而是呈现均匀化现象。

第四类：除以上三类 8 件样品外的其余 14 件铸造青铜样品的组织特点：α 晶粒，晶界较平直且晶粒度小，晶内偏析仅有残存。块状和多角形铅在晶界分布更集中（图 4-1-20），有的样品晶粒存在滑移线。此类铜器受热均匀化程度高于第三类。有的样品如 1857 和 1858 立人铜像底座，晶界铅呈网状包裹住晶粒，表明铸造样品曾受

热至一定温度，在晶界处已达到铅的熔点，原块状和多角状的铅被熔化并沿晶界流淌，使晶粒被包裹住（图 4-1-21）。

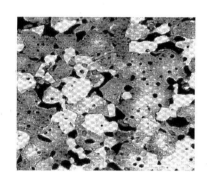

图 4-1-20　铜立人像腰部（1856）金相组织

图 4-1-21　全身大立人铜像座（1857）金相组织

总之金相检验结果表明，所取样的三星堆 16 件铜器仅有 1 件是锻造的，其余都是铸造成形，其中 13 件又有受热均匀化现象，受热程度有所不同。据考古学者研究，三星堆铜器在埋葬前曾被火烧过，故样品出现上述受热组织是完全可以得到解释的。组织检验的不同的器物，甚至同一件器物的不同部位，如全身大立人像腰部套接处、腰部和底座被加热均匀化的程度不同，这一方面反映了当时器物所处的燃烧环境中温度分布不均匀，另一方面与铜器本身厚度和取样部位厚度不同都有关系。如全身大立人像上下两截身体在腰部套接在一起，故腰部套接处的厚度约 2 倍于单纯的腰部。所以在同样受热条件下，套接处均匀化程度要低于腰部。

1933 号方壶、1934 号铜罍、1938 号铜尊的组织中有少数晶粒存在滑移线，它们是当年被砸毁时产生的应力引起，还是今天修复、取样时造成的应力所致值得探讨。考虑到这 3 件器物都曾受热，组织有一定程度的均匀化，应力应该得以消除，所以后者引起的可能性较

大。但也不排除当年被砸毁产生的应力很大，没有被完全消除的可能性存在。

（二）合金材质与性能关系

从分析检验的三星堆铜器合金材质与其性能的关系加以讨论，可以发现检验的 16 件铜器中，唯一的 1 件兵器戈是红铜铸造。金相组织中存在分布于晶界的氧化亚铜，这种材质具有热脆性。红铜硬度低，在高温下强度低，体收缩率大，在铸造过程中容易产生裂纹，所以机械性能和铸造性能都不好，不适宜制作实用兵器。故此件红铜戈可能是仪仗用器。

分析检验的三星堆 16 件铜器 22 件样品中 17 件是铅锡青铜材质，还有 4 件铅青铜。22 件样品的铅含量除 4 件样品分别为 5.4%（1932）、9.2%（1934）、3.5%（1937）、9.1（1947）低于 10% 外，其余含铅都较高（＞12.7%），尤其大型铜面具和立人铜像含铅更高，在 18%～27%。铅在青铜中以独立相的形态存在，由于铅本身硬度很低，HB 为 4，造成青铜硬度下降。检验的含铅高的样品，除铜尊（1850）组织中的铅呈细小颗粒均匀分布于基体外，其余样品都存在较多粗大块状、球形铅并分布在晶界，这种形态分布的铅对青铜基体割裂作用大，造成材料抗拉强度和冲击值下降。故机械性能不好。但铅的熔点低（327℃），加入锡青铜中，增加合金的流动性和满流率，有利于铸造大型形状复杂的器物，还有利于获得轮廓清晰、表面光洁的铸件。所以从分析检验的三星堆铜器合金材质与其性能的关系讨论，可以得出初步结论：三星堆铜器的高铅特性，虽然造成机械性能不好，但那些造型生动的大型铸件得以成功铸造，与铅的加入有直接的关系。大型独特青铜器的成功铸造反映出三星堆的工匠具有较高的配制合金和铸造青铜的技能。

第二节 西周时期青铜器及合金技术

一 西周时期青铜器的特点

西周是中国奴隶制社会鼎盛时期，也是中国青铜文化和青铜技术发展的重要阶段。西周早、中、晚期铜器特点不同。

西周早期（武王至昭王）从公元前 11 世纪到公元前 976 年是青铜文化繁荣、鼎盛时期，青铜器的种类、器形、纹饰及合金成分、铸造技术基本上继承了商代后期风格和成就，但也有所改进和发展。最突出的特点是青铜器上出现大量的铭文，记载着周代重要的事件。如1976 年陕西临潼出土的"利簋"，铭文记载着周武王伐商这一中国历史上的大事件。此器为武王初年所作，成为西周早期青铜器断代的标准器。1965 年陕西宝鸡贾村出土的"何尊"，铭文记载了周成王五年四月的一天，在京室对宗族小子的一次诰命，反映了武王灭商后准备建都洛阳一带的设想和成王迁都成周的事实。著名的大盂鼎有铭文 291 字，记叙了康王赏赐给贵族盂土地和 1709 个奴隶等重要史实。克盉、克罍（图 4 - 2 - 1）1986 年出土于北京琉璃河西周早期燕都遗址 1193 号大墓。两器铭文相同，各 43 字，铸于器盖及器内口沿处。"王曰太保……命克侯于匽"说明 1193 大墓主人是克，经考证克为周初太保召公奭之长子，受西周第二代王——成王所封，为第一代之燕侯。其棺木经 [14]C 测年结果为公元前 1015～前985 年，这就为成王时期的年代建立了框架。伯矩鬲（图 4 - 2 - 2）出土于琉璃河 253 号大墓。鬲的 3 个袋足均为牛头形，牛角翘起，呈两两相对之势。颈部以 6 条扉棱分割成 6 段，

图4-2-1　琉璃河遗址出土"克罍"

（选自：中国文物精华编委会编，中国文物
精华，1997年版，图版五二）

每段各饰1条夔龙，龙头均朝向扉棱。盖面以两个相背的浮雕牛头组成，牛角翘起成相对状。全罍的花纹以7个牛头组成，雄壮生动，具有北方民族风格。盖内及颈部各铸有相同铭文"才戊辰，匽侯赐伯矩贝，用作父戊尊彝"。意思为西周早期燕侯赏赐给伯矩钱（贝币），用于铸造铜器。

西周中期（穆王至孝王）从公元前976～前869年，周王朝及诸侯国所属青铜作坊铸器形成自己的风格，青铜器较早期有很大变化。表现为酒器减少，食器增加。型制、纹饰由繁缛、神秘逐渐转变为简约、凝重。体现周的宗法礼制，青铜器的使用和组合作为身份和地位的象征，以成组的鼎、簋为主的礼器系列达到完备。乐器由编铙发展为编钟和编镈。

西周晚期（夷王至幽王）从公元前869～前770年，青铜器的型制和纹饰均无突出发展，器形粗犷，制作不精。装饰简朴实用，纹饰渐变为图案式。

值得提及的是陕西关中地区，此地区是周的重要发祥地和西周王朝的政治、经济、文化中心区域。自20世纪50年代后，考古工作者在陕西中西部进行了大规模的考古调查和发掘清理工作，对陕西关中地区周文化遗存分布有了较为详细地了解，较全面地揭示了西周文化的面貌。近年杨军昌收集了大量有关资料并对先周和西周早期铜器做了分析和研究[①]。根据国家文物局1998年统计表明，在陕西已经发现的西周遗址1200余处，其中约77%分布在关中地区。在这些周文化遗存分布地区，窖藏和墓葬出土大量的铜器，精品多、铭文内容丰富，历来为学界所重视，而且研究成果丰硕。长武碾子坡遗址、旬邑崔家河遗址、武功郑家坡遗址、凤翔南指挥西村周人墓地、扶风周人墓地、周原遗址和丰镐遗址是重要周人遗址，考察统计结果显示，这7处典型周人遗址共出土先周铜容器约29件，出土西周早期铜容器170余件。铜容器特点如下：

（1）先周时期，除周原外，其他地区出土铜器数量少、器物类型少。容器主要是鼎和簋。

长武碾子坡遗址，是被学术界公认的先周文化遗址，在其早期基址的一个窖藏中发现3件铜容器——2件鼎、1件瓿。凤翔南指挥西村先周时期墓葬出土有2件鼎和1件乳钉纹簋，其中M112∶1鼎的纹饰为三层

图4-2-2　琉璃河遗址出土
"伯矩鬲"

（选自：北京市文物研究所，琉璃河西
周燕国墓地，1995年版，彩版二五）

---

　　① 杨军昌，陕西关中地区先周和西周早期铜器的技术分析与比较研究，北京科技大学博士学位论文，2002年，指导教师韩汝玢。

花纹，如图4-2-3所示，即主体浮雕宽带兽面纹饰上加刻阴线条，又有地纹衬底。工艺考察表明，该器用"复合陶范法"铸造而成。关中地区几个先周遗址，凤翔西村M112:1铜鼎是铸造的比较好的一件。沣西先周墓葬出土的一鼎一簋，与其他先周遗址出土铜器一样，纹饰单一，没有生气。乳钉纹簋虽然通体纹饰，但较简单，单层花纹铸造不清，如图4-2-4所示。

图4-2-3　1980年陕西凤翔南指挥西村墓葬出土先周铜器（80M112:1）

图4-2-4　1983年陕西长安张家坡墓地出土先周铜簋（83沣毛1:2）

（2）周原先周时期出土的铜容器、兵器、工具、车马器及杂器，数量、器物类型都比其他地区为多。容器有方鼎、圆鼎、簋、瓿、爵、觯、觚、卣、斝、罍、尊、牛形尊、勺、瓶等15个品种，数量约计17件，占7个典型遗址出土容器总数的58%强。表明了先周时期周原地区的中心地位。

（3）西周早期，在周原出土铜器数量、类型都有增加，由原来的15种增至20种，增加了鬲、方罍、方彝、壶、盆、盂和角，数量约有70件，占7个典型遗址出土容器总数的42%强。丰镐地区出土铜器数量和类型均剧增，先周时期铜容器鼎和簋2种，到西周早期猛增至12种，新增加的器形有方座簋、鬲、瓿、爵、觚、觯、卣和勺等，礼器数量约有90件，占7个典型遗址出土容器总数的54%强。显示出西周早期丰镐地区的中心地位和周原地区的特殊地位。西周早期的铜器表面浮雕式的三层纹饰，是模纹和范纹组合所形成。有三层精细装饰图案的青铜艺术作品大多出土于周原遗址和丰镐遗址。例如在周原地区，1966年岐山贺家村出土的兽面凤纹鼎，还有著名的大盂鼎和天亡簋（图4-2-5）等；在丰镐遗址，如1967年张家坡墓地出土的兽面纹鼎（M87:1），1983～1986年张家坡M315墓葬出土的兽面纹方座簋，1973年新旺村出土的兽面勾连雷纹鼎等。要在铜器表面制造出清晰的浮雕式三层装饰图案，不仅要求工匠技术娴熟，工艺巧妙，而且要求范料配比合理。最能够代表周原遗址出土西周早期铜器制作最高技术水平的作品，是1976年陕西扶风庄白1号窖藏出土的几件铜器，折觥、折尊、折方彝、商尊、商卣等。这组铜器用三层花纹装饰，造型优美，结构复杂，巧妙地把扉棱镂空，置分型面于扉棱中央，既利于铸后打磨修整，又掩盖了范线对视觉造成的杂乱影响，是古代铜器造型艺术与工艺技术完美结合的典范。

图 4-2-5　陕西周原出土西周早期铜器

二　西周早期青铜器的合金技术

关于西周青铜器合金技术的研究目前主要集中于洛阳北窑西周墓铜器、宝鸡强国墓地铜器、北京琉璃河燕国墓地铜器和关中地区7处周人遗址出土铜器的研究。

洛阳北窑西周墓地位于西周王畿之内，发现有大型西周早期铸铜作坊遗址。孙淑云等曾对墓地出土的25件青铜器进行了成分检验[①]，其中15件属于西周早期。出土的大量陶范和铸铜遗物反映出西周早期王畿地区的青铜铸造技术。15件西周早期的器物的成分检测结果中，除1件泡饰含锡达19.4%以外，其余样品的含锡量范围为4.4%～16.9%；除1件明器戈含铅为26.6%以外，其余样品含铅的范围为0～10%。北窑墓地的器物普遍表现含铅量低的特征，车马器的成分表现出不仅含铅量低而且含锡量高的特征。

宝鸡强国墓地为西周早、中期强国贵族墓地，出土器物对研究西周历史及周文化与四川巴蜀文化、西北寺洼文化的交流有重要意义。苏荣誉等对宝鸡强国墓地出土的162件青铜器进行了成分分析，21件进行了金相检验，14件进行了铸造技术的考察[②]。其中属于西周早期成康时期铜器成分定量分析结果表明：在所分析的18件兵器成分数据中，13件的含铅量低于10%（其中2件含铅量低于2%），另外5件含铅量高于10%，最高含铅量为16.3%。在所列的49件车马器与杂器中，2件含铅量高于20%，1件低于2%，其余46件器物的含铅量分布于2.6%～16.7%之间。含锡量2件低于2%，41件含锡量集中于8.0%～16.6%。总体而言，强国墓地青铜合金的特色是铅含量高而且含铅器物普遍，兵器的含铅量较车马器及杂器低，而且含量范围较为集中。

琉璃河遗址位于北京西南。那里发现了西周燕国始封时的都城城垣、居住址和燕侯墓

① 洛阳市文物工作队，洛阳北窑西周墓，文物出版社，1999年，第374页。
② 苏荣誉等，强国墓地青铜器铸造工艺考察和金属器物检测，宝鸡强国墓地，文物出版社，1988年，第530～638页。

地，证明琉璃河为燕国初期都城之地，所以北京建都的历史应从 3000 年前的燕都开始。考古发掘墓葬和车马坑 300 余座，部分被盗，出土青铜器 500 余件，铅器 3 件。多件器物上铸有"匽侯"铭文，它们在"夏商周断代工程"中，为"西周列王的年代学研究"课题提供了重要的资料。近期张利洁对遗址出土的 34 件器物（主要是兵器和车马器）取样进行了成分和组织检测，并测定了其中 27 件器物的铅同位素比值和微量元素含量。来自 1193 号大墓的样品 21 件，占检测样品的 60%。对 12 件礼器和 2 件銮铃进行了铸造工艺的考察①。

琉璃河经检验的 34 件器物中有 1 件矛是纯铅质，其余 33 件铜器中有锡青铜 10 件、铅锡青铜 21 件、铅青铜 1 件、含砷的铅基铜合金 1 件。含砷样品是一件銮铃残片，原子吸收光谱分析平均含砷 1.49%、铅 63.27%、铜 21.80%。10 件锡青铜中，9 件是兵器，含锡量在 11%～17% 之间，属于机械性能良好范围。车马器全部含铅，85% 的样品含铅量分布在 3.9%～11.3%，只有 2 件样品含铅量较高，分别为 15.3% 和 17.1%。和商代盘龙城铜器相比，琉璃河西周铜器含铅量要低得多。

金相检验的 33 件样品中，4 件为热锻组织，3 件具有冷加工组织，这 7 件样品均取自兵器的锋刃部。琉璃河铸造器物的组织致密，很少有集中的缩孔和缩松存在，且组织普遍较均匀，硫化物和铅弥散分布。由于材质较纯净，故组织中除铜锡 α 固溶体和（α+δ）共析组织以外，很少见其他杂质元素形成的特殊相。铸造技术以娴熟的范铸法使器物成形，芯撑和盲芯较多地使用提高了铸件的质量和成品率。工艺上与同时期的陕西强国墓地出土铜器、洛阳北窑铸铜遗址出土的陶范所反映的铸造方法一致。

对陕西关中地区 7 处先周和西周早期遗址的铜容器进行了技术研究②取得一些重要信息。沣西张家坡、客省庄等村庄一带是西周丰京遗址所在地，西周早期墓葬大多集中于此。对张家坡墓地出土的西周早期青铜器取样 26 件进行了研究，成分分析的结果表明青铜器以 Cu-Sn-Pb 类合金为主，共 21 件，占样品的 81%。Cu-Sn 合金 2 件、Cu-Pb 合金 3 件。兵器、工具的铅含量低于容器。兵器铅含量大多在 2%～8%。容器铅含量大多超过 10%，最高达 27.2%。含铅器物普遍、含铅量较高是其突出的特点。兵器戈是此次研究的重点，所分析的 8 件戈中：1 件 Cu-Sn 合金，锡含量达 21.8%；1 件 Cu-Pb 合金，铅含量为 6.9%；6 件 Cu-Sn-Pb 合金，锡含量在 6.7%～19%，铅含量在 2.2%～11.1%。戈的合金成分不太集中。金相检验表明合金成分不同，组织差异较大，实用戈刃部都经热加工，有的还经冷加工，使戈的使用性能得以提高。

张利洁等比较了洛阳北窑、宝鸡强国和北京琉璃河三个西周墓地出土铜器的合金成分③，可以看出，在兵器的成分上（图 4-2-6），琉璃河与北窑相近，分布集中在含锡 7%～15%、含铅 0～4% 范围；而强国墓地兵器的成分较分散，铜锡二元合金少，铜锡铅三元合金为主。在车马器和杂器的成分上（图 4-2-7），琉璃河与强国铅含量相似，锡含量强国偏高一些。北窑的锡含量分布较分散，总体上高于琉璃河而与强国类似。总之三个墓地的青铜兵器与车马器、杂器的合金成分相比，都具有前者铅含量低于后者，后者几乎没有铜

①　张利洁，琉璃河燕国墓地出土铜器的技术研究，北京科技大学硕士研究生学位论文，2001 年，指导教师孙淑云。
②　杨军昌、韩汝玢，陕西关中出土先周和西周早期青铜容器的技术研究，国际学术会议交流论文，美国弗利尔艺术馆，2005 年 9 月。
③　张利洁等，北京琉璃河燕国墓地出土铜器的成分和金相研究，文物，2005，(6)：82～91。

锡二元合金的趋势，说明西周早期青铜器继承商代的技术，按器物的使用性能配制青铜合金。在成分配制和铸造工艺方面均体现出较高水平。三者之间在成分上的差异与各自所处地域和文化因素有关。

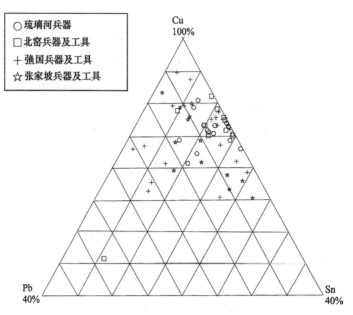

图 4-2-6　北京琉璃河、洛阳北窑、宝鸡强国、陕西张家坡出土兵器合金成分分布

（选自：文物，2005 年 6 期，张利洁等文）

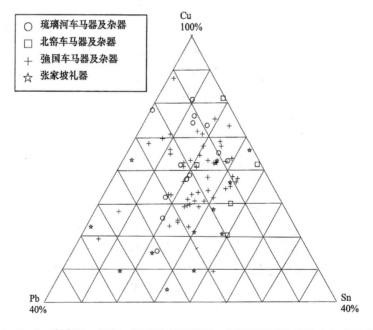

图 4-2-7　琉璃河、北窑、宝鸡强国车马器、杂器及张家坡礼器合金成分分布

（选自：文物，2005 年 6 期，张利洁等文）

第三节　春秋战国时期青铜器

一　春秋战国时期青铜器特点

春秋战国时期（公元前 770～前 221）是中国历史上奴隶制崩溃、封建制建立的社会转变时期，是各诸侯国政治军事斗争十分激烈的时期。周王室在春秋时期已沦为诸侯国的地位，失去了控制诸侯的能力，一些诸侯国通过征战，兼并小的诸侯国，取得霸主的地位。社会政治的转变反映在青铜器上的突出变化，是周王室之器衰退，而诸侯国之器兴盛。各诸侯国所铸器物形制新颖，各具特色，完全打破了西周时期王室器物的一统规范。如 1987 年在山西太原金胜村发掘的春秋晚期晋国赵卿墓出土青铜器 1690 余件。其中不少器物造型生动，结构奇巧。如鸟壶（图 4 - 3 - 1），器形如葫芦，器盖为一捕蛇之鸟，鸟尾有环、链与壶一侧的虎形把手相连接，新颖奇特。又如河南淅川楚墓出土的春秋后期铜禁，其四边和四个侧面均铸有五层铜梗相互扭结而成的透雕云纹。还有 12 条透雕的作吞饮状的龙头怪兽攀附于铜禁的四个侧面，龙头伸向禁面。禁足亦由 12 条透雕怪兽组成。

图 4 - 3 - 1　山西太原晋赵卿墓出土的鸟壶
（选自：山西省考古研究所等，太原晋国赵卿
墓，1996 年版，图版三九）

春秋中期以后，出现了表面镶嵌红铜薄片的青铜器，如山西浑源县出土的镶嵌红铜狩猎纹青铜豆（图 4 - 3 - 2），纹饰清晰，生动地表现了当时狩猎的场景。

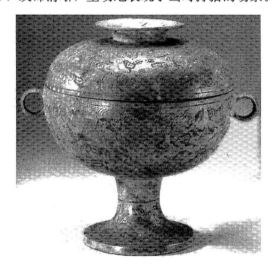

图 4 - 3 - 2　镶嵌红铜狩猎纹青铜豆
（选自：上海博物馆，中国青铜器馆，图册，39 页）

　　春秋后期，位于长江下游的吴国和越国，在青铜器制作方面独具特色，特别是青铜兵器具有较高的水平。著名的吴王夫差矛和越王勾践剑（图 4-3-3），都出土于湖北江陵的楚墓。铭文分别为："吴王夫差自乍（作）用鈼（矛）"及"越王勾践自作用剑"。矛和剑通体黑亮，饰菱形几何暗纹。刃部锋利，完好如新。剑首端部由 10 多道同心圆构成，细如发丝。吴越兵器堪称世间之精品。

　　战国时期青铜器，以湖北随县（今随州市）曾侯乙墓出土的尊盘为战国时期精品之代表。尊盘由尊与盘两件器物组成，尊饰以多层细密透空的蟠虺纹，盘耳两侧饰以镂空夔纹。铸造十分精细（图 4-3-4）。河北平山县战国中期中山国墓葬出土的山字形青铜器和金银镶嵌龙凤铜方案（图 4-3-5），造型奇特，具有北方地区艺术风格。

图 4-3-3　越王勾践剑
（选自：王振华，台湾古越阁
青铜兵器精华展，1995 年版，
图版三一）

图 4-3-4　湖北随县（今随州市）曾侯
乙墓出土的尊盘
（选自：中国文物精华编委会编，中国文物精
华，1997 年版，图版七六）

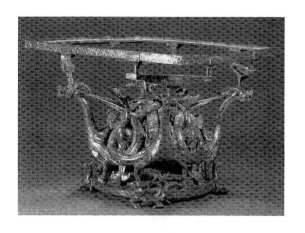

图 4-3-5　河北平山中山国王墓出土的金银镶嵌龙凤案
（选自：中国文物精华编委会编，中国文物精华，1997 年版，
图版六九）

二　春秋战国时期的青铜合金技术

（一）概述

春秋战国时期青铜器的制作技术较商周时期有较大的突破和创新。铸造、焊接、铆接、销接等多种方法被巧妙运用。镶嵌红铜和金银错技术的运用，使器物更加华丽。此时期大量精美青铜器成功制作反映了当时合金技术水平的高超。

关于铸造青铜器所用材料在一件出土于蔡侯墓的青铜器铭文中有记。1955 年安徽寿县发现的蔡侯墓中，出土铜器 800 余件，其中吴王光鉴的腹内壁有铭文 8 行 52 字，铭文中"择其吉金、玄鎒（矿）、白鎒（矿）"应是指铸造青铜器的配料。有学者认为"吉金"指高质量的铜；"玄鎒（矿）"为铅；"白鎒（矿）"为锡[①]。蔡侯墓属于春秋晚期墓葬，此文字记载说明当时青铜器成分为铜锡铅合金。这种合金成分与商周时期青铜器相同。

到战国时期工匠们铸造青铜器合金配比的经验被写进书中，《周礼·考工记》被考证为齐国的官书，其中记有："金有六齐，六分其金而锡居一，谓之钟鼎之齐；五分其金而锡居一，谓之斧斤之齐；四分其金而锡居一，谓之戈戟之齐；三分其金而锡居一，谓之大刃之齐；二分其金而锡居一，谓之削杀矢之齐；金锡半，谓之鉴燧之齐"。"六齐"配方的百分含量列表 4-3-1。

表 4-3-1　"六齐"合金配比及锡的百分含量

合金名称	金和锡之比	Sn/%（当金指合金 Cu+Sn 时）	Sn/%（当金指金属 Cu 时）
钟鼎之齐	6:1	16.7	14.3
斧斤之齐	5:1	20.0	16.7
戈戟之齐	4:1	25.0	20.0
大刃之齐	3:1	33.3	25.0
削、杀、矢之齐	5:2	40.0	28.6
鉴燧之齐	1:1	50.0	50.0

"六齐"配方随人们对"金"的理解不同，锡在青铜合金中的百分比有所不同。如钟鼎之齐含锡量分别为 16.7% 或 14.3%，尽管有差别，但锡含量在 16.7%～14.3% 范围内的青铜合金都呈现金黄的颜色和良好的机械性能，非常适合钟鼎一类礼乐器的要求。斧斤、戈戟之类工具和兵器含锡量在 20% 左右，此青铜呈银白色，有寒光逼人的感觉，且硬度、强度高，适合砍杀的用途。至于大刃、削、杀、矢、鉴燧的含锡量虽然过高，但与这几类器物需要更高硬度的趋势相符。此"六齐"配方，是工匠们自夏、商、周以来长期配制青铜合金的经验总结，是世界上最早的关于青铜合金配比的文献记载。

（二）青铜合金技术

春秋战国时期由于各诸侯国纷纷铸造铜器，故在此时期遗址、墓葬发掘中，出土青铜器数量很多，风格既有中原文化特点，也有浓厚地域与国别特征。对此时期青铜器技术研究多

---

① 杜迺松，在皖鉴定所见铜器考，见：青铜文化研究（第一辑），马承源主编，黄山出版社，1999 年，第 60 页。

侧重于铸造工艺，研究中涉及合金成分。也有零散器物的成分检测，但集中的大量系统分析研究不多。下面仅选取几个做过集中分析的墓葬出土铜器加以介绍、比较。

1. 晋青铜器

春秋战国时期是晋国及三晋的鼎盛时期，考古遗存相当丰富。已经发掘的墓地十几处，墓葬约 1500 余座。其中较大规模的重要墓葬有曲村晋侯、晋公墓，太原晋国赵卿墓。

1992 年在山西曲村村东发现了一批大型墓葬，清理出晋侯级别墓 7 座，其中 M8 年代为春秋早期。此墓虽已被盗，但仍出土多件青铜器。器物有蟠龙纹壶、兔形尊、鼎、甗、盘、盉等容器以及车马器和兵器等。壶、簋上均有 26 字铭文，为西周晚期至东周初期某代晋侯所作。

1988 年 3～10 月山西省考古研究所和太原市文管会在太原南郊金胜村西北发掘的晋国赵卿墓是一座大型贵族墓葬[1]，墓主人身份据考证极有可能是春秋时期煊赫一时的赵简子，埋葬年代在公元前 480 年左右。墓中随葬品非常丰富，计有 3100 余件。以青铜器最多，计 1600 余件。按用途可分为礼、乐、兵、御、工具、装饰、构件及饰件 8 类。其中青铜礼器、用具 110 余件，有鼎、豆、壶、鉴、簋、盘、匜、舟、甗、鸟尊、罍、灶、钵、匕、火斗、炭箕等 20 余种。在对这批青铜器修复过程中，孙淑云选取了 33 件残片样品进行成分和组织分析鉴定[2]。取样以青铜礼器为主，共 20 件，占出土礼器总数 99 件的 20%。其他器类分析的样品较少。兵器仅分析 6 件，占出土兵器总数 778 件的 0.008%；工具 3 件，占出土工具总数 76 件的 4%；其他器类如车马器仅分析 2 件，构件和饰件各 1 件，占出土器物的比例更少，因而对铜器的技术研究有一定的限制。

(1) 所检验的 20 件青铜礼器，均为铜、锡、铅三元合金铸成。其中除细虺纹舟 M251：564 含锡较高（17.3%），鬲 M251：588 和 M251：535 含锡稍低（5%～7%）以外，其余铜器含锡量均在 10%～17% 之间，成分比较稳定。金相观察，它们的组织相近，α 固溶体树枝状结晶及较多的（α+δ）共析体均匀分布。所有检验的礼器均有形态较大的球状铅存在，铅的含量较高，除个别锈蚀严重的样品外，其余平均铅含量在 7%～28% 之间。青铜器中加入铅是中国青铜器特点之一，特别是春秋战国时期的青铜器普遍含有较高的铅，金胜村这座春秋大墓的青铜器毫无例外也具有这一共同特征。所检验的这批青铜礼器在成分和组织上的稳定一致性，除了表明中国青铜制作技术经商、西周长期发展在春秋战国时期普遍达到规范化程度外，还表明这批铜器有可能出自同一个制造作坊。据考古学者观察此墓出土的青铜器的纹样与侯马铸铜遗址发现的陶范花纹非常近似，有的甚至完全一样。这次检验的同一类器物如铜鼎，虽然形制上有 5 种，取样又是随机的，但它们的锡含量均在 12% 左右，组织均由 α 细枝晶及细小、均匀分布的（α+δ）共析体组成，如果不是同一作坊制造就很难保证如此一致性。至于是否为侯马铸铜作坊制作，除陶范花纹是一证据外，还有待于侯马遗址出土青铜器或肯定是侯马作坊制作的青铜器相比较，才能做出最后的结论。

分析检验的铜器 M251：534 上有一残破处被修补过，此残破处有可能是铸造时铜水未能浇注到所造成的缺陷。补上的青铜片经分析从成分到组织与此件铜器本身完全一样，说明是在铸造铜器后就发现有缺陷，马上即时补上。据考古学者观察，铜器中有相当一部分器物是

① 山西省考古研究所等，太原晋国赵卿墓，文物出版社，1996 年。
② 孙淑云，太原晋国赵卿墓青铜器的分析鉴定，见：太原晋国赵卿墓，文物出版社，1996 年，第 263～268 页。

首次使用，很可能系铜器铸成后不久就随葬的，说明这批铜器是为墓葬的需要而特制的。

（2）所检验的 6 件兵器中有 3 件组织中未发现大球状铅，其中 I 型 I 式剑 M251:335 和 II 型 IV 式镞 M251:401-1 含锡量高，组织观察有较多的（α+δ）共析体，具有较高的硬度。II 型 I 式矛 M251:401 上的环箍含有较多的铅，而含锡量较低。这种成分对制作矛不利，但作矛上的环箍是较适宜的。另有 2 件镞含铅量较高，其形制与 II 型 IV 式镞 M251:706-1 不同，成分上也有较大差异。这种差异是否与用途有关，即实用器或随葬品，值得进一步考察。作为工具的环首刀在成分、组织上与兵器剑十分类似，均具有较高硬度。总的看来，若将兵器、工具与礼器、容器的成分对照，呈现兵器、工具含锡量增加的趋势，与"六齐"规律相符。

（3）所检验的 33 件铜器含锌、铁等杂质甚少。硫化物夹杂以 Cu_2S 为主，仅在 6 件样品上发现，且数量少、颗粒小，表明铸造铜器所用之材料是较纯净的。这批铜器的纯净特性表明当时对铸造所用材质是有严格要求的。同时可作为这批铜器是专为赵卿所特制的一个旁证。

（4）山西中条山是我国古代重要炼铜基地之一。章鸿钊先生所著《古矿录》一书中记有："古之产铜最著者，乃在晋南豫北，西连陕西终南山一带，其范围尤为个大"。在山西垣曲县境内，今中条山有色金属公司所辖矿区发现古代采矿、冶铜遗址多处。据北京科技大学李延祥对铜锅和马蹄沟 2 处遗址的调查，发现古矿洞已深入到矿体原生带。对店头遗址古矿洞中木支护进行 ^{14}C 测定的结果，年代为距今 2315±75 年，经树轮校正的年代为距今 2325±85 年，属战国时代。垣曲紧邻侯马，在春秋战国时期采得铜矿，冶得粗铜，运往侯马铸铜作坊，经精炼后铸成铜器是完全可能的。

2. 郑、韩青铜器

1996 年 9 月至 1998 年 10 月，河南省文物研究所为配合中国银行新郑支行的基建工程，对位于郑韩故城东城西南部的东周遗址进行了全面发掘。清理了春秋青铜礼乐器坑 17 座、殉马坑 45 座及郑国烘范窑 3 座。出土了以 348 件郑国宫室青铜礼乐器为代表的大批珍贵文物。

黄晓娟、李秀辉对郑韩故城郑国祭祀遗址 9 个祭祀坑出土青铜器物中的 46 件取样进行成分和组织的测定分析[①]，46 件铜器共制成 63 个样品。其中容器 36 件，计有鼎 11 件、豆 2 件、鬲 7 件、簋 8 件、壶 8 件，乐器 10 件计有钮钟 8 件、镈钟 2 件。分析结果表明这批样品的成分均为铜锡铅合金，多数样品有硫化物夹杂，器物全部为铸造制成，不同器物铸造的方法有所差异。

（1）成分分析结果：

① 63 个铅锡青铜样品铅含量的变化是：含铅量小于 5% 的有 3 件，其中鼎 1、鬲 1、壶 1；含铅量在 5%～10% 范围内的有 9 件，其中鬲 3、豆 1、簋 1、钮钟 4；含铅量在 10%～15% 范围内的有 11 件，其中鼎 3、鬲 1、簋 3、豆 1、钮钟 2、镈钟 1；含铅量在 15%～20% 范围内的有 20 件，其中鼎 6、簋 5、壶 6、镈钟 1、钮钟 2；含铅量在 20%～25% 范围内的有 15 件，其中鼎 6、鬲 2、豆 1、簋 2、壶 4；含铅量大于 25% 的有 5 件，其中鼎 1、鬲 2、簋 1、壶 1。

① 黄晓娟、李秀辉，郑韩故城冶铸遗址与其社会状况，见：文物保护与科技考古，西北大学文博学院等编。三秦出版社，2006 年，第 74～77 页。

② 63 个铅锡青铜样品锡含量的变化是：含锡量小于 5% 的有 3 件，其中鼎 2、鬲 1；含锡量在 5%～10% 范围内的有 48 件，其中鼎 14、簋 11、豆 2、鬲 4、壶 11、镈钟 2、钮钟 4；含锡量在 10%～12.8% 范围内的有 12 件，其中鼎 1、豆 1、簋 1、鬲 4、钮钟 4。

③ 63 个铅锡青铜样品（铅+锡）含量的变化：样品中（铅+锡）含量小于 19% 的有 8 件；在 19%～22% 范围内的有 12 件；在 22%～26% 范围内的有 12 件；在 26%～29% 范围内的有 16 件；大于 29% 的有 15 件。

④ 63 个铅锡青铜样品铅与锡的比率的变化：铅与锡之比小于 1 的有 13 件；在 1～2 之间的有 14 件；在 2～3 之间的有 21 件；在 3～4 之间的有 8 件；大于 4 的有 7 件。

（2）金相组织观察结果。金相检测结果显示 63 个样品均是铸造而成，而且均无铸后加工的痕迹。

① α 树枝状晶及（α+δ）共析体组织的形态：根据铜器的含锡量及铸造的冷却速度不同，α 树枝状晶及（α+δ）共析组织形态不同，大致有三种类型：

48 件铜器样品铸造偏析明显，α 树枝晶及较小的（α+δ）共析体金相组织。

11 件铜器样品 α 枝晶间分布有较大形态的（α+δ）共析体的金相组织。

5 件铜器样品（α+δ）共析体数量多且连成网络状的金相组织。

② 铅的形态与分布：63 件样品中 40 件含铅量大于 15%，且多数在 20% 以上。这些样品中容器 37 件，乐器 3 件。在 23 件含铅量低于 15% 的样品中乐器有 7 件，容器有 16 件。铅的形态和分布状况可分为三种情况：

铅以细小的颗粒及枝晶状存在。这样的铅分布对材料基体的割裂作用小，对材料机械性能的影响较小。

铅以大团块状存在。这样的铅分布对材料基体的割裂作用和材料机械性能的影响要大于第一种情况。

铅的比重偏析存在。即样品的一侧含有较多的大团块状铅颗粒，而另一侧的铅颗粒则呈细颗粒分布（图 4-3-6）。

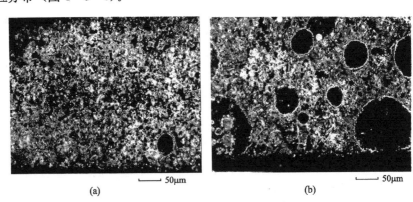

图 4-3-6　鬲样品（5340）的金相组织
(a) 大块铅少的一端；(b) 大块铅多的一端

从分析检测结果可知，合金成分与器物种类有关。63 个样品中包括 53 个容器样品，10 个乐器样品。除 3 个样品的锡含量低于 5% 以外，其他 60 个样品的锡含量均在 5%～12.8% 之间。容器的铅含量普遍偏高，53 个容器样品中铅含量在 15% 以上的有 37 个，占容器样品总数的 69.8％。而乐器的铅含量明显低于容器，10 个乐器样品中有 7 个铅含量在 15％以下，占乐器样品总数的 70％。说明器物类型与合金成分有着密切的关系。从金相组织来看，大多数容器样品中枝晶生长不充分，(α+δ) 共析体组织个体细小，呈细小岛屿状，说明器物在铸造时冷却速度较快。而乐器样品中多数树枝晶偏析明显，(α+δ) 共析体组织个体较大，有的局部已连成网状。表明器物在浇铸时铸范比较厚，致使浇铸后器物的冷却速度较慢，从而使晶体得到充分的生长。

此次分析的样品中，容器铅含量高，铅多呈大团块状存在，乐器铅含量相对较低，铅多以小颗粒状存在。铅在金属组织中以独立相存在，它对基体有割裂作用，阻碍声波传播，起着加速衰减的作用，过多的铅会影响乐器的音质及声音的传播，适量的铅则有益。

综上可见当时郑国在铸造青铜器时已注意到乐器与容器在合金配比、铸造方法上有所差别，但与湖北曾侯乙墓出土的编钟相比[1][2]，后者的合金配比更为合理（平均锡含量为 14.1％，铅含量在 1％到 1.5％之间），即《考工记》中所载之"金有六齐，六分其金而锡居一，谓之钟鼎之齐"。而郑国编钟较曾侯乙编钟的铸造早 200 多年，可见编钟的制造是经历了相当长的发展过程到战国时期才臻于完善的，而春秋时期则是编钟制作的发展时期。

通过比较不同铜礼器坑所出同类器物的成分，锡含量变化不大，铅含量差异较大。由此可推测不同祭祀坑所出器物由于制作早晚不同而出现成分差异，也可能是出自不同的铸铜作坊。比较还发现年代偏早的器物在合金配比上锡含量比偏晚的器物锡含量高，铅含量却比偏晚的器物低，再根据夹杂物和铸造疏松多少的情况，可以看出时代偏早的器物质量比偏晚的器物质量好，这可能与郑国的国力变化有关。据《史记》记载，从春秋中期的后段开始，随着晋、楚两国的相继称霸，郑又处于楚国进入中原的通道之口，故轮番受到晋、楚两国的控制，从此夹在晋、楚之间的郑国国势日渐衰弱。相对于铅而言，锡比较难得到，年代偏晚的器物，在合金配比上用提高铅含量、降低锡含量的方法来降低制作成本。

通过对同一礼器坑所出不同器物的比较，可以看出同一铜礼器坑内同类器物的合金成分基本一致；不同种类器物的锡含量变化范围小于 2.5％，基本保持稳定。铅含量相差也不大。说明同一铜礼器坑的器物很可能是由同一铸造作坊制作的，所以才能保持稳定的合金配比。

通过对郑国在与各国技术交流中的地位的探讨，可有以下看法：春秋时期的郑国处于东西、南北陆路干线汇合的十字路口，属于交通枢纽，又是各国货物贸易的中转站。正是由于郑国重要的地理位置，使郑国一度成为晋、楚两大南北强国的必争之地，不断受到战争侵扰。然而也正是由于它处于南北交汇的独特位置，使得郑国成为中原文化与南部的楚文化进行交流的桥梁和枢纽。这一点，从郑国出土的青铜器形制上可窥其一斑。

从目前所出土的郑国青铜器来看，春秋早期及春秋中期前段的器物在器形上仍保持较多西周的遗风，例如郑国祭祀遗址所出铜器中之鼎、簋、鬲、壶等器物，在器形上与上村岭虢国墓所出同类器物几乎一样，只是在纹饰上有所变化。而到春秋中期后段，郑国铜器上就明显出现了楚式铜器的风格，如郑伯墓出土的龙耳虎足方壶和莲鹤方壶（图 4 - 3 - 7），其龙

① 华觉明、郭德维，曾侯乙墓青铜器群的铸焊技术和失蜡法，文物，1979，(7)：46～48。
② 华觉明，曾侯乙钟及构件的冶铸技术，江汉考古，1981，(1)：35～40。

耳和虎足均是楚式铜器之特征，同时莲鹤方壶壶顶之立鹤又有晋器之传统①。可见，郑国在青铜器的制造上不仅北借晋国之传统而且南鉴楚国之风格。另一方面，楚器的风格也由郑传播到中原地区。郑伯墓出土的龙耳虎足方壶是楚器特有的风格②。

(a)　　　　　　　　　　　　　　　(b)

图 4-3-7　郑伯墓出方壶（引自：《新郑郑公大墓青铜器》，大象出版社，2001 版）

(a) 莲鹤方壶；(b) 龙耳虎足方壶

由以上分析可知郑国由于处在枢纽的地理位置，不仅在军事上成为兵家必争之地，在文化传播与交流上也是中原地区与楚文化区域的桥梁和媒介。

郑国出土的大量青铜器，仅郑伯墓的铜器就需用铜 1000 多公斤③，而郑国境内未发现出产铜矿，那么其铸造青铜器的铜料从何而来呢？

《左传·僖公十八年》记载："郑伯始朝于楚，楚子赐之金，既而悔之，与之盟曰：'无以铸兵。'故以铸三钟"。由此可见当时郑国铸造铜器的铜料有可能是从楚国输入的，楚国境内铜矿储量丰富，有著名的大冶铜绿山铜矿，而且当时为了拉拢郑国，以保证楚国北进的通道，楚国自然依照郑国所需"赐之以金"。这是公元前 642 年，即郑文公三十一年发生的事情，其时间与郑国祭祀遗址所出铜器的铸造时间大体一致，同属春秋中期前段，可见郑国的铜料一部分是来源于楚国的。

另一方面处于郑国北部的晋国也是当时的产铜大国，境内有中条山铜矿。郑国可能利用处于中原中心的优越的地理位置和便利的交通，依靠发达的商业往来，把铜料从铜产地输入郑国，以满足国内铸造各种青铜器之需。

在郑韩故城西城内发现了春秋时期铸铜作坊遗址，在郑国祭祀遗址附近又发现了春秋中期丰富的鼎、簋、方壶、豆、编钟等青铜器铸范、炉壁、炼渣、陶器碎片等，根据这些遗迹遗物可以确认当时郑国的青铜器是在本地铸造的。然而对于铜料和铅、锡原料的来源的确定，还有待于对冶铸遗址的进一步发掘和研究。

①　河南省文物考古研究所，河南新郑市郑韩故城郑国祭祀遗址发掘简报，考古，2000，(2)：61～77。

②　夏志峰，新郑器群三考，见：新郑郑公大墓青铜器，大象出版社，2001 年，第 38 页。

③　郭宝钧，商周青铜器群综合研究，文物出版社，1981 年，第 70 页。

纵上研究可以得出结论：郑韩故城郑国祭祀遗址出土青铜器，在合金成分配比和制作工艺上具有一定的特点。根据器物的不同种类和用途，采用不同的合金成分配比和制作工艺，体现了春秋中期郑国的青铜礼器合金技术已经相当成熟。郑国作为处于中原腹地连通南北的诸侯国，在其周边国家的文化交流中起着桥梁的作用。

3. 吴国青铜器

史载吴国是商代末年周太王之子太伯、仲雍奔荆蛮到达江南，建立的国家。春秋早期吴国活动地区以太湖地区为中心，与越青铜文化有着密不可分的联系。春秋后期，吴国加入争霸行列，此时青铜器仿效中原特点，但仍保持且发扬越青铜器作风。流行的刻纹青铜器上展现了吴国当时的生活画面。著名的"无土"鼎、吴王光鉴、吴王夫差鉴等，造型和纹饰与春秋后期中原器相同。但弧腹撇足"越式鼎"中原未见，在吴地分布极广。如吴山、苏州、丹徒、贵池等地墓葬均有出土。

考古工作者在长江下游古代吴地发现了众多的青铜器。根据已发表的材料，以江南地区为主发现的容器、乐器、武器和工具四大类青铜器近 600 件，倘若将小件的独特的镞、环、车马器等统计在内，总数超过 2000 件。

吴地出土的青铜器，根据特征可分为四大类：中原式、仿中原式、吴式和楚式或仿楚式。第一类是由中原地区传来的，时代较早；后三类多是在本地铸造的，楚式或仿楚的器物一般出现在春秋晚期。

曾琳等曾对苏南地区吴青铜器进行了成分分析[①]。所分析的 102 件标本出自墓葬、窖藏和采集所得，时代包括自西周早期至春秋晚期，而以春秋晚期的为最多。出土地点包括镇江、丹徒、丹阳、高淳、溧水、昆山，而以镇江、丹徒为主；器物种类有容器、武器、乐器、工具和车马器，而以容器居多。

商志醰对分析结果进行了总结和研究[②]，结果如下：西周时代和春秋早期的青铜器，一般含铅量较高。在 21 件属于这一阶段的青铜器中，含铅量较多的有 13 件，占 61.9%；而含锡量多于铅的有 8 件，占 38.1%。这些含铅量较多的铜器多带有仿中原器或本地器的特点。

到了春秋中晚期，吴地的青铜铸造技术有了发展，制造的铜器不仅器形工整，花纹繁缛，器壁较薄，工艺精湛，而且合金成分也有较大的变化。虽然有些铜器的成分还保有铅多于锡的特点，但更多的器物含锡量超出了铅。所测定的属于这一时期的 57 件标本，前者只有 7 件，占 12.3%；后者有 50 件，占 87.7%。这种情况在中原式、楚式或具有本地风格的器物上都有反映。

一般讲，吴地早期铜器以含铅较高的铜铅型和含锡量偏低的铜铅锡型为主，这种材质的普遍性也就是吴地早期青铜器的特征；到了晚期的铜器多为含锡量高、含铅量低的铜锡铅三元合金，虽然这时也有铜铅合金的铜器，但数量不多，已不占主导地位。

丹阳、句容、金坛、昆山、溧水等处发现许多铜块，如果是铸铜器的铜料，则反映古代吴地不仅有自己的青铜铸造业，而且达到了一定水平。所测定 7 个铜块的合金成分如下（表 9-3-2）。

---

① 曾琳等，苏南地区古代青铜器合金成分的测定，文物，1990，(9)：37～47。
② 商志醰，苏南地区青铜器合金成分的特色及相关问题，文物，1990，(9)：48～51。

表4-3-2　苏南地区青铜块主要元素成分含量　　　　　　（单位:%）

序号	地点	Cu	Sn	Pb	参考文献
201	句容茅山西麓村	66.77	21.17	0	文物资料丛刊，5：112
202	金坛鳖墩墓	57.65	37.65	0	文物资料丛刊，5：112 考古1978，(3)：151
203	金坛东方村	60.24	38.10	0	文物资料丛刊5：112
204	昆山兵希盛庄遗址	87.10	8.05	0	昆山盛庄青铜器熔铸遗址考察， 苏州文物资料选编，1980年
205	昆山兵希盛庄遗址	55.00	43.23	0	
206	昆山兵希盛庄遗址	64.38	27.06	4.78	
207	昆山兵希盛庄遗址	64.96	5.91	18.01	

商志醰对铜锭分析结果有如下看法：

（1）当时对铜、铅、锡已有明确的识别能力，并掌握了分别冶炼纯铜、纯铅、纯锡的技术；

（2）这些青铜块不是初步熔炼的粗铜原料，而是按照一定合金成分比例配成的铸造青铜器的原料，也就是说，无论铜锡合金还是铜锡铅合金，合金料都是有意加入的；

（3）这些铸造原料所含的成分比例，与时代的早晚有一定关系，它与已知吴地青铜器成分含量的时代差别也是一致的。

在安徽繁昌和南陵县文管所保存有当地出土的春秋战国时期长条梭形铜锭。孙淑云曾用扫描电子显微镜和能谱仪对1件铜锭样品进行过观察和成分分析，结果显示：铜锭主要组成为铜铅合金，含有杂质砷、铁、锡、硫。平均含铜83.9%、铅8.38%、铁2.36%、砷2.27%、硫1.47%、锡1.44%。扫描电镜下观察（图4-3-8），铅呈白色条状和颗粒状，多分布于晶界；锡、砷也在晶界富集，呈灰色条状与铅连接，成分为铜80.8%、锡9.27%、砷6.86%；铜铁硫化物夹杂较多，呈深色球状颗粒。铜锭的分析表明吴地铜锭不是纯铜，而是铜合金，材质不纯净。其中铅是有意加入的合金料，铁、硫、砷是铜料、铅料带入的杂质元素。说明春秋战国时期吴地铸造青铜器相当一部分不是如"六齐"所说，用纯净铜、锡按比例配制，而是先配成铜铅合金锭，在铸造新铜器时将锭熔化直接浇铸或再加锡或加其他合金料后浇铸。铅青铜器在商志醰分析的西周和春秋早期青铜器中占有绝大多数。繁昌县文

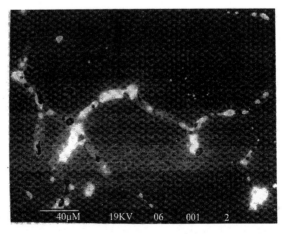

图4-3-8　铜锭扫描电镜背散射电子像（铜锭样品由南陵县文管所提供）

管所存有吴地出土的多件铜锭分析结果，显示成分很不一致，有不含铅的、有含少量锡的（4％），有含 10％ 以上铁的，也有较纯净铜的。所以也不排除晚期铜锭不是有意配制的合金，而是用早期使用的废旧青铜器重熔铸成的，高铁青铜锭有可能是冶炼含铁高的铜矿，由于炉温高，铜铁被共同还原出来所致。

苏南地区有发展青铜冶铸的良好自然条件，自古以来就是铜、铅等金属的著名产地。《尚书·禹贡》、《周礼·考工记》、《史记》、《汉书》都记载江南有着丰富的铜矿，历代地方志也一再记述在江宁、苏州、吴县、溧阳、高淳、宜兴、句容等地多处产铜，至今在句容铜山、安基山一带乃能发现古代铜渣。这一带还有丰富的铅矿资源，南京栖霞山、吴县官桥、溧水铜官山至今还就地开采。据现代的调查资料，从宜昌到上海的长江沿岸地区锡矿极少发现。无锡地区虽流传着"有锡无锡"的说法，但史籍无明确记载，传说不能作为这一带古代有锡的根据。江南地区有色金属原料的自然条件，导致了早期多铸造高含铅量的铜器。吴地早期铅青铜铸的鼎、鬲底部有烟炱痕迹，显然是一些实用器物。本地铸造的簋、卣、尊等也应是实用的食器和酒器。

到了春秋中期，由于南北经济文化交流日趋频繁，青铜文化有了进一步的发展，这时吴地的青铜冶铸生产臻于鼎盛时期，技术上也进入了高度成熟阶段。含锡量高的铜锡铅三元合金配制的礼器和生活用具在吴地占了主要地位，虽然还有少数保留着前期古老的铜铅制作工艺传统的铜器，但已不是主流。更为突出的是吴地在兵器的合金配制和制作技术上远远地超过了中原诸国的水平，达到登峰造极的境地。

根据苏南地区青铜器合金成分的分析，商先生得出的以下几点结论是有一定依据的。

（1）吴地青铜铸造是受中原青铜文化的影响而发展起来的，带有中原特色的青铜器是由中原传入吴地的。

（2）在吸取中原地区青铜文化的营养之后，发展了有本地特色的吴式青铜器。

（3）由于大量的铜器是在本地区铸造，就地取材，产生了以铅青铜为主要特色的铜器。

（4）吴地青铜器与邻近地区的浙江、江西及苏北一带出土的青铜器有着显著不同，各有发展的轨道。

4. 楚青铜器

楚国在春秋战国时期是一个大国。拥有广阔地域，《淮南子·兵略训》记载："南卷沅湘，北绕颍泗，西包巴蜀，东裹郯邳，颍汝以为洫，江汉以为池"。千里楚地包含有鄂东和鄂东南的铜矿产地，可为铜生产提供丰富铜矿资源。湖北大冶铜绿山春秋战国古铜矿开采和冶炼及铜块、铜锭的发现，反映了当时铜生产的兴旺。《左传·僖公十八年》记载：楚成王三十年（公元前 642 年）"郑伯始朝于楚。楚子赐之金……"，从一个侧面反映了楚国铜材料的充裕。铜资源的丰富，为楚国青铜器的铸造提供了物质保障。在湖北、湖南等地的大、中型楚墓中都出土有大量精美青铜器，如长沙楚墓[①]、信阳楚墓[②]、江陵楚墓[③]、当阳赵家湖楚

①　湖南省博物馆，长沙楚墓，考古学报，1959，（1）：41～60。

②　河南省考古研究所，信阳楚墓，文物出版社，1986 年。

③　湖北省文化局文物工作队，湖北江陵三座楚墓出土大批重要文物，文物，1966，（5）：33～55。

墓①、还有著名的淅川下寺楚墓②和随县曾侯乙大墓③等。

关于楚国青铜器合金成分有一些分析研究，分述如下：

(1) 随县曾侯乙编钟。曾侯乙编钟经成分分析的有5件，分析结果如表4-3-3所示。

表 4-3-3　随县曾侯乙墓编钟化学成分　　　　　　　（单位：%）

	Cu	Sn	Pb
1号甬钟	85.08	13.76	1.31
2号甬钟	83.66	12.49	1.29
3号甬钟	78.25	14.60	1.77
4号甬钟	81.58	13.44	1.40
纽钟	77.54	14.46	3.19

分析数据表明4件甬钟成分近似，锡含量平均13.57%，铅含量1.44%。纽钟锡含量与之相似，铅含量偏高。据学者就编钟成分、组织对其声学特性影响进行试验与研究④指出：分析的钟含锡量保证了编钟具有较强的基音强度和丰满的音色。少量铅（< 3%）对钟声的阻尼和衰减有明显作用，可减少演奏时后一个乐音对前一个乐音的影响，有助于演奏出音质好的音乐。

曾侯乙墓青铜器还有一件鼎和一件铜镞的分析数据⑤：鼎（C.87）含铜79.54%、锡13.76%、铅5.98%；镞（E.131）含铜81.67%、锡14.78%、铅2.69%。鼎的含铅量高于甬钟，含锡量相似。镞的锡、铅含量与纽钟相近。两件器物的锡、铅含量适宜制作鼎、镞，其机械性能较好。反映了曾侯乙墓青铜器质量高的特点。

(2) 当阳赵家湖楚墓铜器。当阳赵家湖楚墓从1973年开始发掘到1979年结束，前后6年，发掘墓葬297座。墓葬等级有差别，总的属于中小型墓葬。延续时间较长，从春秋至战国。墓葬中240座有随葬品，种类丰富，包括陶器、金属器、玉、石、料、水晶、木、竹、丝蔴织物等。金属器中有铜器1064件、锡器4件、铁器3件。铜器分为礼器、兵器、工具、车马器、服饰器、杂器六类。礼器有鼎、簋、盏、敦、舟、盘等。兵器有剑、匕首、戈、矛、镞等。工具少，只有削刀4件、斧1件。锡器中簋2件，锡马衔2件。铁器有斧1件，铁条2件。

孙淑云等对13件铜器和1件锡簋进行了成分和金相组织检测⑥。分析的13件铜器中礼器7件，年代为春秋中晚期。兵器6件，时代为战国。马衔1件、带钩1件，时代分别为战国早期、春秋中期。成分分析采用光谱半定量法、湿法化学分析和扫描电镜X射线能谱分析，分别由402厂和北京科技大学进行。分析结果总结如下：

对14件器物的分析检验表明，除1件簋（ZHM8：13）为锡制品外，其余均为青铜制

①　湖北省宜昌地区博物馆、北京大学，当阳赵家湖楚墓，文物出版社，1992年。

②　河南省博物馆等，河南省淅川县下寺春秋楚墓，考古，1980，(2)：119～127。

③　随县擂鼓墩一号墓考古发掘队，湖北随县曾侯乙墓发掘简报，文物，1979，(7)：1～24。

④　叶学贤等，化学成分、组织、热处理对编钟声学特征的影响，江汉考古，1981，(1)：31～41

⑤　湖北省博物馆，曾侯乙墓，文物出版社，第176，618，639页。

⑥　孙淑云，当阳赵家湖楚墓金属器的鉴定，见：当阳赵家湖楚墓，文物出版社，1992年，第247～256页。

品。锡制品簋的含锡量高达 95.51%，金相观察组织为锡的 α 等轴晶，夹杂物极少，这样高锡含量的锡容器，在春秋中期的出土物中是不多见的。青铜器的光谱分析结果表明：铜（Cu）、锡（Sn）和铅（Pb）为主要组成元素，此外还含有镍（Ni）、钴（Co）、锌（Zn）、银（Ag）、铁（Fe）、砷（As）、锑（Sb）诸杂质元素，它们的含量除个别达 1.0% 外，一般最高不超过 0.5%。这些元素均非青铜器的主要组成，系矿石所含有的成分，在熔炼矿石时这些元素被带入青铜中。

分析的 14 件样品中有 6 件具有铜的硫化物夹杂。它们是鼎 YM6：1、鼎 ZM23：2、盏 ZM23：3、戈 JM40：3、削刀 JM168：1 及剑 JM68：2。扫描电子显微镜对鼎 ZM23：2 的硫化物夹杂进行能谱分析的结果表明：含硫（S）量为 22.7%，接近于 Cu_2S 的含硫量。硫化物夹杂的存在表明冶炼所用矿石不是纯净的铜氧化矿。

对青铜器中主元素铜（Cu）、锡（Sn）和铅（Pb）分析结果，表明除剑 JM179：2 和削刀 JM168：1 刀身为铜锡二元合金——锡青铜外（含铅分别为 0.47% 和 0.67%），其余器物均为铜锡铅三元合金——铅锡青铜制成。铅的含量依器物种类不同而有所差别。青铜容器中含铅量最高的是鼎 ZM23：3，铅高达 28.7%，最低的是盏 YM6：1，也含有 19.41% 的铅，5 件容器平均含铅为 23.05%。金相观察铅的分布不均匀，有集中的较大球状铅颗粒存在。而青铜兵器和工具的含铅量则低于青铜容器，平均含铅 9.18%，器物的不同部位含铅量存在较大差异，如削刀 JM168：1 刀身含铅 0.67%，刀柄含铅 15.97%，相差悬殊。剑 JM68：2 的柄部也含有与刀柄相同的铅，为 15.97%。金相观察，刀柄和剑柄组织中都有较大的球状铅存在，分布状态与青铜容器相似，而削刀刀身和矛、镞、戈、剑的组织中铅呈小颗粒状，分布均匀，未见大的球状铅存在。马衔和带钩组织中铅的分布较均匀。马衔的铅含量高于带钩，故马衔的铅颗粒稍大而带钩的铅颗粒细小。

器物含锡量的变化与含铅量的变化规律相反，青铜容器的含锡量一般低于兵器和工具。容器平均含锡 12.16%，而兵器和工具平均含锡 16.93%。同一件器物的不同部位含锡量存在一定差异。如削刀刀身含锡量达到 18.27%，而刀柄为 15.68%，剑 JM179：2 的前锋部位含锡量高达 21.46%，而另一把剑 JM68：2 的剑柄含锡量为 15.35%，推测其剑锋的含锡量应高于剑柄。金相观察削刀刀柄和刀身的组织不同。刀柄为铸造青铜 α 树枝状晶及 (α+δ) 共析组织，有较多球状铅颗粒存在，而刀身为呈等轴多边形 α 晶粒，晶内出现滑移线，δ 相细小分散，铅呈小颗粒状，表明刀身曾进行过热、冷加工。热加工使组织均匀化，冷加工的硬化作用都使得刀质量得到提高。以上检测表明当时已对铅锡含量的变化引起青铜机械性能改变的特性有所认识，选择含锡量高的青铜制作刀身、剑锋（含锡量高至 21.46%），使得刀身、剑锋坚利；选择含锡量低于刀身而加入一定量铅的青铜制作刀、剑的柄，使之较刀身、剑锋韧性增加，不易折断。在刀柄与刀身连接处的断面可观察到刀柄中心有一铁芯，经金相检验其组织为铁素体，此铁芯为熟铁制成，与铜铸接在一起，为成铜铁复合材料制成的刀柄。这种材料制成的器物在当阳地区楚墓出土器物中尚属罕见。

经检验过的 14 件青铜器普遍含有铅，特别是青铜容器含铅量较高，金相观察铅呈现较大的球状。这一特点与我国其他地区出土的春秋战国时期青铜器的特点相同。锡青铜中加入一定量的铅可提高流动性，增加满流率①。流动性是指金属液本身充填铸型的能力，对铸件表面纹饰清晰度及尺寸精度有直接影响。

$$满流率 = \frac{流动性试样截面棱角清晰的长度}{流动性试样的总长度} \times 100$$

满流率的大小表示金属液流形成坚固氧化膜的难易程度。流动性的好坏和满流率的大小与铸件的质量有着紧密的联系。良好的流动性可使金属在凝固过程中产生的铸件缩孔及疏松及时得到液态金属的补充。满流率高有利于获得棱角清晰、表面光洁的铸件。另外，铅的熔点低（327℃）在凝固过程最后阶段以富铅溶液填补在枝晶孔隙中，使枝晶间的显微缩孔体积大大减少，提高铸件的质量。我国齐家文化铜器中就有含铅的青铜器存在，商、周时期的青铜器普遍含有一定量的铅。到春秋、战国时期，青铜器中的铅含量一般较商、周时期增高。较多铅的加入对春秋、战国时期大量壁薄、纹细和造型复杂青铜容器的铸造起到一定作用。

（3）淅川下寺春秋楚墓。淅川下寺春秋时期楚国王族墓群，位于河南省淅川县东南丹江水库西岸。1977年1座青铜器墓葬被库水冲出，经考古工作者清理，判断其为春秋中期墓葬，估计此处应是一处较大的墓地②。1978考古工作者对该墓地进行钻探，共发现大小春秋墓葬24座，清理了其中大型墓葬3座。1979年又发掘清理其中大中型墓葬5座、小型墓15座。出土文物非常丰富，其中青铜遗物就达千余件。青铜器形体高达、铸造精美、花纹瑰丽、造型复杂。其中M2出土的大型铜禁、具有王孙诰铭文的一套编钟、王子午升鼎7件，具有较高的历史价值，体现了楚国高超的工艺技术水平。

对墓葬出土青铜器进行技术研究具有很重要的意义。李敏生曾对26件器物成分进行了分析研究③。其中5件兵器、15件礼器、1件车马器。兵器戈、剑、镞中4件是锡青铜，含锡量15%～23%，仅1件铜镞为锡铅青铜，含铅4.72%。礼器和车马器都为铅锡青铜，含锡量7%～23%、含铅量2%～28%。同一件器物不同部位如器身和附件，铜、锡、铅含量差异甚大，说明它们是分铸而成。3件焊料均为金属锡，其中1件化学分析含锡98.23%。用来悬挂纽钟的钟系为纯度达97%的铅。铅的硬度低、强度差，用来做钟系是不适宜的。所以推断应不是实用器。不过较纯净锡、铅的存在，为春秋楚青铜器用锡、铅作为合金料进行配制的可能性提供了证据。李仲达等在19件容器上取样22个进行了成分和金相组织检测④。结果显示全部为铅锡青铜铸造组织。其中含量铅高于锡的9件、锡高于铅的7件、铅锡等量6件。锡、铅含量集中于5%～15%，高于15%和低于5%的样品较少（表4-3-4）。分析的铜器与李敏生重复的4件，成分上有差别。不重复的样品铅锡比例也有差别。究其原因一方面这4件器物李仲达的结果为估计值；另一方面样品取样部位不同、锈蚀程度不同都会影响含量分析结果。

① 吴坤仪、李秀辉，铅对铜鼓性能的影响，见：中国南方及东南亚古代铜鼓和青铜文化国际会议交流论文，1988年9月，昆明。
② 河南省文物研究所等，淅川下寺春秋楚墓，文物出版社，1991，第1、332页。
③ 李敏生，淅川下寺春秋楚墓部分金属成分测定，见：淅川下寺春秋楚墓，文物出版社，1991年，第389～391页。
④ 李仲达等，淅川下寺春秋楚墓青铜器试样分析报告，见：淅川下寺春秋楚墓，文物出版社，1991年，第392～400页。

表 4 - 3 - 4　19 件青铜器 22 个试样中铅、锡含量统计

含锡（铅）量等级/%	含铅量的件数	含锡量的件数
<5	2	
5～10	5	8
10～15	12	11
>15	3	3

5. 巴蜀青铜器

四川盆地是我国古代重要的文明中心之一。早在夏商时期，巴族和蜀族分别以今重庆和成都为中心建立了巴国和蜀国，经春秋、战国时期的发展，巴、蜀文化逐渐融合，到公元前 316 年，秦国打败巴、蜀两国，建立了巴郡和蜀郡，巴、蜀作为地名沿用至今。20 世纪 50 年代开始，随着大规模基本建设的开展，特别是近年来，伴随三峡工程的建设，在四川成都平原和峡江流域相继发掘了一批重要遗址、墓葬，出土了大量青铜器，为研究巴蜀历史和青铜文化提供了丰富的资料。根据目前考古发掘资料不完全统计，出土巴蜀青铜器的遗址有几十处，出土铜器 2000 余件，其中兵器有 1000 多件。巴蜀兵器类型主要有戈、柳叶形剑、矛、钺。兵器多有纹饰，如虎、鸟等铸纹，约 30 余种，与巴蜀符号相配。部分兵器上有镀锡斑纹，呈规则和不规则状，被称为虎斑纹。巴蜀青铜容器以鍪和釜为特色，形制简单，铸造较为粗糙。

（1）成分。战国时期成都平原青铜器经分析的有 95 件，具体如下：

中国科学院自然科学史研究所和峨眉地区文物管理所 1986 年对四川峨眉县 10 件战国青铜器进行了分析[①]，从成分分析得出当时当地的合金技术与熔炼技术水平不低的结论。曾中懋 1992 年对 71 件出土于成都平原的巴蜀青铜器（新都、成都、峨眉、绵竹、犍为）的成分进行了分析[②]。何堂坤 1987 年对 14 件四川青铜器进行了分析[③]，结果显示其合金成分主要为铜、锡、铅。兵器剑、戈、矛含锡量多处于 13％～15％间。金相分析显示出铸态特征[④]。

峡江流域青铜器经分析只有涪陵地区小田溪出土 2 件战国铜兵器，成分分析结果[⑤]见表 4 - 3 - 5。表明 2 件兵器均为锡青铜。

表 4 - 3 - 5　小田溪出土战国铜兵器成分分析　　　　　（单位：%）

	出土地点	Cu	Sn	Pb	Zn	Fe	S
矛	小田溪二号墓	82.11	15.04	1.51	0.037	0.064	0.119
剑	小田溪一号墓	82.21	14.67	1.28	0.043	0.039	0.056

近期姚智辉对峡江地区部分地点取得 132 件青铜器样品并对其进行测试、分析研究[⑥]。取样地有云阳马粪沱墓、涪陵小田溪、忠县北大三峡工地、开县余家坝遗址、巫山文管所。样品以符号 SM、SX、SL、SK、SZ、SW 分别代表马粪沱、小田溪、李家坝、开县余家坝、

① 自然科学史研究所等，四川峨嵋县战国青铜器的科学分析，考古，1986，(11)：1037～1041。

② 曾中懋，出土的巴蜀青铜器的成分分析，四川文物，1992，(3)：75。

③ 何堂坤，部分四川青铜器的科学分析，四川文物，1987，(4)：46～48。

④ 田长浒，从现代实验剖析中国古代青铜铸造的科学成就，科技史文集，1985，(13)：26。

⑤ 四川省博物馆，四川涪陵地区小田溪战国土坑墓清理简报，文物，1974，(5)：61～69。

⑥ 姚智辉，晚期巴蜀青铜器技术研究及兵器表面斑纹工艺探讨，北京科技大学博士研究生学位论文，2005 年，指导教师孙淑云。

忠县、巫山塔坪遗址。

成分分析结果显示样品 132 件中锡青铜 43 件、铅锡青铜 89 件。材质的划分，根据目前学术界普遍采用的合金元素含量 2% 为标准。铅锡青铜和锡青铜的区别以青铜合金含铅量 2% 为界，样品成分中铅含量小于 2% 视为锡青铜，大于 2% 视为铅锡青铜。铜器类型、出土地点与材质关系进行统计见表 4-3-6。将不同材质在各类器物中所占比例以直方图 4-3-9 表示。

表 4-3-6 器物类型与材质关系统计表（表中数字为器物件数）

类型	遗址	马粪沱 SM	涪陵 SX	李家坝 SL	开县 SK	忠县 SZ	巫山 SW	小计件数	总计件数
锡青铜	兵器	1	9	16	3	2		31	43
	工具		3	2				5	
	容器	1	1			1		3	
	其他	3	1					4	
铅锡青铜	兵器	2	6	26	2	1	2	39	89
	工具		1	2				3	
	容器	4	10	15				29	
	其他		10	8				18	
总计		11	41	69	5	4	2		132

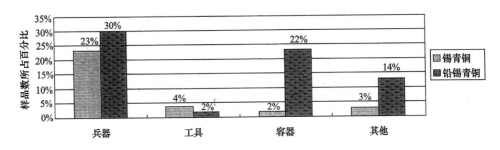

图 4-3-9 材质与器物类型直方图

根据图 4-3-9，可以看出各类器物都有两种材质，兵器中锡青铜与铅锡青铜数量比接近 3:4；容器中锡青铜与铅锡青铜数量比接近 1:10；工具中锡青铜与铅锡青铜数量比为 5:3；其他器物中锡青铜与铅锡青铜数量比为 2:9。可以看出，容器中铅锡青铜占绝对数量，兵器、工具中锡青铜所占比例较大。

用直方图对器物锡铅含量进行比较，结果见图 4-3-10、图 4-3-11。

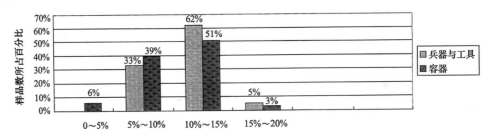

图 4-3-10 不同类型器物锡含量的比较

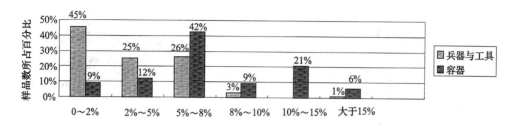

图 4-3-11　不同类型器物铅含量的比较

从图 4-3-10、图 4-3-11 可以看出：

110 件兵器、工具及容器，锡含量集中分布在 5%～15%，95% 的兵器工具的锡含量在此范围。容器的 90% 在此范围；

兵器与工具 70% 含铅量在 5% 以下，96% 含铅量在 8% 以下。兵器与工具仅有 4% 含铅量在 8% 以上。总的趋势，此批铜器铅含量不高，容器的含铅量高于兵器与工具，但大于 15% 含铅量的样品所占的比例仅占 7%。

（2）金相组织。

① 对峡江地区 132 件铜器进行金相检测的结果显示有 123 件组织为青铜铸造组织，占所分析样品的 93%。铸造锡青铜器的金相组织：α 固溶体树枝晶，晶内偏析明显，有（α+δ）共析体。由于锡含量不同和冷却速度不同，α 固溶体树枝晶及（α+δ）共析体组织的形态显现不同类型：

• 具有 α 固溶体树枝晶及细小的（α+δ）共析体组织，如样品 SM9 铜釜（图 4-3-12）；
• α 固溶体树枝晶间分布较大形态的（α+δ）共析体，如样品 SM8 铜洗（图 4-3-13）；
• （α+δ）共析体细密且连成网状的，这类样品通常具有较高含锡量。如 SX30。

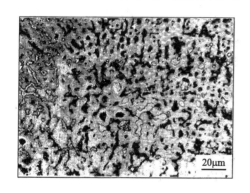

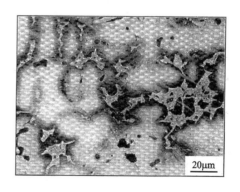

图 4-3-12　铜釜 SM9（马粪沱 01YSM32）　　　　图 4-3-13　铜洗 SM8（马粪沱 01YSM12）

② 132 件样品中有 5 件样品金相组织显示为 α 等轴晶与孪晶，属于热加工组织。如样品 SL141 铜钺（图 4-3-14）、SX99 铜盆、SK40 铜戈、SX86 铜斤、SX85 铜斤。

有 3 件样品显微组织除 α 再结晶晶粒与孪晶外，还有晶界弯曲，晶粒变形现象，显示是热锻后又经冷加工的组织，如样品 SL118 铜钺（图 4-3-15）、SL152 铜斧、SX75 铜盆。

图 4-3-14　铜钺 SL141（李家坝 M33：13）　　　图 4-3-15　铜钺刃部 SL118（98YLⅡ 14：3）

③ 132 件青铜样品仅有 1 件（SX96 剑）是青铜淬火组织，显示的组织为 β′ 马氏体组织（图 4-3-16）。

④ 另有一些样品的显微组织较为特殊。

123 件铸造青铜中有 30 件样品铸造铜合金显微组织特征基本消失，局部或大部分区域显示有经过加热、均匀化的组织。金相样品中，α 树枝晶偏析消失，显示 α 固溶体晶粒组织粗大，如样品 SW42 铜矛（图 4-3-17）。这 30 件样品中有 27 件为兵器和工具。

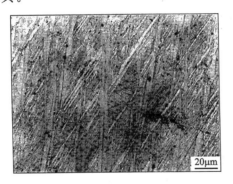

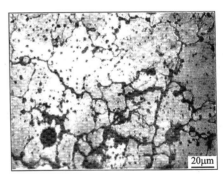

图 4-3-16　铜剑刃部 SX96（M22：6）　　　　　图 4-3-17　铜矛 SW42（M4：3）

⑤ 123 件铸造组织的样品中有 22 件可观察到大量或局部滑移带，滑移带位置通常集中

图 4-3-18　铜剑刃 SX73（M12：110）

在兵器、工具的口沿或刃部。又分为两种情况：第一类样品显微组织以青铜合金的铸造组织特征为主，在样品局部区域 α 固溶体中观察到滑移带，此类有 7 件样品，均为兵器和工具。因未见显微组织中枝晶明显变形，不能肯定是铸造后冷加工的；结合金相观察，应是铸后使用过程所致。第二类是上面 30 件铸造后加热样品中有 15 件有滑移带，14 件为兵器和工具。如样品 SX73 铜剑（图 4-3-18）。显微组织中滑移带的存在表明器物受到外部应力作用。这些显微组织特殊的样品集中在涪陵小田溪和李家坝两墓葬群。

铅分布：铜锡铅三元合金中因铅在铜锡合金中以独立相存在，加上铅熔点低，它是在合金凝固的最后阶段填补在枝晶间的空隙中。铅的形态、颗粒分布与其含量和铸造条件有直接的关系。金相检验铅的形态有：①小颗粒铅弥散分布；②铅沿枝晶均匀分布；③铅以较大颗粒状存在；④少量样品中可观察到存在铅偏析现象，球状铅颗粒在样品局部区域聚集分布。

根据金相组织分析，将铜器器类与组织观察结果进行统计，见表 4-3-7。

表 4-3-7　铜器与金相组织统计表

铜器类型	金相组织	铸造（括号内为铸后受热件数）	热加工	热冷加工	淬火	合计
兵器	剑	20 (7)			1	21
	矛	20 (9)				20
	戈	10 (5)	1			11
	钺	9 (4)	1	1		11
	镞	4				4
	盉	3				3
工具		5 (2)	2	1		8
乐器		5				5
容器		29 (2)	1	1		31
其他		18 (1)				18
总计		123 (30)	5	3	1	132

为更好分析峡江流域出土铜器的制作水平，现将所分析的这批峡江青铜兵器和容器样品，与已进行分析过的周边其他地区春秋战国墓葬中出土的青铜兵器和容器的成分作一比较，见图 4-3-19 和图 4-3-20。图中江陵战国兵器、吴国春秋兵器成分取自何堂坤分析结果[1][2]，其余在本节中均有出处。

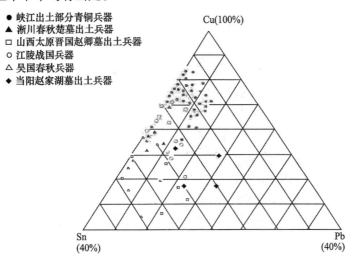

图 4-3-19　与周边出土兵器成分比较

① 何堂坤、陈跃钧，江陵战国青铜器科学分析，自然科学史研究，1999，(2)：158～167。
② 何堂坤，胶东青铜器科学分析，文物保护与考古科学，1990，(12)：33～38。

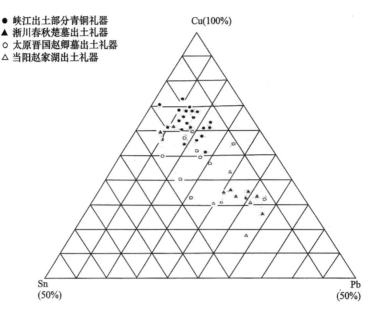

图 4 - 3 - 20   与周边出土容器成分比较

　　从图 4 - 3 - 19 可以看出，峡江流域出土兵器的锡含量在 5% ~ 15%，铅含量较低。分布较为集中。而所分析过的其他地区春秋战国墓葬中出土的青铜兵器，锡含量普遍高些，部分兵器铅含量也较高。山西太原晋国赵卿墓出土的兵器剑、戈、矛、镞中锡含量都大于 20%；当阳赵家湖出土的春秋锡青铜兵器成含锡量在 20% 左右；江陵出土的楚式战国青铜兵器锡含量也在 15% ~ 20%（平均锡、铅含量分别为 18.4% 和 3.8%）。

　　尽管其兵器锡含量低于其他地区，但综合机械性能可以满足使用要求。巴人善战，巴为维护自己地盘和利益而与楚进行多年战争，在秦楚战争中，帮助秦灭楚。频繁的军事活动极大促进了兵器质量的提高。

　　从图 4 - 3 - 20 可知，峡江地区出土容器的锡铅含量较为集中。铅含量与周边差异较大，峡江地区容器含铅量远低于其他周边墓葬。提高铅含量，可改善合金流动性，提高充型性，这是春秋时期中原等地制作具复杂器型繁褥纹饰青铜器所要求的，而峡江流域出土的容器，形制较为单一，多是素面或简单几何纹，因此少加铅也基本可满足铸造要求。峡江地区青铜容器金相观察有较多缺陷，铸造质量不如兵器，与周边地区青铜容器相比，制作水平不高。

　　峡江流域出土的楚式风格兵器与典型的巴蜀式兵器的成分有区别，前者平均锡、铅含量稍高于后者。而楚地出土楚兵器的锡含量普遍高于巴蜀兵器锡含量，部分楚墓出土兵器铅含量也高于巴蜀兵器铅含量。峡江流域出土的楚式风格兵器铸造配料上有受楚的影响，但本土因素更浓郁。

第五章 中国古代有色金属冶炼技术

第一节 炼铜技术

一 炼铜技术的文献研究

我国与炼铜技术有关的古文献从来源上可分三类。第一类来自历代官修史书，记载了铜矿产地，开采年限、产铜数量等指标，对具体的炼铜技术记载则较简略，据之难以考证古代炼铜技术的全貌。第二类来自炼丹术及中药本草等典籍，涉及了较多的有铜参与的化学反应，但使用的语言玄奥难解，且其反应多在"实验室"中进行，不具备炼铜技术应有的生产规模。第三类来自笔记丛书等作品，其作者或亲主铜政或考察过炼铜工场，记载较详尽，比较准确地反映了当时炼铜技术。这里以第三类文献为主，结合其他文献，主要对长江中下游地区的古代炼铜技术作考证。需要说明的是这里仅选用了比较能够说明问题的文献，而不是古代涉及炼铜技术的所有文献的全面整理。

1. 火法炼铜技术

目前所见的主要炼铜技术文献宋代作品为多，主要有《大冶赋》、《龙泉县志》等。

《大冶赋》[①] 是目前所知年代最早的记载硫化矿石火法冶炼成冰铜的文献，其作者是南宋著名的文学家洪咨夔。《宋史》有其传曰："洪咨夔，字舜俞，于潜人。嘉定二年（1209）进士，授如皋主簿，寻试为饶州教授，作《大冶赋》，楼钥赏识之。[②]"洪咨夔中进士年代，清厉鹗《宋诗纪事》据南宋潜学友《（咸淳）临安志》谓无嘉定二年榜而考为嘉定元年，《四库全书总目》认为其说不确并断为嘉泰二年[③]。从其传中"咨夔以才艺自负，新第后上书卫王，自宰相至州县，无不捃摭其短，遂为时相所忌，十年不调[④]"的记载看，洪咨夔任饶州教授十年之久，受楼钥赏识后才调"授南外宗学教授"，则《宋史》记载确实误"泰"为"定"，洪咨夔中进士应在嘉泰二年（1202）。今编《简明中国古籍辞典》[⑤] 也取此说。按楼钥卒于嘉定六年（1213），[⑥] 则《大冶赋》成文年代应在嘉泰二年至嘉定六年之间即作于1202～1213年间。

据《大冶赋》序："余宦游东楚，密次冶台，职冷官宋，有闻见悉篡于策。垂去，乃辑而赋之。"可知此赋是洪多次实地考察后写成的，见图 5-1-1。《大冶赋》正文计2671字，除记述了宋代饶州等地的淘金、炼银、铸钱等技术外，较为详尽地记载了当时的炼铜技术。

《大冶赋》共记载了三种炼铜技术，其中的"浸铜"、"淋铜"二种属水法炼铜技术。

---

① 洪咨夔，《四部丛书续篇》集部，景宋钞本。

② 《宋史·洪咨夔传》。

③ 《四库全书总目》卷一六二，集部，别集类一五，《平斋文集》条。

④ 《四库全书总目》卷一九八，集部，词曲类一，《平斋文集》条。

⑤ 东北师大古籍整理研究所，《简明中国古籍辞典》，第175页，吉林文史出版社，1978年第一版。

⑥ 《宋史·楼钥传》。

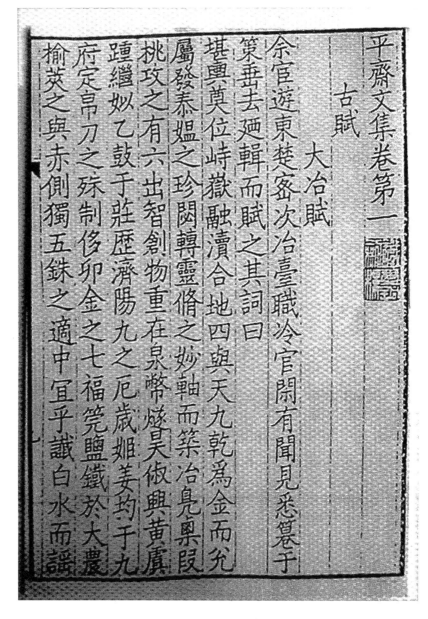

图5-1-1　洪咨夔《大冶赋》片段

《大冶赋》关于火法炼铜技术的记载可分为四部分。

（1）"其为黄铜也，坑有殊名。……矿纹异彩，乍纯异彩，乍纯遂驳。熏苗殊性，欲断还络。乌胶缀，金星烁。薪花淡，丹砂渥。鼠结聚团，鸡焦散泊。饎饵膏油，英润濯濯。宿炎炀而脆解，纷剞劂而巧斩。"

薪，蔬菜总称。"丹砂渥"当源于"渥丹"一词，其意为红而有光泽。饎同糦，指糯米蒸制而成的食品。濯濯，指肥泽之貌。剞劂，意为刻镂时用的刀与凿。

这一段记载的是采矿过程。"矿纹异彩，乍纯遂驳。熏苗殊性，欲断还络"描述的是矿脉延伸的情形及用火熏烤矿脉，根据矿物与脉石不同变化来判断矿脉走向的方法。"乌绞缀，金星烁。薪花淡，丹砂渥"描述的是矿物色泽方面的特征，有黑色的、金黄色的、红色的，还有其色如菜花中的淡色者，可能为淡红浅紫之类的颜色。在铜矿物中，黄铜矿颜色为黄铜色或金黄色，表面常有蓝、紫、黑等锈色；斑铜矿新切面呈红色、古铜色，并有紫色彩晕；其他铜的硫化矿物及黄铁矿也有类似的性质。结合长江中下游地区夕卡岩多金属矿床的特点，可以认定宋时开采的矿石应为含铜黄铁矿等硫化矿石，其矿物组合当为黄色特征。《大冶赋》将这段记载称之为"黄铜"，显然是指使用的矿石的色泽特征，非指冶炼的金属为"黄铜"。"鼠结聚团，鸡焦散泊。姿饵膏油，英润濯濯"生动形象地描述了矿物在矿脉中的赋存形态，并再次强调了矿物在色泽方面的特点。"宿炎炀而脆解，纷剖劂而巧斩"描述的是矿石开采方法，矿脉要经过一夜的烘烤，使之发脆解理，然后由人工用工具开采出来。这是历史久远的"火爆法"采矿技术。

（2）"徒堆阜于平陆，矗岑楼于炉步。熺炭周绕，薨薪环附。若望而燎，若城而炬。"

岑楼，语出《孟予·告子下》，朱熹注为楼之高锐似山者。熺炭，指炽热的炭。薨，原意为干的食品，薨薪应指干燥的柴草。望，古代祭祀山川的专名。燎，原意为放火燃烧，古代祭祀时常有"燎"的仪式。

这一段描述的是对矿石的焙烧过程。开采出的硫化矿石像小山一样堆积在平地上，周围垒积干柴木炭进行焙烧，其景象如祭祀山川时的燎火之状，又像城池失火之貌。从"周绕"、"环附"字样看，矿石并没有与柴炭混合，焙烧将主要靠反应本身放热来维持。当焙烧反应速度因焙烧产生的氧化层增厚而降低到反应热不足以维持反应继续进行时，焙烧反应即自行中止。因此，硫化矿石不会被烧死，仅脱去一部分硫。

（3）"始束缦于毕方，旋鼓鞴于熛怒。……石进髓，汋流乳。江锁融，脐膏注。鋡再炼而粗者消，铈复烹而精者聚。排烧而汕溜倾……"

缦，原意为乱麻，束缦指捆成一束的麻，借指为点火，《汉书·蒯通传》有"即束缦乞火于亡肉家"。毕方，木神名，这里借代为木炭。鞴，鼓风器，鼓鞴指开动鼓风设备，沈括《梦溪笔谈》卷二十有"使人隔墙鼓鞴"。熛怒，指烟火飞扬的状态。汋，水涌出之貌，《庄子·男子方》有"夫水之于汋也，无为而才自然矣"。

这一段是《大冶赋》关于火法炼铜记载中最重要部分，记述的是硫化矿石的冶炼过程。炼炉点火，然后开动鼓风设备，随着冶炼的进行，矿石融化，"石进髓，汋流乳"，其气势如"江锁融，脐膏注"。这里用了两个典故来形容炉内矿石融化、产物生成的冶炼景象。"江锁融"原指晋朝王濬攻吴，以船载麻油等物烧融吴人设置于今湖北大冶西塞山长江上的拦江铁锁[1]，这里用开来形容炉火的气势。"脐膏注"原指三国时军阀董卓被杀，因其肥胖人们在其肚脐上插焰点灯，烧得膏油流淌[2]，这里借以形容炉内产物生成的情形。

这段记载的后部分出现了两个新词"鋡"、"铈"。鋡，原意为古代接受告密文件的器具。铈，原意一为割裂，一为剑身上的饰物。"鋡"、"铈"在《大冶赋》中显然用的不是原意。根据上下文的意义及炼铜物理化学反应的原理判断，"鋡"应指矿石。更确切地，应指已部分脱硫的焙烧矿石，因为《赋》在"淋铜"的记载中将没有经过焙烧的硫化矿石称为"土

①《晋书·王濬传》。
②《三国志·董二袁刘传》。

鈷"而不是"鈷"。"铇"应指冶炼的中间产品冰铜，与下文论及的明代陆容《菽园杂记》所转录的宋代《龙泉县志》中对冰铜的称谓相同。

（4）"排烧而汕溜倾，吹指而翻窠露"的后一句表明宋代已能从铜中提炼银，《大冶赋》在论及矿石种类时写道："或铁山之孕铜，或铜坑之怀金，或参银而皆发"。按当时分析手段的限制，如果不是从铜矿中提炼出金银，古人是不会知道铜矿中含有金银的。古人从铜中提银的方法是加铅提银，即向铜中加入铅，铅捕集铜中的金银并沉入炉底，脱去金银的铜液则在铅液之上，与铅液不相溶解。含金银的铅液放出炉外与铜液分离，即可用灰吹法将金银提炼出来。"吹拂而翻窠露"描述的正是灰吹法提银的过程，"吹拂"指的是向铅液鼓吹空气使铅氧化的操作，"翻窠"指的则是铅尽银出的熟银状态。明代陆容《菽园杂记》所转录的宋代《龙泉县志》中关于炼银的记载亦谓铅尽银出的状态为"窠翻"，并注曰"乃银熟之名"。《赋》中的"翻窠"与《龙泉县志》中的"窠翻"字序颠倒（可能与版本不同有关），但其所指应为同一事物。

综合前述，宋代已能使用硫化矿石，经焙烧、冶炼先得到冰铜，再由冰铜炼成铜，整个流程要经过"再"、"复"、"排"等多次的"炼"、"烧"，即多次的焙烧、冶炼才能最后炼成铜，冶炼后期还使用了加铅提银工序来提取金银。《大冶赋》没有交代整个火法炼铜工艺流程所需要的时间，但据《宋会要辑稿·食货》所载，南宋嘉定年间（1208～1224）经过淘洗等选矿手段得到的硫化矿精矿须经"排烧窑次二十余日"才能炼出铜来。

硫化矿石火法炼铜技术在宋代各大铜场，如信州（江西）铅山场、饶州（江西）兴利场、潭州（湖南）永兴场，都曾大规模采用。"浸铜"法在宋代大兴于世，"淋铜"法也发明于宋代，《大冶赋》对这两种水法技术的兴起、传播都有记述，唯独没有对硫化矿石火法炼铜技术追踪溯源。从冶炼后期加铅提银的事实看，硫化矿石火法炼铜技术在宋代已是完全成熟的炼铜工艺，其源远流长，洪咨夔是难以考证的。

明代陆容《菽园杂记》卷十四载有炼银、制粉、烧瓷、炼铜等五条技术文献。陆容（1436～1494），字文量，号式齐，太仓人。成化二年（1466）进士，曾授南京主事等职，终居浙江参政[1]。《菽园杂记》是陆容唯一传世著作，与陆容同时的王鏊（1450～1524）曾说："本朝记事之书，当以陆文量为第一。"[2]

《菽园杂记》有多种版本，早期版本中曾有注解明言上述五条技术文献录自《龙泉县志》，新标点的版本剔除了这一注解，加之《菽园杂记》的良好评价，使一些研究者误以为此五条技术文献是陆容本人的记载而将其视为明代技术。王菱菱令人信服的考证显示，这五条文献原始出处应是南宋陈百朋的《龙泉县志》（已失传）[3]。因此，《菽园杂记》中的炼铜等记载和《大冶赋》一样，反映的都是宋代长江中下游地区的技术。

《龙泉县志》记载的炼铜技术主要是硫化矿石的火法冶炼技术，兹录全文如下：

"采铜法，先用大片柴，不计段数，装叠有矿之地，发火烧一夜，令矿脉柔脆。次日火

---

① 《明史·陆容传》。
② 《四库全书总目》卷一四一，子部，小说家类，《菽园杂记》条。
③ 王菱菱，明代陆容《菽园杂记》所引《龙泉县志》的作者及时代——兼论宋代铜矿的开采冶炼技术，中国经济史研究，2001年4期。

气稍歇，作匠方可入身，动锤尖采打。凡一人一日之力，可得矿二十斤或二十四五斤。每三十余斤为一小箩，虽矿之出铜，多少不等，大率一箩可得铜一斤。

每炘铜一料，用矿二百五十箩、炭七百担，柴一千七百段，雇工八百余。用柴炭装叠烧两次，共六日六夜，烈火亘天，夜则山谷如昼。铜在矿中，既经烈火，皆成茉莄头，出于矿面，火愈炽，则熔液成驼。候冷，以铁锤击碎，入大旋风炉，连烹三日三夜，方见成铜，名曰生烹，有生烹亏铜者，必碓磨为末，淘去粗浊，留精英，团成大块，再用前项烈火，名曰烧窖。次将碎连烧五火，计七日七夜，又依前动大旋风炉，连烹一昼夜，是谓成鈋（音嘲）。鈋者，粗浊即出，渐见铜体矣。次将鈋碎，用柴炭连烧八日八夜，依前再入大旋风炉，连烹两日两夜，方见生铜，次将生铜击碎，依前入旋风炉炘炼，如炘银之法，以铅为母，除渣浮于外，净铜入炉底如水。即于炉前，逼近炉口铺细砂，以木印雕字，作'处州某处'铜，印于砂上，旋以砂壅印，刺铜汁入砂匣，即是铜砖，上各有印文，每岁解发赴梓亭寨前，再以铜入炉炘炼成水，不留纤毫渣杂，以泥裹铁杓，酌铜入铜铸模匣中，每片各有蜂窠，如京销面，是谓十分净铜，发纳饶州永平监应副铸。"

依据这段记载，当时仍使用火爆法开采矿石，所采矿石品位约为 3.3%。硫化矿石经过至少 27 昼夜的焙烧、冶炼及加铅提银等工序才能得到铜砖。这里出现了三个中间产品"生烹"、"鈋"、"生铜"。"生烹"、"鈋"都应是冰铜，"生烹"含铜较少，"生烹亏铜者"含铜更少，"鈋"则是比"生烹"含铜量高的冰铜。据目前检索资料，"冰铜"一词最早见于清雍正十年（1732）四川巡抚宪德的奏章中："查各商民尚有积存在厂矿砂及未炼冰铜、茅铜等项，应令星速煎炼……。"[①]吴其濬（1789~1847）对"冰铜"的含义解释说："一冷即碎，故曰冰铜，亦曰宾铜"[②]。由此看来，"冰铜"一词是比拟水结冰、冰易碎的自然现象而得，可能源于北方寒冷地区。《龙泉县志》给"鈋"注音为"嘲"，表明"鈋"可能为方言，是当时长江中下游地区对冰铜的称谓[③]。"生铜"按其可以击碎、需再炼才能成铜砖的事实看，应是白冰铜（含铜 80%）或黑铜（含铜约 85%）。

《大冶赋》与《龙泉县志》体裁不同。前者为"赋"，引经据典，文词华丽深奥而又简略笼统；后者为地方志，数字准确，记述详细。这两份文献相互印证，完整地反映了宋代长江中下游地区冶炼硫化矿石成冰铜和铜的技术。

《龙泉县志》还记载流程较短的炼铜工艺两种："有以矿石径烧成者；有以矿石碓磨为末，如银矿烧窖者"。"以矿石径烧成者"当指氧化矿石直接还原熔炼成铜；"以矿石碓磨为末，如银矿烧窖者"指的是品位较高的硫化矿石经淘选、碓磨、制团后死焙烧再还原熔炼成铜。

综上，《龙泉县志》所记载的三种火法炼铜技术工艺流程见图 5-1-2。

①　中国人民大学清史研究所、档案系中国政治制度史研室，清代的矿业（上册），第 209 页，中华书局，1983 年第一版。

②　吴其濬，南矿厂图略。

③　按《说文解字》释为，"鈋，裂也，从金，爪，普击切"。而冰铜性质之一就是易碎即裂，因此"鈋"字的起源及本意值得进一步研究。又《说文解字》及《辞海》给"鈋"所注之音似不符汉字之形声读音法，"鈋"似应从金，爪声，《龙泉志》为之特注音为"嘲"，与形声读音相符。

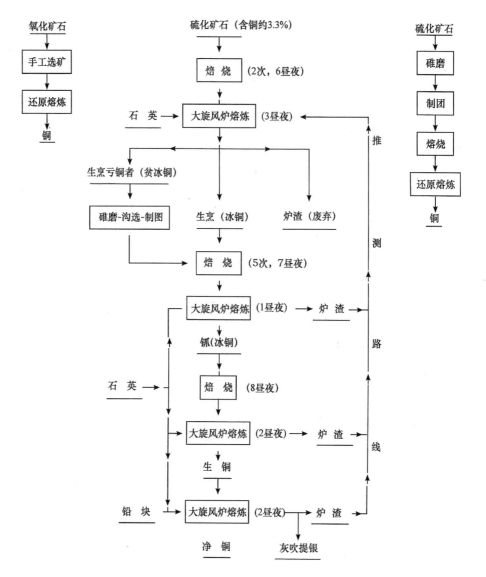

图 5-1-2　《大冶赋》与《龙泉县志》记载的三种火法炼铜技术工艺流程

　　清代主要产铜区在云南,张泓、檀萃、王崧、倪慎枢、吴其濬等人详细地记载了当时的炼铜技术,使我们能够完整地了解当时的炼铜等冶金技术的面貌。

　　张泓,号西潭,汉军镶蓝旗籍人,监生,于乾隆年六年(1741)入滇,官居新兴(今玉溪)州牧,乾隆十年(1745)调任剑川州牧,十一年(1746)调鹤庆府,十四年(1759)因军事任务调任赴中缅边境,十五年(1750)调黑盐井,十六年又调剑川。张泓多年在滇为官,亲历边陲,见闻颇广,所著《滇南新语》记载了当时象羊等铜厂的采炼技术:

　　山产五金矿,余牧新兴,闻有汤丹、青龙等厂,劳劳未遑一睹。乾隆甲子,夏五月,摄路南篆,亦有厂。甫视事,即檄办秋闱,又不果往。乙丑(乾隆十年,1745)春,路民犁城西象羊山地得矿苗,呈请开之,远近来者数千人,得矿者十之八九,不数月而荒巅成市,即名之曰象羊厂。余始因巡阅得其概。其山不甚深峻,方未开之先,旦暮有白色象羊散满岩谷，村人逐之，皆化为流云，山因以得名。迨甲子冬，夜有声自山起，殷殷如雌雷，渐至城内，比户疑为鬼。汛官李鸣岐常于三鼓后率兵巡警，施枪炮，而响如故。夫地不爱宝以养民，民赖此以生者，将千万指。故象羊将出先有声，盖山灵之所以深示其慎重也欤。按路旧有厂四十七，开自胜国，今已大半竭蹶，余凤凰、红石、大龙、泰来数厂而已，岁共产铜不万斤。其不加封闭之故，缘产绿碌也，石色如鹦鹉翠羽，光腻若凝脂，净者可混绿松，每千斤获铜不及一二十斤，琢为器，价数倍，象羊独无。象羊之厂，踞山巅，群裹粮搭席栖其上，曰火房；招集工力，曰小伙计，或称兄弟；司饮食者，为锅头；架镶木者，为厢头。开矿曰打槽子。碌有引线，老于矿厂者皆识之。依线打入，一人掘土，数人负出，曰背荒土。内有豆大碌子者，曰肥荒，检之尚可炼以易油米。硐之深下者，曰井洞。平开者，曰城门洞。洞中石围土砂者，曰天生洞。洞口不甚宽广，人皆伛偻入。虑内陷，支以木，间二尺余，支四木，曰一厢。洞之远近以厢计。上有石则无虑，厢亦不设。洞内五步一火，十步一灯，所费油铁约居薪米之半。而编查防奸，按制得宜，则有司之责綦重矣。碌之最佳者曰绿锡镶，炼千斤则铜居其五六。次曰白锡镶、烂头锡镶，再次曰朱砂锡镶，铜居其三四，下者曰牛版筋，仅可敷炭价。若夹石碌、稠碌、哈碌，则每千斤不过得铜三四十斤，得不偿失，遇者有忧色。咸品搭于佳碌内以炼。炼矿曰扯铜，其法矿千斤用炭七八百斤不等，炉如夹墙，底作圆窠，铺以炭末，始加矿炭，置碌上窍，其后置风箱，前下开孔如半月，封以泥，稍上复开一窦，火盛碌熔，则砒自此出，而铜沉于底。砒流竭，即铜成之候矣。钩去半月封泥，先挈余炭既净，用米饮泼之，设投于水则爆炸而铜不完好。少间铜面凝结，钳出如蟹壳，次第波取，每炉可得铜六七饼，呼之曰元。嗟乎！何天地之生物无尽，而人之取之亦无遗策也。至土洞深开，为积霜所陷，曰浮洞。凿者常被压陷，封洞门，人亦气闭卒于内，常数人及数十人，岁有所闻。可异者，后人不知其曾浮，每重开，或旁及见尸横斜，为宝气所养，面如生，有突立向人索饮者，遇则唾而啐之，即僵仆，名曰干虬子。人习见之，无足怪，新厂尚无。余闻之老于汤丹者云，每厂众推老成一人为客长，立规最严，犯者受其辱不敢怨。常有东西异线打入，共得一碌者，必争。经客长下视，两比遵约释竞，曰争尖子、品尖子。向非厂规素立，愚众之命祸岂鲜也哉！

檀萃（1725～1801），字岂田，默斋是他的号，晚年他又号白石、废翁，安徽省望江县新坝乡人，清乾隆二十六年（1761）进士，选任贵州青溪县知县，四十三年（1778）任禄劝知县。檀萃"性嗜学爱民，教士谆谆不倦"。乾隆四十六年后（1781）"权知元谋"，后被罢官，遍历滇中，受聘为昆明育材书院和黑盐井万春书院主讲，其弟子见诸史册者多达二百余人。檀萃学识渊博，素有江南才子的美誉，历滇数十年，著述等身，其中《农部琐录》、《滇海虞衡志》等是云南地方史上最重要的著述，为后人研究明末清初的云南彝族社会形态、政治状况、经济环境、文化氛围提供了翔实的资料，是现在进行云南地区的民族学研究时不可缺少的珍贵史料。

檀萃被罢官之事，表面上看先是因乾隆四十九年（1784）因派运滇铜往京途中翻船，后又因亏缺厂铜而被巡抚谭尚忠请旨革审："前任禄劝县知县檀萃管理厂铜，亏缺铜斤至一万五千余斤之多，以至又不能按限拨运……"[①]，但实际上这只是一个借口。据《滇海虞衡志》

---

①　高宗实录，卷1293，页9，转引自：清代的矿业（上册），中华书局，1983年，第167页。

师范序，滇人对檀萃毁誉不一，毁之者称其为"恃才凌人，自荡于尺绳"，誉之者则曰其"宏览博物，慷慨悲歌"。按清人陈康祺《郎潜纪闻二笔》卷一《滇省运铜差之苦累》："乾末嘉初，滇省运铜为最苦之差。一经派出，即身家不保。推原其故，凡全滇属员中，有亏短者，有才具短绌者，有年迈者，本管道府即具报，委令运铜。于承领运脚时，即禀明藩司，将所短各数扣留藩库，以至委员赤手动身，止有卖铜一法。所短过多，或报沉失，或交不足数，至参革而止。此数十年弊政也。"可见檀萃当时只要被上司派运滇铜往京，无论后来是确实翻船还是虚"报沉失"，结果就一定是"身家不保"。《古文观止续编》中收有管同所作《祭檀默斋明府文》，其中说："始绾印绶，滇南瘴窟，得罪长官，终填牢狱。痛甚遗黎，悲来旧仆。遇赦而归，齿危发秃。"更是明言他是被上司陷害了。

檀萃作为著名学者，曾亲主铜政，其记载较为可信：

铜出于滇凡四十八厂，最著者东则汤丹、落雪，西则芦唐、宁台，废旧开新，繁猥难数。特着攻采者之名目焉。《农部琐录》云厂民忌讳，讳石谓之硖，土谓之荒，好谓之彻，佩金器者不入槽，有职位者不入槽，不铭金，不燃爆，不呵殿，祀西岳金天，祀矿脉龙神，谓龙神故僰夷，畏见冠带吏也。硐谓之槽，槽石坚谓之硖硬，以火烧硖谓之放爆火，矿一片谓之刷，矿长伏硖谓之撼，大矿谓之堂。硐防土崩，架木撑撑，谓之镶入。硐尺寸若干，谓之排。煎矿以扯火，配石为底子，多配谓之稀，少配谓之稠。木柴烧矿谓之锻，有经一二三锻而然后入炉者，谓之锻窑。毋待于锻者，谓之一火。成铜满一昼夜者，谓之饱火。晚煎晓成，谓之半火。铜面谓之油，铜渣谓之塛。一圆谓之鉼，鉼谓之紫版，再煎谓之蟹壳，煎不成铜谓之和尚头。收拾渣滓谓之淘荒洗塛。

凡矿，锡镰为上，墨绿次之，黄金箔又次之。凡炼，白火者荒也，青火者硖也，绿火黄火各如其矿之色。惟红火为上，乃铜之光。火烈矿熔，其塛先出，流注如金膏。以水沃之成团，曳而弃之。塛尽而红光发，则铜存焉。乃坏炉封，融液如锡，以渖浇之成鉼，铗而出之沉于水。次第而沃之，而铗之，而沉之，尽炉或得十圆或十余圆。自面起者径尺，余以次第，遞差而小，入底径数寸，盖有数存，不可强也。无俟炼者，为自来铜。铜锢于山，为天生铜。天生铜为铜母，不能采。凡矿之为物善变，忽有忽无，为跳矿。小积为窝，为鸡窠矿。入不深者为草皮，临水外行者为奔江矿，内行为进山矿。进山最佳，可望堂矿。矿脉微露，谓之苗，细苗如线谓之引，土石夹杂谓之松荒。松荒易攻凿，其矿不长久。凡攻凿喜硖硬，硬则久，可获大堂。凡槽畏马血，涂之则矿走。凡槽畏印封，封则引苗绝。凡矿最变，采矿盈山，未及煎炼，或化为石。僰人居土房，旁有堑墙，其色忽青碧，堨而歆之，铜液飞注，此神化之极也。

凡厂之道，厥有厂主，听其治，平其争，歆金而入于金府。府一人，掌铜之出入。史一人，掌官书以治。凡胥二人，掌俏伺之事，游徼其不法者，巡其漏逸者，举其赀，罚其人。以七长治厂事。一曰客长，掌宾客之事。二曰课长，掌税课之事。三曰炉头，掌炉火之事。四曰锅头，掌役食之事。五曰镶头，掌镶架之事。六曰硐长，掌槽硐之事。七曰炭长，掌薪炭之事。厂徒无数，其渠称曰锤手，其椎曰尖子，负土石曰背荒，其名曰砂丁，皆听治于锅头。其笞以荆，曰条子。其缚以藤，曰擅。其法严，其体肃。其入槽也曰下班，昼夜分为两班。其灯曰亮子。直攻、横攻、仰攻、皆因其势力，以巾束首，挂灯于其上，裸而入。入深苦闷，凿风硐以疏之。凿深出泉，穿水洸以泄之。有泉则矿盛，金水相生也。

凡矿一石得铜八十斤为上，六十斤次之，四十斤又次之，三十斤又次之，不及十斤为下。凡铜，紫版为上，镕紫版百斤，得蟹壳八十斤，则净铜矣。以充京运，次则以运省仓，供东川铸局。

记述云南矿厂的书，还有王崧《矿厂采炼篇》、倪慎枢《采铜炼铜记》以及不知成书年代和撰著人的《铜政便览》八卷，其主要内容为吴其濬《滇南矿厂图略》所收录。

吴其濬，字瀹斋，别号雩娄农。河南固始人。清乾隆五十四年二月六日（1789 年 3 月 1 日）生，道光二十六年十二月十一日（1847 年 1 月 27 日）卒。

《滇南矿厂图略》由吴其濬编纂，徐金生（东川府知府）绘辑。根据严中平《清代云南铜政考》序推测，此书成书于道光二十四至二十五年（1844—1845）间。全书分上、下卷。上卷为《云南矿厂工器图略》，包括工器图 20 幅、次滇矿图略、下引第一、硐第二、硐之器第三、矿第四、炉第五、炉之器第六、罩第七、用第八等。书后附宋应星《天工开物》（节录五金第十四卷）、王崧《矿厂采炼篇》、倪慎枢《采铜炼铜记》、《铜政全书·咨询各厂对》。下卷名《滇南矿厂舆程图略》，有全省图 1 幅，以及府、州厅图 21 幅，下为滇矿图略，其下再分各种矿产、运输等，详细记录了云南铜矿的分布、铜矿床的情况和找矿、采矿技术。

2. 水法炼铜技术

秦汉之际开始盛行的炼丹术最早发现铁能够从硫酸铜溶液中置换出铜的化学反应，西汉《淮南万毕术》卷下就记载有"白青（即水胆矾）得铁则化为铜"。北宋沈括《梦溪笔谈》有一段引自唐代《丹房镜源》（成书约在 758～762）的记载"信州铅山县有苦泉，流以为涧，挹其水熬之，则成胆矾，烹胆矾则成铜。熬胆矾铁釜，久之亦化为铜"。[1]（《丹房镜源》[2] 现存版本脱落了"烹胆矾"）。沈括转录的这段唐代记载，常被引作水法炼铜的文献来探讨水法炼铜技术的起源。

这段文献记载的首先记载的是硫酸铜（胆矾）炼铜工艺，即将胆矾从溶液中结晶出来，入炉直接熔炼成铜。冶炼初期硫酸铜、硫酸亚铁等分解成氧化亚铜、氧化亚铁等氧化物，氧化亚铜被后期反应还原成铜，氧化亚铁等造渣与铜分离。从《丹房镜源》的记载看，我国至迟在中唐时期已在南方某些地区使用这种技术来炼铜。当使用由硫化矿石自然氧化而形成的"苦泉"即胆矾溶液来熬制硫酸铜晶体时，作为熬制设备的铁釜与硫酸铜发生置换反应，使之"亦化为铜"。从科学技术史理论观点看，这种属于工匠体系的发现，应该是水法炼铜技术最可能的起源。冶金考古研究发现，古代地中海沿岸某些地区使用过硫酸铜炼铜技术。美国考古学家在对塞浦路斯岛上 20 多处古代炼铜遗址的发掘和研究后，认为该岛古代存在着两种炼铜技术，其中年代稍晚、规模较大的一种就是使用硫化矿石人工制取胆矾溶液并制成硫酸铜晶体来炼铜；西班牙著名的古铜矿冶遗址里奥·迁托古矿的研究也表明，硫酸铜火法炼铜技术在此矿区很早就已使用，发掘亦发现了制取胆矾溶液的堆浸槽等遗迹[3]。以硫酸铜晶体为原料的炼铜技术实践，因发现铁釜"化为铜"而最终发展到用铁直接置换铜的水法炼铜技术，并为水法炼铜技术所取代。到了唐代末期，水法技术炼出的铜作为十种铜之一，被

---

① 郭正谊，水法炼铜史料新探，化学通报，1983，(6)。

② 载于《道藏》，涵芬楼影印本 595 册。

③ Koucky Frank L. et al., Ancient Mining and Mineral Dressing on Cyprus. In: The Evolution of the First Fire-using Industries (Washington: Smithsonian Institution Press, 1982), p. 149.

称为"铁铜"。

宋代水法炼铜使用最广泛。水法炼铜大规模应用取决于两个条件：一是有足够的铁，二是有足够的胆水。唐宋时期，中国冶铁技术日臻成熟，铁产量和社会铁积存量渐趋饱和，宋代更是大规模使用煤来炼铁，为水法炼铜提供了大量的铁。宋代的中国气候正处于温湿多雨期，长江中下游一带的铜矿床得以氧化生成常年流淌的胆水溪流，使水法炼铜得以汇聚充足的胆水。宋代正好同时满足了两个条件，水法炼铜才得以大行其道。

北宋王安石变法时期，出于"理财"的需要，水法炼铜产铜量成倍增加。宋代文献称水法炼铜是由哲宗时期饶州人张潜（1025～1105）发明、并由其子张甲献给朝廷的。徽宗时大型水法炼铜场有韶州（广东曲江）岑水、潭州（湖南浏阳）、信州（江西上饶）铅山、饶州（江西鄱阳）德兴、建州（福建建瓯）蔡池、婺州（浙江金华）铜山、汀州（福建长汀）赤水、邵武军（福建邵武）黄齐、潭州（湖南株洲）巩山、温州（浙江永嘉）南溪、池州（安徽贵池）铜山共十一处，大观年间（1107～1110）年水法炼铜产量有 100 余万斤，约占铜总产量的 15％。南宋水法炼铜已经占主导地位，乾道年间（1165～1173）水法炼铜产量约 223 万斤，占当时全部总铜产量的 81％，当时年产铁 88 万多斤，全部分配给各地供水法炼铜使用。

据洪咨夔《大冶赋》等文献记载，宋代水法炼铜分为浸铜法、淋铜法两种不同的流程：

其浸铜也：铅山兴利，首鸠傿功。推而放诸，象皆取蒙。辨以易牙之口，胆随味而不同。青涩苦以居上，黄醮酸而次中。监以离娄之日，泛浮沤而异容。赤间白以为贵，紫夺朱而弗庸。陂沼既潴，沟遂斯决。瀺灂潰溶。汩漷潊冽。铜雀台之簷雷，万瓦建瓴而淙淙。龙骨渠之水道，千浍分畦而滴滴。量深浅以施槽，随疏密而制闸。陆续吞吐，蝉联贯列。乃破不辌之釜，乃碎不湘之鐥。如鳞斯布，如翼斯起。潄之玲珑，溅之齿齿。沉涵极表里以俱畅，蒸酿穷日夜而不止。元冥效其巧谲，阳侯献其悱诡。变蚀为沫，转溢为髓。或浹下簟。自凝珠蕊。且濯且渐，尽化乃已。投之炉锤，遂成粹美。

其淋铜也：经始岑水，以逮永兴。地气所育，它可类称。土抱胆而潜发，屋索绚而巫乘。剖曼衍，攻峻嶒。浮埴去，坚壤呈。得難子之胚黄，知土鉟之所凝。辇运塞于介蹊，积高于修楹。日愈久而滋力，矾既生而细确。是设抄盆笭络以度，是筑罾槽竹笼以酾。散鉷栗而中铺，沃鉷液而下渍。勇抱甖以潺湲，驯翻瓢而滂濞。分酲淡于淄渑，别清浊于泾渭。其渗泻之声，则槽丘压酒于步兵之厨。其转引之势，则渴乌传漏于挈壶之氏。左把右注，循環（环）不竭。昼湛夕溉，薰染翕欿。幻成寒暖燥湿不移之体，疑刀圭之点铁。

显然，浸铜法使用的是天然胆水，淋铜法则以人工堆浸低品位硫化矿石制取胆水，在技术上比较进步。按《宋会要辑稿》记载，水法炼铜是北宋政和四年（1114）在韶州岑水厂首先使用并推广到其他地区，负责官员还因此受到朝廷的嘉奖。按理论推算，0.88 斤铁可置换出 1 斤铜，实际生产中不可能达到这一理论值，宋代效果 1 斤铜最好时需用铁 2 斤 4 两，近现代同类生产最佳时尚需铁 3 斤，说明宋代的技术水平是相当高的。大诗人苏东坡曾写诗赞扬水法炼铜："高岩夜吐金碧气，晓得异石青斓斑。坑流窑发钱涌地，暮施百镒朝千瑗"。

张潜还总结了水法炼铜的实践经验，于绍圣年间（1094～1098）写了一部专著《浸铜要略》，今仅存元代危素所作的《浸铜要略序》。宋代以后，水法炼铜生仍有继续，直到现代还有应用。

3. 小结：古代炼铜技术类型

综合前述文献研究，可以认定长江中下游地区古代存在着六种炼铜工艺，分别是：

(1) 氧化矿石还原熔炼成铜。

(2) 硫化矿石经死焙烧后再还原熔炼成铜。

(3) 硫化矿石经多次交替进行的焙烧、冶炼，依次炼成品位由低到高的各种中间产物冰铜，最后再炼成铜。

(4) 硫化矿石经天然或人工硫酸化（焙烧）堆浸，得到胆矾溶液并制成硫酸盐晶体，再入炉熔炼成铜。

(5) 天然胆水与铁发生置换反应生成铜。

(6) 硫化矿石经天然或人工硫酸化（焙烧）堆浸得到胆水，再与铁发生置换反应生成铜。

前三种工艺属于火法技术。这三种工艺虽然由唐宋文献研究得出，但据炼铜物理化学的可能性看，在吹炼冰铜技术发明之前，古代世界只能存在这样三种火法炼铜工艺。因此，这三种工艺的划分也具有普遍的意义。

前述能够比较完整复原其冶炼技术的文献多为宋代记载，更早的炼铜技术（主要是火法炼铜技术）难以仅凭文献来考察，只能依靠冶金考古工作。近年我国仅长江中下游地区已发现总计为数百处的古铜矿冶遗址，如湖北大冶县境内除著名的铜绿山古矿冶遗址外还有200处古铜矿冶遗址，江西瑞昌和安徽铜陵、南陵及江苏江宁、浙江淳安等地都有大批古铜矿冶遗址。揭示这些遗址所采用的炼铜技术的任务，必须由考古发掘和科技考古工作共同合作完成。

根据前述炼铜工艺类型的划分，结合炼铜物理化学基本原理，可对各类型的炼铜工艺的遗物如矿石、炉渣、中间产品、炼炉等进行相应的分类、界定，并建立系统的实验室研究方法，以对我国古铜矿冶遗址的炼铜技术进行研究，揭示我国炼铜技术的发展历程。

二 以炉渣为主研究古代火法炼铜技术的方法

我国已发现大批古铜冶遗址（简称遗址）。遗址上的各种遗物都可用于研究其冶炼技术，其中最易获得的是作为冶炼废物遗弃的炉渣。炼铜炉渣是由矿石、造渣剂、炉衬等在冶炼温度下相互作用而形成的主要含 FeO、SiO_2、Al_2O_3 等氧化物的硅酸盐体系，并含有少量的铜的残余矿物。固态炉渣中，大量的硅酸盐作为基体溶解并包裹着铜的残余矿物。炉渣作为冶炼产物之一，在冶炼温度下呈融熔状态排放到炉外凝成致密的固体，其中携带的冶炼反应信息被永久封闭，因此炉渣分析可揭示古代炼铜技术。

(一) 炼铜炉渣及其分类

不同种类和品位的矿石冶炼工艺不同，据文献研究及冶铜物理化学可能性，可认定古代长期存在着三种火法炼铜工艺：

（1）氧化矿石还原熔炼成铜，简称"氧化矿-铜"；

（2）硫化矿石死焙烧（理论上脱除全部硫）后还原熔炼成铜，简称"硫化矿-铜"；

（3）硫化矿石经多次焙烧（脱除部分硫）、富集熔炼，依次炼成多种中间产物冰铜，最后还原熔炼成铜，简称"硫化矿-冰铜-铜"。

火法炼铜的主要反应为[①]：

$$(2/3) FeS + O_2 = (2/3) FeO + (2/3) SO_2 \tag{1}$$

$$\Delta G_1^0 = (-72500 + 12.57T) \times 4.1868 \text{ (J)}$$

$$(2/3) Cu_2S + O_2 = (2/3) Cu_2O + (2/3) SO_2 \tag{2}$$

$$\Delta G_2^0 = (-64100 + 19.40T) \times 4.1868 \text{ (J)}$$

$$Cu_2O + FeS = Cu_2S + FeO \tag{3}$$

$$\Delta G_1^0 = (-69060 + 25.64T) \times 4.1868 \text{ (J)}$$

$$Cu_2S + 2Cu_2O = 6Cu + SO_2 \tag{4}$$

$$\Delta G_2^0 = (8600 + 14.07T) \times 4.1868 \text{ (J)}$$

$$Cu_2O + CO = 2Cu + CO_2 \tag{5}$$

$$\Delta G_2^0 = (-31600 + 5.78T) \times 4.1868 \text{ (J)}$$

氧化矿石或硫化矿石经死焙烧后，大部分铜、铁都为氧化物。熔炼时，铜的氧化矿物按反应（5）、少量的硫化矿物按反应（4）生成铜，即使有少量的硫化亚铁，也会按反应（3）被氧化；生成的硫化亚铜再按反应（4）生成铜。因此，第一种工艺和第二种工艺在熔炼炉内的反应实质是相同的，产物也都是金属铜。

第三种工艺的硫化矿石含黄铁矿（FeS_2）、黄铜矿（$CuFeS_2$）、斑铜矿（Cu_5FeS_4）等硫化矿物，这些矿物在焙烧时会分解脱除部分硫，熔炼时仍含较多的硫。在标准状态时，同一熔炼温度下 ΔG_1^0 远比 ΔG_2^0 为负，使反应（1）远比反应（2）优先进行。进一步计算表明，在熔炼温度下，要使反应（2）先于反应（1）进行，即反应（3）的逆反应进行，硫化亚铁和氧化亚铜的活度要在 10^{-5} 以下。只要有硫化亚铁存在，硫化亚铜就将处于被"保护"、"屏蔽"的状态而不被氧化，熔炼的最终结果是得到一种由硫化亚铁和硫化亚铜形成的液态下无限互溶的均一产物冰铜（锍），其成分可表示为 $mCu_2S \cdot nFeS$，理论含铜量为 0~80%，含硫量为 36%~20%，含铁量为 64%~0。含铜量（品位）低的冰铜需要多次焙烧、熔炼，才能使硫化亚铁氧化脱硫造渣，得到品位依次升高的冰铜，直到脱除足够的硫才按反应（4）、（5）炼出铜来。典型的第三种工艺要分别炼出青冰铜（含铜 30%~40%），红冰铜（含铜 85%~50%），蓝冰铜（含铜 40%~60%）、白冰铜（含铜 70%~80%），最后炼得黑铜、粗铜（含铜 85%~97%），有的贫矿石要经过 8~9 次熔炼才能最后得到铜。

三种工艺中，前两种技术简单、流程短，数日即可完成，但矿石资源有限。第三种工艺技术复杂、流程长，冶炼时间可达数十日，但矿石资源量大，是炼铜技术的重大进步，这一工艺的长期大规模使用，必然在铜的成本、产量方面产生相应的影响，更

① 魏寿昆，冶金过程热力学，上海科学技术出版社，1980 年，第 107 页。

进一步地影响社会经济。因此，揭示出这种工艺的起源、发展及使用规模有重要的意义。

各工艺所进行的熔炼过程只有两种，即对氧化矿石（包括硫化矿石或冰铜的死焙烧产物）进行的还原熔炼和对硫化矿石（包括焙烧后部分脱硫的硫化矿石或冰铜）进行的冰铜熔炼。二者虽然都在还原气氛下进行，但所进行的反应有本质区别。在还原熔炼过程中，发生了铜氧化矿物还原成铜的反应，熔炼的产物是金属铜；在冰铜熔炼过程中，除了复杂硫化物分解成简单硫化物时可脱除部分硫，并没有发生铜氧化矿物还原反应，因而熔炼产物是冰铜，冰铜熔炼过程主要是为冰铜和炉渣的分离提供了一种合适的机械条件。

"氧化矿-铜"和"硫化矿-铜"所进行的熔炉炼过程都属还原熔炼，二者的差别在于后者有死焙烧过程。"硫化矿-冰铜-铜"有时须经过数次焙烧和冰铜熔炼，在焙烧过程脱硫，在冰铜熔炼过程使冰铜与炉渣分离并依次提高品位，最后才把高品位冰铜死焙烧再还原熔炼成铜。三种工艺都进行还原熔炼，只有"硫化矿-冰铜-铜"才进行冰铜熔炼，因此，冰铜熔炼的存在就标志着"硫化矿-冰铜-铜"的存在，鉴定出冰铜熔炼就等于证明了"硫化矿-冰铜-铜"的使用。

为论述方便起见，特定义由冰铜熔炼产出的炉渣为冰铜渣，由还原熔炼产出的炉渣为还原渣。近现代炼铜学对炉渣进行了大量研究，特别是对熔炼条件与古代类似的近代鼓风炉炉渣的研究，可资确定鉴定还原渣和冰铜渣的理论模型。

（二）炉渣类型的鉴定

炼铜炉渣的基体成分，与采用的造渣剂和矿石种类及工艺类型有关，但不存在对应的关系。只有矿石脉石的成分在不同的冶炼工艺中走向不同，进而表现为炉渣基体成分的不同。矿石直接入炉熔炼产生的炉渣，必然带有矿石脉石的成分。一般情况下，矿石脉石中的 BaO 等成分，不会在造渣剂和耐火材料中出现，可以用来判定炉渣出自那一种熔炼工序。但大多数情况下矿石中不含这些可识别成分，则凭炉渣基体的成分就难以判定炉渣的出处。

冰铜熔炼和还原熔炼所使用的矿石和产物的根本差别在于铜与硫的赋存状态或含量不同，因而冰铜渣和还原渣的根本差别出一定在于铜与硫的赋存状态或含量不同。

1. 铜与硫的赋存状态

综合百余年的文献，可认定在熔炼温度下的融熔炉渣中，铜在熔炼温度下的液态炉渣中的存在可分为机械夹杂、物理溶解、化学造渣三种形式，也有称其为机械、物理、化学三种损失形式，以下将其分别简称为夹杂、溶解、造渣。相应地硫只有溶解和夹杂两种存在方式。炉渣凝固后，其中各种形式存在的铜和硫会发生相应的变化，夹杂形式的铜和硫会凝结成固态颗粒，溶解形式的铜和硫会因溶解度下降而部分析出形成小颗粒。表 5-1-1 参阅了大量文献并结合古代炼铜炉近似于现代鼓风炉且还原性气氛更强的特点，列出了古代炼铜炉渣中铜与硫的赋存状态的特点。由表 5-1-1 可知，还原渣中不存在硫化亚铁，冰铜渣中不存在铜及氧化亚铜，这是还原渣与冰铜在铜与硫赋存状态方面的区别。

表 5-1-1　古代炼铜渣中铜、硫的赋存状态

渣类	还原渣		冰铜渣	
状态	液态	固态	液态	固态
溶解	以 Cu 和 Cu_2S 溶于渣中，其量与炉渣组成、炉内气氛、炉温有关	溶于渣中的一部 Cu、Cu_2S 以微小颗粒析出，弥漫于基体中	以 FeS、Cu_2S 形式溶于渣中，二者的比例不同于所炼冰铜中二者的比例，而与炉渣组成、炉温有关	溶于渣中的部分 FeS，Cu_2S 析出，形成冰铜颗粒弥漫于基体中，其品位不同于所炼冰铜品位
造渣	Cu_2O 与 Fe_2O_3、SiO_2 等形成化合物，其量与炉内气氛有关	呈 Cu_2O、铜硅酸盐等晶体进入基体	无	无
夹杂	以 Cu 液滴和 Cu_2S 液滴夹杂于炉渣中，其量与炉渣的黏度、密度及炉内气氛有关	以 Cu、Cu_2S 颗粒呈繁星状分布于基体中，大 Cu 颗粒代表产物成分	以与所炼冰铜相同组成的液滴夹杂于炉渣中，其量与炉渣黏度、密度有关	以颗粒呈繁星状分布于基体中，属冰铜结构，但品位比所炼冰铜略高，大颗粒品位等于所炼冰铜品位

注：一般认为大颗粒径至少在 50 微米。炉渣中夹杂形式存在的铜占较大比例，溶解形式的铜次之

　　液态冰铜渣中铜以液态冰铜液滴夹杂为主要存在形式，以硫化亚铜形式溶解的铜为次要存在形式。理论上不可能存在硅酸盐形式造渣的铜和以金属铜形式溶解的铜；液态冰铜渣中除了与铜一起夹杂和溶解的硫之外，还有以硫化亚铁形式溶解的硫。固态冰铜渣中，由夹杂冰铜液滴凝固而成的较大冰铜颗粒的成分与因溶解度下降而析出的较小冰铜颗粒成分不同，夹杂的冰铜颗粒成分在熔炼产物冰铜成分上下波动，所有夹杂冰铜颗粒汇积在一起就应是熔炼产物冰铜，可以推论夹杂来源的冰铜颗粒越大，其成分应该越接近，因而在事实上就是熔炼产物冰铜的成分，根据现代炼铜学近来进行的急冷、缓冷冰铜渣中冰铜颗粒粒度分布的研究，可以认为固态冰铜渣中粒径在 50 微米以上者必定是由原来夹杂的冰铜液滴凝固而来；固态冰铜渣中的冰铜颗粒，越是大于 50 微米，其成分越能代表熔炼产物冰铜的成分。此外，在固态冰铜渣夹杂冰铜颗粒中可发现毛细铜，此种毛细铜并非熔炼温度下液态冰铜渣所固有的，而是在冰铜渣冷凝过程中后析出的，其析出机理与冰铜冷凝时析出毛细铜的机理相同，系由冰铜分解而成，其析出与否及析出量多寡取决于冷凝速度和冰铜品位。

　　液态还原渣中铜以金属铜液滴夹杂为主要存在形式，另有视还原气氛强弱而定的硅酸盐形式造渣的铜，以金属铜的形式溶解的铜即使存在，其量也要比前两种形式存在的铜少得多，液态还原渣中硫可以硫化亚铜的形式溶解，或以液态硫化亚铜的形式单独或与夹杂形式的金属铜一起夹杂在渣中。固态还原渣中，由夹杂铜液滴凝固而来的铜颗粒成分与熔炼产物金属铜相同。

　　综上所述，可从铜和硫的赋存状态上鉴别炉渣的种类和熔炼产物的成分，具体判据是：固态冰铜渣中的含铜颗粒是冰铜，其中较大的夹杂冰铜颗粒成分可代表熔炼产物冰铜成分；冰铜渣中没有单独存在的金属铜颗粒，但在冰铜颗粒中可存在有毛细铜。固态还原渣中的含铜颗粒绝大部分是金属铜，可能有少量单独存在或与金属铜颗粒共存的硫化亚铜颗粒。

2. 铜与硫的相对含量

既然冰铜渣和还原渣中铜与硫的赋存状态有本质区别，那么在化学比例上反映渣中铜与硫赋存状态的铜硫相对含量即渣的铜硫比（Cu/S）亦应有相应的区别。

就冰铜渣而言，夹杂形式和溶解形式存在的铜都呈硫化亚铜状态，硫除了呈硫化亚铜状态外，还呈硫化亚铁状态，实验研究和熔炼实践都已揭示，随着冰铜品位的提高，相应的冰铜渣中含铜量升高、含硫量降低、铜硫比升高，即冰铜渣的铜硫比随冰铜品位的升高而升高，冰铜品位最高为80%，此时渣中铜与硫都以硫化亚铜（Cu_2S）状态存在，渣的铜硫比也达到最大值，即由硫化亚铜所规定的 64×2：32＝4，熔炼含硫化亚铁（FeS）即品位低于80%的冰铜的冰铜渣的铜硫比都将小于4。

进一步地，可导出冰铜渣铜硫比与冰铜品位的关系式。将冰铜视为 $mCu_2S \cdot nFeS$，其含铜为 $Cu_{冰}$；含硫化亚铜、硫化亚铁量为 $Cu_2S_{冰}$、$FeS_{冰}$；冰铜渣的含铜为 $Cu_{渣}$，铜硫比为 Cu/S；冰铜渣中总含硫化亚铜、硫化亚铁量为 $Cu_2S_{渣}$、$FeS_{渣}$；夹杂的冰铜成分与冰铜相同，其铜量占渣中总铜量份额为 n，其中夹杂的铜、硫化亚铜、硫化亚铁为 $Cu_{夹}$、$Cu_2S_{夹}$、$FeS_{夹}$；冰铜渣中硫化亚铜、硫化亚铁溶解遵守分配定律，分配系数为 K_{Cu}、K_{Fe}，溶解量为 $Cu_2S_{熔}$、$FeS_{溶}$；Cu_2S 在冰铜和冰铜渣中的活度系数为 $f_{Cu冰}$、$f_{Cu渣}$；硫化亚铁在冰铜和冰铜渣中的活度系数分别是 $f_{Fe冰}$、$f_{Fe渣}$。则有：

$$Cu_2S_{渣}＝Cu_2S_{夹}＋Cu_2S_{熔}$$
$$FeS_{渣}＝FeS_{夹}＋FeS_{溶}$$
$$f_{Cu渣} \cdot Cu_2S_{熔}/(f_{Cu冰} \cdot Cu_2S_{冰})＝K_{Cu}$$
$$f_{Fe渣} \cdot FeS_{溶}/(f_{Fe冰} \cdot FeS_{冰})＝K_{Fe}$$
$$Cu_2S_{夹}/Cu_2S_{渣}＝Cu_{夹}/Cu_{渣}＝n$$
$$Cu_2S_{冰}＋FeS_{冰}＝1$$
$$Cu_{冰}＝0.8Cu_2S_{冰}$$

可推导出：

$$Cu_{冰}＝16\{P^{-1}[44(Cu/S)^{-1}-11]＋20\}^{-1} \tag{A}$$

式中 $P＝K-n(K-1)$

$$K＝K_1K_2/K_3$$

$K_1＝K_{Fe}/K_{Cu}$，代表炉渣对 FeS、Cu_2S 的溶解能力之比。

$K_2＝f_{Fe冰}/f_{Cu冰}$，代表冰铜中 FeS、Cu_2S 的活度系数之比。

$K_3＝f_{Fe渣}/f_{Cu渣}$，代表炉渣中溶解的 FeS、Cu_2S 的活度系数之比。

炉渣对硫化亚铁的溶解能力远大于对硫化亚铜的溶解能力，纯铁橄榄石（Fe_2SiO_4）炉渣在熔炼温度下可溶解约9%的硫化亚铁，约0.9%的硫化亚铜[1]，此时的 K_1 约为10。K 值作为反映炉渣物理性质的参数，将主要受 K_1 控制，由炉渣的成分和熔炼温度所决定，理论上是可以精确认定的。n 作为反映熔炼过程机械操作水平的参数，主要取决于炉渣的黏度、沉降时间等，其值因操作的好坏而显示一定的随机性，难以在理论上精确认定。对冰铜渣中夹杂部分的铜占渣中总铜量的比例研究结果不一，分别报道为40%、50%、65%～80%，因此在实际熔炼过程中 n 可为一经验值。因此 P 值应是一半理论、半经验的混合参数，对

---

① 莫斯托维奇、诺维柯夫，火法炼铜学，邹培浩等译，冶金工业出版社，1958年，第37页。

温度、成分确定的冰铜渣的大量长期熔炼实践，应表现为一近似常数，其数值可从实际熔炼或模拟实验中提取。

另，工厂实践统计和大量试验结果的数学处理，提出了一些冰铜渣含铜量与冰铜品位之间的关系式，可用于估算冰铜品位。

典型的"硫化矿-冰铜-铜"工艺要经过多次富集熔炼以产生品位由低到高的冰铜，并排放相应次数的冰铜渣。随着冰铜品位逐级升高，这些冰铜渣的铜硫比也将由低到高分级变化。在理论上，大量冰铜渣的随机取样分析将呈现铜硫比由低到高的分级现象，所分的级数等于富集熔炼的次数。还原渣中铜与硫的赋存状态大部分为铜，少量为硫化亚铜，这时的铜硫比必然大于4。当矿石中含硫较多时，还原熔炼可能在炉渣和铜液之间产生一层白冰铜（硫化亚铜饱和以铜），此时还原渣的铜硫比大于，但近于4。没有产生白冰铜的还原熔炼的还原渣中铜硫比远大于4。还原熔炼时有无白冰铜层产生对判定冶炼工艺类型无大意义。

3. 工艺类型的判定和分析方法的选用

根据炉渣中的铜与硫的赋存状态、铜与硫的相对含量（铜硫比）及基体的成分，结合地质、考古考证据，可判定冶炼的工艺类型，表5-1-2列出了以炉渣分析为主判定冶炼工艺类型的指标。

表5-1-2　以炉渣分析为主判定冶炼工艺类型的指标

工艺类型	遗迹遗物	炉渣				
		种类	基体成分	含铜颗粒	含铜量	Cu/S
硫化矿-冰铜-铜	原生硫化矿石（含铜黄铁矿、黄铜矿）进入原生带的矿洞、熔炼矿石、冰铜锭、铜锭	冰铜渣	只有第一次富集熔炼的冰铜渣含矿石脉石中的可识别成分，其余冰铜渣不含矿石脉石中的可识别分	冰铜颗粒，大颗粒的成分与所炼的冰铜品位相同，可以之判定冰铜品位	一般低于0.8%	<4 铜硫比与冰铜品位关系式
		还原渣	不含矿石脉石中的可识别成分	铜颗粒为主，少量的白冰铜（Cu/S）颗粒，大颗粒成分与所炼的产品成分相同，可以之判定冶炼产物组成	一般较高，约为1.0%	>4
硫化矿-铜	次生硫化矿石（辉铜矿等）、进入次生富集带的矿洞、焙烧炉、炼炉、死焙烧矿石、铜锭	还原渣	含有矿石脉石中的可识别成分			
氧化矿-铜	氧化矿石（孔雀石等）、进入氧化带的矿洞、炼炉、铜锭		含有矿石脉石中的可识别成分			

可选的分析方法有多种，如扫描电镜能谱分析、X射线衍射分析、矿相分析等，要准确测定炉渣的铜硫比，应采用化学分析。将一个渣样同时用多种手段鉴定，以相互印证结论的准确性。

根据古炉渣研究的实践可知：①由铜硫比分级判定熔炼次数很困难，甚至不可能。各次富集熔炼的冰铜渣在数量上不是平均分布的，而是依次呈近几何级数衰减，导致较后工序排出的高铜硫比冰铜渣在随机取样时出现的几率越来越小，返渣即后段工序的高铜硫比冰铜渣和还原渣作为造渣剂返回了前段工序；一个完整的工艺在不同地点完成，在一处遗址上找不到全部流程的炉渣。上述三点使遗址上难以甚至找不到各次富集熔炉的冰铜渣和最后的还原渣，使"硫化矿-冰铜-铜"工艺的全流程难以完整地被揭示。②铜矿伴生有铅、锌、砷、镍等亲硫性近于铁铜的元素时，其硫化物可进入产品和炉渣，使炉渣的铜硫比下降。当铜矿伴生上述元素时，务必使用多种分析手段，特别是对炉渣中大的含铜颗粒进行分析（可找直径为几个毫米的大夹杂颗粒），以认定冶炼的产品，判定冶炼工艺类型。有上述元素存在的冰铜渣，不能用公式 A 准确判定冰铜的品位。按照上述理论对冶铜遗址出土冶铜遗物进行研究，为判定中国古代冶铜工艺的发展历程，提供科学依据。

三 辽西地区早期炼铜技术

（一）牛河梁冶铜炉壁残片研究

辽宁省凌源县（现凌源市）与建平县交界处的牛河梁近年因发现和发掘了大型红山文化遗址群而闻名。20 世纪 80 年代中期，在牛河梁一人工堆积而成的金字塔转山子顶部和一自然山丘小福山顶部分别发现了冶铜炉壁残片。1987 年，辽宁省考古研究所对转山子进行了发掘。发掘期间，北京科技大学冶金史研究所承发掘单位的热情邀请，对发掘现场出土的炉壁残片进行了考察取样，并在小福山顶部采集了炉壁残片。对炉壁片进行了分析、复原、测年，以揭示其所代表的冶金技术和意义。

1. 炉壁片及其粘附炉渣分析

转山子发掘现场所见炉壁残片集中堆积，似非原始冶炼场所，见图 5-1-3。炉壁残片大小不一，大部呈弧状，壁为草拌泥所制，里面多附黑色炉渣层。少量较大炉壁残片上带有一个或两个向内倾斜的小孔。见图 5-1-4。

图 5-1-3 牛河梁转山子冶铜炉壁残片堆积

图 5-1-4 转山子遗址出土
的带孔炉壁残片

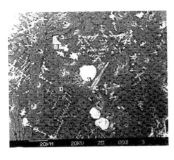

图 5-1-5　炉渣中的铜颗粒

对炉壁和其所粘附的炉渣分别进行取样和分析。从炉壁残片上将炉渣层剥离下来，破碎成粉样以分析铜、硫含量，铜使用原子吸收法测定，硫使用燃烧法测定，分析结果见表 5-1-3。将炉壁和（或）炉渣镶样，对炉壁或炉渣基体进行了扫描电镜无标样定量分析，简称 SEM 分析，分析结果见表 5-1-4。对炉渣的矿相和 SEM 观测发现渣中呈繁星状分布有粒度不一的铜颗粒，分析显示其成分为纯铜。炉渣截面及铜颗粒形貌见图 5-1-5。

表 5-1-3　炉渣铜硫含量化学分析结果

样品编号		牛 1	牛 2	牛 3	牛 4	牛 11	牛 12	平均
成分/W%	Cu	4.90	7.80	5.25	4.75	3.12	8.72	5.76
	S	0.012	0.025	0.012	0.021	0.060	0.045	0.029

表 5-1-4　转山子坩埚片及粘附炉渣扫描电镜分析结果

样品编号	分析区域	SEM 分析成分/%						
		MgO	SiO_2	CaO	FeO	Al_2O_3	K_2O	Cu
牛 1	炉渣基体	21.2	53.2	13.5	7.6	0.0	0.0	4.1
牛 2	炉渣基体	21.1	49.2	10.1	13.7	0.0	0.0	5.9
牛 3	炉渣基体	26.7	53.8	7.8	6.5	0.0	0.0	5.0
牛 4	炉渣基体	13.9	53.0	18.2	11.6	1.5	0.5	1.4
牛 5	炉壁	3.1	61.2	3.6	8.0	21.2	3.0	—
牛 6	炉壁	3.8	56.6	8.0	8.8	19.8	3.0	—
牛 7	炉壁	3.5	60.5	2.9	9.0	20.5	3.6	—
牛 8	炉壁	3.5	58.4	3.1	10.0	21.8	3.2	—
牛 9	炉渣基体	19.9	42.5	13.2	16.3	4.5	0.5	3.2
	炉壁	4.2	58.0	3.4	10.0	21.2	3.3	—
牛 10	炉渣基体	17.0	45.2	14.7	16.8	5.0	0.0	1.4
	炉壁	4.0	60.2	3.1	9.2	20.0	3.6	—

注：—表未见谱线，可视含量为零。

2. 炉壁残片测量

在对遗址现场大量炉壁线片观察的基础上，对部分典型炉壁线片进行了测量。炉内外径、炉壁上小孔孔径、角度和相对位置测量结果见图 5-1-6、图 5-1-7。

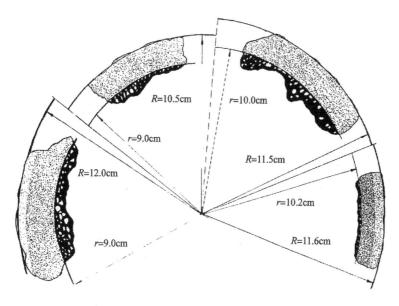

图 5-1-6 炉壁残块测量图

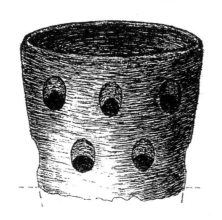

图 5-1-7 炼炉上部结构复原图

3. 年代测定

在北京大学考古系热释光测年实验室对炉壁线片和与炉壁线片同时出土的红山文化陶片以及牛河梁女神庙红烧土进行了热释光年代测定。测定分别以各样品和女神庙红烧土的铀（U）、钍（Th）、钾（K）含量为样品本身和环境放射剂量。上海博物馆考古科学与文物保护实验室也对炉壁线片和红山文化陶片进行了热释光测年。所有测定结果见表 5-1-5。

表 5-1-5 坩埚片和红山文化陶及红烧土热释光年代测定结果

样品编号	样品性质	U/（×10⁻⁶）	Th/（×10⁻⁶）	K/%	年代值/BP
BKL-9401	红山文化陶片	1.21	10.8	2.15	4506±625
BKL-9505	红山文化陶片	1.26	12.7	2.18	3900±557
BKL-9506	红山文化陶片	1.44	12.1	1.95	4149±580
BKL-9508	红山文化陶片	1.19	9.2	2.45	4930±602
BKL-9507	女神庙红烧土	1.03	8.9	2.47	4204±631

样品编号	样品性质	U/（×10^{-6}）	Th/（×10^{-6}）	K/%	年代值/BP
BKL-9501	炉壁片	1.32	11.0	1.78	3150±472
BKL-9402	炉壁片	1.43	11.0	2.15	3000±500
BKL-9509	炉壁片	1.21	8.9	2.29	3500±574
	炉壁片				3140±540
上博401	红山文化陶片				4500±450
上博401	炉壁片				3100±310

4. 讨论

根据炉壁线片和炉渣的分析和测量及热释光年代测定结果，可对炉渣的性质、炼炉结构、冶炼方法及其在中国冶金史上的意义进行探讨。

坩埚壁粘附的炉渣是冶炼炉渣还是熔化炉渣，直接关系到冶炼性质的认定。从表5-1-3的化学分析结果显示，炉渣含铜为3.12%～8.72%，含硫为0.012%～0.060%。表5-1-4的SEM分析结果显示，炉渣含MgO为13.9%～26.7%，CaO为7.8%～18.2%，FeO为6.5%～16.8%，SiO$_2$为42.5%～53.8%，Al$_2$O$_3$为0～5.0%，属于MgO-CaO-FeO-SiO$_2$体系。表5-1-4还显示，炉壁含MgO为3.1%～4.2%，CaO为3.1%～8.0%，FeO为8.0%～10.0%，SiO$_2$为56.6%～61.2%，Al$_2$O$_3$为20.5%～21.2%，属于含铁较高的黏土。

炉渣低铜、高镁、低铝，并含有一定数量的钙、铁，表明炉渣应是由冶炼矿石的过程中产生的。原因有如下几点：

（1）熔铜炉渣含铜一般在15%以上，而坩埚粘附的炉渣含铜量远低于此。

（2）炉渣成分波动较大。这种情况在熔铜时不会发生，因为熔铜时即使加入造渣剂，其种类和数量也是人为控制的；相反，古人在炼铜时由于无法精确控制矿石成分，造成炉渣成分波动是很自然的。

（3）熔铜渣系由炉壁侵蚀融化后与造渣剂等相互作用而成，数量相当少。其中来自坩埚壁的个各成分之间的比例应与炼炉中相应成分间的比例一致。炉渣中含铝甚低，而炉壁含铝很高，说明炉壁中的铝没有进入炉渣，则炉壁中的硅、钙、铁也同样没有大量地进入炉渣。炉渣中的硅、钙、铁既然不是从炉壁而来的，而熔铜时同时加入这些成分又会人为加大炉渣量，在操作和经济上都是不可取的，那么它们就只能源自炼铜的原料矿石。

（4）炉壁含镁甚少，又氧化镁因使炉渣熔点升高而不会被用来作造渣剂，故炉渣中的镁只能是矿石带来的。据地质文献，牛河梁附近地区有多处铜矿点，其地质状况基本相同。首先，各矿点氧化带都较浅，一般仅深约20～30米，地表常见矿苗出露，且都产出品位较高的孔雀石、赤铜矿等氧化矿石；其次，各矿点矿石脉石皆为蛇纹石Mg$_6$［Si$_4$O$_{10}$］（OH）$_8$、透闪石Ca$_2$(Mg，Fe)$_5$［Si$_4$O$_{11}$］$_2$（OH）$_2$、透辉石CaMg［S$_2$iO$_6$］等含镁矿物，这些矿物呈深浅不一的绿色，与孔雀石共生。在矿物知识甚少、选矿水平低下的远古时期，古人在这些矿点开采出的矿石必然含有相当数量的脉石矿物，甚至误把脉石矿物当作铜矿物。

上述各矿点矿石脉石含较多的镁与炉壁粘附炉渣含镁很高、含硫很低的事实，说明这些炉壁及炉渣就是用来冶炼牛河梁附近的氧化矿石的遗物。矿石脉石含镁矿物也同时带来了炉渣中的硅、钙、铁。至于牛河梁炼铜使用的矿石来源地点，还需进一步考古调查和发掘来确定。

根据图5-1-5炉壁的测量、图5-1-6复原的炼炉上部结构，可知炼炉上部内径为18～20厘米、外径为21～24厘米、壁厚1.5～3.0厘米。内外径的变化可能是由于测量的炉壁线片处于炼炉的位置不同、炼炉制作不规范以及烧损等原因造成的。炉壁上的小孔当为鼓风孔，内径为3.4～4.0厘米；当炼炉垂直时，孔向内倾斜约35°。孔分上下两排交错排列，两排孔中心间距为8.0厘米，上排两相邻孔中心距为12.0厘米。如按炼炉外径平均值为23.0厘米计算，每排应有鼓风孔6个，每个炼炉有两排共12个鼓风孔。

按两排鼓风孔中心线交汇处是风力集中处，此处应是正常冶炼时温度最高处，当在炼炉高度的1/3的位置上，据此估计炼炉高度约为35厘米。由于没有发现反映底部结构的残片，炼炉难以完全复原，但可肯定其底部结构应有利于炼炉的稳定和操作。炉壁片外表呈砖红色，无烧流迹象，表明炼炉是暴露在氧化气氛中的，未在外部加热。因此，冶炼是靠炼炉内木炭燃烧所发出的热量维持的。

炼炉壁上两排鼓风孔的设置应是克服炉渣熔点较高的措施。鼓风孔向下倾斜，可使风力指向炼炉中心部位。两排孔上下交错，可使鼓入气流分布均匀。这些都有利于木炭燃烧，提高炉温，使冶炼顺利进行。从炉渣整体熔化状态不良，而局部又有良好的液态凝固的晶体结构的事实看，冶炼温度没有超过炉渣熔化温度范围许多。这可能是鼓风技术较原始造成的。鼓风孔内壁表面光滑，未见有磨损痕迹，表明鼓风器具并未通过鼓风孔与炼炉相连，推测其鼓风方式很可能是用人力以吹管鼓风。人力通过吹管鼓出的气体含氧量比正常空气少约30%，而且人力鼓风强度受肺呼量等因素的限制，不可能大到较高的冶炼温度。据J. E. Rehder的计算，人力吹管鼓风所能大到的冶炼温度约为1200℃[1]。在此温度下，液态炉渣虽已形成，但黏度较大，气泡较多，且某些高熔点脉石矿物还没有融化，因此还原出的铜液滴未能完全沉降到炼炉底部而残留在炉渣中，使炉渣含铜较高。

冶炼产生的铜液沉降到炼炉的底部。冶炼结束后，须将炼炉下部砸碎取铜。因此炼炉为一次性使用，消耗量较大，且下部结构破坏殆尽，很难找到足够的残片供研究复原之用。

牛河梁冶铜炉壁片曾被认为是属于红山文化的。已故著名考古学家苏秉琦先生主编的《中国通史》第二卷的序言中，写有"红山文化冶炼遗存及铜制品"字句，其中的"冶炼遗存"所指当为牛河梁转山子的炉壁残片[2]。

从表5-1-5热释光测定结果看，红山文化陶片及红烧土的年代为3900±557～4930±650BP，与牛河梁其他遗址所测的四个红山文化^{14}C年代范围4470±125～4850±110BP基本相符；炉壁的年代为3000±502～3500±574BP，要比红山文化陶片和红烧土年代晚约1000～1500年，进入了夏家店下层文化的年代范围。

牛河梁炼铜炉壁残片作为目前中国发现的年代最早的炼铜遗物，对中国早期冶金史研究有重要意义。炼炉的鼓风方式已经有了向炉内鼓风的雏形，是炼铜技术发展到一定水平时的遗物。

---

① J. E. Rehder, Blowpipes Versus Bellows in Ancient Metallurgy, Journal of Field Archaeology, Vol. 21, 1994, pp. 345～350.

② 白寿彝总主编、苏秉琦主编，中国通史（2）・远古时代・序言第13页，上海人民出版社，1994年。

(二) 夏家店上层文化的炼铜技术

1. 大井古铜矿冶遗址

大井古矿冶遗址位于今内蒙古自治区赤峰市林西县官地乡大井村（现大井镇）北山南坡，地理位置为北纬 43°40′20″～43°42′25″，东经 118°18～118°20′，系原昭乌达盟地质队204分队于1962年发现的，著名考古学家贾兰坡先生、辽宁省博物馆、林西县文化馆等对其进行过多次调查，并于1976年7月进行了试发掘。冶金史学者丘亮辉、朱寿康、高武勋先生及李延祥等都曾到遗址及赤峰、沈阳等地进行考察取样。该遗址已在2001年被公布为第五批国家级文物保护单位，见图5-1-8。

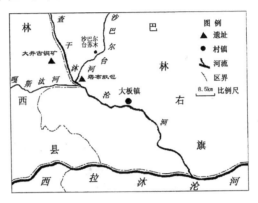

图 5-1-8　大井古铜矿及塔布敖包冶炼遗址位置

（1）矿冶遗迹。大井矿位于大兴安岭海西褶皱带南端，矿体生成方式为裂隙充填式，系中温热液铜锡共生矿，并伴生有砷、银等元素，铜、锡、银含量较高且成正比关系，砷在矿石中分布普遍但含量变化较大。矿区地表岩石赫石化强烈，为找矿标志。矿体露头氧化淋失强烈，呈现褐-紫褐色铁锈，含孔雀石、蓝铜矿，铜品位最高4.25%，锡品位最高1.39%，未见次生富集带。氧化带（铜氧化率大于30%）深度仅据部分钻孔的24个样品分析定为34～60.5米，中值为47米，混合带（铜氧化率10%～30%）深度为47～78米，下界定为62米。混合带之下为原生带。原生矿石铜品位平均1.84%，最高13.4%；锡品位平均0.51%；砷品位平均0.83%，最高14.68%；银品位平均109.1克/吨。矿石类型以含锡石、毒砂的黄铁矿-黄铜矿为主，约占总储量的95%以上。锡以锡石为主，少量为黄锡矿。砷以毒砂为主，极少量为砷黝铜矿。银以银黝铜矿为主，少量为辉银矿。在长2公里、宽1公里的矿区内，共发现矿体114个，矿体续性较好，以不规则脉状为主，串珠状、扁豆状次之。各矿体之矿石构造、矿物组合及化学成分大同小异。古矿冶遗迹占地约2.5平方公里，地表可见露天采槽47条，经地质队不完全清理统计开采长度累积达1570米，最大开采长度200米，最大开采深度20米，最大开采宽度25米。[①] 见图5-1-9和图5-1-10。

───────────────

① 见中国地质档案馆藏第56746号地质档案。

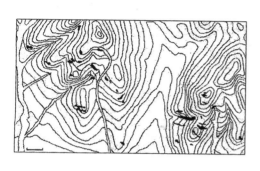

图 5-1-9 大井古矿遗址古采坑分布①

图 5-1-10 古矿坑现状

　　辽宁省博物馆试发掘共出土和采集了各类采矿石器约 1500 件，其中的 1000 多件是从 4 号古矿坑仅 7 米长的发掘区内出土的①。今遗址地表仍可采集到大量石器。李延祥等两次到遗址考察，共采集到各类石器近百件。现矿山许多工人家中都藏有完好石器。整个遗址的石器遗存量之大实难估计。所见石器可分为钎、锤、环、球、盘及研磨器等类型，其中的钎、锤、环又分多种亚型，分别作为采矿、选矿工具。石器主要以附近河道中的花岗岩、玄武岩砾石为原料，根据用途打磨成形。所有钎、锤等石器中部都磨有一圈凹槽，以利绑扎木柄。见图 5-1-11 和图 5-1-12。

图 5-1-11 采矿石器

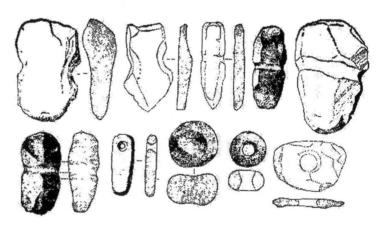

图 5-1-12 采矿石器类型①

　　在 4 号采槽南 20 米处的东西向山沟南发现冶炼遗址。遗址随山势形成 8 个平台，每个平台面积约 5 平方米。8 个平台共发现 12 座炼炉遗迹，可分为多孔窑形和椭圆形炼炉两种。

① 辽宁省博物馆文物工作队，文物资料丛刊，第 7 期，1983 年，第 138～146 页。

多孔窑式炼炉 4 座，位于西侧，直径 150～200 厘米，上面覆盖的红烧土块层中布满孔口和弯曲的孔道，孔径 8～10 厘米，见图 5-1-13。在其中的两座炉的西南部发现圆形土坑，直径 80～150 厘米，深 60～80 厘米，坑壁近于垂直，内填灰土，并有陶片出土，坑壁上有多个小孔和架设横木的痕迹。圆形土坑紧临多孔窑形炼炉，发掘者认为是鼓风装置的遗迹。

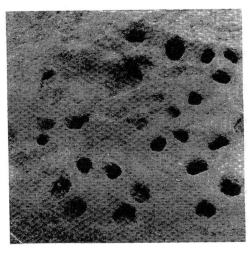

图 5-1-13　多孔窑式炼炉

椭圆形炼炉 5 座，位于东侧，其中 2 号炉的遗迹最为清晰，残存红烧草拦泥炉壁高 20 厘米、厚 10～12 厘米，拱形炉门在低洼的西北方向，高约 20 厘米、宽约 10 厘米，炉口残存部分长轴 120 厘米、短轴 80 厘米，炉内及周围遗留有粘附炉渣的炉壁残片、炉渣和木炭块等，见图 5-1-14。

在 5 号炉址旁的灰土层中发现陶质兽首鼓风管 1 个，见图 5-1-15。管长 33 厘米，首部内径 7 厘米，中部外径 6 厘米，尾部稍残，管首外焦结有炉渣。在 4 号炉址附近还出土 7 块小陶范残块，5 块为外范、2 块为内范。[①]

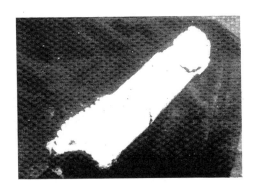

图 5-1-14　椭圆形炼炉　　　　　　　　图 5-1-15　陶质兽首鼓风管

---

① 吴宗信，林西文史资料，第 1 辑，130～133 页。

（2）文化特点及年代测定。在 4 号采槽附近发现房址三处，其中一处尚遗留有采矿石器 200 余件。房址中还发现骨镞、骨刀、钻孔甲骨、燧石镞、刮削器、铜镞、铜凿等物品。4 号采槽局部发掘分出上下两个文化层，上层厚 20～80 厘米，所出为加砂红陶。下层所出为加砂灰陶，也有磨光黑陶，但为数较少。在下层堆积中不夹杂有大量兽骨、木炭，兽骨中大部为猪骨、羊骨，也有鸟骨、鹿骨、蚌壳等[1]。

对房址等出土的木炭样品 ^{14}C 年代进行过测定。北京大学考古系实验测定，压在 4 号采槽上的房址 K4T2F2 堆积中木炭（北大编号 KB77024）：距今 2720±90 年，K2T4 上层炼炉旁木炭（北大编号 BK77028）：距今 2890±115 年。中国社会科学院考古研究所实验室测定，4 号采槽 K4T（?）上层木炭（考古所编号 ZK0411）距今 2708±100 年，4 号采槽上房址 K4T2（3）F2 堆积中木炭（考古所编号 ZK0412）距今 2720±85 年。[2]

（3）鉴定分析结果。辽宁省地质局实验室对原生矿石进行过分析，见表 5-1-6[3]。对在采槽底部采集到的矿石进行主要成分分析，见表 5-1-7。对表 5-1-7 中的矿石进行矿相鉴定，并配合以扫描电镜能谱分析，发现 R1 主要矿物为黄铜矿，其次为黄铁矿、铜蓝、褐铁矿、毒砂、锡石，脉石矿物以石英为主。R2 主要矿物为蓝铜矿、硅孔雀石、锡石、褐铁矿，有少量硫化矿物包裹在石英颗粒中。

表 5-1-6　矿石分析结果　　　　　　　　　　（单位：/%）

样号	Cu	Sn	As	S	Fe^{3+}	Fe^{2+}	SiO_2	Al_2O_3	CaO	MgO	K_2O
ZE751841	2.08	0.43	0.83	6.55	4.76	4.50	63.86	7.15	0.72	0.61	1.60
ZE751842	0.75	0.68	0.33	4.71	3.93	6.95	55.02	10.79	0.30	1.42	2.39
ZE751843	2.50	0.98	0.05	7.08	6.59	8.44	44.50	9.32	0.86	0.92	1.88

表 5-1-7　采集矿石分析结果

样号	Cu/%	Sn/%	As/%	S/%	Ag/（克/吨）	SiO_2/%	Al_2O_3/%	TFe/%
R1	7.80	2.49	0.27	>10	173.0	19.70	6.64	14.00
R2	18.80	4.84	0.83	0.13	1544.0	9.87	0.29	9.30

注：Cu、Sn、Al、Fe 用原子吸收法测定，S 用燃烧测定，As、Ag 用 X 射线荧光法测定。

考察所获的大块炉渣都是和炉壁粘结在一起的，炉渣与炉壁的结合上多气孔，偶见未熔化脉石块，炉渣表面和断面常见大小不一的金属颗粒。将炉渣从其所粘附的炉壁上剥离后，把肉眼可见的较大合金颗粒检出，然后分别制成电镜样和粉末样，进行扫描电镜能谱分析和部分元素含量化学分析，见表 5-1-8。

---

[1] 辽宁省博物馆文物工作队，文物资料丛刊，第 7 期，1983 年，第 138～146 页。

[2] 中国社会科学院考古研究所，中国考古学中碳十四年代数据集（1965～1991），文物出版社，1992，54～55。

[3] 转引自丘亮辉、朱寿康，辽宁省林西县大井古铜矿冶遗址调查，1976，（6），12～15。

表 5-1-8　炉渣扫描电镜能谱分析与部分元素含量化学分析

样品编号	基体扫描电镜分析/%								部分元素含量化学分析				
	FeO	SiO$_2$	Al$_2$O$_3$	CaO	MgO	K$_2$O	Cu	Sn	Cu/%	Sn/%	As/%	S/%	Ag/（克/吨）
S1	45.51	26.73	13.34	8.14	3.12	0.52	0.22	0.30	1.57	2.00	0.17	0.096	84
S2	39.24	35.56	9.17	6.79	2.31	0.58	0.58	4.06	2.74	4.71	1.40	0.240	860
S3	42.49	29.69	13.37	8.54	2.27	0.65	0.18	0.48	2.75	1.29	0.49	0.024	155
S4	45.06	36.35	8.67	2.82	0.55	0.41	0.46	3.34	2.03	2.53	0.43	0.009	109
S5	42.10	35.09	9.03	8.66	1.42	0.57	0.40	2.90	1.93	2.98	0.65	0.170	269
S6	46.40	33.27	6.05	4.55	1.81	0.44	0.95	5.95	0.82	4.89	0.35	0.320	116

注：扫描电镜分析面积约 20 平方毫米。

（4）合金颗粒分析。对表 5-1-8 炉渣取样中挑选出粒径为 1~3 毫米的大合金颗粒若干进行了扫描电镜能谱分析，见表 5-1-9。分析中还发现白冰铜和纯银颗粒，一些合金颗粒含有 Bi、Sb，表 5-1-9 中没有列入。对部分典型颗粒拍摄了扫描电镜背闪射图像，并对细微相进行了分析，结果见各图注释。

表 5-1-9　炉渣中大合金颗粒扫描电镜分析

样号	Cu%	Sn%	As%	Ag%	Fe%	S%	图号
K1	62.71	30.11	5.14	1.64	0.34	0.06	5-1-16
	53.06	37.71	6.35	1.53	1.27	0.08	
K2	66.02	27.46	4.81	1.51	0.04	0.16	
	64.16	29.35	4.77	1.39	0.05	0.29	
K3	91.29	0.74	6.42	0.82	0.00	0.72	
K4	93.86	0.00	3.49	1.98	0.17	0.50	
	75.37	0.00	22.40	0.63	0.33	1.28	
K5	93.32	2.69	2.33	0.50	0.00	1.15	5-1-17
	97.44	0.00	1.64	0.80	0.12	0.00	
K6	80.77	7.07	10.59	1.58	0.00	0.00	
	79.59	11.38	6.60	1.48	0.18	0.77	
	62.82	30.06	4.84	1.43	0.78	0.08	
	95.00	0.19	4.50	0.27	0.00	0.04	
K7	53.87	34.76	6.69	2.00	2.22	0.46	
	62.80	11.87	20.54	1.99	1.45	1.34	
	65.01	7.34	24.52	1.05	0.86	1.21	
	63.22	20.86	13.31	1.55	0.37	0.69	
	66.40	15.32	17.09	0.74	0.12	0.32	
	78.92	0.00	17.44	2.23	0.11	1.30	5-1-18

注：所有数据皆采用面扫描方式获得。

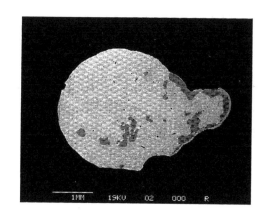

图 5-1-16 渣中大金属颗粒
其中灰白基体为铜锡砷合金，成分见表 5-1-9 之
K1，灰黑相为白冰铜 Cu_2S

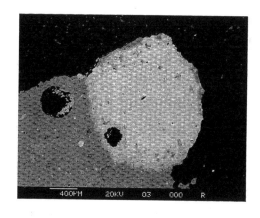

图 5-1-17 渣中金属颗粒
中心部位成分见表 5-1-9 之 K5，边缘灰黑相为白
冰铜 Cu_2S

　　（5）冶炼技术讨论。地质队清理的采槽最大深度为 20 米，而氧化带底限为 34～60.5 米，中值为 47 米。按此古代开采矿石应属氧化矿石，即矿石中铜的氧化率大于 30%，硫化率低于 70% 的矿石。考虑到现代勘探过程中经常发生因矿样放置过久而氧化率增加，不同方法确定的

氧化带、混合带下限误差为 1～2 倍，相分析划定的氧化带、混合带下限偏低，把硫矿石误为混合矿石、混合矿石误为氧化矿石的事实[1]，以及古代开采对矿脉氧化的加速作用，完全有理由认定古代开采的矿石既有氧化带，也有混合带和原生带的矿石。表 5-1-7 中分析的是古矿坑底部采集的矿石，其中的 R1 含硫量大于 10%，矿相鉴定发现黄铜矿、黄铁矿等硫化矿物，表明该样品为原生矿石。

　　古代开采的矿石最保守的估计也应是氧化率比 30% 大不了许多的氧化矿石。这种矿石要么先死焙烧脱硫，再入炉进行还原熔炼成铜；要么

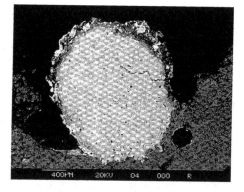

图 5-1-18 渣中金属颗粒
中心部位为铜砷合金，成分见表 5-1-9 之 K7，左侧
边缘白亮相含 Pb

先入炉炼成冰铜，再将冰铜焙烧脱硫后炼成铜。前一种方法仅排出还原渣，后一种方法则排出大量的冰铜渣和少量的还原渣。表 5-1-8 中 6 个炉渣的铜硫比有 6 个远大于 4，只有 1 个（S6）略低于 4；表 5-1-9 中 7 个对应炉渣中的大合金颗粒分析未见低品位冰铜颗粒，只见数量众多的合金颗粒和白冰铜颗粒；这些事实表明这些炉渣都是还原渣，据此可以断定古代使用的冶炼方法是前一种，即采用矿石死焙烧后再还原熔炼的方法。从冶炼遗址发掘资料看，那种多孔窑式炼炉应是对矿石进行死焙烧的焙烧炉。推测矿石的焙烧过程大致如下：首先在选定的炉址上挖一直径 1.50～2.0 米炉坑，分层堆放木柴和经过手选得到的块状富矿石及淘选获得的碎矿制成的矿团，然后以草拌泥将矿石堆封涂起来，在封泥侧面和顶部留下若干直径 8～10 厘米的圆孔作为通风、排烟和散热通道。在矿堆旁另挖一直径 0.8～1.5 米、

① 中国地质档案馆藏第 37653 号地质档案。

深0.6～0.8米的坑，以架设皮囊之类的鼓风装置。点火后鼓风至矿石着火温度，此后矿石氧化放出的热量足以维持反应自动进行。反应停止后即可扒取焙烧矿进行冶炼。焙烧也可能配入了冶炼工序产生的冰铜等。

在焙烧过程中，铜、铁、锡、银的硫化物理论上应皆转化为相应的氧化物，硫被脱除。毒砂、砷黝铜矿在焙烧时发生分解、氧化，砷大部分被脱除，小部分以残留于焙烧矿中，最后进入冶炼产品中。

（6）产品特征。表5-1-9的分析的大合金颗粒绝大部分都含有铜锡砷等，但含量变化甚大。就正常冶炼过程而言，与冶炼产物紧密接触的状态良好的炉口放出渣中机械夹杂的较大金属颗粒可以代表冶炼产物。但表5-1-8、表5-1-9的分析的炉渣不是状态良好的炉口放出渣，而是在炉料熔化下降过程中粘结在炉壁上的挂渣，其中裹携着的是正在生成和汇合的合金颗粒。矿石中矿物组合不同，导致刚刚被还原出来的合金颗粒成分不同，炉渣熔化状态不良、混合不充分妨碍了各种成分的合金颗粒汇合，结果造成表5-1-4中那样较大的合金颗粒成分的不同。这些合金颗粒只有汇合在一起才能代表冶炼产物。由于矿石焙烧脱硫不完全，可能导致部分炉次的冶炼产物中除了含铜锡砷银的合金之外，还会形成一定数量的白冰铜。部分炉渣含硫较高（S6）、炉渣中发现较大白冰铜颗粒所反映的应是此种情形。上述情况造成从炉渣分析结果直接定量判断冶炼产品成分的困难。

鉴于存在上述复杂情况，目前只能认定大井古矿冶遗址冶炼产品是含银的铜锡砷三元合金，并含有锑等微量元素。

大井古矿冶遗址是我国最早发现、发掘的矿冶遗址，也是目前世界上所知唯一的直接以共生矿冶炼青铜的古矿冶遗址。按开采总长度1600米，平均开采深度10米，平均开采宽度4米，矿石密度2.5吨/米³计算，则开采矿石总量为16万吨。按铜平均品位为2.0%计，则相当于冶炼出了纯铜3200吨。大井古矿冶遗址目前所见的冶炼规模小而采矿规模大，二者不相匹配。

2. 塔布敖包冶炼遗址

塔布敖包冶炼遗址是继林西大井古铜矿冶遗址之后在西拉沐伦河流域发现的又一处古代冶金遗址。该遗址于1987年为巴林右旗博物馆的考古工作者所发现，并采集到鼓风管等。2001年8月，李延祥、朱延平对塔布敖包遗址进行了调查，并对所获样品进行了检测。

（1）遗址概况。西拉沐河上游北侧的支流查干沐伦河自北而南流经今赤峰市巴林右旗西

部，其中游为巴林右旗和林西县的界河，并在缓折流向东南之处先后汇集了东北方面的沙巴尔台河和西来的嘎斯汰河。三河交汇处的查干沐河东北岸有一条位置显赫的南北向低矮山丘，长约400米，宽约200米，东、南两坡略缓，北部与其后更高的山峦相接，西坡较为陡峻。山顶部多为较窄的缓凸，西端陡然隆起而呈丘状，今丘顶及其周围布满了1～2米高的石堆，为当地牧民祭祀的著名敖包（神山），故此山头被称作"塔布敖包"（蒙古语，为很多的敖包之意）。该山头俯瞰

图5-1-19　塔布敖包冶炼遗址

着西、南面的查干沐伦河,高出河床 50 米以上。该现地在行政区划上属巴林右旗沙巴尔台苏木(乡)管辖,东距巴林右旗的旗所在地大板镇约 20 公里,参见图 5-1-19。

冶炼遗址位于塔布敖包向阳山坡上,初步估算其面积超过 10000 平方米,大量的炉渣、陶片、石器、兽骨等遗物随处可见,并有数量较多的灰坑等遗迹显露于地表或断崖。调查采集到炉渣、炉壁残片以及矿石、石器等样品,并从断崖显露的灰坑中剥离出少量木炭屑。所见陶片和石器在考古类型学上皆属夏家店上层文化。遗址所出之鼓风管现收藏在巴林右旗博物馆,见图 5-1-20。

图 5-1-20 塔布敖包遗址采集到的鼓风管(拍摄者 乌兰)

(2)样品检测。使用剑桥 S-250MK3 扫描电镜及所配 Link AN10000 能谱仪对炉渣、炉壁、矿石共 9 个样品进行了检测。样品 OB3-OB6 为致密或均匀炉渣样品,进行多次大面积扫描以确定其平均成分;样品 OB8 为粘附炉渣的炉壁,对其炉壁部分也进行了同样检测,结果见表 5-1-10。对炉渣(包括 OB8 粘附炉渣)中典型合金颗粒及矿石样品 OB9 的主要矿物进行了扫描电镜观测及能谱分析,结果见表 5-1-11 及图 5-1-21～图 5-1-24。

表 5-1-10 炉渣及炉壁成分扫描电镜能谱检测

样品	FeO/%	SiO_2/%	CaO/%	Al_2O_3/%	MgO/%	K_2O/%	Cu/%	Sn/%
OB3	47.9	31.6	6.9	9.7	0.5	1.4	0.5	2.1
OB4	46.5	36.4	5.6	8.4	0.3	1.2	0.2	1.4
OB5	47.1	33.0	8.6	5.1	0.7	0.8	0.3	5.7
OB6	41.5	42.4	3.7	5.0	0.1	0.4	1.2	6.0
OB8	2.6	75.8	4.3	12.0	0.4	3.9	0.0	0.0

注:表中数据为 3～4 次分析平均值,每次分析扫描的面积约 10 平方毫米。OB8 是炉壁样品。数据中的氧是按正常冶炼情况下炉渣炉壁的各元素的价态配算的,其中的铜和锡都按金属状态计入。

表 5-1-11 炉渣中的合金颗粒和矿石成分扫描电镜能谱检测

样号	相或颗径/微米	Cu/%	Sn/%	As/%	S/%	Ag/%	Fe/%	图号
OB1	2000	67.5	25.9	3.6	2.2	0.5	0.2	
	1000	65.7	26.2	4.0	1.0	1.0	2.0	
	1000	64.0	29.5	4.9	0.6	0.8	0.2	
	2400	67.7	25.2	2.7	1.2	0.7	1.0	
OB2	50	73.1	5.1	15.2	5.4	0.5	0.6	
	80	62.2	17.5	14.3	3.8	0.9	1.3	
	20	51.5	25.4	7.1	7.7	5.6	2.8	
	30	67.9	0.0	20.3	9.7	0.6	1.5	
	3000	19.2	59.5	13.2	0.3	2.0	5.7	5-1-21

样号	相或颗径/微米	Cu/%	Sn/%	As/%	S/%	Ag/%	Fe/%	图号
OB3	30	61.4	21.8	7.6	7.0	1.4	0.8	
	60	46.7	23.1	15.1	3.0	1.3	10.8	
	40	41.8	30.8	14.5	1.1	1.2	10.5	
	30	66.2	10.5	14.0	7.0	0.5	1.6	
OB4	50	74.2	2.2	18.1	3.4	0.5	1.5	
	20	70.8	0.0	20.3	3.7	0.1	5.0	
	100	71.8	1.3	21.3	3.2	0.7	1.6	
OB5	20	63.7	20.3	7.7	6.2	0.9	1.2	
	10	38.7	20.1	5.6	29.1	0.0	6.5	
	20	65.0	21.0	8.3	3.7	0.4	1.6	
OB6	50	80.4	1.7	13.7	3.5	0.3	0.4	
	300	77.1	4.3	15.8	2.2	0.0	0.5	
	60	80.3	2.5	12.0	4.5	0.0	0.7	5-1-22
OB7	2000	62.2	14.1	20.7	2.3	0.8	0.0	
	20	74.9	1.6	18.8	2.9	0.2	1.6	
OB8	250	76.8	0.5	17.7	1.3	3.7	0.0	5-1-23
OB9	灰白相	69.7	0.5	28.2	0.4	0.0	1.2	5-1-24
	灰黑相	13.9	0.0	3.1	0.6	0.0	82.4	
	白亮相	0.8	95.9	0.6	0.0	0.9	1.8	

注：各合金颗粒或物相皆依其大小采用选取最大内接面积分析之。OB9 是矿石样品。

（3）冶炼技术讨论。表 5-1-10 中 5 个均匀致密炉渣应是正常冶炼排放的炉渣，其含量范围是 FeO 41.5%～47.9%，平均 45.6%；SiO₂ 31.6%～42.4%，平均 35.9%；CaO 3.7%～6.9%，平均 6.2%；Al₂O₃ 5.0%～9.7%，平均 7.1%；Sn 1.4%～6.0%，平均 3.8%。对比大井古铜矿的 6 个炉渣样品分析结果（表 5-1-8），可知二者在渣型和具体成分上是相同的。

表 5-1-11 中发现的各种粒度的含铜锡砷等元素的合金颗粒，这些颗粒绝大多数是由几个物相构成。OB1 中发现的直径 1～2.4 毫米的大颗粒，含锡 25.2%～29.5%，砷 2.7%～4.9%。OB4 中直径为 20～100 微米的三个颗粒含砷量高达 18.1%～21.3%、锡 0～2.2%；OB6 的三个 50～300 微米的颗粒，含砷 12.0%～15.8%、锡 1.7%～4.3%；OB7 的直径 2 毫米的大颗粒，含砷 21%、锡 15%，同一样品另一直径 20 微米小颗粒含砷

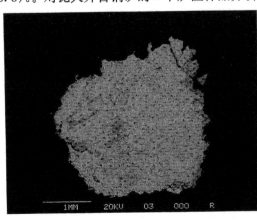

图 5-1-21　渣样 OB2 中高锡颗粒

19%、锡 2%。部分渣样中发现有白冰铜颗粒与其他合金颗粒混杂在一起，在平均成上表现出较高的硫，如表 5-1-11 中 OB5 的直径 10 微米的颗粒含硫达 29%，且含有约 7% 的铁、6% 的砷，推测此颗粒还有砷冰铜（黄渣）。一些高砷合金颗粒含铁也较高，如表 5-1-11 中的 OB3 直径 40～60 微米的两个颗粒，含铁达 11%，也应属于砷冰铜的颗粒。在 OB8 中发现直径 250 微米的铜砷合金颗粒平均含银约 4%，对应的图 5-1-23 中的白亮点即为高银相。塔布敖包炉渣中的所有合金颗粒，与大井古铜矿炉渣中发现的合金颗粒在种类和成分上相当一致。

图 5-1-22　渣样 OB6 中高砷颗粒

　　表 5-1-11 中矿石样品 OB9 发现至少 3 种矿物（见图 5-1-24）：其中的灰白相主要含 69.7% 铜和 28.2% 的砷，铜砷比为 2.47，应是氧化铜砷矿物光线石 $Cu_3(AsO_4)OH$（铜砷比 2.56）；灰黑相主要含铜和铁，当为二者的混合氧化矿物；白亮相以锡为主，当为锡石（SnO_2）。这表明塔布敖包遗址使用的矿石是铜锡砷共生的氧化矿石，此种矿石是大井铜矿氧化带中的必然产物。

　　由上述讨论可以断定塔布敖包遗址与大井古铜矿在矿石成分和冶炼技术是相同的。基于塔布敖包当地无铜矿产出、大井铜矿所出的氧化矿石由查干沐沦河顺流而下仅约 10 公里即可直达塔布敖包、两地的矿冶遗迹皆属同一考古文化的事实，可以认定塔布敖包的矿石就产自大井铜矿。塔布敖包遗址地里位置重要，易守难攻，且与大井铜矿之间交通便利，古人出于在安全方面的考虑在此设立冶炼场是很正常的。塔布敖包冶炼场所的发现和研究，为大井古铜矿采矿规模大与冶炼规模小的问题提供了答案，表明当时大井出产的矿石曾在异地冶炼，塔布敖包可能只是其中的一处冶炼场。在查干沐沦河流域，必定存在着夏家店上层文化的先民们围绕大井铜矿的开采、运输、冶炼、消费而建立了一整套相应的组织管理体系。

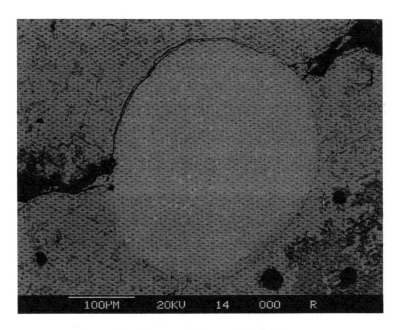

图 5-1-23　渣样 OB8 中高砷颗粒

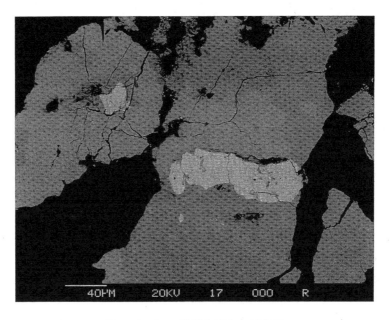

图 5-1-24　矿石样 OB9 中的各相

四　长江中下游地区早期炼铜技术

(一) 铜绿山古铜矿冶遗址的冶炼技术

　　铜绿山古铜矿冶遗址是我国最重要的矿冶遗迹，以往的研究认定其开采的是氧化矿石，使用的冶炼技术是氧化矿石直接还原熔炼成铜，这一结论主要是根据绿山矿区赋存有大量的氧化矿石、考古发掘的古矿井位于氧化带、出土有机氧化矿石等事实获得的，并因模拟实验成功地炼出铜而得到强化。

为复原冶炼技术对 XI 矿体上的炉渣堆积（简称 XI 矿体炉渣）进行的发掘，获得了炼炉和大量层位清楚的炉渣样品，但对这些样品的分析是在已有结论之下进行的，最能反映熔炼性质的炉渣分析数据未被充分利用来确定矿石和产品类别，见诸文献的 XI 矿体炉渣并不符合冶炼氧化矿石成铜的炉渣特征。

首先，分析过数百个铜绿山渣样，含铜平均 0.7%[1]，熔炼氧化矿石的炉渣含铜如此低，须有极高的熔炼技术水平，近代工业熔炼实践也难以达到，故有人称其为一奇迹。

其次，见诸文献的 XI 矿体炉渣样品有 15 个分析了硫含量[1][2][3][4][5][6][7]，平均含铜 0.75%、硫 0.62%，作为冶炼氧化矿石成铜的炉渣，它们的硫含量明显偏高，已经达到了现代冰铜吹炼第一期炉渣的含硫水平，按报道的铜绿山氧化矿石的成分，即使冶炼过程不脱硫且所有硫都进入炉渣，炉渣含硫量也不会如此高，这表明铜绿山氧化矿石与 XI 矿体炉渣之间存在着硫的不平衡，即 XI 矿体炉渣不应是氧化矿石的冶炼产物。

第三，模拟实验中最为成功的是第二次模拟实验的第二炉，先后排渣 14 次，排铜 2 次，粗铜约含铁 3%，硫 0.1%[4]，这 14 次排渣，毫无疑问的是铜绿山氧化矿石还原熔炼成铜的炉渣，李延祥对 14 次排渣中的前 5 次炉渣进行了分析，发现其平均含铜 0.83%、硫 0.044%，模拟实验渣含硫量比 XI 矿体炉渣低一个数量级，可以说模拟实验并未炼出与 XI 矿体炉渣相同的炉渣。

XI 矿体炉渣的性质及其熔炼产物，必须根据炼铜学原理，从炼铜炉渣与熔炼过程及产物的关系方面入手，才能予以准确判定。

1. XI 矿体炉渣与动力科炉渣分析

XI 矿体炉渣曾是考古发掘的重要对象，且该矿体及其古代矿冶遗迹已毁于现代开采，故分析样品较多，包括 1976 年、1980 年发掘时所取渣样和 1991 年所取的发掘后迁移保存的渣样，共计 52 个，作为对比，对今铜绿山矿动力科仓库院内的古炉渣（简称动力科炉渣）等三处古炉渣也取了样。

按前面建立的炉渣与熔炼产物的关系模型，对古代炉渣分别进行了化学分析以测定铜硫含量、扫描电镜分析以测定渣基体成分和观测渣内的含铜颗粒，铜含量采用原子吸收法测定，硫含量用硫碳测定仪测定。

表 5-1-12、表 5-1-13 是 XI 矿体和动力科炉渣成分分析结果平均值，对所有渣样都作了渣中含铜颗粒的普查性分析，表 5-1-14、表 5-1-15 给出的只是 2 个典型即接近样品平均值的渣样中的含铜颗粒的 SEM 观测结果。

①　朱寿康，科技史文集（第 13 集），上海科学技术出版社，1985，6。
②　黄石市博物馆，文物，1981.（8）：30。
③　卢本珊、张宏礼：自然科学史研究，1984，3（2）：158。
④　朱英尧，有色金属，1981，33：63。
⑤　杨永光、李庆元、赵守中，有色金属，1980，32：84；1981，33：82。
⑥　卢本珊，科技史文集（第 13 集），上海科学技术出版社，1985，26。
⑦　朱寿康、韩汝玢，中国冶金史论文集（第 1 集）北京钢铁学院学报编辑部，1986，26。

表 5 - 1 - 12　铜绿山 XI 矿体 52 个炉渣样品成分平均值

化学分析			SEM 分析/%				
Cu%	S%	Cu/S	Fe	Si	Al	Ca	K
0.61	0.38	1.61	60.9	23.5	7.1	4.1	1.2

表 5 - 1 - 13　动力科 12 个炉渣样品成分平均值

化学分析			SEM 分析/%				
Cu%	S%	Cu/S	Fe	Si	Al	Ca	K
0.78	0.017	45.9	53.4	32.9	10.2	2.2	1.4

表 5 - 1 - 14　XI 矿体 37 号渣样含铜颗粒 SEM 分析

粒径/微米	Cu%	Fe%	S%	位　置	图　号
120	62.8	4.6	32.6		5 - 1 - 25
80	64.9	3.0	32.1		
90	67.3	5.7	27.0		
10	59.6	13.4	27.0		
5	58.4	14.4	27.2		
8	54.9	16.5	28.6		
12	61.7	11.6	26.8		
250	68.4	5.1	26.5	颗粒基体	
	80.3	2.0	17.7	凸出亮点	5 - 1 - 26
	96.8	3.2	0.0	毛 细 铜	

表 5 - 1 - 15　动力科 DL4 号渣样含铜颗粒 SEM 分析

粒径/微米	Cu%	Fe%	S%	位　置	图　号
10	94.5	5.4	0.1		
15	94.6	4.4	0.0		
40	96.8	1.7	1.5		5 - 1 - 27
50	98.3	0.9	0.8		

图 5 - 1 - 25　XI 矿体 37 号炉渣样品中的含铜颗粒

表 5-1-12 中 XI 矿体 52 个渣样的铜硫比仅有 5 个高于 4，其中最高者也仅为 5.92，只有 1 个渣样的含铜量高于 1%（含铜量为 1.87%）；所有渣样的平均含铜 0.61%、硫 0.38%，铜硫比平均值为 1.61。XI 矿体 37 号渣样详细 SEM 观测（图 5-1-25 和图 5-1-26），都没有发现单独存在的金属铜颗粒，所有含铜颗粒都是冰铜颗粒，粒度在 50 微米以上的较大含铜颗粒的含铜量多为 60%～70%，在极少量大冰铜颗粒中发现有毛细铜存在（如表 5-1-14 中最后一个含铜颗粒），综合上述分析结果，可认定 XI 矿体 52 个渣样都是冰铜渣，极少数几个渣样铜硫比略高于 4，可能是样品表现风化层清理不净等原因所至，不影响对 XI 矿体炉渣性质的判定。

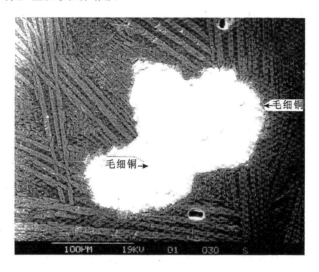

图 5-1-26　XI 矿体 37 号炉渣样品中的含铜颗粒

动力科炉渣都是还原渣，从它们的铜硫比远大于 4 渣内含铜颗粒绝大多是金属铜颗粒看，其熔炼产物应是铜，无白冰铜，从表 5-1-13 中 12 个渣样的普查及表 5-1-15 的 DL4 渣样详细 SEM 观测（图 5-1-27）看，是含铁约 5% 的粗铜。

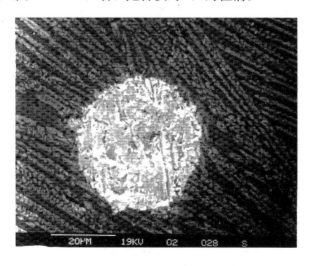

图 5-1-27　动力科 DL4 号渣样含铜颗粒

2. XI 矿体炉渣熔炼产物的确定

XI 矿体炉渣是冰铜渣，因而其熔炼产物是冰铜，但冰铜的品位尚需确定。

按照前面导出的公式 A，即

$$Cu_{冰} = 16 \left\{ P^{-1} \left[44 \left(Cu/S \right)^{-1} - 11 \right] + 20 \right\}^{-1}$$

通过冰铜渣的铜硫比确定冰铜品位，须测出渣型的系数 P，为此设计了模拟实验，实验以 XI 矿体炉渣混合物为渣相（确保渣型相同），硫化亚铜、硫化亚铁精确配制成冰铜相，按冰铜与炉渣比例为 1：3 配料，充分混合后在碳管炉内的刚玉坩埚中熔炼，时间 1 小时，通氩气保护，按铜绿山古炉渣熔点为 1100～1200℃[①②]，实际熔炼温度要超出熔点约 100～150℃，选定 1250℃为实验温度，实验结果见表 5-1-16，每一炉实验，都可按公式 A 计算出一个系数 P。

表 5-1-16　以 XI 矿体炉渣混合渣样进行的模拟实验结果

炉号	冰铜品位/%	渣含 Cu/%	渣含 S/%	渣的 Cu/S	系数 P
1	36.4	0.69	1.38	0.50	3.21
2	45.0	0.76	0.96	0.79	2.87
3	53.7	0.76	0.71	1.07	3.07
4	62.8	0.97	0.60	1.62	2.95
平均	—	—	—	—	3.03

将表 5-1-16 中实测系数 P 的平均值 3.03 和 XI 矿体炉渣铜硫比平均值 1.61 代入公式，得 Cu_{冰} 为 63%，即 XI 矿体炉渣在 1250℃时所炼的冰铜品位为 63%。

另据冰铜渣平均含铜量约为冰铜品位 1% 的工厂实践经验[③]，按表 5-1-12 的 XI 矿体炉渣平均含铜 0.61% 计，则其熔炼产物应是品位约 61% 的冰铜。

又据 Grabill[④] 提出的冰铜渣含铜量与冰铜品位的经验公式

$$Cu_{渣} = 0.36 + 2.2 Cu_{冰} - 0.036 / \left(1 - Cu_{冰} \right)$$

按表 5-1-12 的 XI 矿体炉渣平均含铜 0.61% 计，则其熔炼产物应是品位约 63% 的冰铜。

对 XI 矿体炉渣内含铜颗粒的普查，表 5-1-14 对 37 号渣样的详细观测，都显示较大冰铜颗粒的绝大部分品位为 60%～70%，按此其熔炼产物应是品位约 60%～70% 的冰铜。

综合上述各方面的判定结果，可将 XI 矿体炉渣所炼的冰铜品位定为 60%～70%，平均值为 65%。

铜绿山 XI 矿体古炉渣是冰铜渣，其熔炼产物是品位平均为 65% 的冰铜，铜绿山动力科仓库院内的古炉渣是还原渣，其熔炼产物是含少量铁的金属铜，XI 矿体古炉渣的研究表明，先秦时期铜绿山在使用"氧化矿-铜"工艺的同时，还掌握了更先进复杂的"硫化矿-冰铜-

① 杨永光、李庆元、赵守中，有色金属，1980 年（第 32 卷）第 11 期，84～91 页；1981 年（第 33 卷）第 1 期，82～86 页转 44 页。

② 卢本珊，科技史文集（第 13 集），上海科学技术出版社，1985 年，11～23 页。

③ A. A Tseidler, Metallurgy of Copper and Nickel, Moscow, 1958; Israel Prog. Scient. Trans., Jerusalem, 1964. pp. 43～44, 47～48, 51～52.

④ C. A. Grabill, Eng. Min. J., 89. P776 (1910)

铜"工艺，这对全面评价铜绿山古矿冶遗址在中国冶金史上的地位有重要意义。

　　3. 铜绿山古代炼铜技术讨论

　　Ⅺ矿体炉渣冶炼的平均品位为 65％的冰铜，但实验只能模拟冶炼结果，不能模拟冶炼过程。根据炼铜学原理，多种矿物组合都可以获得同一冶炼结果，炼出 Ⅺ 矿体冰铜渣的具体矿物组合需予以确定。这些问题都需要结合矿山地质特点和古代开采情况来讨论。

　　(1) 铜绿山铜矿地质特点。铜绿山铜矿以氧化带发达著称，但各矿体氧化程度不同。南部矿体氧化带最深，北部次之，中部最浅。Ⅰ矿体氧化带发育最完整，Ⅲ、Ⅳ、Ⅺ矿体缺淋失亚带，次生富集事发育不完全。受岩性和构造控制，同一矿带不同地段矿石氧化依然不均一，全矿区及各矿体的氧化带下限都是起伏波动的。[1][2]

　　从地质文献看，Ⅺ矿体较为独特。首先，该矿体氧化带分布规律不明显，整个氧化带属过渡亚带，铜品位大多在 1％～2％，局部虽有富集的含铜磁铁矿，含铜 3.36％～29.31％，但分布极不稳定；其次，只有该矿体上层含有由黄铜矿、黄铁矿、辉铜矿、孔雀石等矿物组合而成的铜硫矿石，其中黄铁矿含量可达 70％～80％，铜品位为 1.65％～3.15％；第三，该矿体氧化带较浅，最深处在 4 线，只有 92 米。[3]

　　铜绿山矿副矿长杨永光 1991 年 6 月、1998 年 2 月两次证实，Ⅺ矿体露天剥离时发现矿体上部有黄铁矿等硫化矿物。

　　(2) 铜绿山古代开采状况。铜绿山发现古代露天和地下开采遗迹。Ⅺ矿体 T_4 古采坑，完全是人工堆积物。在堆积物中分布有 36 个春秋时期的竖井，表明在开掘竖井之前就露采挖去了矿体的上部，采后又将废石回填到露天采场（或由其他采场剥离排土）。到春秋时期又沿着废石堆下掘竖井，开采深部矿石。

　　考古发掘的地下开采矿井是 Ⅶ 矿体西周时期、Ⅰ 矿体 12 线春秋时期和 24 线战国至系汉时期的遗存。西周时期矿井一般深 20～30 米；春秋时期最大井深已达 64 米，延深至潜水面下 8～10 米；战国至西汉井深一般 50～60 米，几个较大的竖井延深至潜水面下 28～30 米，据此由原地貌推算井深达 80～98 米。[4]

　　(3) 古代开采矿石种类及其与炉渣的关系。按当时所能达到的采掘深度约 100 米的能力开采，Ⅺ矿体完全可以采出氧化带下部和混合带上部的矿石（Ⅺ矿体最大氧化深度为 92.5 米），恰好是该矿体所独有的铜硫矿石，其矿物组合以孔雀石、黄铜矿、黄铁矿、斑铜矿、辉铜矿等铜铁氧化、硫化矿物。

　　从不同开采方式的特点看，露天开采不利于在采区当地进行冶炼，地下开采则可以在采区地表进行冶炼。铜绿山矿区 50 多处古冶炼场中，位于边缘地带的炉渣，如动力科和农行炉渣，很可能是冶炼早期露天开采的氧化矿石的炉渣，而矿体之上或附近的炉渣，如 Ⅺ 矿体的炉渣，很可能就是冶炼该矿体晚期地下开采矿石的冶炼渣。

　　(4) Ⅺ矿体炉渣的冶炼过程。根据前述讨论，设定 Ⅺ 矿体炉渣就是冶炼该矿体同期地下开采矿渣来推断其冶炼过程。推断按矿石未经焙烧直接入炉来进行。

---

① 第 3765 (1) 号地质档案，藏中国地质档案馆。
② 第 70778 (1) 号地质档案，藏中国地质档案馆。
③ 第 39644 号地质档案，藏中国地质档案馆。
④ 杨永光、李庆元、赵守中，有色金属，1980 年第 11 期，84～91 页；1981 年第 1 期，82～86 页。

① 硫在冶炼过程中的行为。含铜氧化矿物和铜、铁硫化矿物的矿石古代还原性气氛下冶炼，硫首先部分地从低价硫化物分解中脱除，然后脱除的硫又部分地因铜氧化矿物的硫化而被回收。

黄铜矿（$CuFeS_2$）、铜蓝（CuS）、黄铁矿（FeS_2）等硫化矿物在 $500\sim700℃$ 分解成硫化亚铜和硫化亚铁和硫，其中黄铜矿分解出 25％ 的硫，黄铁矿和铜蓝分解出 50％ 的硫。如矿石的矿物主要以黄铁矿和黄铜矿为主，可以预计所有硫化物的分解出的硫应在其总硫含量的 25％～50％。

分解出的单质硫蒸气随炉气上升。把铜的氧化物硫化，刘纯鹏、华一新对含硫 0.6％ 的矿砂的硫化研究表明。金属铜、铜氧化物及各种结合态氧化铜在 $300\sim500℃$ 均能与硫蒸气进行彻底的硫化反应，速度也较快，在 100 分钟内基本完成；硫化后的矿相为黄铜矿、斑铜矿、辉铜矿及铜蓝矿[①]。据此研究和反应动力学因素推断，进入冶炼炉内的自然铜和各种铜氧化矿物会部分地被硫蒸气所硫化，最终硫化产物是硫化亚铜，因为黄铜矿等其他形式的硫化产物在进入较高温度的炉段还会分解成硫化亚铜。

由于分解出的硫可籍铜氧化物的硫化反应等因素而部分地被回收，因此冶炼过程的脱硫率无论如何都低于 50％。

② 矿石铜硫比与冶炼脱硫率。冰铜冶炼中入炉矿石的铜硫比和冶炼脱硫率、冰铜品位间存在数量上的关系。设冶炼脱硫率为 T，矿石铜硫比为 $(Cu/S)_{矿}$，冰铜品位为 $Cu_{冰}$，冰铜组成按 $mCu_2S \cdot nFeS$ 计，忽略渣中铜、硫损失，则可导出：

$$(Cu/S)_{矿} = 11Cu_{冰}\ (1-T)\ (4-2.25Cu_{冰})^{-1}$$

对冶炼品位为 65％ 的冰铜，有 $(Cu/S)_{矿} = 2.82\ (1-T)$，满足上式的所有矿石都可以在设定脱硫率下炼出品位 65％ 的冰铜。如脱硫率按 20％～40％ 计，则炼出品位 65％ 的冰铜的矿石铜硫比为 1.7～2.3。

从冶炼的角度看，仅要求矿石的铜硫比（而不是矿石的铜氧化率）达到某一数值，即使所有的铜都是氧化矿物形态的，只要有黄铁矿等作硫源，也可以在一定的脱硫率下炼出某一品位的冰铜来。因此，地质上划定的铜氧化矿石直接入炉的冶炼产物必然是金属铜的观点是不妥的。

③ 炉渣增铁量与矿石物组合。对比表 5-1-12 和表 5-1-13 炉渣平均值，可发现 XI 矿体炉渣含 FeO 量要比动力科炉渣高出约 10％，而二者硅铝比（SiO_2/Al_2O_3）基本是相同的，硅铝比相同，说明二者的冶炼过程引入的造渣剂成分是相同的，XI 矿体炉渣高铁含量应是由矿石引起的。

矿石中氧化态的铜受动力学或分解硫量不足等原因未被全部硫化，下降到炼炉高温成渣区可按下面以应被硫化亚铁所硫化，生成的氧化亚铁进入炉渣使炉渣含铁量升高。设有新生成的氧化亚铁量为 W，则必有的 $1.22W$ 的硫化亚铁参与以应。

$$Cu_2O + FeS = Cu_2O + FeO$$

$$\begin{matrix} 88 & & 72 \\ 1.22W & & W \end{matrix}$$

忽略炉渣中的铜、硫损失，则参与反应的硫化亚铁量，应等于矿石中硫化矿物解出的硫

---

① 刘纯鹏、华一新，全国第五届冶金过程物理化学年会论文集（下册），1984 年，58～69 页。

化亚铁总量减去进入冰铜的硫化亚铁量。设矿石中硫化矿物的铁硫比为 $(Fe/S)_{硫}$，总硫量为 $S_{矿}$，则矿石最终可分解出的硫化亚铁总量为：

$$(FeS)_{矿} = 1.57 \ (Fe/S)_{硫} \cdot S_{矿}$$

再设总生成冰铜量为 M，冰铜品位为 $Cu_{冰}$，冰铜含硫量为 $S_{冰}$，据冰铜组成可导出，

$$S_{冰} = 0.36 - 0.20 Cu_{冰}$$

冰铜含硫总量为，

$$MS_{冰} = S_{矿} \ (1-T)$$
$$S_{矿} = M_{冰} \ (1-T)^{-1}$$

因此有，

$$(FeS)_{矿} = (0.57 - 0.31 Cu_{冰}) \ (Fe/S)_{硫} \ (1-T)^{-1} M$$

又冰铜硫化亚铁量为，

$$(FeS)_{冰} = (1 - 1.25 Cu_{冰}) M$$

故　　　　　$1.22W = (FeS)_{矿} - (FeS)_{冰}$

$$= (0.57 - 0.31 Cu_{冰}) \ (Fe/S)_{硫} M \ (1-T)^{-1} - (1 - 1.25 Cu_{冰}) M$$

定义　　　$f = W/M = (0.46 - 0.25 Cu_{冰}) \ (Fe/S)_{硫} \ (1-T)^{-1} + 1.02 Cu_{冰} - 0.82$

f 意义是每冶炼一份冰铜使炉渣增加的氧化亚铁份数。

当冰铜品位平均为 65% 时，$f = 0.30 \ (Fe/S)_{硫} \ (1-T)^{-1} - 0.16$

能够提供硫使氧化态的铜硫化的主要硫化矿物是黄铜矿和黄铁矿。黄铜矿和黄铁矿中的铁硫比是相同的，无论二者以何种比例混合，矿石 $(Fe/S)_{硫}$ 都是 0.875，冶炼应主要是在这一数量关系的控制之下进行的。当黄铜矿单独作硫源时，脱硫率不可能超过 25%，如按 20% 计，则 f 为 0.16；当黄铁矿单独作硫源时，脱硫率不可能超过 50%，如按 40% 计，则 f 为 0.26。XI 矿体炉渣中氧化亚铁量增加 10%，即 100 份炉渣中增加 10 份氧化亚铁，f 为 0.16 时，冰铜量应为 62.5 份，渣与冰铜的比例为 1.6：1；f 为 0.26 时，冰铜量应为 38.5 份，渣与冰铜的比例为 2.6：1。显然，后一种情形更符合冶炼所应有的渣与冰铜的比例。因此，XI 矿体炉渣实际经历的冶炼过程应更接近后一种情形，黄铁矿是入炉矿石中的主要硫化矿物；从冶炼角度获得的这一讨论结果，与 XI 矿体地质特点是相符合的，XI 矿体炉渣就是该矿体含黄铁矿较高的矿石的冶炼产物。

（5）小结。XI 矿体炉渣冶炼该矿晚期地下开采的含黄铁矿较高的矿石成平均品位为 65% 的冰铜的炉渣，使用的冶炼工艺属"硫化矿-冰铜-铜"；动力科等三处炉渣应是冶炼氧化程度较高的早期露天开采或晚期地下开采氧化矿石成铜的炉渣，使用的冶炼工艺是"氧化矿-铜"。

关于冰铜的去向，有三种可能：一是作为产品运往他处进一步处理成铜，因而在铜绿山当地不存在相应的证据；二是在当地经死焙烧后炼成了铜，但所产出的炉渣，或因含铜高而返回了冰铜冶炼，或因数量少而未在取样中出现；三是死焙烧后加入了同期其他氧化矿石的还原冶炼，根本就没有进行单独的冶炼。

（二）南京江宁九华山唐代炼铜技术

九华山古铜矿冶遗址位于今南京市江宁县汤山镇东北 3 公里处，属现代九华山铜矿南山矿区。遗址于 1985 年 10 月为现代采矿所发现，1987 年 7～8 月由南京市博物馆、南京博物

院、九华山铜矿联合进行了调查，后发表了调查报告。韩汝玢等曾于上述三单位联合调查期间到遗址考察，并取得部分炉渣、矿石等样品，李延祥于 1991 年 6 月和 1993 年 5 月两次到遗址考察取样。

1. 遗址概况

九华山铜矿属夕卡岩型及中温热液交化充填型铜矿。南山矿区有主矿体 3 个，其储量占矿床铜总储量的 80％ 以上。矿石以含黄铜矿、黄铁矿的铜硫型为主，占总铜矿石储量的 73.8％。古代开采遗迹集中的 3 号矿体铜硫型矿石占 83.0％。矿区铜平均品位为 1.10％，一般为 0.5％～1.5％，最高 16.65％；硫平均品位 7.87％，铜矿物以黄铜矿为主，偶见有斑铜矿、辉铜矿。物相分析表明：铜的原生硫化矿物占 88.69％，次生硫化矿物占 6.01％，氧化矿物占 5.30％；脉石矿物以钙铁石榴子石为主。[①]

南山地表发现有古代陷落区 10 处，3 处爬窿口，其中一处洞口有很多弃石堆积。古代陷落区下发现古坑道 12 处，古采场 4 处，总面积约 1000 平方米，其中最大的 1 号采场采空区南北长 21 米、东西长 23 米，最高 5 米。出土遗物有装载、提升等竹木工具及瓷器。在南山东与之一沟相隔的和尚山地表也可见 3 处爬窿口及其他遗迹，其中 2 号洞口有大量带铜绿色的废石。所有采矿遗迹表明，古代开采的是品位较高的硫化矿石，局部品位可高达 8％。

在和尚山废石堆积的西侧断层上发现一处炉渣堆积，最厚处达 1 米，范围不明。1987年 7 月、1991 年 6 月所取得的炉渣样品即采自此处炉渣堆积。在废石堆积中部发现并清理了一处呈长方形的冶炼遗迹，长 6.7 米、宽 1.7 米，上部已破坏。遗迹东、北、西三面有残墙，均被火烧烤过，东墙高出地表 0.3 米处有一烟孔，在底部红烧土中间靠近北侧墙中段处发现一圆形圆底坑，径 0.6 米、深 0.2 米。还发现有一似锅底的残渣块，调查报告认为应是残存的炉壁。[②]

在矿区南北小伏牛村、老伏牛村也发现有较多的炉渣堆积。1991 年 6 月、1993 年 5 月两次从老伏牛村的一处炉渣堆积中取得样品。

古采场内取得的木支护样品经 [14]C 年代测定为距今 1385±50 年（公元 565±50 年），树轮校正为距今 1320±55 年（公元 630±55 年），属唐代初期。陈兆善等认为此年代略偏早，并据出土遗物判断古铜矿的年代应属唐代中晚期。又据文献指出伏牛山（包括九华山）铜矿开采上限应在天宝年间（公元 741～745 年）[③]。另据华国荣面告，从老伏牛村取样的炉渣堆积亦属唐代。

2. 炉渣及矿石分析

和尚山与老伏牛村炉渣皆属冶炼炉内放出渣。炉渣呈片状，厚约 1～3 厘米，外表多显黑灰色，有水纹状渣皮，表明炉渣放出时流动状态良好。一部分炉渣新鲜断面为黑色结晶态，另一部分炉渣新鲜断面呈黑红色玻璃态，二者皆均匀致密。尚有部分炉渣介乎两者之间，既有玻璃态，又有结晶态。

对和尚山 27 个和老伏牛村 40 个炉渣进行了分析（分析结果见表 5-1-17）。

①　中国地质档案馆第 48722（1）号地质报告。
②　南京市博物馆、南京博物院，九华山铜矿，文物，1991，5：66。
③　伏牛山铜矿调查小组，东南文化，1988，(6)：58。

表 5 - 1 - 17　　九华山两遗址炼铜渣成分平均值（按铁钙含量分组）

样品号及状态	化学分析			SEM 分析/%				
	Cu%	S%	Cu/S	Fe%	Si%	Al%	Ca%	K%
高钙渣 59 个样品平均	0.24	0.48	0.50	37.92	34.19	4.44	22.48	0.75
高铁渣 8 个样品平均	0.69	1.25	0.55	62.87	24.45	4.91	5.39	1.38

所有被分析的 67 个渣样，其铜硫比皆远远低于 4，皆属冰铜渣无疑。但按含钙量高低可分为两组。

第一组为含钙高炉渣 59 个，炉渣基体 SEM 分析含钙为 32.48%～14.54%；平均 22.48%；含铁为 52.68%～25.49%，平均 37.92%；含硅为 42.33%～22.06%，平均 34.19%。炉渣化学分析含铜为 0.60%～0.10%，平均 0.4%；含硫为 1.29%～0.13%，平均 0.38%，铜硫比平均为 0.50。以下称此种炉渣为高钙渣。

第二组为含铁高炉渣 8 个，成分波动较小，炉渣基体 SEM 分析含铁为 67.57%～55.70%，平均 62.87%；含硅为 28.62%～20.71%，平均 24.45；含钙为 4.19%～7.14%。平均 5.39%。炉渣化学分析含铜为 0.54%～0.78%，平均 0.69%；含硫为 0.58%～1.63%，平均 1.25%；铜硫比平均为 0.55。以下称此种炉渣为高铁渣。

所有炉渣含铜颗粒的 SEM 分析表明，炉渣中含铜颗粒皆为硫化物，符合冰铜渣的特征。高钙渣 HS27 中发现直径 600 微米的大颗粒，含铜为 20.76%、铁为 41.58%、硫为 37.66%（图 5 - 1 - 28）。

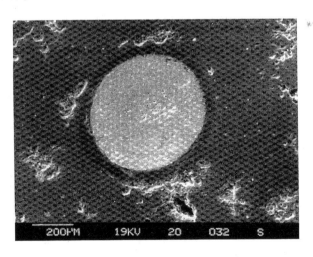

图 5 - 1 - 28　高钙渣 HS27 中发现的大冰铜颗粒

对位于 3 号矿体距地表 108 米深古矿洞竹筐中的矿石成分进行了分析，其中硫含量为燃烧法测定，其余元素含量为原子吸收法测定。测定结果：Cu 0.20%、S 3.80%、TFe 22.9%、Al_2O_3 0.29%、SiO_2 28.0%、CaO 30.4%。

矿石仅含铜 0.20%、硫 3.80%，显然过低。地质文献已指出，九华山的铜矿石脉石以钙铁石榴子石为主，而被分析的古矿石中 SiO_2 和 CaO 比例很接近其理论组成，但 CaO 略过量，说明有少量钙以其他形式存在。以 SiO_2 为基准，按古矿石分析值，可对矿石中铁的存在形式进行核算。

钙铁石榴子石分子式 Ca_3Fe_2 $(SiO_4)_2$ 可写作 $3CaO \cdot Fe_2O_3 \cdot 3SiO_2$。按此则有如下关系：

$$3CaO \colon Fe_2O_3 \colon 3SiO_2$$

168	160	180	$X = 26.1$
X	Y	28.0	$Y = 24.9$ 折合 $Fe = 17.4$

即有 $30.4 - 26.1 = 4.3$ 的 CaO 不是以钙铁石榴子石形式存在的，折合 $CaCO_3 = 7.7$；有 $22.9 - 17.4 = 5.5$ 的 Fe 不是以钙铁石榴子石形式存在的，在原矿石中应以硫化物形式存在，无论是 $CuFeS_2$ 还是 FeS_2 形式；5.5 份的铁都需要 6.3 份的硫，而分析仅有 3.8 份的硫，这表明此矿石已经被氧化，由此必然造成了铜、硫的流失。因此，铜、硫分析值不是原采矿石的含量，但其 SiO_2、CaO 分析值则可反映原开采矿石脉石中二者的比例。

3. 冶炼产物的确定

高钙渣、高铁渣的成分不同，因而溶解和夹杂冰铜的能力也不同。高钙渣含 CaO、SiO_2 高而 FeO 低，高铁渣含 CaO、SiO_2 低而 FeO 高，因而高钙渣溶解硫化物（特别是硫化亚铁）的能力小于高铁渣，密度也小于高铁渣，其夹杂冰铜的比例也小于高铁渣，两种炉渣铜硫比虽然较为接近，但冶炼的冰铜品位是不同的。根据本章前面建立的由炉渣分析揭示火法炼铜技术的方法，可通过同类渣型的冶炼结果测定炉渣的 P 值，由公式计算、渣中较大含铜颗粒的成分及近现代工业经验公式来求得冰铜渣所冶炼的冰铜品位。

分别以高钙、高铁渣混合样为渣相、以硫化亚铜、硫化亚铁配成冰铜相进行的模拟实验结果见表 5 - 1 - 18。

表 5 - 1 - 18　两种炉渣 P 值测定实验

实验	冰铜 SEM 分析/%			炉渣 SEM 分析/%					炉渣化学分析			P
	Cu	Fe	S	Fe	Si	Ca	Al	K	Cu%	S%	Cu/S	
1	11.04	54.41	34.55	35.19	35.65	23.56	4.67	0.94	0.15	0.66	0.23	1.44
2	19.43	47.87	32.70	36.17	33.84	25.61	3.84	0.54	0.24	0.59	0.41	1.54
平均	—	—	—	35.60	34.75	24.59	4.26	0.75	0.20	0.63	—	1.49
3	36.79	35.03	28.19	60.38	25.77	3.94	8.62	1.29	0.58	1.18	0.49	3.35
4	44.99	26.93	28.08	68.47	22.51	2.59	5.33	0.61	0.76	0.96	0.79	2.86
5	53.73	17.56	28.73	65.61	24.25	4.31	5.98	1.47	0.97	0.71	1.07	3.08
平均	—	—	—	64.82	24.18	3.61	6.64	1.12	0.77	0.95	—	3.09

注：冶炼气氛为鼓风炉还原冶炼气氛，温度为 1250℃、氧分压为 4.2×10^{12} 兆帕；冶炼在钼丝炉-刚玉坩埚中进行，时间为 90 分钟。

由表 5 - 1 - 17 和表 5 - 1 - 18 可知，高钙渣的铜硫比平均为 0.50，P 平均为 1.49；高铁渣铜硫比平均为 0.55，P 平均为 3.09。将上述数据代公式（A）：

$$Cu_{冰} = 16 \{P^{-1} [44 (Cu/S)^{-1} - 11] + 20\}^{-1}$$

得高钙渣冶炼的冰铜品位为 22%，高铁渣冶炼的冰铜品位为 38%。

渣中特大含铜颗粒的成分可代表冶炼产物的组成。如将渣样 HS27 发现的粒径为 600 微米的大冰铜颗粒成分视为冰铜成分，则此其所炼的冰铜品位约为 20%。

综合上述情况及计算方便，把高钙渣所炼冰铜品位平均地定为 25%，高铁渣所炼冰铜品位平均地定为 40%。

4. 冶炼流程之推断

由炉渣矿石各项分析结果，结合前述冰铜品位的判定，以下对九华山炉渣所代表的冶炼技术进行讨论，并推断其工艺流程。

（1）炉渣来源的判定。模拟实验等表明，高钙渣冶炼产物是品位约 25% 的冰铜，高铁渣冶炼产物是品位约 40% 的冰铜。这两种渣型有别、含铜量不同的炉渣虽然都属冰铜渣，但其产物的品位相差甚大，不可能是同一冶炼过程的排放出来的。

九华山的两种冰铜渣的主要区别是含钙量，地质文献已指出九华山铜矿的脉石以钙铁石榴子石为主，前述矿石分析含钙高达 30.4%，这表明可用钙含量来判定炉渣的来源。含钙较高的矿石入炉冶炼获得的首次冰铜渣应含有来自矿石脉石的钙；而非首次冰铜渣则不会含有从矿石脉石中来的钙，即使含钙其来源也应是造渣剂等而不是矿石。因此，高钙渣应是首次冰铜渣，高铁渣应为对低品位冰铜进行浓缩冶炼以获得品位较高之富集冰铜的非首次冰铜渣，两种炉渣是从同一"硫化矿-冰铜-铜"工艺的不同工序排放出来的。

高铁渣即已被判定为非首次冰铜渣，但它究竟是哪一次浓缩冶炼的冰铜渣还需加以认定。从冰铜品位与冶操作的规律性看，高铁渣应是二次冰铜渣。表 5-1-17 中高钙渣分析结果显示其含铜量、铜硫比波动较大，可能是矿石品位波动或首次焙烧效果不同造成的；而高铁渣相对地波动较小，当由多炉次的品位有波动的首次冰铜混合焙烧后（因而含铜量较稳定）共同进行二次浓缩炼生成的。

炉渣分析没能检测到三次冰铜渣及最后的还原渣，可能的原因有三：一是遗址上有这些炉渣，但因其数量太稀少而在随机取样时没出现；二是返回到了前段工序，因而虽然冶炼时曾产生过，但遗址上却没有留下这些炉渣；三是后段工序因燃料短缺或管理方面等原因异地进行，在只进行前段工序操作的遗址上根本就没有产生过这些炉渣。无论实际存在的是哪种情形，这些炉渣都因数量稀少而不会影响以下的物料平衡计算。

（2）冶炼流程的推断。两种炉渣来源判定之后，按其渣型组成、数量比例以及矿石脉石成分，可从物料平衡的角度对冶炼流程进行较详细的推断。

若欲完全得出各项平衡值，必须知道焙烧和冶炼过程的脱硫率。根据近代鼓风炉炼铜文献，可以对冶炼焙烧矿石时的脱硫率进行论证。

硫化矿石经部分脱硫焙烧后，各种铜铁硫化物如 CuS、FeS_2、$CuFeS_2$ 等分解和氧化为简单硫化物 Cu_2S、FeS 及 Fe_2O_3，这些简单硫化物在冶炼时不会再分解，因此焙烧矿石冶炼时的分解脱硫率可视为零。

焙烧矿石在古代竖炉中冶炼，与在现代鼓风炉中冶炼的氧化脱硫率是不同的。以木炭为燃料、还原气氛很强的鼓风炉中不存在使焙烧矿石中的硫氧化脱除的条件。主要有以下两点：

　　① 鼓入的氧全部用于木炭的燃烧，没有剩余氧可用于硫的氧化，风口区氧势虽然高一些，但液态冰铜是裹携在炉渣液滴中流过风口区的，处于一种被保护状态，很难被直接氧化。

　　② 硫也难以被焙烧矿石中的高价铁所氧化。古代的堆烧法，焙烧良好矿块中间为含铜较高的硫化物核心，外包氧化生成的含 Fe_2O_3 等高价铁氧化物厚层。这种块状焙烧矿石在还原气氛下冶炼，其核心内的硫化物因不能与外层的 Fe_2O_3 等充分接触，使得它们之间的固相反应难以在炉料熔化之前进行而脱除部分硫。高价铁在固态（700～1000℃）被还原为 FeO 而失去脱硫能力，最后与 SiO_2 造渣而与冰铜分离。

　　由上面分析可知，较强还原气氛下在鼓风炉内冶炼块状焙烧矿石，无论是氧的直接氧化，还是高价铁的间接氧化，都难以有效地进行。因此，这两种情形脱硫效果之和即总氧化脱硫率也应很小。近代炼铜工业的实践也与上述分相符。矿石在鼓风炉的还原气氛中冶炼，其脱硫率可低至 0.1[①]，Peters 在 1884 年其第一本炼铜学著作中指出，并在 1911 年出版社的另一炼铜专著中再次强调"冶炼工序的钥匙是放在焙烧工头的口袋里的（The key to the smelting process is carried in the pocket of the roaster foreman)"；他排除了氧化脱硫的可能性，给出了还原气氛下熔炼焙烧矿石时生成冰铜的三条原则：焙烧矿石中留下的硫量决定熔炼生成的冰铜量，硫首先满足铜以生成硫化亚铜，余下的硫与铁生成硫化亚铁。[②]

　　综上所述，在鼓风炉还原气氛下熔炼焙烧矿石，其分解脱硫率和氧化脱硫率可视为零，即总脱硫率为零。"硫化矿-冰铜-铜"工艺中硫的脱除是由各焙烧工序完成的，冶炼工序不能脱硫，其作用等同于冰铜与炉渣的机械分离。

　　根据前面的论证结果，以如下条件进行流程计算：首次冰铜渣与二次冰铜渣重量比例按随机取样出现的比例 59：8 计。冰铜熔炼工序不脱硫，所有硫皆由焙烧工序脱除。将燃料灰烬及炉壁因浸蚀冲刷而进入炉渣的部分算作造渣剂之内，且每次浓缩熔炼所加入的造渣剂成分是相同的。矿石中 SiO_2：CaO 为 28.0：30.4，超出钙铁石榴子石比例的铁、钙按硫化物、碳酸钙计算。矿石中铜按 $CuFeS_2$，超出其比例的与硫结合的铁按 FeS_2 计。不考虑返渣操作。忽略矿石中的 Al_2O_3。

　　按首次冰铜品位为 25％，二次冰铜品位为 40％，以熔炼 20 单位重量的首次冰铜为起点，由 SiO_2、CaO、Cu、Fe 平衡计算的冶炼流程见图 5-1-29。由图 5-1-29 可知，含铜 6.15％、硫 30.53％的手选矿石经焙烧脱除 74％的硫，获得的焙烧矿石含铜 9.38％、硫 9.61％；矿石经焙烧后，减重 18％。每产出 20 份品位 25％的首次冰铜，必须投入焙烧矿石 69.32 份，引入造渣剂 38.80 份，排出首次冰铜渣 85.68 份，渣与冰铜之比为 4.28：1，铜回收率为 95％。20 份首次冰铜经脱硫率为 42％的焙烧后，获得的 19.30 份品位为 25.91％的焙烧冰铜进入二次浓缩熔炼，必须引入造渣剂 5.42 份，排出二次冰铜渣 11.61 份，产出 12.30 份品位为 40％的二次冰铜，渣与冰铜之比为 0.94：1，铜回收率为 98％。

---

　　① 斯米尔诺夫，铜镍冶炼学（上册），高等教育出版社，1955，167。
　　② Peters E D, Practice of Copper Smelting, 1911, 196.

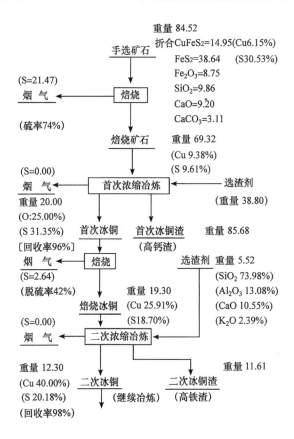

图 5-1-29 九华山遗址冶炼流程及物料平衡计算

遗址上发现的长方形炉址是焙烧炉的遗迹。中外古文献都记载过这种长方形焙烧炉，近代块状矿石的焙烧的"烧坑"也是长方形的。首次焙烧工序应在这种长 6.7 米、宽 1.7 米的焙烧炉中进行。宋代《龙泉县志》记载当时的硫化矿炼铜流程（见图 5-1-2），其矿石品位为 3.3%，首次焙烧分两次进行，共需 6 昼夜。近代美国蒙大拿的比尤特（Butte）矿石品位为 3.2% 的矿石同类焙烧炉长 2.44 米、宽 1.98 米，填装 20 吨矿石，需 8、9 天才能完成，每 10 天为一周期，相当于每天处理 2 吨矿石，焙烧矿石减重 15%。近代大型堆烧，其原理与坑烧完全相同，只是规模大、时间长。例如长 20 米、宽 12 米、高 20~25 米的烧堆，可容纳矿石约 4000 吨，需烧 80 昼夜，矿石含硫 25%，焙烧矿石含硫降至 8%。[①] 若按焙烧减重 15% 计算，则脱硫率为 81%。与古代、近代这些焙烧技术指标相比，图 5-1-29 的计算应较符合实际情况。按规模相近的比尤特焙烧的生产效率和周期，则和尚山的焙烧炉每天可处理矿石 4.72 吨，约合焙烧矿石 4.00 吨。

冰铜的焙烧要比矿石的焙烧难一些，其焙烧炉规模一般较小，操作次数也较多，脱硫率较低。宋代洪咨夔《大冶赋》记载，矿石要"堆阜于平陆，蠹岑楼于炉步"，冰铜则"复烹而精者聚，排烧而汕溜倾。"《宋会要辑稿・食货》记载，南宋嘉定年间（1208~1224）矿石需经"排烧窑次二十余日"才能炼出铜来。这些记载也说明矿石和冰铜的焙烧装置是有区别的。九华山遗址可能还存在没有被发现的另一种焙烧冰铜的炉或窑。按《龙泉县志》所载，

① Peters E D, Practice of Copper Smelting, 1911, 105.

首次冰铜需要焙烧 5 次，耗时 7 昼夜。按图 5-1-29 的计算，品位 25% 的首次冰铜焙烧总脱硫率为 42%。

九华山遗址使用"硫化矿-冰铜-铜"工艺冶炼低品位含铜黄铁矿，至少经历两次浓缩熔炼，分别获得品位约为 25% 和 40% 的两种中间产物冰铜。这表明宋代文献记载的硫化矿炼铜技术在唐代就已使用且相当成熟。

五　新疆奴拉赛古铜矿冶炼技术研究

奴拉赛古铜矿位于今新疆尼勒克县城南约 3 公里处，20 世纪 80 年代先后进行了调查和发掘，揭示出了矿井、炉渣等遗迹遗物。较大的开采规模、关键的地理位置、相当于中原东周时期的年代，使奴拉赛遗址的冶炼技术备受关注。

（一）矿冶遗迹

奴拉赛铜矿属中低温热液脉状类型。两条矿脉氧化带都很浅，地表 5 米以下即为原生带，矿物以辉铜矿为主，脉石以重晶石和方解石为主。一号矿脉地表平均铜品位为 5%，最高可达 17%，掌子面取样品位高达 30%。[1]

采矿遗迹主要是十余处沿矿脉分布的矿井。在一号矿体下的 15 米深处发现采空区，长约 50 米。矿井留有多根横向木支护，洞底遗有采矿石器、炭块等物，其中石器多为石锤，呈亚腰或双亚腰状。二号矿体上有多处槽状凹地，当为古采坑。[2]

在矿井附近发现冶炼遗迹，主要为埋深 1.5～2.0 米、厚 0.5～2.0 米、长 40～50 米的炉渣堆积，显露于冲刷沟壁上。渣堆内发现矿石、木炭、石器等，还发现多块冰铜锭，重 3～10 公斤，光谱分析含铜 60% 以上；在附近村中发现有铜锭[3]。

（二）检测分析

对新疆考古研究所王炳华、新疆有色金属公司龙秉兴提供的炉渣、矿石、冰铜及铜锭等进行了检测。

矿石呈灰色或蓝灰色。矿相鉴定、扫描电镜分析发现有辉铜矿、黄铜矿、斑铜矿及黄铁矿和重晶石等矿物。对三块矿石进行了主成分分析，见表 5-1-19。各项鉴定及分析都显示矿石为较富硫化矿石。炉渣呈黑色或灰黑色团块状，部分多气孔，夹有木炭或石英颗粒。对 10 个炉渣进行了化学分析和扫描电镜分析，见表 5-1-20、表 5-1-21。

金属 M1，质硬，性脆，表面呈暗灰色，断口有金属光泽。金属 M2，表面呈暗黄色，断口显金黄色，有小气孔。对 M1 进行了化学分析，见表 5-1-22。M1、M2 进行了扫描电镜分析，见表 5-1-23。

---

　① 新疆地质局第九地质大队，新疆尼勒克县群吉萨依一带铜矿普查报告，1979，藏中国地质档案馆。
　② 新疆地质局第九地质大队，新疆尼勒克县奴拉赛等地铜、铁矿初步评价、矿点检查及路线踏报，1982，藏中国地质档案馆。
　③ 王明哲，尼勒克县古铜矿遗址的调查，见：中国考古学年鉴（1984 年），176～177，文物出版社。

表 5-1-19　矿石主成分化学分析

样品编号	化学成分 /%						
	Cu	As	S	TFe	SiO$_2$	BaO	CaO
K1	4.56	0.34	23.0	10.6	2.72	0.67	0.68
K2	10.40	0.15	19.0	7.6	1.56	0.75	1.10
K3	7.65	0.08	28.0	28.8	3.09	10.79	4.76

表 5-1-20　炉渣部分元素化学分析和炉渣基体扫描电镜能谱分析

样品编号	化学分析 /%			基体扫描电分析 /%						铜硫化 Cu/S
	Cu	As	S	SiO$_2$	FeO	Al$_2$O$_3$	BaO	CaO	K$_2$O	
S	4.19	0.05	3.00	39.9	17.8	14.5	14.1	7.0	2.6	1.40
S2	0.29	0.10	0.87	32.3	19.9	6.1	28.1	8.0	1.5	0.33
S3	1.70	1.06	0.04	46.4	6.9	13.5	1.3	19.6	3.9	42.5
S4	0.77	0.04	0.84	35.4	25.7	9.4	5.3	15.3	1.7	0.92
S5	0.59	0.06	0.64	39.4	13.2	11.4	20.9	12.6	1.9	0.92
S6	0.79	0.10	1.70	28.8	14.3	10.7	31.7	12.9	0.7	0.46
S7	0.26	0.07	0.31	41.5	21.2	6.0	13.6	16.0	1.0	0.84
S8	0.36	0.08	0.73	39.0	15.2	6.8	24.0	12.4	1.4	0.49
S9	3.95	0.10	1.30	40.6	9.7	13.7	24.7	8.0	2.2	3.04
S10	1.59	0.07	0.09	37.5	17.7	10.3	24.8	5.6	1.6	1.77

本表中炉渣基体扫描电镜面积为 12～20 平方毫米。

表 5-1-21　渣中典型颗粒扫描电镜分能谱分析

样品编号	扫描区域及方式	扫描电镜分析 /%				物相组成
		Cu	Fe	S	As	
S1	颗粒点扫	26.9	35.9	37.3		冰铜
S2	颗粒点扫	48.7	21.3	30.0		冰铜
S3	颗粒点扫	68.8		3.3	27.9	砷铜
S4	颗粒点扫	47.6	13.4	39.0		冰铜
S5	颗粒点扫	44.2	20.1	28.5	6.6	冰铜（砷）
S7	颗粒点扫	48.3	11.1	33.4	7.1	冰铜（砷）
S8	颗粒点扫	28.6	10.5	42.0	19.0	冰铜（砷）
S9	颗粒点扫	72.2		0.4	27.4	砷铜
	颗粒点扫	77.0	1.1	21.5	0.4	白冰铜

表 5-1-22　金属 M1 化学分析

分析次数	化学分析 /%				
	Cu	Fe	S	As	Ag
第1次	42.9	9.9	＞8	13.2	0.16
第2次	52.0	9.8	2.78	25.4	0.17

表 5 - 1 - 23　金属 M1 和 M2 扫描电镜能谱分析

样品编号	扫描区域及方式	扫描电镜分析/%				物相组成
		Cu	Fe	S	As	
M1	灰黑相点扫	71.4	3.2	25.4		白冰铜
	灰白相点扫	17.6	34.8		47.6	砷冰铜
M2	样品面扫	82.1			17.9	砷铜

(三) 冶炼技术讨论

分析表明：奴拉赛遗址开采冶炼的是硫化矿石；冶炼过程至少排出了数量不同的两种炉渣；冶炼获得的冰铜和铜，都含有较高的砷。根据这引起证据对冶炼流程进行推测。

1. 工艺类型

硫化矿石有两种冶炼工艺。其一是"硫化矿-铜"流程，仅排出还原熔炼渣（还原渣）；其二是"硫化矿-冰铜-铜"流程，排出冰铜渣。

炉渣与产品的存在着对应的数量关系，冰铜渣的铜硫比在 4 以下，还原渣的铜硫比在 4 以上；冰铜渣中含铜颗粒是硫化物，还原渣中的含铜颗粒主要是金属铜及少量的硫化亚铜；"硫化矿-冰铜-铜"流程第一次排出的冰铜渣含有、其他炉次的冰铜渣和最后排出的还原渣不含有来自矿石脉石中的成分。当矿石含有砷、镍、锑等杂质时，炉渣的铜硫比等指标可产生一些偏差，但不会影响对炉渣性质的判定。从表 5 - 1 - 20 看，炉渣 S3 铜含量较高、硫含量低、砷含量高，铜硫比高达 42.5，远高出其他炉渣，几乎不含钡。其余 9 个炉渣铜硫比都在 4 以下，含砷很低，都含较多的钡。这表明 S3 与其余 9 个炉渣是不同冶炼过程的产物。从表 5 - 1 - 21 看，S3 中发现的金属颗粒是砷铜颗粒，而其他炉渣中发现的主要是白冰铜颗粒、砷冰铜颗粒，仅有少量砷铜颗粒，这也表明 S3 与其他 9 个炉渣不同。因此，除 S3 以外的所有 9 个炉渣都是第一次冰铜熔炼时排出的；S3 是流程最后排出的还原渣。

综上，奴拉赛遗址冶炼工艺是"硫化矿-冰铜-铜"流程，先后经历了一次冰铜熔炼和一次还原熔炼；冶炼过程有砷的参与。

2. 砷的引入

奴拉赛铜矿含砷甚少，表 5 - 1 - 19 中矿石检出砷最高为 0.34%；附近 17 个铜矿点取样，砷仅见于样品总数的 0.82%，且含量都很低[1]。这表明，仅由奴拉赛或其附近的低砷或无砷铜矿炼不出含砷高达 18% 的砷铜，砷只能是另外添加的，即最终产品砷铜是古人有意追求的。

砷既是有意添加，其添加方式应予确定。依表 5 - 1 - 20，还原渣 S3 含砷 1.06%，其他 9 个冰铜渣平均含砷 0.06%，二者相差甚大，说明砷是在还原熔炼中添加的，而不是在冰铜熔炼中添加的。砷既是在还原熔炼中添加的，那么此的冰铜熔炼的产物中似不应含砷。但表 5 - 1 - 20 中冰铜渣却含少量的砷（最高 0.1%、平均 0.06%），表 5 - 1 - 21 的冰铜渣中个别

---

① 新疆地质局第九地质大队，新疆尼勒克县奴拉赛等地铜、铁矿初步评价、矿点检查及路线踏报，1982，藏中国地质档案馆。

含铜颗粒的含砷量也较高（如 S9 的一个颗粒含砷 27.4%）。这应是返料操作造成的。

还原熔炼冶炼的是经过死焙烧的冰铜，同时添加砷矿物，最后获得砷铜。由于死焙烧进行得不彻底，以及砷矿物中可能含有相当数量的硫，使还原熔炼除了砷铜以外还会产生少量的砷冰铜的白冰铜。砷冰铜又称黄渣，其组成为砷与铁等元素形成的金属间化合物，密度接近冰铜，熔点接近炉渣。砷冰铜和白冰铜与砷铜一起放出还原熔炼炉外，因密度较小、熔点较高而先行被揭取，余下的砷铜凝结成锭成为产品。从表 5-1-22、表 5-1-23 看，M1 就是砷冰铜与白冰铜的混合吻，M2 是冶炼主产品砷铜。因 M1 为非均质，所以表 5-1-22 中两次分析结果的砷、硫含量有较大差异。表 5-1-22 中 M1 两次分析结果都发现约 0.2% 的银含量，正反映了黄渣易于富集金银的性质。

M1 作为还原熔炼的少量附产品，含有约 50% 的铜（见表 5-1-22），成熟的冶炼工艺必然要将其返回到前期的冰铜熔炼工序。同样，还原渣也含有较多的铜，很可能也返回了冰铜熔炼工序。正是含砷附产品的返料操作，使冰铜渣中出现了一些高砷含铜颗粒（见表 5-1-20）。同时，由于返料的数量有限，加上炉渣的稀释作用，以及冰铜熔炼过程的挥发等原因，又使冰铜渣和冰铜中的含砷量并无显著升高。必须指出，返料操作的目的是回收铜，而不是回收砷。因返料而回收到冰铜中的砷将在死焙烧工序中氧化挥发，不会进入其后的还原熔炼工序，因而也不会被回收到最终产品砷铜中。

奴拉赛遗址冶炼流程图见图 5-1-30。

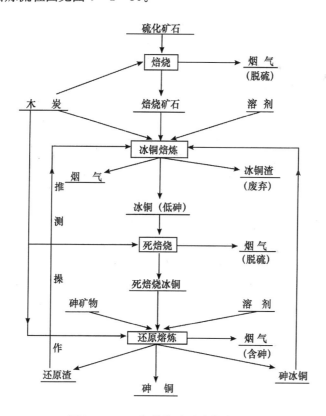

图 5-1-30　奴拉赛遗址冶炼流程图

奴拉赛遗址是新疆年代最早的铜矿冶遗址，距今约 2500 年。据研究，奴拉赛遗址是古代塞人的遗迹。塞人，西方文献中称为"斯基泰"人，是对古代中亚地区在文化上有较多共性的一些民族的泛称。《汉书》记载显示汉代以前，塞人曾活动于伊犁河流域和天山南北，已建立了某种形式的国家政权。奴拉赛古铜矿的研究对揭示古代新疆塞人国家的文化和经济面貌有重要意义，该遗址的规模和成熟而独特的冶炼技术，表明塞人的矿冶业已经历了相当长的发展过程，已有专业化的生产部门，标志着发达的政权及相应管理水平。

奴拉赛遗址作为目前我国发现的使用"硫化矿-冰铜-铜"工艺最早的、也是欧亚大陆上唯一的一处通过添加砷矿物来冶炼高砷铜合金的古矿冶遗址，在冶金史上有重要意义。该遗址地处中西交通要道，其硫化矿和高砷铜合金冶炼技术的研究对探讨中西亚及我国其他地区同类技术的源流和面貌有重要的参考价值。

奴拉赛遗址冶炼技术的详细揭示，如焙烧炉、熔炼炉、鼓风器的形制和定量化的冶炼流程，都有待于更多的发掘和样品分析。寻找砷矿物的来源、砷铜的去向和使用范围，也有赖于进一步的研究。对伊犁河流域可能同属塞人的青铜时代铜器的分析，以及相邻地区古矿冶遗址的探查，将是解决上述问题必不可少的资料。在锡青铜大行其道的青铜时代晚期，塞人出于何种原因冶炼和使用高砷铜合金，也是一个需要深入探讨的问题。

第二节　铅银冶炼技术

对中国古代铅银冶炼技术的遗址考察和实验研究尚未充分开展，目前只能根据古文献的记载和有限的出土文物研究来探讨古代铅银冶炼技术。将铅和银的冶炼技术放在一起讨论，主要是古代主要炼银方法"灰吹法"必须有铅的参与，炼铅是炼银的前提和基础。古代炼铅主要原料的是方铅矿。伴生辉银矿达到一定数量的方铅矿，是炼银的主要原料。单生的辉银矿、含银铜矿也是炼银的重要原料。由于铅银的共生关系、灰吹提银必须有铅的参与以及银的经济价值等方面的原因，古文献中关于炼铅炼银的记载是紧密相关的，并且偏重于炼银。

中国古代铅银的冶炼史经历了近百年的研究，提供了大量的研究成果。这些成果依据文献为主，出土文物为次。

章鸿钊在二十世纪初所著《古矿录》、《石雅》图文并茂，考察了各朝各代矿产资源，包括银矿资源的分布，对研究古代冶金史具有重要的参考价值。

夏湘蓉、李仲均、王根元的《中国古代矿业开发史》[①] 一书，以时代为顺序，详细考证了各朝各代的银矿产区及大致的产量，并主要对宋代的炼银技术进行分析。

赵匡华先生所著《中国科学技术史——化学卷》[②] 第三章中国古代的冶金化学，第四、五章中国古代的炼丹术化学，第六章中国古代盐、硝、矾的化学，对中国古代的冶金化学史进行了总结，这对研究我国古代的炼银技术史非常有意义。

梁方仲的"明代银矿考"[③] 一文，对明代的银矿主产区进行了考证，对研究明代的银矿开发史具有一定意义。

① 夏湘蓉、李仲均、王根元，中国古代矿业开发史，地质出版社，1980。
② 赵匡华、周嘉华，中国科学技术史-化学卷，科学出版社，1998，208～219。
③ 梁方仲，明代银矿考，见：梁方仲经济史论文集，中华书局，1989。

赵匡华在"狐刚子及其对中国古代化学的卓越贡献"[1]一文中，对东汉炼丹家狐刚子的生平及成就进行考证，论证了狐氏对我国金银地质学及冶金学的巨大贡献。

薛步高在"云南主要金属矿产开发史研究"[2]一文中，提到历史上银的采冶主要是从含银方铅矿中以"吹灰法"冶炼获取的，他还论及云南的许多银厂曾从炼银后的炉渣中提取铜，证明古时已注意伴生金属的回收，发挥资源的综合效益。薛步高、吴良士在"云南银铅锌矿开发史料与找矿探讨"[3]一文中，探讨了银矿与铅、锌、铜，特别是方铅矿的共生关系，提出"灰吹法"炼银技术是在元代发明的观点，并将元朝以来云南银矿产量的猛增归因于当时灰吹技术的发明和应用。

由中国人民大学清史研究所主编的《清代的矿业》[4]一书，分列各省的铅银铜矿产资源，对研究有清一代的银矿开发具有较高的史料价值。

杨远著《唐代的矿业》[5]一书，详细考证了唐代各道矿产分布，包括银矿分布，对复原当时的矿业分布、研究唐代炼银技术具有一定参考价值。

齐东方著《唐代金银器研究》[6]一书，在论及古代炼银技术时说："有悠久高超冶铜技术的中国，对金银冶炼不会有太复杂的技术难题，葛洪《抱朴子内篇》中专门谈论金银冶炼之术，唐代司空图《诗品二十四则》有"犹矿出金，如铅出银'的比喻，反映时人对银铅矿共生之熟知"。

霍有光把他多年的研究成果集中在《中国古代矿冶成就及其它》[7]一书中，在"宋代银矿开发冶炼成就"一文中，他分析了宋代银矿的类型、产量、主产区及当时的冶炼技术。他将宋代开采的银矿分为四种类型：一为银铜型银矿，二为银铜铅型银矿，三为独立银矿，四为银铅型及银铁伴生型银矿。当时的银矿主产区，主要在东南地区。两宋使用"吹灰法"或"灰吹法"技术炼银，此法至少在唐代业已成熟，宋代只是在前人基础上继承。但唐代的"灰吹法"只适于独立型银矿及银铅型银矿，而两宋开采的银矿类型多达六种，特别是银铜型和银铜铅型银矿，在铜银生产上占有重要的经济地位。针对这类银矿，那时掌握了与"灰吹法"既有区别又有联系的其他炼银方法。他通过对文献的分析，证明宋代开采的银铜型矿中银的含量比现代工业开采的还低，说明了当时的采冶水平之高，令人惊叹。在"我国宋代银矿主要产区与当代找银"一文中，霍有光论及了两宋的矿政及银矿类型和银矿主产区。在"从《证类本草》看北宋地学思想之集成"一文中，他论述了自然银及其成因、银的赋存状态、银矿类型和采冶。

李延祥在"从古文献看长江中下游地区火法炼铜技术"[8]一文中，指出《大冶赋》中炼铜流程里"吹拂而翻窠露"与《菽园杂记》所转录的宋代《龙泉县志》中关于炼银的记载谓铅尽银出的状态为"窠翻"是同一现象，表明当时能够使用加铅及灰吹法从铜矿中提取银。

① 赵匡华，狐刚子及其对中国古代化学的卓越贡献，自然科学史研究，1984，3（3）：224～235。
② 薛步高，云南主要金属矿产开发史研究，矿产与地质，1999，13（2）：70～74。
③ 薛步高、吴良士，云南银铅锌矿开发史料与找矿探讨，矿床地质，2002，21（3）：295～302。
④ 中国人民大学清史研究所、中国人民大学档案系中国政治制度史教研室：清代的矿业，中国书局，1983，573～599。
⑤ 杨远，唐代的矿产，台湾学生书局，1982，103～116。
⑥ 齐东方，唐代金银器研究，中国社会科学出版社，1999，270。
⑦ 霍有光，中国古代矿冶成就及其它，陕西师范大学出版社．1995。
⑧ 李延祥，从古文献看长江中下游地区火法炼铜技术，中国科技史料，1993，83～90。

　　周卫荣在"中国古代用锌历史新探"①一文中，将文献研究与实物分析相结合，从钱币学的角度探讨古代用锌和用铅的历史，这对炼银技术的研究有较大意义。他结合清代文献《滇南矿厂图略》、《矿学心要新编》，论述了清代所用的"灰吹法"炼银技术及所谓的"镰"就是铅的问题。

　　王菱菱在"宋代金银的开采冶炼技术"②一文中，以《大冶赋》、《菽园杂记》、《图经本草》等古文献为背景，分析了"灰吹法"炼银技术的大致步骤；在"明代陆容《菽园杂记》所引《龙泉县志》的作者及时代——兼论宋代铜矿的开采冶炼技术"一文中③特别论证了明代陆容《菽园杂记》中有关银铜冶炼技术的记载引自南宋陈百朋《龙泉县志》。

　　王昶在"中国古代先民对白银的认识和利用"④一文中，将古代开采的银矿分为自然银、辉银矿、含银方铅矿和银金矿。

　　薛亚玲在"中国古代金矿、银矿生产分布的变迁"⑤一文中，按时代顺序系统地论述了我国古代金银矿的主要地理分布区域。

　　吴浩在"中国古代的寻矿理论和开采技术"⑥一文中，提出了古代寻矿的"见荣理论"和利用植物寻矿的经验，并探讨了开凿法和火爆法的采矿技术。

　　李淑贤、徐其亨的"中国古代对银的鉴定及其药用价值的认识"⑦一文，谈到了使用不同物质的金银分离法，即"分庚法"，这是不同于"灰吹法"的另一种炼银方法，它适用于金银合金矿。

　　赵怀志、宁远涛"古代中国的金银鉴测技术"⑧一文，对中国古代的金银鉴定检测技术进行了总结。

　　加藤繁（日）著《唐宋における金银の研究》⑨一书，将银的成品按成色高低分为十一种，依次是：金漆花银、浓调花银、茶花银、大胡花银、薄花银、薄花细渗银、纸灰花银、细渗银、鹿渗银、断渗银、无渗银，并对我国唐宋时代的用银进行了研究。

　　石见银山历史文献调查团（日）编写的《石见银山研究论文篇》⑩，详细研究了日本古代的炼银技术。其中介绍了"灰吹法"、"南蛮吹"等技术的具体过程，由于日本古代炼银技术多数来自中国，因此可从侧面反映中国当时的技术水平。

　　川崎晃、米田雄介（日）的《日本史よめる年表》⑪，记载了石见大森银山的开发历史，明确了日本的"灰吹法"炼银技术，是1533年由宗丹和桂寿两个朝鲜"吹工"传入的事实，书中还记录了"灰吹法"的具体操作过程。

①　周卫荣，中国古代用锌历史新探，钱币学与冶铸史论丛，中华书局，2003，237。
②　王菱菱，宋代金银的开采冶炼技术，自然科学史研究，2004，23（4）：356～363。
③　王菱菱，明代陆容《菽园杂记》所引《龙泉县志》的作者及时代——兼论宋代铜矿的开采冶炼技术，中国经济史研究，2001，4，96。
④　王昶，中国古代先民对白银的认识和利用，番禺技术学院学报，2003，（2）：36～47。
⑤　薛亚玲，中国古代金矿、银矿生产分布的变迁，浙江社会科学，2001，（3）：138。
⑥　吴浩，中国古代的寻矿理论和开采技术，扬州教育学院学报，2002，（2）：35～38。
⑦　李淑贤、徐其亨，中国古代对银的鉴定及其药用价值的认识，云南教育学院学报，1998，（1）：33、34。
⑧　赵怀志、宁远涛，古代中国的金银鉴测技术，贵金属，2001，（2）：43～48。
⑨　加藤繁，唐宋时代における金银の研究，第八章第四节，日本，1924。
⑩　石见银山历史文献调查团，石见银山研究论文篇，思文阁出版社，2003。
⑪　川崎晃、米田雄介，日本史よめる年表，自由国民社，461。

　　李敏生在"先秦用铅的历史概况"[①]中，考证出商代我国已能冶炼纯铅块，这对研究古代炼银技术是有一定帮助的，因为银铅是经常共生的，冶炼铅是大规模炼银的前提和基础。

　　河南省博物馆、扶沟县文化馆联合撰写的"河南扶沟古城村出土楚金银币"[②]一文，对我国迄今为止出土的最早的银币实物（春秋时期）进行了光谱半定量分析，发现其中铜的含量较高。

　　徐龙国在《山东临淄战国西汉墓出土银器及相关问题》[③][④]一文中，根据考古实物分析了先秦及汉代的用银情况。

　　一冰在"唐代冶银术初探"[⑤]一文中，通过对西安南郊何家村出土的唐代炼银渣块的物化分析，结合典籍资料，探讨了唐代"灰吹法"炼银技术的大致过程（分为两步），论证了当时的技术已经达到了较高的水平。

一　中国古代用铅银概述

1. 中国古代用铅

　　中国在青铜时代就大量生产过铅，含铅是商周青铜器的特征之一。中国最早铅制品见于辽西地区的夏家店下层文化，属于该文化的内蒙古敖汉旗大甸子墓地出土有铅质的仿贝、权杖首。安阳殷墟也曾出土大块的铅锭。到秦汉时期，中国铅化学已很发达，从铅中或用铅提取银的灰吹法技术日臻成熟。铅除了作为青铜合金的成分大量用于制器等用途外，还大量地被用于制造铅丹、铅粉、铅黄等多种颜料。

2. 中国古代用银

　　中国用银的历史很长。迄今出土的最早银制品，是甘肃玉门火烧沟遗址发掘到的银鼻环，其年代约为晚夏早商时期[⑥]（见图 5 - 2 - 1），经检测为含银高于 90%。关于银的早期称谓可追溯到先秦有"白金"二字的青铜器铭文。一件名为"叔簋"的西周早期青铜器（现藏北京故宫博物院）有铭文共 18 字："赏叔郁鬯（音畅）白金雉牛叔对大保休用作宝尊彝"[⑦]。时间稍晚（西周中晚期）的青铜器"夨钟"的铭文上，也有关于赐"白金"的记载："宫令宰仆赐夨白金十钧夨敢拜稽首"。学术界多将"白金"解释为金属银，依此解释则我国中原地区至迟在周初时已开始用银。

　　先秦时期的文献中也屡屡提到银。《尚书·禹贡》有："厥贡璆铁银镂"、"厥贡惟金三品"的记载。《周礼·夏官·职方氏》曰："（荆州）其利丹、银、齿、革"。《管子·轻重十》曰："山上有赭者，其下有铁，上有铅者，其下有银，此山之见荣者也"，这是古人利用矿物

① 李敏生，先秦用铅的历史概况，文物，1984，(10)：84～89。

② 河南省博物馆、扶沟县文化馆，河南扶沟古城村出土楚金银币，文物，1980，(10)：61～65。

③ 徐龙国，山东临淄战国西汉墓出土银器及相关问题，考古，2004，(4)：68～75。

④ 一冰，唐代冶银术初探，文物，1972，(6)：40～43。

⑤ 甘肃省博物馆，甘肃省文物考古工作三十年，见：文物考古工作三十年，文物编辑委员会编，文物出版社，1979，143。

⑥ 中国社会科学院考古研究所，殷周金文集成释文卷三，香港中文大学中国文化研究所出版，2001，288。

⑦ 中国社会科学院考古研究所，殷周金文集成释文卷一，香港中文大学中国文化研究所出版，2001，27。

图 5-2-1　甘肃玉门火烧沟遗址发掘到的银鼻环

上下共生关系找矿的记载。司马迁说："金有三等，黄金为上，白金为中，赤金为下"[①]，这里的"白金"，当确指银。近年考古出土先秦时期的银器有：河南扶沟县古城村出土的楚国银布[②]（图 5-2-2）、山东曲阜鲁国故都东周墓的猿形银带钩、河北平山县中山王墓的镶银龙首金尊、陕西咸阳出土的战国金银云鼎、山东淄博市窝村出土的罕见大银盘等[③]。当时银的主产区有《尚书·禹贡》所指的梁州、扬州、荆州地区。另外有所谓"燕之紫山白金，一笑也"[④]，说明当时燕之紫山的银也比较有名。

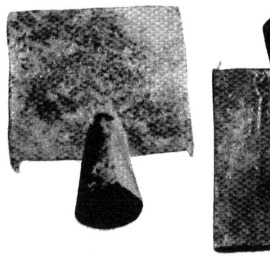

图 5-2-2　河南扶沟县古城村出土的楚国银布（共计 18 枚，重 3072.9 克）

---

①　司马迁：史记·平准书第八，中华书局，1974，1426。
②　中国人民银行中国历代货币编辑组，中国历代货币，新华出版社，1988，48。
③　徐龙国，山东临淄战国西汉墓出土银器及相关问题，考古，2004，（4）：68～77。
④　管子卷 23，地数第 77，轻重 10。

　　汉晋时期，银作为奢侈品和贮藏手段，其使用更为普遍。《后汉书·董卓传》载董卓死时家中藏有银八九万斤。汉晋时期的古墓中出土的银制品有所增加。汉代的银器皿在江苏涟水三里墩西汉墓、徐州狮子山西汉墓、邗江西汉广陵王墓及河北满城中山王刘胜墓、获鹿县（现鹿泉市）西汉墓和湖南长沙五里牌东汉墓等均有出土；1978 年山东临淄大武乡窝托村（现临淄区辛店街道窝托社区）西汉齐王墓出土银器达 131 件，包括生活用品、车马器、银扣和环钮[①]。与战国时期相比，汉晋银器不仅数量有所增加，而且种类也增加了盆、铞、壶等新的器形。银的主产区在西南、岭南和西北地区。如蜀汉之云南郡、阴平郡、朱提郡、梁水郡；岭南之始兴郡、桂阳郡[②]，东南地区的扬州、越州也有出产。另外，世宗延昌三年（514）发现有长安骊山银矿、恒州白登山银矿[③]。

　　隋唐时期，银主要用于赋税、捐献、赏赐、军政开支、贿赂、谢礼、宝藏等方面。从唐代开始，银在支付上的地位日益重要。考古出土唐代金银器很多，而且形制多样，反映了唐代金银采冶和制作工艺的卓越成就。这个时期银的需求也较大，据加藤繁研究，元和初（806）银矿税每年为一万二千两，宣宗时（847~859）增为每年一万五千两，实际产量约为七万五千两[④]。银的主产区，据杨远的研究，全国有九十七处，以岭南道和江南道为主，这两道合计共有七十九处，占全国的百分之八十一点五[⑤]。

　　两宋时期，银的使用大增，主要被用于赋税、俸禄、赏赐、贿赂、礼赠、借贷、岁币支付等方面。银的产量猛增。据估算，宋代每年实际产银在 105 万两到 205 万两之间（42~82 吨），某些年份可能突破 205 万两（82 吨）[⑥]，最高到过 1860 多万两（744 吨）[⑦]。但由于连年战乱，相当一部分银被用于支付巨额的"岁币"和庞大的军费。两宋时期银的主产区，北宋初年主要分布在 26 个州，元丰年间（1078~1085）增至 68 个州，涉及现行政区划十二个省，主要都集中在南方，最大的是桂阳监[⑤]。

　　从元朝开始，中国改用银为价值尺度，并且逐渐发展到以银为流通手段。中统宝钞和至大银钞的发行，使中国的币制接近于银本位制。据《马可·波罗游记》卷一载："有一个叫作新第州的市镇以制造武器和军队所需各种物品著名。本省多山的部分有一个地方名伊定县，那里有一座丰富的银矿，出产大量的白银"。阿拉伯人伊本·巴图塔于至正五年（1345）来到中国游历，说中国用纸币，不用金银交易，并说如果有人带金银到市场上去买东西，商人会不肯接受，一定要把金银换成纸钞，然后才能任意购买[⑧]。由于元朝幅员辽阔，当时新开的银矿较多，技术上多承袭前代。元朝的银产量，天历元年（1328）全国共计 77561 两，其相对数量可能比两宋少、比隋唐多。银矿主产区多在南方，如江西瑞州和广东惠州、韶州及安徽的宁国，云南的银矿开始大规模开采。

　　明代流通领域用银更为广泛和深入，货币经济的发展使白银成为普遍通用的货币。正德

①　徐龙国，山东临淄战国西汉墓出土银器及相关问题，考古，2004，（4）：68~77。

②　薛亚玲，中国古代金矿、银矿生产分布的变迁，浙江社会科学，2001，（3）：138。

③　魏书·食货六. 中华书局，1974，2857。

④　加藤繁，唐宋时代における金银の研究，第八章第四节，日本：1924。

⑤　杨远，唐代的矿产，台湾学生书局，1982，103~116。

⑥　霍有光，宋代的银矿开发冶炼成就，科学技术与辩证法，1994，（11）：5。

⑦　建炎以来朝野实录，卷 16，财赋三，金银坑冶。

⑧　Yule Henry, Cathay and the Way Thither. Vol. IV：Ibn Batuta's travels in Bengal and China 转引自彭信威，中国货币史，上海人民出版社，1958。

（1506~1521）以后，官吏的俸禄，十分之九用银。万历九年（1581）推行一条鞭法，各种租税都用银折纳，造成银的需求膨胀，直接导致了万历年间的大开矿银，也为美洲白银的流入创造了条件。明朝的银产量，洪武二十四年（1391）为两万四千七百四十两，永乐、宣德年间开陕州、福建等地银坑，所以宣德五年（1430），产银增至三十二万二百九十七两。到成化年间，开采更盛，单是云南，每年就有十万两的生产。阿里·阿克巴在十六世纪初来到中国，于 1516 年写成《中国纪行》，第九章中提到了当时的银矿产地："第三个省份是汗八里，……这个地区的产物是白银。有一个流水的泉眼和一口井，井中有象鸽子粪一样的东西，都含白银。也能从山上挖掘出白银，没有范围限制。因此白银在中国十分便宜。如果世界上短缺银子，中国白银的四分之一就足够全世界花用……。白银在中国的产量比其它物品都多。银矿位于大都省的一个叫 Ditunk（可能指大同）的地方"[①]。明朝国内的银矿主产区，以云南为最，其产量约占全国的三分之二[②]，其次是甘肃、四川、江西、湖广、贵州、河南、浙江、福建，主要集中在中国西南、中南和东南部地区。

明朝外银流入，甚至比国内的产量还多。西班牙人征服美洲之后，以残酷的奴隶制和先进的"混汞法"炼银技术大力开发墨西哥和秘鲁等地的银矿，使世界银产量迅速增长[③]，大量的美洲白银通过全球贸易渠道流入中国。另外，"灰吹法"炼银技术于 1533 年由神谷寿祯通过宗丹和桂寿两位吹工传入日本[④]，在石见银山首先采用，使日本的银冶业从此有了飞跃式的发展[⑤]。明末有大量日本白银流入中国，使明王朝拥有的银的绝对量大为增加。据蒋臣估计明末中国有银约两亿五千万两，彭信威先生说这个数字恐怕过低，因为正德五年（1510）刘瑾被抄家时，就抄出银两亿五千九百五十八万三千八百两。据彭先生研究，当时全国的白银因远远超过刘家之银，且正德以后又有大量外银的流入。但当时参加支付流通的也许不过一二亿两，绝大部分被窖藏了[⑥]。

清朝的币制虽然是一种银钱平行本位，但政府把重点是放在用银上。清朝的用银可以分为三个阶段：第一阶段是最初的一百年，国内大部分地方专用银块；第二阶段是嘉庆以后的八九十年间，即十九世纪的大部分，外国银元逐渐深入中国内地，在中国变成一种选用货币；第三阶段是清末的几十年间，中国自己制造银元，并赋以法定资格。由于巨大的银货币需求及国内的银产量远远无法满足这种需求，国外的银币在道光以前就更多地流入中国。自顺治五年（1648）至康熙四十七年（1708）的六十年间，就有一亿两的外银流入中国，而在 1830 年以前的一百三十年间，欧洲各国，特别是英国输入中国的白银至少在五亿两以上[⑦]。如此大量的银货币流入，也从一个侧面反映了当时中国的强盛。但自道光初年以后，随着东印度公司鸦片的输入，中国的银货币也开始外流，国力从此日渐衰落。

① 阿里·阿克巴、张至善，中国纪行，三联书店出版，1988，97。
② 宋应星，天工开物，钟广言注释，广东人民出版社，1976，343，344。
③ Hylander L D and Meili M, The Science of the Total Environment, 2003, 304, 18.
④ 川崎晃、米田雄介，日本史よめる年表，自由国民社，461。
⑤ 石见银山历史文献调查团，石见银山研究论文篇（上），思文阁出版社，2003，9。
⑥ 彭信威，中国货币史，上海人民出版社，1958，657，663，707，777。
⑦ 小竹文夫，明清时代外国白银的流通，载：近世支那经济史研究，1942，56~59。

二　铅银矿产资源

1. 铅矿

明代关于铅银矿产及冶炼技术的文献记载最多。宋应星《天工开物·五金》关于铅的记载："凡产铅山穴，繁于铜、锡，其质有三种。一出银矿中，包孕白银，初炼和银成团，再炼脱银沉底，曰银矿铅。此铅云南最盛。一出铜矿中，入洪炉炼化，铅先出，铜随后，曰铜山铅，此铅贵州最盛。一出单生铅穴，取者穴山出石，挟油灯寻脉，曲折如采银矿，取出淘洗煎炼，名曰草节铅"。

2. 银矿

银是一种稀有的贵金属，纯银呈银白色，元素符号为 Ag，其熔点为 960.5℃，密度为 10.49 克/厘米^3。银在地壳中的含量很少，仅为 $1 \times 10^{-7}\%$。自然界中银的矿物有 10 多种，主要是辉银矿（Ag_2S）。辉银矿通常赋存于方铅矿、闪锌矿、黄铜矿等矿物的结晶中，故大部分银是伴生在铜矿、铅锌矿或铜铅锌矿等组成的多金属矿体中。较次要的银矿物还有：自然银、硫锑铜银矿 [8 ($AgCu$) $S \cdot Sb_2S_3$]、角银矿（$AgCl$）、淡红银矿（$3Ag_2S \cdot As_2S_3$）、脆银矿（$5Ag_2S \cdot Sb_2S_3$）、硫锑银矿（Ag_3SbS_3）和黑硫银锡矿（$4Ag_2S \cdot SnS_2$）等，这些矿物多具有明亮的金属光泽和较大的密度，极易发现识别。古人通过长期找矿实践，是不难发现上述各种矿物的。最具有经济意义的银矿是与铅伴生在一起的银矿，即含银方铅矿，其次是含银的铜等有色金属矿。自然界当中也存在由辉银矿、角银矿等为主要成分的单生银矿。在美洲，由角银矿等为主要成分的银矿具有重要意义。

我国古代开采和冶炼的银矿可分为五类：

（1）自然银矿：又叫"生银"，是含银 90% 以上的银矿，即未经烹炼的金属银，是一种次生矿，比较少见，主要存在于铅银（或银铅）矿上部氧化带中。生银的形状有数种，有所谓"褐色石，打破内即白，生于铅矿中，形如笋子，亦曰自然牙"的，有"状如硬锡若丝发状，土人谓之老翁须"的，还有"天生牙生银坑内石缝中，状如乱丝，色红者上"的，综合以上这些对生银的描述，生银可分为三种：①自然牙、天生牙、龙芽等，呈树枝状；②古代戏称为老翁须、龙须的，呈乱丝状，丝须状；③状如硬锡，呈片状、鳞片状或块状。我国早期的银制品，有可能是自然银制成的。

（2）银金矿或金银矿：由于天然金中多少总含有一些银，有些天然金中的银含量甚至高达 20% 以上，因此，这两种金银合金矿在我国古代还是比较常见的。银金矿古人又称"黄银"或"淡金"，矿物学上称"银金矿"，此矿中银的含量在 50% 以下，金的含量在 50% 以上，随银含量的增加其矿色变淡，但始终是黄色；而金银矿是指银的含量超过 50% 的金银合金矿，其矿色变为银白色。先秦著作《山海经（卷二）西山经》中说"槐江之山。……多采黄金银"；《礼斗威仪·黄银》曰："君乘金而王，其政象平，黄银见，紫玉见于深山"。郦道元《水经注》云："漻水，出漻山，水源有金银矿。洗取，火合之，以成金银"。陈藏器《本草拾遗》谓黄银："黄银载在瑞物图经，既堪为器，明非瑞物"。程大昌《演繁录》卷七云："高祖时，辛公义守并州，州尝大水流出黄银，以上于朝"。宋人方勺《泊宅篇》亦云："黄银出蜀中，南人罕识……，其色重与上金无异，上石则正白"。而南宋陈百朋《龙泉县志》更是详细描述了黄银的产状及采炼之法。中国古代使用金银分离法（或称分庚法）对该矿进行处理，一般是先分出其金，再提取其银，以实现银的提纯。

（3）含银铅矿：主要是指含银方铅矿（PbS），此矿除常具规则晶形外，还具有明亮的金属光泽，肉眼极易发现识别。我国先人早已认识到了银铅共生的规律，先秦著作《管子·轻重十》云："上有铅者，其下有银，此山之见荣者也"，古人认为铅是"银母"；《宋史·食货》中有"铅坑有银"的记载，《宋会要辑稿》中也提到："银铅并产"，《天工开物》在提到铅时说："凡产铅山穴，……其质有三种：一出银矿中，包孕白银，曰银矿铅，此铅云南为盛"。方铅矿在我国很常见，处理此矿一般是先进行焙烧和冶炼，得到含银铅锭，再用灰吹法提银。

（4）单生银矿：主要是指辉银矿（Ag$_2$S），在我国古代又称"礁"。其颜色常呈灰黑色，缺少方铅矿、闪锌矿那种闪烁的光泽。单生银矿有一定的识别难度，自然界中单生银矿比较少见。辉银矿的形状一般为树枝状或丝状，也有土块状和皮壳状的。王韶之《始兴记》中言"或衔黑石"，赵彦卫《云麓漫钞》卷二云"每石壁上有黑路乃银脉"，是指辉银矿。乐史《太平寰宇记》卷第一百一龙焙监的矿石分类中，有一种叫"黑牙礁矿"的，也是指辉银矿。明末宋应星在《天工开物》中描写辉银矿时说："其礁砂形如煤炭，底衬石而不甚黑。其高下有数等（商民凿穴得砂，先呈官府验辨，然后定税），出土以斗量，付与冶工，高者六、七两一斗，中者三、四两，最下者一、二两……（其礁砂放光甚者，精华泄露，得银偏少）"。对此矿的处理，一般也是先进行焙烧，得到含银铅锭，再用灰吹法提银。

（5）含银铜矿：是指与黄铜矿、斑铜矿、辉铜矿等铜矿体伴生的银矿，具有明亮的金属光泽。《山海经》卷五中山经有云："铜山其上多金银铁"，《宋会要辑稿》中载"产铜之地莫盛于东南，……银铜共产，大场月解净铜万（斤）计，小场不下数千（斤），银各不下千两，为利甚博"。苏颂的《图经本草》在"金屑"条下转引陈藏器的话说："其银在矿中则与铜相杂……"。《天工开物》在提及铜时说："东夷铜又有托体银矿内者，入炉炼时，银结于面，铜沉于下……有以炉再炼，取出零银……[①]"。这种含银铜矿的处理也是先经过焙烧和冶炼，将铜和银分离，再用灰吹法提银。

三　铅银冶炼技术

1. 炼铅技术

对于最常见的方铅矿，冶炼之前需要焙烧，将其转化为氧化铅矿物。焙烧所用的焙烧炉可大可小，近代文献记载和土法工艺实践表明其形制也变化多样。天然的氧化铅矿石（如白铅矿）和经焙烧氧化后的矿石可用与炼铜炼铁相同的竖炉进行冶炼，也可以用坩埚进行冶炼。

目前通过古矿冶遗址的考察和研究来揭示古代炼铅技术的工作尚未开展。对一些地区有限的探索工作，发现了一些明显属于冶炼铅的遗址遗物，如在长江流域发现唐宋以来主要使用竖炉炼铅，而北方地区辽金时期大量使用坩埚炼铅。参见图5-2-3和图5-2-4。

---

①　宋应星，天工开物，钟广言注释，广东人民出版社，1976，343、344。

图 5 - 2 - 3　重庆石柱县出土宋至明代炼铅炉渣其形貌表明是竖炉所排出的

图 5 - 2 - 4　河北平泉南铅沟辽金元时期炼铅坩埚残片堆积

古代炼铅除了使用竖炉外，还使用专用的敞炉炼铅，近代土法还发展了坩埚炼铅，直接利用废铁等作还原剂来置换方铅矿中的铅。

（1）敞炉炼铅

此种炼铅的方法甚为古老。《天工开物》五金条就记载了此种炼铅银炉子："凡礁砂入炉先行拣选淘洗。其炉土筑巨墩，高五尺许，底铺瓷屑炭灰，每炉受礁砂二石，用栗木炭二百斤周遭丛架，靠炉砌砖墙一垛，高阔皆丈余，风箱安置墙背，合两三人之力带拽透管鼓风……"见图 5 - 2 - 5。

图 5 - 2 - 5　　《天工开物》记载的炼铅炉

敞式炉炼铅有如下特点：

一次炼成，该炉主要靠先氧化的生成的 PbO 和 PbS 之间的交互反应直接生成铅和二氧化硫，以方铅矿为主的矿砂不需要先行焙烧。可大量节省燃料。因方铅矿氧化反应是放热的，故所用燃料较少。一般每百千克矿石仅需焦炭或无烟煤 8～10 千克。设备简单，可大可小，开炉停炉方便。矿石品位要在 65％ 以上，否则可能炼不出铅。矿石中含硅应低，以免生成过多的硅酸铅。石中不应含黄铁矿和闪锌矿，以免生成难熔化合物。单炉回收率低，约 2/5 铅混在炉渣中，需要水选后再冶炼。

(2) 坩埚炼铅

此法系利用铁能从硫化铅（方铅矿）中置换出铅的反应来炼铅的传统方法。

目前检索到的关于这种炼铅技术的文献是清乾隆二十二年正月二十五日甘肃巡抚吴达善的奏章："……今开（灵州）喜雀岭铅觔，经靖远县试煎一炉，装矿砂四百五十斤，共煎获净铅二百五十斤……。每炉用装砂罐一百个，每个银三厘七毫五丝，共用银三钱七分五厘。每矿砂一斤加用分铅生铁六两八钱五分，共用生铁一百九十二斤十一两五钱，每斤银一分三厘七毫五丝，共用银二两六钱四分八厘六毫三丝六忽七微。每矿砂一斤加烧炼石炭一斤八两，共用石炭六百七十五斤，每斤银五毫五丝，共用银三钱七分一厘二毫五丝。每炉用引火柴一捆，银七厘五毫。每炉用塓炉麦草一束，银六厘二毫五丝。每炉用熄火水六担，银七厘五毫。每炉用碾装矿砂并拉风箱小夫二名，每名给银五分，共用银一钱。每炉用分铅匠一名，给银六分。每炉用清铅石炭四十斤，每斤银五毫五丝，共用银二分二厘。以上共用银九两四钱五分七厘五毫零，以每炉出净铅二百二十五斤摊算，每净铅一斤实需商本银四分二厘零"。[①]

①　中国人民大学清史研究所、档案系中国政治制度史教研室，清代的矿业（下册），382 页，中华书局，1983 年版。

2. 炼银技术

(1) 灰吹法

灰吹法利用金银易溶与铅、铅易于被氧化成 PbO 及 PbO 可被排出或被炉灰吸收的性质而把金银从铅中提取出来的技术。根据现有文献分析，灰吹法应是中国古代基本的银的生产方法。无论是单独开采的辉银矿，还是与铅共生的银矿，或者伴生在铜矿里的银矿，都首先富集在铅里，再用灰吹法提取出来。

灰吹法的操作过程分为两步：第一步是"熔矿结银铅"的过程；将经过处理的银精矿（一般要经过舂碾、淘洗等阶段以去除沙石等杂质）与金属铅或方铅矿按一定比例混合（若为铅银共生矿则可能不需加铅），然后以木炭为燃料，放入熔炉焙烧，里面的矿物就能熔化成团，这是因为银铅能互相溶解，而铅的比重较大，能携银尽归炉底，还原出来的银铅陀（银铅合金）就与其他杂质实现了分离，使金属银得到了富集，得到银铅陀。第二步，即"沉铅结银"的过程，将冷却后的"银铅陀"置于灰坑中（或煎炉中），底铺炉灰或草灰，周围用木炭叠架，鼓风焙烧，银铅陀熔化，铅先氧化沉于炉底，变成黄色粉末状氧化铅（PbO，俗称"密陀僧"或"黄丹"），银则富集在炭灰表面，这样就实现了银铅分离和银的初步提纯。若要使银更纯，重复以上过程即可。

先秦时期炼银技术的文献较为缺乏，只有《管子·轻重十》所载有较重要价值，记载明确指出了银与铅的共生关系。到了东汉时期，才出现明确的记载灰吹法炼银的文献，此后各代记载繁简不一，以宋代最为详尽。

① 汉唐时期的文献记载。迄今最早的关于灰吹法炼银的文献记载为东汉时期狐刚子的《出金矿图录》"出矿银法"[①]（图 5-2-6）："有银若好白，即以白礬（矾）石砷（砒）末火烧出。若未好白，即恶银一斤和熟铅一斤，又灰滤之为上白银……，作灰坯：火屋中以土墼作土墙，高三尺，长短任人。其中作模，皆得。坯中细炼灰使满，其中以水和柔使熟，不湿不干用之。小抑灰使实，以刀铍作坯形。灰上薄布盐末，当坯内矿各以黄土炼覆上，装炭使讫，还以墼盖炉上。当坯上各开一孔，使大气通出，周泥之。坯前各别开一孔看，时时瞻候。以铁钩钩断糖屎使出，须臾火彻，锡矿沸动旋回，与银分离。锡尽银不复动，紫绿白烟起，烟起以杖击，少许布水湿沾之，其银得冷即起龙头，以铁匙按取，名曰：'龙头白银'"。

这里所说的"锡矿"指银铅铊，所谓的"锡矿沸动"是指铅氧化为密陀僧并熔融，以及粉尘扬起沸动，最后氧化铅完全渗入灰坯中，因而"锡尽，银不复动"。

与狐刚子几乎同时代的张道陵《太清经天师口诀》载有"一切金银皆毒，若不精炼，恐畏伤人。先铅炼三七遍……。铅炼金法：用金三十六两，用铅七十二两。作灰坯，火烧令干，密闭四边，通一看孔。安铅杯中。作一铁杯，大小可灰坯上，遍凿作孔，用合灰杯。杯上累炭，炭上覆泥。火之铅尽，还收取金。更作灰杯，如是三七遍，名曰铅炼金也"[②]，其所指也应是灰吹法精炼金、银的技术。

晋人枣璩诗有云："金玉有本质，焉能不坚刚。惟在远炉灰，幽居未潜藏"。[③] 其中的"炉灰"一词，无意中透露了三国两晋时期"灰吹法"技术的应用。《魏书·食货志》载：

① 原著已失传，散见于《黄帝九鼎神丹经诀》卷九，见《道藏》洞神部（十四）众术类。

② 《道藏》洞神部（十四）众术类。

③ 《古今图书集成》金部。

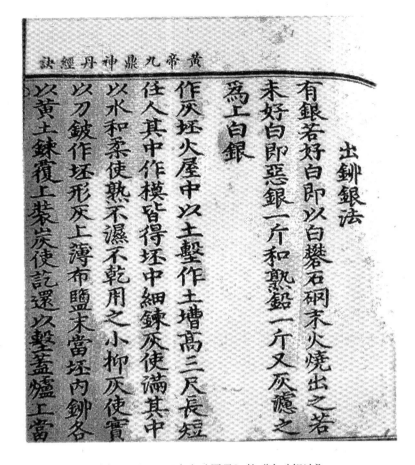

图 5-2-6　《出金矿图录》的"出矿银法"

"世宗延昌三年春，有司奏：长安骊山有银矿，二石得银七两，其年秋恒州又上言：白登山有银矿，八石得银七两，锡三百余金。其色洁白，有逾上品，昭并置银官常令采铸。"，这段文字是目前所能检索到的最早关于银矿品位的记载，显示当时处理的这两处银矿的品位分别为 0.185%、0.045%。南朝王韶之《始兴记》[①] 记载了广东英德、清远等地开采银矿的情况："其矿或红如乱丝，或白如草根（指自然银），或衔黑石（含辉银矿），或有脉，谓之龙口，循龙口挖之，浅者一二丈，深者四五丈，有焦路如灶石然，斯矿苗也。又挖则矿见矣。由微而盛，盛而复微。或如串珠，或如瓜蔓，微则渐绝，绝复寻焦，焦复见矿。若焦已绝，则又盘荒也。"文中着重指出了三种常见银矿：即或红如乱丝，或白如草根（指自然银），或衔黑石（含辉银矿）。范纳有《南唐宫词》曰："女冠鸟爪解方音，识得逢瀛践浅深。戏搦雪花熔紫磨，汉宫谁数辟寒金。"[②]，其中的"戏搦雪花"描述正是灰吹法炼银的情形，后世形容银常用"雪花银"，或本于此。

唐朝时来到中国的波斯人李珣转引《南越志》[③] 说："波斯国有天生药银，用做试药指

---

① 王韶之《始兴记》转引自《广东新语》卷十五。
② 见《古今图书集成》金部。
③ 李珣《海药本草》引《南越志》。又见李时珍《本草纲目》五十二卷。

环，又烧朱粉瓮下多年沉积有银，号杯铅银，光软甚好，与波斯银功力相似，只是难得，今时烧炼家每一斤生铅只得一二铢"。"每一斤生铅只得一二铢"，这里说的是含银铅矿，其提银方法只能是灰吹法。

20世纪70年代西安西郊何家村出土了一块唐代炼银炉渣块（见图5-2-7），经一冰研究分析，认为是唐代炼银使用灰吹法技术炼银的物证①，炉渣块中含银很少，表明当时的冶炼水平较高，对灰吹法的掌握也较为娴熟。

图5-2-7　西安河家村出土的唐代炼银渣块②

综上，汉唐时期文献主要涉及的利用灰吹法提炼金银、或利用灰吹法从单生银矿及与铅共生银矿中提取银，尚未明确提及从含银的铜矿即与铜共生的银矿中提取银。

② 宋代以来的文献。从宋代开始出现了较详尽的炼银技术文献记载，这些记载不同于汉唐之间的主要由炼丹家的描述，明显属于当时的生产实践的记录，涉及从炼铅到灰吹提银的全部过程，因而显得更为重要。表5-2-1列出了这些记载及其出处。

表5-2-1　灰吹法炼银技术的主要文献记载

来源	内容
（北宋）苏颂《图经本草》玉石中品卷第二	（自然银）状如硬锡若丝发状，土人谓之老翁须，……"金屑"条下转引陈藏器的话说："其银在矿中则与铜相杂，土人采得之，必以铅再三煎炼方成"，另在"密陀僧"条下载："密陀僧，《本经》不载所出州土，注云出波斯国，今岭南、闽中银铜冶处亦有之，是银铅角。其初采矿时，银铜相杂，先以铅同煎炼，银随铅出，又采山木叶烧灰，开地作炉，填灰其中，谓之灰池。置银铅于灰上，更加火大煅，铅渗灰下，银往灰上，罢火候冷出银。其灰池感铅银之气，置之积久成此物。"

① 一冰，唐代冶银术初探，文物，1972，（6）：40～43。
② 陕西历史博物馆等，花舞大唐春——何家村遗宝精粹，文物出版社，2003。

来源	内容
（南宋）赵彦卫《云麓漫钞》卷二	取银之法，每石壁上有黑路乃银脉，随脉凿穴而入，浦容人身，深至十数丈，烛火自照。所取银矿皆碎石，用白捣碎，再上磨，以绢罗细，然后以水掏。黄者即石（弃去），黑者乃银，用面糊团入铅，以火煅为大片，即入官库，待三两日再煎成碎银。每五十三两为一包，与坑户三七分之，官收三分，坑户得七分；铅从官卖，又纳税钱，不啻半取矣。它日又炼，每五十两为一锭，三两火取耗。坑户为油烛所熏，不类人形，大抵六次过手，坑户谓之过池，曰过水池、铅池、灰池之类是也。
（南宋）洪咨夔《大冶赋》	银城有场，银斜有坑，银玉有坞，银嶂有山。……烧窖熟，盒（音安）炉裂。铅驰沸，灰窠发。气初走于烟云，花徐翻于霜雪。它山莫优，朱提则劣。于以供王府匪颁之用，于以补冶台贷本之阙。
	……鉣再炼而粗者消，钒复烹而精者聚。排烧而汕溜倾，吹拂而翻窠露。
（南宋）陈百朋《龙泉志》转引自陆容《菽园杂记》	五金之矿，生于山川重复高峰峻岭之间。其发之初，唯于顽石中隐见矿脉，微如毫发。有识矿者得之，凿取烹试。其矿色样不同，精粗亦异。矿中得银，多少不定，或一箩重二十五斤，得银多至二三两，少或三四钱。矿脉深浅不可测，有地面方发而遂绝者，有深入数丈而绝者，有甚微久而方阔者，有矿脉中绝，而凿取不已，复见兴盛者。此名过壁。有方采于此，忽然不见，而复发于寻丈之外者，谓之虾蟆跳。大率坑匠采矿，如虫蠹木，或深数丈，或数十丈，或数百丈。随其浅深，断绝方止。旧取矿携尖铁及铁槌，竭力击之，凡数十下，仅得一片。今不用槌尖，唯烧爆得矿……矿石不拘多少，采入碓坊，舂碓极细，是谓矿末。次以大桶盛水，投矿末于中，搅数百次，谓之搅粘。凡桶中之粘分三等，浮于面者谓之细粘，桶中者谓之梅沙，沉于底者谓之粗矿肉。若细粘与梅沙，用尖底淘盆，浮于淘池中，且淘且汰，泛飏去粗，留取其精英者。其粗矿肉，则用一木盆如小舟然，淘汰亦如前法。大率欲淘去矿末，存其真矿，以桶盛贮，璀璨星星可观，是谓矿肉……次用米糊搜拌，圆如拳大，排于炭上，更以炭一尺许覆之。自旦发火，至申时住火候冷，名曰窖团。次用烹银炉炽炭，投铅于炉中，候化即投窖团入炉，用鞲鼓扇不停手。盖铅性能收银，尽归炉底，独有滓浮于面。凡数次，破炉爬出炽火，掠出炉面滓。烹炼既熟，良久以水灭火，则银铅为是谓铅驼。次就地用上等炉灰，视铅驼大小，作一浅灰窠，置铅驼于灰窠内，用炭围叠侧，扇火不住手。初铅银混，泓然于灰窠之内，望泓面有烟云之气飞走不定，久之稍散……则雪花腾涌，雪花既尽，湛然澄澈。有少顷，其色自一边先变浑色，是谓窠翻（原注：乃银熟之名）。烟云雪花，乃银气未尽之状。铅性畏灰，故用灰以捕铅。铅既入灰，唯银独存。自辰至午，方见尽银。铅入于灰坯，乃生药中密陀僧也。
	采铜法：……方见生铜。次将生铜击碎，依前入旋风炉烹炼，如烹银之法，以铅为母……
（明代）方以智《物理小识》卷七	矿砂见磊珂小褐石，自有脉路，穴土十丈，或倍之。支洞寻苗，或黄碎石，或石缝乱丝，则礁近矣。形如煤炭，下叠石不甚黑。出土以斗量，高者六七两一斗，下者一二两。其礁砂放光，甚者精华泄露，得银甚少。炉筑五尺，砂先淘洗，每礁砂两担，用栗木炭两百斤，墙背鼓鞲，火力既合，礁熔成团。然银尤隐铅中，冷定，入分金虾蟆炉。铅沉下者，已类陀僧。柳枝燃烧，铅气净尽，则生银也。沉铅结银同也。倾无丝纹，或显圆星，颠号茶经。楚雄所出，硐砂百斤，又生铅两百斤于炉内，然后煽炼成团。其再入虾蟆炉，沉铅结银同也（炉底陀僧样者，别入炉炼，又成扁担铅）。

续表

来源	内容
（明代）宋应星《天工开物》卷十四"五金"	凡云南银矿，楚雄、永昌、大理为最盛，曲靖、姚安次之，镇沅又次之。凡石中硐中有矿砂，其上现磊然小石，微带褐色者，分丫成径路。采者穴土十丈或二十丈，工程不可日月计。寻见土内银苗，然后得矿砂所在。凡礁砂藏深土，如枝分派别，各人随苗分径横挖而寻之。上支横板架顶，以防崩压。采工籲灯逐径施镢，得矿方止。凡土内银苗，或有黄色碎石，或土隙石缝有乱丝形状，此即去矿不远矣。凡成银者曰礁，至碎者曰砂，其面分丫若枝形者曰矿，其外包环石块曰矿。矿石大者如斗，小者如拳，为弃置无用物。其礁砂形如煤炭，底衬石而不甚黑。其高下有数等（商民凿穴得砂，先呈官府验办，然后定税）。出土以斗量，付与冶工，高者六七两一斗，中者三四两，最下者一二两……凡礁砂入炉，先行拣净淘洗。其炉土筑巨墩，高五尺许，底铺瓷屑、炭灰，每炉受礁砂二石。用栗木炭二百斤，周遭丛架。靠炉砌砖墙一朵，高阔皆丈余。风箱安置墙背，合两三人力，带拽透管通风。用墙以抵炎热，鼓鞴之人方可安身。炭尽之时，以长铁叉添入。风火力到，礁砂熔化成团，此时银隐铅中，尚未脱出，计礁砂二石熔出团约重百斤。冷定取出，另入分金炉（一名虾蟆炉）内，用松木炭匝围，透一门以辨火色。其炉或施风箱，或使交（捷）。火热功到，铅沉下为底子。（其底已成陀僧样，别入炉炼，又成扁担铅）。频以柳枝从门隙入内燃照，铅气净尽，则世宝凝然成象矣……此初出银，亦名生银。倾定无丝纹，即再经一火，当中只现一点圆星，滇人名曰茶经。逮后入铜少许，重以铅力熔化，然后入槽成丝，其楚雄所出又异，彼硐砂铅气甚少，向诸郡购铅佐炼。每礁百斤，先坐铅两百斤于炉内，然后煽炼成团。其再入虾蟆炉沉铅结银，则同法也。此世宝所生，更无别出……将其金打成薄片剪碎，每块以土泥裹涂，入坩埚中，硼砂熔化，其银即吸入土内，让金流出，以成足色。
（清代）吴其濬《云南矿厂工器图略》之"罩第七"	炼银曰罩，出银谓之一池。凡罩要需为老灰也，故记罩。小曰虾蟆罩，形似之，下为土台，长三四尺，横尺余，四周土墙，高尺许，顶如鱼背，面上有口以透火，下有口不封以看火候，铺炭于底，置镰其中，炭在沙条上，炼约对时许，银浮于罩口内，用铁条水浸盖之，即凝成片，渣沉灰底，即底母也，出银后，即拆毁另打……大曰七星罩，形如墓，又曰墓门罩，下亦土台，长五六尺，横二尺，四周土墙，顶圆有七孔以透火，因曰七星罩，前高二尺，上口添炭，下为金门，土板封之，后以次而杀，铺灰于底，置矿于上，搀以镰炭在沙条之上，约二时开金门，用铁条赶臊一次，仍封之，或一对时或两对时，银亦出于罩口内，出银后添入矿镰。随出银随添矿，可经累月，须俟损裂，再行打造，故又曰万年罩。

表 5-2-1 的文献分别记载了用灰吹法从单生银矿、与铅共生银矿、与铜共生的银矿提取银技术，其中的从与铜共生的铜矿即含银铜矿中提取银的技术是明显的新生事物，显示两宋时期是灰吹技术的大发展。

据《宋会要辑稿》载："产铜之地莫盛于东南，如括苍（今浙江丽水）之铜廓、南弄、孟春等处，诸暨（今浙江诸暨）之天富，永嘉（今浙江温州）之潮溪，信饶之罗桐，浦城（今福建浦城）之因浆，尤溪（今福建尤溪）之安仁、杜塘、洪面子坑五十余所，银铜共产，大场月解净铜万（斤）计，小场不下数千（斤），银各不下千两，为利甚博。至若双瑞、酉瑞、十二岩之坑，出银繁瀚。大定、永兴等场，虽是银铅并产，兴盛日久，泽灵不衰。"[①]

---

① 《宋会要辑稿》之食货。

从这段记载可以得出三点认识：一是宋代已总结出我国东南浙闽某些地区是多金属成矿有利地带；二是主要银矿类型有："银铜共产之矿"，"为利甚博"；独立型银矿（即单生银矿），"出银繁瀚"；"银铅并产"之矿（即含银铅矿），"兴盛日久，泽灵不衰"。三是关于"银铜共产"之银矿，其经济地位引人注目。据霍有光先生研究，嘉定时浙闽就有五十余处，每月大场可产净铜万斤（6330千克），小场可产数千斤，银则各场月产不下千两（400千克），也就是说，大场年产净铜十二万斤（75 960千克），银1.2万两（480千克）以上，小场每年可产净铜数万斤，银亦达1.2万两左右，那么这五十余场年产银至少在60万两（24 000千克）以上。依据银铜产量可估算"银铜共产"之矿的铜银含量之比，即铜：银约在160：1～80：1之间。现代工业开采的银铜型银矿床，一般矿石铜含量约占0.4%～0.5%，银的含量为50～150g/t，铜银含量之比约为100：1～33：1左右。古今对照，意味宋代开采的银铜型银矿中银的含量，比现代还略低，其选矿冶炼水平甚高[①]。

　　据霍有光研究，宋代银产达到有史以来最高记录，有些年份甚至超过200万两，能够从铜矿中提取银应是银产量增加的重要原因。用灰吹法从铜矿矿中提取银不但大大增加了银的产量，还降低了铜的生产成本，促进铜的生产，故陈百朋指出："坑户乐于采银而惮于采铜。"[②]

　　（2）其他炼银技术

　　① 金银分离法（分庚法）[③]。"庚"是我国古代丹家对"黄金"的隐称，"分庚"就是将金银合金矿中的金和银分离，从金属银的角度讲，就实现了银的提纯。此法只针对银金矿或金银矿而言，不涉及其他矿种。金银分离法的原理是：先利用某种特殊的物质与金银合金矿发生复杂的物化反应，分出其金，再回收其银，以达到综合利用的目的。

　　其操作过程从提纯金属银的角度而言一般分为两步：将金银分离，将银提纯。其最大优点是：若操作得当，能同时回收金和银两种贵金属，实现资源的综合利用；其最大缺点是：技术上偏于复杂，给大规模生产带来了一定困难。

　　我国自古对金、银的分离技术就非常钻研，金银分离之术在我国有着十分悠久的历史。先民对于金矿的认识和采治，要比银矿早，而无论砂金或岩金，其中多少总含有一些银，而所谓冶炼黄金，实质上也就是从淘洗所得金中分出银来，以提高黄金的品位。从汉代的文献开始，就有明确的金银矿的记载，《礼斗威仪·黄银》曰："君乘金而王，其政象平，黄银见，紫玉见于深山"。东汉炼丹家狐刚子《出金矿图录》中，更是记录了当时分庚技术的两种作法，一是"黄矾-胡同律法"即先将银金矿打成箔片，用黄矾石、胡同律等份和熔，和泥涂箔片上，炭烧之赤即罢，更烧，如此四五遍，黄矾石与胡同律共同加热会生成单质硫，硫与金表面银生成硫化银，将其剥离即可达到提纯金的目的，再将从箔片上剥离下来的色黑质脆的硫化银与铅共熔，还原出银来；另一种作法叫"矾盐法"，即"若不彻好者，即打箔炼金出色……着铁镰上，以胡同律、黄矾石、盐等分，和醋煎为泥，涂金锡铤上，用牛粪火四周垒于锡上，用牛粪火四周食锡尽，惟有金在"，在这个过程中，银及残余的铅除部分生

　　① 霍有光，中国古代矿冶成就及其它，陕西师范大学出版社，1995，1～14，15～26，47～70，186～212。
　　② 陈百朋《龙泉志》转引自陆容《菽园杂记》。
　　③ 赵匡华先生对此有过深入研究，见：中国科学技术史－化学卷，赵匡华、周嘉华编，科学出版社，1998，208～219。

成硫化物外，还会生成氯化银和氯化铅。氯化银很容易熔化（熔点 455℃ ），熔化后便渗入外裹的灰泥中，黄矾在加热过程中释放出氧化剂 SO_3，亦可促进盐与银相互反应生成氯化银[①]，接着在这些残余物中加入铅共熔，这样就同时实现了金和银的提纯。

唐人陈少微所撰《大洞炼真宝经九还金丹妙诀》[②] 中，提到只用硫黄一物作为反应媒介的"分庚法"。成书于宋代的《修炼大丹要旨》卷上，也记载了这种使用硫黄作为媒介物的分庚法："每淡庚一两重用生硫一两或半伏者七钱，忍冬藤又名鹭鸶藤，菟丝子藤亦可，煮硫四五日自倒伏硝二钱半，皂角末拌硝逐旋添入锅内作汁。矾二钱半盐二钱半上件药同研细。又将淡金做汁，先用些小硫揎之，提起，候冷，次下前药盖面，上头用陈壁土和盐盖头，又用小锅盖之，铁线扎缚封固，通身用泥固之，大火煅得十分好。候冷，破锅取出，其金作一块在内，银在外包了，打去外银，仍将金用前法……再用药一半，再如此煅之，又如前出银……其金方净"。

南宋时期，又出现了使用矾硝的分庚法。如陈元靓《事林广记》之"煅炼奇术"记载："煎犯银：坩埚一个，入所犯者银，着盐少许，并消石些，黑锡些，都合在内。上用纸一片盖，却以老壁土用醋和，令润。填向坩埚子内，令涌。中心通一窍子。便入炉内煅，歇些再煅，放冷。打锅子拾取之。银自作一处，杂物作一处。"[③] 同类技术也为明代文献所记载。据赵匡华先生研究，这种方法实质上已接近使用硝酸了，因反应混合物一旦被加热就会产生出硝酸来，其化学反应式为[④]：

$$4FeSO_4 \cdot 7H_2O（绿矾）+8KNO_3（硝石）+ O_2 \rightarrow 8HNO_3+4K_2SO_4+24H_2O$$

清代宋赓平《矿学心要新编》第二章"论进山考矿"中，提到金银矿时说："金银矿少生成自然者，每与他金和合，吹火试之易炼得银，成珠而有角，入硝酸中消化，以净铜入其水，铜上有银色"。

明朝曾出现利用硼砂的金银分离法，《天工开物》卷十四五金中有完整记载："将其金打成薄片剪碎，每块以土泥裹涂，入坩埚中，硼砂熔化，其银即吸入土内，让金流出，以成足色"，然后是往土内加铅提银。

综上可见，不同时代，人们用于分离金银的媒介物不尽相同。两汉时期，用黄矾-胡同律，或矾和盐，唐代人们使用硫磺，及至南宋，不仅出现了用杨梅树皮加铅的金银分离法，而且使用矾和硝来分离金银，用矾硝实质上已接近使用硝酸了，因为这种混合物一旦被加热就会产生出硝酸来，元明时期，人们发明了用石灵芝（即倭硫）或硼砂的金银分离法，到清代已确确实实使用硝酸了。

②混汞法。又称"汞引法"或"汞齐法"（amalgamation）。混汞技术的原理是：利用汞和银易于结合反应的特性，在银矿中加入适量的汞，将金属银还原出来生成汞银合金溶出，再利用汞和银的沸点差异蒸汞留银，实现汞银分离，这样就提纯了金属银。

此法的操作过程分为两步：第一步是混汞得汞银齐即汞银合金的过程，将银矿粉碎极细，再加入过量的汞，使其与银矿表面充分接触，并给以足够的反应时间，这样，部分的汞

① 赵匡华，狐刚子及其对中国古代化学的卓越贡献，自然科学史研究，1984，3（3）：224～235。

② 载于《道藏》洞神部（十五）众术类。

③ 陈元靓《事林广记》卷十，又载于〔日〕长泽规矩也编《和刻本类书集成》第一辑，上海古籍出版社影印. 1990年，第453页。

④ 赵匡华、周嘉华，中国科学技术史·化学卷，科学出版社，1998，216。

就能将矿中的金属银单质还原出来，与剩余的汞形成汞银齐；第二步是去汞留银的过程，将汞银合金经过清洗、压滤等环节进一步去除杂质，最后进行蒸馏，使汞蒸发而得到金属银。

混汞技术在西方有悠久的发展历史。古罗马博物学家老普林尼在公元一世纪所著《博物志》，已经提到当时欧洲地区汞的交易及欧洲矿区混汞技术的使用。1555 年，在欧洲萨克森矿区使用的比较先进的混汞技术，被传到盛产银矿的南美洲，并迅速推广到世界各地，使全球范围的银产量迅速增长。

与混汞炼金不同，混汞炼银过程中汞的作用不仅仅是作萃取剂。在处理非自然银矿石时，汞还充当了还原剂将银置换出来。当时主要是使用场院法混汞炼银技术（the patio process），其中涉及两个反应：

$$2NaCl+Ag_2S \rightarrow Na_2S+2AgCl$$
$$Hg+2AgCl \rightarrow HgCl_2+2Ag$$

中国古代文献有不少银和汞相关的记载，如汉代炼丹家狐刚子就详细论及银盐、银矿药和银膏的制备方法，他还首创了利用水银-盐的金银粉制造法，久为后世传颂。狐刚子《出金矿图录》之"炼金银法"中有"消新出矿金、银投清酒中，淳酰中，若真蜜中二百度，皆得柔润……，尔消投猪脂中二百遍，亦得成柔金。打成箔，细剪下，投无毒水银为泥，率金一两配水银六两，加麦饭半盏许，合水。于铁臼中捣千忤，候细好，倾注盆中，以水沙去石，详审存意，勿令金随石去。以帛两重，绞去半汞。取残汞泥置瓷器中，以白盐末少少渐著，研令碎，著盐可至一盏许即止。研讫，筛粗物，更研令细，置土釜中，覆荐以盐末，飞之半日许，飞去汞讫，沙淘去盐，即自然成粉。"[1] 此法先使金银成液态汞齐，再与盐共研，使金银分散，附于盐末表面，然后加热蒸去水银，进而用水溶去盐末，于是取得极细的金银粉[2]。和狐刚子几乎同时的张道陵在所撰《太清经天师口诀》中，提到在金银中加水银的方法："一切金银皆毒，若不精炼，恐畏伤人。先铅炼三七遍，次水银炼三七遍……"[3] 上述记载表明汉代炼金家们是充分了解汞能与金银形成汞齐，并加以利用。

东晋丹家葛洪在《抱朴子内篇》"小儿作黄金法"中，记载了另一种银的制备法："欲作白银者，取汞置铁器中，内紫粉三寸以上，火令相和，注水中即成银也"，他又说到了这种紫粉的制作过程："取大（筒）居炉上，销铅注大筒中，没小筒中，去上半寸，取销铅为候，猛火炊之，三日三夜成，名曰紫粉"。所制成的紫粉，可能是一种银铅型矿物，其中含银，将银与汞混熔，产生银汞齐。

隋代苏元朗的《太清石壁记》，也详细记载了这种方法。唐人苏恭所撰《新修本草》，在谈到银屑时说："方家用银屑，当取见成银箔，以水银消之为泥，合硝石及盐，研为粉。烧出水银，淘去盐石，为粉极细，用之仍佳"。《宝藏论》中记载了"水银银"，可能就是银汞合金。

另从出土的先秦时期文物看，利用金银汞齐进行鎏金鎏银的实践至迟在战国时期就已经成熟。

但上述文献和文物并不能证明中国古代能够利用混汞法生产白银，因为没有足够的证据显示利用了前文提到的两个关键性的化学反应来处理辉银矿（Ag_2S）或角银矿（$AgCl$）等

---

① 狐刚子《出金矿图录》之"炼金银法"，载于《道藏》洞神部（十五）众术类。
② 赵匡华，狐刚子及其对中国古代化学的卓越贡献，自然科学史研究，1984，3（3）224～235。
③ 张道陵，太清经天师口诀见《道藏》洞神部（十五）众术类。

银矿物。虽然中国古人对汞的运用水平是较高的，早已知道汞银能共溶生成银汞齐的道理，但还未发现有文献记载古人用汞对银矿进行处理，因此，还不能说中国古代曾大规模使用混汞技术炼银。

1621 年法国传教士金尼阁携七千部西洋书来中国，其中就有西方"冶金之父"阿格里柯拉（Agricola）的《矿冶全书》，书中载了包括混汞法、强水法在内的先进炼银方法。此书也曾引起崇祯皇帝重视，并由李天经和汤若望主持翻译成中文，名为《坤舆格致》。但由于当时适逢乱世，新法未被推广。[①]

③ 锌和金银提炼技术——银锌壳法存在的可能性探讨。明末医家李时珍《本草纲目》有"倭铅可勾金"一语[②]，其前文系引自五代轩辕述的《宝藏论》，曾远荣先生据此判断"倭铅可勾金"也为引用的，进而认为我国在五代时已炼出金属锌[③]。华觉明[④]、张子高[⑤]、李约瑟[⑥]都曾用此说。刘广定先生也认为五代时已有"倭铅"之说可信[⑦]。但赵匡华先生认为《本草纲目》所引《宝藏论》原文中没有"倭铅可勾金"一句[⑧]。由于五代轩辕述的《宝藏论》现已失传，因此无法确知《宝藏论》中是否有"倭铅可勾金"一句，五代是否用锌也就无法定论。最保守的处理是将"倭铅可勾金"看成是李时珍自己加入的，也足以说明明朝末年已知道"倭铅可勾金"。明末宋应星《天工开物》等文献中"倭铅"所指为锌已是确定无疑的。因此"倭铅可勾金"的含义应为"锌可以用来提炼金"，即指倭铅可以将金从某种东西里分离提取出来。

1850 年，英国人亚历山大·派克斯（Alexander Parkes）发明了一种加锌提（金）银的方法，此法也就以他的名字命名，称"派克斯法"。

"派克斯法"是粗铅的火法精练中提取金、银的一种方法，其原理是利用金银易与锌形成熔点较高的金属间化合物的性质，将金银从铅液萃取出来。具体操作是在约 550℃ 时向含银的铅熔体加入适量的锌（达铅量的 2%），搅拌铅液，稍许冷却后，（金）银与锌生成浮于铅液表面的（金）银锌壳。将其蒸馏脱锌即可获得（金）银合金。锌与银的反应按下式进行：

$$2Ag_{(l)} + 3 Zn_{(s)} \rightarrow 2Ag_3Zn_{(s)}$$

学界一般认为，我国在明初就已大量使用单质锌，据周卫荣先生研究，我国炼锌的初创期当在明朝嘉靖前后[⑨]。有了单质锌的生产，就为这种加锌提银的方法提供了必要的物质基础。由于我国在明朝已经有了单质锌的大量使用，所以在李时珍所处的明朝利用"倭铅来勾金（银）"，即派克斯法提取金银是有可能的。

清代的另一条记载为这一问题提供了又一重要线索。

康熙年间出版的吴震方《岭南杂记》载有："白铅出楚中，贩者由乐昌入楚，每担价三

①　潘吉星，阿格里柯拉的《矿冶全书》及其在明代中国的流传，自然科学史研究，1983，2（1）：32～44。

②　李时珍《本草纲目》卷八金石部。

③　王琎，中国古代金属化学及金丹术，科学技术出版社，1957，92、93。

④　华觉明，世界冶金发展史，科学技术文献出版社，1985，606。

⑤　张子高，中国古代化学史，香港商务印书馆，1964，202。

⑥　Needham J.，Science & Civilization in China，Vol. V，Cambridge University Press，1974，21.

⑦　刘广定，中国用锌史研究——五代已知"倭铅"说重考，中国科学史论集，台湾大学出版中心，2002，303～313。

⑧　赵匡华，再探我国用锌起源，中国科技史料，1984，（4）：15～25。

⑨　周卫荣，中国古代用锌历史新探，钱币学与冶铸史论丛，中华书局，2003，237。

两。至粤中，市于海舶，每担六两。买至日本，每担百斤，炼取银十六两，其余即成乌铅，俗称倭铅，实不产倭。乃炼出银后仍载入内地，每倭铅百斤，价亦六两。其炼银之法，誓不传于内地，炉火家亦不晓其术也。"[1] 这里的"白铅"是锌的俗称。"其炼银之法，誓不传于内地，炉火家亦不晓其术也。"这里所载的炼银方法明显不是灰吹法。能同时满足"锌、倭铅、银"三个关键要素的炼银技术，可能就是派克斯法。

1972年，在今环江毛南族自治县上朝镇红山煤矿区内的冶炼场遗址发现2块银锭，经化验为含锌72％的锌银混合金。乾隆十二年（1747）批准开采广西思恩县干峒山铅锌矿（今环江上朝镇附近），将矿石运往红山产煤处冶炼，银矿因故于乾隆六十年（1795）关闭[2]。环县发现的锌银合金锭为当年派克斯法的存在提供了重要的线索。桂北地区自唐宋以来一直是中国重要的铅银产区，并多此设立"银冶"、"钱监"等矿业管理机构。宋代政府重视岭南的白银生产，派员设场生产的有临贺太平银场（今贺州白面山锡铅铜银矿）、岑溪县棠林银场（今佛子冲银铅锌矿）、河池银场（今箭猪坡、三排洞铅锌锑银矿）、抚水州富仁银监。广西另外还有16个土州每年上贡白银，包括贺、桂、容、邕、象、梧、藤、龚、浔、贵、柳、宜、宾、横、白、玉林等地。明清时期桂北地区成为重要的铅锌银产区，被誉为"世界第三银矿"。至今留下数以十计的古矿冶遗址，其中大部保存状态良好，为进一步通过遗址考察和实验室工作彻底解决这一问题提供充足的实物资料。

第三节　炼锌技术

中国和印度是世界上两个最早冶炼锌的国家。印度拉贾斯坦邦阿拉瓦利山区扎瓦尔铅锌矿区近年发现12~19世纪大规模炼锌遗址，出土有目前世界最早的锌冶金遗物。

对中国古代炼锌技术的研究已有近百年的历史。早在20世纪20年代，章鸿钊、袁翰青等就展开了对中国古代炼锌技术文献的研究工作，并持续到50年代；80年代赵匡华继续在文献方面开展研究，韩汝玢、许笠等则又开展了传统炼锌技术的考察研究；近年在重庆市丰都县、石柱县及广西壮族自治区环县等地都发现了早期的炼锌遗址，把中国古代炼锌技术的研究推向了遗址考察研究阶段。综合截至目前的研究状况，以赵匡华、周卫荣师生二人的成果最为卓著，前者从化学史的角度开展了对炼锌技术的全面文献考证，后者则开展了传统炼锌技术的详细考察。

早期冶炼金属锌是比较困难的，因为氧化锌还原温度在1000℃以上，而金属锌的沸点为907℃，故反应生成的锌呈气态，如果没有快速冷凝的回收装置，气态锌会迅速氧化，或与炉气中的二氧化碳反应，又成为氧化锌，不可能得到金属锌，所以普通的竖炉冶炼法是很难得到金属锌的。也正是由于这一原因，炼锌术的发明是比较晚的。我国大约在16世纪后半叶（明万历时期）发明并掌握冶炼金属锌的技术，当时称锌为"倭铅"。《天工开物·五金》记载："凡倭铅古本无之，乃近世所立名色。其质用炉甘石熬炼而成，繁产山西太行山一带，而荆、衡为次之。每炉甘石十斤，装载入一泥罐内，封裹泥固，以渐研干，勿使见火拆裂。然后逐层用煤炭饼垫盛，其底铺锌，发火煅红，罐内炉甘石熔化成团。冷定毁罐取

---

① 吴方震，岭南杂记，载《小方壶舆地丛钞》（第9帙），199页。
② 覃尚文、陈国清，壮族科学技术史，广西科学技术出版社，2003，246~248。

出，每十耗其二，即倭铅也。"（图5-3-1）炉甘石在现代矿物学上的称为菱锌矿（$ZnCO_3$），主要产于硫多金属矿床的氧化带中，常和另一种常见锌矿物异极矿（$Zn_2SiO_4 \cdot H_2O$）共生。

图5-3-1　《天工开物·五金》记载的
坩埚炼锌（明崇祯十年刻本）

《天工开物》记载的坩埚炼锌技术，从明清时期起直至现在，一直在我国主要的锌产地滇东北和黔西南地区使用着。只是宋应星的记载有所遗漏，尤其是没有提到炉料中必须配入的碳粉等还原剂和坩埚（泥罐）中的冷凝装置。

近年在重庆市丰都县、石柱县以及广西壮族自治区环县等地发现了数十处明末清初的炼锌遗址，其中的丰都县庙背后遗址经河南考古研究所等单位发掘，发现了与宋应星记载年代接近、坩埚结构相同的冶炼遗存，其坩埚上部的结构可完整地复原，弥补了文献记载的不足。参见图5-3-2～图5-3-4。

图5-3-2　丰都县庙背后炼锌遗址

图 5-3-3　庙背后炼锌遗址出土的坩埚

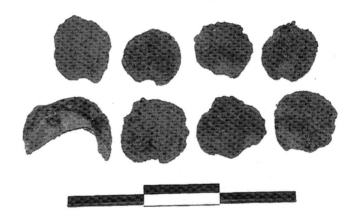

图 5-3-4　庙背后炼锌遗址出土的坩埚中的冷凝窝

一　炼锌炉及炼锌罐

炼锌炉的类型比较多，不同的时期有不同的式样。根据周卫荣近年考察[①]，传统的炼锌炉主要有：铅（音 yuan，有的地方也发 yan 音）炉，是早期的炼锌炉，也是最简单的一种炼锌炉，炉形见图 5-3-5；马槽炉，马槽炉是早期铅炉的改进型，约相当于两个铅炉头碰头的串联，见图 5-3-6；爬坡炉，相当于两个"铅"炉按一定坡度的并联；马鞍炉，其炉形像马鞍子，在中间隔墙两边以对称方式置反应炉，使用最为广泛。

① 周卫荣，中国炼锌历史的再考证. 汉学研究，1996，14（1）：117～126。

图 5-3-5 铅炉结构示意图

图 5-3-6 马槽炉

　　典型马鞍炉的构造如图 5-3-7 所示，具体部件如下：①烟囱，高约 3 米，一侧一个，两侧烟囱间距（即炉宽）约 3.5 米；②隔墙，隔墙也就是鞍子，炉子以此对称分布，内有通道与烟囱相连；③平台，即置反应罐的内堂，为一平整的夯土台，是炼炉的主要部位，一般为 2 米²；火焰通风口，保证炉内火焰由炉膛顺势向上由烟囱往外走；④反应罐，也叫蒸馏罐或炼锌罐，是传统炼锌的核心，矿料即在其中反应蒸馏；⑤炉膛，燃煤在此点火燃烧；⑥炉条；⑦隔墙；⑧通风口，马鞍炉的通风口，两侧对称，是经反复改进过的，实为一个很深的通风槽，一般长 3.5 米×宽 0.4 米×深 1.7米左右；⑨加煤口，加煤口也是火门，两侧对称，一边一个，都可添煤观火；⑩掏煤口，在火门下面紧靠炉条，供掏煤灰用，掏煤口两侧对称；⑪炉面，炉膛的正上方用砖覆盖好的平面，是蒸馏过程开始后炉上唯一可站人操作的地方；⑫烟囱备用口，用于掏烟囱、烟道。

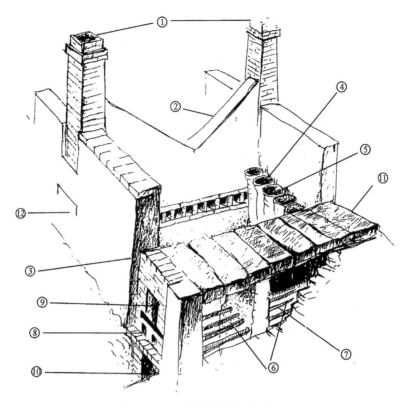

图 5-3-7 马鞍炉构造示意图

炼锌罐主要由三种耐火材料制成，即黑泥（又称主泥）、白泥和砂荒或称荒块。黑泥主要产于威宁、赫章，是煤层下面带黏性的一种泥土；白泥即当地的一种色泽发白的泥；砂荒是介于煤层与土层之间的一种砂土，无燃烧性能。这三种材料的混合比例是：每 100 千克黑泥，加 50 千克白泥和 230 千克砂荒。制作过程如下：合泥，将上述三种泥沙对水调和，调和过程类似于农村制土坯，常常由二、三个工人用脚踩。待调和均匀后，分割成块供制坯；制坯，即将调和好的泥块置于一敏捷旋转台，由工人用脚蹬旋转台，使其快速旋转，同时由制作师傅双手控制泥块而使其成为内外布以圈轮（外面由手抓扶形成，内壁由拳头角形成）的圆筒状模坯。制坯时，内腔不用模，而由工人的手臂充当腔模；成形，将制成的坯，套于木模上，用板状木槌子向下向上拍打成高约 80 厘米、开口径 20 厘米、底径 3～4 厘米的成形的炼锌罐待烧；焙烧，将成形的泥罐子置于窑中焙烧，一般先用煤烧 8 小时余，然后再用干柴烧 15 小时（共约 24 小时）完成。

二 冶 炼 操 作

锌矿和还原剂煤在使用前都须经敲碎、过筛，然后，再混合、拌匀。矿与煤的混合比例，要视矿的品位而定，品位越高，需用还原煤的量越大。现在，一般高品位的锌矿每吨配加 800 公斤无烟煤，低品位的矿每吨配加 500 公斤。

在平整好的炉膛平台上安置炼锌罐，通常一个平台置 60 个炼锌罐。用大小合适的炉渣块充填在炼锌罐之间的空隙，平抹一层稀泥，使炼锌罐固定并形成隔热带，以控制炼锌罐上端的温度，使反应过程中上端的温度明显低于炉体，保证锌蒸气能及时地冷凝。接着上煤点火，使整个炉体和炼锌罐预热。向炼锌罐加料。经过一段时间的预热之后，矿料中的水分和易挥发性物质陆续已挥发。设置"铅（yuan）"窝即冷凝装置，用细铁钎将炼锌罐内的矿料捅紧，再加上一层细炉灰，并浇上少量泥浆水；然后在炼锌罐的一侧边缘插一瓦工刀或类似的铁板，用石锤或铁砣打压罐面，使其压紧、下陷而形成凹陷的窝，然后撤出瓦工刀，从而留下一个月牙形的通气口，即成"铅"窝。加盖，盖是由类似于罐的原料烧制而成的，边缘上有一个小缺口，缺口必须与"铅 yuan"窝的蒸馏气道（通气口）在相反的一侧。加盖后，除排气口外，周围必须用泥封好。加煤升温，一般需再烧 20 小时左右。反应完成与否主要是凭经验判定，通常是"夜观火，昼看烟"，即夜里烧到不冒火焰为止，白天烧到不见冒烟为止。炉子熄火后，冷却 5～6 小时（或 7～8 小时，视两侧操作的交替情况而定）后，取出"窝"中的锌块，即得到纯度达 95％～98％左右的毛"铅 yuan"（一个窝一块）。然后清理炼锌罐和炉子，做必要的修整备用。马鞍炉是双侧设炉，可以两侧交替烧炼。一边将要熄火时，一边即开始点火，是为马鞍炉大行其道的根本原因。

最后是提纯，当地人叫炒"铅"，即用精炼的方法将毛"铅"中的杂质去掉。一般使用普通铁锅就近精炼。净化的锌液用铁勺舀入长方形铁盒中铸成锌锭，至此，整个冶炼过程结束，所出锌锭即为成品锌。

冶炼时，炉面上从透气孔中排出的灰渣和在精炼过程中产生的浮渣含锌量都很高（前者约含锌 25％，后者约 50％），需要回收，一般都将其重新拌入矿料回炉。

冶炼完毕后的炼锌罐底常留有少量银铅合金可回收。只要用水淘法淘去残渣即可得到银铅合金的颗粒。一般每炉罐底可回收数千克这种颗粒。

三　中印古代炼锌技术的比较

前面所述是我国云贵地区沿袭至今的传统炼锌工艺，它基本上反映了我国古代炼锌的工艺过程和工艺特点。它明显不同于印度的古代炼锌工艺。

印度古代炼锌技术的反应罐是倒置的，即开口向下，见图 5-3-8、图 5-3-9 所示[1]。每炉分上下两室，上室为高温反应区，下室为低温冷凝区。中间为一带孔的算，通常由 4 块能完全对合的平面砖组成，一块砖上置 9 个反应罐，共计 36 个罐。

印度古代炼锌使用的是硫化矿石，焙烧氧化后才进行冶炼。反应罐内盛氧化矿石、白云石、木炭粉等组成的炉料，罐中插一中空陶管。冶炼时在隔板上燃烧木炭加热，反应罐中的白云石分解生成的 CO_2 与木炭形成 CO 充当还原剂，被还原出来的锌蒸气通过陶管在温度较低的隔板下冷凝成锭。

鉴于上述明显差异，多数学者认为中国和印度古代炼锌技术是各自独立发展起来的。

明清时期，中国锌已出口到欧洲。据 1917 年别发洋行出版的《中国百科全书》记载，

---

① Craddock P T, Freestone I C, Gurjar L K, et al., Zinc in India, British Museum Occasional Paper Number 50. 2000 Years of Zinc and Brass, British Museum Press, 27～72.

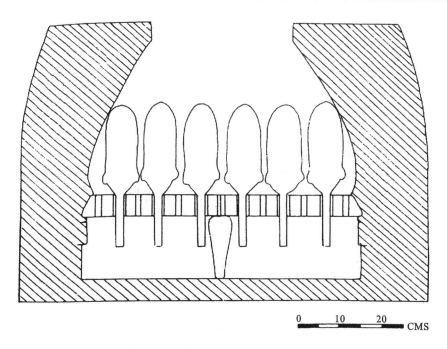

0　　　10　　　20　　CMS

图 5-3-8　古代印度炼锌炉结构示意图

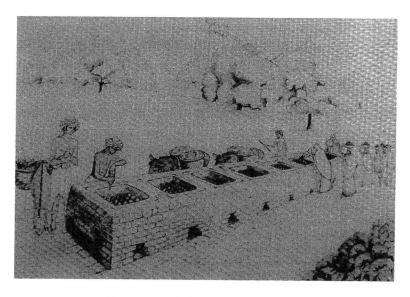

图 5-3-9　古代印度炼锌操作示意图

当时广东发现过一些带有"万历十三年乙酉"（1585）铭文的锌锭，纯度达 98%，很可能是当时供出口的。1872 年在瑞典哥德堡港附近打捞出一艘中国 1745 年驶往欧洲的沉船，船上就载有纯度为 99% 的锌锭。中国锌从 16 世纪末至 19 世纪，一直出口西方，对欧洲炼锌业的兴起和发展起到了推动作用。

第四节 炼汞技术

汞即水银。我国很早就有大量使用水银的记载，如齐桓公、吴王阖庐的墓中都建有水银池，秦始皇墓中也"以水银为百川江河大海，机相灌输"。这些大量使用的水银应是人工冶炼的产物。

一 古代炼汞技术

炼汞原料是丹（朱）砂即 HgS。根据赵匡华先生的研究，中国古代大体经使用过四种炼汞技术。[①]

1. 原始的低温焙烧法

将丹砂放在空气中焙烧，在汞的沸点（357℃）以下使之氧化生成汞和 SO_2。此法大约发明于秦代，在东汉末年被淘汰。据《史记・货殖列传》记载，秦时曾有巴寡妇清一家在今四川涪陵（彭水县）炼汞致富，清因此获得秦始皇的接见。

2. 下火上凝法

将丹砂置于密闭的上下釜中，下釜中置丹砂，上釜倒置在上面。加热下釜，使丹砂分解出来的汞升华后凝结于上釜的内壁上。约始于东汉，唐代中叶便很少使用了。此法的重大缺点是冷凝的汞易回流至下釜。

3. 上火下凝法

与前一种方法相反，在密闭的系统的上部加热丹砂，在下部承接汞液。早期曾用竹筒、石榴罐式反应装置，唐代中期到元末明初发展成"未济式"即下部用水冷却的反应器。

4. 蒸馏法

始于南宋，近现代土法生产仍在使用。近代在我国主要汞产区黔东一带流行的土灶炼汞皆由此法发展而来。

清代田雯曾著《朱砂说》记载当时贵州铜仁等汞矿的采炼技术。[②]

田雯（1636～1704）字纶霞，自号山姜，晚号蒙斋，德州市吕家街人。康熙三年进士，授中书，曾督学江南、督粮湖北，后任江苏、贵州巡抚、刑部、户部侍郎，为官廉正，多有建树。于清康熙二十六年（1687）以江苏巡抚改任贵州巡抚，他在贵州讲学兴教，将所藏近万卷图书留于书院。著有《蒙斋年谱》四卷、《黔书》二卷、《长河志籍考》十卷、《古欢堂文集》十二卷、《山姜诗选》十五卷、《幼学篇》四卷等，均收《四库全书》。田雯的记载如下：

> 自马蹄关至用砂坝十里而近，自用砂坝至洋水、热水五十里而遥，皆砂厂也。洋、热之砂为箭镞、为简子，用坝之砂为斧劈、为镜面，此其凡也。采砂者必验其影，见若觚壶者，见若竹节者，尾之。掘地而下曰井，平行而入曰礐，直而高者曰天平，坠而斜者曰牛吸水，皆必支木幂版以为厢，而后可障土。畚锸锤断斧镢之用靡不备，焚膏而入，蛇行匍匐，夜以

---

① 赵匡华，中国古代抽砂炼汞的演变及其化学成就，自然科学史研究，1984 年第 1 期。
② 田雯，水银说，载乾隆年间出版的《贵州通志》卷 43，27～28。

为旦，死生震压之所到之处不计也。石则斧之，过坚则煤之，必达而后止。有狻猊焉，象王焉，于菟，长离焉，大幸矣。否则栝楼焉，篝籔焉，簪珥焉，要亦听之。庞而重者为砂宝，伏土中，呴呴作伏雌声，闻者毋得惊，惊则他走。凡砂之走，响如松风。无巨无细，咸以晶莹为上，柳子所谓色如芙蓉也。方其负荷而出，投之水，淘之汰之。摇以床，漂以箕，既净，囊而洒之。不既干，口以吹之。其水或潴之池，或引之竿，越岗逾岭，涓涓天上落也。获之多寡视乎命，地之启闭视乎时，砂之楛良视乎质，不可强亦不可恒也。铜仁、万山、婺川、板厂皆有之。

灶有大小，釜亦如之。大者容砂二十升，离而为十，层次入之，间以䅉秕布陈汞灰于其上，治以杓，中凹 XX 凸，覆以釜，差杀之。揉盐泥而涂其唇，筑之，乃煅之。凡一昼夜汞成。滴滴悬珠，晃漾璀璨，皆升于覆釜之腹。小者以煎砂石相错之岩，子既实之，掩以筠笼。笼如筛，涂以泥，豆其孔以疏气者四。孔则周遭槽之穴，其上覆以小甓，亦盐泥固之，而后煅，炷芗可成。汞登于甓，溢则注于孔之槽。俟其性定，挹而注诸豕脬，里而缚之，乃可行远。如或倾之，歛之以椒，聚散如故。启釜甓者，必含蘘或（上难下肉）汁乃可迩，不则触其气而齿堕。已成汞而升之复可为硃，不忘其本，物亦有然者矣。又有自然之汞，生砂中，不待烹炼而成者，尤不易得，羽化之资粮也。

按田雯的记载，有大小两种炼炉，其冶炼能力、所用时间、炼炉构造、集汞方式皆有所差别。大炉能容纳矿砂二十升，需冶炼一昼夜，集汞在上面的覆釜之中。小炉容量未记，冶炼时间短，烧柱香的时间即成，装有涂泥的筠笼，上开有四个孔，孔周围开出沟槽，上覆以砖，汞蒸气遇砖冷凝，流注于沟槽之中而被收集。由于仅是文字记载，难以据之作更确切的复原。按田雯所记乃清初情况，去今不远，可借 20 世纪土法炼汞技术佐证之。

二　土法炼汞简介

徐采栋先生曾于 20 世纪 50 年代调查贵州省传统炼汞技术，是目前所见最为详细的明代以来的炼汞技术文献。以下根据徐先生的资料，对土法炼汞技术作一简介。[①]

1. 结构特点

（1）丹砂的焙解和汞蒸气的冷凝集中在一个区域内进行。丹砂在略高于汞的沸点的温度下就剧烈分解，而温度稍有降低，分解后产生的汞就会开始凝结。由于矿料的导热性很差，矿层之间有较大温差存在，使冷凝可能在较小的距离发生。

（2）矿石和燃料是彼此分离的，燃烧产生的炉气等不会进入冷凝系统中。因此汞蒸气不会被冲淡，冷凝效率较高，且可使用各种燃料。

（3）熔炼方式是间断的，冷凝产物收集的周期很短，每 2～3 小时就收汞一次。汞不是沉积在冷凝器的底部，而是凝结在顶部。

（4）土灶可分三种：簸箕灶（图 5-4-1）、葫芦灶（图 5-4-2）、土圈灶（图 5-4-3），虽形式不同，但都用铁锅装原料，以柴火加温，只是冷凝部分有区别，日处理量约 200 千克。

---

① 徐采栋，炼汞学，冶金工业出版社，1960。

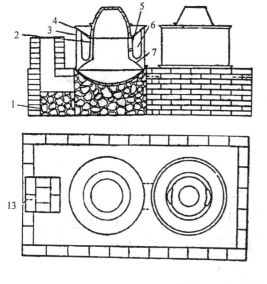

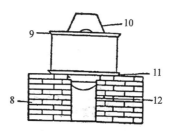

1. 岩石；　　2. 围墙；　　3. 盐泥；　　4. 外气眼；

5. 内气眼；6. 箭盘；　　7. 复锅；　　8. 青砖；

9. 顶锅；　　10. 土坛；　　11. 底锅；　　12. 灶门；

13. 烟囱

图 5-4-1　箅篓灶

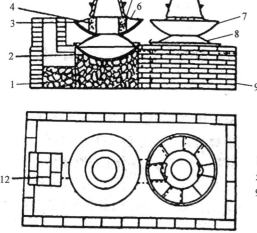

1. 岩石；　　2. 底锅；　　3. 外气眼；　　4. 盐泥；

5. 内气眼；6. 箭盘；　　7. 顶锅；　　8. 复锅；

9. 青砖；　　10. 锅片；　　11. 土坛；　　12. 烟囱

图 5-4-2　葫芦灶

2. 主要设备

（1）地锅：主要设备，熔炼时矿砂即置于其中。由生铁铸成，比一般煮饭的锅稍大稍厚。

（2）天锅：又称复锅，覆盖在地锅之上，由烧坏的地锅或碎片拼接而成。为使反应产物易于逸出，多把天锅排成圆台形，在顶部留有圆洞。天锅的下底口略较底口小，顶部口径随土型不同而有别。箅篓灶天锅外表用泥土掩盖，并沿顶部圆孔筑一直立短烟囱直达银钵。葫芦灶天锅，没有泥土封闭，保温不佳，但汞蒸气冷凝效果好。土圈灶没有天锅，直接在地锅之上筑一很厚的土圈，直达上部的大坛。

（3）顶锅：与天锅一样是烧坏的地锅制成，大小与天锅相同。在箅篓灶中，顶锅与天锅之间隔着泥土筑成的龙盘，所处的位置较高。在葫芦灶中，顶锅直接倒置于天锅之上，所处

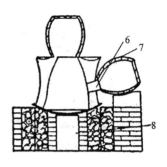

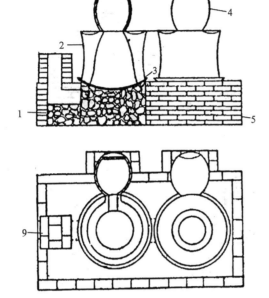

1. 岩石； 2. 盐泥； 3. 底锅； 4. 土坛；
5. 青砖； 6. 内气眼； 7. 外气眼； 8. 灶门

图 5-4-3　土圈灶

位置较低。土圈灶同样没有顶锅。

（4）龙盘：在簸箩灶中，龙盘是由泥土筑成的中空圆盘，夹在天锅和顶锅之间。为防止汞的渗透，筑龙盘的泥中应掺和头发或牛毛及少量食盐，并经过反复垄打。龙盘筑成后，其表面还要用米糊、柴灰和桐油加以涂抹，使形成一坚硬、光滑的致密外壳。簸箩灶的龙盘外围是由竹子编成的簸箩，支撑在地锅之上。葫芦灶的龙盘较小，约有簸箩灶的一半大。土圈灶以安装在灶侧的小坛代替了龙盘，从内气眼逸出的汞蒸气在小坛中被冷凝。

（5）银钵：主要的冷凝设备，位于灶子的最上部，绝大部分汞将冷凝在其中，只有少部分汞蒸气穿过内眼凝结在龙盘中。银钵实质上是一陶制小缸，倒置在顶锅之上，只是因为是收集水银的主要工具，才被称作银钵。土圈灶直接用一大陶坛倒覆于土圈之上作为冷凝器。

（6）内外气孔：炼汞反应过程中除产生汞蒸气外，还要产生二氧化硫等不能凝结的气体，为排除这些气体而设置了内外孔。汞蒸气通过内孔后，还可以在龙盘中凝结，但透过外孔就进入大气而散失了。

变更内外气孔的口径、倾斜角度、相对位置及距天锅的高度，会改变进入龙盘的汞的数量。因此同一类灶中，又有所谓一九、二八、三七、四六灶等名号。一九灶就是凝结在龙盘中和银钵中的汞的比例是一比九，其余类同簸箩灶多为二八灶，葫芦灶多为一九灶。

（7）灶身：各种土灶尺寸大致相同，每两个灶共用一个燃烧室，称为一对。燃烧室在灶底部，火焰或烟气经过隔墙缺口进入后灶，废气最后排入尾部的烟囱中。土灶多用木柴燃料，燃烧室砌成一个简单的火坑。由于燃烧温度不高，灶身的各部分包括烟囱都用一般的砖石砌筑。

3. 冶炼操作

土灶的冶炼过程包括 7 道工序：

（1）装料：加入地锅的矿石一般都是经过手选的矿石，含汞通常 3%～5%，大都呈红，称为红粉。在接近密闭的地锅中加热矿石，如有铁存在，会生成铁的硫化物而大大促进硫化汞的分解反应。在矿石中加入一定量的废铁或铁锈、铁矿石，可防止地锅被硫化，增加地锅的寿命。矿石加入后，要用木棒铺平，以利于热量传布，然后升火。

（2）升火：炼汞多以木柴为燃料，因其挥发成分高，火焰长，前后两灶皆可兼顾。最初应施用小火蒸发炉料中的水分，然后逐步升温。采用大火猛烧，可加速反应进程，减少冶炼时间，降低生矿残留量。一般维持锅壁温度在 700℃ 以下。

（3）盖钵：升火后炉温逐渐升高，最初逸出的是水蒸气。水汽排尽，可将银钵盖上。由于银钵内壁表面光滑，为防止已经凝结的水银小珠坠落，通常用水和桐油的混合物涂抹，以增加其对水银的吸附能力。所用矿石越富，涂抹的桐油数量就越多。

在银钵与顶锅的接触部分容易发生渗漏，部分水银蒸气往往从缝隙中逸出造成损失。由于银钵需要经常揭开，不便永久封闭，一般都用细灰围绕银钵四周填洒，暂时加以封闭。冶炼结束后，在这些细灰中经常可发现水银小珠，需要洗出收回。

在炎热的夏季冶炼时，常把银钵放在水中浸泡后再盖上，有时还用冷水不断向钵体淋洒，以降低钵顶温度，提高水银回收率。

（4）开钵取汞：也称开钵取银。银钵盖上之后，冶炼反应即开始进行。炉料中的各成分发生硫化、氧化、置换等一系列反应，生成汞蒸气、硫化钙、硫酸钙、硫化亚铁、二氧化硫等。大部分汞蒸气在在银钵中遇冷凝结，小部分穿过内气眼在龙盘中冷凝下来，另有少量透过外气孔损失在大气中。二氧化硫等其他气体也从内外孔中排出。

簸箩灶盖钵后 3 小时、葫芦灶盖钵后 2.5 小时即可开钵取汞。开钵后随即将钵取下，另换新钵盖上。以后每个约 15 分钟换一次。每炉换钵总次数依矿石品位和结构而定，少则三两次，多则十余次。换钵前 10 分钟，应把火力减少，适当降低灶腔温度，避免开钵时有大量汞蒸气逸出。

取下的银钵要等到完全冷却后再用抹布或毛刷仔细揩下，储存在铁或瓷罐中。揩时要尽量避免震动，以防钵内水银珠发生坠落。

（5）搅砂：在每次换钵时，用木棒从炉口插入地锅中，反复翻动矿石。要注意把锅底矿石翻到上面，上面矿石翻到底下。

（6）出渣：经过数次换钵后，如发现炉口不见绿色火焰、或揩钵得不到水银，说明炉中硫化汞已绝大部分分解完毕，此炉冶炼即告结束。此时用铁铲将残渣铲出，加以陶洗，回收生矿和余汞。

（7）清理龙盘：又称拆炉。龙盘中的存汞，可以在连续冶炼若干炉后进行总清理。簸箩炉通常连续冶炼十日清理一次龙盘，葫芦炉一般二三日清理一次。

4. 土灶炼汞的优缺点

（1）铁制的地锅在冶炼过程中外部易氧化，内部易硫化，须定时更换。在冶炼品位 3～5% 的红粉矿时，每口锅一般只能使用半个月，冶炼的汞约 80 公斤。铁锅损坏的部位主要在底部，适当增加锅底的厚度，可延长其使用寿命。

（2）土灶炼汞危险较大，在取汞、搅砂、拆炉及一般操作过程中，要工具合适、动作敏捷，否则极易造成急性或慢性汞中毒。

第五节　炼　锡　技　术

锡是制造青铜的主要原料，早在青铜时代人类就已经能够开采和利用锡了。

中国古代关于炼锡技术的记载不多，以明代宋应星《天工开物·五金》的记载最为详细：

凡煎炼亦用洪炉，入砂数百斤，丛架木炭亦数百斤，鼓鞴熔化。火力已到，砂不即熔，用铅少许勾引，方始沛然流注。或有用人家炒锡剩灰勾引者。其炉底炭末、瓷灰铺作平池，傍安铁管小槽道，熔时流出炉外低池。其质初出洁白，然过刚，成锤即拆裂。入铅制柔，方充造器用。售者杂铅太多，欲取净则熔化，入醋淬八、九度，铅尽化灰而去，出锡维此道。

参见图5-5-1。

图 5-5-1　《天工开物》记载的炼锡炉
（明崇祯十年刻本）

根据对广西贺县铁屎岭宋代铸钱遗址出土的炉渣的研究，可知当时已经采用近代通行的"两步法"炼锡。在炼锡工艺的选择上，始终存在着产品的纯度和回收率之间的矛盾。产生这一矛盾的根本原因是锡的和铁的还原条件接近。在熔炼过程中，如让绝大部分锡被还原来即保持较高的锡的回收率，必然有较多的铁也被还原出来，使锡中含铁量升高而降低其纯度。"两步法"流程采用了两次熔炼。第一次熔炼在较弱的还原气氛下把部分锡还原出来，余下的锡仍以氧化物形式留在炉渣中。第二次熔炼在较强的还原气氛对第一次熔炼富锡炉渣进行熔炼，获得铁和锡的合金"硬头"，其炉渣含锡量较低可抛弃。第二次熔炼的产品"硬头"合金返回到第一次熔炼中，其中的铁可充当还原剂还原出更多的锡。两次熔炼联合在一起，即保证了锡的纯度，又保证了锡的总回收率，见图 5-5-2。①

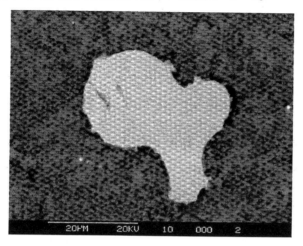

图 5-5-2　铁屎岭炉渣中残留的硬头合金颗粒，含锡
约 15%

　　近代云南个旧、广西贺富钟及南丹等地是著名的锡产地，其冶炼技术可视为中国古代炼锡技术的代表。

一　贺富钟南丹炼锡法②

　　贺富钟地区的土炉为黏土筑成，外面扼以铁箍，纵横数道，以资坚固。内壁涂以耐火剂，系用炭末与石墨和匀涂上，炉底背面连接风箱管，前面有小孔，一供熔洗矿滓之流出，每次装炉，将木炭与矿砂相间投入，层垒至满，乃从炉下着火，并鼓烈风，助其燃烧，锡质熔融，即由小孔流出储于小窝。先去面上矿滓，在用铁勺将锡液取起，倒入预筑之砂模中。约经十分钟，凝结而成锡块。炼锡工作需要三人，二人轮流拽动风箱，并随时装入矿砂或木炭，一人筑模，并随时观察火候；除去矿滓。

　　贺富钟地区所产锡砂较纯净，仅经冶炼即可。炼炉高 2.2 米，外径 0.9 米，内径 0.5 米。每炉昼夜二班工作，每班可熔锡砂约 500 公斤，以七成计，约可得纯锡 350 公斤。

　　南丹一带炼锡与上略同。唯当地锡矿系原生矿脉，含杂质多，事先须经数次焙烧，除去砷、硫等杂质。其法将矿石击碎为细粒，垒成长 4 米、宽 3 米的矩形，覆以厚约 1 米的干草，其上更敷矿石厚约数厘米，如此相间至第三层干草为止。随于上部点火，务令徐徐燃烧，历时 7~10 日始告完毕。第一次焙烧后，复加研磨淘洗，再行焙烧，杂质多者三四次，杂质少者一两次。如是焙烧后，耗时 30~40 日，然后入炉提炼。提炼结果，仅得纯锡五，与富贺钟之七成相去甚远。南丹炼炉高约 2 米，外径 1.2 米，内径 0.4 米。

　　①　李延祥、周卫荣，广西贺县铁屎岭遗址宋代铅锡及含锡铁钱冶炼技术初步研究，有色金属，2000，(5)。
　　②　广西省政府矿务局，广西锡矿概况，民国 24 年 10 月。

二　个旧炼锡法[①]

1. 冶炼设备

(1) 溜口：冶炼炉房所用之锡矿皆系购买而来，往往洗整不净，多含砂土杂质，需先重新淘洗一次才能入炉。冶炼所剩余的渣尾及扫取之飞矿等亦须加以翻洗。因此炉房也必须备有溜口。此溜口实际上是一小型选矿场，内设各种选槽、碾、磨、杵等破碎、淘选设备。

(2) 大炉：以土砖砌成，长方形，高约 1.4 米，宽 1.2 米，炉身称为甑子。炉后壁有一半圆形挡壁，称为纱帽头，高约 0.8 米。炉前壁砌成尖形空洞，其下有一长方池，称为窝子，以黑灰头填底，再以大盐和泥拍实。窝子下开一火门，以耐火石柱撑住，以防坍塌。被熔炼出来的锡即由火门流入窝子。炉子两侧砌成阶梯数级，以便加炭上矿之用。炉后安置风箱，有风管与大炉后火门相连。

(3) 埠塘：为石砌长方形水池，位于大炉前方。从窝子中提出之炉渣即投入此塘中淘洗之。

(4) 提锡锅：建于大炉旁地下。从窝子中舀出的锡液，先盛于此提锡锅内，再从其中舀出铸锭。

2. 方法与步骤

(1) 烧炉：大炉未熔锡之前，须置柴炭于甑子及炉前窝子内燃烧一二日，将甑子及窝子烧热，然后才能开炉冶炼。

(2) 配矿：每冶炼一昼夜称为一个炉。每炉可炼矿砂约 1.5 吨。如冶炼品位一致的矿砂，只需将矿砂和以磨细洗净之埠渣及炉上所扫得的飞矿。

(3) 加炭：熔炼矿砂多用栗木、松木等烧成的炭。通常炼锡一炉，需炭约 1.5 吨，称为一个炭。

(4) 上矿：炉炭燃烧后，将矿砂铲入大炉甑子中，俗称打矿。每上矿一次，即加炭一次。每次上矿数十斤，加炭约三十斤。上矿加炭之比例与快慢视冶炼情形而定，工匠的经验甚为重要。

(5) 鼓风：加炭上矿时由两三人鼓风，使炭火燃烧猛烈。鼓风甚为吃力，每个工人仅能拉送三个来回，即由第二人替换，如此轮流不息。

(6) 放条子：矿砂熔炼之际，在大炉窝子前频频以一长木条向火门通之，使不至于堵塞，而甑子内已生成之锡液易于从火门流出，沉积在窝子中。

(7) 提渣：由火门流入窝子内的锡液上常混有未溶化的矿料和炭渣等，称为埠渣，含锡约 50%。用抓渣钉耙将埠渣扒出聚拢，捞出倾入埠塘中冷却，就水中捞洗，筛去粗渣，选出含锡多之细渣，配入矿砂上炉冶炼。其粗渣则碾细，由溜口之平槽淘洗后仍配入矿砂上炉。粗渣之余渣称为二埠，须依法再碾洗上炉。

(8) 扫飞矿：冶炼时细小颗粒矿砂随火焰炉气上升，飞积于屋顶及楼板之上，每隔二日需清扫一次。扫得之矿含锡也约 50%，和水掺如矿砂再付熔炼。

(9) 提锡片：锡液由火门流积于窝子内，每三小时提一次，用大铁勺舀入提锡锅内，搅

---

① 苏汝江，云南各旧锡业调查，民国 31 年 6 月；云锡记实云南锡业公司五周纪念刊，民国 34 年 9 月等。

拌后用铁漏勺捞出渣滓，再舀出铸锭。铸锭时以小铁铲刮开锡面，使之光滑无杂质。

3. 冶炼注意事项

（1）个旧工匠总结炼锡经验云"头矿二炭三扯火"，即矿砂、木炭和鼓风是冶炼效率高低的关键。入炉矿砂一般品位为 50～60％，如品位过低，含杂质过多，则炼出之锡质量不佳。冶炼所用木炭质量差，则火力不足，矿砂冶炼不尽，产锡量势必减少。鼓风强度不够，或风力散漫不集中，即使矿炭俱佳也难有高效冶炼成果。

（2）矿砂含杂质量不同，炼之锡质量也不同。土法炼锡根据锡锭表面显露出的斑纹（俗称花口）来鉴别成色。上锡花色五种：上上镜面锡，满面金斑，花如樱桃，光亮如镜，纯度99.7％；顶上金斑锡，满面金花，如芭蕉大，纯度 99.5％；正上金斑锡，两头斑多，中间花少如竹叶；普通上锡，两头斑少，中间多大竹叶，比正上锡稍少而薄，纯度 99.0％；二五上锡，两头有光无斑，中间多大竹叶花，纯度 97.0％。中锡花色三种：大竹叶花锡，满面竹叶花，有亮光无斑彩，纯度 96.0％；中竹叶花锡，满面小竹叶花，微有光，纯度95.0％；小竹叶花锡，满面细竹花，多数无光，纯度 90％。另分次锡五等，多含铜铅杂质。

近代中国的炼锡技术传播至东南亚地区，促进了其锡业的大发展。

第六章 中国古代钢铁冶金技术

第一节 陨铁的利用

一 陨铁的特征

人类最早使用的天然金属除自然铜、金外，还有陨铁。陨铁是陨石的一种，主要由铁镍合金组成。根据较多陨铁分析，其成分范围如下[①②]：

镍（Ni）	$4\%\sim20\%$	（绝大部分 $5\%\sim10\%$）
钴（Co）	$0.3\%\sim1.0\%$	（大部分 $0.4\%\sim0.5\%$）
铜（Cu）	$0.01\%\sim0.05\%$	
磷（P）	$0.01\%\sim1.2\%$	（大部分 $0.1\%\sim0.3\%$）
硫（S）	$0.001\%\sim0.6\%$	（大部分 $0.2\%\sim0.6\%$）
碳（C）	$0.006\%\sim0.2\%$	（大部分 $0.01\%\sim0.2\%$）

极少数陨铁中镍含量可达 $23\%\sim34\%$，甚至有高达 60%[③]，但也有含在 4% 以下的[④]。此外，陨铁中还含有微量镓。根据 88 颗陨铁分析，其含量可以分为四组[⑤]：

	镓 Ga（10^{-6}）	锗 Ge（10^{-6}）
I	$80\sim100$	$300\sim420$
II	$40\sim65$	$130\sim230$
III	$8\sim24$	$15\sim70$
IV	$1\sim3$	$<1\sim1$

由于陨星在太空中形成时从高温冷却缓慢，冷却及转变过程长达 4×10^9 年[⑥]，在固态冷却速度低达 $0.5\sim100$℃/百万年。大部分在 $1\sim10$℃/百万年。从液态析出的硫化物（陨硫铁 FeS）、石墨，固态析出的硫化物、磷化物（FeNi)P 及碳化物（柯氏体）(FeNi)$_3$3C，与人工合金中的夹杂不同，尺寸都较大，达到几毫米到几厘米，而在陨铁的另一些部分则夹杂物极少。由于冷却极慢，陨铁中接近平衡状态产生的铁镍合金组织可以用铁镍平衡相图(图 6-1-1)[⑦]来说明。

① Mooe C B, Lewise C C and Navo D, Superior Analysis of Iron Meteorites, Meteorite Research, 1968, p. 738.

② Axon H J, Metallurgy of meteorite, Prog. Met. Physics, Vol. 13, 1968, pp. 184～225.

③ 欧阳自远等，三块铁陨石内矿物成分及形成条件的研究，地质科学，1964，(3)：241。

④ Coghlan H H, Notes on prehistoric and early iron in the Old World, Oxford, 1956, p. 27.

⑤ Lovering J F, Nichiporuk W, Chodos A and Brown H, The Distribution of Gallium, Germanium, Cobalt, chromium and copper in iron and stony-iron Meteorites in Relation to Nickel Content and Structure, Geochimica et Cosmochimica Acta, 1957, Vol. 11, pp. 263～278.

⑥ Anders E, Origin, Age and Composition of Meteorites, Space Science Reviews, 1964, Vol. 3, pp. 583～714

⑦ Owen E A and Liu Y H, Further X-ray Study of the Equilibrium Diagram of the Iron-nickel System, Journal of the Iron and Steel Institute, 1949, Vol. 163, pp. 132～137.

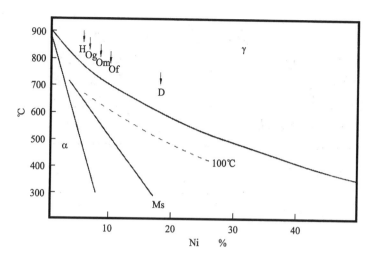

图 6-1-1 铁镍合金系平衡图

相图表示不同成分合金（横坐标）在不同温度（纵坐标）下的结构组成和各组成物的成分。例如，图 6-1-1 中最上曲线右上部的区域为含镍的 γ 相，即镍纹石存在的范围；在最下曲线左下部的区域为 α 相（锥纹石）存在的成分温度范围；在这两曲线之间为 α 相及 γ 相共存区域（组织很细时称为合纹石）；在给定的温度，γ 相及 α 相两相的成分，相当于温度水平线与上下两界线交点处的镍含量，即 α 相与 γ 相同时存在时，γ 相或镍纹石含镍较多，因为 γ 相与具有相同晶体结构和相似的原子大小。以 H 为代表的合金（即六面体陨铁），在 770℃以上为 γ 相；冷却至 770℃时，析出含镍约 2% 的 α 相，多余的镍向 γ 相扩散；在继续冷却中，α 相不断长大，数量增多，含镍也逐渐增加，而 γ 相则数量减少，但镍含量继续增加，当温度下降至 500℃左右，全部转变为 α 相，成分与原始合金相同，镍分布基本均匀。这种陨铁断裂时，断口沿六面体平面发生，称为六面体陨铁。六面体陨铁冲击空气或地面时，α 铁由于高速形变，导致孪生，产生孪晶，称为诺埃曼带，它与成分无关。含镍高的陨铁中。由于同样原因，也可以在 α 相中观察到诺埃曼带。图6-1-2是我国新疆准噶尔盆地发现的巨型陨铁（重约 20 吨、平均含镍 9.92%）中 α 相里的孪晶。

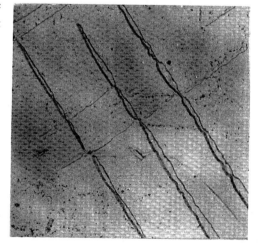

图 6-1-2 新疆准噶尔陨铁 α 相的孪晶

含镍较高的陨铁，开始析出 α 铁的温度较低，当温度降低至 450℃以下时，镍的扩散过于缓慢，α 相的长大也相应停止，保留一部分 γ 相。从 γ 相析出的 α 相沿着 γ 相的一定结晶平面生成，这些平面相当于八面体（即由八个等边三角形组成的双四角锥体）的表面。这种组织称为魏氏组织；这种陨铁，称为八面体陨铁，以 O 表示。图 6-1-3 为新疆准噶尔陨铁的魏氏组织[①]，图6-1-4为新疆准噶尔陨铁中的两相地区，两侧为 α 相，中间为 γ 相，宽度为75微米。图6-1-5上叠加了沿中部白线各点成分变化的曲线，上面是镍含量的变化，下面是钴含量的变化。图6-1-6是另一 γ 相较宽（120微米）地区的镍钴记录（中部居上深色曲线为镍，居下浅色为钴）。可以看出镍聚集在 γ 相里，在 α 相附近最高；钴则聚集在 α 相里，在邻近 α 相的 γ 相中最低。这说明 α 相是长大的相，决定于合金元素的扩散。测定两图中各点的成分结果（％）如下表所示。

		α 相	$\alpha\gamma$ 晶界附近 γ 相中	γ 相
图6-1-5	镍	8.5	40	25
	钴	0.64	0.17	0.3
图6-1-6	镍	7.0	33	18
	钴	0.6	0.2	0.4

由于 α 相一般呈片状，高镍 γ 相及高镍层一般也都呈层状，虽然在准噶尔陨铁中也常观察到棒状的高镍区（在截面上为细粒状）。

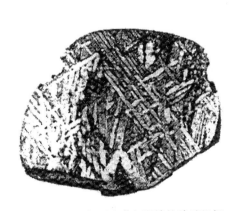

图6-1-3　新疆准噶尔陨铁的魏氏组织

图6-1-4　新疆准噶尔陨铁中的 $\alpha\gamma$-α 两相地区

γ 相区域中，低镍部分有时在低温继续析出较细层状或棒状 α 相，如图6-1-4。图中两侧为 α 相区域，当中部分邻近 α 相的 γ 相镍高，比较稳定，保留到室温；中部镍较低，分解为 α 相及残留 γ 相，如图6-1-7。图6-1-8是相应的X射线分布相，亮区为高镍区域。图6-1-9是用元素浓度分布"鸟瞰图"表示的这一区域的镍分布。鸟瞰图自上而下，由 n 条曲线组成，如果把整个区域等分为几条纬度线，图中每条曲线偏离对应纬度的垂直高度表示镍的含量。这样，图中表现为山岭的地区相当于高镍地带，山谷则为低镍地带。图6-1-9显示了镍向 γ 相及钴向 α 相偏聚所造成的层状分布，由于镍在 γ 相中的扩散速度随温度升高而增加，只有在低温下从 α 相向 γ 相扩散的镍才能聚集在相界附近成为高镍层；但由于低温

① 欧阳自远、佟武，三块铁陨石的化学成分、矿物组成与构造，地质科学，1965，（2）：182。

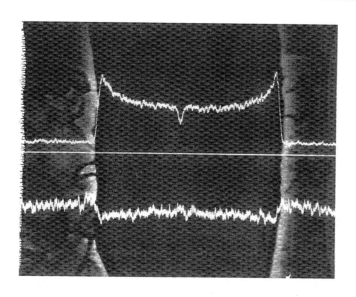

图6-1-5　准噶尔陨铁中镍钴分布图

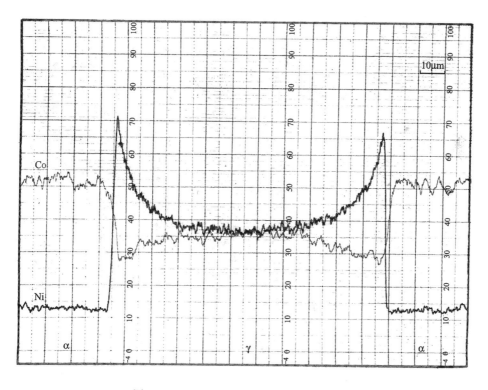

图6-1-6　另一γ相较宽地区的镍钴记录

扩散很慢，所以只有在极小的冷却速度下才有可能发生上述的变化。根据大量陨铁样品的观察，一般认为含镍8%左右的陨铁的冷却速度大都在1～10℃/百万年之间。

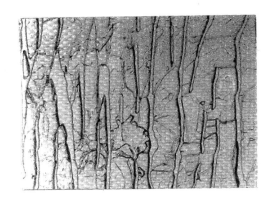

图 6-1-7　准噶尔陨铁 α-γ-α 金相

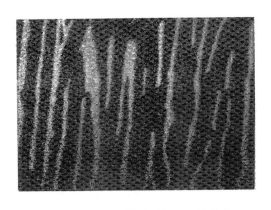

图 6-1-8　准噶尔陨铁 α-γ-α 镍分布

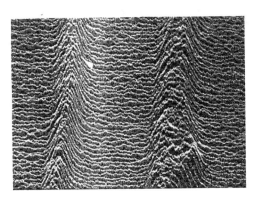

图 6-1-9　准噶尔陨铁 α-γ-α 镍分布鸟瞰图

在实验室的试验条件下，没有可能使铁镍合金在冷却时从 γ 铁分解为 γ+α，即使在极缓慢的情况下 γ 铁只冷到一定温度（相当于图 6-1-1 中的 Ms 线），然后无扩散地转变为马氏体[1][2]。只有将马氏体重新加热，由于镍在马氏体中扩散较快才能分解为两相，即使如此，也需要较长时间[3]。据镍在 γ 相中扩散速度与温度关系估计，温度从 730℃ 下降到 650℃ 和 550℃，扩散同样距离，需要的时间将较 730℃ 时分别长 20 和 1500 倍。在陨铁中，估计在 600℃，使镍在 2.0 毫米 α 相和 0.07 毫米 γ 相中达到均匀的时间分别为 $8.8×10^4$ 年和 $1.5×10^5$ 年[4]，因此含镍的铁合金中的高镍层是不可能用人工办法获得的。

古代使用陨铁制作器物的刃部，由于铁刃含有一定量的镍，检查铁刃中的镍分布及其含量变化，将有可能比较可靠地判断铁刃的原材料来源。当然六面体陨铁的镍分布比较均匀，而八面体陨铁经过加热锻造及长时间风化后，镍分布也将趋于均匀，如果还能够在铁刃的残留氧化物中观察到超过人工可能造成的 γ 相和 α 相间含镍量的差别和镍的层状分布，则将可以确凿地断定该铁刃系以陨铁锻成。

① Jones F W and Pumphrey W I, Free Energy and Metastable States in the Iron-nickel and Iron-manganes Systems, Journal of the Iron and Steel Institute, 1949, Vol. 163, pp. 121~131.

② Gillbert A and Owen W S, Diffusionless Transformation in Iron-nickel, Iron-chromium and Iron-silicon Alloys, Acta metallurgica, 1962, Vol. 10, pp. 45~54.

③ Allen N P and Early C C, The Transformations α-γ and γ-α in Iron Rich Binary Iron-nickel Alloys, Journal of the Iron and Steel Institute, 1950, Vol. 166, pp. 281~288.

④ Aaronson H I and Domian H A, Partition of Alloying Elements Between Austenite and Proeutectoid Ferrite and bainite, Transactions of the Metallurgical Society, A. I. M. E. 1966, Vol. 236, pp. 781~796.

二　陨铁制品

章鸿钊在《石雅》中记有"或曰：上古之世，地铁（原注：谓得自矿冶者）未兴，其时所用铁具与武器，每自陨石得之，则陨石亦文化之所资也"[1]。这就是说：在古代文化史上当用铁矿石炼铁的技术还没有发明以前，人们经常利用陨石锻造器物。陨石通常含 Ni10%，它更硬、更难加工，陨铁不如自然铜、自然金那样容易识别，因此人类使用陨铁较晚。据 Tylecote 提供的资料认为是由陨铁制造的铁制品[2]。见表 6-1-1。

表 6-1-1　国外陨铁制品资料

器物	出处	使用年代	组成			
			Fe	Ni	Co	Cu
匕首	乌尔（Ur）	3000BC	89.1	10.0	—	
珠	格泽（Gerzeh）	3500BC	92.5	7.5	—	—
刀	爱斯基摩（Eskimo）	近代	91.47	7.78	0.53	0.016
刀	Deir el Bahari	2000BC	—	10.0	—	—
刀	爱斯基摩（Eskimo）	AD1818	88.0	11.83	痕	痕
斧头	拉斯珊拉（Ras Shamra）	1450~1350BC	84.9	3.25	0.41	无
匕首	图特卡蒙（Tutankhamun）	1340BC	—	存在	—	—
头靠	底比斯（Thebes）	1340BC	—	存在	—	—
牌饰	Alaca Hüyük	2400~2200BC	—	3.44（NiO）	—	—
权杖首	特洛伊（Troy）	2400~2200BC	—	3.91（NiO）	—	—

（一）河北藁城铁刃铜钺的鉴定

最早的陨铁器物在尼罗河流域的格泽（Gerzeh）发现的匕首属于公元前 3500 年，含镍 7.5%，幼发拉底河的乌尔（Ur）发现的匕首含镍 10%[3]。中国经过科学鉴定为陨铁制品最早是在河北藁城台西村商代遗址发现的一件铁刃铜钺[4]，如图 6-1-10。铜钺外刃断失，残存刃部包入铜内约 10 毫米，铜钺残长 111 毫米，阑宽 85 毫米，图 6-1-11 是铁刃铜钺的断面金相图，铜钺的年代，根据藁城台西第一层水井木井盘的 ^{14}C 测定，属商代中期[5]，约公元前十四世纪前后，即殷商安阳小屯早期。

---

① 章鸿钊，《石雅》再刊本，384 页，转引自：中国古代矿业开发史，夏湘蓉等编著，地质出版社，1980 年，第 236~237 页。
② Tylecote R F, A History of Metallurgy, Second Edition, The Institute of Materials, Made and Printed in Great Britain by the Bath Press, Avon, 1992, p.3.
③ Desch C H, 1st Report, Sumerian Committee, British Association 1928, 437.
④ 河北省博物馆、文物管理处，河北省藁城台西村的商代遗址，考古，1973，（5）：266。
⑤ 台西第一层水井木井盘的碳-14 年代测定为公元前 1520±160，见：夏鼐：碳-14 测定年代和中国史前考古学，考古，1977，（4）：229。

图 6-1-10 河北藁城铁刃铜钺

铁刃铜钺的发现具有重要意义，它表明在三千三百年前商代劳动人民已经认识了铁，熟悉了铁的热加工性能，并识别铁与青铜在性质上的差别。对于铁刃的原材料的了解，将有助于阐明我国古代冶铁技术的发明和发展过程。但是由于铁刃已经全部氧化，没有保存金属铁，给鉴定工作带来较大困难。从铁刃的断口表面部分取样观察，铁锈有分层现象，在表层曾发现有含硅和含钙的包含物，后者成条状，因此有可能系人工冶炼的铁[①]。另一方面，表层铁锈分析表明，其中含有 1.76% 镍，折算为金属基体时，含镍至少为 2.5%；由于铁镍合金氧化后为氧化镍，原金属含镍量当更高，虽然有可能在冶炼时混入了含镍矿石，但已经出土的我国古代人工冶铁的含镍量都很低，因而铜钺的铁刃也有可能是以陨铁为原料锻成的。

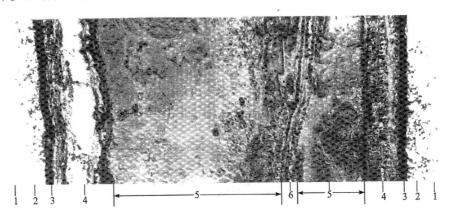

图 6-1-11 铁刃铜钺断面金相图，未浸蚀

因此，铁质部分是人工冶铁还是陨铁制成，曾在学术界引起较大争议。如果此件铁刃器是人工冶铁，就比当时一般认为中国人工冶铁开始于春秋战国之际（约公元前 5～6 世纪）要早约 1000 年。原中国科学院考古研究所所长、著名考古学、科技史专家夏鼐先生（已故）邀请柯俊领导的北京钢铁学院冶金史组重新进行鉴定。柯俊亲自使用电子探针、金相及 X 射线荧光分析仪等对该件铁刃铜钺的铁锈层进行细致的分析研究，没有发现人工冶铁所含的夹杂物，鉴定镍在锈层中约 > 6%，钴为 0.4%；更为重要的是，该铁刃铜钺经过锻造和长期风化，铁刃锈层中仍保留有高、低镍钴的层状分布，如图 6-1-12 所示，这种分层的高镍偏聚只能发生在冷却极为缓慢的铁镍天体中。根据上述结果以及与陨铁、陨铁风化壳结构的对比，可以确定藁城铜钺的铁刃不是人工冶炼的铁，而是用陨铁锻成的。这篇报告发表时用"李众"笔名，（见《考古学报》1976 年 2 期）引起国内外注意，美国弗里尔艺术博物馆

① 河北省博物馆、文物管理处，河北省藁城台西村的商代遗址，考古，1973，(5)：270。

T. Chase 坚决要求把这篇文章翻译成英文在美国学术杂志《Ars Orientalis》1979. Vol. XI 发表[1]；文章发表后立即受到普遍的接受。"为中国冶金史和中国考古学解决了重要问题"。[2]

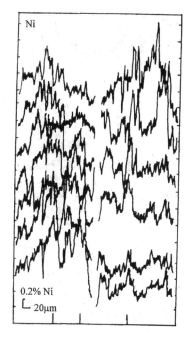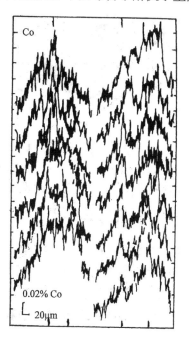

图 6-1-12 河北藁城铁刃铜钺高、低镍钴层分布

（二）陨铁制品

北京市平谷县于 1974 年发现 1 件商代的铁刃铜钺，全钺残长 8.4 厘米，阑宽 5 厘米，刃部已锈蚀残损[3]。此钺形状和藁城铁刃铜钺大体相同，但约小三分之一。铁刃残部有明显的分层现象，经光谱定性分析含有镍，为陨铁锻制[4]（图 6-1-13）。

据传 1931 年在河南浚县辛村出土了十二件兵器，出土后即流传到美国，现存在华盛顿的弗里尔美术馆。其中也有一件铁刃铜钺，和藁城的钺一样，都是以铁为刃，长 17 厘米（图 6-1-14）。根据 1971 年国外发表的有关材料，铁刃经过电子探针微区分析，结果表明含镍量较高，同时观察到魏氏组织，可以肯

图 6-1-13 北京平谷出土的铁刃铜钺

定是由陨铁制成的。浚县出土的铁援铜戈古兵器亦属上述十二件中之一。戈是以铁作为援（直刃）的前半部，已经蚀损，仅余包入铜制部分的铁心，残长 18.3 厘米。据已发表的材

① Li Chung, Ars Orientalis, 1979, (11)：259～289.
② 夏鼐，中国考古学和中国科学史，考古，1984,（5）：427～431.
③ 北京文物管理处，北京市平谷县发现商代墓葬，文物，1977,（11）：1～8.
④ 张先得、张先禄，北京平谷刘家河商代铜钺铁刃的分析鉴定，文物，1990,（7）：66～71.

料，说明铁援部分肯定来自陨铁[1]。

图6-1-14　河南浚县出土的铁刃铜钺及戈

关于浚县出土的两件铁刃铜兵器，它们的制作时代还不能确切断定。根据和这两件兵器同时出土的另一件残戟上的铭文，可以推测为周初遗物。但从它们本身的形制和花纹来看，似乎时代更要早些，也很有可能是商代晚期的遗物。[2]

(三) 虢国墓出土的铁刃铜器[3]

1990～1999年河南省文物考古研究所与三门峡文物工作队联合在三门峡市上村岭虢国墓地进行了抢救性发掘。其中M2001、M2009是两座国君级大墓，根据出土青铜器物的铭文，可以判定M2001为虢季墓，M2009为虢仲墓，时代相当于公元前9～公元前8世纪。值得震惊的是这两座国君墓共出土铁刃铜器6件。虢季墓（M2001）出土玉柄铁剑和铜内铁援戈两件兵器，虢仲墓（M2009）出土铜内铁援戈、铜骹铁叶矛、铜銎铁锛及铜铁削各一件。在西周晚期墓葬中同时出土数件铁刃铜器实属罕见。

虢季墓（M2001）玉柄铁剑出土时，锋朝下置于椁室东南隅底部，与箭镞等铜兵器一起被压在铜车马器之下；铜内铁援戈出土时与其他铜戈一起混放在椁室西北隅底部。

虢仲墓（M2009）未被盗，墓深20米，人骨尚存。出有两件兵器，一为铜内铁援戈（M2009：703），另一为铜骹铁叶矛（M2009：730），与其他铜质兵器共出于椁室西侧底部。铜銎铁锛（M2009：720）和铜柄铁削（M2009：732）属工具类，与其他铜工具同出于椁室西南隅底部。

上述六件兵器铁刃铜器是出自墓葬的早期铁制品，对于研究中国冶铁技术的起源及特征尤为重要。为鉴定其材质，在六件铁刃铜器铁质残断部分取少量样品，惜铁质锈蚀严重、残留金属极少，给鉴定工作带来一定困难。样品经镶样和小心磨光抛光后，在光学显微镜下仔细观察，发现六件铁锈样品中均有极少量的金属颗粒，这是非常幸运的。对于发掘出土属于公元前8世纪以前的早期铁器首先要判定铁质是陨铁还是人工冶铁制品。对残存极少量的金属颗粒，检测其中是否含有陨铁中的镍、钴等元素是首先要进行的工作。

M2009中出土三件铁刃铜器见图6-1-15，三件样品的金属颗粒及锈蚀中含有镍，结果见表6-1-2，其金相组织见图6-1-16、图6-1-18和图6-1-20，二次电子相图见图6-1-17、图6-1-19和图6-1-21。

---

① Gettens R J et al., Two Early Chinese Bronze Weapons with Meteoritics Iron Blades. Occasional Papers Vol. 4. No. 1, Freer Gallery of Art, Washington D. C. 1971.

② 在1931年河南辛村十二件青铜兵器中，有一件残戟，戟的一面有铭文"太保"两字，可据以确定是西周初期的遗物。详见冯蒸：关于西周初期太保氏的一件青铜兵器，文物1977（7）。

③ 韩汝玢等，虢国墓出土铁刃铜器的鉴定与研究，见：三门峡虢国墓地，文物出版社，1999年，第539～573页。

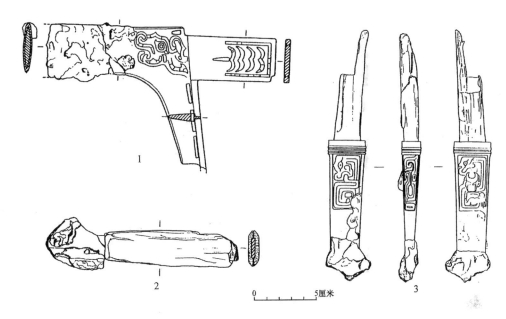

图 6-1-15　M2009 铜内铁援戈、铜銎铁锛与铜柄铁削

1. 铜内铁援戈 M2009：703；2. 铜銎铁锛 M2009：720；3. 铜柄铁削 M2009：732

表 6-1-2　M2009 中三件陨铁制品的金属颗粒及锈层成分分析

器名与器号	测定部位		成分（重量%）							备注
			Fe	Ni	P	Si	Ca	Cu	Pb	
铜内铁援戈 M2009：720	金属颗粒 04，002 （图 6-1-17）	A 点	70.6	27.4	1.1	—	0.3*	0.5*	0.4*	Fe/Ni=2.6
		B 点	84.0	6.0	4.0		0.9	2.9	2.2	Fe/Ni=14
	另一处金属颗粒	点扫	71.5	26.8	—	0.87	0.9	—	—	Fe/Ni=2.7
铜銎铁锛 M2009：720	金属颗粒 04，006 （图 6-1-19）	A 点	87.2	12.5	0.1*	—	—	0.01*	0.01*	Fe/Ni=7
		B 点	87.3	12.6	0.05*	—	—	0.04*	0.01*	Fe/Ni=6.9
		C 点	87.1	12.8	0.08*	—	—	—	—	Fe/Ni=6.8
		D 点 锈层	81.1	14.8		1.4	1.7	0.2*	S0.86	Fe/Ni=5.5
		点扫	85.9	9.1		4.3	0.7	—	—	Fe/Ni=9.4
	另一处金属颗粒 07，002	A 点	52.3	47.7	—	—	0.01	—	—	Fe/Ni=1.1
		B 点	62.9	36.9	—	—	0.2*	—	—	Fe/Ni=1.7
		C 点	94.2	5.8		0.06*	0.04*	—	—	Fe/Ni=16
铜柄铁削 M2009：732	金属颗粒 04，010 （图 6-1-21）	A 点	63.4	35.6	0.05*	—	—	0.88	0	Fe/Ni=1.8
		B 点	67.8	31.4	0.15*	—	—	0.59	0.1*	Fe/Ni=2.2
	另一处金属颗粒 07，003	A 点	86.6	13.4		0	0	—	—	Fe/Ni=6.5
		B 点	90.3	9.3		0.15*	0.3	—	—	Fe/Ni=9.7
		C 点	93.7	5.8		0.3*	0.2*	—	—	Fe/Ni=16
		微区	91.3	7.8		0.4	0.4	—	—	Fe/Ni=11.7

注：*表示该元素含量极微，已小于仪器分析的检测极限，其值仅供参考；—表示该元素未检测出。

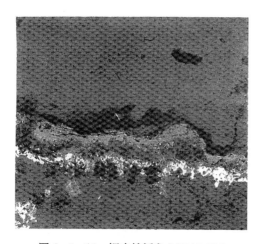

图 6-1-16　铜内铁援戈 M2009∶703
铁质样品金相照片

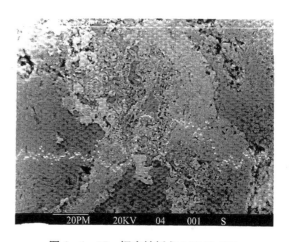

图 6-1-17　铜内铁援戈 M2009∶703
铁质样品扫描电镜二次电子像（04，002）

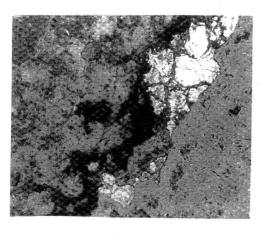

图 6-1-18　铜鋬铁锛 M2009∶720
铁质样品金相照片

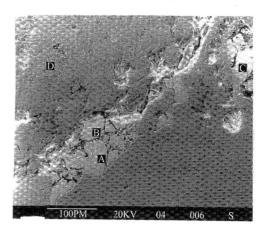

图 6-1-19　铜鋬铁锛 M2009∶720
铁质样品扫描电镜二次电子像（04，006）

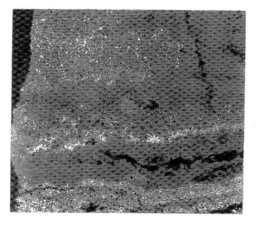

图 6-1-20　铜柄铁削 M2009∶732
铁质样品金相照片

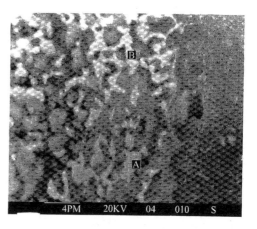

图 6-1-21　铜柄铁削 M2009∶732
铁质样品扫描电镜二次电子像（04，01021）

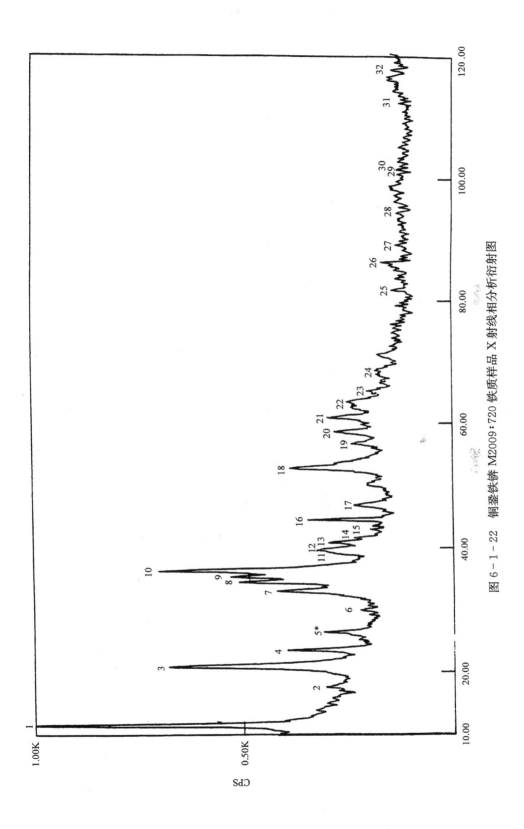

图 6 - 1 - 22　铜鋬鉄鍪 M2009：720 鉄质样品 X 射线相分析衍射图

表 6-1-2 显示有三件铁刃铜器中均含有较多的镍，它们均出自虢仲墓（M2009）。一件为铜内铁援戈（M2009：703），属兵器。另两件为铜銎铁锛（M2009：720）和铜柄铁削（M2009：732），属工具。另外三件金属颗粒及锈层中均未测出有镍。

三件陨铁制成的铁刃中含镍量并不相同，应属于镍纹石（FeNi）类。为了进一步确定此相的存在，取铜銎铁锛（M2009：720）中的样品进行了 X 射线衍射相分析测定。用日本理学 D/MAX-RB 旋转阳极 X 射线衍射仪，Cu 靶，单色，$\lambda=1.5405\text{Å}$，在 40kV、100mA 条件下进行分析。X 射线衍射曲线如图 6-1-22 所示。X 射线相分析选用 d 值比较法，即将实验分析得到的 d 值与国际 X 射线衍射学会制作的标准卡片（简称 JCPDX）给出的 d 值进行比较，测量值与计算值相差限在 $\pm0.01\sim\pm0.02$ 之间，在比较时除三条最强衍射峰必须出现外，还必须有其他较强衍射线出现，才能认定此种化合物存在于被测的样品中。一般样品中多含有多相物质，有的不同相的某些 X 射线衍射峰有可能互相重合，使得 X 射线衍射图上的强衍射线并非单相物质的强线，而是多相物质的次强或再次强线叠压重合的结果，造成 X 射线相分析的困难。当某种物相在样品中相对含量较少时，它的衍射线强度较弱，在衍射图上很难分辨，影响分析的灵敏度。谢逸凡教授对金属文物进行相分析专门建立了数据库，对 X 射线衍射谱显示的 d 值应用计算机检索，配合其他实验方法，使相分析的结果快速、灵敏和可信。铜銎铁锛（M2009：720）的铁质部分 X 射线相分析的结果见表 6-1-3。相分析的结果除铁的锈蚀产物 Fe_2O_3、$FeO(OH)$ 外，确实存在镍纹石（FeNi）相，还有陨铁的伴生矿物磁铁矿 Fe_3O_4。这两个物相均具强磁性，在选定的铜銎铁锛（M2009：720）的铁质样品中尽管残留金属颗粒较少，但均显示有较强磁性，亦可作为是陨铁制品的另一佐证。

其余三件铁刃铜器样品中未测出有镍，排除了用陨铁制作的可能，但仍需找到它们是人工冶铁的证据。

表 6-1-3　铜銎铁锛（M2009：720）中的铁质样品 X 射线衍射相分析

衍射峰序列	2θ	d	I/I_1	18-877 FeNi	19-629 Fe_3O_4	6-696 Fe	16-895 Fe_2O_3	29-713 FeO(OH)	31-1161 SiO_2	21-931 $Fe_4SO_9 5H_2O$
1	11.7	7.5571	100							√
2	17.72	5.001	27					√		√
3	21.06	4.2148	61	√					√	
4	23.64	3.7603	36							√
5	26.6	3.3482	26	√					√	√
6	30.06	2.9702	20		√					
7	33.14	2.7009	38				√			√
8	34.56	2.5731	46				√			
9	35.42	2.5321	48	√			√	√		
10	36.48	2.4609	63				√	√		
11	39.2	2.2962	26	√				√	√	√
12	40.02	2.251	27				√	√		
13	41.06	2.1963	26	√			√	√		

续表

衍射峰序列	2θ	d	I/I_1	18-877 FeNi	19-629 Fe₃O₄	6-696 Fe	16-895 Fe₂O₃	29-713 FeO(OH)	31-1161 SiO₂	21-931 Fe₄SO₉5H₂O
14	42.8	2.111	20		√				√	
15	43.08	2.0979	18	√	√					
16	44.56	2.0316	31			√				
17	46.98	1.9324	21	√			√			√
18	53.04	1.725	35		√		√	√		√
19	56.9	1.6168	22	√	√			√	√	√
20	58.86	1.5676	25	√				√	√	
21	61.1	1.5154	27				√	√		√
22	63.64	1.4609	22		√		√	√	√	
23	65.5	1.4238	18	√	√		√	√		
24	68.72	1.3647	16	√				√	√	
25	82.3	1.1705	12			√		√	√	
26	86.78	1.1212	15		√				√	
27	89.8	1.0912	11	√	√				√	
28	94.9	1.0456	11	√	√				√	
29	101.06	0.9978	11		√					
30	101.74	0.993	11		√				√	
31	112.24	0.9278	11		√					
32	117.42	0.9014	13	√	√					

注：2θ 为 X 衍射角，d 为面间距值 Å，I/I_1 为相应的强度比，FeNi 等上面的号码为 JCPDX 卡顺序号。

　　我国自商中期至迟至公元前 14 世纪开始使用陨铁制作兵器的刃部，公元前 9～前 8 世纪在虢国仍在使用，延续使用 500 年以上。至今经鉴定为陨铁制品的共有 7 件，如表 6-1-4 所示。表明古代工匠已认识铁与青铜在性质上有差别，熟悉了铁的热加工性能，使用较硬的陨铁材料制作工具的刃部。铜銎铁锛与铜柄铁削与其他铜质工具同出于虢仲墓（M2009）椁室西南隅底部，表明它们是实用工具。M2009 出土的两件工具仍选用较硬的陨铁材料，较商中期使用陨铁作兵器和礼器，在类型上又有了新的发展。

表 6-1-4　中国已发现的陨铁制品

序号	器物名称	出土地点	年代	Ni 含量	资料来源
1	铁刃铜钺	河北藁城	商中期，公元前 14 世纪	锈层：0.8%～2.8%Ni	[1]
2	铁刃铜钺	北京平谷	商中期，公元前 14 世纪	1.9%～18.4%Ni	[2]
3	铁刃铜钺	河南浚县	商末周初，公元前 10 世纪	6.7%～6.8%Ni 22.6%～29.3%Ni	[3]
4	铁援铜戈	河南浚县	商末周初，公元前 10 世纪	5.2%Ni	[3]

序号	器物名称	出土地点	年代	Ni 含量	资料来源
5	铜内铁援戈 M2009：703	河南三门峡 虢国墓地	西周末，公元前 9 世纪～前 8 世纪	6.0%Ni 26.8%～27.4%Ni	
6	铜銎铁锛 M2009：720	河南三门峡 虢国墓地	西周末，公元前 9 世纪～前 8 世纪	5.8%～9.1%Ni 12.5%～14.8%Ni 36.9%～47.7%Ni	
7	铜柄铁削 M2009：732	河南三门峡 虢国墓地	西周末，公元前 9 世纪～前 8 世纪	5.8%～13.4%Ni 31.4%～35.6%Ni	

注：[1] 李众：关于藁城商代铜钺铁刃的分析，考古学报，1976 (2)。

　　 [2] 张先得、张先禄：北京平谷刘家河商代铜钺铁刃的分析鉴定，文物，1990，(7)。

　　 [3] Gettens R J et al.: Two Early Chinese Bronze Weapons with Meteoritics Iron Blades, Occasional Papers Vol. 4. No. 1, Freer Gallery of Art, Washington D. C. 1971.

表 6-1-4 中已鉴定的陨铁制品包括虢国墓地的三件，使用的陨铁陨落何时何地？材料选白何处等问题，目前尚无答案。

三　我国是记载陨星最早的国家之一

在春秋时期已知陨石是天上的星陨落地面而成。北宋沈括曾于治平元年（1064）某日，在常州宜兴县亲见铁陨石的堕落景象，并作了详细的记载。"是时火息，视地中只有一窍（洞穴）如杯大，极深，下视之，星在其中。荧荧然。良久渐暗，尚热不可近。又久之，发其窍，深三尺余，乃得一圆石，犹热，其大如拳，一头微锐，色如铁，重亦如之。"① 如有许多铁陨石同时堕落，称为"雨金"或"雨铁""秦献公十七年（公元前368）栎阳雨金四月至八月。"② 栎阳是秦献公建都的地方，故城在今陕西临潼县东北。元至治元年（1321）"时雨铁，民舍山石皆穿，人物值之多毙"③。"时雨铁"是时常降落陨石雨的意思。这条史料很重要，可惜地点不详。又元至正十年（1350）"十一月冬至夜，陕西耀州有星堕于西原，光耀烛地，声如雷鸣者三，化为石，形如斧。一面如铁，一面如锡，削之有屑，击之有声。"④ 也是陨石较详细的记录，但真正发现是陨铁的并不多。

在我国新疆、内蒙古、湖北、广西、广东都发现过铁陨石，并发表了铁陨石的化学成分、矿物组成的研究报告和论著。其具体情况可见表 6-1-5。广东梅县、河南巩县也曾有铁陨石的报道，山西省博物馆亦珍藏有数块铁陨石的实物，遗憾的是这些铁陨石均发现较晚，或无确切陨落地面的记载。

---

① （宋）沈括，梦溪笔谈，卷二十。

② 《史记·六国年表》。

③ 《楮记室》，《说郛》，卷二十五。

④ 《元史·五行志》下。

表 6-1-5　中国铁陨石降落地点及化学组成

降落地点	重量	发现年代	保存地点	主要化学成分%						资料来源
				Fe	Ni	P	S	Co	Fe/Ni	
新疆准噶尔乌什克北纬 47°，东经 118°	20~30 吨	1898 年前，1917 年载入文献	原地	89.65	9.92	0.21	0.015	0.46	9.04	[1]
				88.67	9.29	0.17	0.08	0.65	9.54	[2]
内蒙古乌珠穆沁北纬 45°30'，东经 118°	68.868 公斤	1920 年 9 月	大连自然博物馆	80.72	17.90	0.16	—	—	4.15	[3]
				74.45	25.13	0.28	0.06	0.66	2.96	[2]
内蒙古丰镇	0.458 公斤	—	长春地质学院博物馆	91.50	8.28	0.12	0.03	0.49	11.15	[3]
内蒙古商都东经 114°，北纬 42°30'	247 公斤	1957 年	河北地质局陈列馆。部分在中国科学院地质研究所	89.81	8.09	0.112	0.07	—	11.10	[2]
				91.37	7.75	0.20	0.04	0.56	11.79	[3]
广西南丹北纬 25°06'，东经 107°42'	约 9.5 吨	降落时间约 1516 年 6 月发现于 1958 年	原地，部分在中国科学院地球化学所	84.6	7.26	0.026	0.076	—	11.65	[3]
				92.65	6.98	0.12	0.05	0.58	13.27	[2]
内蒙古凉城岱海	200 公斤	1959 年	地质博物馆（北京）	87.22	8.05	0.035	0.059	—	10.83	[3]
				90.87	7.90	0.11	0.03	0.78	11.50	[2]
湖北建始东经 109°30'，北纬 30°48'30"	>600 公斤	约 19 世纪末陨落	中国科学院地质研究所	91.65	7.89	0.12	—	0.45	11.62	[4]
广东英德东经 113°24'北纬 24°12'	约 3 吨	1958 年发现，县志载 1851~1861 年已发现	广东博物馆。部分在中国科学院地质研究所	未进行矿物学和化学组成的研究						[4]
广西田林东经 106°06'北纬 24°18'	230 公斤	1956 年 9 月	中国地质大学	91.64	6.86	—	—	0.06	13.4	[4]
江西贵溪东经 117°11'北纬 28°17'	220 公斤	—	北京天文馆	有关文字资料很少						[4]
四川隆昌东经 105°18'北纬 29°18'	158.5 公斤	明 1368~1644 陨落，1761 掘出	成都地质学院陈列馆	89.32	9.27	0.03	0.03	0.43	9.19	[3]
广西邕宁东经 108°20'北纬 22°45'	60 公斤	1971 年 4 月	南宁·广西地质地矿局。部分在长春地质学院和中国科学院地球化学所	91.58	6.85	0.37	—	0.42	11.9	[4]
湖北兴化东经 111°42'北纬 32°24'	>190 公斤	1932 年	湖北地质矿产局	Ni78mg/g 微量元素的报道						[4]
四川乐山东经 103°42'北纬 29°36'	344 克	1964 年 8 月	中国科学院地质研究所	91.5	8.64	0.07	—	0.40	10.59	[4]

注：本表主要根据以下参考文献 [1] ~ [4] 重新制作。对于无研究报告、具体地点和年代不详、1975 年以后陨落的陨铁，此表中未列入。

[1] 涂光炽：新疆巨型铁陨石，地质知识，1956，（3）。

[2] 侯瑛等：铁陨石化学组成的研究，科学通报，1964，（8）。

[3] 欧阳自远等：三块铁陨石的矿物组成及形成条件的研究，地质科学，1964（3）；欧阳自远、佟武：三块铁陨石的化学成分、矿物组成与构造，地质科学，1965，（2）。

[4] 王道德：中国陨石导论，科学出版社，1993 年，第 416~431 页。

1958 年在南丹发现早期降落的铁陨石雨。经过几次现场勘察，已发现的是十九块南丹铁陨石中，最小者为 1.3 公斤，最重者为 1.9 吨。南丹陨铁属八面体型，含镍 6.98%～7.26%。又落在我国新疆准噶尔地区的一块重约二十吨的铁陨石，是目前世界上收集到的第三大铁陨石，平均含镍 9.92%，具有明显的魏氏组织[1]。但是表 6-1-4 中已鉴定的七件陨铁制品，使用的陨铁陨落何时、何地？材料选自何处？目前尚无答案。同时使用陨铁与人工冶铁之间有什么必然联系，至今尚未见到有说服力的论述。

第二节　中国铁器的使用和人工冶铁的起源

冶铁技术的发明在人类历史上曾产生过划时代的作用，恩格斯指出"铁已在为人类服务，它是在历史上起革命作用的各类原料中最后的、最重要的原料"。[2] 因此研究冶铁技术的起源，对于了解人类社会发展的历史具有重要意义。

对于人类冶铁技术何时、何处、如何发明的问题，至今还没有学者能够给予明确而满意的回答，唯一能够肯定的是早期冶铁技术与冶铜技术是有联系的。两种技术都是将一种矿物，在还原气氛（如木炭）下，通过加热时的化学反应得到金属。一般可以接受的观点是冶铁技术开始于小亚细亚，由赫悌人在 2000BC 发明的。在青铜时代已知有少量的铁制品发现，推测可能是冶铜时的副产品[3]。因为在当时冶铜时用铁矿石作助熔剂，在冶铜炉中有金属铁被还原留下，在以色列的 Timna 冶铜遗址就发现了早期的铁制品[4]，为探讨人工冶铁技术的发明提供了重要的证据。R. Maddin 教授 2002 年 4 月在韩国举行的第五届冶金史国际会议上作了主题发言，对近期冶铁技术发明的研究工作进行了总结，他指出在研究早期冶铁技术必须要注意的问题是很重要的[5]。夹带有少量渣的块炼铁通过锻打可以硬化，但不能与已经使用两千年的青铜（含锡 10%、铜 90%）相比，这种青铜有较低的熔点约 1000℃ 左右，而铁的熔点为 1537℃，这个温度在古代是达不到的；同时，铁的锈蚀产物是不好看的 Fe_2O_3，青铜的锈蚀产物是绿色、黑色，此锈层可以使基体不被进一步锈蚀，青铜比铁的抗腐蚀性能要好。

为什么如此不吸引人的金属铁能够代替青铜？根本原因是什么？根据一些科学家和学者的思考，R. Maddin 教授认为最主要的理由是铁矿比铜矿、锡矿矿产资源丰富，世界大部分地区都有铁矿，铜矿较少，锡矿更少；冶炼和使用青铜已经历了 2000 余年，至今仍然没有足够的证据知道锡矿产自何处！这仍然是近年冶金考古学家讨论的热点问题。R. Maddin 强调当时青铜是由相对稀少甚至稀缺的锡组成的合金，是属于富裕阶层使用的金属，所以青铜兵器主要是由指挥官使用，而普通士兵只能使用木质的武器，但是铁的发明可以改变上述情况！

---

① 欧阳自远、佟武，三块铁陨石的化学成分、化学组成与构造，地质科学，1964，(3)。

② 恩格斯，家庭、私有制和国家的起源，见：马克思恩格斯选集（第四卷），人民出版社，1972 年，第 159 页。

③ Charles J A，From Copper to Iron—the Origin of Metallic Materials，Journal of Metals，1979，pp. 8～13.

④ Gale N H et al.，The adventitious Production of Iron in the Smelting of Copper，in：The Ancient Metallurgy of Copper，Edited by Beno Rothenberg，University College London，Printed in Great Britain by Pardy and Son Limited，Ringwood，Hampshire，1990，p. 182.

⑤ Maddin R，The Beginning of the Use of Iron，Proceeding of BUMA-V，Korea，2002，1～16.

一　使用铁器的古代文献记载

黄展岳 1976 在《文物》杂志上发表了"关于中国开始冶铁和使用铁器的问题"一文[1]，对于古籍征引有关冶铁起源的史料进行了分析与甄别，是一篇非常重要的文章，为国内外学术界认同。他认为一般引用下面的史料作为中国殷代或西周时期已经冶铁和使用铁器的立论依据：

(1)《书·禹贡》："（梁州）厥贡璆铁银镂砮磬。"

(2)《书·费誓》："锻乃戈矛，砺乃锋刃。"

(3)《诗·大雅·公刘》："取厉取锻。"

(4)《诗·秦风·驷驖》："驷驖孔阜。"

(5)《礼记·月令》："孟冬……驾铁骊。"

黄展岳认为《禹贡》系战国时人拟作，《月令》本于《吕氏春秋》或同出一源，约为秦汉间人所作。两篇都是儒家托古之作，这基本上已成定论。把他们当作战国秦汉间史实的反映固可，如遽以信从那是夏、商、西周的真实史料，是很成问题的。《费誓》、《公刘》、《驷驖》三篇中涉及铁器问题的是对"锻"字和"驖"字的解释。最初把"锻"释为"锻铁"的是孔颖达，但传《诗》的毛亨早就指出："锻，锻石也。"（今本脱一"锻"字，此处从阮元《校勘记》补正）郑玄《笺》："锻石所以为锻质也，厚乎公刘，于幽地作此宫室，乃使渡渭水为舟，绝流而南，取锻厉斧斤之石。"与孔颖达同时人陆德明在《经典释文》中谓"锻本作碫"。《说文·石部》："碫，厉石也。"《广雅·释器》："碫，砺也"。王念孙《疏证》："碫、锻、段，并通。"以上足以说明厉（砺）与锻（碫）正是磨砺和锻锤青铜工具的石具。出土青铜工具金相鉴定知，青铜器是可以加工锤锻的，锻锤后可以增加硬度。

至于"驖"字是假借于"载"的后起字，可以认为，先有代表黑色的"载"字，而后有代表黑马的"驖"字，再后又出现代表黑色金属的"鐵"字[2]，似较为合理。郑注、孔疏都说驖即骊，指深黑色，均未引申为铁。有的同志认为"驖"是最早的"鐵"字，是马色如铁的意思[3]。

(6) 西周班殷铭："土驭戜人。"

(7) 齐叔夷钟铭："遴（省作陶，或释造）戜徒四千为汝敌寮。"

班殷有谓成王时器，有谓康王或穆王时器。叔夷钟为齐灵公（公元前 581～前 554）时器。中心问题是"戜"、"戜"可否释为"鐵"？从文字衍变看，戜、戜的出现自应早于鐵。戜、戜与"载"同，都是指黑色，引申为隶徒或庶人的代词，所指身份与"土驭"（即徒御）相近。有人认为"戜人"和"陶戜徒"都应是一种服兵役的自由民[4]。从上引叔夷钟的前后文义看，陶、戜也有可能是地名。郭沫若认为"戜"字是铁字的初文或省文[3]。黄展岳认为

①　黄展岳，关于中国开始冶铁和使用铁器的问题，文物，1976，(8)：62～70。

②　辛树帜，禹贡新篇，发展出版社，1964 年，第 93 页，《徐旭生先生表函》。

③　郭沫若，中国史稿（第一版），人民出版社，1976 年，第 313，314 页。

④　李学勤，关于东周铁器的问题，文物，1959，(12)：69。

与铁无关。

(8) 公元前513年晋国铸造大鼎把刑书铸在上面，《左传》昭公二十九年："冬，晋赵鞅、荀寅帅师城汝滨，遂赋晋国一鼓铁，以铸刑鼎，著范宣子所为《刑书》焉。"晋国新兴地主阶级代表人物赵鞅，令晋国中行赋税，统一量制，同时颁布范宣子的《刑书》于鼎上，这些都是变法措施，是完全符合历史真实的。这是铸铁的最早记载，但也有人认为这里的"铁"字是"锺"字之误。从冶金考古的研究看，当时的冶铁技术水平铸造铁鼎是做得到的。

(9)《孟子》、《管子》、《荀子》、《韩非子》中都记载有冶铁用铁的事实。《管子·海王篇》："今铁官之数曰：一女必有一鍼（针）一刀，若其事立。……不尔而成事者，天下无有。"《管子·地数篇》："凡天下……出铁之山三千六百九。"《管子·轻重乙篇》：恒公曰："衡谓寡人曰：'一农之事必有一耜（古代一种农具，与锹相似）一铫（古代一种大锄）一镰一耨（锄草的农具）一椎一铚（古代割禾穗的短镰刀），然后成为农。一车必有一斤一锯一钉（车毂中的铁）一钻一凿一铢（古代的一种凿子）一軻（本意为接车轴），然后成为车。一女必有一刀一锥一箴（同"针"）一钵（长针），然后成为女。请以令断山木，鼓山铁。是可以无籍而用足。'"《荀子·议兵》"宛巨铁鉇"、《韩非子·南面》："铁殳"。又《内储说上——七术》："积铁"、"铁室"。以上这些史料认为恒公时代的齐国已广泛地使用铁器。尽管《轻重》诸篇被认为是晚出之书，但仍不失为有一定价值的史料。表明至少在战国时代铁器的使用已推广到社会生产和生活的各个方面。

《孟子·滕文公篇》曾记述当时有个许行，主张君民一起耕作。孟子曾为此问他的学生陈相道："许行用釜甑来蒸煮么？用铁器耕田么[①]？"在得到肯定的答复后，又说："以粟易械器者不为厉陶冶。"这一记载明确反映了孟子所处的公元前四世纪铸铁农具耕作已推广使用，用"粟"交换铁制品，已是习常之事。

二　属于公元前五世纪出土的铁器制品
——春秋战国时期冶铁业兴起

(一) 统计分布

由于古文献记载的局限性，或涉及的文字含意不清，学者解释各异，重要的著作如《冶铁志》已佚等原因，使中国冶铁使于何时何地，多依赖于考古发掘出土的实物来提供重要线索。

截至2000年止，考古发掘属于公元前5世纪以前出土的铁制品如表6-2-1。但是在已发表的资料中有些不够齐全，有的分期断代不细，如笼统定为战国，有的铁器锈蚀严重，器形难辨，数量不准。所以能充分利用属于战国早期以前出土铁器的资料不多，而且至今尚未发现这一时期的冶铁遗址。尽管有上述情况，表中列出的统计数及图6-2-1所示出土地点的分布，仍能说明中国早期铁器使用和人工冶铁起源的重要特征。

---

① 《孟子·滕文公上》："许子以釜甑爨以铁耕乎？"

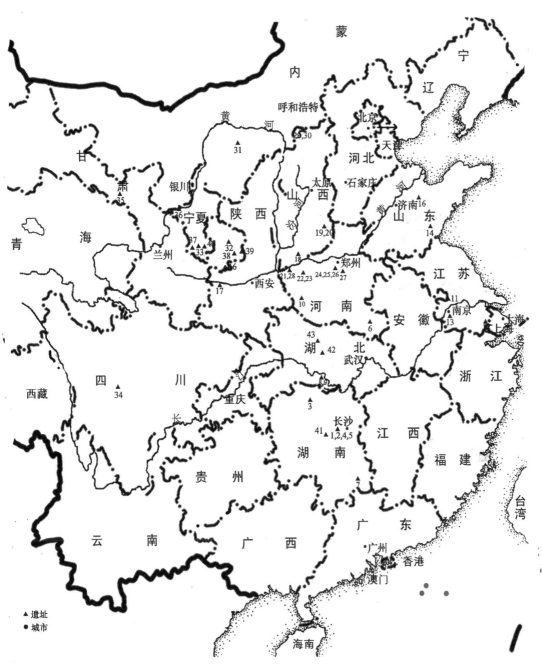

1、2、4、5. 长沙；3. 常德；6. 信阳；7. 资兴；8、9. 江陵；10. 淅川；11. 六合；12. 苏州；13. 南京；14. 沂水；15. 临淄；
16. 灵台；17. 宝鸡；18. 垣曲；19、20. 长治；21、28. 三门峡；22、23. 洛阳；24、25、26. 登封；27. 新郑；29、30. 凉城；
31. 杭锦旗；32. 庆阳；33. 固原；34. 荥经；35. 永昌；36. 中卫；37. 西吉；38. 宁县；39. 正宁；40. 彭阳；41. 韶山；
42. 荆门；43. 宜昌

图 6-2-1　中国出土的早期铁器的分布图（属于公元前 5 世纪以前）

(二) 早期铁器的特点

（1）属于公元前5世纪以前铁器出土的省共有14个，其中属于晋、韩的山西、河南，属于楚的湖南、湖北，属于秦的陕西以及甘青陇山地区已发现的早期铁器较为集中。

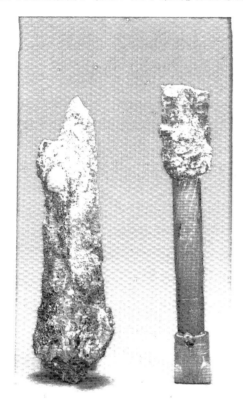

图6-2-2　河南三门峡虢国墓出土的玉柄铁剑

（2）属于这一时期的早期铁器形体多为薄小，器形简单，不少用金、玉、青铜作柄，有的还错金嵌玉，表明他们是被当作珍贵物品埋葬的，这应是人工冶铁出现不久的现象。如河南三门峡虢国墓出土的玉柄铁剑（图6-2-2）和陕西宝鸡益门出土的金柄铁剑（图6-2-3）。

（3）铁器已开始用于农业，在表6-2-1中共计约268件铁器，其中铲、锄、镰、锸、锛等用于农耕的铁农具160件，占出土早期铁器的59.7%，铁农具的数量出土还较少，种类也不全，主要集中在冶铁业兴起较早的晋、楚等技术先进地区。晋国曾发现春秋晚期的残铁犁铧①，且有牛耕的记载。楚国出土铁农具中没有发现V形铁犁铧冠，也没有发现铁犁铧。据史料《史记·货殖列传》对东周楚越之地社会生活是这样记载的："楚越之地，地广人稀，饭稻羹鱼，或火耕而水耨，果隋蠃蛤，不得贾而足，地势饶食，无饥馑之患，以故偷生，无集聚而多贫。是故江淮以南，无冻饿之人，亦无千金之家。"由此可见，楚、越当时的生产方式是"火耕而水耨"，考古发现的安装铁口的耒、耜、锄，正是适应这种生产方式的重要物证。楚国不用牛耕，似可定论②。

（4）目前最早的人工冶铁制品，即西周晚期虢国墓地出土的玉柄铁剑、铜内铁援戈和铜骹铁叶矛三件兵器③。春秋早期全国共发现4件铁器。其中一件出自山西天马-曲村（晋国）铸铁器残片1件（探方12第4层发现，编号为84QJ7T12④：9），另外三件分别出自陕西陇县④、甘肃灵台⑤、甘肃永昌⑥。春秋中期各地出土铁器共有8件，其中山西天马-曲村出土了条形铁1件、铁片1件（分别在探方44和探方14的第3层发现，编号为

① 山西省文管会侯马工作站，侯马北西庄东周遗址的清理，文物，1959，（6）：42～44。

② 黄展岳，试论楚国铁器，见：湖南考古集刊（第2集），1984，142～157。

③ 河南省文物考古研究所、三门峡市文物工作站，三门峡虢国墓地，文物出版社，1999年，第539页。

④ 陕西省考古研究所宝鸡工作站，陕西陇县边家庄春秋五号墓发掘简报，文物，1988，（11）：14～23。

⑤ 刘得祯等，甘肃灵台景家庄春秋墓，考古，1981，（4）：295～301。

⑥ 甘肃省博物馆文物工作队，甘肃永昌三角城沙井文化遗址调查，考古，1984，（7）：598～601。

86J7T44③：3，84QJ7T14③：3）。另有 7 件铁器都出自湖南湘乡①（楚国）。

春秋晚期至战国早期各地出土铁器数量日益增多，种类也日渐丰富。黄展岳在 1976 年根据当时所掌握的考古资料，确定属于春秋晚期的铁器约十件，而这十件早期铁器都发现于楚、吴（后亦归楚）地区，于是把中国开始冶铁和使用铁器的时代推定在公元前六、七世纪；而且认为，最早冶炼和使用铁器的地区很可能是在楚国②。

晋国春秋晚期至战国早期也出土了不少铁器，如侯马北西庄出土的春秋晚期的残铁犁铧③，侯马乔村出土的错金铁带钩④，长治分水岭⑤出土战国早期的 31 件铁农具，4 件带钩。可见晋国与楚国都是早期铁器发达地区。

（5）一些铁器的形制与同时期青铜制品相同，如甘肃、宁夏属于北方草原文化的陇山地区，发现了十件铜柄铁剑（图 6 - 2 - 4），时代是公元前 8～前 5 世纪⑥。分 4 式，其中 I 式、II 式剑形制按同时期青铜剑仿制，I 式剑具有北方青铜短剑特征，剑格上兽面纹又受中原纹饰影响，II 式剑与内蒙古桃红巴拉 M1 出土青铜剑相似。双鸟纹牌饰、带扣亦有相似的情况，但牌饰、带扣均未进行金相学的研究。此外，甘肃永昌三角城⑦和蛤蟆墩⑧的沙井文化遗址出土有残铁锸、铁锛、铁刀等铁器，年代为春秋早期，显得很重要。

甘肃沙井文化考古工作者根据遗址现象和文化遗址，判断它属于河西走廊诸史前文化最晚者，界定为河西走廊本土文化较为稳妥，它于河西及河湟地区诸多古文化遗存都有或多或少的联系。在永昌三角城、蛤蟆墩、西岗三处遗址采集木炭和木棒标本 9 件，经 ^{14}C 年代测定其绝对年代为公元前 900～前 409 年之间⑨，相当于中原地区西周晚至春秋晚期。三角城遗址出土的铁锛（H1：1）（图 6 - 2 - 5），与残铁锸⑩值得重视。锛体长方形，上宽下窄，銎扁平，侧面呈楔形，刃部残，銎内留有朽木。宽 5.8 厘米、厚 2.5 厘米、残长 5.8 厘米、銎长 5.9 厘米、宽

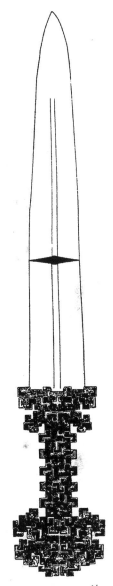

金柄铁剑(M2:1)(½)

图 6 - 2 - 3　陕西宝鸡出土的金柄铁剑

① 湖南省博物馆，湖南韶灌区东周墓清理简报，文物，1977，(3)：36～54。
② 黄展岳，关于中国开始冶铁和使用铁器的问题，文物，1976，(8)：62～68。
③ 山西省文管会侯马工作站，侯马北西庄东周遗址的清理，文物，1959，(6)：42～44。
④ 山西省文管会侯马工作站，侯马东周殉人墓，文物，1960，(8、9)：15～18。
⑤ 山西省文物管理委员会，山西长治市分水岭古墓的清理，考古学报，1957，(1)：103～118。
⑥ 罗丰，以陇山为中心甘宁地区春秋战国时期北方青铜文化的发现与研究，内蒙古文物与考古，1993，(1、2)：32～37。
⑦ 甘肃省博物馆文物队，甘肃永昌三角城沙井文化遗址调查，考古，1984，(7)：598～601。
⑧ 甘肃省文物考古所，永昌三角城与蛤蟆墩沙井文化遗址，考古学报，1990，(2)：205～237。
⑨ 甘肃省文物考古所，永昌三角城与蛤蟆墩沙井文化遗址，考古学报，1990，(2)：236。
⑩ 甘肃省博物馆文物队，甘肃永昌三角城沙井文化遗址调查，考古，1984，(7)：599。

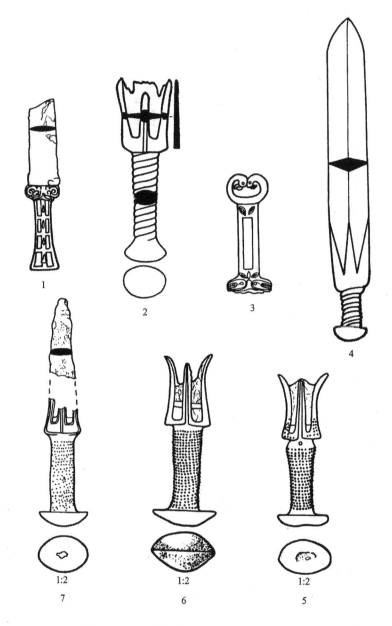

图 6-2-4　甘宁陇山地区出土的铜柄铁剑

1. 甘肃灵台景家庄；2. 甘肃庆阳五里坡；3. 甘肃正宁后庄；4. 宁夏中卫狼窝子坑；
5. 宁夏固原马庄；6. 宁夏固原余家庄；7. 宁夏彭阳官台村

2.2 厘米。残铁锈蚀严重，碎成数块，按残迹尚能复原。首部两边向上折起，状如凹字形，凹形内有安装木柄的深槽，刃部残破但形状仍可见。残长 6.8 厘米，首宽、刃宽均为 8 厘米，这两件应是西北地区发现最早的铸铁农、工具。

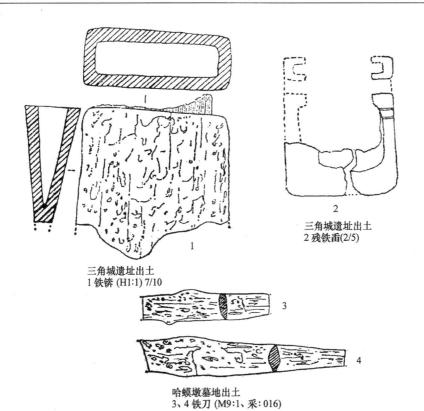

三角城遗址出土
1 铁锛 (H1:1) 7/10

三角城遗址出土
2 残铁盉(2/5)

哈蟆墩墓地出土
3、4 铁刀 (M9:1、采:016)

图 6 - 2 - 5　甘肃沙井文化出土的铁器

表 6 - 2 - 1　属于公元前五世纪以前出土铁器统计

出土地点		铁器类型				时代	资料来源
		农工具	兵器	生活用具	其他		
山西	天马-曲村				残铁片 1 残铁片 1 条形铁片 1	春秋早期 春秋中期	邹衡，天马曲村，文物出版社 1999 年
	侯马		针 1			春秋晚期	文物，1959，(6)
	侯马北西庄	残铁犁铧 1				春秋晚期	文物，1959，(6)
	侯马乔村墓地		错金铁带钩 2			春秋晚期	文物，1960，(8、9)
	长治分水岭	锛 2 铲 4 凿 2 斧 5 镢 17 削 1		带钩 4	残铁器 1	战国早期	考古学报，1959，(1)；考古，1964，(3)；文物，1972，(4)
湖南	湘乡	凿 2 斧 1	刀 3 匕首 1			春秋中期	文物，1977，(3)：36～54
	荆门响岭岗	斧 3 锛 1 凹形锸 1 牛角镰 1 削 1 锹 2		釜 2		春秋晚期	江汉考古，1990，(4)：12～23

续表

出土地点	铁器类型				时代	资料来源
	农工具	兵器	生活用具	其他		
湖南 长沙龙洞坡 M826	刮刀 1				春秋晚期	文物参考资料，1954，(10)：68
长沙杨家山 M65	刮刀 1	剑 1	鼎形器 1		春秋晚期	文物，1978，(10)：44
长沙窑岭 M15			鼎 1		春秋战国之交	文物，1978，(10)：44
长沙识字岭 M314	凹口锄 1				春秋晚期春	湖南考古辑刊，1984，(2)：14
长沙丝茅 M1	凹口锄 1				秋末战国初	同上
汨罗县	锸 1	刀 3			战国早	湖南考古辑刊 1989，(3)：45
岳阳市铜鼓山		剑 1			战国早	湖南考古辑刊，1989，(5)：46
资兴旧市 M172、226、246、275、354、357、400、564、573	凹口锄 6 锛 1 削 3 刮刀 1				战国早期	考古学报，1983，(1)：93~124
常德德山 M12	刮刀 1				春秋晚期	考古，1963，(9)：491
湖北 江陵纪南城南垣水门第四层	凹口锄 1 斧 1				战国早期	考古学报，1982，(3)
宜昌上唐垴	锛 1 凹口锸 3 削 1	刀 1 铁柄铜镞 1			春秋	考古，2000，(8)：23~35
荆州施家地		铁铤铜镞 4			春秋中期	考古，2000，(8)：36
老河口杨营	锄 3 耒 6 镰 9 锛 2 凿 4 铲 4 削 6 等 42 件				春秋中期至晚期	江汉考古，2003，(3)：16~31
河南 三门峡上村岭虢国墓		铜柄铁矛 1 铜柄铁戈 1 玉柄铜芯铁剑 1			西周晚期	上村岭虢国墓地，文物出版社，1999 年
陕县后川		金质腊首铁剑 1			春秋晚期	考古通讯，1958，(11)：67
淅川下寺 M10		玉茎铁匕首 1			春秋晚期	文物，1980，(10)：13
登封王城岗周代文化遗存				残片 1	春秋晚期	登封王城岗与阳城，文物出版社，1992 年
新郑南岗				残片 1	春秋晚期	中原文物，1993，(1)

续表

	出土地点	铁器类型				时代	资料来源
		农工具	兵器	生活用具	其他		
河南	信阳长关台 M1		镞 1	带钩 5		春秋战国之交	华夏考古，1997，(3)：17；湖南考古辑刊，1984，2：142
河南	登封告城东周阳城遗址	镰 1 锄 1 锥 1 镢 6 锄 6 削 1				战国早期	登封王城岗与阳城，文物出版社，1992 年
河南	洛阳中州路西工段	铜环首铁削 1 铲 1 锛 1				战国早期	考古学报，1975，(2)
河南	新郑郑韩故城制骨作坊		刀 1			战国早期	华夏考古，1990，(2)：41
河北	易县燕下都 M31	刮刀 1				春秋战国之交	考古，1965，(11)：548
河北	易县燕下都 M16	镬 5 铲 3 锤 1 削 1				战国早期	考古学报，1965，(2)：79~102
陕西	陇县边家庄		铜柄铁剑 1			春秋早期	文物，1993，(10)
陕西	宝鸡益门		金柄铁剑 3 金首铁刀 等 17			春秋中晚期	考古，1995，(4)：361；文物，1993，(10)：1~19；考古与文物，1993，(3)
陕西	长武县		匕首 1			春秋早期偏晚	文物，1993，(10)：23
陕西	凤翔秦公一号大墓	铁铲等 10				春秋中晚期	中国考古学年鉴，1987，429
陕西	凤翔秦雍都马家庄宗庙遗址	铁锸 1				春秋中晚期	文物，1985，(2)，
山东	长清邿国墓地		铜柄铁刃戈 1			春秋中晚期	山东大学考古系提供
山东	沂水	削 1				春秋晚期	考古，1988，(3)，285
山东	临淄郎家庄	削 2				春秋末期	考古学报，1977，(1)，73
山东	新泰			箍 1		春秋战国之交	考古学报，1989，(4)，
四川	荥经曾家沟	斧 1				春秋战国之交	考古，1984，(12)
甘肃	灵台景家庄		铜柄铁剑 1			春秋早期	考古，1981，(4)：298~301
甘肃	永昌三角城	铲 1 锛 1				春秋战国之交（沙井文化）	考古，1984，(7)；考古学报，1990，(2)：205~237
甘肃	永昌蛤蟆墩		铁刀 2			春秋早期（沙井文化）	考古学报，1990，(2)

续表

出土地点	铁器类型				时代	资料来源
	农工具	兵器	生活用具	其他		
甘肃 宁县袁家村		戈1矛1			春秋战国之交	考古，1988，（5）：413~424
正宁		铜柄铁剑1			春秋战国之交	考古，1988，（5）：413~424
庆阳		铜柄铁剑2 矛1			春秋战国之交	考古，1988，（9）：852~861；考古，1988，（5）：413~424
青海 湟源莫布拉		铁刀1			春秋早期（卡约文化）	考古，1990，（11）：1012~1016
宁夏 固原余家庄马庄墓M12		铜柄铁剑1 铜柄铁剑1			春秋战国之际	考古学报，1993，（1）：13~56
西吉陈阳川村		铜柄铁剑1			春秋战国之际	考古，1990，（5）：401~418
中卫狼窝子M1M3		铜柄铁剑2			春秋战国之际	考古，1989，（1）：971~980
彭阳官台村		铜柄铁剑1				内蒙古文物与考古，1993，（1、2）：29~49
固原撒门村M1				铁块器形不明	同上	考古，1990，（5）：401~418
彭堡于家庄		短剑1	长方形牌饰、扁连环饰各1		同上	考古学报，1995，（1）：79~107
彭阳		剑1	环1		同上	考古，2000，（8）：14~24
江苏 六合程桥东周M1				铁丸1 铁条1	春秋晚期	考古，1965，（1）：113；考古，1974，（2）：119
苏州吴县	铲1				春秋晚期	文物，1998，（2）：91
黑龙江 泰来	削刀2	镞2	铁管饰2		春秋战国之交	考古，1989，（12）：1087~1097
内蒙古 杭锦旗桃红巴拉墓		刃2		圆形铁块2 器形难辨	春秋晚期	鄂尔多斯青铜器，文物出版社，1986，203
凉城毛庆沟		剑1		带钩1 铁牌饰6	春秋晚期	鄂尔多斯青铜器，文物出版社，1986，259~315

（三）新疆出土的早期铁器

由于新疆地区所处的地理位置的特殊性，与中亚及其周边地区、中原文化技术交流频繁，研究新疆地区出土的早期铁器，应该是冶金史和考古工作者非常重要的任务。近年来考古发现新疆地区出土年代较早的铁器（属于公元前5世纪以前）见于报道者日益增多，已引起国内外众多学者的关注。20世纪90年代以后对新疆出土铁器的重要遗址发表了年代数据，对于探讨新疆地区早期冶铁技术的有关问题提供了条件。陈戈于1989年①、唐际根于1993年②分别发表文章对新疆地区出土的早期铁器使用和中国冶铁技术的起源问题进行了分析讨论。陈戈认为中国与世界其他各文明古国一样，早在公元前1000年前后已开始使用铁器；唐际根认为中国境内人工冶铁最初始于新疆地区，时间约在公元前1000年以前，即当中原的商末周初时期。约公元前8世纪～前6世纪即中原的春秋时期，新疆地区铁器的使用已较普遍。

依据新疆地区主要的考古材料分述如下：

（1）1986年新疆哈密焉不拉克墓地发掘76座墓葬出土陶器130件；刀、镞、针、戒指、耳环、扣饰等铜器112件，铁器7件均出土于墓葬，还有金器、骨木器、石器、毛织物等③。根据叠压关系、葬式、随葬品变化及陶器组合等，发掘者将这批墓葬分为三期。三期墓葬已有10个^{14}C测定数据可供参考，如表6－2－2所示④。出土铁器的墓属早期墓，M31的^{14}C年代早到公元前13世纪以前，出土的7件铁器中有3件成形：刀1件（M31∶5）弧背直刃，长7.7厘米、宽2厘米；剑1件（M75∶28）残存剑尖一小部分，断面呈菱形，残长6.7厘米、宽3.3厘米；戒指1件（M75∶26）圆形稍残直径2.3厘米。如图6－2－6所示⑤；余4件残碎成小块形状不辨。

表6－2－2　三期墓葬^{14}C测年数据表

期别	墓号	墓葬类型	标本质地	距今年代（半衰期5730年）/年	树轮校正年代/年	公元前/年
第一期	70	一类C型	木头	3395±75	3650±125	1700
	55	一类C型	木头	3140±55	3330±135	1380
	31	一类C型	木头	3065±55	3240±135	1290
	64	一类C型	木头	3060±55	3235±135	1285
第二期	20	二类A型	木头	3720±55	4055±85	2105
	45	二类C型	木头	3220±65	3430±140	1480
	54	二类A型	木头	2655±55	2735±115	785
第三期	47	三类B型	木头	3535±80	3825±130	1875
	36	三类A型	木头	3405±55	3665±115	1715
	14	三类A型	芦苇	2475±80	2515±90	565

① 陈戈，新疆出土的早期铁器，见：庆祝苏秉琦考古五十五周年论文集，文物出版社，1989年，第425～432页。

② 唐际根，中国冶铁术的起源，1993，考古，(6)：556～565。

③ 新疆维吾尔自治区文化厅文物处、新疆大学历史系文博干部专修班，新疆哈密焉不拉克墓地，考古学报，1989，(3)：325～362。

④ 新疆维吾尔自治区文化厅文物处、新疆大学历史系文博干部专修班，新疆哈密焉不拉克墓地，考古学报，1989，(3)：354。

⑤ 新疆维吾尔自治区文化厅文物处、新疆大学历史系文博干部专修班，新疆哈密焉不拉克墓地，考古学报，1989，(3)：348，图二六。

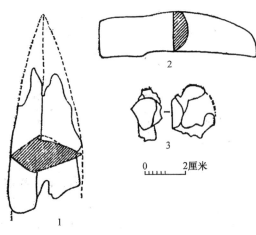

图 6-2-6　哈密焉不拉克墓地出土铁器
1. 铁剑；2. 铁刀；3. 铁式戒指

（2）《新疆察吾呼》一书是新疆文物考古研究所对中华人民共和国建国五十周年大庆的献礼，由北京东方出版社 1999 年出版。是新疆文物考古研究所考古工作者于 20 世纪 80 年代中至 90 年代初，在和静县察吾呼沟附近发掘的数处古代墓地的综合研究成果。察吾呼古墓群的发掘是迄今新疆史前考古中规模最大的考古项目，墓群位于新疆中部天山山谷的南麓，发现和发掘五处墓地，大多数墓葬反映的文化特征一致，属于青铜时代至早期铁器时代，考古学术界命名为察吾呼文化，这是新疆地区发现文化特征明确、文化内涵最丰富、时代最早的考古学文化。察吾呼五处墓地基本特征见表 6-2-3[①]。考古文化（类型）分类见表 6-2-4[②]。

表 6-2-3　察吾呼五处墓地基本特征

	地表特征	墓室形制	墓俗、葬礼	随葬品
五号 24 座	①墓葬密集紧连；②均有石围，但多残缺简陋，完整者均作弧腰三角形，但多不规则	①均竖穴石室，均 AⅠ式；②均有石（木）盖板，无葬具	①基本是单人墓葬，有少量合葬墓；②流行一次葬，并存二次葬；③多仰身屈肢，少量侧身屈肢，头向西或西北	①以陶器为主，多加砂红陶，手制，素面，偶见彩陶；②带流陶器较多，有带流罐、壶、杯等；③有少量小件铜器；④无铁器
四号 248 座	①墓葬密集紧连，排列有序；②均有石围，多完整；③石围以弧腰三角形为主，主要集中在墓地南部、中部，尖端多朝向西北或北	①均竖穴石室，墓地由南向北，依次依 AⅠ、AⅡ、AⅢ、AⅣ式嬗变；②有石（木）盖板，有葬具	①以合葬墓为主，占4/5；有少量单人墓葬；②流行二次葬，并存一次葬；③多仰屈或侧屈，头向西或西北；④墓地北部出现马头坑和儿童附葬坑	①以陶器为主，多加砂红陶，均手制，素面，实用器，多平底器；②盛行带流陶器，占全部出土陶器的2/5，以带流杯和带流罐最多；③彩陶发达，流行斜带彩、通体彩和一周颈彩，纹饰繁缛，主要有方格纹、网纹、三角纹、折线纹、回纹等，晚期彩陶开始退化；④多小件铜器；⑤偶见铁器
一号 132 座	同上	同上，但以 AⅢ 式墓最多	同上	同上，但晚期铁器较四号墓增多

①　新疆考古研究所，新疆察吾呼，东方出版社，1999 年，第 237 页。
②　新疆考古研究所，新疆察吾呼，东方出版社，1999 年，第 275 页。

续表

		地表特征	墓室形制	墓俗、葬礼	随葬品
二号24座	A类7座	地表有圆或椭圆形石围	均竖穴石室,有AⅡ、AⅢ、AⅣ式,但无AⅠ式	同上	同上,但AⅣ彩陶开始退化,数量减少,多施口沿彩
	B类10座	地表起石碓,无石围	均竖穴石室,基本特征同AⅣ式,无盖板,有葬具	同上,有较多儿童附葬坑,少马头坑	带流陶器减少,彩陶退化;小件铜器较多;铁器明显增多
	C类7座	同上	无墓室,人架直接置石碓内地面上	基本是单人墓葬,一次葬为主,多仰身直肢,头向东;无马头坑和儿童附葬坑	基本无随葬品
三号	20座	同上	基本为竖穴土坑墓和竖穴土坑偏室墓	同上	陶器甚少,无彩陶;有小件铜器;普遍出铁器

表6-2-4　察吾呼五处墓地考古文化（类型）分类简表

	所含墓地和墓葬类型	墓葬分类数及总数（座）		基本特征
察吾呼文化	五号墓地 四号墓地 三号墓地 二号墓地 A类:石围石墓室 B类:石碓石墓室	24 248 132 7 10	421	地表上均有明显石围,以弧三角形为主。部分墓葬石围中有小积石碓、或少量无石围而仅有石碓。 墓室均为竖穴石室,有内部AⅠ~AⅣ形制演变。 流行多人合葬墓,但也见少量单人葬;流行二次葬,流行仰身屈指,头向西或西北。 出土大量带流陶器,为本文化类型器物。有大量彩陶,以斜带纹和一周颈彩最富有特征。有大量小件铜器。除晚期少量残小铁器外,基本不见铁器。
察吾呼石碓无墓室类型	二号墓地 C类:石碓无墓室墓	7	7	地表有石碓,但无石围。 无墓室,人架均置石碓内地表上。 单人葬为主,主要流行一次葬,仰身直肢,头向东。 基本不见随葬品。
察吾呼石碓竖穴土坑墓和偏室墓类型	三号墓地	20	20	地表有石碓,但无石围。 墓室均为竖穴土坑或竖穴土坑偏室。 单人葬为主,主要流行一次葬,仰身直肢,头向东。 普遍出土小件铁器,有较多小件铜器,但陶器少见,无彩陶,无带流器。
总数		448		

一号墓地仅见少量铁器残块,二号墓地出土4件铁器,均锈残,能认清形状的有铁环、铁刀等,均锈甚不成形。M203:12铁环,平面成不规则圆形,断面亦成圆形,中间有孔,可能是指环。径1.0~1.6厘米、孔径0.4~0.8厘米、厚0.3厘米。三号墓地出土铁器21

件。有短剑、镜、镞、刀、带钩、钉、马具等，典型器物如图6-2-7所示[①]。短剑（M10：1）1件，叶锋，短径，残朽严重。残长18.8厘米、宽3.0厘米、径长3.4厘米。镞M9：51件，三翼，锥状尾。通长7.6厘米、翼长4.1厘米、铤长3.5厘米。镜（M14：2）1件，素面，两面平整，残，直径6.8厘米、厚0.6厘米。钉数件，M7：1弯曲，一端尖，一端平，通长7.8厘米。人形状残柄一件，M20：4疑为铁镜的残柄。柱状，上有"冠"，冠下用套三角形表示眼，下有短上肢。均用凸阳线表现，形象逼真。残长3.4厘米，外包一层薄金片。四号墓地仅出一件铁刀，M98：23锈蚀厉害，仅存刃部，柄残。残长10.0厘米，宽1.4厘米。五号墓地未出铁器。

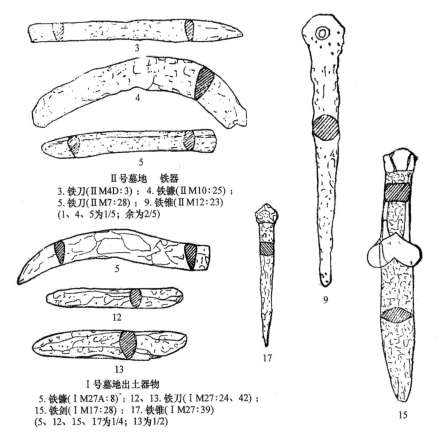

Ⅱ号墓地　铁器
3. 铁刀（ⅡM4D：3）；4. 铁镰（ⅡM10：25）；
5. 铁刀（ⅡM7：28）；9. 铁锥（ⅡM12：23）
（1、4、5为1/5；余为2/5）

Ⅰ号墓地出土器物
5. 铁镰（ⅠM27A：8）；12、13. 铁刀（ⅠM27：24、42）；
15. 铁剑（ⅠM17：28）；17. 铁锥（ⅠM27：39）
（5、12、15、17为1/4；13为1/2）

图6-2-7　察吾呼墓地出土典型铁器

　　按照《新疆察吾呼》一书给出的^{14}C测年的数据32个为：一号墓地15个，最早3260±155年，最晚2512±51年；二号墓地4个，最早2645±130年，最晚2405±90年；四号墓地12个，最早3310±155年；最晚2020±115年，五号墓地1个，2460±95年。在这些数据中有的为同一墓地甚至是同一标本，不同测试单位所得年代数据不相同，甚至相差悬殊。但大多数数据集中在距今3000～2500年，与察吾呼文化的墓地资料基本相符，可以代表该文化的绝对年代予以认同。该书作者认为至少从公元前二千纪中、末叶开始，新疆是处于青铜时代；至少从公元前一千纪中叶开始，已开始了早期铁器时代。察吾呼文化晚期开始发现

————————————
① 新疆考古研究所，新疆察吾呼，东方出版社，1999年，第270页，图207。

铁器，预示着生产力的发展和新阶段的到来，铁器并未发现于该文化的产生阶段。因此不能笼统地认为察吾呼文化有铁器，不能说该文化在公元前 1000 年左右就有了铁器，这是该书作者必须说明的①。

（3）新疆轮台群巴克古墓葬有三片墓地，1985～1987 年考古工作者先后三次对其中两片墓地进行了发掘。Ⅰ号墓地有 43 座墓，1985 年发掘 4 座，1986 年发掘 26 座，1987 年发掘了剩余 13 座，同时又发掘Ⅱ号墓地 13 座②。Ⅰ号墓地出土铁器较多，但多锈蚀严重或残损。主要有剑、刀、镰、锥等。短剑 IM17：28，铜铁合铸，剑身为铁，格为铜，柄为铜包铁。双面直刃，翼形格，直柄。出土时附有朽木片，可能原有木鞘。全长 26.5 厘米、刃长14.5 厘米、宽 3.8 厘米。小刀出土较多，均有残损，弧背直刃。往往与羊脊椎骨同放一木盘中，保存甚差，IM1：22 残长 8.8 厘米、宽 1.9 厘米、厚 0.8 厘米。IM3B：3 残长 8.8 厘米、宽 1.9 厘米、厚 0.8 厘米。IM3B：3 残长 12.5 厘米、残宽 1.6 厘米、厚 1 厘米。IM27：42 残长 8.9 厘米、宽 1.5 厘米。IM27：24 残长 14 厘米、宽 2 厘米。锥 IM27：39 顶端较粗大，锥体呈四棱形，长 12.4 厘米、体径 1.3 厘米。镰 IM27A：8 弧背，凸刃，直柄，长 21厘米、宽 2.5～2.7 厘米、厚 1.1 厘米。Ⅱ号墓地出土铁器主要有刀、镰、锥等。刀柄、刃分界不明显或略有分界，背稍弧，凸刃。ⅡM4D：3，长 23.6 厘米、宽 2.2 厘米、厚 1.2 厘米。ⅡM7：28，长 18.9 厘米、宽 2.2 厘米、厚 1.5 厘米。镰ⅡM12：3，上端稍粗，有一小孔，下端尖细。长 13.8 厘米、直径 0.5～1.5 厘米。

发掘者认为Ⅰ号墓地和Ⅱ号墓地在墓葬形制、葬式和随葬器物等方面基本相同。与和静察吾呼墓葬有许多共同特点，它们应同属于察吾呼文化。关于其绝对年代，Ⅰ号墓地已测有 5 个 ^{14}C 年代数据，为距今 2905±130～2535±90 年亦即公元前 955～585 年（半衰期 5730年，均经树轮校正，下同。），Ⅱ号墓地测有 4 个 ^{14}C 年代数据，为距今 2760±125～2560±125 年，亦即公元前 810～610 年③。即轮台静群巴克Ⅰ号和Ⅱ号墓地的绝对年代约为公元前950～600 年，大致相当于中原地区的西周中期至春秋中期，与和静察吾呼一号墓地的绝对年代公元前 990～625 年④是同时期并无先后早晚之分。轮台群巴克墓葬出土较多铁器，种类也较多，尤其是小铁刀与羊脊椎骨放在一起，还出土有较多的小石锥，它是一种随身携带的小工具，专门用以脱解拴系牲口的绳扣，说明当时畜牧经济仍有占一定地位。墓葬中发现有加工谷物的石磨和小麦粒和铁镰出土，说明当时农业生产已经相当发展。

（4）1976～1977 年在帕米尔高原的塔什库尔干县香宝宝墓地发掘了 40 座墓葬，其中有五座出铁器 5 件⑤，有小刀 1 件（M10：11），凹背，弧刃，前端圆钝，直柄，环首。全长12.2 厘米、宽 1.5 厘米。管 1 件（M10：12），用薄铁片卷成，合缝不严，有空隙。长 4.5厘米、直径 0.9 厘米。镯 2 件，均残存一半，圆形，断面亦为圆形。M37：11，直径约 7 厘米。指环一件（M4：1），略呈圆形，一边平齐，断面呈长方形。直径 2.1 厘米、宽 0.7 厘

①　新疆考古研究所，新疆察吾呼，东方出版社，1999 年，第 342～343 页。
②　中国社会科学院考古研究所新疆队、新疆巴音郭楞蒙古自治州文管会，新疆轮台县群巴克墓葬第二、三次发掘简报，考古，1991（8）：689～703。
③　中国社会科学院考古研究所实验室，放射性碳素年代测定报告（一四），考古，1987，（7）：659，同一作者、同一报告（一五）考古，1988，（7）：662。
④　中国社会科学院考古研究所实验室，放射性碳素年代测定报告（一七），考古，1990，（7）：668。
⑤　新疆社会科学院考古研究所，帕米尔高原古墓，考古学报，1981，（2）：199～216。

米。见图 6-2-8 所示①。另有残碎小铁块十数件，锈蚀严重，器形不辨，出自二次葬 M10、火葬墓 M19、M20 中。

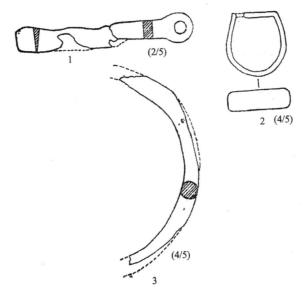

图 6-2-8　新疆帕米尔高原香宝宝墓地出土铁器④
1. 铁刀（M10：11）(2/5)；2. 铁指环（M4：1）(4/5)；3. 铁镯（M37：11）(4/5)

发掘者取墓葬中的盖木标本做^{14}C 测定，结果是，M13 距今 2508±80 年，M17 距今 2665±120 年，M21 距今 2850±105 年，M40 距今 4885±185 年（均经树轮校正年代），其中 M40 的数据似嫌偏早，发掘者将这些墓葬的时代初步定为春秋战国时期。出土铁器的墓葬 M4、M10、M37 均未作年代测定。M37 是殉人墓，M10 是人数较多的合葬墓，大人小孩均有，应是一个小的个体家庭。还有 13 座是单身葬墓，都有随葬品，数量也基本一致，表明墓主人的地位是平等的。在同一片墓地既有殉人墓，又有个体家庭墓，还有地位平等的单身墓，这种情况可能揭示当时此地区由原始社会向奴隶社会转变。考虑墓葬中出土小件铁器，没有农业工具，随葬品主要是日用陶器和装饰品，数量较少，羊骨和鸟骨较多，说明当时的经济生活以畜牧和狩猎为生，社会生产力较低。这些特点和帕米尔的自然地理条件是适应的。

（5）和静哈布其罕Ⅰ号墓地，1992 年 8~9 月发掘古墓 42 座②。墓地面积大，墓葬数量多，布局严禁，并设有祭坛区、祭祀区，与墓葬区组成完整的墓地格局。所有文物都出于墓底人骨架附近，皆为日常生产、生活的实用器物。少则一两件，多者二十余件。陶器铜器较多，还有少量石器、骨、木器和金、银、铁器。陶器丰富尤以带流陶器最具特征，且发展变化系列明确。彩陶与青铜器、铁器共存，青铜器多而铁器少。出土较多的马、羊骨，小件器物与游牧经济有关。铁器多锈蚀严重，完整者仅一件耳环（M6：2），椭圆形环状，粗端外套石环，细端插入环中，长径 2.5 厘米、短径 2.2 厘米、粗 0.2~0.3 厘米。

哈布其罕Ⅰ号墓地应属察吾呼文化范畴，延续使用时期较长，仅在晚期的 M6、M9、

①　新疆社会科学院考古研究所，帕米尔高原古墓，考古学报，1981，(2)：208，图一四。
②　新疆文物考古研究所，和静县民族博物馆，和静哈布其罕Ⅰ号墓地发掘简报，新疆文物，1999，(1)：8~24。

M39 等的墓中才偶见铁器。发掘者认为根据察吾呼墓地的^{14}C 测定年代分析，此墓地的年代当为距今 3000～2600 年之间[①]。

（6）1983 年 7 月乌鲁木齐南郊石堆墓试掘 2 座墓中出土铁镞 2 件，皆为三棱形扁铤 M1:6 身长 3.4 厘米、铤长 2.8 厘米。M1:1 身长 2.7 厘米、铤长 1.5 厘米；还出有包金铁器 2 件，泡 M1:8 和钩 M1:1，用 M1 中圆木棍^{14}C 测年为 2610±120 年，相当于公元前 6 世纪，春秋晚期。乌鲁木齐南山矿区阿拉沟内东风机械厂附近 1984～1985 年发掘 40 余座墓，个别墓地中见小件铁器，有 16 个^{14}C 测年数据，即公元前 775～45 年，因资料尚未公布，出土铁器的墓葬及其情况待查。

由以上 6 处新疆地区出土铁器的资料可以认为，在公元前第一千纪中期以前，即相当于中原西周中期新疆地区已开始使用铁器，尚无有考古实物证据中国其他地方开始使用铁器比新疆地区更早，这一事实是新疆考古工作中一项重要收获。遗憾的是新疆地区出土铁器多为小刀、指环、镞，且大多数锈蚀严重，有的残块器形难辨，出铁器的墓葬有^{14}C 测定年代数据较少，这些铁器都没有进行金相学鉴定，应该强调的是新疆地区出土早期铁器制作技术及冶金特征，是涉及中国古代人工冶铁起源、钢铁技术发展以及东西文化技术交流等诸多重大问题。多学科结合对新疆出土铁器进行系统的研究，以提供翔实确切的论据，供国内外学者深入研究和讨论是非常必要的。

三 早期铁器的金相学研究

（一）块炼铁与块炼渗碳钢

属于公元前 5 世纪以前出土铁器多数锈蚀严重，给金相鉴定工作带来困难，表 6-2-1 列出的铁器经过金相学研究的共计 29 件（表 6-2-5），仅占早期铁器的 10.8%，数量较少，尤其有些重要的铁器尚未经过金相学的研究，故不能完全反映中国战国早期及以前的冶铁技术的全貌。即使为数不多的研究，仍可得到如下的重要结果。

表 6-2-5 金相鉴定的早期铁器（属于公元前 5 世纪以前）

锻造铁器			铸铁器		
出土地点	名称	材质	出土地点	名称	材质
湖南长沙杨家山	剑 1	含碳 0.5%块炼渗碳钢	湖南长沙杨家山 M65	鼎形器 1	白口铁
江苏六合	铁条 1	块炼铁	湖北江陵	斧 1	白口铁
江苏苏州吴县	铁铲 1	含碳 0.2%块炼渗碳钢	江苏六合	铁丸 1	白口铁
山东临淄	削刀 1	块炼铁	山西长治	斧 1	脱碳铸铁
甘肃灵台	铜柄铁剑 1	块炼渗碳钢	湖北大冶	斧 1	脱碳铸铁
河南三门峡 M2001	玉柄铁剑 1 铜内铁援戈 1	块炼渗碳钢块炼铁	河南洛阳水泥厂	锛 1	脱碳铸铁
			河南洛阳水泥厂	铲 1	韧性铸铁

[①] 新疆文物考古研究所、和静县民族博物馆、和静哈布其罕 I 号墓地发掘简报，新疆文物，1999，（1）：8～24。

续表

锻造铁器			铸铁器		
出土地点	名称	材质	出土地点	名称	材质
河南三门峡 M2009	铜柄铁矛 1	块炼渗碳钢	山西天马曲村	残铁器 2	白口铁
山西天马曲村	铁条 1	块炼铁	河南登封阳城	镢 5，锄 1	脱碳铸铁
宁夏固原	铜柄铁剑 2	块炼渗碳钢	河南新郑	铁片 1	白口铁
宁夏西吉	铜柄铁剑 1	块炼渗碳钢	小计	16 件	
宁夏彭阳	铜柄铁剑 1	块炼渗碳钢			
小计	13 件				

中国古代早期使用的冶铁技术之一与世界其他地区相类似亦是块炼法，表中经过金相鉴定的 29 件早期铁器中 13 件是锻件，是块炼铁或块炼渗碳钢制品，由于铁器大多锈蚀严重，经过小心制备样品、仔细鉴定和观察，在铁锈层中仍可发现较小的金属铁及渗碳体，还有条状的复合夹杂物，如江苏六合程桥出上的铁条金相组织和夹杂物如图 6-2-9 所示。有的在铁锈中仍保留块炼渗碳钢组织中珠光体的痕迹。块炼铁是铁矿石在较低温度下用木炭在固态条件下还原得到的，铁矿石中杂质元素的不均匀性常带入块炼铁产品中，块炼铁产品含碳 $<0.06\%$，显示纯铁素体组织；含有较多的氧化亚铁-铁橄榄石共晶夹杂，夹杂物中磷、硫、锰、硅等含量波动较大，这是原矿石中成分分布不均匀造成的，有的还含有 $1\% \sim 3\%$ 铜的氧化物。以上是判定块炼法制品重要的冶金学特征。块炼铁在加热锻造过程中与炭火接触，

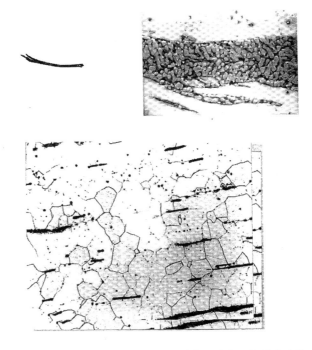

图 6-2-9　江苏六合程桥出土的铁条、金相组织及夹杂物

碳渗入铁中,使其增碳硬化,成为块炼渗碳钢,用它制作兵器和工具,其性能才能赶上甚至超过青铜,只有块炼渗碳钢对钢铁技术的传播和发展才能起重要作用。

1. 目前已知最早的人工冶铁制品

河南三门峡虢国西周晚期墓出土6件铁刃铜器,均在残断处取样,庆幸的是样品中均留有极少金属,其中3件已判定铁刃为陨铁制成。玉柄铜剑(M2001:393)、铜内铁援戈(M2001:526)及铜骹铁叶矛(M2009:730)3件,如图6-2-10所示。

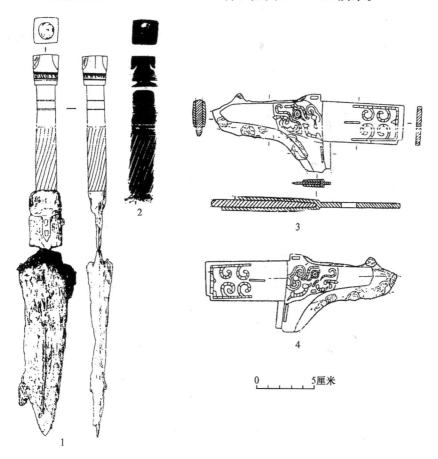

图 6-2-10
1. 玉柄铁剑 M2001:393;2. 玉柄铁剑 M2001:393 拓本;3. 铜内铁援戈 M2001:526(正面);
4. 铜内铁援戈 M2001:526(背面)

玉柄铁剑(M2001:393)的样品由于残留金属极少,用3%硝酸酒精溶液浸蚀没能得到满意的效果,在扫描电子显微镜下观察,尚可见锈蚀中有原珠光体组织的痕迹。样品已完全矿化,但是原来组织中存在的组织和成分的差异,锈蚀矿化后仍会有成分的差异,从而保留原有组织的痕迹,如图6-2-11和图6-2-12所示,因此可以断定玉柄铁剑(M2001:393)原铁质剑身部分是由块炼渗碳钢制作而成。对于铜内铁援戈(M2001:526)样品的扫描电子显微镜显示的二次电子像如图6-2-13所示。残留的金属中除铁外未发现镍。含有各种夹杂物的人工冶铁锈蚀后,其锈蚀产物氧化铁大都无法与原铁器中夹杂物的氧化铁区别开,铜内铁戈矛(M2001:526)样品中的条状夹杂物即是如此。

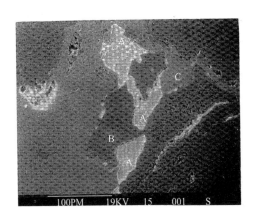

图 6-2-11　玉柄铁剑 M2001:393
铁质样品的二次电子像

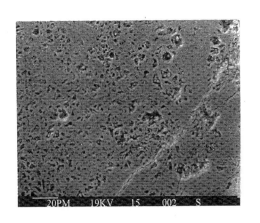

图 6-2-12　玉柄铁剑 M2001:393 铁质样品中
二次电子像中的原珠光体痕迹

图 6-2-13　铜内铁援戈 M2001:526 铁质样品扫描电镜背扫射像

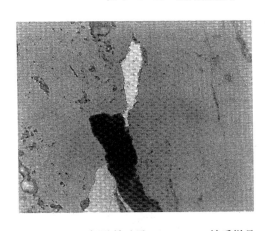

图 6-2-14　铜骹铁叶矛 M2009:730 铁质样品
金相照片

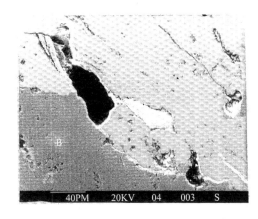

图 6-2-15　铜骹铁叶矛 M2009:730 铁质样品
扫描电镜二次电子像（04，003）

　　铜骹铁叶矛（M2009:730）的铁质样品的金相照片如图 6-2-14 所示，扫描电镜二次
电子像 04，003 如图 6-2-15 所示，其中 A 点（铁金属颗粒）、锈层中 B 点的成分如

图6-2-16所示，均未检测到有镍、钴的存在。除铁外，含有微量的铜、铅、磷等元素，此块样品发现了长条夹杂物沿加工方向变形拉长，在同一夹杂物中还可见有断裂的部分。对几块夹杂物进行了成分测定见表6-2-6，在铜骹铁叶矛（M2009∶730）同一块样品中，同一夹杂物的不同部位、与不同夹杂物的成分波动较大，有的部位铁高磷少，有的部位钙高或镁高，还有铝、钾、钛、锰等，或少量的铜和铅。铝、镁、钾、钙等应该是在冶铁工艺中接触炉壁带入的元素，钛、锰等元素是由矿石带入的，这是人工冶铁的证据。铜和铅由铜骹材料腐蚀产物玷污所致。

表6-2-6　铜骹铁叶矛（M2009∶730）铁质样品中夹杂物的成分分析

扫描方式		成分/%											插图
		Mg	Al	Si	P	S	K	Ca	Ti	Mn	Fe	Cu	Pb	
锈层基体面扫		0.43*	0.31*	0.37	1.1	—	—	0.34	0.1*	—	87.3	5.1	5.0	图6-2-17
		0.97	0.56	0.47	1.0	—	—	0.57	0	—	82.1	8.4	5.9	
		0	0.1*	0	1.2	—	—	0.16*	0	—	86.4	5.8	6.5	
夹杂物 15,003	A点基体	0.3*	0.76	3.3	0.46	—	—	9.7	7.0	—	74.5	2.4	1.5	
	B点浅灰色	36.8	2.3	1.7	0.3*	—	—	49.1	0.3*	—	9.1	0	0.1	
	C点	0.2*	1.9	0.5	0.3	—	—	3.5	1.6	—	86.8	3.4	1.8	
另一块夹杂物 06,010	A点基体	4.0	15.7	15.4	1.4	2.7	0.3	4.4	3.5	0.4	34.8	14.1	3.2	
	B点浅灰色	2.3	15.2	37.2	1.6	0	9.9	5.6	2.3	0.3	25.2	0.1*	0.2*	
	C点	0.8	4.1	1.3	1.1	1.1	0	0.3	0.6	0.2*	74.9	8.6	7.0	
又一块夹杂物 04,004	A点	—	—	9.6	0.6	1.0	0.4	7.0	1.3	—	76.6	—	—	Ni3.5 图6-2-18
	B点	—	—	—	1.4	—	—	—	—	—	88.0	4.5	5.9	
	C点	—	—	—	0.5	—	—	—	—	—	90.2	4.22	5.0	

注：＊表示该元素含量极微，已小于仪器分析的检测极限，其值仅供参考；—表示该元素未检测出。

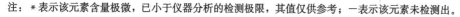

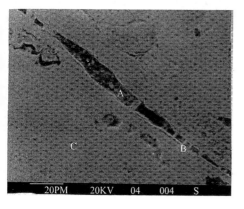

图6-2-16　M2009∶730夹杂物二次电子像

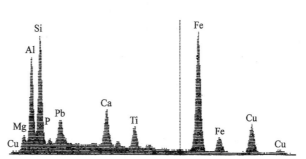

图6-2-17　铜骹铁叶矛M2009∶730铁质样品
中夹杂物二次电子像的X射线能谱曲线

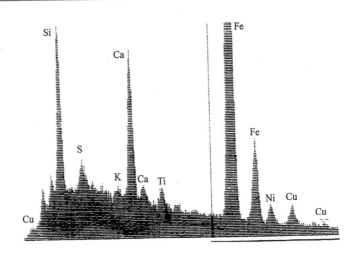

图 6-2-18　铜骸铁叶矛 M2009：730 铁质样品另一处夹杂物二次
电子像（04，004）A 点的 X 射线能谱曲线

　　虢国墓即 M2001 出土的玉柄铁剑（M2001：393）、铜内铁援戈（M2001：526）和（M2009）出土的铜骸铁叶矛（M2009：730）的铁质部分都是人工冶铁制成。其中两件为块炼渗碳钢，一件为块炼铁。

　　上述三件铁刃兵器出自两座国君级墓葬之中。这两座墓均出土有金器及大量玉器，剑柄用玉制作，戈、矛铜质柄部镶嵌绿松石，纹样华贵，表明人工冶铁仍是贵重和稀少的材料，是人工冶铁早期出现的特征；玉柄铁剑应是作为级别、权力的象征，和其他贵重物品与墓主人同葬。对于这三件冶铁制品是否经过使用及制作技术的详细情况，由于制品锈蚀严重等原因，尚有待进一步的研究。

　　三门峡虢国墓出六件铁刃兵器和工具，三件为人工冶铁，三件为陨铁制品。人工冶铁与陨铁制品同出。在西周晚期墓葬中，考古发掘出的铁刃铜器由人工冶铁与陨铁制成且共出对于中国考古学和冶金是非常重要和难得的实物证据，出自 M2001 和 M2009 的两件铜内铁援戈，形制相似，纹样风格也类同，而前者为人工冶铁，后者则为陨铁制成，说明此时期并未单纯依赖人工冶铁作为兵器的唯一来源。早期铁器两种截然不同的"铁"的来源均被人类同时选用，这种现象，在世界其他地区的文明古国如美索不达米亚、埃及、安纳托利亚等地也有报道[1]，在安纳托利亚的阿拉贾（Alaca）遗址（属于公元前 2400～前 2100）中，经过鉴定的三件发掘出土的铁质样品，二件是陨铁，一件是人工冶铁[2]。陨铁与人工冶铁同时使用数百年以上是世界各地区文明古国的共性，中国理应如此，只是以前尚缺乏实证，虢国墓六件铁刃铜器的出土，为我们提供了极有说服力的实物证据。

---

　　① Waldbaum J，The first Archaeological Appearance of Iron and the Transition to the Iron Age . The Coming of the Age of Iron，Edied by Wertime T A，and Muhly S D，Nero Haveu and London，Yale University Press，1980，pp. 69～98.

　　② Waldbaum J，The First Archaeological Appearance of Iron and the Transition to the Iron Age . The Coming of the Age of Iron，Edied by Wertime T A and Muhly S D，Nero Haveu and London，Yale University Press，1980，p. 73.

2. 甘宁陇山地区出土的铜柄铁剑

甘宁地区出土铁器早于公元前5世纪比较多的地方是甘肃东部和宁夏交界处的陇山地区，发现十件铜柄铁剑，基本出自墓葬，罗丰根据形式将其分为四式，[①] 铜柄铁剑是一种全新的武器，剑身使用钢铁材料，其性能优良，在此地区占有相当重要的地位，这十件铜柄铁剑时代是公元前8～前5世纪，属中原地区的春秋时期，其中4件经金相鉴定均为块炼渗碳钢。有代表性的铜柄铁剑如图6-2-4所示。

Ⅰ式以甘肃灵台景家庄出土铜柄铁剑时代最早，残长9厘米，剑柄铜质呈扁圆形，剑格两面对称饰兽面纹，剑的风格明显具有北方青铜剑的特征，兽面纹饰显示也受中原地区青铜纹饰的影响。在铁剑身取样作金相分析，因锈蚀严重，需仔细观察，仅残留极少金属铁，经鉴定未发现镍、钴元素，却发现人工冶铁的复相夹杂物，见图6-2-19。

Ⅱ式1件，甘肃正宁后庄村出土，铜柄铁剑剑柄铜质长11.5厘米，首为两长嘴鸟相对连接，茎扁平，格为两背相连接的兽头组成，剑身为铁质，已残，存3.4厘米×0.7厘米一段，钢铁材质连接方法原报告未提供，此件未经检查。

Ⅲ式出土2件，宁夏中卫狼窝子坑M3种出土铜柄铁剑完整，剑首呈铃形，顶端有孔直通茎身交接处。茎断面呈椭圆形，较首细，上饰四道粗绳纹。剑格较宽，向身伸三叉，两叉有凹槽包铁剑身刃起固定作用。身镶入柄中约5厘米，双面刃，中起脊直至剑锋，断面呈菱形，三角形锋，通常48.7厘米，刃宽6.5厘米。剑身有木鞘痕。因其完整，未能取样检测。

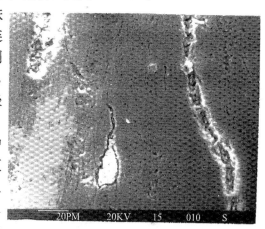

图6-2-19　甘肃灵台铜柄铁剑
残留铁及夹杂物

另一Ⅲ式剑在甘肃庆阳五里坡出土，残。剑首扁圆形，端呈球状，茎饰绕粗绳纹，上涂朱砂。剑格上方形，出三叉格，中间一叉短，两边长腰稍束，铁剑镶嵌方法同上剑。残存长度17厘米，宽5.3厘米，此剑未经检测。

Ⅳ式5件，分别出于宁夏中卫狼窝子坑、宁夏彭阳官台、宁夏固原余家庄和马庄。形制基本相同，细部稍有不一。剑首呈扁铃状，有的顶端稍凹，有的顶端为一圆孔，有的封实，茎稍细，上饰密集乳钉纹，断面呈椭圆形。方形剑格，格中部束腰，下端伸出三叉，三叉长短相同，外边又向外扩张，格上饰有方形凹槽，边叉中也有槽凹下，两边叉卡于剑身双刃，中叉上下固定剑身，剑身镶于叉格中。铁剑身均残，较宽，双刃，有的前锋呈三角状，中脊不明现。长20厘米、宽5.5厘米。经金相鉴定的3件是彭阳官台村、固原马庄和余家庄出土的铜柄铁剑，铁质锈蚀严重，经仔细观察在扫描电子显微镜的二次电子像中仍可见渗碳体及其锈蚀痕迹，如图6-2-20至图6-2-22所示，它们都是块炼渗碳钢制品。用块炼渗碳钢制成铁剑身韧性、锋利程度都高于青铜，是一种性能优良的武器。

---

① 罗丰，以陇山为中心甘宁地区春秋战国时期北方青铜文化的发现与研究，内蒙古文物与考古，1993，(1、2)：33～37。

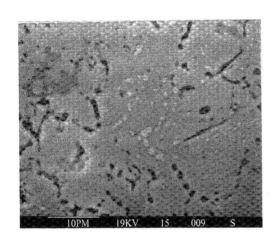

图 6-2-20　宁夏彭阳官台村铁质样品
残留的碳化物

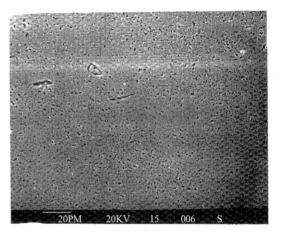

图 6-2-21　宁夏固原马庄铜柄铁剑
铁质样品中碳化物

图 6-2-22　宁夏固原余家庄出土铜柄铁剑铁质样品中的碳化物

（二）中国早期生铁器

中国是世界发明和使用生铁最早的国家，考古发掘属于公元前 5 世纪的铁器中经鉴定 29 件，有 16 件是由生铁制成的，占经金相鉴定铁器的 57%，见表 6-2-5，表明中国人工冶铁技术后来居上，是古代工匠在钢铁技术发展史上的巨大贡献。

1. 最早的生铁残片

山西天马-曲村发现中国迄今为止最早的铸铁器残片 2 件，山西省考古研究所与北京大学考古系，近年来在山西天马-曲村发现了规模宏大的、延续时间较长的晋文化遗存。经过科学发掘，根据地层和各类陶器组合的关系，把文化层按年代分段，在探方 12 第 4 层发现铁器残片，编号为 84QJ7T12④:9，定为春秋早期（偏晚），约公元前 8 世纪。在探方 44 和探方 14 的第 3 层亦发现了 2 件铁器，一件编号为 86QJ7T44③:3，为铁条，虽残但较完整，另一件为 84QJ7T14③:3 残铁片，时代分别定为春秋中期偏早及偏晚，约公元前 7 世纪。

84QJ7T12④:9 铁器残片（样品号 2403）金相组织显示的是典型的过共晶白口铁，如

图 6-2-23 所示，白条状为一次渗碳体（Fe₃C），基体为莱氏体共晶，含碳约 4.5%，测定的硅<0.1%，硫<0.01%，磷 0.55%，锰 0.25%，余为铁。

84QJ7T14③:3 铁片残片（样品号 2402）金相组织显示为共晶白口铁，含碳约 4.4%，测定的硅 1.24%，硫 0.29%，锰<0.1%，余为铁。见图 6-2-24。

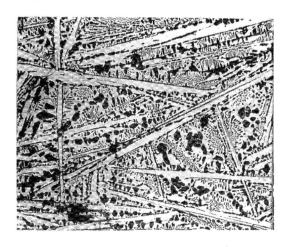

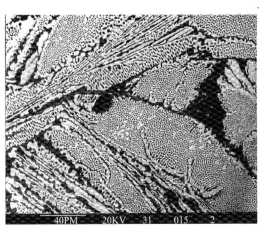

图 6-2-23　天马曲村 84QJ7T12④:9 铁片
金相组织

图 6-2-24　84QJ7T14③:3 铁片
的共晶白口铁的金相组织

以上两件是春秋早期（偏晚）及春秋中期（偏晚）即公元前 8～公元前 7 世纪发现的白口铁残片，虽然铁器残留数量较少，器型难辨，但金相组织显示为白口铁的事实，表明它们是迄今为止已知的中国最早的铸铁残片，把中国古代获得液态生铁的时代提前了 200 余年。

从冶炼工艺看，块炼铁与生铁冶炼所用的原料、燃料都是相同的，主要差别是冶炼温度不同，块炼法的炉温在 1000℃，离铁的熔点 1537℃ 相距较远，只能得到含碳较低的固态熟铁。在中国古代冶铜竖炉基础上发展起来的冶铁竖炉，炉温可达 1200℃ 以上，在此温度下被木炭还原生成的固态铁迅速吸收碳，使铁开始熔化的速度逐渐下降。在含碳 2% 时，开始熔化的温度为 1380℃，而全部熔化的温度可下降到 1146℃，当含碳在 4.3% 时，熔化温度最低为 1146℃，炉温达到 1100～1200℃ 时，能得到液态生铁。在生铁冶炼初期，受冶炼鼓风设备限制，冶炼温度在 1200℃，不够高，硅含量较低，液态生铁冷凝时，碳以渗碳体 Fe₃C 形式存在，与奥氏体状态的铁在 1146℃ 时共同结晶（即共晶），这种共晶产物称为莱氏体，是性脆而硬的白口铁。液态的铁碳合金具有良好的铸造性能，而且由于铁矿石资源丰富，易于开采，为铸铁的发明与应用创造了条件。

江苏六合程桥东周墓出土的铁丸虽已锈蚀，但仍可看出生铁所炼的莱氏体组织痕迹。铁丸如图 6-2-25 所示，该墓属公元前六世纪（春秋末期）。

2. 最早的铸铁鼎实用器

1976 年湖南长沙杨家山 M65 出土了公元前 5 世纪的铸铁鼎形器，敞口，残存竖耳，口沿下有一道凸弦纹，收腹平底，底部有短小的蹄足，残高 6.9 厘米，足长 1.2 厘米。经金相鉴定知为白口铸铁器（图 6-2-26）。

1977 年在长沙窑岭发掘清理一座楚墓出土铁鼎一只，铸制形体较大，器形较完整，缺

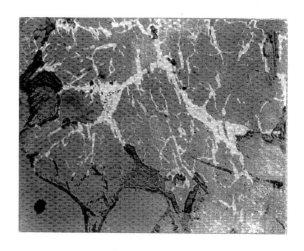

图 6-2-25　江苏六合程桥铁丸及金相组织

盖，深圆腹，圆底，环形附耳，扁棱形腿，腿残，残高 21 厘米、口径 33 厘米、腹深 26 厘米，出土时称重 3250 克，可能为实用器，金相鉴定表明含少量石墨，基体为亚共品白口铁。以上出土的铁鼎都是中国乃至世界最早用白口铁铸成的实用器物，是属于公元前 5 世纪的产品（图 6-2-27）。

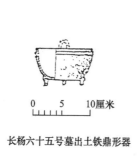

长杨六十五号墓出土铁鼎形器

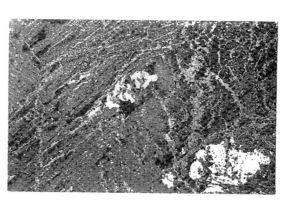

图 6-2-26　长沙杨家山出土铁鼎形器及其残留白口铁组织

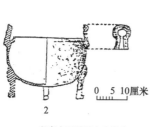

长窑十五号墓出土器物

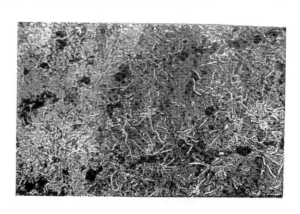

图 6-2-27　湖南长沙窑岭 M15 出土铁鼎及其金相组织痕迹

(三) 创造改善铸铁脆性的退火工艺

1. 最早的脱碳铸铁工具、农具

为了克服白口铁的脆性,至迟于公元前 5 世纪发明了将白口铁退火处理的技术。表 6-2-5中所列河南洛阳水泥厂出土的铁锛,是洛阳博物馆在洛阳市水泥制品厂战国早期灰坑中出土的,是迄今为止已经发现并经过检验的最早的生铁工具,经考古单位断定为公元前 5 世纪的遗物[①]。

锛已大部锈蚀,但刃部还残留部分金属,经金相检验,证明具有生铁特有的莱氏体组织(图 6-2-28),靠近刃的表面有 1 毫米左右的珠光体带。珠光体系由奥氏体状态的铁冷却时在 727℃转变而成的。奥氏体是铁的两种原子排列方式之一,一般存在于高温(纯铁在 910℃以上;含 0.76% 碳时在 727℃以上),能溶解较多的碳(在 1146℃最多,约 2%)。铁的另一存在形态为铁素体,溶解碳的能力较低,在 727℃时为 0.021%。碳钢中含碳 0.76% 的奥氏体,冷却时在 727℃以下分解(共析)为铁素体和渗碳体,其层状混合物称为珠光体。

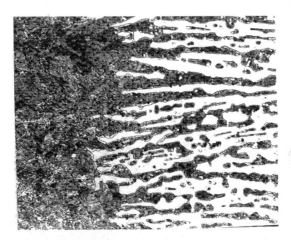

图 6-2-28　洛阳出土铁锛及金相组织

---

① 李众,中国封建社会前期钢铁冶炼技术发展的探讨,考古学报,1975,(2):5~6。

　　洛阳战国初期铁锛表面存在的珠光体层，使白口铁铸件具有一些韧性，得以改善其性能。组织中从莱氏体到珠光体和从珠光体到铁素体的过渡层都很薄。这一事实表明，它是通过在奥氏体成分范围很窄的较低温度下（即稍高于727℃）退火得到的。较高的退火温度和较长退火时间都将生成韧性铸铁中的退火石墨。因此可以认为，这种组织是韧性铸铁的前身或初级阶段。

　　表6-2-5中列出的登封阳城出土的镢、山西长治、湖北江陵出土的斧（图6-2-29）等7件器物，心部仍为白口铁，表面层已脱碳成钢的组织，都是在较低温度（如900℃）、短时间退火得到的，这种处理提高了韧性，改善了铸铁工具的性能，称这些工具为脱碳铸铁件。中国古代工匠发明用液态生铁铸成工具、农具，并创造出改善铸铁脆性的退火工艺，为广泛使用生铁成为可能，退火处理是中国古代重要的技术发明。

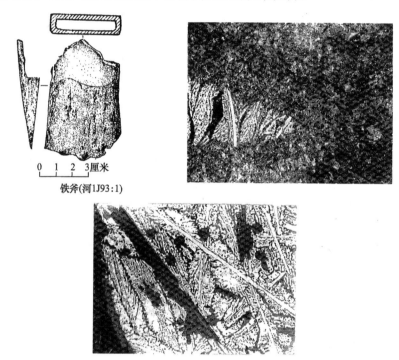

图6-2-29　湖北江陵出土战国早期斧及其金相组织

2. 最早的韧性铸铁工、农具

　　在用退火方法改善白口铁脆性的基础上，若将铸件重新加热到900℃或稍高，进行较长时间的退火，可以使白口铁中的渗碳体分解为石墨，石墨聚集成团絮状，改善了铸铁性能，可以得到韧性铸铁。与河南洛阳水泥厂锛同时出土的铲，已基本锈蚀，只在肩部表面有厚1毫米的金属残留。金相检验证明是白口铁经柔化处理得到的韧性铸铁，基体为纯铁素体，有发展得比较完善的团絮状退火石墨。虽然由于内部锈蚀，不能确定是否整体为铁素体基体韧性铸铁，即相当于现在的黑心韧性铸铁，但可以确定当时已经把铁锛所用的柔化退火发展到韧性铸铁生产，这是迄今为止发现年代最早的韧性铸铁（图6-2-30）[1]。

①　李众，中国封建社会前期钢铁冶炼技术发展的探讨，考古学报，1975，(2)：5～6。

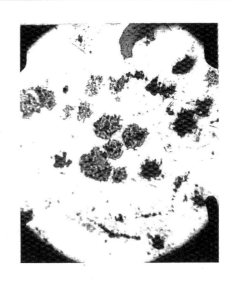

图 6 - 2 - 30　洛阳铁铲及其金相组织

　　结果表明，在公元前五世纪，我国劳动人民不仅已经认识热处理的某些作用，而且创造了铸铁可锻化退火这一极为重要的热处理工艺，这对于战国秦汉生产力的发展起了重要作用的。

第七章 战国中晚期铁器制作技术的大发展

第一节 公元前三世纪即战国中晚期铁器的考古发现

一 战国中晚期出土的铁器

（一）出土铁器的地域显著扩大，种类数量明显增加

段红梅对各省出土的属于公元前3世纪前（秦以前）的铁器进行了比较系统的统计[①]，资料来自1954～2000年间发表的《考古》、《文物》、《考古与文物》、《农业考古》、《华夏考古》、《中原考古》、《考古学报》、《江汉考古》等期刊以及《中国考古学年鉴》、《考古学会论文集》等，包括一些考古专著及作者的考察，并将统计结果以及研究状况进行了图表说明。山西出土公元前5世纪前的铁器当居首位。公元前3世纪前出土的铁器种类以及其数量分布情况见图7-1-1～图7-1-4。出土该阶段的铁器总数为4062件，其中农工具1004件、兵器2098件（其中铜镞铁杆有1000余枚）、生活用具669件，其他291件。出土铁器总数量内蒙古最多，为1097件，但其中有1000余枚为消耗品铜镞铁铤，其他种类的铁器数量只有97件；山西出土铁器数量为751件，其中带钩数量448件，占总数的60％，其他种类的铁器农工具、兵器等数量为296件。从平民墓葬中出土如此数量居多的带钩，正是铁器应用已普及到平民生活领域的真实反映。三晋地区（包括今河南属韩、魏国）考古发掘属于公元前3世纪前的铁器数量初步统计为930余件。

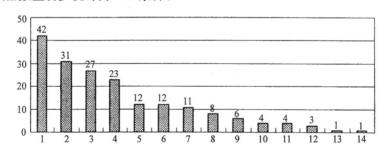

图7-1-1 公元前5世纪前各省区出土铁器的数量（件）分布

1. 山西；2. 河南；3. 湖南；4. 陕西；5. 湖北；6. 内蒙古；7. 河北；8. 宁夏；9. 黑龙江；
10. 山东；11. 甘肃；12. 江苏；13. 四川；14. 云南

该时期出土铁器数量在100件以上的有七个省区，按由多到少依次为内蒙古、山西、辽宁、河南、河北、广西、湖南。广西主要是银乐岭墓地出土了大量铁器，且铁器中以农具最多，表明战国时期，广西地区开始生产和使用铁器，提高了社会生产力，加速了社会发展的

---

① 段红梅，三晋地区出土战国铁器的调查与研究，北京科技大学2001年科学技术史博士学位论文。

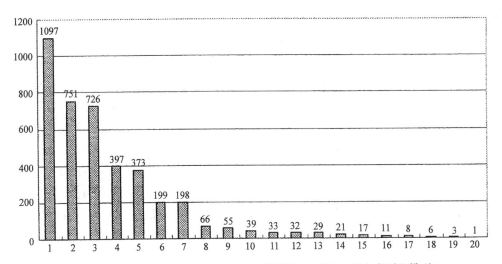

图 7-1-2　公元前 3 世纪前各省出土铁器数量（件）（按由多到少排列）

1. 内蒙古；2. 山西；3. 辽宁；4. 河南；5. 河北；6. 广西；7. 湖南；8. 山东；9. 陕西；10. 天津；
11. 甘肃；12. 贵州；13. 湖北；14. 吉林；15. 四川；16. 广东；17. 宁夏；18. 黑龙江；19. 江苏；20. 云南

（内蒙古铁器数量虽然占首位，但铁铤就占到 1000 余件，而铁铤是不回收的）

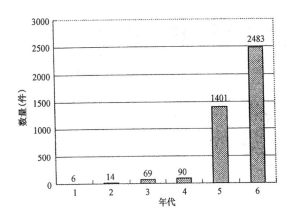

图 7-1-3　公元前 3 世纪前不同时期出土铁器数量

1. 西周晚期；2. 春秋早、中期；3. 春秋晚期；4. 春秋战国之际——战国早期；5. 战国中晚期；6. 战国时期（分期不确定）

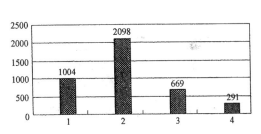

图 7-1-4　公元前 3 世纪前出土铁器数量种类及其数量分布

1. 农工具；2. 兵器；3. 生活用具；4. 其他
（兵器中 1600 枚为铁铤，即箭杆）

进程，然而和中原内地已经普遍使用铁器的情况相比，还有其落后和不足之处。内蒙古和辽宁出土公元前 3 世纪前的铁器数量分别为 1097 件、726 件。出土铁器主要都是以兵器占很大比例，内蒙古出土的铜镞铁铤数量 1004 件，辽宁出土铜镞铁铤数量为 602 件。

根据黄展岳 1984 年发表"试论楚国铁器"一文①所列纪南城大冶古矿址和 80 座出土铁器统计①属于春秋时期楚国铁器 5 种、8 件；属于战国早期铁器的有 6 种、19 件；属于战国中期的楚国铁器 24 种共 69 件；属于战国晚期的有 14 种，52 件；笼统定为战国（主要是属于战国中晚期的）楚国铁器有 8 种，20 件。上述数字虽不完全，但可以看出楚国所属地区

---

① 黄展岳，试论楚国铁器，湖南考古辑刊，1984 年，2 集，第 142～157 页。

属于战国中晚期的铁器较战国早期以前增加了5倍多。

　　由段红梅统计，春秋晚期全国出土铁器69件，种类有凿、斧、刀、环手刀、匕首等。战国早期出土铁器数量已达90件，至战国中晚期时铁器数量骤增到3883件，（其中包括战国时期没有明确分段的铁器2482件），是春秋晚期的56倍。战国中晚期的铁器与早期相比，铁器数量以几何级数递增，且地域上已遍及全国的20个省份（未包括新疆），出土地域显著扩大。不仅在黄河流域的秦、韩、赵、魏、燕、齐、楚国多有发现，而且北至黑龙江、南至两广、西北至新疆、东部沿海至安徽、江苏都有出土。

　　70年代中叶，在广西平乐县银山岭发现了110座战国晚期墓葬，就有72座随葬铁器，占总数的百分之六十五以上。常见的是一墓埋一件，最多的一墓埋三件。这些战国墓地都是中小型墓，共出土了铁器181件[1][2]。从随葬品的组合分析，"这些墓主人生前既是披坚执锐的战士，又是耕田织绩的农夫"[3]。在远离中原及长江地区的广西出土的这批铁器，除异形钺等少数器类外，器类及形制皆与同时期中原地区出土铁器基本相同，表明当时铁器之普及。

　　燕国的铁器及其制造业不仅在燕国的中心地区得到较快的发展，而且随着燕国势力范围的扩展，而传播至我国东北地区，在辽宁的抚顺莲花堡[4]、宽甸黎明[5]、锦州大泥洼[6]、旅顺后牧城驿[7]、内蒙古敖汉旗老虎山[8]、赤峰蜘蛛山[9]、吉林梨树二龙湖[10]、吉林古东山[11]均出土了战国晚期至汉代初期的铁器，其中以抚顺莲花堡和敖汉旗老虎山出土的铁器数量最多，种类最全，可作为东北地区燕国系统铁器的代表[12]。

　　《管子·海王篇》曰："今铁官之数曰，一女必有一针、一刀，若其事立"，"耕者必有一耒、一耜、一铫，若其事立"，"行服连轺辇者，必有一斤、一锯、一锥、一凿，若其事立，不尔而成事者，天下无有"[13]。正是战国时期铁器普遍应用的写照。

　　属于战国时期铁质农、工具、武器出土之处已遍及18个省市自治区的上百个地点，说明了这一时期农业已经由铁制生产工具武装了起来。

（二）铁农具在农业生产中占据主导地位

　　战国中晚期出土的铁农具数量骤增，器物种类多，形制更加适合农作物的要求。

　　1950～1951年河南省辉县固围村发掘了5座魏墓，M1出土铁器65件，其中农具58

① 蓝日勇，广西战国铁器出土，考古与文物，1989，(3)：77～82。
② 广西壮族自治区文物工作队，平乐银山岭战国墓，考古学报，1978，(2)：211～250。
③ 蒋廷瑜，从银山岭战国墓看西瓯，考古，1980，(2)：170～178。
④ 王增新，辽宁抚顺市莲花堡遗址发掘简报，考古，1964，(6)：286～293。
⑤ 许玉林，辽宁宽甸发现战国时期燕国的明刀钱和铁农具，文物资料丛刊，1980年，(3)：125～129。
⑥ 刘谦，锦州市大泥洼遗址调查记，考古通讯，1955，(4)：32。
⑦ 旅顺博物馆，旅顺口区后牧城驿战国墓清理，考古，1960，(2)：44。
⑧ 敖汉旗文化馆，敖汉旗老虎山遗址出土春秋铁权和战国铁器，考古，1976，(5)：335、336。
⑨ 社科院考古所内蒙古工作队，赤峰蜘蛛山遗址的发掘，考古学报，1979，(2)：215～243。
⑩ 四平地区博物馆、吉林大学考古系，吉林省梨树县二龙湖古城址，考古，1988，(6)：502～507。
⑪ 吉林市博物馆，吉林永吉县古东山遗址试掘简报，考古，1981，(6)：492～495。
⑫ 阎忠，从考古资料看战国时期燕国经济的发展，辽海文物学刊，1995，(2)：43～56。
⑬ 管子·轻重篇，管子轻重篇新论，中华书局，1979年，第202页。

件，包括镢、锄、铲、镰、犁铧等一整套农业用具[1]。1955 年河北省石家庄市赵国遗址出土铁器 47 件，多数为生产工具和农具，占这个遗址出土铁、石、蚌、骨工具的 65%[2]。楚国故都纪南城出土 33 件铁器，有铁农具 19 件，占 58%[3]。湖南资兴市 23 座战国墓出土铁器 32 件，其中铁农具 17 件，约占 53%[4]。雷从云撰文统计了 6 个地点出土铁器中生产工具的比例以及农业工具在生产工具中所占的比例（表 7-1-1）。说明战国时期铁器最重要的是在农业生产上的应用，使战国时期农业发展出现了新面貌，促进了封建经济的发展。

表 7-1-1

铁 器 出土地点	铁器数 /件	生产工具 数/件	生产工具所占 百分比/%	铁农 具数/件	铁农具在生产工 具中所占百分比/%	资料来源
辽宁抚顺 莲花堡	80 余	77	96.2	68	88.3	考古，1964 (6)，287
山西长治 分水岭	36	31	86.1	21	67.7	考古学报，1957，(1)； 考古，1964，(3)； 文物，1972，(4)
河北兴隆 古洞沟	87	85	97.7	52	61.2	考古通讯，1956 (1)，29
河南辉县 固围村	93	约 69	74	58	84.1	辉县发掘报告，科学 出版社，108 页
湖南长沙衡 阳 61 座楚墓	70 余	21	30	17	80.9	考古通讯，1956 (1)，79
广西平乐 银山岭	184	约 170	93	91	53.5	考古学报，1978 (2)，242

《孟子·滕文公上》记，孟轲向陈相询问居住在楚地的许行时的重要文献史料表明，在孟轲所处的时代（公元前 4 世纪），用铸铁农具耕作，冶铁、制铁已有专人进行，铁制品与农产品进行交换，已是习常之事。

(三) 出土铁农具器类多种，品种齐全，形式多样

铁农具器类有铧、镢、铲、锸、锄、镰等多种；且同一类的农具又有不同的形式。如镢有长方板楔形、长条椭孔形；锄有梯形、六角梯形、凹字形和五齿锄等，适应当时农耕需要。掘土和锄草用锄，破土取土用镢，翻地用耜、犁铧，收割用镰。雷从云撰文对战国出土的铁农具的特征及功能作了论述。

战国的犁铧作 V 字形，加套在木犁铧叶的前端，承受入土时的最大摩擦力，构造较原始，为等腰 V 形，外侧为刃，是后来全铁犁铧的基本形式。铁镢厚重坚实，范铸，出土的

---

[1]　中国科学院考古研究所，辉县发掘报告，科学出版社，1956。

[2]　雷从云，战国铁农具的考古发现及其意义，考古，1980，(3)：259～265。

[3]　湖北博物馆，楚都纪南城考古资料汇编，转引自后德俊：楚国铁器及其对农业生产的影响，农业考古，1982，(2)：66～71。

[4]　湖南省博物馆，湖南资兴市战国墓，考古学报，1983，(1)：93～124。

长方形、扁方鉴孔镬是用作开垦荒地、挖掘沟洫的好工具。锄亦有多种，五齿锄肩背略呈半圆形，锄体高宽适度，齿疏而锐，便于整地、起肥等多种用途，南方水田可用作翻地。六角梯形锄、板状锄体的上半部较厚、下部较薄，有锐利的锋刃，便于中耕、除草。锄上有纳柄的方銎，为了使柄牢固，有的在銎内加了铁卡，加强木柄与锄之间的结合的牢固性。铁镰是重要收割工具，形制为略带弧形的扁长条状，脊厚刃薄，前端略尖，装柄部有格。锸有两种，一为凹形铁口，一为长方形铁口锸，出土时有的还装有木柄的全器，柄有直柄和曲柄之分，是形制相近的两种不同类型的农具。上述的铁农具已成为我国古代农业生产从事耕垦、土壤加工、中耕除草和收割工具的基本形制。同时说明当时农业生产的各个环节：垦地、翻土、开沟、整地、中耕、除草和收割都使用了铁制工具，反映出农业技术的全面发展。

（四）战国发现制作铸铁农具的铁范出土

1953 年河北兴隆大副将沟出土战国铁铸范 42 付、86 件、重 190 余公斤[1]。计有锄范 1 付 3 件、双镰范 2 付 2 件、镬范 25 付 47 件（3 付缺内范）、斧范 30 件，每付 3 件出 11 件，3 付缺内范、内凿范 1 付 2 件，还有车具外范 2 件（图 7-1-5）。

镰、凿、镬、斧等范上均有先秦文字，史树青释作"右奋"是战国时工匠的职位和名字[2]。但多数人释为"右仓"或"右廪"是官营作坊的名字[3]。镬、斧范占出土铁范总数的 70%。

河北省磁县赵国柏杨城址也发现了镬和铲的铁范，使用铁范铸造铁农工具，不仅可以提高铸件质量，而且可以减低成本提高生产效率，进一步证明铁制生产农工具的使用在战国时代极为普遍。

（五）战国时期铁制兵器的考古发现

公元前 9 世纪～公元前 8 世纪三门峡虢国墓地出土了铁刃铜柄的戈、矛、剑。湖南长沙出土的春秋晚期钢剑以及甘宁陇山地区的铜柄铁剑和陕西宝鸡出土的金柄刀和剑等都是公元前 5 世纪的兵器类，说明工匠掌握了新的材料首先尝试用于制造兵器。"兵戈乱浮云"的战国时代，激烈的战争对武器装备的生产起了促进作用，战国中晚期钢铁兵器开始正式装备军队。

根据考古发现，当时南方的楚和北方的燕均较多的使用了钢铁兵器。在文献记载中楚国的兵器以锋利著称，秦昭王曾经向秦相范睢表示有如下的忧虑，"吾闻楚之铁剑利而倡优拙。夫剑利则士勇，倡优拙则思虑远，夫以远思虑而御勇士，恐楚之图秦也。"[4] 说明当时楚国的铁剑锋利而驰名。《荀子·议兵篇》记载："宛钜铁驰，惨如蜂虿。"在湖南等地的楚墓中多次出土的各种铁制武器有剑、矛、戟和镞等。用武器随葬是楚人一大特点，用铜兵器，也用铁兵器。了解它们出土数量，应是衡量铜、铁兵器使用程度的一个方面。从出土数量看，铜兵器远多于铁兵器，1952～1956 年发掘战国中晚期楚墓 209 座，共出青铜兵器有剑 82、

① 郑绍宗，河北兴隆县发现战国生产工作铸范，考古通讯，1956，（1）：29～35。
② 史树青、杨宗荣，读一九五四年第九期《文参笔记》，文物参考资料，1954，（12）：133。
③ 湖南省博物馆，长沙楚墓，考古学报，1959，（1）：41。
④ 郭德维，江陵楚墓论述，考古学报，1982，（2）：155。

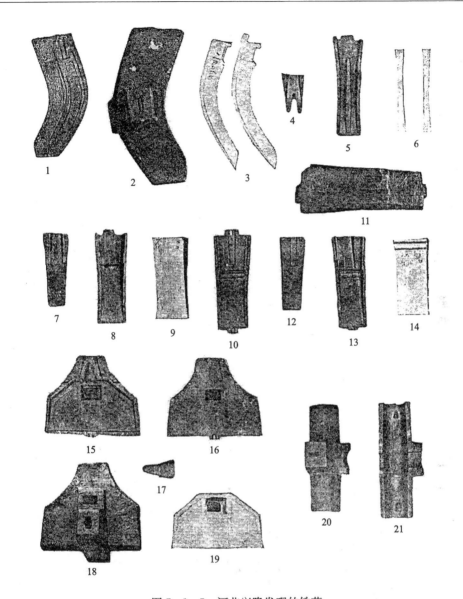

图 7-1-5　河北兴隆发现的铁范

1、2. 双镰范；3. 锡制双镰模型；4、5. 双凿范；6. 锡制双凿模型；7、8. 锄范；9. 锡制锄模型；
10～13. 斧范；14. 锡帛斧模型；15～18. 锄范；19. 锡制锄模型；20、21. 车具范

矛 55、戈 12、铩 1 及镞 14 等约 160 余件，而铁兵器仅剑 7、戟 1 共 8 件[1]。江陵发掘楚墓
678 座出土青铜兵器的墓有 268 座，共出土青铜兵器 800 多件，竟无一件铁兵器[2]。说明战
国中期以前楚国在军事上车战仍占据主要地位，所使用的武器基本上都是青铜制造。按黄展
岳 1984 年发表"试论楚国铁器"一文中所论，楚国出土的铁兵器有剑、矛、戈、匕首、镞
等。铁剑是楚国最盛行的一种兵器，一般通长 70～80 厘米，宽 4.5 厘米。最长一件出自宜
昌前坪 23 号墓，通长 120 厘米，格首铜制，刃尚锋利，上面残留有木鞘痕迹，似为秦人攻

---

① 杨泓，剑和刀，见：中国古兵器论丛（敦煌资料），文物出版社，1985 年，第 115～130 页。
② 郭德维，江陵楚墓论述，考古学报，1982，(2)：155。

图 7-1-6　河北易县燕下都 M44 出土铁兵器

1. 铜戈 (73); 2、5、6、7. I 式铁戟 (54、9、16、60); 3、4. II 铁戟 (11、20);
8. 铁带钩 (81); 9. 铁锄 (13); 10. III 式铁
河北易县燕下都44号墓出土铁器和铜戈

1. III式矛 (47); 2、3、5. II式矛 (44、45、48); 4、6. I 式矛 (67、69);
7. 刀 (6); 8-12. 剑 (19、58、4、12、59)
河北易县燕下都44号墓出土铁兵器

灭夷陵（前 278 年）后的遗物。楚国出土铁兵器在战国中晚期铁剑所占的比例明显增大。铁剑是步兵标准的装备之一，它的广泛使用和铁制戈、矛比例明显下降，说明楚国车战到战国中晚期已趋衰落，步兵取代车兵成为军队主力。出土的铁剑常不短于 70 厘米，接近 1 米或超过 1 米的也不少[①]，其中最长的铁剑长度已达 1.4 米，几乎是一般青铜剑长度的三倍。

代表当时钢铁兵器最高水平的产品，是在燕国疆域里发现的。1965 年在河北省易县燕下都遗址发现 44 号墓室一座从墓葬，墓中掩埋二十几位阵亡的士兵，连同生前使用的兵器以及身边携带的铜币。出土铁兵器有剑、矛、戟、刀、匕首等 5 种 51 件，其中剑达 15 把[②]，出土典型铁兵器见图 7-1-6。取比较完整的 8 把剑测量最短的长 69.8 厘米，最长的为100.4 厘米，平均长度 88 厘米。12 件戟大致保存完好，4 件完整的戟测量由刺锋到胡末全长 43～49.5 厘米。M44.16 戟全长 49.5 厘米，刺高 27 厘米，胡长 22.5 厘米，枝的横长19.5 厘米。出土矛 19 件，长柄格斗兵器主要是矛和戟，用钢铁锻造制成坚韧加强，是钢铁兵器崛起的必然。同时还发现了时代最早的铁铠，由铁甲片编缀而成的兜鍪。铁兜鍪用 89片铁甲片编成，虽经部分扰动，散失三片，但基本保持原状，现已复原，全高 26 厘米（如图 7-1-7 所示）[③]。与这片兜鍪所用的铁甲片形制相同的实物在燕下都 13、21、22 号遗址中曾有出土[④]。铁兜鍪的出土清楚地说明在战国后期已使用了铁制的防护装备，制作技术已经相当成熟。它反映当时铁农具促进了农业生产成为促进社会变革的一个重要因素，也为生产用于战争的铁制武器和防护装备准备了技术条件。

铁胄正面和背面

图 7-1-7　河北易县燕下都 44 号墓出土器物

"暴力的胜利是以武器的生产为基础的，而武器的生产，又是以整个生产为基础的。"[⑤]战国时期武器发生了重大变革，主要表现在两个方面，一是由于冶铁技术的进步，逐渐使用

---

① 杨泓，剑和刀，见：中国古兵器论丛（增订本），文物出版社，1985 年，第 115～121 页。
② 河北省文物管理处，河北易县燕下都 44 号墓发掘报告，考古，1975，(4)：228～240。
③ 河北省文化局文物工作队，河北易县燕下都故城勘察和试掘，考古学报，1965，(1)，第 14 页，图 11。
④ 河北省文化局文物工作队，河北易县燕下都故城勘察和试掘，考古学报，1965，(1)：79～102。
⑤ 恩格斯，反杜林论，见：马克思恩格斯选集（第三卷），人民出版社，1972 年，第 207 页。

钢铁武器，使进攻和杀伤能力大为提高，另一方面是战国时期各国军队较普遍的装备了弩[1]，提高了远程武器的性能，增大了射程和穿透能力。面对铁制武器和强弩的攻击，必然要求防护装备有相应的变革，步兵和骑兵逐渐取代笨重的战车，新的技术要求促进铠甲和兜鍪的出现，标志着中国古代甲胄防护装备发展到了一个新的阶段。

（六）晋、燕国发现"以铁束颈"的刑具

山西侯马乔村墓地中以屈肢葬为标志的秦或仿秦墓葬900余座，约占发掘墓葬的70%，仰身直肢葬较少；到晚期墓葬中，屈肢葬所占的比例更大。随葬陶器组合主要有鼎、豆、壶、盘；鼎、盒、壶和罐、钵、釜三种，前两种组合时代较早，人骨多仰身直肢，约在战国中期；后一种组合与陕西秦墓出土者类似，人骨多屈肢葬，其时代略晚，应是秦人或受秦文化影响极深的人们的墓葬。乔村墓地有陶器的墓葬只是极少数，大多除一带钩外别无他物，在战国后期多为铁质带钩[2]。

据《史记·秦本纪》昭襄王二十一年（公元前286年）："魏献安邑，秦出其人，募徒河东赐爵，赦罪人迁之"。考古发现的现象应该理解为秦统治魏河东地区，迁来大批刑徒和平民，因此也将秦人习俗传入当地，与晋文化相融合。乔村墓地的大部分墓葬当是秦人迁入，秦晋文化融和以后留下来的遗存。

乔村墓地竖穴墓周围有围沟的墓葬40余座，围墓沟墓在随葬品的数量上差别很大，如M26、M27。M26有几十件陶器、铜器、错金铁带钩、玉器等；M27则仅出土一件错金铁带钩和一件残玛瑙环，所出陶器有鼎、豆、壶、鑑、盂、罐等，另出有铜刀、铜印、石片、残玉器、错金铁带钩等。从其器物组合以及器形特征上来看，其时代应在战国中晚期左右，M27可能为其妻妾之辈，围墓沟中的殉人则是刑徒。其中殉人之多，被殉者受残害最严重者当是1959年春发掘的二号墓葬[3]。

二号墓占地面积140平方米。中间东西并列两个主墓，相距2米。围绕着两墓的围墓沟中埋殉的刑徒竟达18人；其中埋葬的刑徒中有四人：刑2（壮年男人）、刑16（青年女人）、刑3（成年男人）、刑10（青年女人）的脖子上带有铁颈锁。如图7-1-8。这些铁颈锁出土时较完整，整体成"U"形，重0.48~0.7斤。锁身由一指粗的圆铁棍弯成马蹄状，两端折卷成孔，长12.2~15.8厘米，宽12.7~13.3厘米。锁身前端穿一根一指粗的方铁棍作成"横档"，两端向不同方向折卷，与锁身固定，长17~20.5厘米。《汉书·高帝纪》："郎中田叔孟舒等十人自钳为王家奴"，古注解"钳"是"以铁束颈"的一种刑具。这种铁枷锁应该就是古代的"钳"。从其结构来看，一经戴上就终身不能去掉，死后还得戴着它。

燕下都遗址内先后在五处发现了铁颈锁和铁脚镣[4]，如图7-1-9所示。这五处出土的铁颈锁和铁脚镣虽然地点不一致，但有其共同处：①出土铁颈锁和铁脚镣的墓葬都为小土坑墓，距地表不深，墓内基本上没有随葬品，有的也仅是一件劳动工具，这情况与刑徒在当时所处的地位是相符合的；②出土的颈锁和脚镣都是经锻制而成，形状相同；③所发现的已经

---

①　高至喜，记长沙常德出土弩机的战国墓，文物，1964，（6）：36~39。

②　山西省考古研究所，侯马乔村墓地（1959~1996）（上），科学出版社，2004年。

③　山西省文管会侯马工作站，侯马东周殉人墓，文物，1960，（8、9）：15~18。

④　燕下都遗址出土奴隶铁颈锁和脚镣，文物，1975，（6）：89。

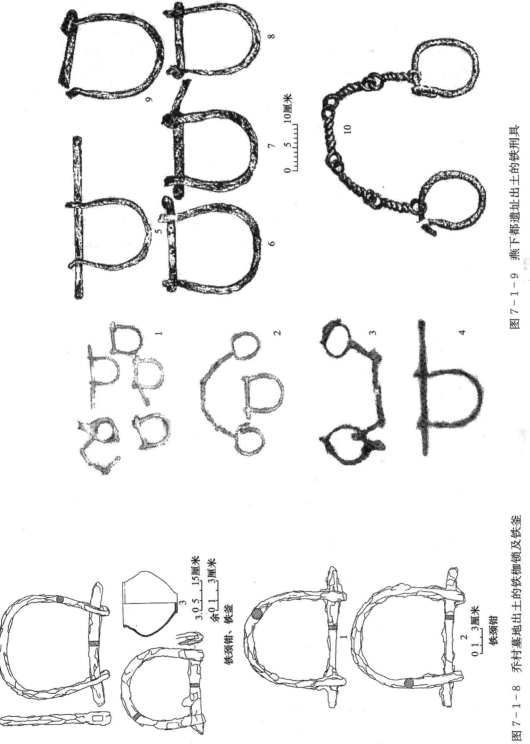

图 7－1－9　燕下都遗址出土的铁刑具

图 7－1－8　乔村墓地出土的铁枷锁及铁釜

被砸碎的颈锁和脚镣，都出土于燕下都东城之外，东城是当时统治者居住的地方，从颈锁和脚镣的出土地点说明当时主要从事生产劳动的刑徒是不能居住在东城之内的，当然死亡后也不能埋在东城之内。西城在当时主要是作为军事上屯兵之用。从整个燕下都的布局来看，西城是燕国在后期扩充的，因此当时刑徒有可能集中居住在西城，所以在这里有多处出土了铁颈锁和脚镣。但燕下都戴铁颈锁和铁脚镣者要确认其身份为刑徒，还有待于进一步考证。

战国时期与商、周时期相比，无论从殉人墓地数量或墓中殉人的数目都极大地减少了，有不少的大墓并没有殉人的现象。这些现象表明在商周时期以人殉作为一种制度，那么在战国时期这种殉人墓只能视为是一种残余现象，说明战国时期殉人习俗在多国仍有残留。

二　战国时期冶铁手工业遗址

战国时期各国都有冶铁手工业，如赵国邯郸、楚之宛、韩之棠谿、燕之兴隆和秦之成都。战国冶铁遗址不仅发现于诸侯国的都会，而且也见于其他地方。不少冶铸遗址的规模是很大的，其中以韩、楚的冶铁手工业发达，著名的冶铁手工业作坊也最多。

（一）山东临淄齐国冶铁遗址考察①

山东临淄齐国故城位于山东临淄城的西部和北部，《史记·齐太公世家》记载齐国第七个统治者齐献公由薄姑迁都于临淄，时间约公元前9世纪中期，自此以后，经春秋战国时期至公元前221年秦始皇灭齐止，临淄作为姜齐与田齐的国都达630年，是我国规模最大的早期城市之一。1971年考古研究工作者经过勘测了解临淄故城包括大城和小城，查明了故城的范围、形制和城墙的保存情况。初步了解到城内地层堆积、交通干道、排水系统、手工作坊、宫殿建筑和墓葬分布等情况，见图7-1-10②。故城内发现了冶铁、冶铜、铸钱和制骨等四种手工业作坊遗址，其中以冶铁遗址发现较多，范围比较集中的有六处，即小城2处、大城4处，其中小城西部冶铁遗址范围南北约150、东西约100米，大城南部冶铁遗址面积约40万平方米，是六处冶铁遗址规模最大的。在遗址内曾经发现"齐铁官丞"、"齐采铁印"等封泥。

（二）河北兴隆冶铁遗迹

在河北兴隆古洞沟发现2处古铁矿矿井，很可能与兴隆出土的铁范有密切关系，还发现有矿石碎块、大量红烧土、木炭屑和筑石基址，说明此处是当时冶铁范铸农具之处，是具有一定规模的手工作坊。在兴隆县鹰手营子和隆化县各发现1件铁斧，兴隆寿王坟发现2件残铁锄，其上未发现文字，但其形式和出土斧范、锄范所铸器具基本相同。

（三）河南省是发现古代冶铁遗址最多的地方

战国中晚期的冶铁技术和规模，以登封县（现登封市）告成冶铁遗址和新郑（现新郑

① 群力，临淄齐国故城勘探纪要，文物，1972，（5）：45～54。
② 临淄文物志编辑组，临淄文物志，中国友谊出版公司，1990年。

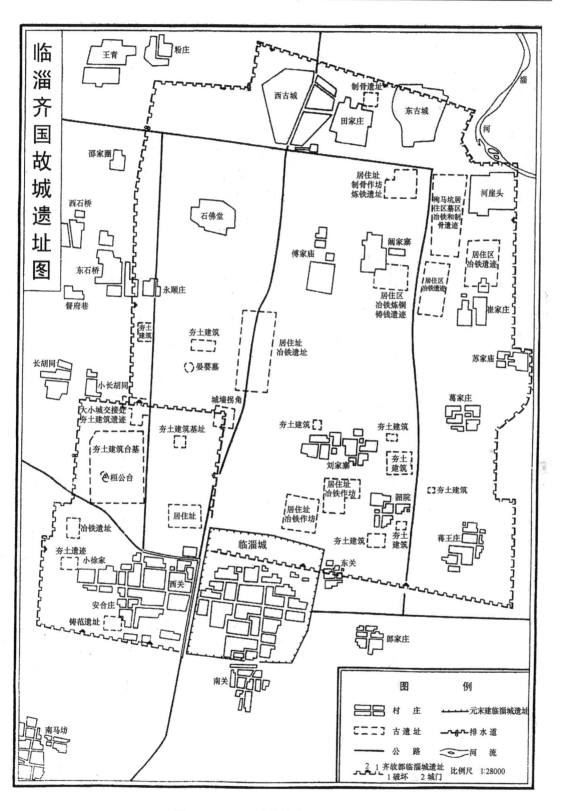

图 7-1-10 山东临淄齐国故城遗址图

市）仓城冶铁遗址最好。

1. 登封告成冶铁遗址①

遗址位于告成镇东关外，亦即东周阳城南关外，面积 2.3 万平方米，1977 年至 1978 年发掘，发掘面积 400 余平方米。分战国早期、战国晚期和汉代期。

（1）战国早期冶铁遗址和遗物：遗迹仅有灰坑和水井。灰坑 22 个、水井 2 眼。遗物有：熔炉残块，有草泥条筑薄壁炉型、草泥堆筑的厚壁炉型和砂质条筑炉壁等。这种单一材料的炉壁，前者是借用熔铜炉化铁，后两种是经改良的熔炉。最后改良的熔炉由里及外是细砂质炉衬层、粗砂质炉圈层、泥质砖层和草泥外壳层。熔炉自上而下有炉口、炉腹、炉缸、炉基等。可以看出由利用熔铜炉到改良成熔铁炉的演变过程。鼓风管残块，有泥质和套管组成，直角形，根据风管表面炉熔状况的研究，应是直角顶吹式鼓风设备。铸模和铸范，在铸模中有镶、锛芯模。

铸范计有镶范、锄范、镰范、戈范、削范、匕首范、板材范和条材范、容器范、带钩范等。利用铸制的板材和条材，脱碳后成钢或可锻的半成品，供较多不产铁的地方加工制成铁

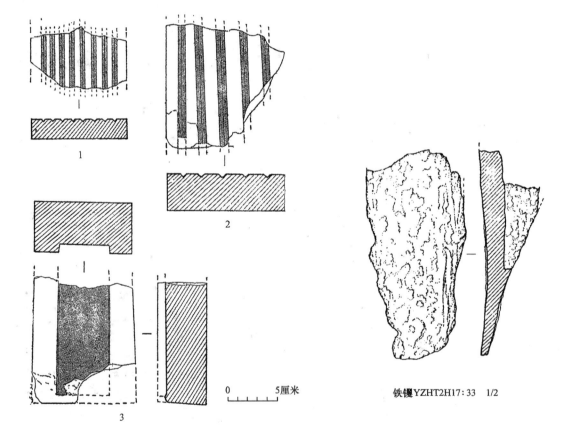

铸铁遗址战国早期陶范
1、2. 条材范 YZHT3H19:7、YZHT2③:59；3. 板材范 YZHT2③:76

铁镶 YZHT2H17:33　1/2

图 7-1-11　河南登封告成阳城铸铁遗址出土的陶范及镶

①　河南省文物研究所，登封王城岗与阳城，文物出版社，1992 年。

器。铁器的种类有镢、锄、削等，器形与同类出土的范腔相同。陶量上印有"阳城"、"公"陶文。图7-1-11是铸铁遗址出土的战国早期陶范和镢。

（2）战国晚期遗迹与遗物：有烘范窑1座，形如烧陶窑，附近有碎范块，烘变形的范块和铸范加固草块。退火脱碳炉3个，其中2个残存局部底和抽风井，1个仅残存抽风井的中下部，底部有2个，把陶盆埋在地下而成，用以盛水。灰坑19个。在遗物中有：熔炉壁残块，发现较多的复合材料炉壁残块，估算炉内径0.89～1.44米，在炉口和炉基处的两层材料间，夹以铁板似起加固作用。鼓风管残块较早期为多，形式同前。铸模和铸范，铸模中有铸制镢金属模具的设计模。镢芯和斧芯模种类多达5种。带钩模有互换特点的叠铸范，用一个模翻出的范，可以任意扣合成套并扣合严密，一次浇铸40件，较单合范工效提高一倍。板材范和条材范数量和规格较前增多，它既表明退火脱碳材料的使用量显著扩大。铁器有

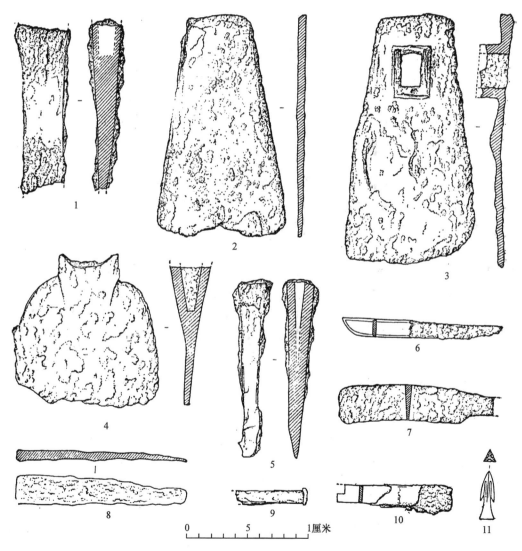

图7-1-12　河南登封告成阳城铸铁遗址出土战国晚期铁器

1. 镢 YZHT4L2:7；2、3. 锄 YZHT2②:14、YZHT4②:8；4. 铲 YZHT2②:27；5. 凿 YZHT2②:28；6. 削 YZHT3②:59；
7. 刀 YZH 采:9；8～10. 铁材 YZHT2②:29、YZHT2②:48、YZHT2②:49；11. 铜镞 YZHT4①:2

镬、锄、铲、凿、削、刀、板材、条材等，在锄中多数是梯形板状，其中一件有特制的方形柄孔，这是仅见的一种锄具。在条材和板材中经分析是脱碳铸铁，可以直接锻打所需的铁器。典型铁器遗物见图 7-1-12。

2. 新郑仓城冶铁遗址[①]

遗址位于新郑县（现新郑市）城东南仓城村南，4 万平方米。试掘出的遗迹有退火脱碳炉基及抽风井，炉基径 1.7 米，2 个抽风井在炉东北和西北，井深 5.4 米。烘范窑 1 座，仅存窑室的底部，形如陶窑。遗物中主要是熔炉壁残块、铸范和铁器等。①炉壁结构和登封同，但炉壁夹的是瓦片而不是铁片，最为重要的是炉外设有架设鼓风管的砖柱；②铸范种类有镬、锄、镰、铲、斧、凿、削、刀、剑、戈、带钩和条材范；③铁器有镬、锄、铲、斧、刀、削、凿、镰、锥和条材与板材，其中 1 件板材分析是我国最早的球墨可锻铸铁。说明不少条材与板材已进行过退火脱碳处理。

3. 古西平冶铁遗址[②]

古西平冶铁遗址群分布在今西平县酒店乡（现出山镇）、今舞钢市中部地带，经发现的有酒店乡的杨庄遗址、赵庄遗址、铁炉后村遗址及舞钢市的许沟遗址、沟头赵遗址、翟庄遗址、圪垱赵遗址、尖山铁矿遗址、铁山庙遗址，上述遗址均分布有大量的铁渣、炉壁残块、少量的矿石块，陶瓦片多是战国到汉代的。赵庄遗址的炼炉保存尚好，从炉壁的筑炉材料来看，在战国晚期已应用羼炭粉的黑色耐火材料了。《太康地记》中说，"故天下之剑，一曰棠溪，二曰墨阳，三曰合伯，四曰邓师，五曰宛冯，六曰龙泉，七曰太阿，八曰莫邪，九曰干将。"李京华认为除四、五、七剑不在古平西外，其余六剑均产自古西平遗址群。杨庄、赵庄和铁炉后村三遗址位于棠溪河两岸，应是棠溪剑的制造地。许庄和沟头赵位于谢古洞大型居住遗址地南北，从谢古洞遗物的丰富和面积之广大来看，与战国时郡邑规模相当。铁山庙遗址，因铁山是露头矿、山体黑色，有可能是冥山、墨阳二剑的制造地。如果加上新郑、登封遗址以及上述的邓师、宛冯和太阿在内，韩国共有兵器作坊 14 座以上。考古工作成果证明，文献记载韩国兵器之多并不是文学艺术的夸张。

此外鹤壁市故县"行谷城"冶铁遗址、辉县市共城冶铁遗址、淇县卫国城内冶铁遗址，也作了发掘和采集。尤其是鹤壁故县冶铁遗址出土的"行谷城"陶量陶文，推知故县的原名应是"行谷城"。

（四）燕下都铸铁与冶铁遗址

河北省易县燕下都故城是战国时期有名的都城之一。1961 年被国务院公布为第一批全国重点文物保护单位。经半个多世纪对燕下都的考古调查与发掘，河北省文物研究所所撰写的《燕下都》上、下册，1996 年由文物出版社出版。燕下都大量遗迹遗物为研究战国时期燕国的历史、文化和技术提供非常丰富的实物资料。《燕下都》书中给出了遗址、遗迹分布图，如图 7-1-13 所示。

在燕下都范围内先后发现 11 处手工业作坊遗址，其中 5 号作坊是一处铸造铁工具的作坊遗址，东西宽 300 米、南北长 300 米，总面积 77 约 90 000 平方米，勘察时发现较多的铁

---

① 河南省博物馆新郑工作站，河南新郑郑韩故城钻探与试掘，见：文物资料丛刊，文物出版社，1980 年 3 期。

② 李京华，古西平冶铁遗址研究，中国冶金史料，1991，（4）。

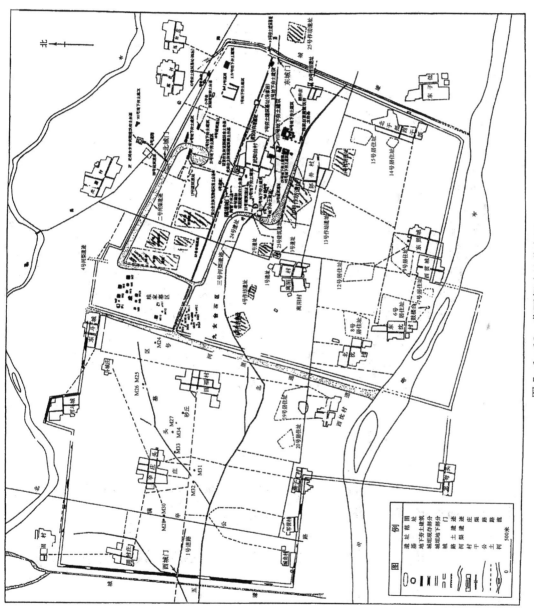

图 7-1-13　燕下都遗址分布图

块、炼渣、红烧土等，采集到斧、锛、铲、镰、镢及犁铧、方形铁钻等。21号作坊遗址经过两次挖掘出土铁器861件，有各种生产工具12种，车马器、兵器、生活工具、防护用具及刑具，还有铁块、圆棒形及条形铁块、锻造的铁板等半成品、铁渣等。21号遗址分南北两部，南部出土大量铸铜器用的陶范和铜渣，表明南部以铸铜器为主，北部出土大量碎铁块，铸造使用的陶范、石范，也有铁范出土，以及大量的铁兵器和铁农具；未发现炼炉遗迹。这应是一处制作铁兵器和工具的作坊，经考证，21号作坊时代应定为战国中晚期。

　　燕下都勘察发掘的还有铸铜作坊1处、制造兵器作坊4处、铸钱作坊1处，钱范制作作坊1处、制陶及制骨作坊各1处。5号、21号和23号是与铸铁作坊在一起的遗址。由于当时社会经济情况的变化，其性质和功能都相应发生变化，应引起重视的是上述作坊遗址都有铁工具等出土，说明燕国使用铁器已深入各个领域，非常普遍，是出土战国铁器最密集的地区。特别是多处多件刑具的发现，颈锁和脚镣出于小土坑墓，墓内基本没有随葬物，有的仅是1件劳动工具，颈锁和脚镣是锻造制成，有的已被砸死仍在死者的骨骼上，是当时普遍施用的刑具。由燕下都作坊遗址和M44出土钢铁制品进行的金相分析结果可以看到燕国钢铁的生产技术水平。李仲达等人对燕下都出土铁器32件进行了金相鉴定报告已刊出在《燕下都》一书中[1]，其中生铁铸制或铸后退火的钢铁制品共计23件，占鉴定铁器的72%。燕下都M44埋葬大批断首离肢的尸体，有残断兵器及数量不等的货币同出，它是一座武士丛葬墓[2]，墓内的兵器和货币为死者生前使用过的武器和财务，货币有燕国折背明刀、赵国尖足布、"甘丹"直刀和三晋方足布都是战国后期常见的货币。发掘者认为M44中埋葬的死者可能与一次战争或屠杀有关。当时各国内部斗争激烈、各国之间战争频繁，战争中斩首或献俘、坑杀降卒以敌军尸骨筑"京观"以耀武功[3]、封积战场上本国阵亡士卒尸骨，这些都是当时的习俗。最引人注目的是M44出土的铁器共79件占65.8%，铁兵器有5种51件，墓内出土锄、镢两种生产工具共5件，皆为铁器。这些铁兵器是武士随身兵器，丛葬时并未回收，说明当时燕国铁兵器、农具并不稀珍。为了解这批铁器的冶炼和加工技术选择了七种、九件，由北京钢铁学院进行了金相鉴定[4]。

第二节　战国中晚期出土铁器的金属学鉴定

　　属于公元前3世纪战国中晚期出土铁器经过金相分析的数量虽然很少，但仍可明显看出铁器制作技术和质量的进一步发展，当时已达到较成熟水平。

一　湖北大冶铜绿山古矿井出土铁制工具的鉴定

　　大冶铜绿山I号矿体采矿遗址在今铜绿山采矿场第24勘探线一个深入地表58米的老窿中，发掘出铁制工具14件，有带柄斧5件、钻3件、锤2件、六角锄2件、带榫凹口锄1

① 李仲达等，燕下都铁器金相考察初步报告，见：《燕下都》（上册），文物出版社，1996年，第881～895页。
② 河北文物管理处，河北易县燕下都44号墓发掘报告，考古，1975，(4)：228～240、243。
③ 《左传》宣公十二年。
④ 北京钢铁学院压力加工专业，易县燕下都44号墓葬铁器金相考察初步报告，考古，1975，(4)：241～243。

件、铁柄耙1件，见图7-2-1，多出于斜巷内。采集的铁工具，有斧2件，锤、钻、锄各
1件。它们都是实用的采掘工具①。

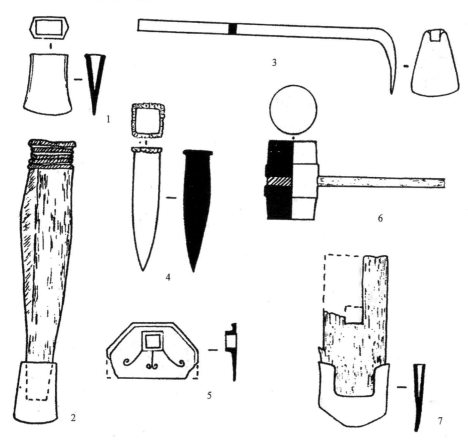

图7-2-1　铜绿山Ⅰ号矿体采矿遗址出土铁器

1、2.铁斧Ⅸ1:36、Ⅸ1:32；2.铁耙Ⅸ2:50；4.铁钻Ⅸ1:37；

5、7.铁锄Ⅸ1:30、Ⅸ10:41；6.铁锤Ⅸ1:34（比例约为1/7）

斧均为铸件，器形大致相同。长方形直銎，器上部直壁近刃处外撇，弧刃，两侧铸缝明
显。标本Ⅸ1:36长11厘米、刃宽8厘米。标本Ⅸ1:32带柄斧，刃部严重磨损，木柄完整，
长条状中部略弧，顶面呈长方形，下端砍削成斜榫状，直装入斧的銎内，木柄顶面已被捶击
开裂成翻毛状扎有四道篾箍。长47厘米、銎内榫长7厘米。

锤均为铸铁件，器形相同，皆为圆柱形，中部呈宽带状隆起，器身正中横穿一长方形
銎。标本Ⅸ134，长13.7厘米、最大直径10厘米、銎长2厘米、锤重6公斤。木柄圆柱形，
长64厘米。

钻均为锻铁件。器形相同，皆为上端顶面方平，器身呈四棱尖锥状。钻在使用中被捶击
严重残损，顶面四周外翻呈卷沿状，尖端已钝秃。标本Ⅸ1:37，长22.5厘米、顶面长宽均
为5厘米。

六角锄为铸铁件，标本Ⅸ1:30两下角略残，锄壁窄刃宽，上部两侧为斜肩状而呈六角

①　湖北省黄石市博物馆，铜绿山古矿冶遗址，文物出版社，1999年，第130页。

形。器上方正中有一长方形銎，锄正面銎周边隆起。有阳纹：卷云纹，边线纹。长10.5厘米、上宽7.5厘米、下宽17.5厘米、銎长4厘米。1件仅存锄右下角，正面残存两道卷云阳纹。标本采：165残器，锄板正面有一道卷云纹，下铸"河三"二字。

带榫凹口锄，铸铁件，标本Ⅸ10:41，两侧直壁，凸弧刃，中部一凹字形銎。长12.2厘米、宽12.2厘米、銎长13.5厘米、凹口深1厘米。銎内遗存有木板形榫，其中部偏上有一装柄方孔，方孔上端残，板榫长28厘米、孔长宽3~3.5厘米。

选取铁工具5件进行金相学鉴定结果见表7-2-1。

表7-2-1　大冶出土5件铁器的鉴定结果[1)]

器物	金相观察	元素含量/%								制作
		C	Mn	Si	P	S	Cr	Ni	Cu	
铁耙	金相组织含碳不均匀大部分为0.15%~0.2%铁素体和少量珠光体，有贫碳带为全铁素体，局部高碳为0.6%，夹杂物为硅及铁的氧化物（图7-2-2）	0.1	0.06	0.1	0.113	0.004	0.01	0.02	0.01	块炼铁渗碳钢制成
铁钻	金相组织以铁素体为主，局部含碳略高，夹杂物为硅酸盐及铁的氧化物 Hb 175、171、170（图7-2-3）	0.06	0.05	0.06	0.12	0.009	0.01	0.01	0.17	块炼渗碳钢锻打
铁锤	未侵蚀石墨呈片状散乱分布，侵蚀后组织为莱氏体基体上有石墨分布（图7-2-4）	4.3	0.05	0.19	0.152	0.019	0.01	0.02	0.05	生铁铸造
铁斧	銎部样品边部为亚共析过共析钢组织，为铁素体和珠光体，中心有少量石墨分布，基体组织为珠光体和渗碳体刃部样品过共析退火组织，有少量石墨分布	1.25	0.05	0.13	0.108	0.016	0.01	0.01	0.01	白口铁铸件退火不完全得到白心韧性铸铁（图7-2-5）
六角铁锄	中心部分金相组织是一次渗碳体和莱氏体的过共晶组织，两边是垂直于外表面的柱状晶体组织，为铁素体，二者之间有界限分明的珠光体带（图7-2-6）	0.07 0.27 2.98	0.01	0.08	0.1	0.008	微	0.02	0.01	过共晶白口铁在氧化气氛723~910℃退火的脱碳铸铁件

注：1）大冶钢厂、冶军，铜绿山古矿井遗址出土铁制及铜制工具的初步鉴定，文物，1975，（2）：19~25。

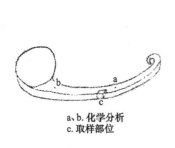
a、b. 化学分析
c. 取样部位

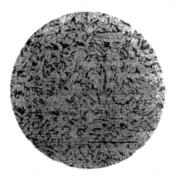

图7-2-2　铁耙取样部位、夹杂物及金相组织

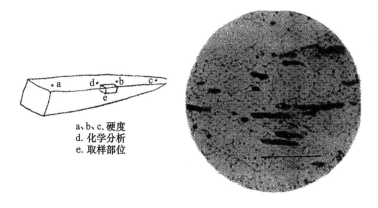

a、b、c. 硬度
d. 化学分析
e. 取样部位

图 7-2-3　铁钻取样部位及其金相组织

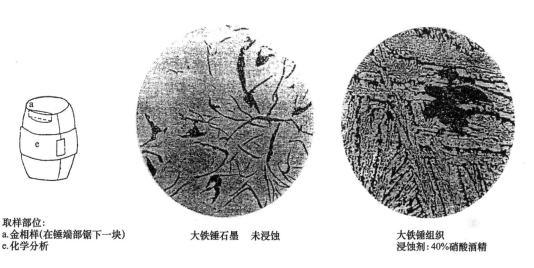

取样部位：
a. 金相样（在锤端部锯下一块）
e. 化学分析

大铁锤石墨　未浸蚀

大铁锤组织
浸蚀剂：40%硝酸酒精

图 7-2-4　铁锤取样部位及金相组织

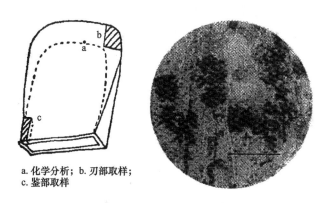

a. 化学分析；b. 刃部取样；
c. 鉴部取样

图 7-2-5　铁斧取样部位及金相组织

铜绿山古矿井遗址是春秋战国楚国的重要产铜地点，规模大，开采、冶炼时间长。铜绿山古铜矿冶遗址的发现和发掘，对了解当时铜矿开采和冶炼技术具有重要意义。经过多年努力，黄石市博物馆于 1999 年由文物出版社出版了《铜绿山古矿冶遗址》一书。由该遗址出

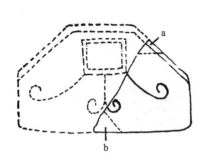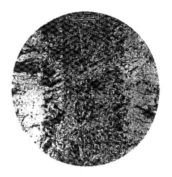

图 7 - 2 - 6　铁锄 a 处取样部位及金相组织

金相照片处注明未浸蚀，余皆为放大倍数 100；浸蚀剂：4％硝酸酒精溶液

土的铁工具鉴定结果可知当时使用的采掘工具在春秋战国之交基本上取代了青铜工具，采掘用的铁工具有锻有铸，其中 2/3 是铸铁件，有锤、斧、锄是生铁制成，化学成分中含硫＜0.02％，表明使用木炭为还原剂。斧由白口铁铸成后，为改善其脆性，经过了≥900℃退火处理成为白心韧性铸铁件，其性能满足冲凿硬物的要求。锄板薄，使用时需要韧性好，它也进行了脱碳退火处理。再次证明生铁铸件已用于铜矿生产，且已根据工具的不同使用要求进行了有意识的退火处理，达到了较高水平。

二　阳城铸铁遗址出土铁器的金相鉴定

1977 年，河南省文物研究所在东周阳城南发掘了铸铁遗址一处[①]，时代从战国早期延续到汉代。出土有熔炉残壁、烘范窑遗迹、大量陶片、范块和各种铁器。铁器中有镢、锄、凿、锛、𨱇、刀、削、镞等农工具及兵器，还有板材。连同采集铁器共计 1158 件，共重 110 公斤。其中镢、锄、板材占铁器中的 90％以上。对本遗迹发掘出土铁器的金相鉴定，将有助于了解中国战国时代的铸铁技术，对中国冶铁史的研究也有极其重要的意义。

由于铁器锈蚀严重，多数已不能进行金相鉴定。挑选 34 件铁器进行了表面金相鉴定和硫印实验。由于表面金相鉴定只反映铁器表面的金相组织，如对于内外组织均匀的白口铁，则不会影响检测结果的准确性，对于内外组织不同的铁器，如脱碳铸铁件，则应该进行取样，进一步核定。所以，在普查的 34 件铁器中，又选择其中 10 件取样进行金相鉴定。10 件铁器均为残件，在残断处取样。样品经过镶样、磨光、抛光后，用 4％硝酸酒精溶液浸蚀，在金相显微镜下观察组织，其结果见表 7 - 2 - 2[②]。

金相鉴定结果表明，34 件铁器中铸件为 33 件，金相组织为白口铁仅 1 件。33 件均在铸造成器物后经过不同程度的退火处理，占 97％。脱碳退火处理的程度不同，得到的金相组织亦不同。这表明，为改善白口铁农具铸件的脆性，工匠们曾有意进行退火热处理。10 件

①　河南省文物研究所、中国历史博物馆考古部，登封王城岗与阳城，文物出版社，1992。

②　此项鉴定由邱亮辉、刘建华、姚建芳于 1980 年 4 月进行，报告由邱亮辉执笔；1990 年 11 月韩汝玢、姚建芳、刘建华对取样铁器重新进行了金相鉴定，韩汝玢对报告作了补充和修改；韩汝玢，阳城铸铁遗址铁器的金相鉴定，见登封王城岗与阳城，文物出版社，1992 年，第 329～336 页。

表 7-2-2　阳城铸铁遗址取样铁器的金相鉴定结果

器名	器　号	时代	金　相　组　织	鉴定结果
镬	YZHT2H17∶33	战国早期	铁素体晶粒粗大，晶粒度 2 级，晶内有细针状碳化物析出，含碳＜0.1%，退火完全	铸铁脱碳
镬	YZHT2③∶8	战国早期	铁素体晶粒粗大，晶粒度 3 级，含碳＜0.08，退火完全，锈蚀严重	铸铁脱碳
镬	YZHT2③∶25	战国早期	铁素体晶粒大小不均匀，晶粒度 2 级，局部为 5 级，退火完全，含碳＜0.08%，锈蚀严重	铸铁脱碳
锄	YZHT3H32∶1	战国晚期	中心部分为过共晶白口铁，一次渗碳体和莱氏体共晶局部地区有团块状石墨，边部脱碳为铁素体柱状晶，中间过渡层含碳 0.6%～0.8%，脱碳层约 90 微米	脱碳铸铁
锄	YZHT2②∶71	战国晚期	铁素体晶粒均匀，晶粒度 4 级，含碳＜0.08%，锈蚀较严重	铸铁脱碳
板材	YZHT2②∶21	战国晚期	铁素体晶粒不均匀，大部分晶粒度为 5 级，局部为 3 级，含碳＜0.08%，退火完全	铸铁脱碳
镬	YZHT2②∶24	战国晚期	铁素体晶粒粗大，晶粒度 3 级，局部铁素体晶界有珠光体，片间距粗晶内有较长的针状碳化物析出，沿一定方向，含碳为 0.1%～0.2%	铸铁脱碳
镬	YZHT②∶7	战国晚期	铁素体晶粒粗大，晶粒度 3 级，含碳＜0.08%，退火完全，锈蚀严重	铸铁脱碳
锄	YZH 采∶42	战国晚期	基体铁素体和渗碳体，球状石墨为主，大部分直径 15～20 微米，分布满视野，有双联、三联，可见放射结构，团状石墨由球状石墨长成	韧性铸铁
镬	YZHT2H9∶3	汉	中心为含碳 0.8%珠光体，边部含碳 0.6%，珠光体和铁素体，铁素体沿原奥氏体晶界析出	铸铁脱碳

铁器取样进行金相鉴定的结果是：8 件为铸铁脱碳成钢或熟铁，1 件为脱碳铸铁，1 件为韧性铸铁并具有球状石磨。

脱碳铸铁：是指铸件心部仍保留白口铁的组织，仅铸件表面脱碳成钢，以改善铸件的脆性，提高其韧性。锄 YZHT$_3$H32∶1 就是脱碳铸铁，中心部分是一次渗透体和莱氏体共晶，还有团絮石墨析出（图 7-2-7），表面脱碳层 0.8 毫米，边部是垂直于表面的铁素体柱状晶，最宽处为 0.4 毫米，中间过渡层宽 0.4 厘米，界限分明，组织为粗片状珠光体和少量铁素体，含碳 0.6%～0.8%。具有类似的脱碳铸铁金相组织的六角锄，在湖北大冶铜绿山矿井遗址中发现。

韧性铸铁：若退火温度为 900℃或稍高，进行长时间退火，可以使白口铁中的渗碳体分解为石墨，石墨聚集成团絮状，改善了铸件性能，得到韧性铸铁。战国中晚期，韧性

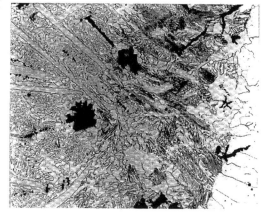

图 7-2-7　锄 YZHT3H32∶1 脱碳铸铁

铸铁在燕、赵、魏、楚等国已广泛应用于制造农具和兵器。阳城铸铁经鉴定的 34 件铁器中，仅发现一件锄 YZHT$_3$H 采：42 属韧性铸铁，占比例较小。这是由于 34 件仅在表面进行鉴定，同时这批铁器表面锈蚀严重，影响鉴定结果，但是经鉴定的 34 件铁器中 92% 经过退火处理这一事实是肯定的。

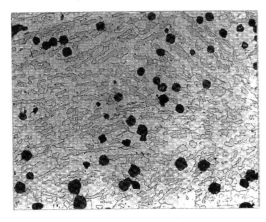

图 7 - 2 - 8　锄 YZHT3H 采：42 球状石墨的韧性铸铁

韧性铸铁中的球状石墨：阳城铸铁遗址出土的锄 YZHT$_3$H 采：42，金相组织是具有球状石墨的韧性铸铁，每平方厘米约 30 颗，分布均匀，大部分球径为 15～20 微米，也有 40 微米的球状石墨，锈层中间的球状石墨仍清晰可见。有双联、三联球（图 7 - 2 - 8）偶见四联。球墨中的放射结构明显，局部地区石墨呈团块状，是球状石墨长大到 40 微米后再沉淀结晶形成的，金相组织的基体为渗碳体和铁素体。阳城铸铁遗址这件锄 YZHT$_3$H 采：42 的发现，增加了一件具有球状石墨韧性铸铁新的实物证据。

阳城铸铁遗址 10 件取样铁器的金相鉴定表明，8 件铁器已脱碳成为低碳钢或熟铁，如战国时期的镢 5 件，锄 1 件，板材 1 件，汉代的镢 YZHT2H9：3 为中碳钢（图 7 - 2 - 9）生铁脱碳退火工艺的进一步发展，导致了生铁制钢技术的发明。

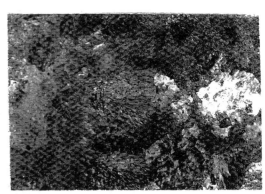

图 7 - 2 - 9　汉代镢 YZHT2H9：3

　　阳城铸铁遗址中，不仅发现了退火较为完全的铸铁脱碳钢农具，而且也有板材，如 YZHT2：21（图 7 - 2 - 10），表明这一制钢技术在战国晚期以前已经发明。应该指出的是，取样鉴定的 8 件铸铁脱碳钢铁器中，有 7 件含碳较低，在 0.1% 以下，其中有 5 件镢、1 件锄、金相组织是铁素体，晶粒不均匀，有的晶粒有针状析出物，沿一定方向析出（图 7 - 2 - 11），是室温长期埋藏形成的碳化物沉淀相，不是当时退火处理后的原有组织。以铁素体为主的镢、锄性能软，不耐磨，不利使用，影响使用寿命。此外，在考察中发现的一件镢 YZHT2：73 表面有烧熔和粘连情况，这是退火处理失败的例证。上述情况表明，阳城铸铁遗址显示的铸铁脱碳钢技术，仍处于初期阶段。

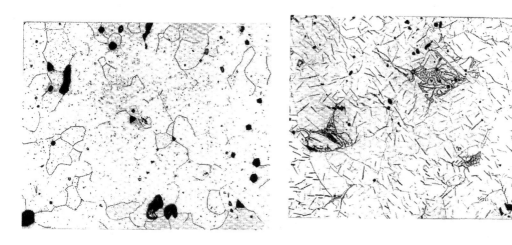

图 7-2-10　板材 YZHT2②:21 铸铁脱碳　　　图 7-2-11　镘 YZHT2②:24 铸铁脱碳

从阳城铸铁遗址的发掘和铁器的金相鉴定中，可以认为它的生产工艺流程是：

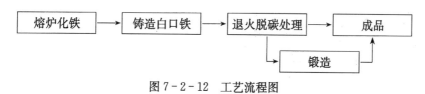

图 7-2-12　工艺流程图

这是白口生铁和退火脱碳联合的古代工艺流程，它具有产量大、质量高、成本低的特点。

三　河北易县燕下都 44 号墓出土铁器的金相分析

1965 年在河北易县燕下都遗址 44 号墓室一座丛葬墓，出土铁器 79 件，典型器物如图 7-1-6所示[①]。用金相分析，有代表性的 9 件，其中 6 件为纯铁或钢制品，3 件为经过退火处理或未经处理的生铁制品，金相鉴定结果见表 7-2-3。

表 7-2-3　燕下都 M44 出土铁器的金相鉴定结果[1)]

铁器名称	尺寸	取样部位	金相组织	制作工艺
残剑 M44:100	残剑长约 16 厘米，为剑端部	断头处切取全截面	由含碳分别 0.5%～0.6% 和 0.15%～0.2% 的高碳和低碳相间组成。淬火组织。高碳部分为马氏体，局部少量索氏体。中低碳部分为带有铁素体的细珠光体，因冷却速度较低中心部分马氏体组织中的索氏体量增加，低碳部分铁素体量增加	不同含碳量的块炼渗碳钢薄片加热，折叠锻打成形、淬火制成（图 7-2-13）

① 河北文物管理处，河北易县燕下都 44 号墓发掘简报，考古，1975，(4)：233。

铁器名称	尺寸	取样部位	金相组织	制作工艺
剑 M44:19	铜剑首,残长 69.8 厘米、身长 6.37 厘米、茎长 6.1 厘米	刃部	全铁素体,含碳 0.05%,沿晶界有少量渗碳体,夹杂以氧化铁和大块氧化铁-铁橄榄石共晶为主,沿加工方向变形	块炼铁,锻打(图 7-2-14)
剑 M44:12	通长 100.4 厘米、身长 83.5 厘米、茎长 16.9 厘米	刃部	含碳分别为 0.5%~0.6% 及 0.15%~0.2% 的高碳及低碳相间组成,各层有宽有窄,分界明显,有时有较厚过渡层。剑曾加热至 900℃ 以上淬火,高碳部分为马氏体局部少量细珠光体。	块炼渗碳钢含碳不同的薄片对折叠合在一起锻打,成形后经过淬火(图 7-2-15)
戟 M44:9	通长 29 厘米、刺长 12.7 厘米、胡长 16.3 厘米、长 22 厘米	胡部	低碳部分含碳 0.1%,高碳部分马氏体略软,分层明显,未见折叠层	块炼铁和块炼渗碳钢叠合在一起锻打(图 7-2-16)
镦铤 M44:87		残端部	铁素体和珠光体,含碳约 0.2% 有分层现象	块炼渗碳钢正火锻造而成
矛 M44:115	通长 36.5 厘米、叶长 20 厘米、骹长 16.5 厘米	骹部	铁素体和珠光体,含碳约 0.25%,原奥氏体晶粒粗大为 3 级,铁素体呈魏氏组织	块炼渗碳钢高温正火锻造而成(图 7-2-17)
镈 M44:114	双合范铸制,圆形銎器身中部有一周凸棱,棱下罩一圆穿。长 7.5 厘米、銎径 3.8 厘米	底部	铁素体基体,其上有团絮状石墨	白口铁铸成后经退火处理得到韧性铸铁
镢 M44:123	残件	銎部	白口铁	铸件(图 7-2-18)
锄 M44:13	刃宽 18 厘米、高 9 厘米、銎宽 5 厘米、平面梯形方銎,出土时銎内存有一铁卡	銎部	心部为莱氏体,稍外有少量团絮状石墨,最外层为柱状晶的铁素体	白口铁铸件,经控制脱碳处理制成(图 7-2-19)

注: 1) 北京钢铁学院压力加工专业. 易县燕下都 44 号墓铁器金相考察初步报告,考古,1975,(4)。

对易县燕下都 44 号墓出土的部分铁器检查表明,有些剑、戟及矛都是由含碳不均匀的钢制成的。M44:100 钢剑断面上高碳低碳分层如图 7-2-13 金相组织所示。此外,钢中含有大块的条状氧化亚铁-铁橄榄石硅酸铁共晶夹杂及大量细颗粒不易变形的氧化亚铁(FeO)夹杂。这些细 FeO 夹杂有时伴有硅酸盐夹杂,分布不匀。根据 X 光荧光分析,锰含量平均为 0.15% 左右。但电子探针微区表明,基体中锰分布很不均匀,有几微米大小、分布没有规律的高锰区域,含锰量在 0.35% 以上。磷虽然很低,亦在 0.015%~0.018% 之间分布不均。这些事实以及所含大夹杂物的不规则形状表明,这些材料的铁基体没有经过液态,是用较纯铁矿石直接还原而成,即系块炼铁;大夹杂物具有 $2FeO \cdot SiO_2$ 和 FeO 共晶组织表明,这些夹杂物曾经处于液态,冶炼或锻造温度曾经达到共晶温度 1175℃ 以上。铁中 FeO 分布不匀,当系原矿石中含铁纯度或孔隙度不匀的结果。

0 1 2厘米 ■高碳层 □低碳层 ▨夹杂物 ▨马氏体

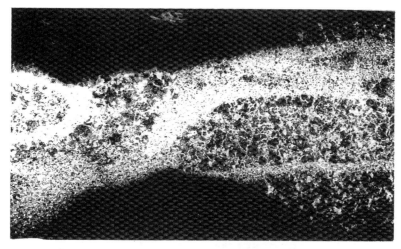

图 7-2-13 燕下都 M44:100 剑的剖面及其金相组织

M44:19 铁剑用块炼铁直接锻成，含碳很低，除大共晶夹杂物外，也有不均匀分布的以 FeO 为主的夹杂物（图 7-2-14）。铁素体基体铁剑的存在，说明渗碳钢还处于发展阶段。

从铁剑和钢兵器的对比，以及钢兵器的金相组织可以推断某些冶锻的工艺。M44:100 剑、M44:87 镞铤、M44:115 矛以及长达 104 厘米的剑都是用块炼钢渗碳制成的低碳钢件，碳的分布都不均匀。

从 M44:100 的样品金相组织可以看出，这把剑是用纯铁增碳后对折，然后多层叠打而成（没有固定的折叠方向，有的对折后按照同样的方向堆叠，有的则对接在一起），剑的断面上有十几个折弯，因表面锈蚀，总层数难以准确估计。由于增碳后没有在高温（比如900℃以上）加热进行均匀化处理，或反复锻打，每片渗碳后表面为高碳层，中间为低碳层，对折后产生了如图 7-2-13 所示的弯折。在高碳层中间常常有大块夹朵；有的可能相当于原来两片材料的界面。在弯折的地方，用电子探针测定各层的磷含量，发现低碳区及高碳区含磷量有少量差别，相差均约 0.01％。这些结果表明：①磷的含量不均是固体还原法即块炼法造成的，在锻打后成为层状分布；②增碳是通过固体渗碳得到的，保持了原有的不均匀性，所以高碳层的磷有时低于低碳层的磷，由于以上两者是分别独立的过程，碳磷之间没有固定的关系；③当低碳层含磷较高时，由于磷提高了铁素体从奥氏体析出的温度，使碳向奥氏体集中，使低碳高碳的分布更加明显。

　　燕下都 M44:12 剑、M44:100 剑和 M44:9 戟都是经过淬火的（图 7-2-15）。图中浸蚀较深的针状物是淬火产物马氏体。淬火时冷却速度高，奥氏体来不及分解为铁素体和渗碳体，或从铁素体中析出碳化铁，在较低温度形成原子排列与铁素体近似但溶解有过多的碳的凸透镜状产物，金相中表现为针状的马氏体。这两把剑，马氏体的维氏硬度为 Hv＝530；其中低碳的铁素体硬度为 150～180，珠光体为 260 公斤/毫米^2。M44:9 钢戟，因各部分含碳不均匀，淬火后形成不同的组织，如图 7-2-16。这些是迄今为止，我国出土铁器中观察到的最早的淬火产物。

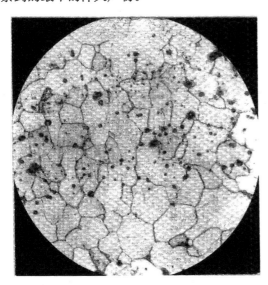
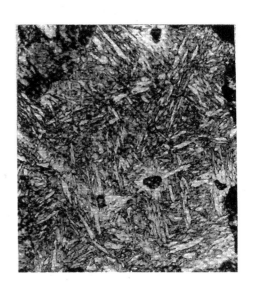

图 7-2-14　燕下都 M44:19 剑的金相组织　　　　图 7-2-15　燕下都 M44:12 剑的淬火组织

　　燕下都 M44:115 矛的骹部和 M44:87 镞铤则分别为 0.25％ 及 0.2％碳钢，由铁素体和珠光体组成，是将奥氏体在空气中冷却时产生的正火组织。这些结果说明，当时已经根据不同器件所要求的不同性能，对钢材进行不同的热处理。

　　以上结果表明，战国晚期锻钢、铸铁及韧性铸铁已经在当时被认为钢铁技术不如楚国的燕国使用。这些铁器是士兵随身兵器在丛葬时未收回，说明燕国钢铁兵器、农具广泛使用，钢剑并不稀珍，当时已掌握了淬火和铸铁退火热处理技术，在中国及世界冶金史上占有重要地位。燕国的铁器及其制造业不仅在燕国中心地区得到较快的发展，而且随着燕国势力范围

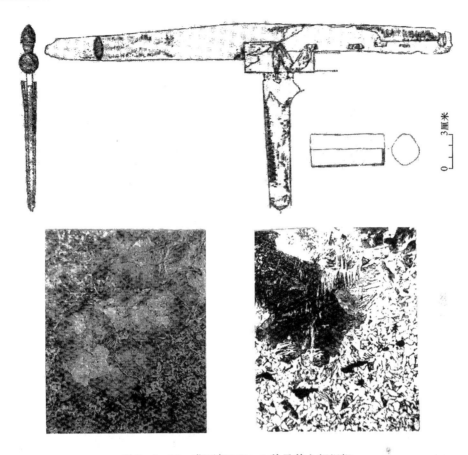

图 7 - 2 - 16　燕下都 M44:9 戟及其金相组织

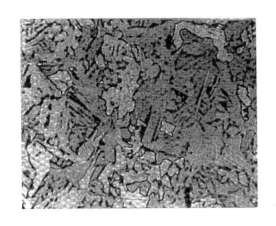

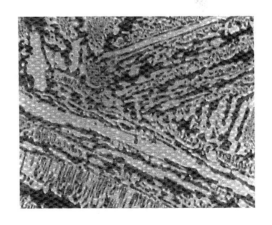

图 7 - 2 - 17　燕下都 M44:115 矛的金相组织　　　　图 7 - 2 - 18　燕下都 M44:123 镢的金相组织

的扩展，而传播至东北地区。其中以辽宁抚顺莲花堡[1]和内蒙古敖汉旗老虎山遗址[2]出土的
铁器数最多、种类全，可作为东北地区燕国系统铁器的代表。

---

① 敖汉旗文化馆，敖汉旗老虎山遗址出土秦汉铁权和战国铁器，考古，1976，(5)：335、336。
② 王增新，辽宁抚顺市莲花堡遗址发掘简报，考古，1964，(6)：286～293。

图 7 - 2 - 19　燕下都 M44：13 锄的金相组织

第三节　山西战国中晚期铁器及冶铁遗址考察与研究

一　山西战国中晚期冶铁遗址的再考察

山西省地处黄河中游，自古以来为人类集聚繁衍声息之地。古代山西地区，尤其是晋南、晋东南及晋中地区，自然条件优越，为发展农业生产提供了便利条件；其山川形式和地理位置也具有军事上、政治上的重要战略意义。战国时期经济的飞速发展、社会体制的变更、各族文化的互相融合，与铁器在此期间的广泛应用有着重要的关联。三晋铁器在战国时期的发展，在中国冶金史的研究中占有举足轻重的地位。

文献查阅及研究表明，山西出土了目前中国最早的人工冶铁制品[1]、世界上最早的铸铁器残片[2]，属于公元前 5 世纪以前（包括战国时期）考古发现的晋与三晋的铁器有 44 件[3]。属于战国中晚期出土铁器的墓葬及遗址有：侯马乔村墓地[4]、侯马虒祁墓地[5]、长治分水岭墓地[6]、长子孟家庄墓地[7]、屯留后河墓地[8]、临县曜头古城址[9]。主要集中在晋南、晋东南

①　河南省文物考古研究所、三门峡文物工作队，三门峡虢国墓地（第一卷），文物出版社，1999 年，第 559~573 页。

②　韩汝玢，山西天马-曲村遗址出土铁器的鉴定，见：天马-曲村，邹衡主编，科学出版社，2000，第 1178~1180 页。

③　段红梅，晋与三晋东周出土铁器的研究，待刊。

④　侯马文物工作站，侯马乔村战国墓地，见：中国考古学年鉴，文物出版社，1996 年，第 107 页。

⑤　范学谦、王金平，侯马虒祁一只发掘获重要成，1999 年 4 月山西省第四届考古学会论文。

⑥　山西省文物管理委员会，山西长治市分水岭古墓的清理，考古学报，1957，(1)：103~118。

⑦　山西考古研究所，长子孟家庄战国墓地发掘剪报，见：三晋考古（第一辑），山西人民出版社，1994 年，第 288~303 页。

⑧　山西省考古研究所，屯留县后河战国及汉代墓葬，见：中国考古学年鉴，文物出版社，1995 年，第 109 页。

⑨　山西大学历史系考古专业，临县曜头古代城址，见：中国考古学年鉴，文物出版社，1994 年，第 143 页。

地区。另外，运城地区永济赵杏村①、榆次市猫儿岭②，发掘的战国墓葬中也出土了铁器。但是大多数墓葬的简报中对出土的铁器未作详细报道。

对铁器的使用在战国早期以前处于初级阶段；到了战国中晚期，铁器在三晋的使用扩展到了什么程度？对晋国及其周边地区产生了怎么样的影响？回答这些问题应首先对属于战国中晚期的铁器进行考察。

1999 年 4 月，适逢山西省第四次考古学会在山西省吕梁地区离石市召开。段红梅参加这次会议使进一步了解了山西考古事业近几年的发展，山西考古专家和学者提供了有关的资料和线索。会后，段红梅即赴侯马考古工作站、长治晋东南考古工作站、夏县博物馆、翼城文物局、运城地区文物工作站、永济博物馆、榆次文物管理所、临汾钢铁公司矿产科等 15处进行了再考察工作（图 7 - 3 - 1）。

0　25　50　75公里
比例尺1:2000000

图 7 - 3 - 1　山西出土的铁器地点及冶铸遗址考察地点示意图

①　运城地区文物工作站，永济县赵杏村战国至东汉墓葬，见：中国考古学年鉴，文物出版社，1994 年，第 147 页。
②　猫儿岭考古队，1984 年榆次猫儿岭战国墓葬发掘简报，见：三晋考古（第一辑），山西人民出版社，1994 年，第265～287 页。

(一) 临汾地区

1. 侯马乔村墓地[①]

侯马市位于临汾盆地的南缘,春秋时为晋国晚期都成新田所在地,战国时属魏,秦统一沿属绛县。乔村墓地位于山西省侯马市东乔村浍河北岸一级台地上,墓地东西长 2200 米,南北宽 1000 米,总面积约 220 万平方米。自 1959 年至 1996 年间共进行了 17 次考察工作,发掘墓葬 1032 座,年代集中在东周至两汉时期,其中属于战国时期的墓葬为 1014 座。发现竖穴墓周围有围沟的墓葬 40 余座。发掘总面积 88 780 平方米,其出土文物 5000 余件。与以往发现的诸侯、贵族墓地不同的是该片墓地为平民墓地,出土铁器众多、种类齐全,有农具、工具、兵器、生活用具等。初步统计,乔村墓地的 1014 座战国墓葬中,含有铁器的墓葬有 362 座,约占总墓葬的 36%,墓葬中共出土铁器 398 件。其中生产工具有锛 11、铲 6、凿 2、镰 3,计 22 件典型铁器(图 7-3-2)。兵器有环首刀 11 件、剑 8 件、刀 6 件,计 25 件;铁带钩为 271 件(约占出土总数的 68%);铁器中由于损坏或锈蚀严重,未能辨出其型制的有 67 件;另外还有簪、勺、环、枷锁、铁片共计 13 件。

乔村墓地出土文物所包含的地域文化有晋、三晋及秦文化。因此对侯马乔村墓地出土战国铁器的研究将具有一定的代表性。

2. 虒祁墓地

虒祁遗址地处浍河北岸,位于侯马市西南 5 公里处。1996 年 8 月至 1998 年 12 月,为配合侯马冶炼厂生活区建设,山西省考古研究所对侯马市虒祁遗址进行了三次大规模科学发掘,共清理墓葬 950 余座、祭祀坑 900 余座、陶窑 3 座,出土铜、铁、陶、玉、石、骨器等三千多件。该遗址从东向西有夯土建筑、墓地、祭祀区三部分构成,总面积约 50 万平方米,为一处较大规模的春秋晚期至汉代遗址。墓地性质跟乔村墓地相似[②]。

该遗址仍在继续发掘,考察时对 1996～1998 年发掘出土的铁器进行了初步统计,数量约为 173 件,时代为战国,主要集中在战国中晚期。其中生产工具 9 件、兵器 19 件、带钩 79 件、容器 3 件,铁器损伤或锈蚀严重,未能辨别其器型的有 63 件。该墓地出土了铁犁铧。

3. 翼城冶南遗址

翼城县位于山西省临汾盆地南部,在中条山、太岳两山之间。西汉时翼城属河东郡绛县,东汉时为绛邑县。1996 年秋,翼城县冶南村农民在扩大耕地时,发现两块巨大的积铁块及古代冶铁竖炉和大量的铁矿石。目前,大积铁块已碎成数块,其内仍夹有木炭,表明此冶铁竖炉仍使用木炭做燃料。由于冶铁时况不好而使铁水固结炉中,遗留至今。

冶南遗址目前还没有发现能说明其性质的文字材料。但从发现的遗物看,所出的泥质灰陶筒瓦、陶范、陶盆、陶壶等,皆与夏县禹王城汉代遗址中出土的同类物品的型制、纹饰、工艺相近,故时代应与之相当,为西汉中晚期。冶南遗址有可能作为绛的铁官所在地[③]。采集品:积铁、炉壁(有的仍可见铁珠)、耐火砖、容器陶范、玻璃态铁渣、瓦片等;在一竖

---

① 山西省考古研究所,侯马乔村墓地——1959~1996(中),科学出版社,2004 年,第 1200 页。

② 范文博、王舍平,侯马虒祁遗址发掘获重要成果,1999 年 4 月山西省第四届考古学会论文。

③ 山西省考古研究所、翼城县文化管理所,翼城冶南遗址调查报告,山西省第四届考古学会论文集,第 96~101 页。

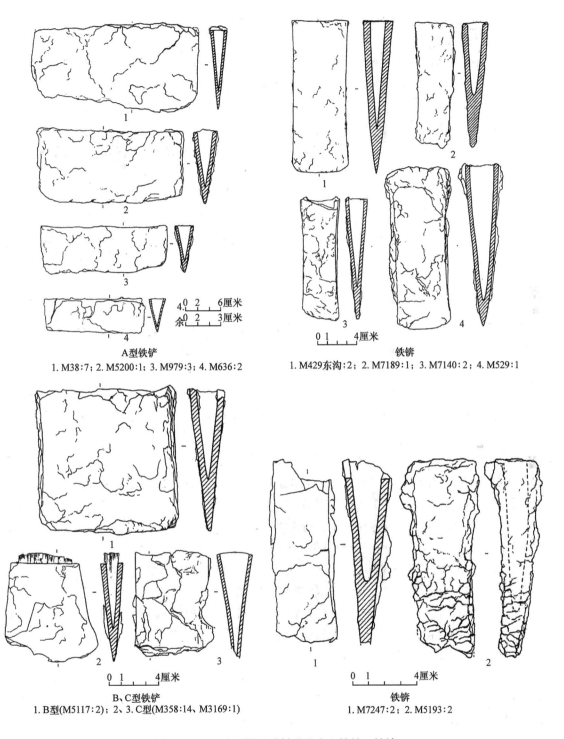

A型铁铲
1. M38:7；2. M5200:1；3. M979:3；4. M636:2

铁锛
1. M429东沟:2；2. M7189:1；3. M7140:2；4. M529:1

B、C型铁铲
1. B型(M5117:2)；2、3. C型(M358:14、M3169:1)

铁锛
1. M7247:2；2. M5193:2

图 7-3-2 山西侯马乔村墓地出土铁铲、铁锛

井遗址附近发现了两块矿石：一块重 196 克，磁铁矿；另一块重 97 克，为磁黄铁矿。

4. 二峰山铁矿

二峰山位于晋南临汾盆地内，距临汾钢铁公司很近。这里有富铁富铜矿床，成矿条件良好，矿点多、品位丰、易选易炼。以二峰山北山角和张家坡铁矿为代表[①]。

矿石以富铁矿为主。如北三角矿区，全铁平均品位为 44.77%，最高达 68%；其中一号主矿体平均品位为 48.13%，矿石中含磷在 0.05% 以下，含硫约 0.04%，但部分矿石为高硫矿。矿石矿物为磁铁矿、赤铁矿、假象赤铁矿、褐铁矿、硫铁矿、黄铜矿等。脉石矿物为方解石、云母、透辉石、角闪石、绿泥石、绿帘石等。

二峰山为坑下矿，标高 870 米，海拔 1100 米，二峰山一号主体矿中曾发现过老窿；采集到二峰山铁矿石一块，重约 5 公斤。

由此可见，翼城冶南遗址在冶铁技术上与夏县禹王城遗址应该有一定的联系，其铁矿来源与临汾盆地的二峰山铁矿的关系有待进一步研究。

(二) 长治市

长治市位于太行山西麓潞安盆地，是晋东南政治、经济、文化中心。长治地区在春秋时期属晋，战国时称之为“上党”，为韩、赵、魏三国交错地带，地势险要，在军事上和交通上处于重要的位置。从三家分晋到秦昭王时，上党郡守降赵，140 多年的时间，长治一带均属韩。[②]

长治出土战国铁器的墓地主要在分水岭、长子孟家庄、屯留后河、潞城潞河等四处。

1. 分水岭墓地

长治市北城墙外，有一台地，名曰“分水岭”，高出地面 10 米左右，面积约为 30 万平方米。1955 年发掘的分水岭 M12 出土铁器有镢 4 件、斧 5 件、凿 1 件、锥 1 件；M14 出土的铁器有铲 3 件、凿 1 件、镢和斧之类 5 件，同类器物形状与 M12 出土的相同，但锈蚀严重[③]。1959～1961 年对分水岭战国墓进行再发掘，出土铁器有铁镢 8 件，出土墓号及数量分别是 M21（1 件）、M35（3 件）、铁带钩 4 件（M27、M32、M40、M48 各一件）、残铁器 1 件（M20）[④]；1965 年 5 月发掘的 M126，出土铁锛 2 件（1 件完整）、铁铲一件（残甚）[⑤]。从统计材料看，分水岭墓地共计出土战国时期铁器 36 件。

分水岭墓地发掘年代较早，出土铁器曾调出在全国各地展览，至今有些铁器去向不明。段红梅在长治市博物馆库房看到了长治分水岭出土的铁器约 9 件：锛 2 件、刀 3 件、镜 4 面等，可惜记录不详，墓号、年代不能确定。

80 年代到 90 年代发掘的潞河潞城、长子孟家庄、屯留后河墓地的资料都发过简报，但对出土铁器未做系统报道。段红梅在长治晋东南考古工作站库房整理、统计这三处墓地出土的属战国中晚期的铁器共计 53 件，主要是带钩 37 件、兵器 9 件、农工具 4 件、其他 3 件。

---

①　临汾地区塔儿山-老山地质普查报告，(1966～1975 年)，中国地质矿产信息研究院地矿部地质资料馆保存。
②　边成修、李奉山，长治分水岭 269、270 号东周墓，考古学报，1974，(2)：84～86。
③　山西省文物管理委员会，山西长治分水岭古墓的清理，考古学报，1957，(1)：103～118。
④　山西省文物管理委员会、陕西省考古研究所，山西长治分水岭战国墓第二次发掘，考古，1964 (3)：113～137。
⑤　边修成，山西长治分水岭 126 号墓发掘简报，文物，1972，(4)：38～43。

2. 潞城潞河墓地

潞城墓群分布在潞河村背山面水的向阳坡上，1983~1984 年发掘，发掘报告中有关随葬器物中未提到铁器[1]。段红梅考察时发现这里现在民居集中，房屋建筑压在古墓上，现居民住的窑洞壁上到处可见到坚硬的墓葬夯土。在晋东南考察工作库房整理时发现潞城潞河墓地出土的 4 件铁器：有铲 1 件（M?）、剑 2 件（M21、M22）、带钩 1 件（M16）。

3. 长子孟家庄墓地

孟家庄位于长子县城西南约 1.5 公里处，整个墓地分布于孟家庄村北的一块比周围地区高出 3~4 米的台地上。1988~1989 年春，山西省考古研究所晋东南工作站在长子孟家庄发掘战国墓地 24 座，出土铁带钩 4 件[2]。孟家庄墓地现在是两个砖窑厂，现在还可看到文化层。在晋东南考古工作站库房整理发现长子孟家庄墓地出土的 5 件铁器，有带钩 4 件（M9、M25、M34、M? 各一件）、铁器 1 件（M17）。

4. 屯留后河墓地

墓地位于长治县城西北约 4 公里处，墓群分布在后河、后庄、前庄、和东坨等几个村之间，1994 年配合潞安矿务局屯留矿井建设，发掘清理古墓葬 154 座，绝大部分墓葬的年代为战国时期，部分为汉代。墓葬随葬品中铁器有剑、带钩等[3]。屯留后河墓地现在是潞安煤矿待开发的矿区。在长治晋东南考古工作站整理屯留后河墓地出土铁器 45 件。

（三）运城地区

1. 永济赵杏村墓地

1993 年运城地区文物工作站在赵杏村清理墓葬 252 座，其中战国墓 138 座，墓葬中出土有铁器。这批文物移交到永济博物馆。考古发现赵杏村墓地出土的战国铁器 11 件，分别是：锛 1 件，完整；锤 1 件，完整；剑 1 件，残；带钩 6 件，残；斧 1 件，完整；铁器 1 件，残[4]。

2. 夏县禹王城冶铸遗址

夏县禹王城是全国重点文物保护单位，位于晋南西北约 7.5 公里处，隶属山西省夏县禹王乡。据考证，禹王城即古安邑，亦即春秋战国时的魏国国都，秦、汉及晋的河东郡治。

禹王城城址共分大城、中城、小城和禹王庙四部分，小城在大城的中央，禹王庙在小城的东南角，中城在大城的东南部。

禹王城遗址内的手工业作坊，从东周一直延续到东汉，作坊规模较大，其分工很细，工艺水平较高，应是当时一处很重要的官营手工业作坊。禹王城战国中晚期的铸范技术与侯马铸铜作坊遗址、禹王城汉代叠铸范技术应有承接关系[5]。

段红梅再考察时对大城（战国时期冶铸遗址）、小城（汉代冶铸遗址）进行现场考察。大城、小城现在皆为农田。在大城中采集到有铁渣、木炭、炉壁块、炉衬、残铁块、农具

① 山西省考古研究所、山西省晋东南地区文化局，山西省潞城县潞河战国墓，文物，1986，(6)：1~19。

② 山西省考古研究所，长子孟家庄战国墓地发掘简报，见：三晋考古（第一辑），山西人民出版社，1994 年，第288~303 页。

③ 山西省考古研究所，屯留县后河汉代墓葬，见：中国考古学年鉴，文物出版社，1995 年，第 109 页。

④ 运城地区文物工作站，永济县赵杏村战国至东汉墓葬，见：中国考古学年鉴，文物出版社，1994 年，第 147 页。

⑤ 山西省考古研究所，山西考古四十年，山西人民出版社，1994 年，第 198~204 页。

范、陶质水管等。报告中提到的铁锛出自大城灰坑（时代为战国），通长为 9.6 厘米、尾部宽 4.7～5.2 厘米，壁厚 0.4 厘米，刃部宽 4.3 厘米、厚 2.4 厘米。此铁锛完整，颜色灰亮，没有锈迹，长达 2500 年仍能保存如此完好，实属罕见。小城中采集的冶铸遗物有炉衬、铁渣、积铁残块、容器陶范、汉代瓦当等。

（四）榆次市

榆次猫儿岭墓地位于山西省榆次市区以东 0.5 公里处，在南北长近 3000 米、东西长 1500 米的范围内，古墓葬分布十分密集，是一处始自东周、下至明清的古墓区。1984 年为配合榆次市东顺城街的扩建工程，猫儿岭考古队对面积约 5 万平方米古墓群进行了钻探、发掘，共钻探出不同时代的墓葬 235 座，其中战国墓 153 座[①]。

段红梅再考察时，在榆次市文管所发现了在猫儿岭气象局、地区电业局、铁三局等 13 处出土的属于战国中晚期的铁器或采集品约 68 件，其中镢 1 件、锛 4 件、剑 12 件、环首刀 3 件、铁刀 2 件、带钩 40 件、其他 5 件。由于经验不足，只对铁器的种类和数量进行了统计。

（五）其他市、地区

吕梁地区临县曜头古遗址。曜头古城遗址位于山西吕梁地区临县城东北 18 公里处，在曜头乡郝峪塌与南庄村之间的黄土山梁周围。1993 年山西大学历史系考古专业调查并采集到的铁器有铁鼎、斧等，时代为战国[②]。这批铁器的去向未考察到。

二 山西侯马地区出土战国铁器的金相学研究[③]

综上所述，山西属于战国中晚期的出土铁器有 730 余件，其来源与取样数量见表 7-3-1。由表 7-3-1 可见铁器主要分布于山西侯马的乔村墓地和虒祁墓地。取样铁器的种类及在各墓地的分布见表 7-3-2。由表 7-3-2 可见，取样铁器共有 130 件，主要分布在侯马的乔村墓地计 24 件，占取样总数的 18%；侯马虒祁墓地 52 件，占 40%；侯马总计取样 76 件，占 58%。样品的保存状况见表 7-3-3。

表 7-3-1 山西战国时期铁器数量、来源及取样数量统计

铁器来源地	铁器总数（件）	取样数量（件）
侯马	398（乔村）＋173（虒祁）	24＋52
长治	36（分水岭）＋53（其他三处）	31（其他三处）
榆次	68	21
永济赵杏村	11	2
合计	739	130

---

① 猫儿岭考古队，1984 年榆次猫儿岭战国墓葬发掘简报，见：三晋考古（第一辑），山西人民出版社，1994 年，第 265～287 页。

② 山西大学历史系考古专业，临县曜头古城址，见：中国考古学年鉴，文物出版社，1994 年，第 143 页。

③ 段红梅，北京科技大学科学技术史专业 2001 年博士学位论文。

表 7-3-2　山西取样铁器的种类及在各墓地的分布（年代为战国中晚期）

	侯马		长治（韩）			榆次市猫儿岭（赵）	永济赵杏村（魏）	合计	各种类所占比例
	乔村墓地	厭祈墓地	屯留后河	长子孟家庄	潞城潞河				
生产工具	锛3、铲4、镰2、爪镰1	犁铧1、铲1、凿1、锛1	铲2			镢1、锛3	锛1	22	17%
兵器	刀2、环首刀2、剑2	环首刀6、刀1、铜镦铁柄2	环首刀3、剑2、匕首1、铁刀1、小铁刀1、箭镞1			剑7、环首刀1、刀1		33	25%
装饰品	带钩6	带钩33	带钩17			带钩7		63	48%
容器		釜1、罐1					釜1	3	2%
其他	枷锁1、铁片1	铁器4	方铁环1、钉1、铁器1			残铁器（小刀?）1		11	8%
合计	76		31			21	2	130	
各遗址取样占总数的比例	58%		24%			16%	2%	100%	

表 7-3-3　山西战国中晚期取样样品的保存状况

锈蚀状况 \ 样品来源		侯马	长治	榆次猫儿岭	赵杏村	小计	合计
未锈蚀	农工具	犁铧1、锛3、铲3、镰1	铲2	锛2、镢1	锛1	14	60
	兵器	环首刀1	刀1、环首刀3、剑2、匕首1	带钩1		11	
	生活用品	带钩12、釜1、罐1	带钩15	剑2、环首刀1	釜1	31	
	其他	铁器1	方铁环1、钉1、铁器1			4	
锈蚀	农工具	锛1、凿1、铲2、镰1、铚1		锛1		7	70
	兵器	刀3、环首刀7、剑2、铜铤铁镞2	小刀1、箭镞1	刀1、剑5		22	
	生活用品	带钩27	带钩2	带钩6		35	
	其他	枷锁1、铁片1、铁器3		铁器1		6	
合计		76	31	21	2		130

从表 7-3-3 中可见属于战国中晚期出土的铁器（图 7-3-3），取生产工具 21 件、未锈蚀 14 件；兵器取样 33 件、未锈蚀 11 件；生活工具未锈蚀 31 件，鉴定的铁器样品已涵盖出土的各类铁器，可提供战国中晚期这一地区铁器使用及冶铁技术发展的宝贵实物资料。

（一）乔村墓地

乔村墓地出土铁器锈蚀严重，保存较差，未锈蚀的铁器 7 件为锛 3 件、铲 2 件、削 1

件、带钩1件，出于7座墓葬。考古工作者根据墓葬形制、陶器类型、墓葬分期与年代、将整个墓地分为九期。鉴定铁器铲M636:2出自战国早期墓，锛M429:1、M5150:2、M5193，铲M797:3、M7193及带钩M778:1，均出自战国中期墓葬，其典型铁器如图7-3-4。其金相结果见表7-3-4及图7-3-4至图7-3-6。

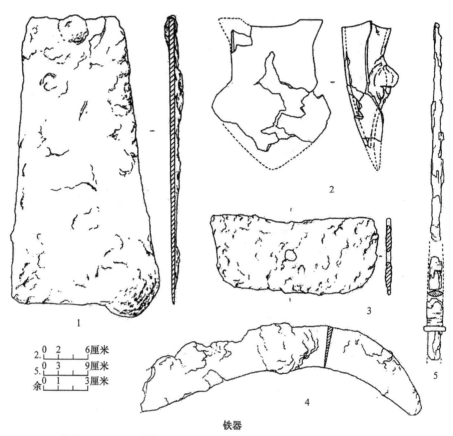

2. 0 2 6厘米
5. 0 3 9厘米
余 0 1 3厘米

铁器

1.铁片(M327:4)；2.犁铧(M624:28)；3.铤(M422:9)；4.镰(M345:3)；5.剑(M358:4)

图7-3-3 山西侯马乔村墓地出土的铁器

表7-3-4 侯马乔村墓地出土铁器的金相分析结果

编号	铁器名称	取样部位	金相组织	墓葬年代	制作工艺
6308	锛 M429:1	残块	共晶白口铁	战国中期	铸造
6306	锛 M5150:2	銎口残断处	共晶白口铁及亚共晶白口铁	战国中期	铸造
6307	锛 M5193	銎口	共晶白口铁	战国中期	铸造
6332	铲 M797:3	刃部	共晶白口铁	战国中期	铸造
6309	铲 M636:2	銎部及刃部各取1	中心部分为亚共晶白口铁，边部脱碳为铁素体，中间为过渡组织，珠光体和铁素体	战国早期	铸造后经过脱碳处理（图7-3-4）
6327	削 M7193	残块	淬火马氏体及屈氏体组织，含碳不均匀	战国中期	铸造后退火并淬火（图7-3-5）
6324	带钩 M778:1	残块	含碳0.2%～0.75%，组织不均匀，并有魏氏组织	战国中期	铸造后退火锻打（图7-3-6）

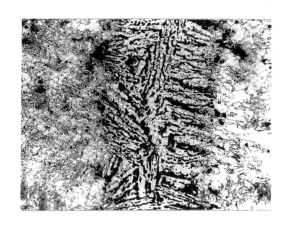

图 7 - 3 - 4　铲 M636:2 (6309) 刃部金相组织

图 7 - 3 - 5　削 M7193 (6327) 淬火组织

　　在锈蚀了的铁器样品中，由于原组织不
同，残留原组织的痕迹也不同。尽管样品已
完全矿化，但是原来组织中存在的组织和成
分的差异，锈蚀矿化后仍会存在差别，在金
相显微镜或扫描电子显微镜下仔细观察，尚
可见未锈蚀的金属颗粒和原组织的一些痕迹。
如 6318 釜在锈层中可见白口铁组织的痕迹，
见图 7 - 3 - 7。6333 铲 (M5117:2) 锈层可见
少量残留金属、珠光体组织痕迹及片状石墨，
图 7 - 3 - 8；6310 铁片 (M327:4) 锈层中也可
见团絮状石墨痕迹。6329 剑 (M3170:3) 可见
锈层中的针状析出物，图 7 - 3 - 9。

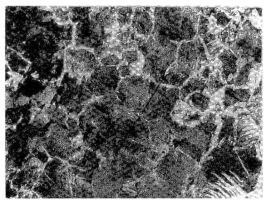

图 7 - 3 - 6　带钩 M778:1 (6324) 魏氏组织

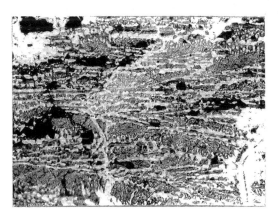

图 7 - 3 - 7　釜 (6318) 锈层中的白口铁痕迹

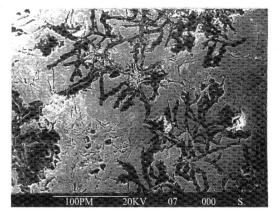

图 7 - 3 - 8　铲 M5117:2 (6333) 锈层中残留原
组织痕迹

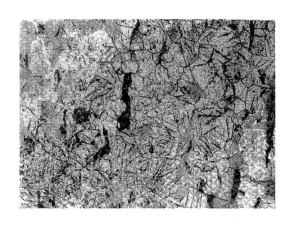

图 7-3-9　剑 M3170（6329）锈层中的
针状析出物

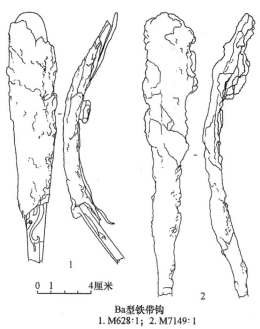

0　1　　　4厘米

Ba型铁带钩
1. M628:1；2. M7149:1

图 7-3-10　琵琶形铁带钩

乔村墓地经过鉴定的带钩共 3 件，琵琶型 M5141:1（6322）、M628:1（6325）、棒型 M7112:3（6322），三件带钩编号为 6325、6323、6322 镶嵌有金银错。对这三件金银错带钩除了对其铁制部分做了金相鉴定，也对其错金银的材料进行了成分及加工作了初步分析。琵琶型带钩 M628:1（6325），保存较完整，钩面错金，钩背包了一层银片，见图 7-3-10，分别从金、银片中取样。琵琶型带钩 M4291（6232），残，钩面镶金，图案与前者不同，从金片取样。金、银质地软，在制样过程中容易出现划痕，需要特别注意。制好的样品经磨光、抛光后，用王水加少许铬酸酐浸蚀，然后利用扫描电镜及其能谱仪对金、银样品进行了金相和成分分析，结果见表7-3-5。

表 7-3-5　乔村墓地出土错金银带钩中金银片扫描电镜能谱分析结果

出土墓号	样品编号	扫描电镜观察结果及金银成分	图号
M5141:1	6322	带钩为棒型，实物如图 7-3-12 所示，错银片位于钩体中，银片从两边以不同形状镶嵌于金属中，见图 7-3-11；镶嵌的银片几乎为纯银	图 7-3-11 和 图 7-3-12
M4291:1	6323	带钩为琵琶型，钩面镶嵌为纯金片，金片的组织为锻打组织；钩体锈蚀严重，另一条为金银合金，镶嵌于金属中；其成分为金 92.9%，银 2.7%，铜 1.4%，磷 3.0%	图 7-3-13 和 图 7-3-14
M628:1	6325	带钩为琵琶型，实物如图 7-3-10，钩面镶嵌金片，金片成分：金 85.2%，银 9.0%，铜 1.6%，磷 2.6%，氯 1.5%；钩背银片成分：金 1.1%，银 92.6%，氯 6.2%	

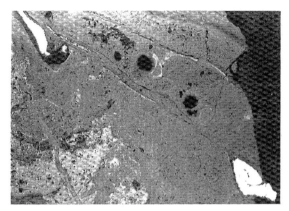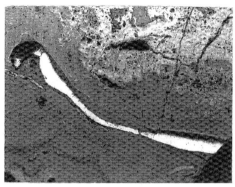

图 7-3-11　镶嵌银片的铁带钩 M5141:1 (6322)

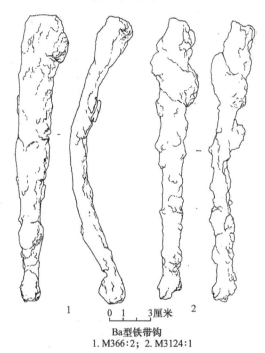

1　　　0　1　　3厘米　　2

Ba型铁带钩
1. M366:2；2. M3124:1

图 7-3-12　棒形铁带钩

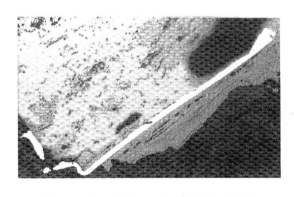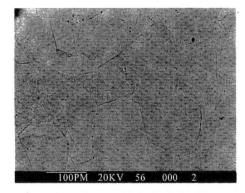

图 7-3-13　带钩 6323j (M4291) 钩体中　　　　图 7-3-14　金片 6323j 扫描电镜下背散射图像
　　　　　镶嵌的金片　　　　　　　　　　　　　　　　晶粒中有滑移带

　　带钩 6324（M778：1）根据组织形貌及夹杂分布可以断定其制作工艺为铸铁脱碳钢外，其他带钩由于锈蚀严重，制作工艺未能判定。

　　错金银带钩中金银片成分主要有四类：纯金、纯银、以金为主的合金、以银为主的合金。鉴定的结果表明，不同墓葬出土的带钩镶嵌工艺使用的金、银及其合金成色不一致。

（二）虒祁墓地

　　虒祁墓地型制与乔村墓地相似，报告尚未发表。对 1996 年至 1998 年发掘的战国中晚期墓葬取样 52 件，其中未锈蚀的铁器 17 件，即犁铧 1 件、铲 1 件、环首刀 1 件、釜及罐各 1 件、残铁器 1 件、带钩 11 件，出自 17 座墓，金相鉴定结果见表 7-3-6。

　　金相结果表明 17 件铁器样品，除 6366 带钩 M1368 因样品中残留金属太少，制作工艺不好判定外，其余 16 件均为白口铁铸件。10 件带钩中有 9 件由白口铁铸成，其含碳量略有不同。6382 带钩 M1253，铸铁脱碳处理后又经过锻打；6338 环首刀 M2163 为含碳 0.2%～0.3%组织均匀的铸铁脱碳钢。

表 7-3-6　侯马虒祁墓地取样未锈蚀的铁器金相分析结果

编号	名称	墓号	金相结果	取样部位	制作	图号
6342	犁铧	M2138	中心部位为过共晶白口铁；边部脱碳为铁素体，晶粒度 5 级	填土中出残块	脱碳铸铁	图 7-3-15
6335	铲	M2327	共晶白口铁	填土中出残块	铸	
6338	环首刀	M2163	铁素体加珠光体，含碳量约 0.24%，组织均匀，有铸造缩孔	残块	铸铁脱碳钢	图 7-3-16
6384	带钩	M1210	白口铁组织痕迹	残块	铸	
6349	带钩	M1222	过共晶白口铁组织痕迹	残块	铸	
6379	带钩	M1235	过共晶白口铁组织	残块	铸	
6382	带钩	M1253	铁素体组织，晶粒中有明显的浮凸组织，偶见球状石墨，有锻打痕迹	残块	铸铁脱碳钢	图 7-3-17
6366	带钩	M1368	铁素体加少量珠光体，残留金属太少	残块	不好判定	
6383	带钩	M2001	过白口铁组织痕迹	残块	铸	
6355	带钩	M2034	白口铁组织痕迹	残块	铸	
6353	带钩	M2088	白口铁组织	残块	铸	
6352	带钩	M2126	白口铁组织痕迹	残块	铸	
6343	带钩	M2152	白口铁组织及其痕迹	残块	铸	
6368	带钩	M2298	亚共晶白口铁组织及其痕迹	完成，口沿处取样	铸	图 7-3-18
6374	釜	M2189	亚共晶白口铁组织，有二次团絮状石墨析出	完整，口沿处取样	铸	图 7-3-19
6375	罐	M2184	亚共晶白口铁及其痕迹	残块	铸	图 7-3-20
6378	铁器	M2326	亚共晶白口铁	残块	铸	

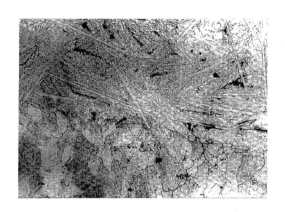

图 7 - 3 - 15　侯马虒祁 M2138 犁铧（6342）
金相组织

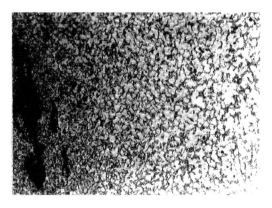

图 7 - 3 - 16　侯马虒祁 M2163 环首刀（6338）
金相组织

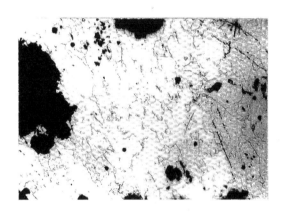

图 7 - 3 - 17　侯马虒祁 M1253 带钩（6382）
金相组织

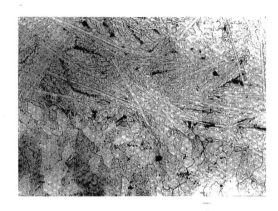

图 7 - 3 - 18　侯马虒祁 M2298 带钩（6368）
金相组织

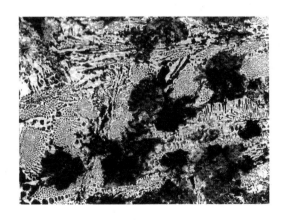

图 7 - 3 - 19　侯马虒祁 M2189 釜（6374）
金相组织

图 7 - 3 - 20　侯马虒祁 M2184 罐（6375）
金相组织

（三）长治三处墓地

三处墓地取样 33 件进行金相鉴定，以 TM 代表长治屯留后河墓出土铁器，LM 代表长

治潞河潞城墓地出土铁器，ZM 代表长治长子孟家庄出土铁器。33 件样品中有 29 件可观察
到金相组织，其中生产工具 4 件（镬 1、铲 2、削 1），兵器 7 件（环首刀 3、剑 2、匕首 1、
铁刀 1），带钩 15 件，还有钉、方铁环及残铁器各 1 件。29 件铁器的鉴定结果见表 7-3-7。
26 件是由白口铁铸成的器物，约占 90%；16 件是铸后又经过退火处理的，约占 60%，显示
的金相组织有亚共晶和过共晶白口铁、脱碳铸铁、黑心韧性铸铁及不同含碳量的铸铁脱碳
钢。值得重视的是 4 件生产工具均经过脱碳处理。7 件兵器显示的铁素体和珠光体组织均
匀，又铸造缩孔，偶见有球状石墨，夹杂物少，只是含碳量略有不同。表明长治出土的兵
器，均为优质的铸铁脱碳钢制成，TM43 铁刀制成后经过了淬火。15 件带钩出自屯留 12
件、潞河 1 件、孟家庄 2 件，除带钩 ZM9 残留金属太少，制作工艺不能判定，只测定其为
镶嵌金片，余 14 件带钩均为白口铁制成，其中 5 件还经过退火处理，显示的是脱碳铸铁及
黑心韧性铸铁组织。6416 钉 TM2 经过淬火。以上这批铁器的金相分析可以明显看出长治三
处墓地出土钢铁制品在当时是处于先进地位。

表 7-3-7 山西长治出土铁器取样金相分析报告

编号	名称	墓号	金相观察	材质	制作工艺	图号
6422	铲	TM156	中部组织为过共晶白口铁，边部为铁素体加少量珠光体	过共晶白口铁脱碳	铸铁脱碳	
6401	环首刀	TM6	铁素体加珠光体，组织均匀，晶粒度 8 级，含碳量平均为 0.27%	铸铁脱碳钢	铸铁脱碳	图 7-3-21
6403	环首刀	TM78	铁素体加珠光体，含碳量介于 0.15%～0.27%，有铸造缩孔，偶见球状石墨	铸铁脱碳钢	铸铁脱碳	
6402	环首刀	TM122	铁素体加珠光体，含碳量介于 0.23%～0.38%，有铸造缩孔，偶见球状石墨	铸铁脱碳钢	铸铁脱碳	
6405	匕首	TM120	铁素体加珠光体，组织不均匀，含碳量平均 0.31%，有浮凸组织，偶见球状石墨	铸铁脱碳钢	铸铁脱碳	
6410	铁刀	TM43	细针状马氏加少量残余奥氏体	钢	淬火	图 7-3-22
6421	带钩	TM5	中间组织为共晶白口铁，向边部依次为球状珠光体、铁素体加片层状珠光体	共晶白口铁脱碳	铸铁脱碳	图 7-3-23
6413	带钩	TM20	亚共晶白口铁及铁素体	亚共晶白口铁	铸铁脱碳	
6408	带钩	TM25A	亚共晶白口铁	亚共晶白口铁	铸	
6411	带钩	TM38	过共晶白口铁基体上分布着许多小球状石墨	过共晶白口铁	铸铁退火	
6414	带钩	TM52	过共晶白口铁组织	过共晶白口铁	铸	
6409	带钩	TM56	亚共晶白口铁痕迹	亚共晶白口铁	铸	
6404	带钩	TM78	过共晶白口铁基体上有许多二次石墨析出	黑心铸铁	铸后退火	图 7-3-24
6419	带钩	TM115	铁素体基体上分布着许多团絮状石墨，晶粒度 6～5 级	亚共晶白口铁	铸铁脱碳	

续表

编号	名称	墓号	金相观察	材质	制作工艺	图号
6412	带钩	TM116	亚共晶白口铁组织	亚共晶白口铁	铸	
6406	带钩	TM120	铁素体加珠光体	脱碳铸铁	铸铁脱碳	
6417	带钩	TM133	中间组织为共晶白口铁，边部脱碳为片状珠光体	共晶白口铁脱碳	铸铁脱碳	
5416	钉	TM2	淬火组织，含碳量不均匀	亚共析钢	不能确定	
6424	带钩	ZM9	组织中部为铁素体，晶粒度5级，部分为铁素体加少许珠光体，有金片镶嵌在铁素体组织中	钢	不能确定	
6425	带钩	ZM34	过共晶白口铁组织	过共晶白口铁	铸	
6423	铁器	ZM17	铁素体组织中有浮凸	块炼铁	块练铁	
6431	铲	LM?	中部组织为白口铁，边部脱碳为片层状珠光体	白口铁脱碳	铸铁脱碳	图7-3-25
6429	剑	LM21	铁素体，晶粒度5~8级，含碳量0.09%~0.14%，偶见球状石墨，铁素体中有浮凸组织	铸铁脱碳钢	铸铁脱碳	
6430	剑	LM22	铁素体，晶粒度7级，含碳平均0.14%，偶见球状石墨	铸铁脱碳钢	铸铁脱碳	图7-3-26
6428	带钩	LM16	亚共晶白口铁组织遗迹	亚共晶白口铁	铸	
669	削		中心为共晶白口铁，边部脱碳为过共析钢	白口铁脱碳	铸铁脱碳	
701	镢		中心为白口铁，边部依次脱碳为共过析钢，铁素体加珠光体	白口铁脱碳	铸铁脱碳	

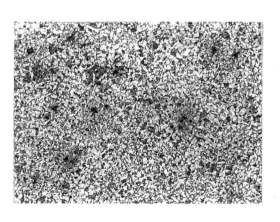

图7-3-21　长治屯留后河墓TM6环首刀（6401）金相组织

图7-3-22　长治屯留后河墓TM43刀（6410）的淬火组织

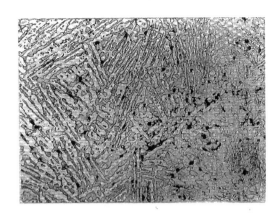

图 7 - 3 - 23　长治屯留后河墓 TM5 带钩（6421）
　　　　　　金相组织

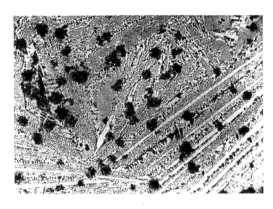

图 7 - 3 - 24　TM78 带钩（6404）金相组织

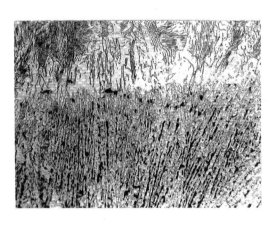

图 7 - 3 - 25　铲 LM（6431）金相组织

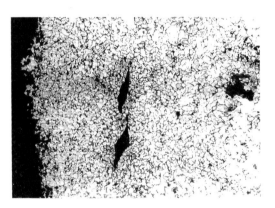

图 7 - 3 - 26　剑 LM22（6430）金相组织

（四）榆次猫儿岭

　　榆次猫儿岭出土属于战国时期铁器约 70 件，取样 21 件，仅 7 件做了金相组织鉴定。生产工具锛 2、镢 1 共 3 件，兵器剑 2、环首刀 1 共 3 件，还有带钩 1 件。鉴定结果见表 7 - 3 - 8。3 件生产工具均为白口铁铸造，3 件兵器均为铸铁脱碳钢制品。

表 7 - 3 - 8　山西榆次猫儿岭取样铁器的金相鉴定结果

编号	名称	墓号	金相观察	材质	制作工艺	图号
6503	镢	M7	共晶白口铁组织，有大量二次石墨析出	共晶白口铁	铸	图 7 - 3 - 27
6516	锛	M134	共晶白口铁，有少量二次石墨析出	共晶白口铁	铸	
6514	锛	M144	过共晶白口铁组织，有二次石墨析出	过共晶白口铁	铸	
6523	剑	M1	铁素体，含碳量低于 0.1%，晶粒细小，晶粒度 8 级，偶见球状石墨	铸铁脱碳钢	铸铁脱碳	图 7 - 3 - 28

续表

编号	名称	墓号	金相观察	材质	制作工艺	图号
6519	剑	M2	残留金属少，铁素体加少量珠光体，晶粒度7～8级，含碳量平均低于0.1%，边部含碳略高	铸铁脱碳钢	铸铁脱碳钢	
6513	环首刀	M1	铁素体细小，组织均匀，有铸造缩孔	铸铁脱碳钢	铸铁脱碳钢	图7-3-29
6510	带钩	M3	铁素体加珠光组织，夹杂沿一定方向分布	块炼渗碳钢	块练铁渗碳	

（五）运城地区

永济赵杏村出土属于战国时期铁器11件，多件锈蚀严重，仅鉴定2件。M157出土锛为白口铁铸后经过脱碳处理；M91釜为过共晶白口铁。

夏县禹王城属于战国的大城灰坑中采集到1件铁锛，器型完整，保存完好。在其上取"毛刺"样品，金相组织为全铁素体，有单相夹杂及铸造缺陷，表明锛铸后经过脱碳处理。

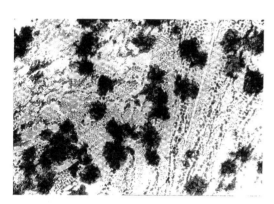

图7-3-27 长治猫儿岭M7镢（6503）
金相组织

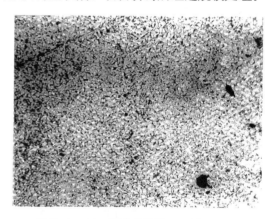

图7-3-28 长治猫儿岭M1剑（6523）
金相组织

图7-3-29 长治猫儿岭M1环首刀（6513）
金相组织

小结：以上各墓出土未锈蚀 69 件铁器样品制作工艺见表 7-3-9。60 件铁器中 54 件为白口铁铸造，占 90％；其中 22 件经过退火处理占 40.7％。侯马地区 23 件铸铁器中 6 件经过退火处理占 26％；长治地区 23 件铸铁器中 12 件经过退火处理占 52.2％。12 件兵器中有 10 件为优质铸铁脱碳钢制成，占 83％。说明山西这一地区的铸铁及其退火技术已经相当普及。

表 7-3-9　取样器物种类及数量与金相组织的关系

组织类型	铁器种类及数量在各地分布				
	侯马	长治	榆次	永济	合计
白口铁	锛 3、铲 2、带钩 9、罐 1、铁器 1、釜 1	带钩 11	镢 1、锛 2	釜 2	32
脱碳铸铁	铲 1、犁铧 1、环首刀 1、带钩 1	铲 2、带钩 3		锛 1	10
铸铁脱碳钢	削 1、带钩 1	环首刀 3、剑 2、匕首 1、方铁环 1	剑 2、环首刀 1		12
块炼铁或渗碳钢		刀 1、钉 1			2
因金属残留较少，夹杂形貌不清，制作工艺不好判断	带钩 1	带钩 1、铁器 1（淬火）	带钩 1		4
小计	24	27	7	2	60

三　三晋地区是战国时期冶铁技术的中心之一

段红梅等对三晋地区出土战国时期的铁器进行了较系统的研究，并论述该地区在战国时期是冶铁技术发达的中心之一。理由是：

（1）属于公元前 5 世纪以前，山西出土铁器的数量是全国最多的省份之一。属于公元前 3 世纪前出土铁器的数量居首位，计 751 件，其中铁带钩数量为 448 件，占总数的 60％。

（2）晋国地区出土目前为止经鉴定人工冶铁最早的铁器，有河南三门峡虢国墓地出土的 3 件兵器，属于公元前 9～前 8 世纪；天马-曲村发现公元前 8 世纪的生铁片 2 件及块炼铁铁条 1 件。

（3）三晋地区在战国时期出土用生铁制作的农具在农业生产中占据主导地位。表 7-3-10 列出生铁农具的数量及制作技术普遍采用白口铁铸制农工具，其中约 50％为改善性能而进行了退火处理。用生铁为原料的制钢技术在铲、削农工具中使用。出土的铁器多发现在平民墓中；在乔村、虒祁、长治、榆次等 400 余座战国墓葬中，常发现有将农具与其他铁器同放于墓室或墓道填土中的情况，说明先进的铁农具已普遍使用，为农业耕作技术的改进提供了条件。

表 7-3-10　三晋地区墓葬出土农具制作工艺

状况　　地区	出土数量	取样数量	未锈蚀铁器的制作工艺分类			锈蚀铁器数量
			白口铁	铸铁脱碳	铸铁脱碳钢	
侯马	31	14	锛 3、铲 4	铲 1、犁铧 1、锛 1	削 1	3
长治	31＋4	9	镢 1、锛 2	镢 1、削 1、铲 2		2
榆次	5	1				1
永济	2	1		锛 1		0
合计	73	25	10	8	1	6

（4）晋国的出土兵器是截至目前为止经鉴定战国时期兵器中首次发现用先进的铸铁脱碳钢制作的。钢兵器的使用地域扩及魏、韩、赵的势力范围（在今天的晋南、晋东南、晋中地区），上述地区墓葬出土优质钢兵器的情况见表 7 - 3 - 11。从形制看，侯马地区出土以短小环首刀、剑为主；榆次猫儿岭以中长剑为主，型制较多，剑面镶嵌有精美图案。从制作工艺看，都采用了铸铁退火工艺，经铸铁脱碳成钢的组织均匀，质地纯净，与燕下都出土的战国时期兵器制作工艺相比，夹杂物明显减少，提高了钢的质量，降低了劳动强度，使兵器能优质批量进行生产。TM43 刀（6410）为淬火钢兵器制品，增添了实物证据。

表 7 - 3 - 11　各地区墓葬出土优质钢铁兵器情况

状况 地区	出土数量	取样数量	未锈蚀铁器的制作工艺分类			锈蚀铁器数量
			铸铁脱碳	铸铁脱碳钢	钢组织工艺不好判定	
侯马	44	15	环首刀1	削1		13
长治	10	9	小铁刀1	环首刀3、剑2、匕首1	刀1	1
榆次	17	9		环首刀1、剑2		6
永济	1	0				0
合计	72	33	2	10	3	20

（5）铸铁带钩出土数量多，其上有错金银或包银，是三晋铁器的地域特点。侯马、长治、榆次、永济共出土铁带钩 437 件，其中侯马地区为 350 件，占出土带钩的 80%。各地区墓葬出土铁带钩情况如表 7 - 3 - 12 所示。28 件带钩的制作工艺都为铸造或铸后退火。错金银带钩各墓地都有出土，其中以侯马乔村墓地为最多。

表 7 - 3 - 12　墓葬出土铁带钩情况

状况 地区	出土数量	取样数量	未锈蚀铁器的制作工艺						锈蚀铁带钩数量
			白口铁	铸铁脱碳	铸铁脱碳钢	韧性铸铁	二次石墨析出	钢组织工艺不好判定	
侯马	350	39	9	1	1			1	27
长治	41	17	8	3		1	2	1	2
榆次	40	7						1	6
永济	6	0							0
合计	437	63	17	4	1	1	2	3	35

侯马乔村平民墓地出土铁带钩 263 件，占出土铁器的 65%，式样主要有四类：耜型、棒型、简单型、琵琶型，每种类型又有大、中、小之分。不少带钩还采用了错金银工艺，钩面纹样自然流畅，线条有粗、细之分，有的钩背还包银片，显示错金银工艺的卓越成就。另外，三晋地区发现带钩的重要地点还有山西长治战国墓地和猫儿岭战国墓地。

乔村墓地同时出土铜带钩近 200 件，分三种类型（见图 7 - 3 - 30）：耜型，形似水禽，体形小巧，钩首多有一对突出眼睛，钩纽圆形，钩面素面或饰变形兽面纹；琵琶型，钩面略呈长方条形，器体较大，钩面错金兽面纹，造型华丽；棍棒型，素面，纽在钩体中部。乔村墓地出土的铁带钩形制上基本与铜带钩一致，或略简单些，数量上多于铜带钩，这是铸铁新材料普遍应用的又一例证。

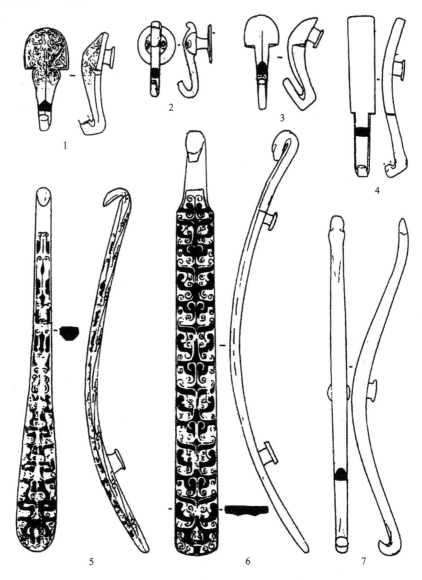

图 7-3-30　乔村墓地出土铜带钩的主要形制

1、2、3. 耜形；4、5、6. 琵琶形；7. 棒形；

比例均为 3∶5

　　带钩的功能主要是束带与佩带，后来逐渐演变为一种时尚，是墓主人地位、财富和身份的象征。乔村墓地不同墓地出土带钩形制的差异、制作中是否进一步镶嵌错金、错银、错金银、错金银后再包银，这些都反映墓主人身份及地位的不同。出土带钩的墓主从陪葬品的多少、葬具、墓葬形制可以看出生前具有的地位或财产。目前为止出土最早（春秋中期—战国早期）的带钩和原始型的带钩均发现于三晋和关中地区，且三晋地区韩、魏两地发现的带钩较多，其次秦、楚、齐、鲁、燕也有一定数量的带钩出土。在山西境内的考察，统计出土战国中晚期的带钩 437 件，为带钩的起源和演变的研究提供大量的素材。铁带钩能大量出现于平民阶层的墓葬中，从铁器的普遍应用及制作技术的日渐成熟和带钩的流行正处在鼎盛时期，或许是一种解释。

（6）晋南地区有丰富的铁矿资源，并发现有冶铸遗址

晋南地区铁矿资源丰富，侯马地区及其附近的铁矿区至少有 12 处，主要以磁铁矿为主，且品位较富。禹王城冶铸遗址的初步调查和研究表明：当时冶铁工匠已有意识地掌握冶炼的配料比例，但控制的不是太好，炉渣中含铁量高；禹王城战国冶铸遗址发现范上多带有浇注口，熔化的金属液通过浇注口进行浇注，比春秋晚期侯马铸铜遗址所出的范另加浇杯的方法更为进步，使用也更为方便。有在一个范上一次浇注数件成品的方法，和侯马铸铜作坊中所出土的带钩、箭镞等一范铸多件的情况是相同的，禹王城汉代冶铸遗址中大量运用更先进的叠铸范浇注工艺。

汉代冶铁规模日趋扩大，禹王城汉代冶铸遗址面积大约 700 万平方米，且分工很细，大城内以铸农具、构件、货币为主；小城以铸容器为主；中城多出土小件叠铸范，其器型有：园承、六角承、齿轮以及各种形状特殊、用途未明的小件，皆保存完整。另外，出土的陶模大多使用过，多留有浇注的痕迹；在极个别的陶模内壁型腔上留有铁痕，用这种陶模制出的疑为铁范。所出陶范的内范芯的含砂比例略高于外范，且夹有一些糠壳类植物，可增加范的透气性，使其在铸件收缩过程中有一定退让性。范内壁上有手写的"东三"，是汉代河东郡铁官所辖第三钢铁作坊的简称，证明"东三"设在汉代安邑即今禹王城遗址之小城内。

翼城冶南遗址是汉代官营冶铁业的又一发现。现存其规模约为 600 米×200 米，是汉时的绛，位于浍河边，有利于冶铁时用水及运输。汉武帝实行冶铁官营，在河东郡设四处铁官，其产品直接供应长安，可见其地位在当时的重要性。

战国时期各国冶铁手工业管理见于记载的主要是对铜兵的记载，其中以韩、赵国境内出土的兵器铭文较多。三晋兵器铭刻铸造地名及职官名。《战国策·韩策》记"天下之强弓劲弩，皆自韩出。——以韩卒之勇，被坚甲，蹠劲弩，一人当百，不足言也。"河南新郑出土的韩国铜兵器至今仍很锋利。对兵器的保存和生产管理，从上到下各有职责"功有不当，必行其罪以穷其情"。不仅设有管理人员，更增设司法人员——司寇，执法从严。战国时期晋及韩、赵、魏三国铜兵器的管理制度见表 7-3-13 所示。

表 7-3-13　晋及韩、赵、魏三国兵器保管和生产管理制度[1]

国别	最高管理官员	司法督造官员	军工主管机构	技术负责和质量检查人员	戈、矛、戟专业生产人员	合金配比
晋	令	司寇	库	工师	冶（冶氏）	
韩	郑令	司寇	库	工师	冶、冶尹（冶氏）	
赵	相邦赵令	左、右校右军	库	工师	冶（冶氏）	执齐
魏	安阳令	司寇	库	工师	冶（冶氏）	

注：1) 李京华：从战国铜器铸范铭文探讨韩国冶铸业管理机构及职官，中国古代冶金技术研究，中州古籍出版社，1994 年，第 153～157 页。

上述诸国铜兵器的管理如此，推测铁兵器冶铸管理制度比其更应完善。禹王城冶铁遗址（战国延续到汉代）发现陶器上拍印有"安亭"铭文，并发现有"东三"铭文的铁器，表明该冶铸作坊属河东郡铁官所辖。

第四节　生铁农具与社会发展

一　秦简中的秦国农业

　　1975 年 12 月在湖北省云梦睡虎地发掘了 12 座秦墓，其中 11 号秦墓棺内出土 1155 支秦简[①]。它记述了秦国自商鞅变法以后，实行以农业生产为主，同时发展林、牧业等多种生产，并且使用牛耕、铁农具，注重水利灌溉；合理播种作物种子，不误农时以及保护山林等自然资源，在秦简中均有相应的律文规定，所以秦国农业得到了很大发展。简文还记述了秦代关于粮食加工与管理的一套完备而具体的制度，从事农业生产的农民和奴隶的情况。这批秦简写作时间是自商鞅立法以后，又经过不断修改、补充，至秦始皇三十年（公元前 217）最后完成。它对于研究战国中期至秦代的农业生产情况，提供了非常珍贵的实物资料[①]。

　　秦孝公商鞅变法时实行"军功爵"制，即按军功的大小赐予爵禄和田宅等。云梦秦简中《秦律十八种·军功爵》条记有："从军当以劳论及赐，……"，使土地私有制得到进一步发展。《秦律十八种·厩苑律》中有律文记载秦代使用牛耕的情况，"以四月、七月、十月、正月膚田牛。卒岁，以正月大课之，最者，赐田啬夫壶酉（酒）束脯，为旱（皂）者除一更，赐牛长日三旬；殿者，訾田啬夫，罚冗皂者二月。其以牛田，牛减絜，治（笞）主者寸十。有（又）里课之，最者，赐田典曰旬；殿，治（笞）三十。"从律文的具体规定可见秦国对牛耕是非常重视的：每年进行四次评比，而正月进行大考核。还在乡里进行考核，根据耕牛饲养的好坏分别给赏赐与惩罚；用牛耕田时，牛的腰围每减瘦一寸，就笞打主事者十下。对牛的繁殖也很重视，秦简的律文中记有具体的规定，对牛的管理制度很严格[①]。

　　战国中期以后考古发现的铁农具有 V 型犁铧冠、锸、锸、锄、镰等，秦国已发现全铁的犁铧，长 25 厘米，上端宽 25 厘米[②]。秦简《秦律十八种·厩苑律》有律文规定"段（假）铁器，销敝不胜而毁者，为用书，受勿责。"反映当时像铁犁铧之类的铁农具，一般老百姓没有，但可向官府借用；如果因太破旧在使用时损坏，只书面报告损耗而不赔偿。

　　在《秦律十八种·仓律》中记有当时谷物入仓，各县以一万石为一积、栎阳以二万石为一积，咸阳以十万石为积而加以排列，反映秦国粮食囤积如山、民富国强的景象。三国时期曹操在《置屯田令》中曾指出："秦人急农兼天下"，意思是说秦国采用重视农业的办法统一了中国。事实上正是秦国和其他诸侯国人民的辛勤劳动，使地主阶级"家给人足"、"积粮如山"的封建经济奠定了秦统一大业雄厚的物质基础。

二　楚国的铁器与农业生产

　　黄展岳 1976 年撰文认为最早冶铁和使用铁器的地区很可能是在楚国[③]。1984 年发表《试论楚国铁器》一文，对楚国所属地区出土春秋与战国时期的铁器进行了较系统的分析，

① 陈振裕，从云梦秦简看秦国的农业生产，农业考古，1985，（1）：127～136。
② 陕西省临潼文化馆，秦始皇陵附近新发现的文物，文物，1973，（5）：66、67。
③ 黄展岳，关于我国开始冶铁和使用铁器的问题，文物，1976，（8）：62～70。

提出了楚国冶铁业出现于春秋以前的可能性是存在的推论①。同年,后德俊撰文记述仅湖南省发掘早期的 17 座楚墓中出土铁器约 20 件,表明公元前 5 世纪以前楚人已使用铁器②。战国中晚期的楚国墓葬中出土铁器种类明显增多,铁器使用的领域日益扩大,考古发现表明铁农具占有相当大的比重。但楚国未发现Ⅴ型铁铧冠,也没有发现铁犁铧,表明牛耕尚未出现。安装铁刃的耒耜、锸、锄等农具数量不少,与《史记·货殖列传》记述"楚越之地,地广人稀,饭稻羹鱼,或火耕而水耨"的生产、生活方式是相适应的。考古资料还说明,在 1964 年长沙所发掘的 186 座战国楚墓中,只有约 10% 的墓中出土铁农具,说明铁农具的普及程度还不高,当时从事农业生产的劳动者仅有少量的铁农具。安装铁口的耒、锸、锄是从事农业劳动的主要用具。

随着铁农具的使用,楚国的农业生产获得了较大发展,《战国策·楚策》中记载"楚天下之强国也。……地方五千里,带甲百万,车千乘,骑万匹,粟支十年,此霸王之资也。"楚国能有"粟支十年",说明粮食储蓄量之大。江陵纪南城楚郢都内陈家台战国铸造作坊遗址西部,发现五处被火烧过的稻米遗址,最大处长约 3.5 米、宽约 1.5 米、厚 5～8 厘米③,这些碳化稻米应是当时手工业作坊为工匠储存粮食的遗物。楚国的统治者还重视对边塞和空旷地的开发垦殖,也是楚国农业生产快速发展的另一个原因。吴起变法时,实行移民垦殖,在《吕氏春秋·贵卒》中曾有记载。④

三 燕国铁农具促进农业生产

战国中期以后,在燕国的广阔疆域内,出土大批铁农具,分布范围相当广泛,出土铁农具的主要地点有:河北省燕下都遗址出土战国时期的铁农具种类有犁、镢、锄、镐,五齿耙、三齿镐、铲、镰、斧等,兴隆大付将沟出土大批农具铸铁范;承德地区各县的战国城址中都普遍出土铁农具;天津战国遗址和墓葬 24 处;内蒙古自治区的奈曼旗沙巴营子⑤、敖汉旗老虎山出土百件铁农具⑥;辽宁鞍山羊草庄⑦、锦州大泥洼⑧、抚顺莲花堡遗址均出土了铲、镰等铁农具⑨。以上考古发现石永士撰文将燕国铁农具按用途分为:翻土农具犁、镢、镐、铲四种,中耕农具有板式锄和六角梯形锄两类;收割工具用的仅有镰和刀两种实物出土;辅助铁农具斧、五齿耙、三齿镐和二齿镐等四种⑩。燕国有种类繁多、系统成套的铁农具,使农业生产采用"深耕易耨"⑪、"耕者且深耨者熟云也"⑫ 的深耕细作技术,促使粮食

---

① 黄展岳,试论楚国铁器,湖南考古辑刊(第 2 集),1984 年,第 142～157 页。
② 后德俊,楚国铁器及其对农业生产的影响,农业考古,1984,(2):66～71。
③ 湖北省博物馆,楚都纪南城的勘察与发现(下),考古学报,1982,(4):493。
④ 刘玉堂,楚国农业的历史考察,农业考古,1984,(3):118～123。
⑤ 李殿福,吉林省西南部燕、秦、汉文化,社会科学战线,1984,(3)。
⑥ 敖汉旗文化馆,敖汉旗老虎山遗址出土秦代铁器和战国铁器,考古,1976,(5)。
⑦ 佟柱臣,考古学上汉代及汉代以前的东北疆域,考古学报,1956,(1):29～42。
⑧ 刘谦,锦州市大泥洼遗址调查记,考古通讯,1955,(4):32～34。
⑨ 王增新,辽宁抚顺莲花堡遗址发掘简报,考古,1964,(6):286～293。
⑩ 石永士,战国时期燕国农业生产的发展,农业考古,1985,(1):113～121,143。
⑪ 《孟子·梁惠王上篇》。
⑫ 《韩非子·外储说右上篇》。

收获量大为增加。燕文侯（公元前 361～前 333）时，已达到了"粟支十年"① 的粮食储备。燕下都第 30 号墓出土的陶仓模型，反映了燕国农业生产的迅速发展和收获量剧增的情况。燕国的走马、吠犬和骆驼，已成为当时各诸侯国闻名的牲畜②；燕国的枣、栗也是当时著名的土特产品。史书记载"燕代田锄而事蚕"③，"北有枣栗之利，名虽不由田作，枣栗之实足食名矣"④，正是燕国牲畜业、桑蚕业和枣栗栽培相当发展的真实写照。

铁农具在燕国广泛使用，促进了农业生产的发展和产量的提高，为燕国社会经济的发展打下了坚实的物质基础，为燕国开发、保卫北部边疆提供了重要的物质保证，成为促进燕国社会变革的重要因素。

四　粮食产量

广泛使用生铁农具，促进了战国中晚期农业耕作技术的革命性变革，粮食产量大幅度增长。钟立飞撰文对战国农业发展进行了评估⑤。战国时期魏国李悝实施变法，统计单位面积产量"今一夫挟五口，治田百亩，岁收亩一石半，为粟百五十石。"《管子·治国》中记载，"中年亩二石，一夫为粟二百石。"若以一亩产粮一石半计，战国一百亩约等于现在的 31 亩，战国一石约等于现在的五分之一石（一百五十石则等于三十石），即战国一百亩产粮三十现代石，即 3000 斤，现代一亩的面积，战国产 100 斤粮食，但丰歉之年有别，上熟之年四倍于常年，而大饥只能收三斗⑥。则上熟年一亩现代面积的土地产粮四百斤。秦国在关中开郑国渠，"溉潟卤之地四万余顷，收皆亩一钟，"一钟为六石四斗，其亩产与上述上熟之年产量略等，为四百斤一现代亩，产量是很高的。⑦

李悝列出战国农民家庭的收支情况，"今一夫挟五口，治田百亩，为粟百五十石，余四十五石，石三十，为钱千三百五十，除社间尝新，春秋之祠用钱三百，余千五十，衣人率用钱三百，终岁用千五百，不足四百五十。"⑦ 从以上记载可知，农民把余粮以三十钱一石换成货币，再用钱支付祭祀衣着的费用。说明家庭已有较多的交换活动，前提是农业发展使农民有余粮四十五石。

战国时期单个农夫的耕种能养活多少人？战国盛行一夫授田百亩的田制，如"魏氏之行田也，以百亩。"⑧ 秦授田为一夫一顷，一顷为百亩。《孟子·尽心上》记载："百亩之田，匹夫耕之。"按正常情况亩收一石半，百亩收一百五十石，相当于现代的三十石，即三千斤，一夫收粮三千斤。《孟子·梁惠王下》记载："百亩之田，勿夺其时，数口之家可以无饥矣。"《孟子·尽心上》又说："百亩之田，匹夫耕之，八口之家足以无饥矣。"李悝认为一夫挟五口，可有余粮四十五石。战国时期农民一人所产粮最低提供五人食用。因为田有好恶，年有

---

① 《战国策·燕策一》。
② 《荀子·王制篇》。
③ 《史记·货殖传》。
④ 《战国策·楚策一》。
⑤ 钟立飞，战国农业发展评估，农业考古，1990，（2）：153～157。
⑥ 《汉书·食货志》。
⑦ 《通典·食货十二》。
⑧ 《吕氏春秋·乐成》。

丰歉，一夫所耕百亩之田常是"上田夫食九人，上次食八人，中食七人，中次食六人，下食五人。"[1]《吕氏春秋·上农》说："上田夫食九人，下田夫食五人，可以益不可以损。一人治之，十人食之，六畜皆在此中矣。此大任地之道也。"多者食十人，少者减半。战国一般一家五口人，一夫耕之田，除养活一家人之外，王室、官吏、士兵和工商业者，也需五口之家的"夫"生产粮食供养。

五　生产工具的应用，促进了农田水利灌溉的发展

战国时期铁制工具逐渐取代青铜工具，生铁工具的使用为兴修水利，开凿沟洫，修建坡塘，挖掘水井，适应生产和生活的需要密切相关，不论中原或南方，都有了显著的发展。农田的排灌和水道的修建，已经积累了比较丰富的经验。《考工记》记载，当时的水道系统有"畎"、"遂"、"沟"、"洫"、"浍"之分。

楚国"孙叔敖决期思之水而灌雩娄之野"[2]。晋国在春秋战国时期也有著名的"智伯渠"拦河蓄水、开渠筑堤，最初是用于军事目的，随后成为当地引水灌田之用。[3]

漳水渠、都江堰和郑国渠是古代大型水利工程，修建这些工程与优质铁工具的生产和使用是分不开的。

魏国在魏文侯至魏襄王时期，邺令西门豹、史起主持修建漳水渠，"引漳水溉邺，以富魏之河内"。《水经注》卷十浊漳水中述："二十里作十二墱，墱相去三百部，令互相灌注，一源分为十二流，皆悬水门。"在《史记·河渠书》中也记载魏国从"荥阳下引河东南为鸿沟……与济、汝、淮、泗会"，"咸成沃壤，百姓歌之。"西门豹于公元前422年开凿的漳水十二渠，又称西门豹渠（在今河北省磁县、临漳）；公元前362年，魏惠王时期开通了鸿沟渠（在今河南省开封市东南），促进了魏国水运及沿河城镇的发展。

秦昭王（公元前306～前251）时期，在蜀太守李冰的主持下修建了历史上有名的都江堰（在今四川省灌县，现都江堰市）。《史记·河渠书》中记载："于蜀，蜀守冰凿离堆，辟沫水之害，穿二江成都中。此渠皆可行舟，有余则用溉浸，百姓享其利。至于所过，往往引其水益用溉田畴之渠，以万亿计，然莫足数也。"四川灌县都江堰至今使成都平原百万亩农田受益。秦始皇即位当年即公元前246年，韩国恒惠王派水工名叫郑国的，到秦国主持修渠，目的是用这一浩大工程"疲秦"，秦始皇将计就计，用十年的时间修成郑国渠，是古代规模最大的灌溉渠道之一，它沿关中北山沟通泾河和洛河，东西长三百多华里。灌溉面积相当于现在的280万亩，谷子亩产达245斤，改变了秦国的农业生产面貌，"于是关中为沃野，无凶年。"秦始皇三十三年（公元前214）在广西兴安县境内开凿了灵渠，沟通了湘、漓两江，总长有三十四公里，对于灌溉与航运都有十分重要的作用。

齐、楚、吴等国也都修建了一些水利工程，"起堤防""排水泽"提高了防泛和利用河水的能力。燕国的督亢地区（今河北省涿县、固安、新城等县地），支渠四通，富于灌溉，成为战国时期著名的富饶地带。

---

① 《孟子·万章下》。

② 《淮南子·人间训》。

③ 谭其骧，黄河与运河的变迁，见：中国水利史稿（上册），水利电力出版社，1955年，第74页。

各地农田水利灌溉事业的兴起，使农业生产的发展取得了一定的保障，农业有了较稳定的收入。

六　冶铁手工业的发展，促进了商业繁荣和城市建设

战国时期各国都有冶铁手工业，宛（今河南省南阳市）原来属楚，一度曾为韩占有，是当时著名的冶铁手工业地点，《荀子·议兵篇》记载"宛钜铁驰（矛）"是宛地制作的。韩国著名锋利剑戟出产在冥山、堂豀、墨阳、合膊、邓师、宛冯、龙渊、太阿等地。① 《史记·货殖列传》记载，在邯郸从事冶铁业的大工商奴隶主郭纵，其财富与王者相等。在四川临邛经营冶铁业的工商奴隶主卓氏和程郑分别是赵国和齐国人。赵国的卓氏原以冶铁致富，被秦迁到临邛后，也靠冶铁成为巨富。程郑也是被秦迁到临邛后，靠冶铁致富的。西汉文帝时，"纵民得铸钱、冶铁、煮盐"② 不但吴王刘濞由于铸钱煮盐，"国内富饶"，商人朐邴也以冶铁成为巨富③。

秦国自商鞅变法后，"收山泽之税"④，即收制盐业和冶铁的税。董仲舒曾说：秦"田租、口赋、盐铁之利，二十倍于古。"⑤ 说明当时冶铁业发达，官府可以征得大量税收。秦国在某些重要城市设有盐铁市官，如秦昭王时，张仪和张若建设成都，就"置盐铁市官，并长丞。"⑥ 这种盐铁市官，当时掌管盐铁在市上的买卖，并从中征税。秦国有些地方设有铁官，如司马迁的祖先司马昌，曾"为秦主铁官。"⑦ 铁官是掌管官营的冶铁业。秦国还设有主管开采铁矿的官为"右采铁，左采铁"，在湖北省云梦睡虎地秦墓出土的《秦律》中有记载。汉文帝时把矿山的开采权租给商人，由商人向官府交纳租金。如邓通得到汉文帝赏赐的蜀郡严道（在今四川省荥经县）的铜矿、铁矿，他把开采权租借给卓王孙，"岁取千匹"作为租金，由卓王孙经营，因而卓王孙"货累巨万"，邓通所铸的钱遍布天下⑧。当时经营冶铁业的大商人所使用的劳动力多到千人，大都是收罗来的"放流人民"⑨，即是流亡的农民，在有些地区使用众多的有奴隶性质的"僮"，例如，临邛经营的冶铁业的卓氏有"僮"一千人，程郑有"僮"几百个⑩。"僮"的原意是少年奴隶，当时商人使用他们，是因为价格便宜，这在居延汉简中有明证⑪。

官营手工业扩大，门类增多，分工更细。《考工记》记载，当时的金工分六部，木工分七部，皮革工分五部，设色工分五部，刮磨工分五部，陶工分二部。有的由中央国家直接掌管，有的由地方政府掌管。各诸侯国的国都和地方都邑设有冶铸、制陶等手工业工场。战国

① 《战国策·韩策一》，《史记·卷六十九·苏秦列传》。
② 《盐铁论·错币篇》。
③ 《汉书·卷三十五·吴王刘濞传》；《盐铁论·禁耕篇》。
④ 《盐铁论·非鞅篇》。
⑤ 《汉书·卷二十四·食货志》。
⑥ 《华阳国志·卷三·蜀志》。
⑦ 《史记·卷一三〇·太史公自序》。
⑧ 《华阳国志·卷三·蜀志》。
⑨ 《盐铁论·复古篇》。
⑩ 《史记·卷一二九·货殖列传》；《汉书·卷五十七·司马相如传》。
⑪ 杨宽，中国古代冶铁技术发展史，上海人民出版社，1982年，第42页。

时期农业发展带动了私人手工业和官府手工业的发展，考古资料证明，此时期手工业生产和技术水平，推向了一个新阶段。

农业、手工业的进步，促进了商业的繁荣和城市的兴起。随着山林薮泽的开发，商品货币流通量扩大，四方的物资可以比较广泛的交流。《荀子·王制篇》说：当时交流的物资有东方的渔盐和丝麻制品，西方的矿产品和皮毛，南方的木材、矿产和海产品，北方的牲畜和果木等。农民和手工业者之间，"通工易事"，则农夫以粟易械器，陶冶以器易粟①。农业发展了使"农有余粟，女有余布"，交换自然容易发生。工匠和"工肆之人"脱离农耕专门从事手工业。各诸侯国适应商品生产和交换的迫切要求，铸造了大量的金属货币，齐、燕的刀币，韩、赵、魏的布币，楚国的郢金和蚁鼻钱，秦国的圆钱。考古发掘资料表明，金属货币数量很大，而且不仅在本国流通，有的还在他国使用。因此有许多"市贾倍蓰"的小商人，还出现了"人弃我取，人取我与"善观时变，贱买贵卖的大商贾。

伴随农业、手工业和商业的发展，大大小小的城市迅速兴起和发展了。考古调查发掘表明，齐国临淄、燕国下都、赵国邯郸、秦国咸阳、楚国郢都等各诸侯国的都城，规模庞大。文献记载，齐国都城临淄有七万户，很是繁华；韩国的一个县城宜阳城，也是"城方八里，材士十万，粟支数年"。《考工记》将当时的都城建设布局概括为"面朝后市"。

由于以农业为基础的封建经济高涨，使"修文学，习言谈"，"游学者日众"，思想、学术和艺术领域，呈现"百家争鸣"的生动局面。

---

① 《孟子·滕文公上》。

第八章　秦汉时期冶铁技术进入成熟阶段

秦汉建立了统一的中央集权的封建王朝，其中冶铁技术发展和铸铁普遍使用于农业对于封建经济的发展起了重大的作用。秦王朝建立后进行了一系列重大的社会改革。废分封、立郡县，发展农业、兴修水利，统一历朔，统一度量衡和货币，实行"车同轨，书同文"。汉王朝建立后，为了巩固中央集权，实行富国强兵，发展冶铁生产，加强了封建专政的物质基础。出土的秦汉铁器无论在数量上还是品种、质量上都超过了战国时期的水平，铁兵器逐渐取代青铜兵器，冶铁遗址的发掘证明两汉时期新技术、新工艺相继涌现，标志着冶铁技术进入了一个新的历史阶段。

第一节　秦汉时期铁器的考古发现

秦汉时期统一多民族封建国家的建立及发展，为钢铁生产不断发展创造了有利条件，考古发掘的丰硕成果，提供了较为丰富的实物资料；各地两汉时期墓葬出土的大量铁器、科学发掘和研究数座冶铁遗址，对这一时期钢铁技术的发展有了更加深入系统的认识和了解，也是研究中国科学技术史的重要依据。

一　大型新式铁农具

在陕西临潼、咸阳一带出土秦的铁农工具，有大铁铧、镰、凿和锤等，渭南市田市镇1984年10月社员耕地时在距地表60厘米处发现一批铁器[①]，清理出生产、生活用具73件，特别是配套的全铁农具犁铧、镂铧、齿轮等，如图8-1-1所示，为研究秦汉铁制农具促进农业技术发展，提供有价值的实物资料。据郭德发介绍，三角形铧有6件，最长一件长30.7厘米、宽32.7厘米、脊高10.3厘米，重5.3公斤，铸制。V型犁8件，两翼有刃，角近90°，铸制。镂铧8件，铸制，翼上束项，项上有銎。铧壁一件，铸制，飞蝶形，壁头下微尖，头翼成90°直角。上下翼间为内弧。锄、镬、锛、铲、镰等16件。还有16齿的人字形齿轮、刀、锯条、锁、三足盘、钩等。

田市镇在今渭南市西北20公里，与临潼分管东西两半。西南距西安市60公里，西北距秦汉著名城市栎阳约30公里，栎阳"东通三晋，亦多大贾"[②]，栎阳是秦统一战争的物资供应的基地。楚汉战争中，刘邦定栎阳为关中根据地的首府，以萧何"守关中，侍太子，治栎阳"，"汉与楚相守荥阳数年，军无见粮，萧何转漕关中，给食不乏。"[③] 田市镇秦汉时属下洼县地，北濒白渠，西临清水河，农业发达。先进的生产用具首先在京畿附近推广使用，因

---

① 郭德发，渭南市田市镇出土汉代铁器，考古与文物，1986，(3)：11～15。

② 《史记·货殖列传》。

③ 《史记·萧相国世家》。

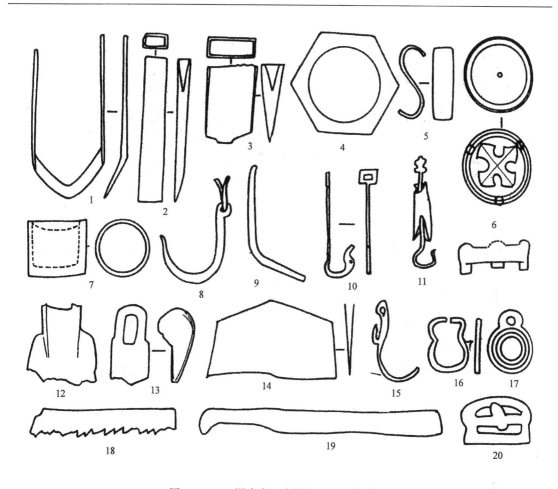

图 8-1-1　渭南市田市镇出土的汉代铁器

1. 犁铧支架（1/10）　2. 筒式镬（1/6）　3. 锛（1/4）　4. 铁穿（1/5）　5. S形器（1/5）　6. 三足盘（1/5）

7. 筒形器（1/5）　8. 门鼻铁钩（1/5）　9. Ⅱ式铁镰（1/7）　10. 单铁钩（1/5）　11. 锁（1/5）

12. 铁铲（1/5）　13. 孔式镬（1/4）　14. 锄（1/5）　15. 铁钩（1/5）　16. 铁箍（1/4）

17. 8字形环（1/4）　18. 铁锯（1/5）　19. 铁刀（1/5）　20. 铁带卡（1/3）

此渭南市田市镇出土先进的汉代全铁农耕具也就不足为奇了。犁是用动力牵引的耕地农具。战国时期 V 型铧冠可以更换，保持犁铧锋利。耕犁到了汉代得到普及，西北、东北甚至福建、广西、广东等地也有铁犁或牛耕模型出土[1]。河南巩县铁生沟遗址出土了 27 件 V 型铧冠，其中 11 件经过鉴定，3 件为白口铁铸件，为使用过的残次品，其他 8 件均经过脱碳处理，并有使用过的痕迹[2]。汉代的铁犁铧品种多样，大小不一，小的长、宽各 20 厘米，大的长宽可达 40 厘米。西汉中期以后全铁犁铧兴起，有的重达 5.3 公斤，有的重达 12.5 公斤[3]，显然是用牛为牵引力，用于深耕，已出现二牛挽拉的长辕犁，对提高农耕面积功效上明显进步，大型全铁犁铧是当时实行牛耕、深耕的实物证据，是汉代农业生产力提高的主要标志之一。

①　陈文华，农业考古，文物出版社，2002 年，第 88~89 页。

②　赵青云等，巩县铁生沟汉代冶铸遗址再探讨，考古学报，1985，（2）：157~183。

③　中国社会科学院考古研究所、河北省文物处，满城汉墓发掘报告，文物出版社，1980 年，第 279，281 页。

　　汉代发明了耧犁是农业播种技术上的新成就。据东汉崔寔《政论》中记载："武帝以赵过为搜粟都尉，教民耕殖。其法：三犁共一牛，一人将之下种，挽耧皆取备焉。日种一顷。至今三辅犹赖其利。"这是一种将开沟和播种结合在一起的农业机械，一次播三行，一天可播种一顷（一百汉亩）。这一发明早于欧洲 1400 年，18 世纪传到欧洲，对西方农业机械的改革起了推动作用①。赵过总结推广了开沟起垄的整地机械耧犁提高工效十几倍。耧犁铸铁制成。在北京清河、河南渑池、辽宁三道壕、陕西岐山、渭南都有出土。

　　陕西、渭南等地还出土了汉代的犁壁，有单面的、呈菱形或板瓦形，可向一面翻土；也有双面的，呈马鞍形，可双面同时翻土，适于开沟、起垄。犁壁是翻土碎土的重要装置，这一农具的发明标志着中国犁耕已走上成熟道路，是农业史、技术史上的重大成就。

二　西汉开始使用铁器的地区迅速扩大

　　出土的铁器不但遍及中原，而且推广到广东、广西、云南、新疆、辽宁等边远地区。杨式挺 1977 年统计广东省出土铁器的资料时即指出：属于战国时期的铁器仅有锄、斧各 1 件，秦汉间出土铁器则增加至 300 多件，种类增加到 22 种②。四川新都战国木椁墓出土铜器 188 件，但无一件铁器出土③。陈文华也曾撰文统计秦以前四川没有铁制农业生产工具，至两汉各种铁器日益增多④。西汉昭、宣帝之后，在四川偏僻地区出土铁器的数目也已超过了铜器⑤。史书记载秦汉时期贵州西部属夜郎国及其旁小邑地区称为"南夷"，在这一地区战国晚期开始使用铁器，出土数量较少，种类仅 8 种，有锸、镢、钎等生产工具 10 件，兵器有剑、刀、削等 65 件。宋世坤撰文统计这一时期仅出土 96 件⑥。到西汉武帝时在南夷设置犍为郡，这一地区使用铁器数量增加 2 倍。新出现铁质生产工具有铧口、锄、铲、斧、凿、锤、钻等 19 种，其中釜、大型铁刀、剑、脚架等，总数达 115 件，铜铁合制器消失为全铁器取代，铁兵器占主要地位。表 8-1-1 是宋世坤统计的贵州出土早期铁器一览表。图 8-1-2（a)为贵州出土早期铁农、工具，图 8-1-2（b）为贵州出土早期兵器。

表 8-1-1　贵州出土早期铁器统计表

发现时间	地点	时代	种类	总数
1957～1958	清镇县（现清镇市） 珨珑坝、平坝县尹关 等地	西汉晚期至东汉	刀 3、削 12、剑 7、矛 1、斧 1、锄 3、铲 1、锸 1、釜 5、脚架 1、锥 3、钉 9	47 件
1966 年	平坝天龙	东汉	削 5、釜 2	7 件
1961 年	赫章县可乐	东汉早、中期	刀 2、剑 1、管 2	5 件

---

①　陈文华，从出土文物看汉代农业生产技术，文物，1985，(8)：41～48。
②　杨式挺，关于广东早期铁器的若干问题，考古，1977，(2)：97。
③　四川省博物馆、新都县文物管理所，四川新都战国木椁墓，文物，1981，(6)：1～16。
④　陈文华、张忠宽，中国古代农业考古资料索引，农业考古，1981，(2)。
⑤　沈仲常等，石棺葬文化所见的汉文化因素，考古与文物，1983，(4)：81～83。
⑥　宋世坤，贵州早期铁器研究，考古，1992，(3)：245～252。

续表

发现时间	地点	时代	种类	总数
1976～1978 年	赫章县可乐	乙类墓 战国晚期至西汉晚期	刀 13、削 47、剑 26、镞 3、镮 1、锸 11、铧口 1、釜 11、脚架 1、钎 11、带钩 6	131 件
		甲类墓 西汉晚期至东汉早期	刀 21、削 51、剑 15、矛 14、镞 2、铲 3、斧 6、凿 2、锑 1、钻 1、仅 1、锸 1、铧口 1、釜 8、脚架 4、灯 1、剪 2、夹 2	125 件
1972～1978 年	安顺县宁各	西汉晚期至东汉时期	刀 3、剑 1、釜 1、脚架 3、钉 4	12 件
1972～1973 年	黔西县林币、甘棠	东汉时期	刀 2、刀鞘 1、马饰 1、钉 1	5 件
1975 年	兴义县万屯、兴仁县交乐	东汉中期	刀 6、剪 1、夹 1、锥 2、提柈架 1、钉 2	13 件
1978～1979 年	威宁县中水	战国晚期至东汉初期	刀 12、削 31、剑 4、矛 3、钩 2	52 件
1980 年	普安县铜鼓山	战国至西汉晚期	镞 7	7 件

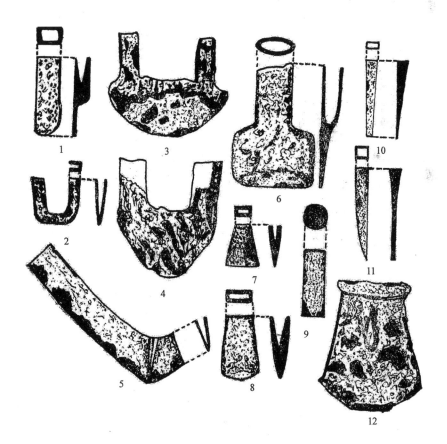

图 8-1-2　贵州出土早期铁器

(a) 铁工具

1. 镮（赫 M156:1）；2. Ⅰ式锸（赫 M153:2）；3. 锄（清 M10:2）；4. Ⅱ式锸（赫 M10）；

5. 铧口（赫 M153:2）；6. 铲（赫 178:6）；7. Ⅱ式斧（赫 M176:23）；

8. Ⅰ式斧（M16:12）；9. 锤（赫 M11:6）；10. 斤（M13:15）；

11. 凿（赫 M13:6）；12. Ⅱ式斧（清 M1）

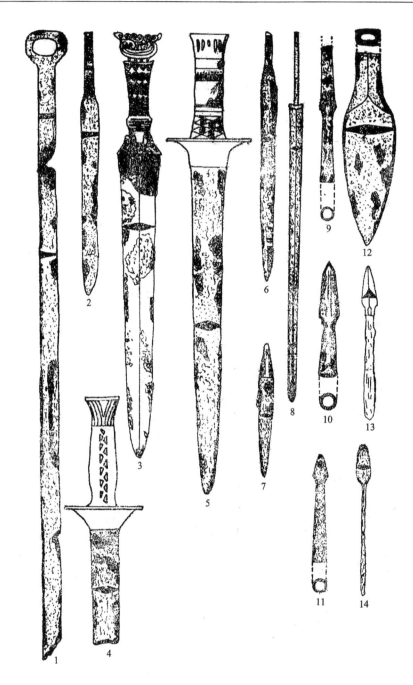

图 8-1-2　贵州出土早期铁器

(b) 铁兵器

1. Ⅰ式刀（赫 M8:35）；2. Ⅱ式刀（赫 M161:2）；3. A 型铜柄铁剑（赫 M67:2）；
4. B 型Ⅰ式铜柄铁剑（赫 M194:2）；5. B 型Ⅱ式铜柄铁剑（赫 M104:2）；
6. A 型Ⅰ式剑（赫 M146:1）；7. A 型Ⅱ式剑（赫 M193:1）；8. B 型剑（赫 M46:2）；
9. Ⅰ式矛（威梨 M44:2）；10. Ⅱ式矛（威梨 M17:4）；11. Ⅲ式矛（威梨 T18:3）；
12. 矛（赫 M8:63）；13. Ⅰ式镞（赫 M126:8）；14. Ⅱ式镞（赫 M10:23）

据彭曦不完全的统计可知，秦汉时期铁犁的数量比战国时增加了 5 倍，地区遍布今之鲁、豫、辽、陕、甘、苏、冀、川、蒙、贵、闽、粤、桂等 13 个省区。犁耕的范围，以出土铁犁地区估算，战国时约近百万平方公里，西汉达 250～300 万平方公里，东汉远超过300 万平方公里以上。铁制手工工具种类至西汉时期，出土有斧、锛、镢、锯、锤、剪、镊、铣、錾、钻等比战国增加了五倍以上。生活用具数量统计有铁制的釜、鼎、壶、钫、盆、盘、甑、勺、灯、臼杵、镜、钩、钉、棍、锥、镇、书刀（削）、三脚架、弓形器以及装饰类的手镯、指环等。种类数量比战国增加了约10倍。此外，刑具中有了铁镣、铁钳。用于机械传动的铁齿轮及生产铁齿轮的铸范也已经发现。彭曦列出了战国及秦汉出土铁器的统计表见表 8 - 1 - 2 和表 8 - 1 - 3[①]。西汉中期还出现了最早的"半两"铁钱，铸铁钱币的范[②]。

表 8 - 1 - 2　战国出土铁器统计表

省区	种类		
	农工具	兵器	生活用具
河北	锄、铲、斧、臿、犁、镢、镰、车具范、工具范	剑、矛、戟、铁胄	
内蒙古	锥		马具、勺
山东	锄、铲、镰、镢、犁		盘、削
山西	刀、铲、锄、镢、犁		
辽宁	刀、铲、镰、镢、锄		
陕西	铲、臿、犁、镢、镰、刀、斧		
江西	斧、臿、锄		
安徽	镢		
浙江	镢、镰、锄		
河南	锄、铲、臿、犁（铧）、镢、镰、铲范		
湖北	锄、臿		戈
湖南	镢、铲、锄	剑	
广东	镢、锄		
广西	锄、臿		
甘肃		铜柄铁剑	
吉林	锄、镰、镢、犁、臿		

表 8 - 1 - 3　秦汉出土铁器统计表（以西汉为主）

省区	种类		
	农工具	兵器	生活用具
河北	刀、斧、铲、犁、镢、锛、耙、锸、锄、权、齿轮	剑	鼎、钩、棍、三足盘、权
内蒙古	锤、鹤嘴镐	剑、矛、戟、铁甲	马衔、铺首
辽宁	成套铁器、齿轮、权		

---

① 彭曦，战国秦汉铁业数量的比较，考古与文物，1993，(3)：97～103。
② 高至喜，长沙、衡阳西汉墓中发现铁"半两钱"，文物，1963，(1)：48～49。

续表

省区	种类		
	农工具	兵器	生活用具
吉林	斧、锥、凿、镬、镰、环、把镅	矛、镞、铁甲	挂钩、带卡
山西	锄、臿、犁、斧等	剑、刀、镞等	灯、勺、釜等
山东	铁范、铲、权、刀、削、圈、架、斧、车軎等	剑、钢剑等	鼎、钫、镇、权
黑龙江	镰等		
陕西	铧（犁）、辟土、剪刀、斧、小铲、錾、铲、镰、锄、权、齿轮、钻头、各种农具铁范	刀、剑、镞、铠甲等，长安武库出土武器数千件以铁兵为主	釜、匕、钉、钳、镣、环、带钩、马刺、镊、建筑构件等
宁夏	犁、臿等	剑	
江西	"西汉墓中出土有铁器"		
安徽	锤、锯、凿、钩、铲、镬、权	甲胄、镞	钩
浙江	刀	剑	匕、釜
河南	铧、双镬齿、镬、加刃铣、斧、小锛、锸、锛、铲、犁、锹、刀、锤、锥、锄、工具铁范等	刀、剑、镞	炉、钉、圈、两爪钉等
湖北	西汉墓中皆有铁器出土、东汉墓出土铁器数量明显增加		鼎、削、刀等
湖南	如西汉曹㜐墓等皆出土"很多铁器"		铁"半两"钱等
广东	锄、斧、凿、镰、削、钩形器、条形器、弓形器、镊等	矛、剑、刀、戟、镞、铤等	钉、三足炉、带钩、环剪、铺首
云南	斧、臿等，"汉以后云南使用铁器已经很普遍了。"	剑	
四川	斧、凿、锤、刀、弓形器、削、镰、锄	剑、戈	钉、釜、架
福建	镬、斧、锯、锄等	剑、刀、镞、矛等	釜
江苏	铧、锤、臿、臼、杵、耙、削、铲、镬、锛、锤	剑、镞	钉、书刀、铁芯等
广西	锄、斧、削、铲、镊、镰、锯、凿、臿、犁	剑、刀、戈、矛、铤	鼎、钫、盘、盒、釜、架、甑、镜、壶
甘肃	斧、刀、犁、铲等	剑、镞、刀	灯、勺、釜等
贵州	臿、刀、镬等		炉

注：两表材料出处，皆以《文物考古工作三十年》为主，兼及同时期的《文物》、《考古》、《考古学报》、《考古文物》、《中原文物》等刊物。

三　西汉长安城武库遗址

西汉朝廷拥有不少手工业，制造的成品专供皇室及军事上使用。管理各种手工业的官府，最重要的是管理皇帝财产的少府。少府属官有考工，掌管制造弓、弩、刀、甲等兵器。制成后的刀、甲等兵器藏在武库。

武库是汉高祖七年（公元前 200）修建的。吕雉改库名曰灵金藏。惠帝即位，以此库藏禁兵器，名曰灵金内府。武库遗址的位置在古代文献中有记载。

《汉书·楚元王传》："樗里子葬于武库"。颜师古注："樗里子且死，曰：葬我必于渭南章台东，后百年当有天子宫夹我墓。及至汉兴，长乐宫在其东，未央宫在其西，武库正直其上也。"王充《论衡·实知篇》也有同样的记载。《资治通鉴》卷十一《汉纪·三》："（七年）春二月，肖何治未央宫。"引元和志注："东距长乐宫一里，中隔武库。"武库遗址与中国社会科学院考古研究所汉城工作队几次发掘实地勘察结果一致，在今西安市郊区大刘寨村东面高地上，在汉长安城内的中南部，即长乐宫的西面，未央宫的东面，安门大街以西约 82 米处。已在武库遗址范围内探得建筑遗址七处。仅发掘了第一与第七遗址两处①。

武库遗址平面如图 8-1-3 所示，规模大，由于存放不同类型的兵器，在建筑形制上略有区别。第一遗址呈长方形，方向 5 度。东西长 197 米，南北宽 24.2 米。出土铁武器计有剑、刀、矛、戟和铠甲等，其中以铁铠甲最多，其中一块重约七、八十斤，可能是几领铠甲。铜武器计有戈和镞，货币有西汉五铢和王莽时货泉。还出土了筒瓦、板瓦和瓦当等建筑材料。第七遗址发掘面积共计 10 300 平方米，呈长方形，方向 3 度。遗址东西残长约 190 米，南北宽 45.7 米，共有四个大房间（Ⅰ～Ⅳ），如图 8-1-4 所示。出土铁武器有剑、刀、戟、矛、镞和斧等。发现铁镞计一千余件。铜武器出土有铜镞和铜剑格等，其中铜镞计一百多件。典型器物如图 8-1-5 和图 8-1-6 所示。以上情况可能反映当时武库各个库房是分类存放武器的。从数量来看是以铁器为主，铜武器次之。工具有铁锛、凿、锤等，是当时武库内的修理工具。生活用具有铁釜、铁钉等。说明铁器的使用，在西汉武帝盐铁官营以后有了更进一步的发展。武库遗址出土有西汉半两、五铢钱及西汉瓦当，王莽时期的货币如大泉五十、货布、货泉和布泉也有出土，说明武库是在王莽末年战争中被焚毁，以后，此遗址废弃不用。

杜弗运和韩汝玢选择武库遗址出土的铁兵器镞 7、矛 1、戟 1、刀 3 共计 12 件，取样进行了金相鉴定。金相组织如图 8-1-7 所示。组织中夹杂物是细长变形量较大的硅酸盐为主，沿加工方向排列，除戟、铠甲是含碳较少的熟铁组织外，其余都是以不同含碳量的炒钢为原料做成的。

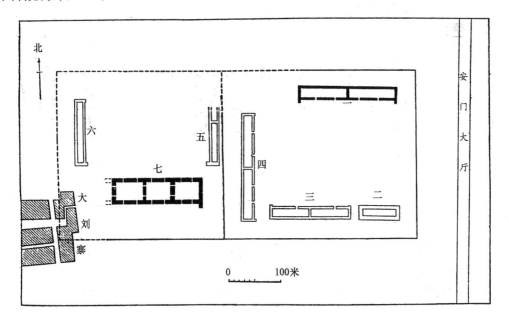

图 8-1-3　汉长安城武库遗址平面图

①　中国社会科学院考古研究所汉城工作队，汉长城武库遗址发掘的初步收获，考古，1978，(4)：261～269。

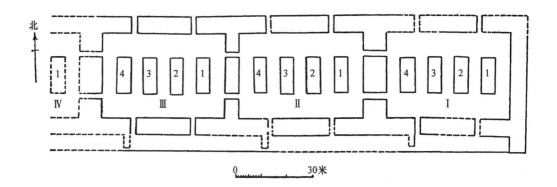

图 8-1-4　武库第七遗址平面图

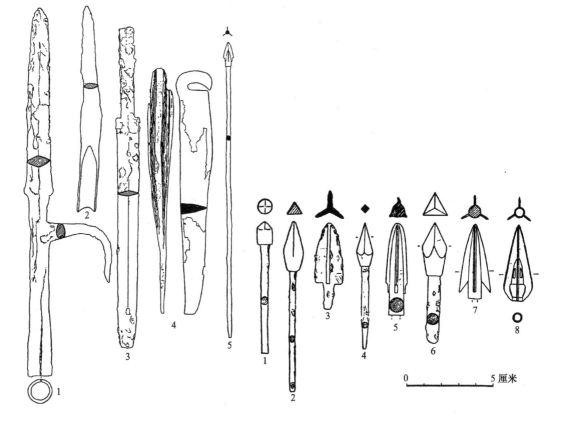

图 8-1-5　武库第七遗址出土武器（1/4）

1. 铁戟（7：3：1）；2. 铁矛（7：2：3）；

3. 铁剑（7：3：8）；4. 铁刀（7：2：43）；

5. Ⅱ式铜镞（7：3：27）

图 8-1-6　武库第七遗址出土铜镞和铁镞

1. Ⅰ式铜镞（7：2：45）；2. Ⅱ式铜镞（7：1：30）；

3. Ⅲ式铜镞（7：1：23）；4. Ⅰ式铜镞（7：1：17）；

5. Ⅲ式铜镞（7：2：11）；6. Ⅳ式铜镞（7：2：10）；

7. Ⅴ式铜镞（7：1：13）；8. Ⅵ式铜镞（7：1：14）

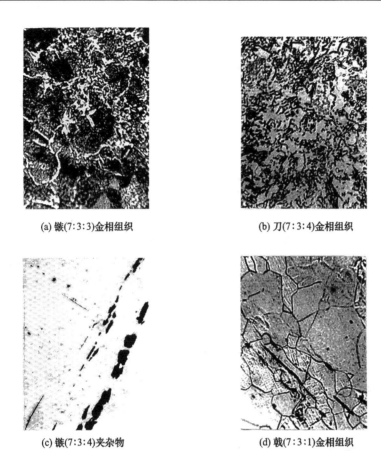

(a) 镞(7:3:3)金相组织   (b) 刀(7:3:4)金相组织

(c) 镞(7:3:4)夹杂物   (d) 戟(7:3:1)金相组织

图 8-1-7　武库出土部分铁兵器的金相组织

四　汉代窖藏出土铁器

继河北兴隆等地发现战国窖藏铁器后，又相继在山东莱芜、河南镇平、河南渑池等处均发现了汉至汉魏时期的窖藏铁器。窖藏铁器多数是农具、工具的废旧器物或残次品，其中比较重要的是铁范的大量发现，其器形及铸造工艺与南阳、古荥等冶铁作坊出土的铁范基本相同。自汉代开始，大量的农工具采用生产效率高的金属型（铸铁）铸造，部分铸铁范或农具上还铸有铭文，为这一时期冶铁技术的发展提供了许多实物例证，具有重要的科学价值，现摘录几个重要汉代窖藏出土铁器及其研究成果。

（一）山东莱芜亓省庄出土窖藏铁农具范[①]

1972 年 9 月莱芜县亓省庄农民在深翻土地时发现一批汉代农具铁范。今莱芜城就是汉代的嬴县，亓省庄东北距莱芜城约二十五公里。据《续修莱芜县志》记载，莱芜冶铁，"稽之史册，应在秦前。"莱芜铁范共发现 24 件。犁范二合四件，阴阳双合。范高 25.5 厘米、

---

① 山东省博物馆，山东省莱芜县西汉农具铁范，文物，1977，(7)：68～73。

宽28.2厘米，每合重7.3公斤。阳范右翼犁槽上有阴文"山"字标志（图8-1-11），同出犁一件，是"山"字犁范铸件。"V"形，前端近直角，犁高13厘米、宽22.5厘米，重0.3公斤（图8-1-8）。犁阳范，三件。大小同上，形制稍异，属于另一种犁范。这三件后尾两翼连成直线。犁铸槽断面较弯曲。每件重4.15公斤。范内左侧铸槽有阴文"汜"字标志（图8-1-9和图8-1-11）。双镰范一合两件。阴阳双合。弯月形，长22厘米、高10厘米一合重5.4公斤，范内钩镰铸槽两道，槽尾有浇口，上下边缘凹凸接榫四对。阴范把手前有阳文"李"字标志（图8-1-10和图8-1-11）。镢范，一合两件。阴阳双合。范近长方形，高20厘米、宽9.7～11.8厘米，两侧略向内凹进。一合重5.2公斤。銎部弦纹两道，左右边缘凹凸接榫一对。阳范銎部有阴文"口"字标志（图8-1-12和图8-1-11）。铲范，大小两种。大铲范三合六件。阴阳双合。范近梯形，高20厘米、宽7.8～12厘米，每合重4.4公斤。方銎，周有弦纹两道。两侧边缘凹凸接榫两对。阳范内銎部有阴文"山"字标志（图8-1-11和图8-1-13）。另有大铲阳范一件，形同上，范内也有"山"字标志，重2.25公斤。小铲阳范，四件。形同大铲范，尺寸略小厘米，高17.5、宽11.5厘米，每件重1.6公斤。阳范内也有"山"字标志（图8-1-14）。

　　耙范，一件。舌形阳范，高19.5厘米、宽13.5厘米，重1.9公斤。范表有长方形把手。范内有耙齿铸槽八条，槽长12.7～13.4厘米，中间两条稍短。齿径0.9厘米左右。后为浇注口。边缘凹凸接榫三对。无标志（图8-1-15）。耙是平土灭草、翻劈土块的农具，后来的铁搭和手耙大抵是它的改进和演变。一般为五齿，此为八齿。

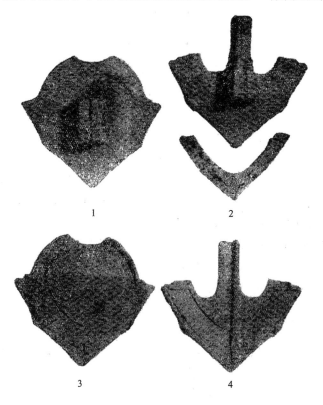

1　　　　　　　　2

3　　　　　　　　4

图8-1-8　山东莱芜出土犁范及犁　　　　　图8-1-9　山东莱芜出土
1. 阴范外面；2. 阳范外面及犁；3. 阴范内面；4. 阳范内面　　　"汜"字犁阳范内面

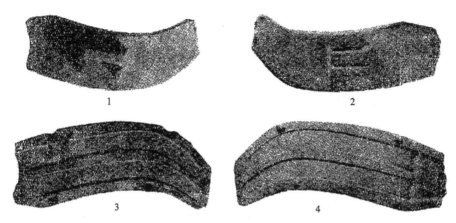

图 8-1-10　山东莱芜出土双镰范
1. 阴范外面；2. 阳范外面；3. 阴范内面；4. 阳范内面

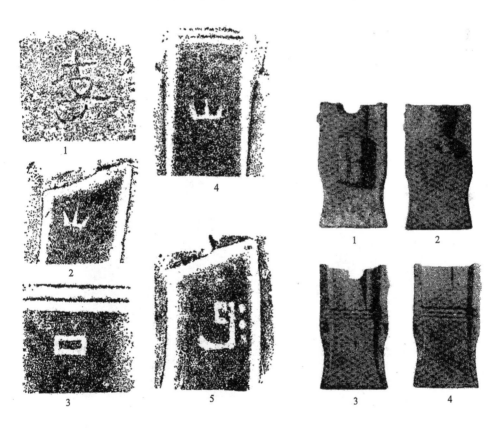

图 8-1-11　山东莱芜出土铁范铭文拓片
1. 镰阴范外"李"字；2. 犁阳范内"山"字；
3. 镢阳范内"口"字；4. 大铲阳范内"山"字；
5. 犁阳范内"氾"字

图 8-1-12　山东莱芜出土镢范
1. 阴范外面；2. 阳范外面；
3. 阴范内面；4. 阳范内面

　　这批铁农具范出土在亓省庄村南展雄寨山峰下的小山子顶上，距地表深约 50 厘米，附近并无任何有关遗物发现，当是古代的窖藏。据当地群众反映，亓省庄村西偶尔可见到红烧土和废铁渣，或与这批铁范有关。

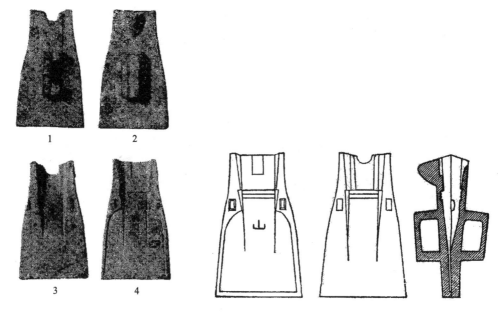

（a）
1. 阴范外面；2. 阳范外面；
3. 阴范内面；4. 阳范内面

（b）
左：阳范；中：阴范；右：合范

图 8-1-13　山东莱芜出土大铲范

图 8-1-14　山东莱芜出土
小铲阳范内面

图 8-1-15　山东莱芜出土
耙阳范内面

铁范的化学成分分析结果如表 8-1-4 所示。其金相组织如图 8-1-16 所示。

表 8-1-4

	碳	硅	锰	硫	磷	分析单位
灰口铁	4.40%	0.16%	0.05%	0.02%	0.35%	济南柴油机厂
麻口铁	4.25%	0.18%	1.20%	0.028%	0.28%	北京钢铁学院

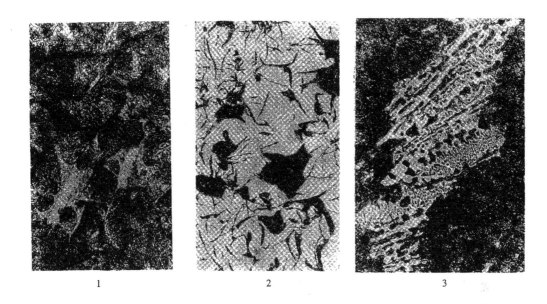

图 8-1-16　山东莱芜出土铁范的金相组织

　　从铭文看，铁范上仅为一字，"李"，"氾"是姓氏，"山"字为最多，字体仍有篆意，发掘者认为"山"字也是姓氏，《左传》有"晋大夫山祁"可为证。关于铭文"口"字，在《汉书·地理志》，泰山郡的属县未发现带口字的地名，发掘者认为"口"字也是姓氏。1960年滕县薛故城出土了一批铁范，其中犁、铲和斧范多有完整的文字标志如"山阳二"、"钜野二"①，有阳文、阴文两种，书法工整，山阳范是隶书，钜野范文字具篆意。"山阳二"、"钜野二"是西汉山阳郡和新莽改山阳为钜野后的铁官标志，"二"字是该郡铁官所辖的第二号作坊。西汉武帝实行盐铁官营，在全国设立 49 处铁官，山东地区就占有 12 处。莱芜铁农具范中没有发现汉代铁官铸铁农具规定的文字，这批铁农具范应是西汉尚未在郡国设立铁官前使用的。又据县志记载，莱芜冶铁"应在秦前"，秦亡汉兴，西汉政府设有铁市长丞，允许郡国和私人自行冶铸。当时郡国设有铁官，在临淄齐故城出土有"齐铁官丞"、"齐采铁印"。郡国冶铁实际上成为私营的重要组成部分，当时的私营冶铁是具有相当规模。《盐铁论·复古》记载："往者豪强大家，每经营山海之利，采铁石，鼓铸煮盐。一家聚众或至千余人，大抵收流放人民也。"经营冶铁的"豪强大家"，诱使农民"释其耒耨，冶镕炊炭"，又招有经验掌握熟练技巧的冶铁工匠，这些工匠往往是一家一户私人作坊的业主，因此在他们制作的范和器上铸有姓氏、籍贯和私营作坊所在的标志。莱芜铁范以姓氏等做标志，正说明了这种情况。

　　汉武帝元狩四年（公元前 119）开始实行"盐铁官营"，西汉政府把冶铁和煮盐一起转入封建国家政权手中，在各郡国设立铁官，组织卒（轮翻服役的农夫）、徒（罚作苦役的刑徒）、工匠（隶属官府的工匠）三种人从事生产。产品统由大司农掌管。私铸铁器的要"左趾"（用刑具钳脚），器物没收。因此，产品上的标志不再是姓氏等字，而是郡国的名称加作坊的编号。

---

①　李步青，山东滕县发现铁范，考古，1960，(7)：72。

莱芜铁农具范是西汉前期冶铁事业由私营走向官营的一段过程中的产物，为研究西汉前期冶铁技术发展提供了有价值的实物证据。

(二) 河南镇平出土汉代窖藏铁器[①]

1975 年 11 月镇平城郊尧庄农民修路时发现了窖藏铁器，铁器装在瓮内并用铁錾封盖，因为密封较好，有的不生锈，有的锈蚀轻微。其中锤范 61 件，锤 6 件，六脚钉 9 件，圆形钉 3 件、齿轮 3 件、铁权 1 件、錾子 1 件，共计 84 件。铁锤范可配成 4 套完整的。长方形榫范 (H1:1~4)，又分铸造 6 公斤、4 公斤两种。见图 8-1-17。长条形榫范 22 套，分为 7 种，分别可铸造 4 公斤、2 公斤锤或更小的锤，其中 H1:12 范范腔一侧铸有阳文 "吕" 字，见图 8-1-17，此处窖藏铁器中锤范为数最多占铁器中 73%，表明锤具是附近铸造作坊大量生产的产品。锤范的榫卯设计便于开范取铸件；柄銎芯槽的一端设在浇口处，把浇口一分为二，一半起浇口作用，一半起冒口作用，锤范的出土为研究汉代的铸造工艺增添了新内容。出土铁锤均为圆柱形锤，把同型号的锤放在锤范中，相当吻合。

李仲达对大、中、小型锤范范挡材质进行了金相鉴定有白口铸铁，也有灰口铸铁。[②]

9 件六角形钉最大者 15.0 厘米，最小者 6.5 厘米，每规格之间大致相差 0.5 厘米。有近 20 种规格。H1:27 是 15.0 型钉有磨损的凹槽，是使用过的旧钉；12.0 型 2 件 (H1:28 和 H1:29) 有许多气孔，铸造质量不好，铸有铭文和符号 (图 8-1-18)；8.0 型钉 3 件，无使用痕迹，H1:32 钉气孔多，属次品。7.0 型和 6.5 型各 1 件，无使用痕迹。3 件圆形钉按直径大小分为两型。12.5 型钉 1 件外面有对称的四个凸榫，用以固定钉套不致转动，有浇不足的缺陷，属次品。8.0 型钉 2 件，无凸榫，表面不光洁，亦属次品。六角形钉上铸有 "王氏牢真倱中"、"王氏大牢工 (钉) 作真倱中" 铭文，文首 "王氏" 是姓氏，"牢" 是宣传坚固之意，在汉代漆器、铜器铭中常见。镇平的钉铭为姓氏，表明产品作坊的管理变为私营作坊。以姓氏铭作为私营作坊的标志，在东汉后期的铜器上都有例证。"王氏" 铁器，应属于 "罢盐铁" 以后的私营阶段。相当于东汉的中后期。

出土的 3 件铸铁齿轮都是使用过磨损的旧齿轮，均有 16 个斜齿按顺时针方向倾斜。H1:37 齿轮厚，齿残断多。H1:47 体薄齿短而钝。铁权 (H1:38) 半球形底面平整，顶有一半圆形纽，重 0.65 公斤。錾 H1:45 出土时盖在瓮口上。

镇平尧庄出土窖藏铁器 12 件进行了金相分析，结果见表 8-1-5，部分铁器的化学成分分析结果见表 8-1-6。它们都是低硅铸铁制品。铁范和铁器有的残破，有的铸造缺陷多、有的是使用磨损严重，可见是一批次品和废旧品。从器形看李京华认为这批铁器可能是来自三个作坊的产品。正如《史记·食货志》中记载，不产铁的县设小铁官，"销旧器铸新器"。根据保留的半个窖的残迹、出土少量陶器残片、瓦片，文化层与灰坑的叠压关系以及盛铁器瓮的性质等，发掘者推断此窖藏的年代应为东汉的中后期，即公元 2~3 世纪初。

① 河南省文物研究所、镇平县文化馆，河南镇平出土的汉代窖藏铁范和铁器，考古，1982，(3):243~251。
② 郑州工学院机械系，河南镇平出土汉代铁器金相分析，考古，1982，(3):320~321。

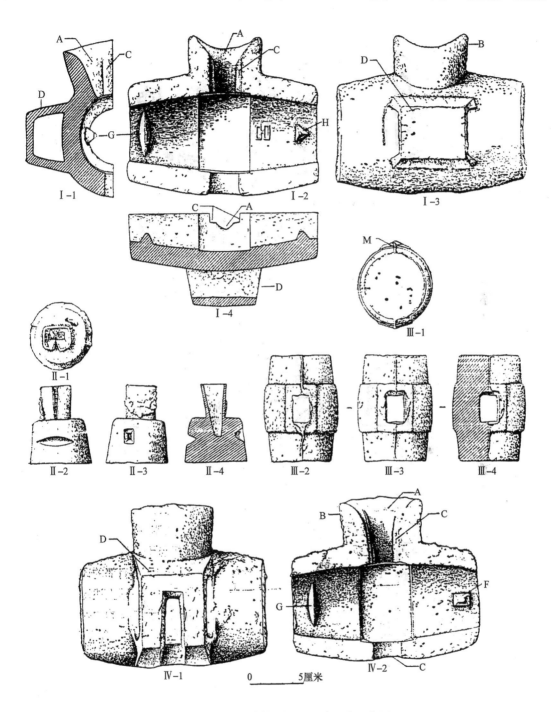

图 8-1-17　河南镇平出土汉代锤范及范挡

A. 浇口；B. 浇口杯；C. 范芯座；D. 范銎；F. 长方形榫；G. 枣核形榫；H. 三角形榫；M. 合范口

Ⅰ. 6.5 型锤范 (H1：12)：1. 横剖面；2. 范内面；3. 纵剖面；4. 范外面；

Ⅱ. 9.5 型锤范挡 (H1：7)：1. 顶面；2. 枣核形榫卯；3. 长方形榫卯；4. 剖面；

Ⅲ. 9.5 型锤 (H1：39)：1. 顶面；2. 一侧合范缝；3. 另一侧合范缝；4. 剖面；

Ⅳ. 9.5 型锤范 (H1：1)：1. 范的外面；2. 范的内面

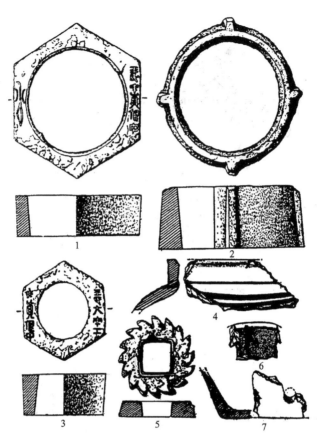

图 8-1-18　河南镇平出土铁器（3/10）

1. 六角釭（H1:28）；2. 圆形釭；3. 六角釭（H1:30）；4. 陶瓮口部；

5. 铁齿轮（H1:37）；6. 陶瓮底面刻文；7. 陶瓮底部（1、2、3 为 3/10，余 3/20）

表 8-1-5　镇平城郊尧庄出土的十二件铁器的基本情况[1]

编号	器物号	器物名称	重量（克）	材质	金相组织
1	H1:28	六角大轴承	1471	共晶白口铁	莱氏体
2	H1:30	六角小轴承	784	过共晶白口铁	莱氏体+Fe$_3$C
3	H1:31	六角小轴承	762	过共晶白口铁	莱氏体+Fe$_3$C
4	H1:35	锥口圆轴承	1375	过共晶白口铁	莱氏体+Fe$_3$C
5	H1:37	方口圆锥轴承	223.5	过共晶白口铁	莱氏体+Fe$_3$C
6	H1:16	中型锤范	2764	共晶白口铁	莱氏体
7	H1:15	中型锤范		共晶白口铁	莱氏体
8	H1:16	中型锤范范挡	467	过共晶白口铁	莱氏体+Fe$_3$C
9	H1:18	小型锤范	1092	灰口铁	α+P+G 片
10	H1:18	小型锤范		灰口铁	α+P+G 片
11	H1:18	小型锤范范挡	143	过共晶白口铁	莱氏体+Fe$_3$C
12	H1:1	大型锤范		白口铁，麻口铁	莱+P+G 片

注：1) 郑州工学院机械系：河南镇平出土汉代铁器金相分析，考古，1982，(3):320～321。

表 8 - 1 - 6　部分器件化学成分

编号	器物号	器物名称	金相组织	化学成分/%			
				C	Si	Mn	P
1	H1:31	六角小轴承	莱氏体＋Fe₃C	4.41	0.15	0.30	0.67
2	H1:18	小型锤范	灰口铁（α＋P＋G 片）	3.9	0.16	微量	0.52
3	H1:16	中型锤范	白口铁（莱氏体）	4.1	0.22	0.30	0.50

（三）河南渑池发现窖藏铁器[①]

1974 年 4 月渑池火车站扩建时发现一处古代铁器窖藏，河南省博物馆协同渑池县考古工作者进行现场调查，共出土 60 多种器形、共 4000 多件窖藏铁器，总重达 3500 公斤。经过钻探窖藏南部发现一处铸铁作坊遗址。窖为圆袋形，口径 1.24～1.42 米、底径 1.68 米、深 2.06 米。周壁不整齐，有埋藏的铁器印上的痕迹。窖口覆盖 20 厘米厚的炼渣屑和灰土，封闭较严密，铁器保存较好。

窖藏铁器 4195 件（块），包括铁范、铁器、铁材和烧结铁等。比较完整的约 1300 件。器形有 60 多种。铸有铭文的达 400 多件，其中可以辨认出字形的 292 件，铭文约 30 多种。从铭文内容看，铁器出自十多个铸件作坊。

出土的铁范共 152 件其主要情况如表 8 - 1 - 7 及图 8 - 1 - 19 所示。铁农具、兵器在汉代到魏晋南北朝时期采用生产效率高的铸铁范制作。

出土的铁器共 4043 件，包括手工业工具和机械构件见表 8 - 1 - 8、图 8 - 1 - 20。农具出土种类及铭文见表 8 - 1 - 9、图 8 - 1 - 21 和图 8 - 1 - 22。兵器有 Ⅰ 式斧、Ⅱ 式斧、箭头、矛、剑、镞等，以 Ⅱ 式斧和箭头最多，见表 8 - 1 - 10、图 8 - 1 - 23，不同强度的弓弩和相应的箭头，是为不同的射手准备的。

表 8 - 1 - 7　渑池窖藏出土铁范

文物名称	尺寸（长×宽，厘米）	数量	备　注
板范	长形 39.5×14	26	
	短形 18.5×14	3	
	双腔形 40.5×13	16	
	单腔 40.7×7.5	5	
	方形 26.5×21	4	
双柄犁范	55×(19～23)	3	有铭文"黾"字
犁范	残 25×23	1	大型三角形犁，残存"津"字
铧范	24×28	31	残破，有上下范和范芯，有"黾"、"阳成"
锸范	20×16.5	5	铸凹字形锸，外范有方形范錾，"津左"、"周左"
Ⅰ式斧范	残长 11.5×12.5	5	残缺不成套，范外有錾，"黾左""津右""黾池右"
	残长 19.1×11		
Ⅱ式斧范	23×13.8	7	"津左"、"周"
箭头范	(19～23)×7.5×20	18	一范少者铸 6 支，多者铸 10 支箭头，分四型

注：还有镰范、锤范、碗形器范、锄形范等。

① 渑池县文化馆、河南省博物馆，渑池发现的古代窖藏铁器，文物，1976，(8)：45～51。

表 8-1-8　渑池窖藏出土手工业工具和机械构件

名称	件数	形　制
钻	11	鼓形钻 2 件，高 46 厘米、上面直径 24.5 厘米，小面较小，中部两侧有铁环。方形钻 9 件，高 12.5～13.3 厘米、长 12.5～13.3 厘米、宽 8～14.5 厘米，锻制小件铁器用
锤	20	有双面锤、单面锤两种。双面锤中重 16 公斤 1 个，重 7 公斤、5 公斤、1 公斤各 2 件，重 3 公斤扁头形 2 件
钎	1	锻制，残长 124.9 厘米、直径 3.5～8.1 厘米，一端有圆裤可以纳木柄
鼓风管	1	铸制，长 64.3 厘米，一端直径 21.5 厘米，一端略细，器形近似汉代陶鼓风管 "㪣"[1]
六角承	445	以其相对两边间垂直距离不同分为 17 种规格，最大 15.5 厘米，最小 6.5 厘米，相近两种规格相差 0.5 厘米（缺少 7.0 厘米、10.5 厘米、11.0 厘米、11.5 厘米、13.0 厘米 5 种品种），轴腔有不同程度的磨损
圆承	32	外圆直径 6～12 厘米，大的外面铸有 3 个等距离的子榫，中小型外面铸有两个对称小榫，轴腔有磨损痕
凹字形承	3	高 11.5 厘米、宽 12 厘米，外面一端铸一道子榫，轴腔半圆形有磨损痕
齿轮	4	大小两种、直径为 6.6 厘米、7.1 厘米，轮齿 16 个一边倒，中心为方形轴孔

　　注：此外还有夹刃斧、夯头、凿、小锛等，锛部正面铸篆体阳文铭文 "大周口"。

　　1）周尊生，汉代冶铸鼓风设备之一，文物，1960，（1）

表 8-1-9　渑池窖藏出土农具

名称	件数	形制与铭文
犁	48	少数完整，长 31.5 厘米×宽 26.5 厘米，重 7 公斤，不同程度磨损，铭文 "津右"
双柄犁	1	犁头 V 形，可安装犁铧，长 44 宽 16 厘米，出土时砸断，灰口铁
犁镜	99	矩形，长 28.5 厘米×宽 28.3 厘米，铭文 "㟭"、"㟭左"、"㟭右"、"津左"、"周"
犁铧	1101	V 形，多数是大铧旧器，少数是残次品，小铧仅 12 件。铭文："㟭"、"㟭右"、"绛邑"、"绛邑冶左"、"新安"、"新安右"、"夏阳"、"阳成"。个别铧上铸 "㟭" 反文。至少出自 5 个作坊
束腰式耧铧	1	铸有 "绛口口右" 和 "口㟭" 铭文
铲	较多	铸有 "㟭"、"绛邑"、"绛邑左"、"津右"、"新安"、"夏口"、"山"、"口冶"、"口左" 铭文
臿	未计	铸有 "绛邑"、"周左"、"夏口" 等铭文

　　注：还有半圆錾、镢、弧形镰刀、六角形锄、镰等，镰正面铸铭文 "津右"，背面铸 "周"，有的铸 "新安"。

表 8-1-10　渑池窖藏出土兵器

名称	件数	形制及铭文
Ⅰ式斧	33	大小两种，长 12～16 厘米，宽 5～9 厘米，器形相同，铭文有一面为 "津右"，另一面为 "周"，也有一面铸 "㟭" 字。砍伐工具。有的斧刃有锻打痕迹，锤头周边有使用后卷曲现象
Ⅱ式斧	401	第一种（23 件）长 9.5～12 厘米、宽 9～10.9 厘米，多是新的器物； 第二种（378 件）长 12.7～13 厘米、宽 9.8～10 厘米，有的刃部经过锻打，有的刃角卷曲。铭文有 "㟭"、"㟭左"、"㟭右"、"口左口"、"㟭池军左"、"㟭池军右"、"成右"、"口右"、"周"、"周左"、"新安"、"口"、"匠口口官口口口口" 等，以 "㟭" 字最多
箭头	171	形状与箭范腔型相当，分五式。头部长 5.3～5.7 厘米

　　生活用具及其他器具品种繁多，如各种形式又有大中小的釜残片 700 多片；甑残片 6 片、盆形甑、敛口圆底锅、灯、案形器、炙炉、铁权、鸠、铺首衔环、配套帷幕脚架、铁碾

槽、建筑构件，还有车軎、车饰、网坠、小刀、钉、泡、钩、碗形器、铃、方铁板、带字铁板（能辨认隶书阳文"官少"二字），铁圈、铁条、铁棒、铁鼻、十字形器、各种浇口铁等近八百件。此外，还出土七百五十公斤的生铁原材料板材，都是白口铁。有两种，一种是断面呈三角形的铁锭；一种是圆形铁饼。铁锭长24～63厘米，共25块。铁饼直径63厘米、厚2厘米，共31块。还有一些渣块。

李京华从铭文字体观察，案形器上的"津左张王"四字（图8-1-22）属于隶书向楷书发展的书体；304号铲上的"津右"（图8-1-22）已转为魏楷体，其他器铭，除"夏阳"（图8-1-22)字体保留早期汉隶的特点外，大部分字体属于曹魏时期。铭文中绝大部分是地名。"绛邑"，《前汉书》称"绛"，《后汉书》称"绛邑"，沿用到六朝。"阳成"，《前汉书》中"成"没有土字偏旁，《后汉书》中才增加偏旁，渑池窖藏的"成"字无土偏旁的铭文，是属于西汉时期，还是后人沿用以前的写法，或者是属于简写字，需要进一步研究。在地名之后，附有"左"、"右"、"军左"、"军右"、"冶左"、"冶右"等官冶标志。曹魏时期屯田是按军事编制进行生产，同时由于"盐铁之利，足瞻军国之用"，置司金中郎将，主铸农器和兵器[1]。铭文中"左"、"右"、"军"等字，应为曹魏时期按军事编制的官营标志。南北朝时普遍实行官营冶铸。"冶令"、"东冶"、"诸冶"、"牵口冶"等名称，屡见于魏晋南北朝时期[2]。考古发掘者认为窖藏铁器中，六角形锄和铁板镢等是汉代器物；其他多数属于曹魏以至北魏时期，这一窖藏应是北魏时期的遗留。

铁器铭文所示官冶作坊，多分布在黄河中游两岸。渑池，早在西汉就驻铁官，后赵时继续建立官营冶铁业[3]。新安，在汉代属弘农郡，郡铁官驻在渑池，兼营新安作坊。在新安县西北的弧灯也发现汉代冶铁作坊[4]。新安是汉魏期间中央官冶之地。夏阳，即今陕西省韩城，汉代在此设过铁官，直到南北朝这里都是规模较大的铁冶所在[5]。绛邑，今山西省曲沃县，绛山出铁，汉代设铁官。阳成，今河南省登封市告城镇，汉代设过铁官，"嵩南铁炉

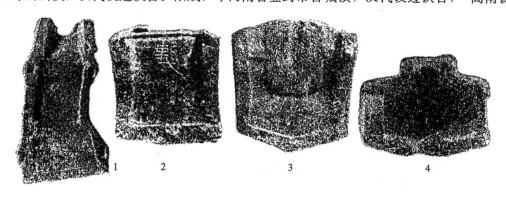

图8-1-19　河南渑池窖藏出土铁农具铁范
1. Ⅰ式斧范；2. Ⅱ式斧范；3. 舌范；4. 锤范

---

① 《三国志·魏书·王脩转》注引《魏略》。
② 《宋书·百官志》、《晋书·职官志》、《魏书·食货志》。
③ 《晋书·石季龙载记》。
④ 河南省文化工作局文物工作队调查和发掘资料。
⑤ 《周书·薛善传》。

沟传为古官场地。"①

图 8-1-20　河南渑池窖藏出土
1. 案形器；2. 权；3. 圆承；4. 六角承

图 8-1-21　河南渑池窖藏出土农具
1. 犁；2. 犁铧；3. 犁镜；4. 镂铧；5. 铲；6. 臿；7. 双柄犁

① 《说嵩·古迹》铁官条。

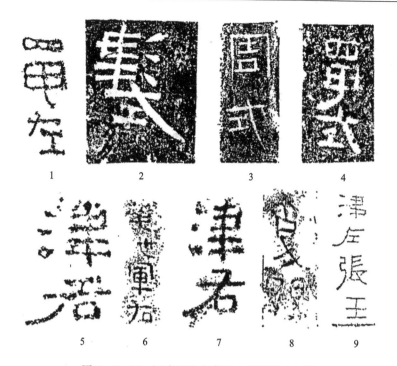

图 8-1-22 河南渑池窖藏出土铁器铭文拓片

1. 犁镜：黾左；2. Ⅱ式斧范；3. 雷范：周左；4. Ⅰ式斧范：黾左；

5. Ⅰ式斧：津右；6. Ⅱ式斧：黾池军右；7. 铲：津右；

8. 铲：夏阳；9. 案形器：津左张王

图 8-1-23 河南渑池窖藏出土 Ⅰ式、Ⅱ式斧

1. Ⅰ式斧；2. Ⅱ式斧

地名下带口子的，与产铁和冶铁有关的有河南浚县北边的相州牵口（今河南安阳县水冶镇），北魏时期是铸造农器、锻造军刀最为精工的作坊①。河北磁县的滏口，北齐是诸冶东道别领的重要作坊之一②。这个窖藏中"口"字铭文的铁器出自哪个作坊，需要进一步探讨。

本窖藏中的"山"字铲，器形、字形与山东莱芜出土汉代铁范中"山"字铭文铲范接

---

① 《魏书·食货志》。

② 《隋书·百官志》。

近，两者似乎有关。"津"、"周"、和"陵"等铭，需进一步考释。

"津左张王"的"张王"和"津右周"的"周"，都应是作坊中的工匠名。"物勒工名，以考其诚"，是战国以来官府手工业产品常见。

北京钢铁学院受河南省博物馆的委托对窖藏中有代表性的部分铁器进行了金相分析。一部分铁器的化学分析结果见表8-1-11。[①]

表 8 - 1 - 11　渑池铁器的化学分析

器名	器件原编号	组织状态	化学成分/%				
			碳	硅	锰	硫	磷
铁砧	62	铸态	4.15	0.04	0.02	0.031	0.34
铧范	419	铸态	4.40	0.10	0.11	0.029	0.24
"新安"铧范	420	铸态	2.31	0.21	0.19	0.031	0.38
"津右周"Ⅰ式斧范	346	铸态	3.46	0.07	0.05	0.028	0.38
"黾"铧	158	铸态	4.47	0.06	0.04	0.028	0.24
Ⅰ式斧	471	脱碳退火	0.24	0.16	0.41	0.014	0.14
"新安"Ⅱ式斧	254	脱碳退火	0.87	0.69	0.25	0.024	0.27
"黾□□"Ⅱ式斧	277	脱碳退火	0.87	0.60	0.60	0.011	0.14
"黾池军□"Ⅱ式斧	299	脱碳退火	0.29	0.10	0.58	0.011	0.11
"陵右"Ⅱ式斧	257	脱碳退火	0.6-0.9	0.16	0.05	0.020	0.11
"新安"镰	528	脱碳退火	0.57	0.21	0.14	0.019	0.34

由成分分析知，这批铁器虽然来源于不同作坊，生产制造铁器的时间也有早晚，但其含碳、硅量的成分比较稳定，硫含量≤0.03%，还是使用木炭作燃料。20件铁器进行金相组织观察：542长宽铁板、504铸铧的浇口铁、158铧及225甭，四件都是白口铁铸件(图8-1-24)。

365箭头范、420铧范、540甭三件是灰口铁，见图8-1-24。420铧范含碳2.31%、硅0.21%，这种低硅灰口铁相当于现代含硅1.5%～1.7%灰口铁石墨化的程度，具有一定现实意义。按石墨长度评级，420铧范石墨长度平均为0.045毫米，365箭头范和540甭石墨长度平均为0.032毫米，相当于7号石墨。上述几件铁器中石墨片等分布和大小都较合理，说明汉魏至南北时期在控制灰口铸铁的工艺上已经积累了丰富的经验。458锛、32六角轴承具有混合的白口和灰口组织即麻口组织。

渑池这批铁器中发现采用退火处理得到韧性铸铁的有：70镢金相组织是珠光体及石墨组织，332铲、166铧基体是铁素体，有较多的团絮状石墨，图8-1-24。312"山"铲和321"绛邑左"、铲257式斧发现具有球状和球团状石墨（图8-1-25）。528"新安"镰、453、471工式斧，257、277、279、299Ⅱ式斧共七件都是铸铁脱碳钢制品。257Ⅱ式斧在脱碳后刃口又进行锻打加工，使其更加锋利。

471Ⅰ式斧在整体脱碳处理后，又在刃部进行了局部表面渗碳，提高刃口硬度。257Ⅱ式斧在平均厚约3.2毫米，总长50毫米的U形截面上，分布着30颗球状石墨，直径约20微米，见图8-1-25。三件具有球状石墨的铁器都是低硅低硫的铸件，它和得到球状石墨的

---

① 北京钢铁学院金属材料系中心实验室，河南渑池窖藏铁器检验报告，文物，1976，(8)：52。

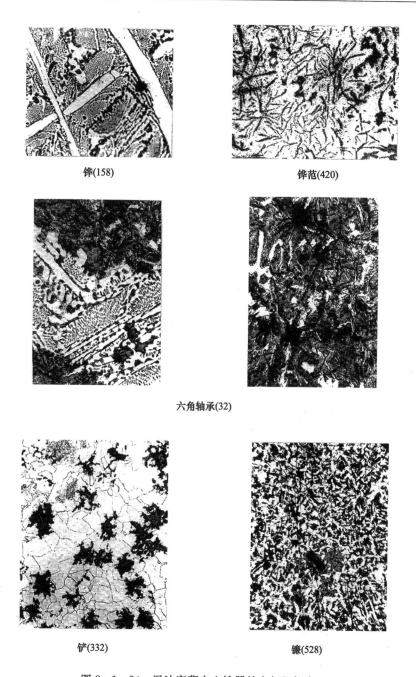

铧(158)　　　　　　　　　铧范(420)

六角轴承(32)

铲(332)　　　　　　　　　镰(528)

图 8-1-24　渑池窖藏出土铁器的金相组织之一

工艺对现代铸铁生产有重要现实意义。

　　渑池铁器的金相鉴定表明低硅低碳也可出现灰口铸铁，多件韧性铸铁件中还发现了犁铧 (166) 证明在汉魏至北朝时期韧性铸铁得到了更广泛的应用。渑池铁器显示了早期钢铁产品的规格化和系列化，其一是不同地区和作坊出产的器物具有同一器形（如带有不同铭文的 II 式斧），甚至化学成分也很相近。62 方形钻与满城汉墓出土 M2：06 方形钻，器形尺寸、化学成分都很近似。各种铁器的硫、磷含量很低，说明当时在冶铸工艺上已有某种统一的要求，"吏明其教，工致其事"也记载了这个含义。其二是同一类产品具有不同规格，最典型

Ⅱ式斧(299)

铧(197)

铁圈(568)

Ⅱ式斧(257)

Ⅱ式斧(257)

图 8-1-25　渑池窖藏出土铁器金相组织之二

是一套六角承系列。当时为满足车辆运输的需要，轴承是机械的重要零件应用范围广，磨损后又要更换，必须统一规格才能进行统一生产和分配。从秦始皇实行"车同轨"、统一度量衡、到汉魏时期产品规格化的出现，是完全符合历史发展规律的。

五　汉阳陵附近钳徒墓的发现[①]

阳陵是汉景帝（公元前156～前141）刘启的坟墓，位于咸阳市后沟村北，1972年春修水库时，在阳陵西北1.5公里处挖出大量带刑具的骨架。陕西省博物馆派人前往调查，共挖

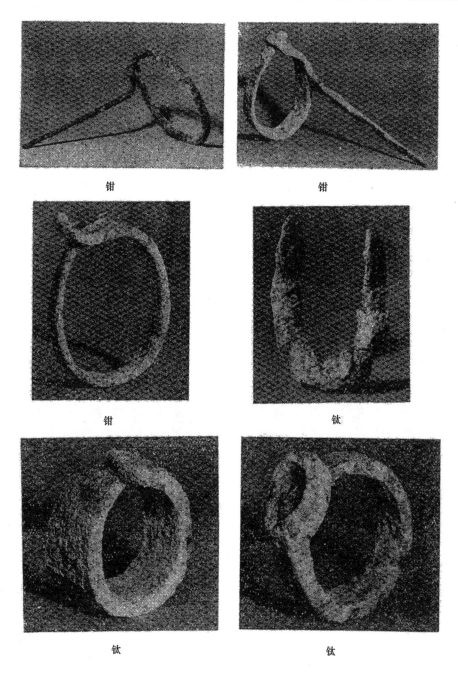

图 8-1-26　陕西西安汉阳陵出土刑具

①　秦中行，汉阳陵附近钳徒墓的发现，文物，1972，(7)：51～53。

出 29 座刑徒墓,有 35 副骨架。经探测墓地实际范围约有 8 万平方米。墓葬排列无序,葬式不一,墓坑多呈长方形或不规则形状。据报道的两墓为例:1 号墓埋葬 1 人,仰身直肢,身首异处,头在左腿外侧,颈上有钳,翘端向下,可能属斩刑。2 号埋葬 6 人。1~4 号人骨架在上层,5、6 号在下层。有少量绳纹筒瓦和夹砂红陶釜残片。1 号骨架,仰身直肢,颈上有钳。2 号骨架,身躯屈曲成倒写的"之"字,脚上有钛,仍套在小腿骨上。3 号骨架仰身直肢,嘴大张。4 号骨架,盆骨以下肢体与躯干脱节,腿骨附近有一钛,可能系腰斩后埋葬。5 号骨架仅存头骨及颈椎骨,其余已破坏,6 号骨架压在 3、4 号骨架之下,侧身直肢。六副骨架均无棺椁及随葬品。从两墓死者身上所带刑具,可判断为髡钳形徒墓。去发髡为髡,以铁束颈为"钳",锴足为"钛"。钛类似脚镣。此刑始于战国,行于秦汉,盛于隋唐。

此墓群发现的钳有两种形式。一种是圆形,另一种是有与圆形成直角的铁杆,称为翘。钳径 17~24 厘米,重 1.15~1.6 公斤。翘长 29.5~34 厘米。钛分为马蹄形和圆形两种直径 9.5 厘米,重 0.8~1.1 公斤,见图 8-1-26。

秦汉帝王陵多为刑徒营建。《史记·景帝本纪》、《汉书·景帝纪》也都有"免徒隶做阳陵者"和"赦徒作阳陵者死罪"等记载,说明当时营建阳陵多为刑徒。这批刑徒墓距阳陵很近,且压在汉文化层之下,填土中亦有汉瓦残片。判断这批钳刑徒墓死者可能就是原来修建阳陵的刑徒。从发掘所见 1 号墓及 2 号墓 4 号墓骨架就是被杀后埋葬的。多数是在建陵的繁重劳役下死去,因此,尸骨枕藉,互相叠压,埋葬草率。《汉书·成帝纪》中记载,修建昌陵时"卒徒蒙辜,死者连属"。刑徒起义在汉代时有发生,如汉成帝阳朔三年(公元前 22),颍川冶铁刑徒申屠圣等百八十人,杀长吏、盗库兵,自称将军,在不到一个月的时间,起义军经过了九个县。汉成帝永始三年(公元前 14)山阳郡铁官徒苏令等二百二十八人进行暴动,夺取兵器,杀官吏,起义军经过了十九个郡,受到群众拥护。汉成帝鸿嘉三年(公元前 18)广汉钳徒郑躬的起义等,这些刑徒的起义、暴动虽然很快被镇压,但揭开了西汉末年全国性大起义的序幕。

第二节　汉诸侯王陵墓出土铁器

汉王朝实行郡县制和封国制相结合的政治模式,这些诸侯国在当时的中国社会具有重要地位,是秦汉史研究的一个重要内容。至今已有 40 余座汉诸侯王陵墓经过考古工作者发掘,为研究汉代的政治、经济、文化状况提供了丰富的资料。其分布见图 8-2-1。汉王陵既有皇家墓葬形制的相对统一、规模宏大、陪葬品多的共同特点,还有着明显的区域文化特色。从发掘的汉王陵来看,墓葬规模一般较大,如山东长清双乳山一号汉墓封土占地面积达 4225 平方米,高 12 米以上,土石方达 3000 立方米,墓葬总面积达 1447.5 平方米,凿石总量 8800 立方米以上[①];徐州狮子山楚王陵面积为 851 平方米,凿石量为 5100 立方米[②];河南永城保安山二号墓总面积 1600 平方米,凿石量 6500 立方米[③]。出现这种大墓不是偶然的现象,而是当时经济和实力的反映,历史记载也反映了这种事实。梁孝王"居天下膏腴之

① 山东大学考古系、山东省文物局、长清县文化局,山东长清县双乳山一号汉墓发掘简报,考古,1997,(3):1~10。
② 狮子山楚王陵考古发掘队,徐州狮子山西汉楚王陵发掘简报,文物,1998,(8):4~33。
③ 河南省文物研究所,永城西汉梁王陵与寝园,中州古籍出版社,1996 年。

地"、"有四十余城"、"府库金钱，且百巨万，珠玉宝器多于京师"[①]，故而能筑成规模宏大，结构复杂，令人惊叹的墓穴。由此可见，开凿和修建这些王陵离不开巨大的财力，也离不开先进的技术，特别是先进的钢铁技术。因为没有高水平的钢铁技术提供的高质量的钢铁工具，如凿、錾、钎等，完成这些大规模的工程几乎是不可能的。在这些墓葬中出土了大批铁器，其中有成套的凿子、錾子等开山凿石工具，还有大量的兵器及生活用具。这些大都是修墓时遗留下来的或陪葬品。因此对这些汉王陵中出土铁器进行比较研究，对于深入研究汉代钢铁技术发展水平及物质文化生活水平是必要的，也是有意义的。

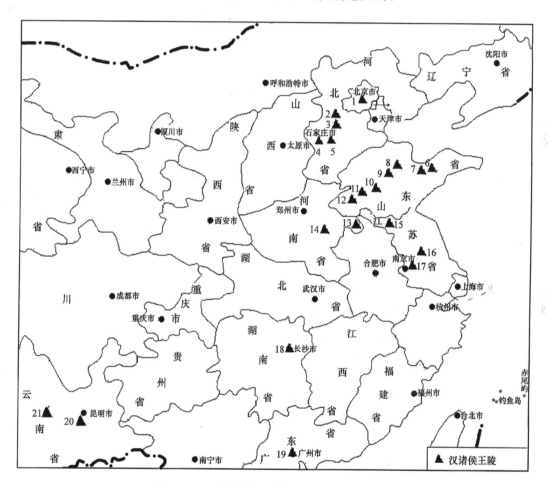

图 8-2-1　发掘的汉代诸侯王及侯陵墓分布图

1. 北京大葆台、老山；2. 满城；3. 河北定县北庄、北陵头、三盘山；4. 河北获鹿高庄；5. 河北石家庄；
6. 山东章丘洛庄；7. 山东长清双乳山；8. 山东临淄；9. 山东昌乐；10. 山东曲阜九龙山；11. 山东济宁；
12. 山东巨野；13. 河南永城保安山、西山；14. 河南淮阳北关；15. 江苏徐州楚王山、南洞山、北洞山、卧龙山、
土山、驮篮山、东洞山、狮子山、龟山、睢宁；16. 江苏邗江；17. 江苏高邮天山；18. 湖南长沙杨家山、砂子塘、
象鼻嘴、咸家湖；19. 广州象岗；20. 云南晋宁石寨山；21. 云南祥云大波那

① 班固，汉书（四十七卷），文三王传第十七，中华书局，1962 年，第 2208 页。

一　汉王陵出土铜、铁器的数量分析

经发掘的这些汉王陵均有大量铁器出土，包括工具、农具、兵器、生活用具等。由于有些发掘报告没有给出出土器物的详细数字，统计很难准确，但出土铜器中没有发现农具，工具也仅仅 6 件，但是兵器却占总数的 52.4%；铁器中，兵器占 68.8%，工具占 13.5%，农具仅有 2.7%；为了进行讨论，仅对 5 座汉王陵（淄博汉墓、广州南越王墓、满城汉墓、巨野汉墓、狮子山楚王陵等 5 座未被盗掘的汉王陵）出土的铜铁兵器的具体情况进行分析，结果列于表 8-2-1，（长清齐王墓没有被盗，但是文献没有给出出土器物的具体数字，故没有列出，有一点可以肯定此墓出土铁兵器种类比铜兵器种类要多）[①]。

表 8-2-1　5 座汉王陵出土铜铁兵器一览表　　　　　（单位：件）

材质	淄博临淄汉墓		狮子山楚王陵		广州南越王墓		河北满城汉墓		巨野红土山墓		小计	
	铜	铁	铜*	铁*	铜	铁	铜	铁	铜	铁	铜	铁
镞	1810		135		933		88	372	241	150	3207	522
弩机	72		2		15		39		12		140	
铠甲		数套		2套		1套		1套				>3套
戈	2		1		4		2		2		11	
戟	4	141	5	28		2		2		4	9	177
剑	2	25	25	1		15		10	3	5	36	55
矛	14	6	5	16	1	7		1		4	20	34
刀				3			8	79		2	8	84
铍		20	24								24	21
殳		2						1				3
匕							1	1		2	1	3
箭秆				50	160					200	160	250
其他		180+					8	23			8	203+
小计	1904	350	197	124	1114	26	151	490	258	367	3624	1357

注：＊. 狮子山楚王陵曾被盗掘，但储藏兵器的耳室未被盗，故将其统计在内。具体数量承蒙徐州兵马俑博物馆告知。

＋. 其他指没有能够确定种类的残兵器。

由表 8-2-1 可知，从种类上看，汉王陵出土的铜兵器有戟、戈、剑、铍、矛、刀、镞、弩机、匕等，除弩机外，对于所有种类的铜制兵器，都有相对应的铁制兵器，但还有铁制铠甲、铁铤铜镞等，表明钢铁兵器逐渐替代铜制兵器。对机械性能要求较高的防护兵器如铁制铠甲发现较多，狮子山楚王陵是继河北满城刘胜墓出土铁铠甲后又一处出土铁铠甲较多的墓地，为西汉时期钢铁制甲技术提供了新证据。

从数量上看，铜制兵器共有 3624 件，铁制兵器有 1357 件，铜制兵器多于铁制兵器。从单个墓葬的情况看，淄博齐王墓随葬坑、狮子上楚王陵和广州南越王墓出土的铜兵器多于铁兵器，而其他 3 座均相反。淄博汉墓的 1904 件铜兵器中，有镞 1810 件、弩机 72 件，其余

----

① 陈建立、韩汝玢，汉诸侯王陵墓出土铁器的比较，文物保护与考古科学，2000，(1)：1~8。

22 件为戟等手持兵器，而 350 件铁兵器中，有剑、戟等手持兵器 169 件。广州南越王墓的 1114 件铜兵器中，有镞 933 件、弩机 15 件，戟、戈、矛、剑仅 6 件，而 26 件铁兵器除铁甲外全为手持兵器。狮子山楚王陵出土的铜兵器有镞、弩机、铍、戟、矛、剑等，铁兵器有铁铤铜镞、铠甲、戟、矛、剑、刀等。其中铁兵器种类齐全，数量较多，特别是铁剑较多，铁戟也有一定数量。对于消耗性铜镞，一是形制多，二是数量多，并有大量的铁铤铜镞。其余两座墓葬也是实用手持铁兵器多于铜兵器。对于消耗性较大的镞等兵器及弩机则多由铜铸造而成。到了满城汉墓，铁镞才发现较多。

　　表 8 - 2 - 1 的统计结果可能不能全面地反映出当时社会使用铁器的实际情况，但可以认为：铁兵器作为当时最先进的武器，在国家安全和军事实力中具有重要地位，因此在王陵墓中出土大量铁兵器也是必然的。出土铁工具占 13.5% 说明铁工具使用的普遍性，出土铁农具较少是由墓葬的性质决定的。出土铁器情况表明，在两汉时期，铁制农具已经取代了铜制农具，兵器亦在逐步取代之中。钢铁冶炼在西汉时已经很普及，铁器在农业、军事等各方面得到广泛应用，极大地促进了生产力的发展，是中华民族形成和发展的物质基础。

二　汉王陵出土铁器的金相学研究

　　汉王陵出土铁兵器、工具、农具等数量多、品种全，应该反映西汉时期钢铁技术的发展水平。由北京科技大学冶金与材料史研究所与相关的文物考古所合作，对 6 座王陵墓出土铁器共计 80 件进行了金相学鉴定，见表 8 - 2 - 2。其中有农、工具 35 件，兵器 28 件，炉、釜、鼎、铁内范、条材、板材等 17 件，具有代表性。通过对铁器的制作技术的研究，探讨汉代钢铁制作技术对社会发展、政治、经济的作用，具有重要意义。

表 8 - 2 - 2　6 座汉王陵出土鉴定铁器的情况

陵墓名称	墓主人	年代	农工具	兵器	其他	小计
江苏徐州狮子山汉墓	第三代楚王刘戊	西汉早期前175~前154年	凿6、撬1	刀1、甲片7、矛2	釜1、垫铁2、封门器1	21
江苏徐州北洞山汉墓	第五代楚王刘道	西汉早期前129年	錾3、镢1	戟1、镆1	方炉1	7
河南永城保安山M2	梁孝王妻李后	西汉早期前125~前124年	斧2、锯1、锄2、锤1、錾1、镢1	刀1、镞1、铤1	板材1、条材1、门鼻1	14
广州象岗南越王墓	南越王赵胡	西汉早期前122年	方锉1、锛1、铲1、削1、镢1	甲片1、剑1、箭杆1	鼎1	9
河北满城汉墓M1、M2	中山靖王刘胜夫妇	M1：前113年 M2：前118~前104年	犁铧1、铲1、镢3、錾1	镞4、甲片1、剑1、佩剑1、戟1、书刀1	铁范3、车铜1、炉1	20
北京大葆台汉墓M1、M2	广阳王刘建夫妇	M1：前45年	锤1、斧1、镢1、凿1、削1	箭杆1	簪形器2、扒钉1	9
小计			35	28	17	80

　　属于公元前 2 ~ 前 1 世纪 6 座汉王陵墓出土铁器金相学分析结果已分别刊于相应的考古专著的附录中。为了便于读者查阅，将其结果分别摘录于下，并对每个王陵出土铁器金相鉴

定中特别应该重视之处再加以说明。

（一）徐州狮子山西汉楚王陵出土铁器的金相实验研究[①]

被评为"95'中国十大考古新发现"之一的徐州狮子山西汉楚王陵，是目前已发现的规模较大、等级较高的汉代陵墓。经初步研究，墓主人可能为西汉时的第三代楚王刘戊（前175～前154），距今已有2170年。狮子山楚王陵出土的金属器物极为丰富，尤其是兵器出土数量多、品种全，实用工具（如凿）形制、尺寸各异，种类齐全，还有铜镜、铜印章及铜钱等，可以代表汉初金属制作技术的发展水平。利用金相实验对狮子山楚王陵出土的21件铁器进行研究，取样的器物有釜、刀、甲片、凿、垫铁片、封门器、矛、撬等，其中工具8件，兵器9件，生活用具4件。经过对钢铁制品进行金相组织的仔细观察，可以判定器物的材质，了解制作工艺，是铸还是锻，是否经过加热、淬火等。对狮子山西汉楚王陵出土铁器的金相鉴定结果见表8-2-3。

表8-2-3　狮子山出土铁器的鉴定结果

样品号	名称	材质	样品号	名称	材质
2432	铁刀	炒钢与块炼渗碳刚折叠锻打	2441-1	垫铁片	块炼铁锻打
2433	铁釜	白口铁铸件	2441-2	垫铁片	铸铁脱碳钢锻打
2436-1	铁甲片	铸铁脱碳钢冷锻	2442	轴	炒钢废料锻打
2436-2	铁甲片	铸铁脱碳钢冷锻	封门器	铁块	铸铁脱碳钢锻打
2436-3	铁甲片	铸铁脱碳钢冷锻	2450	凿	炒钢经过局部淬火
2436-5	铁甲片	铸铁脱碳钢锻打	2453	矛	块炼渗碳钢叠打
2437-2	铁甲片	铸铁脱碳钢锻打	2454	矛	炒钢叠打
2437-3	铁甲片	锈蚀严重无法判定	2457	凿	块炼渗碳钢叠打
2438-3	铁甲片	铸铁脱碳钢锻打	2458	撬	块炼铁锻打
2440-1	凿	铸铁脱碳钢锻打	2459	凿	炒钢与块炼渗碳钢叠打局部淬火
2440-2	凿	炒钢叠打经过局部淬火	2460	凿	两块炒钢折叠锻打经过局部淬火

徐州狮子山楚王陵出土的铁器大部分锈蚀严重，如耳室中出土的两捆铁剑都锈在一起，从残断处已经很难找到金属进行金相鉴定，故影响了对徐州狮子山楚王陵出土铁器的全面认识。通过金相组织及夹杂物的判定分析鉴定了徐州狮子山楚王陵出土的7片铁甲片，是首次对同一墓葬出土的铁甲片选取一定数量进行金相学分析来研究制作技术，应具有代表性。徐州狮子山楚王陵出土的铁甲片均以铸铁脱碳钢为原料经过锻打制造而成，在铁甲片的制作上有冷锻和热锻两种工艺，制作的甲片由较好的质量。鉴定的21件铁器中根据金相组织、夹杂物形貌及成分，区分是铸铁脱碳钢、块炼渗碳钢、炒钢制品，陈建立对其中的夹杂物进行成分分析，并用数学统计方法对上述的区分予以佐证。炒钢制品都是锻件，在样品的组织中均含有单相以硅酸盐为主的夹杂物，含有少量的钾、镁等元素，变形量大。这次检测的21件样品中，经判定有5件是炒钢制品。这是在徐州地区发现的又一批早期炒钢制品。在广州南越王墓及高邮天山汉墓中发现的炒钢制品的年代略晚于狮子山楚王陵。狮子山铁器中炒钢

① 北京科技大学冶金与材料史研究所、徐州汉兵马俑博物馆，徐州狮子山西汉楚王陵出土铁器的金相实验研究，文物，1999，（7）：84～91。

制品的发现，为炒钢技术的发明、使用提供了新的例证，它们是迄今为止年代最早的炒钢制品，表明西汉早期（前 2 世纪中叶）中国已经发明了炒钢技术。西汉时期发明的炒钢技术，被誉为继铸铁发明以后钢铁发展史上又一里程碑。对徐州狮子山出土铁器的金相学鉴定报告，已发表在文物，1999 年第 7 期中。

（二）徐州北洞山西汉楚王墓出土铁器的鉴定[①]

1986 年 9 月，徐州博物馆和南京大学考古专业师生对北洞山西汉楚王墓进行发掘，它是一座"凿山为藏"的大型石室墓，规模巨大，结构复杂，宛如一座巨大的地下宫殿。北洞山汉墓的墓室部分虽然历史上严重被盗，但仍出土了一批重要遗物，尤其重要的是墓葬的形制和结构保存十分完整，墓葬建筑的平面布局和墓室的形制为研究西汉时期"凿山为藏"的葬制提供了十分重要的事物资料。据《徐州北洞山西汉楚王墓》一书中作者的判断，该墓主人是西汉时期第五代楚王刘道，墓葬的绝对年代为武帝元光六年（公元前 129）或稍后[②]。该墓出土可辨认的铁器有 17 种，但多锈蚀严重或残损，有锤、凿、錾、镢、斧、锛、戟、匕、刀、剑、甲片、方暖炉、釜、环、钉、V 形器及铁条等，共计 97 件。典型器物如图 8-2-2。

送北京科技大学冶金与材料史研究所进行鉴定的铁器 17 件，仅 7 件可以作金相学的分析，器物是方炉、Ⅰ、Ⅱ、Ⅲ式錾各一件，镢、锛各一件，还有 1 件是嵌金丝的铁匕首，匕首完整，但锈蚀严重，用日本岛津 X 光机 200MA 对其进行照相（条件是 150 毫安，70 千伏，曝光两次），得到图 8-2-3，表明金丝连续嵌镶在匕刃部一圈，匕首脊部亦有金丝相连。金丝宽 2 毫米，在露头处截取 1 毫米，进行了组织观察与成分测定。金丝含金 98%、银 2%。金丝样品用王水加少许铬酸酐浸蚀，金相组织如图 8-2-4，显示晶粒大小均匀，平均晶粒 $d=0.150$ 毫米，晶界平直，并有李晶，是加工后较高温度退火的再结晶组织。在铁匕首刃金丝的实物罕见，会影响其使用，故推测它不是实用器物。

七件铁器的鉴定结果表明：有两件是铸件，一件为灰口铁，一件为亚共晶白口铁经过退火处理得到的脱碳铸铁；五件是锻件，有二件是块炼铁，一件块炼渗碳钢锻打而成，一件是脱碳钢锻打后淬火，一件是两块脱碳钢锻接。4001 方暖炉是灰口铸铁铸成，金相组织见图 8-2-5，A 型片状石墨均匀分布，任意排列，基体为铁素体和珠光体。

方暖炉 4001，炉作长方形，口大底小，炉壁近底部向内折收如二层台，用以装铁箅。四蹄形足，两长壁外和蹄足上近沿部各有二钮，当为装链提拿方便而设。炉残长 15.5 厘米、高 21 厘米、蹄足高 10.7 厘米。方暖炉是迄今发现较早的灰口铸铁实用器，为中国古代低硅灰口铸铁增添了一件新的实物证据。

三件不同型式的錾制作技术各异，4006 Ⅰ式錾为两块脱碳钢锻接制作而成，4007 Ⅱ式錾是含碳低的块炼铁，金相组织中铁素体晶粒明显拉长变形，表明该錾已应用冷加工硬化来强化金属，与满城汉墓 M2：3097 錾有相似的情况。4008 Ⅲ式錾是脱碳的高碳钢锻打后经过淬火，强度与硬度高，质量好。4031 戟和 4027 锛，为块炼渗碳钢制品。

根据《汉书·地理志》记载，当时的彭城、下邳、临朐县设有铁官，因此这批铁器有可能是本地产品。

---

① 徐州博物馆、南京大学历史学系考古专业，徐州北洞山西汉楚王墓，文物出版社，2003 年，第 194～203 页。
② 徐州博物馆、南京大学历史学系考古专业，徐州北洞山西汉楚王墓，文物出版社，2003 年，第 174～180 页。

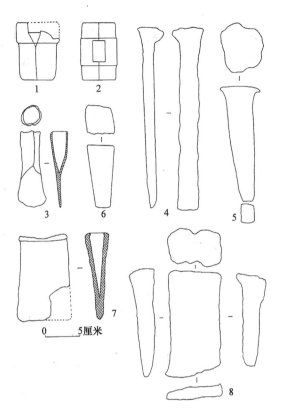

(a) 铁锤、凿、錾、镢和斧

1. 锤 4003　2. 锤 4004　3. 凿 4005　4. Ⅰ式錾 4006
5. Ⅱ式錾 4007　6. Ⅱ式錾 4008　7. 镢 4011　8. 斧 4014

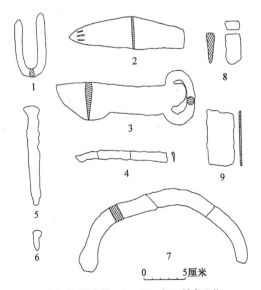

(b) 铁 U 形器、匕、刀、钉、铁条和楔

1. U 型器 4015　2. 匕 4018　3. Ⅰ式刀 4017　4. Ⅱ式刀 4026　5. Ⅰ式钉 4021
6. Ⅱ式钉 4029　7. 铁条 4025　8. 楔 4027　9. 楔 4028

图 8-2-2　江苏徐州北洞山汉墓出土铁器

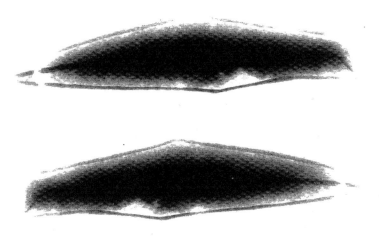

图 8 - 2 - 3　嵌金丝匕首（4018）X 光照相照片

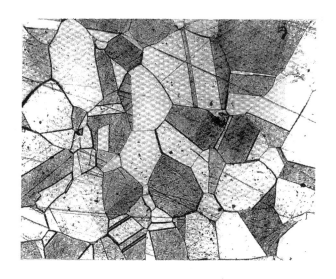

图 8 - 2 - 4　金丝的金相组织

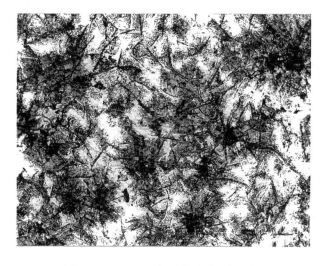

图 8 - 2 - 5　4001 方暖炉残片金相组织

(三) 永城梁孝王寝园及保安山二号墓地出土铁器的金相学研究[①]

位于河南永城保安山东麓的梁孝王寝园是中国目前发掘的唯一一处保存完整的汉代诸侯王寝园建筑遗址。始建于景帝前元七年（公元前 150），其正常使用应是在景帝中元六年（公元前 144）梁孝王死后才开始的。废弃年代应该是在西汉末年梁国被废以后。《汉书·文三王传》："元始三年（公元 3）梁王立废为庶人，自杀，国除"。梁孝王寝园毁于这个时期。寝园从建筑到废弃大约 150 余年，其间经过了多次修葺，从遗物的变化也可分出早晚。寝园内出土遗物也与上述推论印证[②]。出土铁器尤以工具、农具为多。种类繁多的铁器出现，表明在当时当地铁器已广泛使用。据调查，在今芒山镇西侧，汉代砀县城内发现有冶铁作坊遗址，寝园内的铁器应该是该作坊的产品。铁农具出土有舌 3、锸 4、锄 3、镰 2 等 14 件。由于此处为山区，寝园建筑使用大量石材，故寝园内出土石材加工工具较多，有斧 3、锛 4、錾 13、凿 4、锯 1、书刀 7、砧 1 等 33 件。用具类有带钩、门鼻、楔形器、门钮各 1 件，铁钉出土较多，共 13 件。板材、条材均为铸成的半成品，板材加工刀、錾、凿等，条材出土较多，加工钉、锥等，出土铁器的典型器物如图 8-2-6 所示。

保安山是芒砀群山中一座石灰岩小山，保安山二号墓系开凿在山岩之中的大型崖洞墓，以山为陵，"斩山作郭，穿石为藏"营造而成。该墓规模宏大，结构复杂，凿制精细，整个墓葬全部凿在山岩之中，有 2 个墓道、3 个甬道、前庭、前室、后室、34 个侧室以及回廊、隧道等部分构成了巨大的地下建筑群，墓内还有自成体系的排水设施。墓葬全长 210.50 米，最宽处 72.60 米，墓内最高处 4.4 米，最大高差约 17 米，总面积 1600 多平方米。该墓出土大量塞石，其上刻字和朱书文字内容丰富，发掘者判断保安山二号墓营造年代应为公元前 140～前 123 年之间，墓主人是梁孝王刘武之妻李后，埋葬年代为公元前 125～前 124 年可能性最大。保安山二号墓以其宏大的规模、复杂的结构而居于目前发现的同类墓葬之首。它的开凿，体现了汉代铸铁工具的进一步使用和发展，同时也显示当时梁国雄厚的经济实力，它的发掘为研究西汉政治、经济、文化及陵寝制度提供了重要资料。

保安山二号出土的铁器，皆在墓道填土和甬道塞石缝隙中发现，农工具有锤 1、斧 3、锛 1、錾 2、锄 2 等 9 件，如图 8-2-7 所示。此外还出土了大量铁剑残断，重约 20 公斤。由于多已断成小段，已无法拼成完整的剑，但从形状、粗细观察，应为明器，外部多带有薄木鞘，并用丝麻之类缠裹。由于形体较小，当时应是成束放置。M2-2②:146 铁剑束，锈蚀严重，剑与剑连在一起，从残存断面上可看到 12 支。

对梁孝王寝园出土铁器：铁材、C 型刀、锸、斧、锛、锯、錾、门鼻、铁铤等共 9 件。保安山二号墓出土板材 1、锄 2 件、斧 1、锤 1 共 5 件。由北京科技大学冶金与材料史研究所进行金相鉴定。金相鉴定结果表明，6139 锤（M2-Y1:7）为共晶白口铁，铁锤铸后直接使用，图 8-2-8。6124 斧（T0517③:2）、6138 斧（M2-Y2:1）及 6126 锄（M2-Y2:3）均是韧性铸铁。器物铸造成型后，为改善白口铁的脆性，经过退火处理，由于退火温度和时间不同，退火后得到的基体组织、石墨形态与分布亦有差别。图 8-2-9 是 6126 锄（M2-

① 河南文物研究所，永城西汉梁王陵与寝园，中州古籍出版社，1991 年，第 276～285 页。

② 李京华，永城梁孝王寝园及保安山二号墓出土铁器、铜器的制造技术，见：永城西汉梁国王陵与寝园，中州古籍出版社，1996 年，第 286～293 页。

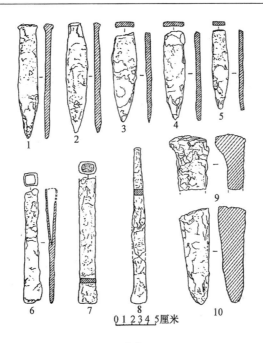

(a)

1. A型錾（T0403③:6）；2. B型錾（T0514③:1）；3. A型錾（T02003③:1）；

4. B型錾（T02003③:2）；5. C型錾（T0715③:3）；6. A型凿（T0609③:13）；

7. A型凿（H3:1）；8. B型凿（T0413③:2）；9. B型镢（T0601③:3）；10. A型镢（T0615③:4）

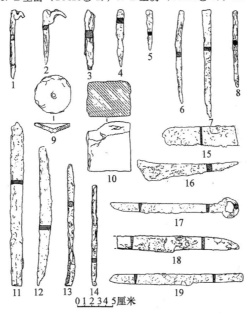

(b)

图8-2-6　梁孝王寝园铁器

1. A型钉（T0814③:1）；2. A型钉（T0302③:2）；3. B型钉（T0510③:2）；4. C型钉（H3:4）；

5. C型钉（T06001③:1）；6. D型钉（H2:1）；7. D型钉（H2:5）；8. E型钉（T0212③:1）；

9. 钉帽（T0404③:2）；10. 砧（T0715③:8）；11. 板材（T0615③:8）；12. 板材（T0615③:5）；

13. 条材（T0615③:1）；14. 条材（T0711③:1）；15. 锯（T0814③:2）；16. C型刀（T0814③:4）；

17. A型刀（T0715③:11）；18. B型刀（T0615③:11）；19. B型刀（T0509③:3）

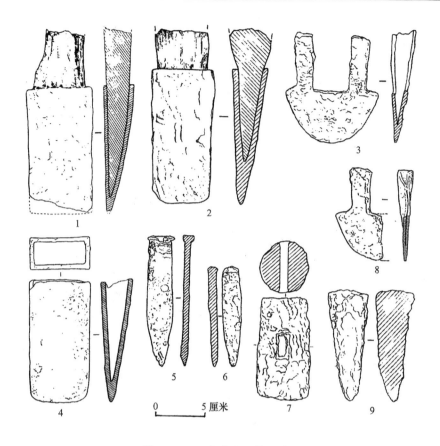

图 8-2-7　保安山二号墓铁器

1. 斧（M2-Y2:2）；2. 斧（M2-Y2:1）；3. 锄（M2-01:34）；
4. 斧（M2-01:32）；5. 凿（M2-Y1:9）；6. 凿（M2-Y1:10）；
7. 锤（M2-Y1:7）；8. 锄（M2-Y2:3）；9. 镬（M2-Y1:8）

Y2:3）金相组织照片；图 8-2-10 是 6124 斧（T0517③:2）金相组织照片；图 8-2-11 是 6138 斧（M2-Y2:1）金相组织照片 6126 锄（M2-Y2:3）由一块韧性铸铁板锻打制成，经加热折叠锻制锄韧部锻接良好，銎部仍可见明显锻打痕迹，金相组织中的夹杂物沿加工方向排列成行，团絮状石墨未变形。6124 斧（T0517③:2）金相组织中的石墨变形，沿加工方向排列，说明此斧是已退火形成了团块状石墨组织以后再锻打制成的，用韧性铸铁锻打制作农、工具的工艺技术又有新的发展和提高。

用铸铁脱碳成钢的板材为原料，经过加热锻打成器物的共 7 件。由于脱碳程度不同，其含碳量亦各不同。6125 镬（T0106③:3）、6140 锄（M2-01:34）及 6146 铁铤（T02001③:1），取样部位显示的金相组织为全铁素体，含碳<0.06%，夹杂物沿加工方向排列成行。6129 门鼻（T0715③:9）铁素体及少量珠光体，含碳约 0.2%；6120 条材（T0615③:1）、6127 锯（T0814③:2）、6128 凿（T04001③:1）为珠光体及少量铁素体，含碳 0.6%～0.7%。这 7 件铁器样品金相组织的共同特征是：组织均匀，质地较纯净，有单相夹杂沿加工方向排列成行，量少，无石墨析出。另有 3 件 6121 刀（T0814③:4）、6122 镢（T01002③:1）及 6123 板材（M2-2③:148）是用脱碳板材加块炼铁、多块块炼渗碳钢或废料等多种原料锻打在一起制作而成的。组织特点是：夹杂物量多，不同原料的夹杂成分差别大，夹杂

物分布不均匀，铁素体晶粒大小不均匀。

　　本遗址发现的板材、条材数量较多，是未加锻造成型或在锻造时截弃的余料段，多为范铸半成品，可以加工成錾、镌、锯等工具。李京华在研究中发现板材余料段中有三种宽度，分别是 18 毫米、21 毫米、40 毫米。M2 墓室是凿建在石灰岩的石洞中，由于岩石的水溶和风化，使凿成的墓室顶部与壁之间有大小不等的缝隙，大的缝隙用石料填充，修理平整。窄处缝隙使用 40 毫米宽、4 毫米厚的板材截成 50 毫米、65 毫米长度的板材段，并将一端锻薄，随木板嵌入填充缝隙，所以在铁板材两面均保留有木板痕迹，对这样的铁板材的强度要求不高，6123 板材（M2-2②:148），为用多块块炼铁或废料制成，可能作为此种用途之例。

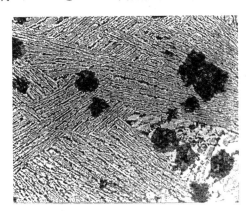

图 8-2-8　铁锤 6139　M2-Y:7 金相组织

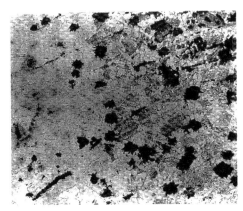

图 8-2-9　铁锄 6126　M2-Y2:3 金相组织

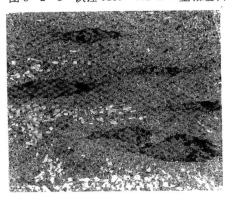

图 8-2-10　铁斧 6124　T0517③:2 金相组织

图 8-2-11　铁斧 6138　M2-Y2:1 金相组织

　　关于中国古代的锯，云翔有专文论述[1]，他收集古代最早的铁锯是湖南长沙战国后期楚墓出土的；秦汉时期铁锯和锯共发现 30 件。虽多残断或锈蚀严重，但仍可复原为刀形锯、夹背锯、框锯、弧形锯条和单刃锯条等 5 种。本遗址鉴定的铁锯，残长 9.5 厘米、宽 2.3～2.7 厘米、厚 0.2 厘米，锯齿有的已残断，有的仍很清晰，1 厘米长度有 4 齿，齿距高 0.2 厘米，为等腰三角形齿，但不规整，与河北满城汉墓出土 1:4425 锯条形制相似，均属单刃小齿锯条。河南长葛汉墓出土的铁锯曾进行过金相分析[2]，为含碳 0.1%～0.6%，铁素

　　① 云翔，试论中国古代的锯，考古与文物，1986，(4)：85～92。
　　② 河南省文物研究所，河南长葛汉墓出土的铁器，考古，1982，(3)：322。

体和珠光体，中心区含碳较高，夹杂物少，无石墨析出，认为可能是利用铸铁脱碳钢经锻打加工而成，据该墓同出的铜钱判定长葛汉墓属于公元前 1 世纪。梁孝王寝园出土的 6127 锯（T0814③：2）是含碳量 0.8% 铸铁脱碳钢锻打制成。这 2 件锯都是用优质钢制作，满足了使用性能要求。

（四）广州象岗南越王墓出土铁器的金相分析

广东省汉代考古的一次最重要的发掘是 1983 年发现的南越王墓，出土文物证实墓主人为第二代南越王文帝赵眜[①]。出土随葬器物数千件。其中出土铁器最多，品类最丰富，主要是工具和武器，共 44 种 246 件，典型器物如图 8-2-12。遗憾的是所出铁器大部分已锈蚀，

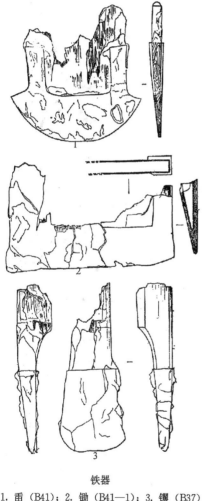

铁器
1. 臿（B41）；2. 锄（B41—1）；3. 镬（B37）

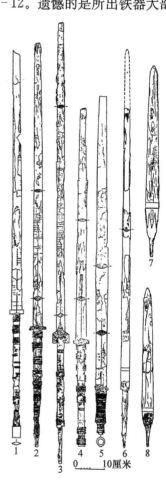

铁剑
1. Ⅰ①（D70）；2. Ⅰ①（D90）；3. Ⅰ①（D143）；
4. Ⅰ①（D141）；5. Ⅰ②（D89）；6. Ⅱ（D91）；
7. Ⅲ①（D171）；8. Ⅲ②（D173）

图 8-2-12　广州南越王汉墓出土铁器

---

① 广州市文物管理委员会、中国社会科学院考古研究所、广东省博物馆，西汉南越王墓，文物出版社，1991 年，第 325 页。

从一部分尚存有金属且可分辨器形的九类铁器中取 9 件进行金相检验，计有鼎、甲片、剑、方锉、铲、削、斧、箭杆和镊各一件，其结果见表 8-2-4。

表 8-2-4　南越王墓出土铁器的检验结果

编号	名称	出土位置	取样部位	金相组织	
G2	鼎	后藏室	足部	含碳约 4.4%，过共晶白口铁组织；有少量石墨析出	铸造，图 8-2-14
C233	甲片	西耳室	残片	纯铁素体，晶粒度三级；硅酸盐及氧化亚铁夹杂多且变形	锻
D171	剑	主室	剑身刃部	夹杂物一类为单相硅酸盐夹杂为主；另一类为条状氧化亚铁-硅酸盐复相夹杂。金相组织中心细珠光体碳 0.3%～0.4%，外层含碳 0.6% 左右的珠光体；表层中有淬火马氏体组织	0.3～0.4 钢坯加热锻打，经渗碳和淬火，图 8-2-15
C121-12	方锉	西耳室	锉体中部	细带状分布的硅酸盐夹杂和大量条状氧化亚铁-硅酸盐复相夹杂。组织为含碳不同层状组织，约 32～34 层，高碳层含碳 0.6%～0.7%，低碳 0.1%～0.2%	锻造　不同含碳量钢料反复加热锻打折叠。锉齿经过低温打造而成，图 8-2-16
C145-5	锛	西耳室	刃口部	一侧条状单相硅酸盐夹杂物为主，另一侧夹杂分为 4 条带。金相组织中心为纯铁素体，晶粒度四级，两侧为含碳 0.3% 铁素体加细珠光体	两块不同含碳量的炒钢原料加热锻打成形，表面渗碳，图 8-2-17
C145-14	铲	西耳室	刃口部	条状硅酸盐夹杂沿加工方向排列，中部有一氧化亚铁条状夹杂，金相组织为铁素体，晶粒大小不均匀。中间为四级，两侧为六七级，一侧表面渗碳，含碳在 0.4%～0.5%	两块熟铁和一块低碳钢锻打而成，表面渗碳
C145-42	削	西耳室	残段	单相硅酸夹杂物较少。金相组织为细珠光体加铁素体；两侧含碳 0.4%，中心含碳 0.3%。部分渗碳体球化，边部有变形带组织	铸铁脱碳钢锻造，表面渗碳，图 8-2-18
C203	箭杆	西耳室	残段	硅酸盐夹杂为主，中部贯穿一条锈蚀带。中心部为珠光体加铁素体，含碳 0.3%；外侧为粗珠光体加网状铁素体，含碳 0.6%～0.7%	锻造　表面渗碳
D25-1	镊	主室	残段	硅酸盐夹杂为主，呈条带分布，金相组织因含碳量不同分层，高碳层珠光体粗大，含碳约 0.6%～0.7%；低碳层含碳约 0.3%，晶粒较细，不同层厚度不同	不同含碳量钢料叠打，图 8-2-19

　　南越王墓出土铁器种类多、数量大，经过鉴定虽为数较少但在广州地区的考古发掘中尚属首次，铁器在岭南地区使用较晚，多为手工工具和生活用具，农具仅有锄、畬，未见犁

铧。与中原地区同时期相比，出土数量和种类均有明显的差别。广州地区出土西汉前期的兵器中，铜兵器 36 件，铁兵器为 33 件[①]。这时中原地区已普遍使用铁器了。南越国出土的铁

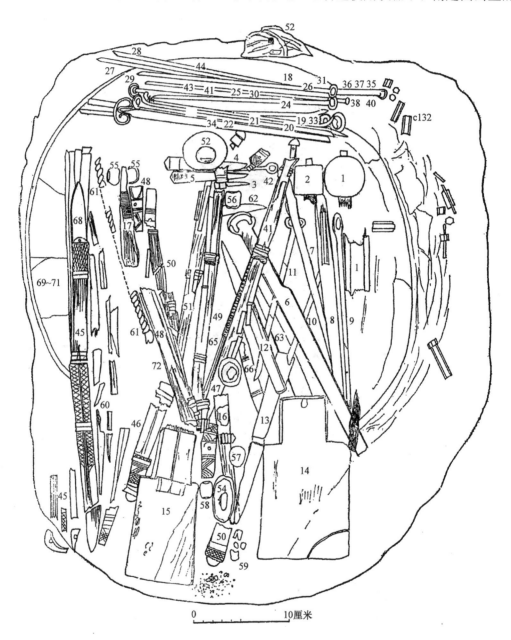

图 8-2-13 广州南越王汉墓漆木箱（C145）内出土器物

1、2. 锤；3～5、62. 锛；6、7、9～11、18、20～34、42、65（65 在 47 下）、72. 削；8、12、13、16、19、
44、63、64（64 在 12 下）、66～68. 刮刀；14、15. 铲；17. 锥；35. 锉；36. 凿；37、43.（在 35 下）锥；
38～40. 残铁器；41.（在 30 下）凿；45、46+51、47、48+50、49. 服刀；52～54. 铜环；55～59. 铜算珠形饰；
60、61. 残牙雕器；69～71.（在 45 下）铜锯（凡未注明质地皆为铁料，工具箱右侧的 c132 为盖弓帽）

---

① 杨式挺，关于广东早期铁器的若干问题，考古，1977，（2）：97。

器，除个别工具外，都可以在原楚地和中原地区找到与之相同或近似的器形。南越王墓西耳室出土一漆木箱中发现一批工具，不下一二十种，70多件，这在汉代考古中不多见，除3把铜锯外均为铁制，图8-2-13。尤其是一次出土了不同尺寸的锉9件，有方锉、半圆锉、平锉三种、长短不一、锉齿齿形不同。方锉（C121-12）为方便使用者将锉体加工成了三种不同的齿间距（13厘米、11厘米及9厘米）。此把方锉的金相检验表明是用含碳不同的钢料锻打折叠制成的。

南越王墓在后藏室出土的鼎G2，高48厘米、口径30.7厘米、腹径47.5厘米、足高22.5厘米，重26.2公斤。鼎身成罐形，深腹圆底，肩腹交界处有两个对称的环耳；腹下连三柱形足。三足微向外撇，腹两侧有合范痕，造型于南越王墓出土的陶鼎完全相同，是目前岭南仅见的、最大的铸铁鼎。经金相检验，此鼎采用泥范法，用白口铁铸造而成，这种铸铁鼎在岭南属首次发现。

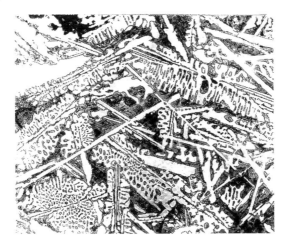

图8-2-14 G2鼎金相组织

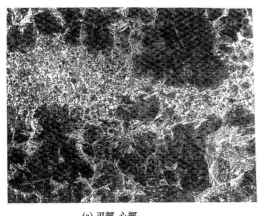 

(a) 刃部 心部 　　　　　　　　　　　　　　　　　　(b) 表面

图8-2-15 D171剑刃部心部

广州地区西汉时期的墓葬出土了大量的铁器，但目前尚未发现有这一时期的冶铁遗址。文献研究表明广东地区在晋代迟至六朝才建立地区的冶铁业，西汉早期广州地区的铁器主要

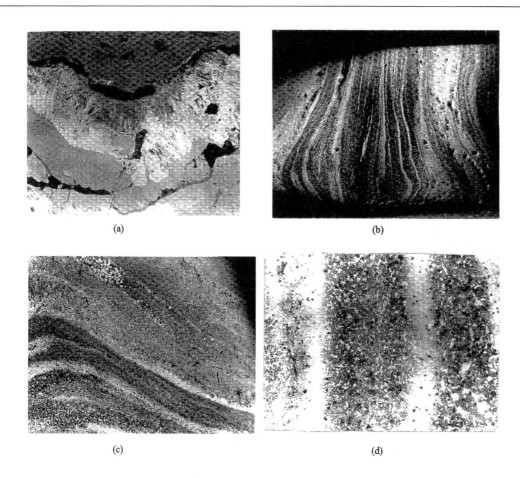

图 8 - 2 - 16　C121 - 12 方锉

（a）锉口；（b）锉横断面；（c）局部高低碳层；（d）高低碳分层金相组织

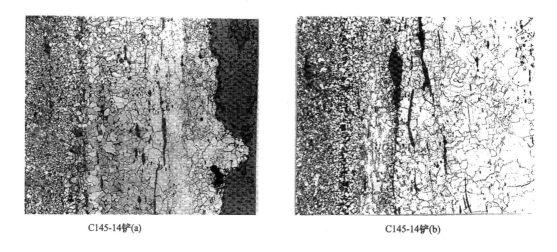

C145-14铲(a)　　　　　　　　　　　　　　C145-14铲(b)

图 8 - 2 - 17　C145 - 5 铲的金相组织

是中原将原料输入而在本地进行加工的。

　　广州地区出土战国至西汉早期的铁器数量和种类很多，但因锈蚀严重，可进行技术分析

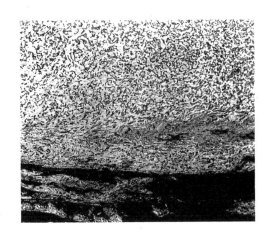

图 8-2-18　C145-42 削刀的金相组织

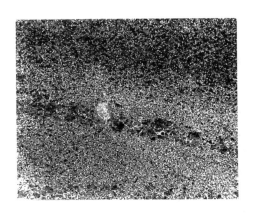

图 8-2-19　D25-1 镊的金相组织

的较少。南越王墓出土铁器中 9 类 9 件铁器的检验尚不能完全反映广州地区冶铁技术的全貌。但至少可以认为在西汉早期，铁器在岭南尤其手工业中已得到广泛应用，并掌握了锻造加工及淬火处理技术。这批铁器的检验对岭南地区早期经济、文化发展，特别是冶铁技术发展的研究，提供了实物证据。

　　黄展岳撰文对南越国铁器来源进行了进一步的探索①。他的分析是有道理的，提出了五点理由断定南越国没有自己的冶铁业，而所需铁器要依靠中原输入铁材（坯料），然后在本地加工制造。他指出南越国铁器是在特定历史条件下出现的，即在秦始皇用兵岭南，数十万北方军民涌入岭南带来的。第一，在南越国建立以前，岭南出土铁器极为罕见，从地层上可以证实的只有两件，1 件铁斧、1 件铁口锄，年代约在战国晚期②。这两件铁器应是楚人进逼岭南后流入的。及至秦平百越，随后南越国立，铁器突然在岭南大量出现。其次，南越出土铁器除少数工具外，其中多数可以在原楚地和中原内地的战国汉初墓中找到相同的器形。第三，史记《南越列传》记载，赵佗与汉廷的关系恶化的一个重要原因是吕后"禁南越关市

①　黄展岳，南越国出土铁器的初步考察，考古，1996，（3）：51～61。
②　莫稚，广东始兴白石坪山战国遗址，考古，1963，（4）：217～220。

铁器"，实施对南越的金铁田器禁运，为此迫使赵佗接连派遣内史藩、中尉高、御史平三次上书汉廷请求解禁。南越渴望得到中原铁器的迫切心情与此可见。第四，《汉书·地理志》记当时全国的产铁地点和铁官设置，岭南是空白点。第五，贵县罗泊湾一号墓随葬木牍"东阳田器志"[①]。牍文所记的东阳田器锄、耒等表明南越所需铁器至少有一部分来源于东阳。"东阳"地名，应指秦设置东阳县故址，位于今安徽省天长市西北。

（五）河北满城汉墓部分铁器的金相分析[②]

河北满城县，汉代为北平县地，属于中山国。陵山在县城西南三里，陵山大概是由于营建中山王刘胜夫妇墓而形成的。该墓是 1968 年 6 月至 9 月经考古工作者发掘的两座开凿山岩建成的大型墓室，结构复杂，规模巨大，气魄宏伟，凿工规整，保存完整，出土了大量精美文物，如举世闻名的金缕玉衣、鎏金"长信宫灯"、错金博山炉等，是我国重大的考古发现。尤其是 600 余件铁器的出土，是研究汉代冶铁手工业和农业发展情况的重要资料。经判定一号墓是中山靖王刘胜，二号墓是其妻窦绾墓。靖王刘胜是景帝刘启之子、武帝刘彻庶兄。汉景帝前元三年（公元前 154）封于中山，死于武帝元鼎四年（公元前 113）。二号墓的墓主从出土的铜印刻文知其名为"窦绾"，窦绾之名未见于史书。她死于何时，无记载可查，从二号墓出土大量五铢钱判断，埋葬时间是元狩五年（公元前 118）以后。由出"中山祠祀"封泥判断窦绾埋葬应在太初元年（公元前 104 年以前）[③]。

两座"凿山为藏"的大型墓葬的建成，同时也反映了铁制工具的进一步使用和发展。出土了大量的手工业工具和农具。一号墓铁器共 499 件，计有暖炉、剑、杖式剑、匕首、刀、戟、矛、铤、殳、弓敝、镞、铠甲、镢、斧、锛、凿、锉、锯条、锤及各种零件等 27 种。武器在铁器中占有比较重要的地位。二号墓出土铁器共 107 件，计有暖炉、灯、权、尺、错金附件、刀、镦、錾、锯条、锤、犁铧、铲、镢、二齿耙、三齿耙、铁范、匕形器、支架、砧和铁铸件等 21 种。其中权、犁铧、砧和铁铸件出于封门和墓道填土中，铲、镢、锤和少数铁范则为封门外堆积中所出。这些铁器多数是生产工具和铸范。生产工具都是实用器，绝大部分是开凿墓洞时遗留下来的。其中大型全铁犁铧的发现，具有重要意义，是比刃部用铁的 V 型铧冠进步的铸铁农具，是当时实行牛耕、深耕的实物证据。出土的典型铁器见图 8-2-20。

据《汉书·地理志》记载，中山国的北平县设置有铁官。这批铁器多数可能是本地所造。北京钢铁学院选择部分铁器共 20 件进行了金相分析，清华大学选择了六件也进行了金相学考察，其结果见表 8-2-5、表 8-2-6。

表 8-2-5　北京钢铁学院鉴定满城汉墓出土铁器的金相分析结果

序号	铁器名称	取样部位	金相观察	
1	犁铧 （M2∶01）	左翼后部	片状石墨，自由渗碳体及珠光体灰口铁	铸造，图 8-2-21
		尖部	麻口铁	
2	铲（M2∶003）	残断处	石墨呈块状和球状，铁素体珠光体基体的韧性铸铁	铸造后经退火处理，图 8-2-22（c）

① 广西壮族自治区文物工作队，广西贵县罗泊湾一号墓发掘简报，文物，1978，（9）：25～42。
② 中国社会科学院考古研究所、河北省文物管理处，满城汉墓发掘报告，文物出版社，1980 年，第 369～376 页。
③ 中国社会科学院考古研究所、河北省文物管理处，满城汉墓发掘报告，文物出版社，1980 年，第 336～337 页。

续表

序号	铁器名称	取样部位	金相观察	
3	锸（M1:4397）		团絮状石墨和大量粒状渗碳体加少量铁素体的韧性铸铁	铸造后经退火处理，图 8-2-22（b）
4	锸（M1:4333）	刃部	麻口铁	铸造
5	锸（M1:4306）	銎口	亚共晶白口铁	铸造
6	鍪（M2:3097）		铁素体加珠光体，含碳量 0.25%，刃部硬度 Hv＝250 公斤/毫米^2，铁素体晶粒明显变形	制作后经过了冷锻，图 8-2-22（a）
7	镞（M1:4382）a		铁素体和珠光体，组织均匀，含碳约 0.4%，夹杂物少	铸铁脱碳成钢
8	镞（M1:4382）b	头部	纯铁素体，夹杂物少，质地纯净	铸铁脱碳成钢
9	镞（M1:4382）c	头部	铁素体和珠光体，含碳 0.65%～0.7%，组织均匀，质地纯净	铸铁脱碳成钢
10	镞（M1:4344）	耳	纯铁素体，晶粒内有浮凸	铸铁脱碳成钢
		铤	纯铁素体，晶粒粗大	
11	甲片（M1:5117）	残断	铁素体晶界有少量渗碳体，含碳＜0.08%	铸铁脱碳成钢
12	剑（M1:4249）	身	高、低碳分 5 层，高碳含 0.6%～0.7%、低碳含 0.3%，夹杂物多分布在高碳层，各层组织均匀	锻造
		刃部	马氏体，表层有无碳贝氏体和体素体、索氏体	
13	错金书刀（M1:5197）	刃部	高低碳分层，复合夹杂物，刃部表面为针状或片状马氏体	块炼渗碳钢叠锻、渗碳、淬火，图 8-2-23
14	刘胜佩剑（M1:5105）	脊部	高低碳分层，低碳含碳 0.1%～0.2%，高碳含碳 0.5%～0.6%	渗碳钢叠打、局部淬火，图 8-2-24
		刃部	淬火马氏体和上贝氏体	
15	戟（M1:5023）	援部	高低碳分层，表面渗碳达 0.6%以上，组织为纯屈氏体；极少体素体和无碳贝氏体；心部索氏体、体素体、针状无碳贝氏体	渗碳钢叠打局部淬火
16	车铜（M1:2046）		灰口铁	铸造，图 8-2-25(a)
17	外范（M2:0010）		亚共晶白口铁	铸造，图 8-2-25(c)
18	锄内范（M2:3118）		灰口铁	铸造
19	锸内范（M2:4073）		灰口铁	铸造
20	炉（M1:3504）	残断	具有粗大晶粒的纯铁素体、较多的夹杂物	块炼铁锻造，图 8-2-25（b）

表 8-2-6　清华大学鉴定满城汉墓出土部分铁器的金相考察结果

	铁器名称	金相组织	
1	锸（M2:0012）	过共晶白口铸铁，含碳 4.4%～4.5%，硅 0.05%～0.1%	铸
2	锄内范（M2:3077）	过共晶白口铸铁，含碳 4.4%～4.5%，硅 0.05%～0.1%	铸
3	镞（M1:4377）	铁素体，含碳 0.05%	锻打后慢冷
4	刀（M1:5108）	含碳 0.4%～0.5%，铁素体加珠光体	退火
5	戟（M1:5023）	含碳 0.3%～0.4%，铁素体加珠光体（部分珠光体为粒状）	长期退火
6	凿（M1:4422）	含碳 0.35%～0.4%，铁素体加珠光体（部分珠光体为粒状）	长期退火

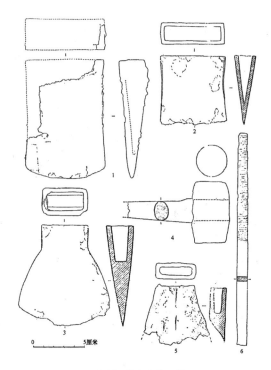

(a) M1 墓出土铁工具

1、2. 镢（1:4397、1:4442）；3. 斧（1:4399）；4. 锤（1:5225）；5. 锛（1:4225）；6. 锉（1:4432）

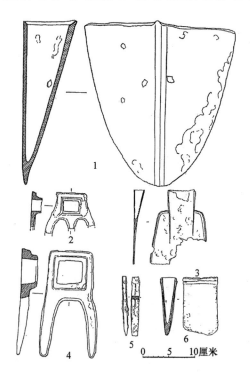

(b) M2 墓出土铁器

1. 犁铧（2:01）；2. 三齿耙（2:3099）；3. 铲（2:001）；4. 二齿耙（2:3116）；5. 錾（2:3097）；6. 镢（2:008）

图 8-2-20　河北满城出土铁器

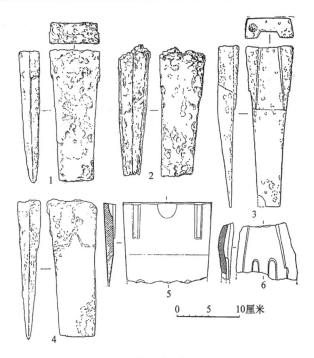

(c) 典型铁器铁范

1. Ⅰ型 1 式锸范 (2:4069)；2. Ⅰ型 2 式锸范 (2:3117)；3. Ⅱ型锸范 (2:4073)；
4. Ⅰ型 3 式锸范 (2:4068)；5. 锄范 (2:0011)；6. 外范残件 (2:0010)

图 8-2-20 (续)

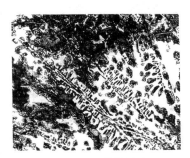

犁铧M2:001灰口铁金相组织

铁犁铧M2:001灰口铁金相组织

铁犁铧(残片)M2:001

图 8-2-21 河北满城出土铁犁铧及其金相组织

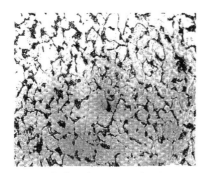

(a) 錾(凿)刃部M2:3097金相组织

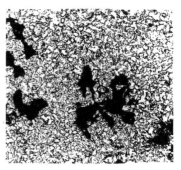

(b) 镢M1:4397金相组织

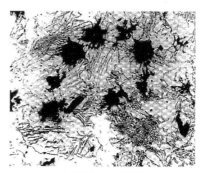

(c) 铲M2:003金相组织

图 8-2-22　河北满城出土铁器的金相组织

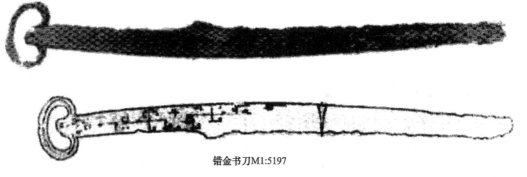

错金书刀M1:5197

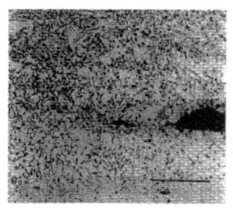

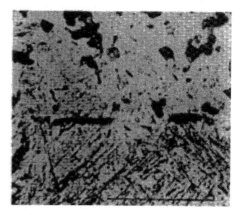

图 8-2-23　M1:5197错金书刀及其金相组织

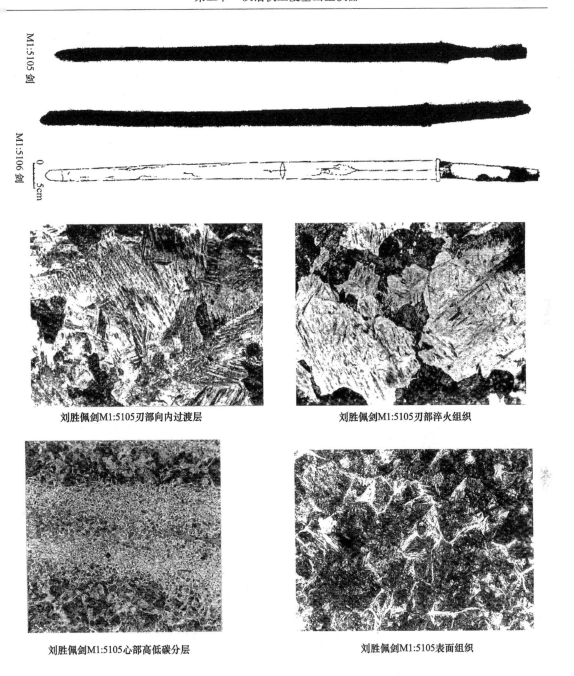

刘胜佩剑M1:5105刃部向内过渡层　　　　　　　刘胜佩剑M1:5105刃部淬火组织

刘胜佩剑M1:5105心部高低碳分层　　　　　　　刘胜佩剑M1:5105表面组织

图 8-2-24　刘胜佩剑 M1:5105 及其金相组织

　　对满城一号和二号墓出土部分铁器的金相分析可知，西汉中期各种钢铁技术使用的范围很广，农业、手工业的生产工具、兵器和交通用具都已使用了钢铁制品。车𫔶、锄内范还发现是灰口铸铁制成的，这是西汉冶铁生产的一个很大的跃进。犁铧为灰口铸和麻口铁的混合组织，生产工具的铲和镢也发现有采用改善白口铁性能退火处理，得到白心韧性铸铁，表明当时已能生产出不同类型的铸铁，制作不同要求的产品。

　　在炼钢技术方面，满城 1 号汉墓出土的刘胜佩剑（M1:5105）、钢剑（M1:4249）和错金书刀（M1:5197）的金相检查表明，这些钢的冶炼原料与燕下都出土的没有差别；二者都有大共晶夹杂物，证明都是块炼铁渗碳的钢。但是，满城的钢，除含磷量略高（约 0.1％）外，钢的质量有很大提高，表现在一般大共晶夹杂物的尺寸减小，数目减少；剑刀中不同碳含量分层程度减小，各层组织均匀，没有像燕下都钢剑那样明显分层和折叠的痕迹。燕下都剑的低碳层厚约 0.2 毫米，刘胜剑为 0.05～0.1 毫米，每层厚度减小，当系由于反复锻打的结果。根据大夹杂物的分布和含碳量分层判断，钢剑中部剑叶的厚度由五层至七层叠打而成；含碳量最低处 0.05％左右，高处为 0.15％～04％；在高碳层与低碳层之间没有明显夹杂物存在。这一事实以及高碳层中含有较多夹杂物表明，这些刀剑中的高碳层是渗碳得到的，而不是分别制成高碳钢和低碳钢后再叠打的，剑中大夹杂物层附近高碳层内含有较多小颗粒 FeO 夹杂。由此表明，在公元前二世纪末叶（刘胜葬于公元前 113），我国刀剑等锻造兵器仍以块炼铁渗碳多层叠打的钢为主要材料所制成。刘胜佩剑和错金书刀表面含碳都较高，约 0.6％以上，并使用了淬火技术。错金书刀刃部用显微硬度判定为淬火马氏体组织，使用了局部淬火技术。

(a) M1:2046 车铜灰口铁金相组织

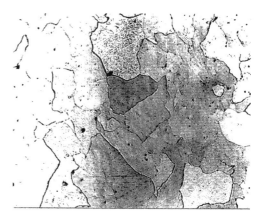
(b) M1:3504 炉架铁素体金相组织

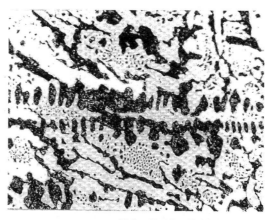
(c) M2:0010 铁范亚共晶白口铁金相组织

图 8-2-25　河北满城出土部分铁器金相组织

（六）大葆台汉墓出土铁器的金相鉴定

大葆台一号和二号汉墓位于北京西南郊郭公庄西南隅，西临永定河，南靠京广铁路支线。一号汉墓在东，二号汉墓在西，两墓相距约 26.5 米（图 8 - 2 - 26）。①

　　大葆台汉墓，地处西汉燕国（广阳国）境内。西汉燕国（广阳国），秦称广阳郡，楚汉之际，分广阳为二国②。西汉高帝十二年（公元前 195）封子刘建为燕灵王③，自此续封刘姓五人为燕王。昭帝元凤元年（公元前 80）燕刺王刘旦因谋反自杀国除，复置广阳郡。宣帝本始元年（公元前 73）封刘旦子刘建为广阳顷王。据《汉书·地理志》记载："广阳国邻县四：蓟、方城、广阳、阴乡。"蓟县是其首府。大葆台汉墓就位于蓟城之西南。

　　大葆台汉墓 1974 年 6 月被发现，经过 1974 年 8 月～10 月、1975 年 3 月～6 月考古工作者的两次科学挖掘。大葆台一、二号墓是北京地区考古发掘规模最大的两座汉墓，也是新中国成立后，首次发现的"黄肠题凑"墓。墓葬形制和棺椁结构，保存比较清楚和完整，为研究我国古代"黄肠题凑"墓的结构和汉代帝王葬制，提供重要而珍贵的实物资料④。

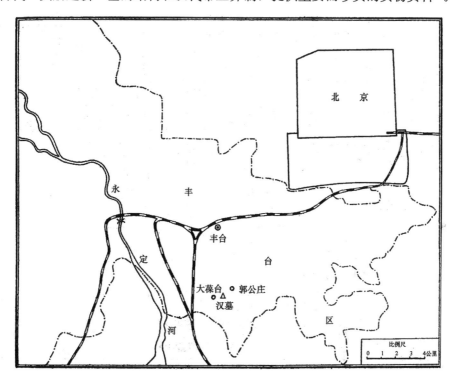

图 8 - 2 - 26　大葆台汉墓地理位置图

　　据墓葬形制和随葬品及组合等判断，该墓属于西汉中晚期；一号墓主人为广阳顷王刘建，二号墓主人为广阳顷王后。广阳顷王刘建是武帝孙，元帝是武帝玄孙，在当时诸侯王中，广阳顷王刘建是元帝最亲长辈，刘建在元帝初元四年（公元前 45）死后，享用诸侯王葬是很自然的。二号墓封土压在一号墓上，其下葬时间晚于一号墓，两墓为夫妻并穴合葬，

---

①　大葆台汉墓发掘组、中国社会科学院考古研究所，北京大葆台汉墓，文物出版社，1989 年，第 1～2 页。
②　《史记·项羽本纪》。
③　《汉书·诸侯王表》。
④　大葆台汉墓发掘组、中国社会科学院考古研究所，北京大葆台汉墓，文物出版社，1989 年，第 93 页。

即"同坟异葬"。①

　　大葆台汉墓早已被盗，但是"劫余"的随葬品数量仍很可观，如三辆朱轮华毂车造型小巧玲珑、绘制生动立体图案的漆器、鎏金龙头枕、八棱铜兵器等，还出土了一些铁质手工业工具和农具，共出土37件，其中有斧、镢、盉、削、箭秆、簪和扒钉等。主要出土于前室及回廊中，部分已残损。典型器物如图8-2-27所示。

　　其中斧（55）1件，斧身有铸缝，在銎部铸有两圈凸棱，刃部锋利，一面铸有凸起的"渔"字，为渔阳郡铁官作坊标记，系首次发现。取出土铁器9件经北京钢铁学院进行了金相鉴定，结果见表8-2-7②。

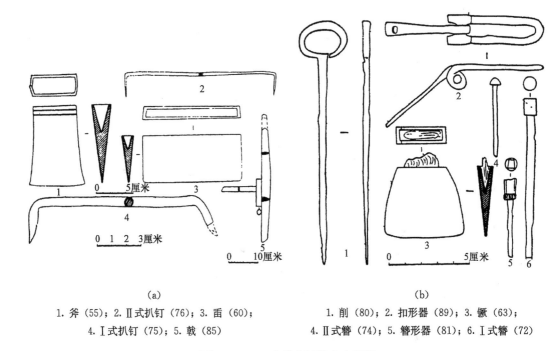

(a)	(b)
1. 斧（55）；2. Ⅱ式扒钉（76）；3. 盉（60）；	1. 削（80）；2. 扣形器（89）；3. 镢（63）；
4. Ⅰ式扒钉（75）；5. 戟（85）	4. Ⅱ式簪（74）；5. 簪形器（81）；6. Ⅰ式簪（72）

图8-2-27　大葆台汉墓出土铁器

表8-2-7　大葆台汉墓铁器金相检查结果

名称	出土地点	金相组织	
盉	北外回廊内，60	过共晶白口铁	铸造
斧	北外回廊内，55	白口铁经退火处理，表层0.005厘米，向里为珠光体层	铸造后退火脱碳铸铁
镢	北外回廊，62	铁素体基体有团絮状石墨	铸后脱碳退火韧性铸铁
凿	棺椁北侧，D5	纯铁素体，晶粒粗大，有较多冷变形孪晶。复相夹杂物多分布不均匀	块炼铁锻成
环首削	西外回廊，80	含0.2%碳铁素体和珠光体组织均匀，硅酸盐夹杂较少，沿加工方向变形	生铁脱碳成钢经过锻造加工

①　大葆台汉墓发掘组、中国社会科学院考古研究所，北京大葆台汉墓，文物出版社，1989年，第94～97页。
②　大葆台汉墓发掘组、中国社会科学院考古研究所，北京大葆台汉墓，文物出版社，1989年，第125～127页。

续表

名称	出土地点	金相组织	
箭杆	北外回廊，64	铁素体和珠光体，中心及外缘含碳量分别为 0.7 及 0.4%～0.5%，局部最低 0.1%～0.15% 碳，夹杂物极少	生铁棒脱碳成钢
簪形器	前室，81	纯铁素体，边部含碳 0.15%，较多开裂的夹杂物	块炼铁局部渗碳，锻造而成
簪	西内回廊，72	纯铁素体，含碳低于 0.05%，晶粒间界有少量碳化物，夹杂物少，沿加工方向变形	生铁脱碳成钢经过锻造加工
扒钉	外椁附近，75	含碳 0.1%，铁素体和细珠光体组织均匀，微量硅酸盐夹杂物	生铁脱碳成钢，将两端锻细而成

　　大葆台汉墓经鉴定的 9 件铁器中，簪形器和 D5 凿 2 件为块炼铁或块炼渗碳钢，1 件舌为白口铁铸成，6 件为生铁铸成后经过退火处理得到脱碳铸铁、韧性铸铁各 1 件、4 件为固体脱碳成钢后再加工锻造成的制品。其金相检查结果见表 8-2-7。表明有 85% 以上的铸铁制品，是经过了退火脱碳处理改善白口铁性能，满足工具及日常生活用品的需要，是冶铁工匠有意进行的。

三　汉王陵出土铁器反映的钢铁技术

(一) 块炼铁和块炼渗碳钢

　　块炼铁技术发明于公元前 8～9 世纪，战国中期以后的块炼铁和块炼渗碳钢制品数量增多。汉王陵出土的铁器中，块炼铁和块炼渗碳钢制品还普遍存在。例如满城 1 号汉墓出土的刘胜佩剑、钢剑和错金书刀都是块炼渗碳钢制品，铁甲片是块炼铁锻打而成。北洞山汉墓出土的鏊、戟及狮子山楚王陵出土的矛、钎、錾都是块炼铁和块炼渗碳钢制品。大葆台汉墓出土的铁凿和簪形器也是块炼铁制品。公元前 8～9 世纪发明的块炼铁技术在公元前 1 世纪仍在继续使用，块炼渗碳钢经过反复锻打，钢的均匀性不断改善，夹杂物含量不断减少，质量有所提高。苗长兴[①]对河南出土古代 136 件钢铁制品研究结果表明，东汉以后的铁器中则不再发现有块炼铁制品，这是因为炒钢技术发展及炒钢制品大规模使用的结果。

(二) 生铁和生铁制钢

　　汉代冶铁的规模和管理制度对后世产生了深远的影响。汉代的钢铁技术的最大成就在于生铁及生铁制钢工艺的进一步发展。汉王陵出土的铁器也反映了当时的情况。经鉴定的汉王陵出土的铁器制品中有较多的生铁及生铁制钢产品，种类有镬、斧、锄、锤、锸等，材质有白口铁、灰口铁、麻口铁、韧性铸铁和铸铁脱碳钢等。

　　铸铁脱碳工艺的进一步发展，一方面导致了韧性铸铁（含团絮状石墨或少量的球状石墨）的发明，另一方面导致了固态脱碳炼钢技术的发明。汉王陵出土的铁器反映了这个规律。其中高邮天山汉墓出土的锤、凿和镬为生铁铸造而成，有的器物经过了退火处理并脱碳

---

　　① 苗长兴，1991 年北京科技大学科学技术史专业硕士学位论文。

成钢①。其他各墓如北洞山汉墓、满城汉墓、大葆台汉墓、永城保安山汉墓及狮子山楚王陵都有生铁、韧性铸铁及铸铁脱碳钢制品出土。说明西汉时期，各种生铁及铸铁脱碳炼钢技术在各诸侯国内均得到广泛的应用。

（三）灰口铁

六座汉王陵墓出土铁器经过鉴定的 80 件，仅在徐州北洞山、满城汉墓中发现了 4 件灰口铁铸件。表明公元前 2 世纪已开始掌握了灰口铁制作技术，是我国目前发现的最早的灰口铁铸件，特别是满城汉墓出土的车锏（M1:2046）用灰口铁制成，使其具有较高的耐磨性和较小的摩擦阻力。满城汉墓的 2 件内范也是灰口铁制成的，用灰口铁制作铁范是使用金属范铸造农工具又一重大发展。因铁范直接承受高温铁水冲刷及急冷急热，若用白口铁制作，使用时的渗碳体会引起铁范体积膨胀（每 1% 的渗碳体分解后，体积要增加 2%），用灰口铁制作铁范则具有良好的热稳定性。

（四）炒钢

西汉时期发明的炒钢技术，被誉为继铸铁发明以后钢铁发展史上又一里程碑。炒钢既可以生铁为原料，在空气中有控制地氧化脱碳，然后反复加热锻打成钢；也可以将生铁在半熔融状态下炒成熟铁，然后加热渗碳，锻打成钢。徐州狮子山楚王陵出土的铁器中有 5 件炒钢制品，比广州南越王、高邮天山广陵王陵墓中发现的炒钢制品的年代较早。狮子山铁器中炒钢制品的发现，是迄今为止最早的炒钢制品，表明西汉早期（公元前 2 世纪中叶）中国已经发明了炒钢技术。

（五）局部淬火工艺

淬火技术是战国晚期发展起来的一项热处理工艺。河北易县燕下部出土的两把铁剑和一把铁戟中，是迄今为止所知最早的淬火产物。两汉时期又出现了局部淬火的新工艺，河北满城汉墓出土的刘胜佩剑和错金书刀均采用了刃部局部淬火的技术。高邮天山汉墓出土的铁镢，仅在刃部发现了针状马氏体组织，经过了局部淬火处理。在工具的刃部或头部进行局部淬火，提高了工具使用部位的硬度，而其他地方则避免了因为淬火而引起的脆性，保持了原来的韧性。局部淬火，增强了工具的使用性能，是人们对钢铁性能深入了解的必然结果。多件铁器局部淬火例子的发现，说明西汉时期，局部淬火工艺已在较大范围内流传并应用。

（六）冷锻工艺

汉代工匠也通过冷加工硬化的方法来强化金属而提高制品的使用性能。满城汉墓出土的錾（2:3097）是在铸铁脱碳后，在低于再结晶温度下对刃部进行冷加工，变形量达 30%，提高了刃部的硬度。狮子山楚王陵出土的铁甲片、北洞山楚王陵出土的錾（4007）及永城梁孝王墓出土的镞（6125）和刀（6121）都经过了冷加工处理。

钢铁技术在秦汉时期获得了较大的发展，块炼铁、块炼渗碳钢、生铁、铸铁脱碳钢、炒钢等钢铁制品普遍存在，淬火、铸铁退火、冷加工等多种热处理工艺都得到了广泛的应用，

---

① 梅建军、李秀辉，高邮天山一号汉墓出土金属器物鉴定报告，待发表。

表明人们对钢铁性质的认识达到较高水平，对汉王陵出土铁器进行了种类、材质、制作技术的研究，对于阐明当时的钢铁技术发展状况提供新资料。

四　汉王陵出土铁器与社会发展

(一) 兵器

经过检验的汉王陵出土的铁制兵器有戟、剑、矛、镞、铠甲、钩镶等，代表了当时的兵器工艺水平。兵器质量和数量的改进，对军队的装备、数量、兵种、战术和战争规模等方面会产生重大影响。战国时期武器的生产发生了重大的变革，主要表现在钢铁技术的进步，出土了较多的钢铁兵器，至迟到东汉时期，钢铁兵器已经完全取代了青铜兵器。钢铁兵器的出现和使用，较之青铜兵器，进攻性能大为提高。锋利的钢铁兵器逐渐用于实战，促使防护用具发生变革。迄今为止发现时代最早的铁铠甲是在河北易县燕下都遗址出土的。西汉时期已经取代了皮甲，成为最主要的防护装置，而且铠甲制造的工艺水平也达到了相当成熟的地步。

通过铁甲片的显微组织分析研究制作技术尚不多见，冶金史研究者至今已经分析了河北满城汉墓、广州南越王墓、徐州狮子山楚王陵、河北易县燕下都、吉林榆树老河深鲜卑墓葬、内蒙古呼和浩特二十家子中出土的铁制甲片共 12 片。这些铁甲虽然出土的地点不同，但都是锻造成型，其中狮子山楚王陵出土的铁甲片还发现有冷锻成型的，制作的产品有较好的质量。从材质上看，各地的铁甲片所选择的原料不同，河北满城一号汉墓和内蒙古呼和浩特二十家子出土的铁甲片为块炼渗碳钢制品；广州南越王墓出土的铁制甲片为炒钢制品；徐州狮子山楚王陵出土的铁甲片以铸铁脱碳钢为原料锻打成型。作为防护用具的铁甲片，应该具有较好的延展性和一定的强度，经检验这批铁甲片含碳量不高，在强度方面有所提高，更有利于防护，证明当时兵器的制作者已经较好掌握了锻造铠甲的技术。

对满城汉墓出土的刘胜佩剑、钢戟和广州南越王墓出土的剑及在狮子山楚王陵出土的矛等兵器的技术鉴定表明，通过淬火、折叠锻打、表面渗碳和局部淬火等工艺的应用来提高兵器的使用性能在汉代已被熟知，并且折叠锻打和渗碳工艺的成熟使用，为百炼钢的发明奠定了基础。

(二) 工具

已鉴定汉王陵中出土的铁制工具有錾、凿、镬、斧、锯、撬、锛、锥、锤、削、锉等近30件，这些工具有的是在修墓时留下的，有的则是作为陪葬品，故应是实用器物。例如广州南越王墓中则专有一个装有许多工具的箱子出土。研究它们的形制和制作工艺具有重要意义。

从材质上看有白口铁、脱碳铸铁、铸铁脱碳钢、韧性铸铁、炒钢和块炼铁等。对于斧、锤、砧等工具多采用铸造制成，其材质为白口铁、韧性铸铁等；而对于錾、凿、镬、锯、撬、削、锉等工具，则多采用钢材锻打制成，材质有铸铁脱碳钢、炒钢、块炼铁、块炼渗碳钢。表明西汉时期工匠根据工具的不同用途和形制，选用不同的材质为原料加工制作工具。同时说明西汉时期块炼铁和块炼渗碳钢、生铁及生铁炼钢同时存在，并一起应用到制作日常生活使用的工具当中。

为了提高工具的使用性能，需要对工具的刃口或头部采用冷锻或淬火的方法进行处理。满城汉墓出土的錾（2：3097）、北洞山楚王陵出土的錾（4007）、永城梁孝王墓出土的镳（6125）和刀（6121）进行了冷锻处理。头部经过局部淬火的有狮子山楚王陵出土的 4 件凿子和北洞山出土 1 件錾（4008）。利用冷加工和淬火两种不同的工艺对产品进行处理已达到使用性能的要求，说明当时工匠对钢铁制作技术的认识达到了较高水平。

（三）农具

铁制农具在汉代已经普遍地使用。汉王陵中有大量铁制农具出土，种类有犁铧、镢、锲、锄、锸、锛、铲、镰等，材质有白口铁、灰口铁、麻口铁、脱碳铸铁、铸铁脱碳钢、韧性铸铁和块炼铁等。从已经鉴定的材质上看，农具主要是有生铁铸造而成的，并对铸成的器物进行退火处理以改善白口铁的性能。为了适应大规模的需求，提高生产效率，汉代工匠采用了金属范铸造技术。例如北洞山汉墓出土的铁镢是白口铁铸造成型后又经过退火处理，同样性质的还有永城梁孝王墓出土的斧、锄、大葆台汉墓出土的铁镢等。满城汉墓出土的铁外范（2：0010）是白口铁，锄内范（2：3118）和镢内范（2：4073）为灰口铁铸件，是我国所发现最早的灰口铁铸件之一。同一墓中出土的铁犁铧高 10.2 厘米、脊长 32.5 厘米、底长 21 厘米、宽 30 厘米，重 3.25 公斤，经鉴定为灰口铁和麻口铁的混合组织。类似这种形式的铁犁铧，仅在辽阳三道壕西汉遗址出土一件，比这件稍大，但时代较晚。大型犁铧是比刃部用 V 形犁铧更为进步的铁制农具，是当时实行深耕的重要实物例证。秦汉时期铁农具的广泛使用和质量提高，有力地促进了农业的发展。

第三节　铁官与冶铁遗址

一　铁官与冶铁遗址分布

中国秦汉时期，管理铁冶铸事业的机构或官职，称为铁官。《史记·太史公自序》"司马靳孙昌，昌为秦主铁官……"，汉代冶铁手工业空前发展。据《汉书》和《史记》记载，汉武帝刘彻于公元前 119 年，实行盐铁官营，在全国设铁官 49 处，产铁的县设大铁官，管理铁的冶炼、铸造和贸易；不产铁的县，设小铁官，"销旧器，铸新器"；产品多的郡，设铁官多个和作坊数处；对多处作坊统一编号，如河东郡（东一、东二、东三、东四）、河南郡（河一、河二、河三）等。但是，对这些作坊的规模和技术状况记载较少，在这方面考古发掘提供了许多有价值的材料。据统计，已经发掘汉代冶铁或铸铁遗址约 50 余处，见表 8-3-1，图 8-3-1，这些作坊的布局，大多数建在设有铁官的地区。

为了方便读者的参照，李京华依《汉书·地理志》将汉代铁官所在地（包括其他文献记载的产铁地）与发现的冶铁遗址进行对照列表[①]（表 8-3-1）。他对中国各地出土的汉代铁农器（包括铁农器铸范）带有铁官标志铭文作了考释，见图 8-3-2，并对汉代铁官标志的制定、编号、管理等进行了分析研究。

---

① 李京华，汉代铁农器铭文试释，见：中国古代冶金技术研究，中川古籍出版社，1994 年，第 158～165 页。

表 8-3-1 汉代铁官所在地与冶铁遗址、铁官作坊标志对照表[1]

郡国明	铁官所在地和产铁地			已发现的冶铁遗址	铁官作坊标志	
京兆尹	郑（陕西渭南市东北）					
	蓝田县[2]				田	
左冯翊	夏阳（陕西韩城市南）			陕西韩城芝川镇冶铁遗址[3]		夏阳
右扶风	雍（陕西凤翔县南）			陕西凤翔南古城遗址[4]		
	漆（陕西彬县）					
弘农郡	宜阳（河南宜阳县）			宜阳故城冶铁遗址[5]	宜	
				灵宝函谷关冶铁遗址[6]	弘一	
				新安孤灯冶铁遗址[7]	弘二	
				渑池火车站冶铁遗址[8]		渑池
河东郡	安邑（山西运城市东北）			山西夏县禹王城冶铁遗址[9]	东三	
	皮氏（山西河津市）					
	平阳（山西临汾市西南）				东二	
	绛（山西侯马市西南）					绛
太原郡	大陵（山西文水县武陵）					陵
河内郡	隆虑（河南林州市）			林县正阳地冶铁遗址		
				鹤壁市故县冶铁遗址[10]	内一	
				淇县付庄冶铁遗址[11]		
				温县西招贤冶铁遗址[12]		
河南郡	洛阳（河南洛阳市）			郑州古荥镇冶铁遗址	河一	
				汝州市夏店冶铁遗址[13]	河二	
				汝州市范故城冶铁遗址		
	密（河南新密市）[15]			巩义市铁生沟冶铁遗址	河三	
颍川郡	阳城（河南登封县告成镇）			登封告成冶铁遗址[14]		阳城
				登封铁炉沟冶铁遗址[16]	川	
				禹州市营里冶铁遗址		
汝南郡	古西平	古西平东部	今西平县	西平县杨庄冶铁遗址[17]		
				西平县赵庄冶铁遗址		
				西平县付村冶铁遗址		
		古西平西部	今舞阳市	舞钢市许沟冶铁遗址		
				舞钢市沟头冶铁遗址		
				舞钢市翟庄冶铁遗址		
				舞钢市圪垱赵冶铁遗址		
				舞钢市铁山庙铁矿址		
				舞钢市尖山铁矿址		
				确山县郎陵城冶铁遗址[18]		

续表

郡国明	铁官所在地和产铁地	已发现的冶铁遗址	铁官作坊标志	
南阳郡	宛（河南南阳市）	南阳市北关瓦房庄冶铁遗址	阳一	
	鲁阳	鲁山县北关望城岗冶铁遗址[19]		
		鲁山县马楼冶铁遗址		
		南召县东南冶铁遗址	阳二	比阳
		方城县赵河冶铁遗址		
		镇平县安国城冶铁遗址[20]		
		泌阳县冶铁遗址[21]		
		桐柏县张畈冶铁遗址		
		桐柏县王湾冶铁遗址		
		桐柏县铁炉村冶铁遗址		
		桐柏县毛集铁山庙冶铁遗址[22]		
庐江郡	皖（安徽安庆市）		江	
山阳郡			山阳二 钜野二	
沛郡	沛（江苏沛县东）			
魏郡	武安（河北武安市西南）			
常山郡	蒲吾（河北平山县东南）			
	都乡（河北井陉县西）			
涿郡	涿县（河北涿州）			
千乘郡	千乘（山东博兴县西）			
济南郡	东平陵（山东济南市东）	山东东平陵故城遗址[23]		
	历城（山东济南市）			
琅邪郡	东武（山东诸城市）			
东海郡	下邳（江苏宿迁市西北）			
	朐（江苏东海县南）			
临淮郡	盐渎（江苏省盐城市）		淮一 淮二	
	堂邑（江苏六合区西北）			
	东阳（安徽天长西北）	江苏泗洪县峰山镇冶铁遗址		
泰山郡	嬴（山东莱芜市）	山东莱芜冶铁遗址[24]		
齐郡	临淄（山东临淄北）	山东临淄冶铁遗址[25]		
东莱郡	东牟（山东牟平区）			
桂阳郡	郴（湖南郴州）			
汉中郡	沔阳（陕西勉县）			
蜀郡	临邛（四川邛崃市）		蜀郡成都	
犍为郡	武阳（四川彭山县东）			
	南安（四川乐山市）			
定襄郡		成乐（内蒙古和林格尔冶铁遗址）[26]		
陇西郡				
渔阳郡	渔阳（北京密云县西南）		渔	
右北平郡	夕阳（河北滦县南）			

续表

郡国明	铁官所在地和产铁地	已发现的冶铁遗址	铁官作坊标志
辽东郡	平郭（辽宁盖州市南）		
中山国	北平（河北满城北）		中山
胶东国	郁秩（山东平度市）		
广阳国		蓟（北京清河镇冶铁遗址）[27]	
城阳国	莒（山东莒县）		
东平国	无盐（山东东平县东）		
鲁国	鲁（山东曲阜市）		
		薛（山东滕县冶铁遗址）	
楚国	彭县（江苏徐州）	徐州（利国驿冶铁遗址）[28]	吕
广陵国	广陵（江苏扬州市东北）		
西域		大宛（新疆民丰县冶铁遗址）[29]	
		龟兹（新疆库车冶铁遗址）[30]	
		于阗（新疆洛浦县冶铁遗址）[31]	

注：铁官所在地在郡名下者，表上一律表明在郡所在地的县。如河南郡有铁官，表上表明在郡所地的洛阳县。

[1] 李京华，汉代铁农器铭文试释，见：中国古代冶金技术研究，中川古籍出版社，1994年，第158～165页。

[2]《汉书地理志补注》卷一，京兆尹蓝田条，《二十五史补编》，中华书局，1956年。

[3] 陕西考古研究所华仓考古队，韩城芝川镇冶铁遗址调查简报，考古与文物，1983，(4)：27～29。

[4] 陕西省考古所凤翔发掘队，陕西凤翔南古城村遗址试掘记，考古，1962，(9)。

[5] 洛阳市文物工作第二队提供。

[6] 灵宝市文物保管所提供。

[7] 河南省文物研究所，河南新安县上孤灯汉代铸铁遗址调查报告，华夏考古，1988，(2)。

[8] 河南省博物馆、渑池县文化馆，河南渑池县古代窖藏铁器简报，文物，1976，(8)。

[9] 山西省考古研究所张童心提供。

[10] 王文强、李京华，河南鹤壁市故县战国和汉代冶铁遗址出土的铁农具和农具范，农业考古，1991，(1)。

[11] 李京华调查。

[12] 河南省博物馆、中国冶金史编写组，汉代叠铸，文物出版社，1978年。

[13] 汝州市博物馆提供。

[14] 河南省文物研究所、中国历史博物馆考古部，登封王城岗与阳城，文物出版社，1992年。

[15]《说嵩·古迹》卷十二，康熙五十八年版，第23页。

[16] 河南省文物研究所调查资料。

[17] 李京华，古西平冶铁遗址再探讨，中国冶金史料，1990，(4)。

[18] 钟华邦，河南确山汉代朗陵古城冶铁遗址的新发现，考古与文物，1987，(5)。

[19] 鲁山县文化馆王忠民提供。

[20] 河南省文物研究所、镇平县文化馆，河南镇平出土的窖藏铁范和铁器，考古，1982，(3)。

[21] 王黎晖，北京历史博物馆三年来供应全国各地研究、参考、陈列材料两万两千余件，文物参考资料，1955，(12)；其中有"比阳"铁犁可知泌阳有铁官作坊遗址。

[22] 河南省文物研究所、信阳地区文物科，信阳钢厂毛集古矿冶遗址调查简报，华夏考古，1988，(4)。

[23] 杨惠琴、史本山，山东师范学院历史系同学赴东平陵城进行考古实习，考古通讯，1955，(4)。

[24] 山东省博物馆，山东省莱芜县西汉农具铁范，文物，1977，(7)。

[25] 群力，临淄齐国故城勘探纪要，文物，1972，(5)。

[26] 内蒙古自治区文物工作队，1957年以来内蒙古自治区古代文化遗址及墓葬的发现情况简报，文物，1961，(9)。

[27] 苏天钧，十年来北京市所发现的重要古代墓葬和遗址，考古，1959，(3)。

[28] 南京博物院，利国驿古代炼铁炉的调查及清理，文物，1960，(4)。

[29] 史树青，谈新疆民丰尼雅遗址，文物，1962，(7、8)。

[30] 史树青，新疆文物调查随笔，文物，1960，(6)。

[31] 黄文弼，略述龟兹都城问题，文物，1962，(7、8)。

图 8-3-1　汉代冶铁遗址及铁官分布

李京华对汉代铁农器铭文进行了试释，他认为[①]：

(1) 铁官标志的制定是全国统一进行，铁官标志的省称方法，在汉代的陶文地名中屡见不鲜。凡三个字组成的铁官名者，一般省略二字，如河南郡省作"河"、河东郡省作"东"、南阳郡省作"阳"、临淮郡或淮平郡省作"淮"等。凡是和其他铁官名有重文者，仅省略一字，以避免重名。如山阳郡省作"山阳"，避免与"山"、"阳"重名；再如中山国省作"中山"，避免与"中"、"山"重名。上述省称反映汉王朝对冶铁业是实行统一管理的。

(2) 铁官作坊的统一编号与系统管理：一个郡铁官管理两个以上作坊，并且较为分散者，则将若干个作坊统一编号，号码贯于简化后的铁官名后，以作铁官号次的标志，如"河一"、"阳一"、"山阳二"等。凡郡、县铁官仅掌握一个作坊者不予编号，如"川"、"宜"等。两个作坊在一地者不予标号，如蜀郡、河南郡、南阳郡、河东郡、山阳郡和临淮郡，都把自己管辖的多座作坊，进行统一编号与系统管理，这一形式的普遍性和统一性，是私商大贾和地方铁官不能办到的。

(3) 多座作坊编号的顺序："阳一"作坊位于铁官所在地宛城，"河一"作坊位于荥阳城，此城曾在秦时为三川郡守所驻。以此二例说明，第一号作坊多在郡铁官所在的郡城或重要县城，第二号以后的作坊多在属县或山区铁矿附近，如巩县铁生沟的"河三"作坊。编号

[①]　李京华，汉代铁农器铭文试释，见：中国古代冶金技术研究，中川古籍出版社，1994 年，第 158~165 页。

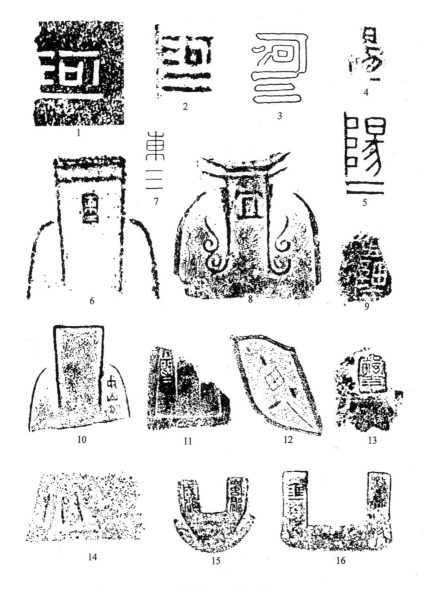

图 8-3-2　汉代铁农器及其铸范上的铭文

1. 郑州古荥镇出土；2、6. 陕西陇县出土；3. 河南巩县铁生沟出土；4. 河南南阳瓦房庄出土；
5. 见《贞松堂集古遗文》卷十五第 12 页；7. 见《文物参考资料》1957 年 8 期 46 页；
8、10. 见《汉金文录》第 27 页；9、11、13. 山东滕县出土；12、14. 陕西咸阳县出土；
15. 云南鲁甸出土；16. 江西修水垄上村出土

的顺序是：先县郡城或重要县城，而后属县或矿区。

（4）分类管理：从铁官铭文看可分两种类型：第一类型是河南郡、南阳郡、河东郡、临淮郡和山阳郡，因为作坊分散，作坊与作坊或与铁官驻地相距较远，铁官不便管理，除统一编号外并在每个作坊中设置官吏，实行分级管理；第二类型是蜀郡、颍川郡和中山国，一般是一个作坊，虽有两作坊在一地而铁官驻在该地，铁官直接管理。

（5）铁器的调运与传播：从铁器铭文研究发现，"蜀郡"铁器南运至犍为郡南部（今云南省鲁甸），临淮郡铁器南运至豫章郡（今江西省修水县），山阳郡的铸范提供给鲁国（今山东省薛城）使用，河南省铁器西运天水郡的陇县（今陕西省陇县），颍川郡铁器西运京兆尹（今陕西省咸阳市），南阳郡铁器不仅往西运至右辅都尉（今陕西省永寿县），而且东南运入豫章郡（今江西省清江县）等。铁产地和传播地距离最远者，属河南郡、颍川郡、南阳郡。其中郡铁官设作坊最多者是河南郡与河东郡，次是南阳郡、山阳郡和临淮郡。铁官的铁器产品，除了满足本区所需之外，而且也大量调往外郡，专由均输职官负责调拨。

（6）应继续填补铁官作坊的空白点：在郡、国铁官中，发现铁官标志作坊有 16 个（尚有多数未找到作坊地点）。铁官作坊遗址和铁官标志相符者，仅有"河一"、"河三"、"阳一"、"蜀郡"四个。铁官标志的出现，给文物考古工作者开展汉代各郡县官营冶铁遗址调查、发掘和研究，提供了重要线索。

二　汉代陶釜上的铁官铭文[①]

铁官铭文模印在汉代墓葬的随葬品中的陶灶、陶釜之上，铁铭文也变成了陶文。李京华、傅永魁收集的陶釜文多出于 20 世纪 80 年代，有 13 处约 16 件，见表 8-3-2。汉代陶灶的形制、纹饰和陶文多不相同，但均为泥制灰陶。模印铁官标识的陶灶制作方法有两种，一是灶体和釜分别烧制，然后组装成套，这一类灶面多是素面，个别有模印简单的庖厨用具；另一种是釜和灶面整体模制，这类灶面上多模印肉食物和庖厨用具。前一种制法陶灶的时代，约在西汉中期或稍晚些，后一种制法的时代，约在东汉中期前后。

由表 8-3-2 可知，在陶灶上模印的有河南郡、河内郡、弘农郡铁官标志和釜容量的陶文。李京华还认为：汉代铁官不仅主管冶铁，而且兼营制陶生产，制陶作坊附设在冶铁作坊之中或临近处，如河南郡"河一"古荥镇汉代冶铁遗址周围建有 13 处陶窑。[②]

巩县铁生沟河南郡"河三"遗址建有 5 个陶窑，出土有烧变形的陶器[③]。南阳郡"阳一"的宛城汉代冶铁遗址东北建有近 20 个窑的制陶作坊，出土烧坏的陶具、猪圈、仓，狗、鸡等墓葬随葬品。[④]

巩县河南郡"河三"陶灶，在颍川郡的崇高县、弘农郡的宜阳、河南郡守所在地洛阳发现。古荥河南郡"河一"陶灶，除在本郡巩义发现外，还有路途更远的京都长安。至今未找到作坊地址的河南郡"河二"，在河内郡汤阴县鹤壁发现河二陶灶，表明铁官兼营的制陶业也和铁器一样，有广泛的贸易交流活动。

河南郡目前已发现的铁器铭文和陶灶的陶文均为"河一"、"河二"、"河三"，两者相同，说明河南郡铁官作坊是三个。弘农郡的新安冶铁遗址已出土有"弘一"、"弘二"铁器铭文，"弘一"陶灶有可能是弘农郡铁官管理的第一号作坊所兼营制陶作坊的产品，弘农郡也设多个铁官作坊。

---

①　李京华、傅永奎，试探汉代陶釜图的铁官铭文，见：中国古代冶金技术研究，中川古籍出版社，1994 年，第 166～173 页。

②　郑州市博物馆，郑州古荥镇汉代冶铁遗址发掘简报，文物，1978，（2）：28～43。

③　赵青云等，巩县铁生沟汉代冶铁遗址再探讨，考古学报，1985，（2）：157～183。

④　河南省文物研究所，南阳北关瓦房庄汉代冶铁遗址发掘报告，华夏考古，1991，（1）：1～110；河南文物研究所，南阳瓦房庄制陶、铸铜遗址的发掘，华夏考古，1994，（1）：31～44。

表 8-3-2 陶灶与陶釜上的作坊铭文

序号	地点	陶灶与釜	陶文	资料来源
1	登封县（收集）	1陶灶、2釜肩部	河三	登封县文保所提供
2	荥阳县（收集）	1陶灶、1釜肩	河一	于晓兴提供
3	宜阳县（收集）	1陶灶陶釜	河三	宜阳县文化馆提供
4	巩义县芝田乡（采集）	1陶灶陶釜肩	河一，四石，天文	巩义市文保所提供
5	巩义县鲁庄乡（采集）	1陶灶陶釜肩	河一	巩义市文保所提供
6	巩义县钢铁厂出土	1陶灶2陶釜肩	河三（倒印）	巩义市文保所提供
7	巩义县天津口村采集	1陶灶釜肩	河三	巩义市文保所提供
8	鹤壁市发掘	灶面模制2釜	河二	鹤壁市博物馆文物工作队提供
		灶面制釜孔，并放置陶釜	二石? 升	
		灶制法同上，釜肩	二石五升	
9	安阳汉墓发掘	陶灶上3件釜	内一，二石五升	安阳市文物工作队提供
10	洛阳烧沟汉墓收录	1件陶釜	河二	洛阳地区考古发掘队，洛阳烧沟，科学出版社，1959年，图六五：4
11	西安出土	10余件陶釜	河一、二石	文博1991（5）图六九
12	灵宝县阳店乡收集	2陶灶釜上模印	弘一、一石	灵宝县文保所
13	洛阳博物馆赠	西汉模制陶釜肩印，东汉模制陶灶釜与灶粘连釜肩	二石五升 河三	河南大学历史系提供

　　河南郡和弘农郡的陶釜铁官标志上有容量陶文，如河南郡"河一"、"河三"，均附加有容量陶文，记有一石、二石升、二石五升等种。其上的容量数字是标志釜本身的容积，不能与专用量具的量相提并论。

　　陶釜的陶文是模拟铁釜制造的，它说明被模拟的铁釜应铸有铁官标志、容量铭文，铭文的特定位置在铁釜的肩部，这就为考古与文物保护工作以启示，在发掘与保护时要注意对铁釜的去锈和铭文的考察。釜上铸铁官名和容量的做法，一直沿用到西晋和北朝时期，例如太康尚方铜釜、晋寿铜釜等[1]。

三　汉代冶铁遗址研究

　　考古发掘表明古代冶铁作坊有三种类型：一种是在矿山附近或交通便利之处，如鲁山冶铁遗址；另一种是以铸造为主，只进行生铁熔化和铸造，而不进行生铁冶炼，如南阳瓦房庄遗址，是汉代大型铸造作坊；也有的是冶铸兼有的作坊，如郑州古荥遗址。一般铸造作坊设在城市或郊区。到目前为止，尚未发现春秋时期的冶铁作坊遗址。在今河南、河北、山东发现战国冶铁遗址 11 处。自西汉以来，大型冶铁作坊和基地，已在各地建立起来，冶铁遗址发现较多，而且大都延续使用很长的时期，集中在今河南、山西、陕西、山东、河北、江苏、内蒙古、北京、安徽、新疆等地。有些遗址进行了发掘，有些只进行了调查。此处仅举 3 例，都是经过科学发掘并经过深入研究的冶铁遗址。这些材料对研究中国古代钢铁发展史具有重要价值。

(一) 河南巩县铁生沟"河三"冶铁遗址①

河南巩县铁生沟"河三"冶铁遗址是中国考古工作者 1958～1959 年最早进行科学发掘的重要的冶铁遗址，生产工艺项目齐全，学术价值大，1962 年文物出版社出版《巩县铁生沟》一书，在国际学术界引起较大反响。随着冶金考古研究的不断发展，对巩县铁生沟冶铁遗址反映的冶铸技术的认识也进一步深化，赵青云等于 1985 年在《考古学报》上重新发表了文章。

遗址位于今巩义市南 20 公里铁生沟村，遗址面积 2.1 万平方米，发掘 2000 平方米，调查发现，遗址西南、西、东北山区有汉代采矿矿井，内出土铁工具、五铢钱等。四周山区森林、煤炭资源丰富。遗址位置见图 8-3-3。

遗址中发掘出熔炉、退火炉、炒钢炉各一座；炼炉 8 座，多为圆形和椭圆形，内径 1.0～2.0 米，炉缸呈缶形，有出铁槽，炼炉附近有积铁块和炉料块，炼炉尺寸见表 8-3-3。冶炼场地有许多矿石块和矿粉，以赤铁矿最多，矿石成分分析结果见表 8-3-4。图 8-3-4 是在一个坑中的积铁块，表 8-3-5 是积铁的成分。

表 8-3-3　铁生沟"河三"遗址出土炉位置及尺寸统计表

顺序号	新编号	原号	炉形	尺寸/米			位置及用途
				长	宽	高	
1	T2 炉 1	T2 炉 1	长方形	1.33	0.62-0.8		位于 T2 西部，炼炉
2	T2 炉 2	T2 炉 2	圆形		内径 1.15		位于 T2 中部，炼炉
3	T2 炉 3	T2 炉 3	长方形	1.3	1.0		位于 T2 北部，炼炉
4	T20 炉 4	炉 18	圆形		内径 2.0	残 1.10	位于 T2 东边 28 米处，炼炉
5	T3 炉 5	T3 炉 5	圆形		炉底内径 1.65		位于 T3 西北部，炉底有厚 6 厘米铁渣，炼炉
6	T4 炉 6	T4 炉 6	圆形		炉底内径 2.0		位于 T4 南部，炼炉
7	T20 炉 7	炉 19	圆形		残径 1.08		位于 T2 东边 29 米处，炼炉
8	T12 炉 8	T12 炉 16	圆形		径 2.0	残 1.5	位于 T12 西南部，炼炉
9	炉 9	炉 17	椭圆形	0.37	0.28	0.15	位于遗址中部正北 150 米处，炒钢炉
10	T4 炉 10	T4 炉 20	方形	0.50	0.36	0.24	T4 西南角处，锻炉
11	T12 炉 11	T4 炉 15	长方形	1.47	0.83	0.80	T12 北中部，退火脱碳炉

注：原号指《巩县铁生沟》，文物出版社，1962 年书中记载的炉编号。

---

① 赵青云等，巩县铁生沟汉代冶铸遗址再探讨，考古学报，1985，(2)：157～183。

表 8-3-4　矿石内三氧化二铁含量

矿石来源	矿石种类	三氧化二铁含量/%	化验单位
探方 6	赤铁矿	76.00	
探方 12	褐铁矿	65.86	中南煤田地质勘探局化验室
北庄采矿区	褐铁矿	64.48	

表 8-3-5　铁生沟铁块成分分析结果

序号	样品编号	取样位置	元素/%				
			C	Si	Mn	P	S
1	T12:21	T12 铁块	1.288	0.231	0.017	0.024	0.022
2	T1:22	T1 铁块	0.048	2.35	微	0.154	0.012

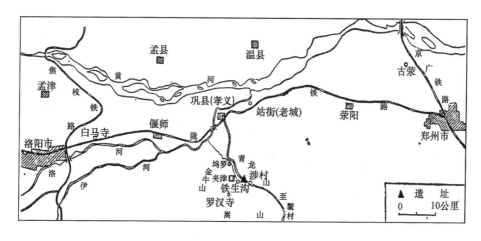

图 8-3-3　铁生沟汉代冶铁遗址位置图

(选自：考古学报，1985 年 2 期，赵青云等文)

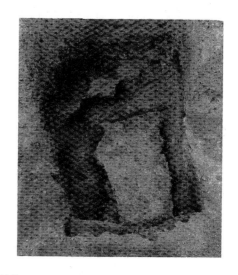

图 8-3-4　积铁块

(河南省文物考古研究所李京华提供)

发现泥质和陶质鼓风管，泥料中有耐火砖粉熟料掺和。鼓风嘴有两种，一种是垂直插入炉中，另一种是从炉侧插入炉内。本遗址发现39块熔炉耐火砖、计有炉口、炉口下部、炉腹以及炉底外部弧形薄耐火砖等，复原熔炉内径0.85～1.15米。还发现车马器叠铸范，一字形锸铁范芯、浇口杯、铁余料块以及8件铸有"河三"铭文的铁器（图8-3-5），铁器的品种有铲、犁铧、斧等见表8-3-6。"河三"铁器已长距离外运至江南，只有产量大时，才有可能远销，说明汉代河南郡第三冶铁作坊铁铸造生产规模可观。

铲 T8：22　　　　　　　　　T4：1 镤　　　　　　　　　T12：21 铁板

图8-3-5　铁生沟出土"河三"铲、镤及铁板

（选自：考古学报，1985年2期，赵青云等文）

表8-3-6　铸有"河三"铭文铁器统计表

顺序号	原编号	铁器名称	金相组织	出土地点
3	T5：32	残铁铲	亚共晶白口铁	巩县铁生沟 T5
11	T8：2	铁铲	未检验	巩县铁生沟 T8
7	T10：25	残铁铲	共晶白口铁	巩县铁生沟 T10
9	T12：16	铁铲	过共晶白口铁	巩县铁生沟 T12
47	T5：48	残铁犁铧	脱碳铸铁	巩县铁生沟 T5
28	T6：10	残铁铧	韧性铸铁过渡组织	巩县铁生沟 T6
6	T8：4	铁铧	共晶白口铁	巩县铁生沟 T8
	T12	残铁铧	未检验	巩县铁生沟 T12 炉 11 内
		铁斧	未检验	湖北大冶铜绿山 24 线老窿

发掘退火脱碳炉一座，炉壁和炉底均用薄长方形青砖砌筑，壁间留有8厘米空间，前端通过洞口与火池相接，后壁的空间与烟囱相连，这种空腔结构的炉子通风性能好，使炉内热空气分布均匀；空腔表面烧成红色，说明属于氧化性气氛，温度在900℃以下；这种炉形结构科学，提高了热效率（图8-3-6）。脱碳处理炒钢炉、锻炉各一座。烘范窑8座，有圆

形、椭圆形、方形平底窑，用于烘烤大型盆、釜、鼎等铸范。多种用途的窑一排5座，出土有烧变形的筒瓦和陶器，也可以烘烤叠铸范，尺寸及分布见表8-3-7；该遗址作坊中的砖瓦、陶器、陶风管，在登封宜阳洛阳曾收集到三件模印"河三"的陶釜，应为本窑所烧，证明本作坊又兼营陶业。出土陶器数量多，"舍"字陶片证明为工师的专用器，"大赦"陶盆片表明冶铁劳动者中有刑徒。此遗址出土的石夯、石砧、陶质鼓风管见图8-3-7。

出土的炉料铁块中保留有木炭或木炭烧痕，是以木炭为燃料进行冶铁的证据（图8-3-8），对本遗址出土的73件铁器进行了硫印试验，含硫很低，说明铁生沟并未用煤冶炼。烘范窑或烧制陶器的窑中，使用煤作燃料如窑1-3内发现有煤灰，窑2火门处还有原煤块。

T12炉11
脱碳炉

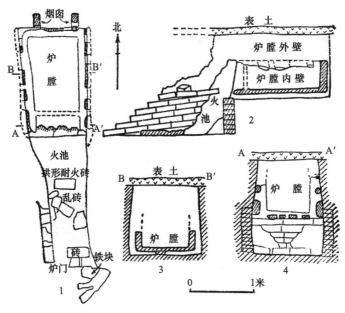

图8-3-6　脱碳炉（T12炉11）平、剖面图

（选自：考古学报，1985年2期，赵青云等文）

表8-3-7 烘范和多种用途窑统计表

序号	新号	原号	窑形	尺寸/米			用途
				长	宽	高	
1	T3窑1	T8炉12	长方形	1.41	0.24	底深0.5	烘范
2	T8窑2	T8炉13	椭圆形	0.76	0.42	底深0.4	烘范
3	T8窑3	T8炉14	椭圆	0.69	0.32	残0.5	烘范
4	T8窑4	T2炉4	圆形		径1.01	深1.2	烘范
5	T5窑5	T5炉7	长形	2.60	1.60	残0.98	多种用途
6	T6窑6	T6炉8	长形	约0.80	0.52	残0.62	多种用途
7	T6窑7	T6炉9	长形	约1.24	0.94	残0.32	多种用途
8	T6窑8	T6炉10	长形	约0.66	0.54	残0.32	多种用途
9	T6窑9	T6炉11	长形	约1.24	0.82	残0.28	多种用途
10	T2窑10	T2坑	长形	0.6～0.72	0.40	0.30	烘范
11	T2窑11	无号	长形	0.70	0.40	0.30	烘范
12	T2窑12	无号	方形	0.48	0.38-0.41	0.1	烘范
13	T2窑13	无号	长形	0.42	0.16-0.17	0.38	烘范
14	T2窑14	无号	方形	0.30	0.26	0.08	烘范
15	T2窑15	T2坑5	长形	1.25	0.6	0.56	烘范
16	T2窑16	T2坑4	长方形	1.3	1.0	0.25～0.3	烘范

石砧

石夯T2:20

陶质鼓风管T13:31

图8-3-7 出土石夯、石砧、陶质鼓风管

(a)T3坑5出炉料中木炭　　　　　　　　　　　　　　　　　　　(b)出土矿石

图 8-3-8　炉料中的木炭（T3 坑 5）及出土矿石

（选自：考古学报 1985 年 2 期，赵青云等文）

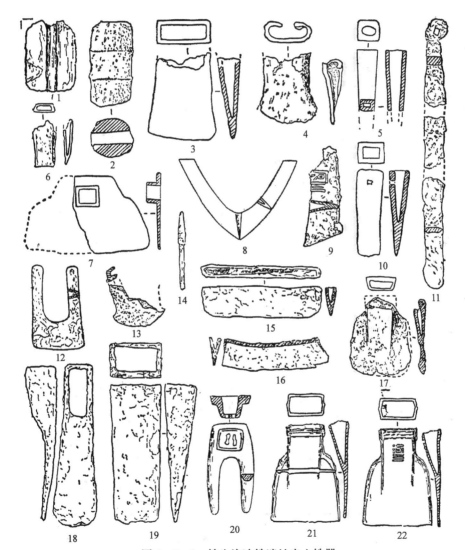

图 8-3-9　铁生沟冶铁遗址出土铁器

1、2. Ⅰ、Ⅱ式锤（T4∶2、采∶1）；3. 锛（T8∶3）；4. 锛形器（T6∶9）；5. 凿（T10∶7）；6. 小锛（T5∶46）；

7. 锄（T8∶1）；8、9. 铧（T12∶7、T5∶48）；10. Ⅱ式镢（T12∶5）；11. 剑（T16∶18）；

12、13. Ⅲ式镢（采∶1、T18∶24）；14. 箭头（T5∶26）；15～17、21、22. 铲（T5∶20、24、T13∶1、T8∶22、2）；

18、19. Ⅰ、Ⅱ式镢（T5∶19、T4∶1）；20. 双齿镢（T10∶3）

出土铁器有农具 92 件，工具 13 件，生活用具 39 件，兵器 3 件，铸铁板，锻造铁条材、板材、铁块、残铁器约 50 件，共计 200 件。典型铁器形制见图 8-3-9。金相鉴定的铁器共 73 件，见表 8-3-8 中的结果。有白口铁 19 件，其中有未使用过的残次品；有选铸的直浇口铁及不同厚度的铁板，显然是作为熔料或炒钢原料。18:15 一字形锸铁范芯是灰口铁，使用灰口铁制作铁范，从汉代开始是使用金属范的一项重大发展。图 8-3-10 是铁生沟出土铁器的白口、灰口金相组织。

表 8-3-8　金相检验铁器分类表

名称	白口铁	灰口铁	可锻铁铁	脱碳铸铁	表面脱碳及铸铁脱碳钢	炒钢	数量/件
铁铲	6		2		2		10
铁铧	3		4	1	3		11
犁镜	1						1
一字锸	1				1	1	3
铁锄			2		1	1	4
六角锄					1		1
双齿镬齿			1	1	2		4
铁镬			2				2
铁锛			2				2
铁凿			1				1
锥形铁器						1	1
铁刀						1	1
铁钉						2	2
铁环						1	1
铁箭头	1						1
铁剑				1			1
弩机扳机				1			1
铁锄柄						1	1
残铁器	1				1	2	4
浇口铁	1						1
一字锸铁范芯		1					1
铁块		2					2
铁板	5	4	1	1		3	14
铁片		1					1
铁条					1	1	2
小计	19	8	15	3	14	14	73
占检验铁器总数的百分比/%	26	10.9	20.5	4.1	19.2	19.2	

韧性铸铁 15 件，占 20.5%。其中黑心韧性铸铁 8 件、白心韧性铸铁 7 件。T12:8 铲是典型的黑心韧性铸铁，其金相组织在铁素体基体上，石墨呈团絮状分布，见图 8-3-11 (c)。T6:10 残铁铧金相组织，团絮石墨由铁素体晶粒包围，还有较多未分解的莱氏体组织，见图 8-3-11 (b)，说明铁铧是白口铁铸造后，经过退火处理，但不完全，得到的是过渡组织。T8:26 镬齿是白心韧性铸铁，团块状石墨和珠光体基体，见图

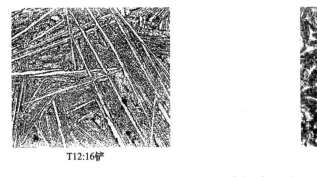

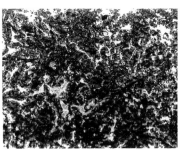

T12:16铲　　　　　　　　　　　　　　　　　　　　　　　T13:7铁板

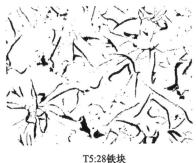

T5:28铁块

图 8-3-10　铁生沟出土铁器金相组织之一

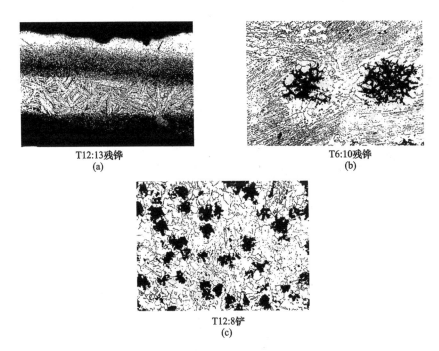

T12:13残铧　　　　　　　　　　　　　　　　　　　T6:10残铧
(a)　　　　　　　　　　　　　　　　　　　　　(b)

T12:8铲
(c)

图 8-3-11　铁生沟出土铁器金相组织之二

8-3-12（a）。值得指出的是，该作坊韧性铸铁中，先后共发现具有球状石墨组织的五件，其中 T4:1 铁镢〔图 8-3-13（a）〕及 T3:28铁镢石墨全部球化。T3:28 铁镢的金相组织及球状石墨见图 8-3-12（b）和图 8-3-12（c）。T8:26 双齿镢齿、T10:21 铁凿、T19:8 铁铧三件中的石墨部分球化，部分是团块状或团絮状。从金相组织观察到的现象表明，球状石墨是白口铁经过退火处理形成的，理由是：①同类器物具有韧性铸铁、脱碳铸铁及具有球状石墨的韧性铸铁等多种组织；②从球墨结构看，无明显一次和二次石墨的区别；③韧性铸铁中团块状、团絮状及球状石墨共存。这里发现的不同的生铁品种，对其中7件进行了化学成分分析，结果见表8-3-9。

表 8-3-9　铁生沟遗址出土铁器的化学成分*

序号	原编号	铁器名称	元素/%					金相组织	资料来源
			C	Si	Mn	P	S		
		生铁板	4.12	0.27	0.125	0.15	0.043	未检验	[1]
		铁铲	2.57	0.13	0.16	0.489	0.024	未检验	[1]
9	T12:16	残铁铲	3.55	0.09	0.12	0.40	0.022	过共晶向口铁	[2]
21	T5:42	铁块	4.0	0.42	0.21	0.41	0.07	麻口铁	[2]
23	T13:7	铁片	3.80	0.22	0.09	0.48	0.040	灰口铁	[2]
42	T4:1	铁镬	1.98	0.16	0.04	0.29	0.048	可锻铸铁（球状石墨）	[3]
44	T14:26	双齿镬齿	3.30	0.09	0.10	0.24	0.030	脱碳铸铁	

注：*．北京钢铁学院中心化验室分析

[1] 中国冶金史编写组，我国古代冶铁技术，化学通报，1978，(2)：51。

[2] 中国冶金史编写组、河南省博物馆，关于河三遗址的铁器分析，河南文博通讯，1980，(4)：37。

[3] 丘亮辉，古代展性铸铁中的球墨，1981年中国古代冶金史国际讨论会论文。

(a) T8:26镬齿　　　　　　　　　　　　　　(b) T3:28镬

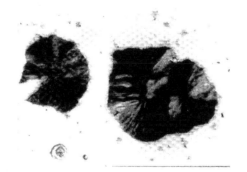

(c) T3:28镬　石墨结构

图 8-3-12　铁生沟出土铁器金相组织之三

以炒钢为原料经过锻造而成的成品或半成品共14件，占检验铁器的19.1%，T 11:8铁器的夹杂物及金相组织见图8-3-13（b）。

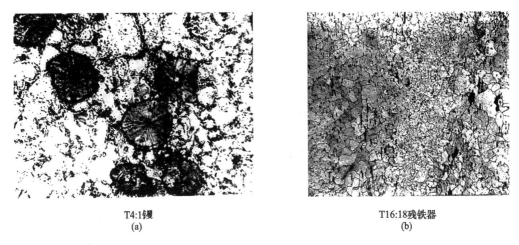

T4:1镢　　　　　　　　　　　　　T16:18残铁器
(a)　　　　　　　　　　　　　　　(b)

图8-3-13　铁生沟出土铁器金相组织之四

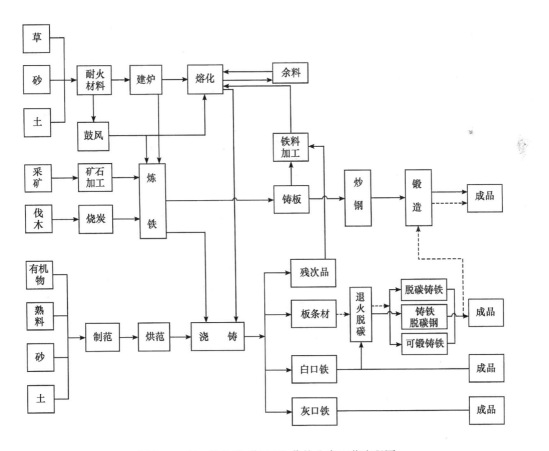

图8-3-14　铁生沟"河三"作坊生产工艺流程图

该遗址的年代，是根据共出的铜钱、陶器断定的。所出铜钱，最晚为"大泉五十"的王莽钱与《洛阳烧沟汉墓》中的Ⅱ型五铢钱相同的五铢钱，相当于王莽——光武帝时期

（7～39）。Ⅰ式陶缸（T7：18），与《洛阳中州路》Ⅱ式缸（M633 上）相同；Ⅰ式陶瓮（T16：33）与《洛阳中州路》Ⅱ式瓮（M1807 上）相同；Ⅰ式陶尖底罐（M14：28），与《洛阳中州路》同类罐（M1904 上：01）相似；Ⅱ式盆（T17：20）虽与《洛阳中州路》Ⅰ式大口罐相同，但和《洛阳烧沟汉墓》六期的Ⅳ式盆（M147：5）亦相似，当在桓帝～献帝时期（147～160）。总之，绝大部分器物是属于西汉中晚期，亦有东汉初期的一些特点，个别器物晚到东汉后期，可见本遗址的主要生产期当在东汉初期（25～90）以前。

根据出土遗物的再研究表明，本作坊是汉代一处冶炼、熔化生铁、铸铁、退火脱碳、炒钢、锻造等综合的生产工场，其工艺流程如图 8-3-14 所示。

（二）河南郑州古荥"河一"冶铁遗址

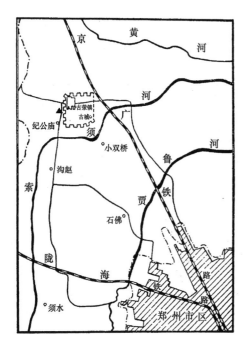

图 8-3-15　古荥镇汉代冶铁遗址地理位置图

1975 年河南省郑州市博物馆在郑州市西北古荥镇发掘一处古代冶铁工场，古荥镇位于郑州西北二十多公里，是汉代荥阳城旧址，北依邙山，山北临黄河（图 8-3-15）。图 8-3-16 背景远处是现存的战国秦汉荥阳城的遗迹，缺口处是汉代西门，近处是冶铁遗址的发掘现场。遗址出土了两座冶铁竖炉遗迹。根据同时出土器物，断定该遗物是西汉中后期至东汉时期的冶铁工场遗址[①]。从铸件及铸范的铭文得知，它是汉代"河南郡第一钢铁工场"，反映了汉代冶铁的规模和技术水平。

荥阳在秦汉时期一直是一重要城镇，三川郡治在荥阳[②]，是秦在中原军政势力的主要据点之一，秦代的粮库"敖仓"就在附近。西汉属河南郡，汉王刘邦灭秦后，曾与楚王项羽争夺天下，在荥阳进行了四年多的战争。公元前 204 年，刘邦在荥阳被围，形势危迫，刘邦用谋臣陈平的计策，离间楚将，又使大将纪信诈降楚王，汉王得以从西门逃出。后来重新集结军队，击败项羽建立汉王朝[③]。守荥阳战死的将领有：楚将李归，汉将纪信、周苛、枞公。现在冶铁遗址附近还有"纪信墓"和祭祀他的庙。冶铁遗址在纪公庙村北俗名红土岗，民间流传着富于想象的传说，红土岗是被纪信的血染红的，其实是冶铁遗址的赤铁矿的颜色而已。

冶铁遗址总面积经初步钻探南北长 400 米，东西宽 300 米，面积为 12 万平方米。经过发掘的面积是 1700 平方米[④]。

① 郑州市博物馆，郑州古荥汉代冶铁遗址发掘简报，文物，1978，(2)：28～43。
② 《资治通鉴》卷六，中华书局，1956 年 第 199 页。
③ 《史记·高祖本记》卷八，中华书局，1959 年第 373 页。
④ 于晓兴等，郑州古荥冶铁遗址冶炼技术的研究，1986 年第二届冶金史国际学术会议论文。

图 8 - 3 - 16　古荥冶铁遗址发掘现场

　　在发掘范围内发现炼铁炉基两座,东西并列,其中一座还存炉缸底,可以看出炉缸呈椭圆形(图 8 - 3 - 17)。现存长短轴分别是 4 米及 2.7 米,面积为 8.5 平方米,炉壁厚约 1 米。炉缸建成椭圆形,是在当时鼓风能力有限的条件下,扩大容积的一种尝试。炉外还残留有黄土支护层,最厚处为 6 米。炉缸用耐火泥夯打而成厚 0.4 米,呈深灰色,是原来在还原气氛下工作的特征。

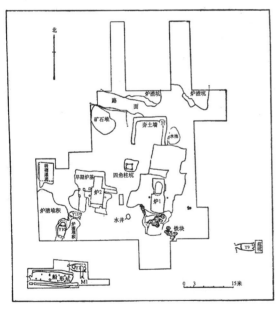

图 8 - 3 - 17　古荥 1 号炉炉缸遗迹(郑州市文物处于晓兴提供)

　　炉底下面是炉基,炉基坐落在 3 米深的凸字形坑上。坑外分段分层夯筑黄黏土。坑内下层用红黏土和掺加矿粉、炭末的耐火土,夯筑十二层(图 8 - 3 - 18),其上掺入 1～3 厘米的卵石,及至靠近炉底约 40 厘米处,则又用耐火能力更高的石英砂、炭末混合的耐火土夯筑。基础夯砸结实,夯面工整(图 8 - 3 - 19)。炉底周围还有延伸 6～9 米乃至 10 米以上的夯土区。这种筑炉结构,满足了重载和高温作业的要求。

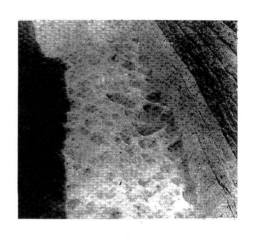

图 8 - 3 - 18　夯筑十二层的炼铁竖炉炉基　　　　　图 8 - 3 - 19　1 号炉炉基基础夯砸面
（郑州市文物处于晓兴提供）

　　在炉前土中埋有十二块积铁块，总重百余吨。重达 20 余吨的有三块。其中一块呈椭圆形，现存长轴 3.24 米，短轴 1.72~2.13 米，最厚处 1.1 米，薄处 0.42 米，1 号积铁见图 8 - 3 - 20。铁块底部凹凸不平，积铁块的主要部分形状和尺寸与一号炉炉缸底部相近（图 8 - 3 - 21）。底面还粘有耐火材料。积铁上面有扁圆形向外倾斜的铁柱。粗 0.6 米，高 2.2 米，上部分义。铁块成分：碳 4%~4.5%，硅 0.2%~0.3%，锰 0.2%~0.3%，磷 0.24%~0.38%，硫 0.06%~0.11%。铁块具有典型灰口铁组织。铁柱上部还可以看出铁矿石、渣和残留的木炭，立柱是炉内瘤造成的。铁瘤与积铁呈 118°角，向外倾斜高约 2 米，炉腹角 62°，炉腹高约 80 厘米，炉身呈直筒形。估算炉子有效高度约 6 米，容积约 50 立方米，这是目前为止发掘出土的古代容积最大的炼铁炉[1]。图 8 - 3 - 22 是一号竖炉炉底积铁剖面图。表 8 - 3 - 10 列出积铁铁样成分分析结果。当古代拆炉重建时，拖出重达 20 余吨的积铁块，无法破碎，又无法运走，只好在炉前挖坑埋入地下，保存了近两千年，成为当时古代工匠冶铁技术水平的实物见证。

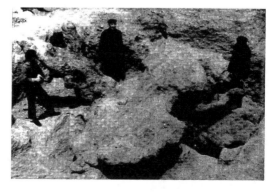

图 8 - 3 - 20　1 号积铁

①　河南省博物馆等，河南汉代冶铁技术初探，考古学报，1978，(2):1~12。

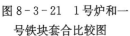

图 8 - 3 - 21　1 号炉和一
号铁块套合比较图

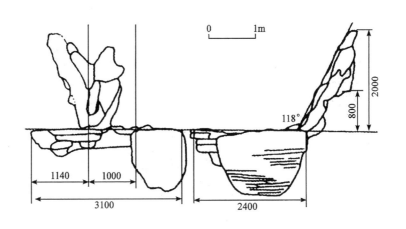

图 8 - 3 - 22　1 号积铁剖面图

（选自：考古学报，1978 年 1 期，河南博物馆文）

表 8 - 3 - 10　积铁化验结果*

积铁编号	取样部位	化学成分%				
		C	Si	Mn	P	S
一	铁口方向	3.97	0.28	0.30	0.264	0.078
	铁口对角	4.52	0.19	0.20	0.239	0.111
	铁瘤下部	1.46	0.38	0.14	0.121	0.025
	铁瘤上部	0.73	0.07	0.06	0.057	0.034
五	北部	3.53	0.16	0.15	0.378	0.065

注：* 由首都钢铁公司中心实验室进行化学分析。

遗址中遗留有大量鼓风管，陶质，内外有绳纹，内径 26 厘米、壁厚 1 厘米，残存最长 1 米多。风管有直的和弯头的两种，如图 8 - 3 - 23。基本上一端粗一端细，可以套接使用。管外糊草拌泥，有烧熔现象，见图 8 - 3 - 24。椭圆形竖炉是为活跃炉缸中心而设置的，风口应沿长轴方向对称布置，由图 8 - 3 - 22 所示积铁和铁瘤的相对位置，可以看出铁瘤分叉处的风口位置相当与积铁长轴的 1/3，推测长轴的 2/3 处应当还有一对风口，分列于炉的两侧，即每侧有两个风口，全炉共四个风口，这样可以保证炉缸工作比较均匀。相应的鼓风设备问题尚待研究。

两座炼炉北侧有经过破碎、筛选的矿石三百吨左右，粒度 2～5 厘米，最大块 12 厘米（图 8 - 3 - 25）。矿石成分：TFe 48.39%，FeO 0.29%，SiO$_2$ 11%，Al$_2$O$_3$ 6.9%，CaO 4.3%，MgO 0.29，MnO 0.2%，S 0.054%，P 0.068%，属于较富的赤铁矿。同时还发现粉碎矿石的铁锤、石砧、石夯等工具。另一处有铁矿石粉，应是筛选剩下的废料，说明当时已有了简单的矿石准备工作。

图 8-3-23　陶制鼓风馆

（选自：文物，1978 年 2 期，郑州博物馆文）

图 8-3-24　出土的风管，管外糊的
草拌泥已烧熔

图 8-3-25　矿石堆

图 8-3-26　出土的弧形耐火砖

　　炉渣在遗址各探方中均有堆积，有两种不同形态的渣，一种是正常渣，断口呈玻璃质、显然经过充分熔化，是碱性较低的酸性渣，测定的熔化温度是 1030～1090℃，炉渣的化学成分结果表明从遗址不同地方取的渣样成分基本相同。另一种是失常渣，颜色发黑，约占渣堆 1/2 左右，又存在数块积铁，说明炉况运转时有时不正常，可能失之过大之故。《汉书》中记载了公元前 91 年和公元前 27 年冶炼竖炉发生的两次悬料爆炸事故。可见当时炉子规模相当可观。与古荥冶铁遗址对照，可以对汉代冶铁工场的场面有更形象的了解。古荥遗址中失常渣的存在，在当时冶铁技术水平的情况下，是可以理解的。

　　从大量未经燃烧的炉料来看，冶炼燃料是用栎木烧成的木炭。其横断面呈放射状细裂纹。出土是还保持其块状形态。同时遗址中还发现了煤饼。发掘中出土了很多已经用过的砂质弧形耐火砖，外涂草泥（图 8-3-26），内侧黏结炉衬并有烧熔痕迹。估计是用来砌制化铁炉的，化铁炉复原的炉腔直径约 1.6 米。还有大量铸造铁范用的陶模出土。陶模用模制，均经烧烤，有不少可以复原。模正面遗留蓝灰色的浇铸痕迹，背面和周边遗留有清晰的夯窝，加固泥和捆绑痕迹。将出土的各种陶模经过相互校正做了部分复原。计有犁模、犁铧模、铲模、凹行锸模，一字形锸模、六字形承模。图 8-3-27 是部分农工具上下内外模。在有的陶模上，内膜上阴刻有"河一"铭文（图 8-3-28），根据模面上的浇铸痕迹可知铸出铁范厚度为 1 厘米左右。

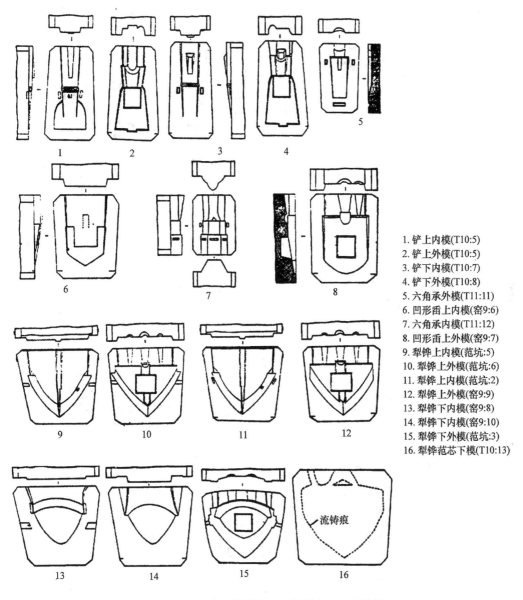

1. 铲上内模(T10:5)
2. 铲上外模(T10:5)
3. 铲下内模(T10:7)
4. 铲下外模(T10:8)
5. 六角承外模(T11:11)
6. 凹形臿上内模(窑9:6)
7. 六角承内模(T11:12)
8. 凹形臿上外模(窑9:7)
9. 犁铧上内模(范坑:5)
10. 犁铧上外模(范坑:6)
11. 犁铧上内模(范坑:2)
12. 犁铧上外模(窑9:9)
13. 犁铧下内模(窑9:8)
14. 犁铧下内模(窑9:10)
15. 犁铧下外模(范坑:3)
16. 犁铧范芯下模(T10:13)

图8-3-27 出土部分农、工具的上、下内外模

同时还出土用于直接浇铸成器的陶范，计有铺首范、耳范、鼎足范等。还发掘出用于烧制陶器、烘烤铸范的窑13座，分布在冶炼场周围。

遗址出土的铁器，有农具、工具、兵器、生活用具、车马器、梯形铁板6种，共320余件。其中2/3是铸造农具，有十余件铁器上铸有"河一"标记，图8-3-29是铸有河一铭文的铁铲。图8-3-30是该遗址出土的部分铁器图。

这批铁器经表面金相初步鉴定有188件，对其中33件铁器进行了取样复核，金相鉴定结果见表8-3-11。部分铁器化学分析结果见表8-3-12。这批铁器的金相鉴定表明，包括了除今天合金铸铁以外的所有生铁品种，即白口铁、灰口铁、麻口铁、韧性铸铁，其中两件铁镢、一件铁锤发现了球状石墨。也有铸铁脱碳制品。我国古代的主要钢铁冶炼技术在"河南郡第一钢铁厂"发掘出土的铁器中，都已经有了实物证据。由铸造生铁的成分看出，碳高、硅低、磷低，低硅是在当时冶炼条件的结果，这是我国古代冶炼生铁的特点之一。

图8-3-28　阴刻"河一"铭文的
　　　　　　犁铧陶模

图8-3-29　铸有河一铭文的铁铲

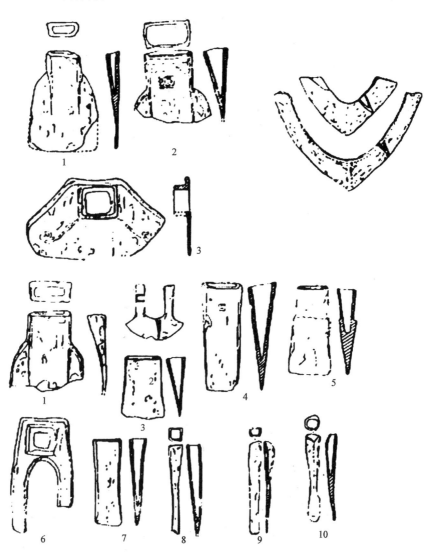

图8-3-30　古荥出土的铁器
（选自：文物，1978，2，郑州市博物馆文）

在遗址中还出土了几十公斤的梯形铁板。板铸制，经过脱碳处理，已成为含碳 0.10%、含硅 0.06% 的板材。

表 8-3-11　古荥出土部分铁器金相鉴定结果

编号	原号	铁器名称	金相鉴定结果
1	17610y：18	铁锸	铸铁脱碳钢
2	178 采 58	铁锸	韧性铸铁
3	174 T3：2：3	铁锸	铸铁脱碳钢
4	2	铁锸	白口铁（有团絮状石墨），图 8-3-31（1）
5	12	铁锸	灰口铁，图 8-3-31（2）
6	23	铁锸	韧性铸铁（球状石墨），图 8-3-31（3）
7	25	铁锸	韧性铸铁（莱氏体未分解完），图 8-3-31（4）
8	27	铁锸	灰口铁
9	919/061 采	铁锸	韧性铸铁（球状石墨，莱氏体未分解完）
10	临 31 采	铁锸	韧性铸铁（莱氏体未分解完）
11	临 32 采	铁锸	灰口铁
12	临 38 采	铁锸	韧性铸铁（莱氏体未分解完）
13	146T12-2：1	铁铲	韧性铸铁（团块状石墨，莱氏体未分解完）
14	152 采 6	铁铲	脱碳铸铁
15	145T8-3：12	铁铲	脱碳铸铁，图 8-3-32（1）
16	201y9	铁铧	韧性铸铁，图 8-3-32（2）
17	204T10-3：3	铁铧	韧性铸铁（莱氏体未分解完）
18	202T8-2：3	铁铧	韧性铸铁
19	74-4 左	铁锤	铸铁脱碳钢
20	210T7-5：2	一字锸	韧性铸铁（球状石墨），图 8-3-32（3）
21	205T18：3	一字锸	韧性铸铁（莱氏体未分解完）
22	237T18-2：15	铁棘轮	麻口铁，图 8-3-33（3）
23	255T8：11	浇口铁	灰口铁
24	257T13：1：2	浇口铁	麻口铁，图 8-3-33（1）
25	250T3-2：4		灰口铁
26	924/065	铁夯头	韧性铸铁，图 8-3-33（4）
27	0923/064 采	梯形铁板	铸铁脱碳钢
28	227 采：2	铁凿	铸铁脱碳钢
29	217T18：5	铁凿	麻口铁
30	244 采	铁镰	铸铁脱碳钢（锻打），图 8-3-33（2）
31	268T19-2：14	铁圆饼	脱碳铸铁
32	259T7-7：24	铁戟	灰口铁，图 8-3-33（5）
33	232 采 76	铁轴承	白口铁

表 8 – 3 – 12 古荥铁器化学分析结果

铁器名称	成分					组织
	C/%	Si/%	Mn/%	S/%	P/%	
生铁	4.0	0.21	0.21	0.091	0.29	
生铁板	3.95	0.15	0.09	0.052	0.22	
3 铁镢	3.30	0.16	0.19	0.060	0.21	白口铁
257 浇口铁	4.20	0.07	0.05	0.012	未做	麻口铁
255 浇口铁	3.80	0.12	0.05	0.02	0.292	灰口铁
23 铁镢	1.79	0.14	0.05	0.05	未做	韧性铸铁、球状石墨

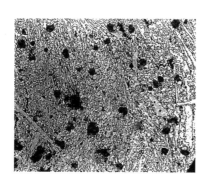

(1) 2 号镢

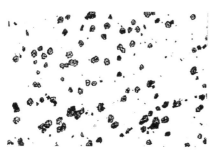

(3) 23 号镢未浸蚀

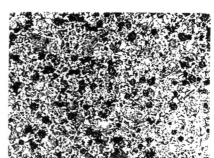

(2) 12 号镢

(3) 23 号镢

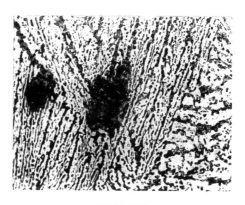

(4) 25 号镢

图 8 – 3 – 31 古荥出土镢的金相组织

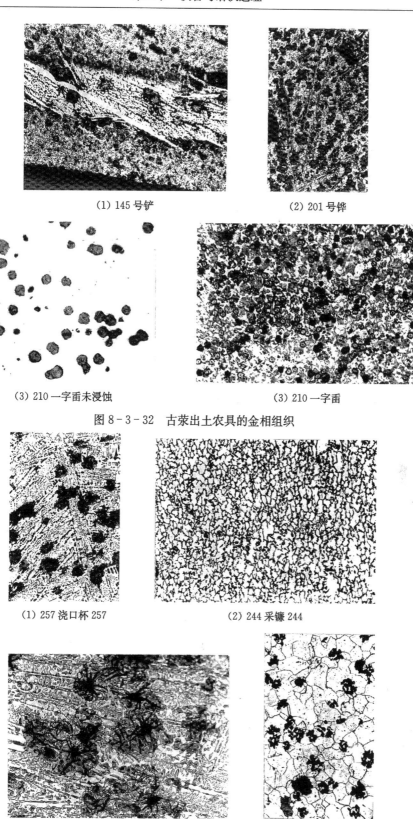

（1）145 号铲　　　　　　　　　　（2）201 号铧

（3）210 一字镈未浸蚀　　　　　　　　（3）210 一字镈

图 8 - 3 - 32　古荥出土农具的金相组织

（1）257 浇口杯 257　　　　　　　　（2）244 采镰 244

（3）齿轮 237　　　　　　　　　　（4）夯头

 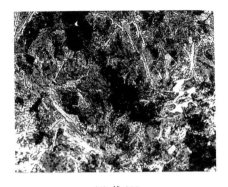

(5) 载 259（未浸蚀）　　　　　　　　　　　(5) 载 259

图 8 - 3 - 33　古荥出土铁器的金相组织

遗址发掘现场揭示了汉代冶铁工厂的全貌，两座竖炉东西并列，铁口向南，上料系统在北，两炉中心相距 14.5 米，两炉中间偏北有夯筑 35 米×35 米的黄土台，台中有浅坑、柱洞，可搭高大棚架，可能为炉顶上料用；竖炉出铁口正南有 6 米×4.2 米的工作场地。还有水井、水池，保证及时供应冶铸用水需要。北面是储矿场；矿堆北有一条宽的路，应是运输线。

"河一"冶铁遗址布局合理，经济实用，展现了 1800 年前中国古代冶铁技术的高超水平及生产规模，是世界现存时间最早、规模最大的冶铁遗址。

（三）河南鲁山望城岗汉代冶铁遗址[①]

鲁山县位于河南西南部，距郑州 200 公里。鲁山县，古称鲁阳，西周初为周公子伯禽的始封之地。春秋初属东周王畿，后属郑，又被楚所占，战国中期以后属魏。秦置鲁阳县，属三川郡。两汉时亦置鲁阳县，属南阳郡。至唐贞观元年，始称鲁山县，属伊州，后属汝州，以后历代继之[②]。两汉时，由于这里地处洛阳于南阳的交通要道上，优越的地理位置使其经济得以较快的发展。

西部山区有大量易采的铁矿，县治所在地除其为陆路交通上的中枢地位外，又因其近濒沙河，原料来源与产品外销均具备水运的便利。因而，在沙河的北岸和县治之间的一条稍有起伏的坡岗地上，逐渐形成了一个当时规模较大的生铁冶铸基地[①]。现存的冶铁遗址东西长约 1500 米、南北最宽处有 500 余米，面积近百万平方米。在这一区域内，堆积有极为丰富的与生铁冶铸有关的遗物。

1. 发掘简况

河南省鲁山县望城岗汉代冶铁遗址，位于鲁山县城南关与望城岗之间（图 8 - 3 - 34）。鲁山县城按规划要修建的南环路通过该遗址的北部。为配合该路的修建，河南省文物考古研究所在市县文物部门的协助下，于 2000 年 11 月至 2001 年 1 月对道路所经过的遗址部分进行了抢救性考古发掘。

---

① 河南省文物考古研究所、鲁山县文物管理委员会，河南鲁山望城岗汉代冶铁遗址一号炉发掘简报，华夏考古，2002，(1):3～11。

② 河南省博物馆等，河南汉代冶铁技术初探，考古学报，1978，(2):1～12。

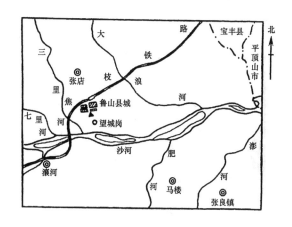

图 8-3-34　鲁山南关汉代冶铁遗址位置示意图

　　该次发掘区位于遗址的北部和西北部，发掘面积近 2000 平方米。发掘主要集中在相距约 600 米的两个区域，即毛家村南和贺楼村南。毛家村位于遗址的北部，属遗物堆积区，主要为炉渣堆积、炉壁及鼓风管残铁堆积、泥模范块堆积、矿石块及矿石粉堆积，以及墓葬、陶窑、水井、水渠、贮水池等遗迹。该区除清理出大量上述堆积遗物外，还出土有大量汉代砖瓦残块、陶器残片等，以及少量的小件铁器。这一区域最重要的发现当属清理了两个泥模范残块堆积坑，出土了大批使用过的、用于铸造铁器的泥模范残块，其中的一些带有字铭，经过发掘时的初步辨认，有"阳一"、"河？"、"六年"等几种，更多的还需进一步释读。贺楼村南区位于整个遗址的西北部，从所清理的局部区域看，这里是一个以一座冶铁炉为中心的冶炼小区，主要遗迹为一椭圆形炉炉基（编号为一号）及其相关遗迹（图 8-3-35）。

　　(1) 一号炉炉基。炉基基础坑：大致呈长方形，南北长约 17.6 米，东西宽 11.7 米，现深约 1.8 米。基础坑用经过细加工的灰白色黏土分层夯筑填实，形成高炉夯土基础，夯层厚约 10 厘米。在现存夯土层面上，发现有圆形圆底夯窝，窝径约 10 厘米。基础坑底部经过防潮处理：最底部铺有一层纯净而均匀的木炭颗粒，厚 3～5 厘米；木炭层上铺了一层厚约 2～51 厘米石灰；在间隔一层厚约 10 厘米的黄褐色夯土后，又加铺了一层厚度大致相同的石灰。再往上即为灰白色夯土，现存有 14 层。

　　炉缸基槽：为了修建竖炉炉缸，在做好的基础坑中部又开挖一长方形基槽。基槽上口东西约 7 米，南北宽约 5 米，深度基槽在口部以下做成台阶状内收，每级分别内收约 20 厘米（图 8-3-36）。基槽用耐火土分层夯填，形成炉缸耐火材料土基床，耐火土厚 5～10 厘米，用红褐色黏土加石英或砂石颗粒，再加木炭颗粒掺和而成。石英或砂石颗粒经过筛选，粒径 2～5 毫米，木炭也经过整粒，粒度大小在 5 毫米左右，耐火土掺和得也相当均匀。由于所处位置的不同，受火及热辐射的强度也有区别，耐火材料土从中心向四周颜色逐渐从砖蓝色到灰褐色、红褐色。炉底为铁褐色。

　　炉缸遗迹：炉缸就建在用耐火土夯实的基床上。炉缸底部除极少部分残余外，已被一后期倒梯形炉（L2）所打破。但从现存迹象仍可判断炉缸内径，而且炉缸最后改建痕迹依然清晰可辨。炉缸平面呈椭圆形。炉缸内径长轴约 4 米，短轴约 2.8 米，炉缸耐火材料土壁厚约 1 米。现存迹象显示，大炉缸后来进行了改建，在原炉缸基床上重新建成了一座较小的椭圆形炉缸。小炉缸内径长轴约 2 米，短轴约 1.1 米。其壁厚薄不均，最厚超过 2 米。

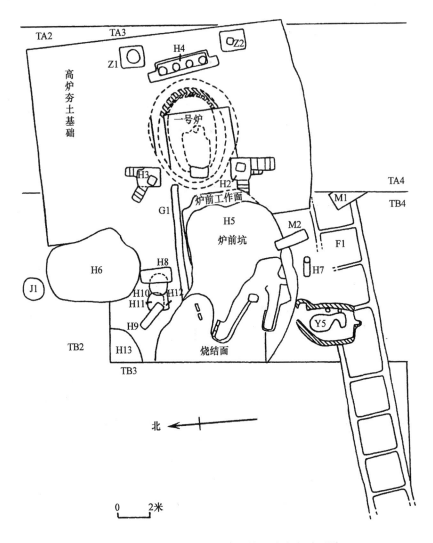

图 8 - 3 - 35　一号炉炉基及其相关遗迹平面图

（2）出铁与排渣。出铁口已不存在。在炉缸基床的右前侧清理出一条排渣沟（G1，见图 8 - 3 - 36）。出渣沟的方向与炉基的方向一致。长约 6 米，宽约 0.5 米，现深约 0.3 米。两侧壁及底部均用与竖炉相同的耐火土夯筑，厚 5～10 厘米，已变成灰褐色。

（3）炉后设施。在炉后（图 8 - 3 - 35）距炉缸耐火材料土东壁约 1.4 米，打破竖炉夯土基础，有一长方形的柱洞坑（H4）。该坑开口长约 4.6 米，宽约 1.1 米，坑底排列有 4 个直径 0.5 米、深 0.4～0.7 米、间距约 0.4 米的圆形柱洞。坑内填土含有红烧土、炼渣、板瓦和筒瓦残块等。

（4）炉前坑与大积铁。炉前坑（编号 H5）紧靠炉缸基床，打破了少部分夯土基础，坑最深处超过 3 米。坑侧放一平面呈椭圆形的大积铁。积铁长轴约 3.6 米，短轴约 2.5 米，最厚部位超过 1 米。该积铁应是被翻进坑内，底部在上，较平，积铁下和两侧用砖垛支撑。紧靠积铁有一圆形遗迹，径长 3 米，遗迹的南壁有大块琉璃状残余，显系经过高温烧烤。遗迹下部亦有圆形积铁，径长近 3 米。（图 8 - 3 - 37）坑前坑内出土有较多数量的小块积铁、炉

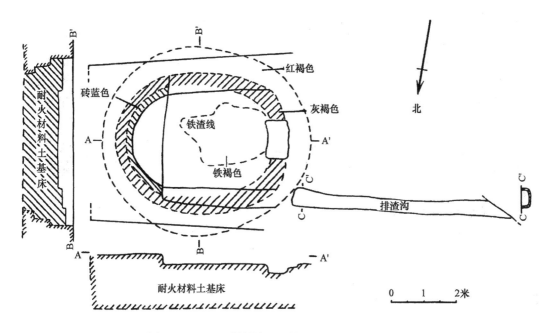

图 8-3-36　一号炉炉缸基槽及排渣沟平、剖面图

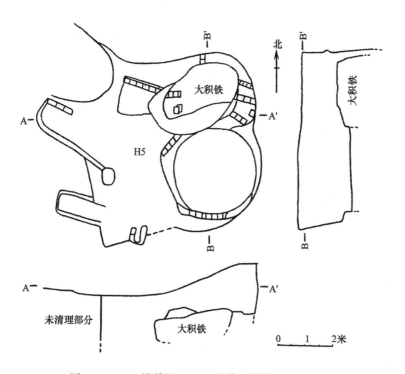

图 8-3-37　炉前坑（H5）及大积铁块平、剖面图

渣、残砖块、陶器残片等。

（5）炉侧坑。在炉缸基床西端的南北两侧，打破竖炉夯土基础，也分别有一南北向坑状遗迹。北侧坑（编号 H3）开口处南北长 2.3 米，东西最宽处 1.1 米，坑的北壁和西壁向下设置有台阶，坑底近方形，边长约 1.1 米，深约 1.5 米。在坑底中部有一边长为 0.5

米、深 0.2 米的小方坑，小方坑底部发现有一层板瓦块，再往下即为木炭层。南侧坑（编号 H2）南北长 2.8 米、东西最宽处 1.4 米，坑的东壁和北壁较直，南壁和西壁向下也留有台阶，坑底亦大致呈方形，边长约为 1.4 米，深约 1.4 米。坑底中部同样有一边长 0.5 米、深 0.2 米的小方坑，小方坑底部也发现有板瓦层和木炭层。两坑内的填土基本一致，灰色，较松散，内含少量的炼渣、板瓦和砖块等。北侧坑近底部的填土中，出土一铜镞。

（6）炉前工作面。应为经过改建的较小竖炉的工作面（图 8-3-35），其形状不规则，长约 8 米、宽约 6 米，表面为略带沙性的黄土，内含有红烧土颗粒。有较硬的烧结面，火候较高，已变成黑褐色。

其他遗迹还有倒梯形炉（L2）、陶窑、房基和贮水池（J1），池内出较多炉渣、大小积铁块等。还发现有大面积的炉渣堆积坑、大量呈玻璃状的炼渣堆积。陶器主要有罐、釜、盆、壶、豆等，炉前坑内遗物大部分为板瓦、筒瓦、带"∞"图案的小砖，背面均印有布纹。

2. 几点认识

（1）从炉前坑的遗物判断，一号炉的起始年代应在西汉中期或稍早，沿用至西汉晚期或东汉初。从整个鲁山南关冶铁遗址的情况看，贺楼这一区域应是以该炉为中心的冶炼区。鲁山在汉代属南阳郡，因而，这里应是属南阳郡管理的一处铁官。

（2）夯土基础和炉缸基床是整个系统的基础，处理极为严格，夯打坚实。不但要承重，还要耐高温，因而，炉缸基槽向下分层内收，以利承重。基槽用耐火材料土夯填，用于耐高温，成分为红褐色黏土掺和石英与砂石粒和木炭颗粒。

（3）炉缸的改建痕迹显示了当时的工匠对冶炼规律的认识与实施过程。炉前坑内大积铁的存在，也从另一方面证明了改建的确定性。

（4）炉后系统遗迹，是汉代冶铁遗址的首次发现。其用途可能是架设鼓风器具（橐）的基架。

（5）炉侧坑也是首次发现的，由于其距炉缸基床太近，又存在供上下的台阶，所以，其性质难以判明。

（6）炉前排渣沟也是首次发现，说明当时出铁与排渣已分开进行，这样有助于提高工作效率。

3. 技术研究①

鲁山望城岗冶铁遗址一号炉及其相关遗迹的发掘是继 20 世纪 70 年代郑州古荥镇汉代冶铁遗址后又一重大发现。为了了解该遗址所反映的技术水平，陈建立等选择了部分遗物，包括铁器残片、炉渣、矿石和炉壁等进行了金相组织、元素组成和 ^{14}C 年代测定等分析。

取得 9 件铁器样品中有 7 件铁器、1 件炉渣和 1 件矿石，检测在日本国立历史民俗博物馆完成，所用的扫描电镜为日本电子 JEOM-850 型，能谱仪为飞利浦 PV9550 型。9 件样品的名称，出土地点及其显微组织（金相或二次电子像）如表 8-3-13 所示。

① 陈建立等，河南鲁山望城岗冶铁遗址的技术研究，华夏考古，待刊出。

表 8 - 3 - 13　样品出土地点及显微组织

	登记号	样品名	样品来源	金相组织
1	7202	残铁器	2000CNW 北部 Ⅱ 区 B12 东北部炉壁残块堆积层内	锈蚀严重，无法辨明其材质
2	7203	残铁器	2000LLHTA7J1 底层	共晶白口铁组织，图 8 - 3 - 38 (a)
3	7204	耧铧	2000CNW 北部 Ⅱ 区 TD61/2：(1)	全部为珠光体组织，含碳量约为 0.8%，晶间有磷共晶组织存在，有硫化亚铁夹杂物较多，如图 8 - 3 - 38 (b)
4	7205	残铁器	2000LLHTA3J2 内	珠光体＋渗碳体组织，含碳量约为 1.4%，几乎没有夹杂物，图 8 - 3 - 38 (c)，为铸铁脱碳钢
5	7206	残铁器	2000LLHTA1 北 10 米	珠光体＋片状石墨的灰口铁组织，图 8 - 3 - 38 (d)
6	7207	积铁块	2000LNW 北部 Ⅱ 区	锈蚀严重，但从锈蚀结构中可看出是过共晶白口铁组织，图 8 - 3 - 38 (e)
7	7208	残铁器	2000LNW 北部 Ⅲ 区 J3 内（汉代）	锈蚀严重，不能判定其组织，图 8 - 3 - 38 (f)
8	7215	炼渣	TB10 北隔梁下铁渣层	呈玻璃态，熔点比较低，有铁颗粒
9	7224	矿石	2000LNW 北部 Ⅱ 区 TB2J2 底层	为褐铁矿

　　为了确定该遗址的年代，更好地了解当时的冶铁水平，利用铁器样品中所含有的碳素进行 ^{14}C 年代测定，陈建立选择 2 件样品即 7204 耧铧、7203 残铁器利用 AMS 法进行测年。他处理样品的程序是首先将铁器表面的锈蚀去除，然后将剩余的金属清洗，之后用钳子或小钻将金属破碎成小于 4 毫米的小块并再次清洗，干燥后按照样品的碳含量称取一定量的样品，与氧化铜及脱硫剂混合密封于 6 毫米的石英管，在 850℃ 加热 3 小时，使铁器中的碳变为 CO_2，利用冷阱对 CO_2 进行纯化，以去除其他气体，最后利用氢气作为还原剂，铁粉为催化剂，将 CO_2 制成 1.5 毫克左右的石墨，在加速器质谱仪上测定碳的同位素比值进行年代测定。其中铁器中碳元素的收集、精制及还原在日本国立历史民俗博物馆完成，AMS 测定工作在东京大学原子力研究中心进行。

　　在利用 ^{14}C 浓度计算年代时，采用 ^{14}C 的半衰期为 5568 年，1950 年为纪年起点，误差为 1 个标准方差。计算结果表明，样品 7203 残铁器的 ^{14}C 年代为 1871±34 （BP），利用国际标准的树轮年代校正曲线 INTCAL98 校正后的绝对年代为公元 80～240 （95.7%）。这个结果与考古学的结论一致。7204 犁铧中的碳经过精制和石墨化以后利用 AMS 进行测定，确定其为死碳，无法计算其年代。7203 残铁器的金相组织是共晶白口铁，其中分布有较多的硫化亚铁夹杂物，晶间有磷共晶 [图 8 - 3 - 38 (a)]。这件残铁器有可能是宋代用煤炼铁的制品。

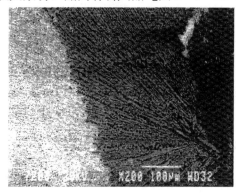 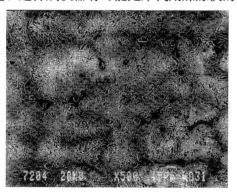

　　　(a) 7203 残铁器　共晶白口铁组织　　　　　　(b) 7204 耧铧　珠光体组织及硫体化亚铁

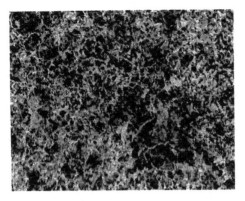

(c) 7205 残铁器　珠光体及渗碳体组织×200

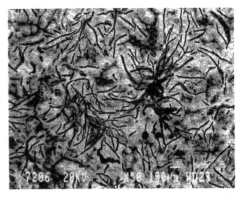

(d) 7206 残铁器　灰口铁组织的二次电子像

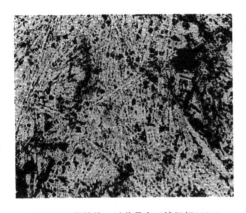

(e) 7207 积铁块　过共晶白口铁组织×100

(f) 7208 残铁器　锈蚀产物及夹杂物

图 8-3-38　望城岗遗址出土部分铁器的金相组织

第四节　从铁器的金属学研究看中国古代

东北地区铁器和冶铁业的发展[①]

中国东北地区，包括辽宁、吉林、黑龙江三省和内蒙古的一部分，位于东北亚的中心区域，在亚洲以至世界上都占有优越的地理条件，历史上的肃慎、乌桓、鲜卑、高句丽、室韦、靺鞨、女真和满等民族，都生息繁衍在这块土地上，对中国及东亚古代历史的发展起到重要的作用，所以说东北地区又是东北亚各种文化交流、融合的地区。在战国秦汉以后，中国发达的冶铁和锻造技术经过这个地区和朝鲜半岛传到日本，对朝鲜半岛和日本的经济、军事、文化和科学的发展，社会制度的更替与进步，都起到了极为重要的作用，所以铁器文化的传播与交流问题亦是东亚文化交流研究的重要课题之一。到目前为止，多位学者已经从考古学方面论述了该地区铁器和冶铁业的发展和交流状况，得出有关东北亚地区古代铁器文化

---

① 陈建立、韩汝玢，从铁器的金属学研究看中国古代东北地区铁器和冶铁业的发展，北方文物，2005，（1）：17～28。

的交流和传播规律的一系列重要的结论[①]，本节主要依据出土铁器的科学鉴定结果来讨论中国东北地区的铁器和冶铁业的发展，从技术层面探讨铁器和冶铁技术在东北地区的使用、传播、交流和发展等诸问题。

一　东北地区出土的早期铁器

由于历史文献上对东北地区的各民族记载不详，地望不清，对发掘的遗迹及墓葬的族属认识亦不统一，所以在下面的讨论中以现在的行政区域划分为主。到目前为止，东北地区出土汉代以前铁器的遗址有40余处，其分布见图8-4-1。

燕国是商周时期活跃于河北中部以北及东北地区南部的一个重要势力，对东北地区的发展有着重要的影响。自19世纪末以来，河北易县燕下都遗址不断有大批文物出土，为研究燕国的政治、经济和文化的发展提供了重要的资料。该遗址及墓葬出土了大量战国时期铁器制品[②]（图8-4-2），河北兴隆县寿王坟出土了86件战国时期铸铁范[③]，另外隆化县、承德头沟村、滦平燕国城址[④]和抚宁荣庄[⑤]、天津的巨葛庄和贝岗[⑥]等遗址亦出土较多数量的战国铁器，说明当时的中国北方居民，特别是燕国的钢铁技术已经达到较高水平。

70年代发掘的内蒙古敖汉旗老虎山遗址中发现了许多战国时期的铁器与大量燕国刀币，铁器中的钁、斧、锄、镰、掐刀与辽宁抚顺莲花堡遗址出土的形制完全一致[⑦]（图8-4-3）。内蒙古奈曼旗的沙巴营子古城遗址，在1973～1974年进行了钻探与清理发掘，出土两千余件燕、秦、汉代遗物[⑧]。其中1973年的发掘，即出土各种铁制生产工具达200多件。在发掘面积不大的战国晚期地层中，有数十件包括斧、锛、钁、锄等铁制工具与成束的铁铤铜镞，其器形完全与同时期辽宁地区出土的同类器形相似。而在西汉前期地层出土铁器的数量、种类与质地，又远远超过战国晚期地层。佟柱臣报道了在赤峰附近许多出战国铁器的遗址，有冷水塘城、上水泉城、蜘蛛山城和老爷廊村落遗址等，出土铁器有斧等[④]。

辽宁省宽甸满族自治县双山子（镇）[⑨]、锦州大泥洼[⑩]、锦西县（现葫芦岛市）乌金塘[⑪]、

① 潮见浩，东アジアの初期铁器文化，吉川弘文馆，1982年；
　川越哲志，弥生時代の铁器文化，雄山阁，1993年；
　王巍，东亚地区古代铁器及冶铁术的传播与交流，中国社会科学出版社，1999年；
　东潮，古代东アジアの铁と倭，溪水社，1999年；
　松井和幸，日本古代の铁文化，雄山阁，2001年。
② 河北省文物研究所，燕下都，文物出版社，1996年。
③ 郑绍宗，热河兴隆发现的战国生产工具铸范，考古通讯，1956，(1)：31～36。
④ 佟柱臣，考古学上汉代及汉以前的东北疆域，考古学报，1956，(1)：29～42。
⑤ 唐云明、冯秉其，抚宁县发现古遗址，文物，1958，(6)：71。
⑥ 天津市文化局考古发掘队，天津南郊巨葛庄战国遗址和墓葬，考古，1965，(1)：13～16。
⑦ 敖汉旗文化馆，敖汉旗老虎山遗址出土秦代铁权和战国铁器，考古，1976，(5)：335、336。
⑧ 华泉，评奥克拉德尼可夫关于螺旋纹、犁耕和铁的谬论，文物，1977，(8)：35～41。
⑨ 许玉林，辽宁宽甸发现战国时期燕国的明刀钱和铁农具，文物资料丛刊，1980，(3)：125～129。
⑩ 刘谦，锦州市大泥洼遗址调查记，考古通讯，1955，(4)：32～34。
⑪ 锦州市博物馆，辽宁锦州乌金塘东周墓调查记，考古，1960，(5)：7～9。

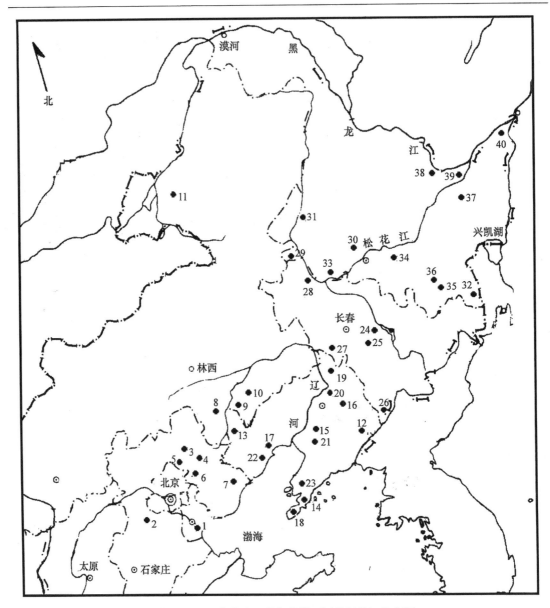

图 8 - 4 - 1　东北地区早期铁器（汉代以前）分布图

1. 天津巨葛庄、贝岗；2. 易县燕下都；3. 隆化县；4. 承德；5. 滦平燕国城址；6. 兴隆寿王坟；7. 抚宁县荣庄；8. 赤峰；9. 敖汉旗老虎山；10. 奈曼旗沙巴营子；11. 陈巴尔虎旗完工墓地；12. 宽甸县双山子；13. 建平县喀喇沁河东；14. 旅大南山里、牧羊城；15. 鞍山羊草庄；16. 抚顺莲花堡；17. 锦州大泥洼、营盘；18. 旅顺楼上、后牧城驿；19. 昌图县翟家村；20. 铁岭邱台遗址；21. 海城；22. 锦西乌金塘、邰集屯；23. 复县大岭屯城；24. 吉林市山咀子1号棺；25. 吉林桦甸；26. 集安国内城等遗址；27. 梨树县二龙湖古城；28. 大安汉书遗址；29. 泰来平洋墓地；30. 肇东东八里、哈土岗子；31. 齐齐哈尔市三家子墓地；32. 东宁县团结村；33. 肇源小拉哈遗址；34. 宾县庆华遗址；35. 宁安东康、东升；36. 海林县东兴遗址；37. 双鸭山滚兔岭；38. 绥滨同仁遗址等；39. 萝北团结遗址；40. 抚远东辉遗址

1～7. 战国；8～11. 战国至汉；12～23. 战国中晚期至西汉；24～28. 战国至汉；29～40. 战国至汉

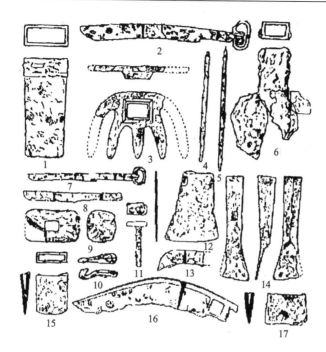

图8-4-2　河北易县燕下都遗址出土铁器

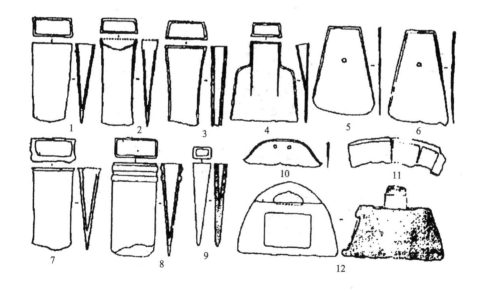

图8-4-3　内蒙古敖汉旗老虎山遗址出土铁器

建平县喀喇沁河东聚落遗址[①]、旅顺（现大连市旅顺口区）后牧城驿、抚顺市莲花堡[②]（图8-4-4）等战国中晚期墓葬和遗址均出土与中原地区的战国时期同类型铁器相似的铁器，有的还共出土刀钱。辽宁战国时期铁器分布如此普遍，说明了当时生产力发展到较高的程

---

① 辽宁省博物馆文物工作队、朝阳地区博物馆文物组，辽宁建平县喀喇沁河东遗址试掘简报，考古，1983，(11)：975～981。

② 王增新，辽宁抚顺市莲花堡遗址发掘简报，考古，1964，(6)：286～293。

度。佟柱臣指出：兴隆出土的镰、锄、车具等铁范，鞍山羊草庄村落遗址出土的铲、锸、锄、镬、镰，海城出土的铁镰以及河北省栾平县、大岭屯城、牧羊城、冷水塘等地出土的铁斧，皆与河南辉县出土的铁镬、铁锄、铁铲，洛阳出土的铁锸，没有多大差别①。其他地方如旅顺（现大连市旅顺口区）楼上②、昌图县翟家村③、铁岭邱台遗址④、锦州营盘⑤、锦西（现葫芦岛市）邰集屯小荒地⑥（图 8-4-5）等地也出土有铁器。值得注意的是，这些遗址大部分有战国时期燕国刀币出土。

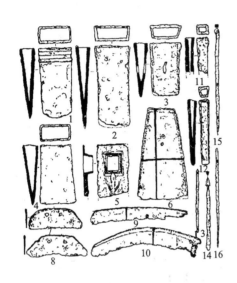

图 8-4-4　抚顺市莲花堡出土铁器

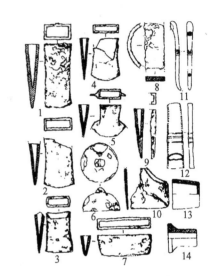

图 8-4-5　锦西邰集屯小荒地出土铁器

　　考古资料表明，战国时期燕、赵势力已经直接达到吉林中南部地区和西部地区，如梨树县二龙湖古城，是吉林省首次发现的战国古城，也是目前所知地理位置最偏北的一座战国古城，为战国时期燕国的北界树立了明确的坐标，出土的铁器有铸造镬和锻造镰、刀、马镳等⑦（图 8-4-6）。大安市汉书遗址出土器物中不但有较多的汉式铁斧、铁刀和铁锥，而且发现有大量铸造矛、镞、鱼钩、扣、马蹄形牌饰、护心镜等器物用的陶范，^{14}C 测定为距今 2380±100 年⑧。吉林桦甸市西荒山屯战国晚期至西汉初期的 7 座竖穴石棺墓中，除 M5 外，6 座墓葬出土铁锛、镰和刀等 12 件，与燕下都的典型器一致⑨。吉林省出土的汉代铁器已经比较普遍。

　　考古工作者一般将黑龙江铁器文化分为松嫩平原、牡丹江及绥芬河流域地区和三江平原

　　① 佟柱臣，考古学上汉代及汉以前的东北疆域，考古学报，1956，（1）：29～42。
　　② 旅顺博物馆，旅顺口区后牧城驿战国墓清理，考古，1960，（8）：12～17。
　　③ 裴耀军，辽宁昌图县发现中国汉代青铜器及铁器，考古，1989，（4）：375、376。
　　④ 铁岭市文物管理办公室，辽宁铁岭市邱台遗址试掘简报，考古，1996，（2）：36～51。
　　⑤ 阎宾海，辽宁省五年来发现很多古墓葬与历史文物，文物参考资料，1954，（2）：92～94。
　　⑥ 吉林大学考古学系、辽宁省文物考古研究所，辽宁锦西市邰集屯小荒地秦汉古城址试掘简报，考古学集刊（11），中国大百科全书出版社，1997 年，第 130～153 页。
　　⑦ 四平地区博物馆、吉林大学历史系考古专业，吉林省梨树县二龙湖古城址调查简报，考古，1988，（6）：507～512。
　　⑧ 吉林省文物考古研究所，吉林省文物考古五十年，见：新中国考古五十年，文物出版社，1999，第 108～124 页。
　　⑨ 吉林省文物工作队、吉林市博物馆，吉林桦甸西荒山屯青铜短剑墓，东北考古与历史，1982，（1）：141～153。

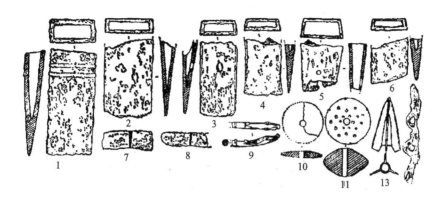

图8-4-6　吉林梨树县二龙湖古城遗址出土铁器

地区①。松嫩平原地区是黑龙江铁器出现最早的地区，年代约相当于中原的春秋晚期，如肇源小拉哈②、肇东哈土岗③、泰来平洋砖厂和战斗两处墓地④、齐齐哈尔大道三家子墓地⑤和宾县庆华遗址⑥均出土有小件锻造铁器。牡丹江及绥芬河流域地区的早期铁器出现于战国晚期，主要早期铁器遗址有东宁县大肚川镇团结遗址（公元前5世纪至公元1世纪)⑦、宁安东康遗址（西汉初年到东汉初年)⑧、东升遗址⑨和海林市东兴遗址⑩，出土铁器也多为小件锻造制品。而三江平原地区则直到西汉时期才发现铁器，多属于小型器，并多为武器和工具。该地区早期铁器遗存主要有双鸭山市滚兔岭⑪、蜿蜒河⑫和绥滨同仁、三号、四十连及萝北县团结镇⑬、抚远东辉等。

二　东北地区出土铁器的金属学研究

相对考古学的研究，对于东北地区出土铁器的金属学研究虽没有充分展开，但由于该地区的冶金发展史具有重要的学术价值，已引起众多学者的重视。随着对河北易县燕下都、吉

---

① 黑龙江省文物管理局，黑龙江省考古五十年，见：新中国考古五十年，文物出版社，1995年，第125～137页；张伟，松嫩平原早期铁器的发现与研究，北方文物，1997，（1）：13～18。

② 黑龙江省文物考古研究所、吉林大学考古学系，黑龙江省肇源县小拉哈遗址发掘报告，考古学报，1998，（1）：61～101。

③ 黑龙江省文物考古研究所、吉林大学北方考古研究室：黑龙江省肇东县哈土岗子遗址试掘简报，北方文物，1988，（3）：2～4。

④ 杨志军等，平洋墓葬，文物出版社，1990年；杨志军等，平洋墓葬研究，北方文物，1996，（4）：62。

⑤ 黑龙江省博物馆、齐齐哈尔市文管站，齐齐哈尔大道三家子墓葬清理，考古，1988，（12）：1090～1108。

⑥ 黑龙江省文物考古研究所，黑龙江宾县庆华遗址发掘简报，考古，1988，（7）：592～600。

⑦ 贾伟明，论团结文化的类型、分期及相关问题，考古与文物，1985，（2）：397～417；林沄：论团结文化，见：林沄学术文集，中国大百科出版社，1998年。

⑧ 黑龙江省博物馆考古部、哈尔滨师范学院历史系，宁安县东康遗址第二次发掘记，黑龙江文物丛刊，1983，（3）：42～47。

⑨ 黑龙江省文物考古工作队，宁安县镜泊湖地区文物普查，黑龙江文物丛刊，1983，（3）。

⑩ 李砚铁，黑龙江省发现早期铁器时代村落遗址，北方文物，1994，（3）：126。

⑪ 黑龙江省文物考古研究所，黑龙江省双鸭山市滚兔岭遗址发掘报告，北方文物，1995（2）。

⑫ 谭英杰等，黑龙江区域考古学，中国社会科学出版社，1995年。

⑬ 黑龙江省文物考古研究所，黑龙江萝北县团结墓葬发掘，考古，1989，（8）：719～726。

林榆树市老河深和辽宁北票市喇嘛洞墓地等遗址出土铁器的金属组织和制作技术研究的完成，为讨论东北地区铁器的制作技术提供了条件。

燕下都遗址出土 42 件战国铁器和 1 件汉代铁器的检验结果表明[1]，这些战国铁器中发现有白口铸铁、灰口铸铁、韧性铸铁、块炼渗碳钢、铸铁脱碳钢和熟铁等材质，并发现了 2 件兵器经过了淬火处理，这是中国最早的淬火工艺的实例。从铁器类型上看，14 件农具都是铸造成形的，6 件工具除 1 件不详外，其余 5 件也都是铸造成形的。19 件兵器中有 8 件是铸造制品，其余 11 件剑、戟、镞和甲片都是锻造制品。1 件汉代铁削经检验为含碳量不同的钢板材叠合锻打制成的。1953 年河北兴隆出土大批铁范，其中锛、斧、凿各范都有“左廪”铸铭，据此可知该处为燕国官营冶铸作坊，所铸器件以铁农具为主，对其中一件斧芯检测，发现铁范材质为过共晶白口铁，碳含量为 4.45%[2]。由此可见，需要批量生产的农具和工具均为铸造制成，需要保证机械性能的兵器采用钢材锻打而成，这体现了燕国铁器制作技术的进步。

1980 年夏在内蒙古呼伦贝尔鄂伦春自治旗阿里河镇西北 10 公里大兴安岭东麓丛山密林中的嘎仙洞里，发现了北魏太平真君四年（443），魏太武帝拓跋焘派遣中书侍郎李敞等来此致祭时所刻的祝文，证明了嘎仙洞即拓跋鲜卑的“旧墟石室”，亦即“魏先局之幽都”，解决了拓跋鲜卑发源地和大鲜卑山方位之争，洞中出土有铜、铁器等[3]。黑龙江省冶金研究所对这些铁器进行了成分和金相分析[4]，发现长刀的金相组织为在靠近刀刃和中间部位组织为铁素体，基体上有粒状碳化物，刀背的边缘部分有向内延伸的连续地碳化物组织，有类似成分偏析的状态。在残铁刀的金相分析中看到有魏氏组织或网状的渗碳体，比长铁刀的硬度高，含碳量也高，化学分析表明其含铁量为 98.56%、碳 0.41%、硫 0.06%、锰 0.04%。鉴定者认为嘎仙洞出土的铁刀所用原料可能为块炼铁和渗碳钢。

老河深遗址位于吉林省北部榆树、舒兰、德惠三市交界之处，地处松嫩平原。该遗址发掘面积为 5790 平方米，共清理出下层西团山时期房址两处，中层汉代墓葬 129 座，上层隋唐时期的鞑鞨墓葬 37 座，其中中层汉代墓葬共出土金属文物 1790 件，韩汝玢对其中的铁制生产工具、生活用具和兵器，如镬、镰、锸、凿、刀、锥、剑和矛等计 16 种 25 件进行了金相分析[5]。发现这批生产工具绝大多数有使用痕迹，铁农具的形制、材质与制作方法与中原地区相同，即由生铁、铸铁脱碳钢（图 8-4-7）和炒钢（图 8-4-8）制作而成，未发现明显的地区特征。小铁刀和铁锥等器物夹杂物数量多，含碳量不均匀，刃口未经淬火处理，并出现因含碳量不均匀而明显分层现象，有的铁刀质地较软，有的铁刀中心含碳量高而刃口碳含量较低，这些情况表明，铁刀、铁锥制造质量欠佳，不宜作实用器。同时这批铁器所采

① 北京钢铁学院压力加工专业，易县燕下都 44 号墓葬铁器金相考察初步报告，考古，1975，（4）：228～248；李众：中国封建社会前期钢铁冶炼技术发展的探讨，考古学报，1975，（2）：1～20；李仲达等，燕下都铁器金相考察初步，见：燕下都，附录一，文物出版社，1996 年。

② 杨根、凌业勤，兴隆铁范的科学考察，文物，1960，（2）：20、21。

③ 呼伦贝尔盟文物管理站，鄂伦春自治旗嘎仙洞遗址 1980 年清理简报，见：内蒙古文物考古文集第二辑，中国大百科全书出版社，1997 年。

④ 曹熙，从嘎仙洞出土铜铁器研究中初探黑龙江地区古代冶金史，见：东北古代科技史论文汇编，陶炎、孙进已等编，内部资料，1987 年，1987 年。

⑤ 韩汝玢，吉林榆树老河深鲜卑墓葬出土金属文物的研究，见：榆树老河深，吉林省文物考古研究所编，文物出版社，1987 年，第 146～156 页。

用的炒钢原料，可能取自中原，再经地方部族的手工业作坊进行二次加工而成。检验的铁兵器有 6 种 11 件，金相组织显示含碳均匀，晶粒较细，夹杂物较少，质量较好，制作技术较为成熟，有的还采用了淬火技术。值得注意的是，检验发现两件样品采用了贴钢工艺（图 8-4-9）。所谓贴钢，是在刀具刃口部位锻焊上一块硬度较高的钢材（中碳或高碳钢），以使刃口锋利耐用，本体钢使用低碳钢或熟铁制成。这是中国迄今为止出土最早的贴钢制品。

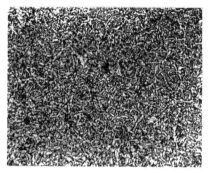

图 8-4-7　榆树老河深遗址出土镢
M41:6 铸铁脱碳钢组织

图 8-4-8　榆树老河深遗址
出土炒钢制品组织

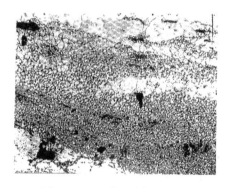

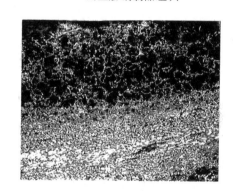

图 8-4-9　吉林榆树老河深遗址出土直背环首刀 M115:10 贴钢制品的组织

　　作为中国历史上第一个从森林走向草原，又从草原走向中原并在中原建立政权的民族，鲜卑在中国历史上占有重要的地位。北票喇嘛洞墓地即为十六国时期鲜卑族遗存，时代约为公元 3 世纪末至 4 世纪中叶。整个墓地规模较大，大型墓较少，大部分为小型墓，但是每座墓均出土铁器，无一例外。为了解当时该地区的钢铁技术发展水平，陈建立等对选自 18 座墓葬中具有一定代表性的 32 件铁器进行实验研究[1]，发现有白口铁（图 8-4-10）、黑心韧性铸铁（图 8-4-11）、铸铁脱碳钢（图 8-4-12）、炒钢（图 8-4-13）和可能为灌钢（图 8-4-14）的制品，其中经过冷加工的 2 件（图 8-4-15）。与吉林榆树市老河深等早期铁器相比，质量有了一定的提高，铁器质量达到较高水平。辽宁北票市喇嘛洞墓地出土的一件长板状铁器的样品可能是一件板材，经鉴定为炒钢制品。

　　① 北京科技大学冶金与材料史研究所、辽宁省文物考古研究所，北票喇嘛洞三燕文化墓地出土铁器的金相实验研究，文物，2001，(12)：71～79。

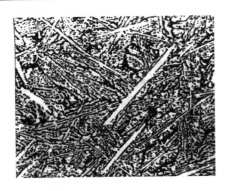

图 8-4-10　锸 7134（M20:4）

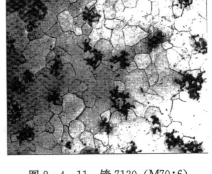

图 8-4-11　锛 7130（M70:6）

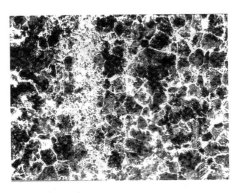

图 8-4-12　镰 7138（M118:5）

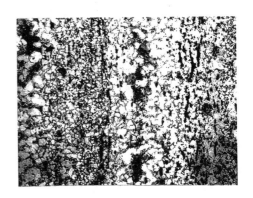

图 8-4-13　板 7101（M4:49）

　　黑龙江东康遗址出土 3 件铁器（西汉初年到东汉初年），其中一件铁器经杜茆运鉴定为含碳量较低的熟铁，可能为块炼铁制品，并且该遗址出土的陶器、石器和骨器有较为特殊的文化面貌，除部分有孔石器和石镰外，受中原的影响较小[①]。另外公元 6 世纪的黑龙江萝北团结墓地出土铁器经鉴定有炒钢制品[②]，并且从器形上看受中原地区影响日益加深，说明该地区铁器和冶铁技术已经在中原的影响下有较大程度的发展。

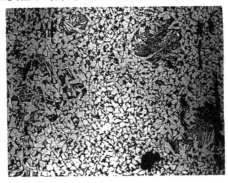

图 8-4-14　矛 7121（M322:16）

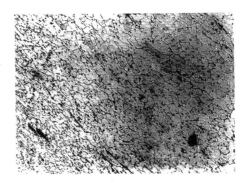

图 8-4-15　凿 7140（M219:48）

　　① 黑龙江省博物馆考古部、哈尔滨师范学院历史系，宁安县东康遗址第二次发掘记，黑龙江文物丛刊，1983，(3)。

　　② 黑龙江省文物考古研究所，黑龙江萝北县团结墓葬发掘，考古，1989，(8):719~726。

黑龙江阿城县小岭地区金代冶铁遗址的调查和清理工作，反映了当时的冶炼工艺[①]。该遗址发现矿井 10 余座和 50 余处炼铁遗存，出土有铁矿石，采矿用具及炼铁炉渣，没有发现有关铸造遗物，说明冶铁和铸造是分开的，但是有关金属学的研究工作还未见报道。

三 古代东北地区铁器的使用和发展

从东北地区出土铁器的年代可以初步看出，河北北部出土铁器一般早于内蒙古和东北地区。内蒙古及东北地区早期铁器的出现一般在春秋晚期以后，出土铁器年代最早的是泰来平洋砖厂墓地，其中 M140 棺木经 ^{14}C 测定，距今 2385 ± 70 年（公元前 435 ± 70），经树轮校正以后，距今 2410 ± 80 年，约相当于公元前 460 年，在该墓出土 1 件铁削和 2 件铁管。吉林和辽宁地区最早的铁器出现于战国早期以后，略比平洋墓葬出现晚。东北地区出土公元前5 世纪以前的铁器较少。

从出土铁器的种类和数量上看，在地理位置上越是靠近中原地区出土铁农具较多，而其他地方铁兵器的数量比农具和工具的数量多。辽西地区的鲜卑族墓地出土铁器情况反映出这种情况，从数量上看，经初步整理的辽宁北票市喇嘛洞墓地 16 座墓葬中出土铁器 186 件，其中生产工具 70 件、兵器 51 件、马具 25 件、日用品和其他用具 40 件，说明当时的鲜卑地区的铁器在生产工具和兵器中业已得到普遍的使用。M266 是该墓地发掘中所见规格最大、随葬品最多的一座，其典型性和代表性当属首屈。墓中出土铁刀（1 件）、剑（1 件）、矛（2件）和铁镞等四种铁制兵器，而铁制农、工具则有犁铧、犁镜、犁壁、斧、穿、锸、铡刀、凿和镰等多种，并且放置位置有一定规律。表现出当时鲜卑族对铁制农、工具的重视，同时也表明鲜卑族在农业方面有了较大的发展。吉林、黑龙江地区的早期铁器大部分为小件的削、镞和饰件等，工、农具发现较少，两省出土早期铁器共有 95 件，其中铁削有 20 件、管饰和泡饰 36 件、镞 15 件、斧 8 件，而铁锸和镰只有 3 件等，说明吉林、黑龙江地区与河北、辽宁地区在铁器的使用方面是有差别的。

从出土铁器的形制上看，东北地区铁器亦受到中原地区的强烈影响。在辽宁省抚顺市莲花堡、宽甸满族自治县、锦州市大泥洼、旅顺口区后牧城驿和内蒙古敖汉旗老虎山、赤峰蜘蛛山及吉林省梨树市二龙湖、吉林市学古东山均出土了战国晚期至汉代初期的与中原地区形制相同的铁器，并同出燕国刀币，说明燕国的铁器及其制造业不仅在燕国的中心地区得到较快的发展，而且随着燕国势力范围的扩展，而传播至东北地区。

从材质及制作工艺看，东北地区铁器的发展亦与时间和地域有关，即远离中原地区的冶铁技术与中原相比是有相当差距的，而靠近中原的地区与中原的差距较小。河北易县燕下都遗址和兴隆出土的大批铁器和铁范所反映的材质和制作技术，表明铁器和冶铁业已有较大规模的发展。平洋文化墓地出土铁器表明早在春秋晚期铁器加工业已经开始兴起，虽然铁器的数量不如铜器，但作为生产工具或兵器的铁镞和铁刀的数量超过铜刀和铜镞，说明在生产领域铁器已经开始取代铜器。出土两件骨铤铁镞，铁质镞身的下部镶嵌在骨铤上端的凹槽内，其中一件身铤交界处残存缠绕加固用的细绳痕迹。M140 墓中出土了铁削和铁管饰，铁管饰的壁厚仅 1～2 毫米，器形简单，这种铁管形饰在古代钢铁制品中不多见。黑龙江东康遗址

出土的块炼铁制品说明西汉时期东北地区的冶铁业还处于初期阶段。从西汉汉武帝至昭帝时期的辽宁西丰西岔沟墓葬群出土器物情况看，铁器主要是镬、斧、锛和剑等，并且能在铁剑上加铸铜柄，剑身折断了又重新焊接上，把一种兵器改锻为另一种兵器，把用坏的加工锻造为新兵器，说明了锻造技术的发达[①]。东汉时期的吉林榆树市老河深出现了两种铁器工艺并存的现象，农、工具大都是用生铁铸造而成，而兵器等主要采用锻打制成，并有可能使用了来自中原的炒钢原材料。嘎仙洞虽然是拓跋鲜卑的早期遗存，但是出土的铁器却是北魏时期的块炼铁制品，说明当时东北地区的铁器的使用还处于不平衡时期。北票市喇嘛洞墓地出土铁器的检验结果则说明多种钢铁材质和制作工艺已经得到广泛地应用，表明东北地区在公元4世纪时期制作铁器的技术已达到较高阶段。

经鉴定的榆树市老河深和北票市喇嘛洞墓地出土生产用农、工具有斧、凿、穿、镰、锛、铲、锸和犁铧等，材质有铸铁脱碳钢、炒钢、韧性铸铁、脱碳铸铁、白口铁等。喇嘛洞出土铁制生产工具，特别是农具种类齐全，数量较多，铁器得到广泛使用，反映了在当时社会生产中农耕占有具有重要的经济地位。铁农具的广泛使用和质量的提高，有力地促进了农业的发展。

这些墓葬出土的大量兵器，为研究东北地区的兵器制作工艺提供了新资料。刀和剑在出土铁器中占有相当数量，保存较完整，老河深墓地铜柄铁剑独具特色，而喇嘛洞墓地铁剑在形制上与中原地区已经没有差别，有的长达1.3米。喇嘛洞墓地铁兵器的制作技术已经较前者略为成熟，但二者均具有中原地区的深刻影响。喇嘛洞墓地3件铁剑和2件铁刀的鉴定结果表明均采用炒钢原料折叠锻打而成；4件矛中的2件采用了铸铁脱碳钢锻打制成，1件采用炒钢为原料锻打而成，而另1件则可能为灌钢制品；2件镞中1件为炒钢制品，另1件为韧性铸铁制品。鉴定结果表明当时的工匠可以用不同的方法制作出同样的器物，制作技术亦较为成熟。但是在这两处墓地出土铁器中，也发现了个别样品的缺陷是由于没有掌握好火候所至，表现出质量还不稳定，也没有发现有意识地经过淬火处理的样品。另外喇嘛洞有1件镞经鉴定为黑心韧性铸铁制品，质量是比较好的，其实对于消耗量很大的镞来说，没有必要在铸造完成以后再经退火处理。将质量好的实用兵器作为随葬品，一方面表明当地可能已经有了自己的冶铁和制造业，另一方面也说明鲜卑族对铁兵器生产和使用的重视，也是墓主人身份和地位的反映。自东汉时期鲜卑已经开始随葬铁制兵器，如矛、刀、镞、剑等，说明鲜卑在生活中，战争或狩猎是一项重要内容。而铁兵器作为随葬品大量出现，也说明鲜卑族是重视铁兵器制作的。

为了提高工具的使用性能，需要对工具的刃口部或端部进行进一步的处理工作。冷锻、淬火和复合材质的使用则是其反映。金相组织观察表明，东北地区出土铁器中有的样品经过了冷锻处理，有的则采用了夹钢和贴钢技术。榆树老河深中层文化墓葬出土的1件铁矛和1件直背环首刀的本体含碳量低，边部含碳量高，但是直背环首刀钢和本体钢锻合情况不好，出现氧化裂缝，矛的贴钢工艺制作质量较高。喇嘛洞墓地的1件凿经检验为夹钢制品，即在器具刃口部位夹贴上与本体钢不同的钢材，然后将其锻成器具的一种工艺，它利用不同材料的特性提高了器具的使用性能。北票喇嘛洞墓地出土的凿的含碳量是本体钢高，两部分钢材结合得比较好，表现出的技术较老河深铁器更加成熟。

---

① 孙守道，匈奴西岔沟文化古墓群的发现，文物，1960，(8、9)；25～36。

总之，东北地区铁器的使用和发展在时间上比中原地区要晚，经历了一个从开始出现小件块炼铁制品到利用生铁、韧性铸铁、铸铁脱碳钢和炒钢等多种先进技术制作复杂实用器具的发展过程，但是在总体上其规模较小，并且主要是与战争及狩猎活动相联系的器物，还没有引起农业经济的大规模发展，这是与其生活环境和生产状况相一致的，而农业的发展又是与当时中原地区的接触和交流有关，靠近中原地区的民族由于地理位置的原因则首先接受了先进的铁器制作技术，发展并创造出诸如辽西鲜卑聚居地区的亦农亦兵这种鲜明的民族特色文化。令人兴奋的是，在检验的东北地区出土铁器中，出现了诸如中国最早的贴钢和夹钢制品、可能为灌钢的制品和第一件具有砷偏析组织样品等多项中国冶金史上的首次发现，因此对该地区的冶金发展历程进行系统深入的研究是非常必要的。

四 东北地区铁器和冶铁业的交流与传播

东北地区铁器的使用和发展是在中原地区的影响下发展起来的。中国汉代钢铁技术先进、产量充足，中原地区有较多富裕的铁器，使汉王朝开发和巩固周边地区，实行限冶和供铁的政策，有了物资基础。《汉书·食货志》记载，"汉连出兵三岁，诛羌，灭两粤，番禺以西至蜀南者置初郡十七。……大农以均输调盐铁助赋，故能澹之"。说明汉武帝在西南地区新设的 17 个新郡，它们的铁器制品是靠南阳和汉中等铁官提供与调运的。考古学的研究也证实了这一点，在这些地区均出土有中原地区制作的铁器成品。虽然对于东北地区没有这种均输的记载，但是在辽东郡设有铁官则是当地已经有了冶铁管理机构，并在今朝鲜平壤（汉代乐浪郡属地）发现出土有"大河五"铭文的铁器，说明也可能存在官方向东北地区进行均输铁器成品的事例。目前考古尚未发现冶铁遗址，但在广泛的东北地区都出土有大量汉式铁器，说明了铁器的传播与交流在汉代已经开始，应是整个过程的最初阶段。

燕下都发现经渗碳钢板叠打而成的汉代铁削、辽宁朝阳崔遹墓出土 4 件铁板[1]、北票喇嘛洞墓地出土的 1 件长板状铁器则是铁器原材料和制作技术传播的实证。其中北票喇嘛洞板材经鉴定为炒钢制品，类似的板材在河南南阳、新郑和登封等冶铁遗址有较多出土，朝鲜半岛、日本和两广、四川、云贵等边远地区均出土有这种不同宽度的铁板材和不同直径、不同截面形状的条材等，标志着钢铁技术的传播与交流发展到一个较高阶段。板材和条材有铸铁脱碳钢板和炒钢锭两种，作为制作器具的原材料，它标志着一种新的炼钢方法的产生。在这个阶段，铁器输入地的人们已经掌握了钢铁材料的性能，能够将钢铁原材料通过锻打及其他热处理手段制作自己需要的器物了。

由以上研究表明在铁器和冶铁技术的传播与交流中，首先是铁器的传播与交流，其次是铁器原材料及制作技术的交流，最后是本地独自进行钢铁的冶炼和制造。遗憾的是，有关中国东北地区冶铁遗址的报道较少，对出土铁器的鉴定研究较少，还无法准确推断该地区钢铁冶炼技术发展的水平，期待这项重要工作进一步展开。

铁器和冶铁技术的传播与交流的动因是对先进技术的需求，战争是先进钢铁技术传播的重要途径之一。如公元前 301 年，齐相孟尝君田文曾联合韩魏攻楚，并取得了宛、叶以北地，而他们之所以要夺取这些地方，其中很重要的原因是因为宛是著名的冶铁之地。后来，

---

① 陈大为、李宇峰，辽宁朝阳后燕崔遹墓的发现，考古，1982，(3)：270~274。

秦又因为同样原因夺取了宛、邓两个韩国著名的冶铁手工业的重要地点[①]。据史书记载：西汉与匈奴打仗时，匈奴兵由于冶铁技术的落后和铁制兵器的短缺，只能使用青铜兵器，因而只能五个兵抵一个持有钢铁兵器和铠甲的汉朝士兵。后来匈奴人学习了汉人的钢铁冶铸技术，提高到三抵一。铁器在东北地区的传播与交流亦是如此，中原政权与匈奴、乌桓、鲜卑和高句丽的接触中，尤其是 4 世纪初到 5 世纪前半叶，东北地区的铁器文化的传播与交流规模亦是空前的。北票喇嘛洞墓地 16 座墓葬中出土铁器 186 件，有兵器 51 件、马具 25 件，说明当时的慕容鲜卑铁制兵器应用的广泛性，从技术上看，对鉴定的铁刀、剑、矛和镞等 11 件铁兵器的材质有黑心韧性铸铁、铸铁脱碳钢和炒钢等不同品种，多数兵器质量达到较高水平，说明鲜卑族对于兵器制作的重视。

战争不仅能够直接得到先进的铁器制品，还能够得到掌握先进技术的人才，人才的迁徙与移动才是钢铁技术传播与交流的最有效方式。历史上多次中原地区与边远地区的大规模移民活动则加速了技术的传播过程，同时人力资源也是古代统治者争夺的对象。如匈奴之所以大量掠夺汉人，收容汉朝逃亡、降人、俘虏，是出于两方面目的：一是为了增加人口；二是利用汉人的先进的生产技能和统治管理能力。东汉献帝初平年间（190～193），乌桓"承天下之乱，破幽州，掠有汉民合十余万户"，同时，"幽、冀吏人自动投奔乌桓者，亦有十余万户"。343 年，前燕慕容皝"掠徙幽冀三万余户"。北魏道武帝天兴元年（398），"春正月……徙山东六州民吏及徒何、高丽杂夷三十六万，百工伎巧十万余口，以充京师"。另外还迁移营丘、成周、凉州河东等地大批民众到鲜卑居住地区。在这些人当中，应当不乏通冶铸之术、习锻造之技的工匠，他们对该地区的农业、手工业和商业的发展都起到了促进作用。

民间及官方的商贸与馈赠等活动也是钢铁技术传播与交流的重要形式。中原农耕文明和北方草原地区接触地带设有专门的集市来满足双方的需要，东北地区的民族在此可以买到"精金良铁"，中原政府的赏赐也能够使东北地区获得一定数量的铁器制品。《后汉书·乌桓鲜卑列传》记载："自匈奴遁逃，鲜卑强盛，据其故地，称兵十万，才力劲健，意智益生。加以关塞不严，禁网多漏，精金良铁，皆为贼有"，"……得赏既多，不肯去，复欲以物买铁"；又载：乌桓"男子能做弓矢鞍勒，锻金铁为兵器"[②]。这些记载说明乌桓及鲜卑社会经济发展阶段还处于较低水平，生产、生活工具还依赖外地输入，尤其是铁器需要与汉人互市，反映出他们还没有发展出自己的冶铁业。另外，《汉书·匈奴传》载汉向匈奴呼韩邪单于赐"玉具剑"、"佩刀"、"戟"，《三国志·魏志·东夷传》载魏明帝赏赐给倭王卑弥呼"五尺刀二口"，亦是中原地区钢铁制品通过馈赠方式传至其他地区的证据。

从上面的讨论中可以看出，中国古代东北地区铁器的使用和发展是与居住其上的民族在与周边地区特别是中国中原地区的接触和交流中发展起来的，在这一过程中得到铁器或者铁器制造技术，接触并接受了中原地区先进的铁器文化，并创造出鲜明的民族特色文化，其铁器的制作工艺亦经历了从简单到复杂的过程，质量逐步得到提高。铁制工、农具、兵器的使用，对东北各民族的经济、军事发展起到较大的促进作用。由于目前尚未在本地区发现早期冶铁铸造遗址，进一步探索东北地区铁器和冶铁业的发展历程，需要考古学与冶金史、历史学工作者的密切合作。

---

① 杨宽，战国史，上海人民出版社，1980 年。
② 范晔，后汉书，卷 90，乌桓鲜卑传，中华书局，1954 年。

附记：古代韧性铸铁中的球状石墨

1. 古代韧性铸铁中球状石墨的发现

1974～1982年先后在河南古代铁器中鉴定出韧性铸铁组织中具有球化较好的铸铁器10余件，丘亮辉[1]、李京华[2]分别撰写了文章，在20世纪80年代初曾引起相关学者极大的兴趣和关注。现代球墨可锻铸铁是在铁水中加镁、稀土等球化剂后浇铸成白口铸铁坯件，然后经高温石墨化退火后获得球状石墨的可锻铸铁。古代不像现代有那么多检测仪器，并不知道铸铁器件中析出的石墨形状如何，但中国至迟于春秋后期在掌握了铸造生铁技术的基础上，不久即发现了生铁的退火技术，在生铁柔化过程中，除了生产出大量（石墨呈团絮状）韧性铸铁外，还生产出一小部分球状石墨韧性铸铁来。

古代韧性铸铁中的球墨（以下简称古代球墨）首先是在汉魏时期的铁器中发现的。1974年河南渑池出土窖藏铁范、农具、工具和兵器60多种，总重3500公斤，窖藏是公元四世纪以前铸铁作坊的一处仓库[3]。1975年，对其中24件进行金相检验和化学分析，在257号钺銎部发现球墨组织，数量不多，每平方厘米约30颗，直径约20微米，具有现代球墨铸铁中球墨的结构。铁钺的基体组织成分不均匀，大部分含碳0.6%～0.9%，表面含碳略低[4]。

1976年对铁生沟汉代冶铁遗址出土铁器金相检查中，发现石墨球化很好的铁镢（T4:1），组织结构完整，按一机部球墨铸铁标准评定球化率属一级[5]。球墨大部分呈单颗，也有两颗、三颗甚至四、五颗联在一起的。球墨直径小于50微米，分布不均匀，石墨之间偶有夹杂物存在。基体含碳不均匀，心部接近共析成分，局部地区碳含量有起伏；表面脱碳成铁素体，边部锈蚀层球墨仍然清晰可见，（图8-附-1）。

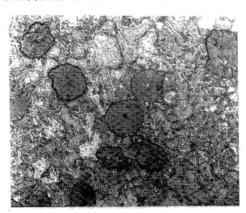

图8-附-1　铁生沟遗址出土镢T4:1及其金相组织和球状石墨

1979年，河南省文物队、中国自然科学史研究所与佛山球墨铸铁研究所合作，对渑池

---

① 丘亮辉，古代展性铸铁中的球墨，古代冶金技术国际学术讨论会交流论文1981年10月。
② 李京华，战国和汉代球墨可锻铸铁，第三届国际中国科史讨论会论文集，科学出版社1990年，第282页。
③ 渑池县文化馆、河南省博物馆，渑池县发现的窖藏铁器，文物，1976（8）:45～51。
④ 北京钢铁学院金属材料系中心化验室，河南渑池窖藏铁器检查报告，文物，1976（8）:52～58。
⑤ 赵青云等，巩县铁生沟汉代冶铁遗址再探讨，考古学报，1985，（2）:178。

汉魏铁器进行金相普查，发现了2件球化程度较好的铁器[①]。1件为渑池铁铲312号，上有"山"字铭文；另1件为"绛邑左"铲321号，它们的组织中均有较多的球状石墨。

1980年对铁生沟遗址出土铁器及古荥遗址出土的铁器进行金相检查，又发现5件具有球状石墨的古代铸铁，结果见表8-附-1。

表8-附-1

序号	器物名称	年代和出土地点	金相组织特点	备注
28	铁锛	汉铁生沟 T3：28	球墨分布在中心，直径20微米，基体为含碳不均匀的亚共析组织（图8-附-2）	刃部取样
210	一字锸	汉古荥 T7：5	石墨球化较好，平均直径25微米，双联球墨较多，多胞球墨偶见。基体为珠光体，边缘脱碳	刃部和边部取样，组织基本一致
23	铁镰	汉古荥采23	石墨球化较好，球径约20微米，有二、三、四联球墨，亚共析基体，边缘铁素体量增加（图8-附-3）	刃部取样
178	铁镰	汉古荥	球墨个数较少，约为上两样品的1/10，每个体积较大，直径为180～200微米，基体是珠光体，边缘脱碳（图8-附-4）	刃部取样
41	铁镰	汉古荥	球墨边缘不够平滑，数目较少，直径约60微米，基体为珠光体和铁素体，珠光体片间距达10微米，刃部球墨较少，直径约30微米，基体为未分解的莱氏体（图8-附-5）	銎部取样刃部取样

具有球墨的部分古代铸铁成分如下表所示。

序号	文物名称	C%	Si%	Mn%	S%	P%	备注
275	汉魏钺（渑池出土）	0.6～0.9	0.16	0.05	0.020	0.11	725所化学分析
23	汉铁镰（古荥出土）	1.79	0.14	0.05	0.050	未测	钢院中心化验室分析
0	汉铁镰（铁生沟出土）	1.98	0.16	0.04	0.048	0.29	首钢中心化验室分析

铁生沟出土铁镰经戚墅堰机车车辆制造厂光谱定性分析不含镁、稀土元素，有痕量Cr、V、Ni、Al、Mn、Cu、Ti等元素。冶金部有色金属研究总院电子探针室检测时，未观察到镁和稀土元素。古代球墨铁硅含量较低，锰硫比为0.8～2.5。

1982年，河南省文物研究所和郑州工学院合作，对新郑县仓城战国铁器进行了分析，发现板材和条材都有球状石墨，其中有1件的石墨特别圆整，再一次将中国球状石墨的韧性铸铁，出现的年代提到战国时期。

郑韩故城板材（郑韩25）长12厘米、宽0.4厘米、厚0.4厘米，一端经锻打，石墨球已变形成片状，另一端锻打轻微，有大量球状石墨，在500倍偏光下有明显的偏光效应。郑韩312条材，断面呈圆棒形，长约14、直径约1厘米，已折弯呈150°角，一端表面锈蚀严重，取样金相分析，基体为铁素体，其上分布有球状石墨，偏光效应好，图8-附-6。

---

① 关洪野等，两千年前有球状石墨的铸铁，球铁，1980，（2）。转引自：中原古代冶金技术研究，李京华著，中州古籍出版社，1994年，第181～185页。

图 8-附-2　铁生沟遗址出土镢 T3:28 组织中的球状石墨

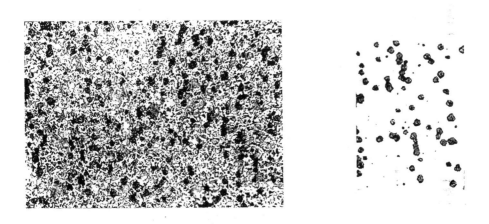

图 8-附-3　古荥遗址出土镢采 23 的金相组织和球状石墨

图 8-附-4　古荥遗址出土镢 178 组织中的球状石墨

　　1990 年在河南登封阳城铸铁遗址出土的铁器中又发现了一件时代为战国晚期具有球状石墨的韧性铸铁锄（YZH 采:42）。

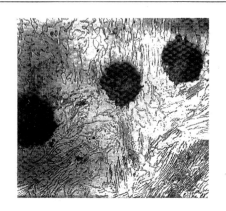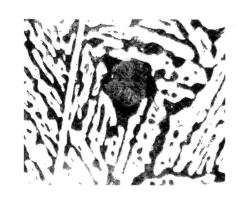

图 8-附-5　古荥遗址出土镢 41 金相组织及其球状石墨

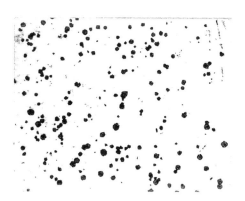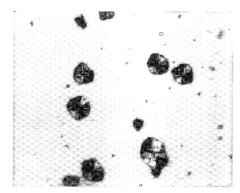

新郑 25-Ⅰ板材　　　　　　　　　　　　　新郑 25-Ⅱ板材偏克

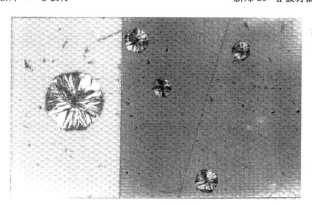

新郑 312-Ⅰ条材偏克

图 8-附-6　河南新郑出土战国时期板材、条材的球状石墨

2. 古代球墨的形成

在古代韧性铸铁中形成球状石墨的条件尚不完全清楚，从目前金相观察到的现象表明古代球墨是白口铁退火形成的，主要理由是：

（1）同一类产品具有韧性铸铁、灰口铁、铸铁脱碳钢，及具有球状石墨的铸铁等多种组织，都是铸铁件通过退火得到的产品。如古荥出土的 12 件铁器，经金相鉴定有球状石墨 3 件，团絮状石墨韧性铸铁 4 件，铸铁脱碳钢 2 件，灰口铁 3 件。并且具有球状石墨的铸铁器基体含碳量不均匀。如铁生沟铁镢基体含碳量分为 8 个不同的区域，而且一般表面都有脱碳层。

（2）从球墨的结构来看，无明显的一次和二次石墨的区别，表明球墨不是在铸造时形成，而是在退火过程中形成紧密排列的石墨球。

（3）有的铁器组织中有球状石墨，但其基体为未分解完的莱氏体组织，如古荥 41 号铁镢表面和銎部取样观察都有直径 60 微米的球墨，基体为片间距达 10 微米的珠光体。而刃部取样观察石墨球略小，仅 30 微米直径，表面为珠光体基体，心部是未分解的莱氏体基体。

（4）有些韧性铸铁和脱碳铸铁的铁器组织中部分出现球墨，铁生沟 T8·26 铁器的铁素体基体上分布一些直径约 50 微米的团块状石墨，T10·21 铁凿是具有部分球墨的韧性铸铁，球墨直径 20～30 微米，古荥 145 号铁铲是脱碳铸铁组织，在脱碳层和未分解的莱氏体层中均出现球状石墨，直径约 40 微米，但无明显的偏光效应；古荥 173 号铁镢具有直径约 200 微米的球墨，铁素体基体的晶粒间界上还有成排的小球墨，说明退火过程中球墨有的尚未长大。这种团絮状，团块状及球状石墨共存的事实，是铸铁件退火过程得到的又一证明。自现代球墨铸铁发明后有人曾经不断尝试在韧性铸铁中通过退火得到球状石墨，以提高铸铁的性能[①]。

斯坦等研究了形成可锻化初级球铁的条件[②]。这种可锻化球铁是把含硅 1.65%，Mn：S＝3 的试样进行硫化处理，使硫含量达到 0.40%，第一阶段退火在 940℃进行，温度下降到 840℃铸件在空气中冷却，然后重新加热到 857℃，保温 45 分钟，在油中淬火，600～730℃回火 1～19 小时，即可生产出预期的复合类型的球墨结构，以保证试样的机械性能。我国在 1960 年左右也在高硫展性铸铁中获得球状退火石墨，同球墨铸铁或古代球墨均不同，在长时间退火的样品中，除中心部分外球墨结构并不规整。没有连续的辐射状组织。迄今只有在实验室条件下，严格控制成分、退火气氛和温度，才在含硅 1%以上的高硫铸铁中得到比较完整的球墨。

3. 古代球墨的复制实验研究

根据古代球墨形成的初步分析采用古代及现代白口铁进行了退火成球的试验。首先将古代及现代白口铁废器物在碳管炉中重熔，铸成直径 5 毫米的试棒。

试棒化学成分如下表所示。

名　称	C%	Si%	Mn%	S%	P%	备　注
渑池白口铁	3.86	0.07	0.14	0.022	0.224	Mn：S＝6.4
古荥白口铁	4.60	0.25	0.39	0.059	0.200	Mn：S＝6.6
现代白口铁	3.29	1.27	0.35	0.200	0.177	Mn：S＝1.75

首先利用古荥汉代生铁进行模拟试验，研究其可能的退火工艺，退火温度的选择：

第一次在 780、800、820℃箱式电炉中退火 72 小时。白口铁共晶组织基本未变化。在钢屑保护下，脱碳层不到 1 毫米。

第二次在 850℃箱式电炉中退火，样品用沙子埋在坩埚内加以保护，经保温 386 小时只

①　Palmer S W, The Annealability of White Iron in the Manufacture of Malleable Iron, Proc. Inst. Brit. Foundry-men 1946～1947 Vol. 40, p. A64～A86.

②　Stein E M et al., Effects of Variations in Mn and S Contents and Mn-S Ratio Graphite Nodule Structure and Annealability of Malleable-Base Iron, Transactions of American Foundrymen's Society, 1970. Vol. 78, p. 345.

有部分渗碳体分解，部分试样出现团絮状石墨。

第三次在 RJX4-13 高温炉进行。试样未加保护，以每小时 25℃ 的速度加热到 400℃，保温 3 小时，接着继续以每小时 25℃ 的速度加热到 920℃，保温 1 小时以后边沿脱碳层 4～24 微米。3 小时以后有石墨析出。4 小时以后出现团絮状石墨，除中心有少量莱氏体共晶组织外，其余均是珠光体组织，边沿有少量铁素体组织。停炉以后进行金相分析，大部分样品析出了石墨，但莱氏体共晶组织仍未分解完。

第四次实验条件与第三次基本相同，工艺制度如下：

样品用耐火泥保护，内缠棉丝防止脱碳。

920℃ 保温 10 小时，试样出现团絮状石墨，和条状石墨，边沿珠光体层在 1 毫米以下。

920℃ 保温 20 小时，出现团絮状石墨，珠光体基体，边沿脱碳，中心残留莱氏体组织。

920℃ 保温 24 小时，出现团絮状石墨，菊花状石墨，珠光体基体，中心残留莱氏体量较少。

920℃ 保温 41 小时以后炉冷，试样金相组织特点如表 8-附-2。

表 8-附-2　金相组织类型与特点

试样编号	金相组织类型	金相组织特点
51	韧性铸铁	边沿出现菊花状石墨，中心石墨较少，过渡带石墨呈团块状，平均直径 20～40 微米，有偏光效应。高倍观察石墨边沿不光滑，个别成球较好，基体为铁素体和珠光体组织，中心仍为莱氏体共晶组织
52	氧化铁	样品全部氧化
53	铸铁脱碳钢	中心为珠光体组织，边沿 250 微米范围内为铁素体组织
54	韧性铸铁	团块状石墨，少量团絮状石墨，个别石墨呈球状，石墨直径 17～25 微米，在 400 倍视场下有 26 个石墨团。基体为珠光体和铁素体
55	韧性铸铁	菊花状石黑，中心有团块状石墨，100 倍视场下有 80 个石墨，基体为珠光体和铁素体组织。边部脱碳层 300 微米
56	韧性铸铁	团絮状石墨为主，中心有团块状石墨，边沿有条状石墨和蠕虫状石墨，石墨细小，分布均匀。中心是片间距粗大的珠光体组织，边部是铁素体组织
57	韧性铸铁	团块状石墨，有的呈球状，直径 9 微米左右，基体为铁素体和珠光体组织，含碳不均匀
58	韧性铸铁	菊花状石墨，个别为团块状，石墨长 4～10 微米，基体为铁素体组织，少量珠光体组织
59	韧性铸铁	少量石墨呈菊花状，有的呈团絮状，石墨细小均匀，基体为铁素体组织，少量珠光体组织
60	韧性铸铁	团块状石墨，个别球化较好，直径 15 微米左右。在 400 倍视场下有 25 个，有偏光效应，高倍观察石墨边沿清晰，基体为铁素体，少量珠光体组织

第五次试验用三种试棒在 920℃ 退火 41 小时其结果如下表所示。

名　称	试样总数	球墨	韧性铸铁	铸铁脱碳钢	备　注
渑池白口铁	10	—	2	8	
古荥白口铁	10	2	6	1	其中一个样品全部氧化
现代白口铁	10	3	7	—	

由第五次试验可知在同样的退火工艺条件下，渑池白口铁主要得到铸铁脱碳钢，古荥和现代白口铁主要得到韧性铸铁，这与成分有关。渑池白口铁含碳硅量都较少不利于碳化铁分解和石墨的形成，而且扩散距离小，促成了脱碳。在后两种中的球墨，尺寸随样品略有变化，一般直径在 10～20 微米，个别样品中达到 40 微米，组织如图 8-附-7。

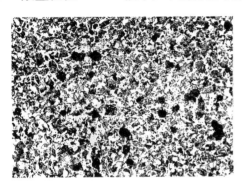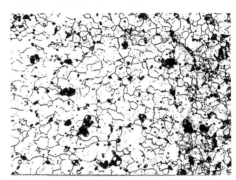

图 8-附-7　现代白口铁模拟实验得到的球化石墨的韧性组织金相组织

试验表明无论是古代木炭冶炼的白口铁或是现代用焦炭炼的白口铁，在一定条件下，在 920℃长期退火都能得到球化石墨的金相组织。因此可以认为在古代韧性铸铁中约有 10％出现球墨是正常的现象。

以上试验说明白口铁通过适当温度的退火处理可以得到脱碳铸铁、铸铁脱碳钢、韧性铸铁或具有球状石墨的古代铸铁。在一定退火温度范围内，温度越低，退火时间越长，铸铁脱碳钢的比重越大；相反，温度越高，退火时间越短，韧性铸铁的比重越大。其中重要的一点是获得了具有球状石墨的铸铁产品。

根据以上试验结果的推测，古代可以把白口铸铁堆放在古荥、铁生沟发掘出土的窑内进行退火处理，由于炉内温度分布不均，加热条件不同，是可能同时得到上面提出的几种类型的产品。

代晓玲、李京华在研究古代球状石墨韧性铸铁成分特点的启示下，做了改进现代可锻铸铁生产工艺的探索试验[①]，取得了有现实意义的结果。

---

①　代晓玲、李京华，中国古代球墨可锻铸铁的研究，河南冶金，1983，(2)。转引自：中国古代冶金技术研究，李京华著，中州古籍出版社，1994 年，第 178～180 页。

第九章 古代炼铁炉

第一节 炼铁炉分类

古代炼铁炉大致可分为三种，即块炼炉、坩埚炉和竖炉。

一 块 炼 炉

块炼炉由于结构简单，随拆随建，因此保留下来的遗迹较少。通常是在地上或岩石上挖一个坑，风可以从鼓风器通过风嘴直接鼓入，碎矿石和木炭混装或分层装入炉中，最高温度可达1150℃，这种炼炉没有出渣口，炉渣向下流到底部结成渣底，坯铁在渣上面，在冶炼结束后取出坯铁，清理炼炉，这种"碗式炉"是炼铁使用的最原始的炉型，还原出来的是渣铁不分、呈团块状的坯铁，实例如图9-1-1所示[①]，在R. F. Tylecote的书中描述这种块炼炉发掘出土的遗迹，仅保留炉基遗迹，其残存高度与炉直径几乎是相同的。由模拟实验可知，大多数情况下，为了能在"碗式炉"中炼铁，炼炉高度与直径之比最好不要超过2：1。当然对于熟练的技术工匠，炼炉高度与直径之比值小于上述值时，也可以进行冶炼[①]。

从较晚的块炼炉残留的遗迹看，有的依山靠坡，有的就地为穴，用当地的泥石砌筑较矮的炉墙，炉口敞开，供装料和排出炉气，热量损失大，直径约20～30厘米，深30厘米，上面用砖或黏土加高，以增加炉子的有效高度，下部有孔，供风和清渣。炼好一炉之后要间断操作，从炉上部或下部取出铁块，然后修炉，再装料冶炼。大多用富铁矿石和木炭冶炼，可以自然通风，也可以鼓风。

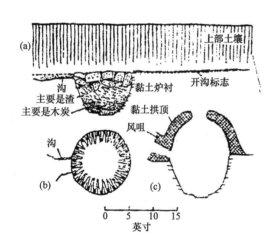

图9-1-1 早期铁器时期碗式炉的实例，来自达勒姆郡的西布兰登（根据G. Jobey的资料）

(a) 剖面图；(b) 平面图；(c) 根据推测所作复原图

由这种块炼炉得到的渣铁不分的半熔融状态的固体团块，需要放在锻炉中加热锻造，把小块铁锻接成大块，并挤出夹杂，或者冷却后破碎分选后，再锻打成铁锭备用。图9-1-2是希腊的陶瓶，其上有描绘铁匠正在炉前锻铁的图画，炉后设有鼓风器，此陶瓶属于公元前6世纪[②]。

---

① Tylecote R F, A History of Metallurgy (2rd Edition), 1992 Published by the Institute of Materials, p. 49.

② Tylecote R F, A History of Metallurgy (2rd Edition), 1992 Published by the Institute of Materials, p. 53.

图 9-1-2　希腊陶瓶上的锻铁图

在巴勒斯坦北部发现了断代为公元前 1300 年的块炼炉，有助于证实犹太人可能从腓尼基人获得炼铁技术的说法，这是迄今为止可能是最早的冶炼块炼炉的炉子[①]。Tylecote 书中报道，在土耳其耶尼卡尔（Yeni-kale）附近的阿萨梅亚（Arsameia）遗址，发现了 1 座残存的碗式炉，直径为 0.4 米，炉壁厚 3～4 厘米，高 1 米，炉底有大量炉渣[②]。非洲的尼日利亚发现了公元前 4 世纪～前 2 世纪的块炼炉，如图 9-1-3 所示[③]。

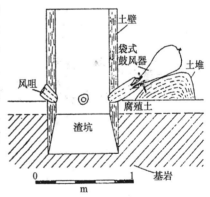

图 9-1-3　非洲早期铁器时代（公元前 300 年）尼日利亚乔斯附近发现的矮竖炉

二　坩埚炼铁

坩埚炼铁是中国传统的炼铁方法，它的发明年代曾报道有：北京清河镇和河南南阳出土有汉代坩埚炼铁遗址，有人据此推定两汉时期出现了坩埚炼铁法，并得到广泛应用[④]。河南南阳瓦房庄的坩埚炉实际应是烘窑，已由原发掘者李京华予以更正[⑤]。据 1957 年黄展岳在《考古学报》发表文章报道，北京清河镇发现西汉初的古城，城内有陶窑

---

①　黄务涤译自 J. H. Strassburger 编，高炉理论与实践，第一章，1969 年；摘引自冶金史资料（油印本，内部资料）1 期，1978 年 5 月，第 2～3 页。

②　Tylecote R F, A History of Metallurgy (2nd Edition), 1992 Published by the Institute of Materials, p. 49.

③　Tylecote R F, A History of Metallurgy (2nd Edition), 1992 Published by the Institute of Materials, p. 55.

④　李众，中国社会封建前期钢铁冶炼技术发展的探讨，考古学报，1978，(2)：77。

⑤　河南省文化局文物工作队，南阳汉代铁工厂发掘简报，文物，1960，(1)：60。

及铜、铁冶作坊遗址。出土有铁农具犁铧、锄、镬、铲等，形体较小。兵器有剑、钺、戟，环首刀，还有铁镜、鼎足、大车轴瓦等。特别值得重视的是炼铁炉，炉壁质如砂岩而较脆，经清河制呢厂翻砂工人鉴定为"坩子"筑炉。炉底径约 12 厘米、壁厚 3.5 厘米，由现场观察炉高似小于 60 厘米，炉口径约 30 厘米①。此炉是否为坩埚炼铁的遗物，未经深入研究。1979 年原洛阳博物馆在黄河北岸的洛阳市吉利工区，发现清理一批两汉时期的墓葬，其中一座 C9M19 出土有炼铁坩埚。该墓由张长森清理并绘制了平面图，见图 9-1-4②。该墓为长方形竖穴，随葬器物有坩埚 11 个，两两重叠，横排放置在墓圹西壁。坩埚直口卷缘，直腹、圜底。一般口径14～15厘米、高 35～36 厘米、厚 2 厘米。内外壁均烧流，并附着熔炼后残剩的铁块、铁渣、煤块和煤渣。同时出土的有五铢钱 5 枚，其形制相当于《满城汉墓发掘报告》中的Ⅱ型五铢钱 2 枚，Ⅲ型五铢钱 3 枚。据此发掘者初步判断此墓年代大约是西汉中晚期。根据墓葬情况，分析该墓主的生前身份，应属吏、卒或佣工的范畴，更大可能是冶铸铁的佣工。洛阳吉利工区发现的坩埚，是首次见于报道的西汉坩埚，而且都是使用过的。洛阳吉利工区的周围，两汉时期都是冶铸铁业的重要地区，也是石炭（煤）和铁矿石的产地。吉利工区冶铁工匠墓葬的发现表明，汉时吉利一带可能存在冶铸铁的作坊，但出土的坩埚是否是坩埚冶铁用的？是否用煤作为炼铁的燃料？还是作坊使用的燃料？都未做过分析，

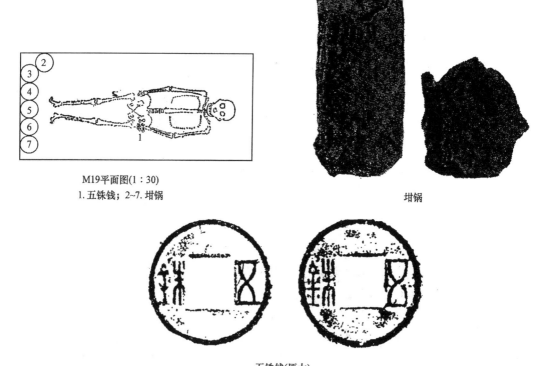

M19平面图(1:30)
1.五铢钱；2~7.坩锅

坩锅

五铢钱(原大)

图 9-1-4　洛阳吉利工区 M19 出土器物

①　黄展岳，近年出土的两汉铁器，考古学报，1957，(3)：99。
②　洛阳市文物工作队，洛阳吉利发现西汉冶铁工匠墓葬，考古与文物，1982，(3)：23、39。

需要进一步研究才能给出正确的答案。

坩埚炼铁迄今所知最早的文献记载是在《咸丰青州府志》中，"康熙二年，孙廷铨召山西人至此，得熔铁之法。凿取石，其精良为骦石，次为硬石，击而碎之，和以煤，盛以筒，置方炉中，周以礁火。初犹未为铁也，复碎之，易其筒与炉，加大火，每石得铁二斗，为生铁。复取其恶者，置圆炉中，木火攻其下，一人执长钩和搅成团出之，为熟铁、减其生之二焉。"[1] 这种炼铁工艺近代仍在山西、河南、山东、辽宁等省流行。坩埚炼铁的工艺及使用设备的情况，已有专文论述，应不属于本书限定的时间范畴。

三 冶铁竖炉及其演变

我国历史上使用的冶铁炉是鼓风竖炉，根据考古发掘资料，春秋战国之际即公元前5世纪出土不少生铁器物，表明应有炼铁竖炉存在，但至今尚未发现早期炼铁竖炉的遗迹，因此对这时期的炼铁竖炉和作坊的情况不能作详细介绍。两汉时期冶铁遗址的发掘和研究，结合文献记载，对汉代冶铁竖炉炉型结构及冶炼工艺进行了比较深入的研究。

分析中国古代最早发明及使用生铁的技术原因，主要有：

1. 陶窑结构合理

早在公元前2000年就把窑室和燃烧室分开，还设有烟道，可以获得较高的温度（1080℃）。同时有丰富的制陶经验，能控制炉内还原气氛，而得到灰陶、黑陶。先进的制陶技术为冶炼生铁技术的发明打下了良好基础。

2. 中国自公元前14世纪商周开始，制作青铜器的技术高度发展

考古发掘出土的冶铜炉都是内热法[2]，安阳殷墟出土的"将军盔"，郑州南关外出土的陶质大口尊，其内外都涂有草拌泥，内壁烧流了。图9-1-5是河南郑州出土的陶质大口尊。

图9-1-5 河南郑州出土的陶质大口尊
（河南省文物考古研究所李京华提供）

辽宁凌源牛河梁转山遗址出土了很多冶铜炉炉壁残块，内附冶铜渣，并设有两排吹风口[3]。湖北大冶铜绿山冶铜遗址，先后发现冶铜竖炉10座[4]，这些炼铜竖炉构筑方法相近，尺寸大体相同，由炉基、炉缸、炉身组成。炉基下设有防潮保湿风沟，炉缸呈圆形或椭圆形。直径约0.5米，炉高1.5米，有效容积约0.3立方米，并设有出渣放铜的"金门"。图9-1-6。

冶铜工匠使用冶铜竖炉积累的长期的生产实践经验和高超的冶炼技术水平，为中国古代发明铸铁应有直接关系。

① 转引自华觉明等，世界冶金发展史，科学技术文献出版社，1985年，第581页。
② 北京钢铁学院中国冶金史编写组，中国冶金简史，科学出版社，1978年，第26～28页。
③ 李延祥等，牛河梁冶铜炉壁残片研究，文物，1999，(12)：44～51。
④ 黄石市博物馆，铜绿山古矿冶遗址，文物出版社，1999年，第145～156页。

图 9-1-6　铜绿山出土冶铜炉

3. 创造了改善白口铁脆性的退火工艺

至迟在公元前 5 世纪用液态生铁铸成工具、农具，退火处理改善其性能，可以推广使用。近期的研究表明[1]，迄今为止，目前各省、市出土属于公元前 3 世纪的铁器鉴定表明，铸铁已形成一种新的生产力登上了中国历史舞台，促进了农业耕作技术的变化，为战国中后期的社会变革，秦汉统一王朝的建立，以及推动中国社会向前发展，奠定了重要的物质基础。

第二节　汉代及其以前的冶铁竖炉

一　现存最早的冶炼生铁的竖炉

由考古发掘出土的生铁器物表明，在公元前 3 世纪就应该有相当规模的炼铁竖炉，古代冶铁竖炉可能是从冶铜竖炉演变而来的，但尚缺乏实物证据的直接联系。迄今发现的战国早期、中期的冶铁遗址多为铸造遗址，如河南登封阳城铸铁遗址、新郑仓城遗址，发现了较多的熔炉炉口、炉腹、炉缸和炉基的残块，熔炉多为圆形，炉缸直径 0.9～3.1 米。还有鼓风管残块出土。根据风管表面烧熔状态推测，熔炉鼓风有顶风或侧吹式。据李京华研究，登封阳城遗址可以看出由熔铜炉改良到熔铁炉的演变过程[2]。

河南西平县赵庄出土 1 座炼铁竖炉，是距今年代最久远、且炉体保持最好的（约为战国至汉代），见图 9-2-1。

河南西平县赵庄发现的冶铁竖炉炉残存最高处为 2.1 米，椭圆形炉缸，内径为 0.65 米 × 1.06 米，炉壁厚约 37 厘米，内壁黏附炉渣。用木炭作燃料。炉基用炭粉、粗砂和黏土混合夯

---

① 段红梅，三晋地区出土战国铁器的调查与研究，北京科技大学科学技术史专业 2001 年博士学位论文。
② 李京华，古代熔炉起源和演变，见：中国古代冶金技术研究，中州古籍出版社，1994 年，第 144～152 页。

筑成长方形，有炉腹角，鼓风口在炉腹下可能有两个风口，此筒形高炉具有现代土高炉的雏形。在附近发现有炼渣堆积。1989年已修建一保护性建筑。

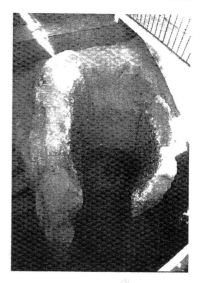

图9-2-1 河南西平赵庄
发现的冶铁竖炉

二 汉代冶铁竖炉

两汉时期冶铁竖炉进一步发展，考古发现汉代的冶铁竖炉数量较多。汉代冶铁竖炉有圆形、椭圆形两种。河南汝州市夏店、新安县、汝州市，河北承德以及新疆民丰、洛浦等地，均发现有汉代冶铁竖炉遗迹。一般为圆形，直径多为2米以下，最大未超过3米。河南巩县铁生沟发现8座圆形炼炉，保存最好的T20炉4炉呈缶形，炉缸内表面已烧成青灰色玻璃状，残深1.1米，内径2米，残存炉壁厚0.6米，出铁槽向南，长3.4米、宽0.9米，图9-2-2。

(a) T20炉4圆形炼炉

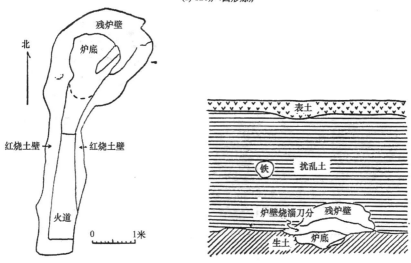

(b) T20炉4圆形炼炉平、剖面图

图9-2-2 铁生沟遗址出土T20炉4圆形炼炉及其平、剖面图

汉代为了满足社会、经济发展对钢铁需要量的增加，因此建造大型炼铁竖炉，但由于鼓风能力的限制，导致椭圆形竖炉的产生，因为沿短轴方向相对风口距离可以近些，图9-2-3是刘云彩绘制的圆形与椭圆形竖炉鼓风效果比较示意图[①]。

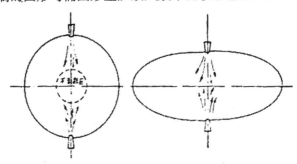

图9-2-3　圆形与椭圆高炉鼓风效果比较

(选自：文物，1978年2期，刘文彩文)

因此，椭圆形竖炉的出现是古代炼铁炉扩大炉容的尝试，在公元19世纪中叶近代欧美炼铁炉炉型发展史中，亦曾出现椭圆型高炉。

河南省郑州市博物馆在古荥镇的一处大面积汉代冶铁遗址中，出土了两座炼铁竖炉炉基，附近有大量炼渣和矿石积区，还出土了大量完整的陶范、铁器遗迹和冶铸有关的遗迹和遗物。尤其是从炉前坑中清理出的12块巨大积铁块，表9-2-1中列出9块积铁的情况[②]，对认识当时的冶炼技术具有重要价值。

表9-2-1　古荥遗址出土积铁块统计表

	一	二	三	四	五	六	七	八	九
存放位置	炉前坑内	炉前坑内	炉前坑内	炉1西南	炉1东南	炉1东南	炉1南(现在路边)	炉1南(现在路边)	炉1东
形状	椭圆形(一侧有立柱)	柱形	半圆形	竖立的长方形	长方形	鞍形	半圆形	半圆形	不规则长方形
尺寸/米	长轴3.24　短轴1.72~2.18　厚0.42~1.1	高2.5　宽0.90　厚0.95	高1.75　径1.6　厚0.75	长3.5　高0.7~1.65　厚0.6	长3.25　宽1.5~3　厚0.10~0.38	高1.2　长1.35　宽0.45	高1　径1.5　厚0.7	高1.25　径1　厚0.45	长1　宽0.75　厚0.40
约重/吨	20	15	15	15	20	5	8	3	2
观察到的成分	铁渣	铁渣	铁渣	未全熔矿石、木炭渣	铁渣	铁渣	铁渣	铁渣	铁渣
形成原因	停炉后炉底积铁和炉内结瘤	炉内结瘤	停炉后炉底积铁	未全熔的料块	停炉厚炉底积铁	炉冷结块	停炉后炉底积铁	停炉后炉底积铁	炉冷结块

① 刘云彩，中国古代高炉的起源和发展，文物，1978，(2)：18~23。

② 于晓兴等，郑州古荥冶铁遗址冶炼技术的研究，1986年第二届冶金史国际会议论文。

（一）关于古荥炼铁炉的形状和容积

古荥两座并列的炼铁炉结构相同，都是椭圆形的炉缸。南北方向的长轴约 4 米，东西方向的短轴约 2.7 米。一号炼炉残留一段炉壁高 54 厘米。炉缸建成椭圆形，当然有一定的道理。在一定的鼓风能力限制下，扩大炉缸是有限度的，超过了限度，气流就达不到炉子中心，使中心形成"死区"，冶炼就不能正常进行。为了克服这个困难，人们就创造出椭圆炉缸这种结构形式，以缩短相对两侧风口之间的距离，从而可以适当扩大一些炉缸面积。两汉经济的发展对铁器的迫切要求，是促使炼铁炉扩大的社会原因。在技术上创造出椭圆炼铁竖炉表明对其冶炼工艺已有较深入的了解，认识到鼓风能力与炉缸直径之间存在互相制约的关系，并在当时的条件下用椭圆结构把炉容扩大。椭圆炼铁炉未能进一步发展，又回到圆形结构，改进冶炼技术，炼炉走向适当缩小和提高效率的道路。

古荥竖炉的容积可以从以下几方面来判断[①]（参见图 8-3-22）：

（1）残存的炉缸面积实测结果约 8.48 平方米。这是炉子大小的基本指标也是计算炉容的重要指标之一。一号积铁块上的铁质立柱，其结构和化学成分表明它是原来炉内结成的铁质炉瘤。因此它的高度（约 2 米）反映了炉内出现金属铁和熔化区以下的高度。一般高炉内铁矿石还原出金属铁并开始熔化的高度约占料柱全高的一半以上，而料柱以上还有一段空间，因此可将炉子的有效高度复原到 6 米。

（2）从铁质柱形炉瘤的倾斜角度可以看出炉身以下呈喇叭形（上大下小），这在现代高炉上叫炉腹，古荥炉的炉腹角大致为 62 度。铁瘤距离积铁表面以上约 80 厘米处的外侧，往上不再倾斜，而是与积铁表面垂直，表明炉身呈直筒。直筒上部是否有收口，尚不能肯定。

根据以上已知的条件，可较准确地估算出这座炉子的有效容积大约 50 立方米。这是目前为止发掘出的古代容积最大的炼铁炉。汉代这种炉子日产生铁估计约 1 吨。

（二）关于古荥冶炼工艺

古荥的冶炼工艺，可以从以下几方面分析：

（1）从现存的积铁块来看，含碳高达 3.5% 以上，表明曾大量生产过液态生铁（即铁水），其化学成分与一般出土的汉代生铁极其相似。生铁在炉内经过充分熔化，含硅在 0.16%～0.28% 之间，这是我国古代冶炼生铁的一大特点。

（2）从大量堆积的炼渣来看，有两种不同形态的渣，反映了当时两种不同的冶炼情况：一种是颜色发黑、熔化不很充分的渣，这种渣是在炉况不正常的时候产生的，在炉子操作失调或某些特殊原因造成炉冷时，渣铁流动不畅甚至渣铁不分，大量氧化铁未能还原而进入炉渣，从而变成黑色。由于炉温过低致使熔化不够充分，有的似非自行流出炉外而是人工从炉口扒出的。另一种是断口很像玻璃状的渣，显然经过充分熔化，经取样化验（结果见表 9-2-2），证明是碱度（指炉渣成分中氧化钙与二氧化硅的比值）较低的酸性渣，测定的熔化温度在 1030～1090℃ 范围。这种渣的优点是较易熔化和流动性良好，其缺点是脱硫能力差。对于当时的冶炼条件来说，由于以木炭为燃料，而木炭含硫极少，矿石含硫也低，所以炉渣脱硫能力无关紧要，而炉渣的熔化和流动，保证炉渣与铁水很好地分离并顺利流出炉

---

① 中国冶金史编写组，从古荥遗址看汉代生铁冶炼技术，文物，1978，（2）：44～47。

外，对古代炼铁来说则是首要的关键。古荥炉渣表明，当时冶铁工匠正是抓住了这个关键。经物料平衡计算，虽然炉渣碱度很低，但在配料中仍然加入了一定数量的石灰石作为碱性溶剂，这在炼铁史上也算得上一件大事。加入碱性溶剂的目的主要有二：一是为了脱硫，二是为了助熔。现在高炉炉渣的碱度一般在 1.0 以上，主要是满足脱硫的需要。古荥炉渣只有0.5 左右，显然当时加石灰石主要目的是助熔，当然在客观上也起了一些脱硫作用。

表 9-2-2　炉渣化验结果表

编号	样品	取样时间	成分/%							
			SiO_2	Al_2O_3	CaO	MgO	MnO	FeO	S	P
1	炼铁炉渣	1976 年 8 月	53.74	12.14	22.7	2.52	0.63	3.74	0.114	/
2	炼铁炉渣	1976 年 8 月	54.52	13.23	24.0	2.07	0.34	2.44	0.172	/
3	炼铁炉渣	1976 年 8 月	51.52	11.85	27.5	2.31	0.39	1.51	0.157	/
4	炼铁炉渣	1976 年 8 月	49.16	11.01	25.6	2.66	0.34	4.10	0.450	/
1～4 平均			52.16	12.06	24.95	2.64	0.43	2.94	0.223	
5	炼铁炉渣	1976 年 8 月	49.16	11.04	25.60	2.66	0.34	4.10	0.45	0.025

注：熔化温度：最高，1090℃；最低，1030℃；平均，1080℃；由首都钢铁公司中心试验室进行化学分析。

（3）关于鼓风问题。出土的陶质鼓风管直径有 19 厘米之粗，结合炉子容积和高度来推测，其鼓风能力必定要到相当的水平。因为对一定的鼓风量来说，风管的直径越大，则鼓风的速度和动能越小，也就越不容易把风鼓进竖炉中去。所以，这里的鼓风设备问题有待进一步研究。鼓风管的陶质内胎之外敷有一层草拌泥，而且有烧熔的现象，一种可能是在炉外加热风管使鼓风预热；另一可能是深入炉墙内烧熔的。有的鼓风管表面有受热痕迹，表明风管是倾斜插入炉墙的，风口倾斜使火焰向下，有利于提高炉缸温度，对于古荥这样大的炉缸来说更有必要。椭圆炉的风口一般设在长轴两侧，每边至少应有两个风口，否则就失去椭圆炉的意义。从古荥大块积铁形状来看，可能每侧有两个风口，全炉共四个风口，这样可使炉缸工作比较均匀。

（4）关于原料和燃料。古荥遗址中有大量的铁矿石堆积，这些矿石大都破碎到 5 厘米左右，最大不超过 12 厘米，同时有破碎矿石的手工工具，破碎过程产生的粉末已与块矿分开堆积，表明当时对入炉的矿石已进行加工。应该指出这种工作是很费工费事的，只有当冶炼工匠经过长期摸索、积累了正、反两方面的经验之后，才可能形成这样合乎冶炼要求的原料准备工序。

一号炼炉前西南方向的一个"积块"（发掘简报中编为四号大铁块），由未完全熔化的炉渣和部分还原的矿石等粘结在一起，里面裹有木炭，其断面呈放射性，是一种火力较大而且质地坚硬的栎木炭，比较适于竖炉炼铁作为燃料和还原剂。竖炉下部矿石还原和熔化以后，完全靠燃料来支撑料柱的重量，如果燃料强度不够就要粉碎，使料柱空隙堵塞，气流无法通过，从而造成故障。"积块"中的木炭块至今仍然存在并未被粉碎，表明能够经受考验。古荥遗址有的窑中出土了煤饼，但看不出用来炼铁的迹象，看来古荥作坊炼铁用的燃料就是木炭。这还可从生铁含硫很低的状况得到佐证。

（三）关于作坊的布局和筑炉技术

古荥遗址的初步发掘，揭示了古代两座大型炼铁炉的位置、炉底炉基结构及其周围的辅助设施，这两座炉子是整个作坊的中枢；即使从现代设计的原则来衡量，这里的布局也是相当合理的。两座炉子东西并列，铁口向南，上料系统在北，两炉中心相距 14.5 米，中间和四周有一系列的共同设施。这种布置与 20 世纪 50 年代以前流行的并列式布置很近似，是比较经济和实用的。

1. 上料系统

在并列的两炉北边约 12 米以外，是贮矿场地，至今仍残留大约 6 米×7 米×1.5 米、总重约 100 余吨的准备入炉的矿石堆。矿堆再往北是一条宽阔的道路，显然是运输的干线。矿石运来后卸在贮矿场上，经破碎加工，分选出的块矿，堆存备用，粉矿则弃置到较远的地方或同炉渣堆积在一起。

在两炉中间偏北处，有一夯筑的 3.5 米见方的黄土台，台中有 2 米见方的浅坑，坑的四角各有一深 2.2 米、直径 45 厘米的柱洞。据现场情况分析：

(1) 这么粗又埋这么深的柱子必然是承重的。

(2) 四根柱子正好构成一个竖架。

(3) 这个竖架在两炉之间，偏贮料场一侧，所以可能是向炉顶提升原料的。

这样，从原料运进、加工、贮存，一直到提升到炉顶装料，组成了一个完整的上料系统。

2. 出铁出渣

两炉正南面铁口前面各有 6 米×4.2 米的工作场地，下层用普通黏土夯筑，而表面则夯筑 2.5 米厚的耐火土，以适应放铁、放渣等高温作业。工作场地两侧也有柱洞，直径 40 厘米，深 3 米，洞底还垫石块或铁块，更加证明柱子承受的重量较大，柱子的作用有下列三种可能：

(1) 用作架设炉前场地的防雨棚。因为铁水流出遇水可能爆炸，所以炉前修建防雨棚是必要的。

(2) 用作炉前起重作用的杠杆立柱，以吊装和搬运铁块、渣块以及其他重物；

(3) 兼作棚柱和杠杆作用。

3. 供水

两炉之南有水井，北有水池，这里的水显然供冶铸之用。铁水流出铸成块锭后，为了加速冷凝需要泼水。渣水流出后也需要泼水冷却，以便及时清理。在炉子周围设置水井和水池，保证及时供应各项用水需要，这种布局也是比较合理的。

4. 筑炉

比较完整地保留下来的炉基和炉底，表现了当时筑炉技术达到的高超水平。炉子底座周围有延伸 6～9 米乃至 10 米以上的夯土区，炉底下部又有深达 3 米以上夯实的基础，这表明炉子基础是相当巩固的。炉子的容积 50 立方米所填充的炉料加上炉衬等设备，总重估计达 200 吨以上。如果没有这样一个坚实基础，炉子是不可能挺立并正常工作的。炉子是高温作业的冶炼设备，因此它的基础除承重之外还要耐热。古荥炉基正是考虑了这种特殊要求，在一般夯土层之上又加夯了耐火黏土层；为了加强耐火黏土的耐压强度，在黏土中渗入 1～3 厘米大小的石子，而在炉底上面 50 厘米的表层中又没有掺石子，因为炉底表层主要是耐热和抗渣铁浸蚀，石子的这种性能不如耐火黏土，所以表层不掺石子也是比较合理的。炉底从上到下总厚达 3 米左右，这不仅完全满足了载重的要求，而且充分考虑到长期冶炼必然造成炉底浸蚀。从积铁块的底面形状和厚度来看，炉底凹入的最深处约达半米以上，如果炉底耐火材料没有足够厚度，那就会被烧穿而引起重大事故。古荥炉底所用耐火材料和夯筑的严密性，对保证安全生产和延长炉子寿命，起到了良好的作用，参见图 8-3-19。

关于炉子上部的砌筑情况，因全部炉墙均已坍塌，只有一号炼炉残留一段高约半米的炉壁，所以很难确切弄清炉子上部结构。可是残存的炉衬表明，耐火土夯筑的厚度为半米至一米，耐火土中掺有炭末或矿粉。掺矿粉的目的不明，可能是就地取材和废物利用；掺炭末则可提高炉衬抗渣浸蚀的能力，对于炼铁炉内的还原气氛，使用炭质炉衬是比较合理的。耐火炉衬之外还用黄土夯培，这主要是为了加强结构，同时也起保温作用。

一号积铁估算出一号炉高约 6 米，有效容积为 50 立方米，年产生铁达 360 吨。古荥一号竖炉体现了汉代冶铁竖炉的变化，炉型是椭圆形，可提高鼓风效果，炉子下部炉墙外倾，可充分利用煤气，加强热交换。这是目前考古发掘最大的炼铁竖炉，此遗址出土有近 1/2 失常渣，并残留大量积铁块，表明此处冶铁竖炉失之过大。

河南鹤壁发现 13 座椭圆竖炉，炉体宽 2.2～2.4 米、长 2.4～3 米；江苏利国驿也发现了东汉时期的椭圆形炼铁炉。东汉以后椭圆形竖炉没有继续发展，而是随着鼓风技术的改进，被圆形截面所代替。《汉书·五行志》记载了两次炼铁竖炉悬料发生爆炸的事故，"征和二年（公元前 91 年）春，涿郡铁官铸铁，铁销，皆上去"，又"成帝河平二年（公元前 27 年）正月沛郡铁官铸铁，铁不下，隆隆如雷声，又如鼓音，工十三人惊走，音止，还视地，地陷数尺，炉分为十，炉中销铁散如流星，皆上去，与征和二年同像。""铁不下"即是发生了"悬料"事故，由雷声而鼓音，最后炉中"销铁散如流星"，证明产生了一系列的爆炸，最后炉子炸成大坑，地也塌陷数尺，炉子每班有十三人惊走，这些都表明竖炉冶铁的规模是比较大的。冶铁竖炉容积扩大，鼓风设备必须相应改进，东汉时期南阳太守杜诗制造水排，用于冶铸，韩暨在魏国官营冶铁业中作了改进，推广了水排，水排作为一种自然动力，能够因地制宜，且"用力少，见功多，百姓便之"。由于鼓风强化，提高了生铁的产量和质量。

第三节　唐宋时期冶铁竖炉的改进

一　唐宋时期的炼铁遗址与炼铁竖炉

（1）宋代的炼铁竖炉叫做蒸矿炉。《宋会要辑稿·食货》曾记有："雅州名山县蒸矿炉三所，熙宁六年（1073）置。"这种蒸矿炉的结构和形式在文献上没有记载。考古发现唐宋冶铁遗址中属于这一时期的冶铁炉遗迹发现不少，其中河北省（邢台市沙河綦村镇綦阳村）发现宋元时期冶铁遗迹，在綦阳村南观音寺的后面土中埋着半截石碑上刻"顺德等处铁冶都提举司，大德二年（1298）九月□日立石"等字，大德是元成宗年号。在村北玄帝庙东有"大宗重修冶神庙记"石碑，石碑建于宋宣和（1122）四年八月，上有刻铭："其地多隆岗秃坑，冶之利自昔有之，綦村者即其所也，□皇祐五年始置官吏"。皇祐是宋仁宗年号，皇祐五年是 1053 年。由上述石碑记载，可知此处曾是宋、元时代的冶铁作坊。在綦阳村遗迹附近的綦村、后坡村、赵册村等村，到处都有矿石、铁渣和冶铁炉的遗迹。綦阳村口西边有一条沟，名叫铁沟，是冶铁炉集中之处，从地面上认出是冶铁炉遗迹的有十七、八个，其中四个的炉高只剩有五分之一，炉型为圆锥形，残存铸铁块有十七、八块，每块有几吨重①。

（2）安徽省繁昌县发现了六处唐宋时代的冶铁遗址，其中以竹园湾门前炉址较为完整，炉膛内尚存有未炼成的铁块、栗树柴炭、石灰石块等。冶铁炉平面为圆形，直径 1.15 米，现存炉身高 60 厘米，炉壁厚 36 厘米。壁用长方形灰砖（长 32 厘米、宽 20 厘米、高 10 厘米）立砌，内壁搪 4 厘米的耐火泥，泥中羼大量粗砂粒。炉门宽约 60 厘米。炉底下层铺长方形灰砖，上层搪着羼合大量砂粒的耐火泥，厚约 17 厘米。从炉内积存物分析，当时炼铁方法是：先将栗树柴铺在下层作燃料，再装入碎矿和石灰石块，然后点火冶炼。在附近的善峰山还发现古代开采的一处铁矿井②。

（3）福建省同安县发现宋明代冶铁遗址：在城东东桥头西部约 80 米处的遗址中，发现约 50 立方米、高 3 米的土堆，堆积着大量铁渣和铁砂，还有冶铁炉残片、耐火砖残块、木炭、绿釉、黑釉、青花瓷片等。瓷片都是宋、明两代遗物，尤以宋代瓷片为多，在城内中山公园发现有同样的土堆，土堆中也有上述相同的冶铁遗物。由冶铁炉残片和耐火砖残块来看，可知当时耐火材料用高岭土、黄泥及谷壳等调和制成③。

二　河南是唐宋时代冶铁遗址发现较多的地区

1974 年、1976 年和 1992 年冶金考古工作者曾多次赴河南安阳等五县的冶铁遗址进行考察，地点如图 9-3-1 所示④。

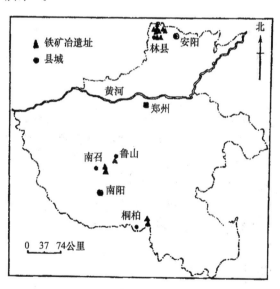

图 9-3-1　河南省五县铁矿冶遗址分布图

①　文物工作报道河北省部分，文物参考资料，1957，(6):84。
②　胡悦谦，繁昌县古代炼铁遗址，文物，1959，(7):74。
③　文物工作报道福建省部分，文物，1959，(2):75。
④　李京华等，河南五县古代冶铁遗址调查及研究，华夏考古，1992，(1):44～62。

在考察中采集了冶铁遗物标本,重要样品做了成分分析和专题研究[①],现将调查情况摘录如下。

(一) 安阳县

1. 后堂坡汉至宋代冶铁遗址

面积约 5 万平方米,文化层厚 1.5～2 米,个别处厚达 3 米。主要是铁矿粉和炼铁渣,其次是汉代到宋代的陶瓷片。调查时铁矿粉大部分已被当地农民挖出卖给钢铁厂,剩余许多炼铁炉壁残块和陶瓷片。据挖矿粉的农民介绍,在遗址的东部有一个深约 5 米的大坑,坑的下部填灰渣,上部填矿粉,值得注意的是坑内有九根铁柱构成棚架,铁柱长 2～3.05 米,方体,径 0.06 米。经安阳钢厂分析,铁柱的化学成分是碳 2.50%、硅 0.86%、锰 0.001%、磷 0.10%、硫 1.07%。均为白口铁。如此粗大的铁铸件,在冶铁遗址中是少见的。铁柱保存在东街村委会内。

据调查遗址中的汉代陶片、瓦片和炼炉残块甚多,但未发现汉代文化层,表明汉代层已被严重破坏。炼炉壁残块甚多,多呈夯层状,位于炉腔的一面,有程度不同的黑色熔融层,有的向下流动,在另一端呈红色。有的部位用小砖砌筑,位于炉腔的一端,已被烧熔。还用河卵石建造炉子的,位于炉腔的一面已被烧熔。在大量的炉渣中,有的大渣块尚有未全熔的矿石块,夹杂大小不等的木炭痕迹,有的渣呈黑、紫、灰、蓝色琉璃体。炼渣含 SiO_2 54.26%、CaO 25.20%、MgO 11.69%。

所见瓷片以白釉最多,有碟、刻花碗、深腹钵、黑花枕等残片,豆青釉仅发现碟一件,从瓷片的器形、釉色和花纹特点看应是宋瓷。部分为石质炼炉残块,与宋代炼炉相同,《林县志》[②] 和《宋史·食货志》[③] 记载,相州管辖申村作坊,可能后堂坡自汉代开始冶铁,到宋、元曾为相州和林州官营冶铁作坊。

2. 铧炉村粉红江冶铁遗址

铧炉村位于铜冶镇北 1 公里的粉红江东岸台地上。自村边往北半公里的范围内,分布着五处堆积如山的铁炼渣,河西岸水边有一块大积铁。在断崖上残存 3 座炼炉,南北向分布,相距 180 余米。

1 号炉:位于遗址的南端,现存炉体高 4 米,炉径 4 米。此炉是在断崖处凿挖成圆井状,周壁围筑河卵石为炉墙,但炉墙已倒塌,仅见石墙外的土壁,已烧成红色且甚坚硬。炉内填满碎渣、灰土和倒塌的红色沙石质炉墙残块。炉底铺一层矿粉。炉子的北部被 2 号残炉打破。

2 号炉:位于 1 号炉的北部,仅残存炉底的南半部,残破过甚。

3 号炉:位于遗址的北部,南距 1 号炉 180 米。现存炉高 4 米,直径 2.4 米。炉墙大部倒塌,局部处残留有河卵石筑的直筒形炉墙。此炉是调查所见唯一有炉口的炉子。炉内填满灰土、炭粉和矿粉及碎渣。

① 李京华等,河南五县古代冶铁遗址调查及研究,华夏考古,1992,(1):44～62。

② 《林县志·地理下·古迹》引:"元胡祗遹通李玉墓志铭:岁壬寅陞辅严令兼铜冶、申村两铁冶场使。"申村亦作利城。(民国二十一年,林县南关华昌石印局)

③ 《宋史·食货志·坑冶》引"宣和元年十月,复制相州安阳县铜冶村监官,先是诏留刑州綦村磁州固镇二冶,余置冶并罢,而常平司谓铜冶村近在河北,得利多故有是令。"(卷一百八十五第十页,中华书局聚珍仿宋版印)

在堆积如山的铁渣中，有淡绿琉璃状铁渣，但多数是黑灰和黑色琉璃状铁渣。经安阳钢厂分析，硅43.84%、钙19.60%、镁10.48%、锰0.009%、硫0.326%，属碱性很低的酸性渣。

两座炉都是依断崖挖筑而成，炉口开在台地面上，炉子是坐东向西。炉口的东南边有大量矿粉，说明这里是存放矿石并进行矿石加工整粒之处。炉的东北边有较多的木炭屑，这表明此处是放置燃料之地。把炉口开在台地上面，矿石和燃料也同时放在台地上，加工和装料甚为方便，省去提升装料的设备。出渣口、出铁口和鼓风设施放在台地下边，出渣出铁、鼓风和操作方便。

在残炉填土、台地面上矿粉、炭屑堆积地，有为数不多的板瓦、盆陶片，似元明时代遗物，瓷片除双唇碗为宋代外，余均为元代瓷，以白釉为主，黑釉和黄褐色釉次之。

从炼炉炉型、用材、分布的陶瓷片特点推测粉红江的冶铁大约自宋代开始并延续到元明之际。

（二）林县（现林州市）铁矿冶遗址

1. 申家沟铁矿遗址

申家沟铁矿址，位于顺河镇申家沟西北方向的山地间，是现今安阳钢铁厂的采矿场。该场分1~4采矿区，古矿洞分布在第2第3采矿区内，如图9-3-2。

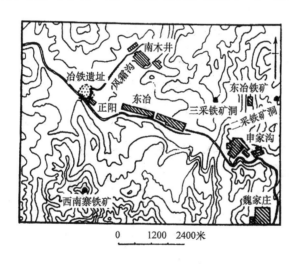

图9-3-2 林州市东冶申家沟铁矿、西南寨铁矿、
正阳集冶铁遗址分布图

（1）二采铁矿洞：矿洞位于山腰及山顶上，但因被现今露采挖毁，仅残存一小堆古矿渣。据采矿技术员回忆，1973年3月放炮炸出地下古矿洞，三个洞相连接，可见长度20多米，总长不明，洞高1.3米左右。洞壁及顶部被烟熏黑，洞底有淤泥、木柴灰和炭屑。洞内外原有矿粉40万吨，被当地农民挖去17万吨，卖给钢铁厂。据技术员分析，现代用放炮技术开采，块矿和粉矿各占50%，古代开采块矿约占三分之一。以此推算，古代用于冶炼的块矿约有20万吨。北京钢铁学院（现北京科技大学）分析含铁67.1%。

（2）三采铁矿洞：东距二采区约1公里。共发现3个古矿洞，南北向排列，最近距10米左右。北洞洞顶最高约1.6米、最低处0.6米，洞宽3.4米左右。洞内曾出土小板瓦和人骨架。

据挖矿粉者介绍，在矿粉堆中挖出 7 个锻制的铁锤，1 件铸有阳文楷体"祯"字铁权（此权重 30 公斤）、6 把铁镢，以及铁锅片、瓷片等物。在调查时见到的遗物有铁权 1 件、锤 1 件、镢 1 件。在挖掘矿粉堆积底部时，发现一座用红砂石砌筑的方形炼炉，残高约 4 米、径长约 3 米。周围还有炼渣和炭块等。铁矿均为磁铁矿，含铁量 50%，含硫 0.3%。

根据上述遗物特点看，该矿开采的时间约在宋代。

2. 林州市东街铁矿遗址

在林州市城东 4 公里处，矿址在村东 1 公里的滚圪垯山西南半山腰处，见图 9-3-3。

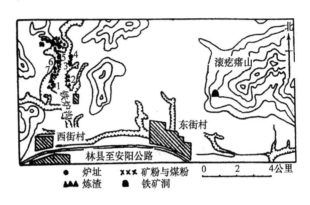

图 9-3-3　林州市东街铁矿、铁炉沟冶铁遗址分布图

原林县采矿队在此露采，采坑面积 80 米×60 米。在采坑的南壁上，呈现倾斜和交错的岩石、铁矿层，东高西低。在东、南、西、三壁上，共有 14 个古矿洞，有的洞内填满了废石，有的洞内填满了矿粉，有的洞被淤实。洞最深者距地表 30 米。

采矿队的技术员介绍，他们在露采的过程中，先后在洞内挖出铁锥 6 根、铁镢 1 把、铁锤 1 个，没有发现陶瓷片。因上述遗物没有保存，故开采时间需待今后再做考古工作确定。

3. 石村东山古矿洞遗址

石村位于林州市东北 12.5 公里，此山又名响龙山，图 9-3-4。现为林州市钢铁公司采矿区。在现今地采的主巷道中发现古矿洞，古矿洞南北方向，洞顶距地表 10 余米。发现古矿洞长 100 多米，在南半段洞内有 18 个支洞，洞顶高 1.8 米，宽 1.5 米，矿洞的断面呈圆角的三角形，两侧壁和顶部不见支护痕迹，底部多淤泥和矿粉。

原林县钢铁厂勘探获知，矿层厚 5 米，从已知矿洞的空间推算，古代已经采出矿石约 2 万吨。在矿洞两侧壁保存有似用铁锤打铁锥方法采矿的痕迹。

在古巷洞内曾挖出半个黑釉平底粗瓷碗，直口圆唇，深腹。黑釉瓷罐片，以及重 15 公斤的铁锤。这些遗物由林州市文化馆收藏。以瓷器特点看，此矿开采的时间当在唐宋之际。

4. 西南寨古矿洞

西南寨古矿洞，位于顺河镇正阳集（又名正阳地）南 1.5 公里处西南寨山顶。此矿属鸡窝矿，现存大小不等 20 几个矿洞，分布在山顶四周，见图 9-3-2。此地岩层节理错乱，东部高西部低，各洞形状不一，并呈不规则形。最大的洞径 2.5 米、深 3~4 米，最小的洞仅能容一人。有的洞壁（围岩）残留有颗粒矿石。南边的矿洞口处就洞口凿一处臼形凹窝，似碎矿石的整粒砧窝。在洞外散布许多矿渣，洞内外散存极少量的瓷片。

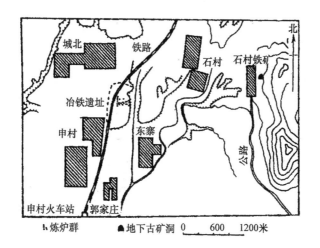

图 9-3-4 林州市石村铁矿洞、申村冶铁遗址分布图

可以看出器形的瓷器有：盆：直口折沿，沿面圆弧，内壁及口沿施白釉，外面的中下部施深褐色釉，瓷胎粗松并呈浅褐色。鸡腿瓶：仅残存中下部一段，外面有凹凸相间的瓦状旋纹，内面有凹凸相间的轮制纹，外施黑釉，内施褐色釉，胎质细密，灰白色，火候高。这2件瓷器都为宋代常见，由此可知此矿洞应是宋代开采的。

5. 正阳集东冶汉代冶铁遗址

东冶冶铁遗址，位于河顺镇正阳集（又名正阳地，塔落地）西北风霜沟南半部，这一带又名曰"东冶"。沟的北端为老君庙，沟的南端有三官庙，遗址位于两庙之间，尤其在三官庙周围的两小河汇合处三角地带，遗物最多且文化层最厚。沟长1.5公里，沟北边是王家沟铁矿第三采区，南边便是西南寨宋代铁址，遗址三面环山，图9-3-2。

以两水汇合处石桥为中心，向西80米之间，文化层最厚处1.6米，有炼渣和陶片堆积。向东200米之内，文化层最厚处约3米，地层呈东高西低状倾斜。按土质、色可分三层：一、二层内含汉代瓦片、宋代瓷片和瓦片，两层厚达2.8米以上；第三层暴露出0.2米以上，地下未探层厚不详，其包含物全为汉代的陶片和瓦片。

风霜沟南段的西岸，是一块10余亩面积的台地，名曰"炉渣地"，地面上散布大量的炉渣、炼炉和熔炉炉壁残块、砖块、矿石、木炭屑、陶片、瓷片和瓦片，多为汉代和宋代的遗物。

正阳集村西北路边和断崖上，也有炼渣、炉壁残块、炉底残块、鼓风管残块、铁矿粉堆积约10吨左右。河沟边有1.5米高的炼炉积铁块，直径约6米左右。

当地农民介绍：传说风霜沟在宋代曾有72座炼炉，但现在平整土地后一座也看不到。新中国成立之初，老君庙处一块石碑，上刻"龙山有铁"四字。第一次挖出一罐铜钱（约15公斤），钱文有"崇宁重宝"、"圣宋元宝"等；第二次挖出两口铁釜和"开元"、"崇宁"、"皇宋"、"政隆"、"宣和"、"政和"铜钱。

遗址内的铁渣有三种，第一种渣呈不规则的蜂窝状，灰色，较轻；第二种渣为铁锈色，较重；第三种渣呈琉璃体，光亮致密，较重，有的是黑色，有的是灰色。炼渣含 S 0.14%、SiO_2 48.73%、CaO 23.24%、MgO 9.55%、MnO 0.21%。

遗址内残存炉壁残块，有的呈夯层状，一边熔流，其他处橙红色；有的是利用一般砖砌于炉壁，砖上残留有耐火泥痕，一边烧成深灰色，但未烧流；有的呈弧形长方砖，砖内夹入大量的白色石英砂粒，粒度分 0.5 毫米、1.5 毫米、4.0 毫米等，后者为数较少。砖残长 14.5 厘米、宽 10.5 厘米、厚 8.5 厘米，股 120 毫米，弦 4 毫米，换算炉径 88～109 厘米。此砖与南阳熔炉砖相同。经林县钢铁厂分析，白色石英砂炉衬含 SiO_2 76.21%、CaO 8.25%、Al_2O_3 2.83%、MgO 5.21%，红胶泥炉壁 SiO_2 32.42%、Al_2O_3 1.85%、MgO 2.39。

在遗址中还有经不同程度燃烧的煤块，经林县钢铁厂分析含硫 0.04%、灰粉 96.57%、挥发粉 3.90%。

第三层的汉代陶瓦片，与炉渣地的陶瓦的形状完全相同。总之，东冶是一处规模较大，由冶炼到熔铸、从汉代到宋代的重要冶铁遗址。鉴于在林县未发现其他汉代遗址，所以该遗址有可能是隆虑（林虑）官冶遗址。

6. 铁炉沟冶铁遗址

铁炉沟又名铁牛沟，位于林州市东 1.5 公里，南北方向，左右有小支沟，两岸多层梯田。遗址分布在铁炉村北 400 米以北的两岸上。这里散布着大量的炼渣、炉壁残块、矿粉、煤粉、极少的陶瓦片。自南向北有十个冶炼点，现依次分述如下：

第一点，在南距横水镇铁炉村约 250 米的沟西岸上，仅见炼渣的堆积。从断崖上可以看出，渣层是自南向北倾斜堆积，残存堆积长度 20 米，层厚 0.5 米，大部分被水冲毁。很多渣是黑色、灰色琉璃状。少量的黏土质炉壁残块，个别渣呈绿色琉璃状。渣层含有极少的瓦片，瓦片的特点是外素面内布纹，弧度较小，具有唐宋特点。

第二点，位于第一点东北方的台地上，分布较多的黑、灰和绿色琉璃状炼渣，还有较多的炉壁残块，其中有石块（河卵石）炉壁残块，炉腹与炉底之间部位的黏土质残块。遗址内陶瓦片甚少，一种瓦片与第一点同，属唐宋时代，第二种瓦片外为素面内饰模糊的斜方格纹，与汉代瓦相同。黏土炉壁可能早到汉代，石质炉壁可能属唐宋时期。

第三点，在南距第二点 200 米的台地上，仅残存一座炼炉。与粉红江炼炉相同，也是就断崖筑炉，炉底在地下，残高不明，炉的平面呈圆形，内径 0.9 米。周壁残留有灰白色熔融层和绿色琉璃形渣块。在炉内见到一块板瓦片，外为素面饰布纹，泥质褐红色，似唐宋时期。

第四点，位于第三点北 70 米的东岸上，亦仅残存半个炉子，炉子所处地形、筑法、与粉红江炼炉同。平面呈圆形，残高 1.9 米，壁厚 0.2～0.4 米，炉径约 0.8 米。炉壁是用红色和白色砂质河卵石砌筑而成。此点陶片很少。瓦片和陶片均为唐宋特点。

第五点，位于第四点西对岸，残存一座炉底的大部。残高 1 米左右，径约 0.9 米。亦用红、白二色砂质河卵石制造，炉内壁表面烧熔。此点虽未见到陶瓦片，但就其石质来看，它的时代与第四点相当。

第六点，位于第五点南 50 米的台地上，残存炉底一座，炉底外径 2.6 米，炉壁烧熔厚 0.2 米。炉墙是用白色、红色砂石建造。从炉形和筑炉材料看与第四点炉同，时代也可能相同。

第七点，位于第六点南 40 米，属炼渣堆积区，渣的特点与第一、二点渣同，但绿色渣极少。暴露出的炼渣层长度 16 米，层厚 0.4 米，宽度不详。没有发现其他遗物。

第八点，位于水库大坝下两小溪汇合处的台地上，与第五点隔沟相望。残存炉底一座，炉径不明。在炉底东及东北的台地上，散布着较大面积的矿粉和煤粉。矿粉在南边，面积约190平方米。煤粉在北边，面积约150平方米。炉的地理位置和形制似与粉红江相同。在矿粉和煤粉的散布区内，含有极少的汉代瓦片、宋代瓷碗片。

第九点，位于第八点西北的台地边，残存一座炉基，在修水库时将炉底以上部分挖毁，炉基烧成灰色和褐红色，直径不详。炉基东边的台地上，即是第八点中所说的矿粉和煤粉堆积，看来八、九两点的炼炉是共用一个矿石、煤处理场。地面散存的瓦片和瓷片与第八点相同。

第十点，位于水库大坝的西北侧，小溪西岸的台地边沿，残存三个炉基，东南西北方向排列。因破坏较甚，直径不明。在炉子周围，分布很少的宋代白釉黑彩釉瓷碗片，素面瓦片。

铁炉沟冶铁遗址，在南北半公里的小河两岸上，残存着九座炼炉、三处炼渣堆积和一处矿石、煤炭堆积场。炼炉的炉膛内径 0.9~2.6 米，炉子靠近沟坡建造，利用山坡地形可使炉子坚固，同时在山坡上平台装料便于运输，下面平台鼓风、出铁、出渣，便于操作。利用含硅很高的河卵石建炉，不仅耐高温，同时就地取材十分经济。这种利用地形建炉的方法可以节省人力，因地制宜地发展冶铁生产，应是当时一种常用的办法。

7. 申村冶铁遗址

申村位于林州市东北 11 公里河顺镇申村的东北地，西是林州钢铁公司至河顺镇的铁路，东傍季节性河。东北即石村，东南是东寨村。遗址处地势平坦，面积约 30 万平方米。遗址的中北部是炼炉区，至今仍保存 21 个残炉址，见图 9-3-4。遗址的南部是生活区，布满了砖块、瓦片、陶片和瓷片。

炼炉区的遗物，主要是矿粉、炉壁残块和炼渣，陶瓷片较少。据村干部介绍，1974 年上半年挖矿粉卖出 1625 吨，21 座残炉址就是在挖矿粉过程中发现的。保存较好的炉址仅有四个，其中 1、4 号两炉底残留的炉衬层均为五层，2 号炉炉底的炉衬是八层，底径 1.3 米。4 号炉底虽被挖掉，但残块均在，可拼对复原知其概貌。5 号炉的炉缸墙分三层：外层仅残留弧形砖的痕迹；中层是扇形砖，长 20 厘米、窄端 22.5 厘米、宽端 26.5 厘米、厚 8.0 厘米；内层是弧形砖，断面呈正方形，长 22.5 厘米，宽、厚 8.0 厘米，内面糊一层炉衬并被熔融。用于炼炉的耐火砖，均为红胶泥掺大量角砾制成，此类耐火砖在东冶遗址也有发现。红色砂质河卵石炉壁，经原林县钢铁厂分析 SiO_2 64.62%、CaO 5.43%、Al_2O_3 13.48%、MgO 4.77%，具有很好的耐高温性。炼渣含 SiO_2 52.79%、CaO 24.45%、MgO 9.33%、MnO 0.27%、S 0.102%。该遗址的矿粉含铁量在 40% 以上。残铁块含 SiO_2 38%、S 4.70%。

从出土陶瓷片分析，自唐经宋至元代均有，以宋元遗物最丰富，说明此处冶铁的盛世是在宋元时期。

当地农民盛传，申村原在林虑县城内。申村北边的"城北"村，就在县城北边；村西还有观、寺、庵、院等遗迹。上述古地名与宋林虑县城有关，冶铁作坊遗址亦应是县城的组成部分。前述 21 座炼炉，能够看出结构的有两种：一为河卵石建造的炉是冶铁炉；二为用弧形砖建造的炉应是熔铁炉，虽然调查时未找到铸范，仍可以认为此官冶作坊应兼熔铸。

(三) 桐柏县冶铁遗址

1. 张畈汉代冶铁遗址

张畈遗址位于桐柏县固县镇东 7 公里余的张畈村东南边，东临毛集河，南接小河，为两水交汇处，面积 9400 平方米。遗址与毛集河之间是 6～8 米高的两层台地，炼渣堆积较薄，残存一座陶窑。遗址与小河之间，仅有两层很低的台地，由下而上的第一台地里，炼渣、矿粉和炼炉壁残块堆积最多，层厚达 3 米左右；第二台地除有炉址外，也有矿粉和炼渣堆积。

遗址的中部北部为矿石和矿粉的堆积区，1958 年在这里挖矿粉时，矿粉堆积达 5 米之厚，从矿粉的断面看，矿粉堆积层向西南延伸到张畈村内。这一情况说明遗弃矿粉甚多，而且这一区域是储存矿石、整粒和筛选的场所。经化验，矿粉含铁 60%。

遗址内散存炉壁甚多。炉壁外层残块有夯窝痕迹，内层炉壁残块有夹砂和不夹砂两种，亦有夯窝痕，一侧被熔融。另一种内层炉壁残块，夹大量木炭屑和砂粒，与古荥、巩县黑色耐火材料相同。还有的汉代长方砖的一端烧熔，根据烧熔的特点看，似用此类砖建造炉口部位。

遗址的渣量最多，除了有与其他汉代冶铁遗址相类似的黑色琉璃状、灰色琉璃状渣外，此处还有与汉代冶铁遗址不同的炉渣，其特点是大小不等的孔特多，呈泡沫状，重量极轻，非常松脆，颇似在高温下向渣泼水而形成的水渣。可能的目的是便于粉碎、利于运出。

农民在多年的农耕动土、挖掘铁矿粉的过程中，挖出了铁锄、铁锤、铁砧、铁斧、铁刀、铁板、三角铁等铁器。在遗址各处的陶片、瓦片甚多，陶片中有盆、罐和鼓风管片等。陶器、陶盆残存口部，双唇，素面，泥质黑灰色，具有西汉特点。陶罐残存腹部，因烧制温度过高而变形，饰小方格纹和轮旋纹，细泥深灰陶。陶鼓风管残存拐角处，外饰细绳纹，内有横绳纹，泥质深灰陶，具有西汉特点。还有较多的东汉和六朝时期的陶片。

瓦可分为板瓦、筒瓦两种，均具有东汉特点。

从上述遗物特点看，西汉和六朝的遗物为数较少，而东汉遗物为数最多。此遗址始于西汉而终于六朝，而冶炼的兴盛时期在东汉。

2. 毛集铁楼村遗址

遗址位于桐柏县毛集镇王湾村的前、后铁楼村之间一带，西靠山，东临毛集河，面积约 4 万平方米，见图 9-3-5。

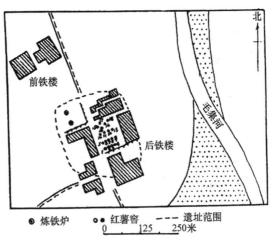

图 9-3-5　桐柏县毛集铁楼村冶铁遗址

遗址被村房覆盖二分之一以上的面积，在房屋之间的空地和村边看到较多的碎铁渣。在村中部、西北部的空地和菜地的 18 个红薯窖的周壁上，均有炼铁渣块、板瓦和筒瓦等。其中有三座窖的周壁文化层最厚和遗物最多。在红薯窖区域内，在挖窖的过程中，翻出许多炉壁残块，均为夹炭屑和砂与黏土混合并经夯筑的黑色材料，厚 4～5 厘米。还有表面饰绳纹和内饰布纹的汉代瓦片，六朝瓦片更多。

在遗址西北角为农民的菜地，炉壁残块和灰色烧土块较多。当地农民说，在这里曾挖出两个圆形炼炉。再往西北，矿石粉较多，看来此处是储存和矿石整粒场所。根据上述遗物特点，该遗址的冶炼时间可能是东汉早期到六朝。

(四) 鲁山县望城岗汉代冶铁遗址

望城岗遗址，位于鲁山县城南关外，即南关与望岗村之间，以南关向望城岗村的小路一带地势较低，往东和往西 150 米处，各有一隆起的岗地。北距护城河约半公里，南距望岗村 200 米，一条大水渠从遗址南边自西向东穿过，见图 9-3-6。

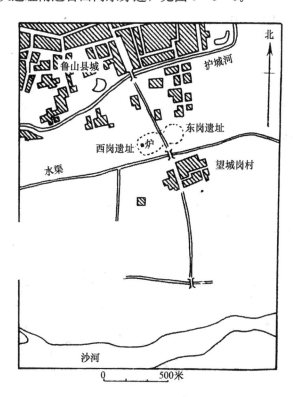

图 9-3-6 鲁山县望城岗冶铁遗址位置图

1. 西岗遗址

位于南大路的西边，路两侧的小断崖上，可以见到汉代文化层和陶片与碎铁渣。东西近 200 米，南北长 170 米，西高东低。西边最高处为现代浇地的机井，机井打破了炼铁炉的西部。

调查时刚犁过地，翻上来的炼炉墙内外层的土不乱，清楚看出炉子的内外直径和材料特点。炉腔椭圆形，东西方向，内径约 2.2～3.6 米，内填灰土，说明炉腔 (缸) 保存尚好。炉壁分为两层，内层厚 1.2 米，内径即炉腔，外径 6.0 米，系用木炭粉、石英砂粒和胶泥混合材料夯筑；外层厚 1.2~2.0 米，外径 7.2~8 米，是用红色胶泥土羼砂夯筑。此炉用料、筑炉方法和形状，与郑州古荥镇汉代炼炉相同，但保存比古荥炉为好。

在遗址内散布着大量的碎铁渣、炉壁残块、红烧土块及外绳纹内布纹的板瓦和筒瓦片，还有汉代的陶盆片和陶罐片等。

2. 东岗遗址

位于大路的东边，当地农民称为"煤渣岗"，西与西岗遗址相对。岗中隆起而周低，略呈圆形，东西长 170 米，南北约 120 米。该遗址开辟为田地很晚，挖出大量的较大的炼渣块、炼炉壁残块、熔炉壁残块和鼓风管残块。炼炉壁残块与西岗炼炉相同。熔炉壁残块和鼓风管残块，也和南阳瓦房庄汉代冶铁遗址相同。有少量的陶盆、陶罐残片。

图 9-3-7　鲁山望城岗犁铧泥模"阳一"铭文

上述两岗内，在农民耕种中曾挖出有犁铧泥模、镢、锄范。1 件铧模上有"阳一"铭文，如图 9-3-7 所示，可知鲁阳（今鲁山县望城岗）作坊使用的是南阳郡铁官第一号作坊提供的模具。同时说明该遗址的生产是既冶炼又铸造。西岗所见陶瓦片：盆口沿有平沿、弧沿；瓦的正面饰绳纹，背面饰麻坑纹和方格纹、布纹等，从西汉到东汉都有。

在遗址的周围 6 公里、20 公里、40 公里处的青石山、观音山、西山都有铁矿。据分析含铁 56.32%，含硫 0.088%，属于高铁低硫的优质矿。

（五）南召县宋代冶铁遗址

1. 下村冶铁遗址

下村冶铁遗址位于南召县太山庙乡下村的南地。东距鸭河主航道 250 米，南距季节性小河 5 米。遗址周围的龙脖子山、蜘蛛头山都有铁矿和宋代开采的坑穴。图 9-3-8 是南召县太山庙下村冶铁遗址平面图。

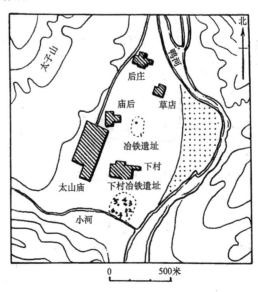

图 9-3-8　南召县太山庙下村冶铁遗址平面图

遗址面积 1.6 万平方米，现残存炼炉 7 座，其中 6 号炉残高 3.9 米，炉壁厚 0.8～1.0 米，内径 3.5 米，外径 6.1 米。7 号炉高 3 米，内径 2 米，外径 5 米。其他各炉保存较差。炼炉壁均采用河卵石砌筑，石缝间填耐火泥，石壁外是一层 0.5 米厚的火烧土层。各炉尺寸见表 9－3－1。

表 9－3－1　下村残存炼炉尺寸表　（单位：米）

编号	残高	内径	外径	壁厚	备注
1 号炉	0.4～2.0	3.5	4.5	0.4～0.8	
2 号炉	0.5～1.3		2.0～4.0	0.5～0.9	平面形体略方
3 号炉	2.5	1.7	3.5	1.0	
4 号炉	0.3～1.1			0.8～1.0	
5 号炉	0.3～1.0	2.3	3.5	0.4～0.8	有炉衬
6 号炉	1.0～3.9	6.1	6.1	0.5～2.0	
7 号炉	0.5～3.0	5.0	5.0	0.4～1.7	炉内熔融

保存最好的 6 号炉（图 9－3－9）炉腔的上部筑成 78 度～80 度内倾炉身角，说明圆形炼炉内型结构有重大进步。这是因为高炉在冶炼运行中，炉内煤气上升，煤气温度随着上升而逐渐降低，煤气体积也收缩，从炉顶装入的炉料，在下降的过程中逐渐加热，炉身内倾结构恰好适应这种变化，从而改善恶劣煤气分布，节省大量能源。还因为炉身内倾，煤气沿炉壁气流发展，有利于冶铁竖炉顺行，炉料在炼炉上部时呈现固体状态，而炉身内倾后，大大减少炉料对炉壁的摩擦，延长炼炉的寿命。关于冶铁竖炉上部形状的变化，缺少完整资料，因为保留下来的古代竖炉上部多毁坏，因此，中国何时出现炉身角尚不清楚。下村的冶铁竖的炉遗址，为我国冶金史提供了重要的实物标本，它的炉身角及保留的炉体内壁，是研究我国冶铁竖炉史的重要资料。

炉壁结构分两层，内层用河卵石砌筑，这种

图 9－3－9　南召县发现的宋代
6 号冶铁竖炉遗迹

石砌高炉的结构，以前在国内也有发现，但下村遗址的高炉炉缸部位，砌筑的比较细致，烧结后没有缝隙，储存铁水不渗漏。相反的是炉体上部砌筑较粗糙，特别是在靠近黏土处的外壁的岩石形状不规则砌筑随便、不规整，说明筑炉工匠已对高炉上部在冶炼过程中的破坏情况有充分认识。上部炉料基本是固体，对炉墙破坏作用少，特别是炉身内倾后炉墙和炉料间的摩擦减少，这使炉墙寿命比下部长，当时的工人已知这些特点，精粗兼取，节省筑炉工时。

在调查中，选择典型矿石和炼渣进行分析，详见表 9－3－2。从分析材料看出，南召县铁矿石属自熔性的，含钙较高，在冶炼时只需加少量石灰石即可。含硫只有 0.007%、磷

0.003%，硫、磷是有害杂质，其含量越低越好，越低可炼出优质铁，说明龙脖子山矿是优质矿。然而从矿石和渣的成分对照，渣中 FeO 和 SiO_2 波动较大，看来当时此处冶炼工匠尚未掌握配料规律。

该遗址位于两河的交汇处，尤其距小河最近，具有利用水力鼓风的条件。近代的人们就在这一带沿岸建有水力打磨、水力打碾、水力轧棉机房等设施。在古代利用水力鼓风是有可能的。

表 9-3-2　矿石、炼渣分析表

样品来源	样别	样号	成分/%								
			P	S	SiO_2	Al_2O_3	CaO	MgO	MnO	FeO	Fe
龙脖子山	矿石		0.003	0.007	5.94	0.69	9.5	22.14	1.36	11.2	41.27
下村	炼渣	1		0.028	49.27	12.03	16.20	14.09	0.83	4.96	
下村	炼渣	2		0.042	53.76	16.45	12.00	8.34	0.50	5.75	
下村	炼渣	3		0.030	61.60	6.92	10.90	9.28	1.16	8.45	
下村	炼渣	4		0.019	53.96	16.04	10.00	4.25	0.78	6.80	
下村	炼渣	5		0.034	51.36	13.21	12.00	9.49	0.68	7.90	
下村	炼渣	6		0.070	61.14	6.50	11.10	10.06	1.30	7.83	
鲁山望城岗	矿石		0.125	0.008	5.85	2.67	0.88	0.23	0.39	0.29	56.32

关于遗址的年代，以前调查认为是汉代，此次调查发现可能到宋代前后。调查发现：7个炼炉打破的地层内以及炉群西部以西，有西周时期的陶鬲足、东周的陶豆足，以及陶罐、钵、盆等残片。炉群内外的断岸上没有见到汉代地层，仅在地面见到极少的汉代板瓦、筒瓦片和盆片；在5号炉以西10米处有座被破坏的汉代砖室墓，散存有券顶部的楔形砖，砌于壁的几何纹、鱼纹砖，说明在汉代此为墓地。7号炉壁全为河卵石砌筑，与郑州古荥、巩县铁生沟、鲁山望城岗、徐州利国驿汉代炉完全不同，但却和河北磁县、安阳粉红江、林县（州）铁炉沟等宋代炼炉相同。再者，遗址的西、北两面为一较大面积的居住遗址，在此范围内分布丰富的宋元时代的瓷片和陶片，但均甚破碎。以白釉瓷片为最多，汝瓷片极少，还有一些素面内布纹的宋代板瓦片和小砖残块。在白釉瓷片中，可看出器形的有碗、碟、盘、罐。根据上述特点，此遗址的年代应是从宋到元。

　2. 庙后村冶铁遗址

庙后村冶铁遗址在下村冶铁遗址北不足1公里，紧靠鸭河边沿。面积1.4万平方米。残存一座炼炉，残高1.8米、直径2米，炉壁残厚0.2～1.0米。筑炉材料和结构同下村炉。炉子周围炼渣较多，约有630立方米。地面散存的瓷片很少，釉色和器形与下村瓷片同。

附：关于林县、安阳古铁矿冶遗址部分标本的化验数据的说明[①]

　1. 关于炉渣

共分析了以下几种炉渣（表 9-3-3）。

---

① 李京华等，河南五县古代冶铁遗址调查及研究，华夏考古，1992，（1）：44～62。

表 9-3-3　林县、安阳古铁矿冶遗址部分标本化验数据

原编号	炉渣出土地点	S/%	SiO_2/%	CaO/%	MgO/%	MnO/%
1	东冶遗址炉渣	0.14	48.73	23.24	9.55	0.21
6	申村遗址炉渣	0.102	52.79	24.45	9.33	0.27
8	铧炉遗址炉渣	—	43.84	19.60	10.48	—
9	后堂坡遗址炉渣	—	54.26	25.20	11.69	—

四种炉渣的成分相当近似，有以下共同特点：

(1) 属于酸性渣，碱度很低，一般渣碱度以 CaO/SiO_2 表示，也有用 $(CaO+MgO)/SiO_2$ 表示的，以上四种渣的碱度计算如下：

CaO/SiO_2	$(CaO+MgO)/SiO_2$
0.48	0.69
0.47	0.64
0.45	0.69
0.475	0.68

这说明四种渣的碱度基本相同，都是比较低的，而现代炼铁的炉渣 CaO/SiO_2 大约为 1.0～1.1 左右。这种酸性渣凝固后断口呈玻璃状，熔点较低，流动性较好，对冶炼操作有利，缺点是去除硫的能力较差，因此只要原料含硫不高就尽量采用较酸的渣来冶炼。

从四处遗址渣的外观来看，断口多呈玻璃状，熔化情况和流动性良好。渣中几乎不带铁，说明造渣的技术水平是相当高的。

(2) 渣中都含较高的 MgO（氧化镁），大约为 10% 左右，这个数值与现代炼铁炉渣的 MgO 含量几乎一致。一般矿石中含 MgO 不多，因此需人为加入含 MgO 的熔剂（如白云石）才能使渣中 MgO 达到这样高，而安阳地区的铁矿石中，据说含 MgO 较高的不少。可以推测，古代炼铁时或者有意采用含 MgO 较高的矿石，或者有意使用了白云石之类的熔剂。在现代炼铁时加白云石提高渣中的 MgO 含量到 8% 上下，是 20 世纪 50 年代末期的新技术之一。渣中适当增加 MgO 含量有利于炉况顺行，增加渣的流动性和去硫的能力。

(3) 渣中含 MnO（氧化锰）很少，估计是矿石中原来就含有，而不是外加的锰矿。如果是有意加的锰矿，那就能改进渣的流动性和其他性能。

(4) 渣中含硫不高，现在一般炼铁炉渣中含硫约 1% 左右，而以上四种渣均为 0.2% 左右，这可能与原料和燃料中含硫低有关，也可能是用木炭做燃料（因木炭含硫很低），也可能是因为酸性渣去硫能力差，硫跑到生铁中去了，例如后堂坡大铁柱中含硫高达 1.071%。

2. 关于耐火材料

砌于炼炉周壁红色砂质石和白色矿质石，都属同一类型，其特点都是含 SiO_2（二氧化硅）高，东冶遗址的白砂石含 SiO_2 76.21%，申村红砂石含 SiO_2 64.62%。这种高硅质石头具有较高的耐火性能，古代人民认识到这点，而且就地取材。

另有打结成型的弧形耐火砖，砖中羼较粗的砂粒和细的黏土，这样可以提高耐火度，也不易开裂。在没有化学分析的条件下，能够选择并合理使用这些材料，只能是具有丰富实践

经验的冶铁工匠才能做到。

3. 关于生铁

(1) 后堂坡大铁柱是一种含碳低的生铁，碳含量只有 2.50%，而一般现代生铁则为 4.0% 左右。

(2) 含硅量相当于现代平炉用的生铁水平，故呈白口铁。

(3) 含硫高，可能矿石中有黄铁矿等高硫成分，与渣太酸也有关系。含硫正常，锰很少。

三　宋代的行炉

宋代有一种以移动方便而得名的"行炉"见图 9-3-10。

当时，不仅把行炉当作化铁设备，而且当作武器，"行炉熔铁汁，异行于城上，以泼敌人。"炉子外呈方形，梯形木风箱与炉子一起安装在木架上，箱盖板上安装两个推拉杆，两人同时推拉。行炉的发明，反映了我国古代铸铁技术的普及。

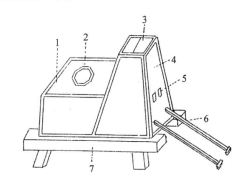

图 9-3-10　北宋"行炉"复原图
1. 炉；2. 炉口；3. 梯形木风箱；4. 木风箱盖板；
5. 箱盖板上的活门；6. 风箱的推拉杆；7. 木架

第四节　元明清时期的冶铁竖炉

一　元代竖炉

《弘治徽州府志》卷三《食货》记载有元代初年徽州府婺源州的铁产地和冶炼情况，婺源州有铁炉五座，设在朱村、蟠坑、双桥、鱼坑、大塘，至元十九年（1282）"五炉岁课一万四千四百斤"，后来因"岁久矿脉耗竭，无可煽炼，各人逃居"，五炉先后废弃。元代的"岁课"一般是铁产量的 20%，五座炼铁炉的"岁课"14 400 斤，那么，其年产量共有 72 000 斤，平均每座炉的年产量有 14 400 斤。根据《弘治徽州府志》和《嘉靖徽州府志》所引胡升所记载元代初年婺源州的炼铁情况[①]：

"凡取矿，先认地脉，租赁他人之山，穿山入穴，深数丈，远或至一里。矿尽又穿他穴。凡入穴，必祷于神。或不幸而复压者有之。既得矿，必先烹炼，然后入炉。煽者，看者，上矿者，取钩（矿）沙者，炼生者，而各有其任。昼夜番换，约四五十人。若取矿之夫、造炭之夫，又不止此。故一炉之起，厥费亦重。或炉既起，而风路不通，不可熔冶；或风路虽通而熔冶不成，未免重起，其难如此，所得不足以偿所费也。"

这里具体描写了当时开矿、筑炉和冶炼的情况。所说"凡取矿，先认地脉"，就是要预先探测好矿藏。所说"入穴深数丈，远或至一里"，是说当时开矿要深达几丈以至一里。所

---

① 杨宽，中国古代冶铁技术发展史，上海人民出版社，1982 年，第 172～173 页。

说"或不幸而复压者"，是说不免要发生矿井倒压的事故。所说"既得矿，必先烹炼，然后
入炉"，是说当时送入炉中的矿石要经过焙烧。我国从汉代以后，对入炉的矿石采用砸碎、
筛分的方法，十分费力。这时在入炉前改用焙烧方法，不但可以使矿石经过焙烧而破碎，而
且矿石经过焙烧，更可以使酸铁分解，这都有利于加速冶炼的进程。所谓"煽者"，是鼓风
的工人；"看者"，是指观察炉况的工人；"上矿者"，是指送原料入炉的工人；"取钩矿沙
者"，是指转运矿砂原料的工人；"炼生者"，是指炼成生铁的工人。说明当时每炉工人的分
工已很明确，因为每一工种都必须有一定技术。所说"昼夜番换，约四五十人"，是说昼夜
轮流换班，共四、五十人，那么每炉每班工人有二十多人。胡升是宋末元初的人，他所描写
的只是婺源州的炼铁情况。当时婺源州并不是重要产铁地区，前后冶炼的时间也不长，不久
就因矿源耗竭而废弃，因此胡升所描写的只是当时一种小规模的炼铁情况，但是从中可以看
出当时冶铁技术已经达到相当高的水平。

　　到了元代至顺元年（1330）对冶铁竖炉已有了文字记述[①]。陈椿在《熬波图》一书中绘
制了铸造铁拌（盘）图，见图9-4-1。

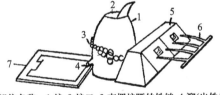

部位名称：1.炉　2.炉口　3.束捆炉腰的铁链　4.溜（出铁口）
5.鞴（长柜形木风箱）　6.推拉杆　7.铸泻铁盘用的方塘

图9-4-1　元代陈椿《熬波图》绘制的化铁炉
（采自陈椿《熬波图》第37图，1330年绘成）

　　虽然描绘的是铸造铁盘的化铁炉，但和炼铁炉有相似之处，其说明写道："镕铸拌
（盘），各随所铸大小，用工铸造，以旧破锅镀铁为上。先筑炉，用瓶砂、白膳、炭屑、小麦
穗和泥，实筑为炉。其铁拌（盘），沉重难秤斤两，只以秤铁入炉为则，每铁一斤，用炭一

────────────
　①　陈椿，熬波图铸造铁盘图说明，转引自中国冶金简史，科学出版社，1978年，第147~148页。

斤，总计其数。鼓鞴煽熔成汁，候铁镕尽为度。用柳木棒钻炉脐为一小窍，炼熟泥为溜，放汁入拌（盘）模内，逐一块依所欲模样泻铸。如是汁止，用小麦穗和泥一块于木杖头上抹塞之即止。拌（盘）一面，亦用生铁一二万斤，合用铸冶工食（时）所费不多。"这段记载及其绘图，说明了元代化铁炉的炉型、结构、耐火材料及冶炼操作技术。这种炉子一次能化铁一、二万斤，容积是不小的。所用燃料同铁的比例是1：1，可见燃料用量在当时也不算很高。"铸冶工食所费不多"一方面说明这种炉子已有改进，功效比过去提高。这种炉型有以下特点：首先，是炉顶利用热能和还原气体（一氧化碳），加速铁矿石的还原反应。同时，由于上口小，下部炉膛大，形成一个自然斜坡，使炉料顺行，不易造成悬料等事故。其次，炉子下部收口，形成炉缸，能集中热量，有利于金属熔化。"炉脐"上的"窍"和"溜"作为出铁口，也是很大改进。因为，一般炉壁都厚约一米左右，如果出铁口也深一米，则既不便打开也不易堵住出铁口，还可能造成铁水在出铁口凝固的事故。因此，把炉脐处挖进一个洞，使炉壁变薄，然后在口外加一槽，以引出铁水。当铁熔尽时，用柳木棒钻"炉脐"为一小孔，铁水顺槽而流入铸盘。当铁水流尽时，用小麦穗和泥一块置于木杖头上，塞住出铁口，即可继续冶炼。这种"炉脐"上的"窍"和"溜"的结构形式及其操作工艺，与近代的土高炉相比基本相同[1]。

改进耐火材料，在炉温不断提高的情况下，对延长炉子的寿命有重要作用。耐火材料是筑炉用的非金属材料，对其性能要求是能够耐高温并抵抗铁水、炉渣、热气流等的冲击和侵蚀。根据耐火材料主要成分的化学性质，分为酸性的、碱性的和中性的。从元代陈椿的"熬波图"的记载可知，当时筑炉所用耐火材料为瓶砂（即碎陶瓷末，相当于现代的熟料）、白膳（即白色耐火土）和炭屑。炭在非氧化气氛下是一种很好的耐高温材料，并具有较好的抵抗炉渣侵蚀的性能。

二　明清时代冶铁竖炉的改进及冶炼技术

河北省武安县矿山村有一座明代（一说宋代）冶铁竖炉遗迹，仅存半壁，残高6米，外形呈圆锥形，具有炉身角，实测炉直径3米，内径2.4米，估算炉容为30立方米，如图9-4-2[2]所示。刘云彩依据照片，估量各部比例和尺寸，绘出矿山村复原简式图[3]，如图9-4-3。

明代的高炉，叫做大鉴炉（有人认为"鉴"是"竖"字之误）。《明会典》卷194《遵化铁冶事例》曾说：遵化铁冶厂在正德四年（1509）大鉴炉十座，共炼生铁486 000斤，六年（1511）开大鉴炉五座，炼生铁如前。嘉靖八年（1529）以后，每年开大鉴炉三座，炼生板铁180 800斤，生碎铁64 000斤。从这里，可知明代遵化冶铁炉的生产率是在提高，正德六年比正德四年提高了一倍。遵化铁冶厂每年十月上工，到次年四月放工，只生产六个月。从这里，又可知明代的一个冶铁炉在六个月中已能炼出生铁97 200斤，约486吨[4]。明代遵化

① 陈椿，熬波图铸造铁盘图图说明，转引自中国冶金简史，科学出版社，1978年，第147~148页。
② 柯俊、韩汝玢，调查河北武安县明代冶铁竖炉遗迹资料。
③ 刘云彩，中国古代高炉的起源和演变，文物，1978，(2)：18~27。
④ 杨宽，中国古代冶铁技术发展史，上海人民出版社，1982年，第174页。

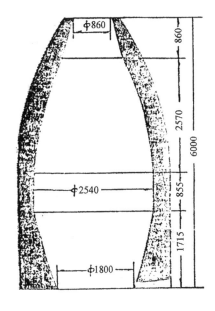

图 9-4-2　河北武安县矿山村明代冶铁竖炉遗迹　　　图 9-4-3　矿山村明代冶铁炉复原简式图

的大鉴炉,是当时一种较大的高炉,明人朱国桢《涌幢小品》成书于 1622 年卷四《铁炉》条和清孙恩泽《春明梦余录》卷四六《铁厂》条,曾有具体的描写:

"遵化铁厂(《春明梦余录》作'京东北遵化境有铁炉')深一丈二尺,广前二尺五寸,后二尺七寸,左右各一尺六寸,前辟数丈为出铁之所。俱石砌,以简千石为门,牛头石为心。黑沙为本,石子为佐,时时旋下,用炭火,置二鞴扇之,得铁日可四次。妙在(《春明梦余录》无此两字)石子产于水门口,色间红白,略似桃花,大者如斛,小者如拳,捣而碎之,以投于火,则化而为水。石心若燥,沙不能下,以此救之,则其沙始销成铁。不然则心病而不销也,如人心火大盛,用良剂救之,则脾胃和而饮食进,造化之妙如此(《春明梦余录》无'不然则'至'造化之妙如此'一段)。……生铁之炼,凡三时而成,……其炉由微而盛,由盛而衰,最多九十日则败矣。"

遵化铁厂是明代主要冶铁基地,政府制造军器需要的铁就完全取自该厂。正德年间傅俊曾主持该厂。傅俊字汝原,福建南安人,以工部郎中在正德年间主持该厂,并著有《铁冶志》二卷,著录于《明史·艺文志》。上述《涌幢小品》、《春明梦余录》关于该厂高炉及其冶炼技术的记载,基本相同,当即出于傅俊所著《铁冶志》。这里,值得注意的有下列四点[1]:

(1) 这种高炉深达 1 丈 2 尺,合今 3.804 米[2]。所谓"广前二尺五寸",是指前面出铁口的内径 2 尺 5 寸。所谓"后二尺七寸",是指后面出渣口的内径 2 尺 7 寸。所谓"左右各一尺六寸",是指两侧鼓风口的内径各 1 尺 6 寸。

(2) 整个炉身全用石头砌成,以"牛头石"做成炉的内壁,以"简千石"做成炉门,用

---

[1]　杨宽,中国古代冶铁技术发展史,上海人民出版社,1982 年,第 175 页。

[2]　据武进袁氏所藏"明嘉靖牙尺",长 0.317 米,参看杨宽著《中国历代尺度考》,商务印书馆 1955 年 5 月重版。

二个风箱鼓风。

（3）炼铁时，"黑沙为本，石子为佐，时时旋下"。就是以"黑沙"为原料，以"色间红白，略似桃花"的石子作为熔剂，陆续按时由炉口投入旋下。"黑沙"当是小块黑色矿石，可能是磁铁矿。"色兼红白，略似桃色"的石子，该是一种淡红色的萤石（即氟石，亦即氟化钙）。这种捣碎的熔剂，熔点很低，投入炉火中，便"化而为水"。因为它是一种良好的熔剂，所以"石心若燥，沙不能下，以此救之，则其沙始消成铁"。

（4）这种高炉，每3个时辰（6小时）出铁1次，每天可以出铁4次，最多能连续使用90天。

从上述四点看来，明代炼铁高炉已有较大规模和效能，并已使用很好的熔剂。

明人卢若腾《岛居随录》卷下"制伏"部分说："铸铁不销，以羊头骨灰致之，则消融。"这该是由于某种铁矿石不容易熔化，所以又采用含磷丰富的骨头作为熔剂了[①]。

明代由于冶铁炉较大，冶铁炉较多的铁厂，就需不少开矿、烧炭和冶铁的工人。据《明会典》卷194《遵化铁冶事例》，明代遵化铁冶厂在永乐年间（1403～1424）每年有民夫1366名、军夫924名、匠270名。在正统三年（1438）有民夫683名、军夫462名、烧炭匠71名、淘沙（铁沙）匠63名、铸铁等匠60名。此外还有轮班匠630名，按季分成四班。在嘉靖七年（1528）有民夫410名、军夫425名、匠268名、轮班匠410名。总计此厂工人最多时达二千五百多人，最少时也有一千五百多人。又据张萱《西园见闻录》卷四〇《蠲账》条，福建尤溪铁厂，炉主"招集四方无赖之徒，来彼间冶铁，每一炉多至五、七百人。"[①]

《天工开物》卷十四《五金》记载："凡铁炉用盐做造，和泥砌成，其炉多傍山穴为之，或用巨木框围。塑造盐泥，穷月之力，不容造次，盐泥有罅，尽弃全功。凡铁一炉，载土二千余斤，或用硬木柴，或用煤炭，或用木炭，南北各从利便。扇炉风箱，必用四人、六人带拽。土化成铁之后，从炉腰孔流出，炉孔先用泥塞，每旦昼六时，一时出铁一陀，既出，即又泥塞，鼓风再熔，凡造生铁为冶铸用者，就此流成长条圆块，范内取用。"

《物理小识》卷七《金石类》也说："凡铁炉用盐和泥造成。"由此，可知明代的一般的高炉都用盐和泥砌成，这种泥要经过长时间的捶炼，有的靠山穴筑成，有的用大木柱框围起来。一般的冶铁炉，大风箱要用四人或六人才能鼓动，每炉可以装入矿砂2000斤，每一个时辰（即2小时）可以炼出一炉铁，如果按照"每矿砂十斤可煎生铁三斤"来计算[②]，明代一般冶铁炉在2小时内已能炼出600斤铁了。

明代还有一种可以抬走的小型高炉，以便冶铸铁器之用。《天工开物》卷八记述一种冶铁炉，是专门用来铸造千斤以下的钟的。据说，"炉形如箕，铁条作骨，附泥做就。其下先以铁片圈筒，直透作两孔受杠，穿其炉垫于土墩之上。各炉一齐鼓鞲熔化，化后以两杠穿炉下，轻者两人，重者数人抬起，倾注模底孔中，甲炉既倾，乙炉疾继之，丙炉之疾继之，其

---

① 杨宽，中国古代冶铁技术发展史，上海人民出版社，1982年，第175、176页。

② 《清文献通考》记乾隆二十九年四川总督阿尔泰奏："屏山县之李村、石堰、凤村及利店、茨藜、荣丁等处产铁，每矿砂十斤可煎生铁三斤，每岁计得生铁三万八千八百八十斤，请照例开采。"三十年阿尔泰奏："江油县木通溪、和合硐等处产铁，每矿砂十五斤可煎得生铁四斤八两，每岁得生铁二万九千一百六十斤。"三十一年阿尔泰又奏："宜宾县滥坝等处产铁，每矿砂十斤煎得生铁三斤，每岁计得生铁九千七百二十斤。"转引自杨宽，中国古代冶铁技术发展史，上海人民出版社，1982年，第176页。

中自然粘合。"《天工开物》卷八所附"铸千斤钟与仙佛像"图，绘有这种冶铁炉的形状。这种小高炉，该是由当时的高炉缩小而制成，为了便于移动的，如同宋代的行炉一样。

明代各地所产生铁以南方的较为优良。李时珍《本草纲目》卷八《金石部・铁》条说："铁皆取矿土炒成。秦、晋、淮、楚、湖南、闽、广诸山中皆产铁，以广铁为良。甘肃土锭铁，色黑性坚，宜作刀剑。西番出镔铁，尤胜。《宝藏论》云：铁有五种，荆铁出当阳，色紫而坚利。上饶铁次之。宾铁出波斯，坚利可切金玉。太原、蜀山之铁顽滞。……"

明代唐顺之《武编》前编卷五《铁》条也说："生铁出广东、福建，火熔则化，如金、银、铜、锡之流走，今人鼓铸以为锅鼎之类是也。出自广者精，出自福者粗，故售广铁则加价，福铁则减价。"

明末清初屈大均《广东新语》卷十五也说："铁莫良于广铁。"但也有称许闽铁的。方以智《物理小识》卷七《金石类・铁》条注引方中通说："南方以闽铁为上，广铁次之，楚铁止可作钼。"茅元仪《武备志》卷一一九《制具》条和赵士桢《神器谱》讲到"制威远炮用闽铁，晋铁次之。"《神器谱》还说："制铳须用福建铁，他铁性燥不可用。"当时广东、福建一带生产的生铁，品质所以优良，首先是由于冶炼技术比较先进，其次是由于是使用的铁矿石和作为渗碳剂、燃料的木炭质量都较好。当时冶炼广铁所用矿石，主要是广东云浮的沼铁矿及褐铁矿。《大清一统志》（乾隆八年修）(1743) 记载："罗定州东安县（今广东云浮县）大台山，在县东北二十里，又五里有铁山，产铁矿，剖之皆竹箨（竿）树叶之形。旧尝置炉与此。"这就是一种含有第三纪植物化石的沼铁矿。这种铁矿所含硫磷等杂质很低。《广东新语》说："广中产铁之山，凡有黄水渗流，则知有铁。掘之得大铁矿一枚，其状若牛，是铁牛也。循其脉路，深入掘之，斯得多铁矣。"从书中描写来看，这肯定是一种褐铁矿的矿床。

清代冶铁炉的规模，大体上和明代相同。明末清初屈大均《广东新语》卷十五《货语》的《铁》条，记述广东冶铁炉的情况说：

"炉之状如瓶，其口上出，口广丈许，底厚三丈五尺，崇半之。身厚二尺有奇。以灰沙盐醋筑之，巨籧束之，铁力、紫荆木支之，又凭山崖以为固。炉后有口，口外为一土墙，墙有门二扇，高五六尺，广四尺，以四人持门，一阖一开，以作风势。其二口皆镶水石，水石产东安大绛山，其质不坚，不坚故不受火，不受火则能久而不化，故名水石。"

"凡开炉，始于秋，终于春。……下铁丱（矿）时，与坚炭相杂，率以机车从山上飞掷以入炉，其焰烛天，黑烛之气数十里不散。铁丱既溶，液流至于方池，凝铁一版取之，以大木杠搅炉，铁水注倾，复成一版，凡十二时，一时须出一版，重可十钧。一时而出二版，是曰双钧，则炉太王（旺），炉将伤，须以白犬血灌炉，乃得无事。……"

"凡一炉场，环而居者三百家，司炉者二百余人，掘铁丱者三百余，汲者、烧炭者二百有余，驮者牛二百头，载者舟五十艘，计一铁场之费，不止万金，日得铁二十余版则利赢，八九版则缩，是有命焉。"

由此可见，清初广东冶铁炉高有一丈七八尺，底部直径有 3 丈 5 尺，口部直径约有 1 丈，整个炉的内部好似瓶形。炉的身部厚 2 尺多，用灰沙和盐醋调和后筑成，筑成后用巨籧捆束，并用铁力紫荆木加以支撑，使之牢固。炉门和通风口都镶有耐火的"水石"。通风口在炉后面，口外有土墙，墙大装有高五六尺、阔 4 尺的门两扇，作为鼓风设备。这种运用门扇的鼓风设备，该是宋、元时代"木扇"的进一步发展。炉靠山崖建筑，还装置有"机车"，铁矿石用机车从山上抛掷到炉中。这时炼炉已有这样的上料机械设备，也是炼炉结构上重大进步。每一炼炉每一个时辰，可炼出重达 10 钧（300 斤）的生铁板一版。这里，既说每炉每个时辰可出铁一版，又说一个炉场每天得铁二十余版，司炉者二百余人，可知当时一般炉场日夜有炉二座炼铁，每炉工人有一百多人。每炉每个时辰出铁一版重 300 斤，可以日产铁 3600 斤，约 1.8 吨。以开炉时间"始于秋、终于春"两个季度六个月计算，每炉年产量约 324 吨。[①]

道光初年严如煜《三省边防备览》卷十记述陕西汉中一带的冶铁炉情况说：

"铁炉高一丈七八尺，四面椽木作栅，方形，坚筑土泥，中空，上有洞放烟，下层放炭，中安矿石。矿石几百斤，用炭若干斤，皆有分两，不可增减。旁用风箱，十余人轮流曳之，日夜不断，火炉底有桥，矿渣分出，矿之化为铁者，流出成铁板。每炉匠人一名辨火候，别铁色成分，通计匠佣工每十数人可给一炉。其用人最多，则黑山之运木装窑，红山开石挖矿运矿，炭路之远近不等，供给一炉所用人夫须百数十人。如有六、七炉则匠作佣工不下千人。铁既成板，或就近作锅厂、作农器，匠作搬运之人又必千数百人，故铁炉川等稍大厂分，常川有二三千人，小厂分三、四炉，亦必有千人、数百人。"

由此可知，清代陕西的冶铁炉大体上和广东的冶铁炉相同，炉身也高一丈七八尺，每炉工人也要一百几十人，只是陕西的冶铁炉不用门扇鼓风而是用风箱鼓风的。

刘云彩根据广东新语（成书于 1690 年前后）对佛山竖炉的描述，推算炉缸内径 2.1 米，炉喉内径 1.2 米，高 5.6 米，复原示意如图 9-4-4 所示[②]。

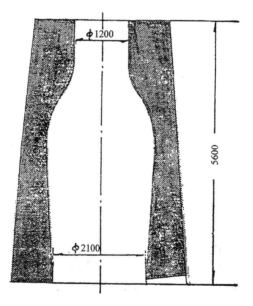

图 9-4-4　佛山清代冶铁炉复原示意图

这些均表明冶铁竖炉高度增加，但炉缸截面并未增大，且有效容积适当减少，是与当时鼓风设备与鼓风能力的变化有密切关系。

中国冶铁竖炉的发展是工匠长期实践经验的总结，炉型的变化不仅能炼出合格生铁，而且日产量可以提高 2～3 倍，是冶铁技术上的重大进步。

① 杨宽，中国古代冶铁技术发展史，上海人民出版社，1982 年，第 181、182 页。
② 刘云彩，中国古代高炉的起源和演变，文物，1978，(2)：18～27。

第五节 冶金燃料

一 木 炭

由于冶铜和冶铁技术上的连续性和原理上的共性，所以早期冶铸燃料使用的是木炭。在冶铁竖炉中燃料的作用有三，即提供热源、作还原剂，同时在冶铁竖炉中起骨架作用。

竖炉是从炉顶加料，炉腹鼓风，鼓风燃烧形成空间，使炉料下降，燃烧产生的煤气，从炉料空隙中上升，并将热量传送给炉料，炉料下降过程被加热，其中矿石被逐渐还原和熔化，变成金属和炉渣的液体。从竖炉高度上来看，到了熔化带以下，料柱中唯一保持固体状态的只有燃料形成的骨架，煤气由下向上穿过骨架，金属和渣液则反向流下。这种骨架作用是竖炉燃料的特殊使命，因此对燃料要求严格，在化学成分及粒度、孔隙、强度等物理性能方面，都要满足竖炉需要，即在炉内下降过程中，不因挤压磨损和高温作用而粉碎。木炭能满足上述要求，故早期冶金燃料都使

图9-5-1 河南郑州古荥出土带木炭矿石的铁块
（郑州市文物处于晓兴提供）

用木炭。木炭中含固定碳在80%以上，灰分约1%，最多亦不超过3%～4%，硫、磷等杂质含量均在万分之几以下，因此有利于生产优质产品。古代生铁含硫、磷低的重要原因，就是使用木炭作燃料。

考古发掘湖北铜绿山古矿冶遗址，在3号炉清理出一块孔雀石与木炭的混合物，在冶铜炉旁、风沟内均发现了木炭。木炭呈块状，木纹清晰，是质硬火力较大的栎木炭。在汉代冶铁遗址中，如河南巩县铁生沟、郑州古荥、南阳瓦房庄等，均发现堆存木炭，在冶铁炉渣堆中、粘结在炉料积铁块中也发现了断面呈放射状细裂纹的木炭遗物（图9-5-1），出土时还保持其块状形态。

在汉代以后，宋、金乃至明代炼铁遗址中使用木炭仍屡见不鲜。流传到近代的土法炼铁，如山西阳城犁炉，仍用木炭作燃料，木炭在中国冶铁史上确实发挥了重要作用。

二 煤

木炭虽是一种优质的冶铁燃料，但却受到资源限制，据估计古代冶炼1吨生铁，约需3～4吨木炭或更多些，如河南郡"河一"冶铁作坊，如日产0.5吨或1吨生铁，则日耗15～20吨木料（或3～4吨）木炭，意味着大片森林被砍伐，木炭供应困难。到了清代，这个问题更为尖锐。严如煜《三省边防备览》卷十中记载："如老林渐次开空，则虽有矿石，

不能煽出亦无用矣，近日，铁厂皆歇业，职是之故。"这在任何国家冶铁史上都曾经是非常严峻的问题。

我国煤矿储量丰富，考古发掘资料表明，在新石器时代遗址中，发现用煤玉雕成的装饰品。中国古代发现和使用煤作为燃料，起源于公元前一世纪。煤的古称之一为石炭，在先秦著作的《山海经》中曾记有石涅，有人认为就是指石炭。如是，这将是最早关于煤的记载。河南巩县铁生沟、郑州古荥、山东平陵等地均发掘出土过煤和煤饼，作为"石炭为薪之始于汉"的实物例证（图9-5-2）。

煤饼　　郑州

图9-5-2　古荥出土煤饼

关于炼铁用煤的记载，首见于北魏（约公元5~6世纪）郦道元著《水经注·河水篇》中引用《释氏西域记》："屈茨（在今新疆库车）北二百里有山，夜则火光，昼日但烟，人取此山石炭，冶此山铁，恒充三十六国用"。江苏徐州利国监铁矿，自汉代已开采，原用木炭炼铁，宋元丰元年（1078），苏轼在徐州任地方官时，在州西南的白土镇发现了石炭，"以冶铁作兵，犀利胜常云"。苏轼并写有《石炭行》诗，称赞石炭是："根苗一发浩无际，万人鼓舞千人看，投泥泼水愈光明，烁玉流金是精悍"。有了石炭不用担心栗木炭供应不上，用石炭炼出生铁，可制百炼刀，故苏轼接着写道："南山栗林渐可息，北山顽矿何劳锻，为君铸作百炼刀，要斩长鲸为万段"[①]。

宋代煤的开采已比较广泛，在今陕西、山西、河南、山东、河北等省都已开采，并设有专官管理，曾实行专卖。宋人朱翌《猗觉寮杂记》卷上说："石炭自本朝河北、山东、陕西方出，遂及京师"。朱弁《曲洧旧闻》卷四也说："石炭西北处处有之，其为利甚博"。

《宋史·李昭传》记载李昭在徽宗时期出任泽州的知州，"阳城旧铸铁钱，民冒山险，而输矿炭，苦其役，为秦罢铸钱"。泽州治所在晋城（今山西省晋城县），阳城是其属县，矿炭即是煤，说明12世纪初叶在今山西一带也已把煤用于冶炼。

当时北方地区多用石炭，南方地区多用木炭，而四川多用竹炭。陆游《老学庵笔记》卷一说："北方多石炭，南方多木炭，而蜀又有竹炭，烧巨竹为之，易燃，无烟，耐久，亦奇

---

① 《集注分类东坡先生诗》卷25《东坡集》卷中，转引自杨宽，中国古代冶铁技术发展史，上海人民出版社，1982年，第154页。

物。邛州出铁，烹炼利于竹炭，皆用牛车载以入城，予亲见之"。①

利用金相、硫印、化学分析等方法检查唐宋以后铁器、铁钱、铁塔、铁牛、铁狮等，发现公元 10 世纪以后部分生铁含硫较高。河南宋代唐坡遗址铁锭成分是，碳 2.5%、硅 0.86%、锰 0.001%、磷 0.1%、硫 1.075%，比汉代生铁的硫含量高数十倍，这可能是用煤炼铁的证据②。"石炭即煤"首见于明中叶陆深（1477~1544）所著《燕闲录》书中。黄维、李延祥等人的最新研究表明至迟宋元祐年间，用煤炼铁铸钱已找到了实物证据。③

用煤取代木炭炼铁，解除了燃料短缺之忧，降低了成本，同时，用煤作为冶铁燃料，具有资源丰富、火力强、燃烧温度高的优点。但比用木炭技术上要求高，且必须强化鼓风，加速冶炼过程，因而促进了炉内温度上升，提高了冶铁效率。但由于煤中有机硫化物及无机硫酸物含量较高，使炉料中的硫含量成倍增多，当时炉渣脱硫能力低，因此有较多的硫进入产品中。根据现有化验资料，公元 11 世纪用煤炼铁，铁器中含硫量增加，含硅量亦增加。欧洲 18 世纪 40 年代用煤冶炼，因此 13 世纪末，意大利马可波罗来到中国，见到广泛用煤作燃料说：中国有一种"黑石头"，可以作燃料，火力大，价格便宜，感到非常惊奇！当时中国已用煤作燃料一千余年，用煤炼铁至少也有二、三百年了。

自明代以后，多数冶铁业已用煤作燃料，宋应星《天工开物》卷十《冶铁》条说：

"凡炉中炽铁用炭，煤炭居十七（十分之七），木炭居十三（十分之三），凡山林无煤之处，锻工先择坚硬条木，烧成火墨（俗名火矢，扬烧不闭穴火），其炎更烈于煤。即用煤炭，亦别有铁炭一种，取其火性内攻，焰不虚腾者"。

这种"焰不虚腾"的煤，当是一种无烟煤。同书卷十一《煤炭》条，把煤分为明煤、碎煤、末煤三大类，又把碎煤分为饭炭和铁炭两种，饭炭是烧饭用的煤，铁炭是冶铁用的煤。还说：

"炎平者曰铁炭，用以冶锻，入炉先用水沃湿，必用鼓鞴后红，以次增添而用。"

这儿说使用无烟的碎煤，必须"入炉先用水沃湿"，这是当时冶铁工人所创造的一种经验，是为了使煤屑相互粘结，防止鼓风后煤屑飞出或下沉，近代土法冶炼中也还应用这种方法。《畿辅通志》卷七四《舆地》二九《物产》二引李翙《戒庵漫笔》也说："石炭，宛平、房山二县出，北京诸处多出石炭，俗称为水和炭，可和水烧也。"

从古以来，大规模的冶铁工场，凡是采用木炭作燃料的，都在附近山林中设有烧炭的窑。这种设窑炭的山，在宋代叫做"炭山"④，在清代叫做"黑山"。清代陕西汉中一带的铁厂都还是用木炭来冶铁的。道光初年，严如熤《三省边防备览》卷十《山货》说：陕西汉中一带的铁厂都有"黑山"、"红山"两部分，"黑山"就是炭窑所在地，他们从附近山林砍伐树木，装入窑内烧成木炭，备冶铁炉的应用。"红山"就是冶铁炉所在地，因为从这些山里开采出来的铁矿，颜色略赤，所以称为"红山"（即赤铁矿）。《三省边防备览》卷十七《铁厂咏》也说："当其开采时，颇与蜀、黔异。红山凿矿石，块磊小坡岿，黑山储薪炭，纵横

---

①　《集注分类东坡先生诗》卷 25《东坡集》卷中，转引自杨宽，中国古代冶铁技术发展史，上海人民出版社，1982 年，第 155 页。

②　北京钢铁学院中国冶金史编写组，中国冶金简史，科学出版社，1978 年，第 26~28 页。

③　黄维，2006 年北京科技大学科学技术史硕士论文。

④　《集注分类东坡先生诗》卷 25《东坡集》卷中，转引自杨宽，中国古代冶铁技术发展史，上海人民出版社，1982 年，第 156 页。

排雁翅。"

　　在大规模的交通运输工具没有创造以前，铁矿的附近必须有燃料的来源，冶铁业才得发展。《盐铁论·禁耕篇》说：当时冶铁业"皆依山川，近铁炭"，就是这个道理。清初屈大均《广东新语》卷十五《铁》条说："产铁之山有林木方可开炉，山苟童然，虽多铁，亦无所用，此铁山之所以不易得也"。《三省边防备览》卷十说："山中矿多，红山处处有之，而炭必近老林，故铁厂恒开老林之旁。如老林渐次开空，则虽有矿石，不能煽出，亦无用矣。近日洵阳骆家河、留坝光华山铁厂皆歇业，职是之故。"可见到清代还是如此情况。自从宋代以后北方多用煤冶铁，不但为煤矿附近铁矿的开发和冶炼创造了有利条件，而且煤远较木炭耐烧，不像森林那样容易砍光，使冶铁业不至于因缺乏燃料而停歇。宋代以后，冶铁业所以能够进一步发展，该与使用煤作燃料有关。

三　礁

　　中国是最早发明炼焦并用于冶铁生产的国家。中国明代称焦炭为礁。焦炭是用某些类型的烟煤，在隔绝空气条件下，经高温加热，除去挥发成分，制成的质硬多孔、发热量高的燃料，多用于炼铁。

　　明方以智（1611~1671）在《物理小识》卷七中记载："煤则各处产之，臭者烧熔而闭之成石，再凿而入炉曰礁，可五日不绝火，煎矿煮石，殊为省力"。所记臭煤即烟煤，作炼焦原料，它含挥发物、沥青等杂质，并能结焦成块。清康熙初年，山东益都人孙廷铨（1616~1674）著《颜山杂记》卷四记述家乡物产，认为炭有死活之分，活的火力旺盛，可以炼成礁。

　　他说："凡炭之在山也，辩死活，死者脉近土而上浮，其色蒙，其臭平，其火文以柔，其用，宜房闼围炉；活者脉夹石而潜行，其色晶，其臭辛，其火武，以刚其用，以锻金冶陶。或谓之煤，或谓之炭。块者谓之砆，或谓之砟，散无力也；炼而坚之，谓之礁。顽于石，重于金铁，绿焰而卒，酷不可爇也，以为矾，谓之铜礁，故礁出于炭而烈于炭，礦弃于炭而宝于炭也"。

　　这是说，臭辛而火力旺盛的煤块，可以炼成坚硬而火力更烈的礁。同时书中还记述铁冶，讲到"火烈石礁，风生地穴"。礁或石礁都是指焦炭。焦炭的透气性和燃烧性比煤好，更适宜于冶炼，对进一步提高冶铁的产量和质量均起重要作用。但是如何在出土铁器中找到用礁冶炼的证据应是冶金考古工作者的重要课题。

　　传统炼焦方法是仿照烧炭工艺进行的。炼焦时依地挖坑，呈圆形或长方形，底部及四周铺设火道，上堆煤料，中间设有排气烟囱。煤料堆用水加灰、煤粉等复盖。烟囱有的设有调节阀，待煤烧熔后亦封盖。成焦时间约 4~10 天，以"结为块"、"烟尽为度"[1]。一般 100 吨炼焦煤出焦为 55 吨。英国人达比 1709 年用焦炭代替木炭炼铁成功。中国有些边远地区，直到近现代，仍在沿用这种古代的堆法炼焦。美国在 1765 年在纽卡斯尔开始用焦炉炼焦。

---

① 吴晓煜、李进尧，礁，见：中国大百科全书·矿冶卷，中国大百科全书出版社，1983 年，第 2940 页。

第六节　古代鼓风技术

古代冶金技术的发展与鼓风器械的使用和改进密切相关。世界不同地区使用于冶金中的鼓风技术有各自的特色。

一　最早的鼓风器

最早的鼓风器是吹管，在埃及古墓的壁画上（约公元前1460年）描绘有工匠使用带陶嘴的吹管鼓风吹火熔化金属的场面（图9-6-1）。中国早期冶铜也有用吹管鼓风的遗物，如辽宁凌源牛河梁转山土带孔的冶铜炉壁残块[①]。

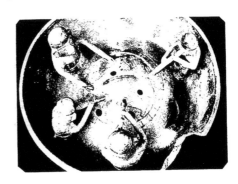

图9-6-1　埃及古壁画描绘的吹管熔金图

（选自：文物，1999年12期，李延祥等文）

二　皮　囊

鼓风器的进一步发展为兽皮风囊。埃及第18王朝（公元前1500年）勒克米尔古墓壁画上，绘有四具脚踏式皮囊鼓风器强制鼓风的场面[②]，见图9-6-2。

图9-6-2　埃及公元前1500年前底比斯墓画中四具脚踏鼓风器

（据P. E. Newberry的资料）

---

① 李延祥等，牛河梁冶铜炉壁残片研究，文物，1999，(12)：44～51。

② Tylecote R F, A History of Metallurgy, second Edition, The Institute of Materials, Printed in Great Britain by the Bath Press, Avon, 1992, p. 23.

中国何时开始使用皮囊鼓风冶金尚不清楚，但战国时期鼓风皮囊已见于文献记载，当时称之为橐，鼓风管称为龠。《老子·道德经》曰："天地之间其犹橐龠乎，虚而不屈，动而愈出"。表面皮制的鼓风器因其里面充满空气而不塌缩，拉动它又能将其内空气压出。《管子·揆度》将橐称为炉橐。《墨子·揆度》将橐龠称为炉橐。《墨子·备穴》载："灶有四橐"，"炉橐，橐以牛皮，炉有两甀，以桥鼓之"；桥即桔槔，用拉杆推动、上下运动拉压皮橐，书中还描述在战争中用橐将火烟鼓入地道，以阻止来犯之敌的情形。以上记载表明鼓风皮囊在当时应用已很广泛。

到汉代已明确记载冶金用橐龠鼓风。在《淮南子·本经训》中记有："鼓橐吹埵，以销铜铁"。又《淮南子·齐俗训》记："炉橐埵坊，设非巧，不能以冶金"。《吴越春秋·阖闾内传》载"……童男童女三百人鼓橐装炭，金铁刀濡，遂以成剑。"1957年山东滕县出土东汉画像石锻铁图中有橐（图9-6-3）[1]，中国历史博物馆王振铎成功地复原了这种皮囊鼓风器[2]。

图9-6-3　山东滕县宏道院出土冶铁画像石

（选自：文物，1959年1期，封二）

王振铎先生把他们设计复原的情况，写成《汉代冶铁鼓风机的复原》一文发表。王先生认为："这个所谓皮囊，应该是由三个木环、两块圆板，外敷以皮革所制成的。……在结构上应是四根吊挂在屋梁的吊杆，用来拉持皮囊，使皮囊固定的一种构造。必须另有一条横木，中段结固在皮囊的圆板上，两头伸展出去固定在左右的墙垣或柱身，这样才能便于操纵推拉，才能使支点、力点和重点都有了着落。排气进气的风门，分别设在两头的圆板上，排风管下通地管，外接炼炉，它的运动规律，应如图中所表示的情况"。同时，还发表了一张复原图（图9-6-4）。

从图像来看，这种鼓风皮囊是用人力推动的，而且还要有人躺在皮囊底下操作，把皮囊推回原位。在高温的炉旁这样操作，劳动条件是很坏的，劳动强度是很高的。还必须指出，这是锻铁炉上使用的鼓风设备，是比较小的，并不是大型的。炼铁高炉使用的鼓风设备，肯定要大得多。

古代日本奈良平安时期（公元8～9世纪）也使用皮囊作为冶金鼓风用具。日本古文献中将用作风囊的牛皮称为"吹皮"，后来称为"鞴"，反映出来自唐代中国的某种影响。

---

① 山东省博物馆，山东滕县宏道院出土东汉画像石，文物，1959，(1)：2。

② 王振铎，汉代冶铁鼓风机的复原，文物，1959，(5)：43～44。

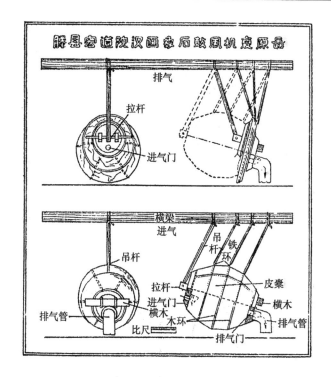

图 9-6-4　滕县宏道院汉画像石鼓风机复原图
（采自《文物》1959 年第 5 期王振铎《汉代冶铁鼓风机的复原》）

三　水　排

　　利用水力推动鼓风器至迟在东汉时期已经发明，当时称为水排。《后汉书·杜诗传》记载，东汉建武七年（公元 31 年），杜诗任南阳太守，"造作水排，铸为农器，用力少，建功多，百姓便之"。据说东汉灵帝时，杨璇做零陵（郡治泉陵，今湖南零陵）太守，当时苍梧、桂阳正发生农民起义，农民群众正聚集起来，围攻郡县。杨璇特别制造马车几十辆，把"排囊"连同石灰安放在车上，并且把布挂在马尾上。等到作战时，先把这几十辆马车安排在兵车的前面，使用"排囊""顺风鼓灰"，使得进攻的农民军看不见；接着就用火烧布，使马惊奔，突入农民军阵地，然后"弓弩乱发"，把农民军打败[1]。

　　李恒德在《中国历史上钢铁冶金技术》一文[2]中，曾经对"排"做出解释："顾名思义，所谓'排'可能是好几个风箱并在一起的，或是一个炉中有一排入风管。这种方式是在欧洲找不到的，炼炉最多不过两个风箱、两个入风口，因此燃烧的速度比较慢"。李恒德因鼓风设备称"排"而推断当时炼铁炉有一排鼓风囊或一排入风管，是很合情理的。在日本，就有一种鼓风炼铁炉，炉身并不高大，也没有利用水力来鼓风，由于它有一排入风管，送进去的空气比较充分，也能冶炼出生铁来。原来鼓风的风囊叫做"橐"，所以会有"排橐"、"排囊"

　　① 《后汉书》卷 38《杨璇传》。李贤注："排囊，即今囊袋也"。李贤这个解释是错误的。从文中使用"排囊""顺风鼓灰"来看，"排囊"当是鼓风设备。"排囊"这个名称，后世还沿用。例如《广韵》说："，排囊柄也"。

　　② 刊于《自然科学》第 1 卷第 7 期，1951 年 12 月出版。

等名称，该就是由于使用一排的橐或囊而来的①。

又《三国志·魏志》记，韩暨任监冶谒者时推广水排，"旧时冶作马排，每一熟石用马百匹，更作人排，又费功力，暨乃因长流为水排，计其利益，三倍于前。"北魏郦道元《水经注·谷水》载："魏晋之日，引谷水为水冶，以经国内，遗迹尚存。"韩暨的水排设在阙门（今河南新安县），河南安阳有水冶县，相传即古代引水鼓铸之处因而得名。《太平御览》武昌记也有元嘉初年（424）在武昌建造冶塘湖，利用水排冶铸的记载。宋代苏轼《东坡志林》卷四记载，四川冶炼用水排鼓风。由此可见，水排自东汉至北宋，一直得到广泛应用。

水排的结构图直到元代才见于文献。14世纪初王桢《农书》记载了立轮式和卧轮式两种水排，并绘出了卧轮式水排图（图9-6-5）。

图9-6-5　王桢《农书》绘制的卧轮式水排图

（选自：杨宽，中国古代冶铁发展史，1982年版，103页）

关于卧轮式水排，王桢写道："其制当选湍流之侧，架木立轴，作二卧轮。用水激转下轮，则上轮所周弦索，通激轮前旋鼓，掉枝一例随转。其掉枝所贯行椌，因而推挽卧轴左右攀耳以及排前直木，则排随来去，搧冶甚速，过于人力。"由此记载可知，水排已是结构复杂的机械装置，这也反映当时冶铁业的重要地位。欧洲到13～14世纪才开始将水力用于鼓风，到15世纪水力鼓风技术才得到普及，这一发展极大地推动了欧洲冶铁技术的进步，使欧洲人首次炼出了液态生铁。

四　木　扇

木扇的出现是古代鼓风器械的又一重要发展，它比以前的皮囊鼓风器，坚实耐用，制作

---

① "排囊"的名称见于《后汉书·杨琁传》。

简单。北宋曾公亮《武经总要·前集》（1044）卷十二，绘有行炉图，炉子呈方形，梯形木风箱与炉子一起安装在木架上，木扇利用木箱盖板的开闭来鼓风。在扇板上装有两根拉杆，并开有两个小方孔，拉杆用于启闭扇板，两上小方孔为进气活门，仅向内开，当盖板扇动时，这两个活门交替开闭。这种以移动方便而得名的行炉，不仅可以作熔炉设备使用，还可当作武器，"行炉熔铁汁，异行于城上，以泼敌人。"[1]。在敦煌榆林窟，西夏（1032～1226）壁画的锻铁图中，同样绘有木扇（图 9-6-6）[2]，该木扇有两扇门，由一人操作，两门一前一后相继鼓风，形成连续风流。西夏国使用木扇鼓风，说明当时其应用已很普遍。

图 9-6-6　甘肃敦煌榆林窟西夏壁画绘制的木扇图

（选自：杨宽：中国古代冶铁发展史，1982 年版，图版十三）

　　至元代，王桢《农书》记载水排时称："此排古用韦囊，今用木扇"。元代陈椿《熬波图》（1334 年成书），在铸造铁盘的图中亦绘有木扇，是两扇盖板装有四根拉杆，由四人同时推拉鼓风（见图 9-4-1）[3]。

　　日本使用的一种脚踏式鼓风器"蹈鞴"，最早见于日本 15 世纪初的文献，鼓风利用的也是盖板启闭，与中国的木扇有相似之处。欧洲皮木结构的手风琴式风箱，起源于中世纪（约公元 4、5 世纪～15 世纪），有的学者称为折叠式风箱。毕林古乔（Biringuccio，1480～1539）在《火法技艺》（1590）中详尽描绘了各种利用人力和水力驱动风箱的器械及方法，反映出欧洲当时在机械操作上所达到的水平。阿格里科拉（Agricola，1495～1555）在《论冶金》（1556）中记载了手风琴式风箱的制作方法、所用材料和形状、尺寸（图 9-6-7）[4]。这种风箱可大可小，使用方便，但制作比较复杂，在蒸气活塞鼓风机出现之前，欧洲一直沿用手风琴式风箱。

①　北京钢铁学院中国冶金史编写组，中国冶金简史，科学出版社，1978 年，第 187 页。

②　杨宪，中国古代冶铁技术发展史，上海人民出版社，1982 年，第 150 页。

③　北京钢铁学院中国冶金史编写组，中国冶金简史，科学出版社，1978 年，第 147 页。

④　Agricola G. De Re Metallica, (Trans. H. C. Hoover and L. H. Hoover), London, 1950, p. 359.

图 9-6-7　手风琴式的风箱

五 活塞式木风箱

活塞式木风箱是中国古代鼓风器的又一重大发明。近来有学者研究认为拉杆活塞的装置源自宋代一种称作"猛火油柜"的军用火器，在曾公亮所著《五经总要》中有记述，绘有示意图。明宋应星所著的《天工开物》中绘有 20 余幅活塞式木风箱用于冶铸的示意图（图9-6-8）。

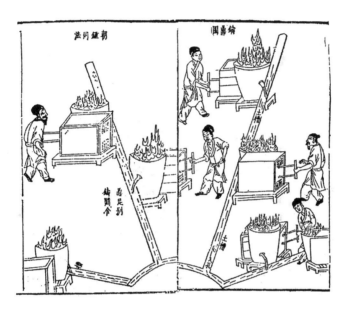

图9-6-8 《天工开物》中描绘铸鼎时用的活塞式木风箱
（选自：天工开物，明崇祯十年刊本）

木制风箱利用活塞推动和空气压力自动开闭活门，产生比较连续的压缩空气，从而提高了风压和风量，强化了冶炼。这种活塞式木风箱，构造巧妙，鼓风效率高，制作可大可小，使用方便（图9-6-9）。

清代徐珂《清稗类钞》中对活塞式木风箱的制作和作用有详细的描述："风箱以木为之，中设鞲鞴，箱旁附一空柜，前后各有孔与箱通，孔设活门，仅能向一面开放，使空气由箱入柜。柜旁有风口，籍以喷出空气。同时，抽鞲鞴之柄使前进，则鞲鞴后之空气稀薄，箱外空气自箱后之活门入箱。鞲鞴前之空气由箱入柜，自风口出，再推鞲鞴之柄使后退，则空气自箱后之活门入箱，鞲鞴后之空气自风口出。于是箱中空气喷出不绝，遂能使炉火盛燃。"吴其濬《滇南矿厂图略》记载："风箱，大木而空其中，形圆，口径一尺三四五寸，长丈二三尺。每箱每班用三人。设无整木，亦可以板箍用，然风力究逊。亦有小者，一人可扯。"

日本古代广泛使用的称作"箱吹子"的，鼓风器，实际就是拉杆活塞式木风箱。佐野英山《铸货图录》（1574）"钱座部"中描绘了鼓风加热铸钱模的情形。1879 年编成的《日本矿山篇》绘出了箱吹子的结构，其结构与中国的活塞式木风箱完全一样。日本学者叶贺七三男认为，公元 15 世纪中国的木匠工具传入日本，箱吹子是从那以后才出现的。古代日本锻冶场锻铁用的大风箱，可由 4 人操作；风箱顶盖板是活动的，当鼓风时，需在其上压载重物

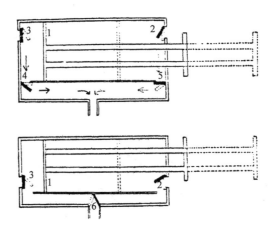

图 9-6-9　长方形活塞式木风箱结构图

部位名称：1. 鞲及其拉手；2～6. 活门

（选自：北京钢铁学院冶金史编写组，中国冶金简史，1978 年，187 页）

固定；不固定时则可取下重载与盖板，修整内部的活塞。

中国古代冶金鼓风器械有独特创造，特别是水排和活塞式木风箱的发明并用于冶铸，由于鼓风技术的改进，提高了炉温，是中国古代冶金于公元 17 世纪以前，长期居世界前列的重要原因之一。

第十章　古代炼钢技术

铁的基本形态有铁素体（可以溶解 0.02% 以下的碳）、奥氏体（可以含碳<2.0%，在铁碳合金中，是在高温下的组织）和渗碳体（Fe_3C，含碳 6.66%）。由于铁在不同温度下原子排列方式不同，在 910℃ 以下，铁原子呈体心立方体排列，它们位于立方体的八个角和立方体的中心，其溶解碳的能力较低，在 727℃ 时含碳为 0.02%。这种含碳很低的固溶体叫做铁素体。当温度升高到一定范围时（纯铁在 910℃ 以上，含碳 0.8% 时在 727℃ 以上），铁的原子呈面心立方体排列，它们位于立方体的八个角和每个面的中心，溶解碳的能力提高，在1146℃ 时最高达到 2.0%，叫做奥氏体。含碳 0.8% 的奥氏体冷却时在 727℃ 分解（共析）为铁素体和渗碳体，形成层状混合物，称为珠光体。含碳高于 2% 的铁碳合金叫做生铁。生铁从液态冷却到 1146℃ 时凝固，部分（当含碳大于或小于 4.3%）或全部（当含碳为4.3%）形成奥氏体和渗碳体的共晶，这种共晶组织称为莱氏体。如含碳低于或高于 4.3%，在形成莱氏体之前，分别析出奥氏体或渗碳体。当然，莱氏体中的奥氏体在温度下降到一定范围时也要分解为铁素体和渗碳体。因此，在常温下铁碳合金的最基本组成只有两种，即铁素体和渗碳体。块炼铁、生铁和钢在化学成分上主要是含碳量不同，由于成分和组织的不同，纯铁、钢和生铁的区别见表 10-1。

表 10-1　铁碳合金的含碳范围和基本组织

类别	工业纯铁	钢			生铁（白口）		
		亚共析	共析	过共析	亚共晶	共晶	过共晶
含碳范围	<0.02%	>0.02% <0.8%	0.8%	>0.8% <2.0%	>2.0% <4.3%	4.3%	>4.3%
室温的 基本组织	铁素体	铁素体 珠光体	珠光体	珠光体 渗碳体	珠光体 莱氏体	莱氏体	渗碳体 莱氏体

（1）共晶：含碳约 4.3% 的铁碳合金从液态冷却到 1146℃ 左右，如果是灰口铁则同时析出奥氏体和石墨，如果是白口铁则同时析出奥氏体和渗碳体，这个过程称为共晶分解（共晶表示从液体共同结晶成固体）。这个成分称为共晶成分，分解的产物称为共晶体。由渗碳体和奥氏体组成的共晶体也称为莱氏体。

（2）亚共晶：含碳低于 4.3% 但高于 2% 的铁碳合金，凝固时先析出一部分奥氏体，其余在共晶成分凝固。这种合金称为亚共晶生铁。

（3）过共晶：含碳高于 4.3% 的铁碳合金凝固时，在灰口铁中先析出一部分石墨或在白口铁中先析出渗碳体，其余在共晶成分凝固。这种合金称为过共晶生铁。

（4）共析：含碳约 0.8% 的铁碳合金凝固后成为奥氏体，这个成分的奥氏体冷却到727℃ 左右，同时析出一定比例的铁素体和渗碳体，这个过程称为共析分解。（共析表示从一种原子排列的固态同时析出两种原子排列的固体），这个成分称为共析成分，这个合金称为共析钢，共析分解产生的混合物称为共析体或珠光体。

（5）亚共析：含碳低于0.8％的钢，冷却时从奥氏体先析出一部分铁素体，其余在共析成分分解为珠光体，这种钢称为亚共析钢。

（6）过共析：含碳超过0.8％，但低于2.0％的钢，冷却时从奥氏体先析出一部分渗碳体，其余在共析成分分解为珠光体，这种钢称为过共析钢。

由于化学成分（主要是含碳量）和组织结构不同，块炼铁、生铁和钢的性能自然也各异。这与其中基本组织的性能有密切的关系，从表10-2中可以看出：以铁素体为基本组织的各种类型纯铁，无论是古代的块炼铁和熟铁，还是现代的海绵铁或工业纯铁，它们都比较柔软，易于锻造。以渗碳体为基本组织的生铁则很脆硬，不能锻造。而以珠光体为基本组织的钢的性能则介于纯铁与生铁之间，并可根据性能要求来适当调整其含碳量，借以获得不同的强度和硬度。我国古代劳动人民在长期实践中，在这方面积累了相当丰富的经验。早在春秋战国之际，不仅掌握了块炼铁的锻造技术，而且还创造了生铁冶铸工艺，使锻和铸同时并举，这就为钢铁在兵器、农具和工具等各方面的使用开辟了广阔的道路。

表10-2　铁碳合金基本组织的机械性能

名称	强度极限 σ_b / （公斤/毫米^2）	硬度（HB）	延伸率 δ/%	冲击韧性 α_k / （公斤·米/厘米^2）
铁素体	25	80	50	30
渗碳体		800	近于0	近于0
珠光体	75	180	20～25	3～4

从冶炼工艺来看，块炼铁与生铁的主要差别在于冶炼温度的高低不同，当时所用的原料（铁矿石）和燃料（木炭）基本一样。铁矿石中的铁一般呈氧化物状态，赤铁矿（Fe_2O_3）、磁铁矿（Fe_3O_4）、褐铁矿（含结晶水的 Fe_2O_3）和菱铁矿（$FeCO_3$，热分解后为FeO）在一定温度下与还原剂（木炭及其燃烧产物——CO）接触，就可以逐步地还原出金属铁，大约500～600℃以上就能开始还原了。但反应的速度很慢，在生产上没有很大的实际意义。块炼法的炉温大致为1000℃左右，离纯铁的熔点（1534℃）相差很远，而且溶解碳的速度也很慢，因此，得到的是含碳量很低的固体铁块。这种固体铁块炼成后需要拆炉取出，使生产间断，而且燃料消耗也很大，很难适应当时新兴封建社会对铁器的需要。为了进一步提高生产，就要提高炉温，这样就使生铁冶铸技术发展起来。

生铁冶炼过程中还原生成的固态铁吸收碳以后，熔点随之降低。纯铁的熔点为1534℃，当含碳量达2.0％时熔点降至1380℃，含碳量4.3％时熔点最低（1146℃）。随着温度升高，铁吸收碳的速度加快，当鼓风技术改进，使炉温提高到1100～1200℃以上，就得到液体状态的生铁。

对出土的早期铁器的鉴定表明，我国在春秋末期到战国初期已经将生铁应用于铸造工具。虽然目前还很难描述当时冶炼工艺的细节，但从不仅能炼出液态生铁，而且能达到顺利浇铸的温度这一事实来看，可能已采用了鼓风竖炉，并在原料、燃料、耐火材料等有关方面都有相应的发展。生铁冶铸技术是我国古代劳动人民一项杰出的创造。生铁与块炼铁同时发展是中华民族古代钢铁冶金技术发展的独特途径。在中东、地中海沿岸、"两河流域"、古埃及，最早开始冶铁都在公元前1100～1300年以前。欧洲的一些国家，在公元前1000年左右也进入了用铁时期，可是一直到中世纪末（1400年左右）才有了生铁。

　　我国生铁冶铸技术到战国后期，在新兴封建制生产关系的促进下，获得很大的发展，各地出土的生铁铸件逐渐增多，表明生产规模日益扩大，品种增多，质量也进一步提高。

　　以铁矿石为主要原料生产钢的工艺分为两种：一种是古代在固体状态下完成的块炼渗碳钢；另一种是铁矿石先在冶铁竖炉中炼出生铁，再以生铁为原料，用不同方法炼成钢。1856年以后，欧洲开始出现炼制液态钢（需 1600℃高温），然后浇铸成锭、坯或直接铸成钢件的技术。

第一节　块炼渗碳钢

　　块炼铁质软要想改善其性能除了冷加工锻打硬化外，在熟铁中加入合金元素可以增加强度，如图 10-1-1 所示，如加入 1％磷，可使布氏硬度由 80 增至 160，加入 2％硅也有同样的作用，加入 4％锰或＞8％镍也有同样的效果，但铁矿石中含有上述数量的合金元素是较少的，1980 年 Piaskowski 发表的文章中报告了一些在波兰发掘出土的合金化铁的情况，铁中含有一定量的镍、钴和砷，他认为它们是使用了来源于黑海沿岸的铁矿砂冶炼而成的，铁矿砂中包含了这些元素的矿物杂质[1]。这些矿物杂质一定要被还原进入熔化了的铁中，在当时，铁熔点的温度是达不到的，这不是古代强化块炼铁的现实的方法，即使有，也是很稀少的。

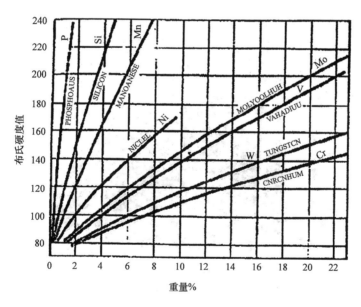

图 10-1-1　合金元素与铁素体强度关系的曲线[1]

　　在块炼铁发明不久就有了处理铁使其在产品表面钢化而提高其强度的技术。块炼铁在炼出以后需要加热锻打，以挤出夹杂物和最终锻成器物。块炼铁在反复加热锻打过程中，因与炭火接触，碳渗入铁中，使之增碳变硬，形成渗碳钢，可用以制作兵器或工具，其性能可接

①　Maddin R，The Beginning of the Use of Iron，Proceeding of BUMA-V，Gyeongju in Korea，2002：p. 1～9.

近甚至超过青铜。块炼渗碳钢的使用，对冶铁技术的传播和发展起了重要作用。

　　埃及出土的两件公元前 12 世纪的铁制品和塞浦路斯遗址出土的公元前 12 世纪的刀，经英国皮特里（W. H. F. Petrie）金相鉴定，是最早的渗碳钢器物。早期的块炼渗碳钢，含碳量较低，组织不均匀，说明当时的渗碳处理并不是有意进行的；最新的资料表明属于公元前 11～前 10 世纪在塞浦路斯和近东地区出土的刀、匕首共 14 件，在尖部和刃部取样经鉴定都是块炼渗碳钢的制品[①]。而埃及出土属于公元前 9～前 8 世纪的刀，金相组织显示具有不同含碳量的层状组织，研究者认为这是有意识进行过硬化处理的有力证据[②]。公元前 9 世纪以后，铁制工具和器物的数量迅速增加。近年在伊朗发现有数千件铁器的窖藏是公元前 10 世纪～前 6 世纪的产品。不受中国文化影响的地区，一直到 14 世纪后期都使用块炼渗碳钢，同时也发展了一些卓越工艺。如印度在公元 3～4 世纪锻造成高 7.2 米、重达 6 吨的德里铁柱。公元 540 年开始用坩埚渗碳法制成超高碳钢，称为乌兹钢，用它们作为原料向西方输出，波斯人用乌兹钢制作刀、剑、盔甲在大马士革销售，称为大马士革钢，因其性能优良，刀剑表面有特殊花纹而享有很高声誉，一直广泛应用到 19 世纪末。

　　中国最早的块炼渗碳钢是湖南长沙杨家山 65 号墓出土的春秋中期（约公元前 8 世纪）的钢剑，含碳约 0.5%，渗碳体已球化，其金相组织见图 10-1-2；甘肃陇山地区出土的铜柄铁剑也是块炼渗碳钢制成的。

图 10-1-2　湖南长沙杨家山墓 M65 出土钢剑及其金相组织

　　河北易县燕下都遗址 44 号墓出土的 79 件铁器证明：至迟在战国后期，这种技术已在燕国应用[③]。在这批铁器中共有锻件 57 件，其中包括由 89 片甲片组成的胄一件，以及剑、予、戟、刀、匕首、带钩等。对部分铁器的检查表明，除了个别由块炼铁直接锻成（如 M44∶19 剑）而外，其余大都是块炼钢锻制的，如长 100.4 厘米的 M44∶12 长剑、M44∶100

　　① Maddin R，The Beginning of the Use of Iron，Proceeding of BUMA-V，Gyeongju in Korea，2002：pp. 1～9.

　　② Charles S A，The Coming of Capper and Copper Based Alloys and Iron，The Coming Age and Iron，Edited by Wertime T A and Muhly J D，New Heaven and London，1981，pp. 158～180.

　　③ 北京钢铁学院，易县燕下都 44 号墓葬铁器金相考察初步报告，考古，1975，(4)：243.

残剑、M44:87箭杆、M44:445矛等。

这批兵器，在死亡士兵丛葬时未被收回，表明战国中晚期（公元前4～前3世纪）铁兵器的使已很普遍，钢兵器价格不高。

块炼渗碳钢都具有以下技术特点：

（1）钢中含有大块的条状氧化亚铁-铁橄榄石型硅酸盐共晶夹杂，如江苏程桥出土的铁条（块炼铁）的夹杂，如图6-2-10所示。这种共晶夹杂只有经过液态（这里指的是夹杂物熔化，而不是铁熔化）才能生成。这表明冶炼或锻造温度曾经达到过这种共晶的熔点，即1175℃。还有大量细颗粒不易变形的氧化亚铁（FeO）夹杂，有时伴有硅酸盐，分布不匀。这些以氧化亚铁和含铁高的硅酸盐共晶大夹杂是块炼铁固有特点之一，在加工成块炼钢之后仍然保留。

（2）钢中含锰、磷、硅等元素很低而且分布很不均匀。例如对M44:100残剑进行X光荧光分析表明，锰平均含量为0.15％左右。但电子探针微区分析结果，发现基体中锰分布极不均匀，有几个微米大小的分布没有规律的高锰区，其含锰量在0.35％以上。说明这些材料的铁基体从来没有熔化过，而是由铁矿石在较低温度下固态还原而成的块炼铁。

（3）在钢件断面上有含碳不均的分层现象（如图10-1-3）可以看出，这是用块炼铁打成片后进行固体表面渗碳，使两面形成高碳层，其中夹着低碳层，经过对折锻合以后形成如图中所示的弯折，最后用若干片叠搭锻打成长剑，就形成含碳高低不同的分层组织。

 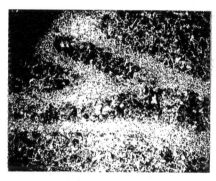

图10-1-3　河北易县燕下都M44:100剑金相组织及夹杂物

（4）这里的分层组织是由固体表面渗碳，而不是用生铁熔化后涂抹在块炼铁的表面造成的。燕下都剑中含磷量很低，除在微区有磷的聚集外，一般都在0.015％～0.018％之间。而古代生铁中含磷量一般应高出这个数值几倍以上。磷在1000℃时在奥氏体中的扩散比碳慢50倍，既然钢中含碳不均匀的分层明显存在，那么磷的不均匀分布（如含磷0.1％左右的高磷区）理应存在。用1微米直径电子束进行微区分析，在高低碳层中未见有含磷相差悬殊的地方。这表明当时并未采用含碳较高的生铁作为涂抹的增碳剂。同时，钢中高碳区都含有较多的氧化亚铁夹杂，这也与生铁的情况相反。

以上四点是我们迄今为止观察到的块炼渗碳钢的主要特征。

河北满城刘胜墓出土的剑、书刀等是公元前2世纪西汉的制品，经鉴定表明块炼铁特有的大块共晶夹杂物尺寸减小、数目减少、不同碳含量分层程度减小，各层组织均匀，未见折叠痕迹，见图10-1-4，证明这时期的块炼渗碳钢的质量有很大提高。

块炼渗碳钢技术在中国大约沿用到公元前1世纪，后逐渐为生铁制钢技术所取代。

图 10-1-4　河北满城汉墓 M1∶4249 出土残剑及其金相组织

第二节　铸铁固体脱碳钢

现代的炼钢方法，都是使生铁在液体状态下氧化脱碳而成钢液称为液体炼钢。古代达不到这样高的温度（约需 1600℃左右），只能采取较低温度的工艺，如块炼渗碳钢、炒钢等。若把生铁加热到一定温度，在固体状态下进行比较完全的氧化脱碳，可得到高碳钢、中碳钢、低碳钢，这种方法称为铸铁固体脱碳成钢法，也是脱碳工艺高度发展的结果。公元前 5 世纪，在生铁退火和韧性铸铁的基础上，发明了铸铁脱碳成钢的工艺，这是中国古代一种独特的生铁炼钢方法。

一　最早发现的铸铁固体脱碳钢制品

1. 渑池窖藏铁器

1974 年在河南渑池出土一批窖藏的汉魏至南北朝的铁器，共 60 余种、400 余件，总重 3500 公斤，受河南博物馆的委托，原北京钢铁学院对窖藏中有代表性的一部分铁器进行了金相鉴定[①]，渑池汉魏窖藏铁器中有生铁的铧范、斧范、锄、铧等铸铁件，还有大批的合范铸造的钺、斧等兵器和工具，其中一部分的化学成分见表 10-2-1。

表 10-2-1

器号	器名	化学成分/%				
		C	Si	Mn	S	P
254	"新安"钺	0.87	0.69	0.25	0.024	0.22
277	"黾口口"钺	0.87	0.05	0.60	0.011	0.14
257	"陵右"钺	0.6～0.9	0.16	0.05	0.020	0.11
299	"渑池军国"钺	0.29	0.10	0.58	0.011	0.11
528	"新安"镰	0.57	0.21	0.14	0.019	0.34
417	斧	0.24	0.16	0.41	0.014	0.14

① 北京钢铁学院金属材料系等，河南渑池窖藏铁器检验报告，文物，1976，(8)：52～58。

从成分上看，它们是不同含碳量的钢件。金相检查表明，钺、斧的刃部大约 1 毫米以内为纯铁素体，内部较厚处有珠光体，含碳量各器件略有不同。在珠光体附近的铁素体中，晶粒间界有时有微细石墨析出。化学分析发现钢中含碳总量随取样部位不同亦有差异，相差有时达到 0.3%。用定量金相方法测定含碳量表明钺的銎部内表面附近基体的含碳量最低，约 0.25%；外表面则为 0.5%～0.6%。这些结果特别是石墨的存在充分表明，这批钢件原系白口铁铸造，经过脱碳得到的。退火时，堆垛一起，外表面气氛流通较差，含碳较多。脱碳过程中，基本不产生或产生很微量石墨，避免成为韧性铸铁，而直接变成了钢件。从技术条件来看，这些铁器由于冶铁温度低，含硅较现代的生铁少，而硅是促进渗碳体石墨化的元素。此外，在 257 号钺中能形成 MnS 的锰也很少，阻碍石墨生成的硫相对提高。这些都是防止退火时产生石墨，使铸铁件脱碳成为钢件的有利条件。在这些器件中，为了提高刃口的硬度，根据用途不同，采取了不同措施。257 号钺用锻造的方法对刃口进行了加工，而作为切削工具用的斧（471 号）则在脱碳成低碳钢后，重新进行了表面渗碳，使其刃部具有高碳的全珠光体组织，提高了硬度。

在铁镰（528 号）中，刃口边缘含碳较高，珠光体（相当于含碳 0.8%）占 70%；而在中心珠光体只占 30% 左右。由于脱碳时碳向外扩散，表面含碳应较少，而铁镰表面含碳却较高，显然是用生铁铸成后先脱碳再进行表面渗碳制成的。

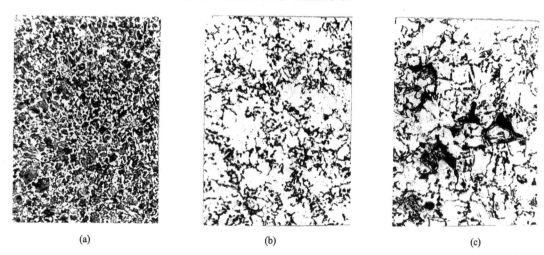

(a)　　　　　　　　　　　　　(b)　　　　　　　　　　　　　(c)

图 10-2-1　渑池窖藏Ⅰ式斧（471 号）金相组织照片
(a). 刃部；(b) 中心；(c) 根部

Ⅰ式斧（471 号）各部位的组织，进一步说明当时劳动人民较好地掌握了这种变铁为钢的工艺技术。照片 10-2-1 (a)、(b)、(c) 分别是斧刃部、中心和根部的金相组织。刃部表面为全珠光体（含碳 0.7%～0.8%），稍里［照片 10-2-1 (a)］为细晶粒珠光体，分布均匀，铁素体较少，含碳量为 0.5%～0.6%，中心［照片 10-2-1 (b)］基本没有石墨，珠光体较刃部显著减少，含碳量约 0.3%～0.4%。根部为铁素体和存在于晶粒间界的少量珠光体［照片 10-2-1 (c)］，还可以明显看到一些石墨以及一些铸造疏松的缺陷。Ⅰ式斧（453 号）也具有类似的组织。这些样品，在浸蚀后，用肉眼可以看见厚约 1～1.5 毫米的亮白边缘——渗碳层。由此更清楚地表明它们是用白口铁铸成器物后，在氧化气氛中脱碳，使

中心部分的碳量降低到 0.2%～0.3% 或更低一些,然后对刃部渗碳以提高硬度。个别斧
(如 257 号) 的刃部,在渗碳前还经过了锻打加工。

由于渑池窖藏出土铁器数量较大,规格繁多,组织也不完全一致。脱碳退火工艺较好的
如小铁铧 (197 号),它的中心部分金相组织是由铁素体和局部球化的较粗的珠光体组成,
含碳量约 0.3% 左右;边缘部分则基本上为铁素体。这种铸件退火时可能先在较高温度
(900℃以上) 长时间脱碳并避免生成石墨,而后冷却至 700℃ 左右,再经较长时间保温或缓
慢地冷却,得到较粗的珠光体。这个组织具有较好的机械性能。

与此相反,277、299 号 II 斧则是脱碳退火工艺不完全成功的例子。299 号斧中出现微
量石墨。277 号斧为退火铁素体组织,在样品表面有的地方出现了由外向内生长的柱状晶铁
素体晶粒,这表明脱碳过程曾经在 727～910℃ 间进行。由于脱碳温度低,少量石墨得以生
成,这样的退火方法不能完全避免石墨形成而得到全部钢的组织——这种石墨将使退火铸件
耐冲击的能力降低,虽然这种影响对 II 式斧是无关紧要的。

上述钢件是在渑池汉魏窖藏的铁器最早发现的,如 I 式斧 (471、458)、镰 (52)、铧
(197) 及 II 式斧 (299、257) 等多件工具和农具,从器形看无疑是铸件,从化学成分和金
相组织看都是钢。因而很容易被认为是铸钢件,经研究它们都是生铁铸件经脱碳处理后的产
品,由于这批铁器出自窖藏,年代不定,尚不能肯定是否已形成了一种新的制钢工艺。

2. 郑州东史马剪刀

郑州东史马出土的汉代剪刀提供了新的铸铁脱碳钢制品的证据。

1974 年 3 月郑州市博物馆在郑州市郊东史马村出土一批古代窖藏铁器和铜器共 41 件[①]。
窖藏器物多为汉代常见器物,出土铜钱有东汉末年流通的货币计有"延环"、"剪轮"、"磨
廓"、五铢钱等,未见更晚钱币。因此,这批窖藏文物的年代应属东汉末年或稍晚一些。

窖藏出土的剪刀共六把,均为连柄交股式 (图 10-2-2),其尺寸见表 10-2-2。股断
面为四方形。保存较完好的有四件,至今仍具弹性,剪刀有不同程度锈蚀。

表 10-2-2　东史马出土剪刀尺寸统计表

编号	尺　寸						重量/克	备注
	伸直通长/厘米	成形后通长/厘米	刀长/厘米	刀宽/厘米	背厚/厘米	股断面/(厘米×厘米)		
东 306	52	25.2	13	2	0.3	0.5×0.5	48	半件折算
东 307	44.7	22.2	10.5	1.6	0.2	0.5×0.5	58	半件折算
东 308	54.5	26	13		0.2	0.6×0.6	94	
东 309	44.8	21	10.5	1.7	0.2	0.5×0.5	54	
东 310	45.5	22.5	10	2	0.2	0.6×0.6	79	刀尖残

注:尺寸重量均为现存锈蚀品测量所得。

迄今所知,公元 10 世纪以前,剪刀和现今家用剪刀不同,刀身之间不用轴联结,而是
用一条窄平钢条弯曲而成。这种式样的剪刀至今仍在某些行业中使用。它最早于公元前 4 世
纪在意大利或高卢发明的[②]。我国古代何时开始使用剪刀尚待研究。已报道的有:1934 年陕

① 郑州近年发现的窖藏铜、铁器,考古学集刊,第一集。
② A.B. 阿尔茨霍夫斯基,考古学通论,楼宇栋等译,科学出版社,1956 年,第 106 页。

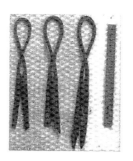

 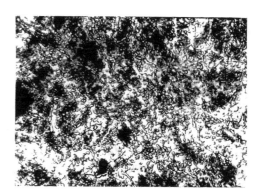

图 10-2-2　郑州东史马出土东汉剪刀及其金相组织

西宝鸡斗鸡台出土的西汉铁剪[1]。1953 年河南洛阳烧沟汉墓中出土了 7 把剪刀，其中完整的仅一件（M160∶38）[2]，其形制均与东史马出土剪刀类同。

　　对东史马出土的剪刀中三件取样进行了金相检验。东 554 剪刀断面含碳量约 1%，组织是球状小颗粒的渗碳体，均匀分布在铁素体基体上，组织均匀，沿原奥氏体晶界有少量网状碳化物，见图 10-2-2。在断面较厚部位仔细观察，有微小的球形石墨析出。东 306 剪刀断面含碳为 0.55%，组织细小，断面约一半为珠光体和铁素体，另一半中碳化物部分球化。东 310 剪刀断面组织均匀，为铁素体和珠光体，碳化物略有球化，含碳为 0.4%。三把剪刀质地纯净，夹杂物极少，东 310 剪刀发现少量颗粒状硅酸盐夹杂，细小分散。均未见有经过变形的夹杂物。剪刀刃口锈蚀，不能判定刃口是否经过淬火。上述结果表明，这些剪刀都是用生铁铸出成形铁条，脱碳处理成钢材。当古代低硅生铁材料尺寸较薄时，可以做到在退火过程中，不析出或析出很少石墨，磨砺刃部（开刃），然后加热弯成"8"字形，制成剪刀。

　　3. 两汉时期的若干铁器

　　在东史马剪刀检验证明为固体脱碳钢以后，对两汉若干铁器进行了研究。

　　河北满城汉墓（公元前 113 年）出土了各式铁镞 300 余件，对其中六件比较好的进行金相鉴定表明，它们都是含碳量不同的铸铁脱碳钢制品[3]，见图 10-2-3。

　　使用铸铁脱碳钢来制造大量极易消耗的箭镞，说明当时这种制钢工艺的发展已较普通。

①　中国历史博物馆，简明中国历史图册（第 4 册），天津人民美术出版社，1979 年，第 80 页。
②　洛阳区考古发掘队，洛阳烧沟汉墓，科学出版社，1959，第 189 页。
③　中国社会科学院考古研究所实验室，满城汉墓出土铁镞的金相鉴定，考古，1981，(1)：77～79。

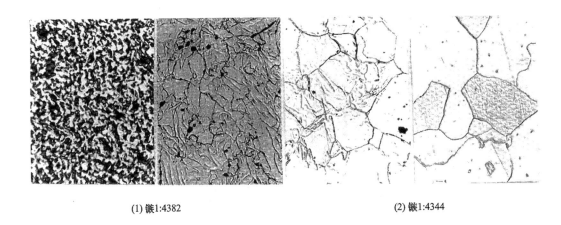

(1) 镞1:4382　　　　　　　　　　　　　　　　(2) 镞1:4344

图 10 - 2 - 3　满城汉墓出土的铁镞的金相组织

北京大葆台西汉墓出土的环首铁刀，细小夹杂物略有延长，环首系锻造弯成。此外，还有由铸铁脱碳钢制造的，经过锻打的小件器物：有箭铤、铁笄、铁扒钉[①]。这些结果表明，固体脱碳钢当时已用作可锻原料，而非可锻铸件制作中的偶然产物。检验表明，河南南阳出土的西汉铁刀（临102），也是铸铁固态脱碳成钢，然后经过锻造做成的。金相组织说明钢刀冷却较快，见图 10 - 2 - 4。其他如山东银雀山出土的汉刀，河南南阳出土的东汉铁凿，以及巩县铁生沟、登封告城等地也先后发现了铸铁脱碳钢制成的工具和农具。这些制品的特点是：器物有明显的铸造披缝，金相组织中夹杂物极少，质地纯净，基本不析出石墨，其成分性能与铸钢相近。它们出自不同遗址和作坊，而材质相同，且用以制造消耗性的箭镞，证明在公元前 2 世纪这一制钢技术应用较为广泛。古代炼铁温度较低，含硅量低，石墨析出较慢，有利于脱碳。将含碳 3%～4% 的低硅铸铁器物在氧化气氛中加热，在适当条件下，特别是厚度不大的情况下，可以避免石墨的形成，而可与韧性铸铁制品区别；铸件整体全部脱碳成为钢制品时，属铸铁脱碳钢，仅表面层脱碳成钢的制品称为脱碳铸铁。

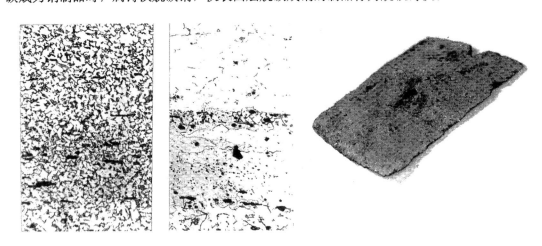

图 10 - 2 - 4　南阳出土西汉铁刀（临102）及其金相组织

----

①　北京钢铁学院中国冶金史编写组，大葆台汉墓铁器金相鉴定报告，见：北京大葆台汉墓，文物出版社，1989 年，第 125～127 页。

对于上述出土铁器鉴定的金相学特征，魏寿昆教授表示赞同，但对于固体脱碳钢是否是中国古代的一种生铁炼钢技术，他曾提出疑义，对古代冶铁遗址出土铁材的研究给出了明确的物证。

二　固体脱碳钢板材

在河南登封阳城铸铁遗址中，发现了迄今最早（公元前5世纪）的铸造板材、条材的陶范[①]图10-2-5。对该遗址10件铁器取样进行金相鉴定，有8件铁器已脱碳成为中碳钢，低碳钢或熟铁。

阳城铸铁遗址不仅发现了退火较完全的铸铁脱碳钢农具，而且也有板材，表明这种生铁制钢技术在战国晚期已经发明并使用，有几件农具金相组织是铁素体，晶粒不均匀，以铁素体组织为主的锸、锄，性能软，不耐磨，不利使用。还发现1件锸YZHT23:72，表面烧熔和粘连，是退火处理失败的例证。但至少表明这一制钢技术在战国晚期已经发明。

郑州古荥河一冶铁遗址出土了几十公斤的梯形铁板，板长19厘米、宽7～10厘米，厚0.4厘米（图10-2-6）。板铸制，经过脱碳处理已成为含碳0.1%，含硅0.06%的板材。另有经过火花鉴定含碳量也小于0.2%，是进一步锻造钢件使用的坯料，如采244镰就是用这种材料制成的[②]。河南南阳瓦房庄发现扁体铁条74件，方体长条44件，圆形铁条36件，它们都是铁条材，见图10-2-7[③]，还发现了用板材卷锻而成的棒材实物。

这种技术是先将含碳3%～4%的低硅白口铁铸成板材、条材、或锛、锸等较小型的工具，然后放入氧化气氛的退火炉中进行脱碳处理，使铸件成为低碳钢材、熟铁材，或含碳1%以下的钢制品；板材、条材可重新加热锻打成所需器具。对出土的古代铁器鉴定表明，一些铁器和板材有名显的铸造披缝，金相组织中夹杂物少，质地纯净，器物表面含碳较低，基本未见石墨析出，有的器物组织中仍可见极少量的白口铁莱氏体组织，但总体器物的成分、性能已成为钢。

还在冶铸遗址发现有退火脱碳炉，如巩县铁生沟河三遗址出土T12炉11，经考察为脱碳炉，见图8-3-6。炉体长方形，由炉膛、火池、炉门和烟囱等组成。炉11炉膛长1.47米、宽0.83米、残深0.8米，火池低于炉膛，炉壁全用长方形青砖砌筑。周壁内外分两层，外壁即建炉时所挖长方坑壁，涂抹一层草拌泥，内外壁之间留8厘米的空间，空壁退火脱碳炉是目前发现比较科学的炉型结构，温度分布均匀，可提高热效率，根据炉壁的火候烧色和测定的温度看，炉内温度在900℃以下，是脱碳退火的温度范围，空腔里面多烧成红色，炉膛褐红色，证明属于氧化性的气氛所形成。就现存深度计算，T12炉11的容积约1立方米。若以脱碳退火铁铲为例（铁铲长13.5厘米、宽11厘米、裤宽3.2厘米）可容2000件左右，脱碳一炉约需三天，生产效率是较高的。由于炉温适宜，通过加热速度和气氛的调节，可以得到可锻铸铁、铸铁脱碳钢等优质钢铁器，这些产品在出土的铁器检验中得到了证实[④]。

① 河南省文物研究所、中国历史博物馆考古部，登封王城岗与阳城，文物出版社，1992年，第302页，图一八五。
② 中国冶金史编写组，从古荥遗址看汉代生铁冶炼技术，文物，1978，（2）：44～47。
③ 李京华、陈长山，南阳汉代冶铁，中州古籍出版社，1995年，第106页，图六六。
④ 赵青云等，巩县铁生沟汉代冶炼遗址再探讨，考古学报，1985，（2）：157～183。

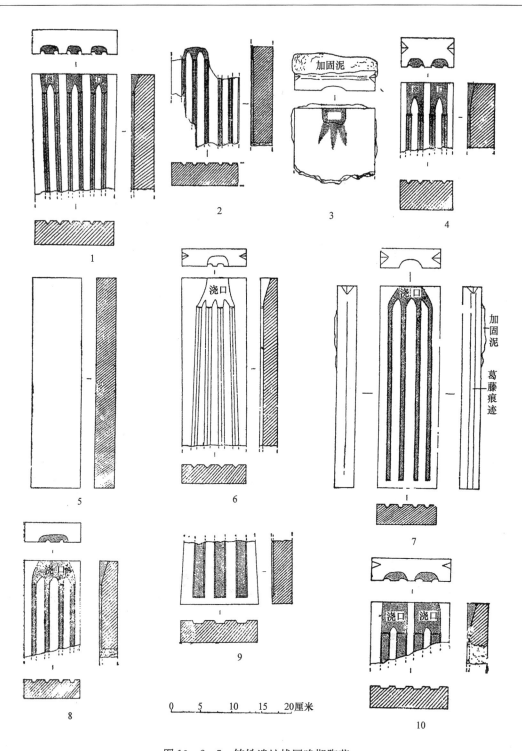

图 10-2-5　铸铁遗址战国晚期陶范

1. 六腔条材范 YZHT6L3：101；2. 六腔条材范 YZHT1②：24；3. 条材范 YZHT1②：43；4. 四腔条材范
YZHT6L3：108；5. 四腔条材范 YZHT6L3：78；6. 四腔条材范 YZHT6L3：89；7. 四腔条材范 YZHT2②：2；
8. 四腔条材范 YZHT5H34：2；9. 宽板材范 YZH 采：11；10. 窄板材范 YZHT2②：36

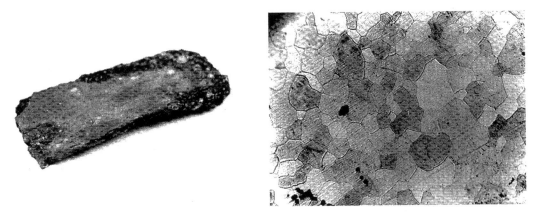

图 10 - 2 - 6　郑州古荥河一遗址出土铁板及其金相组织

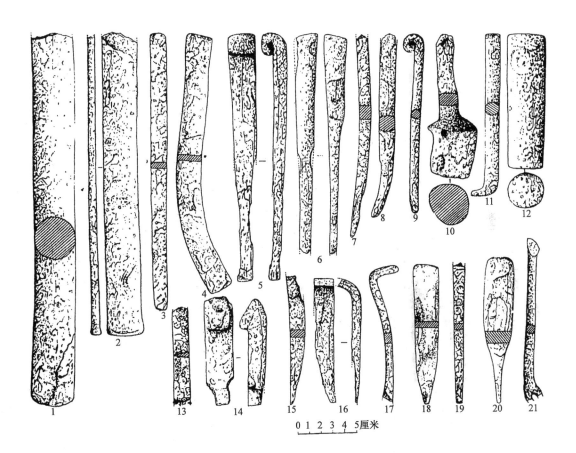

0 1 2 3 4 5厘米

图 10 - 2 - 7　南阳瓦房庄铸铁遗址出土铁条材

1. 1式圆条（T1①A:3）；2. 3式扁条（T18①A:13）；3. 3式扁条（T18①A:132）；4. 3式扁条（T44①A:8）；

5. 3式扁条（T48①A:2）；6. 3式方条（T1①A:163付1）；7. 3式方条（T9①A:84）；8. 2式方条（T40①A:15）；

9. 2式圆条（T2①A:71）；10. 3式扁条（T4①A:65）；11. 3式圆条（T2①A:55）；12. 1式圆条（T40①A:10）；

13. 3式扁条（T18①A:132付1）；14. 1式扁条（T4①A:137）；15. 4式扁条（H7:8）；

16. 3式扁条（T4①A:133）；17. 4式方条（T18①A:86）；18. 2式扁条（T42①A:22）；

19. 3式扁条（T38①A:59）；20. 2式扁条（T42①A:19）；21. 3式扁条（T9①A:63）

固体脱碳钢这种简单、经济的生铁炼钢方法，自公元前 5 世纪发明到公元 6 世纪，经历了较长的发展时期，这一杰出成就，在中国及世界炼钢史上是一项创举。

第三节　炒　钢

用生铁为原料，入炉熔融，并鼓风搅拌，促使生铁中的碳氧化，炼成熟铁或钢的新工艺，是炼钢史上的一项重大的技术革新。中国炒钢技术始于西汉中期，约公元前 2 世纪，到东汉（2 世纪）已相当普及，炒钢的发明对中国封建社会的农业、水利、交通、手工业、军事的发展起着重要作用。

东汉于吉（约公元 1 世纪）撰《太平经》卷七二中记载："使工师击治石，求其中铁烧冶之，使成水，乃后使良工万锻之，乃成莫邪耶。"这里指用铁矿石冶炼成"铁水"，只有将生铁炒成钢或熟铁，才能"万锻之"作成坚韧兵器，这是汉代关于炒钢的间接描述。

一　炒　钢　炉

炒钢炉结构较简单，就地向下挖成罐形炉膛，内涂耐火泥，操作时先将燃料点燃，待火旺后，加入碎块生铁料，堵塞炉门，从炉口鼓风，加热到 1150～1200℃，生铁熔化，再加入铁矿石作氧化剂，同时，用木棍或铁棍用力搅拌，增加空气中的氧与生铁的接触，使生铁中的碳氧化，碳逐渐降低，硅、锰等杂质氧化后与氧化亚铁生成硅酸盐夹杂。由于含碳量减少，炉料呈半熔融状态，取出"团块"锻打，挤出夹杂，制成坯料或直接锻成器物。炒钢可把生铁炒成熟铁，再经过渗碳成钢，亦可有控制地把生铁炒到需要的含碳量，锻制成钢制品。

图 10 - 3 - 1　铁生沟冶铁遗址
出土的炉 9 炒钢炉

炒钢炉也有在地面用石砌筑，口小底大，炉口用炉盖盖一大半，另一半敞开作为装料、搅拌、出气和取钢之用。河南巩县铁生沟、南阳瓦房庄、方城均发现有汉代炒钢炉。铁生沟炒钢炉炉 9，炉长 37 厘米、宽 38 厘米、残高 15 厘米，炉壁已烧成黑色，炉内尚存一铁块（图 10 - 3 - 1）[1]。

铁生沟出土铁器中，经过金相鉴定的 73 件，发现有 14 件是以炒钢为原料锻制的铁器；南阳瓦房庄遗址发现一座炒钢炉，上部已损毁，是就地向下挖成"罐"状坑作为炉膛，炉膛内面涂一层夹细砂的耐火泥，火池周壁和底糊草泥。炉缸作椭圆形，0.27 米×（0.22～0.28）米，炉壁厚 0.04 米，膛残深 0.08～0.16 米，火池在炉门外，呈半圆形，0.25 米×0.29 米，残深 0.12 米，壁略倾斜，被烧成黄色琉璃体，膛底呈蓝灰色，火池呈灰色，炉底中央遗留一块长 0.15 米、宽 0.12 的铁块[2]（图 10 - 3 - 2）。方城县赵河村的汉代冶铁遗址中，发现炒钢炉多达六座，炉形基本相同。

① 赵青云等，巩县铁生沟汉代冶铸遗址再探讨，考古学报，1985，(2)：157～183。
② 李京华、陈长山，南阳汉代冶铁，中州古籍出版社，1995 年，第 53 页。

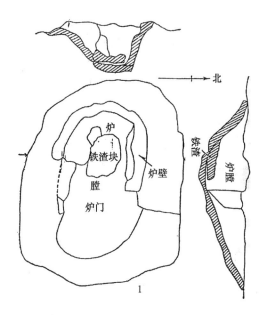

图 10 - 3 - 2 瓦房庄 19 号炒钢炉平、剖面

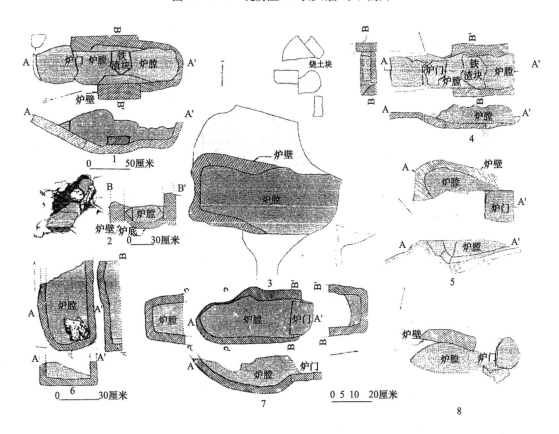

图 10 - 3 - 3 南阳瓦房庄遗址锻炉基址平面图

1. L24 平、东剖面图；2. L24 写生、北剖面图；3. L9 平面图；4. L26 平、北、西剖面图；

5. L30 平、剖面图；6. L20 平、剖面图；7. L29 平、剖面图；8. L25 平面图

炒钢用具已保留下来的有铁锤、铁砧，用于锻打挤渣，将炒的钢团锻打成一定形状的坯料，送往锻造作坊加工成需要的铁器。南阳瓦房庄设有"阳一"专业性锻造作坊，共发现锻炉八座，炉门方向不一致，是就地而建的地炉，锻炉均呈长方箕形，图 10-3-3 是南阳锻炉基址剖平面图，由旧耐火砖和小砖砌筑，炉后壁和炉底用夹砂草拌泥涂糊，炉膛窄而长，炉口地面利用旧砖，铺成长方形内低外高的斜坡形。炉 24 炉膛 86 厘米×（22～81）厘米，炉壁墙高 6～20 厘米，炉底中保留一块长 15 厘米、宽 12 厘米铁块，断面呈褐灰色，气泡较多[1]。方城也有类似的炒钢炉，在建国前的伏牛山区和 1958 年河南省许多地方采用过同种类型的土炉炒钢。

二　出土的炒钢制品

以炒钢为原料锻造工具如：凿、镢等，迄今为止，已发现最早的炒钢制品是徐州狮子山楚王陵出土的矛和凿，经鉴定有 5 件是炒钢制品，属于公元前 2 世纪中叶[2]。各地出土的铁器鉴定表明，用炒钢制成的钢铁器具其金相组织中含碳量较均匀，细长的硅酸盐夹杂物沿加工方向排列成行，与块炼渗碳钢夹杂物有明显差别；炒钢制品的夹杂，为单相硅酸盐夹杂，成分中硅高铁低，铝、镁、钾、锰较高，锰、磷在夹杂中较均匀，夹杂物细薄分散，变形量较大。陕西后川西汉剑、江苏南京汉刀、广州南越王墓、徐州五十炼钢剑、北京顺义东汉铁器、山东临沂三十炼环首刀、洛阳西晋徐美人刀，以及巩县铁生沟、南阳瓦房庄冶铸遗址和西安汉长安武库遗址中，均鉴定出不少炒钢制品。图 10-3-4 是洛阳徐美人墓出土的刀的金相组织。

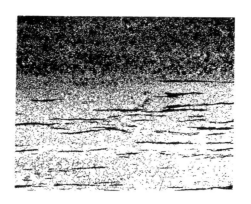

图 10-3-4　河南洛阳徐美人墓出土钢刀的金相组织

洛阳晋元康九年（299）徐美人墓出土的铁刀[3]，长约 22 厘米。经过金相鉴定，含碳量在 0.1% 以下，夹杂物的总量较大，截面上分布不均，多的地方，体积占 8% 左右，少的地方约占 2%，平均占 3%～4%。夹杂物的尺寸也较大，厚约 40～50 微米，宽度约厚度的

---

① 李京华、陈长山，南阳汉代冶铁，中州古籍出版社，1995 年，第 57 页，图三五。
② 北京科技大学冶金与材料史研究所、徐州汉兵马俑博物馆，徐州狮子山西汉楚王陵出土铁器的金相实验研究，文物，1999，（7）：84～91。
③ 蒋若是等，洛阳晋墓的发掘，考古学报，1957，（1）：181。

3～10倍。刃部夹杂物的尺寸略小。这是用炒炼成的熟铁锻成，表面经过渗碳，但未经反复锻打，加工量较小。刀还经过淬火，刃端含马氏体层约1.5毫米①。炒钢时已经形成的硅酸盐不能在重新增碳时减少，这一点也从徐氏刀的渗碳层中夹杂物没有变化得到证明。

炒钢过程中生铁的含碳量逐渐下降，铁中所含硅、锰等元素氧化后生成硅酸盐夹杂。如在半熔状态继续搅拌一炒到底，其产品就是含碳量极低的熟铁，但如果在不完全脱碳的时候就停止，则根据脱碳程度不同而得到高碳、中碳以至低碳钢。当然在古代条件下把钢中含碳量控制在一定水平，需要很熟练的技巧。含碳较多的炒钢，由于氧化程度低，所含的夹杂自然较熟铁少些、细些。

三 史书记载

在古代，一般都没有把熟铁和低碳钢区别开来，我国古代也是如此。在我国古代，对熟铁和低碳钢都混称为“铁”，东汉以后又混称为“鍒”或“鍒铁”，也或称为镭铁或熟铁。唐人李世勣、苏恭等所著《唐本草》说：“单言铁者，鍒铁也。铁落是锻家烧铁赤沸，砧上锻之，皮甲落者。”宋人苏颂《本草图经》又说：“初炼矿用以铸泻器者为生铁。再三销拍，可作鍱者为镭铁，亦谓之熟铁。”(《重修政和经史证类备用本草》卷四《玉石部》引)。可知宋代由矿石初炼出来的是生铁，需要“再三销拍”，才能炒炼成熟铁。所谓“再三销拍”，就是上述的炒钢方法。

古时也有把熟铁或低碳钢称为“黄铁”的。例如晋、隋间著作的《夏侯阳算经》卷中《称轻重》节，有下列两个算术题②：

(1) 现在有生铁6281斤，要炼黄铁，每斤损耗5两，问能炼得黄铁多少?

答：黄铁4318斤3两。

(2) 现在有黄铁4318斤3两，要炼为钢铁，每斤损耗3两，问能炼得钢铁多少?

答：钢铁3508斤8两10铢5絫。

这里所谓黄铁该就是熟铁。从这两个算术题，可知由生铁炼熟铁、再由熟铁炼钢铁的方法，在晋、隋间已用得很普遍。从生铁炒炼成熟铁是每斤损耗5两，再从熟铁渗碳锻炼成钢是每斤损耗3两。由于当时冶铁工匠对这两种工艺比较熟练，在操作过程中损耗的比例大体上差不多，已能掌握一定的规格，因而能够把它作为算术题了。

明代唐顺之《武编·前编》卷五《铁》条，谈到熟铁说：

“熟铁出福建、温州等处，至云南、山西、四川亦皆有之。闻出山西及四川泸州者甚精，然南人实罕用之，不能知其悉。熟铁多瀵滓，入火则化，如豆渣，不流走。冶工以竹夹夹出，以木棰捶之成块，或以竹刀就罐中画（划）而开之。今人用以造刀铳器皿之类是也。其名有三：一方铁；二把铁；三条铁。用有精粗，原出一种。铁工作用，以泥浆淬之，入火极热，粪出即以锤捶之，则渣滓泻而净铁合。初炼色白而声浊，久炼则色青而声清，然二地之铁，百炼百折，虽千斤亦不能成分两也。”

这里记载锻炼熟铁的过程很详细，是采用了三段法。先把生铁炒炼成“多瀵滓”的熟

---

① 李众，中国封建社会前期钢铁冶炼技术发展的探讨，考古学报，1975，(2)：1～22。

② 转引自杨宽，中国古代冶铁技术发展史，上海人民出版社，1982年，第229页。

铁，初步"捶之成块"，或者加以划开，成为"方铁"、"把铁"、"条铁"，近代称为毛铁。再用毛铁进一步加以锻炼，除去渣滓，使得到较纯的熟铁，用来制作工具和兵器等。

明末清初屈大均《广东新语》卷十五《货语》的《铁》条，对于广东的炒铁业有更具体的描写：

"其炒铁，则以生铁团之入炉，火烧通红，乃出而置砧上，一人钳之，二三人锤之，旁十余童子扇（煽）之。童子必唱歌不辍，然后可炼熟而为镴也。计炒铁之肆有数十，人有数千，一肆数十砧，一砧十余人，是为小炉。炉有大小，以铁有生有熟也。故夫冶生铁者，大炉之事也；冶熟铁者，小炉之事也。"

"扇之"是说鼓动鼓风器，"镴"是指熟铁片。由此可见当时炒铁炉所使用鼓风的人力比较多。明末宋应星《天工开物》卷十《锤锻》说：

"凡出炉熟铁，名曰毛铁。受锻之时，十耗其三，为铁华铁落。"

宋应星《论气》的《形气五》又说：

"凡铁之化土也，初入生熟炉时，铁华铁落已丧三分之一；自是锤锻有损焉，冶铸有损焉，磨砺有损焉，攻木与石有损焉，闲住不用而衣锈更损焉，所损者皆化为土，以俟劫尽。"

由于时代的限制，宋应星不了解铁在各种不同情况下损耗的原因，误认为铁的损耗"皆化为土"。他所说"生熟炉"，当即指把生铁炒炼成熟铁的炉。所说"十耗其三"和"丧三分之一"，是指生铁炒炼成熟铁和经锻打的损耗，这和《夏侯阳算经》所说每斤损耗 5 两差不多。据调查，流传在云南的土法炼铁采用三段法，先把生铁炒炼成毛铁要损耗六分之一，再由毛铁锻打成熟铁要损耗五分之一，也就是说，由生铁炒炼成熟铁，大约要损耗三分之一[①]。这和宋应星所说的损耗大致相当。

朱国桢《涌幢小品》卷四《铁炉》条和孙恩泽《春明梦余录》卷四六《铁厂》条，记述遵化铁冶厂情况说："熟铁由生铁五六炼而成。"这种由生铁五六炼而成的熟铁，实际上已经不是熟铁而成为低碳钢了。

明代唐顺之《武编·前编》卷五《铁》条，曾谈到"炼铁"的费用。他说：

"炼铁，每十斤权炼作三斤，计用匠五工，工食二钱五分，约用炭价银一钱六分，通算炼就铁，计用银一钱六分六厘六毫，得铁一斤。此锻炼之大数。至于成置刀铳，工又益加，铁又益折，此须逐样监试一件，才能定价。"[②]

由此可见，在明代，用生铁炒炼成熟铁或钢，还比较费时费力，炼成 3 斤优质的低碳钢，要五个人劳动一天，同时铁的折耗也还很大，10 斤生铁只能炼成 3 斤优质的低碳钢。这时一般的炼铁炉，大概一炉需要五六个人操作，其中最主要的是钳手，《武编·前编》卷五《火器》条在叙述"鸟铳"时曾说："炼铁炉，每炉六人，炼该四日，共二十四工，内钳手每工四分，散匠三分，算该银七钱六分。"清代的情况大体上和明代相同，屈大均《广东新语》卷十五记述佛山镇炒铁肆的情况说："其炒铁，则以生铁团之入炉，火烧透红乃出而置砧上，一人钳之，二三人锤之。"茅元仪《武备志》卷一一九《制具》条，记制作威远炮所用铁料须五至七斤生铁方可炼成一斤熟铁；《武编》也记有："炼铁，一斤权炼作三斤……至于成置刀铳，工又益加，铁又益折"，看来都用的同一种工艺。

---

① 黄展岳、王代之，云南土法炼铁的调查，考古，1962，(7)。
② 转引自杨宽，中国古代冶铁技术发展史，上海人民出版社，1982 年，第 230、231 页。

明代宋应星《天工开物》卷十四记述了炼铁炉和炒钢炉串联使用（图10-3-5），这也是一项重要成就。

《天工开物》卷十四《五金》部分说：

"若造熟铁，则生铁流出时，相连数尺内低下数寸，筑一方塘，短墙抵之。其铁流入塘内，数人执持柳木棍排立墙上，先以污潮泥晒干，舂筛细罗如面，一人疾手撒滟，众人柳棍疾搅，即时炒成熟铁。其柳棍每炒一次，烧折二三寸；再用，则又更之。炒过稍冷之时，或有就塘内斩划成方块者，或有提出挥椎打圆后货者。若浏阳诸冶，不知出此也。"

图10-3-5　《天工开物》中的生熟炼铁炉

方以智（1611～1671）《物理小识》卷七《金石类》也说：

"凡铁炉用盐和泥造成，出炉未炒为生铁，既炒则熟，生熟相炼则钢。尤溪毛铁，生也。豆腐铁，熟也。熔流时又作方塘留之，洒干泥灰而持柳棍疾搅，则熟矣。"

从炼铁炉流出的铁水，直接流入"方塘"（炒钢炉）进行炒炼，同时"撒入潮泥灰"作为造渣熔剂，"众人柳棍疾搅"以提高氧化脱碳速度，"即时炒成熟铁"，"炒过稍冷之时，或有就塘内斩划成方块者，或有提出挥椎打圆后货者。"

在炼铁炉旁设置方塘来炒铁，减少了炒炼熟铁时再熔化的过程，不但缩短了炒炼熟铁的时间，也减低了炒炼熟铁的成本，提高了生产效率。

朱国帧（1558～1632）《涌幢小品》、屈大均（1630～1696）《广东新语》中记的是将冶炼生铁和炒钢炉分别设置的方法。并说冶生铁是大炉之事，冶熟铁是小炉之事。近代中国一些地区仍沿用此法，只是在炼炉局部结构和若干操作方法略有不同。例如湖南邵阳一带，生产炒钢，称为"宝庆大条钢"，清同治年间（1862～1874），年产约1万余担，"颇形畅旺"[①]。

欧洲用炒钢法冶炼熟铁，18世纪中叶始于英国，一直使用到1930年左右，杂质含量一般为 C，0.06%～0.08%；Mn，0.01%～0.05%；Si，0.1%～0.2%；P，0.08%～0.16%（其中40%～60%在夹杂中）；S，0.01%～0.035%。夹杂重量约占2%～3%，典型的分析为 SiO_2，14.6%；FeO，70.5%；Mn，1.5%；Al_2O_3，2.7%；CaO，2.7%；P_2O_5，0.08%；S，0.08%[②]。我国早在公元前2世纪已有了这种方法，较欧洲约早1800年，这是我国发明生铁较早和当时生产发展需要的结果，是中国古代钢铁技术发展史中的又一项重大贡献。对于从生铁炼制熟铁的重要性，马克思曾经在法文版《资本论》里指出："当大规模工业在英国兴起的时候，发现了将焦炭冶炼的生铁炼制成具有展性的熟铁的方法。这个在专用结构的炉中净化熔融生铁称作'炒钢（paddling）'的方法，导致了鼓风炉的高度扩大，热风的使用等等，简短地说，导致了生产工具和同量劳动可以加工的原料那样巨大的增长，很快就有了足够的供应和便宜价格的铁，使它能够在许多用途上取代木石。由于煤和铁是现代工业的重要因素，怎么样也不至于夸大这项革新的重要意义"[③]。

第四节　百　炼　钢

我国古代盛行过多种生铁炼钢方法，百炼钢可能是质量最好的产品，它代表一种工艺，用来制造名刀宝剑，我国自古以来，形容苦练过硬本领的佳话："千锤百炼"、"百炼成钢"至今流传于世。

一　文　献　记　载

古代文献中，"百炼"一词始见于东汉末年。东汉建安年间（196～220），曹操命有司制作五把"百辟"宝刀[④]，"百辟"又称"百錬（炼）利器"[⑤]。其子曹植写有《宝刀赋》："炽火炎炉，融铁挺英，乌获奋椎，欧冶是营。"这些诗句对炼制宝刀的场面作了生动的描述[⑤]。三国时期，孙权有一把宝刀名叫"百炼"[⑥]。《晋书》记载着一种名叫"大夏龙雀"的"百炼钢刀"，此刀被誉为"名冠神都"、"威服九区"的利器[⑦]。北宋沈括在《梦溪笔谈》中曾形

①　北京钢铁学院中国冶金史编写组，中国冶金简史，北京：科学出版社，1978年，第226～227页。
②　Metals Handbook, The American Society for Metals, 1948, p.504.
③　转译自《资本论》英文版第一卷由 D, Torr 编译的1938年附录，George Allen & Unwin Ltd, 818页，转引自李众，中国封建社会前期钢铁冶炼技术发展的探讨，考古学报，1975,（2）：16。
④　《太平御览》卷三百四十六《兵部七十七·刀下》，第4页。
⑤　《太平御览》卷三百四十六《兵部七十七·刀下》，第4页。
⑥　《太平御览》卷三百四十五《兵部七十六·刀上》，第8页。
⑦　《晋书·载记》卷一百三十，中华书局，1974年版，第3206页。

象地描述了他认为是百炼钢的生产过程。他说:"予……至磁州锻坊,观炼铁,方识真钢。凡铁之有钢者,如面中有筋,濯尽柔面,则面筋乃见;炼钢亦然,但取精铁,锻之百余火,每锻称之,一锻一轻,至累锻而斤两不减,则纯钢也,虽百炼不耗矣。此乃铁之精纯者,其色清明,磨莹之,则黯黯然青且黑,与常铁迥异。"[①] 文中沈括把百炼钢比作"面中"的"筋"并未能揭示出百炼钢的本质,但对炼钢方法的描述却是有一定史料价值的。明代宋应星在《天工开物》中说:"刀剑绝美者,以百炼钢包裹其外。"[②] 由以上记载可知,以百炼成钢法制造出来的钢制品,是质量最好的。

三国时刘备曾令工匠蒲元制造五千把刀,上刻"七十二炼"[③]。公元10世纪在史书中出现了"九炼钢"的名称。北宋真宗赵恒命王钦若、杨丁乙等辑《册府元龟》,于大中祥符六年(1013)成书。书中记载:后唐庄宗同光三年(925),"徐州进九练神钢刀剑各一。"后晋高祖天福六年(941)"荆南遗使进……九练纯钢金花手剑二口……"[④]。《湧幢小品》、《春明梦余录》记遵化铁冶"钢铁由熟铁九炼而成"。这些刀剑练数的意义,还有待进一步研究和澄清。

二 百炼钢实物鉴定

近年来在国内出土的文物中,有两件应属于百炼钢的实物。1974年7月在山东省临沂地区苍山县出土了一把东汉时期的环首钢刀[⑤],见图10-4-1,刀全长111.5厘米,刀身宽3厘米,背厚1厘米,背上有错金录书铭文:"永初六年五月丙午造三十涑大刀吉羊宜子孙"(见图10-4-2)。"宜子孙"三个字已锈蚀,经X光透视才显示出来。这把钢刀是东汉安帝永初六年(112)端午节制造的。它是一件象征吉祥的传世品。在钢刀刀刃部分,用线切割取样进行金相鉴定,金相组织显示是由晶粒很细的珠光体和铁素体组成,组织均匀,各部分含碳均匀,估计含碳量为0.6%~0.7%,见图10-4-3。刀的刃部经过淬火,虽然锈蚀,仍可见极少量马氏体。钢刀的夹杂物经过电子探针鉴定,是以细长的硅酸盐为主,并含有微量的钾、钛等元素。所含夹杂物数量较多,细薄分散,变形量较大,分布比较均匀。硅酸盐夹杂物大部厚度在2.5~5微米,长度25~40微米。除硅酸盐夹杂物外,尚有少量变形较少的灰色氧化亚铁夹杂。钢刀样品截面的夹杂物显示排列成行,表现有分层现象。以位于同一平面的连续或间断的夹杂物作层的标准,由三个观察人(其中两人事先不知道检测样品为三十炼钢刀样品及检测目的)在100倍的金相显微镜下观察样品整个截面的层数,结果分别平均为31层、31层弱及25层。根据夹杂物形态分析,可以认为这把三十炼钢刀,是以含碳较高的炒钢为原料,经过反复多次加热锻打制成,刃口部分并经过了局部淬火处理。

---

① 沈括:《梦溪笔谈》卷三,文物出版社,1975年版,第14页。
② 宋应星:《天工开物》卷十,广东人民出版社,1976年版,第268页。
③ 《太平御览》卷三百四十六《兵部七十七·刀下》,第2页。
④ 《册府元龟》卷一百六十九,中华书局,1960年影印版,第2035、2040页。
⑤ 临沂文物组刘心健、苍山文化馆陈自经,山东苍山发现东汉永初纪年铁刀,文物,1974,(12):61。

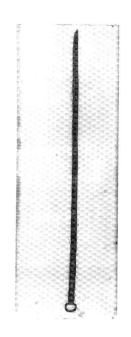

图 10 - 4 - 1　山东苍山出土东汉环首三十炼钢刀

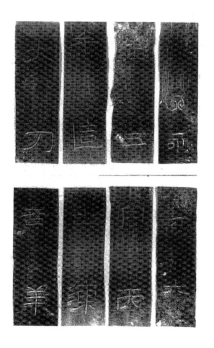

图 10 - 4 - 2　东汉环首三十炼钢刀错金隶书铭文

图 10 - 4 - 3　东汉环首三十炼钢刀的金相组织

图 10 - 4 - 4　江苏徐州出土五十炼钢剑

　　1978 年 1 月，在江苏省徐州市铜山县出土了一把东汉时期的钢剑[①]（图 10 - 4 - 4）。钢剑锋部稍残，无首，通长 109 厘米，剑身长 88.5 厘米，宽 1.1～1.3 厘米，背厚 0.3～0.8 厘米。在剑柄正面有隶书错金铭文 21 个字："建初二年蜀郡西工官王愔造五十湅□□□孙剑

①　徐州博物馆，徐州发现东汉建初二年五十湅钢剑，文物，1979,（7）：51。

□"（图 10-4-5）剑镡已残脱，由铜锡合金制成，表面乌黑，内侧阴刻隶书"直千五百"
四字（图 10-4-6）。这把五十炼钢剑是东汉章帝建初二年（77），在蜀郡汉属益州（今四
川省成都地区），由负责制造武器和日用金属品的"工官"王愔制作的。在钢剑剑身刃口及
剑柄端部用线切割分别取样，进行金相鉴定。剑身样品金相组织显示为珠光体和铁
素体，含碳高低不同。样品两边各1.5毫米处，高低碳层相间，各约20层。每层厚薄不同，

图 10-4-5　五十炼
钢剑错金铭文

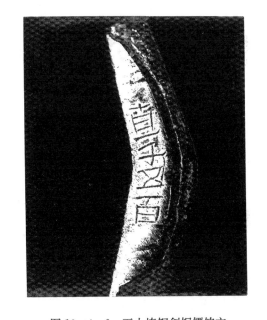

图 10-4-6　五十炼钢剑铜镡铭文

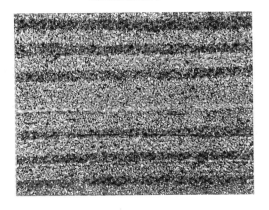

图 10-4-7　五十炼钢剑剑身样品金相组织

图 10-4-8　五十炼钢剑剑身样品中心金相组织

一般为 50～60 微米，也有 20 微米的，每层的组织是均匀的（图 10-4-7）。两边似对称。边部高碳区含碳 0.6%～0.7%，维氏硬度 Hv=279，279，300，310；低碳区含碳约 0.4%，Hv=187，263，275，279。中心部分厚约 2 毫米，组织显示为珠光体，含碳 0.7%～0.8%，组织均匀，Hv=296，292。有明显的亮带，宽度约 30～50 微米，中心部分按明暗分层约 15 层，亮带的 Hv=299，311（图 10-4-8）。

将金相样品用奥勃氏试剂浸蚀，以显示固溶体中的磷偏析。奥勃氏试剂是由 $FeCl_3$ 30 克、$CuCl_2$ 1 克、$SnCl_2$ 0.05 克、HCl 50 毫升、酒精 500 毫升、H_2O 500 毫升配制而成。试验表明，样品在边部及中心部分均显示有明显的分层现象。用磷印试验及氯化铜溶液复核五十炼钢剑剑身样品，均显示有磷偏析。磷是由矿石带入的，它几乎全部进入生铁中，是不能脱除的元素。在结晶冷凝时容易产生磷偏析，同时，磷在钢中的奥氏体及铁素体中的扩散速度又很小，因此很难用热处理方法消除磷的偏析。中心部分的组织，由于磷偏析引起受腐蚀的能力不同，因而显现亮带。钢剑刃口未经淬火处理。剑身样品断面因组织与成分差异，金相观察到分层数目近 60 层。剑柄样品的金相组织亦为珠光体和铁素体，中心含碳约 0.7%，边部因锈蚀严重，分层数目不清，最低含碳约 0.4%，夹杂物形貌与剑身同，数量稍多。

五十炼钢剑以硅酸盐夹杂物为主，高碳部分夹杂物细薄分散，变形量较大；边部低碳部分夹杂物较高碳部分略多，细碎，变形程度不大。夹杂物亦排列成行，数量较三十炼钢刀略少。对剑身样品中心及边部的不同含碳区所含的夹杂物进行了成分分析。对中心部分的 6 块夹杂物检测了 7 次；边部高碳区中的 10 块夹杂物检测了 11 次，低碳区中的 8 块夹杂物检测了 9 次，检测结果见表 10-4-1。

表 10-4-1　　五十炼钢剑夹杂物中出现所列元素的次数

夹杂物部位	含碳量	检测次数	分析元素*								
			镁	铝	硅	硫	钾	钙	钛	锰	铁
边部	低碳	9	—	2	7	1	1	3	3	8	9
边部	高碳	11	4	11	10		7	11	2		11
中心	高碳	7	—	7	7	—	7	17	5	—	7

注：＊由北京钢铁学院金属物理教研组用 S600 扫描电镜能谱分析仪进行元素的定性分析。

由表 10-4-1 可知，边部的低碳区中的夹杂物多含锰，与高碳区及中心部分夹杂物成分有差异。可以认为，边部低碳与高碳区所用的原料不同，边部低碳的组织不是由于锻造加热过程中脱碳形成的，而中心和边部高碳区所用的原料可能是相同的。夹杂物中所含的镁、铝、硅、钾、钙等元素，是生铁炒钢过程中因接触耐火材料而带入的。钛、锰等元素是由矿石带入的。根据以上鉴定可知，五十炼钢剑是以含碳较高的炒钢为原料，把不同含碳量的原料叠在一起，经过多次加热、锻打、折叠成形而制成的。

据目前所知，东汉时期银嵌错金铭文的金马书刀传世的有三把，是在罗振玉《贞松堂吉金图》卷下著录的，但不知珍藏何处。一把的铭文是："永元十□年，广汉郡工官三十涑书刀，工冯武（下缺）"，再一把的铭文是："永元十六年，广汉郡三十涑（中缺）史成，长荆，守丞熹主。"（图 10-4-9）。还有一把的铭文是："广汉（缺字）三十（缺字）秋造护工卒史克长不丞奉主……"（图 10-4-10）。以下文字蚀损。按：永元是东汉和帝的年号，永元十六年即公元104年，广汉郡在今四川省梓潼市。这三把金马书刀都是三十炼制品。

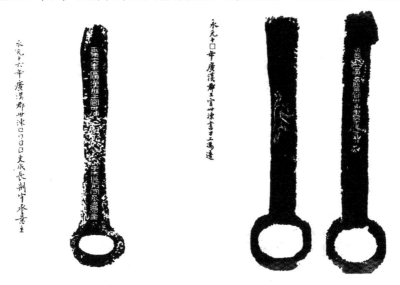

图 10 - 4 - 9　东汉永元十六年金马书刀及铭文

图 10 - 4 - 10　东汉金马书刀及铭文

三　日本"百炼"刀剑

1961年，日本天理市栎本町东大寺山古坟出土了一把有中国纪年的铁刀[①]，刀长103厘米，背宽约1厘米，上有错金铭文24个字："中平□□，五月丙午，造作□□，百炼清刚，上应星宿，□辟□□。"（图10-4-11）。中平是东汉灵帝的年号（184～189）。石上神官珍

---

① 梅原末治，奈良县栎本东大寺山古坟出土汉中平纪年铁刀，载考古学杂志，第48卷，第2号，日本考古学会，1962年，第37页。

图 10 - 4 - 11　日本崎玉稻荷山古坟出土铁剑及铭文

藏来自百济的七支刀铭文是：泰□四年六十一日丙午正阳，造百练七支刀①，图10 - 4 - 12。
年号中泰下一字多释为"和"，也有释"初"或"始"的；多数学者认为其制作年代大约为
4 世纪后期。熊本县玉名郡江田村船山古坟出土一柄银错马纹大刀，铭文中有"八十练"的
"好□刀"；并记有"作刀者名伊太□，出者张安也。"此刀的时代为 5 世纪后期。虽然不能
肯定张安来自中国或朝鲜半岛，但他不是日本人②。还有一把在崎玉县行田市稻荷山古坟出
土的剑，制作者是后来被尊称为雄略天皇的倭王武。上有错金字 115 个，日文，其中说：
"吾左治天下，令作此百练利刀。"据考证，制作的年代为公元 471 年②，见图 10 - 4 - 13，
日本考古学家认为，这把剑是日本制造的，同时也是日本制刀剑的开始，在此以前是由中国
传入或由东渡的外来工匠参与制作的。孙机认为值得注意的是日本出土的"中平"刀、船山

---

① 孙机，百炼钢刀剑与相关的问题，中国圣火，辽宁教育出版社，1996 年，第 53 页。
② 佐佐木稔，铁と铜の生产の历史，日本国东京，雄山阁株式会社，2002 年，第 45～49 页。

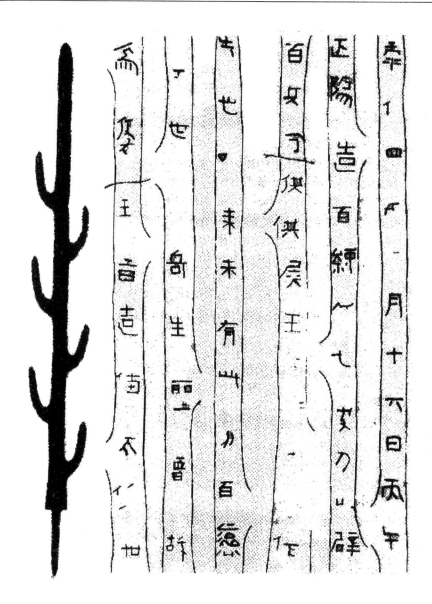

图 10 - 4 - 12　七支刀及铭文

刀、稻荷山剑及传进的七支刀铭文中的"百炼"、"八十炼"皆用"炼"字，除"中平"刀外，都表明是 4 世纪以后的制品，因此孙机对"中平"刀是否是 2 世纪的制品，也提出了疑义，他论述这件"百炼"刀是 3 世纪后期由东渡的中国吴地的工匠在日本参加制作的设想也是有道理的。但是这些"百炼"刀剑尚未经科学鉴定，对其使用的原料、制作工艺及组织尚不了解，至少在此"中平"刀的材质、尚未验明之前，孙机认为不能用它作为汉代"百炼钢"的实物例证。

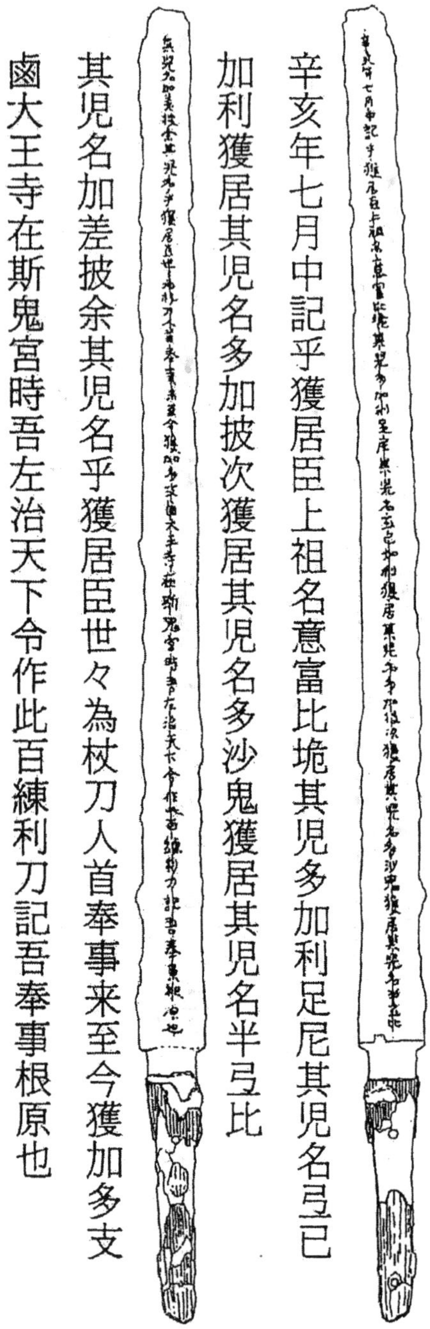

辛亥年七月中記乎獲居臣上祖名意富比垝其児多加利足尼其児名弖已

加利獲居其児名多加披次獲居其児名多沙鬼獲居其児名半弖比

其児名加差披余其児名乎獲居臣世々為杖刀人首奉事来至今獲加多支

鹵大王寺在斯鬼宮時吾左治天下令作此百練利刀記吾奉事根原也

图 10 - 4 - 13　崎玉稻荷山古坟出土铁剑及铭文

四　关于"涷"数

我国早期制品的铭文中有用"涷"数的记载，孙机考察这种铭文最先不是出现在钢铁制品上，而是在铜器上，在铜器铭文中，涷数最少的为黄龙元年（229）三涷明镜，再多的为建初元年（76）“四湅”、永安六年（263）“五湅”的铜镜，讲究的铜器有阳朔元年（公元前24）、元延三年（公元前10）的铜鼎等，上述铭文中的“湅”字应指铜的精炼。但湅字的本义指丝帛的漂练，与冶金无关；孙机认为这里应是炼字或鍊字之假，并引文证明，炼、鍊均指熔炼。铜镜铭文中“百湅”出现于东汉末，标出“百湅”铜镜的质地并不比“三湅”铜镜有明显提高，是由民间手工业者生产，用作商品出售，其上铭文往往包含一些服务于商业目的语言，并非实录，亦与工艺规格不相涉①。

汉代钢铁制品证明“湅”数的只见于锻制的刀剑而未见铸造的容器，孙机强调钢铁刀剑的铭文湅数的含义与铜器铭文湅数的含义是不同的。钢铁刀剑铭中的湅字当为“漱字之省”。《说文·餐部》：“漱，辟漱铁也”，《文选七命》“万辟千灌”，李善注：“辟谓叠之”。朱骏声在《说文通训定声》中也说，漱是“取精铁折叠锻之”。

“百鍊”、“百辟”过去曾认为是反复锻打的意思。有了九炼、三十炼、五十炼、七十二炼、八十炼、百炼共存的事实，应该认为“炼”的含义已经代表了一定的工艺和产品的质量。古代工匠们在实践中发现反复加热锻打，会使钢件变得更加坚韧，很自然地会把反复加热锻打定为正式工序，成为炼钢工艺中不可缺少的部分，这样可使钢的组织致密，成分均匀，夹杂物减少细化，从而能显著提高钢的质量。上述三十炼钢刀、五十炼钢剑比战国时期燕下都的钢剑和河北满城汉墓钢剑有显著的提高。

当然钢材折叠锻打的次数是应以 2^n 计算的，所谓三十炼、五十炼也就是折叠锻打四、五次，百炼也不过六次之多。也可以用数层不同含碳量的生铁炒成的钢为原料锻打，然后加热，折叠制作名刀宝剑，五十炼钢剑中心碳高而两侧含碳不同的层状组织是对称分布也可为佐证。

徐州五十炼钢剑铜镡内侧，刻有铭文“直千五百”，应当是这把钢剑的价钱。据记载，公元69年，东汉永平十二年，粟价每石30钱②，则此钢剑可购粟50石。以当时一般人每月吃粮一石半计，用购买这把钢剑的钱去买粟，可供一个人吃二年零九个月，可见百炼钢制品是较值钱的。曹植《宝刀赋》中还记有“建安中，家父魏王乃命有司造宝刀五枚，费时三年乃就……”③，当时制作五把宝刀费时三年，当然，这个记载不一定准确，但至少可以表明，制作这种“百炼利器”是很费时费工的。

第五节 灌 钢

一 灌 钢

灌钢亦称团钢，是中国史书记载的一种生铁炼钢方法。

灌钢（亦称团钢）的基本原理就是把生铁和熟铁按一定比例配合起来冶炼，所谓“杂炼生鍒”就是这个意思。南朝的炼丹家陶宏景曾说过这样的话：“钢铁是杂炼生鍒作刀镰

① 孙机，百炼钢刀剑与相关的问题，见：中国圣火——中国古文物与东西文化交流中的若干问题，辽宁教育出版社，1996年，第51～56页。

② 彭信威，中国货币史，上海人民出版社，1965年，第2版，第177页。

③ 《太平御览》卷三百四十六《兵部七十七·刀下》，第5页。

者"①。北朝也在稍晚一点的时间记载了这一炼钢工艺，从事道术活动的綦母怀文是北朝灌钢的实践者之一。怀文"造宿铁刀，其法烧生铁精以重柔铤，数宿则成刚"②。这里的宿铁就是指生铁和熟铁相结合炼成的灌钢。与陶宏景所说的"杂炼生鍒"的方法基本相同。綦母怀文的出身不详，但他和陶宏景一样讲求"方术"，从事道家活动。恩格斯曾经指出："化学以炼金术的原始形式出现了"③，中国古代炼丹术和炼金术兴于秦汉，延及南宋时期（公元十二、十三世纪），成为古代化学一个支流，但它的历史远不及冶金悠久，而且对冶金发展起过消极作用。但不少炼丹家对冶金发展也有一定的贡献，陶弘景在研究刀剑制造方面也颇有成绩，著有《古今刀剑录》、《太清经》等。灌钢的发展与炼丹家有一定的关系。但应该指出：灌钢的产生，是劳动人民在实践中发展百炼钢工艺和炒钢技术的结果。百炼钢由于需要多次反复"再烧再锻"，因而效率低，费工多，而炒钢的含碳量或"火候"又不易控制，炒炼"过火"（含碳量过低）后，重新加入一些生铁来补救是很自然的。在这个基础上，炼钢劳动者有意识地把生铁一炒到底，成为熟铁，再配用一定的生铁来增碳成钢，这是既容易控制又能增产的方法。早期的灌钢具体操作方法未见记载，看来与后来沈括记述的差不多，总之，是把生铁（含碳高）和熟铁（含碳低）按一定比例配合，共同加热至生铁熔化而灌入熟铁中去，熟铁由于生铁浸入而增碳。只要配好熟铁同生铁的比例，就能比较准确地控制钢中含碳量。当然，灌钢仍不能熔成钢液，还需要继续锻打，使组织均匀和挤出夹杂，因此，后步工序仍然保留着百炼钢的某些特点。

关于灌钢的最早有明确的文献记载是在南北朝，（5～6 世纪）。《重修政和经史证类备用·本草卷》宝石部，引陶宏景（456～536）的记述："钢铁是杂炼生鍒作刀镰者"。当时已用灌钢法制作刀、镰用具。《北史》记载的北齐（约 550 左右）綦母怀文是灌钢的实践者，他用"杂炼生鍒"方法造宿铁刀。与陶宏景所记已用这种灌钢作刀镰之类的大路商品，足见其应用之广，说明可能已经经历了一个发展过程。两汉炼钢技术发展较大，特别是锻钢件在东汉出土铁器中的比例显著增多，似在炼钢技术上有所突破。西汉《盐铁论》记载了桑弘羊"刚柔和"的话④。杨泉在谈到阮师制刀时也有"取刚柔之和"的说法⑤。西晋的张协在《七命》中有这样一段描述："楚之阳剑，欧冶所营，……乃炼乃铄，万辟千灌"⑥。"辟"后来有人解释是折叠的意思，"灌"可能就是灌钢。从以上种种分析推断灌钢技术既然在南北朝已有使用的记载，那么它的诞生应该更早一些。

沈括（1031～1095）在《梦溪笔谈》中对灌钢作了较全面的论述，他写道："世间锻铁所谓钢铁者，用柔铁屈盘之，乃以生铁陷其间，泥封炼之，锻令相入，谓之团钢，亦谓之灌钢"⑦。这里的柔铁是炒得的熟铁。他记的灌钢生产工艺是将熟铁条卷曲成盘，配以一定量的生铁，放入熟铁盘中，用泥封起来烧炼。泥封主要是为了防止加热时氧化脱碳。由于生铁的熔点比熟铁低，生铁先熔化，铁汁流入熟铁盘中间，碳从生铁中向熟铁扩散，加上锻打，

① 重修政和经史证类备用，本草卷四、玉石部。
② 北齐书列使四十一，北史卷八十一。
③ 恩格斯，自然辩证法，见：马克思、恩格斯全集（第三卷），人民出版社，1972 年，第 523 页。
④ 盐铁论，水旱。
⑤ 杨泉，物理论。
⑥ 晋书卷五十五。
⑦ 沈括，梦溪笔谈。

使成分均匀，成为硬度高性能较好的钢。

"灌钢法"到了明代又有进一步的提高。《物理小识》记载："灌钢以熟片加生铁，用破草鞵（鞋）盖之，泥涂其下，火力熔渗取锻再三"[1]。《天工开物》记载："凡钢铁炼法，用熟铁打成薄片如指头阔，长寸半许，以铁片束包尖（夹）紧，生铁安置其上，又用破草覆盖其上，泥涂其底下。洪炉鼓鞲，火力到时，生钢（铁）先化，渗淋熟铁之中，两情投合，取出加锤。再炼再锤，不一而足，俗名团钢，亦曰灌钢者是也。"[2] 明代的灌钢法和宋代的相比有它的独到之处：①不用泥封，而用涂泥的草鞋覆盖，使生铁在还原气氛下逐渐熔化；另外，可以使大部分火焰反射入炉内，以提高温度。②不把生铁块嵌在盘绕的熟铁条中，而是放在捆紧的若干熟铁薄片上，利用生铁含碳量高熔点低的特点，使生铁液能够均匀地灌到熟铁薄片的夹缝中，增加了生熟铁之间的接触面积，使生铁中的碳能更迅速和均匀地渗入熟铁中，这是我国灌钢法的一大改进。宋应星从原理上做了概括："凡铁分生熟，出炉未炒则生，既炒则熟，生熟相和，炼成则钢。"[3] 李时珍也提到："有生铁夹熟铁炼成者"[4] 也是指这种灌钢法。明唐顺之《武编·前编》卷5《铁》条所说"熟钢"就是灌钢："熟钢无出处，以生铁合熟铁炼成。或以熟铁片夹广铁锅涂泥，入火而团之。或以生铁与熟铁并铸，待其极熟，生铁欲流，则以生铁于熟铁上，擦而入之。此钢合二铁，两经铸炼之手，复合为一，少沙土粪滓，故凡工炼之为易也。……此二钢久炼之，其形质细腻，其声清甚。"这里记述了二种灌钢的冶炼方法，前一种是明代宋应星、方以智所说的方法，是当时最流行的，后一种是灌钢法的进一步发展，与近代流传在四川等地的苏钢冶炼法相类似，唐顺之是明代嘉靖年间的人，可知，至少明代中期（15～16世纪之间）这种苏钢冶炼法已经发明了。

上述灌钢的记载在经过鉴定的出土钢铁制品中如何判定？据了解20世纪80～90年代柯俊、韩汝玢、苗长兴、陈建立等均作过研究，何堂坤、苗长兴等按照宋明文献记载还作过模拟实验，但至今未见有专文发表。

二 苏 钢[5]

苏钢实质上是我国古代在灌钢技术的基础上发展起来的，相传由江苏人发明而称为苏钢。在明清时期，安徽芜湖是苏钢生产最兴盛的中心，由于芜湖境内繁昌、当涂两县盛产铁，皖南山区产木炭，且水陆交通便利，芜湖的钢坊多从南京迁来，炼钢工人也来自南京周围地区。从康熙到嘉庆年间（1662～1820），芜湖大钢坊发展到18家。嘉庆六年（1801）清政府对钢坊加强管理，芜湖炼成的钢，行销七省，最远到达山西。清乾隆年间（1736～1795）苏钢冶炼法传到湖南湘潭，使湘潭也逐渐成为苏钢冶炼业的中心之一。1935年出版的《中国实业志（湖南省）》第七篇记载："湘潭产钢，名曰苏钢，……质地较优"。至咸丰时，湘潭的苏钢坊，计有40余家。"所产之钢，销于湖北、河南、陕西、山东、天津、汉口、奉天（今辽宁省）、吉林等地，殊见畅旺"。到光绪年间，受洋钢进口影响，钢坊相继

---

① 方以智，物理小识卷七。

② 宋应星，天工开物卷十四，五金篇。

③ 李时珍，本草纲目卷八，金石篇。

④ 周志宏，中国早期钢铁冶炼技术上创造性的成就，科学通报1952年2月。

⑤ 北京钢铁学院冶金史编写组，中国冶金简史，科学出版社，1978年，第227、228页。

停闭。

　　四川省的威远和重庆附近苏钢生产也有较久的历史。例如重庆北碚的一个苏钢工厂，据1938 年的调查，炼钢炉高约 0.7 米，炉膛用砂石砌成并衬以耐火沙泥，结构形似陶瓿，上口有泥制盖板，下部用两个平列的风箱鼓风。

　　炼钢时，先把熟铁（未经锻打的料铁）两条放入炉内红炽的木炭中，加盖鼓风。2 分钟后去炉盖，用火钳钳住一块长方形生铁板入炉，此时炉内温度约 1000℃左右。继续鼓风 3 分钟后温度达 1300℃左右，生铁开始熔化，将火钳左右移动使生铁液均匀地滴到熟铁上，同时用钢钩不断翻动熟铁。一块生铁滴完后接着用第二块生铁继续熔滴，淋铁完毕取出钢块到砧上锻打成钢团，接着把钢团在另一炉中再加热并锻成钢条，待钢条尚呈红色时入水淬冷[①]。其他地方的苏钢工艺也与此大同小异。这种钢的质量不仅与原料的质量有关，而且与操作技术有关，如淋用生铁的多少、滴抹的均匀程度、温度的控制（主要通过鼓风缓急调节）等，总之，工人的熟练程度在这里起着重要的作用。

　　同古代灌钢相比，苏钢工艺的重大改进在于改善了生熟铁的接触条件，使淋滴的生铁和承受淋滴的熟铁都处于运动状态，并可由人来适当掌握。这比古代将生熟铁固定在一起加热自然要好些。当然，操作工人必然要付出更艰巨的劳动。

---

　　① 周志宏，中国早期钢铁冶炼技术上创造性的成就，科学通报，1952 年 2 月。

第十一章 中国古代的铸造技术

铸造是将金属熔炼成符合一定成分要求的液体并浇进铸型里，经冷却凝固、清整处理后得到有预定形状、尺寸和性能的铸件的工艺过程，是人类较早掌握的一种金属成型工艺。中国的铸造技术起源于新石器时代晚期的马家窑文化、马厂文化时期，至今已有五千多年的历史，它是中国文明史的一个重要组成部分。

中国古代的铸造技术依据制型材料不同可分为：石范铸造、泥范（陶范）铸造、金属型铸造、失蜡法铸造、砂型铸造，叠铸技术是特殊的泥范铸造。本章将对上述各种铸造技术分别加以论述。

第一节 铸 造 遗 址

随着考古工作者对古代冶金、铸造技术的日益关注，有关铸造遗址的发掘材料逐渐丰富起来，根据已发表文献资料的不完全统计，已发现的冶铸遗址多达数百处，依据铸造金属材料的不同可分为铸铜遗址、铸铁遗址。由于金属铸币在中国历史上的重要作用，铸钱遗址是一种特殊的铸造遗址。

不同时期的铸造遗址存在着大量的、反映当时铸造技术水平的实物例证，如熔炉的材料、炉形与结构特点、鼓风状况、制范材料与工艺、金属类别等等，为研究和复原当时的铸造技术提供了宝贵的资料。在河南、河北、山西、陕西、安徽、贵州、湖南、重庆市、香港等省区均发现有不同规模的铸铜遗址、铸铁遗址。有关不同时期铸造遗址的材料如表 11-1-1 所示。

表 11-1-1 不同时期的铸造遗址

遗址名称	年代	资料来源
河南偃师二里头铸铜遗址	夏代	偃师二里头，1999 年，80~82、168~171、239、268~270、332~333 页；中原文物，2004，(3)：29~36
河南郑州商城铸铜遗址	商代中期	郑州商城，2001 年，307~384 页；中原古代冶金技术研究，2003 年，30~38 页
河南安阳殷墟铸铜遗址	商代后期	殷墟发掘报告，1987 年，11~69 页；中原古代冶金技术研究，2003 年，57~79 页
江西清江吴城商代铸铜遗址	商代	文物，1975 (7)：51~60；文物资料丛刊（第 2 辑），1978 年，1~5
香港南丫岛沙埔村铸铜遗址	商代	新中国考古五十年，1999 年，510 页
河南洛阳北窑铸铜遗址	西周	文物，1981，(7)：52~64；考古，1983，(5)：430~441

遗址名称	年代	资料来源
陕西扶风李家铸铜遗址	西周中晚期	考古，2004，（1）：3～6； 古代文明，（3）：436～489
河南新郑大吴楼铸铜遗址	春秋战国	文物资料丛刊（第3辑），1980年，60～61
山西侯马晋国铸铜遗址	春秋中期偏晚至 战国早期	侯马铸铜遗址，1993年，441～445页； 晋都新田，1996年，65～69，79～83页 文物，1987，（6）：73～81； 文物，1987，（2）：29～53
河南三门峡市虢国铸铜遗址	春秋战国	中国文物报，1991年5月19日
安徽亳州市北关铸铜遗址	战国	考古，2001，（8）：93
河南登封阳城铸铁遗址	战国～汉	登封王城岗与阳城，1992年，256～319页； 中原古代冶金技术研究，2003年，177～204页
河北兴隆燕国铸铁遗址	战国	考古通讯，1956，（1）：27～35
河南新郑仓城铸铁遗址	战国	文物资料丛刊（第3辑），1980年，62～63
山西夏县禹王城庙后辛庄战国铸铁遗址	战国	文物季刊，1993，（2）：11～16
河南辉县市古共城战国铸铁遗址	战国中晚期	华夏考古，1996，（1）：1～7
贵州普安铜鼓山铸铜遗址	战国～秦汉	新中国考古五十年，1999年，395页 考古学年鉴，2003年，339页
重庆市云阳县旧县坪铸铜遗址	战国～东汉	中国文物报，2005年3月23日
陕西咸阳秦都冶铸遗址	战国～秦	文博，2003，（4）：11～16
河南泌阳下河湾冶铸遗址	战国～汉代	中国文物报，2005年1月21日
河南南阳瓦房庄汉代铸铁遗址	西汉～东汉	华夏考古，1991，（1）：1～108
河南南阳瓦房庄汉代铸铜遗址	西汉	华夏考古，1994，（1）：31～44
陕西韩城县芝川镇铸铁遗址	西汉	考古与文物，1983，（4）：27～29
陕西西安汉长安城冶铸遗址	西汉中晚期	考古，1995，（9）：792～798； 考古，1997，（7）：581～588
山西夏县禹王城汉代铸铁遗址	西汉中晚期	考古，1994，（8）：685～691
湖南桑植朱家台汉代铸铁遗址	西汉晚期～东汉前期	考古学报，2003，（3）：401～425
河南新安县上弧灯汉代铸铁遗址	西汉晚期～新莽时期	华夏考古，1988，（2）：42～50
河南温县招贤村汉代铸铁遗址	东汉早期	文物，1976，（9）：66～75； 汉代叠铸，1978年，1～16页
河南荥阳楚村元代铸造遗址	元代	中原文物，1984，（1）：60～70

　　将各时期已发掘的、规模较大且有代表性的铸造遗址按照商周时期的铸铜遗址、春秋战国时期的铸造遗址、汉代铸造遗址、元代铸造遗址4部分分述如下。

一　商周时期的铸铜遗址

（一）河南偃师二里头铸铜遗址①②③

二里头遗址位于河南省偃师市西南 9 公里的二里头村南，二里头铸铜遗址主要位于二里头遗址 Ⅳ 区并向北波及到 Ⅴ 区边缘，比较集中在 Ⅳ 区中北部的南北 60 米、东西 120 米左右范围内，面积近 1 万平方米，延续使用时间在 300 年左右（公元前 1800～前 1500 年）。这是我国目前所知年代最早的铸铜遗址，它在我国考古学、冶铸史上均具有特殊意义。

遗址出土有铜渣、炉壁残块、泥范、浇口铜、扉边铜块、绿松石及铜工具等。根据残存炉壁的尺寸推测当时熔铜炉直径约 20 厘米、深约 18 厘米。泥范皆残，范的外面刻制合范符号。铜工具有刀、锥、凿、锯、钩，兵器有铜镞等；在遗址中还发现浇注青铜器的专用操作面。

（二）河南郑州商代铸铜遗址④⑤⑥

河南郑州商代铸铜遗址位于郑州商城的南、北郊，是商代中期的铸造遗址，其规模和出土范、炉等铸造遗物的数量都远远超过偃师二里头铸铜遗址，体现出铸造技术的进步。

郑州商代铸铜遗址共发现两处，一处是郑州南关外商代铸铜遗址，一处是郑州紫荆山北商代铸铜遗址。

南关外商代铸铜遗址面积约 2500 平方米，1954 年秋～1955 年春、1959 年秋两次发掘，发掘面积 1300 多平方米。遗址内发现有铸造场地 11 处、窖穴 28 个、烘范窑 2 座，与铸造有关的遗物有铜矿石、炉壁残块、泥质铸范、熔渣、木炭屑、铜器等。熔铜炉有三种形式：大口尊陶胎式熔炉（图 11-1-1）、红陶缸胎式熔炉、泥质大型熔炉。陶范分为生产工具范、武器范、容器范三类近 20 种，主要以工具范为数最多，说明此铸铜遗址是以铸造生产工具为主的铸造作坊。南关外商代铸铜遗址的使用时间应是从商代二里岗下层二期开始，延

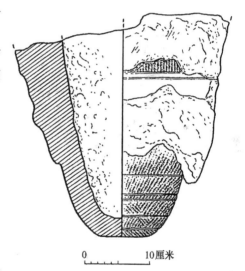

图 11-1-1　南关外商代铸铜遗址二里岗下层二期熔铜陶坩埚（大口尊）C5.3T302②:83

（选自：郑州商城，2001 年，339 页，图二零九）

---

① 郑光，二里头遗址的发掘，见：夏文化研究论集，中国先秦史学会等编，中华书局，1996 年，第 67 页。

② 李京华，《偃师二里头》有关铸铜技术的探讨，中原文物，2004，(3)；29～36。

③ 中国社会科学院考古研究所，偃师二里头，中国大百科全书出版社，1999 年，第 80～81 页、第 168～171 页，第 239 页，第 268～270 页、第 332～333 页。

④ 河南省文物考古研究所，郑州商城（1953～1985 年考古发掘报告）（上册），文物出版社，2001 年，第 307～384 页。

⑤ 河南省文物考古研究所，郑州商代二里岗期铸铜基址，考古学集刊（第 6 集），中国社会科学出版社。

⑥ 李京华，郑州商代铸铜遗址发掘与研究，见：中原古代冶金技术研究（二），李京华著，中州古籍出版社，2003 年，第 30～38 页。

续使用到商代二里岗上层一期。

紫荆山北商代铸铜遗址于 1955 年、1956 年春两次发掘，发掘面积 1450 平方米。遗址内发现有 6 座房基，有大小不等的铸铜场地，面积从 0.5～2.5 平方米，另有 8 个灰坑。与铸铜有关的遗物有铜矿石、熔铜坩埚、木炭、铜炼渣、泥质铸范、残铜器、陶器等。熔铜坩埚有两种：一种是使用灰陶大口尊外涂草拌砂泥制作而成；另一种是用粗砂厚胎陶缸作为坩埚。紫荆山北商代铸铜遗址所用熔铜坩埚与南关外商代铸铜遗址所用熔铜坩埚基本相同。陶范有刀范、镞范、车轴头范（图 11-1-2）、花纹范等。刀范 19 件（图 11-1-2），其中 5件完整。紫荆山北商代铸铜遗址的使用时间是商代二里岗上层一期。

郑州商代铸铜遗址出土遗迹、遗物反映了当时的铸铜技术已达到相当熟练的水平。

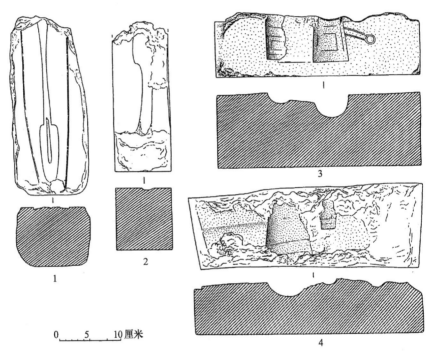

图 11-1-2　紫荆山北商代铸铜遗址二里岗上层一期刀范和车轴头范
1、2. 刀范 C15F5：52、C15F5：51；3、4. 车轴头范 C15T27②：53、C15T29②：54
（选自：郑州商城，2001 年，380 页，图二三一）

（三）河南安阳殷墟铸铜遗址[1][2]

河南安阳殷墟是商代后期（盘庚至帝辛）的都城，位于河南省安阳市西北郊，范围大致有 24 平方公里，在这里发现了苗圃北地、孝民屯等几个铸铜遗址，以苗圃北地铸铜作坊规模最大。

1. 苗圃北地铸铜遗址

苗圃北地铸铜遗址占地约 1 万平方米，发掘面积 2425 平方米，是商代铸铜遗址，遗迹

---

[1]　中国社会科学院考古研究所，殷墟发掘报告（1958～1961），文物出版社，1987 年，第 11～69 页。
[2]　李京华，安阳殷墟铸铜遗址的发掘与研究，见：中原古代冶金技术研究（二），李京华著，中州古籍出版社，2003 年，第 57～79 页。

遗物很多。

　　发掘出有夯土围墙的房子基址 7 座，多数伴出有陶范、熔炉残片、木炭等。烧土硬面 5 处，面积从 4～52 平方米。礓石粉硬面 4 处，有圆形和椭圆形两种，直径为 1～2 米。这些房子、硬面场地均是与制作陶范、陶模、浇注有关的工作场所。

　　发掘出的铸铜遗物有炉壁、陶范和模、磨石、铜质和骨质工具、木炭、炉渣等。炉壁残块 5000 多块，熔炉分为大小两种炉型。大型熔炉炉壁是用穄麦秸的草泥条盘筑而成，炉口呈圆形和椭圆形，口径 1 米左右，炉低有圜底与平底两种。小型熔炉为陶壳式的、既熔炼又浇注。陶范和陶模均为烘烤过而成半陶质，共有 19 459 块。范分为外范、内芯，铸面多呈灰色。陶模分为全模、分模，能辨认出器形的陶模有卣、尊、斝等。陶范有工具范、兵器范、礼器范三种，其中礼器范最多，有爵、斝、鼎、盉、簋、觚等 11 种器形（图 11 - 1 - 3）。由此可以看出苗圃北地铸铜遗址是以铸造礼器为主的铸造作坊。

图 11 - 1 - 3　安阳殷墟苗圃北地铸铜遗址出土鼎外范 PNM52：1
左：甲扇；右：乙扇
（选自：殷墟发掘报告，1987 年，图版一二）

2. 孝民屯铸铜遗址

　　铸铜遗址位于孝民屯村西，面积约 150 平方米，发掘出土有炉壁残块、陶范及模、磨石、铜刀等遗物。炉内壁烧流并粘有铜渣，炉内胎直径 37 厘米，属小型熔炉。范与模总计 322 块，能看出器形的有觚、爵、簋、鼎、锛、铲、戈等。其中铲、锛的内芯是苗圃北地铸铜遗址未见的。

　　对苗圃北地和孝民屯 2 处铸铜遗址出土陶范的观察结果显示，其铸造技术有了较大的进步。一是在内芯上设有芯撑或芯座，如在觯范的圈足内芯、腹内芯上设有芯座，解决了内芯悬空、无支撑不好定位的问题，以确保铸件质量；二是组装模的使用，利用组装模将小块范组装成大块范，将大块范合范后糊草拌泥加固、烘烤，降低了复杂铸件的制作难度。

(四) 江西清江吴城商代铸铜遗址①②

吴城商代遗址位于江西清江县城 (樟树镇) 西南 35 公里的吴城村,于 1973 年发现,自 1973~1975 年进行了四次较大规模的发掘,发掘面积 1788 平方米。吴城商代铸铜遗址中发现有石范、铜渣、木炭和铜质、石质、陶质工具。基本成形的石范有 103 块,多是锛、凿、斧、刀、镞、戈、钺、斝等铸范,其中遗址中出土的青铜锛与 2 件单扇锛范合模。石范多为红色粉砂岩,有少量呈灰白色或青灰色,是用江西特有的石料凿制而成,部分石范上刻有文字和符号。吴城商代铸铜遗址是首次在长江以南发现的商代铸铜遗址。

(五) 河南洛阳北窑西周铸铜遗址③④

遗址位于洛阳北窑村的西南、洛阳火车站正北约 200 米的地方。遗址自 1973 年发现并试掘以后,1975~1979 年又经过多次发掘。遗址面积约 14 万平方米,发掘面积 2500 平方米,出土有房址、窖穴 (灰坑)、墓葬、祭祀坑、烧窑等遗迹和大量陶范、熔炉残壁、鼓风管残块、铜器、陶器等遗物。洛阳北窑西周铸铜遗址是西周时期重要的铸铜作坊,是继郑州商城铸铜遗址及安阳殷墟铸铜遗址之后的又一重大考古发现。

遗址出土数以千计的熔铜炉残块,炉壁内面烧流严重,最厚可达 1.5 厘米,有的粘有木炭、铜颗粒、铜渣。根据熔铜炉残块的形状、弧度等条件,推算炉径一般在 90~110 厘米左右,可分为大中小三种类型。炉径最小者为 50~60 厘米,最大者可到 160~170 厘米。熔铜炉分为坩埚式、小型竖炉式、大型竖炉式三种形式,熔炉炉壁是采用加砂草拌泥条盘筑而成,炉圈上下有榫卯以便套合。大型竖炉设有风口,风口直径 13~14 厘米,风口之间成 90 度角。

遗址出土陶范和陶模数量很多,数以万计。其中可辨器形者约有 400~500 块,有比较清晰花纹的亦有 500 余块。陶模多呈青灰色,质地较硬。内芯则比较松软,呈砖红色或青灰色。外范分为二层,内层为浇铸面和分型面,厚 1 厘米左右,质地细腻、坚硬、多呈青灰色;外层 (范背) 则质粗、有较大颗粒的砂子,呈灰红色。在可辨器形的陶范中,以礼器范居多,车马器和兵器范比较少见。礼器范主要有鼎、簋、卣、尊、爵、觚、觯、罍、钟范等;车马器范有辖、軎、銮铃、泡饰范;兵器范有戈、镞范。除泡饰范、戈范、镞范是双合范,余者均属多合范,在分型面采用三角形榫卯和长方形子母口使范扣合。

根据遗址出土陶器的分期以及陶范花纹、所铸器物型制特征来分析,此铸铜遗址大概始于西周初年而毁于穆王、恭王以后,即洛阳北窑西周铸铜遗址是西周前期的青铜器铸造作坊遗址。

(六) 陕西扶风县李家村西周铸铜遗址⑤⑥

李家村西周铸铜遗址位于陕西省扶风县法门寺镇李家村西,属于周原遗址的中心区域。

---

① 江西省博物馆等,江西清江吴城商代遗址发掘,文物,1975,(7):51~60。
② 江西省博物馆、清江县博物馆,江西清江吴城商代遗址第四次发掘的主要收获,文物资料丛刊 (第 2 辑),文物出版社,1978 年,第 1~5 页。
③ 洛阳博物馆,洛阳北窑村西周遗址 1974 年度发掘简报,文物,1981,(7):52~64。
④ 洛阳市文物工作队,1975~1979 年洛阳北窑西周铸铜遗址的发掘,考古,1983,(5):430~441。
⑤ 周原考古队,陕西周原遗址发现西周墓葬与铸铜遗址,考古,2004,(1):3~6。
⑥ 周原考古队,2003 年秋周原遗址 (ⅣB2 区和ⅣB3 区) 的发掘,见:古代文明 (3),文物出版社,2004 年,第 436~489 页。

2003年春季进行了试掘，2003年秋季又进行发掘，两次共发掘1200多平方米。在遗址内143个灰坑中出土了大量铸铜遗物，有陶模、陶范、炉壁残块、铜块、铜渣、红烧土等。发掘者根据遗址、遗物的特征判断，李家村铸铜作坊的使用起自西周早期，沿用至西周晚期。从陶范遗存的数量来看，以西周中晚期最为丰富。

出土陶范的种类表明，李家村铸铜作坊所铸铜器类型有容器（鼎、鬲、簋）、乐器（钟）、兵器（戈）、车马器（銮铃、軎、辖、镳、衔、节约等）等4大类（图11-1-4），说明李家村铸铜作坊，不是以铸造某种器物为主的铸造作坊，而是一个综合的铸造作坊。

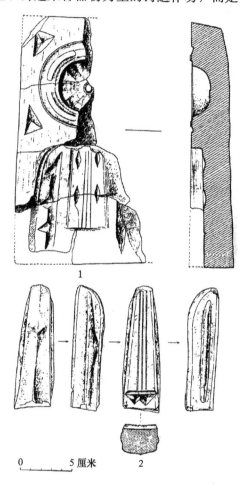

图11-1-4 李家村铸铜遗址 H66 出土的陶銮铃范
1. 銮铃面范（H66∶80）；2. 銮铃侧范（H66∶62）
（选自：古代文明（3），448页，图八）

遗址出土陶模的种类也较多，有虎形车辖模、车軏模、车軎模、马镳模以及多种不明器形的模，还有1件小型方鼎陶模。陶模纹饰有虎形纹、夔纹（11-1-5）、重环纹、涡纹等。出土的陶范背面有合范用的刻槽或标记，合范的榫卯以三角形锥形榫卯为主。炉壁是以泥条盘筑而成，已烧成青灰色，局部有"烧流"现象，炉子直径约在80厘米以上。在遗址的地层和灰坑中普遍发现有铜渣和红烧土。

由于李家村铸铜遗址位于周原遗址内，为研究西周中晚期的铸铜工艺提供了丰富的资料。

图 11-1-5　李家村西周铸铜遗址

出土夔纹陶模（H3：57）

（选自：考古，2004 年 1 期，5 页，图七）

（七）河南新郑大吴楼铸铜遗址[①]

遗址位于新郑郑韩故城东城东部大吴楼村，是春秋战国时期的铸铜作坊遗址，面积达 10 多万平方米。

在春秋文化堆积层中夹有大量的铜炼渣、木炭屑和熔铜炉残块、鼓风管、陶范等遗物遗迹。出土的熔铜炉残块，仅能看出是炉底或炉壁圈，炉底呈圆形圈底状，炉壁多被烧流。鼓风管也已残破，保存较好的一鼓风管残长 21 厘米、口径 3～5 厘米，后部较粗，外附一层草拌泥。出土陶范较多，呈青灰色。主要是镢、铲、镰、锛和凿等生产工具范，镢范数量最多。

在战国文化层中，也发现了和铸铜有关的熔炉残块、鼓风管、陶范和铜炼渣等遗物。

二　春秋战国时期的铸造遗址

（一）山西侯马晋国铸铜遗址[②③④⑤]

山西侯马晋国铸铜遗址位于侯马牛村古城南东周遗址内，根据地层关系和陶器的演变，并结合其他遗迹遗物的特点，将遗址的年代定为春秋中期偏晚到战国早期，约相当于公元前 600 年到公元前 380 年。

自 1952 年遗址被发现到 1992 年的发掘，侯马铸铜遗址发掘总面积 7000 余平方米（图 11-1-6）。其中 II 号和 XXII 号两处遗址出土陶范最为丰富，前者以礼器、乐器范为主，后者以工具范为主。位于 XXII 号遗址西北约 100 米的灰坑（PXH）出土大量的车马器及带钩范等。LIV 号遗址出土有 10 万件以上的空首布芯。VII 号和 XV 号地点曾出土空首布。XX 号遗址（石圭作坊遗址）出有少量的贝范。XXI 号遗址为祭祀性遗址，出土少量的环首刀范。1992 年在南距 XXII 号地点约 200 米处，出土有礼器、车马器、兵器、工具等陶范。

II 号和 XXII 号两处铸铜遗址位于牛村古城南 300～500 米，东西相距约 400 米。两处遗址面积共约 47 850 平方米，发掘面积 4700 平方米。在两处遗址中发现铸铜陶范，大部分为红褐色，少量为青灰色、灰褐色或黄褐色。其中完整或能配套的近千件，能识别出器型的有工具范、兵器范、空首布范、礼器范（图 11-1-7）、乐器范、车马器范、生活用具范及其他范等八大类别。II 号遗址出土陶范 14 117 块，以钟鼎等礼乐器范为主，其次有车马具范、生活用具范及少量的工具范，其中模的数量约占 1/3。多数范未经浇注，其中一部分可以配

①　河南省博物馆新郑工作站、新郑县文化馆，河南新郑郑韩故城的钻探和试掘，见：文物资料丛刊（第 3 辑），文物出版社，1980 年，第 60～61 页。

②　山西省文物考古研究所，侯马铸铜遗址（上），文物出版社，1993 年，第 441～452 页。

③　黄景多、杨富斗，晋都新田，山西人民出版社，1996 年，第 65～69 页、第 79～83 页。

④　山西省考古研究所侯马工作站，晋国石圭作坊遗址发掘简报，文物，1987，（6）：73～81。

⑤　山西省考古研究所侯马工作站，1992 年侯马铸铜遗址发掘简报，文物，1995，（2）：29～53。

图 11-1-6　山西侯马平阳厂区发掘地点及遗物采集地点位置图

（选自：侯马铸铜遗址，5 页，图三）

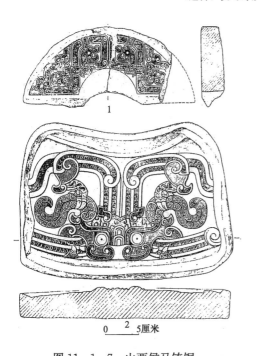

图 11-1-7　山西侯马铸铜
遗址出土钟舞模、范

1. 范Ⅱ T86③:1；2. 模Ⅱ T86H126:14

（选自：侯马铸铜遗址，138 页，图七零）

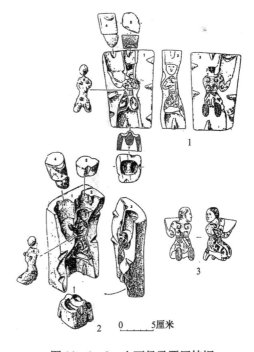

图 11-1-8　山西侯马晋国铸铜
遗址出土的人形范

1. Ⅱ T31F13:49；2. Ⅱ T31F13:49 合范
示意；3. Ⅱ T31F13:49 翻制件

（选自：侯马铸铜遗址，204 页，图一零三）

套,少量范已合好待铸。如人形范标本ⅡT31F13∶49(图11-1-8),是一套完整范,发现时已合好待铸。整体范由6块范组成,足底1块范兼作浇口,整体合范高11.5厘米。XXII号遗址出土陶范24 640块,以工具范为主,有少量的兵器范、车马具范、空首布范等。其中绝大多数是范和芯,模极少,而且大多数是浇注后打碎的残块。在灰坑(PXH)中出土带钩范13 667块,车軎范407块,其他范1747块。

遗址中还出土了大量的熔炉残件。XXII号遗址出土的有关熔炉的遗物较多,总计13 189块,其中炉盆5558块,炉圈3819块,鼓风管3812块。Ⅱ号遗址熔炉遗物较少,仅为100余块。熔炉残件全为草泥质,内壁经高温烧流,外壁面仅经烘烧。熔炉为内加热式二节或三节炉,炉体由下部的炉盆和上部的炉圈(一层或两层)组成,并设鼓风管鼓风。早期的鼓风管为直筒直嘴,晚期则变为牛角形风管。

XX号遗址为石圭作坊遗址,遗址面积为4900平方米,发掘面积1295平方米。XX号遗址出土的铸铜遗物主要包括陶范130件,其中12件较完整。贝范最多,为45件;其余为钟、鼎、壶、车马器、刀、镞等器物的范。贝范中38件保存3个完整边沿,贝范为双合范,上范为贝型表面,有浇道;下范为贝型背面。T2019H2139∶015-1双合范一套,出土时合在一起,砖灰色,6贝型。此外还有少量坩埚、炉圈等碎块。

1992年配合平阳厂基建,在南距XXII号地点200米、北距牛村古城南墙约300米处,发掘东周遗址600平方米。此处遗址是Ⅱ号、XXII号铸铜遗址的重要组成部分。该遗址出土约3000块陶范(能辨认器形的约700块),涉及的器物种类较多。包括礼器范、车马器范、兵器范、工具范和生活用具范。2002年又发掘460余平方米,出土了大量与青铜冶铸有关的遗物,主要有陶范块、大量的炉壁、鼓风管、坩埚的残片。

铸铜遗址出土陶范上的纹饰种类计有25种,其中主要有蟠螭纹、蟠虺纹、兽面纹、龙纹、凤纹、云雷纹、绹索纹等,蟠螭纹最为常见,形式多样,主要作为主体纹饰。纹样和风格的变化与陶范年代的早晚有关。陶范的纹样采用了圆雕、浮雕、线刻等手法制成,其中以浮雕式数量最多。

根据对出土陶范、模、芯的研究资料,陶范的制作工艺和浇注方式的特点如下:

(1)制作陶范的原料以当地的土和砂为主,且有面料和背料之分。陶模面、范腔面使用经过精选的面料,范及模的背面使用质地较粗的、掺有植物质和砂的背料。芯则根据造型和工艺的要求采用不同的配料。

(2)模、范的设计、制作灵活多样。根据器物的形状、纹饰等特点,采用分块制作,拼装组合等方法。整个铸型的分块,每块范的位置、形状、大小,分型面的斜度、榫卯的多少、浇口位置的确定都反映出较高的技术要求,并在制作时达到了一定的精确度。

(3)陶范的浇注系统多采用顶注式。

此外,在出土的陶范中发现有成套的齿轮范4套,对于研究古代机械史意义重大;同时带钩、环、箭镞、贝都是一次成型多件,生产效率得到提高。空首布、空首布范及贝范的发现,说明晋国的铜质货币在发生变化。

侯马牛村古城南铸铜遗址的发掘,说明当时铸铜作坊规模巨大,陶范品种类型很多,制作工艺较规范,不同区域有一定的分工。发掘者认为该遗址是晋都新田的一处官营铸铜作坊遗址。

（二）安徽亳州市北关战国铸铜遗址[①]

遗址位于亳州市北关马场街北首涡河的南岸，于 1972 年发现、1981 年试掘。整个遗址表面散布着许多陶范、坩埚、纺轮以及一些碎陶件、铜片等。遗迹有 2 个灰坑，灰坑中出土铜印章、铜带钩、陶印范以及许多饰有夔纹、饕餮纹、云雷纹、回纹的残陶范。

印范 2 件，印范上均有 2 方印模，且 H1∶6 印模与铜印章 H1∶1 和 H1∶2 的印文完全相同。

根据采集标本和出土遗物分析，该遗址是战国时期属于楚文化的一处铸铜遗址。

（三）河南登封阳城战国铸铁遗址[②③]

遗址位于河南登封县告城镇旧寨东门外即古阳城城墙外 150 米处，南靠颍河。1975 年调查，1977、1978 年进行了部分试掘与发掘。遗址范围约 23 000 平方米，发掘面积 400 平方米，出土很多与铸铁有关的遗迹遗物。根据地层关系和包含的各种遗迹与遗物的特征，确认阳城铸铁遗址始于战国早期，盛于战国晚期，延续到汉代及其以后。

1. 战国前期遗迹和遗物

遗迹仅有水井 2 眼，灰坑 22 个。遗物有炉壁残块、鼓风管残块、铸模与铸范。从出土炉壁残块可以看出炉子由上而下是炉口、炉腹、炉缸、炉基等部分，炼炉是由熔铜炉改造而成。铸模有镢芯模、铧芯模，铸范有镢范、锄范、镰范、戈范、削范、匕首范、板材范、条材范、容器范、带钩范等。

2. 战国后期遗迹与遗物

遗迹有烘范窑 1 座、退火脱碳残炉 3 个、盆池 2 个、灰坑 19 个。烘范窑由工作坑、窑门、火池、窑室和烟囱组成（图 11-1-9）。3 座退火脱碳炉只残存炉基和下面的抽风井。灰坑内多填有与铸铁有关的范块、耐火砖块和残铁器等遗物。遗物有熔炉残块、鼓风管、铸模、铸范、生产工具、生活用具等。从出土的熔炉壁残块可以看出战国晚期的熔炉结构更为完善，炉内径 89～144 厘米。鼓风管残块数量增多，形式与战国前期的相同。铸模可分为铸制金属模具的陶模和翻制泥芯的陶模两类。铸范分为泥范和石范两种，多数为加砂陶范。铸范的品种和数量都较战国早期增多，造型技术和材料有所改变。

3. 汉代时期的遗迹与遗物

遗迹有熔铁炉基、灰坑、水井。灰坑出土较多的炉壁残块、范块、陶片、炉渣等。遗物有熔炉残块、铸模与铸范、生产工具、生活用具等。汉代时期铸铁遗址生产规模明显缩小，器物品种明显减少。

阳城铸铁遗址中较多条材范和板材范的出土，说明当时铸造条材与板材为锻打各种铁器提供原料。同时由于出土的大量铸范中尤以农业用生产工具的铸范数量最多，约占出土铸范总数的 90% 以上，说明该遗址是以铸造农用工具为主的铸铁作坊遗址。

① 侯永，安徽亳州市北关战国铸铜遗址，考古，2001，(8)：93。

② 河南省文物考古研究所、中国历史博物馆考古部，登封王城岗与阳城，文物出版社，1992 年，第 256～319 页。

③ 李京华，河南战国时代冶炼遗址调查与研究，见：中原古代冶金技术研究（二），李京华著，中州古籍出版社，2003 年，第 177～204 页。

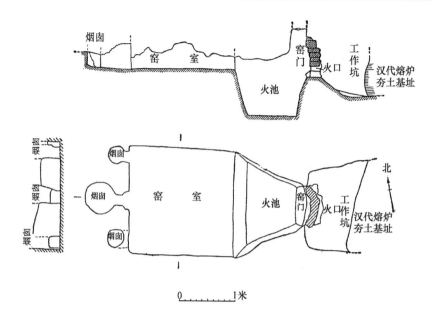

图 11 - 1 - 9　河南登封阳城战国铸铁遗址烘范窑（YZHT1Y1）结构图
（选自：登封王城岗与阳城，282 页，图一七四）

（四）河北兴隆燕国铸铁遗址①

遗址位于河北省兴隆县寿王坟地区，1953 年发现，1954 年试掘，出土遗物有：铁范、陶器、陶片、铁矿石碎块、木炭、草泥和烧土等。

铁范 86 件，重 190 余公斤，其中主要为铸造农业生产工具的铁范，有锄、镰、镢、斧、凿、车具范（图 11 - 1 - 10）。镢范 47 件，斧范 30 件，占出土铁范总数的 89.5%，说明镢、斧的生产是铸铁作坊的主要任务。

根据镰、凿、镢、斧等范上的铭文、陶器碎片的型式和纹饰推断铁范为战国时代北方燕国的遗物。铁矿石碎块、木炭屑、烧土等遗物的出土说明此遗址是燕国的铸铁遗址。

（五）河南新郑仓城铸铁遗址②③

遗址位于河南新郑郑韩故城东城内西南部（仓城村南），南北长 250 米、东西宽 400 米，总面积 10 万平方米。遗址内出土有残熔炉 1 座，烘范窑 2 座和大量铁器和陶范。该遗址是战国时期以铸造生产工具特别是农具为主的铸铁作坊。

熔炉仅存炉底，直径约 170 厘米，中间呈青灰色，四周呈红或红黄色。烘范窑位于熔炉的北侧和西侧，均残。烘范窑由窑门、火膛、窑室和烟道四部分组成，窑室东西长 275 厘米、南北宽 175 厘米，窑壁残高 30 厘米，系用不规则的小砖筑成。在烘范窑和熔炉之间及窑门前均用小砖铺地。陶范有镢、锄、镰、铲、锛、凿、削、刀、带钩等 10 余种，以镢范

① 郑绍宗，热河兴隆发现的战国生产工具铸范，考古通讯，1956，（1）：27~35。
② 河南省博物馆新郑工作站、新郑县文化馆，河南新郑郑韩故城的钻探与试掘，见：文物资料丛刊（第 3 辑），文物出版社，1980 年，第 62~63 页。
③ 马俊才，郑、韩两都平面布局初论，中国历史地理论丛，1999，（2）：115~129。

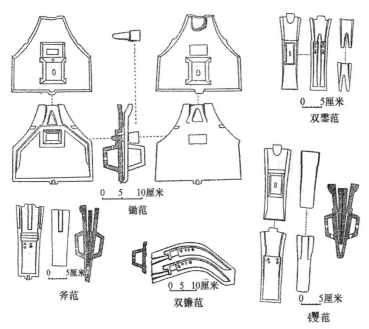

图 11-1-10 河北兴隆燕国铸铁遗址出土铁范

（选自：考古通讯，1956 年 1 期，31～33 页，图二、四）

和锄范数量最多。范多为残范，范面呈青灰色，质地坚硬。另外还出土有极少量的石范。同时出土的铁器有锼、锄、铲、锛、刀、削、凿、镰、锥等，铁锼和铁锄的数量最多，这批铁器可能就是这个作坊的产品。

（六）山西夏县禹王城庙后辛庄战国铸铁遗址[①]

遗址位于山西夏县庙后辛村北 400 米处，已暴露的面积有 600 平方米左右。地层中夹杂有许多铁渣和含铁质的琉璃烧结物等，发现的遗物有锛、锄等农具范、构件范、货币范以及陶罐、陶豆、陶盆、瓦、铁锛等。

农具范有锛外范、斧外范、镢外范、锄外范、刀外范，还有陶锄模。构件范 2 种：一范铸 6 个或一范铸 4 个方形长条式构件。货币范是平肩布币范，一范铸 2 个布币。另有铁锛一件。

根据调查所采集到的遗物，结合地层中大量的铁渣、烧结物等来看，此遗址是一处以生产铁工具为主的场所。分析遗址中发现的方足平首布货币范、陶器和筒瓦，判断遗址的时代约在战国中、晚期，是战国时期魏之安邑的一处铸铁作坊。

（七）河南辉县市古共城战国铸铁遗址[②]

遗址位于古共城西北角城墙外约 110 米处，东西长 150 米，南北宽 100 米，面积约15 000平方米。遗址出土的遗迹、遗物有：烘范窑 1 座，鼓风管 3 件，陶范 29 件，陶支垫11 件，铁器 36 件及板瓦、筒瓦、大量的铁渣等。

① 张童心、黄永久，夏县禹王城庙后辛庄战国手工业坊遗址调查简报，文物季刊，1993，(2)：11～16。
② 新乡市文管会、辉县市博物馆，河南辉县市古共城战国铸铁遗址发掘简报，华夏考古，1996，(1)：1～7。

　　烘范窑为半地穴式，由通道、共用火膛、2个窑室及进火口组成。陶范有锸范、锛范、梯形板状平面范、梯形板状器范、双削刀范及镬内芯、锄内芯。出土的铁器如镬、梯形板状器、镰、锄等均为铸造而成。

　　据发掘者的研究认为此铸铁遗址使用年代应为战国中晚期，从出土的陶范、铁器看，是一处以铸造铁质农具为主的铸铁作坊。

（八）贵州普安铜鼓山铸铜遗址[①]

　　铜鼓山遗址位于普安县青山镇东北约 2500 米处，遗址面积 4000 平方米，发掘面积近 1600 平方米。遗址时代为战国秦汉时期，是一处以生产小型兵器为主、以生产工具和装饰品为辅的铜器铸造作坊。

　　遗址出土有石范 34 件、陶模 7 件、泥芯 2 件、坩埚 3 件。34 件石范中有剑范 4 件、剑身范 1 件、戈范 2 件、钺范 1 件、钺形器范 1 件、刀范 1 件、凿范 2 件、鱼钩范 1 件、铃范 2 件、宽刃器范 4 件、残范 12 件、浇口范 7 件。出土的陶模有剑茎模 5 件、乳钉纹模 1 件，心形纹模 1 件。这些石范与陶模的出土为研究战国秦汉时期夜郎地区青铜冶铸业提供了宝贵的实物资料。

三　汉代铸造遗址

（一）河南南阳瓦房庄汉代铸铁遗址[②]

　　遗址位于南阳北关瓦房庄西北边，其东紧接铸铜遗址，铸铁遗址面积 28 000 平方米，于 1959 年、1960 年对该遗址进行了发掘，发掘面积 3210 平方米。据对出土遗物的研究，发掘者推测铸铁遗址的使用年代上限为西汉初期，下限已到东汉晚期。

　　属于西汉时期的遗迹有熔炉基 4 座、水井 9 眼、水池 3 座；遗物为数量甚多的熔炉耐火砖、熔渣、铸范、鼓风管残块。梯形铁板和破碎的废旧铁器块、铸制铁器 84 件，其中铸范有地面范、带钩范、镂铧范芯。

　　属于东汉时期的遗迹与遗物较多，有熔炉基 5 座，炉基之间距离为 3～13 米；熔炉耐火砖包括有炉口、炉腹、炉座等部位的耐火砖，数量很多；另出土有较多的鼓风管、鼓风嘴和作为原料的梯形铁板、废旧铁器碎块、浇口铁。遗址出土东汉时期的泥范、泥模 602 件（图 11-1-11）。从器形上看有犁铧、锸、耧铧、锛、六角釭、锤范、䦆范、权范、斧范等 20 多种，其中车䦆范是双堆叠铸范，是我国最早的多层双堆叠铸范。出土东汉时期的烘范窑 4 座，窑的型制基本相同，由窑门、火池、窑膛、烟囱四部分组成。在铁镬、犁铧泥模、六角釭泥模上发现有"阳一"铁官铭文，表明此处是汉代南阳郡铁官第一号冶铸作坊。

（二）陕西韩城市芝川镇铸铁作坊遗址[③]

　　遗址位于陕西省韩城市城南 9 公里的芝川镇的北面，是一处西汉时期的铸铁作坊。遗址

　　① 贵州省文物考古研究所，贵州省考古五十年，见：新中国考古五十年，文物出版社编，文物出版社，1999 年，第 395 页。

　　② 河南省文物研究所，南阳北关瓦房庄汉代冶铁遗址发掘报告，华夏考古，1991，(1)：1～108。

　　③ 陕西省考古研究所华仓考古队，韩城芝川镇汉代冶铁遗址调查简报，考古与文物，1983，(4)：27～29。

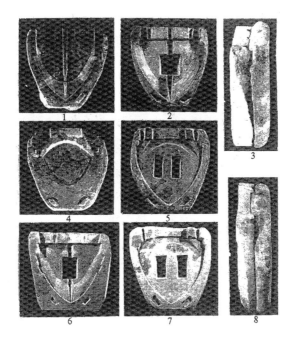

图 11-1-11 河南南阳瓦房庄汉代铸铁遗址出土犁铧泥模

1. 犁铧上内模（T49①A:1）；2. 犁铧上内模（T49①A:2）；3. 犁铧上模的套合；4. 犁铧下内模（T49①A:3）；
5. 犁铧下外模（T49①A:4）；6. 犁铧上外模（T10①A:10）；7. 犁铧下外模（T49①A:5）；8. 犁铧下模的套合
（选自：华夏考古，1991 年 1 期，37 页，图三一）

南北长 219 米、东西宽 194 米，总面积为 42 486 平方米。在遗址内的断崖上，暴露出许多炉渣、烧土和铁渣块，还有大量的陶范和一些炼炉及废弃水井等遗迹。

炉渣堆积区在遗址的东部，厚 1.6～2 米。陶范堆积区在炉渣堆积区的西部，面积约有数百平方米。出土的陶范有镢范、双镢范、镢内芯、锄范、镰范、铲范、双凿范、削范、齿轮范等，且大部分陶范是使用过的。

据《汉书·地理志》记载，汉武帝于公元前 119 年实行盐铁官营，在全国设铁官 49 处，当时夏阳也设有铁官。汉代韩城名夏阳，韩城芝川镇铸铁遗址的发现证实了文献的记载，推测这一遗址可能是当时夏阳铁官所管辖的一个作坊。

（三）陕西西安汉长安城冶铸遗址①②③

在陕西西安市未央区六村堡乡相家巷村南发现 2 处冶铸遗址，两者相距 100 米。居南一处于 1992 年秋、冬发掘。居北一处于 1996 年春季发掘。

1992 年发掘遗址面积 138.8 平方米，包括烘范窑窑址、冶铸遗迹和 5 个废料堆积坑。

3 座烘范窑均为半地穴式，窑的结构分为前室、火门、火膛、窑室和烟道五部分，其特点是三座窑共用一个前室。熔炉只残存底部，呈圆形，直径 90 厘米，炉壁残高 10～12 厘米。5 个废料堆积坑出土有大量的叠铸陶范、坩埚及废铁渣、铁块。

① 中国社会科学院考古研究所汉城工作队，1992 年汉长安城冶铸遗址发掘简报，考古，1995，（9）：792～798，807。
② 中国社会科学院考古研究所汉城工作队，1996 年汉长安城冶铸遗址发掘简报，考古，1997，（7）：581～588。
③ 刘庆柱，汉长安城的考古发现与相关问题研究，考古，1996，（10）：1～14。

　　叠铸陶范皆为细砂陶质，呈浅红色或橘黄色，按器型可分为八类：圆形轴套范、六角承范、带扣范、齿轮范、权范等（图 11-1-12）。值得注意的是在圆形轴套范、六角承范、齿轮范上有不同的铭文。遗址发现的坩埚残块较多，表面有烧烤痕迹，壁厚在 4～9.5 厘米。标本 T2H5：83 坩埚上有铭文"坚利"2 字。

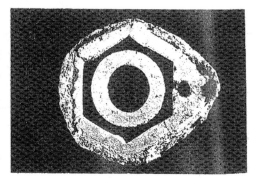

Ⅱ型圆形轴套范 (T2Y30：6)　　　　　　　　　Ⅰ型六角承范 (T2Y30：4)

图 11-1-12　陕西西安汉长安城冶铸遗址出土叠铸陶范

（选自：考古，1995 年 9 期，图版捌：7，8）

　　根据该遗址出土的筒瓦和瓦当的特征以及烘范窑、叠铸范、铁块等判断，此遗址是西汉中晚期的冶铸遗址。

　　在 1996 年春季发掘的遗址内出土遗迹有：烘范窑 1 座、废料堆积坑 3 个；出土的遗物有：大量叠铸范残块、陶饼、坩埚残片、筒瓦、瓦当等。烘范窑坐北朝南，为半地穴式，由前室、火门、火膛、窑室和排烟设施五部分组成，在前室、火膛、窑室内出土了数量不等的叠铸范残块。前室的填土中还有坩埚残块、陶饼。

　　遗址内出土的大量叠铸陶范，多数未经浇注。陶范有圆形轴套范、六角承范、马衔范、带扣范、车軎范等。出土的坩埚残片较多，均不能复原，系粗砂陶，呈砖红色。

　　根据该遗址出土的瓦当、筒瓦的特征及大量叠铸范、坩埚残片、铁块等物，认为此遗址也是西汉中晚期的汉长安城西市内的铁器冶铸遗址。

　　两处遗址相距仅 100 米，时代又相同，且出土的遗物又很相似，是否是同一遗址的不同工作区域，需要进一步的考古发掘来证实。

（四）山西夏县禹王城汉代铸铁遗址[①]

　　铸铁遗址位于禹王城的手工业作坊遗址内，时代为西汉中、晚期。"禹王城"遗址位于晋南夏县县城西北约 7.5 公里处。据考证"禹王城"即古安邑，亦即东周时期的魏国国都，秦汉及晋的河东郡治。

　　铸铁遗址出土遗物较为丰富，有陶范、铁渣、炉渣、炉壁残块、铁舀、陶器、建筑材料、半两钱、五珠钱等，其中陶范种类有铧范、铲范、六角承范、釜盆类容器范、车軎范、圆承范。从陶范材料上可以看出外范和内芯的材料是不同的；从出土陶范种类可看出，此遗址是以铸造铁容器如罐、盆、甑、釜为主的铸铁作坊。

---

　　①　山西省考古研究所，山西夏县禹王城汉代铸铁遗址试掘简报，考古，1994，(8)：685～691。

出土陶范上多有"东五十升"、"东三五升"或"东三"的铭文，铭文或为划写或为戳记。"东三"应是河东郡铁官所辖第三号冶铸作坊的简称，大量有"东三"铭文陶范的出土，可证明"东三"设在汉代河东郡郡治即今"禹王城遗址"之内。

（五）湖南桑植朱家台汉代铁器铸造作坊遗址①

朱家台汉代铁器铸造作坊遗址位于湖南省桑植县城西的澧水西岸，是澧水上源地区及至江西地区首次发掘的铁器铸造作坊。发掘者认为作坊的使用年代，应在西汉晚期到东汉前期，最迟至东汉中期偏早。根据发掘和勘探的资料推断，铸铁遗址占地约 13 000 多平方米，为官营的铸铁作坊。

朱家台汉代铁器铸造作坊遗址由朱家大田作坊遗址和菜园作坊遗址组成。

朱家大田作坊遗址从 1992 年 5 月至 1995 年 6 月连续发掘 4 次。作坊遗迹主要有炉基、土墩（操作台）、水井、石板路等。并出土有铁坩埚 2 件、泥镢范 2 件，石刀范 1 件和勺、镢、斧、锄、锛、铲等 34 件铁器。在土墩的地面上有一堆生铁料，约重 100 余千克。

菜园田作坊遗址于 1995 年 7 月至 8 月发掘。整个作坊由熔铁炉、土墩操作台、水井、水池、水沟、道路和房基等组成。熔铁炉（图 11-1-13）由土墩、炉壁鼓风道组成。熔铁炉为圆桶形，炉壁陶质。另出土有泥斧范 1 件、泥镢范 2 件、泥銎模 1 件，铁镢范 2 件，铁坩埚 2 件和勺、锄、锸、镢、锛、斧、矛、剑、镞等铁器 65 件。

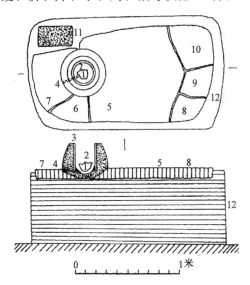

图 11-1-13　湖南桑植朱家台汉代铁器铸造作坊出土熔铁炉
1. 坩埚；2. 炉膛；3. 炉壁；4. 鼓风道；5~10. 石板；11. 沙窝；12. 夯土墩
（选自：考古学报，2003 年 3 期，404 页，图四）

朱家台作坊遗址的遗迹和遗物一方面表现出土著的民族风格和地方特色如熔铁炉和拱式水井：其熔炉一直传承下来，至今仍旧称为"汉炉"或者"汉灶"；拱式水井遍及澧水上源地区，数以千万计。另一方面也表现出中原文化、楚文化和南越文化对其的影响。

---

① 张家界市文物工作队，湖南桑植朱家台汉代铁器铸造作坊遗址发掘报告，考古学报，2003，（3）：401~425。

（六）河南新安县上孤灯汉代铸铁遗址①

遗址位于河南新安县城西北 15 公里上孤灯村东地，遗址现存南北长 200 米、东西宽 300 米，总面积约 60 000 平方米。遗址内随处可见铁渣、炉壁残块、陶片等遗物并有一窖藏坑，坑内出土有铁范 83 件（块）、泥范，还有熔炉耐火砖、范托、陶盆、陶罐、筒瓦、板瓦等。

83 件（块）铁范中 73 件为完整的器物，其中铲范 11 件，可配合 5 套，每套由上范、下范和内芯套合而成。锄范 3 件，即上范、下范和内芯配成的一套完整的锄范（图 11-1-14）。犁铧范 57 件，可配成完整的犁铧范 13 套。泥范为浇口杯形，表面呈红色，在 3 件铲范和 5 件锄范上带有"弘一"铭文，一件铁犁铧范上带有"弘二"铭文。

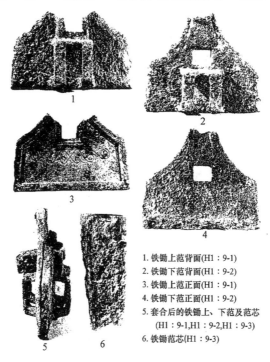

1. 铁锄上范背面(H1：9-1)
2. 铁锄下范背面(H1：9-2)
3. 铁锄上范正面(H1：9-1)
4. 铁锄下范正面(H1：9-2)
5. 套合后的铁锄上、下范及范芯
　　(H1：9-1,H1：9-2,H1：9-3)
6. 铁锄范芯(H1：9-3)

图 11-1-14　河南新安县上孤灯汉代铸铁遗址出土锄范
（选自：华夏考古，1988 年 2 期，45 页，图四）

据发掘者推证认为此遗址的年代约当西汉晚期至新莽时期。新安县在汉代属弘农郡，铁范上的铭文表明新安上孤灯铸铁遗址是汉代弘农郡设立的官营铸铁作坊，且是以铸造铁农具为主的铸铁作坊。

（七）河南省温县招贤村汉代铸铁遗址②③

遗址位于河南省温县县城西边的西招贤村，遗址面积 10 000 平方米，于 1974 年进行钻

①　河南省文物研究所，河南新安县上孤灯汉代铸铁遗址调查简报，华夏考古，1988，（2）：42～50。
②　河南省博物馆等，河南省温县汉代烘范窑发掘简报，文物，1976，（9）：66～75。
③　河南省博物馆、《中国冶金史》编写组，汉代叠铸，文物出版社，1978 年，第 1～16 页。

探发掘，地表散存大量汉代陶片、铁渣、炉砖、红烧土和碎范块等，文化层厚 1～2 米左右。遗址内发现有 1 座烘范窑，窑室内保存 500 多套已烘好的叠铸范。根据窑道内和遗址遍布的大量铁渣和铁块判断，此处是铸造铁器的作坊。

烘范窑位于遗址北部，建筑在距地表深 1.5 米的长方形土坑中。窑口距地表深 70 厘米，窑道近方形，长 2.7 米、宽 2.34 米，内部堆积大量烧废的范块、烧土块、铁渣和陶片。窑分三部分：火膛、窑室、烟囱。窑室近方形，长 2.86、宽 2.72 米，底部为砖铺地面。窑的后壁有 3 个方形烟洞。

烘范窑内出土的 500 多套陶范中有 300 多套基本上是完整的，共有 16 类、36 种器形，主要是铸造车马器的陶范，如轴承范、车軎范、车锏范、革带扣范、马衔范、权范等。其中轴承范（图 11-1-15）出土 254 套、完整的 173 套，是泥范中出土量最大的。每套铸范由 5～14 层叠成，最少一次可浇注 5 件如六角形轴承范，最多能浇注 84 件如革带扣范。

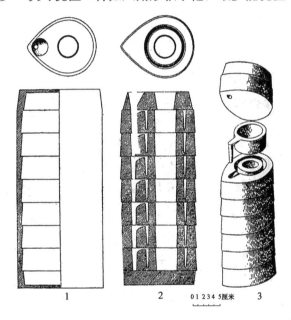

图 11-1-15　河南省温县招贤村汉代铸铁遗址出土轴承范

1. 圆形轴承套范外部结构平、剖面；2. 圆形轴承范内部结构平、剖面；3. 圆形轴承范块套合结构及铸件

（选自：文物，1976 年 9 期，5 页，图二）

据烘范窑内出土的陶甑、陶盆、筒瓦的特征以及陶范的形制，发掘者认为烘范窑的年代应属于东汉早期。西招贤村汉代铸造遗址出土叠铸范数量最多，保存最为完整，为研究汉代叠铸技术提供了丰富的实物资料。

（八）河南南阳瓦房庄汉代铸铜遗址[①]

铸铜遗址位于南阳瓦房庄汉代手工业作坊遗址的东南部，是铸造车马饰物和日常用器的处所。铸铜遗址与铸铁遗址、制陶遗址构成了瓦房庄汉代手工业作坊遗址。

铸铜遗址东西宽 52 米，南北长 60 米，面积 3120 平方米，发掘面积 64.5 平方米。遗址

---

① 河南省文物研究所，南阳瓦房庄汉代制陶、铸铜遗址的发掘，华夏考古，1994，（1）：31～44。

内出土的遗迹与遗物有灰坑、铁工具、铁农具、陶范、陶模、铜渣、草木灰、陶器等。

陶范有马衔范、盖弓帽范、单泡范、双泡范、单环范、双环范、四环范、兽形范、辔饰范、乳丁范等，陶范多为夹砂灰陶或夹砂红陶，且范上设有三角形榫卯用以合范，个别范上还粘附有铜渣。

瓦房庄汉代铸铜遗址是西汉时期一处重要的铸铜手工业作坊。

四　河南荥阳楚村元代铸造遗址[①]

遗址位于河南荥阳市东南 20 公里的楚村西南处，遗址的重点区东西宽 60 米，南北长 80 余米，面积约 5000 平方米。1981 年进行了调查与试掘，发掘面积 40 平方米，同时清理发掘 3 座陶窑。

遗址中发现的铸造作坊遗物有坩埚、铜模、残炉壁、炼渣、陶窑等。坩埚碎片较多，在 H2 内出土 22 个完整的坩埚。坩埚大小基本相同，一般高 16.5～19 厘米、口径 8.5～10 厘米，腹径略大于口径。坩埚大都经过使用，内外壁都有熔融痕迹，并粘有炉渣及煤块。未发现熔炉基址，但发现有许多不同部位的炉壁残块。铜模 17 件总重约 18.9 公斤，其中有犁镜模 1 套 2 件、犁铧模 1 件、犁铧芯盒 1 套 2 件、耧铧模 2 件、耧铧芯盒 2 套 4 件、耙齿模 2 件、莲花饰模 2 件、桥形器模 1 件、犁底模 1 件。

在遗址中的断崖上发现了很多陶窑，清理 3 座。窑的形制基本相同，由窑门、火池、窑膛及后壁上的烟道组成，窑内出土物多为陶器，说明它们均为陶窑。

根据遗址中发现的瓷片、坩埚、犁镜模等遗物的特征，推断遗址是元代铸造遗址，且主要是铸造农具的铸造遗址。

第二节　范 铸 技 术

范铸技术是用范组合成铸型进行浇注的方法。范是铸造金属器物的空腔器。古代的铸范依材料不同分为石范、泥范（陶范）、金属型以及砂型。其中金属型包括铜范和铁范。范铸法具有多种工艺形式，如铸接、铸焊、铸镶等。

一　石 范 铸 造

(一) 石范的考古发现

古代石范的出土地域十分广泛，据不完全统计，辽宁、吉林、黑龙江、内蒙古、甘肃、新疆、陕西、山西、山东、河北、河南、安徽、湖南、湖北、江西、贵州、四川、广东、香港、广西、云南等各省区都有发现（图 11 - 2 - 1）。

目前各地所出石范时代比较早的有：甘肃玉门火烧沟遗址中出土的镞范，属甘肃四坝文化类型[②]，火烧沟墓地的年代下限不晚于公元前 1600 年。辽宁北票康家屯城址中出

---

① 中国冶金史组、郑州市博物馆，荥阳楚村元代铸造遗址的试掘与研究，中原文物，1984，(1)：60～70。
② 孙淑云、韩汝玢，甘肃早期铜器的发现与冶炼、制造技术的研究，文物，1997，(7)：75～84。

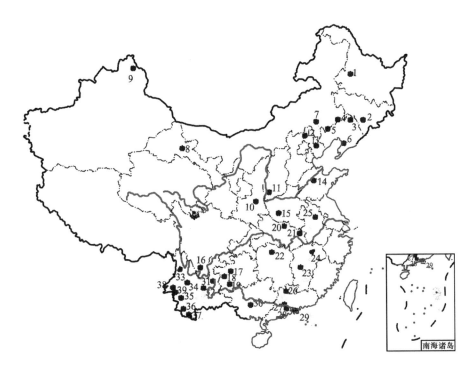

图 11-2-1　先秦时期铸造实用器石范的出土地域图

1. 黑龙江富裕；2. 吉林通化；3. 辽宁西丰；4. 辽宁彰武；5. 辽宁新金（现普兰店市）；6. 辽宁朝阳；
7. 内蒙古昭乌达盟（现赤峰市）；8. 甘肃玉门；9. 新疆阿勒泰；10. 陕西临潼；11. 山西夏县；
12. 河北丰宁；13. 河北唐山；14. 山东长清；15. 河南方城；16. 四川会理；17. 贵州赫章；
18. 贵州毕节；19. 贵州普安；20. 湖北红安；21. 湖北罗田；22. 湖南石门；23. 江西清江（现樟树市）；
24. 江西乐平；25. 安徽铜陵；26. 广东乐昌；27. 广东中山；28. 广东珠海；29. 香港；
30. 广西武鸣；31. 云南嵩明；32. 云南安宁；33. 云南剑川；34. 云南弥渡；35. 云南云县；
36. 云南双江；37. 云南澜沧；38. 云南腾冲；39. 云南龙陵

土属于夏家店下层文化的石范，该范是 2 块石范组成，白色石灰岩质地，通体磨光[1]。辽宁彰武县平安堡遗址出土了属于高台山文化的石范[2]。其后，石范的出土具有时代连续性的特点，夏、商、周三代均有数量不等的石范发现。战国时期，河南登封阳城铸铁遗址出土石范残块 6 件[3]。河北易县燕下都武阳台村 21 号作坊出土 2 件石质镢范和 1 件石质镢铤范[4]。河南鹤壁市鹿楼冶铁遗址出土了石质镢范（T3H2：14）[5]。香港南丫岛沙埔村青铜时代的遗址中出土了 4 件铸造青铜斧的石范，过路湾下区青铜时代文化层中发现了 3 合完整的铸造青铜斧的石范[6]。河南泌阳下河湾大型铁官遗址中发现了属于战国晚期至西汉早期的石质钺形斧范[7]。重庆云阳旧县坪（今双江镇建民村）遗址的冶铸区中发现属于

① 辽宁省文物考古研究所，辽宁北票市康家屯城址发掘简报，考古，2001，（8）：39、40。
② 辽宁省文物考古研究所、吉林大学考古系，辽宁彰武平安堡遗址，考古学报，1992，（4）：437～470。
③ 河南省文物研究所、中国历史博物馆考古部，登封王城岗与阳城，文物出版社，1992 年，第 267～269 页。
④ 河北省文物研究所，燕下都，文物出版社，1996 年。
⑤ 鹤壁市文物工作队，鹤壁鹿楼冶铁遗址，中州古籍出版社，1994 年，第 44～48 页。
⑥ 文物出版社编，新中国考古五十年，文物出版社，1999 年，第 501 页。
⑦ 宋国定，河南泌阳下河湾发现大型铁官遗存，中国文物报，2005 年 1 月 21 日。

战国至东汉时期的石范[①]。西汉时期石范发现数量较多，其中大部分石范是用于铸造钱币的，铸造实用器的石范数量较少。河北定州市文物保护管理所在墓葬中发掘出一套石质铅球范和数枚铅球[②]，石范分为上下两合，范面上设有榫卯、范侧有刻痕用以合范。据墓葬出土的其他器物推测，此石范时代为西汉中期。湖南桑植县朱家台汉代铸铁遗址中出土石质刀范[③]。两汉以后仅有零星石范出土。石范铸造技术一直延续至近代乃至现代，云南弥渡县出土过清末李文学农民起义军用于铸造弹丸的石范[④]，曲靖县至今仍有人在使用石范铸造铁铧和犁镜[⑤]。

石范上凿刻的器物多为斧、镞、矛、钺、剑等器形简单的工具和兵器；所用石材多样，发现最多的为砂岩，其次为滑石，另外还有片麻岩、千枚岩等。建国后，石范除零星出土外，经考古工作者科学发掘的、出土数量相对较多的遗址或墓葬主要有：

(1) 山西夏县东下冯遗址[⑥]：分别于其第Ⅲ期东下冯文化类型中发掘出 6 件石范，其中 4 件斧范，多为片麻岩质，另有 1 件所刻器物不明的砂岩质范；第Ⅳ期东下冯文化类型中出土 1 件滑石化片麻岩质的凿范；第Ⅴ期属于商代二里岗时期的千枚岩石范 3 块，其中有 2 块斧范为 1 套，范边沿刻合范线，另 1 块是镞、凿、斧等工具的多用范。东下冯遗址的时代在公元前 19 世纪至公元前 16 世纪，即夏末商初时期。

(2) 江西清江（现樟树市）吴城商代遗址[⑦]：这处遗址是我国长江以南发现的较大规模的商代文化遗址。石范主要出自二期商代晚期的地层中，主要为锛、凿、斧、刀、镞之类工具和武器的铸范；三期商末周初的地层中有少量镞范发现。石范的背面磨制光滑，有的还刻有文字；有的顶端附有浇注口，上刻有"↓"字。石质多为红色粉砂岩，亦有少量灰白色或青色砂岩。同出的石凿多扁平长条形，单面刃，细青石质，与石范共出，可能为制范工具。

(3) 贵州毕节瓦窑遗址[⑧]：这是贵州西北部第一次正式发掘的古代遗址。出土石范 6 件，其中 1 件完整范，为铸鱼镖的合范之一；另为剑范及不明器物范。遗址的年代为商末周初。

(4) 广西武鸣马头元龙坡墓葬群[⑨][⑩]：这是迄今在广西发现的时代最早的一批青铜时代墓葬，随葬品中有石范 6 合（12 件），另外还有单件能辨清器形的 6 件，残碎的 30 余件，均为红砂岩质，计有双斜刃钺、单斜刃钺、扇形钺、斧、镞、镞、圆形器、钗形器等器物范。从出土典型青铜器铜卣、铜盘的造型及纹饰，与墓地采集的木炭作[14]C 测试的结果推断，墓葬的年代在西周至春秋时期。

---

① 重庆市文物局、吉林省文物考古研究所，汉晋朐忍县城多年发掘屡结硕果，中国文物报，2005 年 3 月 23 日。

② 席玉红，定州市出土的汉代铅球和铅球范，文物春秋，2005，(1)：78。

③ 张家界市文物工作队，湖南桑植朱家台汉代铁器铸造作坊遗址发掘报告，考古学报，2003，(3)：401～425。

④ 张昭，弥渡县天生营出土弹丸砂石范，云南文物，1992 年 12 月（第 34 期）。

⑤ 王大道，曲靖珠街石范铸造的调查及云南青铜器铸造的几个问题，考古，1983，(11)：1019～1024。

⑥ 中国社会科学院考古研究所、中国历史博物馆、山西省考古研究所，夏县东下冯，文物出版社，1988 年，第 75，122，167 页。

⑦ 江西省博物馆、北京大学历史系考古专业、清江县博物馆，江西清江吴城商代遗址发掘简报，文物，1975，(7)：51～71。

⑧ 贵州省博物馆，贵州毕节瓦窑遗址发掘报告，考古，1987，(4)：303～310。

⑨ 广西壮族自治区文物工作队、南宁市文物管理委员会、武鸣县文物管理所，广西武鸣马头元龙坡墓葬发掘简报，文物，1988，(12)：1～13。

⑩ 广西壮族自治区博物馆，广西考古十年新收获，见：文物考古工作十年（1979～1989），文物编辑委员会编，文物出版社，1990 年，第 229～243 页。

(5) 贵州普安铜鼓山遗址①：这是一处生产兵器、工具和装饰品等小型铜器的铸造作坊，出土石范 38 件，有剑范 4 件、剑身范 1 件、戈范 2 件、钺范 1 件、钺形器范 1 件、刀范 1 件、凿范 2 件、鱼钩范 1 件、铃范 2 件、宽刃器范 4 件、残范 12 件、浇口范 7 件；另有陶模 7 件、泥芯 2 件、坩埚 3 件出土。遗址的时代为战国秦汉时期。

石范不仅在中国出土较多，日本、西伯利亚等地也都出土过用于铸造铜兵器的石范。另外在保加利亚曾发现公元前 3000 年前用于浇注扁平斧和铜用具的石范②。

(二) 石范的铸造技术

从考古发现来看，所出石范多为双面范，斧范、钺范等为双面有芯范，但范芯发现极少，仅贵州普安铜鼓山遗址发现 2 件及香港大浪湾遗址③出土 1 件。石范上刻凿器物的数量有一范一器型、一范两器型与一范多器型，斧、锛、钺等多为一范一器，镞范、削范等多为一范两器或多器。就目前考古资料，时代较早的甘肃玉门火烧沟遗址出土的镞范，已是一范两器型，一范多器型的有夏县东下冯遗址④出有 1 件镞、凿、斧的多用范；广东中山市南萌龙穴遗址③出土 1 件凿与镞的石范；内蒙古赤峰市敖汉旗李家营子的锥范上还刻有 3 个长桃形铜饰范腔⑤；河北省丰宁满族自治县土城镇东窑村东沟道下山戎墓中出土 1 合刻有刀、锥、凿 3 种器物的综合工具范⑥。

石范范面的刻制已相当合理、科学，如江西清江（现樟树市）吴城商代遗址的石范背面磨制光滑，有的顶端刻有合范的指示符号 "↓"。樟树市筑卫城出土的锛范的右侧有一道合范时作榫口用的凹槽⑦。内蒙古赤峰市敖汉旗李家营子发现的时代在西周或更早的 2 合（4 件）斧范、1 合（2 件）锥范，刻制细致规范，有合范标记，Ⅰ式斧范和锥范在合范的内部磨制出凹凸相对的合面来，且两扇的合隙为斜线，这就加大了两扇范的摩擦力，从而起到稳固和准确的作用（图 11 - 2 - 2）。山东长清县仙人台西周遗存⑧中出土的残石范的中心有凹入的楔形范隙。河北唐山鼋神庙⑨出土的时代不晚于春秋的 5 件片麻岩石范上有合范的接合记号。吉林通化县小都岭⑩矛、斧范上有的有合范记号。辽宁新金双房石棺墓⑪出土的战国时代的 1 合斧范也有合范记号。为改善石范透气性较差的缺点，石范上加刻有排气槽，内蒙古赤峰市敖汉旗李家营子发现的Ⅱ式斧范上，一件刻有一道排气槽；辽宁朝阳县胜利乡西沟村

① 贵州省文物考古研究所，贵州省考古五十年，见：新中国考古五十年，文物出版社编，文物出版社，1999 年，第 390～400 页。

② Tylecote R F, A History Metallurgy, Second Edition, The Institute of Materials, Made and Printed in Great Britain by The Bath Press, Avon, 1992, p. 13.

③ 杨耀林，深圳及邻近地区先秦青铜器铸造技术的考察，考古，1997，(6)：87～96。

④ 中国社会科学院考古研究所、中国历史博物馆、山西省考古研究所，夏县东下冯，文物出版社，1988 年，第 75，122，167 页。

⑤ 邵国田，内蒙古昭乌达盟敖汉旗李家营子出土的石范，考古，1983 (11)：1042～1043。

⑥ 丰宁满族自治县文物管理所，丰宁土城东道沟下山戎墓，文物，1999，(11)：23～27。

⑦ 江西省博物馆、清江县博物馆、厦门大学历史系考古专业，江西清江筑卫城遗址第二次发掘，考古，1982，(2)：130～138。

⑧ 山东大学考古系，山东长清县仙人台遗址发掘简报，考古，1998，(9)：1～ 10。

⑨ 安志敏，唐山石棺墓及其有关遗址，考古学报（第七册），1954，77～86。

⑩ 满承志，通化县小都岭出土大批石范，博物馆研究，1987，(3)：68～70。

⑪ 许明纲、许玉林，辽宁新金县双房石盖石棺墓，考古，1983，(4)：293～295。

春秋时代的短剑范上有一排气槽①（图11-2-3）。不过，排气槽的设置还不多见。

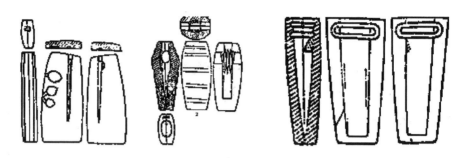

图 11-2-2　内蒙古锥范、Ⅰ式斧范、Ⅱ式斧范
（采自：考古，1983 年 11 期，邵国田文）

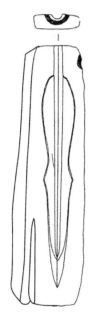

图 11-2-3　辽宁朝阳县胜利乡西沟村短剑范
（选自：文物，1988 年 11 期，靳枫毅文）

　　对出土石范用于直接铸造的可能性，学术界的研究多是从石范表面留存的痕迹入手：据观察有相当多的石范上留有浇注使用痕迹，广东珠海平沙棠下环商代遗址中出土的 1 件长身斧范，"可能由于使用所致，边缘呈黑色"②；辽宁朝阳县胜利乡西沟村出土的春秋时代的 1 件滑石短剑范，"浇口周围尚有当初浇注过程中熏烤的重重黑色烟垢"①；吉林通化县小都岭发现的战国时代的滑石范，"表面呈褐色，有的范上端已变成灰白色，显然是经过多次烧烫和使用的结果"③。

　　也有从与石范同出器物的纹饰、尺寸的比较做出石范铸造可能性的推测：江西樟树市吴城商代遗址中出土的"两件完整的单扇锛范，一件素面，一件器身上部留有蝉纹，恰与二期墓葬出土的兽面纹蝉纹及采集的素面铜锛合模"④；广西武鸣马头元龙坡西周至春秋的墓葬群中出土数量较多的砂岩质石范，与其同出的随葬青铜器中，"有的铜钺、铜斧、铜镞等可放入相应的石范内，可证明即利用这种石范浇注"⑤。湖北红安金盆西周遗址出土有 1 件滑石质完整锛范，长 11.5 厘米，宽 5.4～6.9 厘米；同时出土的 1 件铜锛，长方形，器身留有铸造时的合范缝，全长 7～7.75 厘米，宽 4.2 厘米，厚 0.9 厘米。据发掘者介绍，"这件铜锛恰好可以放入滑石质的锛范的范模内，两者相吻合。可见，铜锛就是采用这类石范

　　① 靳枫毅，大凌河流域出土的青铜时代遗物，文物，1988，（11）：24～34。
　　② 杨耀林，深圳及邻近地区先秦青铜器铸造技术的考察，考古，1997，（6）：87～96。
　　③ 满承志，通化县小都岭出土大批石范，博物馆研究，1987，（3）：68～70。
　　④ 江西省博物馆、北京大学历史系考古专业、清江县博物馆，江西清江吴城商代遗址发掘简报，文物，1975，（7）：51～71。
　　⑤ 广西壮族自治区文物工作队、南宁市文物管理委员会、武鸣县文物管理所，广西武鸣马头元龙坡墓葬发掘简报，文物，1988，（12）：1～13。

铸成的"①②。

山东济南市长清区仙人台西周遗存中出土的石范的表面有清晰的绳索捆绑痕迹③；而吉林通化县小都岭④发现的1合矛范出土时2件还对合在一起，范内夹有黑土，两端和中间均有铜丝捆绑，表明出土石范上留有合范使用的痕迹。

近年来，深圳及邻近地区的香港、珠海和中山等地，不但出土了数量可观的青铜器，更为重要的是出土了大量的铸造青铜器的石范，杨耀林⑤对此考察后认为：用石范铸造时，带銎的斧、矛等是用泥做芯，铸成冷却后取出泥芯，由于结合紧密，必然毁坏泥芯，这是出土石范时难于发现泥芯的重要原因；为解决这个问题，工匠们经过反复实践，在范芯表面添加了脱模材料，使用草木灰或其他易脱范的物质。

董亚巍等人进行了石范铸钱的模拟实验，证实使用石范铸钱是可行的，说明使用石范铸造小件实用器同样可行⑥。云南曲靖市麒麟区珠街董家村的现代铸铁作坊仍在使用传统的石范法来铸造铁犁铧和犁镜，石范选用白砂石和红砂石自制⑦。制范工具有锤、錾子、铲刀。以铸造铁犁铧为例，其石范制作过程如下：

第一步：将2块砂石琢磨成一面平的近半圆柱体，上大下小。

第二步：将2块范平面对合严密无缝后，在上范两端各凿一长方形凹槽，用于操作时搬抬用。

第三步：在下范开出器形的凹槽，用铲刀修平，至此双合范制成。

第四步：制犁铧内芯，以一环首刀形铁片为骨，外敷耐火泥，一层敷完需烘干或阴干后再敷下一层，数层后，用刀将其修成一面平、一面凸的舌形，经过烘烤即可使用。

外范、内芯制好后可以准备合范、熔铁浇注，图11-2-4是石范铸造过程中备范工序的示意图。合范后用铁箍和楔子将范箍紧，即将浇注前将石范浇口朝上支撑成倾斜状，以待浇注。浇注后先抽出内范，依次去除楔子、铁箍，分开石范就可得到犁铧铸件，待冷却后清除毛边即可。

需要注意每次浇注后要检查外范，用石墨粉涂刷外范微细裂纹处，防止铁水浸入裂隙造成外范破裂。一般经过二三个月浇注，石范要大修一次，整个表面要打磨。每次修补后都要烘干。内芯同样要注意修整。

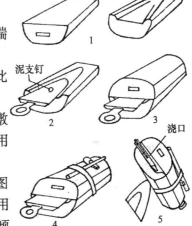

图11-2-4 石范铸造过程
中的备范工序示意图
（选自：考古，1983年
11期，王大道文）

① 湖北省文物管理处，湖北红安金盆遗址的探掘，考古，1960，(4)：38～40。
② 后德俊，湖北科学技术史稿，湖北科学技术出版社，1991年，第6页。
③ 山东大学考古系，山东长清县仙人台遗址发掘简报，考古，1998，(9)：1～10。
④ 满承志，通化县小都岭出土大批石范，博物馆研究，1987，(3)：68～70。
⑤ 杨耀林，深圳及邻近地区先秦青铜器铸造技术的考察，考古，1997，(6)：87～96。
⑥ 王楚栋、董亚巍、王金华等，中国古代石范铸钱模拟试验，中国钱币，2003，(1)：32～36。
⑦ 王大道，曲靖珠街石范铸造的调查及云南青铜器铸造的几个问题，考古，1983，(11)：1019～1024。

二　泥范铸造

泥范铸造法是中国古代铸造的主要方法。泥范是用经过筛选的黏土和砂配制，经过缓慢阴干、烘烤而成。泥范技术是在制陶技术的基础上发展的，若焙烧温度高时，泥范接近陶质，所以泥范亦称陶范。

(一) 泥范 (陶范) 的考古发现

目前发现时代较早的泥范有：1987 年发现于内蒙古赤峰市敖汉旗西台聚落遗址中的泥范，其出土的地层是红山文化的房基堆积。泥范为双合范，外形近似长方形，有明显的火烧痕迹，范内壁有鱼钩状沟槽[①]。1973 年发现于赤峰松山区四分地夏家店下层文化早期遗存窖穴中的泥范，系合范的一扇[②]。在河南偃师二里头遗址[③]中发现较多的泥范，泥范铸造技术已比较成熟。商周时期泥范法铸造得到广泛应用，技术更加成熟。各时期的冶铸遗址如郑州商城铸铜遗址[④]、安阳殷墟铸铜遗址[⑤]、洛阳西周铸铜遗址[⑥]等均出土有大量泥范。在陕西扶风县法门镇位于周原遗址内的李家村铸铜遗址中发现较多的陶范[⑦]，据发掘者考证，铸铜作坊自西周早期开始使用至西周晚期，尤以西周中晚期的陶范最多。河南三门峡周代铸铜作坊发现以铲范为主的陶范[⑧]。山西侯马晋国铸铜遗址[⑨]年代为春秋中期偏晚到战国早期，出土 5 万余块陶范，且陶范上多刻有蟠螭纹、云纹、弦纹、几何纹等 (图 11-2-5)。所铸铸件涉及工具、兵器、礼器、车马器、生活用具和空首布 (钱币)，同时带钩、环、箭镞都是一次成型多件，生产效率提高。1999 年在陕西西安北郊发掘的一座战国晚期墓中，出土了 25 件用于铸造鄂尔多斯式青铜牌饰及其他器物构件的陶模具 (图 11-2-6)，说明该墓主人应是一名具有一定身份的铸铜工匠[⑩]。类似的发掘很少，该墓的发现为了解当时铸铜工匠的情况提供了宝贵的实物资料。在汉代的铸铁遗址中也均有陶范发现，如在辽宁凌源安杖子古城址中发现属于西汉时期的、数量较多的用于铸造铁镞铤的陶范[⑪]。河南南阳瓦房庄冶铸遗址

①　杨虎，辽西地区新石器-铜石并用时代考古文化序列与分期，文物，1994，(5)：37～52。

②　辽宁省博物馆，内蒙古赤峰县四分地东山嘴遗址试掘简报，考古，1983，(5)：420～429。

③　中国社会科学院考古研究所编，偃师二里头，中国大百科全书出版社，1999 年，第 80～81、168～171、239、268～270、332～333 页。

④　李京华，郑州商代铸铜遗址发掘与研究，见：中原古代冶金技术研究 (二)，李京华著，中州古籍出版社，2003 年，第 30～38 页。

⑤　中国社会科学院考古研究所，殷墟发掘报告 (1958～1961)，文物出版社，1987 年，第 11～69 页。

⑥　李京华，安阳殷墟铸铜遗址的发掘与研究，见：中原古代冶金技术研究 (二)，李京华著，中州古籍出版社，2003 年，第 57～79 页。

⑦　周原考古队，2003 年秋周原遗址 (ⅣB2 区和ⅣB3 区) 的发掘，见：古代文明 (3)，文物出版社，2004，第 436～489 页。

⑧　宁景通，三门峡发现周代窖仓和铸铜作坊，中国文物报，1991 年 5 月 13 日。

⑨　山西省文物考古研究所，侯马铸铜遗址 (上)，文物出版社，1993 年，第 441～452 页。

⑩　陕西省考古研究所，西安北郊战国铸铜工匠墓发掘简报，文物，2003，(9)：4～14。

⑪　辽宁省文物考古研究所，辽宁凌源安杖子古城发掘报告，考古学报，1996，(2)：199～235。

中出土了大量的铸造铁器的陶范和为铸造铁范用的陶范[①]。山东滕县出土用于铸造铁器的陶范，陶范上有"山阳二"、"钜野二"铭文，属于东汉时期[②]。隋唐以后，泥范法被用来铸造大型铸件，如梵钟、佛像、塔等，一直沿用到现代。其他的铸造工艺如失蜡法、金属型、叠铸等均是在泥范铸造的基础上发展起来的。

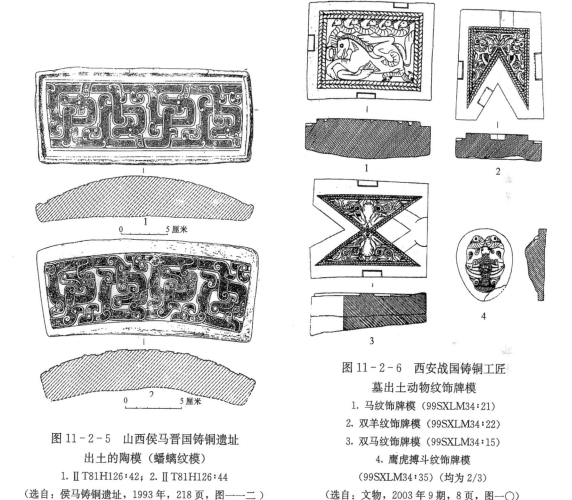

图 11-2-5 山西侯马晋国铸铜遗址
出土的陶模（蟠螭纹模）
1. ⅡT81H126:42；2. ⅡT81H126:44
（选自：侯马铸铜遗址，1993年，218页，图——二）

图 11-2-6 西安战国铸铜工匠
墓出土动物纹饰牌模
1. 马纹饰牌模（99SXLM34:21）
2. 双羊纹饰牌模（99SXLM34:22）
3. 双马纹饰牌模（99SXLM34:15）
4. 鹰虎搏斗纹饰牌模
（99SXLM34:35）（均为2/3）
（选自：文物，2003年9期，8页，图一〇）

（二）泥范用料及其研究

早期的范是直接从实物翻制的，而且大都用单一面料，商代晚期或西周初期已有面料、背料之分，从而改善了范的性能。泥范所用范料是以黏土和石英砂为原料，羼入少量植物质，用水调和均匀而成。黏土大都是就地取材，黏土在湿态时具有极好的可塑性、可雕性及复印性，易于制作、修整、组合与装配。范料中加入细砂是用以提高耐火度，增加强度。用禾本科植物如麦秸等烧成的草木灰中含有大量植物硅酸体，植物硅酸体可改善泥范的透气

① 河南省文物研究所，南阳北关瓦房庄汉代冶铁遗址发掘报告，华夏考古，1991，(1)：1~108。
② 李步青，山东滕县发现铁范，考古，1960，(7)：72。

性，降低了泥范的蓄热系数，使其具有较好的充型能力[①]。泥范的范料大致要经过下列处理工序：原料精选（原生土、植物体、熟料）、配料、练泥、陈腐、制范。其中"练泥"的作用是使泥料的组成、结构均匀，可塑性和密度得以提高，使之不易分层或开裂。经过练泥的范料，要在一定的温度和潮湿环境中放置一段时间，这个过程称为陈腐。范料经过陈腐后，可提高各向均匀性和强度，减少变形。这样得到的范料就可以满足翻制各种铸件的需要了。

　　古代泥范都要经过一定温度的焙烧，以提高其耐火度、强度，减少发气量，焙烧温度在700～900℃左右，但未到范料的烧结温度，即未陶化。焙烧温度过高，则易产生变形、气孔等缺陷。在各时期的铸造遗址中大都发现烘范用的烘范窑，如洛阳西周铸铜遗址烘范窑（图11-2-7）、山西侯马铸铜遗址烘范窑（图11-2-8）、河南省南阳瓦房庄汉代烘范窑（图11-2-9）等。不同时期、不同地区的烘范窑的结构存在差异。

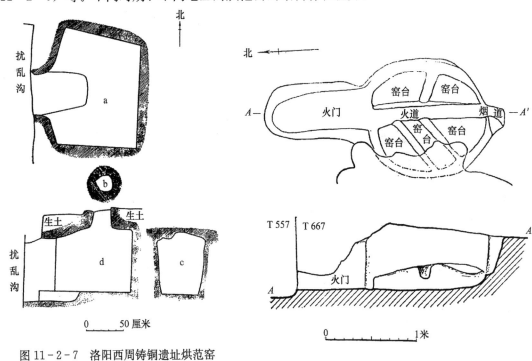

图11-2-7　洛阳西周铸铜遗址烘范窑
a. 平面　b. 烟囱　c. 窑门　d. 纵剖面
（选自：中原古代冶金
技术研究（二），87页，图六五）

图11-2-8　山西侯马铸铜遗址烘范窑
（选自：侯马铸铜遗址，60页，图三一）

　　泥范的范料在商代晚期或西周初期已有面料、背料之分，面、背料选用原料的组成、颗粒度不同。面料很细，用以提高范料的强度、可塑性，可以制得清晰、准确的型范；背料粗，含砂量多，并羼入植物纤维和熟料，以改善型芯的退让性。为了增加铸件表面的光洁度，可在泥范表面涂煤粉、细泥浆或滑石粉等。

　　由于范料的精选、配制及泥范的焙烧等工艺措施，使得泥范的综合性能比较好。一是耐火度和强度均较高，泥范的耐火度比相应的原生土耐火度要高，能够承受金属液的热冲击，

　　① 谭德睿、黄龙、王永吉等，植物硅酸体及其在古代青铜器陶范制造中的应用，考古，1993，（5）：469～474。

防止热裂、气孔、变形量大等缺陷的产生。同时由于泥范具有足够高的干、湿强度和干硬度，保证在翻制模范、块范制作、块范组合等操作时不会变形或毁坏。二是泥范的发气量低、收缩-线膨胀低，透气性差。发气量低使金属液容易充型，不易产生气孔、浇不足的缺陷；收缩-线膨胀率低，可减少泥范在制作过程中的变形与开裂，保证泥范尺寸准确；泥范透气性差对于铸造来讲是不利的因素，古人采取加入植物灰降低泥范蓄热系数等工艺措施加以弥补，保证铸件的质量。

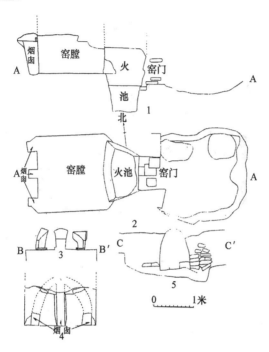

图 11-2-9　河南南阳瓦房庄汉代烘范窑（Y2）

1. 北剖面图；2. 平面图；3. 烟囱平面图；4. 西剖面图；5. 窑门东视图

（选自：华夏考古，1991 年 1 期，75 页，图五九）

谭德睿[1]对郑州二里岗、安阳殷墟铸铜遗址、洛阳西周铸铜遗址、山西侯马铸铜遗址出土陶范的成分及基本性能进行分析研究，并对范料的处理工序进行推断。廉海萍[2]对燕下都出土的陶范（刀币范、镢范、环首刀范、带钩范）的成分与性能进行分析研究，其结果表明陶范的面料、背料的原料具有不同的粒度等级。对于要求较高耐火度的镢范，使用了粗颗粒的原料。

泥范法按组成铸范的数量可分为单合范、双合范、复合范。用 1 块有型腔的范与另一块平面范组合为单合范，用于铸造简单器物，如河南偃师二里头出土的早商铜锛、铜凿。2 块均有型腔的范组合为双合范，镞、矛、戈、戟等兵器多用此法。河南安阳殷墟出土有戈范。3 块以上外范及范芯组合为复合范，用以铸造鼎、爵、钟等形制复杂的器物。河南殷墟苗圃北地出土有较多的爵外范、内范，还有较完整的觯范。铜觯铸范由 2 块外范、1 块内范及 1

①　谭德睿，中国青铜时代陶范铸造技术研究，考古学报，1999，（2）：211～250。

②　廉海萍，燕下都陶范和炉渣的检测与分析，见：燕下都（上），河北省文物研究所编，文物出版社，1996 年，第913～922 页。

块圈足内范组成（图 11-2-10）。

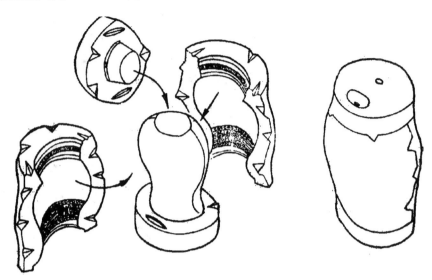

图 11-2-10　铜觯的铸范示意图

（选自：中国社会科学院考古研究所编，殷墟发现与研究，第 265 页）

泥范属于一次性铸型，多数情况下仅能用一次，春秋时期已出现可以多次重复使用的半永久性泥范。山西侯马晋国春秋铸铜作坊遗址出土有多次使用的镢范[①]。

（三）泥范铸造工艺的研究

商周时期为中国青铜文化鼎盛阶段，铜器型制多变，纹饰繁杂，制作精良，有礼器、乐器、兵器、车马器、生活用具等，泥范铸造技术得以长足进步和广泛应用。据李京华、华觉明、谭德睿、吴坤仪等学者的研究，泥范法又分为浑铸、分铸、焊铸及嵌铸（铸镶）四种方式。"浑铸"是把结构复杂的铸件分解为若干部分，各部分分别制作成单元泥范，再将若干件单元铸范组合为整个器物的铸范，一次浇注而成器，也就是分范整铸法。中国古代大多精美铜器多用此法铸成。"分铸"技术（铸接工艺）是把金属铸件的整体分为先铸件和后铸件，把先铸件放到后铸件的铸范内，当浇注后铸件时，两者铸接为一体。甘肃玉门出土的四羊铜权杖首是迄今已知最早的分铸法铸件，其上的 4 只羊头为先铸件，嵌入在铜权杖首铸范上，再铸接在一起，其年代距今约 3600 年[②]。著名的商代司母戊鼎、四羊尊都是采用此法铸造的。可以说分铸法的发明与熟练运用，是古代泥范法铸造的重大突破。至明清时分铸法仍在使用。我国历史上许多著名的大型铸件大都采用了分铸技术，如宋代的正定铜佛、明永乐大钟等。"焊铸"是指铸件上的附件与主体用焊料结合。如山西太原金胜村出土莲花方壶，两侧的虎形手柄是先铸好后，用铅锡低熔点焊料将其焊在壶体上，在壶体上铸有突榫，以便附耳对准位置并焊接牢固[③]。"嵌铸"法是把铜器

①　山西省文物考古研究所，侯马铸铜遗址（上），文物出版社，1993 年，第 441～452 页。

②　孙淑云、韩汝玢，甘肃早期铜器的发现与冶炼、制造技术的研究，文物，1997，（7）：75～84。

③　吴坤仪，太原晋国赵卿墓青铜器制作技术，见：太原晋国赵卿墓，山西省考古研究所等编，文物出版社，1996 年，第 269～275 页。

上欲设置的纹饰，预先用红铜制成纹饰片，放置在铸范上，浇注铜器时红铜花纹片嵌铸在器物表面上，构成红铜色的纹饰。湖北随县曾侯乙墓出土盥缶表面的红铜纹饰就是用此法铸成的①。

陶范上装饰纹样的制作在各时期具有不同的特征。早期青铜器上的纹饰是直接压制在外范上的，称为"范纹"；其后是在模上制出纹饰，然后翻制外范，形成"模纹"；"模纹"与"范纹"相结合，形成的纹饰造型称为"模范合作纹"②。杨军昌对周原遗址和丰镐遗址出土青铜器的表面浮雕式的3层纹饰进行考察研究，认为是模纹和范纹组合所形成的③。随着现代实验仪器的不断发展与广泛应用，目前对陶范纹饰的实际观察有了新的发现，部分纹饰是用泥条塑成的。

泥范铸造的工艺过程在商周时就已基本确立，其后变化不大，工序过程如下：

（1）制泥模：用塑性好的泥料制成实心泥模，在其上刻镂或模印花纹，烘烤。

（2）制外范：用适合于制外范的范料在泥模上翻制出若干外范。

制外范时，要做出三角楔形或其他形状的榫卯和刻划合范标志。另外对某些工艺要求采用分铸的附件如耳、柱、兽头装饰等，则是在外范相应的位置留空，在合范时，将铸造好的附件嵌入范内以便铸接在一起。

（3）制内芯：有三种方法。第一种方法是将泥模表面刮去一层而成，刮去的厚度也就是器物的厚度；第二种方法是利用芯盒制内范；第三种是利用外范翻内范。侯马铸铜遗址出土的内范证实了上述观点④。谭德睿的研究⑤认为：至迟从商晚期以降，外范贴泥片翻制内范应是容器类青铜器内范的主要制作方法。

（4）合范、糊草拌泥、阴干：把分片制好的外范及内范合拢成型，糊草拌泥，阴干。为了固定泥芯，同时更好地控制铸件的壁厚，在合范时普遍使用泥芯撑或金属芯撑。目前已发现江西新干商代大墓青铜器⑥、湖北盘龙城遗址青铜器⑦、北京琉璃河燕国遗址出土的青铜器⑧等，在铸造时较普遍使用了金属芯撑（图11-2-11）。

（5）焙烧：阴干后，将范放入窑内焙烧至600～800℃。

（6）浇注及清理：根据铸件所需成分熔炼青铜，浇入范内，待冷却后打开型范，取出铸件，整理加工即可。

因自然环境和气候条件如温度、湿度、土壤组成等存在差异，同时又受技术传承因素的影响，不同地区的泥范铸造技术各有特点，是与当地的条件相符合的。

---

①　贾云福等，曾侯乙青铜器物红铜花纹铸镶法研究，见：中国冶铸史论集，华觉明编，文物出版社，1986年，第144～148页。

②　黄龙，中国古代青铜器范型技术概论，文物保护与考古科学，1991，（1）：31～43。

③　杨军昌，陕西关中先周和西周早期青铜器的技术研究，见：美国华盛顿弗利尔艺术馆国际学术会议论文，2005年9月。

④　山西省文物考古研究所，侯马铸铜遗址（上），文物出版社，1993年，第441～452页。

⑤　谭德睿，中国青铜时代陶范铸造技术研究，考古学报，1999，（2）：211～250。

⑥　苏荣誉、彭适凡等，新干商代大墓青铜器铸造工艺研究，见：新干商代大墓，江西省博物馆等编，文物出版社，1997年，第257～298页。

⑦　胡家喜、李桃元等，盘龙城遗址青铜器铸造工艺探讨，见：盘龙城（1963～1994年发掘报告），湖北省文物考古研究所编著，文物出版社，2001年，第576～598页。

⑧　周建勋，商周青铜器铸造工艺的若干探讨，见：琉璃河西周燕国墓地，北京市文物研究所编，文物出版社，1995年，第260～264页。

图 11-2-11　北京琉璃河燕国墓地出土
伯矩盘 251:2 底部铜芯撑
（选自：北京市文物研究所，
琉璃河西周燕国墓地，图版 111）

随着近期考古新发现以及对古代铸造技术的深入考察，表明需要对古代铸造技术进行更细致、系统的研究。

三　金属范铸造

金属范铸造也是古代主要的铸造方法之一，它使用金属材料（铜、铸铁）作为型范以浇注铸件。这种铸型可以重复使用，适于批量生产，生产效率较高，但技术要求严格，工艺操作复杂。

中国古代金属范的记载见于《汉书·董仲舒传》："犹金之在镕，唯冶者之所铸"。《说文解字》："镕，冶器法也"。表明"镕"是用金属铸成的"范"。最早使用的金属型是铜范，其出现于春秋战国时期，主要用于铸造铜质钱币，有阴文铜范和阳文铜范。秦汉时铜范在铸钱业中仍被广泛使用，而铸造实用器的铜范发现很少。云南曲靖八塔台的竖穴土坑墓出土铜范 2 件，1 件为弹丸范，出于Ⅱ号堆 69 号墓；1 件为心形饰铜范（图 11-2-12），出于Ⅱ号堆 15 号墓[1]。发掘者根据墓葬出土的其他器物的特点，认为铜范应是西汉中晚期之物。吉林省前郭尔罗斯蒙古自治县出土金代犁铧铜范[2]，为合范，上下范有定位的凹凸榫卯。内蒙古包头市郊麻池出土铜犁镜范，同样为合范，考察者依据出土地点伴随的其他物品，推断铜犁镜范的时代为元代[3]。1981 年河南荥阳楚村元代铸造遗址中出土了铜模 17 件，计有犁镜模一套 2 件、犁铧模 1 件、犁铧芯盒 2 件、耧铧模 2 件、耧铧芯盒二套 4 件等。用铜模型制作复杂器物的范，是我国铸造工艺史上了不起的进步[4]。铁范是古代最主要的金属型，它是在铜范的基础上发展起来的。铁范的发现，在铸造技术上意义重大。

（一）铁范的考古发现

铁范最早发现在燕国和赵国，1953 年河北兴隆燕国冶铸遗址出土了 48 副 86 件铁范，其中 60% 为农具范。各式铸型有两合铁范组成，有空腔的器物，还另有铁芯。另外在河北石家庄、磁县和江西新建等地出土多批战国铁范。到了汉代，铁范的使用范围和地域进一步扩大，河北满城汉墓，河南南阳、郑州、鲁山、镇平，山东莱芜、滕州、章丘及湖南桑植等地的汉代冶铸遗址或窖藏中有铁范或铁范和铸造铁范的陶模出土，铸造器物的品种比战国时增加很多。魏晋南北朝时期，铁范的使用继续发展和扩大，其品种增加到 20 种以上。河南

① 王大道，云南出土青铜时代铸范及其铸造技术初论，见：四川大学考古专业创建三十五周年纪念文集，四川大学考古专业编，四川大学出版社，1998 年，第 210～221 页。

② 刘景文，吉林省前郭县出土的金代犁铧铜范，东北考古与历史丛刊（第 1 辑），1982 年，第 226～227 页。

③ 盖山林，内蒙古包头市郊麻池出土铸范，考古，1965，（5）：260。

④ 中国冶金史组等，荥阳楚村元代铸造遗址的试掘与研究，中原文物，1984，（1）：60～70。

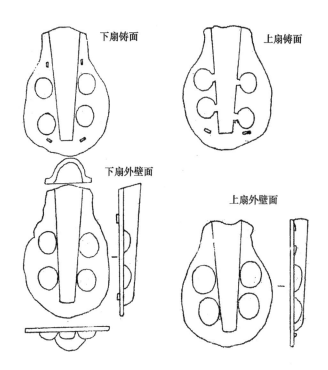

下扇铸面　　　　上扇铸面

下扇外壁面

上扇外壁面

图 11-2-12　云南曲靖八塔台竖穴土坑墓出土的弹丸铜范（曲八Ⅱ土 M69:4）示意图

（选自：四川大学考古专业创建三十五周年纪念文集，王大道文）

渑池汉魏冶铁遗址中就有许多铁范出土。宋以后，由于铁农具、工具大多改为锻制，铁范的应用范围缩小，但犁铧、犁镜仍在使用铁范铸造。山西阳城犁镜自明清时期开始使用铁范铸造，一直沿用至今[1]。

清代浙江嘉兴县令龚振麟在传统铸造技术的基础上创造了铁范铸炮的新工艺，于1842年写成《铸炮铁模图说》一书，详细说明了铁范铸造大炮的工艺过程和优点，该书是世界上最早的系统记述金属范铸造的专著。

经考古工作者科学发掘、出土较多铁范的遗址、窖穴、墓葬如下：

1. 河北兴隆铁范的出土[2]

1953 年河北兴隆寿王坟出土铁范 6 类 48 套 86 件，重 190 公斤。所铸器件以铁农具为主，包括：

锄范　1 套，由边缘设有子母扣的双合外范、四角椎状内范组成。

双镰范　2 套，每套一件的单扇铸范，一范同铸两镰；有铭文。

镢范　25 套，每套由一楔形内范和一外范组成；因缺 3 件外范，共有 47 件。有与双镰范相同的铭文。

斧范　11 套，由分别设有子母扣的双合外范、内范组成；因缺 3 件内芯，共有 30 件。有与双镰范相同的铭文。

双凿范　1 套，由一双叉形内范和一外范组成；有与双镰范相同的铭文。

① 李达，阳城犁镜冶铸工艺的调查研究，文物保护与考古科学，2003，(4)：57～64。

② 郑绍宗，热河兴隆发现战国生产工具铸范，考古通讯，1956，(1)：27～35。

车具范　每套由几件组成不详，2件。

根据所出铁范分析，在实际铸造生产时双镰范、镢范、凿范应是由一铁外范和一泥质平板外范、一铁内芯组成。

2. 山东省莱芜西汉农具铁范[①]

1972年山东省莱芜牛泉镇亓省庄发现铁范24件，均为农具范，包括：

犁范　2套，每副由2件边缘设有凹凸榫卯的阴阳外范组成，有阴文"山"字。每套重7.3公斤。

犁阳范　3件，属于另外一种犁，每件重4.15公斤，有阴文"氾"字。

双镰范　1套，每套由2件上下边缘设有凹凸榫卯的阴阳外范组成，弯月形。一范同铸两镰，有阳文"李"字。每套重5.4公斤

镢范　1套，由2件左右边缘设有凹凸榫卯的阴阳外范组成，近长方形。有阴文"口"字。每套重5.2公斤。

大铲范　3套，每套由2件边缘设有凹凸榫卯的阴阳外范组成，近梯形。有阴文"山"字。每套重4.4公斤。此外有形制相同的大铲阳范1件。

小铲阳范4件，形同大铲范。有阴文"山"字。每件重1.6公斤。

耙范　1件，舌形阳范，边缘设有凹凸榫卯。重1.9公斤。

据研究者认为莱芜牛泉镇亓省庄发现的铁范，反映了上承战国、下启西汉中期铁农具的特点，应属于西汉前期（见图8-1-8～图8-1-15）。

3. 河北满城汉墓出土的铁范[②]

河北满城汉墓出土的铁范、铁芯36件，其中锄和镢的内范以及三齿耙的外范残件20件。锄范大部分出于二号墓中室，镢范多出在主室和门道的顶部。

锄范　8件，全为内范。形制相同，略作长方形。

镢范　11件，全为内范，分为二型。I型7件，长楔形，上宽下窄。II型4件，长条楔形。

外范残件　1件，仅存上部。可能为三齿耙的外范。

4. 河南新安上孤灯汉代铸铁遗址出土的铁范[③]

河南新安上孤灯汉代铸铁遗址出土铁范83件（块），其中73件为完整铁范，10件为犁范残块。均为农具范（图11-2-13）。

铲范　23件，其中上范11件、内范5件、下范7件。每套由2件边缘设有凹凸榫卯的上下外范和楔形内芯组成。上范铲銎的中部有铸制的"弘一"铭文。

锄范　1套，由2件呈五边形的上下外范和1件楔形内芯组成。上范铲銎的左上部有铸制的"弘一"铭文。

犁铧范　57件，其中上范21件、内范13件、下范13件，可组成13套。每套由2件正面设有条形凹凸榫卯的上下外范和三角形内芯组成。上范的中部有铸制的"弘二"铭文。

发掘者根据铁范的形制、范上铭文及所出钱币，应认为铁范应属于西汉晚期至王莽

①　山东省博物馆，山东莱芜县西汉农具铁范，文物，1977，(7)：68～73。
②　中国社会科学院考古研究所等，满城汉墓发掘报告，文物出版社，1980年，第280～283页。
③　河南省文物研究所，河南新安县上孤灯汉代铸铁遗址调查简报，华夏考古，1988，(2)：42～50。

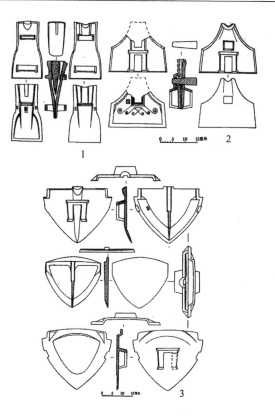

图 11-2-13 河南新安上孤灯汉代铸铁遗址出土的铁范

1. 铲范；2. 锄范；3. 犁铧范

（选自：华夏考古，1988 年 2 期，河南省文物研究所文）

时期。

5. 山东章丘汉东平陵故城遗址出土的铁范[1]

山东章丘汉东平陵故城遗址发现铁范、模 9 件，包括铧冠范、锸范、锤范、铲范等。

铧冠范 1 套 3 件，由 2 件三角形、设有条形凹凸榫卯的上下外范和三角形内芯组成。铸有隶书铭文（图 11-2-14）。

锸范 1 套 3 件，由 2 件长方形边缘设有榫卯的上下外范和呈倒置梯形的内芯组成。

铲范 1 件，仅存阴范，略呈梯形，边缘设有长方形榫卯。

锤范 1 件，其外形是两端略细、中间较粗的锤状。铸有阳文"大山二"字。

模 1 件，呈半椭圆球状，平顶，顶部有一半环行钮。

遗址调查者根据铁范的形制、范上铭文及其他器物，认为铧冠范、铲范应属于西汉时期，而锤范应属于东汉时期。

6. 河南镇平汉代窖藏铁范[2]

1975 年于河南镇平汉代安国城发现一窖铁锤范 61 件，依锤形不同分为圆形锤锤范、方

① 山东省文物考古研究所，山东章丘市汉东平陵故城遗址调查，见：考古学集刊（11），考古杂志社编，中国大百科全书出版社，1997 年，第 175～177 页。

② 河南省文物研究所、镇平县文化馆，河南镇平出土的汉代窖藏铁范和铁器，考古，1982，（3）：243～251。

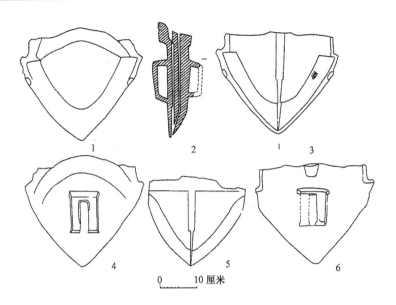

图 11-2-14　山东章丘汉东平陵故城遗址出土铧冠范

1. 下范内面；2. 合范剖面；3. 上范内面；4. 下范表面；5. 范芯；6. 上范表面

（选自：考古学集刊（11），1997年，山东省文物考古研究所文）

形锤锤范两类。圆形锤锤范 56 件，依所铸铁锤的最大直径尺寸分为 8 种规格；方形锤锤范 5 件，每套锤范由 4 件范组成（图 11-2-15），其中一件锤范有"吕"字铭文。

7. 河南渑池窖藏铁范[①]

1974 年于河南渑池发现一窖藏坑，出土 152 件铁范。其中铁板范 64 件、双柄犁范 3 件、犁范 1 件、铧范 31 件、锸范 5 件、斧范 12 件、镢范 18 件，以及镰范、锤范、锄形器范、碗形器范等。部分铁范上有一或两字的铭文。

由考古发掘可知，铁范的大量出土说明铁范铸造技术的广泛应用；铁范主要用于制作铁工具、铁农具，对于当时的农业生产和手工业的发展起了积极作用。

（二）铁范的制作工艺

经秦汉到南北朝时期，铁范铸造工艺已具有一定的规格，如铁范的轮廓和铸件外形相符，壁厚均匀，使铸件在浇注时均匀散热，避免发生裂痕；范背铸有把手，以利于操作；采用垂直式浇注，保证金属凝固时能补充金属液。同时铁范的结构也有了一些改进，如采用泥芯代替铁芯；浇注方式部分改成倾斜式浇注，以减少金属液对铁芯的冲击；浇口的形状丰富多样等。

铁范的铸造工艺过程大致如下：

（1）制作泥范：先作金属模板或木质模框，在模板上刻制欲铸铁范表面的各部分，在金属模板周边围以模框，将配制好的泥范料填舂其内，待成型后去掉模框和模板，自然干燥。

（2）翻制铁范：将制好的 2 块泥范合型，糊上草拌泥加固，阴干后送入烘范窑中烘烤，达到一定温度时出窑，冷却，浇注。待铁液凝固后，去掉加固泥和泥范，就得铁范。

---

① 渑池县文化馆等，渑池县发现的古代窖藏铁器，文物，1976，(8)：45～51。

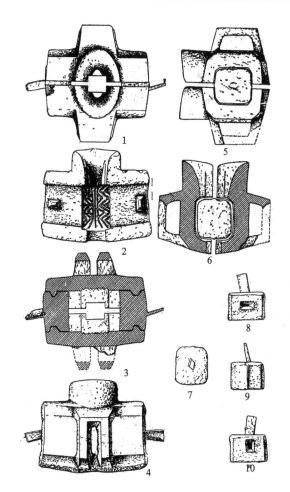

图 11 - 2 - 15　河南镇平出土汉代方形锤锤范
1. 合范后的顶面；2. 范的腔面；3. 合范后的纵剖面；
4. 合范后的侧面；5. 合范后的端面；6. 合范后的横剖面；7～10. 范挡
（选自：考古，1982 年 3 期，河南省文物研究所文）

（3）浇注铁器：在铁范表面涂上双层涂料，将 2 扇铁范合在一起，加固后进行浇注，待铁液凝固后及时开箱，就获得所需的铸铁件。

根据河南南阳瓦房庄遗址出土锤的模和铁范分析[1]，整个工艺过程大致如图 11 - 2 - 16 所示。

（三）铁范材质的分析与研究

随着古代中国冶铁技术的发展，铁范的材质不断改进。杨根对河北兴隆出土的一件铁内范进行了金相考查和化学成分分析，结果表明铁内范为过共晶白口铸铁，含碳量为 4.45%[2]。汉代铁范已出现灰口铁、麻口铁，具有较好的铸造性能。山东省莱芜出土的西汉农具铁范，其中一件经金相鉴定为麻口铁，化学成分为：碳 4.25%、硅 0.18%、锰 1.20%、

---

① 河南省文物研究所，南阳瓦房庄汉代冶铁遗址发掘报告，华夏考古，1991，(1)：1～110。

② 杨根，兴隆铁范的科学考察，文物，1960，(2)：20～21。

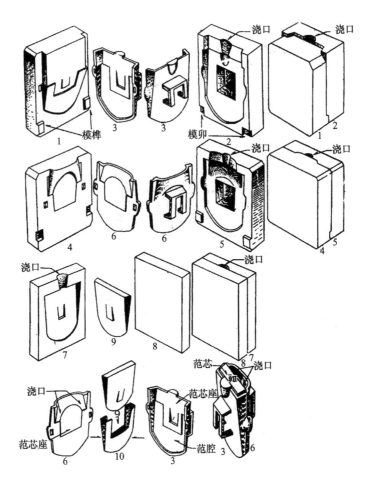

图 11-2-16　河南南阳瓦房庄出土锤翻铸工艺示意图
（选自：华夏考古，1991 年 1 期，河南省文物研究所文）

硫 0.028%、磷 0.28%①。郑州工学院对河南镇平出土的三种类型的铁锤范进行了金相组织鉴定，铁锤范的材质为：共晶白口铁、过共晶白口铁、灰口铁②。根据渑池出土铁范的金相鉴定结果，铁范的材质大多为灰口铸铁，成分分析结果：含碳 3.5%～4.4%，硅 0.04%～0.21%，锰 0.05%～0.29%，硫 0.017%～0.031%，磷 0.18%～0.38%，具有碳、磷高，硅、锰、硫低的特点③。由铁范材质的变化说明，古代工匠已认识到白口铸铁的缺陷进而用灰口铸铁代替白口铸铁来铸造铁范。从现代冶金材料学分析，白口铸铁硬而脆，热稳定性较差，在高温铁水的反复作用下，会造成其组织中的渗碳体分解而引起范体的胀裂。灰口铸铁有较好的热稳定性，高温不会改变片状石墨的形状和分布特性；且缺口敏感性低，因此坚固耐用。

　　正是由于古代铁范具有以上特点，保证了铁范良好的使用性能，使其在战国到魏晋时期内，成为制作常规铁工具、农具的重要方法，并一直沿用至今。目前山西阳城地区的犁镜仍

　①　山东省博物馆，山东莱芜县西汉农具铁范，文物，1977，(7)：68～73。
　②　郑州工学院机械系，河南镇平出土的汉代铁器金相分析，考古，1982，(3)：320～321。
　③　北京钢铁学院金属材料系中心化验室，河南渑池窖藏铁器检验报告，文物，1976，(8)：53。

在使用铁范铸造，所用铁范的材质、工艺措施与古代相同。

（四）龚振麟与《铸炮铁模图说》

清代魏源撰写的《海国图志》卷五十五的内容为《铸炮铁模图说》，铁模铸炮是龚振麟首创。其具体内容如下[①]：

1. 制铁模法

"视炮位之大小约分几节（或四、五、六、七节均可，总以炮身之长短为准，长则约分多节，不必拘定）。和土按各节式做成泥炮，以为中心（每节上下卯笋须极吻合），烘透接成一泥炮，使无偏倚（炮箍、炮耳及照心花纹起线处，悉照式完备），然后用土按节合成外模（照铁模本身外线做成车板，于内面车旋，务令极圆），烘透，每节于经线分为两瓣（如合瓦式，须极正极圆为要），倾铸时从炮口一节泥炮倒竖于托上，次将外模一瓣一竖于托上，与所竖泥炮遥对务准（中间留出空位，即系铁模地步），覆用熟泥补平烘透（与两边瓣缝相平直）。再将次一瓣合成一节，用两铁箍箍紧。另用烘透之泥圆板一块（周围与节周相等）覆于一节之上（圆板与节相合，须先做成笋槽，俾第二节之卯榫可以相属），板上留出铸口范铁倾铸成一节之一瓣，待冰透，即将先立之一瓣轻轻退开，除净所补之泥，仍旧和好箍紧（每瓣相合之缝际，须做小卯笋扣合，俾无参差之弊），复取圆泥板覆上，范铁倾铸，则一节和瓦式成矣。且缓出模，仍然安置不动，则冰透取去上覆泥圆板，将第二节之泥炮接于已铸之第一节之泥炮上，次将外模一瓣续于已铸之第一节外模上，亦如前法，用泥补好烘透，再加次一瓣接合，用箍箍好，上覆泥圆板，按次倾铸，凡各节层层悉如前法，次第倾成，务使相属（各节两瓣相合之缝须合），错落如砌砖之真缝同式），凡每节之瓣须用Ⅱ字样熟铁钮二个相对嵌入，使安放有准（须于未铸之先反嵌于外模里面，留出Ⅱ下脚，使铁汁自为凿住），以上各节铸完，即将内外泥胚去净，磨光听用。用后放于干燥之处所，不可沾潮气，虽用至数百次，完好如初，亦无弊矣（若铸四千斤至一万斤炮之模，惟将各节分为三瓣，余法同）。"

2. 铁模铸炮法

"先将每瓣内面用细稻壳灰和细砂泥调水，用帚薄薄刷匀，如粉墙状。次用上等极细窑煤调水刷之。两瓣相合（如合瓦形），用铁箍箍紧，烘热，节节相续，余法皆与用泥模同，至倾足成炮后，可按瓣次序剥去铁模（如脱笋状），露出炮身，凝结未透，当属全红，设有不平处所，即以铁丝帚、铁锤收拾，是以凿洗之工可省，并可立出炮心，除净泥胚，膛内即天然光滑，亦不费镟洗之工矣。"

3. 铸弹丸法

"至于铸弹丸之法，若用两模配合铸出，则中腰必露痕，模不能光滑。必须先用蜡做弹形，围径取圆，再用泥包，外模上留一眼，用火烘其模，则其中镕泻而出，而模中自空，然后向眼内倾铸，开模则其弹光圆无痕。若铸通，必弹子先作泥心一条，将蜡配成弹子圆形，再用泥包外模，亦如前法，洩蜡灌铸，则模开弹出，中虚一孔，而围径亦光圆，此弹子之略也。"

---

① 清·龚振麟，铸炮铁模图说（《海国图志》卷五十五），转引自：中国科学技术与典籍通汇·技术卷（一），华觉明主编，河南教育出版社，1993年，第1108～1110页。

4. 铁模功效

"铁模用一工之费而收数百工之效也。

铁模用匠之省无省也。

铁模用匠可限定工程也。

铁模铸成炮后可省修饰之工也。

铁模所铸可省洗膛之工也。

铁模铸炮可无蜂窝之弊也。

铁模可经久收藏以备岁修之用也。"

《铸炮铁模图说》是最早论述金属型铸造的专著，对于研究和继承传统的铸造技术有很重要的价值。早期的铁范主要用于铸造铁农具、铁工具，而龚振麟在传统铁范技术的基础上将其用于铸造几千斤甚至上万斤的铁炮，是个伟大的创举。铁模铸炮，使产品质量和生产效率提高，生产成本降低，在当时产生了重大影响。

第三节　叠铸技术

一　叠铸技术的产生与发展

叠铸技术是中国古代创造的大批量生产小型铸件的铸造技术，是在传统的陶范铸造技术的基础上发展而来的。

所谓叠铸或层叠铸造，是将多层铸型叠合起来，组装成套，从共用的浇口杯和直浇道中浇注金属，一次得到多个铸件。

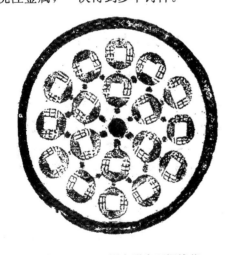

图 11-3-1　圆盘形半两铜钱范
（采自：中国钱币，2002 年 2 期，周卫荣文）

关于叠铸技术的产生，部分学者认为是在战国时期[1]，部分学者认为叠铸工艺起源于西汉半两钱的铸造，汉初圆盘式半两钱范当是中国古代层叠铸造的鼻祖（图 11-3-1）[2]。

叠铸工艺的广泛使用是从王莽时期开始的，这时期有大量的王莽钱叠铸铜范母和子泥范出土。1958 年 4 月，西安北部郭家村新莽钱范窑址，出土八型腔大泉五十叠铸范数百套，完整的一叠有 46 层 23 合，一次能铸币 184 枚[3]（图 11-3-2）。1975～1976 年间，陕西临潼出土几种阳文莽钱叠铸铜范母，有大泉五十、货币、货泉，形状有方形、圆形[4]。从出土材料来看，早期的叠铸工艺较原始，如河南南阳汉代遗址出土的大泉五十和契刀五百合范，是中心设浇口的叠铸式陶范，但它仅简

①　华觉明，中国古代的叠铸技术，见：中国冶铸史论集，华觉明编，文物出版社，1986 年，第 248～253 页。

②　周卫荣，齐刀铜范母与叠铸工艺，中国钱币，2002，（2）：13～20。

③　陕西省博物馆，西安北郊新莽钱范窑址清理简报，文物，1959，（11）：12～13。

④　西安钱币学会、陕西省钱币学会，新莽钱范，三秦出版社，1996 年，第 253～284 页。

单地分面范、背范，不对称，也没有榫卯结构①。

王莽时期叠铸范的特点是在一块范母上模与背模及榫卯均是对称排列。这种使用一件范盒制作所有叠铸范片的造型方法，工艺思想非常巧妙。由于从木模、泥范到制成金属范盒再翻制出叠铸范和铸成钱币，须经过泥料干燥和金属凝固的多次收缩，要保证范盒及范片的尺寸精度和几何尺寸的准确，还是有相当大的难度的。王莽时期的大泉五十和货泉是质量最好的汉代钱币，就是使用叠铸技术铸造的。

东汉时期叠铸技术得到进一步推广，技术也更加成熟。不仅用于铸钱，而且广泛用于铸造车马器、衡器等小件器物。陕西咸阳、西安，河南南阳、温县，山西禹王城，山东临淄等地，都出

图 11-3-2　大泉五十叠铸子泥范
(采自：文物，1959 年 11 期，陕西博物馆文)

土有汉代的叠铸泥范。山西夏县禹王城汉代铸铁遗址中出土六角承范、圆承范等叠铸范②。1992 年汉长安城冶铸遗址的 4 个废料堆积坑中出土了大量的叠铸陶范，叠铸陶范皆为夹细砂陶质，呈浅红色或橘黄色。按所铸器物的形状，将叠铸陶范分为八种：圆形轴套范、六角承范、带扣范、圆形环范、齿轮范、权范、器托范、镇器范。六角承范、齿轮范的范腔底面有阳文"申三"、"车三"，表明用这些陶范铸成的器物上带有铭文③。

河南温县西招贤村烘范窑所出叠铸泥范数量最多，保存最为完好。温县西招贤村烘范窑④发掘时窑内堆放着成套的叠铸范，器物种类有 36 种，大部分是用来铸造车马器的，每套铸范由 5～14 层组成，可以铸造铸件 5～84 个。根据铸件的形状和大小，每层范片上设置的范腔数量不同，从 1 到 6 个不等。铸范的设计及制作非常精细，表现出很高的铸造技术水平。温县叠铸工艺的特点有：①全部采用水平分型面，同时根据铸件形状与操作采用了不同的分型方式。如车軎、车辖、各种承范、权范在范腔的端面分型，带扣、马衔范、各种环型范在中部分型（图 11-3-3）。②吃泥量减小到最低的程度。③依据浇口在范腔的位置（顶部或中部），温县叠铸陶范的浇注系统采用了顶注式（如车軎、六角承）和中注式两种型式；且采用了很薄的内浇口，厚度 2～3.5 毫米。

河南南阳瓦房庄汉代冶铸遗址⑤，在东汉的文化层中发现有铸造车軎的多堆式叠铸范，2 组车軎范块共用一个直绕道，技术上较河南温县叠铸范有了改进，见图 11-3-4 车軎铸造工艺图。

三国到南北朝时期，叠铸技术主要用于铸造钱币和其他小型铸件。杭州西湖在清浚过程中发现三国孙吴铸钱遗物，其中有 34 块为用以铸钱的泥质子范，其中存双面范 24 块，可知

①　王儒林，河南南阳发现汉代钱范，考古，1964，(11)：593。

②　山西省考古研究所，山西夏县禹王城汉代铸铁遗址试掘简报，考古，1994，(8)：685～691。

③　中国社会科学院考古研究所汉城工作队，1992年汉长安城冶铸遗址发掘简报，考古，1995，(9)：792～798。

④　河南省博物馆等，河南省温县汉代烘范窑发掘简报，文物，1976，(9)：66～75；河南省博物馆等，汉代叠铸——温县烘范窑的发掘与研究，文物出版社，1978 年。

⑤　河南省文物研究所，南阳瓦房庄汉代冶铁遗址发掘报告，华夏考古，1991，(1)：63。

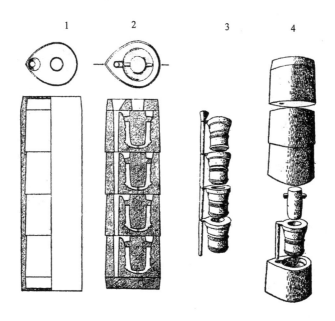

图 11-3-3　河南温县出土的车軎范

1. 范的外部结构；2. 车軎范的内部结构；3. 车軎的叠铸件；4. 叠铸范的套合

（选自：汉代叠铸，7页，图8）

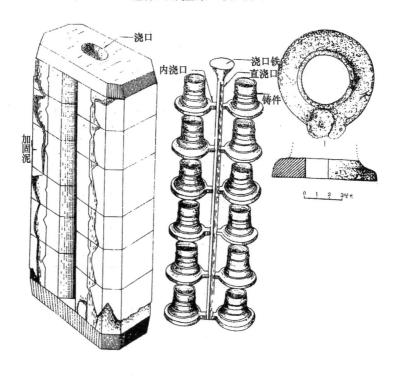

图 11-3-4　河南南阳瓦房庄出土车軎铸造工艺图

（选自：华夏考古，1991年1期，河南省文物研究所文）

孙吴铸钱已采用了双面多层叠铸工艺，是初始阶段[①]。1935年在江苏南京通济门出土梁五铢叠铸钱范以后[②]，1997～1998年在镇江医政路[③]和南京八府塘都有萧梁时期的五铢叠铸泥范出土[④]，而且均是双面型，即面背分开的子泥范，为一版四钱腔（图11-3-5）或一版八钱腔。双面型腔叠铸工艺的出现是叠铸技术在南北朝时期的新发展。六朝时期，南方地区发现的叠铸子陶范几乎不设榫卯结构。1999～2003年杭州西湖疏浚中先后发现六朝五铢细钱叠铸陶子范、铜铸芯和石盖范[⑤]，叠铸陶子范上设有榫卯结构。唐宋以后叠铸技术仍广泛使用，但已不用于铸造钱币，这一技术一直沿用至今，广东佛山、江苏无锡、辽宁抚顺、沈阳等地均采用叠铸技术铸造小型铸件。

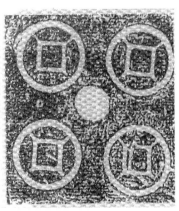

图11-3-5　四钱模梁五铢泥范（面、背范）

（选自：钱币学与冶铸史论丛，2002年，232页，图3.1）

二　汉代叠铸工艺

叠铸技术在汉代已发展成熟、稳定，工艺也已较完备，具体包括以下工艺步骤[⑥]。

1. 范盒的制作

范盒的制作要考虑的主要因素有：第一，分型面的选取要利于降低每层范的高度，以此增加铸范的层次。基于这个原因，汉代的叠铸范全部采用水平分型面，但对于不同形状的铸件又采用不同的分型方式；第二，减少吃砂（泥）量，也就是减少造型材料的用量，提高功效，河南温县出土叠铸范片设计合理，安排紧凑，从技术上、经济上考虑都是很合理的；第三，范盒的制作要考虑泥范的收缩量、范盒壁及铸件的拔模斜度，保证范从范盒中能顺利脱出；第四，要考虑叠铸范组装时的榫卯定位问题，以保证不错位。

---

① 屠燕治，杭州西湖发现三国孙吴铸钱遗物，中国钱币，2001，（1）：47～49。

② 郑家相，历代铜质货币冶铸法简说，文物，1959，（4）：68～70。

③ 镇江发现萧梁铸钱遗迹，中国文物报，1998年2月22日。

④ 邵磊，梁铸公式女钱考略，南方文物，1998，（4）：75～85。

⑤ 屠燕治，六朝五铢细钱考，中国钱币，2005，（3）：21～27。

⑥ 河南省博物馆等，汉代叠铸，文物出版社，1978年，第17～37页。

2. 制范

由金属范盒翻制出泥范。型范的范料由黏土、旧范土（用过的范经破碎筛分后再用）、细砂、粗砂、草木灰、草秸等组成；由于旧范土经过焙烧，性能较原生土优越，可以减少泥范干燥收缩、开裂变形和减少加热时体积的膨胀。加固泥用以固定成套铸范，防止浇注时发生跑火等事故，所以选用比较粗糙、疏松的范料，并羼以大量草秸，烘烤后形成孔隙，利于铸范散热和浇注后铸件的清理。

3. 内芯的制作

范芯的制作与安装有以下方式：

（1）自带式泥芯。铸件的泥芯是直接从范盒上做出的，与范腔成为一体。如轴套和六角承的泥芯。

（2）使用对开式垂直分型的陶质芯盒制作泥芯。泥芯装有芯撑，用于定位和控制铸件壁厚。如车軎的范芯（图11-3-6）。

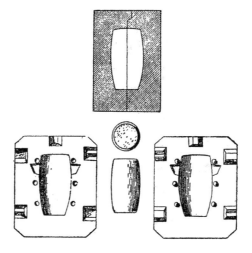

图11-3-6　河南温县出土车軎范的陶质芯盒示意图
上：芯盒剖面　中下：车軎范芯　下左：车軎芯盒平面　下右：车軎芯盒平面
（选自：汉代叠铸，1978年，7页，图9）

（3）没有芯座的泥芯。用泥条制成泥芯。

4. 叠铸范的合箱、装配

这一步骤是叠铸技术的重要环节，合箱准确与否直接关系到铸件的质量。铸范的合箱有两种方法。

（1）心轴组装法：组装时将范块一个个叠在一起，用木质心轴由上而下贯穿中心孔，对准直浇口，再糊上加固泥，就成为一套叠铸范。这种方法适用于有中心圆孔的范，如轴套范、六角承范等（图11-3-7）。

（2）定位线组装法：对于没有中心圆孔的范如圆环范、革带扣、马衔范等，为防止组装出差错，在每个范的一侧均划出3条定位线（即泥印），另一侧做出2条定位线，按照范两边的定位线来进行组装。直浇口仍用木质心轴贯穿对准（图11-3-7）。

5. 范的干燥和烘烤

叠铸范组装好后，要自然干燥几天，使铸型中的水分缓慢散失，防止焙烧时失水过快出

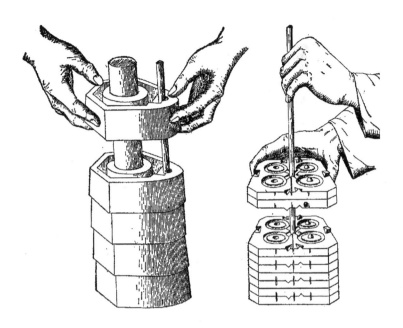

图 11-3-7　叠铸范的两种套合方法

（选自：汉代叠铸，1978 年，25 页，图 26）

现裂纹。干燥后入窑焙烧，其目的在于去掉多余的水分，增加范的强度和透气性，并减少范的发气量。焙烧在烘范窑中进行。烘范窑在咸阳、西安等地均有发现，而"温县烘范窑是保存较完好的，为研究汉代叠铸范的烘烤技术提供了重要依据"（图 11-3-8）。

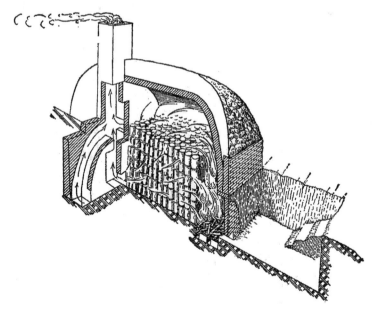

图 11-3-8　河南温县烘范窑烧制成品时的剖视图

（选自：汉代叠铸，1978 年，14 页，图 21）

在烘范窑内，铸范逐层堆放，范的外形大都为圆柱形、椭圆柱形，堆放时范与范之间有孔隙存在，使各范受热均匀，另外铸范可倒置，浇口向下，或在浇口上加盖泥团，以防杂物灰尘落入铸范内。进入窑中的范分为预热的范和焙烤的范两种，依据窑内温度高低的不同来放置。焙烧的范排在最下层，预热的范排列在上层。

范烘烤时，首先要低温预热，缓慢升温。此时要将窑门封住，减少水分随炉气逸出，使范内范外温度尽量达到一致。当铸范已得到彻底预热后，使炉温较快上升，达到 600～700℃以上，保温一段时间使范烘透。为了加速范的烘烤，此时要打开窑门和烟道，加速炉气的流通。铸范烘好后，缓慢冷却，就可以出窑浇注。

6. 浇注

叠铸范的浇注系统一般由浇口杯、直浇道、横浇道、内浇道组成。根据不同的铸件，采用不同类型的浇注系统。根据对温县出土叠铸范的分析研究，其浇注系统有三种不同的类型，即开放式、封闭式和半封闭式浇注系统。封闭式浇注系统用于较小的铸件，如圆环、马衔等。开放式浇注系统用于厚重的铸件，如轴套、革带扣等。浇口杯设在铸范的顶部和直浇道相连，有正漏斗和偏漏斗两种形状，其作用是接纳浇包中浇注的金属液。温县叠铸范浇注系统最显著的特点就是采用了很薄的内浇口。内浇道出口处厚度如圆环、革带扣等仅有 2 毫米，而六角承、轴套等范的内浇道出口厚度也只有 3.5 毫米，这种设计很富于创造性，表现了很高的冶铸水平。

第四节　失蜡法铸造

一　失蜡法源流

失蜡法是古代金属铸造工艺之一。其原理是用蜡料制成与铸件相同的模，外敷造型材料，成为整体铸型，干燥后加热将蜡化掉，形成整体无分范面的空腔铸范，将金属液浇入。凝固后脱除外范（壳型），即得铸件。此法在现代金属工艺中称为熔模精密铸造，在古代多用于铸造形制复杂、具有立体透雕效果的铸件。

中国失蜡法至迟出现于春秋早、中期。目前已确认为失蜡铸件年代最早的是河南淅川下寺出土的春秋晚期的铜禁和铜盏（约公元前 6 世纪）[1]。湖北随县曾侯乙墓出土战国早期的尊、盘、建鼓座、编钟钟笋铜套等均是失蜡法成形，年代稍晚（约公元前 5 世纪）[2]。从这些器物的器形和制作水平分析，在春秋晚期和战国早期，楚文化地区的铸造工匠已熟练地掌握了失蜡铸造技术。地处云南的滇族也使用失蜡法铸造简单的铸件。

战国时期，失蜡法应用范围扩大，技术上也更加成熟。它与泥范铸造、错金银等各种工艺技术相结合，制作出大量的精美铜器。同时使用失蜡铸造技术的地域也相当广泛，如楚国、曾国、中山国、徐国、吴国、越国等地均有各具地方特色的失蜡铸件出土。1977 年河北平山中山王墓出土的错金银龙凤铜方案、十五连盏烛台、嵌金银虎食鹿屏风台座都是采用失蜡法铸成[3]。1982 年江苏盱眙南窑庄出土一件青铜错金银陈璋园壶，约为公元前 315 年所铸，全器由 96 条虬龙、576 枚梅花钉精心编排铸成，是又一采用失蜡法铸造的艺术珍品

① 汤文兴，淅川下寺一号墓青铜器的铸造技术，考古，1981，(2)：174。
② 随县擂鼓墩一号墓考古发掘队，湖北随县曾侯乙墓发掘简报，文物，1979，(7)：1～14。
③ 河北省文物管理处，河北省平山县战国时期中山国墓葬发掘简报，文物，1979，(1)：1～13。

（图 11 - 4 - 1）①。1972 年云南江川李家山出土的透雕祭祀铜扣饰是迄今为止云南出土的最早的失蜡铸件之一，其器形和纹饰均为滇文化特色，不同于中原地区②。

汉代的失蜡铸件，多为实用器物。如河北满城汉墓出土的错金博山炉、长信宫灯，云南出土的滇王金印、贮贝器，陕西茂陵出土的鎏金银竹高杯铜熏炉，甘肃武威出土的铜奔马和铜车马俑，湖南长沙出土的牛灯等器物均是此时期的代表作，表现出较高的技术水平。

魏晋南北朝时期铸造佛像逐渐增多，其中有一部分是利用失蜡法铸造的。隋唐时期以宗教造像为代表的雕刻艺术与失蜡铸造技术相结合，制作了许多形象生动感人的佛像。1974 年陕西西安八里村出土的董钦造弥陀鎏金铜像（584），其中佛、菩萨、天王和狮子、香炉、莲花座等均分别用失蜡法铸成，再相互用榫卯和销钉连接，共由23 件组装而成，反映了当时的技术水平③。上海博物馆藏的唐代思维菩萨作全伽坐式，右手举起支于右膝，头微右倾，作思维状。全身比例匀称，

图 11 - 4 - 1 青铜错金银陈璋园壶
（选自：国家文物局主编《中国文物
精华大辞典·青铜卷》，图 0872）

肌体丰满，衣纹和飘带自然，给人以非常真实的感觉（图 11 - 4 - 2）。从绕在臂部并置于脚掌上的飘带（直径仅 1 毫米），以及手指、肌肤、衣饰的质感，真实反映了盛唐时期失蜡铸造的精湛工艺④。

故宫博物院藏"龙槎"，长 20 厘米，高 18 厘米，铸于元至正五年（1345）。槎，指竹木编成的筏。"龙槎"槎身作老树权桠之状，一道人倚槎而坐，道冠云履，长须宽袍，执卷吟诵，一派超凡脱俗的气派（图 11 - 4 - 3）。这件银铸的槎形饮酒器，铸有"龙槎"、"至正乙酉，渭塘朱碧山造于东吴长堂中，子孙保之"，"玉华"铭文，以及诗二首。朱碧山是元代金银工艺四大名工之一，所铸器物，技艺精湛，为文人士大夫所珍贵。此器以白银铸胎，头、手、云履等系先铸成后再焊接组成。铸者构思巧妙，将道人左右耳及树槎设有孔洞，用以固定相对位置，显示出铸者应用拨蜡法和雕刻技艺的水平⑤。

从现存失蜡铸件考察，明代失蜡铸造技术是继春秋、战国、汉、唐、元之后出现的又一高峰时期。明永乐年间铸造的武当山金殿、山西五台山明万历年间的铜塔（图 11 - 4 - 4）和铜殿、明宣德炉、明正统年间复制的浑仪、简仪的龙柱、云柱都是明代失蜡铸造技艺的实例，代表了当时明代铸铜工艺和失蜡铸造技术的高水平。明宣德炉是明宣德三年（1428）所铸宫廷艺术铸件的统称，《宣德鼎彝谱》、《宣炉博论》、《宣炉歌注》、《宣炉江释》等著作记述了"宣德炉"的用料、用工以及熔炼、着色、仿制等，其铸造工艺采用了失蜡法。

① 姚迁，江苏盱眙南窑庄楚汉金币窖藏，中国钱币，1983（2）：35～40。
② 云南省博物馆，云南江川李家山古墓发掘简报，文物，1972，（8）：7～16。
③ 保全，西安文管处所藏北朝白石造像和隋鎏金铜像，文物，1979，（3）：84。
④ 谭德睿，灿烂的中国古代失蜡铸造，上海科学技术文献出版社，1989 年，第 95～96 页。
⑤ 郑珉中，关于朱碧山银槎的辨伪问题，故宫博物院院刊，1984，（3）：52～57。

图 11-4-2　上海博物馆
藏　思维菩萨
（选自：国家文物局主编《中国文物
精华大辞典·青铜卷》，图 1275）

图 11-4-3　故宫博物院藏龙槎
（选自：故宫博物院院刊，1984 年第 3 期，郑珉中文）

图 11-4-4　山西五台山铜塔
（选自：五台山，1984 年，图 66）

清代时用失蜡法铸造的器物现存很多，如北京故宫博物院铜狮、颐和园铜亭、古观象台天文仪器、青海塔尔寺等处的铜铸器物，代表了清代各时期失蜡铸造的水平。现存大钟寺古钟博物馆的"乾隆朝钟"同样为失蜡法整铸而成。

可以看出从春秋到清代，我国传统失蜡法是延续发展的，至今在广东佛山、江苏苏州、北京等地仍用失蜡法制作艺术铸件。

近期关于古代失蜡法的起源问题有新的观点出现，但尚未见到相关报道；相信随着研究成果的不断发表，将会推动中国古代失蜡法铸造技术的研究。

二　失蜡法工艺过程

关于失蜡法铸造工艺的文献记载，最早见于南宋赵希鹄《洞天清禄集》。书中记载了失蜡法工艺的整个过程[①]：

"古者铸器，必先用蜡为模。如此器样，又加款识刻画，然后以小桶加大而略宽，入模于桶中。其桶底之缝，微令有

―――――――――――
① 南宋·赵希鹄，洞天清禄集，转引自：中国历代文献精粹大典（科技卷），门浩主编，学苑出版社，1990 年，第 1843 页。

丝线漏处，以澄泥和水如薄糜，日一浇之，俟干再浇，必令周足遮护。讫，解桶缚，去桶板，急以细黄土，多用盐并用纸筋固济于元澄泥之外，更加黄土二寸。留窍，中以铜汁泻入，然一铸未必成，此所以贵也"。

明宋应星《天工开物》中记述了用失蜡法铸造"万钧钟"等大型器物的工艺过程以及所需材料[①]。书中附有制蜡模图景。

清代朱象贤《印典》中记载了失蜡法铸印的工艺过程，同时讲述了所用泥料和蜡料的处理方法[②]：

"拨蜡，以黄蜡和松香作印，刻纹、制钮。涂以焦泥，俟干，再加生泥。火煨，令蜡尽，泥熟。镕铜，倾入之。则文字纽形，俱清朗精妙"。

"拨蜡之蜡有两种，一用铸素器者，以松香熔化，沥净，入菜油，以和为度。（油量）春与秋同，夏则半，冬则倍。一用以起花者，将黄蜡亦加菜油，以软为度，其法与制松香略同。凡铸印，先将松香作骨，外涂以黄蜡，拨钮刻字，无不精妙。

印范用洁净细泥和以稻草烧透，俟冷，捣如粉。沥生泥浆调之，涂于蜡上，或晒干，或阴干，但不可近火。若生泥为范，铜灌不入，且要起窠（深空也）。熟泥中粘糠粃、羽毛、米粞等物，其处必吸（铜不到也）。大凡蜡上涂以熟泥，熟泥之外再加生泥，铸过作熟泥用也。"

失蜡法在古代有许多名称，可称为：失蜡、出蜡、走蜡、拨蜡、剥蜡、捏蜡等。失蜡、出蜡、走蜡均表示需将蜡模熔化掉，形成空腔，以备浇注；拨蜡、剥蜡、捏蜡则表示制作蜡模的方法。蜡模制作工艺大体分为"贴蜡法"、"拨蜡法"。"贴蜡法"是指先从实物翻制分块的黏土模型，在模型内面贴蜡，制成蜡芯，然后卸去黏土模型，将蜡芯修成蜡模。若器物表面饰有浮雕纹饰，则先在木板上绘制图案，刻镂纹样，蜡片在木板上压印出花纹，分别贴在型芯上，再将蜡片接缝处修整，即可得蜡模。此法也可称为剥蜡法。剥蜡法多用于制作形状规则、花纹整齐，需要量大的器物。拨蜡法蜡模的成形仅用手和手工工具（俗称压子）将蜡料压、捏、拉、拨、塑、雕成形。这是利用蜡料良好的可塑性，任由扭曲变化。蜡模形状全凭铸者雕塑，完全不受能否起模的限制，这是此种工艺的特点。我国古代失蜡法以拨蜡法为主要工艺形式。

失蜡法的铸造工艺过程大致如下[③④]：

（1）制芯：以黏土为主要成分，加入适量细砂和有机物质（马粪、纸浆）制成泥芯。部分泥芯内加有铁丝作为芯骨以增加泥芯的强度。

（2）制蜡模：蜡料由蜡（蜂蜡、石蜡等）、松香和油脂组成，蜡模材料的配比因器物不同而有所变化。需强度高者，用松香基蜡料；需塑性好者，用蜂蜡基蜡料。因蜡的塑性与气候的变化有关，需用油脂的加入量来调节。将蜡、松香熔化后，加入油脂，搅拌均匀，冷凝后成为蜡料。利用剥蜡法或拨蜡法制成蜡模。

（3）制型：在蜡模上涂挂涂料，涂料由马粪泥、纸浆泥等组成。先涂面层泥，一层面层

① 明·宋应星，天工开物（冶铸），（1636年初刻本），广东人民出版社，1976年，第213～215页。
② 清·朱象贤，印典卷六，转引自：中国历代文献精粹大典（科技卷），门浩主编，学苑出版社，1990年，第1845页。
③ 谭德睿，灿烂的中国古代失蜡铸造，上海科学技术文献出版社，1989年，第15～36页。
④ 华觉明，失蜡法在中国的起源和发展，见：科技史文集（13），上海科学技术出版社，1985年，第63～81页。

泥阴干后再涂下一层，达到一定厚度后外敷外层料，加到一定厚度，以增加强度。设制浇注系统，自然干燥即可。

（4）出蜡、焙烧：出蜡时，铸型可翻动者，浇口杯应朝下，以便于排蜡；无法翻动者，则专设排蜡口于蜡模最低处。外施火力，使蜡料受热熔化流出铸型。要注意加热顺序，使铸型自下而上依次升温，蜡液即可由下而上依次熔化流出。

出蜡后铸型进窑焙烧，将残留在铸型型腔内的可燃物烧除，提高壳型的强度和透气性，减少发气量。并保持一定的温度。

（5）熔化、浇注、铸后加工：熔化金属液，将铸型从窑内取出进行浇注，金属液凝固后进行清理加工即可得成品。

第五节　钱币铸造技术

中国古代的金属货币均是用铸造的方法制作，钱币铸造是我国古代金属铸造行业的一个重要组成部分。从春秋到清代，历代都铸造大量金属钱币，延续了 2500 余年的时间，很大程度上反映了我国古代铸造成就，但又有其自身发展的特点。

一　中国金属铸币发展概况

我国最早的货币是贝币，1977 年在内蒙古赤峰市敖汉旗大甸子夏家店下层文化遗址中发现 1 枚铅贝币（M512：6），它的出现对研究中国货币史有重要意义[①]。商代已经开始铸造铜贝，1971 年山西省保德县林遮峪公社出土青铜贝 109 枚，属于商晚期[②]。河南安阳殷墟西区 M260 出土 2 枚铜贝[③]。铜贝是我国最早的金属货币，但这时青铜铜贝是雏形铸币，同时还兼有装饰品的功能。年代为春秋早中期的山西侯马上马村 M13 出土铜贝 1600 多枚[④]，M1005 出土铜贝 530 余枚、包金铜贝 32 枚[⑤]。山西侯马柳泉墓区出土铜贝 600 余枚、4 枚铅贝、40 余枚包金贝[⑥]。目前发现与铜贝铸造有关的遗址为山西侯马晋国石圭作坊遗址[⑦]，在该遗址内发现陶贝范 45 件（图 11 - 5 - 1）。遗址时代为春秋晚期至战国中期，分为早、中、晚三期，每期均有贝范出土，是研究铜币铸造的重要实物资料。

春秋战国时期，使用的金属铸币主要有四种：布币，如"空首布"、"尖足布"、"方足布"等，主要流行于韩、赵、魏之国，刀币，如齐国铸造的"齐法化"、"赕六化"等，流行于齐国、燕国；圆钱，主要流行于秦国，早期是圆形圆孔，晚期圆形方孔。蚁鼻钱，又称"鬼脸钱"，是用青铜铸造的有文字的贝形货币，主要流行于楚国。我国最早的布币是空首

① 赵匡华，金属贝币与金属包套的检测报告，见：大甸子——夏家店下层文化遗址发掘报告，中国社会科学院考古研究所编著，科学出版社，1996 年，第 334 页。

② 吴振录，保德新发现的殷代青铜器，文物，1972，(4)：62～64。

③ 马得志、周永珍、张云鹏，1953 年安阳大司空村发掘报告，考古学报，第九册，1955，52。

④ 山西省文物管理委员会侯马工作站，山西侯马上马村东周墓葬，考古，1963，(5)：229～245。

⑤ 山西省考古研究所，山西侯马上马村墓地发掘简报，文物，1989，(6)：19。

⑥ 张丽娟，侯马无文铅贝铸行初探，中国钱币，1991，(4)：72。

⑦ 山西省考古研究所侯马工作站，晋国石圭作坊遗址发掘简报，文物，1987，(6)：77～78。

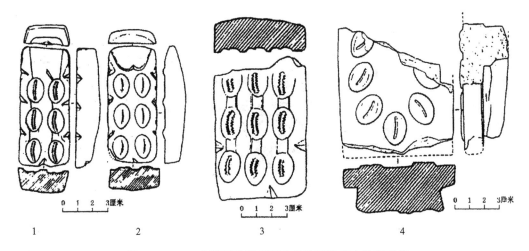

图 11-5-1　山西侯马晋国石圭作坊遗址出土的陶贝范

1. 陶贝上范；2. 陶贝下范（T2019H2139：0151·1）；

3. 陶贝上范（T2054H2324：0152）；4. 陶贝下范（T2054H2246：1）

（选自：文物，1987 年 6 期，77 页）

布，始铸于春秋中期前后，约在公元前 7 世纪和 6 世纪初。山西侯马东周晋国遗址发现有铸造空首布的工场，出土有空首布的陶质内范、范芯及 12 枚耸肩尖足空首布。其铸钱遗址是目前发现最早的铸钱遗存[1]。最早的刀币是尖首刀，也是铸于春秋中期前后[2]。

此时期各国铸钱钱范都有出土，钱范的材质有泥（陶）、石、铜。经过科学发掘、比较重要的遗址有：

（1）侯马铸铜遗址：晋国铸钱遗址，出土空首布陶范、范芯及 12 枚空首布。

（2）燕下都遗址：出土大量战国时期燕国"明刀"铸范，多残[3]。

（3）临淄齐故城遗址：出土"齐法化"陶范，多残，亦有石范出土[4]。

（4）莒国故城遗址：出土有莒刀、明刀陶范，同时有刀币及铜渣出土[5]。

（5）新郑郑韩故城遗址：20 世纪 80 年代以来先后出土了楚布、锐角布、圆足布陶范，还出土 1 块石制大圆足布范[6]。

（6）中山国灵寿遗址：是战国时期少数民族鲜虞族所建中山国都城所在地。在其官铸手工业区，发现有十余块"成帛"刀币陶范、石范，以及明刀、"蔺"字布陶、石范，同时有大量"成帛"刀币出土[7]。"成帛"石范是 2 枚并联的单面范。

另外，从 1974 年以后陆续发现了 5 件楚"哭"字铜范均是阴文铜范，其中 1982 年安徽繁昌县横山古铜矿区征集到的 2 件出土蚁鼻钱范，是 5 件中最完整的。根据汪本初[8]、陈衍

① 山西省考古研究所，侯马铸铜遗址（上），文物出版社，1993 年，第 102～105 页。

② 黄锡全，尖首刀币的发现与研究，广州文物考古集，文物出版社，1998 年，第 142～160 页。

③ 河北省文物管理处，试论"oD"字刀化的几个问题，考古与文物，1983，（6）：79～101。

④ 张龙海、李剑，山东齐国故城内新出土的刀币钱范，考古，1988，（11）：1054～1055。

⑤ 朱活，泰山之阴齐币论，考古与文物，1996，（4）：38～44。

⑥ 蔡全法、马俊才，战国时代韩国钱范及其铸币技术研究，中原文物，1996，（2）：77～86。

⑦ 陈应祺，中山国灵寿城址出土货币研究，中国钱币，1995，（2）：12～23。

⑧ 汪本初，从繁昌出土铜范看楚"哭"字贝的铸造工艺，中国钱币，1994，（3）：16～18。

麟①、陈荣②等人的研究结果，认为蚁鼻钱范是直接用于铸造"罒"字贝的。

1990 年内蒙古凉城县发现安阳、戈邑布同范铁范，其时代约为公元前 300 年以后，是赵国铸币遗物③。很少发现用于铸钱的铁范，凉城县铁布范的发现，增加了战国钱范材质的种类。

公元前 221 年，秦始皇统一了六国，建立了中国历史上第一个中央集权的封建国家，随后统一了当时的币制，采用"半两"钱。圆形方孔钱自秦以后就是我国钱币的主要形式，一直到清末。秦时的铸钱工艺有了一定的进步。钱币的铸造多采用铜范制作泥范，现出土有 6 件半两钱币铜范（图 11-5-2）。其中陕西凤翔 1 件、岐山出土 2 件、秦阿房宫遗址出土 1 件的"半两"钱范，其年代为秦早中期。而秦芷阳宫遗址出土"半两"铜范时代为秦代晚期或汉代初期④。

西汉初期，汉武帝元狩五年（公元前 118）前，仍使用圆形方孔的半两钱，但因钱币由各地分别铸造，造成钱币重量、质量等方面相差较多。自武帝元狩五年（公元前 118）开始，汉武帝改铸"五铢"钱，元鼎四年（公元前 113）汉武帝将铸币权收归中央，"郡国无铸钱，令上林三官铸。钱既多，而令天下非三官钱不得行"。五铢钱是我国历史上行用时间最长的一种货币，历经两汉、魏晋南北朝、隋朝，直到唐武德四年（621）才退出货币流通领域⑤。

西汉时期钱范发现的数量大大超过先秦及秦代；且有陶、铜、石、铁 4 种材质，范的形制有长方形、铲形、盘形。较重要的铸钱遗址有：

（1）陕西澄城坡头村西汉铸钱遗址⑥：出土五铢钱铜范 41 件（图 11-5-3）、100 多件陶背范、铁锅、铁卡钳、五铢钱等器物，同时有陶窑及烘范窑存在。发掘者认为遗址年代在汉武帝元鼎四年至汉昭帝时期，而有学者认为是汉武帝元狩五年至元鼎元年之初⑦。该遗址应为郡国铸钱时期的铸钱作坊遗址⑧。

（2）山东莱阳市古城大队出土铜质五铢钱范 13 件，圆角略呈矩形板状，通长 29、厚 0.8 厘米。柄端左侧刻有三、五等字样，且范左上角与范底中部设有三角榫，认为钱范是西汉武帝时期所铸⑨。

（3）陕西户县汉锺官铸钱遗址⑩⑪：出土有大量五铢钱和王莽时期的各钱币铸范、1 件铜范，同时出土有铸钱工具、五铢钱、王莽钱等，调查后认为此处是上林三官专铸遗址。

（4）陕西长安县窝头寨西汉铸钱遗址⑫⑬：发现大量铸钱遗物，其中有大量钱背范、面范；同时有上林瓦当出土。调查者从地望和出土遗物时代特征分析，认为窝头寨及周边地区应是上林三官铸币工场。

---

①　陈衍麟，繁昌的楚铜贝范及其铸币工艺，中国钱币，1996，（3）：12～13。

②　陈荣、赵匡华，蚁鼻钱的金属成分和铸造工艺研究，自然科学史研究，1993，（3）：257～263。

③　张文芳，内蒙古凉城县发现安阳、戈邑布同范铁范，中国钱币，1996，（3）：38～39。

④　蒋若是，秦汉半两钱范的断代研究，中国钱币，1989，（4）：3～15。

⑤　陈尊祥，我国古代金属货币的演变，中国钱币，1983，（2）：3～9。

⑥　陕西省文管会、澄城县文化馆联合发掘队，陕西坡头村西汉铸钱遗址发掘简报，考古，1982，（1）：23～30。

⑦　吴镇烽，澄城坡头西汉铸钱遗址之我见，考古与文物，1994，（5）：26～33。

⑧　姜宝莲、秦建明，汉锺官铸钱遗址，科学出版社，2004 年，第 240 页。

⑨　孙善德，莱阳古城发现汉代铜钱范，文物，1977，（3）：75～76。

⑩　陕西省文保中心兆伦铸钱遗址调查组，陕西户县兆伦汉代铸钱遗址调查报告，文博，1998，（3）：12～31。

⑪　姜宝莲、秦建明，汉锺官铸钱遗址，科学出版社，2004 年，第 35～160 页。

⑫　陕西省博物馆、文管会考古调查组，长安窝头寨汉代钱范遗址调查，考古，1972，（5）：31～32。

⑬　姜宝莲、秦建明，汉锺官铸钱遗址，科学出版社，2004 年，第 246～249 页。

图 11-5-2　陕西凤翔出

土秦"半两"铜范

（选自：西安钱币学会课题组文，古

代陕西铸钱综论。"金属史与钱币史"

学术会议交流　湖北鄂州，2002 年 11 月）

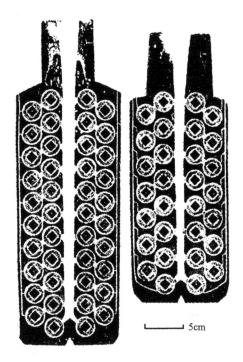

图 11-5-3　陕西澄城坡头村

西汉铸钱遗址出土铜范

（选自：考古，1982 年

1 期，陕西省文管会等文）

　　（5）西安高低堡铸钱遗址①：发现大量铸钱遗物，其中有五铢钱陶范母、钱背范、坩埚
残片、残存的内浇道、铜渣等；同时有上林瓦当出土。根据发现的"巧一"、"巧二"的陶范
铭记，认为高低堡铸钱遗址是太初元年（公元前 104）以前的铸钱作坊。

　　（6）西安相家巷汉代铸钱遗址②：发现大量铸钱遗物，其中有五铢钱陶范母、钱背范、
小五铢钱陶范、少量石质钱范、坩埚残片、铜渣等；同时有上林瓦当出土。

　　除以上出土有铜范、陶范的铸钱遗址以外，在山东、河北、河南、山西等地还有出土石
范的铸钱遗址，较重要的有：山东章丘汉东平陵铸钱遗址③、山东莱芜铜山汉代冶铸遗址④、
山东博兴市章张村铸钱遗址⑤、河南洛阳汉河南县城铸币遗址⑥，出土石质钱范的种类有汉
初的榆荚钱范、文景四铢半两钱范、三铢钱范、武帝四铢半两钱范、郡国五铢钱范；石范的
形制有圭首形和长方形。在西汉初期至汉武帝元鼎四年（公元前 113）这一时期内，石范铸

　　①　姜宝莲、秦建明，汉锺官铸钱遗址，科学出版社，2004 年，第 241～244 页。

　　②　姜宝莲、秦建明，汉锺官铸钱遗址，科学出版社，2004 年，第 244～246 页。

　　③　山东省文物考古研究所，山东章丘市汉东平陵故城遗址调查，考古学集刊（11），大百科全书出版社，1997 年，
第 167 页。

　　④　尚绪茂、宋继荣、越承恩，山东莱芜铜山汉代冶铸遗址，中国钱币，1999，（1）：42～43。

　　⑤　李少南，山东博兴出土西汉"榆荚"钱石范，文物，1987，（7）：93～94。

　　⑥　程永建，洛阳出土几批西汉钱范及有关问题，中国钱币，1994，（2）：43～48。

币占有较重要的地位，是西汉前期钱币铸造的一个显著特点。

王莽时期，币制改革频繁，曾铸造了刀、布、泉三大类钱币，其铸钱遗物在各地发现很多。钱范以陶范、铜范为主，有长方形范、铲形范及盘形叠铸范，比较重要的遗址有：

（1）陕西西安郭家村铸钱遗址[①]：是一处专铸大泉五十的铸钱遗址，发现有大量大泉五十陶范，其中完整的有 5 叠，每叠有 46 层、23 合，一次能铸 184 枚钱币。

（2）河南巩县铸钱遗址[②]：是一处民间铸大泉五十的作坊，出土完整或残陶范 2000 余件，其铸钱工艺较原始。

（3）内蒙古宁城黑城古城遗址[③]：出土大泉五十陶范 497 块、小泉直一陶范 522 块。范皆为长方形，同时有大泉五十、小泉直一等钱币出土。

（4）宁夏隆德神林乡[④]：是一处铸造货泉的作坊，出土有王莽货泉范、叠范座及货泉。从钱范和叠范座分析，采用的铸币方法是叠铸工艺。

（5）四川西昌汉代铸钱窖藏和遗址[⑤]：窖藏出土货泉铜钱范 5 件、铜锤 2 件，铜锭 17 块近 1000 公斤。遗址内发现 1 件五铢铜范、12 枚五铢钱、10 余座熔炉、1 块铜锭、烘范窑等铸钱遗迹、遗物，同时出土铁刀、铁斧、铁凿等工具。

（6）安阳天宁寺新莽铸钱遗址[⑥]：出土熔炉、大泉五十钱范（面、背范）、器物范和内壁残留有铜渣的坩埚。钱范红陶质，内含少量细砂；其表面存有黑色涂料，并设有相对扣合的凹凸榫卯。这是在黄河以北的豫北地区首次发现新莽铸钱遗址。

王莽时期是秦汉铸币工艺的发展成熟时期。叠铸工艺的广泛应用是这一时期铸币工艺的显著特点，这从出土的大量叠铸用范可以证明。自王莽之后经东汉到魏晋南北朝，叠铸工艺成为最重要的铸钱手段；且叠铸工艺有巨大的变化，即从单面型腔叠铸工艺过渡到双面型腔叠铸工艺。在三国时期出现的双面范，是叠铸工艺发展的实物资料。1997 年南京东八府塘西井巷出土公式女钱范[⑦]、1998 年镇江医政路金田出土的公式女钱范[⑧]、1935 年南京通济门草场圩出土的萧梁五铢钱范（图 11-5-4）及叠铸范包[⑨]，为研究萧梁时期钱币铸造技术提供了珍贵的实物资料。1999～2003 年在杭州西湖疏浚中先后发现 6 件五铢细钱残子范、铜铸芯、石盖范等，是属于六朝后期的遗物[⑩]。与东吴和以往六朝钱范不同的是出现了用于定位的榫卯结构。

唐代是封建经济的发展时期，铸币量很多，但自六朝以后没有直接用于铸造钱币的各种钱范出土，却有许多钱样、祖钱、母钱等出现，说明铸钱工艺从隋唐开始有了变化——即用母钱翻砂法铸钱。翻砂铸钱技术出现后，为促使铸币规范化，采用统一的钱样铸钱。它对提

① 陕西省博物馆，西安北郊新莽钱范窑址清理简报，文物，1959，(11)：12～13。
② 陈立信，郑州地区汉代的民间铸钱工艺，中国钱币，1989，(4)：16～24。
③ 昭乌达盟文物工作站、宁城县文化馆，辽宁宁城黑城古城王莽钱范作坊遗址的发现，文物，1977，(12)：34～43。
④ 马建军、杨明，宁夏隆德县发现货泉叠范，中国钱币，1999，(1)：38～39。
⑤ 四川大学历史系考古专业等，四川西昌东平汉代冶铸遗址的发掘，文物，1994，(9)：29～40。
⑥ 谢世平，安阳天宁寺附近发现新莽铸钱遗址，中国钱币，2002，(2)：42～44。
⑦ 邵磊，梁铸公式女钱——兼论南京出土的公式女钱范，南方文物，1998，(4)：75～85。
⑧ 镇江古城考古所，镇江市萧梁铸钱遗址发掘简报，中国钱币，1999，(3)：39～44。
⑨ 邵磊，通济门草场圩萧梁铸钱遗存的整理，中国钱币，2003，(1)：14～20。
⑩ 屠燕治，六朝五铢细钱考——谈杭州西湖发现的五铢细钱及铸钱遗物，中国钱币，2005，(3)：21～27。

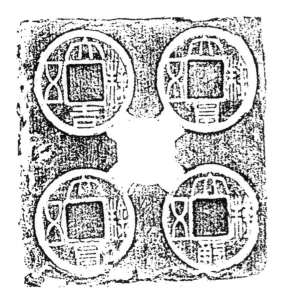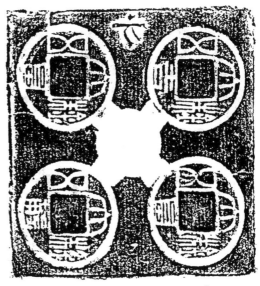

图 11-5-4 1935 年南京通济门草场圩出土的萧梁五铢钱范
(选自：中国钱币，2003 年 1 期，邵磊文)

高铸币质量、禁止或排斥私铸有重要意义。自宋到明清铸钱工艺基本相同，采用翻砂法铸钱。

综上所述，可以看出我国古代钱币的铸造方法主要为泥范、石范、铜范、铁范等范铸法和钱模砂型母钱翻砂法，不同的方法适用于不同的历史时期，反映钱币铸造技术的进步。

泥（陶）范主要用于春秋、战国时期。多采用平板范竖式浇注，有单面范和双面范。战国时期出现了石范和金属范，并从春秋时的单一型腔发展到多个型腔，生产效率有了很大提高，但仍采用上开浇口的竖式浇注。秦代时出现了"分流直铸式"、"直流分铸式"的浇注方式[①]，在工艺上较先秦有了一定的进步。西汉时铸钱浇注工艺仍为平板竖式浇注，但范的材质有了很大变化，一是频繁使用石范铸造钱币，二是阴文铜范大量用于铸钱。一范可以多次使用，降低了成本，提高了生产效率。王莽时期叠铸工艺兴起及发展，公元 14 年后，使用叠铸工艺铸钱是钱币铸造的主流。

自隋之后铸钱的主要方法是钱模（母钱）翻砂法，各代所用钱模（母钱）的材料不尽相同，有蜡模、木模、铜模、锡模等。明宋应星《天工开物·冶铸篇》于"钱"条记述了母钱法翻砂铸钱的工艺过程，原文如下[②]：

"凡铸钱模以木四条为空匡（木长一尺二寸，宽一寸二分）。土炭末筛令极细，填实匡中，微洒杉木炭灰或柳木炭灰于其面上，或熏模则用松香与清油，然后以母钱百文（用锡雕成），或字或背布置其上。又用一匡，如前法填实合盖之。既合之后，已成面、背两匡，随手覆转，则母钱尽落后匡之上。又用一匡填实，合上后匡，如是转覆，只合十余匡，然后以绳捆定。其木匡上弦原留入铜眼孔，铸工用鹰嘴钳，洪炉提出熔罐，一人以别钳扶拾罐底相助，逐一倾入孔中，冷定解绳开匡，则磊落百文，如花果附枝。模中原印空梗，走铜如树枝

① 蒋若是，秦汉半两钱范的断代研究，中国钱币，1989，(4)：3～15。
② 明·宋应星，天工开物（冶铸）（1636 年初刻本），广东人民出版社，1976 年，第 226～227 页。

样，夹出逐一摘断，以待磨锉成钱。凡钱先错边沿，以竹木条直贯数百文受锉，后锉平面则逐一为之"（图 11-5-5）。

图 11-5-5　《天工开物》铸钱图

（采自：明·宋应星，《天工开物》，明崇祯十年（公元 1638 年）刻本）

钱模翻砂法铸钱，省去了制母范的工序，用砂型代替子泥范且砂型可重复使用，这样成本降低，生产效率得到提高，表现出钱币铸造的进步。北宋以后铸钱工艺更加成熟，一是采用铅锡青铜，二是采用砂模，且每版六十四枚[①]。研究结果表明，两宋铸钱的全过程有以下步骤[②]：①审定钱样；②颁布样钱；③刻制祖钱；④翻铸母钱；⑤铸造子钱，即正式可以投入流通使用的钱币。其后从明中叶起钱币使用黄铜铸造，但一直沿用传统的铸币工艺。

图 11-5-6　福建泉州出土的闽国"永隆通宝"钱范

（选自：中国钱币，2005 年 3 期，28 页，董亚巍文）

为探讨母钱法的工艺细节及其铸型属性，相关学者作了造型工艺的复原试验[③]，试验结果表明，母钱法所用铸型属于砂质湿型，型砂可重复使用。

值得注意的是，不同地区钱币铸造技术各有其特点，如福建泉州出土的闽国"永隆通宝"钱范是一范只铸一钱（图 11-5-6），焙烧陶范使用的是直烟窑，与中原地区铸钱技术有较大差异。董亚巍对此进行了研究，认为泉州出土一范一钱的小体积陶范是为了适应当地的自然条件而做的明智选择[④]。

① 华觉明、张宏礼，宋代铸钱工艺研究，自然科学史研究，1988，(1)：38～47。
② 戴志强，两宋木质雕母钱的发现和研究，中国钱币，2003，(3)：13～19。
③ 华觉明、朱寅华，母钱法及其造型工艺模拟，中国科技史料，1999，(3)：262～269。
④ 董亚巍、江建，闽国"永隆通宝"钱范的制作工艺，中国钱币，2005，(3)：28～31。

二 石范铸钱技术的研究[1][2]

(一) 石质钱范的考古发现

1. 先秦（含秦）石质钱范的发现

先秦时期是我国铸币工艺的初期，正处于摸索和积累经验的阶段。郑家相先生[3]认为，周代铸币"是用一种土制原范来铸造刀、布"，土制原范"随铸随毁"，没有流传下来。王献堂先生在《中国古代货币通考》中也认为周代铸币所用范材为"土范"。

先秦铸钱遗址中出土铸范多为陶范，只在灵寿（今河北省平山县三汲乡）遗址发现较多的残石范，新郑郑韩故城（今河南省新郑市）铸钱遗址出土1块石质布范；临淄齐故城有石范出土。

在秦王朝短暂的统治时期内，钱范发现甚少。郑家相先生认为秦始皇铸半两的初期沿用周代铸币的土制原范，后期用石雕原范。秦代石范的发现数量较少，陕西秦都咸阳[4]的秦代文化层中出土过1件半两残石范；出于四川高县[5]的1件半两石范，据蒋若是先生的研究[6]，可定为秦代的钱范。铸造钱币的陶范则还未见发现。表11-5-1为这一时期发掘、采集的石质钱范。

表11-5-1 各地出土的先秦（含秦）石质钱范

出土地点	钱范名称	数量（件）	形制	资料来源
河北承德	燕刀			文物春秋，1989，(4)：93~94
河北承德	燕刀	数件（存1）		考古，1987，(3)：196
河北平山县灵寿故城	成白刀、尖足小布、仿蔺字圆足布、刀			辽海文物学刊，1994，(1)：80~90
山东临淄齐故城	燕明刀	面12残块，背19残块	长方形	中国钱币，2001，(2)：39~43
山东临淄	"齐法化"刀	一批		文物，1972，(5)：56~59
内蒙古包头市窝尔吐壕	安阳布	1面范，2背范		文物，1959，(4)：73
河南洛阳	文信钱	1		考古，1959，(12)：674~675
河南新郑郑韩故城	圆首圆足布	1		中原文物，1996，(2)：77~86
陕西咸阳	半两	1		中国钱币论文集，1985年，166~185页

由表11-5-1可以看出，从金属铸币产生到秦灭亡（公元前206）的300多年间，布

① 王金华、李秀辉、周卫荣，西汉石范铸钱原因初探，中国钱币，2003，(1)：25~31。
② 王楚栋、董亚巍、王金华等，中国古代石范铸钱模拟试验，中国钱币，2003，(1)：32~36。
③ 郑家相，历代铜质货币冶铸法简说，文物，1959，(4)：68~70。
④ 吴镇烽，半两钱及其相关的问题，中国钱币论文集，中国金融出版社，1985年，第166~185页。
⑤ 何泽宇，四川高县出土"半两"钱范母，考古，1982，(1)：105。
⑥ 蒋若是，秦汉半两钱范的断代研究，中国钱币，1989，(4)：3~15。

币、刀币、圆钱中虽都有石范发现，但数量较少。出土地域主要限在今天的河北、河南、山东境内。

2. 西汉石质钱范的出土概况

西汉时期是我国封建经济发展的上升时期，商品经济活跃。钱币铸造业是汉代三大手工业部门之一，铸币规模大，"今汉家铸钱及诸铁官，皆置吏卒徒，攻山取铜铁，一岁功十万人已上"[①]；数量多，据《汉书·食货志》记载，仅五铢钱从汉武帝元狩五年（公元前 118）至平帝元始（1~5）中就铸造达 280 亿万余枚，汉制一铢合今 0.7 克左右，约用铜 9800 多吨。西汉铸币所用范材，从出土发现看，陶、铜、石、铁均有，汉初亦有铅范[②]存在。

西汉石质钱范的出土发现与先秦（含秦）相比，数量、地域都有较大扩展。初步统计结果见表 11-5-2。

表 11-5-2　各地出土西汉石质钱范

出土地点	钱范名称	数量（件）	形制	质地	资料来源
山东博兴	荚钱半两、四铢半两	11	长方形	滑石	文物，1987，(7)：93~94；考古，1996，(4)：92~94
山东临淄	四铢半两	14	长方形	滑石	考古，1993，(11)：1050~1053
山东诸城	荚钱半两、四铢半两	8	长方形	青灰色变质岩	中国钱币，1992，(2)：42~44
山东临朐	四铢半两	13（存3）	长方形	滑石淡绿	中国钱币，1997，(2)：57
山东章丘东平陵	半两、五铢	13	长方形	滑石	秦汉钱币研究，1997年，145~154页；考古学集刊，(11)，1997年，154~186页
山东莱芜	三铢钱四铢半两、郡国五铢	10	长方形	三铢范滑石淡绿色	中国钱币，1999，(1)：42~43；1985，(2)：63~64
山东邹城	四铢半两	2	长方形	滑石青灰	中国钱币，1992，(4)：58；2000，(2)：43
山东莒县	荚钱半两	4	长方形	滑石	考古，1990，(5)：476
山东莒县	五铢	残 117 块		质地细软	中国钱币，1998，(2)：24~28
山东青岛	四铢半两	4、碎多块	长方形	质地细软	文物，1959，(9)：45
山东安丘	荚钱半两、半两	大量			文物，1959，(11)：29~33
山东沂水	半两	2			秦汉钱范，1990年，58页
山东平度	半两	2			秦汉钱范，67页
山东邹县	四铢半两	1			秦汉钱币研究，1997年，77页
河北石家庄	四铢半两	8	长方形		文物，1964，(6)：60~62
河北邯郸	四铢半两	残 50 余		灰色滑石	文物春秋，1997，(2)：85~86

---

① 汉·班固，汉书·贡禹传，中华书局，1962 年，第 3069~3079 页。

② 张秀夫，河北平泉的汉半两铅母范，中国钱币，1987，(4)：39。

续表

出土地点	钱范名称	数量（件）	形制	质地	资料来源
河北易县	郡国五铢	1	圭首形		考古，1994，（3）：283
河南南阳	八铢半两	4（2背）	圭首形	细滑青色	考古，1964，（6）：319
河南洛阳	四铢半两、郡国五铢	5	长方形	滑石青灰色	洛阳钱币发现与研究，1998年，153、157页
河南新郑	荚钱半两	2	长方形		考古，1989，（7）：664
河南信阳	四铢半两	1			信阳驻马店钱币发现与研究，2001年，59
陕西咸阳	半两	4	长方形		考古，1973，（3）：167～170；秦汉钱范，1990年，61～62页
陕西西安	半两、五铢	2	长方形	滑石灰色	中国钱币，1999，（1）：35～37；考古通讯，1956，（5）：22
陕西长安	郡国五铢	2	长条形		秦汉钱币研究，1990年，145～154页
陕西安康	半两	1	长方形	砂岩	考古与文物，1982，（4）：107
陕西府谷	半两	2			秦汉钱范，1990年，80页
陕西渭南	半两	1			秦汉钱范，1990年，78页
山西夏县	四铢半两	1			山西省考古学会论文集（二），1994年，159～169页
江苏盱眙	郡国五铢	2	长方形	细滑青灰	中国钱币，1996，（3）：40
安徽滁州	郡国五铢	1	长方形	青砂石	中国钱币，1987，（4）：69～70

　　从表11-5-2可以看出，西汉石范上刻凿钱币的种类有汉初的荚钱半两、文景四铢半两、三铢钱、武帝四铢半两、郡国五铢等，其中半两占绝大多数，郡国五铢石范相对较少；从时代来看，出土石范的年代主要在汉武帝专铸三官五铢前的九十年间；从出土地域看，山东、河南、河北、陕西、安徽、江苏、山西等省均有发现，尤其以山东出土的石范数量最多，仅临淄一地，石范的出土就"无虑数百"[1]；石范的材质多是滑石或是细腻光滑、质软的灰色、青灰色石质，砂岩较少见；石范多为长方体状。出土石范数量较多的铸钱遗址主要有：

　　（1）河北邯郸古城区[2]

　　1987年，在邯郸古城区地表下7米深处发现了一批汉半两残石范，约50余块。皆灰色滑石质，范上刻钱模四行。另发现有坩埚残块、铜炼渣等；与钱范同一文化层内，距钱范出土地点西约30米处有残窑址一座。这批钱范数量较多，并同出一坑，又无杂范掺和，钱模规整如一，钱文清楚，略带有汉隶气韵，无周郭。据钱文特征推测石范为文景时期的四铢半两钱范，可能是一处郡国铸钱的遗址。

---

① 王献唐，中国古代货币通考（下册），齐鲁书社，1979年，第1550，1665，1687页。
② 李忠义，邯郸古城出土汉半两钱范，文物春秋，1997，（2）：85～86。

（2）山东博兴县辛张村[①]

1982 年，在其村外的窑场附近，距地表下 0.4 米深处发现了大批西汉钱范。出土石范多已散失，文物部门仅收集石钱范 8 件，其均为阴文子面范；同出陶背范 5 件。石面范均滑石质，其中 1 件荚钱范、5 件四铢半两钱范及 2 件荚钱与四铢半两的合体范。荚钱范上钱模 6 行，四铢半两范上钱模 4 行。钱范上多有"子"、"己"、"戌"、"土"等属"天干"、"地支"、"五行"等我国古代常用的记数符号，应为钱范编号，表明当时所用钱范数量应是较大的。从所出钱范的数量、制作水平及附近暴露的有关遗迹分析，此处应是西汉时郡国铸钱作坊所在。

（3）山东临淄齐故城[②]

1976～1987 年，临淄齐国故城先后六次出土汉代钱范，其中半两范 14 件，均滑石质。钱范刻制规整、粗糙者均有，排列钱模分别为四行、三行、二行。临淄钱范上多有"T"、"亻"、"十"、"X"、"Γ"、"Y"、"七"等符号，证明临淄作为西汉时的郡国首府，有较大的铸钱规模。

（4）山东章丘汉东平陵冶铸遗址[③]

1975 年秋，在东平陵汉代冶铸遗址中发现有较多的钱范，半两钱范 5 件、五铢范 5 件、半成品范 1 件，均为滑石质。半两钱范上刻四行钱模，有 4 件完整的钱范上有陶质范盖；有 1 件钱范的背面有数枚荚钱钱模。个别范上有"六"字，或为范的编号，或与铸钱作坊的编号有关。

（5）山东莒县莒故城[④]

出土残五铢石范 117 件，其中较大的 1 件，存钱模 26 枚。

（6）山东安丘[⑤]

20 世纪 50 年代，安丘许莹乡葛庄出土大量西汉半两石范，背面均有标记、号码及试刻钱样。据朱活[⑥]考证此处是一处郡国铸钱遗址。

（7）山东莱芜铜山冶铸遗址[⑦]

1973 年山东省文物普查队对遗址进行了考察，定其为汉代冶铸遗址。这是一处保存比较完整的集采矿、冶炼、铸币为一体的综合性遗址，规模较大，文化内涵丰富。采矿区内有大量矿渣遗存，矿井至今未塌；还曾有半两钱、五铢钱和部分采矿工具出土。1973 年以来铜山遗址出土了石范 10 件，其中半两钱范 6 件、三铢钱范 3 件（存 1 件）和五铢钱范 1 件。

（8）河南洛阳汉河南县城铸钱遗址[⑧]

20 世纪 70 年代以来，这处铸钱遗址除发现数量较多的陶范外，还先后出土有石范 5 件，其中 2 件半两范、3 件五铢范，滑石质。3 件五铢石范，均排列二行钱模，有 1 件两面

①　李少南，山东博兴县辛张村出土西汉钱范，考古，1996，（4）：92～94。
②　张龙海，山东临淄近年出土的汉代钱范，考古，1993，（11）：1050～1053。
③　山东省文物考古研究所，山东省章丘市汉东平陵故城遗址调查，考古学集刊（11），中国大百科全书出版社，1997 年，第 154～186 页。
④　贺传芬，汉初山东的铸钱业及相关问题研究，中国钱币，1998，（2）：24～28。
⑤　既陶，山东省普查文物简介，文物，1959，（11）：29～33。
⑥　朱活，谈银雀山汉墓出土的货币，文物，1978，（5）：55～59。
⑦　尚绪茂、宋继荣等，山东莱芜铜山汉代冶铸遗址，中国钱币，1999，（1）：42～43。
⑧　程永建，洛阳出土几批西汉钱范及有关问题，中国钱币，1994，（2）：43～48。

范，其两面均刻钱模二行、12 枚，A 面与 B 面浇口倒置。3 件五铢石范使用痕迹明显，有的范面微呈褐色，有的已呈黑色。这些出土于城址内的钱范，多制作规整，工艺考究，应是西汉官铸作坊遗留。

半两"多石范"[1]，李佐贤《古泉汇》、罗振玉《古器物范图录》等均有石范图录记载，王献唐在其《中国古代货币通考》中开钱范专章，对石范有较多的论述。总的来看，对出土数量较多的西汉石范，钱币界的研究多注重钱范的刻制方法、技术及钱范表面特征的描述。

王献唐[2]描述钱模的刻制顺序为："先以规画圈，于中刻四界线，成 ⊙ 形。再就界外圈内铲平，成一无肉阴文钱形。中间剩余方块凸起，即钱好也。又复就钱底，傍好左右，刻传形'半两'二字。……而全钱成矣。施工次第，大抵先刻总流，再傍总流各各画圈。圈成再刻界线，铲底雕字，最后始刻分流"。

王雪农[3]研究认为，石范上钱模的刻制顺序，另外还有一种："先用规划出钱模轮廓；再用可中心定位的类似刮刀的旋转刮磨工具，旋转刮磨出环状模腔（此时的模腔当是与钱模外缘保持等距离的环状沟槽，准备设穿的中心位置此时为一与范面平的圆柱体）；再将钱模设穿位置的圆柱体以中心定位点等距离画方，切去方外四面弧边而呈方穿状凸块；清理修磨模腔底部，使其光洁平整；刻制钱文"。

半两钱制范工艺上普遍用规，是一种变革，规的使用是半两钱规范程度的一个重要因素。

对石范的质地，李佐贤《古泉汇》称"范质坚硬，似石非石，似以石屑陶冶而成"；王献唐亦认为"今见周汉石范，含有许多黑点形状，正如炭末。……（石范）殆由炭石两种细末，碾冶而成"。即"石范"并非天然石材，而是人工制成的一种类似石质的范材。

石范使用的原因，王献唐认为，汉初"铸钱无限制，民铸资本较少，为求省易，以用石范为宜"，"石范之大部分归于民"。

3. 王莽时期石质钱范的发现

王莽时期是秦汉铸币工艺的集大成时期。叠铸工艺的广泛应用是这一时期铸币技术的显著特征，这从出土的大量的叠铸用范可以证明。"叠铸工艺的发明，无疑是一次技术性的革命，它不仅能在大幅度提高铸件产量的同时保证铸件的质量，而且省工、省时、省料，显著降低铸造的成本。"[4]

王莽时期出土的石质钱范不多，见于报道的有：河南临颍[5]发现契刀五百石范面、背各 1 件，孟津发现 2 件大泉五十的面范。河南洛阳[6]采集 2 件大泉五十滑石范，均无钱文，为未刻成之范。陕西西安[7]发现契刀五百与大泉五十的合范 1 件及大布黄千石范 1 件。山东兖州发现大泉五十双面石范 2 件[8]。

新莽时期出土的石范与西汉时相比，仅在河南、陕西的个别地区偶有发现；数量减少的

① 俞伟超，汉长安城西北部勘查记，考古通讯，1956，(5)：20～24。

② 王献唐，中国古代货币通考（下册），齐鲁书社，1979 年，第 1638 页。

③ 王雪农，半两钱的铸造工艺与半两钱的分类断代，见：中国钱币论文集（四），中国金融出版社，2002 年，第 170～197 页。

④ 周卫荣，齐刀铜范母与叠铸工艺，中国钱币，2002，(2)：13～20。

⑤ 赵新来，河南临颍和孟津发现新莽时代石钱范，考古，1966，(2)：110～111。

⑥ 霍宏伟，洛阳东周王城遗址区铸钱遗存述略，中国钱币，1999，(1)：27～29。

⑦ 陕西省钱币学会、西安钱币学会，新莽钱范，三秦出版社，1996 年，第 48，250 页。

⑧ 王登伦等，山东兖州发现大泉五十双面石范．中国钱币，2003，(2)：45～46。

幅度较大。

中国古代的钱币铸造，从金属铸币的产生到汉武帝专铸三官五铢的400多年间，石范在各个时期均有发现，具有时代连续性的特点。但从石范出土数量上考察，石范的发现多集中于西汉前期；从地域上看，此期石范的使用空间范围较广。而至王莽铸行钱币的十几年间，又偶有发现，但地域缩减、数量减少。从王莽的新朝灭亡之后，石范在中国古代的铸钱业中仅有零星出土。广东阳春县出土南汉乾亨重宝石范10件，包括面范和背范。石范圆角长方形，范面刻有10个钱模。乾亨重宝是五代时期在广东立国的南汉王朝于乾亨二年（918）所铸的铅质钱币，是目前已知的我国历史上铸行最多的铅钱[1]。

（二）西汉石质钱范的分析

据报道，出土西汉石范的石质多为"滑石"质地。为了判定出土西汉石质钱范的确切材质，分别对山东出土的石质榆荚半两钱范、四铢半两钱范、陕西出土的石质四铢半两钱范3个钱范采集样品，用粉晶X射线衍射仪法进行鉴定。

西汉石质钱范的检测结果表明，这3块石范的矿物组成比较一致，主要是由滑石、绿泥石组成的共生矿。其中陕西四铢半两钱范样品绿泥石的含量较滑石为多，山东荚钱范、四铢半两范样品中滑石的含量较绿泥石为多。根据岩石学命名，为滑石岩，证实西汉石范的材质为滑石岩。

据现代矿物学知识[2][3]，滑石属富镁质层状硅酸盐矿物，化学分子式为 $Mg_3Si_4O_{10}(OH)_2$，以氧化物表示为 $3MgO \cdot 4SiO_2 \cdot H_2O$，通常呈片状或致密状集合体，有滑感；颜色常为白色、浅绿色、微带粉红色、浅灰色，含杂质越多颜色越深，至深灰色、黑色；抗热冲击，收缩率低。

绿泥石是一种含水铝镁硅酸盐矿物，是绿泥石族矿物的总称，成分比较复杂，以氧化镁为主要成分，其化学式可写成 $(Mg, Fe, Al)_{12}[(Si, Al)_8O_{20}](OH)_{18}$，耐火度较高，通常呈片状、板状或鳞片状集合体，颜色浅绿至深绿，在地壳中的分布比滑石广泛。

（三）石范铸钱的模拟试验

石质钱范的出土，自先秦至西汉各时期均有发现，但以西汉半两钱范为最多。在石质半两钱范中，又以四铢半两钱范为多，故模拟试验选择以西汉四铢半两钱为标样。根据对西汉石范的材料和对国内滑石矿分布的调查，选择山东平度滑石矿的石材为制范材料进行试铸。

1. 开料

先把石料锯成厚2～3厘米的长方形，然后用砂纸打磨平整；设计石范的尺寸为20厘米×8厘米、20厘米×13厘米及20厘米×18厘米三种，在其上分别刻制钱模二行、四行、六行，每行6枚。

① 丘立诚，广东阳春县发现南汉乾亨重宝石范，中国钱币，1996，（3）：46～47。
② 中国矿床编委会，中国矿床（下），地质出版社，1994年，第497～510页；徐九华、谢玉玲等，地质学，冶金工业出版社，2001年，第188～197页。
③ 陶维屏，中国工业矿物和岩石，地质出版社，1987年，第271～298页。

2. 钱范加工

(1) 范面设计

据对西汉石范的观察，古人在刻制石范前进行过精心的设计，图11-5-7是根据西汉石范上遗留的刻制钱范的信息、绘制的范面设计示意图，图中的数字为绘制顺序。这种设计可从许多西汉石范上留存的清晰的线条痕迹得到证实，博兴市半两范上就有比较清晰可见的十字线[①]。具体步骤如下：

① 先在石料上画出竖直的中线，再画出与中线垂直的每排钱所在的横线（图11-5-7中的1、2）；

② 用2条竖的直线界定出主浇道的宽度，主浇道上宽下窄，凿刻好后浇口呈半喇叭形（图11-5-7中的3）；

③ 在最顶排及最底排的钱模所在的横线上留出0.2毫米的支浇道的长度后，用规或尺画出每枚钱的中心点，把上、下两排线上的中心点相连，就可得到一条条相交的十字线，依据这些十字线凿刻钱腔（图11-5-7中的4）。

(2) 范的刻制

① 工具：刻制钱腔的工具，有学者推测为一种"可中心定位的类似刮刀的旋转刮磨工具"，用

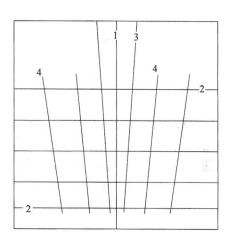

图11-5-7 范面设计示意图

它"旋转刮磨出环状模腔"[②]。这种"类似刮刀的旋转刮磨工具"虽未见出土，但从出土的半两钱范上留存的试刻钱腔观察，这种刻挖钱腔的方式快速、高效，且易于保持钱模的一致；邯郸、青岛楼山后[③]、咸阳等地出土的四铢半两石范上留有圆形槽，这应是古人在磨制好这种"旋转刮磨工具"后，试刻时留下的痕迹。试刻的目的是为了测试所用工具的外径尺寸的精确度及圆形槽的深度。依上述材料，推测西汉石范的刻制工具可能类似于现代机械加工所用的铣刀。于是，制作钻刻钱腔的铣刀。

② 铣刻钱范：用铣刀在石料上每个钱模的中心点上铣出一个个半两钱的圆槽。当在石料上铣圆形槽时，铣出的型腔的中心都会产生一个小孔，这是铣刀的尖留下的痕迹，与出土的许多西汉半两石范中心的圆孔相符合。型腔铣好后，用刻刀将型腔中的圆形刻成方形，然后在型腔方穿的两侧分别刻出"半两"二字。其后，再开挖主浇道与内浇道。主浇道上深下浅，平缓过渡，挖凿后，用砂纸打磨平滑，以减少浇注过程中铜液流动时的阻力。

(3) 陶背范的制作

与西汉半两石面范同出的背范数量较少，见于报道的有9件陶背范、2件石背范。由出土实物可知，这一时期的石范铸钱有面、背皆石质与面石、背陶两种组合方式。由于石范透气性差，用陶范作背范，浇注时比较有利于气体的排出。模拟试验选择了面范为石范、背范

① 李少南，山东博兴县辛张村出土西汉钱范，考古，1996，(4)：92~94。

② 王雪农，半两钱的铸造工艺与半两钱的分类断代，见：中国钱币论文集（四），中国金融出版社，2002年，第170~197页。

③ 朱活，青岛楼山后出土的西汉半两钱范，文物，1959，(9)：45。

为陶范的组合方式。

陶背范的制作是把经过磨制的细泥土与草木灰按一定比例混合后，加入一定量的细砂混合均匀，按 25% 的含水量洒水陈腐 1 天以上，再在平板上夯制成泥平板范，阴干数天，最后入窑焙烧即成背范。

3. 合范

合范是浇注前的一道重要工序，直接影响浇注钱币的质量，范如果合不严，浇注时会发生跑火现象，导致浇注失败。出土西汉石范上未见有合范用的榫卯结构，合范应是完全靠外部的加固如用绳捆扎等方法。模拟试验时陶背范与石面范对合，采用 4 个直径 8 毫米的铁棍做成的夹子与木楔一起分 2 组将对合的范夹紧，立于地面上，底部四周培上陶土，固定好，以待浇注。

4. 合金的选择

青铜铸币中合金的主要元素为铜、锡、铅。汉半两时值"即山铸钱"时期，地方与民间都可以铸钱，"所以各地所铸铜钱，各次所铸铜钱，其金属成分比例参差不齐"[①]。铅、锡的波动显著，模拟试验选择了两种合金配比，分别为铜 75%、锡 5%、铅 20%；铜 80%、锡 5%、铅 15%。由铜-锡-铅三元合金相图可知，上述二种合金的熔点约为 950℃、970℃。

5. 浇注

石范已经过烘范处理，在浇注前不进行预热，直接使用凉范浇注。合金液的浇注温度选择在其过热度 20～30℃ 范围。吸热快、散热快是石范的特点，浇注速度也是影响铸币成品率的一项很重要因素，太快、太慢都会影响成品质量。在控制好浇注温度的前提下由经验丰富的技术人员浇注。

6. 开范

因石范散热快，浇注完毕稍许，铜液即已冷却、凝固，但此时石范的温度还较高，操作时需戴手套，敲掉铁夹、木楔，即可撤范，取出钱树，进行清理。陶背范使用一次即废，再次浇注需更换背范。

7. 铸后加工

在四铢半两钱行用时期铸造的钱币已比较规整，字文也较清晰，有些可能是经过净边加工处理的，但总体来说，这一时期还没有精修边郭的工序[②]。加工时锉磨掉钱坯上的毛刺、茬口上的流铜，即得到成品的半两钱。试铸的半两钱方孔无廓，钱的修整工作较易进行。

模拟试验证明，用石范直接铸钱是完全可行的。试铸中发现，凡浇注过的石范，范面的浇道、钱腔、浇口附近，均不同程度的呈黑黄色；结合出土的西汉石范表面情况，说明汉初至元鼎四年（公元前 113）确实存在一段石范铸钱时期；"听民放铸"的货币政策及币制不断变化是石质钱范被普遍使用的主要原因。

三　汉代铜范铸钱工艺的研究

铜范铸钱工艺经过战国、秦和西汉的发展已较成熟，遂逐渐使用铜范铸钱。铜范铸钱成

---

① 周卫荣、戴志强，中国历代铜铸币合金成分探讨，见：钱币学与冶铸史论丛，中华书局，2002 年，第 61 页。

② 戴志强、周卫荣等，满城汉墓出土五铢钱的成分检测及有关问题的思索，中国钱币，1991，(2)：25～31。

本低、效率高，为统一钱币标准提供了技术条件。自武帝元狩五年（公元前 118）开始，汉武帝改铸"五铢"钱，元鼎四年（公元前 113）汉武帝将铸币权收归中央，"郡国无铸钱，令上林三官铸。钱既多，而令天下非三官钱不得行，诸郡国前所铸钱皆废销之，输入其铜入三官"。此后在相当长的时间内，铜范铸钱是最主要的铸钱方法。

（一）汉代铜范的考古发现

西汉初期的阴文铜范已有较多出土，一范可铸钱币 12～14 枚；不同铜范的制作质量有较大的差别。五铢钱时期，阴文铜范的使用更加普遍，范块逐渐变大，范面钱腔已多达 40 余枚；范的制作技术水平很高。出土铜范的遗址有：陕西澄城坡头村西汉铸钱遗址出土五铢钱铜范 41 件[①]，是目前出土铜范最多的遗址。山东诸城县汉置昌侯国故城出土铜范 23 件，其中 1 件为背范，发掘者认为铜范应是汉武帝所封昌侯刘差的遗物[②]。洛阳东周王城遗址出土五铢钱铜范 2 件，其年代为元狩五年至元鼎四年（公元前 118～前 113）[③]。陕西户县汉锺官铸钱遗址出土王莽时期一刀平五千铜范 1 件，范体为长铲形，通长 29 厘米、宽 19 厘米，范面的"一刀平五千"钱模以主浇道为轴对称排列 2 列，每列 4 个，共有 8 个钱模（图 11-5-8）[④]。宁夏博物馆收藏新莽大泉五十阴文铜范 1 件，呈圆角矩形板状，主浇道两侧排列二行 22 个钱模[⑤]。甘肃崇信县文化馆收藏"货泉"铜母范，范略呈方形，周有边框[⑥]。

（二）汉代铜范铸钱工艺的分析[⑦]

铜范铸钱工艺包括制作铜范和用铜范铸钱二部分。

1. 铜范的制作

在汉代铸钱遗址中出土有阳文陶范，它们的范型基本相同，是直接用于浇注铜范的范母。考察铸钱遗址出土的阳文陶范母的范型特点，可判断其为采用模制技术翻制而成，在其之前有一祖范制作阶段。由于西汉初期存在利用石范铸钱的阶段，认为铜范的祖范应是石质阴模。所以，推断制作铜范的

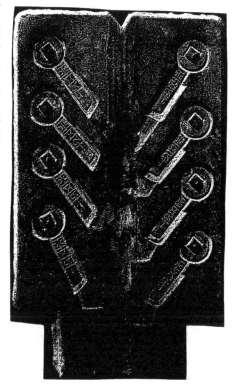

图 11-5-8　陕西户县汉锺官铸钱遗址出土
王莽时期一刀平五千铜范
（选自：《汉锺官铸钱遗址》，2004 年，彩版一九）

① 陕西省文管会、澄城县文化馆联合发掘队，陕西坡头村西汉铸钱遗址发掘简报，考古，1982，（1）：23～30。
② 凤功、韩岗，山东诸城出土一批五铢钱铜范，文物，1987，（7）：95～96。
③ 霍宏伟，洛阳东周王城遗址区铸钱遗存述略，中国钱币，1999，（1）：27～29。
④ 姜宝莲、秦建明，汉锺官铸钱遗址，科学出版社，2004 年，第 70～72 页。
⑤ 盖山林，新莽大泉五十阴文铜范，文物，1965，（1）：60～61。
⑥ 周荣，甘肃崇信出土"货泉"铜母范，文物，1989，（5）：55。
⑦ 李迎华、董亚巍等，汉代铜范铸钱工艺及其模拟实验，中国钱币，2005，（2）：18～23。

过程为：刻制石质祖范；利用石质祖范夯制阳文泥范，阳文泥范阴干后入窑焙烧成阳文陶范；阳文陶范与同时制作的平板陶背范合范，合范后浇注，铸成阴文铜面范。

2. 铜范铸钱工艺

利用铜范铸钱有两种组合方式，一是面范和背范均为铜质，如山东诸成县汉置昌侯国故城出土的铜范；二是铜面范和陶背范的组合，根据考古发掘大量出土陶背范的情况，铜面范和陶背范的组合应占多数。

陶背范的制作：制作阴文背祖范，其钱腔布局需与面祖范一致；由背祖范翻制阳文背范母；再由阳文背范母翻成阴文陶背范，制成后需经阴干与焙烧。其中阳文背范母为铜质，以满足大量生产陶背范的需要。

(三) 铜范铸钱的模拟实验

董亚巍等进行了铜范铸钱工艺的模拟试验，其过程为：①设计制作石质祖模，与石范铸钱工艺中的范面设计、制作过程相同；②制作铜面范；③制作陶背范；④合范及浇注铜钱；⑤钱币清理、整修。

模拟试验表明铜范铸钱确实可行，但其工艺技术水平要求高，不易做到。铜范铸钱工艺的关键所在是铜范表面隔离层的存在。隔离层的存在，是防止铜液与铜范直接接触而产生合金化使铜范损坏。

四 萧梁钱币铸造工艺的研究

六朝初期，我国的传统钱币铸造工艺再次发生巨大变革，即从西汉、新莽、东汉以来的单面型腔叠铸工艺过渡到双面型腔叠铸工艺。技术的变革经历孙吴、刘宋时期的探索、发展，直到萧梁时期完全成熟。

(一) 萧梁钱币铸造工艺的特点

(1) 双面型腔、面背分范和范的一次成型：萧梁叠铸钱范为双面型腔，表明制作钱范时正、反两面的型腔必须是同时一次成型；面、背分范，说明范是由上、下都有钱腔的模盒一次压印出来的。

(2) 无榫卯结构和范严格遵从原点对称性：萧梁叠铸钱范不用榫卯定位，它是通过上、下钱范之间的密切配合，才构成完整的钱币型腔。因为萧梁叠铸钱范是正方形结构，若以钱范浇口的中心为原点画直角坐标系，则钱范上的钱腔、直浇道、横浇道的位置均遵从原点对称原则，因此合范时只要将钱范沿着纵向向上以直角边为准、对齐即可，不会发生错位。

(3) 范体极薄，钱范原料利用率高，制钱成本低；制范操作简便，生产速度快；多层叠铸，钱币铸造效率高。

萧梁钱范范体极薄，一般为3毫米左右，是以前的各种范达不到的厚度，使用相同数量原料的条件下，可制作萧梁钱范的数量要远远超过其他类型范的数量。

（二）萧梁钱范原料的矿物组成及其处理技术①

1. 萧梁钱范原料的矿物组成分析

利用岩相鉴定和 X 射线衍射（XRD）分析技术，对 1997 年南京东八府塘西井巷出土的公式女钱范碎片、1998 年镇江医政路金田出土的公式女钱范碎片、1935 年南京通济门草场圩出土的萧梁五铢钱范碎片的物相进行分析，南京、镇江 3 个遗址出土的钱范样品，砂的平均粒径、最小粒径、最大粒径、各粒级的组成比例等分析数据显示，其原料都经过了严格的选择和配比，是黏土掺和砂及草木灰。3 个遗址样品的矿物组成存在一定的差异，但同一遗址的样品在矿物组成上则有高度的一致性。

2. 萧梁钱范原料的处理技术分析

相关学者根据前人的研究成果，推测出萧梁钱范原料处理的步骤：

（1）原料的精选：利用淘洗法对黏土进行粒度分级，因细粒的黏土与粗粒的杂质悬浮在水中有不同的沉降速度，可去除掉粗粒杂质；选择粒度较细、不需加工即可直接使用的砂。

（2）练泥和陈腐：练泥和陈腐是钱范原料处理的两个重要环节。所谓练泥，是将加入水分的范料反复搓揉、摔打，使泥料的组成、结构均匀，使范料在不同方向上的物理-机械性能尽可能一致，不易开裂。经过练泥的范料，在一定的温度和湿度下放置一定的时间进行陈腐。范料经过陈腐后，可提高各向的均匀性，减少变形。

实体显微镜观察可证实，3 个遗址的样品中黏土和砂粒分布均匀，结构致密；钱范剖面基本没有气泡和裂纹，没有层状结构，说明钱范的原料经过了练泥和陈腐处理。

（三）萧梁钱币铸造工艺的模拟试验②

相关学者对萧梁钱币铸造工艺的进行模拟，其过程为：

（1）制范原料的选择和处理：根据对萧梁公式女钱范原料和处理技术的分析，选择当地原生的红色黏土，将其焙烧、打碎，经反复研磨，使其粒度达到 100 目左右。按体积百分比，以黏土约占 50%、南京红砂和草木灰各占 25% 计算进行配料。将干黏土、南京红砂、草木灰掺和均匀后，加入适量的水，搅拌均匀后进行练泥和陈腐。

（2）钱范的制作和合范：先将泥料制成厚薄均匀的薄片，然后将泥料薄片放在加有边框的上、下（正、反）两个模具之间制作钱范，并开设直浇道。另外制作部分单面型腔的钱范用做合范时的底范和顶范。进行合范，以单面范为底、将双面范沿纵向向上以直角边为准对齐，层层叠放。合范后，其外裹以草拌泥，制成叠铸包，并在叠铸包顶部制作浇口杯以供浇注时用。

（3）钱范的阴干和焙烧：将制好的钱范包放置在不通风的房屋内阴干，使之均匀脱水。经过一段时间的自然阴干，即可入窑焙烧。焙烧采用倒烟窑。

（4）熔铜和浇注。

（5）毁范取钱与铸后加工：浇注后将钱范打碎，把钱从钱范中取出，并剪凿、打磨，加工成成品钱。

---

① 施继龙、王昌燧等，萧梁钱范原料的矿物组成及其处理技术初探，中国钱币，2004，(3)：10～16。
② 戴志强、周卫荣、施继龙等，萧梁钱币铸造工艺与模拟实验，中国钱币，2004，(3)：3～9。

中国古代铸钱技术的发展，有两个内在动力：①尽可能降低成本，提高生产效率；②尽可能保持钱币重量和成色的一致。由于"叠铸工艺"、"翻砂工艺"是秦汉以后最具代表性的两项新技术、新工艺，因此铸钱工艺的发展代表了秦汉以后中国传统铸造技术的发展[①]。

第六节　钟的制作技术

铜钟分为合瓦形的编钟和正圆口的梵钟，本文所称"梵钟"是指人们对正圆口钟的一种相沿成习的称呼，包括佛钟、朝钟、道钟。编钟及正圆口钟的制作技术将分别加以讨论。

一　编　钟

(一) 编钟出土情况及编钟的特点

编钟是我国古代的宫廷乐器，它是由殷商的铙演变而来的，于春秋战国时期大为盛行。在北京、河北、河南、湖北、湖南、江苏、四川、云南、陕西等地均有出土。编钟按形制可分为镈钟、钮钟和甬钟。甬钟带有高的筒形钮，钮钟上端的钮是扁的，甬钟和钮钟只有甬和钮的叫法不同，其余部分相同（图 11 - 6 - 1）。关于编钟的论述见于《考工记》"凫氏为钟"一节。

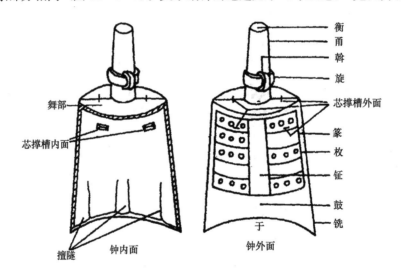

图 11 - 6 - 1　编钟结构示意图

（选自：中原文物，1999 年 2 期，李京华文）

最早的镈出自江西新干大洋洲商墓。而已知较早较完备的 1 套编镈是陕西眉县出土的 3 枚镈，属西周中期。最早的甬钟出自陕西宝鸡弜伯格墓，3 枚 1 组，属西周早期的康昭之际[②]。山西曲沃北赵天马——曲村遗址晋侯墓地出土晋侯苏编钟 16 件，8 件 1 组；晋侯苏编

---

①　周卫荣，中国古代范铸法铸钱工艺模拟实验研究简报，中国钱币，2005，(1)：74。

②　卢连成、胡智生，宝鸡弜国墓地（上），文物出版社，1988 年，第 96~97 页。

钟 355 字的铭文记载了周厉王亲率晋侯苏征伐东夷并取得胜利的功绩，其时代为西周初期到恭王前后，是西周甬钟重要的变革时期[①]。三门峡虢国墓地 2001 号虢季墓出土编钟 1 套 8 件，根据虢季编钟的形制和纹样，判定其时代应在西周的中晚期之间[②]。其中 6 件编钟正面右鼓部均铸有凤鸟纹，这是双音钟的侧鼓音敲击点标志。另外三门峡虢国墓地北区的 M2009 出土了虢仲编钟 1 组 8 件。河南淅川下寺春秋楚墓出土的 52 件编钟，最大甬钟重达 152.8 公斤[③]；其中 26 件王孙诰编钟出土于淅川下寺 M2，钟上铸有铭文。与编钟同时出土的还有铅质钟系、钟斡"销钉"、撞钟棒铜镈[④]。河南淅川和尚岭 M2 出土钮钟 1 组 9 件、镈钟 1 组 8 件，时代为春秋时期[⑤]。河南新郑市郑韩故城郑国祭祀遗址出土 206 件编钟和一批钟架，其中 4 号、14 号铜乐器坑各出土一套 4 件编镈、2 套 20 件钮钟（图 11 - 6 - 2、图 11 - 6 - 3）[⑥][⑦]。山西太原晋国赵卿墓出土 19 件大小相次的编镈，其时代为春秋晚期；编钟钟高从 11.2～46.5 厘米，重 0.69～25.5 公斤[⑧]。山西省长治市分水岭 M269 出土甬钟 1 组 9 件、钮钟 1 组 9 件；M270 出土甬钟 1 组 8 件、钮钟 1 组 9 件，时代为春秋晚期至战国早期[⑨]。湖北随县曾侯乙墓出土的 64 件编钟和 1 件楚惠王赠送给曾侯乙的镈钟[⑩]。四川涪陵巴族墓葬中出土 14 件错金编钟，是四川地区的首次发现，时代为战国晚期[⑪]。战国以后青铜编钟开始由盛而衰，出土数量很少。武帝时，广州南越王墓随葬有 1 组 5 件甬钟、1 组 14 件钮钟和钲[⑫]。陕西汉阴出土编钟 4 件，根据编钟的纹饰图案及同时出土的其他器物推断，4 件编钟为北宋晚期遗物[⑬]。四川涪陵市文物管理所现藏有一套明代编钟，共 9 件，其形制、纹饰、尺寸皆相同[⑭]。制作年代最晚、价值最高的是北京故宫博物院珍藏的清朝乾隆五十五年（1790）制作的金编钟[⑮]。另外，在安徽阜阳县西汉汝阳侯墓还出土了陶编钟 7 件[⑯]。在湖南长沙西汉墓出土了椭圆形铅编钟 7 件。在河南信阳楚墓出土 13 件大小不一的木编钟[⑰]。这些编钟都是作为明器陪葬品。大部分编钟是用青铜铸制，少数是用金、铅、木、陶等材料制作的。

编钟是奴隶制时期居于"鼓乐管磬羽龠干戚"之首的乐器。"其功大者其乐备"，因而也是吹嘘奴隶主的"功绩"和奴隶制等级制度的一种礼器。"夫上古明王举乐者，非以娱心自乐，快意自欲，将欲为治者也"。据《周礼》记载：天子为宫悬（四面），诸侯为轩悬（三

① 王子初，晋侯苏钟的音乐学研究，文物，1998，(5)：23～30。
② 河南省文物研究所等，三门峡虢国墓（第一卷），文物出版社，1999 年，第 71～79 页。
③ 河南省文物研究所等，淅川下寺春秋楚墓，文物出版社，1991 年。
④ 赵世纲，淅川楚墓王孙诰钟的分析，江汉考古，1986，(3)：45～57。
⑤ 河南省文物研究所等，淅川和尚岭春秋楚墓的发掘，华夏考古，1992，(3)：124。
⑥ 河南省文物考古研究所新郑工作站，郑韩故城青铜礼乐器坑与殉马坑的发掘，华夏考古，1998，(4)：11～24。
⑦ 河南省文物考古研究所，河南新郑市郑韩故城郑国祭祀遗址发掘简报，考古，2000，(2)：61～77。
⑧ 山西省文物考古研究所等，太原晋国赵卿墓，文物出版社，1996 年，第 78～87 页。
⑨ 山西省文物工作委员会晋东工作组等，长治分水岭 269、270 号东周墓，考古学报，1974，(2)：69、79。
⑩ 湖北省博物馆等，湖北随州擂鼓墩二号墓发掘简报，文物，1985，(1)：16～36。
⑪ 邓少琴，四川涪陵新出土的错金编钟，文物，1974，(12)：62。
⑫ 广州市文物管理委员会等，西汉南越王墓（上册），文物出版社，1991 年，第 39～40 页。
⑬ 徐信印，陕西汉阴出土的一批宋代编钟，文博，1992，(1)：69～71。
⑭ 严福昌、肖宗弟，中国音乐文物大系•四川卷，大象出版社，1996 年，第 31 页。
⑮ 崔玉棠，金编钟，文物，1958，(11)：52。
⑯ 安徽省文物工作队等，阜阳双古堆西汉汝阳墓发掘简报，文物，1978，(8)：12～19。
⑰ 河南省文化局文物工作队，信阳县台关第 2 号楚墓的发掘，考古通讯，1958，(11)：79。

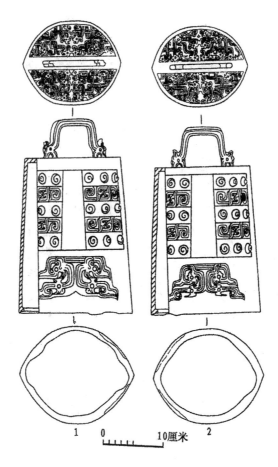

图 11-6-2　河南新郑市郑韩故城郑国祭祀遗址出土的镈钟
1. 镈钟 K14∶3；2. 镈钟 K14∶4
（选自：考古，2000 年 2 期，河南省文物研究所文，图二三）

面），大夫为判悬（二面），士为特悬（一面）。由此可见不同等级的统治者对编钟的使用有着严格的等级制度。

王子初对赵卿墓出土的编镈、晋侯墓地出土的晋侯苏钟[1]、虢国墓地出土的虢季编钟[2]分别进行了音乐学研究，研究结果表明，自殷商以来编钟的钟体采取独特的、合瓦状的形制是出于一钟两音的需要。早期的编钟主要用以演奏旋律中的骨干音，以加强节奏，烘托气氛。至西周中晚期，用编钟演奏旋律受到重视，音域扩大，出现了成套编钟。春秋及其以后，编钟的旋律性能被进一步强调，同时周室衰微，各国诸侯僭越礼制，出现了较大规模的成套编钟。而编钟结构上也发生了变化，音脊的出现是双音钟结构的重大变革，这一点从对考古发掘出土的实物的研究中得到了证实。

编钟中间的隧部和两边的鼓部异音，在曾侯乙编钟上已经极为分明，每个编钟的隧部和

---

① 王子初，晋侯苏钟的音乐学研究，文物，1998，(5)：23～30。
② 王子初、李秀萍等，虢季编钟的音乐学的研究，见：三门峡虢国墓（第一卷），河南省文物研究所编，文物出版社，1998 年，第 582～591 页。

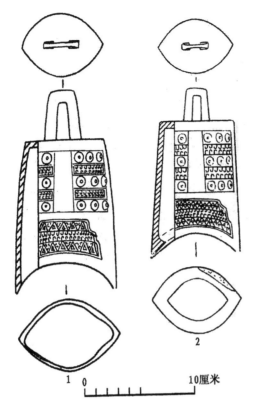

图 11 - 6 - 3　河南新郑郑韩故城郑国祭祀遗址出土的钮钟
1. 钮钟 K14：B7；2. 钮钟 K14：A9
（选自：考古，2000 年 2 期，河南省文物研究所文，图二七）

右鼓发音部都刻上了定位定音的标音铭文[①]。经有关部门测定，曾侯乙钟的总音域宽广，跨5 个八音度。在中心点 3 个八度的音域范围内，12 个半音齐备，全部音域中的音阶结构，五声六声以至七声是基本骨干[②]；现代乐理中的大、小、增、减各种音程要领和八度位置的概念，在公元前 5 世纪，我国就有了自己民族的表达方法；从曾侯乙编钟的试奏情况来看，它的音乐性能至今仍然很好，能够演奏采用和声、复调以及转调的乐曲。

　　每一编钟都能发出两个乐音的原因，在北宋沈括《梦溪笔谈》中有所论述，"古乐钟皆如合瓦，扁则声短，声短则节，声长则由"。利用现代激光检测和频谱分析技术对编钟的振动特点及节线分布进行研究，其原理就是由于合瓦钟形，在敲击时棱有阻尼作用，编钟产生两类振动方式，如图 11 - 6 - 4 （a）是产生的对称振动，其节线通过正鼓音所在部位；图11 - 6 - 4 （b）是反对称振动，其节线通过侧鼓音所在部位；两者之间为三大度关系，形成了不同部位的双音打击乐器[③④]。

　　北京故宫博物院珍藏的金编钟，共 16 个。它与曾侯乙钟不同的是钟大小相同，但厚薄

---

①　湖北省博物馆等，湖北随州擂鼓墩二号墓发掘简报，文物，1985，（1）：16～36。
②　陈通、郑大瑞，古编钟的声音特性，声学学报，1980，（3）：161～171。
③　贾陇生等，曾侯乙编钟的振动模式，江汉考古，1981，总第 3 期（增印本）：14～19。
④　林瑞等，曾侯乙编钟结构的探讨，江汉考古，1981，总第 3 期（增印本）：20～25。

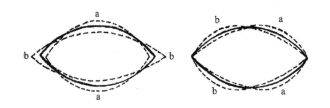

图 11-6-4　编钟的振动模式

a. 正鼓音振动模式；b. 侧鼓音振动模式

（选自：中国古代传统铸造技术，凌业勤编，1987年，188页，图5—6）

不一，以其周壁的厚薄来调节音调的高低。敲击时，厚的音高，薄的音低。而曾侯乙钟敲击时，因大小不同而发生高低不同的音调，小的音高，大的音低。这套金编钟是乾隆皇帝为庆祝自己八十寿辰并举行禅让典礼，在乾隆五十五年（1790）制作的，共用黄金11 439 两[①]。

（二）编钟的铸造

为了保证编钟音质纯正、和谐，不管钟体形制如何繁复多变，一般都采用浑铸的方法，不用分铸或焊接。安阳、宝鸡、辉县、信阳、万荣、寿县、清远等地所出编钟证实了这一点。

甬钟、钮钟、镈钟三者相比，甬钟形制最复杂，对铸造技术的要求最高；钮钟最为简单；镈钟平口，兼采甬钟、钮钟的铸法。下面以甬钟为例说明编钟的铸造工艺。

山西侯马铸铜遗址出土了众多编钟的局部的单个花纹范块和模块（图11-6-5），还有组装模、组装后的残范块[②]，为研究编钟各部位的模、范及组装关系提供了最直接的证据。编钟铸造工艺如下[③④]：

（1）制钟模，划线并刻铭。

（2）钟体各部分的纹饰分别使用分范和印模成形，具体如下：

① 甬模、范：甬范是由多块模翻制的多块范，由旋部、甬体、斡部组成一套甬范。甬部有圆柱体、六棱柱或八棱柱三种，圆柱体的甬是由3或4块范组成；六棱柱形的甬是由7块范组成；八棱柱形的甬是由9块范组成；加上旋部及斡部之范块，则甬部范的总数要超过10块。若是钮钟的钮范则是由左右2块范组成。

② 钟体舞部花纹模与范：舞部两边的花纹，小钟是1组，中型钟是2组。大型钟是3组。个别编钟将舞部一个龙纹分解成3段。

③ 枚模与范：枚模有圆形边线或方形边线2种。枚范的种类和数量很多，一般情况下中小型枚是完整的个体，大型枚分为左右2块。枚范外形均为方锥体。

④ 篆带纹与边框纹的模和范：篆带纹和边框纹均是长方形，因钟大小不同分为两种形式，一是纯篆带纹和纯边框纹的模和范，用于铸造大中型钟；二是篆纹与边框纹相结合的模

① 崔玉棠，金编钟，文物，1958，（11）：52。

② 山西省考古研究所，侯马铸铜遗址（上），文物出版社，1993年，第131～151页。

③ 李京华，东周编钟造型工艺研究，中原文物，1999，（2）：104～113。

④ 华觉明、贾云福，先秦编钟设计制作的探讨，自然科学史研究，1983，（1）：72～82。

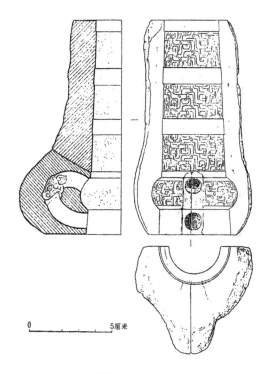

图 11-6-5　山西侯马铸铜遗址出土钟甬范 2（ⅡT13③：3）

（选自：侯马铸铜遗址（上），133 页，图六六）

和范，用于铸造小型钟。

⑤鼓部纹模和范：鼓部花纹基本都是龙纹，从龙鼻的中心线分成左右两块，组装后成完整的龙形鼓纹。

⑥钲部模和范：钲部分为有铭文及素面的二种。凡是有铭文的钲部需制作出铭文的模具，再翻制成钲范；若为素面，则在组装枚、篆带纹及边框纹时用范泥（面料）填平钲部分，不需单独制模、范。

（3）制作甬芯和钟体芯。

（4）制作组装模：在组装模上分别刻划出甬、舞纹、钲、枚、篆纹、鼓纹、钲段的纵横边框纹的轮廓线，为准确组装各部分的范块提供了依据。

制作编钟模、范、芯的材料与传统泥范法所用材料相同，同样也有面料和背料之分。

（5）组合钟范：以上各范、芯制成后需干燥，具有一定的强度、受压不易变形时，安置于组装模上组成大块范，范及芯上都制作有定位用的范芯座、榫卯、浇冒口及芯撑，再将大块范及范芯套合组成编钟整体范，外面用草拌泥加固，阴干。

编钟的整体铸型是由 140 余块小块花纹组合而成的（图 11-6-6）。

（6）编钟泥范的烘烤、熔铜浇注、清理。编钟泥范烘烤后，在空气中冷却，根据编钟材质的要求准备青铜合金，进行熔炼、浇注。待铜液凝固后进行清理。根据编钟的大小来选用不同的浇注方式，中小型编钟可以用浇包浇注，大型编钟应是用槽注的。

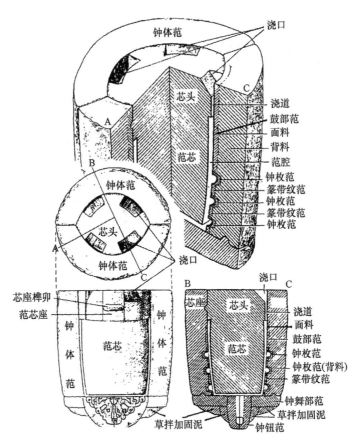

图 11-6-6　编钟合范示意图

（选自：中原文物，1999 年 2 期，李京华文，图十二）

（三）编钟材质的研究

编钟的材质与其性能关系密切，不同遗址出土的编钟材质不同。1981 年湖北随县曾侯乙编钟研究组对 4 件甬钟和 3 件钮钟作了化学成分分析，分析结果显示：编钟的材质为锡青铜，成分范围为：铜 77.54%～85.08%、锡 12.49%～14.46%、铅 0.80%～3.19%，7 件编钟中 6 件铅含量小于 2%[①]。苏荣誉等对宝鸡强国出土的 3 件甬钟进行了化学成分分析，成分差异很大。其中利用湿法分析的 BZM7：11 甬钟：铜 97.18%、锡 1.90%、铅 0.21%，是含少量锡的铜[②]。北京科技大学对河南新郑市郑韩故城郑国祭祀遗址 16 号铜乐器坑出土的 5 件钮钟和 1 件镈钟进行了成分分析，成分范围为：铜 77.3%～82.3%、锡 9.6%～12.5%、铅 6.9%～11.1%[③]。3 个遗址编钟的材质存在较大差异的原因，可能与宝鸡强国墓、郑国祭祀遗址、曾侯乙墓处于不同的时代、铸造技术存在差异有关；也可能与墓主人的身份地位有密切关系。由于相关的分析鉴定较少，进一步的比较研究还有待于开展。

---

① 中国古钟的化学成分，中国化学学会志，卷十七，第一期。

② 苏荣誉、胡智成等，宝鸡强国墓地青铜器铸造工艺考察和金属器物检测，见：宝鸡强国墓地，卢连成、胡智生，文物出版社，1988 年，第 639～631 页。

③ 黄晓娟，郑韩故城郑国祭祀遗址出土青铜器的分析与研究，北京科技大学硕士论文，2005 年。指导教师李秀辉。

二　梵　种

梵种并非专用于佛寺、道观，黉舍以及一般钟楼也都悬挂这种钟，沿袭约定俗成的惯例笼统地称为梵种。

（一）现存梵种的情况

目前所知现存且制作年代最早的梵钟，是南朝陈太建七年（575）所铸，钟高 39.1 厘米、口径 21 厘米，现存日本奈良国立博物馆。陕西富县宝室寺铜钟，铸于唐贞观三年（629），高 155 厘米、口径 150 厘米。钟上有铭文 318 字，是我国国内所藏有明确纪年之最早的铜钟（图 11-6-7）①。甘肃武威钟楼所悬之钟铸于武则天时期（684～704），钟上饰有天王、飞天、夜叉等，钟高 240 厘米、口径 145 厘米。陕西西安碑林所藏唐景云二年（711）铸铜钟，高 247 厘米、口径 165 厘米，钟上饰有仙人、鹤、狮、龙、朱雀等，钟上有铭文 292 字。此三口钟的形制相似，均为上小下大的头盔状，均为唐早期的器物。

图 11-6-7　陕西富县宝室寺唐代铜钟

四川阆中铜钟是唐武则天长安四年（704）合州庆林观观主铸造的，钟高 79 厘米、口径 56 厘米、重 160 公斤，钟上有铭文 70 字②。浙江省博物馆藏有唐开元八年（720）所铸铜钟，铜钟高为 40 厘米，是一件小型钟。四川黔江县（现黔江区）文化馆保存一口唐天宝年间（742～755）所铸铜钟，钟高 143 厘米、口径 78 厘米，有铭③。江西省萍乡市博物馆收藏一口铜钟是唐天宝五年（746）所铸，钟高 53 厘米、口径 26.4 厘米，重 17 公斤。钟上有隶体铭文④。浙江诸暨出土一口唐广德元年（763）铸造的铜钟，钟高 45 厘米、口径 25 厘米⑤。福建泉州新华路出土、泉州市文管会保存的唐中和三年（883）铸造的铜钟高 30.5 厘米、口径 7.5 厘米，重 4.5 公斤，钟上有铭文 31 字⑥。江苏丹阳市唐钟为唐中和三年（883）所铸，钟高 214 厘米、口径 141 厘米。

以上唐钟从形制上可分为两类：一类以四川阆中、浙江省博物馆、江西萍乡等唐钟为代表，钟体为圆筒形，上部略收缩，口沿平直，体型较小；另一类是以陕西富县宝室寺、甘肃武威、陕西西安碑林等唐钟为代表，为上小下大的头盔状，但钟口有波曲，且体型一般较

① 姬乃军，我国存世最早的唐钟，考古与文物，1982，(1)：110。
② 王积厚、张启明，阆中铜钟，四川文物，1988，(3)：74。
③ 龚节流、陈世雄，唐代铜钟，文物，1981，(9)：52。
④ 萍乡市博物馆，萍乡大屏山发现唐天宝五年铜钟，江西历史文物，1980，(2)：35。
⑤ 方志良、张光助，浙江诸暨发现唐代铭文铜钟，文物，1984，(12)：92。
⑥ 泉州市海外交通史博物馆，1964 年闽南新发现的两件文物，文物，1965，(11)：54。

大、较重。此类钟多分布在北方。两类钟的纹饰也存在较大差别。

五代时的铜钟数量较少，在福建政和发现铸于永隆元年（939）的闽国铜钟，钟高94厘米、口径52.7厘米，重约100公斤，钟上铭文记载了铸造时间及保存情况①。闽国铜钟为研究五代时期闽国的冶铸技术提供了实物资料。江西南昌市佑民寺铜钟为南唐大将林仁肇于乾德五年（967）铸造，高235厘米、口径156厘米，重约5000公斤②。

自宋开始铁钟出现，这与冶铁业的发展有着密切联系。据不完全统计，在广西、福建、湖北、河北、陕西、四川、甘肃、江苏等地均发现有宋代铸铁钟，如广西贵县南山寺内有北宋天圣三年（1025）铸大铁钟一口；福建南安县有宋皇祐三年（1051）铸造的铁钟一口，高111厘米、口径26厘米，钟上有铭文，这是年代较早的两口铁钟。湖南石门县夹山寺内有北宋大观三年（1109）所铸铁钟。河北涞源县阁院禅林寺内有一口铁钟，高160厘米、口径135厘米，为辽天庆四年（1114）所铸。河北邢台开元寺铁钟，高320厘米、口径235厘米，钟上除铸有铭文446字以外，还铸有八卦和古天文学黄道十二宫图案，这是前所未见的，此钟铸于金世宗大定二十四年（1184）③。陕西澄城县乐楼有金明昌三年（1192）铸造的铁钟一口，钟高225厘米、口径120厘米，重约3000公斤。钟上铸有"智炬如来心破地狱真言"及梵书"准提神咒"。铭文均为梵汉合体④。四川万源县黄龙寺铁钟铸于南宋宁宗庆元五年（1199），钟高241厘米、口径158厘米，钟上有铭文⑤。甘肃庆阳慈云寺有一口女真文铁钟，高255厘米、口径157厘米，重约4000公斤。钟上铭文为女真文与汉字，钟饰奔马、雄鸡、小兔、莲花等，风格独特，此钟是在金泰和元年（1201）铸成的，是研究女真族文字及习俗的实物资料⑥。甘肃兰州崇庆寺保存有金泰和二年（1202）铸造的铁钟一口，高300厘米、口径200厘米，铭文有"仙闻生喜、鬼闻停凶，击破地狱，求苦无穷"等语句⑦。

除以上铁钟外，还有部分铜钟，如沈阳故宫保存的金天德三年（1151）大铜钟，钟高210厘米、口径124厘米。钟上铭文阴刻，16行175字，记述了重铸大钟的始末⑧。广东潮江市开元寺保存有北宋政和四年（1114）铸造的大铜钟，重约1500公斤。江西上饶市鸡应寺铜钟高283厘米、口径170厘米，重约4120公斤，铸于南宋建炎元年（1127）。北京大钟寺古钟博物馆藏有一口宋熙宁年间（1068～1077）铸造的铜钟，高130厘米、口径113.5厘米，重1394公斤⑨。

现存元代的铜钟、铁钟的数量较少。福建仙游县三会寺保存有元大德九年（1305）铸铜钟，湖北荆州开元寺有一口铸于元至大二年（1309）的铜钟，钟高145厘米、口径106厘米，所铸铭文为四大天王及捐资铸钟施主、冶匠姓名等⑩。福建漳州市南山寺大雄宝殿右悬

① 曾凡，五代闽国铜钟，文物，1959，（12）：68。
② 文化部文物局，中国名胜词典，上海辞书出版社，1986年，第528页。
③ 范玉琪，金大定邢州开元寺铁钟考，文物春秋，1993，（1）：36～38。
④ 文化部文物局，中国名胜词典，上海辞书出版社，1986年，第1038页。
⑤ 廖扬凯、程前林，万源黄龙寺古钟，四川文物，1985，（1）：35。
⑥ 文化部文物局，中国名胜词典，上海辞书出版社，1986年，第1056页。
⑦ 文化部文物局，中国名胜词典，上海辞书出版社，1986年，第1050页。
⑧ 王明琦、李仲元，盛京定更钟考，故宫博物院院刊，1982，（2）：91～96。
⑨ 吴坤仪，明清梵钟的技术分析，自然科学史研究，1988（3）：288～296。
⑩ 丁家元，荆州开元观所藏古钟略考，江汉考古，1997，（4）：79～83。

挂一大铜钟，系元代延祐年间（1314～1320）铸造，钟高 184 厘米、口径 115 厘米。河南登封少林寺现存一口元至元二年（1336）铸造的铁钟，是日本和尚邵元在少林寺当书记时所铸，钟高 118 厘米、口径 100 厘米，重约 325 公斤[①]。北京大钟寺古钟博物馆藏有一口元代所铸铜钟，钟高 213 厘米、口径 130 厘米，重 2048 千克。

明清时期的梵钟发生了较大的变化，体形变得巨大，蒲牢的形制变得复杂。现存这时期典型的梵钟有以下几个：①北京大钟寺古钟博物馆藏明永乐大钟，高 675 厘米、口径 330 厘米，重 46.5 吨，钟身内外布满汉、梵两种经咒有 23 万字之多。大钟钟声雄浑圆润，拍频明显，尾音悠长，是现存古钟的精品[②]。②北京钟楼明永乐铜钟，通高 550 厘米、口径 340 厘米，重量达 63 吨，是目前国内所知的最重的古钟。③南京大钟亭明洪武二十一年（1388）铸铜钟，高 427 厘米、口径 229 厘米，重约 23 吨。④北京大钟寺古钟博物馆藏明永乐年间铸造的一口铁钟，高 345 厘米、口径 248 厘米，重达 24 吨，是目前所知最高、最重的铁钟。⑤北京大钟寺古钟博物馆藏乾隆朝钟，钟高 254 厘米、口径 157 厘米，重约 3108 公斤。钟体表面布满纹饰，有 22 条飞龙、流云、海水崖岸等，同时钟口铸有八封中的"乾"卦符号，是清代铜钟的代表作[③]。另外，贵州大方县发现的一口明成化二十一年（1485）铸造的铜钟，钟高 135 厘米、口径 110 厘米，重约 300 公斤。较重要的是此钟钟身上有彝文和汉文铭文各 4 幅，记述了铸钟的时间和缘由。此钟是现存最早的刻有彝文的器物，是研究当时文化与技术的珍贵资料[④]。

（二）梵钟的铸造技术

梵钟的铸造技术有泥范法、失蜡法和搬砂法。根据对现存古钟的实际考察，发现大多数梵钟采用了传统铸造工艺的泥范法，仅有少数梵钟使用了失蜡法，也有部分梵钟是采用了泥范法和失蜡法组合制作而成。

有关铸钟技术的文献记载很少，在明代宋应星《天工开物·冶铸》有关于失蜡法铸钟的记载[⑤]：

"凡造万钧钟与铸鼎法同。掘坑深丈几尺，燥筑其中如房舍，埏泥作模骨。其模骨用石灰、三合土筑，不使有丝毫隙拆。干燥之后，以牛油、黄蜡附其上数寸。油蜡分两：油居什八，蜡居什二。其上高蔽抵晴雨（夏日不可为，油不冻结），油蜡墁定，然后雕镂书文、物象，丝发成就。然后舂筛绝细土与炭末为泥，涂墁以渐而加厚至数寸。使其内外透体干坚，外施火力炙化其中油蜡，从口上孔隙熔流净尽。则其中空处，即钟鼎托体之区也。凡油蜡一斤虚位，填铜十斤。塑油时尽油十斤，则备铜百斤以俟之。"（图 11-6-8）

《天工开物》也同时记载用泥范铸钟的方法："凡铁钟模不重贵油蜡者，先埏土作外模，剖破两边形，或为两截，以子口串合，翻制书文于其上。内模缩小尺寸，空其中体，精算而就。外模刻文后，以中油滑文，使他日器无粘，然后盖上，混合其缝而受铸焉。"

---

① 张南，登封少林寺发现铸有日僧邵元题名的铁钟，文物，1980，（5）：95。
② 吴坤仪，明永乐大钟铸造工艺研究，见：中国冶金史论文集（一），北京钢铁学院编，1986 年，第 180～184 页。
③ 全锦云，中国古代梵钟文化概说，见：大钟寺古钟博物馆建馆二十周年纪念文集，北京出版社，2001 年，第 119～128 页。
④ 马学良、陈英，贵州彝族文物考，文物，1982，（4）：24～26。
⑤ 明·宋应星，天工开物（冶铸）（1636 年初刻本），广东人民出版社，1976 年，第 213～215 页。

图 11 - 6 - 8 　《天工开物》
记载的"塑钟模"图
（选自：天工开物，明崇祯十年刻本）

1. 泥范法铸钟

根据现存古钟的实际观察，依据钟的外观特征（蒲牢形状、钟体纹饰、铭文分布、钟口沿形状）采用不同的分范方式，形成不同形状和数量的范块。泥范法铸钟的主要步骤：

（1）制模：根据钟的大小形状做一个钟泥模。

（2）制范：用和好的泥拍成平板，按捺在泥模外部，采用纵向或横向的分范方法，各范片之间有榫眼对正相接，这样制成的范是钟的外范。

（3）内芯：制成外范后，将泥模表面刮去一层，即成内芯，刮去的厚度就是所铸钟的壁厚。

（4）合范：在内芯外把外范（块范或圈范）组合一起，外面埏泥固定，然后进行浇注。

铸于唐太宗李世民贞观三年（629）的陕西富县宝室寺铜钟，其上318字的铭文，记载着铸造目的和工艺方法，该钟就是采用分块泥范拼合浇铸而成。钟身分4段，共有24块泥范组成，每块泥范之间饰以蔓草加以分隔，自下至上3段共18块泥范，其中8块泥范分别雕有飞天、朱雀、龙、虎、鹤纹等纹饰，并饰以祥云，1块铸有铭文，9块泥范上饰有乳钉和交叉直线。

著名的北京大钟寺明永乐大钟也是用泥范法铸造的。钟体由7层圈范、钟顶由10块外范及整体内芯组成，蒲牢是由约130块泥范组成。钟内外壁为同心正圆体，应是用刮板回转成型。蒲牢预先铸好，与钟体范组装，在钟顶开设浇冒口，然后熔铜浇注。

对北京大钟寺古钟博物馆珍藏的33口梵钟的研究表明：三分之二以上的钟是采用泥范法铸成的[①]。

2. 失蜡法铸钟

失蜡法铸钟的主要步骤：

（1）做一芯模即为内范。

（2）在内范上制蜡模，雕刻花纹，并制出浇注系统。

（3）在蜡模上做外壳。

（4）焙烧加热化去蜡模，留出钟体空腔进行浇注。

失蜡法铸造多用于铸造梵钟上的蒲牢，少数梵钟全部用失蜡法铸成。如北京大钟寺古钟博物馆所藏清乾隆时所铸铜钟，钟表面有22条栩栩如生的飞龙。钟钮是双龙驱体盘扭的复杂形状，是古代失蜡法制作的精品之一。

失蜡法铸钟的关键技术是蜡模材料的配制和壳型面料的选择，以确保蜡模不变形和器物的表面光洁度。

---

① 吴坤仪，梵钟的研究与仿制，见：大钟寺古钟博物馆建馆二十周年纪念文集，北京出版社，2001 年，第220～231页。

3. 搬砂法铸钟[①]

"搬砂法"铸钟的主要工艺：

（1）刨地坑和塑钟实样。

（2）制外型（外范）：做外范之前，要在干透的钟型表面烤上一层蜡，使其光滑，以便卸外模时容易取下。

（3）坑内烘烤、卸外范和拆走钟型。

（4）安装芯骨并制内范。

（5）铸型装配（合范）。

（6）安装浇口、放压铁、进行浇注。

（7）开模整修。

搬沙法所用原材料为型砂、黏土、蜡料、干子土和木炭粉等。型砂是由经过筛选的红砂、白砂、马粪、糖稀按一定比例混制而成；蜡料用于涂铸型表面，起到隔离的作用；黏土用于塑制钟模；用干子土制作浇冒口以承受金属液的冲刷；木炭粉可掺入混合料内，也可作为分型剂。

可以看出三种铸钟方法各有特点，泥范法铸钟生产周期长，泥范透气性不如砂型；失蜡法铸钟，钟表面光洁、无分范块的对接痕迹，但造价高，工序繁琐；搬砂法铸造价格低廉，方法简便、易操作，但钟表面相对粗糙一些。

根据对现存梵钟的考察，梵钟的钟体与钟钮多采用了分铸技术。即先将钟钮或蒲牢铸成，然后嵌入钟体范上。为使钟钮与钟体便于定位合范并提高强度，在钟体内芯上留上2个或4个凹槽（根据钟的大小而定），浇注后钟钮与钟体铸接成一体，在钟项内部形成2个或4个凸块[②]。另外钟钮或蒲牢内嵌以铁骨，提高了强度，满足梵钟长期悬挂及反复撞击的特殊要求，明永乐大钟就是一例实证。部分钟体与钟钮浑铸而成的铜钟，由于钟体沉重，造成蒲牢发生断裂如江苏丹阳的唐代铜钟。

梵钟的浇注多为钟口在下、浇口在上的顶注式系统。根据钟的大小不同，采用的熔铜炉的数量及浇注方式有所不同。明宋应星《天工开物》冶铸卷八记载："凡火铜万钧，非乎足所能使。四面筑炉，四面泥作槽道，其道上口承炉中，下口斜低以就钟鼎入钟孔，槽旁一齐红炭积围。洪炉熔化时，决开槽梗，一齐如水横流，从槽道中注而下，钟鼎成矣。……若千斤以内者，则不须如此劳费，但多捏十数锅炉。炉形如箕，铁条作骨，附泥做就。其下先以铁片圈筒直透作两孔，以受杠穿。其炉垫子土墩之上。各炉一齐鼓鞴熔化，化后以两杠穿炉下，轻者两人，重者数人抬起，倾注模底孔中。甲炉既倾，乙炉疾继之，丙炉又疾继之，其中自然黏合，若相承迁缓，则先入之质欲冻，后者不粘，衅所生也。"[③]

（三）梵钟的材质

梵钟的材质多为锡青铜，含锡量在16％左右，少数梵钟为黄铜铸造。对梵钟的成分分

---

① 温廷宽，几种有关金属工艺的传统技术，文物参考资料，1958，（5）：41～45。

② 吴坤仪，梵钟的研究与仿制，见：大钟寺古钟博物馆建馆二十周年纪念文集，北京出版社，2001年，第220～231页。

③ 明·宋应星，天工开物（冶铸），1636年初刻本，广东人民出版社，1976年，第215页。

析的研究结果见表 11-6-1[①]。

由表 11-6-1 可知，9 件梵钟有 7 件材质是锡青铜的，其中 3 件含锡量为 11%～13.9%，4 件含锡量为 14%～18.4%，都含有少量的铅。序号为 26、27 的 2 件清代铜钟含锌量在 20%以上，材质是黄铜的。

表 11-6-1   梵钟的主要化学成分[*]   （单位：%）

序号	年代	取样部位	铜	锡	铅	锌	总量
1	宋熙宁十年（1077）	钟口沿	82.5	16.8	0.16	<0.00	99.46
		钟上部	77.0	16.2	0.15	同上	93.35
2	元	钟下部	70.0	13.0	0.82	同上	83.82
		钟上部	71.0	13.9	0.86	同上	85.76
5	明成化十七年（1481）	钟内壁	75.6	11.8	0.68	同上	88.08
		钟顶孔边	74.5	12.6	0.90	同上	88.00
7	明正德五年（1510）	钟顶孔边	76.8	18.4	0.08	同上	95.28
19	明万历戊午年（1618）	钟口沿	80.8	17.0	0.04	同上	97.84
		钟上部	同上	15.3	同上	同上	96.14
21	明天启	钟顶孔边	66.0	16.3	0.23	同上	82.53
23	明万历熙三十六年（1679）	钟顶	74.0	11.2	1.10	同上	86.30
		钟口沿	76.4	11.1	1.04	同上	88.54
26	清康熙五十二年（1713）	钟顶	61.5	2.80	0.72	23.1	88.12
27	清乾隆	钟口沿	58.0	2.00	0.58	21.6	82.13
		钟顶孔边	61.0	1.68	同上	25.0	88.26

注：* 原北京钢铁学院（现北京科技大学）中心化验室所做的原子吸收光谱定量分析。有些分析结果的总量偏低是由于取样部位锈蚀严重和沾污杂质过多的缘故。

梵钟的金相组织为铜锡合金铸态组织。基体为 α 固溶体，有（α+δ）共析相。表 11-6-1 内多数钟的含锡量在 14%左右，是铸造铜钟的理想合金。《考工记·六齐》记载 6 种铜合金配比，"六分其金而锡居一，谓之钟鼎之齐"。铜与锡的比例可解释为 5:1 或 6:1，其含锡量为 16.7%或 14%。表 11-6-1 分析结果与"六齐"配比基本接近。

表 11-6-1 所示的其他化学成分，均为含量极微的杂质，其中金和银可能是在铸钟时有意加入的，以显示梵钟的珍贵和增加其神灵的色彩。《天工开物》记载："今北极朝钟，则纯用响铜，每口共费铜四万七千斤、锡四千斤、金五十两、银一百二十两于内"。金占总重

---

① 吴坤仪，明清梵钟的技术分析，自然科学史研究，1988，（3）：288～296。

量的十万分之六，银占总重量的十万分之十五。

生铁也是常见的梵钟材质，但由于其耐腐蚀能力较铜差，且音色不如铜质，所以宋应星在《天工开物》中记载："凡铸钟，高者铜质，下者铁质。"韩战明等对北京大钟寺古钟博物馆珍藏的 26 口铁钟进行了金相组织和成分分析[1]，26 口铁钟绝大部分为白口铁铸成，其结果见表 11－6－2。铁钟均是元代以后制作，多为普通乡村百姓、信士等为寺庙捐铸的。因捐资有限，只能铸铁钟。铁钟为一次整体铸造。

表 11－6－2　部分铁钟样品的化学成分[*]

样品号	名称	年代	C%	Si%	Mn%	S%	P%
ZB0314	河北蔚县铁钟	元代	2.06	0.41	0.011	1.60	0.36
ZB0315	广东肇庆铁钟	明天启七年	3.55	0.075	0.095	0.060	0.21
ZB0324	北京大兴肇庆铁钟	清嘉庆十六年	2.61	0.72	0.028	0.82	0.25
ZB0336	北京房山清代铁钟	清康熙二十年	2.17	0.25	0.037	0.75	0.24
ZB0337	北京丰台宛平铁钟	明天启六年	2.10	0.20	0.028	0.76	0.38
ZB0338	北京密云铁钟	明万历四十六年	2.06	0.88	0.042	1.51	0.40
ZB0343	北京丰台石榴庄铁钟	清乾隆四十年	2.31	0.51	0.018	1.21	0.29
ZB0348	广东封川县铁钟	清嘉庆十六年	3.21	<0.01	0.018	0.060	0.31
ZB0350	湖广安陆府铁钟	清康熙二十九年	2.89	0.15	0.036	0.12	0.43
ZB0353	北京鼓楼铁钟	明永乐年间	2.60	<0.01	0.006	0.018	0.17

注：＊由北京科技大学分析测试中心检测。

第七节　大型金属铸件的铸造技术

一　有关大型金属铸件的文献记载

封建社会后期，由于冶炼技术的提高、金属产量的增加和传统的铸造技术用于大型铸件的制作，出现了许多的大型金属铸件。大型铸件中与宗教有关的艺术品占多数，与佛教在我国的发展有关。

古代的文献中，常见有关于大型金属铸件的记载。如：

隋开皇（约 591）中，河东道晋阳（今山西汾西）地方有个澄空和尚，倾毕生的心血，铸成一个大铁佛像，高 35 米，唐薛用弱在《集异记》中记述"铁像庄严端妙，毫发皆备。"[2]

《新唐书》卷七六中记载有唐代为武则天铸的"大周万国颂德天枢"，用铜铁合铸而成。"其制若柱，度高一百五尺，八面，面别五尺，冶铁象山为之趾……其趾山周百七十尺，度二丈，无虑用铜铁二百万斤。"[3]

---

① 韩战明等，大钟寺馆藏铁钟分析报告，见：大钟寺古钟博物馆建馆二十周年纪念文集，北京出版社，2001 年，第 232～237 页。

② 唐·薛用弱《集异记》。

③ 宋·欧阳修、刘祁，《新唐书·后妃列传》卷七六，中华书局，1975 年，第 3483 页。

《宋史》卷六六记有"绍兴二年，宣州有铁佛像，坐高丈余，自动迭前迭却。"①

大型铸铁器用来修筑桥梁，制作铁牛、铁龟用来镇河，以求防止水患。

《宋史》卷四六二记有"赵州浽河……河中府浮梁，用铁牛八维之。一牛且数万斤。"②

《宋史》卷二九七记载"孔宗翰……知虔州，城滨章、贡两江，岁为水啮，宗翰伐石为址，冶铁固之，由是屹然，诏书褒美。"③

《宋史》卷三〇九记载"谢德权，字士衡……受命修复咸阳浮桥……筑土实岸，聚石为仓，用河中铁牛之制，缆以竹索，縻是无患。"④

《元史》卷二七记载"至治元年十二冶铜五十万斤作寿安山寺佛像。"⑤

《元史》卷六六记载有"至正元年十有一月，……都江又居大江中流，故以铁万六千斤，铸为大龟，贯以铁栓，而镇其源，然后即工诸堰。"⑥

《清文献通考》卷三一六记载：唐开元十二年（724），在蒲津（今山西风陵渡）建筑黄河上的浮桥，"两岸开东西门，各造铁牛四，铁人四。其牛下并铁柱，连腹入地丈余，并前后铁柱十六"。在《方舆汇编·职方典》中有这样的记载："唐开元十二年（724）铸八牛，东西岸各四牛，以铁人策之，其年并铁柱入地丈余，前后铁柱三十六，铁山四，夹岸以为舟梁。"

明代陆容《菽园杂记》记载："凡煎烧之器必有锅盘"。"大盘八、九尺、小者四、五尺，俱用铁铸，大止六片，小则全块。锅有铁铸，宽浅者谓之盘。"⑦

清代屈大均（1630～1696）著《广东新语》记载："五仙观有大禁钟。洪武初，永嘉侯朱亮祖所铸。"⑧ 这些记载在现存的大型金属铸件中得到了证实。

二　现存的大型金属铸件

封建社会后期的大型铸件，除了在各种文献中有所记载以外，在全国各地还保留着许多实物，为研究封建社会后期大型金属铸件的制作技术和当时的社会文化等问题提供了丰富的资料。目前我国现存的大型金属铸件多是隋唐以后铸造的，主要有佛像、塔、殿亭、钟、狮、镬、铁柱、天文仪器等。

我国现存最早的金属塔为广州光孝寺铁塔，制作于公元963年。最早的金属殿堂是建于元大德十一年（1307）的武当山铜殿。最早的铜梵钟铸于唐贞观元年（629），置于陕西富县宝室寺。最高和文字最多的铜钟是北京大钟寺古钟博物馆的明永乐大钟，钟通高675厘米，钟上铸有23万多字；最重的铜钟是北京钟楼的明永乐大钟，重约63吨。河北沧州铁狮铸于五代十国时期后周广顺三年（953），是已知最大的铁狮。

①　元·脱脱等，《宋史》卷六十六，中华书局，1977年，第1457页。

②　元·脱脱等，《宋史》卷四六二，中华书局，1977年，第13519～13520页。

③　元·脱脱等，《宋史》卷二九七，中华书局，1977年，第9885～9886页。

④　元·脱脱等，《宋史》卷三零九，中华书局，1977年，第10165页。

⑤　明·宋濂等，《元史·英宗本纪》，卷二十七，中华书局，1976年，第615页。

⑥　明·宋濂等，《元史》，卷六十六，中华书局，1976年，第1657页。

⑦　明·陆容，《菽园杂记》。

⑧　清·屈大均，《广东新语》卷十六，中华书局，1983年，第434页。

　　根据实地调查和有关资料的初步统计，将唐宋以来部分大型铸件分类列于表11-7-1～表11-7-6中。

表11-7-1 部分现存塔、殿亭的情况

现存地点及名称	制作年代	相关数据/厘米	资料来源
广州光孝寺东、西铁塔	西：南汉大宝六年（963） 东：南汉大定十年（967）	残高310 高769	文物天地，1982，（2）：17～19
广东梅州东山岭千佛塔	南汉大宝八年（965）	高700	中国名胜词典，1986年，第837页
湖北当阳铁塔	北宋嘉祐六年（1061）	高1790	文物，1984，（6）：86～89
江苏镇江北固山甘露寺铁塔	宋元丰年间（1078～1085）	高1300	中国名胜词典，1986年，第323页
山东济宁市济宁铁塔	北宋崇宁四年（1105）	高2380	文物，1987，（2）：94～96
山东聊城铁塔	北宋晚期	高1550	考古，1987，（2）：124～130
四川峨眉伏虎寺铜塔	明正德三年（1508）	高600	四川文物，1988，（2）：59～62
山东泰安市泰安铁塔	明嘉靖十二年（1533）	高1000	中国名胜词典，1986年，第627页
陕西咸阳市千佛铁塔	明万历十八年（1590）	高3300	中国名胜词典，1986年，第1023页
山西五台山显通寺铜塔2座	明万历三十七年（1609）	高800	五台山，1984年，图66、72
陕西府谷县孤山铁塔	明代	高500	中国名胜词典，1986年，第1023页
青海塔尔寺大银塔2座	明代	高1100	塔尔寺，1982年，第5页
湖北均县武当山铜殿	元大德十一年（1307）	高290，宽270， 进深260	文物，1959，（1）：38
湖北均县武当山铜殿	明永乐十四年（1416）	高550，宽582， 进深420	文物，1982，（1）：83～84
云南昆明鸡足山铜殿	明万历三十年（1602）		中国名胜词典，1986年，第968页
山西五台山显通寺铜殿	明万历三十七年（1609）	高500	五台山，1984年，图56
山东泰安泰山铜殿（亭）	明万历四十三年（1615）	宽340， 进深440	中国名胜词典，1986年，第626页
云南昆明鸣凤山铜殿	清康熙十年（1671）	高670，宽620， 进深620	云南文物，1975，（6）
北京颐和园铜亭	清乾隆二十年（1755）	高755	文物，1978，（5）：69

表11-7-2 现存部分佛像、塑像的情况

现存地点及名称	制作年代	相关数据/厘米，公斤	资料来源
山西蒲津渡铁人4尊	唐开元十二年（724）	高175	考古与文物，1991，（1）：52～55
山西五台山金阁寺观音铜像	唐大历五年（770）	高1700	中国名胜词典，1986年，第148页
山西临汾铁佛寺铁佛头	唐代	高600 重10000	山西科技史，2002年，第200页
河北正定县铜佛	宋开宝三年（971）	高2200 重76000	文物，1979，（1）：92～94
四川峨眉山圣寿万年寺铜铁佛像	北宋太平兴国五年（980）	高730 重62000	文物，1981，（3）：94～95

现存地点及名称	制作年代	相关数据/厘米，公斤	资料来源
浙江湖州市铁佛寺铁观音	北宋乾兴年间（1022）	高 200	中国名胜词典，1986 年，第 393 页
河南登封县中岳庙铁人 4 尊	北宋治平元年（1064）	高 300	中原文物，1982，（4）：68～72
福建福州市开元寺铁佛	北宋元丰六年（1083）	高 530	中国名胜词典，1986 年，第 469～470 页
山西太原晋祠铁人 3 尊	宋元祐四年（1089） 宋绍圣四年（1079） 宋绍圣五年（1098）	高 200	山西文物，1982，（2）：38～41
陕西富平县铁佛像	金大定二十一年（1181）	高 564	考古与文物，1988，（2）：112
北京卧佛寺铜卧佛	元至治元年（1321）	身长 500 重 54000	北京史，1999 年，第 154 页
山西交城县天宁寺铁佛 3 尊	元代	高 600	中国名胜词典，1986 年，第 164 页
甘肃兰州五泉山崇庆寺铜佛像	明洪武三年（1370）	高 500	中国名胜词典，1986 年，第 1050 页
浙江天台山国清寺释迦牟尼铜像	明代	高 680 重 13000	中国名胜词典，1986 年，第 404 页
广州六榕寺铜佛 4 尊	清康熙二年（1663）	3 尊高 600 重 10000 1 尊高 400 重 5000	中国名胜词典，1986 年，第 798 页
西藏拉萨扎什伦布寺强巴大佛	1914	高 2240	文物，1981，（11）：87～89

表 11-7-3　部分现存狮、牛情况

现存地点及名称	制作年代	相关数据/厘米，公斤	资料来源
山西蒲津渡铁牛 4 尊	唐开元十二年（724）	身长 330	考古与文物，1991，（1）：52～55
河北沧州铁狮	五代后周广顺三年（953）	高 530，身长 650，宽 300，重 40000	文物，1984，（6）：81～85
山西太原晋祠铁狮 1 对	北宋政和八年（1118）		山西文物，1982，（2）：38～41
河南嵩山中岳庙铁狮 2 对	1）金正大二年（1225） 2）明代	均高 100	中原文物，1982，（4）：68～72
湖南茶陵县城关镇铁犀	宋代		中国名胜词典，1986 年，第 770 页
河南桐柏淮渎庙铁狮 1 对	元天历二年（1329）	左高 135 右高 121	文物，1964，（11）：51
山西太原崇善寺铁狮 1 对	明洪武年间（1368～1398）		中国名胜词典，1986 年，第 132 页
河南开封铁犀	明正统十一年（1446）	高 200	中国名胜词典，1986 年，第 658 页
西安陕西博物馆铜狮 1 对	明嘉靖年间（1522～1566）		中国名胜词典，1986 年，第 1010 页
北京故宫铜狮 6 对	明代 3 对 清代 3 对		故宫博物院院刊，1980，（2）：93

表 11-7-4　部分现存大型梵钟的情况

现存地点及名称	制作年代	主要尺寸/厘米		重量/公斤	资料来源
		高	口径		
江苏丹阳铜钟	唐僖宗中和三年（883）	214	141	3012	自测
甘肃武威大云寺铜钟	唐	240	145	4000	自测
江西南昌佑民寺铜钟	南唐乾德五年（967）	233	157	5024	中国名胜词典，1986 年，第 528 页
沈阳故宫铜钟	金天德三年（1151）	210	124	3000	故宫博物院院刊，1981，（2）：91～96
北京大钟寺铜钟	元代	213	130	2048	自然科学史研究，1988，（3）：288～296
安徽凤阳钟楼铜钟	明洪武八年（1375）	555	350	32500	大钟寺古钟博物馆建馆二十周年纪念文集，2001 年，第 145 页
江苏南京大钟亭铜钟	明武洪二十一年（1388）	427	230	23000	中国名胜词典，1986 年，第 288 页
北京大钟寺铜钟	明永乐年间	675	330	46500	自然科学史研究，1988，（3）：288～296
北京大钟寺铁钟	明永乐年间	348	241	24000	自然科学史研究，1988，（3）：288～296
四川平武报恩寺铁钟	明正统十一年（1446）	220	155		四川文物，1986，（3）：19
四川峨眉山报国寺铜钟	明嘉靖十二年（1534）	230	200	12500	四川文物，1986，（3）：49
北京大钟寺铜钟	清乾隆年间	254	157	3108	自然科学史研究，1988，（3）288～296

表 11-7-5　部分现存柱、镬等大型金属铸件的情况

现存地点及名称	制作年代	相关数据/厘米，公斤	资料来源
湖南岳阳市西门外铁枷（3 个）	晋代	全长 260，厚 34，重 7500	中国名胜词典，1986 年，第 766 页
湖北当阳玉泉寺大铁镬	隋大业十一年（615）	通高 87.5，口径 157，腹深 60	文物，1981，（6）：86
山西蒲津渡铁柱（5 根）	唐开元十二年（724）	直径 40，长 300，重 8800	韩汝玢研究报告
云南弥渡 "南诏铁柱"	南诏建极十三年（872）	高 330	文物，1982（6）：74
湖南常德乾明寺唐代铁幢	唐代	高 500	文物参考资料，1958（1）：83～84
湖南衡山县南岳大庙大铁盆	五代	直径 140 高 70	文物，1960（3）：83
甘肃兰州 "兰州铁柱"	明洪武五年（1372）明江武九年（1376）	高 630，直径 59.5 高 480，直径 55	文物，1959（3）：72
河南潢川南城铁旗杆（2 根）	清嘉庆十四年（1809）	高 2000	中国名胜词典，1986 年，第 694 页
青海塔尔寺大厨房铜锅（5 口）	清嘉庆十五年以后（1810）	口径 165～260 深 90～130	中国名胜词典，1986 年，第 84 页
江苏南通市南通博物馆藏盘铁	清代以前	长大于 100，厚 10，每块重 400～500	文物，1997（1）：90

表 11 - 7 - 6　部分现存大型天文仪器的情况

仪器名称	制作年代	主要尺寸/毫米			重量/公斤	资料来源
		长	宽	高		
浑仪	1437～1442	2452	2458	3220	10 030	东南文化，1994 (6)：97～111
简仪	1437～1442	4396	2921	2202	14 000	
天体仪	1669～1673	2660	2660	2628	3850	文物，1983 (8)：50～51
赤道经纬仪	1669～1673	2300	1777	3200	2720	
黄道经纬仪	1669～1673	2300	1767	3340	2752	
地平经仪	1669～1673	2570	2570	3185	1811	
象限仪（地平纬仪）	1669～1673	2200	4630	3630	2483	
地平经纬仪	1713～1715	1842	4670	4115	7368	
玑衡抚辰仪	1744～1754	2160	3690	3360	5145	

注：①浑仪、简仪现存南京紫金山天文台，其他仪器现存北京古观象台。

②尺寸的长指南北长度，宽指东西宽度，高指垂直高度（不包括石座）。

隋唐以来的大型铸件中，还有一种铸件就是铁炮，在许多的博物馆中均能见到。如：中国历史博物馆藏明天启二年（1622）铸造的长 300 厘米、口径 12.5 厘米、重 2700 公斤铁炮；崇祯十二年（1639）铸造的残长 80 厘米、口径 11 厘米的铁炮。首都博物馆、北京八达岭长城、北京德胜门箭楼均藏有大型铁炮①。旅顺博物馆和旅顺海军兵器馆均藏有大清道光二十一年（1842）铸造的大型铁炮，其中一尊炮身通长 450 厘米，炮口外径 44 厘米，内径 20 厘米，尾座径 57 厘米，是大连地区现存最大的一尊铁炮②。在广东省虎门海口东侧沙角山的沙角炮台现存有一尊清道光十五年（1835）佛山铸造的大铁炮，重约 3000 公斤。

由以上统计资料可以看出现存大型金属铸件具有以下特点：

（1）多数大型铸件是用传统的泥范法铸造而成，泥范拼缝明显，并可数出由多少块陶范组成，如河南登封中岳庙铁人。中岳庙位于嵩山南麓的太室山脚下，是中岳嵩山的山庙。它是五岳之中保存较好的一座庙宇，是河南省最大的古代建筑群之一。中岳庙铁人有 4 个，立于古神库四角，于宋英宗治平元年（1064）铸造，高约 300 厘米，武士风度，气宇威严，通称"守库铁人"（图 11 - 7 - 1）③。山西永济唐代铁牛、铁人身上遗留的范缝亦很明显。陕西富平县觅子乡南张村金代铸铁佛像高 564 厘米，从造像陶范接合处观察是用 120 多块陶范拼合而成④。

（2）大型铸件上多铸有铭文，记载明确的制作年代，或记载捐资人、工匠姓名等，湖北当阳玉泉寺有一大铁镬，现置于寺内大雄宝殿前的地上，保存基本完好，原为玉泉寺"镇山八宝"之一。在铁镬腹上 2 道弦纹间有铭文 44 字："隋大业十一年岁次乙亥十一月十八日当阳县治下李慧达建造镬一口用铁今秤三千斤永充玉泉道场供养"。表明此铁镬是公元 615 年

---

① 成东，明代后期有铭文火炮概述，文物，1993，(4)：82。

② 许明纲，大连地区现存铜火统和铁炮述略，辽海文物学刊，1996，(2)：144、145。

③ 王雪宝，中岳庙，中原文物，1982，(4)：68～72。

④ 刘耀秦，陕西富平县发现金代铁铸佛像，考古与文物，1988，(2)：112。

铸造的[1]。陕西富平县觅子乡南张村铸铁佛像头梳低平髻，额上挽结花环，镶嵌宝珠，白毫相。面相方圆，启辰明齿，隆鼻宽颌。在莲台座和袈裟前衿底部铸有铭文："大定二十一年二月二十日"，"五日竣工，塑工雷冲，金火匠郑忠"和"朝列大夫行富平县令弘农县开国男食邑三百户赐紫金鱼袋杨思聪"。"大定"为金世宗完颜雍的年号，大定二十一年为1181年，距今已800余年[2]。由铭文可以看出，从制范、组芯、到铸成铁佛经"五日竣工"，可见铸造时间之短。旅顺博物馆藏清道光二十一年铸铁炮，在炮身前端外表铸有铭文和年号。铭文的内容包括承铸大臣、监造官、匠役姓名[3]。峨眉山报国寺的"圣积晚钟"是明代嘉靖十二年（1534）湖广僧人别传禅师募资铸造。铜钟表里刻字61 600个。其内容是自晋以后的几个帝王和高僧的名讳，从晋代起至明代嘉靖时的同峨眉山有关的部分文武官员的名字。大量的是出资捐铸铜钟的善男信女的名号。特别值得注意的是铭文中的《洪钟疏》，此疏是当时翰林院编修、遂宁杨初南所撰，它表明了僧人铸钟的良苦用心："朝扣见真如，暮扣群魔散。弗扣亦弗鸣，堕落诸恶都。惟此大困缘，众功始克迁……"[4]

图 11-7-1 河南嵩山中岳庙铁人
（选自：中原文物，1982年4期，王雪宝文）

（3）根据大型铸件的不同用途，选择使用的材质不同。如梵钟多为青铜铸造。天文仪器中简仪的全部构件和浑仪的支承件是用铅锡青铜铸造，浑仪的测量件和其他天文仪器是用铅锌黄铜铸造。现存所有殿亭均为铜制品。同为铸铁的大型铸件其材质可细分为白口铁、灰口铁、麻口铁（图11-7-2）。铁钟多由白口铁铸成，如北京大钟寺古钟博物馆现存26口铁钟的鉴定表明均为白口铁铸成[5]。河北沧州铁狮样品的金相组织鉴定表明其材质为灰口铁。对河南省桐柏淮渎庙铁狮进行了化学成分和金相组织的鉴定，化学成分为：碳4.19%，硅0.14%，锰0.08%，硫0.05%，磷0.11%，为木炭所炼生铁，金相组织鉴定为白口铁[6]。

① 周天裕，湖北当阳玉泉寺隋代大铁镬，文物，1981，（6）：86。
② 刘耀秦，陕西富平县发现金代铁铸佛像．考古与文物，1988，（2）：112。
③ 许明纲，大连地区现存铜火统和铁炮述略，辽海文物学刊，1996，（2）：144～145。
④ 骆坤琪，峨眉山圣积晚钟，四川文物，1986（3）：49～50。
⑤ 韩战明、陈建立等，大钟寺馆藏铁钟分析报告，见：大钟寺古钟博物馆建馆二十周年纪念文集，北京出版社，2001年，第234～235页。
⑥ 华觉明，中国古代金属技术，大象出版社，1999年，第525页。

图 11-7-2　大型铁铸件的金相组织

左：镇江甘露寺铁塔样品的金相组织

右：镇江博物馆藏太平天国铁炮样品的金相组织

　　（4）大型铸件的制作有官方制作和民间集资捐铸两种。湖北武当山金殿、北京颐和园铜亭、北京大钟寺古钟博物馆永乐大钟、北京故宫铜狮等均为官方制作，有官方文献记载。广州光孝寺西铁塔、湖北当阳铁塔是民间人士集资捐铸，梵钟和佛像由民间集资捐铸的比例很高。明末时出现了民间人士捐铸的铁炮，山西博物馆藏崇祯十一年（1638）铸造的铁炮，其铭文内容表明是捐资铸造的。捐铸的目的是为了抗击清兵入关①。

　　（5）大型铸件的制作多与宗教特别是佛教有关。大型铸件中的塑像、梵钟、佛塔等是宗教用品，它们的存放地多为寺院、庙宇。如山西临汾大云寺，因寺内宝塔内一个大的铸铁佛首俗称铁佛寺。铁佛首高约6米、直径5米、重达10吨。佛首眉目端庄，应属唐代典型风格②。北京大钟寺古钟博物馆所藏华严钟（俗称永乐大钟）就是佛钟，钟身内外铸有23万字的佛教经咒。遇盛事、节日而鸣响，钟上的佛经铭文带有"劝人为善"、"化民"、"安民"的思想内容，钟声振聋发聩，摄人心魄③。

　　（6）大型铸件用于镇恶龙、镇水、防止水患，宣扬封建迷信思想。山西太原晋祠金人台四隅有4尊铸铁人，亦称铁太尉。其中3尊为北宋年间（1089、1097、1098）铸成（图11-7-3），高300厘米。据《太原县志》记载，晋祠为晋水源头，故镇以金神，以防水患④。湖南茶陵县城关镇洣江河畔有一宋代铁犀，据《茶陵县志》载："南浦犀亭在州城南，宋县令刘子迈

　　①　成东，明代后期有铭文火炮概述，文物，1993，（4）：82。

　　②　温泽先、敦贵春，山西科技史（上），山西科学技术出版社，2002年，第200页。

　　③　于戥，永乐大钟三辨，见：大钟寺古钟博物馆建馆二十周年纪念文集，北京出版社，2001年，第141～154页。

　　④　云山，晋祠，山西文物，1982，（2）：38～41。

固江水荡决南城，铸铁犀，重数千斤，置岸侧压之，……"①。河南开封市东北郊铁牛村有镇河铁犀庙，庙中铁犀高 200 厘米左右，背上铸有阳文："百炼玄金，熔为真液，变幻灵犀，雄威赫奕。填御堤防，波涛永息，安如太山，固如磐石。水怪潜行，……风调雨顺，男耕女织，四时循守，百神效职。"此铁犀是巡抚于谦于明正统十一年（1446）所铸，因当时屡遭河患，铸此镇物以降水害②。

图 11 - 7 - 3　山西晋祠铁人
（选自：温泽先编，山西科技史，2002 年，图版二九）

三　大型铸件铸造技术的研究

大型铸件的出现和数量与当时封建社会的政治经济状况有关：一是与盛行的宗教信仰有关，二是与当时政府放松民营坑冶政策有关。自唐末开始允许有较大规模的民营坑冶，宋代民营坑冶有了进一步的发展。到明洪武时期，明太祖"诏罢种处铁冶，全民得自采炼，而岁给课程，每三十分取其二"。政策的放松，使得民间捐款集资较易得到金属材料用以铸造大型铸件。

大型铸件的出现和数量与金属采冶和铸造技术的发展有关，如北宋初年，采冶处共 201个，到北宋中期发展到 271 个。同时炼铁炉炉型、燃料、鼓风设备的技术改进和革新，使铸铁产量有了大幅度增长，满足了制作大型铁铸件的用铁需求。

对现存大型铸件铸造技术的研究表明，自唐以后，铸造大型铸件的技术条件已经成熟，

---

①　文化部文物局，中国名胜词典，上海辞书出版社，1986 年，第 770 页。
②　文化部文物局，中国名胜词典，上海辞书出版社，1986 年，第 658 页。

并对不同类型的铸件分别采用了不同的铸造方法。主要有：①地坑造型，合范后整体浇注，如永乐大钟、永济蒲津渡铁牛等。②分铸组装如湖北当阳铁塔、山东聊城北宋铁塔、武当山金殿、浑仪、简仪等。③铸接，如河北正定铜佛、沧州铁狮等。

1. 山西永济蒲津渡遗址铁器群的铸造技术①

蒲津渡遗址位于山西省永济县蒲津城西门外 15 公里处。蒲津渡系古代黄河三大渡口之一，是古都长安连接燕、赵、塞北的咽喉要道。1988 年永济文物部门将黄河古道东岸的铁牛、铁人、铁山等全部发掘出土。1991 年以山西省文物考古研究所为主的相关部门对蒲津渡遗址进行了科学发掘。

根据现场观察，山西永济蒲津渡遗址铁器群（图 11 - 7 - 4）的铸造是使用传统的泥范法进行的。唐开元十二年（724）用生铁铸造铁牛是为维系蒲津渡口的浮桥。

图 11 - 7 - 4　蒲津渡遗址铁器群

铁牛长约 300 厘米、高 140 厘米左右，重约 17.5～20.6 吨，若加上牛下铁柱（直径 40 厘米、长 300 厘米，6 根）则重量达到 35～38 吨。牵牛铁人高为 160～180 厘米，重约 1200～2160 公斤。对铁器群的材质组织和成分的研究表明：铁牛、铁柱是由低硅灰口铁铸成，这是迄今为止年代最早的用低硅灰口铁制作大型铸件的实例。

泥范法是古代传统的铸造方法之一，积累了非常丰富的实践经验，铁牛就是采用原地挖坑造型、浑铸而成，铸后不再移动。而牛后轴、铁牛底板下铁柱是预先铸成斜插于地下准备铸造铁牛的位置上，与铁牛铸接起地锚作用。

推测工艺是：先制作牛的泥模，包括底板、牛腰下山等部分，将已铸好的 6 根柱包含其下。待泥模阴干后，作外范，将牛身、牛头、牛背等分割成若干外范块。2 号铁牛背部从头顶到牛尾由 5 块外范组成，而牛腹部由于锈层太厚，尚不能辨认外范的设置情况。外范块分

① 韩汝玢，山西永济蒲津渡遗址铁器群保护课题研究工作阶段总结，待发表。

割时，要做好每块外范的定位装置。将泥模削减 170～220 毫米，得到牛的内芯。合外范，将预先铸好的后轴放置在预定位置并固定。设立浇冒口。合范后在整体范的四周要采取加固措施，一般是填土紧实。待熔炉中生铁熔化、温度适宜时即可浇注，由于每只牛重约 17.5～20.6 吨，所以有可能是在范坑四周筑炉，用泥作槽道，倾注而下。

铁牛的浇注系统采用的是顶注式浇注系统，浇口、冒口设在牛头顶部、颈部、背部等，每牛位置不同。如 3 号牛浇冒口设在牛头顶颈部，4 号牛在头顶、颈部与背部之间最高处设有浇冒口，浇冒口直径为 9～10 厘米。

铁人亦是用泥范法浇注而成，其浇口设在铁人头顶处。铁人头部和身体均可见明显的合范缝，但由于锈蚀严重，外范数目辨认不清。

铁牛牛后轴和五根铁柱内均有泥内芯。后轴直径 50 厘米，长 230～235 厘米，轴壁厚 20 厘米，内芯直径约 10 厘米。铁柱直径 40 厘米，长 300 厘米，铁柱壁厚约 8.7 厘米。

山西永济蒲津渡遗址铁器群的制作与当时社会政治、经济形势发展的需要密切相关，同时表明山西铁矿资源丰富，冶铁技术进一步发展，铸造技术更加成熟。唐代将铸铁用于修建浮桥作为首例，至今令人惊叹不已。

2. 河北沧州铁狮的铸造技术

沧州铁狮（图 11-7-5）现存河北沧州市东南 20 公里的开元寺旧址内，铸造于后周广顺三年（953）。铁狮身高 540 厘米、长 530 厘米、宽 300 厘米，重约 40 吨。《沧县县志》（光绪年间修）卷十六对铁狮的铸造年代，历年遭受破损的经过，言之颇详。

图 11-7-5　河北沧州铁狮

从铁狮的外形观察，铁狮外部通体有纵横的铸造披缝。从狮足至背部共分 15 段、用范 344 块，莲花盆及盆座共 6 段、用范 65 块，合计用范 409 块。铸范有多种尺寸，大小不一。每段之间利用圆头钉和铁条作为芯撑支撑和固定外范。铁狮内芯是一整体泥狮。铁狮是采用范铸法造型、开放式和明注式浇注系统，自下而上逐段铸接而成。由于铁狮身高体重，浇注是采用群炉浇注的方法[1][2]。对铁狮样品的金相鉴定表明铁狮是大型灰口铁铸件。

3. 湖北当阳铁塔的铸造技术

湖北当阳铁塔又名玉泉铁塔,坐落在湖北当阳县城西 15 公里玉泉寺的山门外。此塔建于北宋嘉祐六年 (1061),13 层,高 1790 厘米。据塔身铭文所记:塔系当阳县玉泉乡山口村佛教徒郝言及其姨母"舍铁"七万六千六百斤铸就。

铁塔形制为仿木结构八角楼阁式,外为铁壳,内为砖衬,塔心中空。塔由基座、塔身和塔顶构成。

经考察,铁塔建造时先以范铸法铸成分段构件,然后逐层选塔,构件之间的缝隙以铁片垫实。从基座到塔刹共有 44 块构件。原铁塔刹已毁损,清道光乙未年 (1835) 改为铜质。

对塔的基座及塔身第一层的构件逐件进行考察,发现在构件的 8 个面的隅角都有范缝存在。可推断构件是采用拼范法铸成的,内、外范之间的间距即为铁壳的厚度。为了将内外范的位置固定,防止浇注的铁水将范冲开,必须设置底范并加盖顶范。据构件上留下的痕迹判断,浇口是设在中间部位而不是设在隅角处,使范块的拼合处不受到铁水的冲击,保证铸件几何形状的规整。

对铁塔样品的化学成分及金相组织鉴定表明:塔身铁壳为麻口铁,含磷量较高 (0.28% 左右)、含硫量低 (0.022%~0.036%)。铁塔构件之间垫片为白口铁或灰口铁,表明垫片是利用废料制成的[3]。

广州光孝寺的铁塔是仿木结构四方塔形,铸于大宝十年 (967)。塔由石砌基座、铁方座、莲座、7 层塔身和塔刹构成,总高 770 厘米。经华觉明等实地考察,每层塔身分为塔檐和塔体两节,连同塔座、莲座、塔刹共由整体铸造的 17 件构件逐层叠装而成。为保证组装牢固,塔身各构件相接处有凹凸相间的定位结构[4]。

山东聊城的北宋铁塔为八角十三级楼阁式,全塔现存高度 1550 厘米。塔身采用铁仿木建造,分层铸造,逐层选装,铁壳中空,厚度 6~10 厘米。现铁塔外部留有明显的范块拼接痕迹[5]。

山东济宁铁塔是北宋崇宁乙酉年 (1105) 建造,明万历九年 (1581) 增建塔身 2 级和鎏金塔刹。济宁铁塔亦为八角九级楼阁式,亦为铁壳砖心[6]。

以上各铁塔的铸造技术是相似的,这些铁塔的铸造,反映了当时生铁产量及冶铁技术的水平,并且广泛应用。

4. 正定铜佛的铸造技术[7][8][9]

正定大佛为北宋铜铸佛教造像,现存河北正定县隆兴寺大悲阁内。大佛总高 2200 厘米,佛像高 2000 厘米,佛身用青铜铸成,是仅次于西藏日喀则扎什伦布寺未来佛 (2240 厘米高) 的第二大铜佛。佛像比例均称,造型端庄,头戴五佛花冠,有手臂 42 只,因此又称千

① 吴坤仪等,沧州铁狮的铸造工艺,文物,1984,(6):81~85。
② 凌业勤等,中国古代传统铸造技术,科学技术文献出版社,1987 年,第 428~431 页。
③ 孙淑云,当阳铁塔铸造工艺的考察,文物,1984,(6):86~89。
④ 华觉明,中国古代金属技术,大象出版社,1999 年,第 525~526 页。
⑤ 山东聊城地区博物馆,山东聊城北宋铁塔,考古,1987,(2):124~130。
⑥ 夏忠润,济宁铁塔发现一批文物,文物,1987,(2):94。
⑦ 程纪中,隆兴寺,文物,1979,(1):92~94。
⑧ 苗悦,北宋铜铸大悲菩萨,球铁,1981,(4):封三,45。
⑨ 华觉明,中国古代金属技术,大象出版社,1999 年,第 530 页。

手千眼观音。

据宋碑《真正府龙兴寺铸金铜菩萨并盖大悲阁序》记载，参加此项工程的有各节度军册工役3000人，系"开宝四年七月二十日下来……掘地并刃基，至于黄泉，用一重礓砾，一重土石，一重石炭，一重土，至于地平。留六尺深海子，自方四十尺。海子内栽七条熟铁柱，每柱由七条铁筒合就，上面用铁鉏，七条铁柱皆如此。海子内生铁铸满六尺，用大木于铁柱于胎土上塑立大悲菩萨形象。"在泥像上分段制外型，将制好的外型取下，刮制泥芯。然后分段组装外型，分段浇注。佛像自下至上分7段铸造而成。第1段先铸莲花台座，第2段铸至脚膝，第3段铸至脐轮，第4段铸至胸臆，第5段铸至腑下，第6段铸至肩膊，第7段铸至头顶。所有42臂均是铸铜筒子，然后雕木为手，外贴金箔。铜臂在清乾隆年间损坏，改成木臂。华觉明等人现场考察发现，足与座、足与膝间接痕明显，足与身相接处有后者叠压于前者的铸痕，其考察结果证实了碑文的记载。另外佛首插有许多铁钉，系作芯撑用，铸后将露出部分凿去。

同为大型佛像的四川峨眉山圣寿万年寺的白象莲座普贤铜像采用了与正定铜像不同的铸造工艺。整座佛像，通高740厘米，素色白像高333厘米，身宽230厘米。像背安贴金莲花宝座，高142厘米，直径260厘米，由四层莲瓣组成。莲座上为贴金普贤菩萨像，高265厘米，双膝盘从，头戴双层金冠，金冠直径108厘米。是北宋太平兴国五年（980）在成都铸造、运至峨眉山万年寺进行组装的，这是与峨眉山万年寺的地理位置有关，古刹万年寺坐落在海拔3099米的峨眉山的半山腰（海拔1020米）中，若将大量的金属材料、燃料运上山颇费周折，而将整座佛像分拆成铜佛、莲花座、像座及四只莲花踏脚，分别铸出，运至山上组装相对容易。由于组装后整座佛像都用油漆进行了修饰，已不能辨认出连接处的痕迹[①]。

中型造像如晋祠铁人、中岳庙铁人均是采用泥范法浑铸而成，而不必采用分段铸造或分铸组装的方法。

5. 天文仪器的铸造技术[②][③]

现存的古代大型天文仪器不多，仅有南京紫金山天文台的明代浑仪、简仪、圭表以及北京古观象台的8件清代大型天文仪器。天文仪器一般由支承部分和观测部分组成，这两部分对铸造技术的要求是不同的，而且有时还选用了不同的金属材料。

浑仪是明正统二年（1430）奏言制造的。总高3220毫米，基座（水跌）2458毫米×2452毫米，总量10030公斤。浑仪的结构可分为观测和支承两大部分。观测部分由六合仪、三辰仪、四游仪三重结构组成；支承部分由鳌云柱、龙柱、基座、4座云山组成；共30多个构件。

浑仪的鳌云柱、龙柱是以铁骨为芯、失蜡法制成的铸件，其材质为铅锡青铜。六合仪、三辰仪的测量环用泥范法铸造的可能性最大。在制作圆环的木模时要充分考虑金属凝固时的体收缩和线收缩，木模的尺寸要留有余量。测量环是选用铅锌黄铜铸造的，这是针对不同构件的形状特点、不同用途而有目的选择，充分利用了铅锡青铜、铅锌黄铜不同的铸造和加工性能。

简仪是明代仿制的，从明正统二年（1437）开始仿制木样到正统七年（1442）铸成。简

①　李显文，峨眉山圣寿万年寺铜铸佛像，文物，1981，（3）：94～95。

②　吴坤仪等，浑仪、简仪制作技术的研究，东南文化，1994，（6）：97～111。

③　李秀辉等，浑仪、简仪合金成分及材质的研究，文物，1994，（10）：76～83。

仪总高 2202 毫米，基座长 4396 毫米、宽 2971 毫米，总重 14 吨。简仪以长方形的铜铸框架为基座，框架的四角和中梁部位有 4 条龙柱和 4 条云柱为支承件，地平经纬仪和赤道经纬仪构成了简仪的测量部分。支承件如龙柱、云柱，镂空纹饰造型复杂，但精确度要求不高，它们是以铁骨为芯、用失蜡法选用铅锡青铜铸造而成（图 11-7-6），由于器型较大，制作较困难。测量部分中心圆环用泥范法或失蜡法均可，考虑圆环直径较大、蜡模易变形等因素，选用泥范法可能性更大一些。它们也是选用铅锡青铜铸造的。这与浑仪测量构件是用铅锌黄铜铸造是不同的。

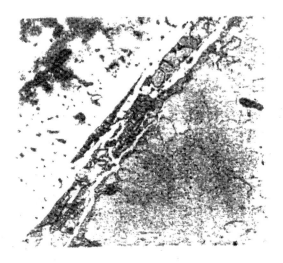

图 11-7-6 简仪龙柱铜铁接合处的金相组织

左上为铜合金组织：α 固溶体树枝状晶偏析明显，

有（α+δ）共析体存在，铅呈枝状、团块状分布，

有较多的硫化物夹杂与铅共存

右下为铁的金相组织：较粗大的铁素体组织，含碳量很低，基本没有夹杂

浑仪、简仪各构件铸造完成后均需要加工和装配、调校后方能使用。

北京古观象台现存 8 件清代大型天文仪器，均选用黄铜铸成，个别构件含有 2.2%～3.5% 锡是由于使用了废旧铜料的原因。

清人著《仪象考成》提出了制作天文仪器的 10 条守则："铜质宜精、型制宜工、链磨宜平、取心宜正、轻重宜审、界度宜均、两径合度、合结均齐、三重同心、安置方正。"[1]

南怀仁在《灵台仪象志》"新仪坚固之理"节中记有："凡铜铸仪，其座架并方圆各形之柱、梁等，先天不用蜡而作大小各式样。"[2] 另外《灵台仪象志》中还记载了圆环铸成后的加工方法和加工后的检测方法。

---

① 伊世同，《仪象考成》提要，引自：中国科学典籍通汇·天文学（七），薄树人主编，河南教育出版社，1998 年，第 1339～1342 页。

② 清·南怀仁，灵台仪象志，引自《古今图书集成·历象汇编》卷九零，中华书局影印本。

第十二章　金属合金的发展

前面在第三章中已经对早期黄铜和砷铜的出现做了介绍，本章从黄铜、砷铜、镍白铜发展历史加以阐述，可以看出铜合金技术发展脉络。早期黄铜和砷铜合金是冶金技术发展初期阶段得到的产物，冶炼原料为铜的共生或混合矿，冶炼条件较原始。汉代以后随着炼丹术的兴盛，黄铜、砷铜合金往往是炼丹术士"点化"而得。到明代金属锌冶炼成功后，黄铜才开始由单质铜、锌配制。镍白铜则到清代才大量生产。金汞合金作为鎏金原料在春秋战国时期鎏金器上就使用了，但一直没找到金汞合金实物。1994 年发掘的四川绵阳西汉墓，出土了 1 件银白色膏状金属，经分析检测为金汞合金。这不仅在中国，而且是世界上最早的 1 件金汞合金实物。对古籍中"连"、"镴"、"钔"等与金属或合金有关字的含意，曾有一些学者进行过考证，各有高见。但由于至今没发现带有这几个文字的实物存在，故不能对它们的性质作出定论。本章在综合前人观点基础上，作进一步探讨。

第一节　黄铜合金技术

黄铜，铜和锌的合金，是现代重要的合金材料之一。黄铜在中国出现的很早，具有悠久的历史。

黄铜器在第三章中已经论及，目前考古发现的最早黄铜器有 3 件，含锌都在 20％以上，除黄铜笄为锻造成形外，其余 2 件都是铸造的，组织不均匀，成分偏析较大，并含有铁、铅、锡、硫等杂质。具有早期铜器的特征。

模拟实验和冶金物理化学研究结果表明早期黄铜器是古人炼铜初始阶段，在原始冶炼条件下偶然得到的产物。随着冶金实践的进行，对矿石识别能力提高，对金属性能的认识不断深入，以及炉温、还原气氛的增高，冶金逐渐进入有意识冶炼红铜、青铜的阶段。中国出土的这 3 件黄铜器，是目前世界上最早的黄铜制品。

一　鍮石的西来

鍮石曾是中国古代对黄铜的一种称呼，最早出自东汉末至三国时翻译的佛经中。鍮石由于其似金的色泽，在西域佛教国家中经常用于制作佛像、香炉等。东汉以后，随着佛教传入中国，鍮石也由西域引入，贵与金银并列。晋·王嘉《拾遗记》记载：后赵武帝石虎（公元4 世纪前叶）"又为四时浴室，用鍮石、斌珷为堤岸，或以琥珀为瓶杓。"东晋炼丹家葛洪《西京杂记》卷二记有：武帝时（公元 4 世纪后半叶）"……后得贰师天马，帝以玫瑰石为鞍，镂以金、银、鍮石"。到公元 6 世纪，鍮石已经为民间所用，南朝梁人宗懔《荆楚岁时记》中记载："七月七日，是夕妇人结绛（彩）缕，穿七孔针，或以金、银、鍮石为针，陈瓜果于庭中以乞巧"。唐代鍮石用于官服的装饰，作为等级的标志。《唐书·舆服志》记载："八品、九品服用青，饰以鍮石"。

据周卫荣对中国黄铜技术的系统研究[①]，在相当长的时期内鍮石是中西贸易的主要西来品。吐鲁番出土文书中有不少关于鍮石交易的记载。鍮石还是隋唐时期西域国家进献中国的重要贡品。在古代丝绸之路上，考古发现的鍮石制品目前有 8 件，新疆罗布泊西侧尉犁县营盘汉晋时期墓地发现 3 件[②]（图 12-1-1），青海都兰 8～9 世纪吐蕃墓葬出土 5 件[③]。分析检验结果表明这几件鍮石器物为含锌 17%～30% 的黄铜，其中还含 3%～9% 的铅以及杂质铁，有的还有少量银和锑，可认为鍮石的冶炼原料不是用纯净的金属铜和锌，应是金属铜与锌矿合炼。菱锌矿俗名炉甘石（$ZnCO_3$）是最常见的锌矿。有人曾对收集到的某种炉甘石进行过分析[④]，其成分除 CO_2 和 H_2O 外，含有 ZnO 29.17%、SiO_2 1.69%、Fe_2O_3 12.57%、CaO 12.5%、MgO 1.2%。

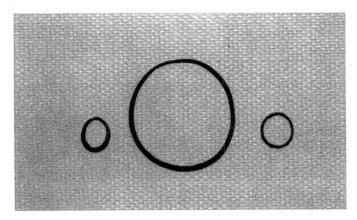

图 12-1-1　新疆营盘汉晋墓地出土的铜耳环、手镯、指环

二　黄铜的冶炼

黄铜的冶炼在中国大约经历了两个阶段，首先用铜和炉甘石炼制黄铜，最早记载于五代末至宋初（公元 10 世纪）的炼丹文献中。《日华子点庚法》记有："百炼赤铜一斤，太原炉甘石一斤，细研，水飞过石一两，搅匀，铁合内固济阴干，用木炭八斤，风炉内自辰时下火，锻二日夜足，冷取出，……"[⑤]。宋代炼丹方士崔昉《外丹本草》（成书约 1045 年）记载："用铜二斤，炉甘石一斤，炼之即成鍮石一斤半"。用铜和炉甘石炼制黄铜的方法传自西域还是自己摸索而得尚待研究，但与中国炼丹术的发展有关是显而易见的。这种方法在民间一直流传。元代（1271～1368）有记载："赤铜入炉甘石，炼为黄铜，其色如金。"[⑥] 至明代中期（16 世纪中期）开始炼锌以后，黄铜才逐渐用铜加锌（倭铅）炼制，但铜加炉甘石法

① 周卫荣，黄铜冶铸技术在中国的产生与发展，故宫学术季刊，台北，2000，18（1）：67～92。

② 李文英、周金玲，营盘墓地的考古发现与研究，新疆文物，1998，（1）：69～82。

③ 李秀辉、韩汝玢，青海都兰吐蕃墓葬出土金属文物的研究，自然科学史研究，1992，（11）：278～288。

④ 王琎，五铢钱化学成分及古代应用铅锡锌铜考，科学，1923，（8）：839～854。

⑤ 日华子（五代末至宋初的炼丹家和医药学家），日华子点庚法，收入宋人汇集的《诸家神品丹法》，卷六，见《道藏，洞神部众术类》，总第 594 页。

⑥ 元代作者托名宋代苏轼所作，《格物粗谈》卷下，引自《丛书集成初稿》，第 1344 册，北京：中华书局，1983年，第 27 和 37 页。

仍在采用。如宋应星（1537～?）《天工开物》记载："凡铜供世用，出山与出炉，只有赤铜。以炉甘石或倭铅参和，转色为黄铜"，"凡红铜升黄色为锤锻用者，用自风煤炭百斤，灼于炉内，以泥瓦罐载铜十斤，继用炉甘石六斤，坐于炉内，自然熔化。后人因炉甘石烟洪飞损，改用倭铅"[①]。李时珍《本草纲目》也记载："炉甘石大小不一，状如羊脑，松如石脂，赤铜得之，即化为黄，今之黄铜皆此物点化也"。据周卫荣研究，直到明代晚期天启年（1573）才开始大规模用单质锌配炼黄铜[②]。

黄铜从明代中期开始用于铸钱，据对 200 余枚明代铜钱合金成分的分析结果[③]，嘉靖年（1522）之前，铜钱主要成分是铜锡铅，为青铜钱。而嘉靖通宝的锌含量达 10%～20%，此为黄铜钱的开始，之后黄铜钱的锌含量进一步增加，万历通宝、天启通宝、崇祯通宝等含锌量多在 30% 以上。

第二节　砷铜合金技术

砷铜一般是指铜砷二元合金，有时也将砷含量超过 2% 的砷锡青铜、锑砷青铜、铅砷青铜和铅砷锡青铜等也包括在内，这里讨论的砷铜为包括后者的广义"砷铜"，而将铜砷二元合金称为"砷青铜"。砷铜是中国古代铜合金的重要品种，主要出土于中国新疆的哈密地区和甘肃的河西走廊。潜伟等[④]对这些出土的砷铜进行了金相检验和成分分析，并探讨这些砷铜的冶炼和中国西北地区砷铜起源的问题。

一　中国西北地区发现的砷铜

砷铜器物在新疆哈密地区发现较多。梅建军[⑤]鉴定过哈密五堡水库墓地出土的 2 件铜器，都是含砷 3%～4% 的砷铜。天山北路墓地经过检验的 39 件未锈蚀的铜器中，砷含量超过 2% 的占 30%，砷含量超过 1% 的占 57%；包括锈蚀的铜器样品共 89 件中，超过 2% 砷含量的占 16%，超过 1% 砷含量的占 35%，这说明砷作为一种重要的合金组成在天山北路墓地的铜器中已经很常见了。南湾墓地经过检验的 14 件铜器样品中有 3 件砷含量超过 2%，11 件样品的砷含量超过 1%，也说明了砷铜在这里使用广泛；焉不拉克墓地的 10 件样品中，有 4 件砷含量超过 2%，7 件砷含量超过 1%；并且南湾和焉不拉克这两个墓地还发现有砷含量超过 10% 的高砷砷铜的存在，这在目前国内其他早期墓地中还没有发现。哈密地区年代较晚的黑沟梁和拜契尔墓地各有 1 件铜器砷含量超过 2%，分别有 5 件和 3 件砷含量超过 1%。这些说明砷铜是哈密地区早期铜器的一个重要特点，并且在新疆史前时期铜器发展的第二阶段，也就是南湾和焉不拉克墓地时期，达到了最高峰。而新疆其他地区发现的砷铜器

①　宋应星（明 1537～?），天工开物·五金，卷十四，明崇祯十年刻本（1637 年），广东人民出版社，1976 年，第 854～857 页。

②　周卫荣，黄铜冶铸技术在中国的产生与发展，（台北）故宫学术季刊，2000，18（1）：67～92。

③　赵匡华等，明代铜钱化学成分剖析，自然科学史研究，1988，(1)：54～65。

④　潜伟、孙淑云，中国西北地区古代砷铜的研究，见：冶金研究，冶金工业出版社，2004 年，第 1～9 页。

⑤　Mei Jianjun, Copper and Bronze Metallurgy in Late Prehistoric Xinjiang, the Desertation for the Ph. D. degree, the University of Cambridge, 1999, pp. 137～177.

物却不多，仅有克里雅河流域出土的 1 件残铜块的砷含量超过 2%。

甘肃河西走廊是另一个砷铜发现集中的地区。对属于四坝文化的民乐东灰山和酒泉干骨崖墓地出土的铜器进行分析检验，发现有铜砷合金的材质。对民乐东灰山遗址出土的 8 件铜器进行原子吸收光谱分析（AAS），结果全部样品均为砷铜制品，砷含量在 2%～6% 范围，用扫描电镜能谱分析（SEM-EDS）鉴定的另外 5 件民乐东灰山出土样品也是砷铜材质，其加工方式都是锻造的[①]。酒泉干骨崖墓地出土的 46 件铜器经过检验，发现有 15 件样品的砷含量超过 2%，其中既有耳环和铜泡等装饰品类，也有锥、刀等工具类[②]。对玉门火烧沟墓地出土铜器进行鉴定表明，26 件经过扫描电镜能谱分析的铜器中有 8 件砷含量超过 2%，占 31%[③]；而年代稍晚的沙井文化有 7 件经过检验的铜器砷含量均超过 1%，其中有 5 件的砷含量超过 2%。此外，在青海都兰吐蕃墓出土的铜器的检验中，发现一件唐代的含砷 15.9% 的铜镞[④]。

中国其他地区只有零星的砷铜器物出土，如河南偃师二里头二期遗址发现有一件铜锥的砷含量为 4.47%[⑤]，内蒙古朱开沟的早商遗址中发现有铜锡砷三元合金的戈[⑥]，但大量出土砷铜器物的遗址和墓地还没有发现，并未从整体上呈现出经历砷铜发展阶段。新疆哈密地区与甘肃河西走廊发现的公元前 2000～前 500 的砷铜器物，说明中国西北地区确实出现了使用砷铜的阶段，与我国其他地区罕见砷铜器物形成了鲜明的对比。

二　砷铜的组织性能

这些出土的砷铜按砷含量的多少大致可以分为两类。砷含量 10% 以上的是高砷砷铜，这类砷铜包括南湾墓地的 XJ215，焉不拉克墓地的 XJ223、XJ224。其中焉不拉克墓地 T11 的铜珠 XJ224 成分和组织（图 12-2-1）是比较特殊的，平均砷含量高达 28% 左右，基体是 γ 相，内有（α+γ）共晶相和硫化物夹杂，这在中国目前检验的铜器中是仅见的。尽管高砷砷铜脆性较大，但其质地坚硬耐腐蚀，经过抛光后表面显出银亮色，可以用作装饰品来代替银器。在高加索地区有出土高砷砷铜器物的报道，如中期青铜时代的 Kuban 遗址出土铜器的砷含量大多在 14%～24% 之间[⑦]；墨西哥中西部的古代文化也屡有铸造铜铃的砷含量达 13%，还有少量砷含量在 22%～23% 之间的发笄、环饰等砷铜的报道[⑧]。有学者[⑨]利用氧

　　① 孙淑云，东灰山遗址四坝文化铜器的鉴定及研究，民乐东灰山考古——四坝文化墓地的揭示与研究，科学出版社，1998，第 191～195 页。

　　② 孙淑云、韩汝玢，甘肃早期铜器的发现与冶炼、制造技术的研究，文物，1997（7）：75～84。

　　③ 北京科技大学冶金与材料史研究所等，火烧沟四坝文化铜器定量分析及制作技术的研究，文物，2003，（10）：67～75。

　　④ 李秀辉、韩汝玢，青海都兰吐蕃墓葬出土金属文物的研究，自然科学史研究，1992，11（3）：278～288。

　　⑤ 金正耀，二里头青铜器的自然科学研究与夏文明探索，文物，2000（1）：56～64。

　　⑥ 李秀辉、韩汝玢，朱开沟遗址早商铜器的成分及金相分析，文物，1996，（8）：84～93。

　　⑦ Chernykh E N, Ancient Metallurgy in the USSR (translated by Wright S.), Cambridge University Press, 1992, pp. 210～215.

　　⑧ Hosler D, The Metallurgy of Ancient West Mexico. In: The beginning of the use of metals and alloys, Maddin R. ed., Cambridge, MA: MIT Press. 1988, pp. 328～343.

　　⑨ Lechtman H, Klein S, The Production of Copper-arsenic Alloys (Arsenic Bronze) by Co-smelting Modern Experiment, Ancient Practice, Journal of Archaeological Science, 1999, 26 (5): 497～526.

化铜矿和含砷的硫化铜矿共同冶炼得到了含砷量 26% 左右的铜砷合金，其组织结构与焉不拉克墓地 T11 的铜珠 XJ224 大体相似。

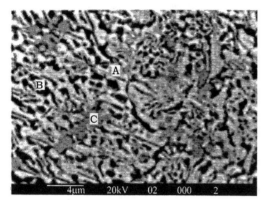

图 12-2-1　铜珠（焉不拉克 T11，XJ224），
高砷砷铜扫描电镜背散射电子像
A. γ 相；B. （α+γ）相；C. 硫化物夹杂

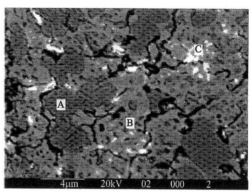

图 12-2-2　铜扣（焉不拉克 T11，XJ223），
铅砷青铜扫描电镜背散射电子像
A. α 相；B. （α+γ）相；C. 富铅砷相

砷含量为 2%～10% 的砷铜为低砷砷铜。部分低砷砷铜和含砷的红铜，金相显示为再结晶晶粒和孪晶组织，有较多的夹杂物，并且在再结晶晶粒的背景里能隐隐观察到原来经过加工变形的枝晶状偏析的铸造组织的痕迹，经过鉴定的天山北路铜器中共有 16 件样品存在这样的组织；有学者[①]对古代砷铜的锻造产品进行显微组织观察，也发现这种现象，并认为其形态与热加工的压下量及温度有密切的关系。其实，对于低砷含量的红铜，它们也有可能是铸造后冷加工的铜器在埋藏环境中经过长期时效的再结晶组织，但还未得到进一步证实，这里暂时还归为热锻加工制作而成。

在对砷铜的金相观察和扫描电镜能谱分析后，可以初步探明铜器中砷元素的富集情况。砷含量在 26%～30% 之间的析出相，多种浸蚀剂作用后仍然保持稳定的边界和性质，为铜砷二元合金的 γ 相，有时称作 Cu_3As，实际上是一种砷含量范围很窄的固溶体，它通常存在于砷含量较高的铜器中。砷含量不在这个范围的析出相，由于不同样品析出相的成分差异较大，本书暂统称其为富砷相。焉不拉克墓地 T11 的铜珠 XJ224，是 γ+（α+γ）相的过共晶组织，基体是 γ 相（图 12-2-1）；焉不拉克墓地 T10 的铜扣 XJ223 是 α+（α+γ）相的亚共晶组织，基体是（α+γ）相（图 12-2-2）；火烧沟墓地 M185 的铜锥 906 也发现较多的 γ 相析出（图 12-2-3）；火烧沟墓地 M255 的铜耳环 913 发现有沿晶粒间界的富砷相存在（图 12-2-4），是否为含银 γ 相，还有待进一步研究证实；火烧沟墓地 M136 的铜锥 903 发现有砷的偏析存在，没有 γ 相，砷元素部分与铅元素富集在一起（图 12-2-5）。还有与铅、锡、锑等低熔点金属一起伴生形成复杂的析出相，如火烧沟墓地 M120 的铜鼻环 909（图 12-2-6）。扫描电镜能谱分析对各样品的平均成分和微区分析结果如表 12-2-1 所示。

根据铜砷二元合金相图（图 12-2-7），可知砷在 α 铜中的最大固溶度是 7.96%，也就是说当砷含量超过此值时，才会有共晶的（α+γ）相出现。而在经过分析的样品中有砷含量

---

① Budd P，A Metallographic Investigation of Eneolithic Arsenical Copper Artefacts from Mondsee，Austria. JHMS，Vol. 25，1991（2）：99～108.

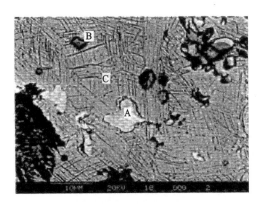

图 12 - 2 - 3　铜锥 906（火烧沟 M185）扫描电
镜背散射电子像

A. γ 相；B. 硫化物夹杂；C. 基体

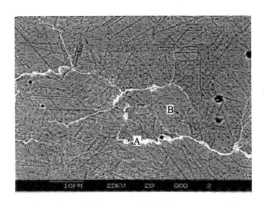

图 12 - 2 - 4　铜耳环 913（火烧沟 M255）扫描电
镜背散射电子像

A. 边界含银的富砷相；B. 基体

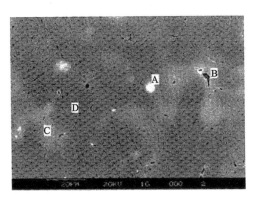

图 12 - 2 - 5　铜锥 903（火烧沟 M136）扫描电
镜背散射电子像

A. 含铅铋的白亮色小颗粒；B. 硫化亚铜夹杂；

C. 浅色富砷区域；D. 深色富铜区域

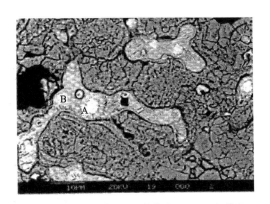

图 12 - 2 - 6　铜鼻 909（火烧沟 M120）扫描电
镜背散射电子像

A. 析出相中富铅颗粒；B. 含铅锡锑的析出相

表 12 - 2 - 1　部分铜器样品的微区成分分析结果

出土单位	样品名称	图号		检测项目	元素含量/%									
					Cu	Sn	Pb	As	Sb	Bi	Te	Ag	Fe	S
焉不拉克 T11	铜珠 XJ224	图 12 - 2 - 1	A	浅色 γ 相基体	65.1		2.8	29.4						
			B	深色（α+γ）相	69.8			24.8					1.8	
			C	硫化亚铜夹杂物	70.5			3.37						23.1
		平均成分			64.2			28.7						
焉不拉克 T10	铜扣 XJ223	图 12 - 2 - 2	A	富铜的 α 相	96.0			3.29						
			B	高砷的 γ 相	70.2			26.6	1.6					
			C	富铅砷相	7.91		60.7	23.0		3.1			1.2	
		平均成分			68.7	8.7	16.6		2.3					

续表

出土单位	样品名称	图号		检测项目	元素含量%									
					Cu	Sn	Pb	As	Sb	Bi	Te	Ag	Fe	S
火烧沟 M185	铜锥	图 12-2-3	A	高砷的 γ 相	69.3			27.6						
			B	硫化亚铜夹杂	74.2									23.5
			C	基体	94.5			3.2						
		平均成分			93.3			4.1						
火烧沟 M255	铜耳环	图 12-2-4	A	边界含银富砷相	78.0			15.5				5.6		
			B	基体	94.5			3.8						
		平均成分			95.3			3.9						
火烧沟 M136	铜锥	图 12-2-5	A	白亮色小颗粒	39.3		36.5	11.9	1.97	4.5	1.3			3.5
			B	含碲的硫化亚铜	73.4					1.5	2.7			20.4
			C	浅色富砷区域	96.4			2.4						
			D	深色富铜区域	97.8			1.2						
		平均成分			96.8			1.6						
火烧沟 M120	铜鼻环	图 12-2-6	A	析出相中富铅颗粒	11.5		61.4	10.5		7.2	2.9	1.4		3.4
			B	析出相	73.4	5.1	13.4	2.6	3.7			1.0		
		平均成分			88.0	3.5	1.37	0.9	1.3					

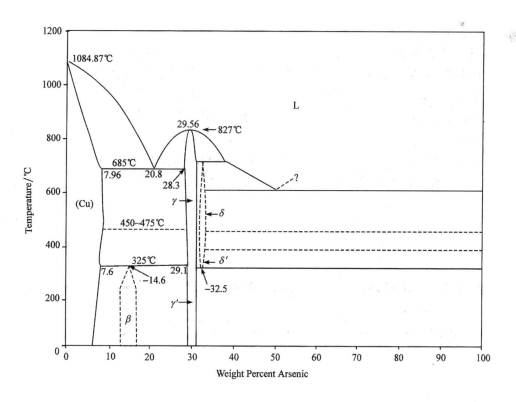

图 12-2-7　铜砷二元平衡相图

仅为 3％左右的样品（火烧沟 M6 的铜刀 883）就有 γ 相析出，这点在 Budd 和 Lechtman[1] 的研究中也有发现。实际操作时不可能保证凝固过程在平衡状态下进行，固溶线应该往左移，从而析出 γ 相，并且随着砷含量的增加而增加，对应地使铜合金的硬度增加。

加工硬化是砷铜的一个重要性能，在冷加工的条件下，随着加工量的增加有硬度逐渐增加的趋势，3.5％～5％As 的砷铜经过冷加工后的硬度能达到维氏硬度 228～237；此外，砷铜优秀的延展性也是砷铜的重要特性之一。有学者[2]研究过砷铜的热冷加工性能，得出砷含量在 2％～6％的范围内的砷铜具有最好的综合机械性能，哈密地区和河西走廊发现的锻造的砷铜成分范围基本上都是在这个范围，说明其已基本掌握了砷铜加工性能方面的特点。

三　砷铜的冶炼

根据矿床学的成矿原理，金属铜矿的原生矿物都是硫化矿物，露出地表的硫化物经过风化氧化而变成了各种次生矿物（如碳酸盐、碱式碳酸盐、硫酸盐、氧化物、氯化物等），正是这些氧化矿物首先被发现并利用，在高温下冶炼出金属铜来。当某个地方表面的氧化矿物使用枯竭时，不可避免地要取用更深层次的硫化矿进行冶炼，如果铜的硫化矿伴生有含砷的矿物，砷很容易进入到铜中，砷铜就被冶炼出来。

含砷的矿物主要有氧化矿物和硫化矿物两大类，其中砷硫铜矿（enargite，Cu_3AsS_4）、黝砷铜矿（tennantite，$(Cu，Fe)_{12}As_4S_{13}$）和毒砂（arsenopyrite，FeAsS）三种硫化物及砷铁铜矿（chenevixite，$Cu_2Fe_2(AsO_4)_2(OH)_4 \cdot H_2O$）、橄榄铜矿（olivenite，$Cu_2(AsO_4)(OH)$）和臭葱石（scorodite，$FeAsO_4 \cdot 2H_2O$）等氧化矿最为重要，与砷铜的冶炼息息相关；另外自然界里还有较多的雄黄（reaglar，As_2S_2）和雌黄（orpiment，As_2S_3）等含砷矿物存在[3]。

对于砷的氧化矿物来说，在一定的还原气氛下，直接将其投入熔融的铜中是很容易得到有一定砷含量的铜合金的，这就是通常说的直接冶炼（direct smelting）。在铜冶金发展的初期，使用地表的孔雀石等氧化铜矿进行冶炼，也会使用含砷的氧化矿，得到红铜的同时，也会得到砷铜。

但是含砷的氧化矿物在自然界中并不多见，在地表的氧化矿用尽后，自然要向矿床深部开采，很大程度上要靠硫化矿来进行冶炼。现代对硫化矿物的冶炼工艺主要是造硫冶炼（matte smelting），而目前学者们认为早期含砷硫化矿物的冶炼方法主要是共熔还原（co-smelting）。这种砷铜冶炼方法与铜矿的成矿过程有关，除了最顶部的为少量氧化矿不含硫化物以外，大量存在的是过渡层矿床，其中的硫化矿物和氧化矿物混合而不能截然分开的，这就为共熔还原带来了条件，当然大多数情况是两种矿物无意识的混合，这也是砷铜最初被生产出来的原因。用铜的氧化矿和含砷的硫化矿物混合起来进行熔炼制出铜砷合金，即共熔

①　Lechtman H，Arsenic Bronze：Dirty Copper or Chosen Alloy? A View from the America. Journal of Field Archaeology，1996，23：477～514.

②　Budd P，Ottaway B S，The Properties of Arsenical Copper Alloys：Implications for the Development of Eneolithic Metallurgy. In：Archaeological Science，Budd P. et al eds. ，1989，Oxford：Oxbow Books，pp. 132～142.

③　Rapp G Jr，On the Origins of Copper and Bronze Alloying，In：The beginning of the use of metals and Alloys，Maddin R. ed. Cambridge. MA：MIT Press. 1988，pp. 21～27.

还原法，方程式如下：

$$硫砷铜矿冶炼：8CuCO_3+Cu_3AsS_4 \rightarrow 8Cu+Cu_3As+4SO_2\uparrow+8CO_2\uparrow$$

$$毒砂冶炼：3CuCO_3+FeAsS \rightarrow Cu_3As+FeO+SO_2\uparrow+3CO_2\uparrow$$

这种方法比将含砷的硫化铜矿焙烧成氧化铜矿然后再进行直接冶炼的方法可以得到更高的砷含量，后者制得的砷铜理论最高砷含量为 8%。

1984 年在英国苏塞克斯（Sussex）Lechtman[1]等进行了共熔还原的田野试验，分别用坩埚和土炉两种冶金炉型，利用秘鲁古代铜矿点采集的矿石标本，采用不同来源和组成的矿物，按照不同的氧化矿对硫化矿的配比来进行共熔还原实验，获得了不同砷含量的砷铜。在随后的分析检验工作中，发现在氧化矿/硫化矿比值 2～4 的情况下能顺利生产出砷铜来，最高的砷含量达 26%，用毒砂为原料砷的回收率要高于其他几种矿物的，坩埚冶炼砷的回收率比用土炉的高，这是因为用土炉冶炼的加料过程焙烧含砷的硫化矿物，使砷的回收率受到影响。

还有用单质砷制作砷铜的方法，中国学者在这方面的研究作了重要的贡献。王奎克[2]等对中国古文献记载中关于砷的内容进行了总结，发现在公元 4 世纪，就有用硝石、猪脂、松脂三物处理雄黄制得砷单质的记载，并且实验证实了这一点。赵匡华[3][4][5]等研究了我国砷白铜[6]的源流，模拟古代砷铜制作过程进行实验，可以得到含砷 9.92% 的铜砷合金，其化学反应方程式为：

$$2As_2S_2+8KNO_3+7O_2 \rightarrow 2As_2O_3+4K_2SO_4+8NO_2\uparrow$$

$$As_2O_3+3C \rightarrow 2As+3CO\uparrow$$

$$As+3Cu \rightarrow As_3Cu$$

这种方法所得砷铜应该没有硫化物夹杂存在，而哈密地区与河西走廊出土砷铜器物经过分析检验，大多含有硫化物夹杂，特别是高砷砷铜当中硫化物夹杂更多，如焉不拉克墓地 T11 出土的铜珠 XJ224 经检验有大量的硫化亚铜夹杂（图 12-2-1），因此这些砷铜不可能是用加入单质砷的方法制得，更大可能是使用了含砷的硫化铜矿进行冶炼。

如果砷铜经过热锻加工，其砷含量下降很多，McKerrell 等[7]在常压下的空气中加热锻打砷铜，可以使砷含量从 4.2% 下降到 0.8%。四坝文化的东灰山墓地出土的砷铜都是经过热锻加工而成的，砷含量在 2%～6% 之间，推断其原始的砷含量应该更高，可能超过 8% 这个直接冶炼砷铜所得砷含量的最大值，因此这些砷铜很可能是在无意识地条件下使用氧化铜矿和含砷的硫化铜矿共熔还原得来的。哈密地区南湾和焉不拉克墓地的高砷砷铜，砷含量在 10% 以上，比较可靠的冶炼方法也是共熔还原法。

目前在哈密地区和甘肃河西走廊尚未发现冶炼遗址，未通过炉渣等冶炼遗物来进一步分

---

① Lechtman H, et al., The Manufacture of Copper-arsenic Alloys in Prehistory. JHMS, 1985, 19: 141～142.

② 王奎克等，砷的历史在中国，自然科学史研究，1982，1 (2)：115～126。

③ 赵匡华等，我国金丹术中砷白铜的源流与验证，自然科学史研究，1983，2 (1)：24～31。

④ 赵匡华、骆萌，关于我国古代取得单质砷的进一步确证和实验研究，自然科学史研究，1984，3 (2)：105～112。

⑤ 赵匡华、周嘉华，中国科学技术史·化学卷，科学出版社，1998 年，第 205～208，440～442 页。

⑥ "砷白铜"是对我国古代颜色呈白亮色的高砷砷铜的称谓，本文统一将铜砷二元合金称为"砷青铜"，根据砷含量高低区别为高砷砷铜和低砷砷铜。

⑦ McKerrell H, Tylecote R F, The Working of Copper-arsenic Alloys in the Early Bronze Age and the Effect on the Determination of Provenance. Proceedings of the Prehistoric Society, 1972, 39: 209～218.

析研究。无论如何，砷铜的冶炼与含砷的硫化铜矿分不开，哈密地区与河西走廊的矿产资料显示其富有含砷的硫化铜矿，具有生产砷铜的必要条件。

四 中国西北古代砷铜起源探讨

中国西北的哈密地区与河西走廊出土的这些砷铜是本地产的，还是通过交流从外界进来的，考察世界砷铜发展的历史有助于进一步解决这个问题。

事实上，伊朗 Susa 和以色列 Timna 遗址的发现表明公元前 4000 年左右砷铜就为人们所使用[①]，随后砷铜的使用迅速扩展到整个西亚和东欧。Eaton 等[②]用便携式 X 荧光分析仪对 2000 多件近东出土的铜器样品进行的分析表明，在早期青铜时代（公元前 3000～前2200），砷铜使用非常普遍，超过了全部检测样品数量的 2/3；在中期青铜时代（公元前2200～前 1600），砷铜使用仍然很多，仍占有 1/4 至 1/2 的比例。E. N. Chernykh 对环黑海地区的数千件铜器进行分析后，发现在早期青铜时代和中期青铜时代砷铜是占有绝对优势的，分别占有 70% 和 60% 的比例。此外，中亚南部的土库曼斯坦和乌兹别克斯坦也有相当数量中期青铜时代的砷铜出土。到了公元前 1600 年，欧亚大陆的大部分地区已经进入以锡青铜为主的晚期青铜时代，仅有高加索地区、顿河流域、伏尔加河流域、萨彦山区、外贝加尔地区等地由于资源的问题，还有一定比例的砷铜存在。

四坝文化的年代上限是公元前 2000 年，就已经开始出现砷铜器物，要从西亚和中亚寻找砷铜的来源，只有中期青铜时代的文化才有可能，离四坝文化最近的是中亚南部的土库曼斯坦和乌兹别克斯坦境内的纳马兹加（Namazga）文化四期和五期，体质人类学研究表明是地中海东支的欧罗巴人种[③]。根据现有资料[④]，四坝文化的体质人类学研究表明全部是蒙古人种，不存在欧罗巴人种直接带来砷铜技术的可能；如果四坝文化砷铜从外而来的话，还需要中间环节。而西部紧邻甘肃河西走廊与四坝文化时代相近的有两个遗址，一个是以欧罗巴人种为主的孔雀河古墓沟，目前还未有发现砷铜器物；另一个是天山北路墓地，具有砷铜器物，体质人类学鉴定是欧罗巴人种和蒙古人种的混居，而天山北路墓地不太可能与中亚南部的各文化（通过苏勒塘巴俄）有直接的联系，相反四坝文化晚期砷铜向天山北路传播的可能性更大一些。而此时的哈萨克斯坦和南西伯利亚，在中期青铜时代还没有发现大规模的砷铜使用时期，阿凡纳谢沃文化使用红铜，奥库涅沃文化以红铜为主兼有少量锡青铜，没有可能作为中介将流行于环黑海地区的砷铜传播进来。到了晚期青铜时代，安德罗诺沃文化是典型的锡青铜为主的青铜文化，卡拉苏克文化虽然具有砷铜特点，但是已经晚于四坝文化了。因此，四坝文化还缺乏从上述地区传来砷铜的通道。四坝文化砷铜技术是否另有北方草原传来的通道，是值得研究的问题。但砷铜在本地生产的可能性很大。

根据对这个地区的矿产资料调查结果，哈密地区和甘肃四坝文化具备砷铜生产的资源。

---

① Muhly J D, The Beginning of Metallurgy in the old World, In: The Beginning of the Use of Metals and Alloys, Maddin R. ed. , Cambridge, MA: MIT Press, 1988, pp. 2～20.

② Eaton E R, McKerrell H, Near Eastern Alloying and Some Textual Evidence for the Early Use of Arsenical Copper, World Archaeology, 1976, 8 (2): 169～191.

③ 张广达、陈俊谋，纳马兹加 IV-VI 期文化，见：中国大百科全书·考古学，中国大百科全书出版社，第 343 页。

④ 韩康信、潘其风，中国古代人种成分研究，考古学报，1984，(2)：245～263.

可以推测，河西走廊四坝文化早期的砷铜技术，大约公元前 1800 年左右向哈密地区传播，公元前 1400 年左右可能影响到南西伯利亚的卡拉苏克文化，直至外贝加尔湖地区，形成了独特的砷铜文化圈。

对中国西北地区出土的砷铜进行总结：

（1）砷在铜合金中的富集情况，既有 γ 相，又有其他富砷相，还有的只造成砷偏析。上述地区发现的大量砷铜，说明其确实经历了一个以砷铜为主要特征的铜合金发展时期，这与中国其他地方的早期铜器有很大的区别。

（2）通过对国内外砷铜冶炼技术的考察和讨论，认为中国西北出土的古代砷铜有可能是共熔还原法生产出来的，但还需要冶炼遗址研究的直接证据。

（3）根据目前资料，新疆哈密地区与甘肃河西走廊的早期砷铜技术来源尚不能做结论，不排除技术交流的可能，但目前缺乏从中亚传播而来的通道，而本地已经具备了砷铜生产的资源条件，因此推测这些砷铜是本地生产的，并有可能影响到南西伯利亚的卡拉苏克文化。关于中国砷铜冶炼技术起源问题的解决，尚待更多冶金遗址、遗物的考古发掘提供证据。

五　炼丹术与砷铜的点化

制作"黄金"、"白银"的黄白术是中国炼丹术的重要组成部分。早在西汉初期，炼丹方士们便用一些所谓的"点化药"与铜、铅、锡、汞等金属合炼，生成金黄和银白色的合金。所用"点化药"中，雄黄（As_2S_2）、雌黄（As_2S_3）和砒黄（含杂质的砒霜 As_2O_3）是很重要的方剂。含砷低的砷铜颜色呈黄色，砷高于 10％ 时呈银白色，正是炼丹方士们所追求的人造金银。

晋炼丹家葛洪（283～343）所著《抱朴子·黄白篇》[1] 应是较早记载制造黄色砷铜的文献，"当先取武都雄黄，丹色如鸡冠而光明无夹石者，多少任意，不可令减五斤也……以赤土釜容一斗者，先以戎盐、石胆末荐釜中，令厚三分，乃内雄黄末，令厚五分，复加戎盐于上。如此，相似至尽。又加碎炭大如枣核者，令厚二寸。以蚓蝼土及戎盐为泥，泥釜外，以一釜覆之，皆泥令厚三寸，勿泄。阴干一月，乃以马粪火煴之，三日三夜，寒，发出，鼓下其铜，铜流如冶铜铁也。乃令铸此铜以为筒，筒成，以盛丹砂水。又以马粪火煴之，三十日发炉，鼓之得其金……"。从此段记载可知，冶炼砷黄铜的原料为雄黄（As_2S_2）和石胆（$CuSO_4 \cdot 5H_2O$），炭为还原剂，戎盐（NaCl）可能起助熔剂的作用。原料在炉内加热过程中，石胆脱去结晶水并分解成氧化亚铜，然后氧化亚铜、雄黄被还原成铜和砷，生成砷铜。由于含砷量不高，故呈黄色，可称之为砷黄铜，这就是炼丹方士们"黄白术"的产物之一。

炼丹方士们"黄白术"的另一种产物就是砷白铜。据赵匡华等学者研究[2]，我国从炼制砷黄铜演进到炼制砷白铜大约在东晋时代（317～589）。最早记载炼制砷白铜的文献当属东晋咸和二年至永和七年（327～351）成书的《神仙养生秘术》，书中记有："其四点白，硇砂四两、胆矾四两、雄黄四两、雌黄四两、硝石四两、枯矾四两、山泽四两、青盐四两，各自制度……右为细末如粉，作匮；用樟柳根、盐、酒、醋调和为一升。用坩埚一个，装云南铜四两，入

① 晋葛洪（283～343），《抱朴子·黄白篇》卷十六，1980 年，中华书局。
② 赵匡华等，我国金丹术中砷白铜的源流与验证，见：中国古代化学史研究，北京大学出版社，1985 年，63～79 页。

炉,用风匣扇,又瓦盖。熔开,下硇砂二钱搅匀,次下前药二两,山泽一两,再扇,混茸一处,住火。青入(倾入)滑池内冷定,成至宝也。任意细软使用"。"至宝"在此段"点白"丹诀中应指"白银"即砷白铜。冶炼所用铜和砷的原料主要是胆矾($CuSO_4 \cdot 5H_2O$)、雄黄(As_2S_2)、雌黄(As_2S_3)、云南铜,硝石(KNO_3)作为氧化剂使雄黄氧化为 As_2O_3,樟木根燃烧生成 CO 为还原剂;其余如硇砂(NH_4Cl)、盐($NaCl$)、酒、醋等在冶炼过程中或挥发、或分解、造渣;山泽是一种含银矿石,被还原为银,成为砷白铜的组成之一。

用砷的氧化物代替砷的硫化物炼制砷铜在唐代已经成熟。在唐肃宗乾元年间(758~760)金陵子所撰《龙虎还丹诀》卷上(第十六),有关于把砒黄、雌黄制成砒霜(As_2O_3)用于点化丹阳铜的记载。北宋时期(11 世纪末)何薳《春渚记闻》卷十记载用砒霜点化白铜的巧妙办法:"薛驼,兰陵人,尝受异人煅砒粉法……余尝从惟湛师访之,因请其药。取药帖抄二钱匕,相语曰:此我一月养道食料也,此可化铜二两为烂银。……其药正白而加光璨,取枣肉为圆,俟熔铜汁成,即投药坩埚中。须臾铜中恶类如铁屎者胶着锅面,以消搅之,倾槽中,真是烂银,虽经百火柔软不变也。此余所躬试而不诬者"。此段中所说"烂银"即颜色像银而非银的砷白铜。把砒霜包裹在枣肉内投入熔化的铜中,是为了减少三氧化二砷的挥发,并借枣肉在高温下生成的碳将其还原成砷,溶解到铜中,生成砷白铜。可见砷白铜的点化在当时还是炼丹方士们的秘方。

到元明时期便逐渐为常人所知。元人所辑《格物粗谈》中记有:"赤铜入炉甘石炼为黄铜,其色如金;砒石炼为白铜;杂锡炼为响铜"。明宋应星《天工开物》卷十四记载:"以砒霜等药制炼为白铜"。

赵匡华等曾进行过砷白铜的模拟冶炼实验[①],分别得到砷黄铜和砷白铜。首先把砒霜与面加水做成团,投入熔化的铜中,由于团的比重小,浮于液面,三氧化二砷大量挥发,溶于铜中的砷较少,故得到砷黄铜。为避免挥发,把砒霜面团粘附在木棒一端,阴干后,将其插入铜水底部,不断搅拌,如此反复数次,直至铜液变成银白色。得到的砷白铜经分析含砷 9.92%。

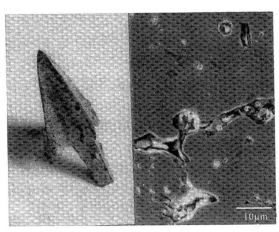

图 12-2-8　青海都兰砷白铜镞
及扫描电镜二次电子像

青海都兰热水吐蕃墓葬出土铜镞 DRM1G1:2,经鉴定为含砷 15.9% 的砷白铜(图 12-2-8),是首次发现的唐代砷白铜制品[②]。广东博物馆收藏的铜鼓成分为含锡 10.9%、铅 13.2%、砷 4.7%[③],砷的分布不均匀。西藏地区也发现 11~12 世纪小黄铜像底座是含砷 7% 的砷铜合金[④]。

①　赵匡华、骆萌,关于我国古代取得单质砷的进一步确证和实验研究,自然科学史研究,1984,3 (2):105~112。
②　李秀辉、韩汝玢,青海都兰吐蕃墓葬出土金属文物的研究,自然科学史研究,1992,11 (3):278~288。
③　黄渭鋆等,砷铜文物一例,文物,1983,(11)。
④　Niece S L, Carradice I, White Copper: the Arsenical Coinage Libyan Revolts 241~238BC, JHMS, Vol. 23, 1989, (1).

第三节　镍　白　铜

现代金属学定义铜镍二元合金为镍白铜。古代生产的镍白铜还包括含大量锌的铜镍锌三元合金，因颜色呈银白色，区别于红铜、青铜而称之为白铜或镍白铜。

一　镍白铜的发明与传播

镍白铜是我国古代劳动人民的一项重要发明，曾西传欧洲。在 16 世纪欧洲文献中就有关于中国镍白铜的记载[1]，18 世纪下半叶，白铜大量输入欧洲，用白铜制作的餐具、烛台、炉栅等在当时英国上层家庭中使用。19 世纪上半叶，英、德两国相继仿制出中国的镍白铜。1823 年英国人托马斯（E. Thomason）首次公布他制出了质地与中国白铜相似的合金。与此同时，德国普鲁士工业促进会设奖，鼓励研制中国白铜[2]。1824 年德国（Henninger）兄弟成功仿制出中国白铜，名为"德国银"，成为广泛应用的商品[1]。1833 年英国伯明翰开始生产"德国银"，伦敦建立了精炼厂[3]。可见中国镍白铜对铜镍合金在欧洲的广泛使用和工业的建立、发展起了重要的促进作用。我国早在 4 世纪就已有镍白铜了。东晋常璩所撰《华阳国志》卷四记载："螳螂县因山名也，出银、铅、白铜、杂药。"螳螂县故城在今会泽县北，辖今会泽、巧家、东川等县、市、地。东川产铜，相邻近的四川会理县产铜镍矿，两地有驿道相通，汉晋时期生产镍白铜是有可能的[4]。

现发现的白铜实物有 2 件。1 件是中国国家博物馆所藏"库银"（图 12-3-1）。经分析为铜镍锌三元合金，平均含镍8.9％、锌 29.9％、铜 48.4％，还有少量铁和铅。据"库银"铭文"大宋淳熙十四年造"可知造于 1187 年。另一件是出土于西安半坡遗址仰韶文化扰乱层中的白铜片，成分为含镍 16.0％、锌 24.0％、铜 60.0％的铜镍锌三元合金。已故夏鼐先生推断其年代不早于宋徽宗时期（1101～1125）。说明至迟宋代我国的镍白铜已是铜镍锌三元合金了。

图 12-3-1　中国国家
博物馆藏库银
（由中国国家博物馆提供）

二　镍白铜的冶炼

从文献记载看镍白铜的大量生产和应用，始于明代而盛于清代。据《会川卫志》载："明白铜厂课银五两四钱八分"，说明四川会理至迟明代已存在向官府纳税的白铜厂。到清代会理仍是镍白铜重要的生产基地。有立马河、九道沟、清水河和黎溪等白铜

---

[1]　Richard T A, Man and Metals, London, McGraw‑Hill, 1932, pp. 159～161.

[2]　Needham J, Science and Civilization in China, Vol. 5. Part Ⅱ, Cambridge Univ. Press, 1974, pp. 225～229.

[3]　Aitchson L, A History of Metals, London, MacDonald, 1960, Vol. 2, p. 482.

[4]　北京钢铁学院《中国冶金简史》编写小组，中国冶金简史，科学出版社，1978 年，165 页。

厂矿，其中以黎溪厂规模最大。《会理县志》记有："黎溪厂产白铜于乾隆十九年（1752）……额设每双炉一座抽小课白铜五斤。每煎获白铜一百一十斤，内抽大课十斤。每年额报双炉二百一十六座，各商共报煎获白铜六万三千二、三百斤"。会理所产白铜每年都大量销售到其他地方。清末《会理州乡土志》载："白铜以水烟袋为大宗……运至云南省城及西一带。每岁约行销百余驮"。

云南也是清代重要的镍白铜产地。"妈泰白铜厂坐落定远县地方"，定远县即今牟定县。"茂密白铜厂，大姚县属。发红铜到厂，卖给硐民，点出白铜"，"大茂岭白铜厂，定远县属，收炉墩小课白铜，每百斤抽收银三钱……"。根据收取课税的数量，梅建军推算，大茂岭厂年产白铜最高可达 26 吨多，四川黎溪厂的 216 座炼炉，年产白铜约 37 吨[①]。

镍白铜的生产虽然从明代开始到清代繁荣昌盛之极，但到清末逐渐衰微，仍至完全停止生产。唯那些遗留下来的老硐、炉渣和民间少数精美的白铜制品，还向后人展示着昔日的辉煌，并为近代地质找矿和传统工艺的研究提供了宝贵的实物资料。我国的老一辈地质工作者早在 20 世纪 30～40 年代就对会理进行过地质调查，在他们的报告中所介绍的有关白铜矿业史和冶炼技术，是我们今天研究白铜传统工艺的珍稀资料。其中《西康之矿产》[②] 不仅介绍了生产镍白铜的矿石，还详细记述了镍白铜的冶炼过程。使我们对清代文献中的有关记载得以认识。

《邛野录》载："白铜由赤铜升点而成，非生即白也。其法用赤铜融化，以白泥升点"。白泥为何物待考，红铜是冶炼镍白铜的原料无疑。《会理县志》记："煎获白铜需用青、黄二矿搭配。黄矿炉户自行采办外，青矿另有。"《清通典》记载："雍正八年（1730），会矿属沙沟岭黄矿、青矿三分收课。"[③] 从这两条文献记载可知，镍白铜的原料是青矿和黄矿，但什么是青矿、黄矿，没有说明。《西康之矿产》对青矿做了解释："会理镍矿发现后，即有人用铜矿与之混合冶炼，然不知其为镍，故呼之为白铜矿。人从其带有黑色，又呼之为青矿。"可见镍白铜的原料之一青矿即镍矿，黄矿当是铜矿无疑，二矿搭配，炼制白铜。

关于镍白铜的冶炼过程在《西康之矿产》中亦有详细记述："取炉厂大铜厂之细结晶黑铜矿与力马河镍铁矿各一半混合，放入普通冶铜炉中冶炼。矿石最易融化，冷后即黑块，性脆，击之即碎。再入普通煅铜炉中，用煅铜法反复煅九次，用已煅矿石七成，与小关河镍铁矿三成，重入冶炉中冶炼，即得青色金属块，称为青铜。性脆，不能制器。乃以此青铜三成，混精铜七成，重入冶炉，可炼得白铜三成，其余即为火耗及矿渣"。此段文字是根据访问两位清末冶炼白铜的技师所述，记录下来的资料，无疑是真实的传统镍白铜工艺过程。从记述可知冶炼镍白铜的工艺分四步进行[①]：

第一步：配矿和第一次冶炼。将镍铁矿与黑铜矿按 1:1 的比例，装入炼铜炉，冶炼所得到的黑块可能是冰铜镍（Ni_3S_2、Cu_2S、FeS）和炉渣的混合物。

第二步：煅烧。将黑块在煅铜炉中反复煅烧九次，目的是脱硫。得到的"已煅矿石"应是氧化亚铁（FeO）、氧化镍（NiO）、硫化亚铁（FeS）、硫化亚铜（Cu_2S）、硫化镍（Ni_3S_2）的混合物，加上炉渣。

---

① 梅建军、柯俊，中国古代镍白铜冶炼技术的研究，自然科学史研究，1989，（1）：67～77。

② 于锡猷，西康之矿产，见：前国民经济研究所资料，1940 年，第 21～32 页。

③ 转引自章鸿钊，古矿录，地质出版社，1954 年，第 180 页。

第三步：配矿和第二次冶炼。将"已煅矿石"和小关河镍铁矿以7：3的比例配合，装入炼铜炉再一次进行冶炼。得到"青铜"。此过程中氧化物（Cu_2O，NiO）与硫化物（Cu_2S，Ni_3S_2，FeS）发生反应，使铜（Cu）、镍（Ni）被还原出来形成"青铜"。氧化亚铁（FeO）与二氧化硅（SiO_2）生成炉渣。

第四步：配纯铜和第三次冶炼。"青铜"可能含杂质较多，且含镍量较高，需要进行精炼和调整成分，所以配以纯净的铜，以3：7的比例配好后入炉，再一次进行冶炼。青铜中所含杂质，如铁（Fe）被基本氧化、造渣。铜和镍可无限固溶，形成铜镍合金（镍白铜）。

镍白铜冶炼流程如图12-3-2所示。

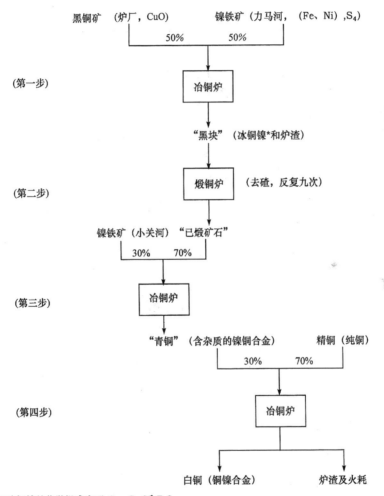

* 冰铜镍的化学组成为Ni_3S_2、Cu_2S和FeS。

图12-3-2 镍白铜冶炼流程图

（选自：自然科学史研究，1998年1期，梅建军等文）

上述有关镍白铜的冶炼记载未谈及冶炼温度和炼炉的构造。只提及将料"放入普通冶铜炉中冶炼"。这种普通冶铜炉构造怎样，无遗迹可查。据力马河老人回忆，炼炉高达5米，用水力带动大风箱鼓风。这种5米高的炼炉在云南清代是普遍存在的，用于冶炼硫化铜矿。

吴其濬著的《滇南矿厂图略》，成书于约 1830～1847 年间，记载："其炉长方高耸，外实中空，上宽下窄，高一丈五尺，宽九尺，底深二尺有奇。"折算炉高 5 米、宽 3 米、底深 0.6 米左右。此书中对煅炉的构造也做了详细的描述，对推断合理煅烧炉的构造有参考价值。冶炼温度经对会理一带的鹿厂、小关河、力马河、黎溪、青矿山的古代炉渣软化温度的测定可知，温度为 1300～1400℃或稍低一些。炉渣的成分分析和矿相鉴定表明炉渣具有良好的流动性，金属与炉渣分离较彻底，金属损失低。说明冶炼具有较高的技术水平。

对会理生产的镍白铜锭有人做过分析，含铜 79.4%、镍 16%、铁 4.6%，可知镍白铜锭是含少量杂质铁的铜镍合金。而我国生产的白铜器具还含有锌（Zn），为铜镍锌三元合金。英国人费弗（A. Fyfe）于 1822 年分析的中国白铜器成分是铜 40.4%、镍 31.6%、锌 25.4%、铁 2.6%[①]。我国化学家王琎于 1929 年发表的对古代白铜墨盒分析结果是铜 62.5%、镍 6.14%、锌 22.1%、铁 0.64%[②]。由此可得出结论是会理生产的白铜锭还需要配料，由铜镍二元合金配成铜镍锌三元合金。这一过程在《中国矿产志略》一书中有较详细的记载："白铜以云南为最佳。融化制器时，须预派紫铜、黄铜及青铅若干，搭配和镕以定黄白。若搭冲三色三成，只用真云铜三成，已称上高白铜矣。至真云铜镕化时，亦须帮搭紫铜与青铅，使能色亮而刃"。这段文字所说的"上高白铜"应是铜镍锌三元合金，颜色亮而且不脆。"真云铜"应是铜镍二元合金，配以紫铜（纯铜）、黄铜（铜锌合金）及青铅（锌），便得到铜镍锌三元合金，用以制作白铜器。

综上所述，我国制作白铜器的工艺如下：原料（青矿和黄矿）→第一次冶炼→反复多次煅烧→第二次冶炼→配纯铜第三次冶炼→铜镍合金产品配以黄铜或锌进行熔化→产品（铜镍锌）。

第四节　金汞合金

1993 年 4 月，我国四川省绵阳永兴双包山发现汉墓[③]。在二号西汉木椁墓后室出土了一件银白色膏泥状金属（图 12-4-1），质软，捏之可随意成形并有固体颗粒存在的感觉，甚为

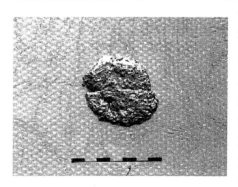

图 12-4-1　银白色膏泥状金属

奇异。该后室墓主曾身着银缕玉衣，由于被盗，仅存残片。随葬品有鎏金的青铜用具等物品，还有一些陶丸和一件极为罕见的绘有人体经络的木雕涂漆人像（图 12-4-2）。据发掘人何志国与其他考古学家考证，墓主为 50 岁左右男性，属西汉晚期王侯级别的人物[④]。汉代养生之术为上层人物一时之风，陶丸和绘有人体经络的木雕涂漆人像的存在，说明墓主生前亦是一位注重养生之人。那么出土的银白色膏泥状金属是否也与墓主生前爱好有关？为搞清此银白色膏泥状金属的材质和用途，孙淑云、梁宏刚

① 张资珙，略论中国的镍质白铜和它在历史上与欧亚各国的关系，科学，1957，(2)：97.
② 王琎，中国铜合金内之镍，科学，1929，(10)：1418.
③ 四川省考古所等，绵阳永兴双包山二号西汉木椁墓发掘简报，文物，1996，(10)：4～12.
④ 何志国等，我国最早的人体经络漆雕，中国文物报，1994 年 4 月 17 日，第 4 版.

对其进行了分析检测、查阅了有关文献，得出初步结论①。

一　分析检测

原子发射光谱定性分析表明，银白色膏泥状金属含有大量汞（Hg）和金（Au），此外还有少量的银（Ag）以及痕量的铜（Cu）、硅（Si）、铁（Fe）、钙（Ca）、镁（Mg）等元素。金相显微镜下观察发现，银白色膏泥状金属是由液态汞包裹着的固体颗粒组成并且相互粘连在一起（图 12 - 4 - 3）。如果用大头针分离水银和固体颗粒物，矿相显微镜下可以在短时间内观察到颗粒物，这些颗粒物大多是金属，仅有少量为透明的矿物。

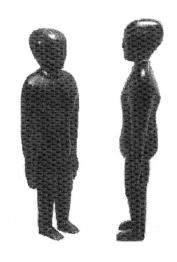

图 12 - 4 - 2　绘有人体经络的木雕涂漆人像
左：正面图　右：侧面图

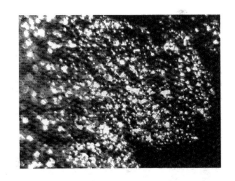

图 12 - 4 - 3　汞包裹着且相互粘连的固体颗粒

X 射线衍射分析结果显示（图 12 - 4 - 4），银白色膏泥状金属中包含多种晶体物质，诸如金汞合金（Au_2Hg 和 Au_6Hg_5）、银汞合金（Ag_2Hg_3，$Ag_{1.2}Hg_{0.8}$ 和 $AgHg$）以及铜汞合金（$CuHg$ 和 $Cu_{15}Hg_{11}$）。

挑取微量的银白色膏泥状金属，将其置入烧杯并在通风橱中加热 25 分钟，结果出现了黄色固体金属样品。显微镜下观察，该样品表面是由看似菜花状的金黄色和银白色的金属颗粒堆积而成（图 12 - 4 - 5）。靠近烧杯底部的部分样品没有充分发育成菜花状，但是在其凹下去的部位有大量黄色丝状金属从金属颗粒之间的缝隙中萌发出来。在扫描电子显微镜下（图 12 - 4 - 6），这些黄色丝状金属是由众多毛细管状物组成，X 射线能谱分析（EDS）表明其金（Au）含量超过 98%。金黄色和银白色的颗粒以及凹陷部分亦采用 EDS 方法进行了检测，结果表明（见表 12 - 4 - 1）：该样品为金汞合金——"金汞齐"。金黄色和银白色的金属颗粒均为金汞合金组成，由于前者较后者的含汞量低，所以它们呈现出金色。如果对挑取的样品继续加热，将会有更多的汞蒸发，最终会成为含有少量或微量汞的金黄色金汞合金或

① 孙淑云等，四川绵阳双包山汉墓出土金汞合金实物的研究，见：中国文物保护技术学会第二届年会交流论文，2002 年，7 月，西安。

者古代所谓的纯金。

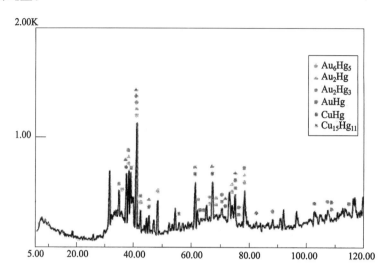

图 12-4-4　银白色膏泥状金属的 XRD 谱图

图 12-4-5　金、汞颗粒

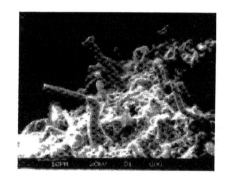

图 12-4-6　毛细管状金属
扫描电子显微镜二次电子像

表 12-4-1　加热后样品的扫描电子显微镜能谱分析结果

分析部位	成分%		
	金（Au）	汞（Hg）	铜（Cu）
银白珠 1	72.2	27.1	—
银白珠 2	72.4	27.3	—
银白珠 3	72.4	27.2	—
银白珠 4	74.5	24.5	—
金黄珠 1	94.2	5.79	—
金黄珠 2	94.9	5.0	—
金黄珠 3	99.8	0.0	—
靠近烧杯内底部的金属	98.9	—	—
	98.1	—	1.07

通过以上检测分析可以断定，该银白色膏泥状金属主要是由液态汞和金汞合金颗粒组成，其次有少量的银以及痕量的铜、硅、铁、钙、镁等。银和铜可能是金中的杂质元素，硅、铁、钙、镁则可能是因土壤污染而混入的矿物杂质元素。由于样品采自墓葬土壤中，因而在矿相显微镜下可以观察到透明的矿物存在。

二　讨　　论

分析检测结果表明，此银白色膏状金属是金汞合金（金汞齐）和液态汞的混合物。由于金汞合金固态颗粒被液态汞所包裹，所以呈银白色、膏状、质软、可随意成形。对其用途现讨论如下。

（一）鎏金的原料

金汞齐在古代多用于金属器表面鎏金。中国鎏金术产生于公元前 5 世纪的春秋战国之际，到公元前 1 世纪~公元后 1 世纪的西汉时期达到鼎盛。对传统鎏金工艺调查的结果显示[①]，所配制的金汞齐，俗称"金泥"，由于液态汞包裹着固态金汞齐颗粒，呈随意成形的银白色膏状。考虑到此墓出土的青铜器都经过鎏金，所以此银白色膏状金属可能是用于鎏金的原料——金汞齐。

作为鎏金的原料若被埋入工匠之墓，则容易被今人理解，但出土于身着银缕玉衣的王侯墓葬中，则作何解释呢？从古文献记载可知，中国古代的鎏金术与炼丹术有着密切的联系。有关鎏金术的记载多出现于炼丹著作中。如晋代炼丹家葛洪的《抱朴子神仙金经》记有："煅金成薄如绢，绞刀翦之，令如韭菜许，以投水银中。此是世间以涂杖法。金得水银须臾皆化为泥，其金白，不复黄也"。鎏金与长生有关系，在《史记·封禅书》中有记载，炼丹家李少君言上曰："祠灶则致物，致物而丹砂可化为黄金，黄金成，以为饮食器，则益寿……"，汉代炼丹术士向帝王宣传的"黄金或鎏金饮食器可延年益寿"观点，必然对汉代鎏金术的鼎盛起到积极的作用。考古发掘的汉代帝王与贵族墓葬中都有大量鎏金器物，应与炼丹术士宣扬的观点有关。但作为鎏金原料的金汞齐从未被发现过，此次绵阳二号西汉墓鎏金器具与银白色膏状金汞齐同时发现，证明了古籍中对金汞齐作鎏金原料的记载。还表明墓主生前对长生不老的追求。为了养生他虽不是医生，但研究人体经络；为了益寿他虽不是鎏金工匠，但会像炼丹术士一样去配制金汞齐。绘有经络的涂漆木雕像和银白色膏状金汞齐应是他生前喜爱之物，所以死后随葬于墓中。

（二）制作金粉的中间产物

黄金由于其贵重且具有很强的抗氧化和耐腐蚀性能，最早被炼丹方士选作养身延寿之物。中国最早的一部炼丹理论著作《周易参同契》记载："金入于猛火，色不夺精光；自开辟以来，日月不亏明，金不失其重，金性不败朽，故为万物宝，术士服食之，寿命得长久"。东晋炼丹家葛洪说："黄金入火，百炼不消，埋之毕天不朽"服之则"炼人身体，故能不老不死"。但随着服食黄金给人体造成危害的显现，炼丹术士转而将黄金制成金粉服食，以为

---

① 吴坤仪，鎏金，中国科技史料，1981，(1)：90~94。

这样就可以去除金的毒性。制作金粉的方法之一，就是使用金汞齐。《出金矿图录》记载着东汉炼丹家狐刚子的这种制金粉的方法："炼金银法，消新出矿金、银投清酒中，……尔消投猪脂中二百遍，亦得成柔金。打为薄（箔），细剪下，投无毒水银为泥，率金一两，配水银六两，加麦饭半盏许，合水，于铁臼中捣千杵，候细好，倾注盆中，以水沙（淘）石去，详审存意，勿令金随石去。以帛两重，绞去半汞。取残汞泥置瓷器中，以白盐末少少渐著，研令碎，著盐可至一盏许即止。研讫，筛粗物，更研令细，勿置土釜中，覆荐以盐末，飞之半日许，飞去汞讫，沙（淘）去盐，即自然成粉"。此方法的第一步是将黄金与汞制成金汞齐，第二步是将金汞齐与盐共研，使黄金分散，第三步是加热驱除汞，最后一步是加水将盐溶去，得到金粉。由此看来制作金粉是炼丹术的内容之一，金汞齐则是用黄金制作金粉的中间产物。

绵阳西汉墓墓主既然热衷于延年益寿、钻研养生之道，自然会接受炼丹术的养生法和参与其活动。墓中出土的银白色膏状金汞齐很可能是他本人或服务于他的炼丹术士在进行制作金粉过程中的中间产物。由于墓主生前喜爱此道，所以其后人将此金汞齐随之埋葬，以便让他在另一世界继续进行制作金粉的活动。

中国四川绵阳出土的银白色膏状金属，经分析检验系金汞合金和液态汞的混合物。由于液态汞包裹着无数金汞合金的小颗粒，故呈现膏泥状，可随意成形，与鎏金所用原料金汞齐，俗称"金泥"形态相同。

结合墓主的王侯身份和墓中其他随葬物的分析，推断此银白色膏状金属应是与炼丹术的养生益寿产品有关。可能是鎏金原料——金汞齐，或是制作金粉的中间产品。

关于金汞合金的制作和应用除上述中国古籍中有记载外，罗马博物学者普林尼（Pliny，公元 27～97 年）在公元 1 世纪的著作中有关于金能溶于水银的记载，埃及在公元 3 世纪有关于金汞合金用于镀金的记载。但无论是古老的中国，还是古代罗马、埃及都未曾出土过金汞合金实物。因此，绵阳西汉墓出土的这件银白色膏状金汞齐应是世界上第一件金汞合金。

第五节　"连"与"镴"

"连"和"镴"究竟是何种金属或合金？它们何时开始出现？是否与铅锡合金有关？铅、锡在古代何时开始用？早期使用时是否被区分为两种不同的金属？何时开始作为合金使用？何时有意识分离、提纯？以上问题涉及中国早期冶金技术及铜合金材料发展历程，不仅是冶金与材料史也是化学史、技术史等研究者所关心的问题。近期从古文献和考古发掘材料两方面对中国古代铅、锡、连、镴的使用及相关问题进行了初步的探讨①。

一　文献与考古资料中所反映的"连"、"镴"问题

（一）西汉时期开始有"连"字并与金、锡同存

司马迁（公元前 145～前 86）《史记·货殖列传》："江南出……金、锡、连、丹砂……"，裴骃《史记集解》中说：徐广认为"连"是"铅之未炼者"，可见"连"在西汉时

---

① 孙淑云，中国古代铅、锡、连、镴考古冶金学的初步探讨，见：第四届中日机械史和机械设计国际会议论文集，2004 年 11 月，北京。

期就出现了，而且是与铅有关的金属。《汉书·食货志》中记有"王莽居摄，变汉制；铸作钱币均用铜，毁以连、锡"，说明东汉时期"连"是与锡分别作为铸钱的金属材料。"连"在许慎《说文解字》中作"链"。《尔雅》中还有"釗"字，可能与"链"相似。"连"、"链"、"釗"可能指的是同一种金属或合金。张子高认为"连"是高锌含量的金属合金[①]。夏湘蓉、李仲钧等认为是"铅锡合金"[②]。汉代钱币都含有有锡和铅，而《史记》和《汉书》文中都提到锡，说明锡并未被其他金属和合金取代，而未提铅，但提"连"，说明"连"是一种与铅有关但又不是铅的金属，应是铅与其他金属"连"在一起的合金或含有较多杂质的铅（未被精练的粗铅）。

（二）东汉及以后"镴"字出现于铸钱

"镴"字最早见于安徽寿县出土的一件春秋时期铜戈的铭文。先秦时期仅此一例。

《汉书》卷六四下《贾捐之传》：武定之初，私铸滥恶，齐文襄王议，称钱一文重五铢者，听入市用。天下州镇郡县之市，各置二称，悬于市门。若重不五铢、或虽重五铢而杂铅镴，并不听用。当世未之行也。这里"铅镴"之"镴"字，音同"蜡"，包含有硬度较低之意，与铅组词，说明其为一种不同于铅的颜色较暗的金属合金。

《隋书·食货志》：高祖隋文帝时"是时现用之钱，皆须和以锡镴，锡镴既贱，求利者多。私铸之钱不可禁约。其年，诏乃禁出锡镴之处，并不得私有采取。"这里镴与锡组词"锡镴"，说明其不同于锡，但性能贱于锡、价钱便宜。由于其颜色像锡一样银白故以"锡镴"称之。

唐代、元代均有"镴"字存在。《唐书·食货志》记载：玄宗时"天下炉九十九，每炉岁铸钱三千三百缗……费铜二万一千二百斤，镴三千七百斤，锡三百斤。"这里的铸钱原料既有锡又有"镴"，锡与"镴"并存，说明镴是与锡不同的一种金属或合金。唐代钱币化学分析表明[③]，其中有铅的组分，而记载中无铅有镴，所以可认为镴是与铅相关的金属或合金。周为荣、戴志强认为此处"镴"指一种铅锡合金。

元代杂剧《西厢记》有"银样镴抢头"之句。作者王实甫（约1260～1336）主要创作活动大约在元成宗元贞、大德年间（1295～1307），这正是元杂剧的鼎盛时期。说明"镴"字在中国13世纪末到14世纪初仍存在着。"银样镴枪头"意思是指"中看不中用"的东西，所以"镴"应是一种颜色像银而贱于银的金属或合金，铅锡合金的可能性最大。

从以上文献可知"连"、"镴"作为实用的金属和合金存在于西汉-隋唐时期，主要用于铸钱的合金料。"连"、"镴"是不同于锡的一种金属或合金，从汉唐钱币不仅含锡还都含铅的事实，可推断它们应是代替铅的金属或合金。从字意可以推断它们应是两种金属"连"在一起的合金，硬度软，银白色、价格低廉，所以铅锡合金的可能性最大。为什么汉代开始要用铅锡合金代替铅呢？铅和锡在汉代以前是分开的两种金属，还是一直连在一起的合金呢？

（三）考古发现夏代已开始把铅、锡作为二种不同金属使用

二里头遗址作为夏代都城遗存，考古发掘出土有较多的青铜器。成分分析表明，属于二

---

① 张子高，中国化学史稿，科学出版社，1964年，第48页。
② 夏湘蓉等，中国古代矿业开发史，地质出版社，1980年，第58页。
③ 周为荣等，钱币学与冶铸史论丛，中华书局，2002年，第63页。

里头遗址二、三期（约公元前 1800～前 1600）的铜器中，不仅有铜锡合金，还有铜铅合金[①]。说明锡、铅是作为合金元素分别加入铜中的。另外直接的证据是二里头遗址还出土有属于三期的铅片，经清华大学曲长芝等用 X 荧光仪分析含 Pb95.90%、Sn 1.97% Cu 2.13%。

在郑州商城南关外和紫金山考古发现两处属于商代前期（公元前 1600～前 1400）的铸铜遗址，出土有孔雀石 1 块、铅块 4 件[②]。

商代晚期（公元前 1400～前 1100）安阳殷墟小屯村 E16 坑出土有铅锭，经 XPS 元素半定量分析[③]，含高纯量 Pb 及微量 Zn、As。安阳大司空村出土锡戈 6 件，铅制酒器和铅戈。

洛阳机瓦厂出土西周铅戈[④]，由中国有色金属研究院湿法化学分析含 Pb 99.75%，纯度相当高。

商、西周乃至春秋战国时期遗址出土的青铜器中都有锡青铜，亦有铅青铜。春秋战国时期铅器、锡器均有发现。

考古发掘说明中国从夏代开始直至商周铅、锡作为两种不同金属使用，不仅作为配制青铜的合金组分，还用于制作器物。

（四）先秦古籍中记载"锡"字和"铅"字是分开的

春秋战国时期著作《周礼·地官·廾人职》："廾人掌金玉锡石之地"。《管子·地数篇》："上有陵石者，下有铅、锡、赤铜"。《尚书·禹贡》记载 12 种矿产的产地分布，其中有金（银）、锡、铁、铅。《山海经》记载 73 种矿物，其中有金、银、铜、铁、锡等。《周礼·冬官·考工记》被考证为齐国官书，书中关于"六齐"的记载当时铜加锡的比例是官方的工艺规定，故"六齐"记载的"锡"应不包括"铅"。其有关对铸金之状的描写，反映的是加锡配制青铜合金的操作过程，而没有加铅的步骤。

从先秦古籍记载中，可以看到既有"锡"字、也有"铅"字，二者是分开的。从古籍和考古发掘资料都表明夏代到战国时代，中国已经分别开采、生产和使用锡和铅。但为什么到汉唐铸钱铅要用铅和锡合金——"连"、"镴"代替，二者不分开呢？什么时候铅和锡又被分开作为二种单独金属呢？下面将从冶金学角度加以探讨。

二　对铅锡连镴的冶金学初步探讨

（一）"连"、"镴"为何物

综上文献记载，自西汉出现"连"后，东汉、隋、唐铸钱又出现"镴"。与"镴"同句存在的有"锡"，但未有"铅"，说明铅被"连"、"镴"代替，"连"、"镴"应是与铅有关的金属或合金。铅冶金学表明，由于硫化铅矿物如方铅矿多与闪锌矿共生，还伴生锡石、毒

①　中国社会科学院考古研究所，偃师二里头，中国大百科全书出版社，1999 年，第 399 页。
②　河南省文物研究所，郑州商代二里岗铸铜基址，考古学集刊，1989（6）；100～120。
③　陈光祖，殷墟出土金属锭之分析及相关问题研究，考古与历史文化，（台北）中正书局出版，1991 年，第 355～392 年。
④　洛阳文物工作队，洛阳北窑西周墓，文物出版社，1999，374 页

砂、黄铁矿、黄铜矿等多种矿物，冶炼出的粗铅中往往含有多种杂质元素，在没有精炼或精炼不好的情况下，是不可能获得纯铅的，所以徐广认为"连"是"铅之未炼者"应指未经精炼的铅，即含有多种杂质的粗铅，此为对"连"的一种解释。

当硫化铅矿共生有锡矿物，在冶炼时锡进入被同时还原出来的铅中，铅锡被自然地"连"在一起。要将锡分离出去获得纯铅是不容易的。同样，冶炼共生有铅矿的锡硫化矿时，将铅分离出去获得纯锡也是很困难的。二者获得的产物为含锡的铅或含铅的锡，总之都为铅锡合金。用这种锡铅合金代替纯铅铸造铜锡铅三元合金器物，如钱币或其他铜器，完全不影响铸造和使用性能，于是人们赋予这种铅锡不分的金属以新的名称："连"、"镴"或"铅镴"、"锡镴"。此为对"连"的另一种解释和对"镴"或"铅镴"、"锡镴"由来的一种推断。这种未经精炼分离处理而获得的铅锡合金中，含其他杂质较多，而且铅、锡的比例不定，视矿石中铅锡含量比例而波动，锡多铅少的合金颜色偏银白，被称为"锡镴"，在有的文献中也称之为"白铅"，而铅多锡少的合金颜色偏暗，被称为"铅镴"，也可能是有些文献中的"黑铅"或"黑锡"。

分步结晶是分离锡铅的一种较简单的方法，当铅，锡分别结晶后，最后剩下的金属液在铅锡共晶熔点 183.3℃时形成（α+β）共晶，α 为含 Sn18.3%、Pb81.7%的固溶体，β 为含 Sn97.8%、Pb2.2%的固溶体，（α+β）共晶成分为 Sn61.9%、Pb38.1%，如铅锡相图所示（图 12-5-1）。如果古人采用了这种分离法，最后得到的产物"连"、"镴"中的铅锡应具有固定的比例，且含其他杂质少。截至目前尚未发现具有"连"、"镴"铭文且铅锡含量为共晶成分的

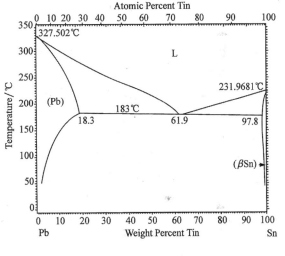

图 12-5-1 铅锡相图

文物，也未见具有"铅镴"、"锡镴"铭文且铅锡含量近似共晶成分的文物存在。这有待于考古和冶金史学者的发现和研究。

汉唐至元代是否有精炼技术和分离铅锡技术，尚待进一步研究，但"镴"是铅锡合金应无疑异。由于铅锡合金熔点低、硬度小，古人视其性能如蜡一般，故以蜡音称之，又由于其具有金属光泽，故以金字取代蜡之虫字旁，书之为"镴"。所谓"连"如果是指两种物质连在一起，二者不分的意思，铅锡合金正体现了"连"的含义。如指多种物质混杂在一起，则"连"还可能是指含多种杂质的粗铅。

"连"、"镴"的出现并不意味着人们把"锡"和"铅"混淆，从文献中"锡"与"镴"并存就证明当时锡与铅锡合金是明确区分开的。而人们不把铅锡合金称作铅，而创造一个新的称谓"镴"，说明当时把铅与铅锡合金也是区分开来的。之所以用镴代替铅铸钱和其他青铜器，是因为锡、铅本来就是铜钱和青铜器成分，人们用铅锡合金配制青铜，与用纯锡和纯铅加入铜中的效果相同，故古人用之，可免去分离提纯铅、锡的困难。

(二)"连"、"镴"出现的技术原因探讨

锡和铅从夏代开始分别用于青铜的添加物,一直延续到春秋战国时期,即先秦时期不仅有锡也有铅的生产。汉代出现"连"、东汉至隋唐铸钱出现"镴",并与"锡"并存。分析这一发展过程的技术原因,可看到中国铅、锡的生产与古人对矿产资源的利用和冶金技术发展的脉络。

铅矿有氧化矿与硫化矿之分,氧化矿又称砂铅矿,组成矿物为白铅矿($PbCO_3$)和铅矾($PbSO_4$),它们是由原生硫化铅矿受风化作用及含碳酸盐的地下水影响而渐次分布于铅矿床上层。很容易被古人利用。铅的还原熔炼很容易,PbO 在 $160\sim185℃$ 就已开始被 CO 还原,比用氧化铜矿炼铜温度还低。先秦时期人们采用地表铅矿砂进行还原熔炼得到纯净的铅是完全没问题的。铅锌矿在我国十分丰富,砂铅矿又是我国特有的工业类型。为先秦时期人们提供了丰富的铅矿资源。锡砂(SnO_2)是最早被人类利用来炼锡的原料,其分布于地表或河床中,易于获得,还原也较容易。先秦时期的锡、铅之所以能分别使用与利用地表氧化矿有直接关系。

当地表氧化铅类型矿产被耗尽,人们冶金技术提高到可以冶炼硫化矿的水平,矿床深部的铅、锡硫化矿物自然就被开采利用。由于铅、锡硫化矿多共生、伴生有多种其他矿物,冶炼出的粗金属中往往含有多种杂质元素,在没有精炼或精炼不好的情况下,是不可能获得纯铅、纯锡的。汉、隋、唐时期"连"、"镴"的存在,反映了当时冶金技术已经达到开采硫化矿并成功进行冶炼的水平。但分离提纯铅锡的技术尚未发明或水平不高,故出现铅锡不分的合金产物。由于文献中与"连"、"镴"并存的句子中往往有锡无铅,而当时铜钱和器物经分析,成分中既有锡又有铅,说明此时,出现由"连"、"镴"这种铅锡合金代替铅铸器的技术。和先秦时期相比,"连"、"镴"的出现反映冶金技术进步到冶炼共生硫化矿水平。

铅和锡何时再次被分开? 从现查到的资料看应到明代。明代有用共生矿冶炼和分离提纯的技术记载,明宋应星《天工开物》就是其中一部。书中记有炼铅的原料已经不仅限于纯铅矿,还有共生矿。熔炼场景绘有插图,参见图 5-2-5。书中还记有熔炼的工艺:"凡银矿中铅,炼铅成底,炼底复成铅。草节铅单入烘炉煎炼,炉傍通管,注入长条土槽内,俗名扁担铅,亦曰出山铅,所以别于凡银炉内频经煎炼者"。书中所谓"银矿铅"、"铜山铅",分别应为银铅、铜铅硫化共生矿。区别于纯铅矿——草节铅的简单冶炼过程,而是要"频经煎炼",由此推断当时冶炼硫化共生矿应是焙烧脱硫、还原熔炼同时在竖炉中反复进行。从书中的记载可知当时已经存在金属分离提纯过程。

《天工开物》中的记载说明明代出现分离提纯技术,不仅铅、锡可被分离,银、铅,银、铜也分别有分离提纯技术。此时,"连"、"镴"不再普遍存在于有关工艺记载中,说明了中国冶金技术又向前迈进一步。纵上对锡、铅、"连"、"镴"发展历程的分析探讨,锡、铅从分到和,从和到分的过程从一个侧面反映出中国古代冶金技术的不断进步,螺旋式上升的规律。

第十三章　铜镜与铜鼓

第一节　铜　镜

一　铜镜的历史

　　中国铜镜的制作和使用具有悠久的历史。考古发掘出土的古代铜镜，时代最早的是距今4000多年的齐家文化2面铜镜，一面是1975年甘肃广河齐家坪41号墓出土的素镜[①②]，另一面是1976年青海贵南尕马臺25号墓出土的七角星纹镜[③]（图13-1-1）。殷代铜镜共发现5面，其中4面出土于河南安阳小屯殷墟妇好墓[④]，一面于1934年出土于安阳洹河北岸侯家庄第1005号墓[⑤]。殷代铜镜均有纹饰，铸造得较齐家文化精美，西周至春秋早期的铜镜迄今为止共发现16面[⑥]包括素镜14面、重环纹镜1面、鸟兽纹镜1面，其中辽宁宁城南山根石椁墓出土的西周晚期至春秋早期的3面铜镜中有2面进行过化学成分分析[⑦]，西周至春秋早期铜镜从出土数目上较殷代多，从地域分布上

图13-1-1　齐家文化铜镜

也较殷镜广，在陕西、河南、北京、辽宁均有发现，说明其使用不像殷代那样仅限于王室范畴，但数量仍不多。从齐家文化至西周末春秋早期的铜镜，共出土不到30面，形体小、种类少、纹饰简单，此时期处于铜镜的起源和发展的早期阶段。

　　从春秋中、晚期到战国时期中国铜镜制作和使用发展了起来，特别是战国时期铜镜得到广泛流行。出土的此时期铜镜数量已达上千面之多，铜镜的种类复杂，纹饰题材广泛，铸造精细。此时期铜镜的成分稳定，铜锡比例适当，其含锡量十分适合铜镜功能的需要，反映了铜镜制作已形成固定的工艺，制作技术已达到成熟阶段。

　　汉代铜镜在战国铜镜的基础上得到进一步发展，出土数量在中国铜镜中占居首位，分布于全国各地，说明铜镜制作的繁荣及使用的普及，新的铜镜类型出现，铭文逐渐成为铜镜纹

---

①　北京钢铁学院冶金史研究室，中国早期铜器的初步研究，考古学报，1981，(3)：295。

②　游学华，中国早期铜镜资料，考古与文物，1980，(4)：365。

③　李虎侯，齐家文化铜镜的非破坏鉴定，考古，1980，(4)：365。

④　中国社会科学院考古研究所，殷墟妇好墓，文物出版社，1980年，第103页。

⑤　高去寻，殷代的一面铜镜及其相关之问题，见：中国研究院历史语言研究所集刊，第二十九本下册，1958，第689~690页。

⑥　孔祥星、刘一曼，中国古代铜镜，文物出版社，1984年，第16~20页。

⑦　赤峰市文物工作站等，宁城早期铜镜及其科学分析，考古，1985，(7)：659。

饰的组成部分，铭文内容丰富，反映了汉代官私铸镜业的发达及铜镜商品化的发展。"透光镜"是汉代出现的一种特殊铜镜（图 13-1-2），当阳光照射到镜面时，镜面的反射投影像却映现出镜背的纹饰和铭文。其"透光"效应与制作技术曾引起后代中外学者的极大兴趣。但透光镜在古代并不是十分稀罕之物，据清代郑复光《镜镜詅痴》卷五载，浙江湖州制造的一种能"透光"的双喜镜价钱只比普通铜镜贵一倍，是当地的日常用品。

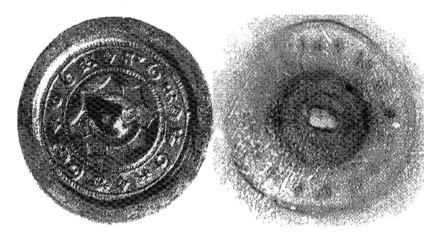

图 13-1-2　"见日之光"透光镜及"透光"效应
（选自：上海博物馆，中国青铜器馆图册，48 页）

中日之间的交往早在公元 1 世纪时就十分密切，在日本北九州佐贺县唐津市樱马场、福冈县岛郡弥生文化墓葬中均有东汉初年铜镜出土[①]。到中国的三国两晋时期，日本邪马台国输入各种中国铜镜。其中三角缘神兽镜（所谓"卑弥呼之镜"）不断出土于日本古坟，其数量已达 300 枚之多，他们是从中国舶载到日本的还是中国工匠在日本制作的引起中日学术界的广泛重视与争论[②]。

隋唐时期中国铜镜得到高度发展，铜镜的形制突破了圆形、方形的传统形式，出现了菱花形、葵花形铜镜。精美的瑞兽葡萄镜闻名于世，特别是盛唐时期铜镜工艺精湛，技术娴熟，达到了中国铜镜发展的顶峰，通过频繁的中外贸易流通到世界许多国家和地区。

从唐末、五代起中国传统的铜镜艺术日趋衰落，宋、金、元时期的铜镜，从造型、纹饰和合金成分上都有不同于传统铜镜的特点。

总之，中国古代铜镜的制作起始于 4 千年前的齐家文化，流行于春秋战国时期，在汉代和隋唐时期达到鼎盛和繁荣，以后逐渐衰落，至明、清时虽然还在人们日常生活中使用，但逐渐退出历史舞台，到清代中、后期终于被玻璃镜所代替。

对中国古代铜镜的研究是多方面的，除考古及艺术方面关于形制、纹饰、铭文和艺术风格的研究外，还有技术方面对成分、组织和制作工艺的研究。研究的人员不仅有中国人，还有不少日本和西方的学者。

---

① 冈崎敬，いまなヤ（马台国力），邪马台国への道，朝日新闻社，1980 年，第 140 页。
② 蔡凤书，古代中日文化交流的考古学视角，东方文化集刊，商务印书馆，1989 年，第 158 页。

二 铜镜的成分和组织

(一) 合金成分

关于铜镜的合金成分中国早在先秦古籍《考工记·六齐》中就记载着: "金锡半, 谓之鉴燧之齐", 郑玄注: "鉴亦镜也, 凡金多锡则忍白且明也"。明代李时珍的《本草纲目》卷九 "锡铜镜鼻" 引梁陶弘景云: "古无纯铜作镜, 皆用锡杂之。" 清代郑复光在《镜镜诊痴》卷一 "镜资" 條写道 "铜色本黄, 杂锡则青, 青近白故宜于镜。" 历代的记载都说明铜镜含有较多的锡, 加锡的目的是使铜镜颜色发白且光亮。用现代仪器设备研究古铜镜始于 20 世纪初, 日本学者近重真澄博士在 1918 年《史林》和 1920 年的《化学会学报》上分别发表了题为 "古代东方青铜器化学成分" 的论文[1], 其中包括对几面中国汉代铜镜的化学分析及金相检验结果。中国学者梁津在 1925 年对周代合金成分的研究中分析了 1 面铜镜的成分[2]。1937 年又有日本学者小松茂、山内淑人研究了多面中国铜镜的化学成分, 其中还有的进行了金相检验[3]。西方一些学者在研究中国青铜器的成分及表面锈蚀时也涉及了铜镜的成分和组织[4][5][6][7]。1979 年美国学者 W. T. Chase 和加拿大学者 U. M. Franklin 对 2 面汉代铜镜进行了详细的分析研究[8], 并与他们所分析的其他 40 面铜镜相比较, 在成分上是一致的。

近十年来, 中国学者对铜镜的技术研究有很大进展, 研究的手段除传统的化学分析法外, 还采用了原子吸收光谱、电子探针、扫描电子显微镜、X 射线衍射以及快中子活化分析等现代仪器的分析法。北京科技大学冶金与材料史研究所在对中国早期铜器及铜镜表面不锈的 "黑漆古" 进行研究时也对铜镜的成分和组织进行了一些分析检验工作 (表 13-1-1)[9]。

综合 20 世纪初至近年来有关铜镜成分的分析结果, 发现铜镜成分的变化有明显的三个阶段: ①早期阶段, 由齐家文化至春秋早期; ②兴盛阶段, 由春秋晚至汉、唐; ③衰落阶段, 由五代至明、清。成分变化的三个阶段与形制、花纹、艺术的发展阶段是相符合的。

---

① 近重真澄, 东洋古铜器の化学的研究, 史林, 1918, 3 (2): 178~203 及附録图版第一。以及 The Composition of Ancient Eastern Bronzes, The Journal of Chemical Society, London, 1920. vol. 117. p17~20.

② 梁津, 周代合金成分考, 科学, 1925, 9 (10): 1261~1278。

③ 小松茂. 山内淑人, 古镜の化学的研究, 东方学报, 京都版第 8 册, 1937 年, 第 11~31 页及图版第一~第四, 及梅原末治, 古镜の化学成分に? すち考古学の考察, 支那考古学论考, 弘文堂发行, 第 190~240 页。

④ Collins W F, The Corrosion of Early Chinese Bronzes, The Journal of The Institute of Metals, 1931, 45 (1): 42~43.

⑤ Collins W F, The Mirror-black and 'Quicksilver' Patinas of Certain Chinese Bronzes, The Journal of The Royal Anthropological Institute of Great Britain and Ireland, 1934, (64): 69~79.

⑥ Gettens R J, Tin-oxide Patina of Ancient High-tin Bronzes, Bulletin of The Fogg Museum of Art, 1949, 11 (1): 17.

⑦ Garner S H, The Composition of Chinese Bronzes, Oriental Art, 1960, (4): 133.

⑧ Chase W T, Franklin U M, Early Chinese Black Mirrors and Pattern-etched Weapons, Ars Orientalis, 1979, (11): 219~226.

⑨ 孙淑云、Kennon N F, 中国古代铜镜显微组织的研究, 自然科学史研究, 1992, 11 (1): 54~67。

表 13-1-1　北京科技大学冶金与材料史研究所对铜镜的分析结果（Wt%）

样号	铜镜名称	年代	来源	表面特征	Cu	Sn	Pb	分析手段
M41	素镜	齐家文化	甘肃省博物馆	厚度不均匀，为一凸面镜，镜面有光泽	大量	大量	少	激光光谱定性分析
17	龙纹镜	战国	湖南省博物馆	表面覆盖黑漆古	73.0	24.7	0.6	扫描电镜能谱分析
F42	铜镜	西汉	西汉南越王墓博物馆	表面覆盖黑漆古	76.5	21.5	1.22	原子吸收光谱分析
B13	铜镜	西汉	西汉南越王墓博物馆	同上	78.6	22.4	1.05	同上
14	神兽镜	东汉晚期	湖北省鄂州市博物馆	镜面覆盖黑漆古，镜背面为黑色锈蚀层	73.4	24.3	1.0	扫描电镜能谱分析
16	五行大布镜	南北朝	陕西省博物馆	镜面为银白色，镜背覆盖一层薄而均匀绿色锈蚀	75.2	23.1	1.3	同上
15	菱花镜	唐代	湖南省博物馆	镜两面均覆盖黑漆古，局部区域有绿色锈蚀	76.3	20.5	1.8	同上
13	鸟兽葡萄镜	唐代	上海市博物馆藏品	镜面有 1.5mm 厚的氧化锈蚀层，镜背面银白色	77.3	22.7	未测	同上

1. 早期阶段

共分析 4 面铜镜。

青海贵南尕马台 25 号墓出土的齐家文化七星纹镜，经快中子放射法分析，铜锡之比为 1∶0.096。估计铜含量为 91.24%，锡含量为 8.76%[1]。

甘肃广河齐家坪 41 号墓出土的齐家文化素镜，经激光光谱定性分析为含锡青铜镜[2]，经测量直径约 60.23 毫米，边缘厚度为 0.52 毫米，中心为 2.0 毫米，此镜系凸面镜，曲率半径为 241±7 毫米。关于凸面镜，以往被认为到汉代才有，齐家文化这面铜镜的出现，将凸面镜的历史提早了近二千年。关于凸面镜的映照效果在宋代沈括《梦溪笔谈》卷十九曾记载："古人铸鑑（鉴），鑑（鉴）大则平，鑑（鉴）小则凸，凡鑑（鉴）窪则照人面大，凸则照人面小。小鑑（鉴）不能全观人面，故令微凸，收入面令小，则鑑（鉴）虽小而能全纳人面。"对于齐家文化这面直径仅有 60.23 毫米小铜镜来说，若制作成平面镜的话，经孙淑云粗略计算，在一般人眼睛明视距离 200 毫米左右时，要想对同一大小的物体成像，则平面镜的直径将是具有 241 毫米曲率半径凸面镜的二倍。齐家文化凸面镜的出现表明当时的人们已注意到"小鑑（鉴）不能全观人面"的现象，并知道采取令镜微凸的方法能产生使小镜全纳人面的光学效果。

辽宁省宁城县南山根西周晚期至春秋早期墓葬出土的 2 面铜镜，经分析[3]结果如下：M101∶60 铜镜，Cu 86.4%，Sn 11.2%，Pb 2.4%；M101∶59.2 铜镜 Cu 80.7%，Sn 19.3%。

早期阶段 4 面铜镜的分析结果表明，铸镜材料为铜、锡合金，锡含量低于 20%，铅含

---

①　李虎侯，齐家文化铜镜的非破坏鉴定，考古，1980，(4)：365。

②　北京钢铁学院冶金史研究室，中国早期铜器的初步研究，考古学报，1981，(3)：295。

③　赤峰市文物工作站等，宁城早期铜器及其科学分析，考古，1985，(7)：659。

量很少。西周晚期至春秋早期铜镜的锡含量高于齐家文化的铜镜。

2. 兴盛阶段

被分析的从春秋晚期到唐代的铜镜数量很多，从近 20 篇文献中收集到 165 面铜镜的分析数据，其中以日本学者小松茂、山内淑人二位博士分析的最多，从秦代到唐代共 43 面，为铜镜合金成分的研究提供了非常宝贵的资料。对 165 面铜镜的锡、铅含量进行整理和统计，结果如表 13-1-2～表 13-1-4 所示。

表 13-1-2　春秋晚期至唐代铜镜的分析数量统计表

文献编号与第一作者	时　代	分析个数/面	总数/面
[1] 近重真澄（Masumi）	汉 唐	18 1	19
[2] 梁津	周*	1	1
[3] 小松茂等	秦 汉 六朝 隋 唐	8 20 11 2 2	43
[4] W. F. Collins	汉 唐	3 1	4
[5] W. F. Collins	汉	1	1
[6] R. J. Gettens	周代晚期—汉代晚期	27	27
[7] S. H. Garner	唐	1	1
[8] W. T. Chase	汉	2	2
[9] 孙淑云	战国 汉 南北朝 唐	1 3 1 2	7
[10] 上海交大	汉	1	1
[11] 田长浒	战国 秦 汉	2 1 4	7
[12] 何堂坤	战国 汉 东汉-六朝 唐	4 7 1 4	16
[13] 何堂坤	战国 汉 六朝 孙吴	1 3 1 1	6
[14] 何堂坤	战国 汉 六朝-唐	2 7 2	11
[15] 何堂坤	南北朝	1	1
[16] 谭德睿	汉	2	2

续表

文献编号与第一作者	时代	分析个数/面	总数/面
[17] 吴来明	汉	2	5
	唐	3	
[18] 陈佩芬	汉	4	6
	唐	2	
[19] 中国科学技术大学及考古所实验室	汉	13	13
[20] 姚川、王况	战国	1	2
	唐	1	

注：[1] 近重真澄，东洋古铜器の化学的研究，史林，1918，3（2）：178～203 及附录图版第一；以及 The Composition of Ancient Eastern Bronzes, The Journal of The Chemical Society, London, 1920. vol. 117. p17～20.

[2] 梁津，周代合金成分考，科学，1925，9（10）：1261～1278。注：周※. 梁津文中所分析的周代铜器实指东周之铜器。

[3] 小松茂、山内淑人，古镜の化学の研究，东方学报，京都版第 8 册，1937 年，第 11～31 页及图版第一～第四，及梅原末治，古镜の化学成分に？すち考古学的考察，支那考古学论考，弘文堂发行，第 190～240 页。注：※原作者共分析 56 面铜镜，其中仿制品 4 面，日本及朝鲜镜 4 面，唐代以后的 4 面及 1 面含锡仅 7.9% 的黄赤铜镜属特例，故本文将以上 13 面铜镜的数据未加收入。

[4] Collins W F, The Corrosion of Early Chinese Bronzes, The Journal of The Institute of Metals. 1931, 45 (1): 42～43. 注：※唐镜的分析是在 Desch C. H. 教授的实验室进行的，汉镜的分析是由 Chikashige M. 进行的。原文列出的 3 面日本出土汉镜的分析数据与 [1] 重复故略去。

[5] Collins W F, The Mirror-black and "Quicksilver" Patinas of Certain Chinese Bronzes, The Journal of The Royal Anthropological Institute of Great Britain and Ireland, 1934, 64: 69～79。注：※原文列出 4 面铜镜的分析数据，其中 3 面与 [4] 中的铜镜重复，故本条未加以收入。

[6] Gettens R J, Tin-oxide Patina of Ancient High-tin Bronzes, Bulletin of The Fogg Museum of Art, 1949, 11 (1): 17.

[7] Garner S H, The Composition of Chinese Bronzes, Oriental Art, 1960, (4): 133.

[8] Chase W T, Franklin U M, Early Chinese Black Mirrors and Pattern-etched Weapons, Ars Orientalis, 1979, 11: 219～226.

[9] 孙淑云、Kennon N F，中国古代铜镜显微组织的研究，自然科学史研究，1992，11（1）：54～67。

[10] 上海交通大学西汉古铜镜研究组，西汉"透光"古铜镜研究，中国金属学报，1979，(1)：13～20。

[11] 田长浒，从现代实验剖析中国古代青铜铸造的科学成就，见：科技史文集，第 13 辑，上海科学技术出版社，1985 年，第 24～34 页。

[12] 何堂坤，我国古代铜镜淬火技术的初步研究，自然科学史研究，1986，5（2）：159～169。

[13] 何堂坤，几面表层漆黑的古铜镜之分析研究，考古学报，1987，(1)：119～122 页。

[14] 何堂坤，我国古镜化学成分的初步研究，科技史文集，第 15 辑，上海科学技术出版社，1989 年，第 92 页。注：※原文列出的 45 面铜镜分析数据中有早期 3 面，五代以后 9 面，与前面所列的资料中重复的 22 面，故本条均略去，只收入 11 面铜镜的数据。

[15] 何堂坤，关于我国破镜重圆技术的初步研究，四川文物，1988，(6)：74～75。

[16] 谭德睿等，东汉"水银沁"铜镜表面处理技术研究阶段报告，上海博物馆馆刊，1982，(4)：409～413。

[17] 吴来明，关于古铜镜技术研究中的几个问题，见：第三届全国金属史学术讨论会论文，1989 年 5 月，河南舞阳。注：※原文列出 7 面铜镜的分析数据，其中 2 面汉镜与 [16] 中所列重复，故未收入于此。

[18] 陈佩芬，古代铜兵镜镜的成分及有关铸造技术，上海博物馆馆刊，1981，(1)：149。

[19] 中国科学技术大学结构分析中心实验室、中国社会科学院考古研究所实验室，汉代铜镜的成分与结构，考古，1988，(4)：371～376。

[20] Yao Chuan and Wang Kuang, A Study of the Black Corrosion Resistant Surface Layer of Ancient Chinese Bronze Mirrors and its Formation, Corrosion Australasia, 1987, (10): 5～7.

表 13 - 1 - 3　春秋晚期至唐代 165 面铜镜锡、铅含量的频率分布

成分范围	Sn/%					Pb/%		
	<18	18~20	21~26	27~30	>30	<1	1~7	8~10
铜镜数目（面）	2	13	135	12	3	8	141	16

表 13 - 1 - 4　不同时代的 138 面铜镜锡、铅含量的频率分布

时代及面数（面）	Sn/%					Pb/%		
	<18	18~20	21~26	27~30	>30	<1	1~7	8~10
春秋末及战国 12 面		5	7			1	10	1
秦 9 面		8	1			2	6	1
汉 81 面		4	68	7	2	4	68	9
三国、魏晋、南北朝、六朝 15 面	1	1	11	2			12	3
隋、唐 21 面	1	2	16	1	1	1	18	2

由以上统计表可以看出，从春秋晚期至唐代铜镜的成分十分稳定，锡含量超过 30％ 的仅 3 面铜镜（最高值为 37.3％），低于 18％ 仅 2 面，绝大多数铜镜锡含量稳定在 21％～26％。铅含量没有超过 10％ 的，小于 1％ 的仅 8 面，绝大多数铜镜的铅含量分布在 1％～7％ 之间。从表 13 - 1 - 4 还可以看到，以含锡量 21％～26％ 为中心，春秋末及战国铜镜的频率分布是向中心左侧倾斜，而秦、汉铜镜呈向右侧倾斜的趋势，说明秦、汉时期铜镜的含锡量高于春秋、战国时期。三国至隋、唐时期含锡量偏离中心的铜镜很少，频率分布呈两侧平衡状态。尽管不同时代铜镜的含锡量频率分布有所差异，但含锡量在 21％～26％ 的铜镜占绝大多数，说明从春秋晚期、战国时代起，铜镜的成分就已确定，一直到唐代没有发生什么变化。选择的青铜锡、铅含量非常适合铜镜的性能要求。铜镜作为映照用具必须具备光亮及耐磨的性能，据铜锡铅三元合金的颜色与布氏硬度（HB）与铜锡铅含量的关系图[①]。锡含量在 18％～27％、铅含量在 1％～7％ 范围的青铜颜色为银灰色，硬度很高（HB200 左右），适于反复磨砺及抛光，使铜镜光灿

图 13 - 1 - 3　六朝时期神人鸟兽画像镜
（选自：湖北博物馆等编，鄂城汉三国六朝铜镜，1986 年版，图版一）

照人。铅的加入不仅增加耐磨性，还可降低青铜的熔点，提高流动性，使铸造的铜镜花纹清晰、细致（图 13 - 1 - 3）。说明中国铜镜的制作技术在春秋末、战国时期已达到成熟阶段，这与中国商、西周时期，青铜冶铸技术的高度发展密切相关。战国时期成书的"考工记"关于合金配比的"六齐"规律，是长期青铜冶铸实践的经验总结。其中关于鑑（鉴）燧的铜、

① Chase W T, Ziebold T O, Ternary Representations of Ancient Chinese Bronze Compositions, Archaeological Chemistry-II, Advances in Chemistry Series, 171, American Chemical Society, Washington, D. C., 1978, pp. 301~305.

锡之比 1:1，虽然与铜镜分析的实际含量有差异，但分析的铜镜锡含量高于所有其他类型青铜器锡含量之事实，是与"六齐"的规律相符合的。

3. 衰落阶段

经分析的五代以后的铜镜 39 面（表 13-1-5），从表 13-1-5 可以看到，五代～明、清时期铜镜的合金成分较战国、汉、唐铜镜发生很大变化。铅含量增加，并出现含锌的铜镜。从成分上大致可分为四种类型。

（1）高锡青铜镜，此类铜镜共 6 面，且均在金代以前，含有大于 18％的锡，少于 8％的铅，在成分上与战国、汉、唐铜镜的成分一致。说明传统的制镜技术从鼎盛时期一直延续到金代，但仅在一定范围内采用，如分析的宋代铜镜 23 面，只有江西饶州 2 面铜镜含有 25％～28％的高锡，其分别为许家和叶家两作坊的产品，而其他 21 面分别是湖州、北京、安徽、鄂州的铜镜，锡含量均不高[①]。证明传统的合金配方在宋代已不再普遍采用了。

（2）高铅青铜镜，此类铜镜 14 面，从宋～明、清各代均有。铅含量高于 18％，锡含量 6％～12％。含铅量最高的 1 面宋代十二曲镜的铅含量高达 29.18％。铅对青铜合金机械性能产生一定的影响，由于铅质软，随铅含量的增加，青铜硬度下降，研磨时易出现道痕，且抗拉强度降低，延伸率下降，塑性不好。这类铜镜的颜色与战国、汉、唐铜镜大不相同，为深浅不同的黄色。研磨后镜面颜色发暗，从外观到机械性能都不如兴盛时期的铜镜好。

（3）高铜青铜镜，此类铜镜 10 面，从宋至明代均有。特点是含铜量高于 80％，但不超过 90％，锡和铅的含量一般在 6％～10％之间。铜镜颜色为橙黄色。

（4）含锌的铜镜，此类铜镜 8 面，清代镜占 4 面之多，所分析的 4 面清代铜镜均含有锌，且锌含量较高（13％～23％），说明此类铜镜在清代普遍使用。分析明代 2 面铜镜中，即有 1 面含锌（9.18％），说明在明代铜镜虽不都是含锌镜，但也占有相当大的比例。但在明代以前含锌铜镜使用得还较少，分析的宋代和金代 31 面铜镜中，仅 3 例含锌[②]，这种情况与中国用锌的历史是相关的。明代黄铜开始使用。明代铜钱的化学分析[③]表明含有较高锌钱币自明嘉靖年间开始大量出现。凡含锌的铜镜其锡含量均不高。这种铜镜颜色发黄，硬度不高，铸造时常常形成集中缩孔，影响铸件质量。

总之，中国铜镜发展无论从艺术价值上还是制作技术上都经历了一个发生、发展和衰落的过程。铜镜制作时的合金配比是决定铜镜质量的关键之一。战国、汉、唐时期铜镜有统一的配方规范，合金中铜、锡、铅的含量从现代冶金铸造学来看，是科学、合理的。由于合金熔点低，容易铸造，体积收缩率低，使铜镜花纹细致，字迹清晰，硬度高，易研磨，颜色灰白，经研磨抛光后银白光亮，有较好的映照效果。故战国、汉、唐时期的铜镜有较高艺术价值，呈现繁荣兴盛的景象。宋代以后，铜镜的合金成分发生变化，或增加铜的含量，减低锡含量或以增加铅含量取代大部分锡，使铜镜质地变软，颜色发黄变暗，体积收缩率增大，填充铸型的性能降低，所以铜镜的艺术价值较前一阶段有所下降，呈现衰落的景象。至清代出

① 何堂坤，宋镜合金成分分析，四川文物，1990，(3)：74～78。

② 阿城市文管所、中国科学院自然科学史研究所，几件金代铜镜的科学分析，北方文物，1990，(3)：32～35。

③ 赵匡华、周卫荣，明代铜钱化学成分剖析，自然科学史研究，1988，7 (1)：56。

现玻璃镜后，铜镜的制作逐渐结束。世间任何事物都经历一个发生、发展和衰亡的阶段，铜镜的历史也不例外。

表 13 - 1 - 5　五代～明清时期铜镜的合金成分

时代	数目（面）	名称	成分%				备注	资料来源
			Cu	Sn	Pb	Zn		
五代	1	匠人镜	73.177	20.00	6.20		原编号 W6	[1]
宋	23	湖州素纹镜	67.88	13.0	7.63	3.24	深黄色	[2]
		湖州画像八菱镜	67.10	8.18	23.76		淡黄色	[2]
		菱形镜	83.23	7.64	9.14		原编号 E50	[1]
		带柄龟裂纹镜	59.82	1.79	3.53	33.7	B7	[1]
		带柄双龙镜	84.15	7.15	8.66		A18	[3]
		湖州青铜照子	85.35	9.54	5.11		A21	[3]
		菱形镜	86.51	9.99	3.50		A22	[3]
		菱形镜	74.59	6.41	18.90		A46	[3]
		菊花镜	74.66	12.66	11.83		灰褐色 E41	[3]
		菊花镜	64.79	10.35	24.86		灰褐色 E60	[3]
		菱形镜	67.38	8.33	23.05		E43	[3]
		大葵镜	70.50	10.10	22.15		E47	[3]
		大葵镜	70.92	7.55	21.54		E20	[3]
		八卦镜	73.19	9.215	17.59		青灰色 E45	[3]
		带柄夔凤镜	70.17	7.925	22.90		E48	[3]
		素面镜	67.70	8.585	23.27		E51	[3]
		湖州葵形镜	72.85	7.38	18.41		蜡黄色 E52	[3]
		十二曲镜	64.15	6.06	29.18		蜡黄色 E61	[3]
		饶州许家六葵镜	61.00	27.8	8.34		G1	[3]
		饶州叶家六葵镜	69.65	25.76	4.59		G3	[3]
		带柄双花镜	84.15	7.17	8.68		W18	[4]
		六葵镜	70.92	7.55	21.54		B20	[4]
		六葵镜	84.22	7.12	8.66		B26	[4]
金代	8	金镜	65.11	11.58	20.49		深黄色	[5]
		承安三年四兽镜	66.65	6.26	23.72	2.42	黄赤色	[2]
		双龙镜	75.408	24.32	0.272		编号 A1	[4]
		带柄花鸟镜	77.203	6.10	16.456		A2	[4]
		"团京巡院" 镜	81.674	8.42	9.909		A3	[4]
		双鱼镜	78.438	18.97	1.270		A4	[4]
		"青盖作镜"	87.245	6.43	6.302		A5	[4]
		双龙镜	79.171	19.43	1.398		A6	[4]
元	1		85.950	6.68	7.37		原编号 B5	[1]
明	2	洪武元年云龙镜	70.95	5.97	11.40	9.18	黄赤色	[2]
		仿古弦纹镜	81.53	8.10	10.36		原编号 B4	[6]

续表

时代	数目 (面)	名　称	成分%				备注	资料 来源
			Cu	Sn	Pb	Zn		
清	4	清镜	74.00	3.29	7.59	12.96	真鍮镜	[5]
		清镜	58.52	5.58	7.66	23.29	真鍮镜	[5]
		素面镜	71.92	4.73	3.58	19.15	原编号 B14	[1]
		素面镜	69.62	6.57	5.95	17.85	B17	[1]

注：[1] 何堂坤，我国古镜化学成分的初步研究，科技史文集，15 辑，1989，第 92 页。

[2] 小松茂、山内淑人，古镜の化学的研究，东方学报，京都版第 8 册，1937 年，第 11～31 页及图版第一～第四；梅原末治，古镜の化学成分に關する考古学的考察，支那考古学论考，弘文堂发行，第 190～240 页。

[3] 何堂坤，宋镜合金成分分析，四川文物，1990，(3)：74～78。

[4] 阿城市文管所、中国科学院自然科学史研究所：几件金代铜镜的科学分析，北方文物，1990，(3)：32～35。

[5] 近重真澄，东洋古铜器の化学的研究，史林，1918，3 (2)：178-203 及录附图版第一；The Composition of Ancient Eastern Bronzes, The Journal of Chemical Society, London, 1920, Vol. 117, pp. 17～20.

[6] 何堂坤，关于我国破镜重圆技术的初步研究，四川文物，1988，(6)：74～75。

(二) 铜镜的显微组织

铜镜显微组织研究起始于 20 世纪初，日本学者近重真澄在 1918 年《史林》杂志和 1920 年《化学会会志》上分别发表了关于古代东方青铜器化学成分的论文，其中包括对几面汉代铜镜金相检验的结果[①]。1937 年日本学者小松茂和山内淑人对多面铜镜进行成分分析同时还进行了显微组织的金相观察[②]。西方一些学者在进行中国青铜器成分和表面锈蚀研究时也涉及铜镜的成分和显微组织[③]。20 世纪 80～90 年代，中国学者研究中国铜镜的较多，在铜镜显微组织研究方面，做了大量工作，如何堂坤、陈玉云、王胜君、王昌燧、孙淑云等。中外学者研究结果显示，对早期铜镜和宋代以后铜镜的组织研究不多。战国及汉、唐时期铜镜出土数量较多，研究得也较充分，对其显微组织众说不一，归纳起来主要有如下几种观点：

(1) 经过人工热处理：①淬火[④]，组织为 β′马氏体；②淬火-回火，组织为马氏体经回火转变的 α、δ 相。

(2) 未经人工处理：①铸造，冷却很快，冷却不均匀，组织为 α 基体，在冷却较慢部位有 (α+δ) 共析体组织；②而冷却快的局部，温度快速降至 586℃，致使部分 β 转变为 β′马

---

① 近重真澄，东洋古铜镜っ化学的研究，史林，1918，3 (2)：178～203 及附录图版第一。

② 小松茂、山内淑人，古镜っ化学的研究，东方学报，第八册，1937 年，第 11-31 页及图版第一至第四。

③ Collins W F, The Corrosion of Early Chinese Bronzes, The Journal of the Institute of Metals, 1931, 45 (1)：42～43.

Collins W F, The Mirror-black and "Quicksilver" Patinas of Certain Chinese Bronzes, The Journal of the Royal Anthropological Institute of Great Britain and Ireland , 1934, 64：73.

Gettens R J, Tin-oxide Patina of Ancient High-tin Bronze, Bulletin of the Fogg Museum of Art, 1949, 11, (1)：17.

Garner S H, The composition of Chinese bronzes, Oriental Art, 1960, (4)：133.

④ 何堂坤，我国古代铜镜淬火技术的初步研究，自然科学研究，1986，5 (2)：159～169。

氏体[1][2]；③铸造冷却到约 600℃时，又有一个急剧冷却过程，组织为 α、δ、β′[3]；④铸造，组织为 α 和 δ 相，不存在 β′[4]。究竟战国及汉、唐时期铜镜是否经过热处理？组织中是否有 β′马氏体组织？值得探讨、研究。孙淑云与 N. F. Kennon 进行了如下有关实验和研究。

1. 实验

（1）古代铜镜显微分析

用光学显微镜和扫描电子显微镜对古代 4 面铜镜进行了观察和 X 射线能谱分析，结果如表 13-1-6 和表 13-1-7 所示。

表 13-1-6 扫描电子显微镜能谱分析铜镜平均成分 （单位：%）

样品编号	铜镜名称	时代	来源	铜（Cu）	锡（Sn）	铅（Pb）
17 号	龙纹镜	战国	湖南省博物馆	73.0	24.7	0.6
14 号	神兽镜	东汉	鄂州博物馆	73.4	24.3	1.0
16 号	五行大布镜	南北朝	陕西省博物馆	75.2	23.1	1.3
15 号	葵花镜	唐代	湖南省博物馆	76.3	20.5	1.8

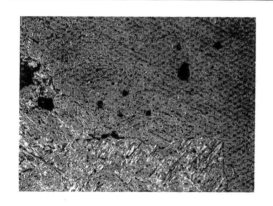

图 13-1-4 17 号铜镜金相组织

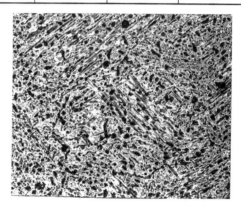

图 13-1-5 14 号铜镜金相组织

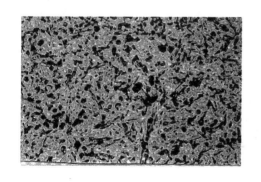

图 13-1-6 15 号铜镜金相组织

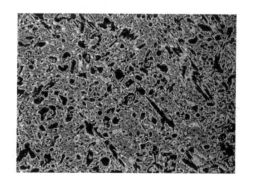

图 13-1-7 16 号铜镜金相组织

---

[1] 陈玉云等，模拟'黑漆古'铜镜试验研究，考古，1987，（2）：175～178。

[2] 王胜君等，古铜镜的扫描电镜研究，全国第一次实验室考古学术讨论论文，1988 年 5 月，中国南宁。

[3] 王昌燧等，古铜镜的结构成分分析，考古，1989，（5）：476～480。
王昌燧等，古铜镜的 X 射线物相分析，中国科技大学学报，1988，18（4）：506～509。

[4] 孙淑云、Kennon N F，中国古代铜镜显微组织的研究，自然科学史研究，1992，（1）：54～67。

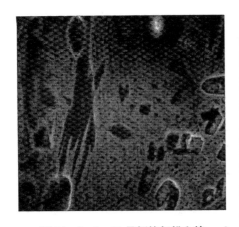

图 13-1-8　16 号铜镜扫描电镜
二次电子像

以上 4 面铜镜的成分与其他学者分析的多面战国、汉、唐铜镜成分相符，具有代表性。对其进行金相观察，14、15、16、17 号铜镜组织近似，在未侵蚀的样品基体上分散着黑色铅颗粒和少量灰色铜铁硫化物夹杂，以及铸造孔洞和缺陷。当样品经三氯化铁盐酸溶液侵蚀后，基体呈现浅蓝色，上面分布大量细小黑点状相。此外，分布较多棕红色二端尖锐的条状和针状相，条和针状相形态、大小各异，不同样品存在差异：17 号样品呈细小针状（图 13-1-4）；14 号样品针状相稍大（图 13-1-5）；15 号样品出现二端尖锐的条状相（图 13-1-6）；16 号二端尖锐的条状相粗大（图 13-1-7）。在扫描电镜下观察 4 面铜镜的二次电子相相同（图 13-1-8）。为确定各物相成分，进行了微区分析，结果见表 13-1-7。

表 13-1-7　扫描电子显微镜能谱分析铜镜组织各物相成分　　　　（单位:%）

分析部位	铜镜编号	Cu	Sn	Pb	Fe	S	与成分相应的相
基体	14	69.54	30.46				与 δ 相成分相近
	15	70.83	29.17				
	16	69.94	30.06				
长条状相	14	91.08	8.92				在 α 相成分范围内
	15	90.45	9.55	—			
	16	90.83	9.17				
圆颗粒	15	11.09	0	87.46			含铅夹杂物
	16	68.2	11.05	19.8			
不规则块状物	14	65.7			1.2	23.1	铜铁硫化物夹杂
	15	56.6	0.9		10.7	32.8	
	16	60.1			7.9	32.0	

（2）铜镜 X 射线衍射分析

为进一步确定铜镜的物相组成，进行了 X 射线衍射分析。分析结果与铜锡化合物及金属铜、铅的 X 射线衍射数据作了对比，结果见表 13-1-8。

表 13-1-8　16 号铜镜 X-射线衍射分析结果与 Pb（铅）、Cu（铜）及
铜-锡化合物的衍射数据相对照

16 号铜镜		Pb（铅）		Cu（铜）		$Cu_{41}Sn_{11}$		β'（CuSn）2T	
		4-0686		4-836		30-510		17-865	
$d/Å$	I/I'	$d/Å$	I/I'	$d/Å$	I/I'	$d/Å$	I/I'	$d/Å$	I/I'
3.466	12					3.460	9		
						2.997	5		

16 号铜镜		Pb（铅）		Cu（铜）		Cu$_{41}$Sn$_{11}$		β′（CuSn）2T	
		4-0686		4-836		30-510		17-865	
d/Å	I/I'	d/Å	I/I'	d/Å	I/I'	d/Å	I/I'	d/Å	I/I'
2.859	17	2.855	100						
2.478	13	2.475	50						
								2.131	100
2.129	100					2.119	100		
				2.088	100				
1.921	25					1.917	4		
1.854	12					1.835	3	1.859	20
				1.808	46				
1.75	15	1.750	31						
1.494	15	1.493	32			1.498	6	1.496	10
1.308	22					1.324	2	1.301	10
1.28	14					1.298	3		
1.274	15			1.278	20	1.271	2		
						1.223	10		
1.196	14								
1.121	14	1.136	10						
1.112	15	1.107	7	1.109	17				

注：数据 4-0686、4-836、30-510、17-865 均为 ASTM（美国材料试验学会）卡片的顺序号，表中 d 为原子面间距，I/I' 为相应谱线强度的相对比。

（3）模拟古代铜镜的铸造实验及样品检验

根据表 13-1-1 列出的铜镜成分，选用含锡量为 23%、含铅量为 1% 的青铜进行铸造实验。将青铜在坩埚中配制、熔化，然后在不同材料制成的铸模中（使凝固速度不同）进行浇注，得到样品 I-1、I-2、I-4、I-5。为了进一步研究不同含锡量的青铜在铸态条件下的组织变化，又选用含锡量为 20.7%、23.8% 和 24.1% 的青铜进行铸造实验，得到样品 I-7、I-8、I-10。所有以上诸样品随铸型在空气中冷却，得到直径为 3 厘米、厚约 1 厘米的圆形青铜锭。将青铜锭从中心作十字切割，各得到 4 块样品，将其中 1 块经过镶样、磨平、抛光、进行金相观察；其余留作下一步淬火、回火、退火实验之用。部分样品还进行了扫描电镜及 X 射线衍射分析。铸造实验条件与样品检验结果，如表 13-1-9 所示。

由表 13-1-9 可以看出，样品 I-1、I-2、I-4、I-5 具有相同的含锡量（23%），分别在不同的铸型中铸造，得到的组织与 I-1 相同。I-8 和 I-10 的含锡量较 I-1 略高，系在干沙型中铸造（与 I-4 铸造条件一致），得到的组织也与 I-1 相同。I-1 经扫描电镜能谱分析结果显示，基体含锡量 31.4% 与 δ 相含锡量（32%）近似，两端尖锐条状相及针状相含锡量 14.8% 在 α 相含锡量范围内（α 固溶体中锡可达 16%）。I-1 的组织与铜镜组织相同，I-1 系由铸造而成，未经任何热处理，其组织系高锡青铜铸造组织，故铜镜组织也应系高锡青铜铸造组织，铜镜亦属铸造而成。I-2、I-4、I-5、I-8、I-10 尽管铸造条件及含锡量与 I-1 存在一定差别，但都

表 13 – 1 – 9　铸造实验的条件及样品检验结果

样品编号	元素含量/% 铜(Cu)	锡(Sn)	铅(Pb)	加热炉	坩埚	温度/℃	铸型	冷却方式	金相组织	扫描电镜能谱分析结果	检验项目及附图编号
I-1	76	23	1	电阻炉	石墨粘土	1000	预热陶范	空气中	浅蓝色基体		金相检验（图 13 – 1 – 9）
									两端尖锐条状相及针状相	含锡量 31.4%	
									细小黑点状相	含锡量 14.8%，测不准	
									黑色圆形颗粒	Pb	
I-2	76	23	1	电阻炉	石墨粘土	1000	未预热陶范	空气中	同上		
I-4	76	23	1	感应炉	石墨	约 1200	干砂型	空气中	同 I-1		X 射线衍射分析（图 13 – 1 – 11）
I-5	76	23	1	感应炉	石墨	约 1200	湿砂型	空气中	同 I-1		
I-7	77.7	20.7	0.05	炭火炉	粘土	约 1100	预热陶范	空气中	白色 α 枝晶，(α+δ) 共析组织，黑色铸造孔洞		金相检验（图 13 – 1 – 10）
I-8	76.2	23.8	—	感应炉	石墨	约 1200	干砂型	空气中	同 I-1，无铅		
I-10	75.9	24.1	—	感应炉	石墨	约 1200	干砂型		同 I-1，无铅		

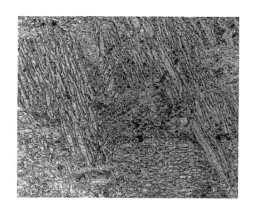

图 13-1-9　模拟实验试样 I-1 金相组织

图 13-1-10　模拟实验试样 I-7 金相组织

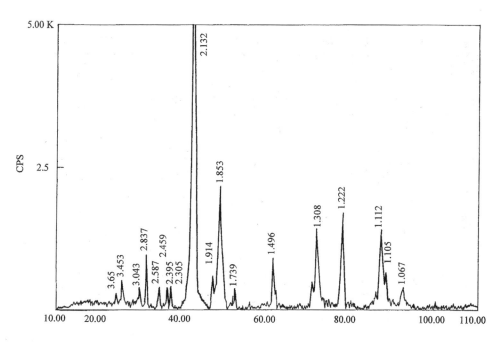

图 13-1-11　模拟铸造试样 I-4 X-射线衍射图谱

是铸造高锡青铜（23%～24.1%Sn），组织与 I-1 相同。I-7 含锡量低于 I-1，组织中的 α 呈枝晶状而不是如 I-1 的两端尖锐条状相或针状相，说明含锡量的改变影响到 α 相形态变化。

关于青铜淬火组织，Kennon 等曾做过研究[1]，实验时将含锡量为 21.82% 和 23.88% 的青铜分别加热至 675℃ 和 780℃ 进行冷水淬火至 20℃，均得到针状的 β′ 马氏体组织。这种针状 β′ 马氏体在本实验的铸造样品 I-1、I-2、I-4、I-5、I-7、I-8、I-10 上均不存在。这些铸造样品上存在的两端尖锐条状相及针状相的形态与 Kennon 等实验得到的针状 β′ 马氏体无共同之处。而下面青铜淬火实验，样品 I-1（7）、I-2（7）的组织中则存在针状 β′ 马氏体。

---

[1]　Kennon N F, Miller T M, Martensitic Transformations in β′ Cu-Sn Alloys, Transactions of the Japan Insititute of Metals, 1972, 13（5）：322～325, Photo. 1, 2.

（4）青铜的热处理实验及样品检验

为了确定铸造青铜经淬火、回火、退火后的金相组织，以便与铜镜组织进行比较，将铸造样品 I-1、I-2、I-5 进一步切成数小块，分别做热处理实验，实验条件见表 13-1-10、表 13-1-11，实验得到的样品进行金相检验（图 13-1-12，图 13-1-13，图 13-1-14）。淬火样品 I-1（7）进行 X 射线衍射折分析，结果见图 13-1-15。

表 13-1-10　样品 I-1、I-2 淬火和回火实验条件及结果

被处理样品	淬　火				700℃淬火后试样回火			
	加热温度/℃	冷却介质	得到的样品编号	金相组织	加热温度/℃	冷却介质	得到的样品编号	金相组织
I-1 I-2	700	自来水	I-1（7） I-2（7）	针状 β' 马氏体 （图 13-1-12）	500	空气	I-1（7）′ I-2（7）′	与 I-1（7）、I-2（7）组织变化不大

表 13-1-11　I-1、I-2、I-5 退火实验条件及所得样品的组织

加热温度/℃	加热时间/小时	冷却	所得样品编号	组织
200	2.5	样品随炉冷却至 20℃	I-1（1） I-2（1）	200~500℃退火样品组织与铸造样品 I-1 I-2 I-5 组织相比，没有明显改变（图 13-1-13），仍为铸态组织
300	//	//	I-1（2） I-2（2）	
400	//	//	I-1（3） I-2（3）	
500	//	//	I-1（4） I-2（4） I-5（4）	
600	//	//	I-1（5）I-2（5）	600℃、700℃退火样品组织，α 相呈现较大的块状和条状（图 13-1-14）
700	//	//	I-1（6）I-2（6）	

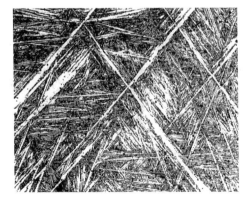

图 13-1-12　模拟淬火实验试样 I-1（7）金相组织

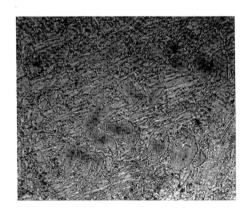

图 13-1-13　模拟退火实验试样 I-2（1）金相组织

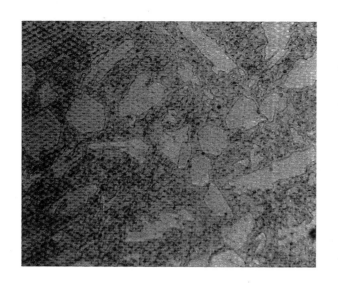

图 13 - 1 - 14　模拟退火实验试样 I-1（5）金相组织

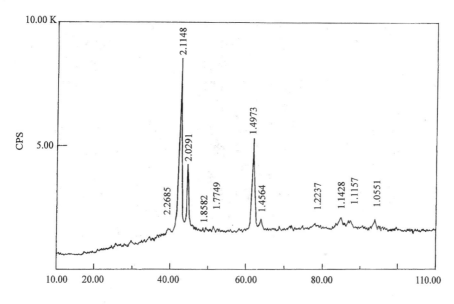

图 13 - 1 - 15　模拟淬火实验试样 I-1（7）X 射线衍射图谱

2. 讨论

（1）α相是铜-锡固溶体，具有面心立方晶格，它的含锡量最高可达 15.8%。δ相是一种金属间化合物，组成为 $Cu_{31}Sn_8$，含有近于 32% 的锡。表 13 - 1 - 7 显示的铜锡组织中基体含锡量接近 32%，是 δ 相。扫描电镜二次电子像显示的长条状相的含锡量为 9% 左右，是 α 相，其在金相显微镜下呈两端尖锐的长条状及针状。铜镜的金相检验显示组织是由 α 及（α＋δ）共析组织组成的。分析的 14 号～17 号 4 面铜镜组织与各研究者论文所述铜镜金相及扫描电镜二次电子像显示的组织是相同的，系战国、汉、唐时期铜镜的典型组织。

铸造铜镜组织中是否可能存在 β′马氏体吗？根据相图含锡量为 20% 的青铜由液态冷却下来时，在近 900℃ 时开始形成 α 固溶体，当冷却到 798℃ 时，一些 α 同留下的所有液体发

生反应而形成 β 相（包晶反应），在 586℃时 β 分解而形成共析组织（α＋γ）相（共析转变），在 520℃时 γ 共析转变为（α＋δ）相。含锡量为 26％的青铜，在由液态冷却下来时，部分 β 和液体发生包晶反应而生成 γ，γ 共析转变为（α＋δ）相。总之，含锡量为 20％～26％的青铜在室温下的组织都为 α 和（α＋δ）共析组织。β 和 γ 均为体心立方晶格，它们的化学组成分别为 Cu_5Sn 和 Cu_3Sn。一般来说，β 相仅存在于 586℃以上，γ 相存在于 520℃以上。只有通过淬火处理，激冷条件下才能使 β 和 γ 在相应温度下不发生共析转变而有可能获得 β′或 γ′。在正常的铸造条件下是不可能有 β′和 γ′存在的。

　　Kennon 等[1]在研究铜-锡合金中马氏体转变时指出：β′马氏体是一种有序的长程错排组织，在显微镜下观察呈针状。对 β′马氏体形成条件的研究表明，处于 β 单相区的铜-锡合金是否发生马氏体转变取决于合金 β 相的成分以及与马氏体转变初始温度（M_s）和终了温度（M_F）相应的冷却剂温度。在淬火时，对于 β 含锡量为 21.82％～23.89％的铜锡合金来说，$M_s > 20℃$，$M_F \geqslant 20℃$，当冷却 20℃时 β 完全转变成 β′马氏体；β 含锡量为 23.89％～24.09％的铜锡合金，$M_s \geqslant 20℃$，$M_F < 20℃$，当冷却到 20℃时仅有部分 β 转变成 β′；β 含锡量大于 24.09％的铜锡合金，$M_s \leqslant 20℃$，$M_F < 20℃$，当冷却到 20℃时不发生马氏体转变（β 相保留下来）。总之，当冷却剂 20℃的温度确定后，青铜的含锡量决定着马氏体是否发生转变及转变的完全程度，而一定含锡量的青铜只有在激冷的条件下才发生马氏体转变。通常铜镜的铸造条件是达不到使 β 发生马氏体转变的激冷条件的，因而也就不可能存在着 β′马氏体的。实验的结果证实以上的结论是正确的。铸造样品无论是通过陶范铸造还是砂型铸造的，无论是通过预热陶范（I-1）还是未预热陶范（I-2），无论是通过干砂型（I-4、I-8、I-10）还是湿砂型（I-5）铸造的，均具有同样的组织：α 及（α＋δ）共析组织，不存在 β′马氏体。古代铜镜的成分及铸造条件与实验的铸造样品是一致的。古铜镜的组织经检验也与铸造实验得到的样品是一致的。而淬火样品，将样品加热到 700℃淬入自来水中所得到的，均与古铜镜的组织不同。淬火样品依青铜含锡量的不同而得到 β′针状马氏体（图 13-1-12），这样的组织不仅在分析的 4 面铜镜中不曾存在，而且从各研究者论文所提供的铜镜组织照片上也未观察到。

　　铸造青铜样品（I-1、I-2）在 500℃以下进行退火实验的结果（表 13-1-9）表明，铸态组织没有明显变化。当加热至 600℃和 700℃时，样品处于（α＋β）相区，退火使组织变得均匀，α 呈现较大的块状及条状。古代铜镜中具有这种形态组织的较少，铸造条件下在低于青铜熔点的温度时缓慢冷却也可以造成组织均匀化，α 相长大的现象，故退火处理不是古代铜镜生产的普遍工艺。

　　经 700℃淬火后 200℃回火处理的样品（I-1（7）′、I-2（7）′）的组织与回火前的淬火组织相同，仍为针状 β′马氏体。因此，同样不能认为古代铜镜普遍进行过淬火及随后回火处理。

　　（2）X 射线衍射分析结果（表 13-1-8）表明，铜镜 16 号的结构具有与铅（Pb）的面间距 d 值相吻合的衍射峰，说明含有铅（Pb）。除此之外，还具有与铜锡化合物 $Cu_{41}Sn_{11}$ 的面间距 d 值较为吻合的衍射峰。$Cu_{41}Sn_{11}$ 含有 33.4％的锡（Sn），非常接近 δ 相的含锡量

---

　　[1]　Kennon N F and Miller T M, Martensitic transformations in β′ Cu-Sn alloys, Transactions of the Japan Institute of Metals, 1972, 13（5）：322～325, Photo. 1, 2.

32.6%，且二者的结构均为立方体晶格。δ相的衍射图谱显示的面间距非常近似于$Cu_{41}Sn_{11}$的结构[1]。因此可以说，铜镜具有δ相应无疑问。铜镜的衍射峰值较之与铜（Cu）相对应的衍射数据要偏高一些，这表明铜镜含有α相（铜中固溶有一定量的锡，使其衍射数据比纯铜的要偏高一些）[2]。至于$β'$（CuSn）2T相的衍射线虽然部分与16号铜镜的相吻合，但与以上铅（Pb）、$Cu_{41}Sn_{11}$和铜（Cu）的衍射线也相重合。ASTM卡片所列$β'$（CuSn）2T相的衍射数据是通过对一定条件下获得的样品进行测定而得出的。制作古铜镜的条件是否与之相符却不得而知，而古铜镜的制作条件正是我们要探讨的关键性问题。由此可见，利用X射线衍射分析来确定古铜镜的物相组成，进而推断其制作工艺（获得样品的条件）的研究方法，显然是有一定局限性的。

（3）当冷却条件一致时，铸造锡青铜的组织随着含锡量的变化而有所不同。表13-1-9列出的铸造样品I-7、I-1、I-8和I-10的含锡量分别为20.7%、23%、23.8%和24.1%。I-7的组织为由α树枝状初晶及多角斑纹状（α+δ）共析组成（图13-1-10）。I-1、I-8及I-10的组织相同，α呈两端尖锐的长条状及针状，浅蓝色δ相为基体，与δ相共析的α相呈细小黑点分布于基体之上（图13-1-9）。变化趋势是随着含锡量的增加，青铜组织中α相的相对量减少，α相的形态从树枝状变为两端尖锐的长条状及针状。古代铜镜组织中的α多呈两端尖锐的长条状及针状，易被误认为是淬火获得的针状的$β'$马氏体。

含锡量变化引起青铜组织变化的情况，还可以从存在严重锡偏析的青铜组织中观察到。曾检验过的2面铸造的古代铜鼓，中心部位含锡量较低，组织为由一般铸造锡青铜的α固溶体树枝状晶及（α+δ）共析组织组成。从样品中心向表面逐渐移动观察，随着含锡量的增加，（α+δ)共析体的相对量增加，至表面含锡量增加较多，（α+δ）共析体相连呈基体状，而α的相对量减少，在表面呈孤立的两端尖锐的条状和针状（图13-1-16和图13-1-17）。铸造铜鼓富锡表面的组织与古代铜境的组织相同。这可旁证存在于铜镜组织中两端尖锐的条状

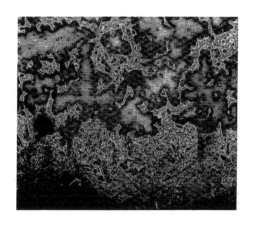
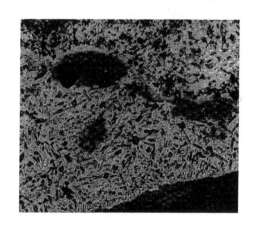

图 13-1-16　古代铜鼓1号金相组织　　　　　图 13-1-17　古代铜鼓2号金相组织

①　Meeks N D, Tin-rich surfaces on bronze—Some experimental and archaeological considerations, Archaeometry, 1986, 28 (2)：138.

②　王昌燧等，古铜镜的X射线物相分析，中国科学技术大学学报，1988，18 (4)：507。

相及针状相是 α 而不是 β' 马氏体，并且铜镜是由铸造而成的。

（4）含锡量高于 20％ 的青铜具有较高的硬度和脆性，经淬火处理后，抗拉强度有极大的增加，延伸率也有一定的增加[1]。经淬火处理过的青铜，韧性增加，可以被冷锻。而古代青铜镜的韧性一般较低，脆性高，易破碎，这是铸造高锡青铜的特征之一。从机械性能上看，铜镜也似未经过淬火处理。

（5）在古代文献中有"淬镜"一词的出现[2]，但对"淬"的含义可有不同的理解。屈大均《广东新语》卷十六有关于铜鼓调音的记载："每铜鼓成，必置酒延铜鼓师。师至，微以药物淬脐及鼓四旁，稍挥冷锤攻之……"此处调音显然是冷锻，并未涉及用火加热，因而不可能"淬火"。在孙淑云等检验分析过的近百面古代铜鼓中，无一例是经淬火处理过的。屈大均文中的"淬"显然是"蘸"的意思。从语言文字的角度来看，《说文解字》"淬"训为"灭火器也"，指灭火的器具；"焠"训为"坚刀刃也"[3]，即通过淬火使刀刃坚硬。后世通用"淬"表"淬火"之义。"蘸"不见于《说文解字》，《玉篇》释为"以物内水中"。"淬"、"焠"、"蘸"、"暂"古音都为齿音，音近。"蘸"从"淬"孳乳而来，实从"暂"字受义。所以"淬"有二义：一为淬火，即"坚刀刃"义（本字作焠）；二为"蘸"义。这第二义不为人们注意。所谓"淬镜"类似于铜鼓的"淬脐"，即蘸上水或磨镜药进行磨镜的意思。

（三）小结

对战国～唐代铜镜成分和组织分析结果表明，铜镜的含锡量较高，一般为 20％～26％，含铅量为 1％～7％。组织为由 α 固溶体、(α+δ) 共析体及颗粒状铅（Pb）组成，未见 β' 等热处理相存在。对相应古铜镜成分的青铜进行铸造及热处理实验研究的结果，证实了铸造高锡青铜的组织为 α 及 (α+δ) 共析组织，在冷却过程中不存在急剧冷却的过程以造成 β' 马氏体生成的条件。古代铜镜亦未普遍经淬火、回火等热处理过程，铜镜主要系由铸造而成。

图 13-1-18　黑漆古铜镜

三　黑漆古铜镜

所谓"黑漆古"是古玩收藏家对古铜器表面漆黑发亮具有玉质感特征所做的描述。宋代赵希鹄著《洞天清录集》[4] 中记有"秦陀黑漆古，光背质后无文者为上。"黑漆古具有保护青铜不被继续腐蚀的功能，致使铜器埋在地下千年以上，出土时表面仍光亮润泽如玉，甚为美观（图 13-1-18）。具有黑漆古的铜器以战国至隋唐时期铜镜为多，且多出土于南方江西、安微、湖南、湖北一带。

黑漆古的优良抗腐蚀性能曾引起中外学者的关

① Hanson D and Pell-Walpole W T, Chill-cast Tin Bronzes, London, 1951, pp. 295～300.

② 史树青，古代科技事物四考，文物，1962，(3)：49。

③ 东汉·许慎，说文解字，中华书局影印，1977 年 12 月北京第三次印刷，第 236 页。

④ 引自：《古今图书集成·经济汇编·考工典·镜部》，中华书局影印本，第七九八册，第 225～227 页。

注和考察研究。明代方以智《物理小识》卷八记有"铜剂多者，久则绿，更久则翠；……锡剂多者，久则黯绿，更久则黑，或如漆。"[①]。清代谷应泰在《博物要览》中指出铜镜表面颜色与铜质的清杂有关[②]。采用现代分析技术研究黑漆古始于 20 世纪初，兴盛于 20 世纪 70 年代末至 90 年代初。Yetts[③]、Collins[④] 和 Gettens[⑤] 于 1931 和 1934 年分别发表了各自的研究成果。中国学者梁上椿于 1952 年发表的论文中[⑥]从化学腐蚀角度分析了铜镜表面颜色、状态与埋葬环境之间的关系。Chase 和 Franklin 的研究工作在其 1979 年发表的论文中做了详细介绍[⑦]。中国科学院自然科学史研究所、中国科学技术大学、北京科技大学等单位的研究人员就黑漆古成分、结构及其成因进行了较为深入的研究，先后发表了数篇学术论文[⑧]。

（一）黑漆古成分、结构分析及对成因的各种解释

通过对黑漆古铜镜截面的检测，得知铜镜基体一般为含锡 20％～25％的高锡青铜铸造组织，表面覆盖平均厚度为 200～500 微米的腐蚀层，此腐蚀层由表面不均匀地向基体深入，与金属基体无明显界限。腐蚀层越接近基体部位被腐蚀程度越低，根据腐蚀程度大致可分为内、外两层。内层已经腐蚀了的原基体组织尚可见，外层则完全矿化。在矿化层残留有原铜镜铸造组织，称之为"痕像"。（图 13-1-19）。用扫描电子显微镜能谱分析等方法对腐蚀层的成分进行分析，发现与基体成分相差较大：腐蚀层锡含量明显增高，内层平均 40％～50％、外层平均达到 70％～80％。铜含量相对降

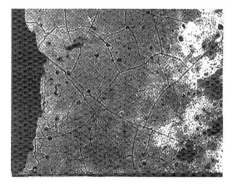

图 13-1-19 黑漆古铜镜矿化层金相组织

低。同时含有一定量的铁、铝、硅，这 3 种元素在金属基体中含量很低或痕量。用 X 射线衍射等方法对腐蚀层进行结构分析结果表明，主要成分锡是以锡的氧化物形式存在，主要是 SnO_2。次要成分铜以 CuO、Cu_2O 等铜的氧化物形式存在。

---

① 明・方以智，物理小识，卷八，清康熙三年（1664）刻本，第五册，第十八页。
② 引自：清李道元缉，《函海》，第七九册，清道光五年（1825）刻本，第六～八页。
③ Yetts W P, Problems of Chinese Bronzes, Journal of the Royal Central Asian Society, 1931, 18 (3): 399～402.
④ Collins W F, The Corrosion of Early Chinese Bronzes, The Journal of the Institute of Metals, 1931, 45 (1): 23～55.
Collins W F, The Mirror-black and "Quicksilver" Patinas of Certain Chinese Bronzes, The Journal of the Royal Anthropological Institute of Great Britain and Ireland, 1934, 64: 59～79.
⑤ Gettens R J, Some Observation Concerning the Lustrous Surface on Ancient Eastern Bronze Mirrors, Technical Studies in the Field of Fine Arts, vol. 3, 1934, p. 29～67.
⑥ 梁上椿，古镜研究总论，大陆杂志，1952，5 (5)：164～168。
⑦ Chase W T, Franklin U. M., Early Chinese Black Mirrors and Pattern-etched Weapons, Art Orientalis, 1979, 11: 215～258.
⑧ 何堂坤，关于铜镜表面透明层的分析，自然科学史研究，1985，4 (3)：251～257。
中国科学技术大学结构分析中心实验室等，汉代铜镜的成分与结构，考古，1988，(4)：371～376。
王昌燧等，古铜镜的 X 射线分析，中国科技大学学报，1988，18 (4)：506～509。
孙淑云，Kennon N F，中国古代铜镜显微组织的研究，自然科学史研究，1992，11 (1)：54～67。
孙淑云等，土壤中腐殖酸对铜镜表面"黑漆古"形成的影响，文物，1992，(12)：79～89。

　　黑漆古为什么会富锡？为什么会呈现玉质或玻璃质光泽？为什么是黑色？对这些问题有各种不同的解释，至今没有统一意见。总结以往学者的观点，对表面富锡和黑色漆古形成的解释主要存在三种：①青铜铸造过程发生的反偏析[①]。②使用锡汞齐作磨镜药，通过擦渗使锡渗透到铜镜表面，汞被加热驱净，富锡的镜面银白光亮。这种铜镜在地下遭到腐蚀后，镜面呈现黑漆古[②]。③铜镜在土壤中发生选择性腐蚀，铜流失造成锡的相对富集，锡变成二氧化锡留在铜镜表面[③④]。对黑漆古铜镜表面铁、硅、铝的来源及玻璃质光泽的生成存在两种解释：①铸造铜镜时，熔化的金属液与含有铁、硅、铝等氧化物的范模接触，而生成具有玻璃质的硅酸盐留在铜镜表面[⑤]。②将青铜镜浸入熔融的玻璃材料中，通过热扩散造成青铜表面釉化，呈玻璃质光泽[⑥]。总之，对黑漆古成因的基本观点不外两种，一为人工处理，另一为自然腐蚀。以下是本节对以上各种解释的剖析。

　　（1）对黑漆古铜镜截面进行金相检验的结果表明，表面锈蚀区域的高锡组织与铸造反偏析引起的青铜表面高锡组织完全不同[⑦]。中国科学技术大学研究人员所做的青铜铸造试验结果也表明：在古代铸造铜镜条件下不可能产生锡的铸造反偏析现象[⑧]。因此，铜镜表面高锡现象不是由铸造反偏析引起的。

　　（2）据对古籍的研究发现，明确指明"锡汞齐"作磨镜药的记载是在宋及明、清时期[⑨]，在此之前，《淮南子》等汉代古籍中有关于使用"玄锡"涂抹镜面的记载。但"玄锡"是否指"锡汞齐"值得商榷，因为对"玄锡"有多种解释。如认为"玄锡"即"黑锡"，而"铅，黑锡也"[⑩]，故"玄锡"指的是"铅"。或认为"玄锡"是"铅汞齐"[⑪]或"汞"[⑫]，还有认为是"锡石"[⑬]。对汉代之前战国铜镜以及汉代之后隋唐时期铜镜的大量分析检测结果都未发现黑漆古层残留有汞。用锡汞齐涂擦高锡青铜的试验显示[⑭]，尽管经锡汞齐处理过的样品被长时间烘烤，表面的汞仍驱除不净，在空气中放置，样品立即由银白转黯呈现无光泽的暗灰色。因此，用锡汞齐擦渗法处理高锡青铜得不到光亮的银白色表面，且残存有汞的事实与无

---

　　① 花传平、俞志中等，青铜器"黑漆古"层形成机理探讨，第二届全国科学技术史学术会议论文，1985年10月，南宁。

　　② 何堂坤，几面表面漆黑的古铜镜之分析研究，考古学报，1987，(1)：119～130。

　　③ Gettans R J, Tin-oxide Patina of Ancient High-tin Bronzes, Bulletin of The Fogg Museum of Art, 1949, 11 (1)：17.

　　④ Gettens R J, Some Observation Concerning the Lustrous Surface on Ancient Eastern Bronze Mirrors, Technical Studies in the Field of Fine Arts, Vol. 3, 1934, pp. 29～67.

　　⑤ Yetts W P, Problems of Chinese Bronzes, Journal of the Royal Central Asian Society, 1931, Vol. 18, Part 3, 399～402.

　　⑥ Chase W T, Franklin U M, Early Chinese Black Mirrors and Pattern-etched Weapons, Ars Orientalis, 1979, 11：215～258.

　　⑦ Meeks N D, Tin-rich Surfaces on Bronze-some Experimental and Archaeological Considerations, Archaeometry, 1986, 28 (2)：147～150.

　　⑧ 陈玉云等，模拟"黑漆古"铜镜试验研究，考古，1987，(2)：173～178。

　　⑨ 何堂坤，鄂城铜镜表面分析，自然科学史研究，1987，6 (2)：184。

　　⑩ 梁顾野王，《玉篇》，北京市中国书店，1983年，第329页。

　　⑪ 朱江，也来谈谈扬州出土的唐代铜镜，文博通讯，1981，(4)：18。

　　⑫ 史树青，古代科技事物四考，文物，1962，(3)：48。

　　⑬ 梁上椿，古代铸镜技术之研讨，大陆杂志，1951，2 (11)：9。

　　⑭ 鄂州博物馆董亚巍先生多次进行用过锡汞齐涂擦青铜镜面的实验，结果都表明，镜面残留有汞，加热及长期放置均不能将汞驱净，致使镜面发圬不亮。

汞的古铜镜表面黑漆古层不符。至于宋代以后有关于用"锡汞齐"作磨镜药的记载，是与宋及明、清时期铜镜成分发生变化有关。宋代开始大量用铅代替锡铸镜，明、清铜镜成分中还有锌。铅、锌的加入使铜镜颜色变得暗淡、发黄，不适宜映照，故使用"锡汞齐"作磨镜药使铜镜表面呈现银白色是有可能的。但出土宋代与明清时期铜镜很少有黑漆古的，少数铜镜具有黑漆古，但经分析与战国至唐代铜镜成分相同，均为高锡青铜，说明使用"锡汞齐"使铜镜表面富锡，进而转变成黑漆古的说法是值得商榷的。

（3）古代青铜器基本都是用陶范铸造的，如果说铜镜玻璃质表面层是由熔化金属液接触范面生成玻璃质硅酸盐所致，那出土的青铜器都是经过此过程，但只有部分铜镜和少数青铜器具有玻璃质光泽表面，因此此种观点似不能成立。

（4）铜镜及表面残留的金相组织未呈现任何热处理迹象，故将铜镜浸入熔融玻璃材料（一般温度在 1000℃以上）中的设想与实际不符。

（5）孙淑云等通过仔细观察黑漆古镜面，发现在玻璃质表面膜下有明显较粗的磨痕存在，表明玻璃质表面膜是直接在经过抛磨的镜面上形成的。铜镜镜背通常铸有复杂细腻的花纹，虽凸凹不平，但生成的黑漆古仍致密均匀，甚至镜纽的内表面及纽孔下的镜面亦无例外。说明采用擦渗方法很难达到这种程度。考古出土的黑漆古铜镜碎片中，可发现碎片的断茬也是黑漆古，与镜面、镜背无异，进一步证明黑漆古不是人工有意识处理成的，而是在地下埋藏环境中自然腐蚀而成。

对自然腐蚀如何造成铜镜表面富锡的黑漆古层的问题，被近期的考古发掘所证实。鄂州博物馆考古发掘的一面六朝时期铜镜，具有玻璃质光泽的漆古表面，与镜背相接触的土壤上印有清晰的花纹，呈现孔雀石绿色（图 13-1-20）。这一发现很好地印证了 Gettens 于 1934 年提出的观点，即铜镜在土壤中发生选择性腐蚀，铜流失于土壤，从而造成锡在铜镜表面的相对富集。由于没有进行实验验证，所以连他自己都很难理解为什么锡被氧化成二氧化锡（SnO_2）以后，会如此等体积地填充到流失掉的铜的位置，致使表面光滑如玉。

图 13-1-20 与镜背相接触的土壤上印有清晰的花纹，呈现孔雀石绿色

（二）土壤中腐殖酸对黑漆古形成的影响

北京科技大学冶金与材料史研究所的研究人员就自然腐蚀生成黑漆古的问题进行了近二

十年的探讨、研究[①]，现将结果简述如下：

　　既然黑漆古是高锡青铜在地下长期腐蚀生成的，那么土壤中什么物质起了作用呢？通过调查黑漆古铜镜多出土于我国南方潮湿、富含有机质的土壤中。由于气温较高，雨量充足，埋葬的各种有机物极易腐烂，使墓葬环境中腐殖物质较一般的南方土壤更高。腐殖物质是一种无固定组成的有机化合物或随机聚合物。腐殖酸是腐殖物质最典型的组分[②]。腐殖酸结构较复杂，其局部结构经测定含有羧基、酚羟基、醌基等含氧官能团[③]。腐殖酸可与金属离子、金属氧化物起作用生成金属-腐殖酸复合体，其中主要是羧基、酚羟基与金属离子的络合作用。腐殖酸具有氧化性，经测定其标准氧化还原电位一般在 0.7 伏特左右[④]。因此，腐殖酸的络合与氧化作用必然对铜镜表面的金属氧化与流失产生影响。当然土壤中还有 O_2、NO_3^-、MnO_2^-、SO_4^{2-} 等多种可能与铜镜发生作用的物质。黑漆古的生成有多种因素的作用，其中腐殖酸是重要的影响因素，因此有必要进行实验和深入研究。

　　实验分为两部分；①实验室模拟试验；②实验样品检测。

　　1. 实验室模拟试验

　　样品的制备：腐殖酸来源，一部分由中国科学院化学研究所提供，另一部分从市场购买的腐殖酸钠经酸处理后得到的。青铜样品按照战国－秦汉时期铜镜一般成分进行熔铸（表13-1-12），得到的样品经成分和金相鉴定，与古铜镜相同。

表 13-1-12　实验青铜样品成分配比

编号	成分/%			
	铜	锡	铅	铁
I	70	25	5	——
II	72	23	4.2	0.8
III	72	23	5	——
IV	72	23	4.2	0.8

　　腐殖酸浸泡实验：将腐殖酸配置成浓度 1～1.5 克/100 毫升的溶液，分成若干份，用 2 摩尔/升 HCl 将其调成 pH4～10 的不同酸度腐殖酸溶液，保持温度在 $85\pm1℃$ 时分别进行青铜样品的浸泡实验。浸泡过程中为了减少由于反应造成溶液中氢离子浓度变化的影响，溶液

　　① 1978 年北京科技大学冶金史研究室韩汝玢曾对 1 件黑漆古铜镜成分和组织进行过分析。1986～1988 年韩汝玢、孙淑云分别与澳大利亚卧龙岗大学冶金系学者进行了黑漆古铜镜的合作研究。柯俊教授通过多年考察，注意到黑漆古的生成与环境有密切关系，提出土壤中有机酸与高锡青铜作用导致黑漆古生成的设想。1988 年孙淑云对云南个旧石榴坝出土的黑漆古刻刀进行了分析，为自然腐蚀造成黑漆古生成提供了证据。1989 以后，先后有北科大应用化学专业硕士研究生金莲姬、冶金物理化学专业博士研究生周忠福在教师马肇曾、孙淑云、柯俊指导下进行了自然腐蚀生成黑漆古的实验及理论研究，取得较大进展。

　　② 于天仁，土壤化学原理，科学出版社，1987 年，第 116 页。

　　③ 于天仁，土壤化学原理，科学出版社，1987 年，第 133～140 页。

　　Stevenson F J, Humus Chemistry, John Wiley, New York, 1982 , pp. 244～261.

　　郑平，论腐殖酸中的醌基，见：全国第二次腐殖酸化学学术会议论文集，中国化学学会 1981.11，太原，第 24～29 页。

　　黄永奎，腐殖酸化学文摘 1955～1975，科学出版社，1982 年，第 148、173、178 页。

　　④ Szilagyi M, The Redox Properties and the Determination of the Normal Potential of the Peat-water System, Soil Science, 1973, 115 (6)；434～437.

每 4 天更换一次。反应时间 51 天。实验结果（表 13-1-13）表明，腐殖酸在 5＜pH≤8 酸度下可以使高锡青铜形成类似"黑漆古"的光亮表面。

表 13-1-13 腐殖酸酸度对青铜表面的影响

pH 值	样品表面状态（日光下肉眼观察）	反应中 pH 值变化
4	红铜色，粗糙，无光泽	略升高
5	深褐色，粗糙，无光泽	略升高
6	深灰色，光滑，有玻璃质光泽	由 6 下降至 5 左右
7	深灰色，光滑，有玻璃质光泽	由 6 下降至 5 左右
8	深灰色，光滑，有玻璃质光泽	由 6 下降至 5 左右
9	土黄色，光滑，无玻璃质光泽	略升高
10	黄色，光滑，无玻璃质光泽	略升高

用不同来源的腐殖酸在 pH 为 6 的条件下浸泡样品，结果表面都形成玻璃质光泽表面，只是颜色有差别，一种形成深灰色，另一种为深褐色，说明腐殖酸的来源是影响青铜光亮表面颜色的一个因素。

为确定温度对黑漆古形成的影响，保持腐殖酸酸度、浓度和两块青铜样品成分、表面积都相同条件下，在 85℃和 55℃不同温度下进行分别浸泡实验，定期测量样品失重情况。结果显示二者失重趋势一致。失重趋势在浸泡开始时较高，随着浸泡时间加长，样品表面层的增厚，失重率逐渐减小。85℃下的失重率高于 55℃，但都形成玻璃质光亮表面。随后对两块样品分析表明其成分及组织结构相同。说明温度的降低不改变腐蚀过程机理，也不改变腐蚀产物。

为了确定能够生成黑漆古的青铜含锡量范围，将一组不同含锡量的青铜残片浸泡于浓度为 1.5 克/100 毫升腐殖酸溶液中，保持 pH 值为 5，温度为 85±1℃，浸泡时间根据样品表面变化分别为 7～50 天不等，结果（表 13-1-14）表明，含锡量在 17.2％、23％、28.7％的样品都形成玻璃质光亮的表面，而含锡量 5.7％、12.3％的样品则不能形成，说明高含锡量是青铜表面形成黑漆古的必要条件之一。

表 13-1-14 腐殖酸对不同含锡量青铜表面的影响

编号	器物名称	基体成分/％			浸泡后表面状态	浸泡天数
		铜	锡	铅		
V	鬲	72.0	5.72	17.1	局部有浅色斑点 无玻璃质光泽	30
VI	鼎	73.6	12.3	9.56	斑点较多，局部呈黑色 无玻璃质光泽	30
VII	舟	72.1	17.2	9.96	部分区域呈黑色，部分区域 呈褐色，有玻璃质光泽	30
VIII-1 290 号铜镜 未除尽表面黑漆古		60.3	28.7	7.6	漆黑色，有玻璃质光泽	7
VIII-2 290 号铜镜 除尽表面黑漆古		60.3	28.7	7.6	深褐色，有玻璃质光泽	50

选择不同来源的腐殖酸 A 和 B，对实验室制备的青铜样品 I、IV 进行浸泡实验，结果如表 13-1-15 所示。

表 13-1-15　不同来源腐殖酸对青铜表面影响

样品编号	青铜合金编号	青铜合金成分/%				腐殖酸	温度 ±1℃	时间/天	浸泡后表面状态
		Cu	Sn	Pb	Fe				
IX	I	70	25	5	—	A	88	50	深褐色，有玻璃质光泽
X	IV	72	23	4.2	0.8	A	85	32	同上
XI	I	72	23	5	—	B	85	32	深灰色，有玻璃质光泽
XII	IV	72	23	4.2	0.8	B	85	40	同上

2. 实验样品检测

对经腐殖酸浸泡过、表面存在玻璃质光泽的青铜样品 IX 进行表面成分和组织、结构检测，并与出土的战国时期铜镜（编号 290）黑漆古检测结果相对照。

经扫描电镜二次电子像观察，实验样品 IX 截面显示表面腐蚀层厚度为 4～8 微米（图 13-1-21），290 铜镜表面腐蚀区域厚度为 190 微米左右（图 13-1-22）。用电镜能谱分析仪对 2 块样品截面自表面向基体进行点扫描显示，二者变化趋势一致：由表及里含铜量增加而含锡量减少，表面锈蚀区域中都含有铁、铝、硅。值得提及的是实验样品仅浸泡在腐殖酸溶液中，没有与其他含铁、铝、硅的物质接触过。290 铜镜接触墓葬土壤，铁、铝、硅是土壤所含重要元素，在此镜表面腐蚀区域存在一裂缝，其中铁、铝、硅含量剧增。以上说明铁、铝、硅来自与青铜接触的腐殖酸和土壤环境。

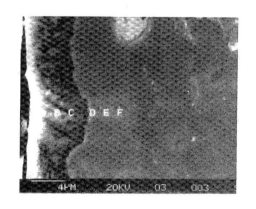 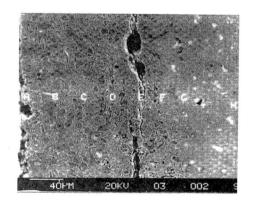

图 13-1-21　青铜样品 IX 扫描电镜二次电子像　　　图 13-1-22　290 号铜镜扫描电镜二次电子像

对实验样品 XII、VIII-2、290 铜镜表面进行 X 射线衍射分析，并与 290 铜镜基体的衍射峰对照，结果（图 13-1-23）表明三者在相同位置均具有基体所没有的 4 个漫射峰。经检索，漫射峰包括 JCPDS1970 年资料卡 21-1250 中二氧化锡（SnO_2）的衍射峰，其余衍射峰经辨别为氧化铜（CuO）、二氧化硅（SiO_2）、一氧化锡（SnO），还可能有硅酸盐如 $Ca_2Al_2SiO_7$。

对浸泡青铜样品前后的腐殖酸溶液进行原子吸收光谱的分析，结果（表 13-1-16）表明腐殖酸浸泡液中含铜量较空白液增加，含锡量无变化，说明腐蚀是有选择性的。

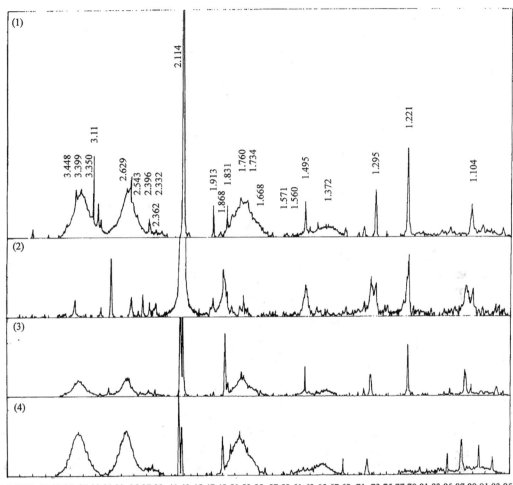

图 13-1-23 样品 X 射线衍射分析结果

（X 射线垂直于样品表面进行分析，铜靶加滤片）

（1）290 号铜镜黑漆古镜面 X 射线衍射谱；（2）样品 VIII-2 X 射线衍射谱；（3）290 号铜镜基体 X 射线衍射谱；

（4）样品 XII X 射线衍射谱

表 13-1-16 腐殖酸溶液原子吸收光谱分析结果

腐殖酸溶液编号	成分/%				
	铜	锡	铅	铁	镁
腐殖酸空白液	0.020	≤0.001	0.19	0.12	0.068
第一次更换液	0.33	≤0.001	0.19	0.10	0.039
第二次更换液	0.13	≤0.001	0.16	0.094	0.032
第三次更换液	0.084	≤0.001	0.16	0.11	0.029
第四次更换液	0.21	≤0.001	0.20	0.12	0.018
第五次更换液	0.061	≤0.001	0.14	0.12	0.046

对浸泡青铜样品前后的腐殖酸溶液进行红外光谱分析，对照二者的红外光谱发现浸泡过青铜样品的腐殖酸溶液在 $1720cm^{-1}$、$1230cm^{-1}$ 吸收峰消失，在 $1600cm^{-1}$ 吸收峰加强并外移。以上 3 个吸收峰均与羧基有关，说明浸泡过程中腐殖酸的羧基与青铜发生了作用。腐殖酸浸泡液中含铜量较空白液增加，应是青铜表面的铜与腐殖酸羧基作用生成铜-腐殖酸盐进入溶液的结果。

(三) 黑漆古形成机理

对黑漆古铜镜观察和腐殖酸与青铜作用的模拟实验表明，土壤中腐殖酸与铜镜发生作用是黑漆古形成的重要原因。样品在 $85℃$、$55℃$ 失重实验表明降低温度并不影响黑漆古的形成，由此可以推断当温度降低至常温的土壤腐蚀过程与产物都应与实验相同，只是反应速度减慢而已。根据范特霍夫规则（Van't Hoff）：当温度每升高 $10℃$，反应速度大约增加到原来的 2～4 倍。据此估算，在其他条件相同，仅温度由 $85℃$ 下降到室温 $25℃$ 时，欲得到与实验室样品 8 微米表面厚度，反应时间至少需要 10 年（按 2 倍算）和 500 年以上（按 4 倍算）。

黑漆古铜镜和实验样品 X 射线衍射分析结果表明，表面主要为二氧化锡（SnO_2），还有氧化铜（CuO），它们是被土壤中的氧化剂氧化而成。成分分析表明表面铜含量减少和锡含量增加，应是与腐殖酸与金属的络合作用有关。腐殖酸可与 Cu^{2+} 生成稳定的络合物。据 Stevenson[1] 测定来自美国伊利诺伊和俄亥俄州土壤中 3 种腐殖酸与 Cu^{2+} 络合稳定常数，平均值 $K_2 = 7.9 \times 10^8$（在无中性盐存在的情况下）较高，说明生成腐殖酸铜的倾向较大，即铜从青铜表面进入溶液的倾向较大。又据腐殖酸与 CuO 反应动力学研究结果[2]，当 pH 值为 5～9 时，CuO 被腐殖酸最初溶解率为 $10^{-7}mol/(L·s)$，说明青铜表面生成的 CuO 可在腐殖酸中缓慢溶解。到目前为止，腐殖酸与 4 价锡络合物稳定常数极少[3]，本实验对腐殖酸浸泡青铜样品前后的溶液分析发现锡含量没有变化，表明锡未被溶解下来而留在青铜表面，铜被溶解下来。在土壤中被溶解下来的铜进一步生成碳酸盐，这就是鄂州出土铜镜下面土壤有绿色孔雀石花纹的原因。

黑漆古铜镜和实验样品表面铁、铝的来源也与腐殖酸对金属的络合作用有关。腐殖酸与土壤中铁、铝可形成稳定的络合物。腐殖酸中都含有铁、铝。当腐殖酸与青铜作用时，表面的铜可以被腐殖酸中的铁、铝置换，生成的腐殖酸铜流失到环境中，从而使环境中的铁、铝在青铜表面富集。土壤溶液中包括腐殖酸溶液含有由原生矿物风化或蛋白石再溶解生成的不稳定 $Si(OH)_4$[4]，它进一步聚合、缩合和脱水形成稳定的 SiO_2，有可能沉积到青铜表面。此外土壤中含有的具有表面活性的铁、铝氧化物凝胶与二氧化硅凝胶之间具有较强的亲和力，可能成为青铜表面硅酸盐的来源之一。黑漆古铜镜和实验样品表面铁、铝、硅的存在，是来

---

[1]　Stevenson F J, Stability Constants of Cu^{2+} and Cd^{2+} Complexes with Humic Acids, Journal of American Society of Soil Science, 1976, 40: 665～672.

[2]　Green J B, Manaha S E, Kinetics of the Reaction of EDTA and Coal Humic Acid with CuO, Journal of Inorganic Nuclear Chemistry, 1977, 39: 1023～1029.

[3]　张祥麟、康衡，配位化学，中南工业大学出版社，1988 年，第 301～306 页。

[4]　于天仁，土壤化学原理，科学出版社，1987 年，第 92 页。

自于环境。290 号铜镜表面锈蚀区域裂缝中铁、铝、硅的富集，进一步证明它们是来自环境，沉积于裂缝之中的。

实验样品表面颜色不如黑漆古铜镜那样黑，这与表面层厚度有关。物质呈现的颜色（或称补色）与其对光的吸收程度和所吸收的光波长短有关。290 号铜镜表面锈蚀层厚度达 190微米，对入射的各种波长的光全部能吸收掉，故表面呈黑色。实验青铜样品表面层厚度仅有4～8微米，不具备黑漆古铜镜那样高的对光吸收度。深灰色的产生是由于对入射的各种波长的光吸收程度相同的缘故。深褐色是不均匀吸收的结果，对大部分入射光吸收了，对某些波长的光予以散射的结果。也可能受基体金属影响以及铜的腐蚀产物类型和含量多少有关。腐蚀产物与土壤环境和腐殖酸种类有关。用于浸泡青铜样品的腐殖酸来源不同，导致深灰、深褐色的差别。铜镜埋藏的土壤环境具有不均匀性，不同土壤或不同深度的土壤腐殖化程度不同。所以出土铜镜受到原埋葬土壤不均匀性的影响，造成铜镜表面锈蚀厚度及所含合金元素的腐蚀产物不同，致使铜镜不仅有黑漆古，还有"灰黑漆古"、"灰白漆古"、"绿漆古"等。即使同一墓葬也会出现不同颜色的漆古。

实验表明含锡量高于 17％的青铜才会有光亮玻璃质表面层，含锡量低的青铜则不生成。此实验结果解释了同一墓葬出土的铜镜或兵器、工具是黑漆古，而容器则没有黑漆古的现象。大量成分分析表明铜镜和部分兵器、工具都具有高锡含量，而容器含锡量一般低于 17％。

我国考古发现的漆古铜镜多出土于湖北、湖南、安徽、浙江、江苏等南方地区，与那里的气候、土质有密切关系。这些地区湿热多雨，土壤呈酸性，含有充足的水分。已知在酸性、含盐基少的土壤中，腐殖酸呈游离状态[①]。游离态的腐殖酸易于与青铜作用。南方湿热气候对土壤腐殖化过程非常有利，含有较多腐殖酸。考古发现出土漆古铜镜的墓葬环境多为潮湿，水分多，俗称"水坑"。而北方大抵为"干坑"。"水坑"环境为腐殖酸的生成以及与铜镜接触并发生作用提供了有利的条件。

综上所述，"黑漆古"及各种颜色的漆古是一定高锡含量的青铜在埋葬环境中经过长期自然腐蚀生成的，而不是人工有意处理而成。

第二节　铜　　鼓

一　概　　述

铜鼓是一种古老的打击乐器。其形状像一个倒置的水桶，一般形制是由鼓面、鼓胸、鼓腰、鼓足组成，胸腰连接处有 4 耳。鼓面中心一般有太阳纹，围绕有弦线和其他纹饰，有的还有蹲蛙等立体造型（图 13 - 2 - 1）。铜鼓广泛使用于我国西南和南方地区，在与我国邻近的越南、老挝、缅甸，甚至印度尼西亚等东南亚国家也都有发现。铜鼓不仅是一种乐器，还是上述地区多民族自古以来所珍爱的重器，作为权利、财富的象征以及宗教活动的圣物。

---

① 于天仁，土壤化学原理，科学出版社，1987 年，第 115 页。

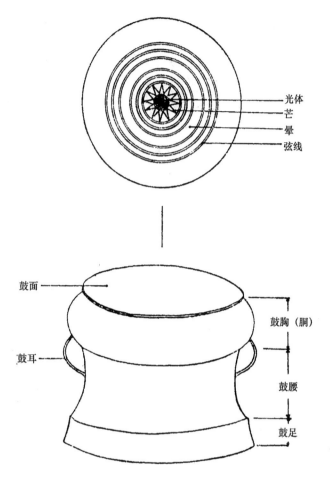

图 13 - 2 - 1　铜鼓形状示意图

（王大道：云南铜鼓，云南教育出版社，1986，第 2 页）

　　世界上最早的铜鼓出土于我国云南楚雄万家坝 23 号墓[①]，该墓年代经[14]C 测定为公元前
690±90 年，距今已有 2700 多年历史。历代铜鼓均有出土。截至 1980 年全国 12 个省市自
治区普查统计，保存于各文博机构、高等院校、科研单位的铜鼓约 1500 面。分散于民间的
至少也有 800 余面。东南亚地区有类似于中国的铜鼓，据粗略统计有 200 余面。流传到欧
洲、日本等世界其他国家、地区的中国铜鼓也不少。

　　对铜鼓的文献记载很多，从《后汉书》起历代不绝。有关著录、记述、著作粗略统计有
百余种[②]。从 19 世纪中叶开始，随着铜鼓进入欧洲，引起西方学者的关注。1884 年德国考
古学家 A. B. Meyer 发表的《东印度群岛古代遗物》一书中，有关于荷属东印度群岛铜鼓
的介绍[③]。此后，欧洲学者对铜鼓的研究更为广泛。关于铜鼓的起源、分布等问题各抒己
见。并开始了关于铜鼓类型的研究。A. B. Meyer 和 W. Fov 于 1897 年写的《东南亚的青

　　①　云南省博物馆等，云南楚雄县古墓群发掘简报，文物，1978，（10）：1～16。

　　②　中国古代铜鼓研究会，中国古代铜鼓，文物出版社，1988，第 9 页。

　　③　Meyer A B, Alterthümer Aus Dem Ostindischen Archipel, Leipzig, 1884, Mitteilangen des Ethongrapischen Mu-
seums Su Dresden, Bd. 4.

铜鼓》一书中，将52面铜鼓分为六个类型①。W. Fov 又于1900年发表的《关于东南亚的铜鼓》一文，将铜鼓分为五个类型②。在铜鼓分类上最有影响的是奥地利人 F. Heger，他于1902年写的《东南亚古代金属鼓》一书③中，根据他所掌握的165面铜鼓资料，将铜鼓分为Ⅰ、Ⅱ、Ⅲ、Ⅳ四类和Ⅰ-Ⅰ、Ⅱ-Ⅳ、Ⅰ-Ⅳ三个过渡类型。中国学者最早进行铜鼓分类研究的是闻宥先生，将铜鼓分为甲乙丙三型，并把这三型归为东、西两式④。随着一些万家坝型铜鼓的发现，1978年汪宁生先生，将铜鼓分为A、B、C、D、E、F六种类型⑤，对黑格尔分类法有新的突破。此后，还有其他学者有关分类的研究论文发表。1980年3月在南宁举行的第一次中国铜鼓学术讨论会上，学者们提出了以典型铜鼓出土地为该型铜鼓命名的分类法⑥。

根据新的命名法将全国现存古代铜鼓分为八种类型：万家坝型、石寨山型、冷水冲型、北流型、灵山型、遵义型、西盟型、麻江型。各类铜鼓在年代、形制、花纹、大小方面有一定差别。

关于铜鼓制作工艺的记载很少。《晋书·食货志》记载：晋武帝时，广州地方的少数民族把从商人处买的铜钱熔化后铸造铜鼓。清代屈大钧著《广东新语》记有铸造铜鼓的材料："凡铸铜鼓，以红铜为上，黄铜次之"，书中还记有调音的方法。国外现存较详细记录铜鼓制作的材料也很少，上面提及的 F. Heger《东南亚古代金属鼓》一书中有铜鼓合金成分分析的结果。泰国国家图书馆藏的一份缅甸文《铜鼓制作法》，记述了20世纪初缅甸克耶邦铸造西盟型铜鼓的方法和工序，其合金为铜81.6%、铅13.4%、锡5%。20世纪80年代开始，国内加强了对铜鼓的技术研究，北京钢铁学院（现北京科技大学）冶金史研究室和云南省博物馆、广西壮族自治区博物馆合作曾对100面广西、云南铜鼓进行了成分分析和铸造工艺研究⑦。云南文山壮族、苗族自治州文化局编著的《文山铜鼓》一书中有20件铜鼓成分分析数据⑧，其中红铜鼓1面，为万家坝型；锡青铜鼓5件，其中万家坝型4件，石寨山型1件；铅锡青铜鼓13面，其中属于万家坝型1件，石寨山型的2件，其余为晚期类型；还有1面遵义型铜鼓含铁高达7.05%。关于铜鼓矿料来源，有研究者用铅同位素比进行了考证⑨。

二　铜鼓的铸造工艺

吴坤仪和孙淑云在对广西、云南铜鼓合金成分及金属材质的研究和广西、云南铜鼓铸造

① Meyer A B, Fov W, Bronze-pauken Aus Südost-Asien, Dreseden, Ibid, 1897.
② Fov W, Ze den Bronze Pauken aus Südost-Asien, Bresden, 1900.
③ Heger F, Alte Metalltrommeln aus Südost-Asien, Leipzig, 1902.
④ 闻宥，古铜鼓图录，上海出版公司，1954年。
⑤ 汪宁生，试论中国古代铜鼓，考古学报，1978年，(2)：173。
⑥ 张世铨，论古代铜鼓的分式，见：古代铜鼓学术讨论会论文集，中国古代铜鼓研究会编，文物出版社，1982年，第95～118页。
⑦ 北京钢铁学院冶金史研究室等，广西、云南铜鼓合金成分及金属材质的研究，广西、云南铜鼓铸造工艺研究，见：中国铜鼓研究会第二次学术讨论会论文集，中国铜鼓研究会编，文物出版社，1986年，第74～131页。
⑧ 云南文山壮族、苗族自治州文化局，文山铜鼓，云南人民出版社，2004年，第251页。
⑨ 李晓岑等，云南早期铜鼓矿料来源的铅同位素考证，考古，1992 (5)：464～468。

工艺研究的基础上进行概括总结[①]如下。

(一) 铜鼓的结构特征

对云南、广西两省、区博物馆收藏的100面铜鼓进行实测和分析，样品覆盖了八种类型，从春秋早期到清代各时代都有，如表13-2-1所示。其中92面铜鼓主要尺寸及结构特征，如表13-2-2所示。

表13-2-1　铜鼓分类、年代及实测鼓数

类型	分期	时代		实体观测铜鼓数	材质分析铜鼓数
		历史纪年	延续年代		
万家坝型	早	春秋早期	约300年	2	1
	中	春秋中期—晚期		8	3
	晚	战国早期		2	2
石寨山型	早	战国早期	约500年	2	3
	中	战国～西汉		6	8
	晚	西汉～东汉初		8	7
冷水冲型	早	西汉早、中期	约1400年	1	1
	中	东汉～南北朝		11	13
	晚	隋、唐、宋		9	4
北流型	早	汉	约1100年	2	2
	中	南北朝		4	4
	晚	南北朝～隋、唐		1	7
灵山型	早	魏晋	约600年	5	4
	中	南北朝		1	8
	晚	隋、唐			3
遵义型	早	北宋	约500年	2	3
	中				
	晚	明		2	2
西盟型	早	宋	约1000年	3	1
	中	明、清			
	晚	现代		3	7
麻江型	早	宋	约1000年		
	中	明		3	7
	晚	清		17	10
			总计	92	100

① 吴坤仪、孙淑云，中国古代铜鼓的制作技术，自然科学史研究，1985（1）：42～53。

表 13-2-2 铜鼓主要尺寸及结构特征

类型	实测鼓数	鼓高/毫米		鼓胸直径/毫米		鼓高与最大直径比值的范围	壁厚/毫米				结构特征
							鼓面		鼓胸		
		范围	平均	范围	平均		范围	平均	范围	平均	
万家坝型	12	135~400	330	330~650	531	0.43~0.75	3.4~7.0	5.7	2.5~4.4	3.4	鼓面小,胸部外突,腰部收缩,足部扩张,素面圆耳二对,鼓面中部有太阳纹,中型鼓居多
石寨山型	16	210~520	309	235~845	486	0.59~0.76	2.1~6.9	3.6	1.5~4.5	2.5	鼓面大于鼓腰,胸部偏上,足部扩张,花纹扁耳二对,鼓外壁花纹精细,布局对称,中小型鼓居多
冷水冲型	21	270~660	490	519~854	722	0.63~0.74	2.2~5.0	3.4	2.1~3.7	2.7	鼓体较大,胸部不突出,足径与面径大小接近,花纹扁耳二对,鼓外壁布满几何花纹,鼓面有蹲蛙,大型鼓居多
北流型	7	483~680	600	834~1460	1101	0.41~0.58	3.2~8.4	5.3	2.4~4.5	3.5	鼓体大,鼓面沿延伸于鼓胸外,胸壁斜直,足径与面径相近,有几何纹饰及蹲蛙,圆形纹耳二对
灵山型	6	440~563	496	726~921	797	0.55~0.61	3.6~6.0	4.5	2.1~3.9	2.9	鼓形近似北流型,纹饰精美,花纹扁耳二对,三足蹲蛙及累蹲蛙环列鼓面上
遵义型	4	240~310	286	375~624	501	0.47~0.64	4.2~5.0	4.5	2.8~3.4	3.1	面延伸于鼓胸外,面、胸、足径相近,形体较矮,花纹简单,扁耳二对,无蹲蛙
西盟型	6	328~487	389	422~594	459	0.62~0.74	1.3~2.6	2.1	0.8~1.9	1.8	面径大,面沿外伸,腰足无分界线,形体细高,花纹精细,蹲蛙及累蹲蛙,编织花纹扁耳二对
麻江型	20	240~302	272	416~554	487	0.52~0.60	3.0~5.0	4.3	2.3~4.2	3.4	面径略小于胸径,胸腰间及腰足间无分界线,形体矮扁,花纹精细,有铭文或吉祥字句等,无蹲蛙,花纹扁耳二对,中小型鼓居多

从鼓高与最大直径的比值可以看出:

(1) 各种类型铜鼓鼓高与最大直径的比值数,早期分散波动,以后逐渐趋于稳定。万家坝型比值为 0.43~0.75,波动范围在 0.3 左右;麻江型比值为 0.52~0.60,波动范围仅 0.08。

(2) 铜鼓壁厚一般是鼓面最厚,鼓胸、鼓足次之,鼓腰最薄。除早期铜鼓外,各种类型铜鼓壁厚均较均匀。以大型铜鼓居多的冷水冲型、北流型及灵山型铜鼓，鼓壁厚一般在 5 毫米左右，西盟型铜鼓壁厚仅 2.3 毫米。制作薄壁铜鼓要求有较高的冶铸技术。外形大小相同的铜鼓，从厚壁式逐渐向薄壁式演变，反映出冶铸技术的不断提高。

（3）铜鼓纹饰不断发展变化。万家坝型铜鼓花纹简单。石寨山型以几何纹饰及写生描绘为主，富有浓厚的生活气息。冷水冲型、北流型和灵山型又增添了蹲蛙、水牛等立体造型。麻江型铜鼓的纹饰又出现了龙凤呈祥、铭文铸字等画面，出现我国汉族文化与少数民族文化融合的特征。

（二）铜鼓的铸造工艺分析

1. 造型方法

（1）泥范法：在八种类型铜鼓中，除西盟型铜鼓外，铜鼓两侧都有 2 条或 4 条纵向合范缝，范缝凸起或明显错位（图 13-2-2）。在鼓面及鼓身通体有许多方形、圆形的铜质垫片（图 13-2-3）。有的麻江型铜鼓的胸部有圆形孔洞 20 个，可能是使用泥支钉留下的痕迹。用垫片或支钉以控制鼓壁厚度，并支撑内外范。从广西、云南的 80 面铜鼓中，有 73 件鼓身是用泥范法浇注成的。

图 13-2-2　江李 M24:42 铜鼓合范缝错位　　　　　图 13-2-3　鼓 101 鼓面铜垫片

（2）失蜡法：西盟型鼓纹饰做工精巧，壁薄。从外观上未见合范缝及垫片，鼓两侧有两条纵向凸起，表面光滑呈弧形，是模仿各型鼓上的范缝，称为仿合范缝（图 13-2-4）。此类型铜鼓是用失蜡法铸成，共 5 件。

（3）泥范法与失蜡法并用：铜鼓上的鼓耳形式多种多样，花纹各异，如扁圆形素面鼓耳，或简单花纹的扁耳。有的耳边沿线残留合范缝迹（图 13-2-5），是用泥范法铸成的。有些花纹繁杂的鼓耳，如石寨山型贵罗 M1:10 的编织花纹耳（图 13-2-6），鼓 101 的蛇纹圆耳（图 13-2-7），均系采用失蜡法铸成。在冷水冲型、北流型及灵山型鼓面上的立体造型装饰，如蹲蛙、水牛等，也是用失蜡法铸造的。而这些铜鼓主体仍采用泥范法铸造，将泥范法与失蜡法同时并用，共有 28 件。

图 13-2-4　西盟型铜鼓仿合范缝

图 13-2-5　鼓 021 扁耳

图 13-2-6　贵罗 M1:10 编织花纹扁耳

图 13-2-7　鼓 101 蛇纹圆耳

　　铜鼓各部分的截面都是正圆形，鼓面是多层同心圆组成的晕圈，表明铜鼓造型系采用刮板或轮盘旋转成型。

　　2. 主附件的结合方法

　　铜鼓主体与其鼓耳、蹲蛙装饰等附体，采用了三种结合方法。

　　(1) 整铸法：主附体一次造型和浇注而成。万家坝型鼓耳花纹简单，耳上无支钉，是在鼓外范上用弯形工具，挖出鼓耳形状的空腔，鼓耳与鼓一起铸成。共 5 件，占实测鼓数的 6.3%。

　　(2) 浑铸法：主附体分别制作范块，然后组合为鼓范，一次浇注而成。在鼓耳及蹲蛙下的相对应的鼓壁上，有粗糙面和边廓线，是鼓耳范块嵌入组合时留下的痕迹，共 71 件，占实测鼓数的 88.7% (图 13-2-8)。

　　(3) 分铸法：将附件先铸为金属件，嵌入主体铸范内，浇注后，主附件铸接为一体。在鼓耳根部有明显的接缝及内部有凸块 (图 13-2-9)，共 2 件，占实测鼓数的 2.5%。

图 13 - 2 - 8　鼓 230 鼓耳下的粗糙面

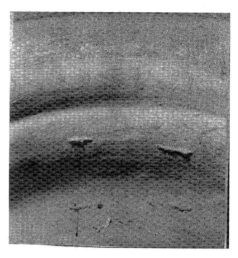

图 13 - 2 - 9　鼓 230 鼓耳部内壁的四块凸起

（三）花纹制作方法

（1）刻纹法：直接用刻纹工具在泥范表面雕刻花纹，纹饰截面呈梯形。如万家坝型鼓面上的太阳纹和麻江型鼓面上的龙纹等。

（2）印纹法：将钱纹、鱼纹、同心圆等几何图案刻在泥质或木质单元模型上，再在泥范表面上顺序压印，组成连续的纹饰。在铜鼓的纹饰间，可见到单元模型的边廊痕迹，以及由于压印不均匀而造成纹饰重合或歪扭的现象（图 13 - 2 - 10）。

（3）滚压法：将节纹、乳钉纹简单花纹刻在圆柱体的模型上，在鼓范上滚压，形成连续纹饰。

（四）浇注系统的推测

（1）缝隙式浇注：在冷水冲型、北流型、灵山型等大型铜鼓上，都有二条较宽的纵向合范缝，缝凸起不平，有凿磨痕迹，是采用缝隙式浇注的（图 13 - 2 - 11）。

图 13 - 2 - 10　鼓 284 鼓耳下花纹印刻重叠

图 13 - 2 - 11　鼓 107 缝隙浇口痕

（2）顶注式浇注：石寨山型、遵义型、西盟型、麻江型等中型铜鼓，鼓面太阳纹光体突起，可能是采用中心顶注式浇注。麻江型鼓213等四面铜鼓，在鼓面最外晕有对称的黑色痕迹，推测系采用顶注雨淋式浇注。万家坝型鼓158等，足沿有向内的折边，宽约2厘米，可能是采用周沿顶注式浇注。北流型、灵山型鼓共6面铜鼓，鼓面内壁中心有圆形凸起，周围有铸造或凿磨成扇形纹迹，有的学者认为这是浇口痕迹，系采用鼓内壁中心顶注式浇注①。

根据上述铜鼓工艺的初步分析，仅就广西、云南八种类型的80件铜鼓，对其铸造工艺进行推测，并综合列表，如表13－2－3所示。

表13－2－3　铜鼓铸造工艺分析

类型	铜鼓原编号	垫片		范缝		浇口位置	铸造方法			备注
		有	无	有	无		泥范	失蜡法	不详	
万家坝型	楚万 M23：158 楚万 M23：159， 楚万 M23：160 楚万 M23：161 祥云19，共5件	√		√		鼓面太阳纹或足沿，系采用中心顶注式或周沿顶注式浇注	身、耳			
石寨山型	昌宁鼓，曲八 M1：1 江李 M17：10， 江李 M23：30， 江李 M24：42， 江李 M24：36； M24：60，土 280， 贵罗 M1：10，贵罗 M1：11， 百色 01，石 M1：58， 麻栗坡鼓，广南鼓， 共14件	√		√		同上	身、耳	耳①	身、耳②	①贵罗 M1：10，鼓耳花纹精细，无支钉和范缝，系采用失蜡法铸造 ②土 280 鼓残破，工艺不详
冷水冲型	陆良鼓，土 282， 鼓 38，鼓 100，鼓 136， 鼓 121，鼓 117，鼓 102， 鼓 103，鼓 110，鼓 126， 鼓 124，鼓 166，鼓 155， 鼓 164，鼓 307，鼓 190， 鼓 149，宾阳 01，共19件	√		√		鼓两侧纵向范缝，宽约4毫米以上，宽窄不均，缝上有磨错痕迹，系采用缝隙式浇注	身、耳	蛙、马		
北流型	鼓 101，鼓 316，鼓 107， 鼓 315，合浦 01，浦北 04， 共6件	√		√		同上	身	耳、蛙	身③	③鼓耳用泥范或失蜡法铸造，均有可能。暂定不详

---

① 韩丙告，铜鼓及其铸造技术，现代铸造，1981，（4）。

类型	铜鼓原编号	垫片 有	垫片 无	范缝 有	范缝 无	浇口位置	铸造方法 泥范	铸造方法 失蜡法	铸造方法 不详	备注
灵山型	灵山 03，钦 02，横 04，浦北 06，鼓 125，鼓 142，共 6 件	√		√		同上	身	蛙	耳④	④同③
遵义型	官渡鼓，鼓 186，鼓 21，鼓 295，共 4 件	√		√		鼓面中心太阳纹，系采用中心顶注式浇注	身、耳⑤			⑤鼓 21，耳与鼓身分铸
西盟型	鼓 31，鼓 318，店 4，店 11，孟连 01，云南西盟鼓，共 6 件		√	√		同上		身、耳、蛙		
麻江型	鼓 220，鼓 284，丁式 3，鼓 230，鼓 64，鼓 78，鼓 85，鼓 214，鼓 298，鼓 191，鼓 219，鼓 258，鼓 250，鼓 18，鼓 212，鼓 20，鼓 49，鼓 231，鼓 194，百色 07，共 20 件	√		√		鼓面中心太阳纹，系采用中心顶注式浇注；或鼓面外晕四条斑痕，系采用雨淋式浇注⑥；或鼓两侧宽缝痕，系采用缝隙式浇注	身、耳⑦		耳⑧	⑥鼓 258，鼓 213，鼓 220，鼓 284，为雨淋式浇注⑦鼓 230，耳与鼓身分铸，⑧同③

三　铜鼓的合金成分及金属材质

对广西、云南八种类型 100 面铜鼓进行了成分分析。对 55 面铜鼓进行了金相检验。

（一）铜鼓的合金成分及金相组织

100 面铜鼓中，除 1 面为含铜极微的铅锡二元合金鼓外，其余 99 面可分为红铜、锡青铜及铅锡青铜三种。

用红铜铸成的鼓共 5 面，主要集中在万家坝型中。金相组织为：微量杂质元素与铜形成的 α 固溶体树枝状晶或等轴晶粒（图 13-2-12）。铜的氧化物（Cu_2O）夹杂呈颗粒状，多沿晶粒间界分布。楚万 M23：158 号红铜鼓的局部曾经过了锤打及退火处理。金相组织为细碎的 α 固溶体再结晶晶粒及孪晶。硫化物夹杂呈长条状，沿加工方向排列（图 13-2-13）。红铜鼓的样品均见有较多的铸造缺陷存在。

用锡青铜铸成的鼓共 12 面，主要集中在石寨山型中，金相组织为 α 固溶体树枝状结晶，晶内偏析一般较为明显，（α+δ）共析体组织依含锡量的不同，表现出数量多少、形态大小的差异。图 13-2-14、图 13-2-15 分别表示含锡量为 7.4%、14.5% 的铜鼓金相组织，（α+δ）共析体组织由偶见到大量存在。

用铅锡青铜铸成的鼓共 82 面，它们主要集中在冷水冲型到麻江型这六种类型中。铅锡总含量一般都在 20% 以上。石寨山型中也有少部分铜鼓的铅、锡含量较高。金相观察到上

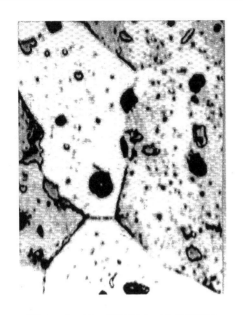

图 13 - 2 - 12 楚万 M1：12 号铜鼓金
相组织

（白色：α 固溶体；黑色颗粒：铅；灰色颗粒：
硫化亚铜）

图 13 - 2 - 13 楚万 M23：158 号铜鼓口沿部位
金相组织

（基体：α 固溶体；再结晶晶粒及退火孪晶；黑色
长条：硫化物夹杂）

图 13 - 2 - 14 云南甲式 2 号铜鼓金
相组织

（白色：α 固溶体；带斑纹的多角形：（α＋δ）共析体；
灰色颗粒：硫化亚铜）

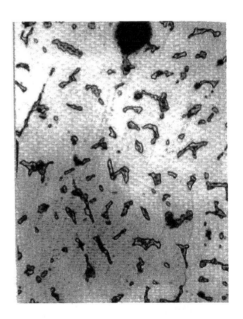

图 13 - 2 - 15 贵罗 M1：11 号铜鼓金相
组织

（白色：α 固溶体；带斑纹的多角形：
（α＋δ）共析体

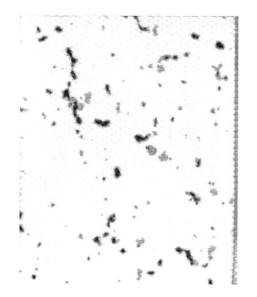

图 13-2-16　楚万 M1：159 号铜鼓金相组织

（黑色颗粒：铅；灰色颗粒：硫化亚铜，

未经浸蚀）

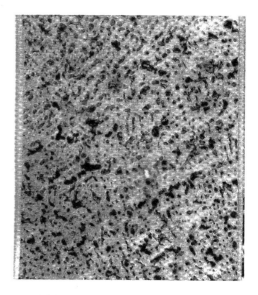

图 13-2-17　麻栗坡铜鼓金相组织

（白色：α 固溶体；黑色颗粒：沿；带斑纹的

多角形：（α+δ））

述类型铜鼓除具有铸造锡青铜的典型组织外，还有铅存在。铅的形态，大小及分布，随含铅量的不同而有所变化。图 13-2-16、图 13-2-17、图 13-2-18、图 13-2-19 分别表示含铅量为 3.5%、11.6%、18.4%、26.1% 的铜鼓金相组织。铅分别呈现小颗粒状，枝晶状、圆球加枝晶状，以及大圆球、椭圆球加枝晶状分布。含铅 26.1% 的 117 号铜鼓中，大椭圆球的长径达 0.93 毫米。此样品用扫描电镜能谱分析仪作了成分鉴定。

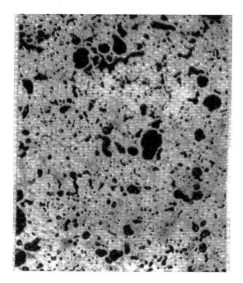

图 13-2-18　百色 01 号铜鼓金相组织

（白色：α 固溶体；黑色颗粒及圆球：铅）

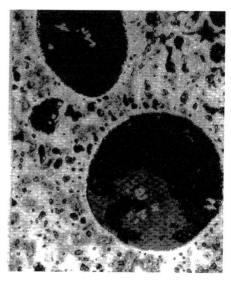

图 13-2-19　117 号铜鼓金相组织

（白色：α 固溶体；黑色圆球、椭圆球及颗粒：

铅；灰色（α+δ）共析体）

铜鼓多存在铅的偏析现象。对同一面铜鼓的不同部位所取的样品，含铅量及铅的形态均不相同。在一些样品上，还可以观察到大的球状铅集中到样品一侧的偏析现象。

铜鼓普遍存在较多的蓝灰色及灰色颗粒。对它们用扫描电镜能谱分析仪进行鉴定的结果表明，它们是铜的硫化物：蓝灰色的为硫化亚铜（Cu_2S）；灰色的含有较多的铁。

（二）铜鼓的合金成分随类型及时代的变化

将所分析的 95 面铜鼓的铜、锡、铅含量，按八种类型绘制在三元系坐标上（图 13-2-20）。

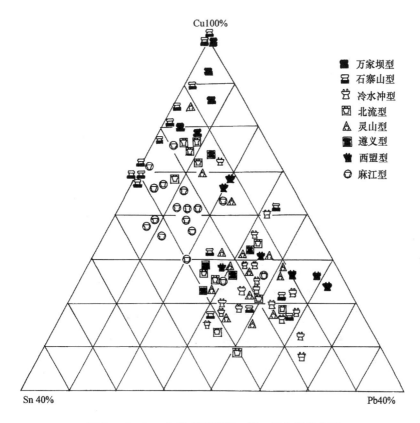

图 13-2-20　各类型铜鼓铜、锡、铅含量分布图

图 13-2-20 中，仅 95 面铜鼓进行了统计，因为 100 面铜鼓中有 4 面仅做了金相鉴定而未做成分分析；1 面铜鼓锈蚀严重，其分析结果未绘入图中。对同一面铜鼓的几组分析数据，取其分析平均值。对于铜、锡、铅三元素百分比之和低于 100% 者，按 100% 计算，铜、锡、铅含量均按比例的增减，绘入图 13-2-20。

万家坝型、石寨山型一部分及北流型一部分、麻江型铜鼓均分布在图 13-2-20 的左上方，其余铜鼓集中在右下方。从各种类型铜鼓在图上分布的位置可以看出，万家坝型铜鼓属于低铅锡及纯铜鼓。石寨山型一部分铜鼓属于锡青铜及纯铜，以锡青铜为多。麻江型铜鼓则属于含高锡及较低铅的青铜鼓。西盟型铜鼓多属于含有高铅及较低锡的青铜鼓。其余类型均属于含有高铅及较高锡的三元合金鼓。绝大多数铜鼓的含锡在 5%～15% 的范围内，而含铅量则很分散，在0~25%的范围内。

八种类型铜鼓按时代大致可分为：春秋，战国，两汉，魏晋、南北朝，隋、唐、宋，以及明、清六个时间段。按时代的不同，铜鼓合金成分的变化，如表13-2-4所示。由春秋时代发展到魏晋、南北朝时期，含铅量及铅锡总含量增至最高，此后稍有降低。随时代的推移，S及CV值呈现减小的趋势，反映出制作铜鼓的技术渐趋稳定，不同地区在技术上的交流加强了。

表 13-2-4　各时代铜鼓合金成分的比较

时代	n	铜				锡				铅				锡铅之和			
		X	$\overline{X}$	S	CV	X	$\overline{X}$	S	CV	X	$\overline{X}$	S	CV	X	$\overline{X}$	S	CV
春秋	4	83.4~95.6	90.6			0.0~7.60	3.2			0.00~3.50	1.7			0.00~9.20	4.9		
战国	8	62.9~94.1	82.6	12.0	0.2	0.11~14.66	7.4	5.0	0.7	0.00~22.5	7.0	9.0	1.3	0.11~30.30	14.4	11.0	0.7
两汉	13	66.1~99.6	78.3	11.1	0.2	0.30~15.07	9.7	4.1	0.4	0.00~21.00	8.4	8.7	1.0	0.30~28.90	18.1	8.9	0.5
魏晋、南北朝	27	60.1~87.5	70.4	6.6	0.1	3.80~14.94	9.0	3.0	0.3	1.40~27.41	15.9	6.4	0.4	6.70~33.30	24.8	7.0	0.3
隋、唐、宋	17	64.7~87.5	72.4	7.1	0.1	6.33~16.16	9.6	3.0	0.3	3.12~21.32	13.4	5.4	0.4	11.02~37.66	23.0	7.3	0.3
明、清	26	63.9~82.7	73.9	5.1	0.1	2.00~16.50	10.5	4.0	0.4	0.73~25.00	10.1	6.6	0.7	11.29~28.30	20.6	4.7	0.2

注：表中 n 为所分析的铜鼓样品数；X 为元素的百分含量；$\overline{X}$ 为元素百分含量的算术平均值，$\overline{X}=\dfrac{1}{n}\sum_{i=1}^{n}X_i$；$S$ 为标准离差，用来衡量数据绝对波动的大小；

$$s=\sqrt{\frac{1}{n-1}\sum_{i=1}^{n}(X_i-\overline{X})^2}$$

CV 为变异系数，用来衡量数据相对波动的大小，$CV=\dfrac{S}{X}$。

四　铜鼓制作技术及其与资源、社会形态的关系

铸造工艺及合金成分的选择，反映了我国西南少数民族制作铜鼓的技术水平。各地区的资源状况对铜鼓制作技术提供了不同的物质条件。各种社会形态对铜鼓用途有不同要求，为铜鼓的制作提供相应的技术条件，因此，促进了铜鼓制作技术的不断改进。

（1）万家坝型铜鼓分布在滇中偏西的楚雄、祥云、弥渡一带。这一地区铜、锡、铅矿产资源丰富。早在相当于中原地区的商代就有了冶铜技术，是云南冶金技术的发源地。到春秋

中、晚期，铜器中多以低铅锡的青铜及红铜器为主[①]。万家坝型铜鼓属于春秋时代，铜鼓形制简单，表面粗糙，铸造缺陷较多，反映铸造技术的早期特点。万家坝型铜鼓尚处于铜鼓发展史上的初期阶段。

（2）石寨山型铜鼓集中分布在以滇池平原为中心及周围地区。在战国、秦汉之际，此地区为"滇国"的势力范围。它吸收和融会了西南多民族的文化传统，又接受了中原先进文化的影响，青铜冶铸技术得到较快的发展。出土的大量精美青铜器中，含有较高的锡[②]，较多地降低了合金熔点，并提高了铸件的硬度及强度。其铸造方法大部分为泥范法，失蜡法已开始使用，如云南晋宁石寨山贮贝器等。此时期生产的铜鼓，表面光滑，花纹清晰。铜鼓以铜锡二元合金为主，铸造方法系采用泥范法和失蜡法两种方法结合使用，反映出石寨山型铜鼓是冶铸技术成熟阶段的产物。

（3）冷水冲型、灵山型、北流型铜鼓是由石寨山型直接演变而来的。分布中心由云南移至广西左江、邕江、郁江、浔江两岸。冷水冲型铜鼓在东汉到南北朝时期发展到高峰，至宋代在贵州演变成遵义型铜鼓。四种类型在时代上都晚于石寨山型，但其流行地区的社会形态却较落后，铜鼓仍作为权力和财富的象征，兼有"礼器"和"重器"的作用。因此，铜鼓变得高大，几何花纹较多，出现祭祀求雨的蹲蛙造型。这四种类型铜鼓在冶铸技术上是继承了石寨山型的传统，又结合了当地民族的文化特点及要求，在铜鼓的成分中增加了铅含量。从两汉到宋代，铜鼓的含铅量平均为 12.6%，含锡量平均为 9.4%。此种合金在 930℃ 的温度下凝固时，还保留有约 7%～8% 体积的液态铅，流动性能较不含铅的相同锡含量的合金高一倍[③]。在铜鼓的铸造工艺上，采用泥范法与失蜡法相结合，选用缝隙式浇注，有利于铸造薄壁的大型铜鼓。合金中若不含铅，欲使凝固点降低到 930℃，则含锡量将增至 17%，青铜中脆性的 δ 相将增加较多，可达 1/4 左右，不利于制作薄壁大型铜鼓。因此，合金中含铅量的增加，表明在制作铜鼓的长期实践中，为适应铸造薄壁大型铜鼓而积累的经验，反映了铜鼓制作技术在继续提高。

（4）早期西盟型鼓出土于桂西南，年代与地域都与冷水冲型、遵义型有密切关系。此类型铜鼓由桂西南传至滇西，以及印度支那等地。我国云南边境的西盟、孟连、沧源、耿马、景洪等地为主要分布地。此地区银铅矿资源丰富，明代时开采甚盛[④]。丰富的矿产资源和起源于冷水冲型、遵义型铜鼓的合金成分，形成了西盟型铜鼓高铅的特点。合金中含铅量高，便于浇注壁薄仅 2 毫米的铜鼓。西盟型铜鼓均以失蜡法铸造而成，是铜鼓制作技术的进一步提高。

（5）麻江型铜鼓流行于明、清时代，那时我国西南地区与内地文化基本融合，铜鼓原有的"礼器"功能已经基本消失，成为广泛使用的打击乐器，对外观及音响上有新的要求。鼓形渐小，鼓高均在 250 厘米左右，鼓面厚在 4 厘米左右，鼓面花纹复杂，形体匀称，铜鼓的

① 云南省文物工作队，楚雄万家坝古墓群发掘报告，考古学报，1983，(3)：375；云南祥云大波那木椁铜棺墓清理报告，考古，1964，(12)：613。

② 杨根，云南晋宁青铜器的化学分析，考古学报，1958，(3)：75。

③ А.П. 斯米良金，古木译，工业用有色金属与合金手册，冶金工业出版社，1958 年，第 289、295 页。

④ 《永昌府文征》，记载目第三，卷二十八，见《曲石丛书》第五函，第六册；云南大学历史系，云南省历史研究所云南地方史研究室编，云南冶金史，云南人民出版社，1980 年，第 58～60 页。

大小更符合实用要求。在合金成分上降低了铅含量，提高了锡含量。由于减少了合金中的铅，因而减小了合金的消震和内耗对于声振动的影响，有利于改进音响效果。出土的麻江型铜鼓，数量最多，形体相近，可以认为麻江型铜鼓的制作技术已初步有了一定规范。

第十四章　锻造技术及热处理技术

第一节　中国古代金属锻造技术概述

一　铜器的锻造

人类在新石器时代已开始锤击天然红铜来制造装饰品和小件用具。根据近年来的考古发现和对金属器物进行的金相组织鉴定结果，可以认为中国约在齐家文化时期（公元前2000）开始有了锻造器物，而且不仅有红铜锻件，还有青铜锻件；有冷锻，也有热锻加工的产品[1]。

甘肃东乡出土马家窑文化的铜刀（公元前2740），经对铜刀刃部进行的表面金相组织观察，在刃口边缘1～2毫米宽处可见α固溶体树枝状晶取向排列。说明此刀的刃口经轻微的冷锻或戗磨[1]。

甘肃酒泉照壁滩发现马厂文化（公元前2300～前2000）的1件铜锥是由红铜热锻成形，局部又经过冷加工[2]。

甘肃武威皇娘娘台第4次发掘出土齐家文化（公元前2000）的两件细铜锥直径仅1.7～2毫米，长8.7厘米、5.5厘米，金相组织观察表明其中1根铜锥是用红铜热锻成形的[3]。

甘肃永靖秦魏家出土齐家文化铜锥（T6:2）材质为铅锡青铜，基体组织为经过再结晶的α固溶体，晶粒粗大，有较多的铅颗粒及（α+δ）共析组织。低倍观察（α+δ）共析组织沿加工方向排列。这是迄今发现的中国最早的青铜锻件，距今约4000年[4]。

甘肃玉门火烧沟遗址出土的四坝文化（公元前1900年～前1600）铜匕首（76Y. H. M79:9）（图14-1-1）、铜管（76Y. H. M215）是锻造成形。铜匕首的柄部及刃口表面金相组织显示其组织为α固溶体再结晶晶粒，且晶内存在滑移带，表明铜匕首是经过热锻和冷锻加工处理的[1]。火烧沟墓地的年代下限不晚于公元前1600年，应在夏纪年范围内[5]。

民乐东灰山遗址出土的四坝文化15件铜器经检验器物全部含砷且全部是热锻成形。遗址年代经 ^{14}C 测定距今 3770±145 年[6]。

内蒙古朱开沟遗址划分为五段，一至四段相当于龙山文化晚期至夏代早中晚期，五段相当于早商时期。对三、四、五段出土的33件铜器鉴定结果表明：有6件铜器是热锻成形，3件为

① 孙淑云等，甘肃早期铜器的发现与冶炼、制造技术的研究，文物，1977，(7)：75～84。

② 李水城等，四坝文物铜器研究，文物，2000，(3)：42。

③ 甘肃省博物馆，甘肃武威皇娘娘台遗址第四次发掘，考古学报，1978，(4)：436。

④ 中国社会科学院考古研究所甘肃工作队，甘肃永靖秦魏家齐家文化基地，考古学报，1975 (2)：57～91。

⑤ 张学政等，谈马家窑、半山、马厂类型的分期和相对年代，见：中国考古学会第一次年会论文集，文物出版社，1979年，50～71页。

⑥ 甘肃省文物考古研究所等，民乐东灰山考古——四坝文化基地的揭示与研究，科学出版社，1998年，133页。

图 14-1-1　甘肃玉门火烧沟遗址出土的铜匕首

（选自：文物，1997，（7），孙淑云文）

热加工后又经过冷加工，6 件铜器铸造成形后又经过热冷加工，有 3 件为兵器如 M1040：1 戈见图 14-1-2[①]。

图 14-1-2　内蒙古朱开沟遗址出土的兵器戈 M1040：1

（选自：文物，1996（8），李秀辉文）

　　河北怀来县北辛堡出土的一件红铜槌胎薄铜缶，是属于春秋末期北方游牧民族首领墓中的遗物。铜缶器壁薄仅有 1 毫米左右，而且厚薄十分均匀。器物分上、下打成后套接在一起，物器身上还有精细流利的针刻纹。这件器物是当时铜的冷加工技术的代表作品[②]。

　　西汉时期热锻技术也用于制作铜容器，如广州南越王墓出土的铜盆（G77）、铜鋗（C34）就是经过热锻加工而成，其工艺是在铸造成形后，经加热锻打，使铜器的器壁变薄且均匀。这一工艺用来制作铜洗或铜匜等[③]。

二　铁器的锻造

　　到商代中期（公元前 1400）开始利用陨铁制造武器，采用加热锻造。1972 年河北藁城和 1977 年北京市平谷县出土的商代铁刃铜钺，其年代约当公元前 14 世纪前后[④][⑤]。经分析铁刃（厚 2 毫米）是用陨铁加热锻造成形，再与青铜钺铸成一体。铁刃铜钺的出土具有重要意义。它表明在公元前 14 世纪前后人们已经认识了铁，熟悉了铁的热加工性能，并认识到铁与青铜在性质上存在差别。

　　三门峡上村岭虢国墓地是中国西周墓葬中的重大考古发现之一。其中墓（M2001）、墓

①　李秀辉、韩汝玢，朱开沟遗址出土铜器的金相学研究，见：朱开沟，文物出版社，2000 年，第 423～446 页。

②　敖永隆等，河北怀来县北辛堡出土的燕国铜器，文物，1964，（7）：28～29。

③　孙淑云，西汉南越王墓出土铜器、银器及铅器鉴定报告，西汉南越王墓，文物出版社，1991 年，第 397～410 页。

④　河北省博物馆等，河北藁城台西的商代遗址，考古，1973，（5）：266～275。

⑤　张先得等，北京平谷刘家河商代铜钺铁刃的分析鉴定，文物，1992，（7）：66～71。

（M2009）分别为虢季墓和虢仲墓，时代相当于公元前 9～前 8 世纪，两墓出土了 6 件铁刃铜器[1]。经专家鉴定与研究：铜内铁援戈（M2009：703）、铜銎铁锛（M2009：720）、铜柄铁削（M2009：732）均是利用陨铁制作刃部，再与铜部锻接而成。它们是实用工具。较商中期使用陨铁作兵器和礼器，在类型上又有了新的进展。玉柄铁剑（M2001：393）、铜内铁援戈（M2001：526）、铜骹铁叶矛（M2009：730）的铁质部分是人工冶铁制成，其中玉柄铁剑、铜骹铁叶矛的铁质部分是用块炼渗碳钢热锻而成，铜内铁援戈的铁质部分是用块炼铁热锻而成[2]。

春秋中期开始至战国中晚期以后锻造过的块炼铁制品和用块炼渗碳钢锻造成形的刀、剑大量出土。同时出现了锻造器壁较薄的青铜容器（如匜等）和将不同含碳量的固态钢锻接在一起的工艺。公元前 1 世纪，用炒钢原料不断加热锻打，使其夹杂物减少，提高韧性，得到质量好的钢铁兵器，表明锻造技术已达到了较高水平。

河北易县武阳台村燕下都遗址 44 号墓出土的 79 件铁器中有锻件 57 件，其中包括 89 片甲片组成的胄一件，以及剑、矛、戟、刀、匕首、带钩等。对部分铁器的检验表明，除了少数是由块炼铁直接锻造成形以外，大部分是用块炼渗碳钢锻造而成，如长 100.4 厘米的 M44：1 号长剑。

1930 年山东滕县（州）宏道院出土的一块汉代锻铁画像石，图中描绘了人们用皮囊鼓风和在铁砧上锤锻的情形（图 14-1-3）。

图 14-1-3　汉代锻铁画像石
（选自：文物，1959（1），山东省博物馆文）

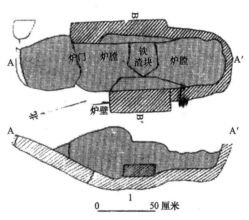

图 14-1-4　巩县铁生沟锻炉平面及剖面图
（选自：《考古学报》，1985（2），赵青云文）

西汉时期铁铠甲是当时最主要的防护用具，而且锻造的技术已达到相当成熟的地步。徐州狮子山楚王陵出土的铁甲片均以铸铁脱碳钢为原料经过锻打而成，在铁甲片的制作上使用了冷锻和热锻两种工艺。

河南南阳瓦房庄遗址和巩县铁生沟遗址均发现了锻铁炉，两处炉形基本相同；锻炉是用白色铝土夯筑炉基。巩县铁生沟锻炉（T4 炉 10）的炉基每层厚 8 厘米，有夯具痕迹。并用红色耐火砖和土坯建筑炉墙。炉膛近方形，长 50 厘米，宽 36 厘米，深 24 厘米，底平，炉

① 河南省文物考古研究所等，三门峡虢国墓地（第一卷），文物出版社，1999 年，第 127 页。
② 韩汝玢等，虢国墓出土铁刃铜器的鉴定与研究，同上书，第 559～573 页。

门向南，见图 14-1-4。

至迟在公元 3 世纪，中国已应用夹钢、贴钢工艺了。夹钢和贴钢制造工艺是在小农具和兵器刃口部分锻焊（夹在中间或贴在表面）上 1 块含碳较高、硬度较高的钢，使刃口锋利耐久，而基体是由含碳较低的钢制成，两者在固态下锻接在一起。巩县铁生沟遗址出土的铁器的检验中，发现 4 号铁镢是锻造产品，是含碳很低的熟铁。它的刃口，在 20 毫米的范围内，含碳逐渐增加，口沿部分出现含碳约 0.7％的球化很好的珠光体组织。从宏观观察，可以发现口沿部分有明显接缝，而另一面的刃口大部分还是铁素体，局部含碳较高，从这种情况判断，4 号铁镢很可能是我国最早的贴钢产品[①]。

北宋沈括（1031～1095）《梦溪笔谈》比较明确的记载了夹钢工艺的应用。江苏省镇江市博物馆藏南宋咸淳六年（1270）钢刀、北京元大都遗址出土的矛、钢刀就是夹钢工艺制作兵器的实物证据[②]。明宋应星（1587～ ?）《天工开物》（1637 年成书）中记载用夹钢、贴钢工艺制成的器物品种就更多了，通常用的刀、斧、刨、凿等工具都是在刃口嵌钢。

唐宋时期锻造技术有了很大的发展。青海都兰吐蕃墓葬中出土有冷加工成形的铜盘[③]。宋代的蟠钢剑由于不断地反复锻打，使钢中杂质减少，组织致密。据《梦溪笔谈·异事》记载，它不仅可以"挥剑一削，十钉皆截"，而且据说"用力屈之如钩，纵之铿然有声，复直如弦。"

公元 11 世纪北宋书上有西夏冷锻制甲的记载。位于甘肃省安西县城南约 70 公里处的榆林窟的第 3 窟有锻铁图，图绘两铁匠持槌，在铁砧上槌炼。一人推拉双木扇风箱，风箱之后有锻炉火焰[④]。这种带木风扇风箱的《锻铁图》，是我国现存最早的《锻铁图》，说明当时西夏的锻铁技术已经相当发达。

《续资治通鉴长编》卷一三二记载：庆历元年五月甲戌太常丞直集贤院签书陕西经略安抚判官田况上兵十四事，其第十二事为：

"工作器用，中国之所长，非外蕃所及，今贼甲皆冷锻而成，坚滑光莹，非劲弩可入。自京赍去衣甲皆款，不足当矢石，以朝廷之事之，中国之技巧，乃不如一小羌乎？由彼专而精，我漫而略故也，今请下逐处悉，令工匠冷砧打造钢甲，旋发赴边，先用八九斗力弓试射，以观透箭深浅而赏罚之。杨太监简在戍监，尝得李尉府显忠之族子，谓甲不经火，冷钻则劲可御矢，谓之冷端，遂言于朝，乞下军器所制造。"

宋庆历元年也就是公元 1041 年。田况和李显忠均供职于陕西经略安抚使，主要防御西夏和吐蕃。所言冷锻兵器的方法得自此两族，其中以青海羌族冷锻尤精。

北宋沈括（1031～1095）《梦溪笔谈》中记载了青堂羌制作"瘊子甲"的制作技术和此技术的优越性。

瘊子甲呈青黑色，表面光洁，可照见发丝。甲片用麝皮带子穿起来，柔薄而韧。去之50 步，强弩射之不能入。其制作方法是：取较厚铁料，不用加热直接锻打，当锻到比原厚

　① 赵青云等：巩县铁生沟汉代冶铸遗址再探讨，考古学报，1985，(2)：157～183。
　② 王可、韩汝玢等，元大都遗址出土铁器的分析，考古，1990，(7)：656。
　③ 李秀辉、韩汝玢，青海都兰吐蕃墓葬出土金属文物的研究，自然科学史研究，1992，(3)：278～288。
　④ 王静如，敦煌莫高窟和西安榆林崖中的西夏壁画，文物，1980，(9)：49～55。

度减少了 2/3 时即成。锻打时工匠在铁料上留下像筷子头状的一些分散的局部不煅,看上去像一个个瘊子,用以检验减薄的程度。用冷锻方法制甲,避免了热锻时金属氧化造成的表面粗糙的缺点,使甲片具有较高的硬度。当时工匠掌握的冷加工变形量基本符合现代冷加工硬化规律。

明清时期铁器的热锻和冷锻都有较大的发展,大至"千钧锚",小至锯、钗、凿、针都有记载。

明代宋应星《天工开物》的锤锻篇中有冷锻锯条的记载:"熟铁锻成薄片,不钢,亦不淬。出火退烧后,频加冷锤坚性,用锉开齿。"关于中国古代的锯,有学者进行过专门研究①,最早的铁锯可能是湖南长沙战国后期楚墓出土的铁锯和锯条有 30 余件。经鉴定的永城梁孝王墓②及河南长葛汉墓出土的铁锯均是利用铸铁脱碳钢锻打加工而成③。

另外宋应星还总结了制造大型锻件千钧锚的锻造方法。"锤法先成四爪,以次逐节接身。其三百年以内者,用径尺阔砧,安顿炉旁,当其两端皆红,掀去炉炭,铁包木棍,夹持上砧。若千斤内外者,则架木为棚,多人立其上,共持铁链,两接锚身,其末皆带巨铁链套,提起掀转,咸力锤合。合药不用黄泥,先取陈久壁土筛"(图 14-1-5)。说明至晚在明代,我国劳动人民已经掌握了生产大型锻件的技术,为远洋航海发展交通贸易,创造了有利条件。

图 14-1-5　《天工开物》载锻锚图
(选自:宋应星《天工开物》,1976 年版,275 页)

---

① 云翔,中国古代的锯(下),考古与文物,1986,(4):85~92。

② 李秀辉、韩汝玢,永城梁孝王寝园及保安山二号墓出土金属器物的鉴定,见:永城西汉梁国王陵与寝园,中州古籍出版社,1994 年,第 198 页.

③ 河南省文物研究所,河南长葛汉墓出土铁器,考古,1982,(3):322~323。

在《天工开物》中还记有关于制作响铜器工艺："凡锤乐器，锤钲（俗名锣）不事先铸，熔团即锤。"有学者对中国传统响铜器生产工艺进行了考察与研究，发现响铜器的制作工艺从明代宋应星的记载到今天的民间手工作坊及较大的响器工厂基本上都是一样的。详情请见本章第四节。

最初的锻造靠人工抡锤进行，后来出现通过人拉绳索和滑车提升重锤再自由落下锤打坯料的方法，这可以说是最古老的锻压机械。14世纪以后出现了畜力和水力落锤锻造。15世纪航海业发展，为了锤造铁锚等，出现了水力压力的杠杆锤。

第二节　传统锻造工艺和产品简介

一　金　箔

金具有极好的延展性能，可加工成很薄的片材，称为金箔。世界文明古国都有悠久的制作金箔的历史。在两河流域乌尔王室墓地发现有公牛像是用厚度0.5～2毫米的金薄片包起来的。古埃及法老墓出土有大量金箔和金薄片制品。中国黄河流域早在商代前期已经有了金箔和金薄片，如河北藁城台西村墓葬出土有金箔；郑州二里岗24号墓的填土中，发现结成一团的金片，经展开后，是许多条形金片，每片金片边缘向内折，长10厘米，宽7厘米。商代后期墓葬中，多处出现金条片、金箔残片及贴金箔。如：山东益都（现青州市）苏阜屯的一座商代墓中，随葬品除小件铜兵器、车马具外，尚有金箔残片；河南安阳大司空村殷代车马坑中，用金叶作舆上饰品。在棺底人骨架下，发现金箔残片，叶极薄，厚度仅有0.01毫米，可能是粘附在器物上的装饰品；测定其金相组织，其晶粒大小不均，但晶界平直，属

图14-2-1　三星堆遗址出土
金面青铜人头像
（选自：肖平《古蜀文明与三星堆文
化》，2002年版，彩版图第2页）

图14-2-2　金箔金相组织
（样品经王水加铬酸酐侵蚀）

再结晶晶粒，说明当时已采用了退火热处理工艺。从厚度来看，已达到相当高的加工工艺水平。在中国长江上游四川广汉三星堆发现的古蜀国文化遗存中，出土了包括金杖、金面罩、金虎等在内的 100 余件金器（图 14 - 2 - 1）。金杖是在木杖外包裹薄金片制成，长达 1.42 米。金面罩薄如蝉翼，贴附于铜人头像面部。对三星堆发现的金箔和金薄片检测分析的结果表明，含金 83% ～ 86%，含银 11% ～ 15%。对金面罩等 2 件金箔样品进行金相检验，组织显示其晶粒粗大、晶界平直并有孪晶（图 14 - 2 - 2），表明它们经锻打加工后，又在较高温度下退火制成。

金箔与金薄片的加工方法，史书记载较少。明宋应星《天工开物》第十四卷《五金》是古代最早对金箔加工的工艺总结文献。明以后的金箔生产，基本如宋应星总结所叙。书中记载："凡金箔，每金七厘造方寸金一千片，粘铺物面，可盖纵横三尺。凡造金箔，既成薄片后，包入乌金纸内，竭力挥椎打成。"据计算"七厘"应是"七分"。按明朝度量衡制，每尺等于 31.1 厘米，每两等于 37.3 克。金的密度为 19.3g/cm³，如果用"七分"重的金打成 1 平方寸的金箔 1000 片，则每片厚 0.14 微米。

金箔与金片加工，起初是以单片敲打而成。何时中间加纸、多层叠打而成至今仍不清楚。如用纸隔开，应当是东汉以后的事情。因为两汉是用丝质的絮纸，最早的麻纤维纸是汉武帝时（大约公元前 140 年），而蔡伦的纸是在东汉和帝元兴元年（105），因此用纸作为隔垫，不应早于公元 105 年。相传南京龙潭地区，加工金箔有 1500 年历史，即从南北朝时期开始。南朝时（466），佛教开始在中国兴盛。梁武帝时（503 ～ 548），佛教极盛。佛教的发达，寺庙、佛像的建设、修葺，促进了金箔生产的发展。南京、苏州一带金箔业的发达正是受佛教的影响。南京龙潭的青石（打箔用的石捻子材料），句曲山的金，亦是该处金箔发展的客观有利条件。宋朝以后竹纸生产盛行，故采用竹纸作成乌金纸。此外在绍兴、汕头、佛山等地的金箔业亦很发达。

清代，金箔手工业发展到极盛时期：据民国 12 年重修《佛山忠义乡志》实业 14 记载："金箔为本乡有名出品，有青、赤两种，由本乡或省城购买足金，隔以乌纸用锤击成箔，行销内地各乡、各阜及港澳、石叻、新旧金山，岁出五、六十万元。"当时不仅行销国内，而且向美国出口。但是至 1840 年香港辟为商埠后，中国金箔业受到打击。1949 年前，金箔生产降至最低水平。例如，有金箔生产传统的龙潭地区，仍是古老的手工作坊生产，生产效率低，工序长，处于萎缩状态。王克智在 20 世纪 80 年代调查了南京龙潭、苏州用传统工艺进行的金箔生产工艺。总结如下：

1. 金箔加工方法

金箔加工采用了一种非常独特的方法。工艺流程如下：

熔铸 → 拍叶（开坯）→ 下料（将金片切成小块 128×16＝2048 块）→打开子（打箔）→入傢生（下料）→丢捻子（打箔）→切箔→包装→成品金箔→背金→上光→切金→摇金→包装→成品金线

（1）熔铸：将金置于坩埚内，将坩埚放在风箱鼓风的焦炭火上，待金熔化后，浇入宽 20 毫米、长 250 毫米的铸铁模内，锭呈长条形。

（2）拍叶：即开坯。将金锭切成 60 克重的 1 块，称为"一作"，即 1 个加工单位。然后在拍叶砧子上，用拍叶锤锻打，加工硬化后，将金坯在电阻炉内 800℃退火，为防止金箔之间粘接，从厚到薄依次在清水、淡茶、浓茶水中处理金坯料，处理方法是将金箔片加热，待稍冷后，入淡茶水中（或浓茶水中），取出用毛巾挤干，放入炉中烘干，即可防止金片之间粘结。这样拍打至金片厚度至 0.01 毫米，共 128 块金片，分成 4 份，每份 32 块，放入 4 层捻垫中。

（3）下料：将 128 块金片，切成 2048 块，放入开子（开子是指 100 毫米×100 毫米的乌金纸），在放金叶前，将开子烙火（烘干）去除潮气。

将金叶放入开子中叫粘捻子，要放在乌金纸的中央，都要对齐。

绷纸：是在小开子上用双层牛皮纸（中间用盐水糯糊粘上），再裹在开子上，粘牢。

（4）打开子：即打箔，或称丢捻子，在手砧子上用 2.75～3 公斤的锤来打，由一人操作，打 4～4.5 小时。

（5）入傢生：涂青石粉（即用湖南产的一种滑石），把傢生拿来（傢生即 200 毫米×200 毫米的大乌金纸），每张均涂 1 层青石粉，作为固体润滑剂。

（6）打了系：即打箔，装好傢生的金箔，包上绷纸。在石捻子上（青石砧），由两人打，上手的人称为推锤，下手的人叫护锤。上手人指挥，下手人用力打。厚度到 0.15～0.32 微米时到达成品，工人是根据延展的面积来判断成品厚度的。

（7）切箔：将打好的金箔，置于绷有熟猫皮（或兔皮）的方木板上。涂以青石粉，以单刀或定尺刀（竹装）切割成定尺，包入竹纸内（可防止与纸粘结）。

（8）背金：即金箔后贴纸。先将纸用水烫热，然后加鱼胶、压干、入罐，将两张纸锤打成一张，然后贴金。

（9）压光，在野梨木板上刻出槽，用磨光的雨花石进行压光。木板上要搓以豆油。

（10）切金：以前是手工切，用一把大切刀。现已改进为机械切刀切割。

（11）摇金：即用切成条的背纸金箔，以棉线为芯，将金箔搓在棉纸上，即成金线，包装即成成品金线。

2. 金箔的润滑剂与乌金纸

（1）热处理工艺

从分析检验的古代金箔和金薄片可知，它们均采用了中间软化的再结晶及成品退火的工艺。南京龙潭古法打箔工艺中，加热退火是必不可少的过程。为防止金箔打制过程中粘接，采用了清水、淡茶、浓茶水作为介质，使其残留在金片表面。是否由于茶中的茶碱或其他有机物质的作用，防止粘接。其真正原因尚不清楚。

（2）固体润滑剂的使用

润滑剂在现代塑性加工中被普遍应用，有液体、固体、粉末等各种润滑剂。热压力加工中的固体润滑剂有玻璃粉、石墨等。

金箔加工中，采用了固体润滑剂。例如：湖南青石作为润滑剂用于打金箔，实质上是一种滑石。王克智对这种青石作了矿相鉴定，它是一种片状滑石，莫氏硬度 7 度。结晶为不超过 0.008 毫米的颗粒，占 60%～70%，最大粒度为 40 微米，尚含有少量黑色的磁铁矿和铬铁矿。湖南天然青石的特点是粒度较小，使用前又经研磨、筛分当然颗粒更为细小，因此防止金箔与乌金纸粘结的效果很好。

（3）乌金纸

据《天工开物》、《上虞县志》记载，古代金箔生产所用乌金纸产在苏杭和浙江上虞一带。乌金纸的制造方法现已失传，现在南京龙潭所用打成品的大乌金纸，还是 1919～1920

年时生产的，虽用了几十年，仍未腐坏，足见其质量之高和制作工艺之精湛。

乌金纸的强度、韧性、耐磨损性能均好。乌金纸是"豆油点灯，熏染烟光"所以纸上除了炭黑外，尚有不完全燃烧的有机碳氢化合物，作为填料充填纸上空隙、孔洞。同时增加了纸的耐热、耐磨性能，因而使用几十年仍不损坏。

二　斑　铜[①]

斑铜是云南铜器中具有独特风格的一种金属工艺品，因其表面显现光泽闪烁的自然结晶的斑纹而得名。在《续修昆明县志》中记述有"锤造炉瓶成冰形而斑斓者，为斑铜器。"[②] 斑铜分为生斑和熟斑两种。

1. 生斑

生斑约起于明末清初的云南会泽、东川一带，至今已有数百年历史。会泽、东川地区自古盛产铜矿，有自然铜，铜质纯，含铜99％以上，块状较大，不用熔化，捡来就可用。它可锤打成香炉、花瓶等工艺品。当地人称自然铜叫马豆子碛，通常在山洪爆发后可以采到。经锻打成形、药剂浸泡，可得到表面花纹呈棱角冰裂块、斑花明显、颜色鲜艳、似樱桃色、无夹皮的工艺品，会泽称之为金斑铜。其工艺简述于下：

（1）锻打壳子（坯子）：捡拾到的块状自然铜加温反复锻打。根据原料的大小决定打制器物的大小及形状，边加热边锤打，加热以不烧红为限。有一套专门的工具，是方的、圆的内模具，里外都可用铁模（也叫懒铁）垫着打，料和懒铁完全接触，就能扩大器物；部分接触，就能适当收缩器物。不可能一次打成形，反复锻打多次，直到锻成坯形。六方形的器物，是先打成圆形，然后划线，锤收成棱。东川会泽斑铜社只剩下少数老师傅会干，一般打完壳子，需送到昆明二途街（今民生街）进行进一步加工。

（2）烧斑处理：打成器皿后要进行再结晶退火，称为"烧斑"。用粒炭架起加热器物，温度约700～800℃，烧斑时不能吹风，否则会使器物受风的那边晶粒小。李增师傅说："烧斑要在黑屋中进行，门窗要堵好，不能漏风"，就是这个道理。器皿烧至发白，待出花纹即撤火，温度越高花纹越大，但不能熔化。斑纹就是形变后退火形成再结晶晶粒和孪晶。

（3）精加工：烧斑完成后，需要修整器物表面，先将其锉磨平整，由粗到细，后用松香粘在木轮对其磨光（或用松炭加水磨光），再用宝砂（用玉石加工的粉料）擦磨，最后用花桃木烧成的炭抛光打磨精加工。

（4）提斑着色：药方是祖传的，药水可以反复使用，将器皿浸泡到药水数次，最后一次大约浸泡24小时，直到色泽鲜艳，药水可以加热，加热的程度要看花斑出现的情况。药水用的次数越多越好。

（5）蜡封：着色完毕，将器物冲净、擦干，过蜡（用虫蜡）。把铜器烘到烫手（有说约100℃）起到密封表面氧化膜颜色的作用。

---

① 1979年北京钢铁学院冶金史研究室邱亮辉、韩汝玢，有色金属研究院朱寿康、胡文龙等人赴云南考察，参观访问了昆明工艺美术厂生产斑铜的车间，采访了张宝谊老师傅（锤胎工）、云南省博物馆李增老师傅等人，本节内容是根据上述的调查资料整理而成的。

② 《续修昆明县志》卷五之三，1939年，10页。

2. 熟斑

（1）配合金：因自然铜原料来源不足，改用电解铜加入 2%～3% 锌等合金元素，用精密铸造制成熟斑器物。在石墨坩埚中加入原料和焦炭熔化合金。

（2）用失蜡法浇铸：昆明工艺美术厂曾经用砂型铸造，因表面砂眼、气泡较多，铸件表面质量差，改用失蜡法，主要分为设计造型实物，用石膏翻制模具，做蜡型后挂砂，退蜡，浇铸成型。

（3）整形：对熟斑器物铸件整形要经过 28 道工序，表面全要敲打，使表面压贴致密，并修饰缺陷，再锉平、打磨、抛光，由粗到细好几次，费时费工。对复杂的器物还要焊接组装。有的还需锉錾花纹。

（4）提斑着色：这道工序与制作生斑器物相同，人造的熟斑器是土红色，花纹细碎，因为显现的是铸造晶粒，据车间师傅说熟斑器物时间一长，会变色，使色泽逊色，而且成品率不高。提斑着色用药可用发酵后的淘米泔水替代。

熟斑器物已发展到数百个品种，包括动物、人物、花卉、瓶罐、炉尊、壁饰、器皿等六大类，珍品硕果累累，常作为我国政府馈赠外宾的礼品，产量增多，已成为云南标志性的旅游产品。

三　芜湖铁画[①]

芜湖铁画是我国传统金属工艺百花园中的一朵奇葩，至今已有 300 多年的历史，是"以铁为墨，以锤当笔"，借鉴国画的章法布局，经过冶、锻、钻、锉等工艺技巧而制成的工艺美术品。

芜湖铁画的创始人是铁匠汤天池。汤天池本是江苏省溧水县明觉乡人，幼年因避兵祸而流落芜湖。芜湖久为"长江巨埠、皖之中坚"，交通便利，经济发达，文人墨客云集，书画名家众多，如"姑熟派"萧尺木等著名画家都曾先后留居芜湖。明清时期芜湖更以冶铁闻名，"惟铁工为异于它县。居市廛冶钢业者数十家，每日须工作不啻数百人……"。芜湖所产钢料及菜刀、剪刀、剃头刀（世称"芜湖三刀"）名气久盛不衰，远近求购，故民间有"铁到芜湖自成钢"之说。汤天池少时就入铁匠铺拜师学艺，出徒时已是芜湖铁匠中技艺非凡的佼佼者，终于在"康熙年间租赁乾隆进士黄钺的曾祖父之临街门面，自营铁业作坊"。

某年汤天池到画家萧尺木家里收铁件钱，顺便观其作画。萧尺木正在画简笔梅兰竹菊"四君子"图，见铁匠如醉如痴地看他作画，不免有些出言不逊。汤天池一气之下回家升火开锤，照萧尺木的笔画，竟打出了一套铁的"四君子"图来。元宵节闹花灯，汤天池把"四君子"图镶上方框代替彩灯挂在了门口。萧尺木外出观灯，意外地发现了铁匠铺的白墙上挂着铁打的"四君子"图，甚感奇怪。萧尺木了解实情后喜不自胜，从此对汤刮目相看，与之

① 杨光辉、张开理，铁画艺术，江苏美术出版社，1989，1～60。
　　刘伯璜，芜湖铁画史略，见：芜湖文史资料第一辑。
　　刘伯璜，芜湖铁画，见：安徽文史集萃丛书之十，江淮风物，1987。
　　草青等，铁画春秋，见：安徽文史资料三十三辑——安徽书画人物，1990，278。

结成莫逆之交。萧尺木不断把画稿送给汤天池，汤天池也开始专打铁画。

汤天池的铁画作品一经面世即享盛誉，"名噪公卿间"，"远客多购之"。当时的诗人梁同书作有多首《铁画歌》，其中一首集中描述了铁画的创作过程和内容、形式、艺术特色等。全诗如下：石炭千年鬼斧裁，阳炉夜锻飞星裂。谁教幻作绕指柔，巧夺江南钩剿笔。花枝婀娜叶璁珑，并州快剪生春风。英丛蓼穗各有态，络丝细卷金须重。云框扣束垂虚壁，茧纸新糊烂银白。装成面面光清荧，桦尽兰烟铺不得。豪家一笑倾金赏，曲屏十二珊网奇。前身定是郭铁子，近代那数侯冶师。采绘易画丹青改，此画铮铮长不毁。可惜扬锤柳下人，不见模山与范水。

续汤天池之后另一位对铁画的发展有重大贡献的人是梁再邦。梁再邦的事迹主要记载在清末《建德县志·艺文志》中："梁应达，字再邦，性聪颖多才，能善诗画，艰于进取，乃弃旧业。居与铁工邻，因寄技于铁以自娱，凡画工之所不能传者，皆能以铁传之。年八十余卒，技遂失传。"县志还附录了一个名叫金浚的文人在梁再邦 50 岁时为他写的一篇《像生志》。从《池州府志》知金浚在乾隆八至十四年参加修志，由此推断梁再邦早不过康熙三十年出生，而此时汤天池或已作古，即使在世也是垂暮之年了。依《像生志》所载，梁再邦"少尝习诗书，肄弓矢，以干进，卒不售，含愠而去，冶铁为生。……因其所业，出余巧为花鸟虫鱼，无不肖，久乃益工，遂擅绝技名。仕宦豪族舟车致之，其工值常倍。"

梁再邦是个"知识分子"，与自幼贫困、不识诗词的汤天池有很大不同。他把丹青的意境、笔墨的趣味、文章的精妙、江南的风情融入了铁画之中，使其作品意境深远，构图巧妙、造型别致，富于诗意，一扫匠气，如图 14-2-3。梁本人也曾自豪地宣称"余少时尽匠巧，为此穷收冥追，历数年乃工，大江南北无媲余技者。"《像生志》所载梁再邦铁画题材甚多，"作绘植物若松竹，木之华者若梅、若海棠，卉之英若兰、若菊、若牡丹、若菡萏（荷花之别称），点缀位置，掩映恰合，为水、为石、为蒹葭、为细草附丽之

图 14-2-3 梁再邦铁画作品

物，甲若蟹，羽若燕雀，虫之属小者若蜻蜓、若蝶、若蝉、若螳螂、若蚱蠓，凡其荣枯舒敛、行止飞跃之情态，无不各得其物之本末，栩栩然生动于烟浮膏灼之外，虽使攻木者雕琢而为之，不能如其工且肖也。"故论者咸称汤天池创造了铁画，梁再邦"以文锻画"，使铁画走向成熟，铁画从此作为一门独特的艺术而自立于艺术之林了。

汤天池、梁再邦的铁画制作技艺都没有能够传授下来而艺随人没了，此后虽曾有几家芜湖铁工作坊仿制，但因未得汤、梁真传而失其真韵。在铁画艺术青黄不接之季，出现了一个了尘和尚。铁画通过他的努力而重获新生。

嘉庆年间，芜湖青弋江南岸建了一座叫南寺的庙，主持法号了尘。了尘是书画名手，出家前恰好与汤天池为邻，看过汤天池打制铁画。出家后的了尘仍醉心书画，对铁画更是情有独钟，终于出资招聘了几个铁匠试打铁画。在了尘的指导下，铁匠们的锤下有了画味。在这几个铁匠中，有两个更心灵手巧些，技艺也较高，打出的铁画也越来越耐看，他们也摸索出

了一套打制铁画的方法。此二人就是后来芜湖西码头的沈义兴铁匠铺子的沈国华和安庆西门外四眼井的萧老四。沈萧两家把铁画技艺当成了传家饭碗，秘而不宣，传子不传女。结果两家传到第三代时都绝了后，铁画再一次面临着人亡艺绝的危险。多亏有偷学技艺的储炎庆，才挽救了铁画的沦亡。

储炎庆生于清光绪二十八年（1902 年），六岁丧父，九岁丧母，十几岁上就领着比他小六岁的妹妹外出乞讨，后在贵池拜师打铁，艺满流落芜湖，在沈艺兴铁匠铺做铁工。沈义兴的此时老板沈国华已是第二代铁画传人了。在芜湖的传教士很欣赏铁画，经常来定货，沈家的铁画生意相当红火。

储炎庆对铁画产生了浓厚的兴趣，渴望能学到这门技艺。可是老板防范甚严，储炎庆被迫装病，被安排在小阁楼上休息，这间小阁楼正在老板夜间打铁画的工作台顶上。储炎庆在阁楼木地板钻了小孔，把老板锻制梅兰竹菊、渔樵耕独的火工、锤法、组接的种种门道统统默记于心。某次教堂来定画，正逢老板外出，储炎庆遂一试身手，如期把铁画送到了教堂。老板回来后，储炎庆如数奉上画款，并汇报了事情的原委。沈国华连忙跑到教堂去查问，回来就把储炎庆的铺盖卷扔到了街上。就这样，储炎庆被赶出了师门，也带走了偷学来的铁画技艺。储炎庆遂栖身城隍庙，靠打铁画沿街叫卖为生，终因其铁画被一国民党将军抢去而发誓不再打铁画了。

新中国建立后，安徽省委要求芜湖市调查、抢救铁画。沈家的铁画传人沈德金已于1951 年去世，储炎庆事实上成了唯一的打过铁画的人。当时芜湖市委书记郑家琪闻讯后多次登门拜访，请其出山。1956 年底，在芜湖一个叫七更点的地方成立了"铁画恢复小组"，储炎庆作为"总教练"开始收徒授业，芜湖铁画终于进入了新的发展阶段。

第三节　热处理技术

一　退　火

人类最早使用的金属是自然铜，当它被加工到一定程度时，会产生加工硬化，甚至断裂。对加工形变硬化的自然铜进行再次加热处理后，可使材料变软，而能进一步加工，制作成所需要的工具，这是最早的再结晶退火。在土耳其东南部的 Cayonu Tepesi 遗址发现了公元前 7250～前 6750 年的一只锥和两个钩，对这些出土物的金相鉴定表明：它们显示有再结晶的晶粒和孪晶，当时的工匠尚未真正了解退火的作用，但他们已知要阻止裂纹扩展或断裂，需要进行加热，使锥、钩能在较软化的状态下加工，这些器物保留至今，成为人类使用退火技艺的最早例证[①]。

中国最早使用退火技术是在商代。河北藁城商代遗址、河南安阳殷墟均有金箔出土、殷墟出土金箔仅 0.01 毫米，金相组织显示晶粒度大小不均匀，且晶粒间界平直，表明金箔已经锤锻加工和退火处理的。表明公元前 14 世纪的中国工匠对退火已有一定的认识[②]。

---

① Tylecote R F, A History of Metallurgy (2nd Edition), Made and Printed in Great Britain by the Bath Press, Avon, 1992, 1～2.

② 中国冶金简史编写组，中国冶金简史，科学出版社，1978 年，第 34、35 页。

中国是最早发明和使用生铁的国家，为了改善白口铁的脆性，至迟在公元前 5 世纪发明了生铁脱碳退火技术，河南洛阳水泥厂、登封阳城铸铁遗址，均发现了属于战国早期的铁锄（图 7 - 2 - 7）和（图 6 - 2 - 29）铁锛，经鉴定，它们系由白口铁铸成后，再经过短时间的退火处理，器物表面脱碳变成低碳钢，中心仍保留生铁特有的莱氏体组织，脱碳层约 1 毫米，界限分明。

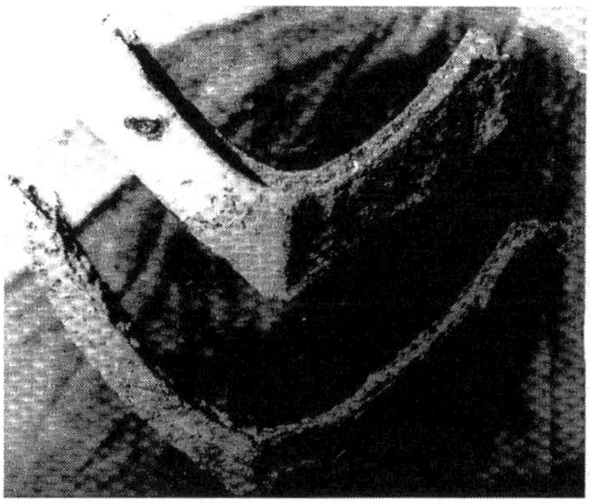

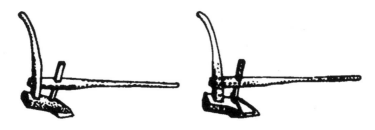

图 14 - 3 - 1 河南郑州古荥冶铁遗址出土的 V 形铧冠
（郑州市文物处于晓兴提供）

此后，在战国晚期的许多遗址中均发现这种脱碳铸铁的工具、农具。铸铁退火技术发明以后，使生铁能进一步推广应用。

公元前 4 世纪～公元 1 世纪的遗址中，出土数量较多的 V 形铧冠（图 14 - 3 - 1），带有 V 形铧冠木犁[①]（图 14 - 3 - 2），可承受入土翻土的最大摩擦力。

图 14 - 3 - 2 V 型铧冠木犁复原图
（选自中州古籍出版社，1994，132）

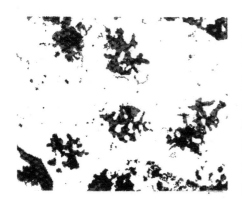

图 14 - 3 - 3 西安出土唐代铁板 82CTD5 T20-30
未浸蚀样品，显示有团絮状石墨

V 形铧冠可随时更换，以保持犁铧锋利，对促进农业耕作技术变革及农业发展具有重要意义。河南巩县铁生沟遗址出土 V 形铧冠 27 件，其中 11 件经过鉴定，3 件为白口铁铸件，是未使用过的残次品，另外 8 件均经过脱碳处理，并有使用的痕迹[②]。在此基础上将铸件加热到 900℃，保持 3～5 天，使白口铁中的渗碳体分解为石墨，石墨片聚集成团絮状，成为韧性铸铁如 T19∶8 铁铧。这是中国公元前 5 世纪退火技术应用的实物例证。战国中晚期到汉代，直到公元 9 世纪的唐代，韧性铸铁广泛应用于制造农具、工具和兵器，图 14 - 3 - 3 为西安出土唐代铁板（82CTD5 T20-30）的韧性铸铁中的石墨组织。

明代宋应星（1587～?）《天工开物》（1637）锤锻篇中记载的锉刀制作过程指出：锉刀

---

① 李京华，河南古代铁农具，见：中国古代冶金技术研究，李京华著，中国古籍出版社，1994 年，第 132 页。

② 赵青云等，巩县铁生沟汉代冶铸遗址再探讨，考古学报，1985，（2）：174～177。

使用久了会变得平滑，应先行退火，使钢质变软，然后再用钢錾凿出新的沟纹。

二　淬　火

把金属加热到临界点以上温度，获得高温相，然后急剧冷却，获得不平衡组织称为淬火。古代工匠将熟铁在炉膛内渗碳，随后淬火，在公元前1000年已有应用，但由于不了解内部组织和结构变化的实质，直到公元前8～前7世纪，东地中海地区的铁匠才熟悉淬火工艺。荷马《奥德塞》第9卷，已有了淬火增加硬度的记载，描述说："铁匠把炽热的斧，投入冷水中发出很响的嘶嘶声……这是使钢变得坚硬的方法。"[1]埃及已发现公元前9～前7世纪，渗碳钢制品是经过淬火处理的，这是迄今为止发现使用热处理控制硬度的最早的实物证据。

中国司马迁的《史记·天官书·第五》中记有"水与火合为淬"，《汉书·王褒传》中有"巧铸干将之朴，清水淬其锋"。表明公元前1世纪淬火已普及到为文人所知。中国出土铁器中经鉴定显示有淬火马氏体组织的最早的实物是，河北易县燕下都M44墓出土的2把剑、1件戟。M44是一座丛葬坑，此处出土的兵器表明，至迟在公元前3世纪淬火技术在制作兵器时已广泛使用（图7-2-15，图7-2-16）。

在对古代出土的青铜器的鉴定中也发现了淬火马氏体 β' 的组织。贾莹等在属于春秋战国时期吴国的青铜戈中发现了2件淬火组织。[2]姚智辉在四川重庆小田溪墓葬出土战国中晚期的青铜剑SX96（M22:6）也鉴定出具有 β' 马氏体的淬火组织（图4-3-15）。韩汝玢鉴定辽宁北票冯素弗墓出土的鎏金钵的组织是淬火的 β' 马氏体，图14-3-4，是公元5世纪的制品。截至目前为止，在鉴定大量出土青铜器中仅发现4件，淬火处理的青铜器所占比例很少。春秋战国时期的淬火青铜制品也可能出于偶然。其目的也应与钢铁制品淬火硬化的目的不同，但它们都是含锡约20%～23%的青铜合金。直至响铜器出现，淬火作为制作响器热锻工艺的重要组成部分，高锡青铜合金淬火是为了改善其热加工性能，是古代工匠长期生产实践经验的总结，是由偶然到必然的结果。

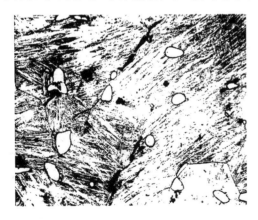

图14-3-4　辽宁北票冯素弗墓出土高锡
Sn 22%鎏金钵基体金相组织

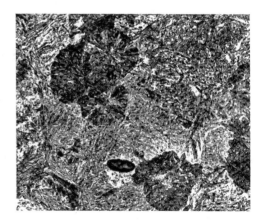

图14-3-5　徐州北洞山4008Ⅲ
式錾的淬火组织

　　①　Tylecote R F, A History of Metallurgy（2nd Edition）, Made and Printed in Great Britian by the Bath Press, Avon, 1992, 52.

　　②　贾莹、苏荣誉，吴国青铜兵器的金相学考察与研究，文物科技研究第二辑，科学出版社，2004年，第21～51页。

汉代以后出土的钢铁兵器、工具中均鉴定出为数不少的具有淬火马氏体组织的制品，金相组织见图 14-3-5、图 14-3-6。

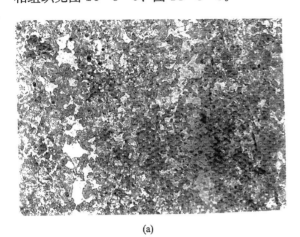

(a)

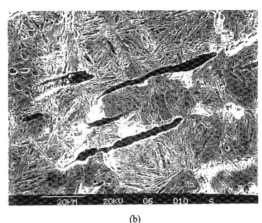

(b)

图 14-3-6　徐州狮子山西汉楚王陵出土凿

(a) 金相组织；(b) 扫描电子显微镜二次电子像

局部淬火技术是淬火工艺的进一步发展。对钢刀、钢剑的刃部进行局部渗碳和淬火，可提高刃部的硬度和机械性能。江苏徐州狮子山西汉楚王陵出土的三件圆头凿、一件平头凿为局部淬火制品（图 14-3-7）[9]，河北满城汉墓出土的剑、东汉永初六年（公元 112 年）制作的三十炼环首刀、河北磁县出土元代剪刀刃口（图 14-3-8）等，都在刃部发现有淬火马氏体组织。

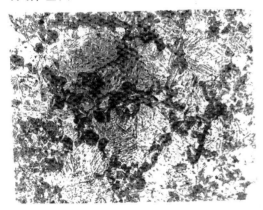

图 14-3-7　徐州狮子山出土凿

头部淬火组织

图 14-3-8　河北磁县出土元代铁剪

刃口淬火组织

中国三国时的造刀技术能手蒲元，对用不同水质淬火，可影响钢的质量有较深刻的了解。据宋《太平御览》三百五十卷"蒲元传"记载：蒲元为诸葛亮造刀三千口，蒲元认为汉水纯弱，不适宜淬火用，命人去成都取蜀水，取水人返回后，蒲元用之淬火，发现淬火时声响不对，问取水人怎么回事？取水人很吃惊，不承认有错。蒲元用刀在水中一画说，你加进八升涪水还说没有？取水人叩头承认在渡河时不小心将水罐打翻，心中害怕完不成任务，就用涪江的水加进罐中，众人敬佩蒲元称他为神妙手。刀制成后，把竹筒内装满铁球，举刀砍之，当即劈开，被誉为神刀。北朝綦母怀文制作宿铁刀后，即"浴以五牲之溺，淬以五牲之脂"。表明古代淬火使用的冷却剂，除水外，还有牲畜的尿和油脂。多种淬火剂的使用，表明古代对不同冷却速度的淬火与成品性能之间的关系，已有一定的经验。当时工匠用不同冷却介质淬火造出的"宿铁刀"能"轧甲过三十扎"[1]。

明代宋应星《天工开物》（1637年）中记载，制作锉刀时，锉坯表面开出成排的纵斜纹，凿后烧红，取出稍冷，入水淬火而成。入水前"微冷"，即现代淬火前的冷待，目的是减少工件由于淬火而造成的变形和开裂倾向。

三　渗碳技术

1. 固体渗碳

为了增加钢材硬度淬火是有效的方法，但若钢中含碳过低，淬火效果不理想，则需要增碳。满城出土钢剑（图8-2-23）和错金书刀（图8-2-24），经鉴定表明是经过固体渗碳技术处理的，由于渗碳剂中可能使用了骨灰作为促渗剂，钢中含有钙、磷较多的氧化亚铁夹杂。钢制品经过表面渗碳处理，获得心部柔韧及表面硬化的良好性能[2]。

明代宋应星撰著的《天工开物》中记载，制针时用"松木、火矢、豆豉"作为固体渗碳剂，"留针二三口插于其外，以试火候。其外针入手捻成粉碎，则其下针火候皆足。然后开封，入水健之。"当外面的针已完全氧化，用手捻成粉末时，下针已渗碳完成，松木是渗碳剂，豆豉及火矢（泥粉）可作为催化剂，正常的渗碳温度约900～930℃。据调查我国东北的赫哲族人，直到近代仍用类似的方法制作鱼钩，用铁丝加工成鱼钩，把它同木炭、火硝一起放入陶罐内，置炉中加热到一定火候，将罐打碎，立即将鱼钩放入水中淬硬，再放入铁锅中用油和小米"炒熟"（回火），用这种方法制作的鱼钩十分坚韧，可以钓很重的大鱼而不被拉断。

2. 焖钢

中国近代的一种固体渗碳制钢方法，是古代固体渗碳工艺的进一步发展。当时在河南、河北、江苏、湖北等地都有焖钢生产。其操作过程是：熟铁工件放在密闭罐内，填充以木炭粉、骨粉等渗碳剂，以及少量起催化作用的物质（如食盐、碳酸钠、苛性钾、黄血盐等），一起放到炉内加热，加热到一定温度，一般需保温10小时左右，视工件大小，也有长达一昼夜以上的，出罐后立即进行淬火。焖钢炉用黏土坯建成，设备简单，操作容易，适用于制造小型农具和工具。渗碳深度一般不超过2厘米。也常用于表面渗碳或刃部局部渗碳，局部渗碳时把工件用泥包裹起来，只把要渗碳的部位（如刃口）暴露出来[3]。

3. 生铁淋口

中国古代强化工农具刃口的加工工艺。出现于明代。也称"擦渗"或"擦生"。明代宋应星《天工开物》（1637）描述："凡治地生物，用锄镈之属，熟铁锻成，熔化生铁淋口，入水淬健，即成刚劲，每锹、锄重一斤者，淋生铁三钱为率。少则不坚，多则过刚

① 中国冶金简史编写组，中国冶金简史，科学出版社，1978年，第114页。
② 李众，中国封建社会前期钢铁冶炼技术发展的探讨，考古学报，1975，(2)：11～14。
③ 中国冶金简史编写组，中国冶金简史，科学出版社，1978年，第270页。

而折。"这种工艺就是用熔化的生铁作为渗碳剂，以提高锄、镈等农具刃口表面的含碳量，再加以淬火处理，使刃部一侧为软而韧的熟铁，另一侧为硬且耐磨的高碳钢，从而使刃口耐磨锋利，且具有自磨锐利的特点。从对古代农具的分析来看，这种技术在宋代已经产生。河南铁器的考察中发现了6件宋代经生铁淋口的农具，其中锄5件、镢1件。河南登封出土的宋代铁锄，经鉴定是经过生铁淋口处理的[①]。这种生铁淋口技术，近代在民间仍流传很广，如河北、山西、内蒙古，采用"擦渗"制作农、工具。将小片生铁与熟铁坯件同时入炉，在生铁欲流未流的一瞬间，钳夹此生铁块在熟铁坯件一面上往复抹擦。东北地区叫"铺渗"，将细粒生铁平铺坯件一面上。福建、广东各地叫"煮渗"，将坯件上铺一层黄土，再铺上碎生铁片，当坯件发红，生铁熔化，急搅拌铺匀。生铁淋口工艺曾东传日本，称为"掛渗"。

四　贴　钢

古代强化工具、刃具刃口的工艺。在刃具刃口部位锻焊嵌入或贴上一块硬度较高的钢（中碳或高碳钢），使刃口锋利耐用，本体钢用低碳钢或熟铁制成。由于本体钢质软，在锻造时易加工变形，用以制作各种工具外形。在中国，此技术始于何时尚待研究。吉林榆树老河深墓葬出土（公元2世纪）的 M115∶10 直背环首刀（图14-3-9）和M96∶1矛（图14-3-10），制作时即采用了贴钢工艺。刃口为含碳0.7%的钢与低碳的本体钢存在明显的分界，两种材质的组织，晶粒大小有明显差异，在分界附近有的地方的夹杂物数量明显增多。

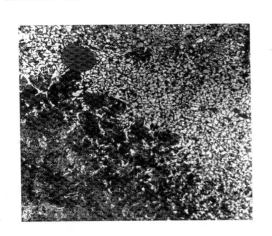
图14-3-9　吉林榆树老河深墓葬出土直背刀 M115∶10 的金相组织

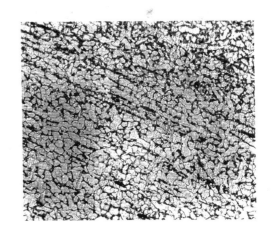
图14-3-10　吉林榆树老河深墓葬出土矛 M96∶1 的金相组织

贴钢嵌钢工艺在制作时，对本体钢和刃钢锻接的要求较高，要有熟练的技巧和丰富的经验，因为将两种含碳量不同的材质锻焊在一起，必须掌握好温度，否则在接合处会出现裂缝。M115∶10直背环首刀刃钢和本体钢锻合情况不好，出现有氧化裂缝（图14-3-11），

---

① 田长浒等，中国铸造技术史·古代卷，航空工业出版社，1995年，第117、118页。

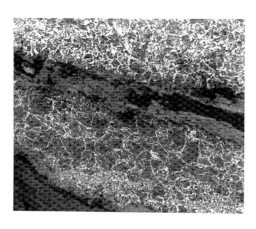

图 14-3-11　吉林榆树老河深墓葬出土直
背刀 M115：10 接合处的氧化裂缝

M96：1 矛的贴钢工艺制作质量较好，这是中国迄今为止出土较早的贴钢制品[①]。

　　河南渑池南北朝时期窖藏出土的铸造生铁斧，是经退火处理，在刃口夹上钢后，锻合而成的制品和半成品。近来在北票喇嘛洞鲜卑墓出土的凿（属于公元 5 世纪）也发现了夹钢制品，本体钢和刃钢锻造结合好，是表现了较高技巧和经验的制品[②]。沈括（1031～1095）《梦溪笔谈》中记载："古人以剂钢为刃，柔铁为茎干，不尔则多断折。剑之钢者，刃多毁缺，巨阙（古剑名）是也，故不可纯用剂钢"。明代宋应星《天工开物》明确记载用夹钢或贴钢的方法，在制作刀、斧、凿、刨等工具的刃部时贴上或中心夹一层含碳较高的钢，经热锻粘合，再淬火使刃口硬度较高。此种工艺至今仍在中国应用于生产小农具和工具。

第四节　　响铜器制作技术

　　响铜，顾名思义就是能发出悦耳声响的铜。古代用来铸钟。明代宋应星《天工开物》冶铸第八卷记载："凡铸钟，高者铜质，下者铁质。今北极朝钟，则纯用响铜。"用响铜制作的乐器称为响器或响铜器。铜锣、铙钹则是最常见的响铜器，不仅是中国传统戏剧不可缺少的伴奏乐器，在民间婚丧嫁娶、节日庆典、宗教活动中也被广泛使用。中国响铜器的制作有一整套传统的工艺技术，值得考察、研究。

一　　响铜器的使用历史

　　史料记载铜锣、铙钹的发源地是在古代的中国西部及南方少数民族地区。旧唐书记载："铜拨，亦为之铜盘，出西戎及南蛮。其圆数寸，隐起若浮沤，贯之以韦皮。相击以和乐也。南蛮国大者圆数尺，或谓南齐穆士素所造，非也。钲，如大铜叠，悬而击之，节鼓。"[③] 从文中的描述可知铜拨即今铜钹，由两片组成，合击而出声。"钲，如大铜叠"古代碗碟之"碟"，字为"叠"，以其可叠故名。"大铜碟"的形状应如大碟子，呈片状，与现代的铜锣形状相同，故文中"钲"字指的不是古代那种类似带柄的钟状之钲，而应是铜锣。铜钹之类的响铜器开始使用的时间据《隋书》记载是在东晋、十六国时期，"西凉者，起符氏之末，吕光、沮渠蒙逊等，据有凉州，变龟兹声为之，号为秦汉伎，魏大武即平河西得之，谓之西凉

　　① 韩汝玢，吉林榆树老河深鲜卑墓葬出土金属文物的研究，见：榆树老河深，文物出版社，1978 年，第 147、148 页。

　　② 北京科技大学冶金与材料史研究所、辽宁省文物考古研究所，北票喇嘛洞出土铁器的金相实验研究，文物，2001，(12)：71～79。

　　③ 旧唐书，第四册，卷二八至三七，中华书局，1975 年，第 1078 页。

乐。至魏、周之际，遂谓之国伎……其乐器有钟、磬、……铜钹、贝等十九种，为一部，工二十七人。"[①] 据此，至迟在公元五世纪铜钹已成为乐队的乐器之一了。至于龟兹使用铜钹的年代当更早些。

考古发现的实物就目前为止最早的是云南石寨山早期汉墓出土的铜锣，属于一锣独敲的单锣。广西贵县罗泊湾汉墓与铜鼓共同出土的铜锣也属单锣之类。据报道，在印度支那的北部靠近勒场的一座墓中出土了一块汉代晚期的铜锣中心部位的残片[②]。除一锣独敲的单锣外，还有编锣。石寨山出土的一件青铜器上刻有悬挂的一组编锣（由十几面铜锣组成）的图形。如今云南傣族、景颇族仍在使用这种编锣，一编之数为四锣到六锣不等。可见响铜器在我国西南和南方地区的使用源远流长，且铜锣、铜鼓并用。《宋史·蛮夷传》中记有："溪峒夷僚疾病，击铜鼓、沙锣以祀神鬼。"[③] 此处所载的"沙锣"并非用砂制成，而是一种地方铜锣的名称，与现今铜锣的品种"大钞锣"、"虎音锣"、"苏锣"等一样，仅仅是一种称呼而已。文献的记载说明响铜器在古代不仅是一种乐器，还用于驱邪祭祀，被民间广泛使用。

关于制作响铜器的"响铜"成分，章鸿钊先生曾指出："三代本是铜器的全盛时期，但都是青铜，又称作响铜，就是铜锡合金。"[④] 明代李时珍《本草纲目》卷八记有"人以炉甘石，炼为黄铜，其色如金。砒石炼为白铜。杂锡炼为响铜。"此处的"杂锡"可以有两种文字解释：一为"不纯净的锡"，二为"掺杂一定量的锡到铜中"。明代宋应星《天工开物》卷十四对响铜的合金配比及制作响铜器的工艺有记载："广锡掺合为响铜"，"凡用铜造响器，用出山广锡无铅气者入内。钲（今名为锣）、镯（今名铜鼓）之类，皆红铜八斤，入广锡二斤；铙、钹，铜与锡更加精炼。"这段文字记载了响铜的合金配比：广锡占20%；并说明制作响铜器的原材料必须很纯净，除铜及广锡外不得掺有杂质铅。这里的"广锡"是什么？加入高达20%的广锡后的合金是否就是制作响铜器的材料，其性能是否符合响铜器的制作及音响要求，这些问题都需要进行实物的考察与研究。关于制作响铜器的工艺在《天工开物》卷十中记有："凡锤乐器，锤钲（俗名锣）不事先铸，熔团即锤；锤镯（俗名铜鼓）与丁宁，则先铸成圆片，然后授锤。凡锤钟、镯皆铺团于地面。巨者众共挥力，由小阔开，就身起弦音，俱从冷锤点发。其铜鼓中间突起隆炮，而后冷锤者，其声为雄。凡铜经锤之后，色呈哑白，受搓复见黄光。"此段文字下面还附有插图，插图上所绘镯的形状与西南和南方常用的"包锣"相似而与铜鼓形状截然不同。这里当是宋氏之误或他考察的制作地把"包锣"称为"铜鼓"也有可能。不管怎样，宋应星记载的响铜工艺过程是十分宝贵的资料，与孙淑云等调查的我国传统响铜器的制作工艺基本一致，总结如下文所述。

二　中国传统响铜器生产工艺的考察

中国是一个具有很强传统继承性的国家。许多工艺技术往往代代相传，经世不绝，因此研究现存的传统工艺对了解古代的技术成果有着十分重要的价值。响铜器的制作工艺就属于

① 隋书，卷十五，音乐下，中华书局，1973年，第378页。
② Goodway M, Conklin H C, Quenched High-tin Bronzes from the Philippines, Archaeomaterials, 1987, 2（2）: 18.
③ 宋史·蛮夷一，卷四百九十三，中华书局，1977年，第14174页。
④ 章鸿钊，中国用锌的起源，科学，1923，8（3）。

这种传统的技术之一。现在不仅还有零星的响铜器小作坊在土法制作铜锣、铜钹，就是全国生产响铜器的五家主要工厂所采用的工艺仍然是传统的制作工艺技术，所改进的也只不过是在设备和动力等方面，而基本的生产原理和工艺过程没有什么改变。

广西博白县文地乡茂石村有一对曾姓兄弟，于 20 世纪 80 年代重操祖业，建起了响铜生产作坊。采用祖传的响铜工艺制作铜锣、铜钹，产品质佳，远销南洋，颇负盛名。手工工场规模小，只有十几名工人且全是曾姓。据说曾姓的响铜技术不传外姓人。技术保密是中国古代手工业的特点和弊病之一。可喜的是曾氏兄弟对孙淑云等前去调查持十分合作的态度，介绍了工场的简陋设备和整个生产过程。此后，又先后参观了全国著名的响铜器生产工厂：武汉锣厂和北京民族乐器厂怀来响器分厂。1989 年 11 月在北京举办的"全国乐器博览会"上又参观了天津锣厂、山东鲁东乐器厂及成都乐器厂的产品并了解了有关的生产工艺。令人惊叹的是尽管各厂家的产品在品种、规格等方面各具特色，但生产工艺却是相同的，且与曾姓兄弟的祖传绝技无甚差异。

（一）响铜的材质

响铜材质为含锡23％的青铜合金。据老师傅介绍自古以来响器都是这一成分，不得有其他杂质，这与《天工开物》的记载基本相符。且铜锡混合的越均匀越好。新熔化配置的青铜不如废旧响铜器重熔后制作的响铜器质量好。博白县曾姓兄弟制作的响铜器质量较高与他们使用的原料均为回收的废旧响铜器有关。在现在的几家大厂里，熔炼配置青铜时均要配入一定量的废料。新旧料混合使用，响器的效果最好。使用废旧料时考虑到锡挥发的较多，必要时要添加一定量的锡，以保证23％的含锡量。怀来响器厂生产的350 大钹成分分析结果为铜（Cu）76.2％、锡（Sn）23.61％、铁（Fe）0.037％、磷（P）0.0015％，不含锌（Zn）、铋（Bi）、铅（Pb）、锑（Sb）等杂质。其含有的磷（P）是该厂为脱氧而有意加入的。铁（Fe）为铜中的微量杂质或为铜液浇注于铁模中所卷入的少量铁的氧化物夹杂。从成分上看，响铜是相当纯净的铜锡合金。从而验证了《本草纲目》所说的"杂锡"不应解释为"不纯净的锡"，而应是"掺锡于铜"的意思。《天工开物》中的"广锡"即"纯锡"，其20％的广锡比例与23％的锡含量在古代条件下是相差不多的，说明现今响铜是沿用了古代的配方。

（二）响铜器的生产工艺

响铜器的生产工艺主要有：熔炼、浇注、热锻、淬火、调音、定音等步骤。

1. 熔炼

将铜、锡或铜锡合金（回收的废旧响铜器）熔化，配置成含锡23％的青铜。曾氏作坊的熔炼设备为一口径为46厘米的铁锅，内敷厚厚的黏土与炭灰混合物作耐火材料，形成中央内凹约8厘米、边沿与锅口取平的一层隔热层，此即熔炼设备，暂称"熔锅"。鼓风是采用往返活塞式的木风箱。长约150厘米，横截面近椭圆形，长径43厘米、短径32厘米。风箱与熔锅如图14-4-1。

风箱利用活塞的推动和空气压力自动开闭活门，产生比较连续的压缩空气。与出风口连接的鼓风管是一长约52.5厘米、内径5厘米的圆铁管，外敷较厚的耐火材料，鼓风管悬空架设在熔锅上方，鼓风口朝下正对熔锅的中心，活塞由人力推拉，一分钟往返6～7次，风力使熔锅内木炭充分燃烧，温度可达 1000℃度以上。

　　熔铜的设备如图 14-4-2 所示。熔铜时，将熔锅置地面的一堆灰渣上，使圆底锅平稳。锅内装满长约 6 厘米的优质木炭块，炭高出锅口约 10 厘米，点燃木炭。根据要铸的铜锭大小称量废旧响铜料，砸成碎块，插入锅内燃烧的木炭当中，熔化了的铜水汇集在锅内中央。其间添加木炭两次，不断观察铜料熔化的情况及铜水颜色。待铜水变成黄白色，立即停止鼓风，将浮于铜水上的炭灰扒掉，用一块大铜片盖住锅口，一人用湿稻草或泥巴垫衬在锅边，迅速端起熔锅进行浇注。每次熔铜约 20 分钟，一次熔铜为 5 公斤左右。

图 14-4-1　广西博白县土法熔炼响铜
的活塞式木风箱及熔锅

图 14-4-2　广西博白县土法熔炼响铜的熔锅
及鼓风管

　　武汉、怀来等几家铜锣厂具有现代的熔铜设备。石墨坩埚每次装料最多可达 250 公斤。每次将 2~3 个坩埚放入地炉中，燃料用柴油或焦炭，由电动鼓风机鼓风。熔炼温度规定为 1200℃，实际操作时，工人根据铜、锡挥发的情况，适当调整炉温，浇注前的铜水约为 900℃，以青铜液不粘工具为佳。

　　2. 浇铸

　　曾氏作坊采用传统的泥范铸造。铸范是用精选过的黏土拌上稻草，经反复摔打，使之具有良好的塑性和致密度。制范首先根据产品的规格用铁丝做芯。铸大锣的芯是一个大铁丝圈，铸钹用铁丝做成中间相通的 2 个或 4 个圆圈。铁丝圈用草拌泥敷裹，阴干，这就制成了铸范。最大的直径约 50 厘米，最小的 12 厘米，用铁片将圆台面拦腰箍紧。铸范与圆台面接触的缝隙均用湿泥巴堵严以防铜水渗漏（图 14-4-3）。铸范内部用掺有炭粉的细腻泥灰浆抹平，阴干，浇注前还要抹一层牛油。铸范上方加盖一泥制的圆盖，盖厚约 8 厘米左右。盖上有一呈喇叭形、高约 6 厘米的浇口杯，浇口的内径约为 4 厘米。喇叭口由一活动的泥块堵住。浇注前先用热木炭烘烤铸范。浇注的第 1~2 次铜锭往往有缺陷弃之不用，但此过程进一步起到烘范的作用。每浇注一次就要重新清理范面一次，重新涂抹牛油。

　　浇注时，铸工端起熔锅将铜水注入浇口杯（图 14-4-4），为防止从盖与泥范之间缝隙冒出的烟和火焰伤人，另有工人用湿稻草堵住缝隙，铜水铸完后立即将泥块堵住浇口杯。浇注出的铜锭呈饼状，厚约 1 厘米。重量在 5 公斤以上的大铜饼是制作大锣的坯料，一般是单个浇注，一次一饼。做钹的铜饼较小，一次铸出 1 对或 2 对大小、厚薄相等的铜饼来。铸后拆除泥范时，多数范圈被损坏，露出中心的铁丝圈，少数未损坏的清理后继续使用。

图 14-4-3　正在制作中的铸钹泥范

图 14-4-4　铸工端着熔锅将铜水
注入浇口杯

武汉、怀来等厂的铸范采用铁模，一模一饼，浇铸量是铸工根据成品的大小规格来控制的。每浇注一模，立即用铁片将模盖住。一坩埚铜水可浇注铜饼 15～20 个不等，依铜饼大小规格而定。

3. 热锻与淬火

饼状铜锭须经多次加热锻打才能达到产品所要求的形状、大小和厚薄。锻打前首先将铜饼加热。曾氏的加热炉为耐火泥坯和砖砌成的炭火炉。炉膛深约 30 厘米，内装木炭。炉子一侧砌一隔火墙，墙后的地下安置一木风箱。将铜饼直接搁置在炉中炭火上，拉动风箱鼓风，使木炭炽热（图 14-4-5）。待铜饼受热变樱红色时，一人用大铁钳将铜饼放置在铁

图 14-4-5　炭火炉加热铜饼准备锻打

图 14-4-6　锻打铜锣

砧上。拿钳人负责转动铜饼的位置，围坐在四旁的 3 人，每人一锤，依次锤打（图 14 - 4 - 6）。先从饼中央下锤，慢慢向饼四周捶打，使铜饼慢慢从内向外一圈圈的伸展扩开。捶打 3～4 圈后，铜饼颜色变暗红，最后呈黑色，复置炉中烧红再锻，如此反复多次，直至符合产品规格为止。用铁凿修整边缘使呈圆形。最后置火上烧红，投入水中淬冷。

铜锣是单一铜饼锻打成的，锣的折沿也是同时热锻而成的。铜钹是用 2 个同一次铸出的大小、厚薄相等的铜饼叠在一起锻打，每加热一次调换一下 2 块铜饼的上下位置，使 2 块受力相等、厚薄相同。

热锻的工艺过程与《天工开物》的插图《锤钲与镯》所绘之场所十分相似。只是宋应星的文字叙述过于简单，没有提到反复多次锻打的过程，亦未提及锻后淬火这一技术关键。插图上似绘有一水桶搁置加热炉后面，可能为淬火之用。

武汉、怀来的加热炉为反射炉，温度分布均匀，一次可加热铜饼多块。炉温控制在 700℃。采用空气锤进行锻造。怀来厂的空气锤为 150 公斤，每次锻 2 块铜饼，由中心依次向外锻锤。如 350 大钹，2 块叠锻，第一火锻 240 锤（中间轻锻 60 锤），锻至黑色，坯料从直径 15 厘米扩展到 31 厘米，送回反射炉加热至 700℃后，进行第二次锤锻，把 2 块铜饼上下位置调换，锻 280 锤，锻后坯料直径为 42 厘米。锻造温度范围保持在 700～500℃之间。锻好的坯料经加热后模压成型，趁热用剪边机剪边，剪成规定的直径为 350 厘米的铜钹。为去除氧化皮，将其浸泡在盐水中，然后放入反射炉加热至 700℃后，从炉中取出立即用木槌将钹片压平，投入冷水池中淬火。

与《天工开物》的记载和曾氏兄弟小作坊相比，现在的几家铜锣厂增加了机械设备，改进了动力条件，由全部人工生产转变为半机械化生产，但生产原理和工艺过程没有改变。曾氏兄弟的炭火炉无测温设备，从铜饼被加热到樱红色可知加热温度应与怀来等厂的一致，约为 700℃左右。锻造至黑色停止，加热再锻，其锻造的温度范围也应在 700～500℃之间。响铜器热锻的关键技术是加热温度，热锻后的淬火应是下一步冷锻的关键，这些技术的关键都是前人在实践中摸索出来的并一代代流传至今，是极其宝贵的财富。

4. 调音和定音

调音和定音都是冷锤的过程，必须由有经验的老师傅进行，边敲击响铜器的一定部位边听声音，所用工具是铁锤、木槌和铁砧。工人根据经验捶打应敲击的部位，使响铜器的厚度有规律地变化。曾氏作坊的铜锣经老工人师傅调音后，还要根据铜锣的种类在锣的内表面用铁笔或铁凿刻出一定的纹路。文锣是从中心向四周发散的发射性纹路，武锣是一道道横向纹路。最后再由老工人师傅用槌在关键部位敲打几下进行定音，铜锣的制造工艺才算是最后完成。制钹的工序比制锣的稍微复杂些。因钹的中央有凸起的钹顶，顶上穿孔用以系绳或彩带，在制作时将热锻淬火后的铜片中央冷锤出钹顶，再用铁钎在顶上穿孔，然后凿切边，再调音。调音后进行旋光以去除氧化皮，即《天工开物》所载的"受挫复见黄光"的过程。曾氏作坊的旋床是木制脚踏式的。一位师傅手持装有长柄的刀具，踏动转轮使钹旋转，令刀具接触钹面进行旋光。钹的两面都被旋光后进行冷锤定音。武汉、怀来等厂制钹和锣都进行旋光，方法与曾氏作坊相同，只是旋床改为钢质的，改人力足踏为电力驱动，但仍要有工人手持刀具进行旋光。调音和定音都是由有经验的老工人师傅进行冷锤，靠耳朵听力进行成品音响的检测。所谓"千锤打锣，一锤定音"这关键的一锤（实际上不止一锤）打在什么部位，打的轻重全靠老师傅的经验，且这种经验只能意会不可言传，只能在实践中积累。

总结其制作工艺过程主要有以下几个步骤。

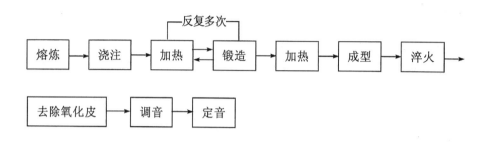

三　中国响铜器的实验研究

中国响铜器的制作历史悠久，制作工艺成熟，在 19 世纪初引起欧洲学者们的注意，开始对中国响铜器的成分、组织及制作工艺进行研究和考察。1816 年 Biot[①] 曾指出在法国乐队中使用的中国大铜锣具有洪亮的声响，并介绍了 M. Darcet 对中国铜锣成分及制作工艺方面的研究成果。1833 年 S. Julien[②] 翻译了《天工开物》中有关制作铜锣和铙钹的记载。在对此译文发表的评论中 M. Darcet[③] 介绍了他自己所分析的 7 面中国铜锣和 22 面铜钹的成分；铜（Cu）约为 80%，锡（Su）约为 20%。并指出这种成分的青铜像玻璃一样脆，不能直接用来制作乐器，而对其进行淬火处理后，就变得有延展性，可锻打成型。Champion[④]于 1869 年公布了他对上海附近制锣工艺的调查结果及分析的铜锣成分。以上的研究结果表明，中国铜锣、铙钹是由高锡青铜热锻制成的，且经淬火处理过。20 世纪 80 年代 H. C. Conklin 曾在菲律宾伊富高（Ifugao）地区收集到 36 个铜锣样品。对其中 23 个进行了测量，并把 18 个送美国华盛顿 Smithsonian 文物保护分析实验室进行了分析研究[⑤]。据他调查菲律宾的青铜锣是在第二次世界大战前由中国南方或南亚大陆传入的。

孙淑云等从广西博白文地乡曾氏作坊、武汉锣厂及北京民族乐器厂怀来响器分厂、天津锣厂共收集到样品 14 件，进行了成分、组织、硬度，X 光衍射物相分析及音频测定，样品来源及分析项目列于表 14-4-1。通过分析检验并结合怀来响器分厂提供的铜锣厚度测量数据及振动实验结果，对铜锣的制作工艺原理进行初步的分析研究。

---

①　Biot J B, Traite de Physique Experimentale te Mathematique, Paris, 1816, Vol. 2, p1875, Translation in Appendix B of Quenched High-tin Bronzes from the philippines, Archaeomaterials, 1987, (2)：24.

②　Julien S., Procede des Chinois Pour Fabriquer les Tamtans et les Cymbales, Annales de Chimie et de Physique, 1833, Vol. 54, pp. 329～331, Translation in Appendix c of Quenched High-tin Bronzes from the Philippines, Archaeomaterials, 1987, (2)：24.

③　Darcet M., Observations on the Preceding Note, Annales de Physique, 1833, Vol. 154, pp. 331～335, Translation in Appendix D of Quenched High-tin Bronzes from the Philippines, Archaeomaterials, 1987, (2)：25～26.

④　Champion P., Fabrication of Gongs or Tom-Toms at Un-Chong-Lan, Near Shangbi, Industries ancienne etmodernes de L' emprre chionis, Paris, 1869, Translation in Appendix A of Quenched high-tin bronzes from the Philippines, Archaeomaterials, 1987, (2)：20～24.

⑤　Goodway M., Conklin H C, Quenched High-tin Bronzes from the Philippines, Archaeomaterials, 1987, (2)：18.

表14-4-1　样品编号、名称、来源及检测项目

编号	名称	来 源	检验项目*
1573	锣	广西博白文地乡曾氏作坊　成品锣	①
1574	锣	广西博白文地乡曾氏作坊　成品锣	①
1576	铸锭	广西博白文地乡曾氏作坊铸造的铜锣锭	②③④
1577	锣	广西博白文地乡曾氏作坊经一次热锻	①②③
1578	锣	广西博白文地乡曾氏作坊经多次热锻，淬米	①②③
1579	锣	广西博白文地乡曾氏作坊回炉的废旧响铜	②③④⑤
1580	锣	武汉锣厂　成品锣	①③
1584	锣	怀来响器分厂经二次热锻的钹边缘部位	②③④
1585	锣	怀来响器分厂经二次热锻的钹中心部位	③④
1586	锣	怀来响器分厂　成品锣	③④
1587	锣	中国京剧三团使用　怀来响器分厂产品	③④⑤
1588	锣	天津锣厂　高音虎音锣	④⑥
1589	锣	怀来响器分厂　中音虎音锣（质优）	④⑥
1590	锣	怀来响器分厂　中音虎音锣（质次）	⑥

注：* 检验项目：①原子发射光谱定性分析。②原子吸收光谱定量分析。③金相检验。④硬度测定。⑤X射线衍射分析。⑥频谱测定。

(一) 实验

1. 成分分析

发射光谱定性分析结果表明，其中除1580为武汉锣厂外，其余均为广西博白县文地乡曾氏作坊的产品。分析结果表明所有产品除含有大量的铜（Cu）以外，还有锡（Sn）、铁（Fe）、锌（Zn）、铅（Pb）、镁（Mg）、文地乡产品还有铝（Al）。

为进一步确定锣、钹中元素的含量，对部分样品进行了原子吸收光谱定量分析，结果（见表14-4-2）表明锣、钹中的杂质元素铅（Pb）、锌（Zn）、铁（Fe）的含量很低，锣和钹由很纯净的铜和锡组成。据几家铜锣厂调查，锣和钹的含量主要由铜（Cu）77%、锡（Sn）23%组成。分析表明仅1584（怀来响器分厂的钹）含锡为含锡（Sn）23.61%，而文地乡的4件产品含锡量均低于23%，这是由于文地乡制作铜锣的原料来自废旧的响铜器，在重熔时未调整含锡量的缘故。

表14-4-2　锣、钹原子吸收光谱定量分析结果

编号	分析元素 /%					
	铜（Cu）	锡（Sn）	铅（Pb）	锌（Zn）	铁（Fe）	总和
1576	77.1	20.65	0.054	0.025	0.05	98.4
1577	79.0	20.75	0.071	0.017	0.04	99.9
1578	79.0	20.75	0.040	0.015	0.02	99.8
1579	78.7	21.17	0.027	0.007	0.03	99.9
1584	76.2	23.61	—	—	0.037	99.8

2. 金相实验

对文地乡及武汉锣厂的铜锣、怀来响铜器分厂的铜钹、锣共9件样品进行金相检验，结果如表14-4-3所示。

表14-4-3　锣、钹金相检验结果

编号	金相组织
1576	铸造青铜组织：α固熔体树枝状结晶及（α＋δ）共析组织，黑色圆形铸造孔洞（图14-4-7）
1577	青铜热锻组织：α晶粒及孪晶、晶粒细碎呈一定方向排列，基本灰色区域为（α＋δ）共析组织，黑色孔洞也发生一定变形（图14-4-8）
1578	青铜热锻及淬火组织：α晶粒及孪晶，β′马氏体针状相（图14-4-9）
1579	青铜热锻及淬火组织：α晶粒及少数孪晶，α沿淬火的β晶粒间界分布，β′马氏体相（图14-4-10）
1580	青铜热锻及淬火组织：α晶粒及孪晶，α沿淬火的，β晶界分布，β′马氏体相（图14-4-11）
1584及1585	青铜热锻组织，α晶粒及孪晶，晶粒细碎，基体灰色区域为（α＋δ）共析组织（图14-4-12、图14-4-13）
1586	同1580组织（图14-4-14）
1587	青铜热锻、淬火组织：α晶粒及孪晶，β′马氏体相，粗大黑色裂隙、穿过α晶粒的裂缝（图14-4-15）

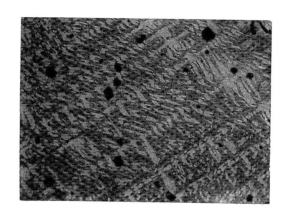

图14-4-7　1576文地乡铜锣铸锭铸造组织

图14-4-8　1577文地乡铜锣经
第一次热锻组织

金相检验的结果表明锣、钹从铸锭、热锻及淬火的制作过程中，组织发生相应变化。铸锭是高锡青铜的铸造组织，α呈树枝状结晶，大量（α＋δ）共析组织。经热锻后的铜锣组织为α呈晶粒状并有孪晶存在，晶粒随锻打次数的增加变得愈来愈细碎，基体为（α＋δ）共析组织。热锻的铜锣经淬火，组织中出现β′马氏体相。组织的变化与铜锣制作的工艺有关。经调查的几家工厂锻造加热温度为700℃。锻造是在700～500℃范围内进行的。淬火加热温度定为700℃。在锻造和淬火过程中，青铜合金发生相变，因此在不同工艺阶段得到的样品组织是不同的。中国锣、钹成品的金相组织为α固溶体晶粒分布于淬火的β相基体上。这种组织在菲律宾的部分铜锣样品上也存在着[①]。菲律宾还有部分的铜锣样品是以淬火的γ相为基

① Goodway M, Conklin H C, Quenched High-tin Bronzes from the Philippines, Archaeomaterials, 1987, (2): 8～9.

体的，这种组织在所分析的中国锣、钹样品上未曾见到，说明菲律宾的部分铜锣的淬火温度不同于中国。

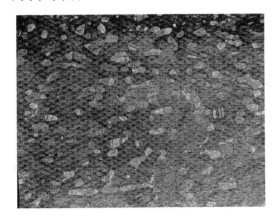

图 14-4-9　1578 文地乡铜锣热锻
淬火组织

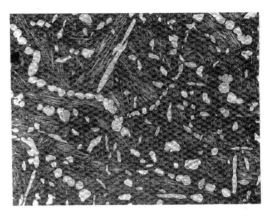

图 14-4-10　1579 文地乡回炉的废旧
铜锣热锻淬火组织

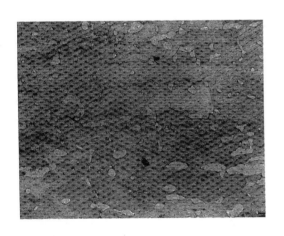

图 14-4-11　1580 武汉锣厂成品锣热锻淬火组织

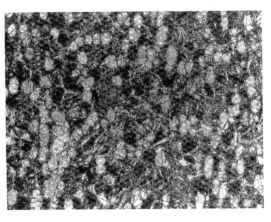

图 14-4-12　1585 怀来厂铜钹经第二次热锻组织

图 14-4-13　1585 怀来厂铜钵经第二次热锻组织

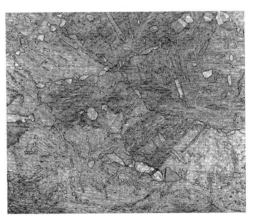

图 14-4-14　1586 怀来厂成品锣热锻淬火组织

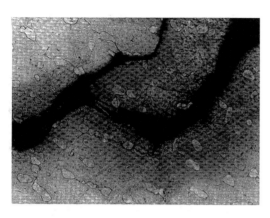

图 14-4-15 1587 怀来厂铜钹经中国京剧三团
使用后产生的裂纹

3. 硬度测量

样品显微硬度测量的结果（见表 14-4-4）表明，铸造样品（1576）基体的硬度最高，经热锻后的样品（1584、1585）基体硬度值略下降但高于热锻后又经淬火的样品（1579、1586、1587）。硬度的变化是与样品的金相组织不同相关联的。

对铜锣 1588 和 1589 表面进行了洛氏硬度测量，结果（见表 14-4-5）表明冷锻留下的斑点部位与未有明显冷锻斑点部位的表面洛氏硬度值（HR30T）不同，冷锻斑点部位硬度略高于非冷锻斑点部位，说明存在加工硬化现象，但形变硬化程度不大。

表 14-4-4 锣、钹显微硬度测量结果

编 号	测量部位	显微硬度（HM）	组 织
1576	基体	376	（α+δ）共析体
	α 相	186	α 固溶体树枝状晶
1579	基体	345	β′
	α 相	161	α 固溶体晶粒
1584	基体	356	（α+δ）共析体
	α 相	143	α 固溶体晶粒
1585	基体	358	（α+δ）共析体
	α 相	161	α 固溶体晶粒
1586	基体	321	β′
	α 相	204	α 固溶体晶粒
1587	基体	313	β′
	α 相	183	α 固溶体晶粒

表 14-4-5 铜锣表面洛氏硬度测量* 结果

编 号	测量部位 HR 30T 非冷锻斑点部位	冷锻斑点
1588	78	80
	76	83
	80	84
1589	68	84
	81	87
	68	80

* 测量条件：φ1.588 钢球，P 为 30Kgf。

4. X 射线衍射分析

对铜锣（1579）及铜钹（1578）进行了 X 射线衍射分析，结果如表 14-4-6 所示。同时将 β'（CuSn）2T 相及金属铜（Cu）的数据列于表中以进行对比。

表 14-4-6　锣、钹射线衍射分析结果与 β' CuSn2T 和 Cu 的衍射数据对照表

1579		1587		β'（CuSn）2T 17-865		Cu 4-836	
D/Å	I/I'	D/Å	I/I'	D/Å	I/I'	D/Å	I/I'
3.321	5						
2.583	3			2.629	10		
2.291	7	2.303	21				
2.135	100	2.172 2.14 2.118	64 967 100	2.131	100		
2.059	15	2.073 2.053	56 64			2.088	100
2.027	14						
1.994	11						
1.856	13	1.80	15	1.859	20		
1.768	3					1.808	46
1.504	5	1.639 1.499	4 5	1.496	10		
1.325	6	1.336 1.323	14 10				
1.309	16	1.31		1.301	10		
1.274	3	1.253	4			1.278	20
1.227	6	1.23 1.223	7 9	1.218	20		
1.13	27	1.137 1.126	12 13				
1.12	20	1.12	16				
1.116	20						
1.104	4	1.109	4	1.106	20		
1.067	2	1.069		1.067	10		

注：表中数码 17-865、4-836 为 JCPDS 卡片的顺序号，d 为原子面间距，I/I' 为相应谱线强度的相对比。

X 射线衍射分析结果表明铜锣（1579）和铜钹（1587）的主要衍射数据与 β'（CuSn）2T 相的衍射数据相对应。

β'（CuSn）2T 相是含锡 25% 以下的青铜从 600℃ 以上淬火获得的。1579 和 1587 含锡量在 20%～23% 之间，都经过淬火，淬火温度在（α+β）或 β 相区（600℃ 以上），与

获得 β′（CuSn）2T 相的条件近似，可以确认其为淬火的 β′ 马氏体相，与金相观察到的结果相吻合。β′ 马氏体呈现针状的特征，在显微镜下较容易辨别。1579 和 1587 的金相组织中都具有针状的 β′ 马氏体。此外还有 α 晶粒。X 射线衍线数据显示 1579 和 1587 与 JCPDS 卡中铜的数据对应性不好，这是由于 α 相系铜中溶有一定量的锡的固溶体而不是纯铜（Cu）的缘故。

5. 频谱测定

为比较不同类型铜锣及相同类型但质量不同的铜锣的声学特性，对天津锣厂的高音虎音锣（1588）和怀来响器分厂的存在质量差别的 2 面中音虎音锣进行频谱测定，结果表明不同类型铜锣具有不同音高是由基频的高低决定的。相同类型铜锣具有相同的基频，它们质量上的差别是由谐波分布的好坏决定的。

怀来响器分厂为提高响器的质量曾对该厂生产的中音虎音锣进行振动实验，选择 4 面铜锣进行对比，将锣的中心固定，把细沙均匀散布在锣上，使锣以四种频率振动。细沙在振动中聚结而获得振动波节线图形。通过对比可知质量好的锣表现为锣光部位振动均匀，锣光以外的部位也发生振动且振动波节线清晰，整个锣振动图形完整、对称。而次锣的锣光部位振动不均匀，光外部位基本不振动，整体振动图形不完整、不对称。

6. 厚度测量

铜锣不是一个厚度均一的圆板，怀来响器分厂曾对 32 面中音虎音锣在不同半径上的厚度进行了测量[1]。根据 32 面铜锣在不同半径上厚度的平均值绘制铜锣厚度变化图（图 14-4-16)，可见铜锣的截面为中间薄而边缘厚的楔形。中心厚度 0.7 毫米左右。在半径 3.0 厘米以内厚度基本一致。此为锣光部位。铜锣的厚度从中心向边缘逐渐增加，厚度变化的均匀程度对铜锣质量有直接的影响。另外，同一类型的铜锣不仅直径有一定的要求，而且厚度的变化必须一致，即在相同半径上的厚度有一定的值，如中音虎音锣，怀来响器分厂的规格是直径为 33 厘米，锣中心部位的厚度平均 0.7260 毫米、半径 8 厘米处的厚度平均为 1.0081 毫米、半径 9 厘米处的厚度平均为 1.1006 毫米，其他半径处的厚度也有一定的平均值，质量好即音响效果好的锣在一定半径处的厚度与平均值相符或偏离很小。怀来响器分厂曾选择 32-40 面优质中音虎音锣进行厚度测量，其在中心 8 厘米半径和 9 厘米半径处的厚度分布频率显示只有少数铜锣偏离平均厚度值较大。

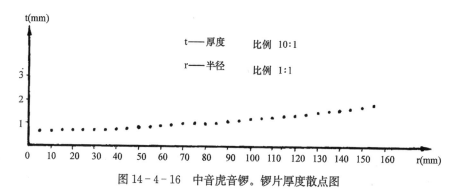

图 14-4-16　中音虎音锣。锣片厚度散点图

---

[1]　中音虎音锣的厚度测量资料由怀来响器分厂提供。

(二) 工艺研究

铜锣为击奏乐器，铙钹为拍奏乐器，虽然发声方法不同，但从振动方式看都属于板振动。对于均匀对称的圆板振动来说，它的振动频率如下式表示：

$$f_1 = 0.467 \frac{h}{a^2} \sqrt{\frac{E}{\rho(1-\sigma^2)}}$$

$$f_2 = 3.91 f_1, f_3 = 8.755 f_1$$

式中，h 为板的厚度；a 为圆板的半径；ρ 为材料的密度；E 为杨氏模量（或称弹性模量）；σ 为泊松比。

其中 ρ、E、σ 均与材料本身的特性有关。材料选定，ρ、E、σ 均为定值，频率（f）则随厚度（h）、半径（a）的变化而变化。铜锣、铙钹可近似看作是均匀对称的圆板，因此，它的频率也是受着上述诸因素制约的。下面以铜锣为例进行初步讨论。

1. 直径和厚度的确定

不同规格的铜锣具有不同的直径，不同直径的铜锣声音的高低不同。大抄锣是所有铜锣中直径最大的一种，一般直径都在 1 米以上，声音低沉。虎音锣直径在 30～36 厘米之间，声音明显高于大抄锣。虎音锣本身也有高、中、低音之分，其直径存在差别，高音虎音锣直径为 31.5 厘米，中音虎音锣直径为 33 厘米，低音虎音锣直径为 36 厘米，直径越大声音越低。声音的高低是振动产生的声波被人听觉器官接受产生的感觉。振动的频率高，声音就高，振动的频率低，声音就低。而振动频率与直径有一定关系。根据板振动的频率公式半径大，频率低；半径小，频率高。在长期制作铜锣的实践中，古代工匠摸索出铜锣直径的大小与声音高低的关系，通过改变直径大小获得不同音高的各种铜锣。

铜锣作为板振动，厚度对振动频率也产生影响，故不同类型铜锣的厚度不同。厚度不仅对频率即声音高低有影响，还对音色发生影响。厚度均匀的板，发音不优美，为要改善其音色就必须改变它的截面厚度。怀来响器分厂 32 面铜锣厚度的统计数字显示：铜锣的截面呈中间薄边缘厚的楔形（见图 14-4-16）。所有类型铜锣截面都是楔形的。但铜锣的音色仍有优劣之分。如中音虎音锣 1589 的音色较 1590 为佳，对 062 和 00C 两面铜锣的振动实验表明 062 为优质，00C 为劣质。铜锣质量的优劣，即音色的好坏与厚度变化均匀程度有一定关系。怀来厂对优质中音虎音锣的厚度测量统计结果表明，它们的厚度变化均匀，在一定的半径上有一定的厚度值。厚度变化均匀是使振动图形完整、对称，谐波分布好的重要因素之一。因此为使铜锣的音色好不仅要变化它的截面厚度，还要使变化均匀。优质铜锣的生产是长期实践经验积累的结果。

2. 材料的选择

23% 锡含量的青铜是中国响铜器的传统配方，是古代工匠长期实践经验的总结。作为击秦乐器之一的铜锣在戏剧伴奏和节目庆典中，都必须具有一定力度，力度不够，不足以渲染热闹气氛。力度在声学上即响度。响度与振动的振幅有关。振幅大，响度即大。振幅的大小与敲击力量有关。敲击力大，振幅大，响度越大。制作铜锣的材料必须具有抵抗变形而不被破坏的能力。即能经得住敲击，并发出洪亮的声响。

金属材料的硬度是指金属表面上不大体积内抵抗变形及抵抗破裂的抗力。实验表明无论是铸造还是锻造、淬火的铜锣样品基体的显微硬度（HM）均在 300 以上，它们基体的组织分别是（α+δ）及 β'。分散于基体上的 α 相硬度（140～190）明显低于基体的硬度（见表 14-4-4）。含锡量为 23% 的成品锣组织主要是由 β' 组成，α 相较少且分散。其硬度值较那种以 α 相为主要组织（含锡量较低）的青铜要高。当铜锣被敲击时，在表面接触点上具有一定的抵抗变形及破裂的抗力。

Chadwick[1] 曾对含锡量为 5%～30% 的青铜进行锻造实验后指出："对于铜锡二元合金来说存在着两个韧性锻区：一是含锡在 18% 以下青铜在 200～300℃ 范围内，二是含锡 20%～30% 的青铜在 500～700℃ 温度范围内，前者的合金组织主要是由 α 组成的，后者主要是由 γ 或 β 组成的。"含锡 23% 的青铜在 500～700℃ 进行锻打正处于青铜的第二个韧性锻区，因此具有一定的延展性。

23% 锡含量的青铜虽然是传统响铜的配料标准，但工匠在实际操作时不可能控制得十分准确，因而所分析的铜锣成分往往高于或低于 23% 的含锡量。但偏差不大（见表 14-4-2）。因此选择 23% 锡含量作为响铜器的配料标准。

3. 工艺的制定

（1）加热与热锻温度

锻造响铜器的加热温度控制在 700℃，锻造过程中温度控制在 700～500℃ 的工艺也是古代工匠在长期实践中积累的经验。把锻造加热温度定为 700℃，青铜处于 α+β 相区，随锻造过程的进行，温度下降，青铜处于 α+γ 相区，α，β 及 γ 在热状态下的可塑性使锻造得以顺利进行，当温度下降到 520℃ 以下，进入 α+δ 相区，锻造即停止。古代工匠凭经验根据响铜器的颜色变化判断加热及锻造温度范围，制定的 700～500℃ 工艺标准符合该金属的塑性最佳区，避开了带有脆性相的 δ 相双相区进行加工，这是难能可贵的。

（2）淬火工艺

响铜器在热锻成型后还要经过 700℃ 水淬的工序，这是传统响铜器制作工艺必不可少的一步。金相检验的结果表明，热锻后的响铜器的组织为 α，（α+δ）共析体，随锻造次数增加，α 晶粒细碎、分散并有孪晶存在。由于 δ 脆性相的存在，热锻后的响铜不宜于冷加工，影响冷锤调音工序的进行，采用 700℃ 水淬处理后的样品金相组织由 α 及 β' 马氏体组成，α 晶粒分散于淬火的 β 晶粒边界和晶粒联结的三角区域，改进了合金的机械性能。由于 β' 马氏体生成，合金的延展性有所增加，M. Darcet 在研究中国铜锣时发现，高锡青铜具有奇特的性质，在空气中缓慢冷却时它变得又硬、又脆，而当淬火时变得有延展性，可以锻打，与钢的淬火特性完全相反[2]，T. Matsuda[3] 曾对 18.10%、19.73%、22.27%、23.57%、25.33% 五种含锡量的青铜在不同温度下淬火后的硬度进行了测量，绘制了淬火对青铜硬度影响曲线图（图 14-4-17）。在 520℃ 和 590℃ 时硬度值有二次明显降低，硬度的改变是与组织的共析转变等因素有关。对淬火样品 1579 和 1586 显微硬度的测量可知它们比铸造样品（1576）和热锻样品（1584，1585）的硬度值稍低，但仍大于 300（见表 14-4-4），淬火改

---

①　Chadwick P，The effect of composition and constitution on the working and on some physical properties of the tin bronzes，Journal of Institute of Metals，1939，Vol. 64，p. 335.

②　Goodway M，Conklin H C，Quenched high-tin bronzes from the Philippines，Archaeomaterials，1987，(2)：15.

③　Masuda T，On the quenching and tempering of brass，bronze and aluminium bronze，Journal of Institute of Metals，1928，Vol. 39，p. 86.

进了高锡青铜的机械性能，使得下一步对响铜器的冷锤切削工艺得以顺利进行。

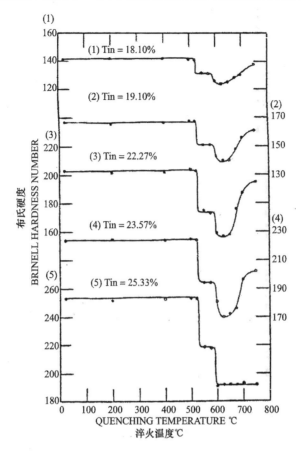

图 14-4-17　淬火对青铜硬度的影响

（3）冷锤调音

淬火以后的铜锣还要进行冷锤调音，有经验的工匠用小铁锤和木锤敲击铜锣的一定部位，边敲边听声音，使铜锣的声响达到要求。冷锤对调音之所以起作用分析可能有以下原因：①矫正淬火造成的铜锣变形和改变应力分布。P. Champion 指出：铜锣成形后在冷水中淬火，然后仔细轻轻敲打，目的是为了矫正由于淬火引起的铜锣翘曲变形[1]。铜锣淬火使内部应力分布不均匀，通过局部锤打，使应力重新分布，从而减少应力集中的程度，防止铜锣因局部应力过分集中而发生脆裂的现象。②改变铜锣的张力。铜锣的形状不是均匀的平板，而是锣面隆起，从断面看呈弓形。有经验的工匠可根据铜锣声音高低判断应敲击铜锣的内表面还是外表面，通过打成由中心向外缘的放射性点状斑痕调节音高。当铜锣声音高于标准音高时就敲击铜锣外表面，使过于绷紧的锣面松弛，使锣半径稍微增加，降低频率，从而降低音高；反之，应敲击内表面使锣绷紧，提高音高。这敲松和敲紧过程不仅轻微改变锣的直径也是改变张力的过程，直径和张力的改变使频率改变，频率的大小决定声音的高低，通

---

① Champion P, Fabrication of Gongs or Tom-Toms at Un-Chong-Lan, Near Shangbi Industries Anciennes Etmodernes de L' emprre Chionis, Paris, 1869, Translation in Appendix A of Quenched High-tin Bronzes from the Philippines, Archaeomaterials, 1987, (2)：20～24.

过冷锤达到调节声音高低的作用。③改进组织的均匀程度。铜锣经过热锻，内部组织发生改变，晶粒细碎均匀，致密度增加，冷锤进一步改变组织微观缺陷的分布。热锻和冷锤改进了组织的均匀程度，从而达到调音的目的。④冷锤使青铜发生一定的形变硬化（见表 14-4-5）形变硬化可降低金属及合金弹性模量（E）的大小[①]，从而改变铜锣的频率。⑤调整铜锣的厚度，铜锣的音色与铜锣的厚度变化有直接关系。怀来响器分厂测量的优质铜锣在同一半径上的厚度趋于定值。热锻成形过程已使铜锣具有一定的厚度变化，但还存在厚度不均匀的部位，通过冷锤，使厚的部位减薄，使在同一半径上的厚度更趋于一致，起到局部矫正厚度的作用。

　　铜锣、铙钹是使用最广泛的响铜乐器，具有悠久的历史，在长期的生产实践中古代工匠积累了丰富的经验，形成一套行之有效的传统工艺。

　　铜锣、铙钹的材料是含锡 23% 左右的铜锡二元合金，含有极微量的铁（Fe）、锌（Zn）、铅（Pb）等杂质，它的性质适合响铜器的音响及制作要求。

　　铜锣、铙钹的制作工艺关键是热锻、淬火和冷锤调音。热锻的温度范围为 700～500℃，淬火温度为 700℃。温度的选择符合高锡（18%～30% Sn）青铜锻造加工及热处理温度范围。锻造淬火后的金相组织为 α 固溶体晶粒及 β′ 马氏体，硬度较铸造样品降低，具有一定的延展性，便于冷锤及使用。

　　热锻和冷锤改善高锡青铜的机械性能，细化晶粒、均匀组织、改变组织微观缺陷的分布。冷锤还克服淬火造成的应力分布不均及翘曲变形，改变张力，调整厚度，改善铜锣，铙钹的音响效果。

---

　　① 西安交通大学金相热处理教研组、上海交通大学金相热处理教研组，金属机械性能，中国工业出版社，1961 年，第 23 页。

第十五章 中国古代金属表面处理技术

第一节 包金、鎏金、错金银技术

用黄金装饰器物，外观是异常光泽美丽的，这是利用金的化学稳定性良好的特点，但由于其价格昂贵，所以人们采取使用少量的金子进行装饰，因此出现了包金、贴金、鎏金、错金银等多种装饰工艺。

一 包 金

包金工艺是中国古代较早的一种表面处理技术。早在晚商时期，古人就认识并掌握了黄金的特性，利用黄金良好的延展性，把它锤锻成金箔，用金箔附着在铜器表面，制成包金物品。

在河北藁城台西村商代遗址和墓葬中就发现有金叶[1]。河南安阳殷墟有金箔出土，厚度为0.01毫米左右，金相鉴定表明，其组织等轴晶，晶界平直，晶粒大小不均匀，是经过锤打加工和退火处理的[2]。在西周墓中也仍有薄金片出土，并发现了包金的铜器。河南浚县辛村西周晚期卫墓出土了两件包金兽头形铜器（M24：52），长约26毫米、宽约28毫米，铜胎厚重，包金薄而均匀，花纹精细，包金工艺已经比较成熟[3]。

春秋战国时期，包金器物较多，如河南辉县琉璃阁墓，甲M6出土的包金铜贝，安徽寿县蔡侯墓的包金辔饰，山东临淄、河北怀来、陕县后川等地出土许多包金铜泡。山东曲阜春秋墓葬中出土包金铜贝300余枚，有大小2种，大的长21～25毫米、宽16毫米，重约3克；小的长15毫米、宽10毫米，重约1克[4]。从金箔与器物表面的附着程度观察，包金工艺有了较明显的进步。现在发现的包金器物均属小件，而且饮食器物的金片厚，有的已从器物上脱落下来。

另外，战国时期，墓葬中也出现少量的包银器物，如在河南辉县固围村曾出土包银的铜环、铜马饰等，其工艺与包金相同[5]。银的延展性仅次于金，其化学稳定性不及金。在装饰工艺上，它多是伴随金的使用而出现。

二 鎏 金

鎏金是我国古代在金属器物上镀金的一种方法，是以金汞合金为原料的金属表面加工工

---

① 河北省博物馆，河北省藁城台西村的商代遗址，考古，1973，（5）：266～275。
② 高鲁冀，中国古建筑中的鎏金与贴金，考古与文物，1980，（4）：125。
③ 郭宝钧，浚县辛村，科学出版社，1964年，第62页。
④ 刘汝国，曲阜出土鲁国包金铜贝，中国文物报，1998，5，3。
⑤ 中国社会科学院考古研究所，辉县发掘报告，科学出版社，1956年。

艺，也称火镀金或汞镀金。

　　鎏金技术在我国起始于战国，汉代时称为"金涂"或"黄涂"。鎏金是将金和水银（汞）合成金汞齐，涂在铜（银）器表面，然后加热使水银蒸发，金就附着在器物表面不脱落。以银汞齐为原料，按上述工艺操作即为鎏银。

　　关于金汞齐的记载，最初见于东汉炼丹家魏伯阳的《周易参同契》。关于鎏金技术的记载，见于南朝陶弘景的话："水银……能消金、银使成为泥，人以镀物是也。"这个记载比鎏金器物的出现晚了 8 个世纪。明代方以智《物理小识》中对鎏金工艺有详实的记述："以汞和金，涂银器上成白色，入火则汞去而金存，数次即黄。"

图 15-1-1　满城汉墓出土蟠龙纹壶
（选自：中国社会科学院考古研究所编.
满城汉墓发掘报告（下）.图版二）

　　早期的鎏金实物以小型鎏金铜器为多，如：山西长治县分水岭战国墓中出土的鎏金车马饰；河南信阳长台关楚墓出土的鎏金带钩；山东曲阜战国大墓的鎏金长臂猿。在浙江、湖南、湖北、安徽等地都有战国鎏金器出土。在河南洛阳中州路车马坑中出土的马络饰是鎏金和鎏银的。

　　秦朝的鎏金器物出土较少，陕西咸阳塔儿坡出土漆器的鎏金铜口沿及鎏金器物，器座通体鎏金，饰柿蒂纹[①]。到汉代，鎏金技术已发展到很高水平，且出土鎏金器物的地域较广且数量也多，不仅是小件器物，也有不少是大件的铜器。如河北满城汉墓中出土很多精美的鎏金器物，其中鎏金长信宫灯以其优美造型和精湛的鎏金技术著称于世[②]。河北定县中山穆王刘畅墓也出土有大量的鎏金器物，总数达到五百余件[③]。吉林榆树老河深鲜卑墓葬中出土鎏金铜器共九种 67 件，经分析鉴定，与中原地区自战国开始盛行的鎏金工艺是相同的[④]。另外在广州南越王墓也出土了较多的鎏金器物，特别是那精美的大型鎏金屏风构件，已具有较高的鎏金工艺水平[⑤]。在青海省大通县上孙家寨汉墓中也出土了汞鎏金的铜车马器等[⑥]。另外还有较多铜器是鎏金和鎏银同时存在的，如满城汉墓出土的乳丁纹壶、蟠龙纹壶（图 15-1-1）、当卢等均是以鎏金银为饰。部分是以鎏金为主，鎏银为辅；或是以鎏金为地纹，鎏银色描花纹。另外满城汉墓出土的铜枕、仪仗顶饰等则是在鎏金的基础上又分别嵌玉、绿松石、玛瑙等，可以说满城汉墓出土的

　　① 咸阳市博物馆，陕西咸阳塔儿坡出土的铜器，文物，1975，(6)：69～72。
　　② 中国社会科学院考古研究所等，满城汉墓发掘报告，文物出版社，1980 年，第 255～261 页。
　　③ 定县博物馆，河北定县 43 号汉墓发掘简报，文物，1973，(11)：8～20。
　　④ 韩汝玢，吉林榆树老河深鲜卑墓葬出土金属文物的研究，吉林省文物考古研究所，榆树老河深，文物出版社，1987 年，第 146～156 页。
　　⑤ 孙淑云，西汉南越王墓出土铜器、银器及铅器鉴定报告，广州市文物考古研究所编，西汉南越王墓（上），文物出版社，1991 年，第 397～410 页。
　　⑥ 李秀辉、韩汝玢，上孙家寨汉墓出土金属器物的鉴定，青海文物考古研究所编，上孙家寨汉晋墓，文物出版社，1993 年，第 241～249 页。

鎏金银器比较集中和全面反映了西汉时期鎏金银工艺的发展[1]。徐州东汉墓出土的兽形盒砚是一件珍品，其通体鎏金，满布鎏银的流云纹，同时点缀红珊瑚、绿松石、青金石，是青铜器装饰工艺发展成熟阶段的代表作品之一[2]。

魏晋南北朝时期的鎏金器物较少。北京市延庆县出土了一件北魏时期的释迦牟尼法像。1973 年山西寿阳县贾各庄发现一座北齐时期的早期木构建筑大墓，其中有鎏金锥斗、鎏金瓶、碗、盒，鎏金莲花烛台等共 60 余件[3]。1965 年辽宁北票发现十六国时期北燕冯素弗及其妻属的墓葬，出土有鎏金钵、鎏金盏与盘、鎏金车骑大将军章等器物，特殊的是鎏金钵、鎏金盘是内外通体鎏金[4]。隋唐时代鎏金器物数量更多，仅江苏镇江丹徒县出土的 950 件器物中，鎏金器物已占到 10%，多为银胎的盘、盒、碗、瓶等[5]。青海省都兰县吐蕃墓葬（其时代相当于唐代中晚期）中也出土有鎏金器物[6]。乌鲁木齐唐墓中出土有鎏金铜马络及各种形状的鎏金铜饰件[7]。在宁夏西吉发现一批唐代鎏金铜造像[8]。唐代鎏金器物多为银胎上鎏金。另外鎏金铜币很多，如"大泉五十"、"小泉直一"、"五铢"、"开元通宝"等。辽宁建平张家营子辽代契丹人墓中出土双龙鎏金银宝冠，它是用银胎模制锤打，再经錾花、表面鎏金而成[9]。

明清时期鎏金技术使用更为广泛，除装饰品和佛像外，还在宫殿的宝顶等建筑物上使用鎏金工艺。如北京故宫御花园、乾清宫等处的鎏金铜兽、铜缸，雍和宫的鎏金铜佛像，青海湟中塔尔寺的大金瓦寺的鎏金铜瓦。

从以上可以看出，自有鎏金器物以来，无论在中原地区或边远地区，也不管历史朝代的长短，均有数量不等的鎏金器物出现。可以说明鎏金这一金属表面装饰工艺具有很强的生命力，被广泛应用在兵器、车马器、礼器、生活用具、玺印、饰品及宗教造像等。为我们后人了解鎏金工艺提供了大量的实物证据。

传统鎏金技术一直沿用至今。如军事博物馆塔顶上的五星军徽；天安门广场上人民英雄纪念碑上毛泽东和周恩来的题字；毛主席纪念堂的题字等。

根据国内外学者的研究成果，汞的存在是区别鎏金与其他表面镀金方法的主要依据[10][11]。

鎏金工序大体分为以下步骤[12][13][14]。

① 中国社会科学院考古研究所等，河北满城汉墓发掘报告，文物出版社，1980 年，第 38～43 页。
② 文物出版社，中国古青铜器选，文物出版社，1976 年，图 94。
③ 王克林，北齐库狄回洛墓，考古学报，1979，(3)：285～387。
④ 黎瑶渤，辽宁北票西官营子北燕冯素弗墓，文物，1973，(3)：5～11。
⑤ 丹徒县文管会等，江苏丹徒丁卯桥出土唐代银器窖藏，文物，1982，(11)：15～27。
⑥ 李秀辉、韩汝玢，青海都兰吐蕃墓葬出土金属文物的鉴定，自然科学史研究，1992，(3)：278～288。
⑦ 王炳华，盐湖古墓，文物，1973，(10)：31。
⑧ 李怀仁，宁夏西吉发现一批唐代鎏金铜造像，文物，1988，(9)：74。
⑨ 公孙燕，双龙鎏金银宝冠，北方文物，1999，(2)：21。
⑩ 吴坤仪，鎏金，中国科技史料，1982，(1)：90～94。
⑪ P. A. Lins et al., The Origins of Mercury Gilding, Journal of Archaeological Science, 1975, 2, pp. 365～373.
⑫ 温廷宽，几种有关金属工艺的传统技术方法，文物参考资料，1958，(3)：62～63。
⑬ 赵振茂，青铜器的修复技术，北京：紫禁城出版社，1988 年，第 42～46 页。
⑭ 王海文，鎏金工艺考，故宫博物院院刊，1984，(2)：57～58。

(一) 鎏金前的准备工作

(1) 做"金棍"(图 15-1-2),先备一根铜棍,将前端打扁,略翘起,铜棍表面要用磨炭打磨光滑洁净,再用煮热的酸梅蘸汤涂抹铜棍前端,浸入水银内,如此反复涂擦伸入,铜棍前端就蘸上水银,水银蘸满后晾干,即制成所谓"金棍"。

图 15-1-2　鎏金工具——"金棍"
(选自:文物参考资料,1958(3):温廷宽文)

(2) 煞(杀)金(溶解黄金),鎏金要用成色优质的金子,不然达不到好的效果;而且要使用金叶,如用赤金块则需先将块状黄金锤成薄片,并且将其清洗干净。晾干以后,将金叶剪成很细的丝状。将坩埚在炉上加热,烧到坩埚发红的时候(约 400℃),就把剪碎的金片放到坩埚里,随之加入水银,其配比是 1 克的金箔加入 5~7 克水银,若金叶厚,则水银的比例可稍大些。用火钳夹起坩埚,离开火炉,微微摇动,另用无烟木炭棍插入坩埚内搅动,黄金即开始溶解,这时有一部分水银蒸发,冒出浓白色的烟,直到白烟下沉,坩埚中的水银冒起很多小泡,黄金即全部被水银溶解了。然后将此溶液倒入磁盒冷水中,溶液很快冷却,沉在盒底,这浓稠如泥、色白的混合物就叫做"金泥"。金泥白中带灰,不流滚,而且细腻。捏凑金泥时会发出吱吱的响声。质量好的金泥长久保存,不变质,可随时取用。需要注意的是"杀金"时要预防水银中毒。

(3) 坯件清理,用钢丝刷(古代用磨炭)将器物表面打磨清理干净,用弱酸液如乌梅水、杏干水等去除器物表面的氧化物。这一步骤很重要,是鎏金牢固耐久的重要保证。

(二) 鎏金步骤

(1) 抹金:用"金棍"蘸起"金泥",再蘸 70% 的浓硝酸水(古代用盐、矾等量混合的液体),涂"金泥"到铜(银)器上。涂抹要平实、周密、均匀。这样反复多次涂抹金泥,直至把整个器物全部涂复。另用细漆刷(棕刷),蘸 50% 的稀硝酸水,把表面的"金泥"刷匀,边抹、边推、边压,这种推压的手法称之"拴","三分抹,七分拴"表明"拴"是鎏金工艺的重要环节,是保证金层组织致密和结合紧密的技术关键。

(2) 开金(烘烤蒸发金泥中的水银,使黄金紧贴器物表面),根据被镀器件的形状和大小,筑成各种形式的炭(白木炭)火炉,设有鼓风及排风装置,以保证火候及汞蒸气的排除。当器物烘烤时,有一部分白烟冒起时即撤火,用硬棕刷在上面捶打,使黄金仍保留在器物表面上,锤打到器物已稍冷却,水银停止蒸发时,再烤再锤打,如此三四次,一次比一次温度高,直到用水吹到上面滚下水珠时为止。这时撤火要用棉花在上面按擦,因为"金泥"到较高温度时,水银大量蒸发变成气体,有部分接触冷空气后凝结在表面上,所以要擦掉。边烤边按擦,使黄金更加紧贴铜(银)器表面。在烘烤温度增高、按擦等过程中,可以看到,原来被"金泥"覆盖的表面,已逐渐由白变淡黄、变金黄,直烤到水银气化净,黄金全部露出为止。这个烘烤变色的过程,俗称"开金"。如果有金泥抹不到的地方,会出现一道道的黑紫色，"开金"时同样要注意防止人将毒气吸入。

（3）清洗：开金后的镀件，再用酸梅水、杏干水等弱酸分别进行表面清洗，然后用毛刷沾皂角水刷洗，使镀金面完全干净，清洗时用木盆最为适宜。

（4）找色：开金清洗后的镀件，由于各炉火候不同，抹金薄厚不一定完全均匀。因此镀件的各部件会出现浅黄、深黄等色彩的不一致。在比较各种色泽后，从中选定一种标准色，再局部抹金泥和烘烤，使整体为一色。

（5）压亮（压光）：由于鎏金是用手工工具涂抹，表面不可能涂得非常均匀，在水银蒸发时，"金泥"中所含黄金要紧缩成极小的颗粒，也可能出现一些空隙，为了使镀金牢固耐久，色泽光匀，需加上一道"压光"的工序。用玛瑙（或硬度达到七、八度的玉石）做的压子（图15-1-3）（压子也有规格），沿着鎏金表面顺序进行磨压，使金层致密，结合牢固，这道工序较为细致费时，可以在上述鎏金过程反复数次之后，一次压光而成。但压光时要注意横竖走向有序，越稳压越细致，效果越好，不要压出擦划的印痕。

图 15-1-3　鎏金工具——"压子"

（选自：文物参考资料，1958（3）温廷宽文）

鎏金的反复次数要根据实物的要求，一般要反复三次，多则七次，以得到金层明亮，使金层组织致密、纯净，极少杂质，金层与基体表面结合处紧密无隙为好，表面光泽明亮。

鎏金的原理很简单，但实际操作，却颇不易掌握，特别是抹金和开金两个过程。烘烤温度的控制需要有丰富的经验，温度过高、过低都不能达到好的效果。另外鎏金过程中使用的各种工具必须保持洁净，不能有油迹、煤烟等。

表面鎏银工艺与鎏金工艺相同。但杀银时，熔化银丝的水银比例增加一倍，才能将银杀成银泥。另外，若是器物鎏金、鎏银都有，则要先鎏金，然后再鎏银[①]。

三　错　金　银

错金银是中国传统装饰工艺之一，又称金银错，是利用金、银良好的塑性和鲜明的色泽，锻制成金银丝、片，嵌在金属器物表面预留的凹槽内，形成文字或纹饰图案的工艺。学者认为金、银错工艺的出现、发展与春秋战国时期生产力的发展、铁（钢）质工具的广泛使用有密切的关系。

错金银中首先出现的是错金工艺，时间可能在春秋中晚期，开始是用于错嵌铭文。栾书缶被视为最早的错金器物。器身错金铭文 40 字，盖内错铭 8 字[②]。春秋晚期的错金鸟尊，也是一件有名的错金器，其上有错金铭字 4 字："子乍弄鸟"[③]。这一时期错金铜器还不普

---

① 赵振茂，青铜器的修复技术，紫禁城出版社，1988 年，第 52 页。

② 容庚、张维持，殷周青铜器通论，科学出版社，1958 年，第 221 页，图版壹零肆。

③ 中国社会科学院，美帝国主义劫掠的我国殷周铜器集录，科学出版社，1962 年，第 A674 页。

图 15-1-4　山西长治分水岭出土错金豆
（选自：文物，1972（4）边成修）

遍，以吴、越、楚等诸国用在兵器上加嵌铭文和花纹，文字简短，花纹简单。

战国以后，错金工艺进一步发展，所错文字数量增加、花纹也变得繁复。战国到汉代的错金器各地均有发现。长治分水岭战国早期的 M126 出土的豆（图 15-1-4）和盘，通体错金作变形虁纹、斜角云纹、垂叶纹[①]。湖北随县曾侯乙墓中也出土多件有错金文字或花纹的器物[②]。三门峡上村岭出土的错金龙耳方鉴、错金蟠螭纹方罍等[③]。错金龙耳方鉴鉴口沿和颈部有错金嵌绿松石的复合菱形纹图案。在鉴腹以勾连纹隔成的方栏内有错金嵌绿松石方形几何图案，嵌绿松石与错金相结合是战国中期装饰工艺的新进步。

鄂君启节是楚怀王六年（公元前 323 年）发给亲族鄂君的符节，1957 年和 1960 年先后发现 5 枚。错金篆铭，舟节一枚达 165 字，车节一枚 150 字，是目前发现的错金铭文最多的器物，为研究战国时代商业交通、符节制度和文字的演变提供了实物资料[④]。

金银错铜器的出现是在战国中期，自战国中期至西汉，是错金银工艺最发达的时期。而目前出土的错金银铜器绝大多数就是战国中期至西汉的。如著名的平山中山国墓出土的四鹿四龙四凤座方案（图 15-1-5）、铜背驮兽面双銎的虎吞鹿等[⑤]；涟水三里墩出土的牺尊、鼎、兵器；1965 年河北定县第 122 号墓出土错金银铜饰，有狩猎纹车饰、書、轵角、衡冒等。河北满城西汉中山靖王刘胜夫妇墓中出土了非常精美的错金银的铜器，如嵌金银鸟篆纹铜壶二件，嵌金博山炉一件[⑥]。在这些器物上，金和银线或是相间错嵌；或以金线为主，银线为辅双线勾勒，线条活泼流畅，反映了古代金工制作方面的成就。

图 15-1-5　错金银青铜龙凤案
（选自：苏荣誉、华觉明等；中国上古金属
技术，1995 年，176 页）

由于汉代以后，铜器生产数量日趋减少，现存镶嵌纹饰的铜器数量也不多。故宫博物院藏有一件六朝时的蟠龙镇，通身嵌金银。

① 边成修，山西长治分水岭 126 号墓发掘简报，文物，1972，（4）：38～44。
② 随县擂鼓墩一号墓考古发掘队，湖北随县曾侯乙墓发掘简报，文物，1979，（7）：1～14。
③ 河南省博物馆，河南三门峡市上村岭出土的几件战国铜器，文物，1976，（3）：52～54。
④ 殷涤非、罗长铭，寿县出土的‘鄂君启金节’，文物参考资料，1958，（4）：8～11。
⑤ 河北省文物管理处，河北省平山县战国时期中山国墓葬发掘简报，文物，1979，（1）：1～13。
⑥ 中国社会科学院考古研究所，满城汉墓发掘报告，文物出版社，1984 年，第 34～38 页。

金银错的制作工艺分为以下几个步骤[1][2]：

1. 铸器

根据器物的形状与纹饰的设计，先制出器物的模型，在上面刻好纹样，进行翻模（制器范），再冶铜铸器（铜胎）。对纹样不清楚的地方，进行加工处理。少数精细的金错纹饰，其金丝细至毫米，则只铸素面器物，然后在器物表面上錾刻凹线，以便将金丝嵌入。1960～1961年在侯马牛村古城南东周遗址发掘出大量陶范，在这批范中有一块用来制造嵌错铜器铜胎的"采桑"图范。说明错金银的纹槽是和铜器一起铸就的[3]。

2. 錾槽

铜器铸成后，凹槽还需加工錾凿，精细的纹饰，需在器表用墨线绘出纹样。根据纹样，錾刻浅槽，将这一过程称为刻镂，也叫镂金。浅槽要略呈"◡◠"形，槽底面为麻面，以利金丝或金片镶嵌牢固。

3. 镶嵌

将准备好的金丝或金片，按花纹图案形状，逐一随形嵌入铜器表面的浅槽内。金丝和金片要适当加热后嵌入，经过捶打，使嵌件（如金、银、铜）与铜器牢固地结合在一起，不致脱落。

若遇器物材料软、壁薄；形体又较小时，在嵌金时就不宜捶打，需用玉石或玛瑙的工具（压子）把金丝或金片挤入槽内。

4. 磨错

整个器物表面的纹饰镶嵌完以后，由于镶嵌时对金丝、金片的捶打，造成铜器表面不平整，必须用错（厝）石磨错，使金丝、金片与铜器表面光滑平整，达到"严丝合缝"的程度。然后在器表用木炭（椵木烧制的木炭）或皮苴反复打磨，直到器物平整光亮为止。

金银错工艺主要用于铜器上，在铁器上错金银也有发现，如河南信阳楚墓出土错金凤纹铁带钩，山西侯马乔村东周殉人墓中出土错金铸铁带钩二件[4]，河北满城刘胜墓出土错金卷云纹铁匕首（图15-1-6）。新莽时期的"一刀平五千"，铸于王莽居摄二年（公元7年），采用错金技术制作铭文[5]。

考古发掘中经常出土错金银器物，是因为这些器物是为当时社会上的贵族和富人所占有的，在他们死后这些器物都作为陪葬品埋在了地下。《盐铁论·散不足篇》云："今富者银口黄耳，金罍玉锺。中者野玉贮器，金错蜀杯。"《潜夫论·浮侈篇》："今亲师贵戚，衣服饮食，车舆文饰庐金，皆过至制，替上甚矣。从奴仆妾，皆……犀象珠玉，虎魄毒冒，山石隐饰，

图15-1-6 满城刘胜墓
出土错金卷云纹铁匕首
（选自：中国社会科学院考古
研究所编，满城汉墓发掘
报告（下），图版六六）

① 史树青，我国古代的金错工艺，文物，1973，(6)：66～72。
② 王海文，青铜镶嵌工艺概述，故宫博物院院刊，1983，(1)：65～68。
③ 侯马市考古发掘委员会，侯马牛村古城南东周遗址发掘简报，考古，1962，(2)：10，图版贰。
④ 山西侯马工作站，侯马东周殉人墓，文物，1960，(8，9)：15～18。
⑤ 徐达元，我国古代的包金、鎏金、错金币，中国钱币，1996，(3)：64～65。

金银错镂。"形象地描绘出当时社会的情形。

按照错金银工艺操作将嵌入的材料换作红铜，就称为错红铜。错红铜的出现是在春秋中期，春秋晚期和战国早期达到高峰。目前所发现的错红铜器物大多是春秋晚期和战国早期的，其错红铜的图案分为三类[①]：①第一类是以唐山贾各庄出土的镶嵌狩猎壶豆、蔡侯墓出土的敦、豆、尊诸器，辉县琉璃阁出土的偏壶，固始侯堆 MI 出土的罍、方豆、壶等器物为代表器物。其纹饰是用红铜片错嵌鸟兽纹，兽多是龙和鹿的形象。鸟、兽之间有的界以几何形云雷纹、工字纺、菱形纹等。②第二类是表现社会生活的图像错纹，图案内容有建筑、宴乐、歌舞、狩猎、水陆攻战、战船、车马、采桑、田作等。代表器物有：汲县山彪镇出土的水陆攻战纹鉴，凤翔高寿窖藏出土的射猎铜壶，成都百花潭出土的演武攻战壶等[②]。图案栩栩如生，再现了当时人们的生活情景。③第三类是当时青铜器和错金器上常见的流云纹、云雷纹等，代表器物是陕县后川村出土的匜、鼎等。战国中晚期的错红铜器物虽仍有发现、但数量已经很少，而且与镶嵌绿松石、孔雀石等共用在同一器物上，如 1965 年湖南湘乡出土的豆，通体饰勾连云纹、错嵌红铜和绿松石[③]。

据有关学者研究发现，某些错金银器不是将金片或金丝嵌入凹槽内，而是在凹槽内涂以金泥。金泥可以随意加厚，经过几次可以把凹槽涂平。用开水将酸冲掉，在备好的炭火上轻轻地烘烤，使水银慢慢地蒸发，将金泥烤干。器物冷却后，用刷子沾皂角水清洗，尔后用厝石磨细。若金泥欠丰满，刷洗干净后，再照样进行第二遍，直至填满花纹为止。现在修复错金银器物采用了这个方法[④][⑤]。

另外关于错红铜工艺，有学者通过对曾侯乙墓出土盥缶、甬钟红铜花纹的研究提出花纹的制作采用了铸镶的工艺[⑥]。就是将花纹铜片预先放到器物的铸范内，器物铸成后，经过打磨，红铜花纹就显露出来。

第二节　黄铜表面着色技术

一　文　献　记　载

黄铜表面着色技术的典型实例是明代宣德炉的着色。宣德炉是明代朝廷在宣德年间（1426~1435）制作的鼎、彝等礼器的总称，其制作考究，表面色泽奇特，后世对其推崇备至（图 15-2-1）。铸造宣德炉的目的、所用材料以及着色剂等资料在明代吕震等人所撰《宣德鼎彝谱》中都有记载[⑦]。明宣宗朱瞻基登基后，认为宗庙、内廷陈设的鼎彝之类礼器式范猥鄙，不足以配典章，故于宣德三年（1428）敕谕工部尚书吴中，命用"暹罗王剌迦满

① 叶小燕，我国古代青铜器上的装饰工艺，考古与文物，1983，（4）：84~94。
② 杜恒，试论百花潭嵌错图象铜壶，文物，1976，（3）：47~51，图版贰。
③ 文物出版社，中国古青铜器选，文物出版社，第 1976 年，图 65。
④ 史树青，我国古代的金错工艺，文物，1973，（6）：67。
⑤ 赵振茂，青铜器的修复技术，紫禁城出版社，1988 年，第 51~53 页。
⑥ 贾云福等，曾侯乙青铜器红铜纹饰铸镶法的研究，见：科技史文集（金属史专辑），上海科学出版社，1985 年，第 82~87 页。
⑦ 明·吕震等，宣德鼎彝谱，卷二，守山阁丛书。

蔼所贡良铜，厥号风磨"，参照《宣和博古图录》等书及内库所藏款式典雅的历代器物进行铸造，以供郊坛、太庙、内廷之用。铸造用料"风磨铜"（黄铜）31 680 斤。用于镶嵌、鎏金装饰的赤金 640 两、白银 2080 两。

宣德炉的款式多样，有的仿商周青铜礼器，有的仿名窑陶瓷，尤其色泽绚丽多彩，"其色黯然，奇光在里。望之如一柔物，可挼捵然。迫视如肤肉内色，蕴火蒸之，彩烂善变"。计有：仿宋烧斑色，俗称铁锈花；仿古青绿色，与古铜器色同；还有朱砂斑、石青斑、枣红色、海棠色、石榴皮色、琥珀色、水银色、秋白梨色、藏经纸色、栗皮色等数十种。所用着色剂在《宣德鼎彝谱》中亦有详细记载，如天方国番硇砂点染桑椹斑色，金丝樊点染腊茶色，鸭嘴胆樊点染鹦羽绿脚地等十余种，多为天然矿物，所含主要成分不难判明。但对着色方法，如或

图 15-2-1 传世宣德炉

用"番硇浸擦熏洗"，或用"赤金熏擦入铜内"等的记载，难于了解具体的工艺条件和操作方法。加之宣德炉为稀世珍品[1]，在明末已不多见，后世历代都有仿造，故难以从宣德炉本身的研究中，探寻着色的奥秘。

二 黄铜表面着色方法的实验研究

根据古文献记载，参考中国科技史专家李约瑟关于金属和合金表面处理的论述[2]，用化学成膜法在实验室进行黄铜表面处理实验，得到不同颜色的表面膜，对仿制宣德炉和其他铜器具有一定现实意义。

实验 1：用硝酸铜（$CuNO_3$）溶液浸泡黄铜样品[3]

黄铜样品为冷轧板、铸造小鹿、铸造黄铜块、传世宣德炉，含锌分别为 36.1%、32.3%、36.5%、36.2%。经不同浓度 $CuNO_3$ 溶液，在不同温度、不同酸度、不同时间条件下浸泡样品，发现 $CuNO_3$ 溶液浓度为 1.60～1.20 摩尔/升、温度为 39～41℃、pH 值为 2.5、浸泡时间为 72 小时为最佳条件，试样无论是轧制还是铸造黄铜，表面都呈栗色，有古香古色之感。表面膜分析检验的结果显示，栗色膜厚度为 8～10 微米，主要组成是氧化亚铜（Cu_2O）。反应原理是由于 Cu 和 Zn 生成它们相应氧化物的倾向都很大，当黄铜试样浸泡于 $CuNO_3$ 溶液中后，溶液中溶解的氧与试样表面发生反应，使 Cu、Zn 氧化。ZnO 为白色疏松状不易附着于黄铜表面，擦之即去，而 Cu_2O 则形成稳定致密的氧化膜，牢固覆盖于黄铜器表面。

实验 2：用硫代硫酸钠（$Na_2S_2O_3$）及醋酸铅（$Pb(AC)_2$）双组分溶液浸泡黄铜样品[4]。

① 明·项元汴，宣炉博论，守山阁丛书。
② Needham J, Science and Civilization in China, Part 2, Cambridge University Press, 1974, Vol. 5, p. 252.
③ 忙子丹等，黄铜器表面着色方法的研究，文物保护与考古科学，1995，(11)：37～45。
④ 忙子丹等，在硫代硫酸钠——醋酸铅双组分体系中黄铜表面着色的动力学研究，文物保护与考古科学，1996，(11)：18～27。

黄铜样品为含锌 36.1% 的冷轧黄铜板。在恒温 36℃，起始酸度 pH 值为 6.06～6.24 条件下，在 $Na_2S_2O_3$ 和 $Pb(AC)_2$ 不同浓度比的溶液中浸泡黄铜样品，生成黑色、蓝紫色、紫色及钢灰色表面膜。实验摸索出成膜的最佳条件是二组分的浓度分别为 $Na_2S_2O_3 \geqslant 0.25$ 摩尔/升，$Pb(AC)_2 \geqslant 0.05$ 摩尔/升，二者浓度比为 1:1，2:1 和 5:1。实验还显示当试液浓度一定时，随温度升高，成膜速度加快。随浸泡时间增加，膜的颜色逐渐加深。所以当浓度、温度、酸度固定后，可通过控制浸泡时间而获得所需要的表面颜色。

采用 X 射线衍射仪对不同颜色的表面膜进行结构分析，结果显示它们的主要组成都是 PbS。PbS 本身是黑色，这是因为它吸收了照射于它的可见光的缘故。而蓝色或蓝紫色膜是形成黑色膜的中间态，它的颜色是吸收了可见光中波长为 950 纳米的橙色光而出现的互补色。钢灰色膜是由于膜的厚度太薄，对可见光大部分反射掉，故颜色浅且留有金属光泽。

第三节　乌铜走金银技术

一　乌铜走金银源流

对古代铜器进行表面处理有多种多样的方法。北宋仿古铜器赝品增多，在铜器表面着上一层古旧色彩，令人真伪难辨。《洞天清录集》、《格古要论》中均有记载，称："当锡与银为空气侵蚀，则生成锡与银的氧化物，其色皆黑。"[1] 近期的研究工作表明，古青铜器表面黑色或黑灰色的着色技术，已发现有几种方法[2]。乌铜走金银是云南驰名中外的金属工艺品之一，生产技术是继承古代鎏金技术并进一步发展，由于时代、地区、民族等因素，在配料、着色、艺术造型上又别具一格，云南用"走"代"鎏"，所以"走金、银"遂成为"鎏金、银"的又一称谓。乌铜器顾名思义，知道它是表面呈乌黑色的铜质器物，《新纂云南通志》工业考中记载："甲于全国乌铜器制于石屏，如墨盒、花瓶等，鏨刻花纹或篆隶正草书于上，以屑银铺鏨刻花纹上，熔之，磨平，用手汗浸渍之，即成乌铜走银器。形式古雅，远近购者珍之。"[3]《石屏县志》物产考中对乌铜记载为"以金及铜化合成器，淡红色，岳家弯产者最佳。"[4] 表明我国云南昆明、石屏生产的乌铜走银器，在明清时期已闻名遐迩，且以岳家制品为最佳。至今仍为精美的工艺品，远销海内外。

二　工艺过程简述

根据 1979 年 5 月赴云南昆明美术工艺厂调查访问及参观[5]，乌铜走金银工艺过程简述如下：

①　赵汝珍，古玩指南，中国书店，1984 年，第四章，第 11 页。
②　忙子丹、韩汝玢，古铜器表面一种着色方法的研究，自然科学史研究，1989，(4)：341～349。
③　《新纂云南通志》卷一百四十二，1939 年，第 7、8 页。
④　《石屏县志》卷十六，1938 年，第 9 页。
⑤　1979 年北京钢铁学院冶金史研究室邱亮辉、韩汝玢，有色金属研究院朱寿康、胡文龙等人，赴云南考察，在昆明工艺美术厂进行访问、调研，与杨用宾老艺人座谈，云南省文物商店葛季芳、云南省博物馆李增老师傅都提供了非常宝贵的资料。本节内容是根据这些资料汇集整理而成。

（1）熔铜：将紫铜、金等金属凿成小块，按一定比例混合，加热至熔化，倾入事先准备好的几何时冷水瓷盘内，冷却后形成乌铜料。

（2）捶打：把乌铜料块捶打成大小厚薄不同的各种铜片，以适应制作不同器物的需要。解放后，这道活计由手工操作改成机械压辗成片。

（3）裁料：乌铜器不是模铸，而是根据制作器物的大小样式下料，例如制作瓶，分口、颈、身、底、圈足五部分下料，然后，敲打、焊接而成。乌铜器以菱形、圆形、方形等小件简单器物为主。

（4）錾刻：在裁好的铜片上用毛笔绘出纹样，用小凿照纹样錾刻凹槽，槽不宜光滑，会影响鎏金、银的附着力，简单的图案花纹和熟练工人，不必用毛笔绘底，可直接在铜片上錾刻。

解放后，对大件器物的纹饰或线条粗的图样，采用三氧化铁腐蚀法，无花纹的部分用感光胶涂上，防止三氧化铁腐蚀的扩大。

（5）走金银：錾刻好的乌铜器用氢氧化钾洗刷干净，事先需把金泥和银泥制备好，金泥是金汞化合物，与鎏金中的刹金法相似，鎏金是在平面上进行的，而此处是在凹槽中进行。将附有水银的铜钎挑起糊状金泥，把凹槽的花纹涂抹平整，然后用无烟炭火在乌铜片的背面适当烘烤排汞，同时用玛瑙压子压，当金泥呈现黄色时，用棕刷、棉花捶打，使金泥紧紧地连在花纹凹槽内，若有空隙，要用玉石压子压碾填平，称为"走金"。"走银"的工序基本与"走金"类同，只是"走银"所用的银泥是银铜锌合金制成的细粒状或细线状，用硼砂加水，掺入银线和汞中，搅拌形成糊状银泥，将银泥放入乌铜片已刻好的凹槽中，顺花纹凹槽填平，经烘烤，火候合适，银合金即可流满凹槽。

一件乌铜器可以只"走金"或"走银"，若同时采用金、银两种方法加工花纹图案，则谓之"走金银"。

（6）锉磨：乌铜片走金银后要焊接成器。器表呈现凹凸不平时，需要锉平，或用烧过的松炭打磨平整。

（7）出色：为使乌铜的黑色和金银的黄白色衬托得更加明朗，过去相传以手汗浸渍或茶水浸泡。解放后，改用绿矾水或稀醋酸浸湿纱布，将其盖在已完成走金银的乌铜片上，纱布干了就再换一块，反复数次，即显现黑白（黄）分明，且均匀。若是小件器物可用手汗揞数小时，也可以有相同的效

图 15-3-1　乌铜走银墨盒
（云南省文物商店葛季芳提供）

果，且黑色耐久、不褪色。用醋揞的易变花，就需重新打磨。当乌铜器上显现出黄白色的各种花鸟、草虫、山水图案时，再用清水擦洗干净，一件色彩和谐而精美的工艺品就完成了（图 15-3-1）。

乌铜走金银的技术在云南昆明岳家传了四代，约 100 多年的历史。1959 年最后一代的岳永康老师傅提供了合金配方和工艺，昆明市工艺品美术研究所的艺人们制作出一件乌铜走银的大屏风，送到北京人民大会堂云南厅陈列。乌铜走金银制成的文具、工艺品，曾多次作为国家礼品，赠送给国际友人。

第四节　古代青铜器表面镀锡技术

青铜器表面有富锡层最早是 Smith 和 Macadam 于 1872 年发现的。Smith 发现苏格兰国家考古博物馆收藏的 4 件平斧，具有银白色光泽的表面层。Macadam 的检测表明，表面层中具有过量的高锡成分，他们认为像是有意在青铜斧表面镀锡形成的[①]。从英国汉普郡（Hampshire）发现的公元前 2000 年的平斧，经大英博物馆研究实验室鉴定，首次提供了平斧表面是有意进行镀锡处理的金相学证据[②]。以后，在该博物馆的收藏品中又相继发现了表面镀锡处理的胸针、手镯、头盔、青铜盘上的装饰物，都是属于公元前 5 世纪的制品[①]。

Meeks[③]、Oddy[④] 和 Tylecote[⑤] 等人对表面富锡青铜形成的原因，作了较全面的研究，并对三种可能形成富锡表面层的组织结构特征进行模拟实验和深入探讨，对研究中国古代青铜器表面处理技术提供了极有价值的资料。

中国典籍《诗经·秦风》中记有"鋈錞"[⑥]，可能指的就是经过镀锡的錞（即镦），这是有关镀锡的最早的记载。但是中国古代何时、何地使用表面镀锡技术，在古籍中未见记载。自 20 世纪 90 年代开始，美国与中国冶金考古工作者合作开始注意并研究了这一技术，在中国安阳殷墟曾出土虎面铜盔数具，其中有完整的一件，内部为红铜，质地尚好，据报道其外面有一层厚镀锡层[⑦]。承蒙陈光祖调查，并未发现此物，也没有查到此"镀锡铜盔"的科学鉴定报告。有的学者认为，表面镀锡青铜牌饰的纹饰特征与山西侯马出土属于晋国（春秋晚期）青铜器皿上的纹饰相类似，因而推测镀锡技术源于中原[⑧]；经考察甘肃灵台白草坡西周墓出土属于西周早期虎形铜钺，造型精巧，花纹别致，虎头额上铸有"王"字[⑨]，表面银白色光泽，应是中国现存发现最早的青铜器经过表面镀锡处理的兵器，珍藏在甘肃省博物馆。马清林等人对甘肃礼县、天水一带属于春秋早期，先秦墓葬出土的镀锡青铜器如铲、削、环、镞、板式带钩、马络饰、铃等进行了系统分析，发表了文章[⑩]。

①　Brooks C J, Coles J M, Tinned Axes, Antiquity, 1980, Vol. 54,（212）：228～229.

②　Craddock P T et al., Tin-plating in the Early Bronze Age: the Barton Stacey Axe, Antiquity, 1979, Vol. 53,（208）：141～143.

③　Meeks N D, Tin-rich Surfaces on Bronze-some Experimental and Archaeological Considerations, Archaeometry, Vol. 28, Part2, August 1986, pp. 133～162.

④　Oddy W A, Bimsom M, Tinned Bronze in Antiquity, Institute of Conservation Occasional Paper, No. 3, pp. 33～39.

⑤　Tylecote R F, The Apparent Tinning of Bronze Axes and other Artefact, J. Hist. Metall. Soc, 19 (2), 1985, pp. 169～175.

⑥　张子高，从镀锡铜器谈到鋈字本意，考古学报，1958，(3)：73～74.

⑦　周伟，中国兵器史稿，1957 年，第 169～170 页。

⑧　Rawson J & Bunker E, Ancient Chinese and Ordos Bronzes, Hong Kong, 1990, pp. 294～298.

⑨　甘肃省博物馆文物组，灵台白草坡西周墓，文物，1972，(12)：2～8.

⑩　马清林等，春秋时期镀锡青铜器镀层结构和耐腐蚀机理研究，兰州大学学报（自然科学版），1999，Vol. 35,（4）：67～72.

一　鄂尔多斯青铜饰品[①]

生活在中国北方广大草原地区的古代部族，自商周开始创造了独具特色的草原文化，尤其是鄂尔多斯地区出土了种类繁多、以动物纹饰为特征的青铜装饰品和实用器。由于鄂尔多斯地区与欧亚大陆相邻，鄂尔多斯式青铜器的某些形态特征和艺术风格，引起了许多国内外学者的兴趣，他们从不同的角度对鄂尔多斯式青铜器进行了研究。学者们发现，在一些鄂尔多斯青铜器的表面具有银白色的光泽，一般认为这些银白色表面是镀银，或者是由于含锡量较高的青铜，在铸造时反偏析形成的。

根据内蒙古凉城毛庆沟考古发掘报告，美国丹佛博物馆埃玛女士发现其中1件与美国私

表 15 - 4 - 1　甘肃、宁夏出土表面富锡的青铜饰品

出土地点		名称	尺寸/厘米	时代	附图	资料来源
甘肃省庆阳地区	宁县袁家村	饰件 12 件	长 4.6，宽 4.3	春秋至战国中期	图 15 - 4 - 1：1	考古，1988，(5)
		带饰 1 件	长 8，宽 4.3	春秋至战国中期	图 15 - 4 - 1：2	
	正宁县后庄	铜柄铁剑 1 件	柄首长 11.5	战国	图 15 - 4 - 1：3	
	镇原县吴家沟圈	带饰	长 10.2，宽 4.7	春秋至战国中期	图 15 - 4 - 1：4	
	庆阳县塌头	五龙斗虚带饰	长 10.8，宽 6.3	西周或稍晚	图 15 - 4 - 1：5	
宁夏固原地区	固原县彭堡撒门村	牌饰	A 型 I 式		图 15 - 4 - 2：1、2	考古，1990，(5)
		涡纹饰	I 式		图 15 - 4 - 2：4	
	固原县河川上台村	涡纹饰	I 式		图 15 - 4 - 2：3	
	西吉县新营陈阳川村	动物形牌饰	P 型 2 件，长 9.6、10.6、宽 5	战国晚至西汉早	图 15 - 4 - 2：5、6	

表 15 - 4 - 2　内蒙古凉城毛庆沟出土表面富锡的青铜饰品

名称		器号	型式	尺寸/厘米	时代	附图
动物纹长方形饰牌	虎纹牌饰	M5：6	D I b 式	长 10.7，宽 6.1	春秋晚或稍早	图 15 - 4 - 3：1
	虎纹牌饰	M74：5		长 11，宽 5.6	战国早	图 15 - 4 - 3：3
	透雕虎纹牌饰	M55：4		长 10.3，宽 5.1	战国早	图 15 - 4 - 3：2
双鸟纹饰牌	双鸟纹牌饰	M63：1 M37：2 M63：1	IV 式	长 5，宽 3	春秋晚或稍早	图 15 - 4 - 3：4～6
	双鸟纹牌饰	M45：2 M61：1 M31：1	V 式	长 4.6，宽 2.5	战国中	图 15 - 4 - 3：7～9
带扣	带扣	M43：2	II 式	长 6.4，宽 5	春秋晚或稍早	图 15 - 4 - 3：10
扣饰	梅花扣	M6：2	I 式	直径 1.4	战国早	图 15 - 4 - 3：11

① 韩汝玢、埃玛·邦克，表面富锡的鄂尔多斯青铜饰品的研究，文物，1993，(9)：80～96。

人收藏的1件表面镀锡的虎形牌饰纹饰造型极为相似，但在报告中未述及表面形态。为了进一步研究中国发掘出土的表面富锡的鄂尔多斯青铜器，她于1989、1990年，在有关部门大力支持下，赴甘肃庆阳、宁夏同心和固原、内蒙古呼和浩特等地进行考察，确实发现了一批表面具有银白色光泽、表面富锡的青铜器，其中有动物纹牌饰，双鸟纹牌饰、带扣、扣饰及剑柄等。见表15-4-1、表15-4-2。

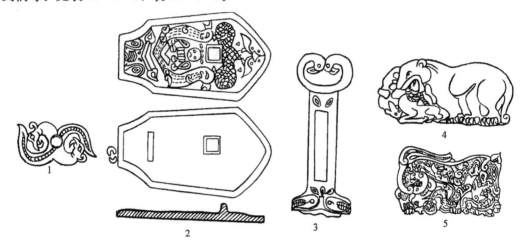

图15-4-1　甘肃庆阳地区出土表面富锡青铜饰品

1、2.宁县袁家村出土带饰；3.正宁县后庄出土铁剑铜柄；4.镇原县吴家沟圈出土带钩；5.庆阳县塌头出土五龙斗虎带饰（1、2约为3/5，3、4约为2/5，5约为3/10）

据初步调查，甘肃庆阳、宁夏固原、内蒙古凉城发掘出土的具有富锡表面层的制品较多。如内蒙古凉城毛庆沟遗址出土的双鸟形牌饰，1992年7月韩汝玢、埃玛对M5、M12、M31、M43、M55、M63、M71、M75出土的Ⅰ、Ⅳ、Ⅴ式114件双鸟形牌饰进行观察，发

图15-4-2　宁夏固原地区出土表面富锡青铜制品

1、2.固原县彭堡出土A型Ⅰ式牌饰；3.固原县河川出土Ⅰ式涡纹饰；4.固原县彭堡出土Ⅰ式涡纹饰；

5、6.西吉县新营出土动物形牌饰（1、2为3/10，余均为3/5）

现有 99 件有银白色富锡表面，占观察总数的 86.8%。庆阳、固原富锡表面层多为单面；相同形制的牌饰，仅一部分有富锡表面层。固原、庆阳发现的表面富锡的长方形牌饰也是单面，背面内凹。毛庆沟出土表面富锡的长方形牌饰是双面，其背面平整。上述这批制品都属于公元前 6 世纪～4 世纪末的制品。出土的战国后期至秦汉时期的鄂尔多斯饰品中则尚未发现类似的制品。中国至迟到公元前 3 世纪鎏金技术发明并开始普及后，鄂尔多斯式饰品用青铜鎏金或用纯金、银制作的饰品增多，表面富锡的饰品就消失了。据不完全统计，在美国、英国、瑞典、香港等博物馆及收藏家的珍藏品中，有富锡表面层的鄂尔多斯式青铜饰品，已发现近百件。

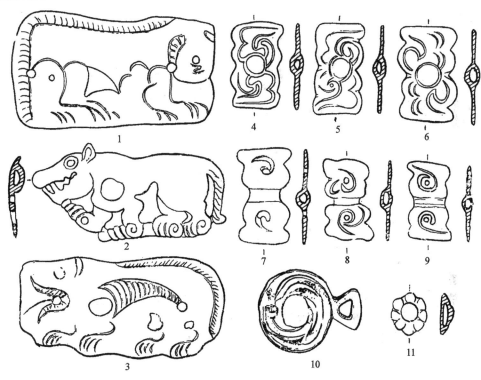

图 15-4-3 内蒙古凉城毛庆沟出土表面富锡的青铜饰品

1、3. 虎纹牌饰 (M5:6、M74:5)；2. 透雕虎纹牌饰 (M55:4)；4～6. Ⅳ式双鸟纹牌饰 (M63:1、M37:2、M63:1)；7～9. Ⅴ式双鸟纹牌饰 (M45:2、M61:1、M31:1)；10. 带扣 (M43:2)；11. 梅花扣饰 (M6:2)

为了深入研究中国发掘出土的富锡表面层青铜器制作技术，北京科技大学冶金史研究室韩汝玢等与美国丹佛艺术博物馆埃玛·邦克合作，自 1990 年开始进行了专题研究。选取表面富锡的鄂尔多斯青铜饰品共 12 件。

研究结果表明，11 件取样分析的样品均为铸造铅、锡青铜，含铅、锡量不等。金相组织中的 α 固溶体枝晶偏析明显，(α+δ) 共析体随锡含量而变化，铅以独立相存在。其尺寸、形状及分布，依铅含量而不同。11 件有表面富锡层，分单面及双面两种，富锡层是单面的共 7 件，双面的是 4 件。研究结果表明：表面富锡层与合金基体之间有明显的分界，多数锡含量超过 40%，比基体中含锡 6%～16% 高出许多。表面富锡层的厚度不同，其中约 10 微米 2 件，20～50 微米 5 件，超过 50 微米 3 件。在表面富锡层与合金基体接壤处，有 8 件样品局部的基体组织中有等轴晶及孪晶，有的晶粒内尚存在滑移带，但远离接壤处的基体组织仍保留明显的树枝状偏析的铸态组织，占取样鉴定总数的 80%。

对取样样品表面富锡层的组织及成分鉴定可知，富锡层内部不是单层，内又分 2～3 层，每分层的组织及成分有差异，各分层之间互相交错，界限不规则，内层与中层分界处有较多的孔洞，内层包纳基体组织中的铅、夹杂物，渗入基体组织的界限有的也不规则。如图 15-4-4 及图 15-4-5。

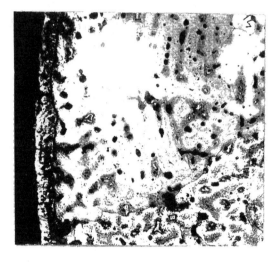

图 15-4-4　毛庆沟出土虎形牌饰 M55:4 (2640) 镀锡层及基体金相组织

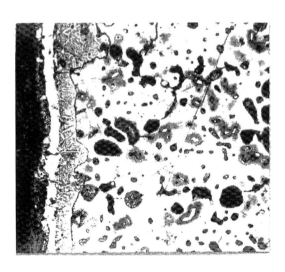

图 15-4-5　毛庆沟出土双鸟形牌饰 M5:4 (2642) 镀锡层及基体金相组织

表面层的厚度不同器物虽然不同，但组织中均有 η、ε 或 $\eta+\varepsilon$ 相存在。这是判断铜器是否经过镀锡处理的重要根据。对 2032 图15-4-6 及 2643 图 15-4-7 双鸟形牌饰表面 X 射线结构分析也证实 ε 及 η 相存在。表面层的显微硬度值比纯锡 5.0HV 及青铜 150HV 均高较多。因此，可以认为取样的 10 件表面富锡层是铸件经过有意镀锡处理造成的。

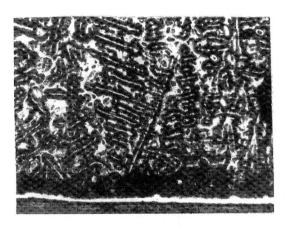

图 15-4-6　2032 双鸟形牌饰镀锡层及基体金相组织

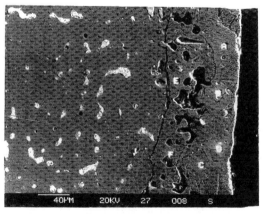

图 15-4-7　毛庆沟出土双鸟形牌饰 M31:1 (2643) 扫描电镜二次电子像

　　Oddy 等记述的热镀锡的方法是[1]：在已完成镀前准备的铜制品表面上，放少许松香，制品在炭火中加热，松香熔化后布满制品表面形成熔剂层，以防止当温度增加时，基体金属进一步氧化。将锡球或锡箔放在制品表面上，制品加热到比纯锡熔点高 50～100℃，纯锡完全熔化，将金属制品反复倾斜，使熔化的纯锡在制品表面复盖完全。制品移出加热源，在锡尚未凝固时，用一块皮革或旧布擦拭制品表面，去除多余的纯锡，从而获得平滑均匀的薄层镀锡膜。20 世纪 70 年代初，在欧洲、印度的一些小城镇的流动补锅工匠仍在使用这种方法。此方法的模拟实验已经 Meeks 等人完成[2]。应用这种热擦镀锡方法，可以得到单面镀锡表面层，但镀层厚薄较难控制。

　　Tylecote 进行镀锡的模拟实验[3]是用含锡 16%～18% 青铜作样品，$ZnCl_2$ 作熔剂，将样品（20℃）插入熔化的锡液中，锡液放在熔锡罐中，并保持一定温度（234℃、259℃、271℃及 320℃），控制样品插入锡液的时间（2 秒、10 秒、15 秒），得到镀锡层的厚度为 4～50 微米。应用这种热镀锡方法得到的是双面镀锡，表面层、镀层厚度可由插入锡液的时间进行控制。

　　铅锡合金比纯铅熔点 327℃低，也可以用来作为镀层合金使用。Tylecote 用熔化铅锡合金进行了热浸镀模拟实验，得到的镀层较用纯锡作镀层金属时的厚度略薄。有 2641 带扣（内蒙古毛庆沟出土）、2036 透雕三角形牌饰及 2037 透雕三角形牌饰（宁夏固原出土）3 件样品表面层最外层含铅>15%、锡>65%、铜<20%，均为单面镀层，镀层较薄，为 10～40 微米，组织为 η 相（Cu_3Sn_5）+Sn+Pb；此 3 件的中间相与其余 8 件的最外层的组织为 $\eta+\varepsilon$（Cu_3Sn）相，或 ε 相，内层组织为 $\varepsilon+\delta$（$Cu_{41}Sn_{11}$）相不同。这 3 件是用铅锡合金作为镀层金属，使用热擦镀法进行表面处理的可能性极大，为 Tylecote 的实验研究提供了发掘出土的实物证据。

　　古代青铜制品表面镀锡处理的目的是为了外观美丽，还是为了实用、耐蚀，或兼有之，尚不能肯定。但是，经过镀锡表面处理的铜制品表面能较好地保持银白色光泽，又比使用银便宜，不易生锈，同时还可以减缓铜制品的进一步腐蚀，有助于提高制品的寿命。这些优点已由发掘出土的较多镀锡制品所证实。表面镀锡制品的大量出现，不仅从艺术上，而且从制作技术上来说，无疑是一种进步，可以认为是中国古代北方草原文化的又一个重要特征。公元前 6～4 世纪，中国的西北和内蒙古西南地区的游牧民族部落，用镀锡的青铜制品代表着墓主人的身份，但在这一时期，中国的东北和内蒙古东北地区，属于少数民族的遗址、墓葬中，至今没有发现镀锡的青铜制品，如何从金属制作技术的观点，来解释这一现象，尚不清楚。应该指出的是，自新石器时代开始，这两大地区由于太行山的分隔，它们已分属于不同的文化类型。

　　① Oddy W A, Bimsom M, Tinned Bronze in Antiquity, Institute of Conservation Occasional Paper, No. 3, pp. 33～39.

　　② Meeks N D, Tin-rich Surfaces on Bronze-some Experimental and Archaeological Considerations, Archaeometry, Vol. 28, Part2, August 1986, pp. 133～162.

　　③ Tylecote R F, The Apparent Tinning of Bronze Axes and Other Artefact, J. Hist. Metall. Soc, 19 (2), 1985, pp. 169～175.

二　云南古滇国表面镀锡青铜器

　　云南晋宁石寨山出土的贮贝器、臂甲、跪俑、锄扣饰等青铜器表面，亦呈现银白色光泽，有人认为是高锡青铜器反偏析，有人认为是表面镀锡的结果，但均缺乏充分的科学论据。其原因一直引起科技史界和考古学界的关注。1958 年，杨根对晋宁石寨山青铜器进行化学分析时，认为其表面有镀锡现象[1]。1981 年曹献民发表关于云南青铜器的铸造技术文章，认为云南青铜器表面发白是由于锡成分的反偏析[2]。1985 年何堂坤推测古滇国青铜器可能采用汞齐涂附法的镀锡法[3]。

　　李晓岑、韩汝玢等近年在考察古滇地区出土青铜器物时发现这种表面有银白色光泽的器物广泛见于晋宁石寨山、江川李家山和曲靖八塔台的墓葬中，见图 15 - 4 - 8、图 15 - 4 - 9。1991～1994 年在云南玉溪江川李家山进行了第 3 次发掘，清理墓葬 59 座，又出土了大量青铜器[4]，在兵器、生产工具、铜鼓、跪俑、扣饰、贮贝器等器物表面都发现有银白色光泽。承蒙云南省博物馆、云南省文物考古工作者密切配合，对有银白色光泽的青铜器 18 件，在其残断处取样，进行了金相学鉴定[5]。

图 15 - 4 - 8　石 M12：26 贮贝器器
身表面镀锡

图 15 - 4 - 9　李 M69：171 铜鼓表面镀锡

　　18 件器物表面呈银白色光泽的铜器样品的取样情况见表 15 - 4 - 3，经过金相组织及成分分析，18 件样品均为镀锡制品。分析结果见表 15 - 4 - 4。

①　杨根，云南晋宁青铜器的化学成分分析，考古学报，1958，(3)：75～77。
②　曹献民，云南青铜器铸造技术，云南青铜器论丛，北京：文物出版社，1981 年，第 203～209 页。
③　何堂坤，滇池地区几件青铜器的科学分析，考古，1985，(4)：59～64。
④　云南省文物考古研究所等，云南江川李家山古墓群第三次发掘，考古，2001，(12)：25～40。
⑤　李晓岑，北京科技大学科学技术史 2004 年博士学位论文。

表 15 - 4 - 3　镀锡器取样情况表

器　物	晋宁石寨山	江川李家山	曲靖八塔台	小　计
剑鞘	1			1
扣饰	1（单面镀）	2（单面镀）		3（单面镀）
锄	2			2
矛	1	2		3
剑刃		4	1	5
戈		1		1
铜鼓		1（单面镀）		1（单面镀）
贮贝器		1（单面镀）		1（单面镀）
圆成形器		1		1
小计	5	12	1	18（其中 5 件单面镀）

注：未注明者为双面镀。

表 15 - 4 - 4　镀锡器化学成分表

编号	原号	成分	Cu/%	Sn/%	Pb/%	Fe/%	S/%	备　注
9150	石 M71:46 剑鞘	基体成分	86.3	11.3		1.65		镀层厚 3～4 微米，等轴晶沿晶界腐蚀
		镀层成分	12.2	86.8				
9151（石-3）	石 M71:109 长方形扣饰	镀层成分	11.8	87.2		0.5		基体锈蚀，存 α+δ 相，镀层厚 2～4 微米
9152（石-2）	石 M71:208 铜锄	基体成分	86.4	9.3		3.1		FeCuS 夹杂，镀层厚 2～4 微米
		镀层成分	29.7	68.5		1.7		
9158	石 M71:191 铜锄	基体成分	93.1	3.5	0.4*	2.7*	0.4*	镀层厚仅 2 微米
		镀层成分	39.4	33.2	1.4	18.8		
9266	石采 6（5）矛身	基体成分	81.5	16.0	1.1*	1.1*	0.3*	镀层厚 3 微米
		镀层成分	42.1	56.4	0.8*	0.6*	0.2*	
9133	李 M68-33 剑身	基体成分	86.9	12.5				样品锈蚀，基体数据为微区分析，镀层厚 3～4 微米
		镀层成分	38.9	60.9		0.5		
9134	李 M68-34 矛（厚）	基体成分	84.1	15.7		0.2		双面，镀层厚 4～5 微米
		基体成分	35.2	63.7		0.7		
9135	李 M68-35 矛	基体成分	74.0	24.3		0.6		双面，镀层厚 1～2 微米
		镀层成分	26.7	67.4		0.7		
		镀层成分	16.4	81.5		1.0		
9102	李 M68-2 扣饰	镀层成分	33.8	65.8	0.1*	0.0	0.2*	单面，镀层厚 8～9 微米
9104	李 M68-4 扣饰	镀层成分	22.0	62.6	0.0	0.3*	0.2*	单面，镀层厚 5 微米
9105	李 M68-5 戈内碎块	镀层成分	39.9	59.1	0.0	0.6*	0.5*	镀层厚 2 微米
		基体成分	90.5	8.8	0.1	0.0	0.2*	

编号	原号	成分	Cu/%	Sn/%	Pb/%	Fe/%	S/%	备注
9110	李 M68-10 剑身							镀层厚2微米
		镀层成分	52.6	46.9	0.0	0.4*	0.5*	
9111	李 M68-11 圆片形器	基体成分	87.9	11.0	1.0*	0.1*	0.0	双面，镀层厚2~3微米
		镀层成分	35.5	63.8	0.5*	0.0	0.3*	
9112	李 M68-12 铜剑尖部	基体成分	82.6	16.4	0.8*	0.2*	0.1*	镀层厚2微米
		镀层成分	44.8	54.7	0.0	0.1*	0.5*	
9113	李 M68-13 剑刃	基体成分	90.6	8.8	0.4	0.0	0.3*	双面，镀层厚3微米
		镀层成分	52.7	46.3	1.0*	0.1*		
9130	李 M85:77 立牛贮贝器	基体成分	90.3	2.6*	5.7	0.1*	1.3*	单面，镀层厚1微米
		镀层成分	42.0	54.3	3.2*	0.1*	0.4*	
9272	李 M47:23 铜鼓	基体成分	98.0	1.6*				单面镀
		镀层成分						
9015	八 M59:1 剑身	基体成分	84.3	14.4				双面镀

注："＊"表示该元不比含量小于仪器精确测量的限度，数据仅供参考。

在分析的18件器物中有3件扣饰、1件铜鼓、1件贮贝器共5件为单面镀，有13件为双面镀。18件样品横截面可见镀锡层与基体有明显的分界，不同器物镀层厚薄不同，基体含锡均小于16％，镀层中Cu、Su含量有差别，镀层与基体组织有相连的δ相，这些都提供了表面镀锡的金相学特征。晋宁石寨山5件除石采6（5）矛是采集品外，其余4件均出自M71，M71是座大墓，锄、矛、扣饰和马具均经过镀锡处理，是墓主人身份的象征，锄和矛表面经过镀锡处理，呈现银白色光泽，说明它们不是实用农具，应是作为祭祀、礼仪之用。江川李家山鉴定的10件都出自M68大墓，有戈、矛、剑和扣饰也有上述相同的情况。最新研究结果还表明[1]，昆明晋宁石寨山M71，江川李家山M68、M51还有鎏金的器物和金剑鞘，以及金银合金、银铜合金制作的饰物，也进一步说明墓主人的身份和地位；古滇国的青铜技术与相邻周边文化相互影响与交流，并具有明显的自身特点。

三　巴蜀兵器表面虎斑纹

为配合三峡工程建设的开展，进行了抢救性考古发掘；对成都及峡江地区，巴蜀青铜器的最新研究表明，巴蜀地区考古发现拥有独特的文化特征，出土兵器数量多，以戈、钺、柳叶剑为主，大多数兵器上装饰有纹饰、带有"虎斑纹"的兵器是巴蜀青铜器所独有。姚智辉、孙淑云近年对巴蜀青铜兵器尤其是带斑纹的兵器，赴10余处考古文物部门进行了调研，地点如图15-4-10所示，对92件剑、矛、戈等青铜兵器作了观察与记录[2]。经统计其中

① 云南省文物考古研究所等，云南江川李家山古墓群第三次发掘，考古，2001，（12）：25~40。
② 姚智辉，北京科技大学科学技术史专业博士论文，2005年。

有虎斑纹共48件，时代多集中于战国中晚期（公元前4世纪），斑纹主要有黑色和银白色两类。其中14件是斑纹与基体在同一平面，形状有规则的，如圆纹、半圆纹、花朵纹图15－4－11，斑纹形状不规则的如图15－4－12。

34件兵器表面斑纹与基体不在一平面，黑色凸起斑纹，如涪陵剑1990（图15－4－13）私人藏品（图15－4－14）。

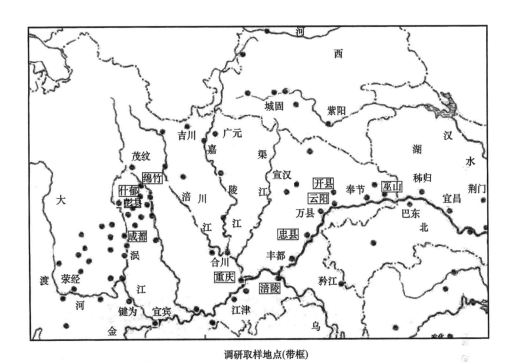

调研取样地点(带框)

图15－4－10　考察调研的地点

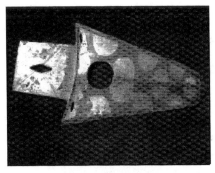

金黄底银斑戟（彭州）

总442号剑（成都）

图15－4－11　规则形状斑纹的戈

由于带虎斑纹兵器均较完整，受条件限制仅对12件进行了无损成分分析与结构分析。银白色与黑色斑纹主要成分为铜锡合金相和 SnO_2 组成，未见明显差异；承蒙曾中懋、何堂坤的大力支持，提供了成都地区出土属于战国时期有虎斑纹青铜剑的3件残断样品，姚

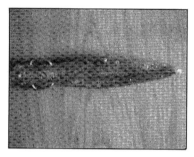
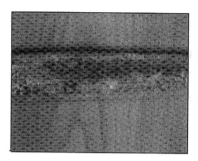

M100:5 矛(什邡)　　　　　　　　　　M1:1 剑 (什邡)

图 15 - 4 - 12　斑纹不规则的兵器

私人藏品

图 15 - 4 - 13　涪陵剑 1990

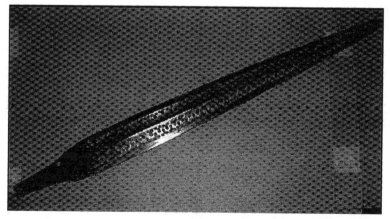

图 15 - 4 - 14　虎斑纹剑（私人藏品）

智辉、孙淑云进行了深入细致的分析工作，其中一件残剑 SMZ50 样品见图 15 - 4 - 15，其扫描电镜背散射电子相显示的图像如图 15 - 4 - 16 所示。

SMZ50 剑

图 15 - 4 - 15　虎斑纹剑截面样品扫描
电镜背散射电子相

3 件样品的表面和截面分析结果可知：斑纹层与基体组织结构明显不同。斑纹层与基体有明显的分界，界面较平整，结合较紧密，斑层厚度 20～40 微米；斑纹层含锡 40.5%～46.7% 且含氧，基体含锡 12.5%，铅<2%，是铸态组织，α 固溶体树枝晶偏析不明显，显示是铸后又经过了加热；这些都是经过热镀锡的金相学特征，无斑纹处的锈蚀，较有斑纹层处锈蚀严重，如图 15 - 4 - 16。

姚智辉、董亚巍、孙淑云等还进行了多种方法的模拟实验，证实了青铜器表面虎斑纹饰是由热镀锡方法制作而成的[1]。

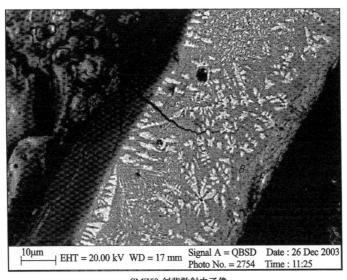

SMZ50 剑背散射电子像

图 15 - 4 - 16　虎斑纹剑截面样品扫描电镜背散射电子相，可见无斑纹处的锈蚀严重

四　斑纹钺的鉴定[2]

保利艺术博物馆珍藏 1 件斑纹钺，见图 15 - 4 - 17；这件铜钺形制特殊，保存完好，钺

---

① 姚智辉，北京科技大学科学技术史专业，博士论文，2005 年。

② 柯俊等，斑纹钺的无损分析与初步研究，见：保利藏金——保利艺术博物馆精品选，岭南美术出版社，1999 年，第 389～392 页。

刃仍颇锋利,是罕见的东周青铜兵器。钺弧刃、呈不对称形、上角弧度缓而体长,下角弧度急而体短且角端微翘。

钺体表面布满暗黑色装饰斑纹,斑纹多近圆形,并按顺时针方向伸出两三支弧线形纹,斑纹排列较规则,钺体经过清理的部分,在黑色斑纹下面显现的是银灰色金属,见图15-4-17。

铜钺刃部套有髹漆绘彩木鞘,鞘的外轮廓依钺体形状制作,分为上下两部而合成。鞘上髹漆,纹饰作三角形排列,具有楚文化韵味,见图15-4-18[①]。

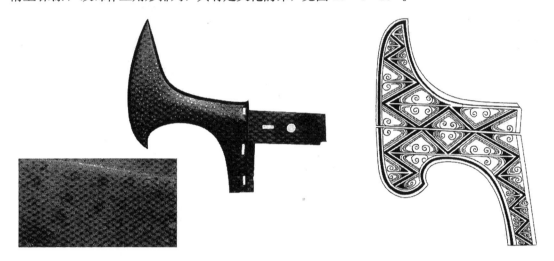

图15-4-17　保利艺术博物馆珍藏斑纹钺及其表面纹饰　　　　图15-4-18　斑纹钺髹漆彩绘木鞘

类似这件斑纹铜钺的标本,还没有在考古发掘中获得过,各处的博物馆中也缺乏同样的展品,因此更值得重视。铜钺的刃部锋锐,常可用于实战,但因其罕见且装柲方式特殊,故不应是当时军中装备的常用兵器,又因其制工精致,装饰华美,且附有色彩鲜艳的髹漆绘彩木鞘,当年曾用作仪仗用器是很可能的。

图15-4-19　斑纹钺黑色斑纹处明场暗场照片

斑纹钺其后部似戈,有内、阑、胡,其尺寸大致与《考工记》"戈广二寸,内倍之,胡三之,援四之"的尺寸比例相近(3.3:9.3:11.7:13.7=1:2.8:3.055:4.15)。三穿,援短

---

①　杨泓,试论斑纹钺,见:保利藏金——保利艺术博物馆精品选,岭南美术出版社,1999年,第388页。

有上下刃，无脊，前部为铍，弧刃，上下有啄勾
功能。该铍保存完整，铍刃锋利，造型优美。为
了了解该铍纹饰的成分及制作工艺，使用北京微
电子技术研究所 Zeiss 金相显微镜及 Philips XL-
40 FEG 扫描电子显微镜及 Edax DX4 能谱分析
仪，柯俊等人对该铍未经清理及出土后被清理过
的表面进行了形貌观察和无损的表面成分的初步
分析。

　　图 15 - 4 - 19 是在铍银灰色斑点处分别用明
场及暗场拍摄的表面形貌；图 15 - 4 - 20 是银灰
色斑点及其周围状态。这些观察表明，该铍系铸
造而成，表面清理过程中留下划痕，在锈蚀氧化

图 15 - 4 - 20　斑纹铍银灰色斑纹
处暗场照片

层中可见合金的树枝状结晶，并深入到银灰色近圆形的斑纹之中，伸出的弧纹与圆形斑为一
体，银灰色斑纹周边的黑色氧化层显示的树枝状结晶与铍体的树枝结晶互相渗透、连接，显
示黑灰色是表面氧化层的腐蚀产物。未清理过的表面锈蚀层较厚，暗黑色近圆斑纹与铍基体
锈层亦互相交错渗透。以上可以证明，该铍的合金基体与近圆形斑纹处的金属之间是相互结
合、互相渗透的。

　　对该铍的基体及银灰色斑纹进行了扫描电镜成分分析，所用仪器是目前国内最新的电子
显微设备之一，所用 Si(Li) 探测器可以对 C、N、O 等轻元素进行测定，同时样品室的空间
及窗口较大，可以将这一件珍贵文物直接整体装入高真空的样品室中，对其表面进行形貌观
察及进行无损成分分析和数据自动处理。表面成分分析采用无标样定量分析法，可以对 Na
以上的元素进行定量测定，工作条件为激发电压 20 千伏、25 千伏，时间 100 秒，分析结果
（去除表面碳、氧元素的计数后扫一化的百分数）见表 15 - 4 - 5 和表 15 - 4 - 6。

表 15 - 4 - 5　斑纹铍基体表面腐蚀后的成分

样品号	检测方式	成分/%					
		Cu	Sn	Si	P	S	Fe
Poly4	面扫	40.5	50.2	1.5	0.68	1.2	6.1
Poly5	微区	28.7	58.1	2.4	1.6	3.2	6.2
Poly10	面扫	30.9	57.7	2.3	1.3	2.0	5.9
平　均		33.4	55.3	2.1	1.2	2.1	6.1

表 15 - 4 - 6　斑纹铍银灰色纹表面成分

样品号	检测方式	成分/%			Sn/Cu	备注
		Cu	Sn	S		
Poly3	微区	44.5	55.5	—	1.2	
Poly6	微区	50.9	49.1	—	0.96	
Poly7	微区	64.2	32.7	3.1	0.51	
Poly8	面扫	55.2	44.8	—	0.81	图 15 - 4 - 21
Poly9	微区	54.3	45.7	—	0.84	
Poly11	微区	61.4	38.6	—	0.63	

注：面扫、微区指不同放大倍数时二次电子像照片中包含的面积。

 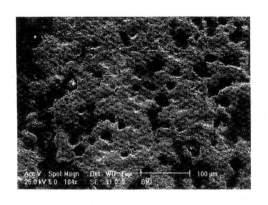

图 15 - 4 - 21　斑纹铖银灰色纹饰　　　　　　图 15 - 4 - 22　斑纹铖表面凹凸不平，有
区 Poly8 的二次电子像　　　　　　　　　较多孔洞，显示合金熔化后的表面特征

在表面成分分析时，还发现了多处较纯的铜的氧化物，周围可见富锡相围绕，它们应是长期形成的腐蚀产物。

从上述初步结果，可知：

（1）随机取该铖不同的基体部位，显示有明显的树枝状晶体组织，主要为铜锡二元合金铸造而成，无铅，表面层（测量深度约 2～3 微米）含碳、氧、硅、磷等是表面沾污，与表面层存在高锡氧化物腐蚀产物有关；硫和铁含量较高，一是来自基体合金的杂质，另一可能来自周围环境的沾污，亦与表面层存在的氧化腐蚀产物有关，表 15 - 4 - 5 中列出各元素的含量，为其表面层的成分，大都是复杂的腐蚀产物，并不是该铖实际使用的合金成分。

（2）铖体表面暗黑色或银灰色斑纹伸出两三条细弧线，其与斑纹是一体的，排列有一定规律，是有意进行表面装饰加工而成的。银灰色斑纹成分为纯净的铜锡合金，除少量氧外、无碳、硅、磷、铁等元素，不同斑纹中锡铜含量不同，锡/铜比在 0.51～1.2 之间，与铖体基体成分（东周时期一般含锡 13%～18%）差别较大，与铖不应是同时铸制的，而是进行过二次加工。银灰色斑纹表面有较多的孔洞，凸凹不平，含有气孔，显示的是合金熔化冷凝后的表面特征，见图 15 - 4 - 22。

（3）铖体表面的树枝状结晶已深入银灰色斑纹内，表明铜锡元素曾发生过相互扩散作用，进行表面装饰时曾经过加热，但温度不太高，因为并未消除铖体合金的树枝状结晶的偏析组织。

（4）表面装饰技术工艺的分析：铸制一把表面具有阴纹纹饰的铖，在战国时期技术上是不困难的。将纯锡混以钎剂，如松香，涂布铖体表面或阴纹凹坑之内，加热锡熔化，铜锡之间发生扩散，与基体之间形成冶金整体结合，不致脱落，冷却后对表面加以打磨、抛光、开刃，得到精美珍品。

铖为王权象征，虢季子白盘铭文："赐用铖，用政（征）蛮方"。在战国时期铖虽不多，表面有装饰纹样的其他兵器并不少见，每件兵器装饰不同以达到标新立异，突出"个性"，唯我独尊之意，这在当时各诸侯国是不乏其例的。上述推测只是一种可能性，未必是唯一的方法，应进一步深入研究。类似纹饰的文物，过去有称银饰的，应进一步实验确定。对战国时期出土兵器表面装饰技术进行系统的研究工作是值得重视的。

参 考 文 献

北京钢铁学院金属材料系中心化验室. 1976. 河南渑池窖藏铁器检验报告. 文物，(8)：52～58

北京钢铁学院冶金史研究室. 1981. 中国早期铜器的初步研究. 考古学报，(3)：287～302

北京钢铁学院冶金史研究室，吉林省文物考古研究所. 1987. 榆树老河深. 北京：文物出版社，第146～
 156页

北京钢铁学院中国冶金史编写组. 1978. 中国冶金简史. 北京：科学出版社

北京钢铁学院压力加工专业. 1974. 易县燕下都44号墓葬铁器金相考察初步报告. 考古，(4)：241～243

北京科技大学冶金与材料史研究所，徐州汉兵马俑博物馆. 1999. 徐州狮子山西汉楚王陵出土铁器的金相
 实验研究. 文物，(7)：84～91

蔡全法，马俊才. 1996. 战国时代韩国钱范及其铸币技术研究. 中原文物，(2)：77～86

陈戈. 1989. 新疆出土的早期铁器. 庆祝苏秉琦考古五十周年论文集. 北京：文物出版社，第425～432页

陈荣，赵匡华. 1993. 蚁鼻钱的金属成分和铸造工艺研究. 自然科学史研究，12 (3)：257～263

陈通，郑大瑞. 1980. 古编钟的声音特性. 声学学报，(3)：161～171

陈文华. 1985. 从出土文物看汉代农业生产技术. 文物，(8)：41～48

陈振裕. 1985. 从云梦秦简看秦国的农业生产. 农业考古，(1)：127～136

大葆台汉墓发掘组，中国社会科学院考古研究所. 1989. 北京大葆台汉墓. 北京：文物出版社

广州文物考古研究所. 1991. 西汉南越王墓. 北京：文物出版社

郭德维. 1982. 江陵楚墓论述. 考古学报，(2)：155～182

龚振麟（清）. 铸炮铁模图说. 魏源编辑. 海国图志，卷五十五

《汉书》卷十，成帝记；卷二十四，食货志；卷七十二，贡禹传，北京：中华书局

韩汝玢. 1998. 中国早期铁器（公元前5世纪以前）的金相学研究. 文物，(2)：87～96

河北省文物研究所. 1996. 燕下都. 北京：文物出版社

河南省博物馆，中国冶金史编写组. 1978. 汉代叠铸. 北京：文物出版社

河南省博物馆等. 1978. 河南汉代冶铁技术初探. 考古学报，(2)：1～24

河南省文物考古研究所、三门峡文物工作队. 1999. 三门峡虢国墓地（第一卷）. 北京：文物出版社，
 第559～573页

河南省文物考古研究所，鲁山县文物管理委员会. 2002. 河南鲁山望城岗汉代冶铁遗址一号炉发掘简报.
 华夏考古，(1)：1～11

河南省文物考古研究所，中国历史博物馆考古部. 1992. 登封王城岗与阳城. 北京：文物出版社

洪咨夔. 1202～1213. 大冶赋. 平斋文集，第一卷，第一篇

华觉明. 1985. 失腊法在中国的起源和发展. 科技史文集（13）. 上海：上海科学技术出版社，第63～81页

华觉明. 1986. 中国冶铸史论集. 北京：文物出版社

华觉明，贾云福. 1983. 先秦编钟设计制作的探讨. 自然科学史研究，(1)：72～82

华觉明，张宏礼. 1988. 宋代铸钱工艺研究. 自然科学史研究，18 (1)：38～47

黄石市博物馆. 1997. 铜绿山古矿冶遗址. 北京：文物出版社

黄锡全. 1998. 尖首刀币的发现与研究. 广州文物考古集. 北京：文物出版社，第142～160页

黄展岳. 1976. 关于中国开始冶铁和使用铁器的问题. 文物，(8)：62～70

黄展岳. 1984. 试论楚国铁器. 湖南考古集刊第二集，第142～157页

黄展岳. 1996. 南越国出土铁器. 考古，(3)：51～61

后德俊. 1982. 楚国铁器及其对农业生产的影响. 农业考古，(2)：66～71

姜宝莲，秦建明. 2004. 汉钟官铸钱遗址. 北京：科学出版社，第240～249页

蒋若是. 1989. 秦汉半两钱范的断代研究. 中国钱币，(4)：3～15

蒋廷瑜. 1982. 从银山岭战国墓看西瓯. 考古，(2)

江西省文物考古研究所等. 1997. 铜岭古铜矿遗址发现与研究. 南昌：江西科学技术出版社

孔祥星，刘一曼. 1984. 中国古代铜镜. 北京：文物出版社

蓝日勇. 1989. 广西战国铁器出土. 考古与文物，(3)：77～82

雷从云. 1980. 战国铁农具的考古发现及其意义. 考古，(3)：259～265

李京华. 1974. 汉代铁农器铭文试释. 考古，(1)

李京华，陈南山. 1995. 南阳汉代冶铁. 郑州：中国古籍出版社

李京华. 1994. 中原古代冶金技术研究. 郑州：中州古籍出版社

李京华. 2003. 中原古代冶金技术研究（第二集）. 郑州：中州古籍出版社

李秀辉，韩汝玢. 1992. 青海都兰吐蕃墓出土金属文物的研究. 自然科学是研究，22 (1)：69～82

李秀辉等. 1994. 浑仪简仪合金成分及材质的研究. 文物，(10)：76～83

李延祥. 2000. 九华山唐代铜矿冶遗址冶炼技术研究. 有色金属，(4)：95～99

李延祥，梅建军. 2001. 奴拉赛古铜矿冶炼技术研究. 有色金属，(1)：64～66

李延祥等. 2001. 大井古铜矿冶炼技术及产品特征. 有色金属，(3)：92～96

李众. 1975. 中国封建社会前期钢铁冶炼技术发展的探讨. 考古学报，(2)：1～22

李众. 1976. 关于藁城商代铜钺铁刃的分析. 考古学报，(6)：17～34

刘云彩. 1978. 中国古代高炉的起源与发展. 文物，(2)

陆荣（明）. 菽园杂记.

卢本珊. 1992. 中国商周采矿技术. 中国科学技术史国际学术讨论会论文集. 北京：科学出版社，第139～
　　144页

罗丰. 1993. 以陇山为中心甘宁地区春秋战国时期北方青铜文化的发现与研究. 内蒙古文物与考古，
　　(1、2)：28～48

马承源. 1988. 中国青铜器. 上海：上海古籍出版社

梅建军，柯俊. 1989. 中国古代镍白铜冶炼技术的研究. 自然科学史研究，19 (1)：67～77

门浩. 1990. 中国历代文献精粹大典（科技卷·矿冶）. 天津：学苑出版社，第1822～1847页

渑池县文化馆、河南省博物馆. 1976. 渑池发现的古代窖藏铁器. 文物，(8)：45～51

欧阳自远等. 1964. 三块铁陨石内矿物成分及形成条件的研究. 地质科学，(3)：241

彭曦. 1993. 战国秦汉铁业数量的比较. 考古与文物，(3)：97～103

屈大均（清）. 广东新语. 北京：中华书局，1983年版

山西省文物考古研究所. 1993. 侯马铸铜遗址. 北京：文物出版社

山西省文物考古研究所等. 1996. 太原晋国赵卿墓. 北京：文物出版社

山西省考古所. 2004. 侯马乔村墓地（1959—1996），上、中册. 北京：科学出版社

尚绪茂等. 1999. 山东莱芜铜山汉代冶铸遗址. 中国钱币，(1)：42～43

沈括（宋）. 梦溪笔谈. 北京：文物所出版社，1975年版

史树青. 1973. 我国古代的金错工艺. 文物，(6)：66～72

宋世坤. 1992. 贵州早期铁器研究. 考古，(3)：241～252

宋应星（明）.（1636年初刻本）. 天工开物. 广东人民出版社. 1976年版

苏荣誉等. 1988. 弓魚国基地青铜器铸造工艺考察和金属器物检测. 宝鸡弓魚国墓地. 北京：文物出版社，第
　　530～638页

孙机. 1996. 百炼钢刀剑与相关问题. 中国圣火. 沈阳：辽宁教育出版社，第 44～63 页

谭德睿. 1989. 灿烂的中国古代失腊铸造. 上海：上海科学技术文献出版社

谭德睿等. 1993. 植物硅酸体及其在古代青铜器陶范制造中的应用. 考古，(5)：469～474

谭德睿. 1999. 中国青铜时代陶范铸造技术研究. 考古学报，(2)：211～250

唐际根. 1993. 中国冶铁术的起源. 考古，(6)：556～565

王大道. 1983. 曲靖珠街石范铸造的调查及云南青铜铸造的几个问题. 考古，(11)：1019～1024

王崧（清）. 矿厂采炼篇

温廷宽. 1958. 几种有关金属工艺的传统技术. 文物参考资料，(3)、(5)：62～63、41～45

吴坤仪. 1982. 鎏金. 中国科技史料，(1)：90～94

吴坤仪. 1988. 明清范钟的技术分析. 自然科学史研究，18 (3)：288～296

吴其濬（清）. 滇南矿图略（上、下卷）. 道光二十四年（1844）刻本

夏湘荣等. 1980. 中国古代矿业开发史. 北京：地质出版社

徐采栋. 1960. 炼汞学. 北京：冶金工业出版社

阎忠. 1995. 从考古资料看战国时期燕国经济的发展. 辽海文物学刊，(2)：43～56

杨泓. 1985. 剑和刀. 中国古代兵器论丛（增订本）. 北京：文物出版社，第 115～130 页

杨宽. 1982. 中国古代冶铁技术发展史. 上海：上海人民出版社

杨式挺. 1977. 关于广东早期铁器的若干问题. 考古，(2)

杨永光等. 1980. 铜绿山古铜矿开采方法研究. 有色金属，(4)：84～91

杨永光等. 1981. 铜绿山古铜矿开采方法研究. 有色金属，(1)：82～86

叶小燕. 1983. 我国古代青铜器上的装饰工艺. 考古与文物，(4)：84～94

游学华. 1982. 中国早期铜镜资料. 考古与文物，(3)：40

张潜（宋）. 浸铜要略. 宋史·艺文志. 北京：中华书局，1977

章鸿钊. 1954. 古矿录. 北京：地质出版社

赵匡华等. 1985. 我国金丹术中砷白铜的源流与验证. 中国古代化学史研究. 北京：北京大学出版社，
　　第63～79 页

赵青云等. 1995. 巩县铁生沟汉代冶炼遗址再探讨. 考古学报，(2)：157～183

郑州市博物馆. 1978. 郑州古荥汉代冶铁遗址发掘简报. 文物，(2)：28～43

中国社会科学院考古研究所. 1956. 辉县发掘报告. 北京：科学出版社

中国社会科学院考古研究所等. 1980. 满城汉墓发掘简报. 北京：文物出版社，第 255～261 页；369～376 页

中国冶金史组，郑州市博物馆. 1984. 荥阳楚村元代铸造遗址的试掘与研究. 中原文物，(1)：60～70

周卫荣. 1996. 中国炼锌历史的再考证. 汉学研究，14 (1)：117～126

周卫荣. 2000. 黄铜冶铸技术在中国的产生与发展. （台北）故宫学术季刊，18 (1)：67～92

周卫荣. 2002. 齐刀铜范母与叠铸工艺. 中国钱币，(2)：13～20

梅原末治. 古镜の化学成分に关する考古学的の考察. 支那考古学论考. 弘文堂发行，190～240

小松茂，山内淑人. 昭和十二年. 东方学报第 8 册，11～31

Agricola G. 1950. De Re Metallica. (Trans. H. C. Hoover and L. H. Hoover). London

Charles S A. 1980. The Coming Copper and Copper Based Alloys and Iron. The Coming Age and Iron. Edited
　　by Wertime T A and Muhly J D. New Heaven and London，158～180

Chase W T. 1978. Ternary Representation of Ancient Chinese Bronze Compositions. Archaeological Chemis-
　　try—II，Advances in Chemistry Series，Washington D. C.

Chase W T. and Franklin U. M. 1979. Early Chinese Black Mirrors and Pattern—Etched Weapons. Arts
　　Oritalis，(11)：219～226

Collins W F. 1931. The Corrosion of Early Chinese Bronzes. The Journal of the Institute of Metals. 45 (1)：

42～43

Gale N H et al.. 1990. The Adventitious Production of Iron in the Smelting of Copper. The Ancient Metallurgy of Copper. Edited by Beno Rothenberg, University College London. Printed in Great Britain by Pardy and Son Limited, Ringwood, Hampshire

Gettens R J. 1949. Tin-Oxide Patina of Ancient High Tin Bronzes. Bulletin of Fogg Museum of Art. 11 (1): 17

Gettens R J et al. 1971. Two Early Chinese Bronze Weapons with Meteorite Iron Blades. Occasional Papers Vol. 4, No. 1, Free Gallery Art , Washington, D. C.

Lechtman H N. 1971. Ancient Methods of Gilding Silver: Examples from the Old and the New Words. Science and Archaeology. R. H. Brill Ed. Cambridge, Mass, MIT Press. 2～30

Lechtman H N. 1985. The Manufacture of Copper-Arsenic Alloys in Prehistory. Journal of Historical Metallurgical Society, UK, Vol. 19, 141

Maddin R. 2002. The Beginning of the Use of Iron. Proceeding of BUMA-V, Gyeongiu in Korea, 1～9

Meeks N D. 1986. Tin-rich Surfaces on Bronze—Some Experimental and Archaeological Considerations. Archaeometry. Part2, Vol. 28. 133～162

Mooe C B et al. 1968. Superior Analysis of Iron Meteorites. Meteorite Research. 738

Tylecote R F. 1992. A History of Metallurgy. Second Edition. The Institute of Materials, Printed in Great Britain by the Bath Press, Avon.

后　记

　　本卷是国家"九五"重点规划项目《中国科学技术史》之一卷：矿冶卷。在总结古代文献的基础上，结合冶金考古研究的成果，系统撰写自公元前 3000 年中国使用金属开始，全面地阐明中国古代矿冶技术产生、发展的历程，涉及金、银、铜、铅、锡、汞、砷等有色金属及其合金，钢铁技术史，古代金属的矿产资源、采矿、选矿技术，金属加工技术史，包括铸造、锻造、热处理、金属表面处理等，涉及内容十分广泛。由于古代文献中有关矿冶内容记载的较少和局限性，或涉及的文字含义不清，学者解释各异，重要的著作如《冶铁志》、《浸铜要略》已佚等原因，使中国古代矿冶史的研究多依赖于考古发掘出土的矿冶遗址、遗物提供重要线索，本卷的作者多年与文物考古学者密切合作，用现代实验方法对出土金属文物和冶金遗物进行了系统研究，有的亲自进行考古发掘和调查，必要时还做了模拟实验，把金属文物和矿冶遗址、遗物中存储的有价值的信息尽可能地挖掘出来，充实和丰富矿冶技术发展史的内容。这也是编著者自接受此任务延至 2006 年才交稿的原因。尽管如此，在编著此卷书时仍感到有些内容研究不够，撰写内容较简单。本卷书是以中国古代矿冶技术为框架划分章节，突出表现古代各种矿冶技术的系统性和每种技术的发展历程，兼顾中国社会历史的发展顺序。对于出土的夏商周铜器加入了金属学和制作技术的内容，特别是对中国古代炼铜技术的发展历程，通过数处炼铜遗址出土炉渣进行的研究，总结出判断中国古代火法炼铜存在的三种方法；阐明中国早期铜器的冶金学特征，不同时期、不同地域的冶金技术和产品显示的差异，初步研究冶铜技术对中华文明起源产生的作用，是相关作者多年研究工作的总结，是本卷的一个看点；系统地记述了中国古代钢铁技术的发展历程，描述了块炼铁、生铁冶炼及生铁制钢技术，论证了中国是世界最早发明、使用生铁和生铁制钢技术的国家，中国独特的钢铁技术对封建社会的建立、巩固和发展奠定了物质基础，是本卷的另一个特色；书中还有铜钟、铜鼓、铜镜、响铜、大型金属铸件等的专题研究成果。

　　中国矿冶技术史的研究要追溯到 20 世纪 50 年代，前辈王琎、胡庶华（原北京钢铁学院图书馆馆长）、张子高、孙挺烈、周志宏、黄展岳、杨根、华觉明等先生先后开始进行研究；1974 年柯俊、杨尚灼教授等受中国社会科学院考古研究所夏鼐所长、河北省考古研究所的委托，对出土的重要文物进行研究，得到国内外学者的承认。1977 年中国科学院自然科学史研究所、北京钢铁学院、有色金属研究院组成专门研究队伍，在柯俊教授的指导下采用文献与实验相结合的方法，开始了系统进行中国矿冶技术史的研究工作。先后参加研究或合作研究工作的有丘亮辉、吴坤仪、黄务涤、高武勋、华觉明、何堂坤、朱寿康、刘云彩、胡文龙、杜发清、于长青、苗长兴、李京华、于晓兴、杜莆运以及许多省、市文物考古工作者和北京科技大学的教授、科学技术史的研究生等 60 余人。本卷编写的作者虽然仅有 6 名，但是所写的内容却是近 30 余年来冶金考古工作者科研工作的总和，特别是包括了近期研究的新进展；吸收了重要的分析数据和图片资料，内容丰富。需要说明的是由于篇幅所限，有些重要内容已经在凌业勤等编著《中国古代传统铸造技术》(1987)、华觉明著《中国古代金属技术》(1999)、谭德睿著《灿烂的中国古代失蜡铸造》(1989) 等著作中详述，本卷编写时收入不多，希望读者自行参考。另外由于研究条件的限制，金相图片所用设备不同，电子排版翻拍收录时变化，使放大倍数出现困难，本卷只好删去放大倍数，请读者原谅。本卷疏漏和错误之处，敬请批评、指正。

　　本卷的出版得到国家科学技术出版基金的资助，在此表示衷心感谢。

韩汝玢

2006 年 12 月

总　跋

　　凡是听到编著《中国科学技术史》计划的人士,都称道这是一个宏大的学术工程和文化工程。确实,要完成一部 30 卷本、2000 余万字的学术专著,不论是在科学史界,还是在科学界都是一件大事。经过同仁们 10 年的艰辛努力,现在这一宏大的工程终于完成,本书得以与大家见面了。此时此刻,我们在兴奋、激动之余,脑海中思绪万千,感到有很多话要说,又不知从何说起。

　　可以说,这一宏大的工程凝聚着几代人的关切和期望,经历过曲折的历程。早在 1956 年,中国自然科学史研究委员会曾专门召开会议,讨论有关的编写问题,但由于三年困难、"四清"、"文革",这个计划尚未实施就夭折了。1975 年,邓小平同志主持国务院工作时,中国自然科学史研究室演变为自然科学史研究所,并恢复工作,这个打算又被提到议事日程,专门为此开会讨论。而年底的"反右倾翻案风",又使设想落空。打倒"四人帮"后,自然科学史研究所再次提出编著《中国科学技术史丛书》的计划,被列入中国科学院哲学社会科学部的重点项目,作了一些安排和分工,也编写和出版了几部著作,如《中国科学技术史稿》、《中国天文学史》、《中国古代地理学史》、《中国古代生物学史》、《中国古代建筑技术史》、《中国古桥技术史》、《中国纺织科学技术史(古代部分)》等,但因没有统一的组织协调,《丛书》计划半途而废。1978 年,中国社会科学院成立,自然科学史研究所划归中国科学院,仍一如既往为实现这一工程而努力。80 年代初期,在《中国科学技术史稿》完成之后,自然科学史研究所科学技术通史研究室就曾制订编著断代体多卷本《中国科学技术史》的计划,并被列入中国科学院重点课题,但由于种种原因而未能实施。1987 年,科学技术通史研究室又一次提出了编著系列性《中国科学技术史丛书》(现定名《中国科学技术史》)的设想和计划。经广泛征询,反复论证,多方协商,周详筹备,1991 年终于在中国科学院、院基础局、院计划局、院出版委领导的支持下,列为中国科学院重点项目,落实了经费,使这一工程得以全面实施。我们的老院长、副委员长卢嘉锡慨然出任本书总主编,自始至终关心这一工程的实施。

　　我们不会忘记,这一工程在筹备和实施过程中,一直得到科学界和科学史界前辈们的鼓励和支持。他们在百忙之中,或致书,或出席论证会,或出任顾问,提出了许多宝贵的意见和建议。特别是他们关心科学事业,热爱科学事业的精神,更是一种无形的力量,激励着我们克服重重困难,为完成肩负的重任而奋斗。

　　我们不会忘记,作为这一工程的发起和组织单位的自然科学史研究所,历届领导都予以高度重视和大力支持。他们把这一工程作为研究所的第一大事,在人力、物力、时间等方面都给予必要的保证,对实施过程进行督促,帮助解决所遇到的问题。所图书馆、办公室、科研处、行政处以及全所的同仁,也都给予热情的支持和帮助。

　　这样一个宏大的工程,单靠一个单位的力量是不可能完成的。在实施过程中,我们得到了北京大学、中国人民解放军军事科学院、中国科学院上海硅酸盐研究所、中国水利水电科学研究院、铁道部大桥管理局、北京科技大学、复旦大学、东南大学、大连海事大学、武汉交通科技大学、中国社会科学院考古研究所、温州大学等单位的大力支持,他们为本单位参加编撰人员提供了种种方便,保证了编著任务的完成。

为了保证这一宏大工程得以顺利进行,中国科学院基础局还指派了李满园、刘佩华二位同志,与自然科学史研究所领导(陈美东、王渝生先后参加)及科研处负责人(周嘉华参加)组成协调小组,负责协调、监督工作。他们花了大量心血,提出了很多建议和意见,协助解决了不少困难,为本工程的完成做出了重要贡献。

在本工程进行的关键时刻,我们遇到经费方面的严重困难。对此,国家自然科学基金委员会给予了大力资助,促成了本工程的顺利完成。

要完成这样一个宏大的工程,离不开出版社的通力合作。科学出版社在克服经费困难的同时,组织精干的专门编辑班子,以最好的纸张,最好的质量出版本书。编辑们不辞辛劳,对书稿进行认真地编辑加工,并提出了很多很好的修改意见。因此,本书能够以高水平的编辑,高质量的印刷,精美的装帧,奉献给读者。

我们还要提到的是,这一宏大工程,从设想的提出,意见的征询,可行性的论证,规划的制订,组织分工,到规划的实施,中国科学院自然科学史研究所科技通史研究室的全体同仁,特别是杜石然先生,做了大量的工作,作出了巨大的贡献。参加本书编撰和组织工作的全体人员,在长达 10 年的时间内,同心协力,兢兢业业,无私奉献,付出了大量的心血和精力。他们的敬业精神和道德学风,是值得赞扬和敬佩的。

在此,我们谨对关心、支持、参与本书编撰的人士表示衷心的感谢,对已离我们而去的顾问和编写人员表达我们深切的哀思。

要将本书编写成一部高水平的学术著作,是参与编撰人员的共识,为此还形成了共同的质量要求:

1. 学术性。要求有史有论,史论结合,同时把本学科的内史和外史结合起来。通过史论结合,内外史结合,尽可能地总结中国科学技术发展的经验和教训,尽可能把中国有关的科技成就和科技事件,放在世界范围内进行考察,通过中外对比,阐明中国历史上科学技术在世界上的地位和作用。整部著作都要求言之有据,言之成理,经得起时间的考验。

2. 可读性。要求尽量地做到深入浅出,力争文字生动流畅。

3. 总结性。要求容纳古今中外的研究成果,特别是吸收国内外最新的研究成果,以及最新的考古文物发现,使本书充分地反映国内外现有的研究水平,对近百年来有关中国科学技术史的研究作一次总结。

4. 准确性。要求所征引的史料和史实准确有据,所得的结论真实可信。

5. 系统性。要求每卷既有自己的系统,整部著作又形成一个统一的系统。

在编写过程中,大家都是朝着这一方向努力的。当然,要圆满地完成这些要求,难度很大,在目前的条件下也难以完全做到。至于做得如何,那只有请广大读者来评定了。编写这样一部大型著作,缺陷和错讹在所难免,我们殷切地期待着各界人士能够给予批评指正,并提出宝贵意见。

《中国科学技术史》编委会

1997 年 7 月